数据科学与工程技术丛书

DATA SCIENCE AND MACHINE LEARNING

MATHEMATICAL AND STATISTICAL METHODS

数据科学与机器学习

数学与统计方法

[澳] 迪尔克·P. 克洛泽（Dirk P. Kroese）
兹德拉夫科·I. 波提夫（Zdravko I. Botev）
托马斯·泰姆勒（Thomas Taimre）
拉迪斯拉夫·维斯曼（Radislav Vaisman） 著

于俊伟 刘楠 译

图书在版编目（CIP）数据

数据科学与机器学习：数学与统计方法 /（澳）迪尔克·P. 克洛泽（Dirk P. Kroese）等著；于俊伟，刘楠译．—北京：机械工业出版社，2022.8

（数据科学与工程技术丛书）

书名原文：Data Science and Machine Learning: Mathematical and Statistical Methods

ISBN 978-7-111-71139-1

I. ①数… II. ①迪… ②于… ③刘… III. ①数据处理 ②机器学习 IV. ①TP274 ②TP181

中国版本图书馆 CIP 数据核字（2022）第 113975 号

北京市版权局著作权合同登记 图字：01-2020-6837 号。

本书内容全面、严谨、翔实，展示了现代机器学习技术背后的数学思想，主要面向学习数据科学和机器学习课程的本科生和研究生。它首先介绍了数据的相关概念，其次阐述了统计学习、蒙特卡罗方法、无监督学习的相关内容，接着探讨了回归方法、正则化方法和核方法，然后论述了分类问题与决策树和集成方法，最后介绍了深度学习的相关内容。此外，本书在附录中给出了相关内容的背景知识，包含线性代数与泛函分析、多元微分与优化问题、概率与统计，以及 Python 入门内容。

出版发行：机械工业出版社（北京市西城区百万庄大街 22 号 邮政编码：100037）

责任编辑：张秀华　　责任校对：陈　越　王明欣

印　　刷：三河市国英印务有限公司　　版　　次：2023 年 1 月第 1 版第 1 次印刷

开　　本：185mm × 260mm 1/16　　印　　张：25.5

书　　号：ISBN 978-7-111-71139-1　　定　　价：139.00 元

客服电话：（010）88361066 68326294

译者序

“学者贵知其当然与所以然，若偶能然，不得谓为学。”这是中国民主革命先驱孙中山警诫自己并勉励后人的学问之道。

我们正处于数据科学和机器学习蓬勃发展的时代，快速增长的海量数据给我们提供了源源不断的数字资源，日新月异的机器学习技术让我们能从中提取有用的价值，似乎人人都能分享时代发展的成果，又似乎很少有人能说清楚这背后的技术奥秘。在教学实践中，我们看到很多高校争先恐后地开设数据科学与人工智能专业，也发现很多学生自愿放弃传统优势专业，转攻数据科学、机器学习和人工智能等新兴学科。

了解机器学习的读者，一定听说过被无数人奉为经典，又很难啃的“西瓜书”——《机器学习》。“西瓜书”的作者周志华曾经指出，研究的目的是发现新知识、发明新技术，而研发则是利用已有的知识和技术进行研制、开发。由于Python、Scikit-Learn等相关软件的易用性，简单调用现成的机器学习算法确实能够解决一些问题，此谓“知其然”；而要真正把研究做深做精，写出有深度、有价值的好文章，一定要理解实际问题或机器学习算法背后的数学和统计知识，此谓“知其所以然”。

当你不满足于简单应用现成的工具和方法，当你在迷信机器学习方法是黑盒的假设，当你想真正理解数据科学和机器学习的算法思想时，本书就是为你精心准备，让你知其然也知其所以然的理想选择。本书系统地介绍了统计监督学习、无监督学习、回归、分类、决策树和集成学习以及当前最流行的深度学习等内容，其中交叉熵方法、蒙特卡罗方法等很多内容本身就是作者的原创成果，由作者自己介绍最合适。

本书的每一个定理都有严谨的证明，主要算法都通过伪代码描述了输入、输出及详细过程，全书配套简洁实用的Python代码，代码可以通过本书的GitHub主页下载使用。本书每一章都有丰富的配套习题，能够满足你进一步提升自我的需要，部分章节还给出了扩展阅读资料。另外，本书附录部分系统地介绍了线性代数、泛函分析、多元微分、优化问题和概率统计等数学基础知识。本书可以作为高等院校数据科学、机器学习和人工智能等学科高年级本科生或研究生的教材，也可以作为机器学习领域相关从业人员的参考书和工具书。

本书第3章和附录C由解放军信息工程大学刘楠副教授翻译，其余章节由河南工业大学人工智能与大数据学院于俊伟副教授翻译。本书翻译工作得到2021年度河南省重点研发与推广专项(科技攻关)(212102210152)、河南工业大学第二批青年骨干教师培育计划项目的资助。感谢机械工业出版社让我翻译这本优秀的作品。感恩为河南水灾、全国疫情无私奉献的所有人，是他们让我在困境中仍能安静地完成本书的翻译工作。由于译者水平有限，错误和疏漏在所难免，欢迎广大专家和读者提出宝贵意见。

于俊伟

2021年8月

前　　言

在当前自动化、云计算、算法、人工智能和大数据的世界中，很少有主题像数据科学和机器学习如此相关。它们的流行不仅在于它们对现实生活问题的适用性，还在于它们天然地融合了许多不同的学科，包括数学、统计、计算机科学与工程和金融。

对于开始学习这些主题的人来说，大量的计算方法和数学思想可能会让你不知所措。有些人可能只满足于学习如何将现成的算法应用于实际情况。但是，如果黑盒算法的假设被违背了，我们还能相信其结果吗？该如何调整算法？要真正理解数据科学和机器学习，重要的是理解其背后的数学和统计知识，以及由此产生的算法。

本书的目的是提供易于理解，但内容全面的数据科学和机器学习清单。它面向任何有志于更好地理解数学和统计学知识的人，这些知识是数据科学中丰富多样的思想和机器学习算法的基础。我们认为，虽然计算机语言更迭不息，但潜在的关键思想和算法将永远存在，并将成为未来发展的基础。

在开始介绍本书主题之前，我们想说几句撰写本书的哲学。这本书源于澳大利亚昆士兰大学和新南威尔士大学的数据科学和机器学习课程。教授这些课程时，我们注意到学生们不仅渴望学习如何应用算法，而且还渴望了解这些算法的工作原理。然而，许多现有的教科书要么背景知识（如测度论和泛函分析）太多，要么背景知识太少（大多都是黑箱算法），经常脱节和相互矛盾的网络资源又会造成信息过载，这使学生们更难逐步建立自己的知识体系。因此，我们想写一本关于数据科学和机器学习的书，将相关内容像故事一样串起来，并在附录中给出重要的“故事背景”。“故事”由浅入深，逐渐发展起来。附录包含了所有必要的背景知识，例如线性代数与泛函分析（附录 A）、多元微分与优化问题（附录 B）以及概率与统计（附录 C）。此外，为了让抽象的思想变得生动，我们相信让读者看到理论直接转化为算法的实际实现过程是很重要的。经过深思熟虑，我们选择 Python 作为编程语言。Python 是免费提供的，并已被许多数据科学和机器学习从业者选作编程语言。它有许多好用的数据操作包（通常从 R 语言移植而来），其设计让编程更容易。附录 D 对 Python 进行了详细介绍。

为了使本书篇幅合理，我们必须对主题做出选择。重要思想和各种概念之间的联系通过加粗字体来突出显示。关键定义和定理通过加框来突出显示。我们尽可能地提供了定理的证明。最后，我们非常重视数学符号。通常情况下，一旦用一致和简洁的符号系统表示，看似困难的想法会突然变得显而易见。我们使用不同的字体来区分不同类型的对象。向量、矩阵用黑斜体字母表示，如 $\boldsymbol{x}$ 和 $\boldsymbol{X}$，并通过大写和小写字母来区分随机向量和它们的值，例如 $\boldsymbol{X}$ 表示随机向量，$\boldsymbol{x}$ 表示随机向量的值或结果。集合通常用书法体字母 $\mathcal{G}$、$\mathcal{H}$ 来表示。概率和期望的符号分别是 $\mathbb{P}$ 和 $\mathbb{E}$。概率分布由无衬线字体表示，如 Bin 和 Gamma，普遍使用的正态分布和均匀分布符号 $\mathcal{N}$ 和 $\mathcal{U}$ 除外。“数学符号”中汇总了最重要的符号和缩写。

数据科学为理解和处理数据提供了必要的语言和技术。它涉及数字数据的设计、收集、分析和解释，目的是提取模式和其他有用信息。机器学习与数据科学密切相关，它研究从数据中学习的算法和计算机资源的设计。本书内容的组织大致遵循数据科学项目研究的典型步骤：收集数据以获得要研究问题的相关信息；数据清洗、汇总和可视化；数据建模和分析；

将模型的决策转化为关于研究问题的决策和预测。由于本书面向数学和统计学,因此重点将放在建模和分析上。

第 1 章首先介绍如何使用 Python 中的数据操作包 **pandas** 来读取、构造、汇总和可视化数据。虽然本章涵盖的内容不涉及数学知识,但它是数据科学的一个明显的切入点:更好地理解可用数据的性质。第 2 章介绍统计学习的主要内容。我们区分了监督学习和无监督学习技术,讨论了如何评估(无)监督学习方法的预测性能。统计学习的重要部分是数据建模,我们介绍了数据科学中各种有用的模型,包括正态线性模型、多元正态模型和贝叶斯模型。机器学习和数据科学中的许多算法都使用了蒙特卡罗方法,因此第 3 章介绍蒙特卡罗方法。蒙特卡罗方法可用于模拟、估计和优化。第 4 章介绍无监督学习,讨论诸如密度估计、聚类和主成分分析等方法。第 5 章介绍监督学习,解释许多回归模型背后的思想。在这一章,我们还描述了如何使用 Python 的 `statsmodels` 包来定义和分析线性模型。第 6 章在第 5 章的基础上提出了核方法和正则化的强大概念,利用再生核希尔伯特空间理论,使得第 5 章的基本思想得以巧妙地展开。第 7 章介绍分类任务,这种任务也属于监督学习框架,因此这章考虑各种分类方法,包括贝叶斯分类、线性判别分析和二次判别分析、K 近邻和支持向量机。第 8 章探讨利用树结构进行回归和分类的通用方法。第 9 章探索神经网络和深度学习的工作原理,证明这些学习算法具有简单的数学解释。每章的结尾都提供了大量的练习。

每一章的 Python 代码和数据集可以从 GitHub 网站 https://github.com/DSML-book 下载。

致谢

第 1 章和第 5 章的一些 Python 代码改编自文献[73]。感谢 Benoit Liquet 提供这些代码,也感谢 Lauren Jones 将 R 代码转换成 Python 代码。

感谢所有通过评论、反馈和建议为本书做出贡献的人,他们是 Qibin Duan、Luke Taylor、Rémi Mouzayek、Harry Goodman、Bryce Stansfield、Ryan Tongs、Dillon Steyl、Bill Rudd、Nan Ye、Christian Hirsch、Chris van der Heide、Sarat Moka、Aapeli Vuorinen、Joshua Ross、Giang Nguyen 以及匿名的评论者。David Grubbs 作为本书的编辑,他的专业精神和对细节的关注值得特别称赞。

本书在澳大利亚数学科学研究所 2019 年暑期班进行了测试,80 多名优秀的高年级本科生(优等生)在 Zdravko I. Botev 讲授的"机器学习的数学方法"课程中使用了本书。感谢他们提供宝贵的反馈意见。

特别感谢 Robert Salomone、Liam Berry、Robin Carrick 和 Sam Daley,他们针对全书内容给出了非常详细的评论意见,并编写、改进了我们的 Python 代码。他们的热情、洞察力和善意的帮助是无价的。

当然,如果没有家人的爱心支持、耐心陪伴和鼓励,这些工作是不可能完成的,我们由衷地感谢他们。

本书得到了澳大利亚研究委员会数学与统计前沿卓越中心的资助,资助编号为 CE140100049。

Dirk P. Kroese、Zdravko I. Botev、
Thomas Taimre 和 Radislav Vaisman
布里斯班、悉尼

数学符号

我们当然可以使用任何我们想用的符号，不要嘲笑符号，要发明符号，因为它们很强大。事实上，数学在很大程度上就是为了发明更好的符号。

——理查德·P. 费曼

我们使用的符号系统按照重要性顺序应具有如下特点：简单、描述性、一致性以及与历史选择相兼容。同时实现所有这些目标是不可能的，但我们希望我们的符号有助于快速识别某些数学对象(向量、矩阵、随机向量、概率测度等)的类型，并阐明错综复杂的思想。

我们利用各种印刷体例，读者了解这些体例含义将是有益的。

- 黑斜体表示复合对象，如列向量 $\boldsymbol{x}=[x_1,\cdots,x_n]^{\mathrm{T}}$ 和矩阵 $\boldsymbol{X}=[x_{ij}]$。
- 随机变量通常用大写罗马字母 X、Y、Z 表示，它们的结果用小写字母 x、y、z 来表示。因此，随机向量用黑斜体大写字母表示，例如 $\boldsymbol{X}=[X_1,\cdots,X_n]^{\mathrm{T}}$。
- 向量集合一般用书法字体表示，比如 $\mathcal{X}$，但实数集合使用常见的 $\mathbb{R}$ 表示，期望和概率也使用后一种字体。
- 概率分布使用无衬线字体，如 Bin 和 Gamma。正态分布和均匀分布的“标准”符号 $\mathcal{N}$ 和 $\mathcal{U}$ 例外。
- 当函数或运算符的参数很清楚时，我们经常省略括号。例如，使用 $\mathbb{E}X^2$ 而不是 $\mathbb{E}[X^2]$。
- 所有代码都使用代码体表示。为了与过去的符号兼容，我们引入一个特殊的符号 $\mathbf{X}$，表示线性模型的模型(设计)矩阵。
- 重要的符号如 $\mathcal{T}$、g、g^*、ℓ 常以英文单词首字母表示的助记法来定义，例如 $\mathcal{T}$ 代表“训练”，g 代表“猜测”，g^* 代表“星”(即最优)猜测，ℓ 代表“损失”。
- 我们偶尔会使用贝叶斯符号约定，使用相同的符号表示不同的(条件)概率密度。特别是，对于 X 的概率密度函数，我们简单写作 $f(x)$ 而不是 $f_X(x)$；对于给定 Y 时 X 的条件概率密度函数，我们简单写作 $f(x|y)$ 而不是 $f_{X|Y}(x|y)$。这种特殊的符号表示方法有很强的描述能力，尽管它有明显的模糊性。

通用字体/符号规则

x	标量
$\boldsymbol{x}$	向量
$\boldsymbol{X}$	随机向量、矩阵
$\mathcal{X}$	集合
$\hat{x}$	估计或近似值
x^*	最优值

$\bar{x}$	平均值

常见的数学符号

$\forall$	对任意
$\exists$	存在
$\propto$	与……成正比
$\perp$	垂直于
$\sim$	服从分布
iid或$\sim$iid	独立同分布
$\underset{\sim}{\text{approx.}}$	近似服从分布
∇f	f 的梯度
$\nabla^2 f$	f 的 Hessian 矩阵
$f \in C^p$	f 具有 p 阶连续导数
$\approx$	约等于
$\simeq$	渐进等于
$\ll$	远小于
$\oplus$	直和
$\odot$	对应元素乘积
$\cap$	交
$\cup$	并
$:=$或$=:$	定义
$\xrightarrow{\text{a. s.}}$	几乎必然收敛于
$\xrightarrow{\text{d}}$	依分布收敛于
$\xrightarrow{\mathbb{P}}$	依概率收敛于
$\xrightarrow{L_p}$	依 L_p 范数收敛于
$\Vert \cdot \Vert$	欧几里得范数
$\lceil x \rceil$	大于 x 的最小整数
$\lfloor x \rfloor$	小于 x 的最大整数
x_+	$\max\{x, 0\}$

矩阵或向量表示

$\boldsymbol{A}^{\mathrm{T}}$ 或 $\boldsymbol{x}^{\mathrm{T}}$	矩阵 $\boldsymbol{A}$ 或向量 $\boldsymbol{x}$ 的转置
$\boldsymbol{A}^{-1}$	矩阵 $\boldsymbol{A}$ 的逆
$\boldsymbol{A}^{+}$	矩阵 $\boldsymbol{A}$ 的伪逆
$\boldsymbol{A}^{-\mathrm{T}}$	矩阵 $\boldsymbol{A}^{\mathrm{T}}$ 的逆或 $\boldsymbol{A}^{-1}$ 的转置
$\boldsymbol{A} \succ 0$	矩阵 $\boldsymbol{A}$ 是正定的
$\boldsymbol{A} \succeq 0$	矩阵 $\boldsymbol{A}$ 是半正定的
$\dim(\boldsymbol{x})$	向量 $\boldsymbol{x}$ 的维数
$\det(\boldsymbol{A})$	矩阵 $\boldsymbol{A}$ 的行列式

$\|\boldsymbol{A}\|$	矩阵 $\boldsymbol{A}$ 的行列式的绝对值
$\mathrm{tr}(\boldsymbol{A})$	矩阵 $\boldsymbol{A}$ 的迹

保留字母和保留词

$\mathbb{C}$	复数集合
d	微分符号
$\mathbb{E}$	期望
e	2.718 28…
f	概率密度(离散或连续)
g	预测函数
$\mathbb{1}\{A\}$或$\mathbb{1}_A$	集合 A 的指示函数
i	−1 的平方根
ℓ	风险：预期损失
Loss	损失函数
ln	自然对数
$\mathbb{N}$	自然数集合$\{0,1,\cdots\}$
$\mathcal{O}$	大 O 阶符号：对于某个常数 α，当 $x\to\alpha$ 时，如果$\|f(x)\|\leqslant\alpha g(x)$，则 $f(x)=\mathcal{O}(g(x))$
o	小 o 阶符号：对于某个常数 α，当 $x\to\alpha$ 时，如果 $f(x)/g(x)\to 0$，则 $f(x)=o(g(x))$
$\mathbb{P}$	概率测度
π	3.141 59…
$\mathbb{R}$	实数集合(一维欧氏空间)
$\mathbb{R}^n$	n 维欧氏空间
$\mathbb{R}_+$	正实数线性空间：$[0,\infty)$
τ	确定性训练集
$\mathcal{T}$	随机训练集
$\boldsymbol{X}$	模型(设计)矩阵
$\mathbb{Z}$	整数集合$\{\cdots,-1,0,1,\cdots\}$

概率分布

Ber	伯努利分布
Beta	贝塔分布
Bin	二项分布
Exp	指数分布
Geom	几何分布
Gamma	伽马分布
F	F 分布
$\mathcal{N}$	正态分布或高斯分布
Pareto	帕雷托分布
Poi	泊松分布

t	学生分布
$\mathcal{U}$	均匀分布

缩写和缩略语

cdf	累积分布函数(cumulative distribution function)
CMC	朴素蒙特卡罗(Crude Monte Carlo)
CE	交叉熵(Cross-Entropy)
EM	期望最大化(Expectation-Maximization)
GP	高斯过程(Gaussian Process)
KDE	核密度估计/估计器(Kernel Density Estimate/Estimator)
KL	库尔贝克-莱布勒(Kullback-Leibler)
KKT	卡罗需-库恩-塔克(Karush-Kuhn-Tucker)
iid	独立同分布(independent and identically distributed)
MAP	最大后验概率(Maximum A Posteriori)
MCMC	马尔可夫链蒙特卡罗(Markov Chain Monte Carlo)
MLE	极大似然估计/估计器(Maximum Likelihood Estimate/Estimator)
OOB	袋外(Out-Of-Bag)
PCA	主成分分析(Principal Component Analysis)
pdf	概率密度函数(probability density function)(离散或连续)
SVD	奇异值分解(Singular Value Decomposition)

目　录

第 1 章
导入、汇总和可视化数据

本章将介绍从哪里获得有用的数据集，如何将它们加载到 Python，以及如何构造或重构数据。我们还将讨论通过表格和图形汇总数据的各种方法。采用哪种类型的图和数据汇总取决于所涉及的变量类型。建议不熟悉 Python 的读者先阅读附录 D。

1.1 简介

数据的形式多种多样，但通常可以认为是某些随机实验的结果。随机实验结果无法事先确定，但其工作原理仍可以分析。随机实验的数据通常存储在表格或电子表格中。统计学中的惯例是将变量(通常称为**特征**)表示为**列**，将单个项目(或单元)表示为**行**。在电子表格中，如下三种类型的列比较有用：

- 第一列通常是标识或索引列，该列中每个单元或行都有唯一的名称或 ID。
- 某些列(特征)可以与实验设计相对应，例如，指定该单元属于哪个实验组。这些列中的条目通常是**确定的**；也就是说，如果要进行重复实验，这些条目将保持不变。
- 其他列表示实验的测量值。通常，这些测量结果具有**可变性**；也就是说，如果进行重复实验，它们会发生变化。

有许多数据集可通过互联网和软件包获得。一个著名的数据集存储库是加利福尼亚大学欧文分校(University of California at Irvine，UCI)维护的机器学习库，网址为 https://archive.ics.uci.edu/。

这些数据集通常以 CSV(逗号分隔值)格式存储，我们可以很容易地将其读入 Python。例如，用 Python 访问该网站的 abalone 数据集，需要将文件下载到你的工作目录，通过如下命令导入 pandas 包：

```
import pandas as pd
```

按如下方式读入数据：

```
abalone = pd.read_csv('abalone.data',header = None)
```

添加 header = None 很重要，因为这样可以让 Python 知道 CSV 文件的第一行不包含特征名称，而 pandas 默认数据的第一行是由特征名称组成的标题行。abalone 数据集最初用于通过壳的重量和直径等物理测量结果来预测鲍鱼的年龄。

另一个有用的数据集存储库是由 Vincent Arel-Bundock 收集的，它包含 1000 多个数据集，这些数据集来自各种 R 语言软件包，该库的网址为 https://vincentarelbundock.github.io/Rdatasets/datasets.html。

例如，要将R语言datasets软件包中由Fisher提出的著名iris(鸢尾花)数据集读入Python，需要输入命令：

```
urlprefix = 'https://vincentarelbundock.github.io/Rdatasets/csv/'
dataname = 'datasets/iris.csv'
iris = pd.read_csv(urlprefix + dataname)
```

iris数据集包含150个数据样本，对应3类鸢尾花：setosa、versicolor和virginica。每类有50个样本，每个样本包含四种物理测量值(花萼长度、花萼宽度、花瓣长度、花瓣宽度)。请注意，这个例子中包含了标题行。read_csv函数的输出是一个DataFrame对象，它是pandas对电子表格的实现，参见附录D。DataFrame的head方法显示了DataFrame的前几行数据，包括特征名称组成的标题行。要显示的行数可以作为参数传入，默认值为5。对于iris的DataFrame，我们有：

```
iris.head()

   Unnamed: 0  Sepal.Length  ...   Petal.Width  Species
0           1           5.1  ...           0.2   setosa
1           2           4.9  ...           0.2   setosa
2           3           4.7  ...           0.2   setosa
3           4           4.6  ...           0.2   setosa
4           5           5.0  ...           0.2   setosa

[5 rows x 6 columns]
```

特征的名称可以通过DataFrame对象的columns属性获得，如iris.columns。请注意，第一列是重复的索引列，其名称由pandas指定为'Unnamed: 0'。我们可以删除此列，按如下方式重新指定iris的DataFrame对象：

```
iris = iris.drop('Unnamed: 0',1)
```

每个特征的数据(与其具体名称对应)可以通过Python的切片符号[]来访问。例如，iris['Sepal.Length']对象包含150个花萼长度的数值。

UCI库中abalone数据集的前三行数据如下：

```
abalone.head(3)

   0      1      2      3       4       5       6      7   8
0  M  0.455  0.365  0.095  0.5140  0.2245  0.1010  0.150  15
1  M  0.350  0.265  0.090  0.2255  0.0995  0.0485  0.070   7
2  F  0.530  0.420  0.135  0.6770  0.2565  0.1415  0.210   9
```

这里，缺失的标题行是按照自然数的顺序指定的。根据UCI网站上名为abalone.names的文件描述，这些特征名称分别对应性别(Sex)、长度(Length)、直径(Diameter)、高度(Height)、整体重量(Whole weight)、去壳重量(Shucked weight)、脏器重量(Viscera weight)、壳的重量(Shell weight)和环数(Rings)。我们可以通过重新指定列属性，手动将特征名称添加到DataFrame中，方法如下：

```
abalone.columns = ['Sex', 'Length', 'Diameter', 'Height',
'Whole weight','Shucked weight', 'Viscera weight', 'Shell weight',
'Rings']
```

1.2 类型结构特征

我们一般将特征分为定量特征和定性特征。**定量特征**具有“数值量”，如身高、年龄、出生人数等，它可以是**连续的**，也可以是**离散的**。连续的定量特征在可能的连续范围内取值，如身高、电压或农作物产量，这种特征体现了总是可以进行更精确测量的思想。离散的定量特征具有可数的可能性，如计数。

与此相反，**定性特征**没有数值含义，但它们可能的取值可以划分成固定数量的类别，如{M,F}表示性别，{蓝色，黑色，棕色，绿色}表示眼睛的颜色。因此，这样的特征也称为**分类特征**。一个简单的经验法则是，如果对数据进行平均没有意义，那么它就是分类特征。例如，对眼睛颜色进行平均是没有意义的。当然，我们仍然可以用数字来表示分类数据，比如，1 表示蓝色，2 表示黑色，3 表示棕色，但是这样的数字没有量化意义。分类特征通常称为**因子**(factor)。

在操作、汇总和显示数据时，正确指定变量(特征)的类型十分重要。我们使用文献[73]提供的 nutrition_ elderly 数据集来说明这一点，该数据集是有关老人营养的研究结果，它包含 226 名老人(行)的 13 个特征(列)的营养测量数据。该数据集可以通过网址 http://www.biostatisticien.eu/springeR/nutrition_elderly.xls 获得。

Excel 文件可以通过 read_excel 方法直接读入 pandas：

```
xls = 'http://www.biostatisticien.eu/springeR/nutrition_elderly.xls'
nutri = pd.read_excel(xls)
```

这将创建一个 DataFrame 对象 nutri。nutri 的前三行数据如下：

```
pd.set_option('display.max_columns', 8) # to fit display
nutri.head(3)
```

```
   gender  situation  tea ...  cooked_fruit_veg  chocol  fat
0       2          1    0 ...                 4       5    6
1       2          1    1 ...                 5       1    4
2       2          1    0 ...                 2       5    4

[3 rows x 13 columns]
```

我们可以通过 nutri 的 info 方法来查看变量的类型或结构：

```
nutri.info()
```

```
 <class 'pandas.core.frame.DataFrame'>
RangeIndex: 226 entries, 0 to 225
Data columns (total 13 columns):
gender              226 non-null int64
situation           226 non-null int64
tea                 226 non-null int64
coffee              226 non-null int64
height              226 non-null int64
weight              226 non-null int64
age                 226 non-null int64
meat                226 non-null int64
fish                226 non-null int64
raw_fruit           226 non-null int64
cooked_fruit_veg    226 non-null int64
chocol              226 non-null int64
fat                 226 non-null int64
dtypes: int64(13)
memory usage: 23.0 KB
```

nutri 中的 13 个特征全部都被 Python 解释为定量变量，实际上是整数，因为它们是作为整数输入的。表 1.1 显示了应如何对变量类型进行分类。当我们考虑表 1.2 给出的特征描述时，这些数字的含义就变得很清楚了。

表 1.1 DataFrame 对象 nutri 的特征类型

定性特征	gender、situation、fat meat、fish、raw_fruit、cooked_fruit_veg、chocol
离散定量特征	tea、coffee
连续定量特征	height、weight、age

请注意，表 1.1 中定性特征第二行的类别变量 meat 到 chocol 有一个自然顺序。这样的定性特征有时称为**序数特征**，相反，没有序数属性的定性特征称为**标称特征**。我们在本书中不做这样的区分。

表 1.2 营养研究中的变量说明[73]

特征	描述	单位或编码
gender	性别	1＝男；2＝女
situation	家庭状况	1＝独自生活 2＝与配偶共同生活 3＝与家人一起生活 4＝与其他人一起生活
tea	每天饮茶量	杯数
coffee	每天咖啡消耗量	杯数
height	身高	cm
weight	体重(实际是指质量)	kg
age	访谈时的年龄	岁
meat	肉类食用频率	0＝从不 1＝少于每周 1 次 2＝每周 1 次 3＝每周 2～3 次 4＝每周 4～6 次 5＝每天食用
fish	鱼类食用频率	同 meat
raw_fruit	生水果食用频率	同 meat
cooked_fruit_veg	熟水果和蔬菜的食用频率	同 meat
chocol	巧克力食用频率	同 meat
fat	烹调用油的种类	1＝黄油 2＝人造黄油 3＝花生油 4＝葵花籽油 5＝橄榄油 6＝混合植物油(如 Isio4) 7＝菜籽油 8＝鸭油或鹅油

我们可以使用 Python 中的 replace 和 astype 方法修改每个分类特征的值和类型。对于分类特征，比如 gender，我们可以将 1 替换为 'Male'，将 2 替换为 'Female'，并将变量的类型修改为 'category'，方法如下：

```
DICT = {1:'Male', 2:'Female'} # dictionary specifies replacement
nutri['gender'] = nutri['gender'].replace(DICT).astype('category')
```

其他分类特征的结构也可以用类似的方式改变。像 height 这样的连续特征，其类型应为 float：

```
nutri['height'] = nutri['height'].astype(float)
```

我们可以对其他变量重复这样的操作(见习题 2)，并使用 pandas 的 to_csv 方法将修改后的数据帧保存为 CSV 文件。

```
nutri.to_csv('nutri.csv',index=False)
```

1.3　汇总表

通常情况下，将大型电子表格以更简洁的形式进行汇总是很有用的。计数表或频率表可以让我们更轻松地了解变量的基本分布，特别是对于定性数据。这种表格可以使用 describe 和 value_counts 方法获得。

作为第一个例子，我们将加载 DataFrame 对象 nutri——1.2 节对 nutri 进行了重构并保存为'nutri.csv'，然后对'fat'特征(列)进行汇总。

```
nutri = pd.read_csv('nutri.csv')
nutri['fat'].describe()
```

```
count          226
unique           8
top      sunflower
freq            68
Name: fat, dtype: object
```

我们看到，烹调用油有 8 种，葵花籽油的食用频率最高，226 人中有 68 人使用葵花籽油。value_counts 方法给出了不同类型烹调用油的计数结果。

```
nutri['fat'].value_counts()
```

```
sunflower    68
peanut       48
olive        40
margarine    27
Isio4        23
butter       15
duck          4
colza         1
Name: fat, dtype: int64
```

列标签也是 DataFrame 的属性，例如，nutri.fat 与 nutri['fat']返回的对象完全相同。

也可以使用 crosstab 方法对两个或多个变量进行**交叉汇总**，给出一个**列联表**(contingency table)：

```
pd.crosstab(nutri.gender, nutri.situation)
```

```
situation  Couple  Family  Single
gender
Female         56       7      78
Male           63       2      20
```

我们从老年人营养数据集中看到，单身男性的比例远远小于单身女性的比例。设置参数 margins=True，可以在表格中添加汇总的行和列。

```
pd.crosstab(nutri.gender, nutri.situation, margins=True)

situation  Couple  Family  Single  All
gender
Female         56       7      78  141
Male           63       2      20   85
All           119       9      98  226
```

1.4 汇总统计量

下式中，$\boldsymbol{x}=[x_1,\cdots,x_n]^{\mathrm{T}}$ 是包含 n 个数字的列向量。例如，对于我们的 **nutri** 数据，向量 $\boldsymbol{x}$ 可以表示 226($n=226$)个人的身高。

$\boldsymbol{x}$ 的**样本均值**用 $\overline{x}$ 表示，是数据值的平均值：

$$\overline{x}=\frac{1}{n}\sum_{i=1}^{n}x_i$$

例如，对数据 **nutri** 使用 **mean** 方法，可以得到：

```
nutri['height'].mean()
163.96017699115043
```

$\boldsymbol{x}$ 的 p **样本分位数**($0<p<1$)是指这样的数值 x，使得样本中小于或等于 x 的数据比例至少为 p，而大于或等于 x 的数据比例至少为 $1-p$。**样本中位数**就是 0.5 样本分位数。p 样本分位数也称为 $100\times p$ **百分位数**。25、50、75 样本百分位数称为数据的第一、第二、第三**四分位数**。对于数据 **nutri**，它们的计算方法如下：

```
nutri['height'].quantile(q=[0.25,0.5,0.75])

0.25    157.0
0.50    163.0
0.75    170.0
```

样本均值和中位数提供了数据的**位置**信息，而样本分位数(如 0.1 和 0.9 分位数)之间的距离则提供了数据的**分散**(分布)指示。衡量数据分散性的其他指标有**样本范围**($\max_i x_i-\min_i x_i$)和**样本方差**：

$$s^2=\frac{1}{n-1}\sum_{i=1}^{n}(x_i-\overline{x})^2 \tag{1.1}$$

$s=\sqrt{s^2}$ 为**样本标准差**。对于 **nutri** 数据，**height** 的范围(单位 cm)为

```
nutri['height'].max() - nutri['height'].min()
48.0
```

height 的方差(单位 cm^2)为：

```
round(nutri['height'].var(), 2)  # round to two decimal places
81.06
```

该特征的标准差可以通过以下方法获得：

```
round(nutri['height'].std(), 2)
9.0
```

1.3 节介绍了定性特征汇总的 **describe** 方法，通过最常用的计数和不重复元素的数量进行汇总。当应用于定量特征时，它返回的则是最小值、最大值、均值和 3 个四分位数。例如，**nutri** 数据中 **height** 特征具有如下统计汇总结果：

```
nutri['height'].describe()
```

```
count     226.000000
mean      163.960177
std         9.003368
min       140.000000
25\%       157.000000
50\%       163.000000
75\%       170.000000
max       188.000000
Name: height, dtype: float64
```

1.5 数据可视化

本节将介绍各种数据可视化方法。我们的主要观点是，变量的可视化方式应始终与变量类型相适应，比如，定性数据的可视化方式应与定量数据不同。

在本节其余部分，我们假定 matplotlib.pyplot、pandas 和 numpy 已经导入 Python 代码中：

```
import matplotlib.pyplot as plt
import pandas as pd
import numpy as np
```

1.5.1 定性变量绘图

假设我们希望以图形的形式表示老人的家庭状况，显示有多少老人是独自生活、与配偶共同生活、与家人一起生活等。回想一下，这些数据是在 nutri 数据集的 situation 列中给出的。假设我们已经像 1.2 节那样对数据进行了重构，则可以通过标准 matplotlib 绘图库的 plt.bar 函数绘制每一类别人数的**条形图**（见图 1.1）。函数的输入分别是每个条形的 x 轴位置、高度和宽度。

```
width = 0.35 # the width of the bars
x = [0, 0.8, 1.6] # the bar positions on x-axis
situation_counts=nutri['situation'].value_counts()
plt.bar(x, situation_counts, width, edgecolor = 'black')
plt.xticks(x, situation_counts.index)
plt.show()
```

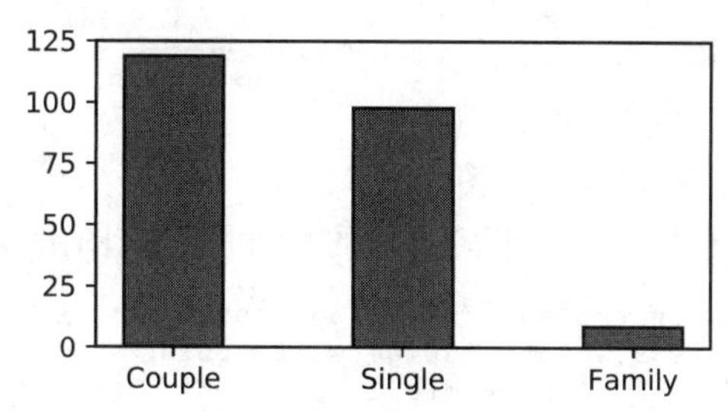

图 1.1 定性变量 situation 的条形图

1.5.2 定量变量绘图

现在，我们再次使用 nutri 数据集介绍一些定量数据可视化的有用方法。我们首先关注连续特征（例如 'age'），然后讨论一些与离散特征（例如 'tea'）相关的图形。其目的是描述单一特征中的变异性。这通常涉及中心趋势，即观测值趋向于聚集在中心附近，而远离中心的观测值则很少。数据分布的主要因素有变异性的**位置**(或中心)、变异性的**幅度**(数值从中心延伸的距离)以及变异性的**形状**(例如，数值是否在中心的两侧对称分布)。

1. 箱形图

箱形图可以看作由最小值和最大值以及第一、第二、第三四分位数五个汇总数据表示的图形。图 1.2 给出了 **nutri** 数据中年龄特征(**'age'**)的箱形图。

```
plt.boxplot(nutri['age'],widths=width,vert=False)
plt.xlabel('age')
plt.show()
```

参数 **widths** 决定了箱形图的宽度，默认情况下，箱形图是垂直绘制的。设置 **vert=False**，则水平绘制箱形图，如图 1.2 所示。

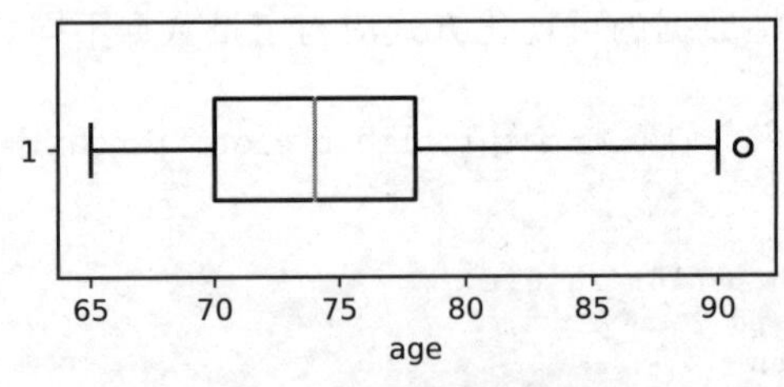

图 1.2 变量 age 的箱形图

从第一四分位数(Q_1)到第三四分位数(Q_3)之间画一个矩形盒。矩形盒内的垂直线表示中位数的位置。所谓的“须”延伸到盒子的两边。盒子的大小称为**四分位距**：$IQR=Q_3-Q_1$。左边的须延伸到数据最小值和 $Q_1-1.5IQR$ 二者中的较大值。同样，右边的须延伸到数据最大值和 $Q_3+1.5IQR$ 二者中的较小值。须外的任何数据都用一个小的空心圆点表示，它表示可疑点或偏离点(异常值)。注意，离散定量特征也可以使用箱形图表示。

2. 直方图

直方图是定量特征分布的常见图形表示。我们首先将数值范围分成若干个**分箱**(bin)或者**类**。对落在每个分箱中的数值进行计数统计，然后通过绘制矩形来制图，每个矩形的宽度是分箱间隔，矩形高度是分箱内的数值计数。在 Python 中，我们可以使用函数 **plt.hist** 绘制直方图。

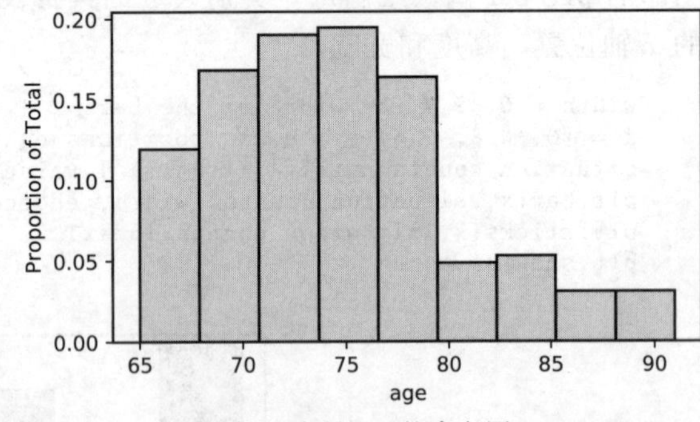

图 1.3 变量 age 的直方图

例如，图 1.3 显示了 **nutri** 中 226 个年龄数值的直方图，该图由以下 Python 代码生成。

```
weights = np.ones_like(nutri.age)/nutri.age.count()
plt.hist(nutri.age,bins=9,weights=weights,facecolor='cyan',
         edgecolor='black', linewidth=1)
plt.xlabel('age')
plt.ylabel('Proportion of Total')
plt.show()
```

这里使用了 9 个分箱。这里的垂直轴没有使用默认的原始计数，而是给出了每个分箱的百分比，该百分比通过$\frac{\text{分箱计数}}{\text{总计数}}$来定义。实现过程中选择的参数 **weights** 是元素为

1/226，长度为 226 的向量。其他绘图参数也做了相应改变。

直方图也可以用于离散特征，只是需要显式地指定分箱数量和坐标轴的刻度。

3. 经验累积分布函数

经验累积分布函数 F_n 是一个阶跃函数，在观测值处跳跃一个量 k/n，其中 k 表示该观测值处满足条件的观测数。对于观测量 $x_1,\cdots,x_n$，$F_n(x)$表示观测量中小于等于 x 的比例，即

$$F_n(x)=\frac{x_i \leqslant x \text{ 的个数}}{n}=\frac{1}{n}\sum_{i=1}^{n}\mathbb{1}\{x_i \leqslant x\} \tag{1.2}$$

其中，$\mathbb{1}$为**指示**函数，即当 $x_i \leqslant x$ 时，$\mathbb{1}\{x_i \leqslant x\}$等于 1，否则该函数等于 0。我们可以使用 plt.step 函数来绘制经验累积分布函数图，年龄数据的结果如图 1.4 所示。也可以用同样的方法得到离散定量变量的经验累积分布函数。

```
x = np.sort(nutri.age)
y = np.linspace(0,1,len(nutri.age))
plt.xlabel('age')
plt.ylabel('Fn(x)')
plt.step(x,y)
plt.xlim(x.min(),x.max())
plt.show()
```

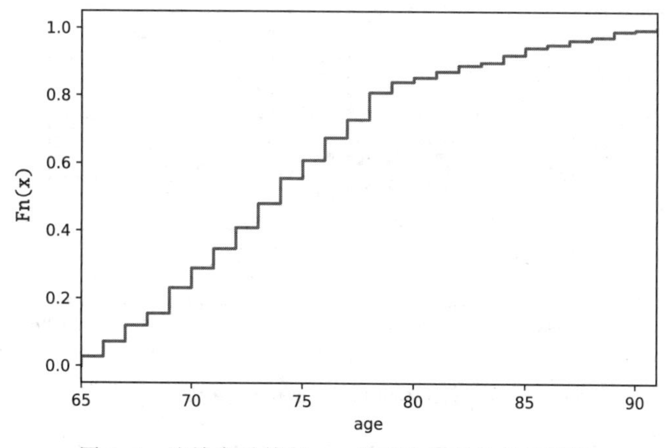

图 1.4　连续定量特征 age 的经验累积分布函数图

1.5.3　双变量的数据可视化

本节将介绍一些有用的视觉辅助工具，以探索两个特征之间的关系。图形表示方式将取决于这两个特征的类型。

1. 两个类别变量的图

两个类别变量的对比条形图需要在图中引入子图。图 1.5 是 1.3 节中列联表的可视化图形，此图交叉显示老年人家庭状况与性别。这里只是在同一个图形中显示两个相邻的条形图。

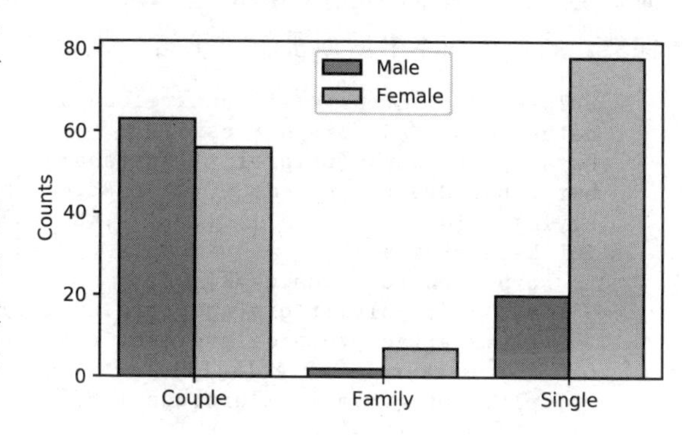

图 1.5　两个类别变量的条形图

该图是使用 seaborn 软件包制作的，

seaborn是专为简化统计可视化任务设计的。

```
import seaborn as sns
sns.countplot(x='situation', hue = 'gender', data=nutri,
     hue_order = ['Male', 'Female'], palette = ['SkyBlue','Pink'],
      saturation = 1, edgecolor='black')
plt.legend(loc='upper center')
plt.xlabel('')
plt.ylabel('Counts')
plt.show()
```

2. 两个定量变量的图

我们可以使用**散点图**将两个定量特征之间的模式可视化。这可以用 plt. scatter 命令实现。下面的代码可生成 nutri 数据中 weight 相对 height 的散点图，如图 1.6 所示。

```
plt.scatter(nutri.height, nutri.weight, s=12, marker='o')
plt.xlabel('height')
plt.ylabel('weight')
plt.show()
```

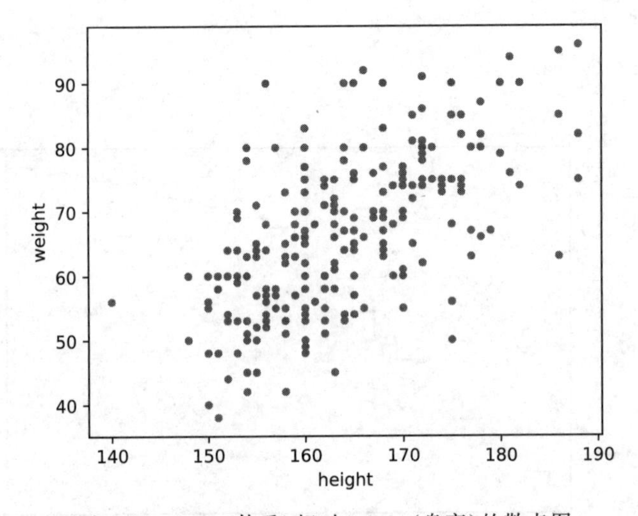

图 1.6 weight(体重)相对 height(身高)的散点图

下面的 Python 代码演示了怎样绘制高度复杂的散点图，如图 1.7 所示。图中显示了婴儿出生体重与母亲抽烟(三角形)或母亲不抽烟（圆圈)的关系。另外，对两组数据进行直线拟合，结果表明：母亲抽烟时，婴儿出生体重随母亲年龄的增加而下降；母亲不抽烟时，婴儿出生体重随母亲年龄的增加而增加！问题是这些趋势是有统计学意义，还是纯属偶然。我们将在本书后面重新讨论这个数据集。

```
urlprefix = 'https://vincentarelbundock.github.io/Rdatasets/csv/'
dataname = 'MASS/birthwt.csv'
bwt = pd.read_csv(urlprefix + dataname)
bwt = bwt.drop('Unnamed: 0',1)   #drop unnamed column
styles = {0: ['o','red'], 1: ['^','blue']}
for k in styles:
    grp = bwt[bwt.smoke==k]
    m,b = np.polyfit(grp.age, grp.bwt, 1) # fit a straight line
    plt.scatter(grp.age, grp.bwt, c=styles[k][1], s=15, linewidth=0,
        marker = styles[k][0])
    plt.plot(grp.age, m*grp.age + b, '-', color=styles[k][1])
```

```
plt.xlabel('age')
plt.ylabel('birth weight (g)')
plt.legend(['non-smokers','smokers'],prop={'size':8},
             loc=(0.5,0.8))
plt.show()
```

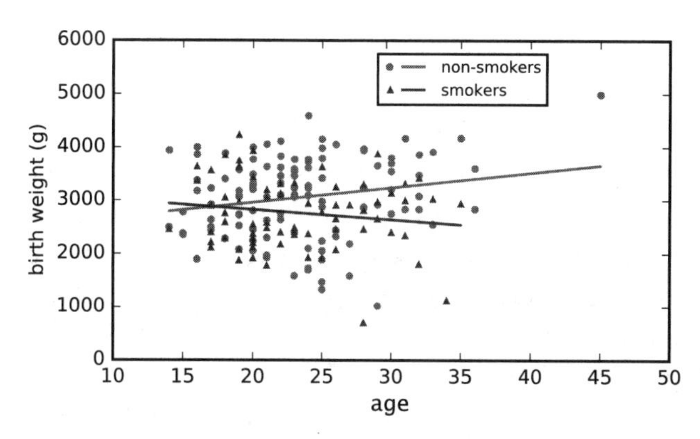

图 1.7　婴儿出生体重与抽烟或不抽烟母亲的年龄关系

3. 定性变量和定量变量的图

在这种情况下，针对每个分类特征绘制定量特征的箱形图很有意思。假设变量结构正确，使用以下代码中的 plt.boxplot 函数可以生成图 1.8：

```
males = nutri[nutri.gender == 'Male']
females = nutri[nutri.gender == 'Female']
plt.boxplot([males.coffee,females.coffee],notch=True,widths
   =(0.5,0.5))
plt.xlabel('gender')
plt.ylabel('coffee')
plt.xticks([1,2],['Male','Female'])
plt.show()
```

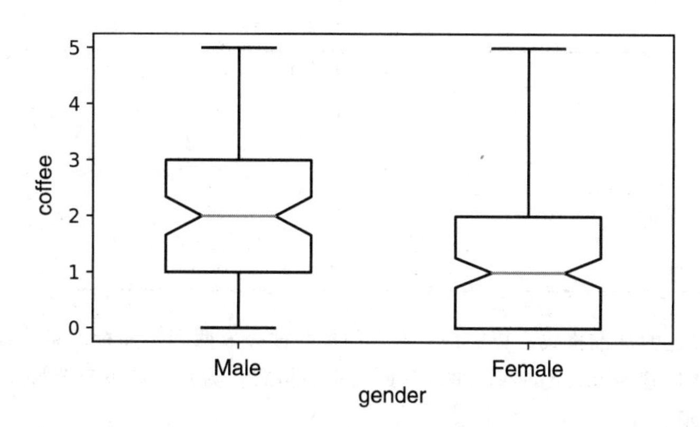

图 1.8　将定量特征 coffee(每天咖啡消耗量)看作分类特征 gender(性别)的函数，绘制箱形图。注意，我们这次使用了“缺口”样式的箱形图

1.6　扩展阅读

本书重点探讨数据的数学和统计分析，因此在本书的其余部分，我们假设数据是可用的，并以合适的格式进行分析。然而，实际数据科学中很大一部分涉及数据清洗，也就是

说，将数据转换成能用标准软件包进行分析的形式。numpy 和 pandas 等标准 Python 模块可用于重新格式化行、重命名列、删除错误异常值、合并行等。pandas 的创造者 McKinney 在文献[84]中给出了许多实用案例研究。高效的数据可视化方法在文献[65]中得到了很好的阐述。

1.7 习题

在尝试这些习题之前，请确保已安装最新版本的 Python 相关软件包，特别是 matplotlib、pandas 和 seaborn。一种简单的方法是通过 Anaconda Navigator 更新软件包，详见附录 D。

1. 访问 UCI 机器学习数据库 https://archive.ics.uci.edu/。阅读数据说明并下载 Mushroom(蘑菇)数据集 agaricus-lepiota.data。使用 pandas 的 read_csv 命令将数据读入名为 mushroom 的数据帧(DataFrame)。

(a)数据集中包含多少特征？

(b)特征的初始名称和类型是什么？

(c)将第一个特征(索引为 0)重命名为 edibility，将第六个特征(索引为 5)重命名为 odor。(提示：pandas 中的列名是不可变的，所以单个列不能直接修改。但是，可以通过 mushroom.columns = newcols 对整个列名列表赋值。)

(d)第六列列出了蘑菇的各种气味，编码为 a、c 等，试着用 almond、creosote 等名称代替这些编码(从网站上可以找到每个字母对应的类别)。同样将 edibility 中 e 和 p 替换成 edible 和 poisonous。

(e)制作一张关于 edibility 和 odor 的列联表。

(f)采集食用蘑菇时，应避免哪种气味的蘑菇？

(g)无气味的蘑菇样本中，能安全食用的蘑菇占多大比例？

2. 根据表 1.2 修改 nutri 数据集中变量的类型和数值，并保存为 CSV 文件。修改后的数据应该有 8 个分类特征、3 个浮点数类型特征和 2 个整数类型特征。

3. 通常情况下，在使用标准统计软件分析数据之前，需要重新构造数据表。以表 1.3 中学生成绩为例，考虑上专业课前后 5 名学生的考试成绩。

表 1.3 学生成绩

学生	上专业课前	上专业课后
1	75	85
2	30	50
3	100	100
4	50	52
5	60	65

这不是 1.1 节中描述的标准格式。特别是，学生的成绩被分成两列，而标准格式要求将成绩收集在一列，例如，收集在标签为 Score 的列。手动将此表重新格式化为具有如下三个特征的标准格式：

- Score，取连续值。
- Time，取值为 Before 和 After。
- Student，取值为 1 到 5。

pandas 中有用的表重构方法有 melt、stack 和 unstack。

4. 创建一个类似图 1.5 所示的条形图，但是现在要绘制出三个类别中男性和女性的相应比例。也就是说，具有同样“性别”的条形图，每个条形图的高度总和应该为 1。(提示：seaborn 没有这样的内置函数，然而，你可以先创建一个列联表，再使用 matplotlib.pyplot 方法来生成图形。)

5. 1.1 节中提到的 iris 数据集包含三种鸢尾花的各种特征，鸢尾花的类别有 setosa、versicolor 和 virginica，花的特征包括 Petal.Length 和 Sepal.Length 等。

(a) 将数据集加载为 pandas 的 DataFrame 对象。

(b)使用 matplotlib. pyplot 函数，在一个图形中绘制三种花的 Petal. Length 箱形图。

(c)为 Petal. Length 特征绘制具有 20 个分箱的直方图。

(d)制作 Sepal. Length 相对 Petal. Length 的散点图，类似图 1.9a。注意，数据点应根据 Species 特征进行着色，颜色与图 1.9b 的图例一致。

(e) 使用 seaborn 包的 kdeplot 方法，复现图 1.9b 关于 Petal. Length 的核密度图。

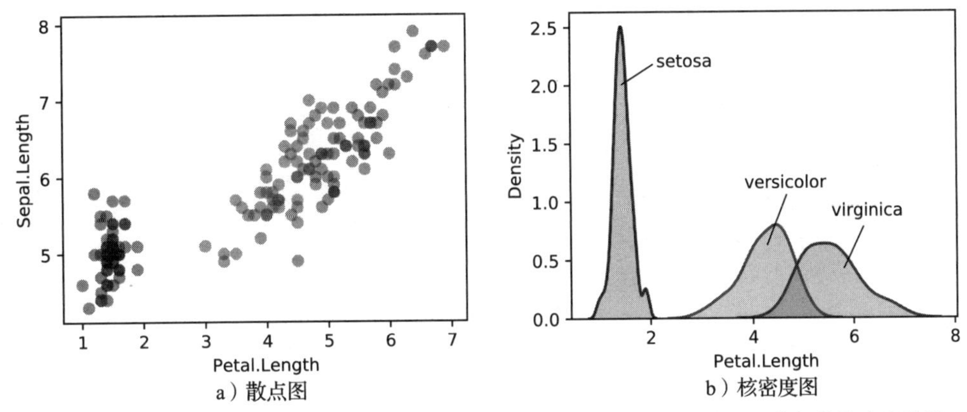

图 1.9 Sepal. Length 相对 Petal. Length 的散点图以及三种鸢尾花 Petal. Length 特征的核密度估计

6. 从与上述 iris 数据集相同的网站导入数据集 EuStockMarkets。该数据集包含 20 世纪 90 年代四只欧洲股票的指数数据，包含每年 260 个工作日的收盘价。

   (a)创建股票价格的时间向量(工作日)，向量范围为 1991.496 到 1998.646，增量为 1/260。

   (b)复现图 1.10。[提示：使用字典将列名(即股票指数)映射为不同的颜色。]

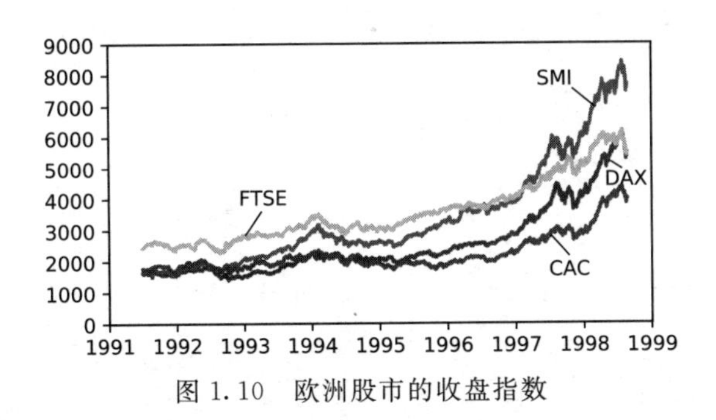

图 1.10 欧洲股市的收盘指数

7. 考虑 UCI 机器学习数据库中的 KASANDR 数据集(网址为 https://archive. ics. uci. edu/ml/machine-learning-databases/00385/de. tar. bz2)。该数据集文件大小为 900MB，下载可能需要一些时间。使用 7-Zip 等解压缩文件，生成一个文件目录 de，目录下包含两个大型 CSV 文件 test_de. csv 和 train_de. csv，两个文件的大小分别为 372MB 和 3GB。只要内存足够，这样大的数据文件仍然可以在 pandas 中高效地处理。这些文件包含德国 Kelkoo 网站日志的用户信息记录，以及用户、供货商和商家的元数据。数据集有 7 个属性，两个文件分别有 1 919 561 和 15 844 717 行。数据集通过十六进制字符串进行匿名化。

   (a)使用如下命令加载 train_de. csv 到 pandas 数据帧对象 de：

```
read_csv('train_de.csv', delimiter = '\t')
```

   如果可用内存不够大，则加载 test_de. csv。注意，这里的条目用制表符而不是逗号分隔。使用 time 软件包记录加载文件所用的时间。(在我们的计算机上加载 train_de. csv 花了 38 秒。)

(b)这个数据集中有多少独立用户和商家？

8. 两种以上特征的数据可视化需要精心设计，这往往更像是一门艺术而不是科学。

(a)访问 Vincent Arel-Bundocks 的网站(URL 详见 1.1 节)，并将 Orange 数据集读入 pandas 名为 orange 的数据帧对象。删除未命名的第一列。

(b)该数据集包含了 5 棵橘子树在不同发育阶段的树干周长。请查找特征的名称。

(c)在 Python 中，导入 seaborn 并使用 regplot 和 FacetGrid 方法可视化树的生长曲线(树干周长与树龄的关系)。

第 2 章 统计学习

本章介绍统计学习中一些常见的概念和主题，讨论监督学习和无监督学习之间的区别，以及如何评估监督学习的预测性能。此外，还要研究线性和高斯特性在数据建模中所起的核心作用。最后介绍贝叶斯学习。本章用到的概率与统计背景知识见附录 C。

2.1 简介

虽然数据结构化和可视化是数据科学的重要方面，但是数据科学的主要挑战在于数据的数学分析。当目标是解释模型和量化数据中的不确定性时，这种分析通常称为**统计学习**。相比之下，如果重点是使用大规模数据进行预测，那就是通常所说的**机器学习**或**数据挖掘**。

数据建模有两个主要目标：1)给定一些观测数据，准确地预测未来的量化数据；2)发现数据中的异常或有趣的模式。要实现这些目标，必须依靠数学中的三大支柱知识：

- **函数近似**：为数据建立数学模型通常意味着理解一个数据变量如何依赖于另一个数据变量。表示变量之间关系的最自然的方法是通过数学函数或映射。我们通常假定这个数学函数不是完全已知的，但是如果有足够的计算能力和数据，就可以很好地近似该函数。因此，数据科学家必须了解如何用最少的计算机处理能力和内存容量来最好地近似和表示函数。
- **优化**：给定一类数学模型，我们希望找到该类中可能的最佳模型。这需要某种有效的搜索或优化过程。优化步骤可以看作用观测数据拟合或校准函数的过程。这一步通常需要优化算法知识和高效的计算机编码或程序设计知识。
- **概率与统计**：通常，用于拟合模型的数据被视为随机过程或数值向量的实现，其概率定律决定了我们预测未来观测值的准确性。因此，为了量化对未来观测值进行预测时固有的不确定性以及模型中误差的来源，数据科学家需要牢固掌握概率论和统计推断方面的知识。

2.2 监督学习和无监督学习

给定输入或**特征**向量 $\boldsymbol{x}$，机器学习的主要目标之一是预测输出或**响应**变量 y。例如，$\boldsymbol{x}$ 可以是一个数字化签名，y 可以是表示签名真假的二进制变量。再比如，$\boldsymbol{x}$ 代表孕妇的体重和吸烟习惯，y 代表婴儿的出生体重。尝试将进行这种预测的数据科学编码为数学函数

g，该函数称为**预测函数**，它将 $\boldsymbol{x}$ 作为输入，并输出 y 的猜测值 $g(\boldsymbol{x})$(可以用 $\hat{y}$ 表示)。在某种意义上，排除偶然性和随机性的影响，g 包含了变量 $\boldsymbol{x}$ 和 y 之间关系的所有信息。

在**回归**问题中，响应变量 y 可以取任意实数。相比之下，当 y 只能在 $y\in\{0,\cdots,c-1\}$ 这样的有限集合中取值时，对 y 的预测在概念上等同于将输入 $\boldsymbol{x}$ 划分为 c 个类别之一，因此预测问题就变成了**分类**问题。

我们可以使用**损失函数** $\text{Loss}(y,\hat{y})$ 来衡量预测值 $\hat{y}$ 相对于给定响应 y 的准确性。在回归问题中，常用的损失函数是平方误差损失 $(y-\hat{y})^2$。在分类问题中，经常使用 0-1 损失函数 $\text{Loss}(y,\hat{y})=\mathbb{1}\{y\neq\hat{y}\}$，它表示预测类别 $\hat{y}$ 不等于实际类别 y 时产生的损失为 1。本书后续章节将介绍各种有用的损失函数，如交叉熵和铰链损失函数(见第 7 章)。

误差通常用来衡量真实目标 y 和它的某个近似值 $\hat{y}$ 之间的距离。如果 y 是实值，绝对误差 $|y-\hat{y}|$ 和平方误差 $(y-\hat{y})^2$ 都是公认的误差概念，向量的范数 $\|\boldsymbol{y}-\hat{\boldsymbol{y}}\|$ 和平方范数 $\|\boldsymbol{y}-\hat{\boldsymbol{y}}\|^2$ 也是如此。平方误差 $(y-\hat{y})^2$ 只是损失函数的一个例子。

任何数学函数 g 都不可能对自然界中遇到的所有 $(\boldsymbol{x},y)$ 做出准确的预测。原因之一是，即使是相同的输入 $\boldsymbol{x}$，输出 y 也可能不同，这取决于偶然情况或随机性。因此，我们采用概率方法，假设每一对 $(\boldsymbol{x},y)$ 是具有某种联合概率密度 $f(\boldsymbol{x},y)$ 的随机数对 $(\boldsymbol{X},Y)$ 的结果。然后，我们通过 g 的期望损失(通常称为**风险**)来评估预测性能：

$$\ell(g)=\mathbb{E}\text{Loss}(Y,g(\boldsymbol{X})) \tag{2.1}$$

例如，在使用 0-1 损失函数的分类问题中，风险就等于错误分类的概率：$\ell(g)=\mathbb{P}[Y\neq g(\boldsymbol{X})]$。在这种情况下，预测函数 g 称为**分类器**。给定 $(\boldsymbol{X},Y)$ 的分布和任意损失函数，原则上可以找到产生最小风险 $\ell^*:=\ell(g^*)$ 的最佳函数估计 $g^*:=\text{argmin}_g\mathbb{E}\text{Loss}(Y,g(\boldsymbol{X}))$。在第 7 章，我们将看到某个分类问题，其中 $y\in\{0,\cdots,c-1\}$，$\ell(g)=\mathbb{P}[Y\neq g(\boldsymbol{X})]$，它有：

$$g^*(\boldsymbol{x})=\underset{y\in\{0,\cdots,c-1\}}{\text{argmax}}\ f(y\,|\,\boldsymbol{x})$$

其中，$f(y\,|\,\boldsymbol{x})=\mathbb{P}[Y=y\,|\,\boldsymbol{X}=\boldsymbol{x}]$ 是指 $\boldsymbol{X}=\boldsymbol{x}$ 的情况下 $Y=y$ 的条件概率。如前所述，对于回归问题，最常用的损失函数是平方误差损失。在这种情况下，最佳预测函数 g^* 通常称为**回归函数**。定理 2.1 给出了它的确切形式。

定理 2.1　平方误差损失的最佳预测函数

对于平方误差损失 $\text{Loss}(y,\hat{y})=(y-\hat{y})^2$，最佳预测函数 g^* 等于给定 $\boldsymbol{X}=\boldsymbol{x}$ 情况下 Y 的条件期望：

$$g^*(\boldsymbol{x})=\mathbb{E}[Y\,|\,\boldsymbol{X}=\boldsymbol{x}]$$

证明　设 $g^*(\boldsymbol{x})=\mathbb{E}[Y\,|\,\boldsymbol{X}=\boldsymbol{x}]$。对于任意函数 g，平方误差风险满足

$$\begin{aligned}
\mathbb{E}(Y-g(\boldsymbol{X}))^2 &= \mathbb{E}[(Y-g^*(\boldsymbol{X})+g^*(\boldsymbol{X})-g(\boldsymbol{X}))^2] \\
&= \mathbb{E}(Y-g^*(\boldsymbol{X}))^2+2\mathbb{E}[(Y-g^*(\boldsymbol{X}))(g^*(\boldsymbol{X})-g(\boldsymbol{X}))] \\
&\quad +\mathbb{E}(g^*(\boldsymbol{X})-g(\boldsymbol{X}))^2 \\
&\geqslant \mathbb{E}(Y-g^*(\boldsymbol{X}))^2+2\mathbb{E}[(Y-g^*(\boldsymbol{X}))(g^*(\boldsymbol{X})-g(\boldsymbol{X}))] \\
&= \mathbb{E}(Y-g^*(\boldsymbol{X}))^2+2\mathbb{E}\{(g^*(\boldsymbol{X})-g(\boldsymbol{X}))\mathbb{E}[Y-g^*(\boldsymbol{X})\mid\boldsymbol{X}]\}
\end{aligned}$$

在上面的等式中，我们使用了期望的塔性质。根据条件期望的定义，我们有 $\mathbb{E}[Y-g^*(\boldsymbol{X})\,|\,\boldsymbol{X}]=0$。由此可见，$\mathbb{E}(Y-g(\boldsymbol{X}))^2\geqslant\mathbb{E}(Y-g^*(\boldsymbol{X}))^2$，表明 g^* 具有最小的平方误

差风险。■

定理2.1的一个推论是，在 $\boldsymbol{X}=\boldsymbol{x}$ 的条件下，(随机)响应 Y 可以写作

$$Y = g^*(\boldsymbol{x}) + \varepsilon(\boldsymbol{x}) \tag{2.2}$$

式中，$\varepsilon(\boldsymbol{x})$可以看作在 $\boldsymbol{x}$ 点响应与其条件均值的随机偏差。这个随机偏差满足 $\mathbb{E}\varepsilon(\boldsymbol{x})=0$。此外，对于某些未知的正函数 v，$\boldsymbol{x}$ 点处响应 Y 的条件方差可以写成 $\mathbb{V}\mathrm{ar}\,\varepsilon(\boldsymbol{x})=v^2(\boldsymbol{x})$。注意，一般情况下，$\varepsilon(\boldsymbol{x})$的概率分布是不确定的。

由于最佳预测函数 g^* 依赖于典型的未知联合分布$(\boldsymbol{X},Y)$，在实际中并不可取。相反，我们所能得到的是来自联合密度 $f(\boldsymbol{x},y)$的有限数量的独立(通常是独立的)实现。我们用 $\mathcal{T}=\{(\boldsymbol{X}_1,Y_1),\cdots,(\boldsymbol{X}_n,Y_n)\}$进行表示，并称之为有 n 个样本的**训练集**($\mathcal{T}$是 Training 的助记符)。区分随机训练集 $\mathcal{T}$及其确定的结果$\{(\boldsymbol{x}_1,y_1),\cdots,(\boldsymbol{x}_n,y_n)\}$非常重要，我们将使用符号 τ 表示后者。当我们想强调训练集的大小时，将在 τ 中添加下标 n。

因此，我们的目标是使用训练集 $\mathcal{T}$中的 n 个样本来“学习”未知的 g^*。我们用 $g_{\mathcal{T}}$ 来表示根据某种标准从训练集 $\mathcal{T}$构造的 g^* 的最佳近似函数。注意，$g_{\mathcal{T}}$ 是随机函数，其结果可以用 g_τ 表示。使用老师-学生的关系来比喻比较恰当，函数 $g_{\mathcal{T}}$ 是从训练数据 $\mathcal{T}$中学习未知函数关系 $g^*:x\mapsto y$ 的**学生**。我们可以想象一个“老师”，老师提供具有输出 Y_i 与输入 $\boldsymbol{X}_i(i=1,\cdots,n)$对应关系的 n 个样本，从而“训练”学生 $g_{\mathcal{T}}$ 对新的输入 $\boldsymbol{X}$ 进行预测，而正确的输出 Y(未知的)老师并没有提供。

上述情景称为**监督学习**，因为学生是在老师的监督下尝试学习特征向量 $\boldsymbol{x}$ 和响应 y 之间的函数关系。通常来说，y 是基于 $\boldsymbol{x}$ 的解释或预测，其中向量 $\boldsymbol{x}$ 是**解释变量**。

监督学习的一个例子是垃圾邮件检测。目标是训练学习器 $g_{\mathcal{T}}$ 准确预测未来的电子邮件是不是垃圾邮件，邮件使用特征向量 $\boldsymbol{x}$ 表示。训练数据由许多不同电子邮件的特征向量以及相应的标签(“垃圾邮件”或“非垃圾邮件”)组成。例如，在一封给定的电子邮件中，特征向量可以是“免费”“销售”或“错过”等推销术语出现的次数。

从上面的讨论可以看出，如果知道条件概率密度函数 $f(y\,|\,\boldsymbol{x})$，那么监督学习中的大多数问题都可以得到答案，因为我们原则上可以求出函数值 $g^*(\boldsymbol{x})$。

相比之下，**无监督学习**没有区分响应变量和解释变量，其目标是学习未知数据分布的结构。换句话说，我们需要学习 $f(\boldsymbol{x})$。在这种情况下，$g(\boldsymbol{x})$是 $f(\boldsymbol{x})$的近似，其风险为

$$\ell(g) = \mathbb{E}\,\mathrm{Loss}(f(\boldsymbol{X}),g(\boldsymbol{X}))$$

无监督学习的一个例子是分析杂货店顾客的购买行为，假设该商店总共有100件待售商品。这里的特征向量可以是二进制向量 $\boldsymbol{x}\in\{0,1\}^{100}$，表示顾客在商店购买的物品(如果顾客购买了第 $k\in\{1,\cdots,100\}$种物品，则向量的第 k 位为1，否则为0)。基于训练集 $\tau=\{\boldsymbol{x}_1,\ \cdots,\ \boldsymbol{x}_n\}$，我们希望找到任何有趣的或不寻常的购买模式。一般来说，很难确定无监督学习器是否做得很好，因为没有老师提供准确预测的例子。

无监督学习的主要方法包括**聚类**、**主成分分析**和**核密度估计**，这些将在第4章讨论。

2.3～2.5节将重点关注监督学习。监督学习的主要方法有**回归**和**分类**，它们将在第5章和第7章中详细讨论。更高级的监督学习方法包括**再生核希尔伯特空间**、**树方法**和**深度学习**，它们将在第6、8和9章讨论。

2.3　训练损失和测试损失

给定任意预测函数 g，通常不可能计算式(2.1)中的风险 $\ell(g)$。然而，使用训练样本

$\mathcal{T}$，我们可以通过经验风险(样本均值)来近似 $\ell(g)$：

$$\ell_{\mathcal{T}}(g)=\frac{1}{n}\sum_{i=1}^{n}\mathrm{Loss}(Y_i,g(\boldsymbol{X}_i)) \tag{2.3}$$

我们称之为**训练损失**。因此，训练损失是基于训练数据的预测函数 g 的风险(期望损失)的无偏估计量。

为了逼近最佳预测函数 g^*［风险 $\ell(g)$ 最小］，我们首先选择一组合适的近似函数 $\mathcal{G}$，然后将 $\mathcal{G}$ 中使训练损失最小化的函数作为学习器：

$$g_{\mathcal{T}}^{\mathcal{G}}=\underset{g\in\mathcal{G}}{\mathrm{argmin}}\,\ell_{\mathcal{T}}(g) \tag{2.4}$$

例如，最简单和最有用的 $\mathcal{G}$ 是 $\boldsymbol{x}$ 的线性函数集合，即对于某个实数向量 $\boldsymbol{\beta}$，满足 $g:\boldsymbol{x}\mapsto\boldsymbol{\beta}^{\mathrm{T}}\boldsymbol{x}$ 形式的所有函数集合。

当清楚使用哪个函数类时，我们取消上标 $\mathcal{G}$。注意，在所有可能的函数 g 上(而不是所有 $g\in\mathcal{G}$ 上)最小化训练损失不是一个有意义的优化问题，因为任何满足 $g(\boldsymbol{X}_i)=Y_i$ 的函数 g 都会产生最小的训练损失。特别是对于平方误差损失，训练损失将为 0。不幸的是，这些函数预测新数据(独立于 $\mathcal{T}$ 的数据)的能力很差。这种较差的泛化性能称为**过拟合**。

通过选择函数 g 来准确预测训练数据，可以让平方误差训练损失为零。最小化训练损失并不是最终目标！

新数据对的预测准确性由学习器的**泛化风险**来衡量。对于**固定训练集** τ，泛化风险定义为

$$\ell(g_{\tau}^{\mathcal{G}})=\mathbb{E}\mathrm{Loss}(Y,g_{\tau}^{\mathcal{G}}(\boldsymbol{X})) \tag{2.5}$$

其中，$(\boldsymbol{X},Y)$ 的概率密度函数为 $f(\boldsymbol{x},y)$。因此，对于离散变量，泛化风险为 $\ell(g_{\tau}^{\mathcal{G}})=\sum_{\boldsymbol{x},y}\mathrm{Loss}(y,g_{\tau}^{\mathcal{G}}(\boldsymbol{x}))f(\boldsymbol{x},y)$ (对于连续变量，用积分公式替代这里的求和公式)。如图 2.1 所示，$(\boldsymbol{X},Y)$ 的分布由浅色点表示。训练集(阴影区域中的点)确定了一个固定的预测函数，显示为一条直线。$(\boldsymbol{X},Y)$ 的三个可能的结果用深黑点表示。虚线的长度表示每个点的损失量。泛化风险是所有可能数值对 $(\boldsymbol{x},y)$ 的平均损失，由相应的 $f(\boldsymbol{x},y)$ 进行加权。

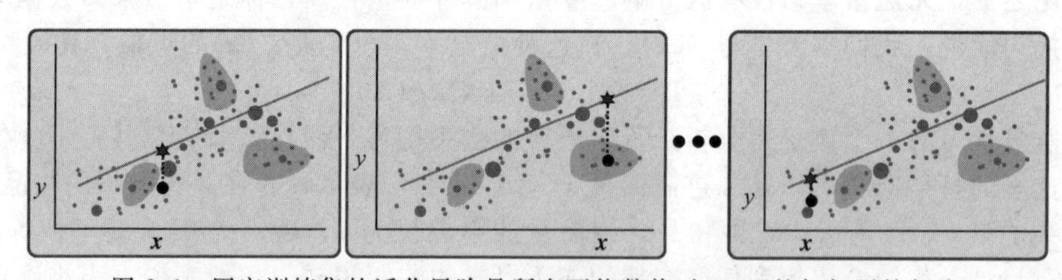

图 2.1 固定训练集的泛化风险是所有可能数值对 $(\boldsymbol{x},y)$ 的加权平均损失

因此，对于**随机训练集** $\mathcal{T}$，泛化风险是依赖于 $\mathcal{T}$(和 $\mathcal{G}$)的随机变量。如果我们对 $\mathcal{T}$ 的所有可能实例的泛化风险进行平均，将得到泛化风险的期望：

$$\mathbb{E}\ell(g_{\mathcal{T}}^{\mathcal{G}})=\mathbb{E}\mathrm{Loss}(Y,g_{\mathcal{T}}^{\mathcal{G}}(\boldsymbol{X})) \tag{2.6}$$

其中，$(\boldsymbol{X},Y)$ 与 $\mathcal{T}$ 无关。对于离散变量，我们有 $\mathbb{E}\ell(g_{\mathcal{T}}^{\mathcal{G}})=\Sigma_{\boldsymbol{x},y,\boldsymbol{x}_1,y_1,\cdots,\boldsymbol{x}_n,y_n}\mathrm{Loss}(y,g_{\tau}^{\mathcal{G}}(\boldsymbol{x}))f(\boldsymbol{x},y)f(\boldsymbol{x}_1,y_1)\cdots f(\boldsymbol{x}_n,y_n)$，如图 2.2 所示。

对于训练数据的任何结果 τ，我们可以通过取样本平均值来无偏估计泛化风险：

$$\ell_{\mathcal{T}'}(g_{\tau}^{\mathcal{G}}):=\frac{1}{n'}\sum_{i=1}^{n'}\mathrm{Loss}(Y_i',g_{\tau}^{\mathcal{G}}(\boldsymbol{X}_i')) \tag{2.7}$$

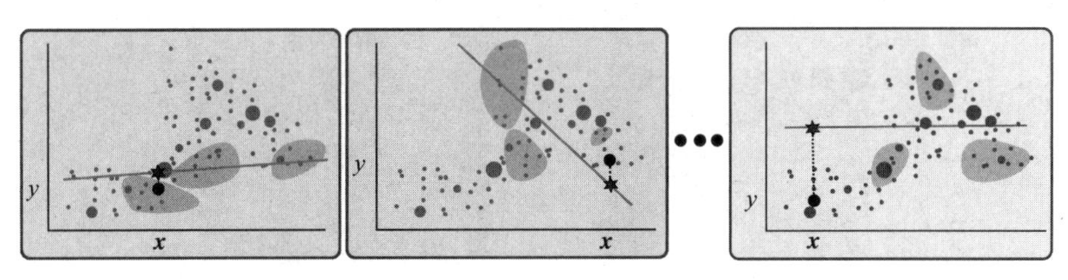

图 2.2 泛化风险的期望是所有训练集上数据对$(\boldsymbol{x},y)$的加权平均损失

其中，$\{(\boldsymbol{X}_1',Y_1'),\cdots,(\boldsymbol{X}_{n'}',Y_{n'}')\}=:\mathcal{T}'$是所谓的**测试样本**。测试样本完全独立于 $\mathcal{T}$，但抽样方式与 $\mathcal{T}$相同。也就是说，通过从 $f(\boldsymbol{x},y)$中独立抽样，得出 n'个样本。我们称式(2.7)表示的无偏估计为**测试损失**。对于随机训练集 $\mathcal{T}$，我们可以类似地定义 $\ell_{\mathcal{T}'}(g_{\mathcal{T}}^{\mathcal{G}})$。因此，假设 $\mathcal{T}$独立于 $\mathcal{T}'$是至关重要的。表 2.1 总结了监督学习的主要定义和符号。

表 2.1 监督学习的定义总结

$\boldsymbol{x}$	固定解释(特征)向量
$\boldsymbol{X}$	随机解释(特征)向量
y	固定(实值)响应
Y	随机响应
$f(\boldsymbol{x},y)$	$\boldsymbol{X}$ 和 Y 的联合概率密度函数在$(\boldsymbol{x},y)$处的取值
$f(y\mid\boldsymbol{x})$	给定 $\boldsymbol{X}=\boldsymbol{x}$ 情况下 Y 的条件概率密度函数在 y 处的取值
τ 或 τ_n	固定训练数据$\{(\boldsymbol{x}_i,y_i),\ i=1,\cdots,n\}$
$\mathcal{T}$或 $\mathcal{T}_n$	随机训练数据$\{(\boldsymbol{X}_i,Y_i),\ i=1,\cdots,n\}$
$\mathbf{X}$	解释变量矩阵，具有 n 行 $\boldsymbol{x}_i^{\mathrm{T}}(i=1,\cdots,n)$和 $\dim(\boldsymbol{x})$列，其中一个特征可能是常数 1
$\boldsymbol{y}$	响应变量$(y_1,\cdots,y_n)^{\mathrm{T}}$ 的向量表示
g	预测函数
$\mathrm{Loss}(y,\hat{y})$	用 $\hat{y}$ 来预测响应 y 时产生的损失
$\ell(g)$	预测函数 g 的风险，即 $\mathbb{E}\mathrm{Loss}(Y,g(\boldsymbol{X}))$
g^*	最佳预测函数，即 $\mathrm{argmin}_g\ell(g)$
$g^{\mathcal{G}}$	函数类 $\mathcal{G}$ 中的最佳预测函数，即 $\mathrm{argmin}_{g\in\mathcal{G}}\ell(g)$
$\ell_\tau(g)$	预测函数 g 的训练损失，即基于固定训练样本 τ 的 $\ell(g)$的样本平均估计
$\ell_{\mathcal{T}}(g)$	与 $\ell_\tau(g)$含义相同，但这里针对的是随机训练样本 $\mathcal{T}$
$g_\tau^{\mathcal{G}}$ 或 g_τ	学习器 $\mathrm{argmin}_{g\in\mathcal{G}}\ell_\tau(g)$，即基于固定训练集 τ 和函数类 $\mathcal{G}$ 的最佳预测函数。如果函数类是隐式的，则去掉上标 $\mathcal{G}$
$g_{\mathcal{T}}^{\mathcal{G}}$ 或 $g_{\mathcal{T}}$	学习器，但用随机训练集 $\mathcal{T}$代替 τ

为了比较不同学习器在函数类 $\mathcal{G}$ 上的预测性能(通过测试损失衡量)，我们可以使用相同的固定训练集 τ 和测试集 τ'对所有学习器进行预测。当有大量数据时，通常随机地将“整体”数据集分为训练集和测试集，如图 2.3 所示。然后，利用训练数据来构造不同的学习器 $g_\tau^{\mathcal{G}_1}$、$g_\tau^{\mathcal{G}_2}$ 等，并使用测试数据从这些学习器中选出测试损失最小的学习器。在这种情况下，测试集称为**验证集**。一旦选出最佳学习器，就可以使用第三个测试集来评估最佳学习器的预测性能。训练集、验证集和测试集同样可以通过随机分配从整体数据集中获得。当整体数据集大小适中时，习惯上使用交叉验证对训练集进行验证(模型选择)，参见 2.5.2 节。

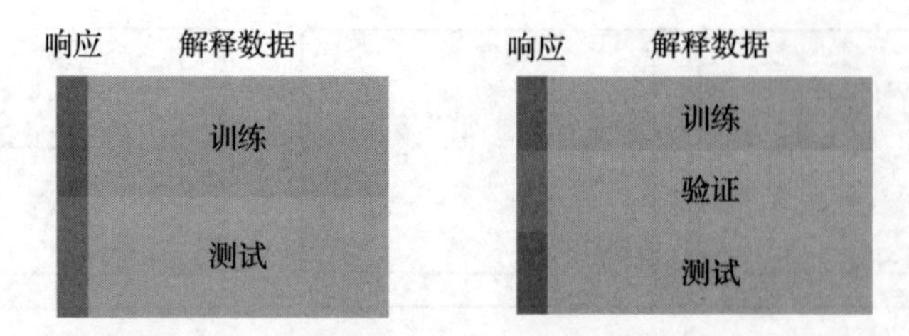

图 2.3 统计学习算法通常需要将数据分为训练数据和测试数据。如果后者用于模型选择，则需要第三个数据集来测试所选模型的性能

接下来，我们通过一个具体的例子来说明到目前为止所介绍的概念。

例 2.1(多项式回归) 在下面的内容中，我们把符号 $\boldsymbol{x}$、g、$\mathcal{G}$ 分别替换为 u、h、$\mathcal{H}$，看完示例就明白这种符号替换的原因了。

图 2.4 中共有 $n=100$ 个用点表示的数据点 (u_i,y_i)，$i=1,\cdots,n$，这些数据从独立同分布的随机数据点 $(U_i,Y_i)(i=1,\cdots,n)$ 中抽取，其中 $\{U_i\}$ 在区间 $(0,1)$ 上均匀分布。给定 $U_i=u_i$ 的情况下，随机变量 Y_i 服从正态分布，期望为 $10-140u_i+400u_i^2-250u_i^3$，方差为 $\ell^*=25$。这是一个**多项式回归模型**。利用平方误差损失，最佳预测函数 $h^*(u)=\mathbb{E}[Y|U=u]$ 可以表示为

$$h^*(u)=10-140u+400u^2-250u^3$$

如图 2.4 中的虚线所示。

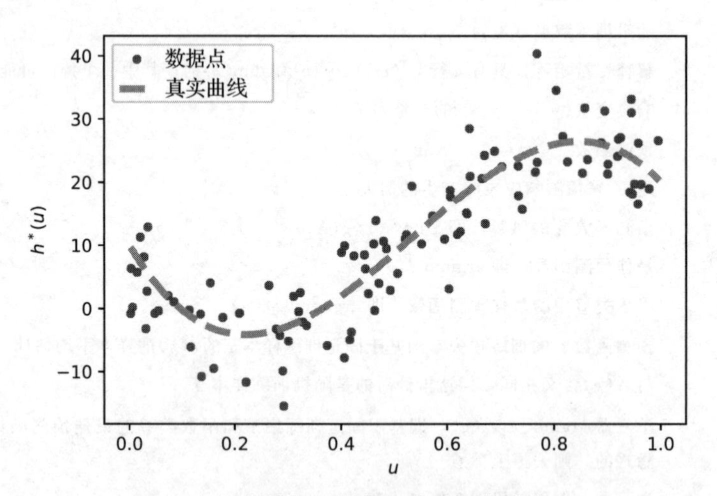

图 2.4 训练数据和最佳多项式预测函数 h^*

为了获得基于训练集 $\tau=\{(u_i,y_i),\ i=1,\cdots,n\}$ 的良好估计 $h^*(u)$，我们可以在合适的候选函数集合 $\mathcal{H}$ 上最小化式(2.3)的训练损失结果：

$$\ell_\tau(h)=\frac{1}{n}\sum_{i=1}^{n}(y_i-h(u_i))^2 \tag{2.8}$$

对于 $p=1,2,\cdots$ 和参数向量 $\boldsymbol{\beta}=[\beta_1,\beta_2,\cdots,\beta_p]^{\mathrm{T}}$，我们取集合 $\mathcal{H}_p$ 为 u 的 $p-1$ 阶多项式函数：

$$h(u):=\beta_1+\beta_2u+\beta_3u^2+\cdots+\beta_pu^{p-1} \tag{2.9}$$

该函数类包含 $p\geqslant4$ 时的最佳估计 $h^*(u)=\mathbb{E}[Y|U=u]$。注意，$\mathcal{H}_p$ 上的优化是一个

参数优化问题，因为我们需要找到最佳的 $\boldsymbol{\beta}$。式(2.8)在 $\mathcal{H}_p$ 上的优化过程并不是很直接，除非我们注意到式(2.9)是关于 $\boldsymbol{\beta}$ 的线性函数。特别是，如果将每个特征 u 映射为特征向量 $\boldsymbol{x}=[1,u,u^2,\cdots,u^{p-1}]^{\mathrm{T}}$，则式(2.9)的右侧可以写作函数：

$$g(\boldsymbol{x}) = \boldsymbol{x}^{\mathrm{T}}\boldsymbol{\beta}$$

它是 $\boldsymbol{x}$ 和 $\boldsymbol{\beta}$ 的线性函数。那么，当 $p\geqslant 4$ 时，$\mathcal{H}_p$ 中的最佳函数 $h^*(u)$ 则对应于 $\mathcal{G}_p$ 上的函数 $g^*(\boldsymbol{x})=\boldsymbol{x}^{\mathrm{T}}\boldsymbol{\beta}^*$，其中 $\mathcal{G}_p$ 是从 $\mathbb{R}^p$ 到 $\mathbb{R}$ 的线性函数集，$\boldsymbol{\beta}^*=[10,-140,400,-250,0,\cdots,0]^{\mathrm{T}}$。因此，与其使用多项式函数集合 $\mathcal{H}_p$，不如使用线性函数集合 $\mathcal{G}_p$。这就引出了统计学习中一个非常重要的概念：

扩展特征空间以获得**线性**预测函数。

现在，我们用新的解释(特征)变量 $\boldsymbol{x}_i=[1,u_i,u_i^2,\cdots,u_i^{p-1}]^{\mathrm{T}}(i=1,\cdots,n)$ 来重新表述学习问题。这些特征向量很容易表示成具有行 $\boldsymbol{x}_1^{\mathrm{T}},\cdots,x_n^{\mathrm{T}}$ 的矩阵 $\boldsymbol{X}$：

$$\boldsymbol{X} = \begin{bmatrix} 1 & u_1 & u_1^2 & \cdots & u_1^{p-1} \\ 1 & u_2 & u_2^2 & \cdots & u_2^{p-1} \\ \vdots & \vdots & \vdots & \ddots & \vdots \\ 1 & u_n & u_n^2 & \cdots & u_n^{p-1} \end{bmatrix} \tag{2.10}$$

将响应 $\{y_i\}$ 表示为列向量 $\boldsymbol{y}$，式(2.3)的训练损失现在可以简写为

$$\frac{1}{n}\|\boldsymbol{y}-\boldsymbol{X\beta}\|^2 \tag{2.11}$$

为了在 $\mathcal{G}_p$ 中找到式(2.4)对应的最佳学习器，我们需要找到式(2.11)的最小值：

$$\hat{\boldsymbol{\beta}} = \underset{\boldsymbol{\beta}}{\operatorname{argmin}}\|\boldsymbol{y}-\boldsymbol{X\beta}\|^2 \tag{2.12}$$

这叫作**普通最小二乘**解。如图2.5所示，为了求 $\hat{\boldsymbol{\beta}}$，取 $\boldsymbol{X}\hat{\boldsymbol{\beta}}$ 等于 $\boldsymbol{y}$ 在由矩阵 $\boldsymbol{X}$ 的列构成的线性空间上的正交投影，即 $\boldsymbol{X}\hat{\boldsymbol{\beta}}=\boldsymbol{P}\boldsymbol{y}$，其中 $\boldsymbol{P}$ 是**投影矩阵**。

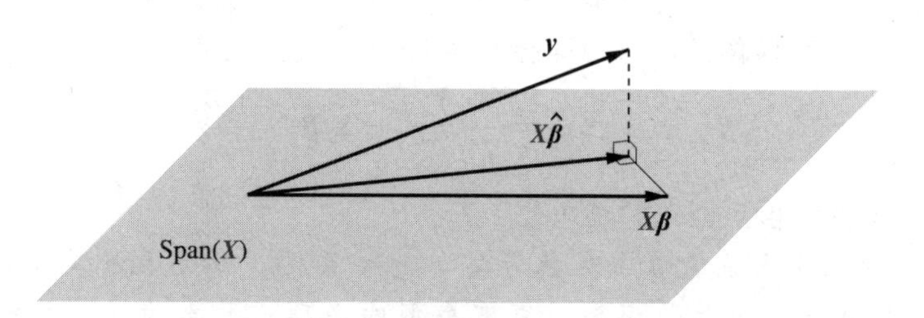

图2.5 $\boldsymbol{X}\hat{\boldsymbol{\beta}}$ 是 $\boldsymbol{y}$ 在由矩阵 $\boldsymbol{X}$ 的列构成的线性空间上的正交投影

根据定理A.4，投影矩阵由下式给出：

$$\boldsymbol{P} = \boldsymbol{X}\boldsymbol{X}^{+} \tag{2.13}$$

其中，维数为 $p\times n$ 的矩阵 $\boldsymbol{X}^{+}$ 是 $\boldsymbol{X}$ 的**伪逆**。如果 $\boldsymbol{X}$ 恰好是**列满秩**矩阵(矩阵中没有一列可以表示为其他列的线性组合)，那么 $\boldsymbol{X}^{+}=(\boldsymbol{X}^{\mathrm{T}}\boldsymbol{X})^{-1}\boldsymbol{X}^{\mathrm{T}}$。

在任何情况下，通过 $\boldsymbol{X}\hat{\boldsymbol{\beta}}=\boldsymbol{P}\boldsymbol{y}$ 和 $\boldsymbol{P}\boldsymbol{X}=\boldsymbol{X}$ 都可以看出，$\hat{\boldsymbol{\beta}}$ 满足正规方程：

$$\boldsymbol{X}^{\mathrm{T}}\boldsymbol{X}\hat{\boldsymbol{\beta}} = \boldsymbol{X}^{\mathrm{T}}\boldsymbol{P}\boldsymbol{y} = (\boldsymbol{P}\boldsymbol{X})^{\mathrm{T}}\boldsymbol{y} = \boldsymbol{X}^{\mathrm{T}}\boldsymbol{y} \tag{2.14}$$

这是一组线性方程，可以快速求解，其解可以显式地写成

$$\widehat{\boldsymbol{\beta}} = \boldsymbol{X}^{+} \boldsymbol{y} \tag{2.15}$$

图 2.6 显示了不同 p 值下训练的学习器：

$$h_{\tau}^{\mathcal{H}_p}(u) = g_{\tau}^{\mathcal{G}_p}(\boldsymbol{x}) = \boldsymbol{x}^{\mathrm{T}} \widehat{\boldsymbol{\beta}}$$

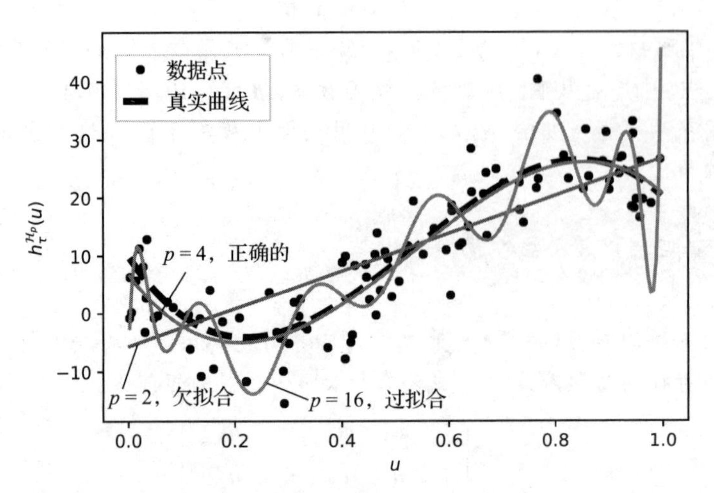

图 2.6 p 取 2、4 和 16 时训练数据的拟合曲线，图中还绘制了 $p=4$ 时真实的三次多项式曲线(虚线所示)

可以看出，当 $p=16$ 时，拟合曲线更接近数据点，但是明显偏离虚线表示的真实多项式曲线，这表明拟合过度了。选择 $p=4$(真正的三次多项式)比 $p=16$ 或者 $p=2$(直线所示)要好得多。

每个函数类 $\mathcal{G}_p$ 都给出一个不同的学习器 $g_{\tau}^{\mathcal{G}_p}$，$p=1,2,\cdots$。为了评估哪一个学习器更好，我们不应该简单地选择训练损失最小的那个。我们总是可以通过取 $p=n$ 实现零训练损失，因为对于任意 n 个点的集合，都存在一个 $n-1$ 次多项式可以对所有的点插值！

相反，我们使用式(2.7)的测试损失来评估学习器的预测性能，该损失在测试数据集上计算。如果将所有 n' 个测试特征向量集合到矩阵 $\boldsymbol{X}'$ 中，并将对应的测试响应集合到向量 $\boldsymbol{y}'$ 中，则测试损失可以像式(2.11)那样简写为

$$\ell_{\tau'}(g_{\tau}^{\mathcal{G}_p}) = \frac{1}{n'} \| \boldsymbol{y}' - \boldsymbol{X}' \widehat{\boldsymbol{\beta}} \|^2$$

其中，$\widehat{\boldsymbol{\beta}}$ 根据训练数据由式(2.15)给出。

图 2.7 为测试损失与向量 $\boldsymbol{\beta}$ 中参数数量 p 的关系图。该图具有典型的“浴盆”形状，在 $p=4$ 时处于最低点，正确地识别出真实模型的多项式阶数为 3。注意，测试损失作为式(2.7)所示泛化风险的估计值，在 $p=16$ 之后数值变得不可靠(图中曲线显示下降，实际上应该上升)。大家可以发现，在 p 较大时训练损失的图形也有类似的数值不稳定性，实际上数值并没有减少到 0，这与理论情况正好相反。之所以产生这样的数值问题是因为，p 较大时，矩阵 $\boldsymbol{X}$(范德蒙矩阵)列的大小相差很大，因此浮点误差很快就会变得非常大。

最后，图中显示测试损失的下限为 21 左右，这对应于最小(平方误差)风险的估计 $\ell^* = 25$。

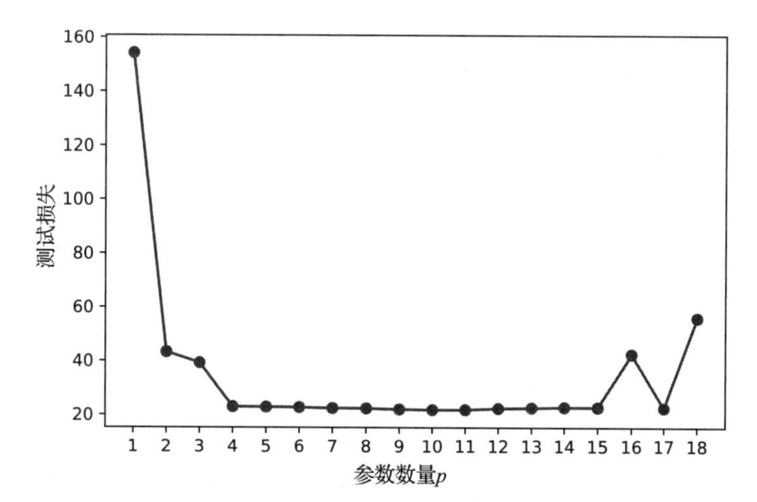

图 2.7　测试损失是模型参数数量 p 的函数

下面的脚本显示了如何在 Python 中生成和绘制训练数据：

polyreg1.py

```
import numpy as np
from numpy.random import rand , randn
from numpy.linalg import norm , solve
import matplotlib.pyplot as plt
def generate_data(beta , sig, n):
   u = np.random.rand(n, 1)
   y = (u ** np.arange(0, 4)) @ beta + sig * np.random.randn(n, 1)
   return u, y

np.random.seed(12)
beta = np.array([[10, -140, 400, -250]]).T
n = 100
sig = 5
u, y = generate_data(beta , sig, n)
xx = np.arange(np.min(u), np.max(u)+5e-3, 5e-3)
yy = np.polyval(np.flip(beta), xx)
plt.plot(u, y, '.', markersize=8)
plt.plot(xx, yy, '--',linewidth=3)
plt.xlabel(r'$u$')
plt.ylabel(r'$h^*(u)$')
plt.legend(['data points','true'])
plt.show()
```

下面的代码将导入上面的代码，对训练数据拟合 $p=1,\cdots,18$ 时的多项式模型，并绘制出选取的拟合曲线，如图 2.6 所示。

polyreg2.py

```
from polyreg1 import *

max_p = 18
p_range = np.arange(1, max_p + 1, 1)
X = np.ones((n, 1))
betahat, trainloss = {}, {}

for p in p_range:  # p is the number of parameters
    if p > 1:
        X = np.hstack((X, u**(p-1)))  # add column to matrix
```

```
        betahat[p] = solve(X.T @ X, X.T @ y)
        trainloss[p] = (norm(y - X @ betahat[p])**2/n)

p = [2, 4, 16]  # select three curves

#replot the points and true line and store in the list "plots"
plots = [plt.plot(u, y, 'k.', markersize=8)[0],
         plt.plot(xx, yy, 'k--',linewidth=3)[0]]
# add the three curves
for i in p:
    yy = np.polyval(np.flip(betahat[i]), xx)
    plots.append(plt.plot(xx, yy)[0])

plt.xlabel(r'$u$')
plt.ylabel(r'$h^{\mathcal{H}_p}_{\tau}(u)$')
plt.legend(plots,('data points', 'true','$p=2$, underfit',
                  '$p=4$, correct','$p=16$, overfit'))
plt.savefig('polyfitpy.pdf',format='pdf')
plt.show()
```

下面的代码片段将导入前面的代码，生成测试数据并绘制测试损失图，如图 2.7 所示。

polyreg3.py

```
from polyreg2 import *

# generate test data
u_test, y_test = generate_data(beta, sig, n)

MSE = []
X_test = np.ones((n, 1))

for p in p_range:
    if p > 1:
        X_test = np.hstack((X_test, u_test**(p-1)))

    y_hat = X_test @ betahat[p]  # predictions
    MSE.append(np.sum((y_test - y_hat)**2/n))

plt.plot(p_range, MSE, 'b', p_range, MSE, 'bo')
plt.xticks(ticks=p_range)
plt.xlabel('Number of parameters $p$')
plt.ylabel('Test loss')
```

2.4 统计学习中的权衡处理

在监督学习中，机器学习的艺术是使式(2.5)所示的泛化风险或式(2.6)所示的期望泛化风险尽可能小，同时使用的计算资源尽可能少。为了实现这一目标，必须选择合适的预测函数类 $\mathcal{G}$。这种选择是由各种因素驱动的，例如：

- 类的复杂度(例如，它是否具有足够多的函数以进行充分逼近，甚至包含最佳预测函数 g^*?)。
- 通过式(2.4)的优化程序训练学习器的容易度。
- 式(2.3)所示的训练损失如何准确估计 $\mathcal{G}$ 类中由式(2.1)所示的风险。
- 特征类型(分类特征、连续特征等)。

因此，选择合适的函数类 $\mathcal{G}$ 通常需要在各冲突因素之间进行权衡。例如，来自简单类 $\mathcal{G}$ 的学习器训练速度很快，但可能无法很好地近似 g^*，而来自包含 g^* 的丰富函数类 $\mathcal{G}$ 的学习器可能需要大量的计算资源进行训练。

为了更好地理解模型复杂度、计算简单性和估计准确性之间的关系，将泛化风险分解为若干部分是非常有用的，这样就可以研究这些部分之间的权衡效果了。我们将考虑两种这样的分解：近似-估计权衡和偏差-方差权衡。

我们将式(2.5)的泛化风险分解为以下三个部分：

$$\ell(g_\tau^{\mathcal{G}}) = \underbrace{\ell^*}_{\text{不可归约风险}} + \underbrace{\ell(g^{\mathcal{G}}) - \ell^*}_{\text{近似误差}} + \underbrace{\ell(g_\tau^{\mathcal{G}}) - \ell(g^{\mathcal{G}})}_{\text{统计误差}} \tag{2.16}$$

其中，第一部分 $\ell^* := \ell(g^*)$ 是**不可归约风险**，$g^{\mathcal{G}} := \operatorname{argmin}_{g\in\mathcal{G}} \ell(g)$ 是 $\mathcal{G}$ 类中最好的学习器。没有学习器预测新响应的风险比 ℓ^* 小。

第二部分是**近似误差**，它用来衡量不可归约风险和可能的最佳风险(由所选函数类 $\mathcal{G}$ 中的最佳预测函数提供)之间的差异。由于不存在训练数据集 τ，确定合适的类 $\mathcal{G}$ 并在该类上最小化 $\ell(g)$ 纯粹是数值和泛函分析问题。对于不包含最佳 g^* 的固定 $\mathcal{G}$，近似误差不能达到任意小，它可能是泛化风险的主要成分。减少近似误差的唯一方法是扩展类 $\mathcal{G}$，使其成为包含更多函数的大函数集。

第三部分是**统计误差(估计误差)**。它取决于训练集 τ，特别是学习器 $g_\tau^{\mathcal{G}}$ 估计 $\mathcal{G}$ 类中可能的最佳预测函数 $g^{\mathcal{G}}$ 的能力。对于合理的估计器，当训练集趋于无穷大时，统计误差应在概率或期望上衰减为零。

近似-估计权衡是两个相互冲突的需求的平衡过程。首先，类 $\mathcal{G}$ 必须足够简单，这样统计(估计)误差就不会太大。其次，类 $\mathcal{G}$ 必须足够丰富，才能得到小的近似误差。因此，在近似误差和估计误差之间存在一个平衡。

对于平方误差损失的特殊情况，泛化风险等于 $\ell(g_\tau^{\mathcal{G}}) = \mathbb{E}(Y - g_\tau^{\mathcal{G}}(\boldsymbol{X}))^2$，即预测值 $g_\tau^{\mathcal{G}}(\boldsymbol{X})$ 相对响应 Y 的期望平方误差，俗称**均方误差**。在这种情况下，最佳预测函数由 $g^*(\boldsymbol{x}) = \mathbb{E}[Y\,|\,\boldsymbol{X}=\boldsymbol{x}]$ 给出。式(2.16)各分量现在可以解释如下：

- 第一个分量 $\ell^* = \mathbb{E}(Y - g^*(\boldsymbol{X}))^2$ 是**不可归约误差**，因为任何预测函数都不会产生更小的期望平方误差。
- 第二个分量为近似误差 $\ell(g^{\mathcal{G}}) - \ell(g^*)$，等于 $\mathbb{E}(g^{\mathcal{G}}(\boldsymbol{X}) - g^*(\boldsymbol{X}))^2$。其证明过程与定理 2.1 的证明类似，我们把它留作练习，参见习题 2。因此，近似误差(定义为风险差)在这里可以解释为最佳预测值和 $\mathcal{G}$ 类中最佳预测值之间的期望平方误差。
- 第三个分量为统计误差 $\ell(g_\tau^{\mathcal{G}}) - \ell(g^{\mathcal{G}})$，除非 $\mathcal{G}$ 是线性函数类，否则不能直接解释为期望平方误差。也就是说，对于向量 $\boldsymbol{\beta}$ 存在 $g(\boldsymbol{x}) = \boldsymbol{x}^{\mathrm{T}}\boldsymbol{\beta}$。在这种情况下，我们可以将统计误差写成 $\ell(g_\tau^{\mathcal{G}}) - \ell(g^{\mathcal{G}}) = \mathbb{E}(g_\tau^{\mathcal{G}}(\boldsymbol{X}) - g^{\mathcal{G}}(\boldsymbol{X}))^2$，参见习题 3。

因此，当使用平方误差损失时，线性函数类 $\mathcal{G}$ 的泛化风险可分解为

$$\begin{aligned}\ell(g_\tau^{\mathcal{G}}) &= \mathbb{E}(g_\tau^{\mathcal{G}}(\boldsymbol{X}) - Y)^2 \\ &= \ell^* + \underbrace{\mathbb{E}(g^{\mathcal{G}}(\boldsymbol{X}) - g^*(\boldsymbol{X}))^2}_{\text{近似误差}} + \underbrace{\mathbb{E}(g_\tau^{\mathcal{G}}(\boldsymbol{X}) - g^{\mathcal{G}}(\boldsymbol{X}))^2}_{\text{统计误差}}\end{aligned} \tag{2.17}$$

注意，在这个分解中，统计误差是唯一依赖于训练集的分量。

例 2.2[多项式回归(续)]　接续例 2.1 进行讨论。这里 $\mathcal{G} = \mathcal{G}_p$ 是 $\boldsymbol{x} = [1, u, u^2, \cdots, u^{p-1}]^{\mathrm{T}}$ 的线性函数类，并且 $g^*(\boldsymbol{x}) = \boldsymbol{x}^{\mathrm{T}}\boldsymbol{\beta}^*$。在 $\boldsymbol{X} = \boldsymbol{x}$ 条件下，我们有 $Y = g^*(\boldsymbol{x}) + \varepsilon(\boldsymbol{x})$，其中，$\varepsilon(\boldsymbol{x}) \sim \mathcal{N}(0, \ell^*)$，$\ell^* = \mathbb{E}(Y - g^*(\boldsymbol{X}))^2 = 25$ 是不可归约误差。当改变复杂度参数 p 时，我们想知道近似误差和统计误差是如何表现的。

首先，我们来看近似误差。任何函数 $g\in\mathcal{G}_p$ 都可以写成

$$g(\boldsymbol{x})=h(u)=\beta_1+\beta_2u+\cdots+\beta_pu^{p-1}=[1,u,\cdots,u^{p-1}]\boldsymbol{\beta}$$

所以 $g(\boldsymbol{X})$ 的分布为 $[1,U,\cdots,U^{p-1}]\boldsymbol{\beta}$，其中 $U\sim\mathcal{U}(0,1)$。类似地，$g^*(\boldsymbol{X})$ 的分布为 $[1,U,U^2,U^3]\boldsymbol{\beta}^*$。由此得出近似误差的表达式为 $\int_0^1([1,u,\cdots,u^{p-1}]\boldsymbol{\beta}-[1,u,u^2,u^3]\boldsymbol{\beta}^*)^2\mathrm{d}u$。为了使误差最小化，我们将关于 $\boldsymbol{\beta}$ 的梯度设为零，得到 p 个线性方程：

$$\int_0^1([1,u,\cdots,u^{p-1}]\boldsymbol{\beta}-[1,u,u^2,u^3]\boldsymbol{\beta}^*)\mathrm{d}u=0$$

$$\int_0^1([1,u,\cdots,u^{p-1}]\boldsymbol{\beta}-[1,u,u^2,u^3]\boldsymbol{\beta}^*)u\mathrm{d}u=0$$

$$\vdots$$

$$\int_0^1([1,u,\cdots,u^{p-1}]\boldsymbol{\beta}-[1,u,u^2,u^3]\boldsymbol{\beta}^*)u^{p-1}\mathrm{d}u=0$$

记 $\boldsymbol{H}_p=\int_0^1[1,u,\cdots,u^{p-1}]^{\mathrm{T}}[1,u,\cdots,u^{p-1}]\mathrm{d}u$ 为 $p\times p$ 的希尔伯特矩阵，矩阵的第 (i,j) 项由 $\int_0^1 u^{i+j-2}\mathrm{d}u=1/(i+j-1)$ 给出。因此，上述线性方程组可以写成 $\boldsymbol{H}_p\boldsymbol{\beta}=\widetilde{\boldsymbol{H}}\boldsymbol{\beta}^*$，其中 $\widetilde{\boldsymbol{H}}$ 是 $\boldsymbol{H}_{\widetilde{p}}$ 左上角大小为 $p\times4$ 的子块，$\widetilde{p}=\max\{p,4\}$。使用 $\boldsymbol{\beta}_p$ 表示解：

$$\boldsymbol{\beta}_p=\begin{cases}\dfrac{65}{6} & p=1\\ \left[-\dfrac{20}{3},35\right]^{\mathrm{T}} & p=2\\ \left[-\dfrac{5}{2},10,25\right]^{\mathrm{T}} & p=3\\ [10,-140,400,-250,0,\cdots,0]^{\mathrm{T}} & p\geqslant4\end{cases}\tag{2.18}$$

因此，近似误差 $\mathbb{E}(g^{\mathcal{G}_p}(\boldsymbol{X})-g^*(\boldsymbol{X}))^2$ 由下式给出：

$$\int_0^1([1,u,\cdots,u^{p-1}]\boldsymbol{\beta}_p-[1,u,u^2,u^3]\boldsymbol{\beta}^*)^2\mathrm{d}u=\begin{cases}\dfrac{32\ 225}{252}\approx127.9 & p=1\\ \dfrac{1625}{63}\approx25.8 & p=2\\ \dfrac{625}{28}\approx22.3 & p=3\\ 0 & p\geqslant4\end{cases}\tag{2.19}$$

注意观察近似误差是如何随 p 增加而变小的。在这个特殊的例子中，$p\geqslant4$ 时近似误差实际上为零。一般来说，近似函数类 $\mathcal{G}$ 越复杂，近似误差越小。

接下来，我们将探讨统计误差的典型行为。由于 $g_\tau(\boldsymbol{x})=\boldsymbol{x}^{\mathrm{T}}\hat{\boldsymbol{\beta}}$，统计误差可以写成：

$$\int_0^1([1,\cdots,u^{p-1}](\hat{\boldsymbol{\beta}}-\boldsymbol{\beta}_p))^2\mathrm{d}u=(\hat{\boldsymbol{\beta}}-\boldsymbol{\beta}_p)^{\mathrm{T}}\boldsymbol{H}_p(\hat{\boldsymbol{\beta}}-\boldsymbol{\beta}_p)\tag{2.20}$$

图 2.8 说明了式(2.17)表示的泛化风险分解，图中使用的训练集与图 2.7 计算测试损失的训练集相同。回想一下，测试损失使用独立的测试数据，给出了泛化风险的估计。比较这两幅图，我们发现在本例中两者非常吻合。当 $p=4$ 时，统计误差的全局最小值约为 0.28。由于近似误差是单调递减的，逐渐减小为零，$p=4$ 也是泛化风险的全局最小值。

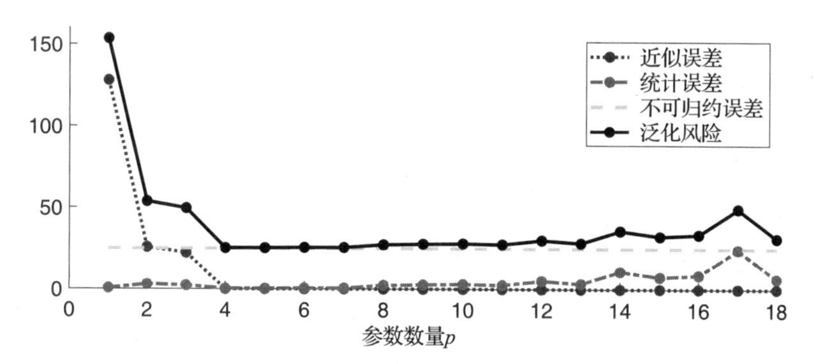

图 2.8 特定训练集上的泛化风险是不可归约误差、近似误差和统计误差之和。近似误差随着 p 的增大而减小到零，而统计误差在 $p=4$ 后有增大的趋势

注意，统计误差取决于估计值 $\widehat{\boldsymbol{\beta}}$，而估计值 $\widehat{\boldsymbol{\beta}}$ 又取决于训练集 τ。通过考虑统计误差的期望，即在多个训练集上求平均值，我们可以更好地理解统计误差。这将在习题 11 中进行探讨。

再次使用平方误差损失，对于一般的 $\mathcal{G}$，从下式开始第二次分解：

$$\ell(g_\tau^{\mathcal{G}}) = \ell^* + \ell(g_\tau^{\mathcal{G}}) - \ell(g^*)$$

其中，统计误差和近似误差是结合在一起的。利用与定理 2.1 的证明过程类似的推断，我们得到：

$$\ell(g_\tau^{\mathcal{G}}) = \mathbb{E}(g_\tau^{\mathcal{G}}(\boldsymbol{X}) - Y)^2 = \ell^* + \mathbb{E}(g_\tau^{\mathcal{G}}(\boldsymbol{X}) - g^*(\boldsymbol{X}))^2 = \ell^* + \mathbb{E}D^2(\boldsymbol{X},\tau)$$

其中，$D(\boldsymbol{x},\tau) := g_\tau^{\mathcal{G}}(\boldsymbol{x}) - g^*(\boldsymbol{x})$。现在考虑随机训练集 $\mathcal{T}$ 的随机变量 $D(\boldsymbol{x},\mathcal{T})$。其平方的期望为

$$\begin{aligned}\mathbb{E}(g_{\mathcal{T}}^{\mathcal{G}}(\boldsymbol{x}) - g^*(\boldsymbol{x}))^2 &= \mathbb{E}D^2(\boldsymbol{x},\mathcal{T}) = (\mathbb{E}D(\boldsymbol{x},\mathcal{T}))^2 + \mathbb{V}\mathrm{ar}D(\boldsymbol{x},\mathcal{T}) \\ &= \underbrace{(\mathbb{E}g_{\mathcal{T}}^{\mathcal{G}}(\boldsymbol{x}) - g^*(\boldsymbol{x}))^2}_{\text{逐点平方偏差}} + \underbrace{\mathbb{V}\mathrm{ar}g_{\mathcal{T}}^{\mathcal{G}}(\boldsymbol{x})}_{\text{逐点方差}} \end{aligned} \tag{2.21}$$

如果将学习器 $g_{\mathcal{T}}^{\mathcal{G}}(\boldsymbol{x})$ 视为随机训练集的函数，那么**逐点平方偏差项**衡量 $g_{\mathcal{T}}^{\mathcal{G}}(\boldsymbol{x})$ 平均值与真实 $g^*(\boldsymbol{x})$ 的接近程度，而**逐点方差**项则衡量 $g_{\mathcal{T}}^{\mathcal{G}}(\boldsymbol{x})$ 与其期望 $\mathbb{E}g_{\mathcal{T}}^{\mathcal{G}}(\boldsymbol{x})$ 的偏差。通过使函数类 $\mathcal{G}$ 更复杂，可以减小平方偏差。然而，通过增加函数复杂度来减少偏差通常会导致方差项的增加。因此，我们要寻找能够在偏差和方差之间取得最佳平衡的学习器，正如通过最小化泛化风险所表示的那样。这称为**偏差-方差**权衡。

注意，式(2.6)所示的期望泛化风险可以写成 $\ell^* + \mathbb{E}D^2(\boldsymbol{X}, \mathcal{T})$，其中 $\boldsymbol{X}$ 和 $\mathcal{T}$ 是独立的。因此，它可以分解为

$$\mathbb{E}\ell(g_{\mathcal{T}}^{\mathcal{G}}) = \ell^* + \underbrace{\mathbb{E}(\mathbb{E}[g_{\mathcal{T}}^{\mathcal{G}}(\boldsymbol{X}) \mid \boldsymbol{X}] - g^*(\boldsymbol{X}))^2}_{\text{平方偏差期望}} + \underbrace{\mathbb{E}[\mathbb{V}\mathrm{ar}[g_{\mathcal{T}}^{\mathcal{G}}(\boldsymbol{X}) \mid \boldsymbol{X}]]}_{\text{方差期望}} \tag{2.22}$$

2.5 估计风险

对式(2.5)的泛化风险进行量化的最直接的方法是通过式(2.7)的测试损失来估计它。然而，泛化风险本质上依赖于训练集，因此不同的训练集可能产生显著不同的估计结果。此外，当可用数据有限时，保留相当一部分数据用于测试而不是训练可能不太经济。本节

将考虑不同的风险估计方法，旨在规避这些困难。

2.5.1 样本内风险

我们已经提到过，由于过拟合现象，学习器的训练损失 $\ell_\tau(g_\tau)$（为简单起见，将 $g_\tau^{\mathcal{G}}$ 中上标 $\mathcal{G}$ 省略）并不是其泛化风险 $\ell(g_\tau)$ 的良好估计。原因之一是，我们使用相同的数据来训练模型和估计风险。那么，我们应该如何估计泛化风险或期望泛化风险呢？

为了简化分析，假设我们想估计学习器 g_τ 在 n 个特征向量 $\boldsymbol{x}_1,\cdots,\boldsymbol{x}_n$ 处预测的平均精度，这些向量是训练集 τ 的一部分。换句话说，我们希望估计学习器 g_τ 的**样本内风险**：

$$\ell_{\text{in}}(g_\tau)=\frac{1}{n}\sum_{i=1}^{n}\mathbb{E}\text{Loss}(Y_i',g_\tau(\boldsymbol{x}_i))\tag{2.23}$$

其中，每个响应 Y_i' 都是由 $f(y|\boldsymbol{x}_i)$ 独立得出的。即使在这种简化的情况下，训练损失也是对样本内风险的较差估计。相反，估计学习器在特征向量 $\boldsymbol{x}_1,\cdots,\boldsymbol{x}_n$ 处预测精度的正确方法是，抽取新的响应值 $Y_i'\sim f(y|\boldsymbol{x}_i)$，$i=1,\cdots,n$，让它独立于训练数据中的响应 $y_1,\cdots,y_n$，然后通过下式估计 g_τ 的样本内风险：

$$\frac{1}{n}\sum_{i=1}^{n}\text{Loss}(Y'_i,g_\tau(\boldsymbol{x}_i))$$

对于固定的训练集 τ，我们可以比较学习器的训练损失和样本内风险。它们的差

$$\text{op}_\tau=\ell_{\text{in}}(g_\tau)-\ell_\tau(g_\tau)$$

称为训练损失的**乐观度**(optimism)，因为它衡量了训练损失低估（乐观）未知样本内风险的程度。从数学上讲，使用**期望乐观度**更容易理解：

$$\mathbb{E}(\text{op}_{\mathcal{T}}|\boldsymbol{X}_1=\boldsymbol{x}_1,\cdots,\boldsymbol{X}_n=\boldsymbol{x}_n)=:\mathbb{E}_{\boldsymbol{X}}\text{op}_{\mathcal{T}}$$

其中，期望取自随机训练集 $\mathcal{T}$，条件为 $\boldsymbol{X}_i=\boldsymbol{x}_i$，$i=1,\cdots,n$。为了便于用符号表示，我们将期望乐观度简化为 $\mathbb{E}_{\boldsymbol{X}}\,\text{op}_{\mathcal{T}}$，其中 $\mathbb{E}_{\boldsymbol{X}}$ 表示条件 $\boldsymbol{X}_i=\boldsymbol{x}_i(i=1,\cdots,n)$ 下的期望算子。与例 2.1 一样，特征向量存储为 $n\times p$ 矩阵 $\boldsymbol{X}$ 的行。结果表明，各种损失函数的乐观度期望可表示为观测响应和预测响应的（条件）协方差。

定理 2.2 期望乐观度

对于 0-1 响应的平方误差损失和 0-1 损失，期望乐观度为

$$\mathbb{E}_{\boldsymbol{X}}\text{op}_{\mathcal{T}}=\frac{2}{n}\sum_{i=1}^{n}\mathbb{C}\text{ov}_{\boldsymbol{X}}(g_{\mathcal{T}}(\boldsymbol{x}_i),Y_i)\tag{2.24}$$

证明 在以下内容中，所有的期望都以 $\boldsymbol{X}_1=\boldsymbol{x}_1,\cdots,\boldsymbol{X}_n=\boldsymbol{x}_n$ 为条件。设 Y_i 为 $\boldsymbol{x}_i$ 的响应，$\hat{Y}_i=g_{\mathcal{T}}(\boldsymbol{x}_i)$ 为预测值。注意，后者依赖于 $Y_1,\cdots,Y_n$。同样，设 Y_i' 是 Y_i 的独立副本，与式(2.23)一样作用于相同的 $\boldsymbol{x}_i$。特别是，Y_i' 与 Y_i 具有相同的分布，并且在统计上独立于包括 Y_i 在内的所有 $\{Y_j\}$，因此也独立于 $\hat{Y}_i$。我们有

$$\begin{aligned}\mathbb{E}_{\boldsymbol{X}}\text{op}_{\mathcal{T}}&=\frac{1}{n}\sum_{i=1}^{n}\mathbb{E}_{\boldsymbol{X}}[(Y_i'-\hat{Y}_i)^2-(Y_i-\hat{Y}_i)^2]=\frac{2}{n}\sum_{i=1}^{n}\mathbb{E}_{\boldsymbol{X}}[(Y_i-Y_i')\hat{Y}_i]\\&=\frac{2}{n}\sum_{i=1}^{n}(\mathbb{E}_{\boldsymbol{X}}[Y_i\hat{Y}_i]-\mathbb{E}_{\boldsymbol{X}}Y_i\mathbb{E}_{\boldsymbol{X}}\hat{Y}_i)=\frac{2}{n}\sum_{i=1}^{n}\mathbb{C}\text{ov}_{\boldsymbol{X}}(\hat{Y}_i,Y_i)\end{aligned}$$

0-1 响应下 0-1 损失的证明留作练习，见习题 4。 ■

总之，期望乐观度表明训练损失平均偏离期望样本内风险的程度。由于独立随机变量的协方差为零，如果学习器 $g_{\mathcal{T}}$ 在统计上独立于响应 $Y_1,\cdots,Y_n$，则期望乐观度为零。

例 2.3[多项式回归(续)]　我们继续讨论例 2.2，其中响应向量 $\boldsymbol{Y}=[Y_1,\cdots,Y_n]^{\mathrm{T}}$ 的分量是独立的，服从方差为 $\ell^*=25$(不可归约误差)、期望为 $\mathbb{E}_{\boldsymbol{X}}\boldsymbol{Y}_i=g^*(\boldsymbol{x}_i)=\boldsymbol{x}_i^{\mathrm{T}}\boldsymbol{\beta}^*\ (i=1,\cdots,n)$ 的正态分布。使用式(2.15)表示的最小二乘估计 $\hat{\boldsymbol{\beta}}$，则式(2.24)表示的期望乐观度为

$$\frac{2}{n}\sum_{i=1}^{n}\mathbb{C}\mathrm{ov}_{\boldsymbol{X}}(\boldsymbol{x}_i^{\mathrm{T}}\hat{\boldsymbol{\beta}},Y_i)=\frac{2}{n}\mathrm{tr}(\mathbb{C}\mathrm{ov}_{\boldsymbol{X}}(\boldsymbol{X}\hat{\boldsymbol{\beta}},\boldsymbol{Y}))=\frac{2}{n}\mathrm{tr}(\mathbb{C}\mathrm{ov}_{\boldsymbol{X}}(\boldsymbol{X}\boldsymbol{X}^{+}\boldsymbol{Y},\boldsymbol{Y}))$$

$$=\frac{2\mathrm{tr}(\boldsymbol{X}\boldsymbol{X}^{+}\mathbb{C}\mathrm{ov}_{\boldsymbol{X}}(\boldsymbol{Y},\boldsymbol{Y}))}{n}=\frac{2\ell^*\mathrm{tr}(\boldsymbol{X}\boldsymbol{X}^{+})}{n}=\frac{2\ell^*p}{n}$$

上式使用了迹的循环特性(见定理 A.1)：$\mathrm{tr}(\boldsymbol{X}\boldsymbol{X}^{+})=\mathrm{tr}(\boldsymbol{X}^{+}\boldsymbol{X})=\mathrm{tr}(\boldsymbol{I}_p)$，假设矩阵 $\boldsymbol{X}$ 的秩为 $\mathrm{rank}(\boldsymbol{X})=p$。因此，式(2.23)表示的样本内风险的估计为

$$\hat{\ell}_{\mathrm{in}}(g_\tau)=\ell_\tau(g_\tau)+2\ell^*p/n \tag{2.25}$$

其中，我们假设不可归约风险 ℓ^* 是已知的。图 2.9 显示，该估计非常接近图 2.7 中的测试损失。因此，与其计算测试损失来评估最佳模型复杂度 p，不如简单地将训练损失加上修正项 $2\ell^*p/n$ 最小化。在实践中，还必须以某种方式对 ℓ^* 进行估计。

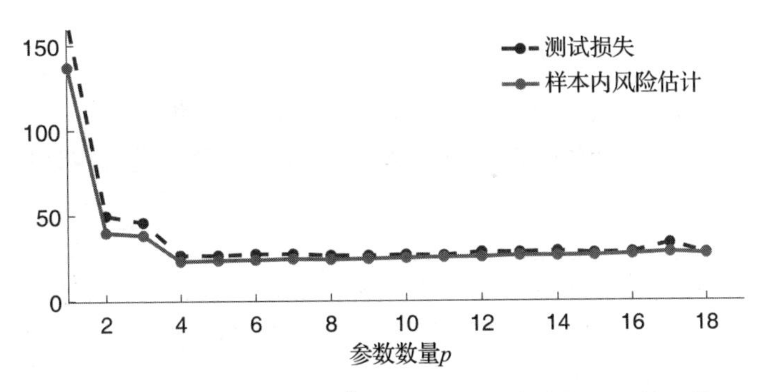

图 2.9　样本内风险估计 $\hat{\ell}_{\mathrm{in}}(g_\tau)$ 是模型参数数量 p 的函数

2.5.2　交叉验证

一般来说，对于复杂函数类 $\mathcal{G}$，很难推导出简单的近似误差和统计误差公式，更不用说泛化风险或期望泛化风险了。正如我们看到的，当有大量数据时，对于给定训练集 τ，评估泛化风险的最简单方法是获得测试集 τ' 并按式(2.7)评估测试损失。当无法获得足够大的测试集，但计算资源很便宜时，则可以通过一种称为**交叉验证**的计算密集型方法来直接获得期望泛化风险。

其思想是创建数据集的多个相同副本，并将每个副本划分为不同的训练集和测试集，如图 2.10 所示。图 2.10 中有 4 个数据集(由响应和解释变量组成)副本。每个副本都分为测试集和训练集。对于每个数据集，我们使用训练数据估计模型参数，然后预测测试集的响应。预测响应和观测响应之间的平均损失可度量模型预测能力。

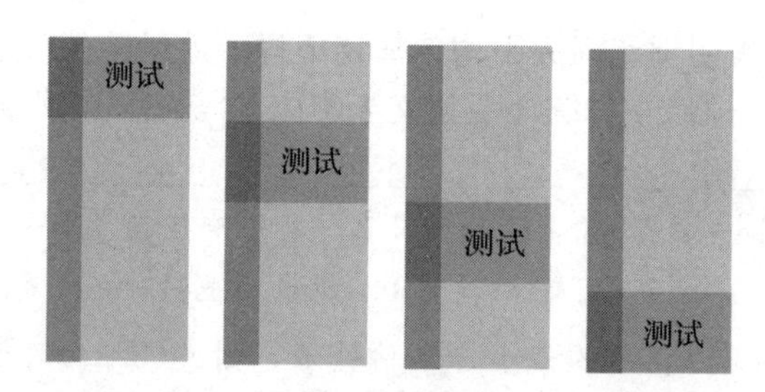

图 2.10　四折(表示同一数据集有 4 个副本)交叉验证示意图。每个副本中的数据都划分为训练集和测试集，深色的列表示响应变量，浅色的列表示解释变量

特别地，假设我们将大小为 n 的数据集 $\mathcal{T}$ 划分为 K 折 $\mathcal{C}_1,\cdots,\mathcal{C}_K$，每折的大小为 $n_1,\cdots,n_K$，因此，$n_1+\cdots+n_K=n$。通常，取 $n_K\approx\frac{n}{K}$，$k=1$，$\cdots$，K。

设 $\ell_{\mathcal{C}_k}$ 为使用 $\mathcal{C}_k$ 作为测试数据时的测试损失，所有剩余数据作为训练数据 $\mathcal{T}_{-k}$。每个 $\ell_{\mathcal{T}_{-k}}$ 都是训练集 $\mathcal{T}_{-k}$ 的泛化风险的无偏估计，即 $\ell(g_{\mathcal{T}_{-k}})$。

K 折交叉验证损失是这些风险估计的加权平均值：

$$\begin{aligned}\mathrm{CV}_K&=\sum_{k=1}^{K}\frac{n_k}{n}\ell_{\mathcal{C}_k}(g_{\mathcal{T}_{-k}})=\frac{1}{n}\sum_{k=1}^{K}\sum_{i\in\mathcal{C}_k}\mathrm{Loss}(g_{\mathcal{T}_{-k}}(\boldsymbol{x}_i),y_i)\\&=\frac{1}{n}\sum_{i=1}^{n}\mathrm{Loss}(g_{\mathcal{T}_{-\kappa(i)}}(\boldsymbol{x}_i),y_i)\end{aligned}$$

其中，函数 $\kappa:\{1,\cdots,n\}\mapsto\{1,\cdots,K\}$ 表示 n 个观测值属于 K 折的哪一个。当对不同的训练集 $\{\mathcal{T}_{-k}\}$ 取平均值时，它估计的是期望泛化风险 $\mathbb{E}\ell(g_{\mathcal{T}})$，而不是特定训练集 τ 上的泛化风险 $\ell(g_\tau)$。

例 2.4[多项式回归(续)]　对于多项式回归示例，我们可以使用以下代码计算训练集的非随机划分的 K 折交叉验证损失，该代码导入了多项式回归示例的前述代码。这里省略了完整的绘图代码。

polyregCV.py

```
from polyreg3 import *

K_vals = [5, 10, 100]  # number of folds
cv = np.zeros((len(K_vals), max_p))    # cv loss
X = np.ones((n, 1))

for p in p_range:
  if p > 1:
    X = np.hstack((X, u**(p-1)))
  j = 0
  for K in K_vals:
    loss = []
    for k in range(1, K+1):
      # integer indices of test samples
      test_ind = ((n/K)*(k-1) + np.arange(1,n/K+1)-1).astype('int')
      train_ind = np.setdiff1d(np.arange(n), test_ind)

      X_train, y_train = X[train_ind, :], y[train_ind, :]
      X_test, y_test = X[test_ind, :], y[test_ind]
```

```
        # fit model and evaluate test loss
        betahat = solve(X_train.T @ X_train, X_train.T @ y_train)
        loss.append(norm(y_test - X_test @ betahat) ** 2)

    cv[j, p-1] = sum(loss)/n
    j += 1

# basic plotting
plt.plot(p_range, cv[0, :], 'k-.')
plt.plot(p_range, cv[1, :], 'r')
plt.plot(p_range, cv[2, :], 'b--')
plt.show()
```

图 2.11 显示了 $K \in \{5,10,100\}$ 的交叉验证损失。$K=100$ 的情况对应于**留一交叉验证**，使用定理 5.1 中的公式，可以更高效地计算。

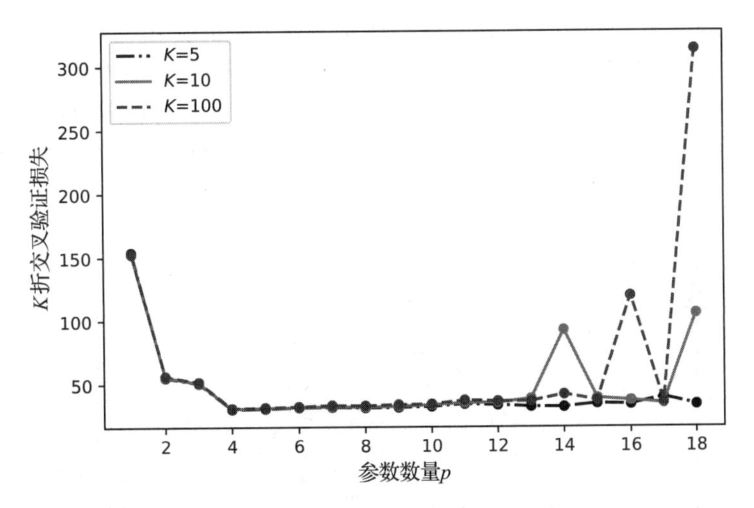

图 2.11 多项式回归示例的 K 折交叉验证

2.6 数据建模

任何数据分析的第一步都是以某种形式对数据进行**建模**。例如，在无监督学习场景中，数据由向量 $\boldsymbol{x}=[x_1,\cdots,x_p]^{\mathrm{T}}$ 表示，非常普遍的模型是假设 $\boldsymbol{x}$ 是具有未知概率密度函数 f 的随机向量 $\boldsymbol{X}=[X_1,\cdots,X_p]^{\mathrm{T}}$ 的结果。然后，通过假设 f 的特定形式来改进模型。

当给定一系列这样的数据向量 $\boldsymbol{x}_1,\cdots,\boldsymbol{x}_n$ 时，最简单的建模方法之一是假设相应的随机向量 $\boldsymbol{X}_1,\cdots,\boldsymbol{X}_n$ 是**独立同分布**(independent and identically distributed，iid)的，写作

$$\boldsymbol{X}_1,\cdots,\boldsymbol{X}_n \overset{\text{iid}}{\sim} f \quad 或 \quad \boldsymbol{X}_1,\cdots,\boldsymbol{X}_n \overset{\text{iid}}{\sim} \text{Dist}$$

表示形成独立同分布的随机向量样本，这些样本来自抽样概率密度函数 f 或抽样分布 Dist。该模型形式化了这样一个概念，即一个变量的知识并不提供关于另一个变量的额外信息。独立数据模型的主要理论应用是，随机向量 $\boldsymbol{X}_1,\cdots,\boldsymbol{X}_n$ 的联合密度只是边缘密度的乘积，见定理 C.1，即

$$f_{\boldsymbol{X}_1,\cdots,\boldsymbol{X}_n}(\boldsymbol{x}_1,\cdots,\boldsymbol{x}_n) = f(\boldsymbol{x}_1)\cdots f(\boldsymbol{x}_n)$$

在大多数这类模型中，我们对抽样分布的近似或建模指定了少量参数。也就是说，已

知某些参数向量 $\boldsymbol{\beta}$ 时，$g(\boldsymbol{x})$ 的形式为 $g(\boldsymbol{x}\mid\boldsymbol{\beta})$。一维分布（$p=1$）的例子包括 $\mathcal{N}(\mu,\sigma^2)$、$\mathsf{Bin}(n,p)$ 和 $\mathsf{Exp}(\lambda)$ 等分布。其他常见抽样分布见表 C.1 和 C.2。

通常，参数是未知的，必须根据数据来估计。在非参数情况中，整个抽样分布都是未知的。为了从结果 $\boldsymbol{x}_1,\cdots,\boldsymbol{x}_n$ 中可视化潜在的抽样分布，可以使用直方图、密度图和经验累积分布函数等图形表示，如第 1 章所述。

如果数据（或标签）收集的顺序不具有信息性或相关性，则对于整数 $1,\cdots,n$ 的任何排列 $\pi_1,\cdots,\pi_n$，$\boldsymbol{X}_1,\cdots,\boldsymbol{X}_n$ 的联合概率密度函数具有对称性：

$$f_{\boldsymbol{X}_1,\cdots,\boldsymbol{X}_n}(\boldsymbol{x}_1,\cdots,\boldsymbol{x}_n)=f_{\boldsymbol{X}_{\pi_1},\cdots,\boldsymbol{X}_{\pi_n}}(\boldsymbol{x}_{\pi_1},\cdots,\boldsymbol{x}_{\pi_n}) \tag{2.26}$$

如果式(2.26)所示的排列不变性对序列的任何有限子集都成立，则称无限序列 $\boldsymbol{X}_1,\boldsymbol{X}_2,\cdots$ 是**可交换的**。我们将在 2.9 节中看到，通常假设随机向量 $\boldsymbol{X}_1,\cdots,\boldsymbol{X}_n$ 是可交换序列的子集，因此满足式(2.26)。注意，虽然独立同分布随机变量是可交换的，但反过来却不一定正确。因此，随机向量可交换序列的假设要弱于随机向量独立同分布的假设。

图 2.12 说明了建模的权衡要素。三角形中的关键词表示各种建模范式。突出显示的关键词表示它们在建模中的重要性。在这里，我们并不关心这些关键词的具体含义，重要的是要明白有许多模型可供选择，具体取决于对数据所做的假设。

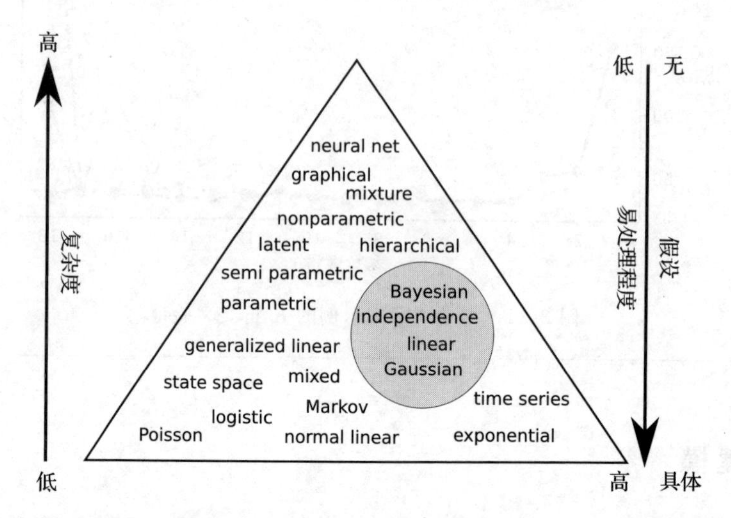

图 2.12 建模困境演示。复杂模型适用性更强，但可能难以分析；简单模型非常容易处理，但可能无法准确地描述数据。三角形的形状表明有很多特定的模型，但没有那么多的通用模型

一方面，假设只有很少的模型适用范围更广，但同时可能在数学上不易处理，也无法洞察数据的本质。另一方面，非常具体的模型可能很容易处理和解释，但可能无法很好地匹配数据。模型的易处理程度和适用性之间的权衡与 2.4 节中描述的近似-估计权衡非常相似。

典型的无监督场景中有一个训练集 $\tau=\{\boldsymbol{x}_1,\cdots,\boldsymbol{x}_n\}$，它被视为来自未知概率密度函数 f 的 n 个独立同分布的随机变量 $\boldsymbol{X}_1,\cdots,\boldsymbol{X}_n$ 的结果，目标是从有限的训练数据中学习或估计 f。为了将学习置于与前面 2.3～2.5 节讨论的监督学习类似的框架中，我们首先指定一个概率密度函数类 $\mathcal{G}_p:=\{g(\cdot\mid\boldsymbol{\theta}),\ \boldsymbol{\theta}\in\boldsymbol{\Theta}\}$，其中 $\boldsymbol{\theta}$ 是 $\mathbb{R}^p$ 的某个子集 $\boldsymbol{\Theta}$ 中的参数。我们现在寻求 $\mathcal{G}_p$ 中的最佳 g，使风险最小化。注意，即使对于非常大的 p，$\mathcal{G}_p$ 也不一定包含真正的 f。

> 我们强调，符号 $g(\boldsymbol{x})$ 在监督学习和无监督学习中具有不同的含义。在监督学习中，g 被解释为响应 y 的预测函数；在无监督学习中，g 是密度函数 f 的近似。

对于每个 $\boldsymbol{x}$，我们使用损失函数衡量真实模型 $f(\boldsymbol{x})$ 和假设模型 $g(\boldsymbol{x}|\boldsymbol{\theta})$ 之间的差异：

$$\text{Loss}(f(\boldsymbol{x}),g(\boldsymbol{x}|\boldsymbol{\theta}))=\ln\frac{f(\boldsymbol{x})}{g(\boldsymbol{x}|\boldsymbol{\theta})}=\ln f(\boldsymbol{x})-\ln g(\boldsymbol{x}|\boldsymbol{\theta})$$

因此，该损失(即风险)的期望值为

$$\ell(g)=\mathbb{E}\ln\frac{f(\boldsymbol{X})}{g(\boldsymbol{X}|\boldsymbol{\theta})}=\int f(\boldsymbol{x})\ln\frac{f(\boldsymbol{x})}{g(\boldsymbol{x}|\boldsymbol{\theta})}\mathrm{d}\boldsymbol{x} \tag{2.27}$$

式(2.27)中的积分提供了测量两个密度函数之间距离的基本方法，称为 f 和 $g(\cdot|\boldsymbol{\theta})$ 之间的 Kullback-Leibler 散度(KL 散度，有时候称为交叉熵距离)。注意，f 和 $g(\cdot|\boldsymbol{\theta})$ 的 KL 散度是不对称的。此外，它总是大于或等于 0(见习题 15)，当 $f=g(\cdot|\boldsymbol{\theta})$ 时 KL 散度等于 0。

使用与表 2.1 中监督学习类似的符号，将 $g^{\mathcal{G}_p}$ 定义为 $\mathcal{G}_p$ 类中风险的全局最小值，即 $g^{\mathcal{G}_p}=\text{argmin}_{g\in\mathcal{G}_p}\ell(g)$。如果我们定义

$$\begin{aligned}\boldsymbol{\theta}^*&=\underset{\boldsymbol{\theta}}{\text{argmin}}\,\mathbb{E}\text{Loss}(f(\boldsymbol{X}),g(\boldsymbol{X}|\boldsymbol{\theta}))=\underset{\boldsymbol{\theta}}{\text{argmin}}\int(\ln f(\boldsymbol{x})-\ln g(\boldsymbol{x}|\boldsymbol{\theta}))f(\boldsymbol{x})\mathrm{d}\boldsymbol{x}\\&=\underset{\boldsymbol{\theta}}{\text{argmax}}\int f(\boldsymbol{x})\ln g(\boldsymbol{x}|\boldsymbol{\theta})\mathrm{d}\boldsymbol{x}=\underset{\boldsymbol{\theta}}{\text{argmax}}\,\mathbb{E}\ln g(\boldsymbol{X}|\boldsymbol{\theta})\end{aligned}$$

那么 $g^{\mathcal{G}_p}=g(\cdot|\boldsymbol{\theta}^*)$，学习 $g^{\mathcal{G}_p}$ 等价于学习(或估计)$\boldsymbol{\theta}^*$。为了从训练集 $\tau=\{\boldsymbol{x}_1,\cdots,\boldsymbol{x}_n\}$ 学习 $\boldsymbol{\theta}^*$，我们将训练损失最小化：

$$\frac{1}{n}\sum_{i=1}^{n}\text{Loss}(f(\boldsymbol{x}_i),g(\boldsymbol{x}_i|\boldsymbol{\theta}))=-\frac{1}{n}\sum_{i=1}^{n}\ln g(\boldsymbol{x}_i|\boldsymbol{\theta})+\frac{1}{n}\sum_{i=1}^{n}\ln f(\boldsymbol{x}_i)$$

得到

$$\hat{\boldsymbol{\theta}}_n:=\underset{\boldsymbol{\theta}}{\text{argmax}}\frac{1}{n}\sum_{i=1}^{n}\ln g(\boldsymbol{x}_i|\boldsymbol{\theta}) \tag{2.28}$$

由于对数函数是递增函数，这相当于

$$\hat{\boldsymbol{\theta}}_n:=\underset{\boldsymbol{\theta}}{\text{argmax}}\prod_{i=1}^{n}g(\boldsymbol{x}_i|\boldsymbol{\theta})$$

其中，$\prod_{i=1}^{n}g(\boldsymbol{x}_i|\boldsymbol{\theta})$ 是数据的**似然**(likelihood)，即在点 $\{\boldsymbol{x}_i\}$ 处计算的 $\{\boldsymbol{X}_i\}$ 的联合概率密度。因此，我们还原了经典的最大似然估计 $\boldsymbol{\theta}^*$。

在凸集 $\boldsymbol{\Theta}$ 上，当风险 $\ell(g(\cdot|\boldsymbol{\theta}))$ 在 $\boldsymbol{\theta}$ 内为凸时，通过将训练损失的梯度设为零，可以得到最大似然估计。也就是说，我们要求解

$$-\frac{1}{n}\sum_{i=1}^{n}\boldsymbol{S}(\boldsymbol{x}_i|\boldsymbol{\theta})=\boldsymbol{0}$$

其中，$\boldsymbol{S}(\boldsymbol{x}|\boldsymbol{\theta}):=\dfrac{\partial\ln g(\boldsymbol{x}|\boldsymbol{\theta})}{\partial\boldsymbol{\theta}}$ 是 $\ln g(\boldsymbol{x}|\boldsymbol{\theta})$ 相对于 $\boldsymbol{\theta}$ 的梯度，通常称为**分数**。

例 2.5(指数模型) 假设我们有训练数据 $\tau_n=\{x_1,\cdots,x_n\}$，它被建模为 n 个正的独立同分布随机变量 $X_1,\cdots,X_n\sim_{\text{idd}}f(x)$ 的实现。我们选择近似函数类 $\mathcal{G}$ 作为参数类 $\{g:g(x|\theta)=$

$\theta\exp(-x\theta)$，$x>0$，$\theta>0\}$。换句话说，我们在具有未知参数 $\theta>0$ 的指数分布族中寻找最佳的 $g^{\mathcal{G}}$。数据的似然为

$$\prod_{i=1}^{n} g(x_i|\theta) = \prod_{i=1}^{n} \theta\exp(-\theta x_i) = \exp(-\theta n\bar{x}_n + n\ln\theta)$$

分数为 $S(x|\theta)=-x+\theta^{-1}$。因此，最大化关于 θ 的似然值，等同于最大化 $-\theta n\bar{x}_n+n\ln\theta$ 或求解 $-\sum_{i=1}^{n} S(x_i|\theta)/n = \bar{x}_n - \theta^{-1} = 0$。换句话说，式(2.28)的解是最大似然估计 $\hat{\theta}_n=1/\bar{x}_n$。

在监督学习中，数据由解释变量的向量 $\boldsymbol{x}$ 和响应 y 表示，一般的模型假设为：$(\boldsymbol{x},y)$ 是 $(\boldsymbol{X},Y)\sim f$ 对某些未知 f 的结果。对于训练序列 $(\boldsymbol{x}_1,y_1),\cdots,(\boldsymbol{x}_n,y_n)$，默认的模型假设是 $(\boldsymbol{X}_1,Y_1),\cdots,(\boldsymbol{X}_n,Y_n)\sim_{\text{idd}} f$。如 2.2 节所述，分析主要涉及条件概率密度函数 $f(y|\boldsymbol{x})$，尤其是(使用平方误差损失时)条件期望 $g^*(\boldsymbol{x})=\mathbb{E}[Y|\boldsymbol{X}=\boldsymbol{x}]$。由此得到式(2.2)的表示，即将 $\boldsymbol{X}=\boldsymbol{x}$ 处的响应写成特征 $\boldsymbol{x}$ 的函数加上误差项：$Y=g^*(\boldsymbol{x})+\varepsilon(\boldsymbol{x})$。

这就引出了监督学习的最简单和最重要的模型，其中选择线性预测函数类 $\mathcal{G}$，并假设它足够丰富，可以包含真正的 g^*。如果进一步假设，在 $\boldsymbol{X}=\boldsymbol{x}$ 的条件下，误差项 ε 不依赖于 $\boldsymbol{x}$，即 $\mathbb{E}\varepsilon=0$，$\mathbb{V}\text{ar}\,\varepsilon=\sigma^2$，则可以得到定义 2.1 中的模型。

定义 2.1　线性模型

在线性模型中，响应 Y 通过线性关系依赖于 p 维解释变量 $\boldsymbol{x}=[x_1,\cdots,x_p]^{\mathrm{T}}$

$$Y = \boldsymbol{x}^{\mathrm{T}}\boldsymbol{\beta} + \varepsilon \tag{2.29}$$

其中，$\mathbb{E}\varepsilon=0$，$\mathbb{V}\text{ar}\,\varepsilon=\sigma^2$。

注意，式(2.29)是单个数值对 $(\boldsymbol{x},Y)$ 的模型。训练集 $\{(\boldsymbol{x}_i,Y_i)\}$ 的模型也很简单，即每个 Y_i 在 $\boldsymbol{x}=\boldsymbol{x}_i$ 处满足式(2.29)，且 $\{Y_i\}$ 是独立的。将所有响应放到向量 $\boldsymbol{Y}=[Y_1,\cdots,Y_n]^{\mathrm{T}}$ 中，可以写作

$$\boldsymbol{Y} = \boldsymbol{X}\boldsymbol{\beta} + \boldsymbol{\varepsilon} \tag{2.30}$$

其中，$\boldsymbol{\varepsilon}=[\varepsilon_1,\cdots,\varepsilon_n]^{\mathrm{T}}$ 是 ε 的独立同分布副本的向量，$\boldsymbol{X}$ 是所谓的行为 $\boldsymbol{x}_1^{\mathrm{T}},\cdots,\boldsymbol{x}_n^{\mathrm{T}}$ 的模型矩阵。线性模型是统计学习算法的基本组成部分。因此，第 5 章的大部分内容都是关于线性回归模型的。

例 2.6[多项式回归(续)]　在例 2.1 中，我们看到数据是由形式为式(2.30)的线性模型描述的，模型矩阵 $\boldsymbol{X}$ 由式(2.10)给出。

在讨论其他模型之前，我们要强调一些建模要点：

- 任何数据模型都可能是错误的。例如，经常假定真实数据(不同于计算机生成的数据)来自正态分布，这从来都不是完全正确的。但是，使用正态分布的一个重要优势是它具有许多很好的数学性质，详见 2.7 节。
- 大多数数据模型依赖于大量的未知参数，需要根据观测数据估计这些参数。
- 任何用于真实数据的模型都需要检查适用性。一个重要的准则是，对于某些模型参数，通过模型模拟的数据应该与观测数据相似。

以下是一些选择模型的准则。像第 1 章中那样，将数据看作电子表格或数据帧，其中行表示数据单元，列表示数据特征(变量、组)。

- 首先确定特征的**类型**(定量、定性、离散、连续等)。
- 评估是否可以认为数据在行或列之间是独立的。
- 确定模型的通用性级别。例如，我们应该使用带有少量未知参数的简单模型，还是使用具有大量参数的更通用的模型？与更通用的模型相比，简单具体的模型更易于拟合数据(估计误差低)，但是拟合本身可能不准确(近似误差高)。2.4 节中讨论的权衡在这里起着重要的作用。
- 确定使用经典模型(常用)还是贝叶斯模型。2.9 节简要介绍了贝叶斯学习。

2.7 多元正态模型

数值观测 $x_1,\cdots,x_n$(例如电子表格中的列或数据帧)的标准模型是独立同分布正态随机变量的结果：

$$X_1,\cdots,X_n \overset{\text{iid}}{\sim} \mathcal{N}(\mu,\sigma^2)$$

将正态分布的随机变量看作标准正态随机变量的简单变换是很有帮助的。也就是说，如果 Z 服从标准正态分布，则 $X=\mu+\sigma Z$ 服从 $\mathcal{N}(\mu,\sigma^2)$ 分布。对 n 维的推广将在附录 C.7 中讨论。我们总结的要点如下：设 $Z_1,\cdots,Z_n \overset{\text{iid}}{\sim} \mathcal{N}(0,1)$，则 $\boldsymbol{Z}=[Z_1,\cdots,Z_n]^{\mathrm{T}}$ 的概率密度函数(即 $Z_1,\cdots,Z_n$ 的联合概率密度函数)由下式给出：

$$f_{\boldsymbol{Z}}(\boldsymbol{z}) = \prod_{i=1}^{n} \frac{1}{\sqrt{2\pi}} \mathrm{e}^{-\frac{1}{2}z_i^2} = (2\pi)^{-\frac{n}{2}} \mathrm{e}^{-\frac{1}{2}\boldsymbol{z}^{\mathrm{T}}\boldsymbol{z}}, \boldsymbol{z} \in \mathbb{R}^n \tag{2.31}$$

我们写作 $\boldsymbol{Z}\sim\mathcal{N}(\boldsymbol{0},\boldsymbol{I}_n)$，并称 $\boldsymbol{Z}$ 在 $\mathbb{R}^n$ 中服从标准正态分布。对于某些 $m\times n$ 矩阵 $\boldsymbol{B}$ 和 m 维向量 $\boldsymbol{\mu}$，设

$$\boldsymbol{X} = \boldsymbol{\mu} + \boldsymbol{B}\boldsymbol{Z} \tag{2.32}$$

则 $\boldsymbol{X}$ 的期望向量为 $\boldsymbol{\mu}$ 和协方差矩阵为 $\boldsymbol{\Sigma}=\boldsymbol{B}\boldsymbol{B}^{\mathrm{T}}$，参见式(C.20)和式(C.21)。这就引出了定义 2.2。

定义 2.2 多元正态分布

m 维随机向量 $\boldsymbol{X}$，如果可以写成式(2.32)的形式，其中，$\boldsymbol{\mu}$ 为 m 维向量，$\boldsymbol{B}$ 为 $m\times n$ 矩阵，$\boldsymbol{Z}\sim\mathcal{N}(\boldsymbol{0},\boldsymbol{I}_n)$，则称向量 $\boldsymbol{X}$ 服从多元正态分布或多元高斯分布，均值向量为 $\boldsymbol{\mu}$，协方差矩阵 $\boldsymbol{\Sigma}=\boldsymbol{B}\boldsymbol{B}^{\mathrm{T}}$，记作 $\boldsymbol{X}\sim\mathcal{N}(\boldsymbol{\mu},\boldsymbol{\Sigma})$。

多元正态分布的 m 维密度与一维正态分布的密度非常相似，将在定理 2.3 中给出。其证明过程留作练习，参见习题 5。

定理 2.3 多元随机向量的密度

令 $\boldsymbol{X}\sim\mathcal{N}(\boldsymbol{\mu},\boldsymbol{\Sigma})$，其中 $m\times m$ 协方差矩阵 $\boldsymbol{\Sigma}$ 是可逆的，则 $\boldsymbol{X}$ 的概率密度函数为：

$$f_{\boldsymbol{X}}(\boldsymbol{x}) = \frac{1}{\sqrt{(2\pi)^m\,|\boldsymbol{\Sigma}|}} \mathrm{e}^{-\frac{1}{2}(\boldsymbol{x}-\boldsymbol{\mu})^{\mathrm{T}}\boldsymbol{\Sigma}^{-1}(\boldsymbol{x}-\boldsymbol{\mu})}, \quad \boldsymbol{x} \in \mathbb{R}^m \tag{2.33}$$

图 2.13 展示了两个二元(即二维)正态分布的概率密度函数。在这两个例子中，均值向量均为 $\boldsymbol{\mu}=[0,0]^{\mathrm{T}}$，方差($\boldsymbol{\Sigma}$ 的对角元素)均为 1。相关系数(在这里等效为协方差)分别为 $\varrho=0$ 和 $\varrho=0.8$。

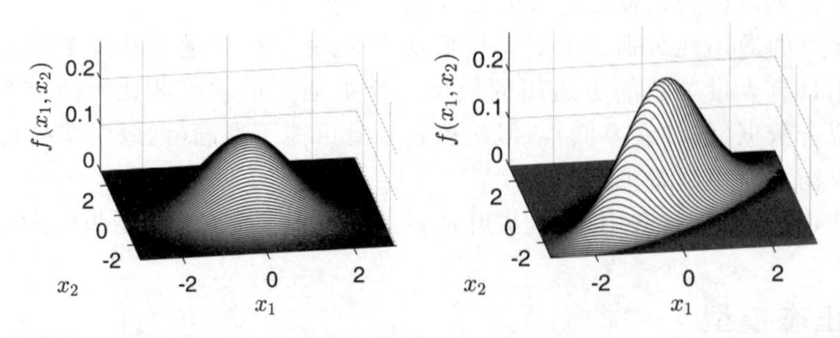

图 2.13 均值为 0、方差为 1 且相关系数分别为 0(左)和 0.8(右)的二元正态分布的概率密度函数

多元正态分布在数据科学和机器学习中起着重要的作用，其主要原因是满足以下性质，其详细信息和证明过程见附录 C.7：

- 仿射变换是正态的。
- 边缘分布是正态的。
- 条件分布是正态的。

2.8 正态线性模型

正态线性模型兼顾了线性模型的简单性与高斯分布的易处理性。它们是传统统计学的主要模型，包括经典的线性回归模型和方差分析模型。

定义 2.3 正态线性模型

在正态线性模型中，响应 Y 依赖于 p 维解释变量 $\boldsymbol{x}=[x_1,\cdots,x_p]^{\mathrm{T}}$，通过线性关系表示为：

$$Y = \boldsymbol{x}^{\mathrm{T}}\boldsymbol{\beta}+\varepsilon \tag{2.34}$$

其中，$\varepsilon\sim\mathcal{N}(0,\sigma^2)$。

因此，正态线性模型是具有正态误差项的线性模型(从定义 2.1 角度来看)。与式(2.30)类似，整个训练集 $\{(\boldsymbol{x}_i,Y_i)\}$ 对应的正态线性模型具有以下形式：

$$\boldsymbol{Y} = \boldsymbol{X}\boldsymbol{\beta}+\boldsymbol{\varepsilon} \tag{2.35}$$

其中，$\boldsymbol{X}$ 是由行 $\boldsymbol{x}_1^{\mathrm{T}},\cdots,\boldsymbol{x}_n^{\mathrm{T}}$ 组成的模型矩阵，$\boldsymbol{\varepsilon}\sim\mathcal{N}(\boldsymbol{0},\sigma^2\boldsymbol{I}_n)$。因此，$\boldsymbol{Y}$ 可以写成 $\boldsymbol{Y}=\boldsymbol{X}\boldsymbol{\beta}+\sigma\boldsymbol{Z}$，其中 $\boldsymbol{Z}\sim\mathcal{N}(\boldsymbol{0},\boldsymbol{I}_n)$，因此 $\boldsymbol{Y}\sim\mathcal{N}(\boldsymbol{X}\boldsymbol{\beta},\sigma^2\boldsymbol{I}_n)$。由式(2.33)可知，其联合密度为

$$g(\boldsymbol{y}\,|\,\boldsymbol{\beta},\sigma^2,\boldsymbol{X}) = (2\pi\sigma^2)^{-\frac{n}{2}}\mathrm{e}^{-\frac{1}{2\sigma^2}\|\boldsymbol{y}-\boldsymbol{X}\boldsymbol{\beta}\|^2} \tag{2.36}$$

参数 $\boldsymbol{\beta}$ 的估计可以通过最小二乘法进行，如例 2.1 所述，也可以通过最大似然法进行。这仅仅意味着找到参数 σ^2 和 $\boldsymbol{\beta}$，使结果 $\boldsymbol{y}$ 的似然值最大化，如式(2.36)的右侧所示。显然，当 $\|\boldsymbol{y}-\boldsymbol{X}\boldsymbol{\beta}\|^2$ 最小时，每个 σ^2 值对应的似然值都是最大的。因此，$\boldsymbol{\beta}$ 的最大似然估计与最小二乘估计——见式(2.15)——相同。我们将 σ^2 的最大似然估计

$$\widehat{\sigma^2} = \frac{\|\boldsymbol{y}-\boldsymbol{X}\widehat{\boldsymbol{\beta}}\|^2}{n} \tag{2.37}$$

留作练习(见习题 18)，其中 $\hat{\boldsymbol{\beta}}$ 是 $\boldsymbol{\beta}$ 的最大似然估计(本例中为最小二乘估计)。

2.9 贝叶斯学习

在贝叶斯无监督学习中，我们试图通过以下形式的联合概率密度函数来近似训练数据 $\mathcal{T}_n=\{\boldsymbol{X}_1,\cdots,\boldsymbol{X}_n\}$ 的未知联合密度 $f(\boldsymbol{x}_1,\cdots,\boldsymbol{x}_n)$：

$$\int\left(\prod_{i=1}^{n} g(\boldsymbol{x}_i\,|\,\boldsymbol{\theta})\right)w(\boldsymbol{\theta})\,\mathrm{d}\boldsymbol{\theta} \tag{2.38}$$

其中，$g(\cdot\,|\,\boldsymbol{\theta})$ 属于一个参数密度族 $\mathcal{G}_p:=\{g(\cdot\,|\,\boldsymbol{\theta}),\ \boldsymbol{\theta}\in\boldsymbol{\Theta}\}$(被视为 $\boldsymbol{\Theta}\subset\mathbb{R}^p$ 中以参数 $\boldsymbol{\theta}$ 为条件的概率密度函数族)，$w(\boldsymbol{\theta})$ 是属于(可能会不同)密度族 $\mathcal{W}_p$ 的概率密度函数。请注意，式(2.38)的联合概率密度函数如何满足式(2.26)所示的排列不变性，因此可以用作训练数据的模型，训练数据是随机变量可交换序列的一部分。

按照贝叶斯学习中的标准做法，x 的概率密度函数和给定 Y 时 X 的条件概率密度函数不写成 $f_X(x)$ 和 $f_{X|Y}(x|y)$，只简单写作 $f(x)$ 和 $f(x|y)$。如果 Y 是不同的随机变量，则其在 y 处的概率密度记为 $f(y)$。

因此，我们将使用相同的符号 g 表示不同的(条件)近似概率密度，使用 f 表示不同的(条件)真实且未知的概率密度。使用贝叶斯符号，我们可以写成 $g(\tau\,|\,\boldsymbol{\theta})=\prod_{i=1}^{n} g(\boldsymbol{x}_i\,|\,\boldsymbol{\theta})$，因此式(2.38)的近似联合概率密度可以写成 $\int g(\tau\,|\,\boldsymbol{\theta})w(\boldsymbol{\theta})\,\mathrm{d}\boldsymbol{\theta}$，真正的未知联合概率密度可以写成 $f(\tau)=f(\boldsymbol{x}_1,\cdots,\boldsymbol{x}_n)$。

一旦指定了 $\mathcal{G}_p$ 和 $\mathcal{W}_p$，选择以下形式的近似函数 $g(\boldsymbol{x})$：

$$g(\boldsymbol{x})=\int g(\boldsymbol{x}\,|\,\boldsymbol{\theta})w(\boldsymbol{\theta})\,\mathrm{d}\boldsymbol{\theta}$$

等价于从 $\mathcal{W}_p$ 中选择合适的 w。与式(2.27)类似，我们可以使用 Kullback-Leibler 风险来衡量式(2.38)提出的近似值与真实 $f(\tau)$ 之间的差异：

$$\ell(g)=\mathbb{E}\ln\frac{f(\mathcal{T})}{\int g(\mathcal{T}\,|\,\boldsymbol{\theta})w(\boldsymbol{\theta})\,\mathrm{d}\boldsymbol{\theta}}=\int f(\tau)\ln\frac{f(\tau)}{\int g(\tau\,|\,\boldsymbol{\theta})w(\boldsymbol{\theta})\,\mathrm{d}\boldsymbol{\theta}}\mathrm{d}\tau \tag{2.39}$$

它与式(2.27)的主要区别是，由于训练数据不一定是独立同分布的(例如，可能是可交换的)，因此期望必须是关于 $\mathcal{T}$ 的联合密度，而不是像独立同分布那样是关于边缘密度 $f(\boldsymbol{x})$ 的。

最小化训练损失等同于最大化训练数据 τ 的似然值，也就是求解以下优化问题：

$$\max_{w\in\mathcal{W}_p}\int g(\tau\,|\,\boldsymbol{\theta})w(\boldsymbol{\theta})\,\mathrm{d}\boldsymbol{\theta}$$

其中最大值是在适当的密度函数类 $\mathcal{W}_p$ 上取得的，这会导致最小的 KL 风险。

假设我们对于最佳的 $w\in\mathcal{W}_p$ 有一个大致的猜测，记为 $w_0(\boldsymbol{\theta})$，能使 Kullback-Leibler (KL)风险最小。我们总是可以增加结果似然 $L_0:=\int g(\tau\,|\,\boldsymbol{\theta})w_0(\boldsymbol{\theta})\,\mathrm{d}\boldsymbol{\theta}$，使用产生似然 $L_1:=\int g(\tau\,|\,\boldsymbol{\theta})w_1(\boldsymbol{\theta})\,\mathrm{d}\boldsymbol{\theta}$ 的密度 $w_1(\boldsymbol{\theta}):=w_0(\boldsymbol{\theta})g(\tau\,|\,\boldsymbol{\theta})/L_0$。要理解这一点，需要将 L_0 和 L_1 写

成相对于 w_0 的期望。特别地，可以写作

$$L_0 = \mathbb{E}_{w_0} g(\tau|\boldsymbol{\theta}), \quad L_1 = \mathbb{E}_{w_1} g(\tau|\boldsymbol{\theta}) = \mathbb{E}_{w_0} g^2(\tau|\boldsymbol{\theta})/L_0$$

由此可得：

$$L_1 - L_0 = \frac{1}{L_0}\mathbb{E}_{w_0}[g^2(\tau|\boldsymbol{\theta}) - L_0^2] = \frac{1}{L_0}\mathbb{V}\mathrm{ar}_{w_0}[g(\tau|\boldsymbol{\theta})] \geqslant 0 \tag{2.40}$$

因此，我们可能期望使用 w_1 而不是 w_0 来获得更好的预测，因为 w_1 考虑了观测数据，增加了模型的可能性。实际上，如果我们重复这个过程(见习题 20)，并创建一个密度序列 $w_1, w_2, \cdots$ 使 $w_t(\boldsymbol{\theta}) \propto w_{t-1}(\boldsymbol{\theta}) g(\tau|\boldsymbol{\theta})$，则 $w_t(\boldsymbol{\theta})$ 的概率质量将越来越集中在最大似然估计值 $\hat{\boldsymbol{\theta}}$[见式(2.28)]处，其极限等于 $\hat{\boldsymbol{\theta}}$ 处的(退化)点质量概率密度。换句话说，在极限条件下，我们恢复了最大似然方法：$g_\tau(\boldsymbol{x}) = g(\boldsymbol{x}|\hat{\boldsymbol{\theta}})$。因此，除非将密度类 $\mathcal{W}_p$ 限定为非退化的，否则尽可能地使似然最大化会导致 $w(\boldsymbol{\theta})$ 的退化。

在许多情况下，最大似然估计 $g(\tau|\hat{\boldsymbol{\theta}})$ 要么不是 $f(\tau)$ 的恰当近似值(见例 2.9)，要么根本就不存在(见第 4 章习题 10)。在这种情况下，给定初始非退化猜测 $w_0(\boldsymbol{\theta}) = g(\boldsymbol{\theta})$，通过让式(2.38)中的 $w(\boldsymbol{\theta})$ 取 $w(\boldsymbol{\theta}) = w_1(\boldsymbol{\theta}) \propto g(\tau|\boldsymbol{\theta})g(\boldsymbol{\theta})$，可以得到对 $f(\tau)$ 的更合适的非退化近似，从而给出 $f(\boldsymbol{x})$ 的贝叶斯学习器：

$$g_\tau(\boldsymbol{x}) := \int g(\boldsymbol{x}|\boldsymbol{\theta}) \frac{g(\tau|\boldsymbol{\theta})g(\boldsymbol{\theta})}{\int g(\tau|\boldsymbol{\vartheta})g(\boldsymbol{\vartheta})\mathrm{d}\boldsymbol{\vartheta}} \mathrm{d}\boldsymbol{\theta} \tag{2.41}$$

其中，$\int g(\tau|\boldsymbol{\vartheta})g(\boldsymbol{\vartheta})\mathrm{d}\boldsymbol{\vartheta} = g(\tau)$。使用贝叶斯公式计算概率密度：

$$g(\boldsymbol{\theta}|\tau) = \frac{g(\tau|\boldsymbol{\theta})g(\boldsymbol{\theta})}{g(\tau)} \tag{2.42}$$

我们可以写成 $w_1(\boldsymbol{\theta}) = g(\boldsymbol{\theta}|\tau)$。有了这种表示，我们就可以给出定义 2.4。

定义 2.4　先验、似然和后验

设 τ 和 $\mathcal{G}_p := \{g(\cdot|\boldsymbol{\theta}), \boldsymbol{\theta} \in \boldsymbol{\Theta}\}$ 分别是训练集和近似函数族。

- 反映对 $\boldsymbol{\theta}$ 先验信念的概率密度 $g(\boldsymbol{\theta})$ 称为先验概率密度。
- 条件概率密度函数 $g(\tau|\boldsymbol{\theta})$ 称为似然。
- 由后验概率密度 $g(\boldsymbol{\theta}|\tau)$ 给出关于 $\boldsymbol{\theta}$ 的推断，后验概率密度与先验概率密度和似然的乘积成正比：

$$g(\boldsymbol{\theta}|\tau) \propto g(\tau|\boldsymbol{\theta})g(\boldsymbol{\theta})$$

■ **评注 2.1(早停止)**　贝叶斯迭代是“早停止”启发式方法用于最大似然优化的一个例子，仅需一步即可退出。如上所述，如果我们继续迭代，将获得最大似然估计(Maximum Likelihood Estimate，MLE)。从某种意义上说，贝叶斯规则提供了 MLE 的正则化功能。正则化将在第 6 章中进行更详细的讨论，另请参见例 2.9。早停止规则对正则化也有好处，参见第 6 章习题 20。 ■

一方面，初始猜测 $g(\boldsymbol{\theta})$ 传递了 $\mathcal{W}_p$ 中使 KL 风险最小的最佳密度的先验(在训练贝叶斯学习器之前)信息。使用先验密度 $g(\boldsymbol{\theta})$，$f(\boldsymbol{x})$ 的贝叶斯近似称为**先验预测密度**：

$$g(\boldsymbol{x}) = \int g(\boldsymbol{x}|\boldsymbol{\theta})g(\boldsymbol{\theta})\mathrm{d}\boldsymbol{\theta}$$

另一方面，后验概率密度传递了经过数据 τ 训练的 $\mathcal{W}_p$ 中最佳密度的信息。使用后验

密度 $g(\boldsymbol{\theta}|\tau)$，$f(\boldsymbol{x})$的贝叶斯学习器称为**后验预测密度**：

$$g_\tau(\boldsymbol{x}) = g(\boldsymbol{x}|\tau) = \int g(\boldsymbol{x}|\boldsymbol{\theta})g(\boldsymbol{\theta}|\tau)\mathrm{d}\boldsymbol{\theta}$$

这里，我们假设 $g(\boldsymbol{x}|\boldsymbol{\theta},\tau)=g(\boldsymbol{x}|\boldsymbol{\theta})$，也就是说，似然仅通过参数 $\boldsymbol{\theta}$ 依赖于 τ。

先验的选择通常由两个因素决定：

- 先验应该足够简单，以便于后验概率密度的计算或模拟；
- 先验条件应该足够通用，以对感兴趣的未知参数进行建模。

那些无法传递很多参数信息的先验被称为**无信息的**。例 2.9 中用到的**均匀**或**平坦**先验是很常用的先验。

为了进行分析计算和数值计算，我们可以将 $\boldsymbol{\theta}$ 视为具有先验密度 $g(\boldsymbol{\theta})$ 的随机向量，其中先验密度在训练后将更新为后验密度 $g(\boldsymbol{\theta}|\tau)$。

上述思想可以写成 $g(\boldsymbol{x}|\tau) \propto \int g(\boldsymbol{x}|\boldsymbol{\theta})g(\tau|\boldsymbol{\theta})g(\boldsymbol{\theta})\mathrm{d}\boldsymbol{\theta}$，因而可以忽略任何不依赖于密度的常数。

例 2.7(正态模型) 假设训练数据 $\mathcal{T}=\{X_1,\cdots,X_n\}$ 使用似然 $g(x|\boldsymbol{\theta})$ 进行建模，即概率密度函数为

$$X|\boldsymbol{\theta} \sim \mathcal{N}(\mu,\sigma^2)$$

其中，$\boldsymbol{\theta}:=[\mu, \sigma^2]^{\mathrm{T}}$。接下来，我们需要指定 $\boldsymbol{\theta}$ 的先验分布以完成建模。我们可以分别指定 μ 和 σ^2 的先验分布，然后取它们(假设它们是独立的)的乘积，得到向量 $\boldsymbol{\theta}$ 的先验分布。μ 可能的先验分布为

$$\mu \sim \mathcal{N}(v,\phi^2) \tag{2.43}$$

我们通常将先验密度的参数作为贝叶斯模型的**超参数**。与其直接给出 σ^2(或 σ)的先验分布，不如给出 $1/\sigma^2$ 的先验分布来得方便：

$$\frac{1}{\sigma^2} \sim \mathsf{Gamma}(\alpha,\beta) \tag{2.44}$$

α 和 β 越小，先验信息越少。在此先验条件下，σ^2 具有**逆伽马**分布。如果 $1/Z\sim\mathsf{Gamma}(\alpha,\beta)$，那么 Z 的概率密度与 $\exp(-\beta/z)/z^{\alpha+1}$ 成正比(见习题 19)。贝叶斯后验公式如下：

$$\begin{aligned}
g(\mu,\sigma^2|\tau) &\propto g(\mu)\times g(\sigma^2)\times g(\tau|\mu,\sigma^2)\\
&\propto \exp\left\{-\frac{(\mu-v)^2}{2\phi^2}\right\}\times\frac{\exp\{-\beta/\sigma^2\}}{(\sigma^2)^{\alpha+1}}\times\frac{\exp\{-\sum_i(x_i-\mu)^2/(2\sigma^2)\}}{(\sigma^2)^{n/2}}\\
&\propto (\sigma^2)^{-n/2-\alpha-1}\exp\left\{-\frac{(\mu-v)^2}{2\phi^2}-\frac{\beta}{\sigma^2}-\frac{(\mu-\overline{x}_n)^2+S_n^2}{2\sigma^2/n}\right\}
\end{aligned}$$

其中，$S_n^2:=\frac{1}{n}\sum_i x_i^2-\overline{x}_n^2=\frac{1}{n}\sum_i(x_i-\overline{x}_n)^2$ 是(缩放)样本方差。所有关于(μ, σ^2)的推断都用后验概率密度表示。为了便于计算，找出后验分布是否属于可识别的分布族是有帮助的。例如，给定 σ^2 和 τ 的情况下，μ 的条件概率密度为

$$g(\mu|\sigma^2,\tau) \propto \exp\left\{-\frac{(\mu-v)^2}{2\phi^2}-\frac{(\mu-\overline{x}_n)^2}{2\sigma^2/n}\right\}$$

经过简化可以识别为

$$(\mu|\sigma^2,\tau) \sim \mathcal{N}(\gamma_n \overline{x}_n + (1-\gamma_n)\upsilon, \gamma_n\sigma^2/n) \tag{2.45}$$

这里，我们定义了权重参数：$\gamma_n := \frac{n}{\sigma^2}/\left(\frac{1}{\phi^2}+\frac{n}{\sigma^2}\right)$。可以看到，后验均值 $\mathbb{E}[\mu|\sigma^2,\tau]=\gamma_n \overline{x}_n+(1-\gamma_n)\upsilon$ 是先验均值 υ 和样本平均值 $\overline{x}_n$ 的加权线性组合。此外，当 $n\to\infty$ 时，权重 $\gamma_n\to 1$，因此后验均值接近最大似然估计 $\overline{x}_n$。

有时可能使用非真实概率密度的先验 $g(\boldsymbol{\theta})$，从某种意义上满足 $\int g(\boldsymbol{\theta})\mathrm{d}\boldsymbol{\theta}=\infty$，只要得到的后验概率分布 $g(\boldsymbol{\theta}|\tau)\propto g(\tau|\boldsymbol{\theta})g(\boldsymbol{\theta})$ 是适当的。这样的先验称为**非正常先验**。

例 2.8[正态模型(续)] 当 $\phi\to\infty$（ϕ 越大，先验越无信息）时，由式(2.43)可以得到一个非正常先验。因此，$g(\mu)\propto 1$ 是平坦先验，而 $\int g(u)\mathrm{d}\mu=\infty$ 是非正常先验。但是，后验概率密度是合适的，由于 $\phi\to\infty$ 时权重参数 γ_n 趋于 1，$(\mu|\sigma^2,\tau)$ 的条件后验概率密度可以简化为

$$(\mu|\sigma^2,\tau) \sim \mathcal{N}(\overline{x}_n, \sigma^2/n)$$

非正常先验 $g(\mu)\propto 1$ 也允许我们简化 σ^2 的后验边缘概率密度：

$$g(\sigma^2|\tau)=\int g(\mu,\sigma^2|\tau)\mathrm{d}\mu \propto (\sigma^2)^{-(n-1)/2-\alpha-1}\exp\left\{-\frac{\beta+nS_n^2/2}{\sigma^2}\right\}$$

我们认为它对应于密度：

$$\frac{1}{\sigma^2}\bigg|\tau \sim \mathsf{Gamma}\left(\alpha+\frac{n-1}{2},\beta+\frac{n}{2}S_n^2\right)$$

除了 $g(\mu)\propto 1$ 之外，我们还可以使用 σ^2 的非正常先验。如果在式(2.44)中按 $\alpha\to 0$ 和 $\beta\to 0$ 取极限，也能得到非正常先验 $g(\sigma^2)\propto 1/\sigma^2$[等价于 $g(1/\sigma^2)\propto 1/\sigma^2$]。在这种情况下，$\sigma^2$ 的后验边缘密度为

$$\frac{nS_n^2}{\sigma^2}\bigg|\tau \sim \chi^2_{n-1}$$

μ 的后验边缘密度为

$$\frac{\mu-\overline{x}_n}{S_n/\sqrt{n-1}}\bigg|\tau \sim \mathsf{t}_{n-1} \tag{2.46}$$

一般来说，推导 $\boldsymbol{\theta}$ 的简单形式后验密度要么不可能，要么过于烦琐。但是，可以用第 3 章中的蒙特卡罗方法来模拟或近似后验概率密度，以达到推断和预测的目的。

像式(2.46)这样的分布结果，在构造参数 μ 的 95% **可信区间** $\mathcal{I}$ 时是有用的；区间 $\mathcal{I}$ 使得概率 $\mathbb{P}[\mu\in\mathcal{I}\in\tau]$ 等于 0.95。例如，95% 的对称可信区间为

$$\mathcal{I}=\left[\overline{x}_n-\frac{S_n}{\sqrt{n-1}}\gamma, \overline{x}_n+\frac{S_n}{\sqrt{n-1}}\gamma\right]$$

其中，γ 是 t_{n-1} 分布的 0.975 分位数。注意，可信区间不是随机对象，参数 μ 是具有分布的随机变量。这与经典置信区间不同，经典置信区间的参数是非随机的，但区间是随机对象(的结果)。

作为 95% 贝叶斯可信区间的推广，我们可以定义一个 $1-\alpha$ 可信区域，即满足以下公式的任意集合 $\mathcal{R}$：

$$\mathbb{P}[\boldsymbol{\theta} \in \mathcal{R} \mid \tau] = \int_{\boldsymbol{\theta} \in \mathcal{R}} g(\boldsymbol{\theta} \mid \tau)\mathrm{d}\boldsymbol{\theta} \geqslant 1 - \alpha \tag{2.47}$$

例 2.9(最大似然贝叶斯正则化) 考虑对产科病房分娩期间的死亡人数进行建模。假设医院数据由 $\tau=\{x_1,\cdots,x_n\}$ 组成，对于 $i=1,\cdots,n$，如果第 i 个婴儿在出生时死亡，则 $x_i=1$，否则，$x_i=0$。该数据一个可能的贝叶斯模型是符合 $(X_1,\cdots,X_n\theta) \stackrel{\text{iid}}{\sim} \mathsf{Ber}(\theta)$ 的 $\theta \sim \mathcal{U}(0,1)$（均匀先验）。因此，似然估计为

$$g(\tau \mid \theta) = \prod_{i=1}^{n} \theta^{x_i}(1-\theta)^{1-x_i} = \theta^s(1-\theta)^{n-s}$$

其中，$s=x_1+\cdots+x_n$ 是死亡总人数。由于 $g(\theta)=1$，后验概率密度为

$$g(\theta \mid \tau) \propto \theta^s(1-\theta)^{n-s}, \quad \theta \in [0,1]$$

它是 $\mathsf{Beta}(s+1,n-s+1)$ 分布的概率密度。归一化常数为 $(n+1)\binom{n}{s}$。$(s,n)=(0,100)$ 时的后验概率密度如图 2.14 所示。

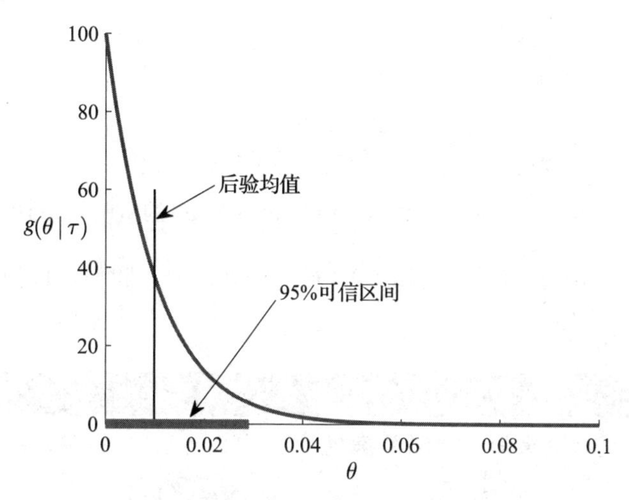

图 2.14 θ 的后验概率密度（$n=100$，$s=0$）

不难看出，θ 的**最大后验概率密度**(Maximum A Posteriori，MAP)估计为

$$\underset{\theta}{\operatorname{argmax}}\, g(\theta \mid \tau) = \frac{s}{n}$$

这与最大似然估计一致。图 2.14 还表明，θ 的左侧单边 95% 可信区间为 $[0,0.0292]$，其中 0.0292 是 $\mathsf{Beta}(1,101)$ 分布的 0.95 分位数。

注意，当 $(s,n)=(0,100)$ 时，最大似然估计为 $\hat{\theta}=0$，可以推断出婴儿出生时不会死亡。我们知道这个推断是错误的——死亡的概率永远不可能是零，只不过它（幸运的）太小了，无法从 $n=100$ 的样本量中准确地推断出来。与最大似然估计相比，$(s,n)=(0,100)$ 的后验均值 $\mathbb{E}[\theta \mid \tau]=(s+1)/(n+2)$ 不为零，死亡概率为更合理的点估计 0.0098。

此外，虽然计算贝叶斯可信区间在概念上不存在困难，但推导最大似然估计 $\hat{\theta}$ 的置信区间并不简单，因为 θ 的似然函数在 $\theta=0$ 处是不可微的。由于缺乏平滑性，通常基于正态近似的置信区间不能使用。

现在，我们回到 2.6 节的无监督学习情景，从贝叶斯的角度考虑这个问题。回想一下式(2.39)，近似函数 g 的 KL 风险为

$$\ell(g)=\int f(\tau_n')[\ln f(\tau_n')-\ln g(\tau_n')]\mathrm{d}\tau_n'$$

其中，τ'表示测试数据。由于 $\int f(\tau_n')\ln f(\tau_n')\mathrm{d}\tau_n'$ 在最小化风险方面不起作用，我们考虑**交叉熵风险**(见 4.2 节)，其定义为

$$\ell(g)=-\int f(\tau_n')\ln g(\tau_n')\mathrm{d}\tau_n'$$

注意，最小的交叉熵风险可能是 $\ell_n^*=-\int f(\tau_n')\ln f(\tau_n')\mathrm{d}\tau_n'$。贝叶斯学习器的期望泛化风险可以分解为

$$\mathbb{E}\ell(g_{\mathcal{T}_n})=\ell_n^*+\underbrace{\int f(\tau_n')\ln\frac{f(\tau_n')}{\mathbb{E}g(\tau_n'\mid\mathcal{T}_n)}\mathrm{d}\tau_n'}_{\text{“偏差”分量}}+\underbrace{\mathbb{E}\int f(\tau_n')\ln\frac{\mathbb{E}g(\tau_n'\mid\mathcal{T}_n)}{g(\tau_n'\mid\mathcal{T}_n)}\mathrm{d}\tau_n'}_{\text{“方差”分量}}$$

其中，$g_{\mathcal{T}_n}(\tau')=g(\tau'\mid\mathcal{T}_n)=\int g(\tau'\mid\boldsymbol{\theta})g(\boldsymbol{\theta}\mid\mathcal{T}_n)\mathrm{d}\boldsymbol{\theta}$ 是观测 $\mathcal{T}_n$ 后的后验预测密度。

假设集合 $\mathcal{T}_n$ 和 $\mathcal{T}_n'$ 由密度为 f 的 $2n$ 个独立同分布随机变量组成，我们可以证明(见习题 23)期望泛化风险可简化为

$$\mathbb{E}\ell(g_{\mathcal{T}_n})=\mathbb{E}\ln g(\mathcal{T}_n)-\mathbb{E}\ln g(\mathcal{T}_{2n})\tag{2.48}$$

其中，$g(\mathcal{T}_n)$和 $g(\mathcal{T}_{2n})$分别是 $\mathcal{T}_n$ 和 $\mathcal{T}_{2n}$ 的先验预测密度。

设 $\bar{\boldsymbol{\theta}}_n=\underset{\theta}{\operatorname{argmax}}\, g(\boldsymbol{\theta}\mid\mathcal{T}_n)$ 为 $\boldsymbol{\theta}^*:=\underset{\theta}{\operatorname{argmax}}\,\mathbb{E}\ln g(\boldsymbol{X}\mid\boldsymbol{\theta})$ 的 MAP 估计量。假设 $\bar{\boldsymbol{\theta}}_n$ 收敛于 $\boldsymbol{\theta}^*$(概率为 1)且 $\frac{1}{n}\mathbb{E}\ln g(\mathcal{T}_n\mid\bar{\boldsymbol{\theta}}_n)=\mathbb{E}\ln g(\boldsymbol{X}\mid\boldsymbol{\theta}^*)+\mathcal{O}(1/n)$，我们可以使用以下期望泛化风险的大样本近似。

定理 2.4 贝叶斯交叉熵风险近似

对于 $n\to\infty$，期望交叉熵泛化风险满足：

$$\mathbb{E}\ell(g_{\mathcal{T}_n})\simeq-\mathbb{E}\ln g(\mathcal{T}_n)-\frac{p}{2}\ln n\tag{2.49}$$

式中(p 为参数向量 $\boldsymbol{\theta}$ 的维数，$\bar{\boldsymbol{\theta}}_n$ 为 MAP 估计)：

$$\mathbb{E}\ln g(\mathcal{T}_n)\simeq\mathbb{E}\ln g(\mathcal{T}_n\mid\bar{\boldsymbol{\theta}}_n)-\frac{p}{2}\ln n\tag{2.50}$$

证明 为了证明式(2.50)，我们将定理 C.21 应用于 $\ln\int \mathrm{e}^{-nr_n(\boldsymbol{\theta})}g(\boldsymbol{\theta})\mathrm{d}(\boldsymbol{\theta})$，其中

$$r_n(\boldsymbol{\theta}):=-\frac{1}{n}\ln g(\mathcal{T}_n\mid\boldsymbol{\theta})=-\frac{1}{n}\sum_{i=1}^{n}\ln g(\boldsymbol{X}_i\mid\boldsymbol{\theta})\xrightarrow{\text{a.s.}}-\mathbb{E}\ln g(\boldsymbol{X}\mid\boldsymbol{\theta}):=r(\boldsymbol{\theta})<\infty$$

可以得到(概率为 1)：

$$\ln\int g(\mathcal{T}_n\mid\boldsymbol{\theta})g(\boldsymbol{\theta})\mathrm{d}\boldsymbol{\theta}\simeq-nr(\boldsymbol{\theta}^*)-\frac{p}{2}\ln(n)$$

对两边取期望并使用 $nr(\boldsymbol{\theta}^*)=n\mathbb{E}[r_n(\bar{\boldsymbol{\theta}}_n)]+\mathcal{O}(1)$ 即可推导出式(2.50)。为了证明式(2.49)，我们通过重复式(2.50)的论证，得到了 $\mathbb{E}\ln g(\mathcal{T}_{2n})$的渐近逼近，但在必要时用 $2n$ 代替 n。因此，我们得到：

$$\mathbb{E}\ \ln g(\mathcal{T}_{2n}) \simeq -2nr(\boldsymbol{\theta}^*) - \frac{p}{2}\ln(2n)$$

然后，由等式(2.48)得出式(2.49)。 ■

定理 2.4 的结果对模型的选择和评估有两个主要启示。首先，式(2.49)表明，对于大数 n 和固定的 p，$-\ln g(\mathcal{T}_n)$ 可作为期望泛化风险粗略的渐近近似。在这种情况下，先验预测密度 $g(\mathcal{T}_n)$ 通常被称为 $\mathcal{G}_p$ 类的**模型证据**或**边缘似然**。由于积分 $\int g(\mathcal{T}_n|\boldsymbol{\theta})g(\boldsymbol{\theta})\mathrm{d}\boldsymbol{\theta}$ 很少有封闭形式，因此无法准确计算模型证据，可能要用蒙特卡罗估计方法(见 3.2.5 节)。

其次，当模型证据难以通过蒙特卡罗方法或其他方法计算时，式(2.50)建议我们可以使用以下大样本近似：

$$-2\mathbb{E}\ \ln g(\mathcal{T}_n) \simeq -2\ln g(\mathcal{T}_n|\overline{\boldsymbol{\theta}}_n) + p\ln(n) \tag{2.51}$$

式(2.51)右边的渐近近似称为**贝叶斯信息准则**(Bayesian Information Criterion，BIC)。我们更喜欢 BIC 最小的 $\mathcal{G}_p$ 类。当模型证据难以计算且 n 远大于 p 时，通常使用 BIC。对于固定的 p，当 n 越来越大时，BIC 对 $-2\mathbb{E}\ \ln g(\mathcal{T}_n)$ 的估计越来越精确。注意，即使真实密度 $f \notin \mathcal{G}_p$，BIC 近似也是有效的。BIC 为模型选择提供了赤池信息准则(Akaike Information Criterion，AIC)(见 4.2 节)的替代方案。但是，BIC 近似不假设真实模型 f 属于所考虑的参数类，AIC 则假设 $f \in \mathcal{G}_p$。因此，AIC 仅仅是基于定理 4.1 渐近近似的启发式近似。

尽管上述贝叶斯理论是无监督学习情景中提出的，但它很容易推广到监督学习情景。我们只需要重新标记训练集 $\mathcal{T}_n$。特别是，当训练响应 $Y_1,\cdots,Y_n$ 为随机变量(回归模型中很常见)，但相应的特征向量 $\boldsymbol{x}_1,\cdots,\boldsymbol{x}_n$ 固定时，那么 $\mathcal{T}_n$ 是随机响应的集合 $\{Y_1,\cdots,Y_n\}$。我们可以简单地认为 $\mathcal{T}_n$ 就是响应向量 $\boldsymbol{Y}=[Y_1,\cdots,Y_n]$。例 2.10 中就采用这种表示法。

例 2.10[多项式回归(续)] 再次考虑例 2.2，但这次采用贝叶斯理论，$(\sigma^2,\boldsymbol{\beta})$ 的先验知识由 $g(\sigma^2)=1/\sigma^2$ 和 $\beta|\sigma^2 \sim \mathcal{N}(\boldsymbol{0},\sigma^2\boldsymbol{D})$ 确定，$\boldsymbol{D}$ 是超参数矩阵。设 $\boldsymbol{\Sigma}:=(\boldsymbol{X}^{\mathrm{T}}\boldsymbol{X}+\boldsymbol{D}^{-1})^{-1}$，则后验概率可以写成

$$g(\boldsymbol{\beta},\sigma^2\,|\,\boldsymbol{y}) = \frac{\exp\left(-\frac{\|\boldsymbol{y}-\boldsymbol{X\beta}\|^2}{2\sigma^2}\right)}{(2\pi\sigma^2)^{n/2}} \times \frac{\exp\left(-\frac{\boldsymbol{\beta}^{\mathrm{T}}\boldsymbol{D}^{-1}\boldsymbol{\beta}}{2\sigma^2}\right)}{(2\pi\sigma^2)^{p/2}|\boldsymbol{D}|^{1/2}} \times \frac{1}{\sigma^2}\Big/ g(\boldsymbol{y})$$

$$= \frac{(\sigma^2)^{-(n+p)/2-1}}{(2\pi)^{(n+p)/2}|\boldsymbol{D}|^{1/2}}\exp\left(-\frac{\|\boldsymbol{\Sigma}^{-1/2}(\boldsymbol{\beta}-\overline{\boldsymbol{\beta}})\|^2}{2\sigma^2} - \frac{(n+p+2)\overline{\sigma}^2}{2\sigma^2}\right)\Big/ g(\boldsymbol{y})$$

其中，$\overline{\boldsymbol{\beta}}:=\boldsymbol{\Sigma X}^{\mathrm{T}}\boldsymbol{y}$ 和 $\overline{\sigma}^2 := \boldsymbol{y}^{\mathrm{T}}(\boldsymbol{I}-\boldsymbol{X\Sigma X}^{\mathrm{T}})\boldsymbol{y}/(n+p+2)$ 分别是 $\boldsymbol{\beta}$ 和 σ^2 的 MAP 估计，$g(\boldsymbol{y})$ 是 $\mathcal{G}_p$ 的模型证据：

$$g(\boldsymbol{y}) = \iint g(\boldsymbol{\beta},\sigma^2,\boldsymbol{y})\mathrm{d}\boldsymbol{\beta}\mathrm{d}\sigma^2$$

$$= \frac{|\boldsymbol{\Sigma}|^{1/2}}{(2\pi)^{n/2}|\boldsymbol{D}|^{1/2}}\int_0^{\infty}\frac{\exp\left(-\frac{(n+p+2)\overline{\sigma}^2}{2\sigma^2}\right)}{(\sigma^2)^{n/2+1}}\mathrm{d}\sigma^2$$

$$= \frac{|\boldsymbol{\Sigma}|^{1/2}\Gamma(n/2)}{|\boldsymbol{D}|^{1/2}(\pi(n+p+2)\overline{\sigma}^2)^{n/2}}$$

因此，根据式(2.49)，我们有

$$2\mathbb{E}\ell(g_{\mathcal{T}_n}) \simeq -2\ln g(\boldsymbol{y}) = n\ln[\pi(n+p+2)\overline{\sigma}^2] - 2\ln\Gamma(n/2) + \ln|\boldsymbol{D}| - \ln|\boldsymbol{\Sigma}|$$

另外，$\boldsymbol{Y}$ 的对数似然的负数可以写成

$$-\ln g(\boldsymbol{y}|\boldsymbol{\beta},\sigma^2)=\frac{\|\boldsymbol{y}-\boldsymbol{X\beta}\|^2}{2\sigma^2}+\frac{n}{2}\ln(2\pi\sigma^2)$$
$$=\frac{\|\boldsymbol{\Sigma}^{-1/2}(\boldsymbol{\beta}-\overline{\boldsymbol{\beta}})\|^2}{2\sigma^2}+\frac{(n+p+2)\overline{\sigma}^2}{2\sigma^2}+\frac{n}{2}\ln(2\pi\sigma^2)$$

因此，BIC 近似值——见式(2.51)——为

$$-2\ln g(\boldsymbol{y}|\overline{\boldsymbol{\beta}},\overline{\sigma}^2)+(p+1)\ln(n)=n[\ln(2\pi\overline{\sigma}^2)+1]+(p+1)\ln(n)+(p+2) \tag{2.52}$$

其中，$(p+1)\ln(n)$ 中增加了 $\ln(n)$ 项，这是因为 $\boldsymbol{\theta}=(\sigma^2,\boldsymbol{\beta})$ 中包含了 σ^2。图 2.15 给出了模型证据及其 BIC 近似，其中使用超参数 $\boldsymbol{D}=10^4\times\boldsymbol{I}_p$ 作为 $\boldsymbol{\beta}$ 的先验概率密度。可以看到，这两种近似法在 $p=4$ 时都表现出明显的最小值，从而确定了真正的多项式回归模型。将交叉熵风险估计的整体定性形状与图 2.11 中平方误差风险估计的形状进行比较。

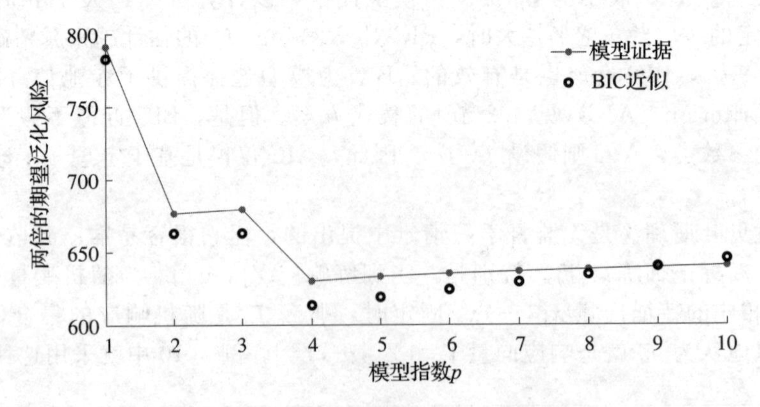

图 2.15 用于模型选择的 BIC 和边缘似然

我们可以对模型复杂度参数 p 进行贝叶斯处理，其中定义了所有考虑的模型集的先验密度。例如，设 $g(p)(p=1,\cdots,m)$ 是 m 个候选模型的先验密度。将模型复杂度指数 p 作为 $\boldsymbol{\theta}\in\mathbb{R}^p$ 的附加参数，应用贝叶斯公式可将$(\boldsymbol{\theta},p)$的后验概率写作

$$g(\boldsymbol{\theta},p|\tau)=g(\boldsymbol{\theta}|p,\tau)\times g(p|\tau)$$
$$=\underbrace{\frac{g(\tau|\boldsymbol{\theta},p)g(\boldsymbol{\theta}|p)}{g(\tau|p)}}_{\text{给定模型参数}p\text{下}\boldsymbol{\theta}\text{的后验概率}}\times\underbrace{\frac{g(\tau|p)g(p)}{g(\tau)}}_{\text{模型参数}p\text{下的后验概率}}$$

固定 p 的模型证据现在被解释为在模型参数 p 条件下 τ 的先验预测密度：

$$g(\tau|p)=\int g(\tau|\boldsymbol{\theta},p)g(\boldsymbol{\theta}|p)\mathrm{d}\boldsymbol{\theta}$$

且 $g(\tau)=\sum_{p=1}^{m}g(\tau|p)g(p)$ 被解释为 m 个候选模型的边缘似然。最后，一种简单的模型选择方法是选取后验概率最大的指数 $\hat{p}$ 对应的模型：

$$\hat{p}=\underset{p}{\operatorname{argmax}}\,g(p|\tau)=\underset{p}{\operatorname{argmax}}\,g(\tau|p)g(p)$$

例 2.11[多项式回归(续)] 我们回归例 2.10 的贝叶斯处理，设参数 $p=1,\cdots,m$，$m=10$。回想一下，我们在例 2.10 中使用了符号 $\tau=\boldsymbol{y}$。我们假设先验概率 $g(p)=1/m$ 是平坦且无

信息的，因此，后验概率为：

$$g(p\,|\,\mathbf{y}) \propto g(\mathbf{y}\,|\,p) = \frac{|\boldsymbol{\Sigma}|^{1/2}\Gamma(n/2)}{|\boldsymbol{D}|^{1/2}(\pi(n+p+2)\,\bar{\sigma}^2)^{n/2}}$$

其中，$g(\mathbf{y}|p)$中的所有量都是由矩阵 $\boldsymbol{X}$ 的前 p 列计算的。图 2.16 给出了由此产生的后验分布 $g(p|\mathbf{y})$。图中还给出了后验密度 $\hat{g}(\mathbf{y}|p)/\sum_{p=1}^{10}\hat{g}(\mathbf{y}|p)$，其中，

$$\hat{g}(\mathbf{y}\,|\,p) := \exp\left(-\frac{n[\ln(2\pi\,\bar{\sigma}^2)+1]+(p+1)\ln(n)+(p+2)}{2}\right)$$

由式(2.52)的 BIC 近似导出。在这两种情况下，在 $p=4$ 处都有明显的最大值，这表明三次多项式是该数据最合适的模型。

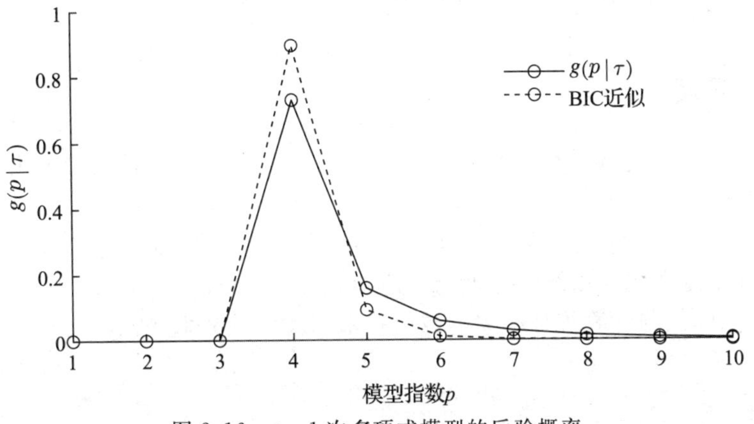

图 2.16　$p-1$ 次多项式模型的后验概率

假设我们想比较两个模型，比如 $p=1$ 的模型和 $p=2$ 的模型。我们不需要显式地计算后验概率 $g(p|\tau)$，只需比较后验概率比：

$$\frac{g(p=1\,|\,\tau)}{g(p=2\,|\,\tau)} = \frac{g(p=1)}{g(p=2)} \times \underbrace{\frac{g(\tau\,|\,p=1)}{g(\tau\,|\,p=2)}}_{\text{贝叶斯因子}B_{1/2}}$$

这就产生了**贝叶斯因子** $B_{i\,|\,j}$，其值表示模型 i 优于模型 j 的证据的强度。特别地，$B_{i\,|\,j}>1$ 意味着证据更有利于模型 i。

例 2.12(Savage-Dickey 比率)　假设我们有两个模型。模型 $p=2$ 有依赖于两个参数的似然函数 $g(\tau|\mu,v,p=2)$。模型 $p=1$ 具有相同形式的似然函数，但 v 是已知的固定值 v_0，即 $g(\tau|\mu,p=1)=g(\tau|\mu,\ v=v_0,\ p=2)$。此外，假设模型 1 的 μ 先验信息与模型 2 的相同，条件是 $v=v_0$。也就是说，我们假设 $g(\mu|p=1)=g(\mu|v=v_0,\ p=2)$。由于模型 1 是模型 2 的特例，因而被称为嵌套在模型 2 中。这可以正式地写作(参见习题 26)

$$\begin{aligned} g(\tau\,|\,p=1) &= \int g(\tau\,|\,\mu,p=1)g(\mu\,|\,p=1)\mathrm{d}\mu \\ &= \int g(\tau\,|\,\mu,v=v_0,p=2)g(\mu\,|\,v=v_0,p=2)\mathrm{d}\mu \\ &= g(\tau\,|\,v=v_0,p=2) = \frac{g(\tau,v=v_0\,|\,p=2)}{g(v=v_0\,|\,p=2)} \end{aligned}$$

因此，贝叶斯因子可简化为

$$B_{1|2}=\frac{g(\tau|p=1)}{g(\tau|p=2)}=\frac{g(\tau,v=v_0\mid p=2)}{g(v=v_0\mid p=2)}\Big/g(\tau|p=2)=\frac{g(v=v_0\mid \tau,p=2)}{g(v=v_0\mid p=2)}$$

换句话说，$B_{1|2}$是在 $v=v_0$ 处 v 的后验密度与先验密度的比值，两个密度都在无约束的模型 $p=2$ 中计算。后验密度与先验密度的这种比值称为 **Savage-Dickey 密度比**。

是使用经典模型还是使用贝叶斯模型在很大程度上是一个方便性问题。经典推断之所以非常有用，是因为它有一个巨大的现成结果存储库，并且不需要参数的主观先验信息。贝叶斯模型之所以很有用，是因为整个理论都基于优雅的贝叶斯公式，推断中的不确定性(如置信区间)可以更自然地量化(如可信区间)。通常的做法是对经典模型进行“贝叶斯化”，只需对参数添加一些先验信息就可以了。

2.10 扩展阅读

文献[55]是一本流行的统计学习教科书。文献[69]、[74]和[124]给出了数理统计的处理方法。文献[10]、[25]和[78]给出了更高级的处理方法。文献[36]很好地综述了现代统计推断。关于模式分类和机器学习的经典参考文献有[12]和[35]。对于包括信息论和 Rademacher 复杂度在内的高级学习理论，请参阅文献[28]和[109]。贝叶斯推断的一个实用参考是文献[46]。与计算统计相关的数值技术综述参见文献[90]。

2.11 习题

1. 假设损失函数是分段线性函数

$$\text{Loss}(y,\hat{y})=\alpha(\hat{y}-y)_+ +\beta(y-\hat{y})_+,\quad \alpha,\beta>0$$

其中，当 $c>0$ 时，c_+ 等于 c，否则，c_+ 等于 0。证明最小化风险 $\ell(g)=\mathbb{E}\text{Loss}(Y,g(\boldsymbol{X}))$满足：

$$\mathbb{P}\left[Y<g^*(\boldsymbol{x})\mid \boldsymbol{X}=\boldsymbol{x}\right]=\frac{\beta}{\alpha+\beta}$$

换句话说，在条件 $\boldsymbol{X}=\boldsymbol{x}$ 下，$g^*(\boldsymbol{x})$是 Y 的$\beta/(\alpha+\beta)$分位数。

2. 证明：对于平方误差损失，式(2.16)中的近似误差 $\ell(g^{\mathcal{G}})-\ell(g^*)$等于 $\mathbb{E}(g^{\mathcal{G}}(\boldsymbol{X})-g^*(\boldsymbol{X}))^2$。[提示：展开 $\ell(g^{\mathcal{G}})=\mathbb{E}(Y-g^*(\boldsymbol{X})+g^*(\boldsymbol{X})-g^{\mathcal{G}}(\boldsymbol{X}))^2$]

3. 假设 $\mathcal{G}$ 是线性函数类。对于适当维数的参数向量 $\boldsymbol{\beta}$，特征 $\boldsymbol{x}$ 处的线性函数可以描述为 $g(\boldsymbol{x})=\boldsymbol{\beta}^{\mathrm{T}}\boldsymbol{x}$。记 $g^{\mathcal{G}}(\boldsymbol{x})=\boldsymbol{x}^{\mathrm{T}}\boldsymbol{\beta}^{\mathcal{G}}$，$g_\tau^{\mathcal{G}}(\boldsymbol{x})=\boldsymbol{x}^{\mathrm{T}}\hat{\boldsymbol{\beta}}$。证明：

$$\mathbb{E}(g_\tau^{\mathcal{G}}(\boldsymbol{X})-g^*(\boldsymbol{X}))^2=\mathbb{E}(\boldsymbol{X}^{\mathrm{T}}\hat{\boldsymbol{\beta}}-\boldsymbol{X}^{\mathrm{T}}\boldsymbol{\beta}^{\mathcal{G}})^2+\mathbb{E}(\boldsymbol{X}^{\mathrm{T}}\boldsymbol{\beta}^{\mathcal{G}}-g^*(\boldsymbol{X}))^2$$

因此，推导出式(2.16)中的统计误差为 $\ell(g_\tau^{\mathcal{G}})-\ell(g^{\mathcal{G}})=\mathbb{E}(g_\tau^{\mathcal{G}}(\boldsymbol{X})-g^{\mathcal{G}}(\boldsymbol{X}))^2$。

4. 对于具有 0-1 响应的 0-1 损失，证明式(2.24)成立。

5. 设 $\boldsymbol{X}$ 是 n 维正态随机向量，均值向量为 $\boldsymbol{\mu}$，协方差矩阵为 $\boldsymbol{\Sigma}$，其中 $\boldsymbol{\Sigma}$ 的行列式非零。证明 $\boldsymbol{X}$ 具有联合概率密度：

$$f_{\boldsymbol{X}}(\boldsymbol{x})=\frac{1}{\sqrt{(2\pi)^n\,|\boldsymbol{\Sigma}|}}\mathrm{e}^{-\frac{1}{2}(\boldsymbol{x}-\boldsymbol{\mu})^{\mathrm{T}}\boldsymbol{\Sigma}^{-1}(\boldsymbol{x}-\boldsymbol{\mu})},\quad \boldsymbol{x}\in\mathbb{R}^n$$

6. 设 $\hat{\boldsymbol{\beta}}=\boldsymbol{A}^+\boldsymbol{y}$。利用伪逆的定义性质(见定义 A.2)，证明对于任意 $\boldsymbol{\beta}\in\mathbb{R}^p$，有：

$$\|\boldsymbol{A}\hat{\boldsymbol{\beta}}-\boldsymbol{y}\|\leqslant\|\boldsymbol{A}\boldsymbol{\beta}-\boldsymbol{y}\|$$

7. 在多项式回归例 2.1 中，假设我们选择 $p\geqslant4$ 的线性函数类 $\mathcal{G}^p$。那么，$g^*\in\mathcal{G}_p$，近似误差为零，因为 $g^{\mathcal{G}_p}(\boldsymbol{x})=g^*(\boldsymbol{x})=\boldsymbol{x}^{\mathrm{T}}\boldsymbol{\beta}$，其中 $\boldsymbol{\beta}=[10,-140,400,-250,0,\cdots,0]^{\mathrm{T}}\in\mathbb{R}^p$。假设秩 $\text{rank}(\boldsymbol{X})\geqslant4$，$\hat{\boldsymbol{\beta}}=$

$X^+ y$，利用塔性质证明学习器 $g_\tau(x)=x^T\hat{\beta}$ 是**无偏的**：

$$\mathbb{E}g_{\mathcal{T}}(x) = g^*(x)$$

8. （习题 7 续）可以看出，学习器 $g_{\mathcal{T}}$ 可以写成响应变量的线性组合 $g_{\mathcal{T}}(x)=x^T X^+ Y$。证明对于任何形如 $x^T A y$ 的学习器，其中 $A\in\mathbb{R}^{p\times n}$ 是满足 $\mathbb{E}_X[x^T AY]=g^*(x)$ 的矩阵，我们有

$$\mathbb{V}\mathrm{ar}_X[x^T X^+ Y] \leqslant \mathbb{V}\mathrm{ar}_X[x^T AY]$$

其中，等式在 $A=X^+$ 时成立。这称为**高斯-马尔科夫不等式**。因此，利用高斯-马尔可夫不等式可以推导出无条件方差：

$$\mathbb{V}\mathrm{ar}\ g_{\mathcal{T}}(x) \leqslant \mathbb{V}\mathrm{ar}[x^T AY]$$

请推导，$A=X^+$ 也能使期望泛化风险最小。

9. 再次考虑多项式回归例 2.1。利用 $\mathbb{E}_X\hat{\beta}=X^+ h^*(u)$，其中 $h^*(u)=\mathbb{E}[Y\mid U=u]=[h^*(u_1),\cdots,h^*(u_n)]^T$，证明期望样本内风险为

$$\mathbb{E}_X\ell_{\mathrm{in}}(g_{\mathcal{T}}) = \ell^* + \frac{\|h^*(u)\|^2 - \|XX^+ h^*(u)\|^2}{n} + \frac{\ell^* p}{n}$$

同样，使用定理 C.2，证明期望统计误差为：

$$\mathbb{E}_X(\hat{\beta}-\beta)^T H_p(\hat{\beta}-\beta) = \ell^*\,\mathrm{tr}(X^+(X^+)^T H_p) + (X^+ h^*(u)-\beta)^T H_p(X^+ h^*(u)-\beta)$$

10. 考虑例 2.2 的多项式回归的设置。用定理 C.19 证明

$$\sqrt{n}(\hat{\beta}_n-\beta_p) \xrightarrow{\mathrm{d}} \mathcal{N}(0, \ell^* H_p^{-1} + H_p^{-1}M_p H_p^{-1}) \tag{2.53}$$

其中，$M_p := \mathbb{E}[XX^T(g^*(X)-g^{\mathcal{G}_p}(X))^2]$ 是一个矩阵，其 (i,j) 项为

$$\int_0^1 u^{i+j-2}(h^{\mathcal{H}_p}(u)-h^*(u))^2\,\mathrm{d}u$$

H_p^{-1} 是 $p\times p$ **逆希尔伯特矩阵**，其 (i,j) 项为

$$(-1)^{i+j}(i+j-1)\binom{p+i-1}{p-j}\binom{p+j-1}{p-i}\binom{i+j-2}{i-1}^2$$

注意到 $p\geqslant 4$ 时 $M_p=0$，因此，矩阵 M_p 项是由于选择了不包含真实预测函数的限制性类 $\mathcal{G}_p$。

11. 在例 2.2 中，我们看到统计误差可以表示[见式(2.20)]为

$$\int_0^1([1,\cdots,u^{p-1}](\hat{\beta}-\beta_p))^2\,\mathrm{d}u = (\hat{\beta}-\beta_p)^T H_p(\hat{\beta}-\beta_p)$$

通过习题 10 可知，随机向量 $Z_n := \sqrt{n}(\hat{\beta}_n-\beta_p)$ 具有均值向量为 0，协方差矩阵为 $V := \ell^* H_p^{-1} + H_p^{-1}M_p H_p^{-1}$ 的渐近多元正态分布。使用定理 C.2，证明期望统计误差是渐近的：

$$\mathbb{E}(\hat{\beta}-\beta_p)^T H_p(\hat{\beta}-\beta_p) \simeq \frac{\ell^* p}{n} + \frac{\mathrm{tr}(M_p H_p^{-1})}{n}, \quad n\to\infty \tag{2.54}$$

绘图表示期望统计误差的大样本近似值，并与统计误差的结果进行比较。

我们注意到一个微妙的技术细节：一般来说，在分布上收敛并不意味着在 L_p 范数上收敛(见例 C.6)，因此，我们在这里隐含地假设

$$\|Z_n\| \xrightarrow{\mathrm{d}} \mathrm{Dist.} \Rightarrow \|Z_n\| \xrightarrow{L_2} \mathrm{constant} := \lim_{n\uparrow\infty}\mathbb{E}\|Z_n\|$$

12. 再次考虑例 2.2。式(2.53)的结果表明，当 $n\to\infty$ 时，$\mathbb{E}\hat{\beta}\to\beta_p$，其中，$\beta_p$ 是式(2.18)中给出的 $\mathcal{G}_p$ 类的解。因此，$x=[1,\cdots,u^{p-1}]^T$ 处学习器 $g_{\mathcal{T}}^{\mathcal{G}_p}(x)=x^T\hat{\beta}$ 逐点偏差的大样本近似为

$$\mathbb{E}g_{\mathcal{T}}^{\mathcal{G}_p}(x) - g^*(x) \simeq [1,\cdots,u^{p-1}]\beta_p - [1,u,u^2,u^3]\beta^*, \quad n\to\infty$$

使用 Python 再现图 2.17，显示 $p\in\{1,2,3\}$ 时学习器的大样本逐点平方偏差。注意，在 $u=0$ 和 $u=1$ 两个端点附近，偏差为什么更大？解释曲线下面积对应于近似误差的原因。

13. 为了运行例 2.2，可以使用式(2.53)导出学习器 $g_{\mathcal{T}}(x)=x^T\hat{\beta}_n$ 逐点方差的大样本近似值。特别地，当 n 很大时，证明：

$$\mathbb{V}\mathrm{ar}g_{\mathcal{T}}(x) \simeq \frac{\ell^* x^T H_p^{-1} x}{n} + \frac{x^T H_p^{-1} M_p H_p^{-1} x}{n}, \quad n\to\infty \tag{2.55}$$

图 2.18 给出了不同预测器 u 和模型指数 p 下学习器的(大样本)方差。可以看到，方差基本上随 p 增加而增大，$u=1/2$ 处的方差小于端点 $u=0$ 或 $u=1$ 处的方差。由于端点处的偏差也较大，我们推断逐点均方误差[见式(2.21)]在区间[0,1]端点附近较大，在区间中间比较小。换句话说，数据云中心的误差要比外围的误差小得多。

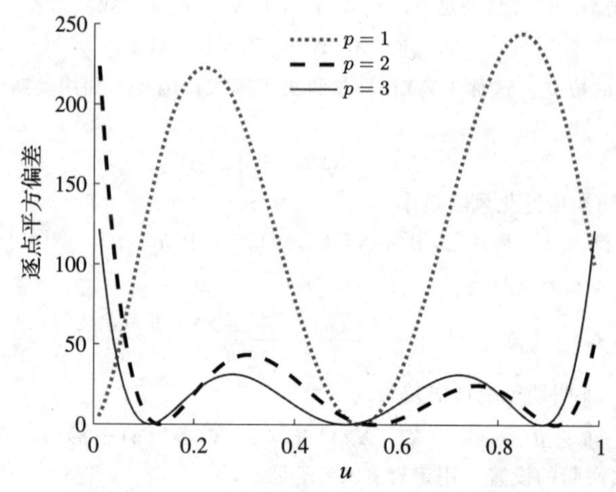

图 2.17 学习器在 $p=1,2,3$ 时的大样本逐点平方偏差($p\geqslant 4$ 时偏差为 0)

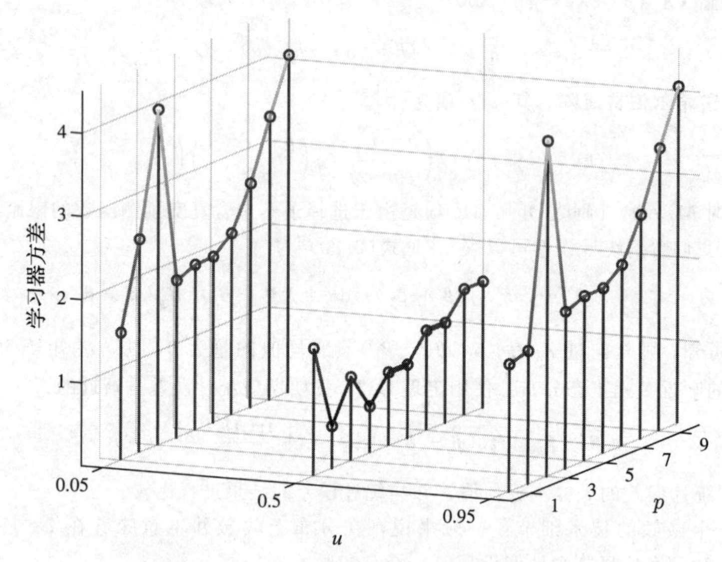

图 2.18 不同 p 和 u 下学习器的逐点方差

14. 设 $h: \boldsymbol{x} \mapsto \mathbb{R}$ 为凸函数，$\boldsymbol{X}$ 为随机变量。利用凸函数次梯度的定义证明 Jensen 不等式(见 B.2.1 节)：

$$\mathbb{E}h(\boldsymbol{X}) \geqslant h(\mathbb{E}\boldsymbol{X}) \tag{2.56}$$

15. 利用 Jensen 不等式，证明概率密度 f 和 g 之间的 KL 散度总是正的：

$$\mathbb{E}\ \ln \frac{f(\boldsymbol{X})}{g(\boldsymbol{X})} \geqslant 0$$

其中 $\boldsymbol{X} \sim f$。

16. 证明 VC 界(Vapnik-Chernovenkis bound)：对于任何有限类 $\mathcal{G}$(只包含有限数目的函数)和一般的有界损失函数 $l \leqslant \text{Loss} \leqslant u$，根据下式可以确定期望统计误差是有界的：

$$\mathbb{E}\ell(g_{\mathcal{T}_n}^{\mathcal{G}}) - \ell(g^{\mathcal{G}}) \leqslant \frac{(u-1)\ \sqrt{2\ln(2\,|\,\mathcal{G}\,|\,)}}{\sqrt{n}} \tag{2.57}$$

注意，这个边界不依赖训练集 $\mathcal{T}_n$（通常未知）的分布，只依赖类 $\mathcal{G}$ 的复杂度（即集合的基数）。我们可以把式(2.57)的证明过程分解为以下四个部分：

(a)对于一般的函数类 $\mathcal{G}$、训练集 $\mathcal{T}$、风险函数 ℓ 和训练损失 $\ell_{\mathcal{T}}$，对于所有的 $g\in\mathcal{G}$，根据定义，我们有$\ell(g^{\mathcal{G}})\leqslant\ell(g)$和 $\ell_{\mathcal{T}}(g_{\mathcal{T}}^{\mathcal{G}})\leqslant\ell_{\mathcal{T}}(g)$，证明：

$$\ell(g_{\mathcal{T}}^{\mathcal{G}})-\ell(g^{\mathcal{G}})\leqslant\sup_{g\in\mathcal{G}}|\ell_{\mathcal{T}}(g)-\ell(g)|+\ell_{\mathcal{T}}(g^{\mathcal{G}})-\ell(g^{\mathcal{G}})$$

其中，sup(supremum)表示最小的上界。由于 $\mathbb{E}\ell_{\mathcal{T}}(g)=\mathbb{E}\ell(g)$，对上述不等式两边均取期望后，可得：

$$\mathbb{E}\ell(g_{\mathcal{T}}^{\mathcal{G}})-\ell(g^{\mathcal{G}})\leqslant\mathbb{E}\sup_{g\in\mathcal{G}}|\ell_{\mathcal{T}}(g)-\ell(g)|$$

(b)如果 X 是在区间$[l,u]$内取值的零均值随机变量，则以下 Hoeffding **不等式**表示矩生成函数满足：

$$\mathbb{E}\mathrm{e}^{tX}\leqslant\exp\left(\frac{t^2(u-l)^2}{8}\right),\quad t\in\mathbb{R} \tag{2.58}$$

对 $x\in[l,u]$，利用线段连接点$(l,\exp(tl))$和$(u,\exp(tu))$界定凸函数 $x\mapsto\exp(tx)$的事实证明上面的结果，即：

$$\mathrm{e}^{tx}\leqslant\mathrm{e}^{tl}\frac{u-x}{u-l}+\mathrm{e}^{tu}\frac{x-l}{u-l},\quad x\in[l,u]$$

(c)设 $Z_1,\cdots,Z_n$（可能相关、非同分布）为零均值随机变量，其矩生成函数（见 C.3）对所有 k 和某些参数 η 满足 $\mathbb{E}\exp(tZ_k)\leqslant\exp(t^2\eta^2/2)$。利用 Jensen 不等式，证明对任意 $t>0$：

$$\mathbb{E}\max_k Z_k=\frac{1}{t}\mathbb{E}\ln\max_k\mathrm{e}^{tZ_k}\leqslant\frac{1}{t}\ln n+\frac{t\eta^2}{2}$$

由此得出：

$$\mathbb{E}\max_k Z_k\leqslant\eta\sqrt{2\ln n}$$

最后，证明上述不等式意味着：

$$\mathbb{E}\max_k|Z_k|\leqslant\eta\sqrt{2\ln(2n)} \tag{2.59}$$

(d)回到本练习的目的，将 $\mathcal{G}$ 的元素表示为 $g_1,\cdots,g_{|\mathcal{G}|}$，设 $Z_k=\ell_{\mathcal{T}_n}(g_k)-\ell(g_k)$。根据(a)界定 $\mathbb{E}\max_k|Z_k|$足够了。当 $\eta=(u-l)/\sqrt{n}$，证明$\{Z_k\}$满足(c)中的条件。为此，我们需要将(b)应用于随机变量 $\mathrm{Loss}(g(\boldsymbol{X}),Y)-\ell(g)$，其中$(\boldsymbol{X},Y)$是一般的数据点。现在，请证明式(2.57)。

17. 考虑习题 16(a)中的问题，证明：

$$|\ell_{\mathcal{T}}(g_{\mathcal{T}}^{\mathcal{G}})-\ell(g^{\mathcal{G}})|\leqslant2\sup_{g\in\mathcal{G}}|\ell_{\mathcal{T}}(g)-\ell(g)|+\ell_{\mathcal{T}}(g^{\mathcal{G}})-\ell(g^{\mathcal{G}})$$

由此，得出结论：

$$\mathbb{E}|\ell_{\mathcal{T}}(g_{\mathcal{T}}^{\mathcal{G}})-\ell(g^{\mathcal{G}})|\leqslant2\mathbb{E}\sup_{g\in\mathcal{G}}|\ell_{\mathcal{T}}(g)-\ell(g)|$$

此边界可以用来评估训练损失 $\ell_{\mathcal{T}}(g_{\mathcal{T}}^{\mathcal{G}})$与 $\mathcal{G}$ 类内最佳风险 $\ell(g^{\mathcal{G}})$有多接近。

18. 对于正态线性模型 $\boldsymbol{Y}\sim\mathcal{N}(\boldsymbol{X\beta},\sigma^2\boldsymbol{I}_n)$，证明 σ^2 的最大似然估计与式(2.37)的矩估计方法等效。

19. 设 $X\sim\mathsf{Gamma}(\alpha,\lambda)$。证明 $Z=1/X$ 的概率密度等于

$$\frac{\lambda^{\alpha}(z)^{-\alpha-1}\mathrm{e}^{-\lambda(z)^{-1}}}{\Gamma(\alpha)},\quad z>0$$

20. 考虑序列 $w_0,w_1,\cdots$，其中 $w_0=g(\boldsymbol{\theta})$是非退化的初始猜测，$w_t(\boldsymbol{\theta})\propto w_{t-1}(\boldsymbol{\theta})g(\tau|\boldsymbol{\theta})$，$t>1$。假设 $g(\tau|\boldsymbol{\theta})$不是关于 $\boldsymbol{\theta}$ 的常数函数，且有以下最大似然值存在（有界）：

$$g(\tau|\hat{\boldsymbol{\theta}})=\max_{\boldsymbol{\theta}}g(\tau|\boldsymbol{\theta})<\infty$$

设 $l_t:=\int g(\tau|\boldsymbol{\theta})w_t(\boldsymbol{\theta})\mathrm{d}\boldsymbol{\theta}$。证明$\{l_t\}$是一个严格递增的有界序列。因此，得出其极限为 $g(\tau|\hat{\boldsymbol{\theta}})$。

21. 考虑 $\tau=\{x_1,\cdots,x_n\}$的贝叶斯模型，似然函数为 $g(\tau|\mu)$，且$(X_1,\cdots,X_n|\mu)\stackrel{\text{iid}}{\sim}\mathcal{N}(\mu,1)$，先验概率密度函数为 $g(\mu)$，对某些超参数 υ 满足 $\mu\sim\mathcal{N}(\upsilon,1)$。通过 $w_t(\mu)\propto w_{t-1}(\mu)g(\tau|\mu)$定义一个密度序列 $w_t(\mu)$，$t\geqslant2$，初始值为 $w_1(\mu)=g(\mu)$。令 a_t 和 b_t 表示后验概率 $g_t(\mu|\tau)\propto g(\tau|\mu)w_t(\mu)$下 μ 的均值和

精度(方差的倒数)。证明 $g_t(\mu|\tau)$是一个标准密度，精度为 $b_t=b_{t-1}+n$，$b_0=1$，均值为 $a_t=(1-\gamma_t)a_{t-1}+\gamma_t\overline{x}_n$，$a_0=\upsilon$，其中 $\gamma_t:=n/(b_{t-1}+n)$。从而推导 $g_t(\mu|\tau)$在$\overline{x}_n$ 处收敛为具有点质量的退化密度。

22. 再次考虑例 2.8，假设有一个非正常先验概率为 $g(\boldsymbol{\theta})=g(\mu,\sigma^2)\propto 1/\sigma^2$ 的正态模型。证明先验预测概率密度是非正常密度 $g(x)\propto 1$，而后验预测密度为

$$g(x|\tau)\propto\left(1+\frac{(x-\overline{x}_n)^2}{(n+1)S_n^2}\right)^{-n/2}$$

推理得出$\dfrac{X-\overline{x}_n}{S_n\sqrt{(n+1)/(n-1)}}\sim \mathsf{t}_{n-1}$。

23. 假设 $\boldsymbol{X}_1,\cdots,\boldsymbol{X}_n\overset{\text{iid}}{\sim}f$，证明式(2.48)成立，且 $\ell_n^*=-n\,\mathbb{E}\ln f(\boldsymbol{X})$。

24. 假设 $\tau=\{x_1,\cdots,x_n\}$是独立同分布随机变量的观测值，其数值连续且严格为正，它们的概率密度有两种可能的模型。第一个模型($p=1$)是

$$g(x|\theta,p=1)=\theta\exp(-\theta x)$$

第二个模型($p=2$)是

$$g(x|\theta,p=2)=\left(\frac{2\theta}{\pi}\right)^{1/2}\exp\left(-\frac{\theta x^2}{2}\right)$$

对这两种模型，均假定 θ 的先验概率密度是具有相同超参数 b 和 t 的伽马密度：

$$g(\theta)=\frac{b^t}{\Gamma(t)}\theta^{t-1}\exp(-b\theta)$$

为了比较这两种模型，请给出贝叶斯因子 $g(\tau|p=1)/g(\tau|p=2)$的公式。

25. 假设我们有 m 个可能的模型，其先验概率为 $g(p)$，$p=1,\cdots,m$。证明模型的后验概率 $g(p|\tau)$可以用 $p(p-1)$个贝叶斯因子表示：

$$g(p=i|\tau)=\left(1+\sum_{j\neq i}\frac{g(p=j)}{g(p=i)}B_{j|i}\right)^{-1}$$

26. 已知数据 $\tau=\{x_1,\cdots,x_n\}$，假设我们利用参数为 $\boldsymbol{\theta}=(\mu,\sigma^2)^{\mathrm{T}}$ 的似然函数$(X|\boldsymbol{\theta})\sim\mathcal{N}(\mu,\sigma^2)$来比较以下两个嵌套模型。

(a)模型 $p=1$，其中 $\sigma^2=\sigma_0^2$ 已知，通过先验合并得到：

$$g(\boldsymbol{\theta}|p=1)=g(\mu|\sigma^2,p=1)g(\sigma^2|p=1)=\frac{1}{\sqrt{2\pi}\sigma}\mathrm{e}^{-\frac{(\mu-x_0)^2}{2\sigma^2}}\times\delta(\sigma^2-\sigma_0^2)$$

(b)模型 $p=2$，其中均值和方差都未知，先验概率为

$$g(\boldsymbol{\theta}|p=2)=g(\mu|\sigma^2)g(\sigma^2)=\frac{1}{\sqrt{2\pi}\sigma}\mathrm{e}^{-\frac{(\mu-x_0)^2}{2\sigma^2}}\times\frac{b^t(\sigma^2)^{-t-1}\mathrm{e}^{-b/\sigma^2}}{\Gamma(t)}$$

当 $t\to\infty$且 $b=t\sigma_0^2$ 时，证明先验概率 $g(\boldsymbol{\theta}|p=1)$可视为先验概率 $g(\boldsymbol{\theta}|p=2)$的极限，从而得出：

$$g(\tau|p=1)=\lim_{\substack{t\to\infty\\ b=t\sigma_0^2}}g(\tau|p=2)$$

并使用该结果计算 $B_{1|2}$。检查 $B_{1|2}$的公式是否符合 Savage-Dickey 密度比：

$$\frac{g(\tau|p=1)}{g(\tau|p=2)}=\frac{g(\sigma^2=\sigma_0^2|\tau)}{g(\sigma^2=\sigma_0^2)}$$

式中，$g(\sigma^2|\tau)$和 $g(\sigma^2)$分别为模型 $p=2$ 下后验概率和先验概率。

第3章
蒙特卡罗方法

机器学习和数据科学中的许多算法都使用了蒙特卡罗方法。本章将介绍蒙特卡罗模拟的三个主要用途：(1)模拟随机对象和随机过程，以便观察它们的行为；(2)通过重复抽样估计随机变量或随机过程的数值量；(3)通过随机算法解决复杂的优化问题。

3.1 简介

简而言之，**蒙特卡罗模拟**是通过计算机生成随机数据的过程。这些数据可能来自简单的模型，如第2章所述的模型；也可能来自非常复杂的描述现实生活系统的模型，如复杂道路网络上的车辆位置模型；甚至来自股市中证券价格的演变。在许多情况下，蒙特卡罗模拟只是简单地从某些概率分布中进行随机抽样。其思想是多次重复模型所描述的随机实验，以获得大量的数据，用这些数据来回答模型问题。蒙特卡罗模拟的三个主要用途如下：

- **抽样**：抽样的目标是通过多次观察随机对象来收集它的有关信息。例如，这可以是模拟现实生活系统(如生产线或电信网络)行为的随机过程。另一种用法来自贝叶斯统计，其中常使用马尔可夫链从后验分布中抽样。
- **估计**：在这种用法中，重点是估计与模拟模型相关的某些数值量。用蒙特卡罗方法求多维积分就是一个例子。它是通过将积分写成随机变量的期望，然后用样本均值近似这个期望来实现的。当样本量很大时，大数定律可以保证这种近似最终收敛。
- **优化**：蒙特卡罗模拟是优化复杂目标函数的有力工具。在许多应用中，这些函数是确定性的，为了更有效地搜索目标函数域，人们通常人为地引入随机性。蒙特卡罗方法也用于优化噪声函数，其中函数本身是随机的，例如，当目标函数是蒙特卡罗模拟的输出时。

蒙特卡罗方法极大地改变了统计学在当今数据分析中的使用方式。日益复杂的数据需要与100年前(甚至20年前)完全不同的统计模型和分析方法。通过使用蒙特卡罗方法，数据分析人员不再局限于使用基本的模型(通常是不合适的)来描述数据。现在，任何能在计算机上模拟的概率模型都可以作为统计分析的基础。“蒙特卡罗革命”对贝叶斯统计和频率统计都产生了影响。特别是在频率统计中，蒙特卡罗方法通常被称为重采样技术。一个重要的例子是著名的bootstrap方法(自举法)[37]，置信区间和用于统计检验的p值等统计量都可以通过模拟简单地确定，而不需要对潜在的概率分布进行复杂的分析，其基本应用参见文献[69]。通过使用马尔可夫链蒙特卡罗(Markov Chain Monte Carlo，MCMC)，其对贝叶斯统计的影响更为深远[48,87]。MCMC采样器构造了一个马尔可夫过程，该过程在分布上收敛于期望密度(通常是高维的)。这种分布上的收敛证明，运行有限次马尔可夫过程可以实现目标密度的随机近似。MCMC方法作为一种通用的启发式近似方法，由于其简单的计算机实现和在计算代价和精度之间权衡的内置机制，迅速得以流行。也就是说，马尔可夫过程运行的时间越长，近似效果就越好。目前，在分析后验分布以进行推断和模型选择时，MCMC方法是必不可少的，参见文献[50,99]。

下面三节将依次阐述蒙特卡罗模拟的这三种用法。

3.2 蒙特卡罗抽样

本节将介绍从模拟均匀随机数的构造块到MCMC抽样器的各种蒙特卡罗抽样方法。

3.2.1 生成随机数

蒙特卡罗方法的核心是**随机数生成器**，用于在区间(0,1)上生成均匀的随机数流。由于这些数字通常是通过确定性算法产生的，因此它们不是真正的随机数。然而，对于大多数应用来说，所需要的只是这些伪随机数与真正的随机数$U_1,U_2,\cdots$在统计意义上没有差别，即它们在区间(0,1)上均匀分布，而且相互独立，我们将其写作U_1，U_2，$\cdots\overset{\text{iid}}{\sim}\mathcal{U}(0,1)$。例如，在Python中，**numpy.random**模块中的**rand**方法就广泛用于此目的。

目前大多数随机数生成器都是基于线性递归关系的。一个重要的随机数生成器是k阶的**多重递归生成器**(Multi-Recursive Generator，MRG)，对于模m和乘子$\{a_i,\ i=1,\cdots,k\}$，它通过线性递归生成一个整数序列$X_k,X_{k+1},\cdots$

$$X_t=(a_1X_{t-1}+\cdots+a_kX_{t-k})\ \mathrm{mod}\ m,\quad t=k,k+1,\cdots \tag{3.1}$$

这里，“mod”指模运算：$n\ \mathrm{mod}\ m$是n除以m时的余数。递归过程需要指定k个初始“种子”$X_0,\cdots,X_{k-1}$。为了得到快速算法，除少数乘子外，所有乘子都应为0。当m是大整数时，只需设置$U_t=X_t/m$，就可以从序列$X_k,X_{k+1},\cdots$得到伪随机数流$U_k,U_{k+1},\cdots$。也可以设置一个小的模，比如$m=2$。对于某些$w\leqslant k$(比如w等于32或64)，这种**模2生成器**的输出函数通常为

$$U_t=\sum_{i=1}^{w}X_{tw+i-1}2^{-i}$$

模2生成器的例子有**反馈移位寄存器**生成器，其中最流行的是**梅森旋转算法**(Mersenne twister)，参见文献[79]和[83]。组合几个简单的MRG并仔细选择它们各自的模和乘子，可以有效地实现具有优良统计特性的MRG，其中最成功的是L'Ecuyer的MRG32k3a生成器，参见文献[77]。从现在开始，我们假设读者已有好用的随机数生成器。

3.2.2 模拟随机变量

从任意分布(即，不一定是均匀分布)模拟随机变量X通常包括以下两个步骤：

(1)对于某些$k=1,2,\cdots$，模拟(0,1)范围内的均匀随机数$U_1,\cdots,U_k$；

(2)返回$X=g(U_1,\cdots,U_k)$，其中g是实值函数。

构造合适的函数g既是一门科学，也是一门艺术。例如，在文献[71]和相应网站

http://www.montecarlohandbook.org 中可以找到许多模拟方法。两个最有用的生成随机变量的通用方法是**逆变换法**和**接受-拒绝法**。在讨论这些方法之前，我们先介绍一种模拟标准正态随机变量的方法。在 Python 中，我们可以通过 numpy.random 模块中的 randn 方法生成标准正态随机变量。

例 3.1(模拟标准正态随机变量)　如果 X 和 Y 是独立的标准正态分布随机变量[即 $X,Y \stackrel{\text{iid}}{\sim} \mathcal{N}(0,1)$]，则它们的联合概率密度函数为

$$f(x,y)=\frac{1}{2\pi}\mathrm{e}^{-\frac{1}{2}(x^2+y^2)},\quad (x,y)\in\mathbb{R}^2$$

这是一个径向对称函数。在例 C.2 中，我们可以看到，在极坐标中随机向量$[X,Y]^{\mathrm{T}}$与 x 轴正方向形成的夹角 Θ 服从 $\mathcal{U}(0,2\pi)$分布(如径向对称所预期的)，半径 R 的概率密度函数为 $f_R(r)=r\mathrm{e}^{-r^2/2}$，$r>0$。此外，$R$ 和 Θ 是相互独立的。我们很快就会在例 3.4 中看到，R 的分布与 $\sqrt{-2\ln U}$ 的分布相同，其中 $U\sim\mathcal{U}(0,1)$。因此，要模拟 $X,Y \stackrel{\text{iid}}{\sim} \mathcal{N}(0,1)$，首先要分别模拟 R 和 Θ，然后将 $X=R\cos(\Theta)$和 $Y=R\sin(\Theta)$作为一对独立的标准正态随机变量返回。这就有了生成标准正态随机变量的 Box-Muller 方法。

算法 3.2.1　正态随机变量模拟：Box-Muller 方法

输出： 独立标准正态随机变量 X 和 Y

1. 从 $\mathcal{U}(0,1)$模拟两个独立的随机变量 U_1 和 U_2
2. $X\leftarrow(-2\ln U_1)^{\frac{1}{2}}\cos(2\pi U_2)$
3. $Y\leftarrow(-2\ln U_1)^{\frac{1}{2}}\sin(2\pi U_2)$
4. **返回** X、Y

一旦有了标准正态随机数生成器，进行任意 n 维正态分布 $\mathcal{N}(\boldsymbol{\mu},\boldsymbol{\Sigma})$模拟就相对简单了。第一步是找到一个 $n\times n$ 矩阵 $\boldsymbol{B}$，将 $\boldsymbol{\Sigma}$ 分解为矩阵乘积 $\boldsymbol{B}\boldsymbol{B}^{\mathrm{T}}$。事实上，存在许多这样的分解。其中比较重要的是**楚列斯基分解**(Cholesky 分解)，它是 LU 分解的一种特殊情况，有关此类分解的更多信息请参见 A.6.1 节。在 Python 中，numpy.linalg 的 cholesky 函数可以用来生成这样的矩阵 $\boldsymbol{B}$。

一旦确定了 Cholesky 分解，根据定义很容易模拟 $\boldsymbol{X}\sim\mathcal{N}(\boldsymbol{\mu},\boldsymbol{\Sigma})$，它是 n 维标准正态随机向量的仿射变换 $\boldsymbol{\mu}+\boldsymbol{B}\boldsymbol{Z}$。

算法 3.2.2　正态随机向量模拟

输入： $\boldsymbol{\mu}$、$\boldsymbol{\Sigma}$

输出： $\boldsymbol{X}\sim\mathcal{N}(\boldsymbol{\mu},\boldsymbol{\Sigma})$

1. 确定 Cholesky 分解 $\boldsymbol{\Sigma}=\boldsymbol{B}\boldsymbol{B}^{\mathrm{T}}$
2. 通过抽取 $Z_1,\cdots,Z_n \stackrel{\text{iid}}{\sim} \mathcal{N}(0,1)$来模拟 $\boldsymbol{Z}=[Z_1,\cdots,Z_n]^{\mathrm{T}}$
3. $\boldsymbol{X}\leftarrow\boldsymbol{\mu}+\boldsymbol{B}\boldsymbol{Z}$
4. **返回** $\boldsymbol{X}$

例 3.2(二元正态分布模拟)　下面的 Python 代码从图 2.13 中的两个二元($n=2$)正态概率密度函数抽取 $N=1000$ 个独立同分布的样本，得到的点云如图 3.1 所示。

```
bvnormal.py
import numpy as np
from numpy.random import randn
import matplotlib.pyplot as plt

N = 1000
r = 0.0    #change to 0.8 for other plot
Sigma = np.array([[1, r], [r, 1]])

B = np.linalg.cholesky(Sigma)
x = B @ randn(2,N)
plt.scatter([x[0,:]],[x[1,:]], alpha =0.4, s = 4)
```

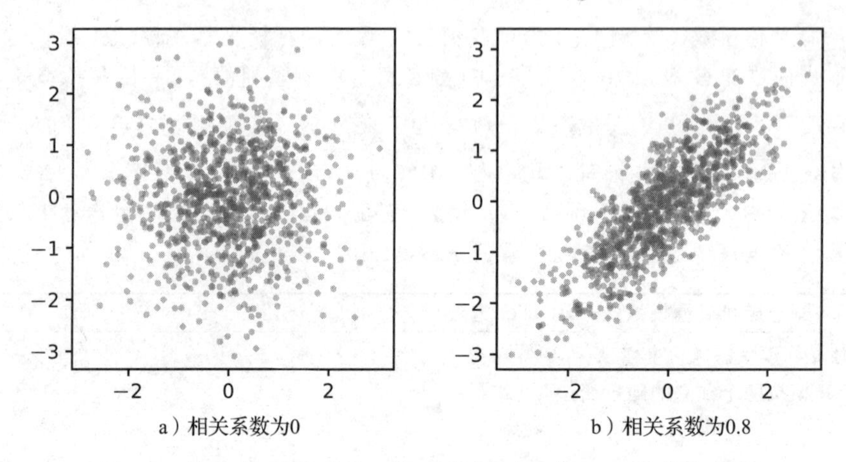

图 3.1 均值为 0、方差为 1 的二元正态分布的 1000 个样本实现

在某些情况下，协方差矩阵 $\boldsymbol{\Sigma}$ 具有特殊的结构，可以用来创建更快的生成算法，如例 3.3 所示。

例 3.3[时间复杂度为 $\mathcal{O}(n^2)$ 的正态向量模拟] 假设随机向量 $\boldsymbol{X}=[X_1,\cdots,X_n]^{\mathrm{T}}$ 表示**弱平稳**零均值**高斯过程**$(X(t),t\geqslant 0)$在时刻 $t_0+k\delta$，$k=0,\cdots,n-1$ 的值，“弱平稳”意味着 $\mathbb{C}\mathrm{ov}(X(s), X(t))$只依赖于 $t-s$。显然，$\boldsymbol{X}$ 的协方差矩阵 $\boldsymbol{A}_n$ 是一个对称的托普利兹方阵（见 A.6.6 节）。为简单起见，假设 $\mathbb{V}\mathrm{ar}\,X(t)=1$。那么，协方差矩阵实际上是具有如下结构的相关矩阵：

$$\boldsymbol{A}_n := \begin{bmatrix} 1 & a_1 & \cdots & a_{n-2} & a_{n-1} \\ a_1 & 1 & \ddots & & a_{n-2} \\ \vdots & \ddots & \ddots & \ddots & \vdots \\ a_{n-2} & & \ddots & \ddots & a_1 \\ a_{n-1} & a_{n-2} & \cdots & a_1 & 1 \end{bmatrix}$$

使用 Levinson-Durbin 算法，我们可以在时间复杂度 $\mathcal{O}(n^2)$内计算下对角矩阵 $\boldsymbol{L}_n$ 和对角矩阵 $\boldsymbol{D}_n$，使得 $\boldsymbol{L}_n\boldsymbol{A}_n\boldsymbol{L}_n^{\mathrm{T}}=\boldsymbol{D}_n$，参见定理 A.14。如果我们模拟 $\boldsymbol{Z}_n\sim\mathcal{N}(\boldsymbol{0},\boldsymbol{I}_n)$，那么线性系统 $\boldsymbol{L}_n\boldsymbol{X}=\boldsymbol{D}_n^{1/2}\boldsymbol{Z}_n$ 的解 $\boldsymbol{X}$ 的分布为 $\mathcal{N}(\boldsymbol{0},\boldsymbol{A}_n)$。

通过正向代换，可以在 $\mathcal{O}(n^2)$时间内求解线性系统。

1. 逆变换法

设 X 是具有累积分布函数(cumulative distribution function, cdf)F 的随机变量。F^{-1} 表示 F 的逆[⊖]，且 $U\sim\mathcal{U}(0,1)$。那么，

$$\mathbb{P}[\boldsymbol{F}^{-1}(U)\leqslant x]=\mathbb{P}[U\leqslant F(x)]=F(x) \tag{3.2}$$

这就有了以下使用累积分布函数 F 模拟随机变量 X 的方法，即算法 3.2.3

算法 3.2.3 逆变换法

输入：累积分布函数 F

输出：具有分布 F 的随机变量 X

1. 从 $\mathcal{U}(0,1)$生成 U
2. $X\leftarrow F^{-1}(U)$
3. **返回** X

逆变换法适用于连续分布和离散分布。将 numpy 作为 np 导入后，可以通过命令 `np.min(np.where(np.cumsum(p)> np.random.rand()))`根据概率 $p_0,\cdots,p_{k-1}$ 生成模拟数字 $0,\cdots,k-1$，其中 p 是概率向量。

例 3.4[例 3.1(续)] 例 3.1 还有一个问题，即在只知道半径 R 的密度函数 $f_R(r)=re^{-r^2/2}$，$r>0$ 时如何模拟半径 R。我们仍然可以使用逆变换法，但首先需要确定其累积分布函数。对概率密度函数积分即可得到 R 的累积分布函数：

$$F_R(r)=1-\mathrm{e}^{-\frac{1}{2}r^2},\quad r>0$$

它的逆通过求解 $u=F_R(r)$给出：

$$F_R^{-1}(u)=\sqrt{-2\ln(1-u)},\quad u\in(0,1)$$

因此，对于 $U\sim\mathcal{U}(0,1)$，R 与 $\sqrt{-2\ln(1-U)}$ 具有相同的分布。由于 $1-U$ 也具有 $\mathcal{U}(0,1)$分布，R 与 $\sqrt{-2\ln U}$ 也具有相同的分布。

2. 接受-拒绝法

接受-拒绝法用于从“困难的”概率密度函数 $f(x)$中抽样，通过“简单的”概率密度函数 $g(x)$生成替代样本(例如，通过逆变换法)，对于常数 $C\geqslant 1$，满足 $f(x)\leqslant Cg(x)$，然后以一定的概率接受或拒绝抽取的样本。算法 3.2.4 给出了其伪代码。

该算法的思想是先绘制 $X\sim g$，再绘制 $Y\sim\mathcal{U}(0,Cg(X))$，在函数 Cg 的图形下方均匀地生成点(X,Y)。如果点位于 f 下方，那么我们接受 X 为服从 f 的样本；否则，再试一次。接受-拒绝法的效率通常用接受概率来表示，即 $1/C$。

⊖ 每个累积分布函数都有一个由 $F^{-1}(u)=\inf\{x:F(x)\geqslant u\}$定义的唯一逆函数。如果对于每个 u，方程 $F(x)=u$ 都有唯一解 x，则这个定义与逆函数的常规解释是一致的。

算法 3.2.4 接受-拒绝法

输入： 概率密度函数 g 和常数 C，对所有的 x 均满足 $Cg(x) \geqslant f(x)$

输出： 服从 f 的随机变量 X

1. found ← **false**
2. **while not** found **do**
3. 从 g 生成 X
4. 从 $\mathcal{U}(0,1)$ 生成独立于 X 的 U
5. $Y \leftarrow UCg(X)$
6. **if** $Y \leqslant f(X)$ **then** found ← **true**
7. 返回 X

例 3.5（模拟伽马随机变量） 从 Gamma(α,λ)分布模拟随机变量通常通过接受-拒绝法进行。例如，考虑 $\alpha=1.3$、$\lambda=5.6$ 的伽马分布，它的概率密度函数为

$$f(x)=\frac{\lambda^{\alpha}x^{\alpha-1}\mathrm{e}^{-\lambda x}}{\Gamma(\alpha)},\quad x \geqslant 0$$

其中，Γ 是伽马函数 $\Gamma(\alpha):=\int_0^{\infty}\mathrm{e}^{-x}x^{\alpha-1}\mathrm{d}x, \alpha>0$，该概率密度函数如图 3.2 所示。

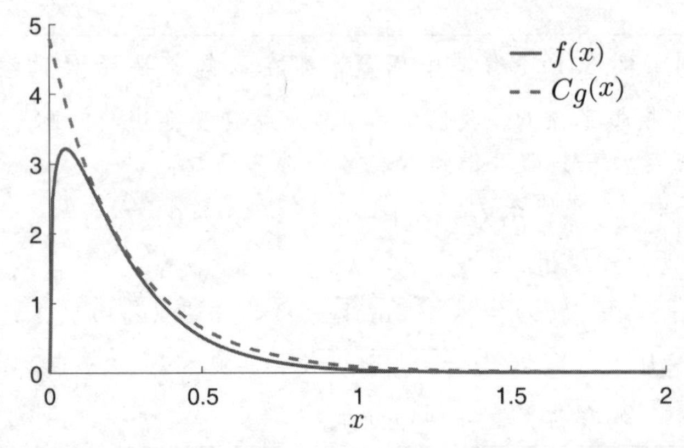

图 3.2 Exp(4)分布的概率密度函数 g 乘以 $C=1.2$ 主导 Gamma(1.3,5.6)分布的概率密度函数 f

这个 Gamma 分布的概率密度函数正好完全位于 $Cg(x)$下方，其中，$C=1.2$，$g(x)=4\exp(-4x)$，$x\geqslant 0$ 是指数分布 Exp(4)的概率密度函数。因此，我们可以根据算法 3.2.4 的步骤 6，通过接受或拒绝来自 Exp(4)分布的样本来模拟这个特定的伽马分布。Exp(4)分布的模拟可以通过逆变换法完成：模拟 $U\sim\mathcal{U}(0,1)$，返回 $X=-\ln(U)/4$。下面的 Python 代码实现了应用于本例的算法 3.2.4。

accrejgamma.py

```
from math import exp, gamma, log
from numpy.random import rand

alpha = 1.3
lam = 5.6
f = lambda x: lam**alpha * x**(alpha-1) * exp(-lam*x)/gamma(alpha)
g = lambda x: 4*exp(-4*x)
C = 1.2

found = False
```

```
while not found:
   x = - log(rand())/4
   if C*g(x)*rand() <= f(x):
      found = True

print(x)
```

3.2.3 模拟随机向量和随机过程

生成随机向量和随机过程的方法就像随机过程本身一样多种多样，参见文献[71]。我们重点介绍几个常见情况。

当 $X_1,\cdots,X_n$ 是概率密度为 $f_i(i=1,\cdots,n)$ 的独立随机变量时，它们的联合概率密度为 $f(\boldsymbol{x})=f_1(x_1)\cdots f_n(x_n)$，随机向量 $\boldsymbol{X}=[X_1,\cdots,X_n]^{\mathrm{T}}$ 可以通过单独绘制每个分量 $X_i \sim f_i$（例如，通过逆变换法或接受-拒绝法）来简单模拟。

对于相关的分量 $X_1,\cdots,X_n$，作为概率**乘法法则**的结果，联合概率密度 $f(x)$ 表示为

$$f(\boldsymbol{x})=f(x_1,\cdots,x_n)=f_1(x_1)f_2(x_2|x_1)\cdots f_n(x_n|x_1,\cdots,x_{n-1}) \tag{3.3}$$

其中，$f_1(x_1)$是 X_1 的边缘概率密度，$f_k(x_k|x_1,\cdots,x_{k-1})$是 X_k 在给定 $X_1=x_1,X_2=x_2,\cdots,X_{k-1}=x_{k-1}$时的条件概率密度。如果条件概率密度已知，则 $\boldsymbol{X}$ 的生成方法如下：首先生成 X_1，然后，给定 $X_1=x_1$ 通过 $f_2(x_2|x_1)$生成 X_2，依此类推，直到从 $f_n(x_n|x_1,\cdots,x_{n-1})$生成 X_n。

后一种方法特别适用于生成马尔可夫链。通过 C.10 节可知，**马尔可夫链**是一个满足马尔可夫性质的随机过程$\{X_t,\ t=0,1,2,\cdots\}$，这意味着对于所有 t 和 s，给定 X_u，$u\leqslant t$ 时 X_{t+s}的条件分布与仅给定 X_t 时的条件分布相同。因此，每个条件密度 $f_t(x_t|x_1,\cdots,x_{t-1})$可以写成一步**转移密度函数** $q_t(x_t|x_{t-1})$，即从状态 x_{t-1} 到状态 x_t 的一步转移概率密度。在许多情况下，链是时间齐次的(time-homogeneous)，这意味着转移密度 q_t 不依赖于 t。这样的马尔可夫链可以按顺序生成，如算法 3.2.5 所示。

算法 3.2.5 模拟马尔可夫链

输入：步数 N、初始概率密度 f_0 及转移密度 q

1. 从初始概率密度 f_0 中抽取 X_0
2. **for** $t=1$ **to** N **do**
3. 　从密度 $q(\cdot|X_{t-1})$对应的分布中抽取 X_t
4. **返回** $X_0,\cdots,X_N$

例 3.6(马尔可夫链模拟) 对于具有离散状态空间的时间齐次马尔可夫链，我们可以通过**转移图**可视化一步转移，其中箭头表示状态之间可能的转移，标签描述相应的概率。图 3.3a 给出了状态空间为$\{1,2,3,4\}$的马尔可夫链$\{X_t,\ t=0,1,2,\cdots\}$的转移图，一步转移矩阵为：

$$\boldsymbol{P}=\begin{bmatrix}0 & 0.2 & 0.5 & 0.3\\ 0.5 & 0 & 0.5 & 0\\ 0.3 & 0.7 & 0 & 0\\ 0.1 & 0 & 0 & 0.9\end{bmatrix}$$

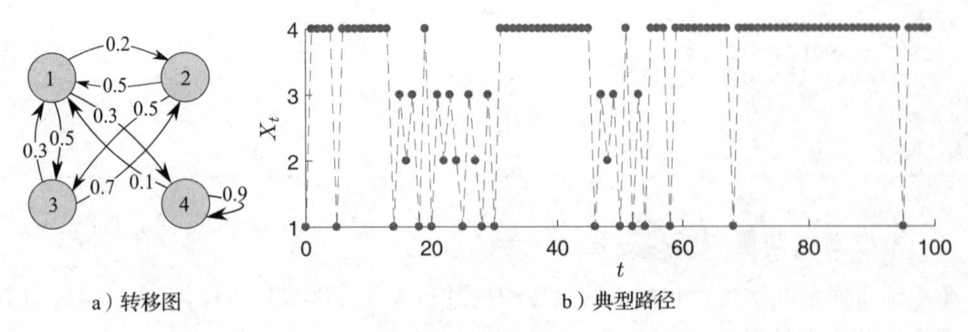

图 3.3 马尔可夫链的转移图和典型路径

图 3.3b 给出了马尔可夫链的典型结果(路径)。该路径可使用下面的 Python 程序模拟。在这个实现中，马尔可夫链总是从状态 1 开始。我们将在 3.2.5 节重新讨论马尔可夫链，特别是具有连续状态空间的马尔可夫链。

MCsim.py

```
import numpy as np
import matplotlib.pyplot as plt

n = 101
P = np.array([[0, 0.2, 0.5, 0.3],
              [0.5, 0, 0.5, 0],
              [0.3, 0.7, 0, 0],
              [0.1, 0, 0, 0.9]])
x = np.array(np.ones(n, dtype=int))
x[0] = 0
for t in range(0,n-1):
    x[t+1] = np.min(np.where(np.cumsum(P[x[t],:]) >
                np.random.rand()))
x = x + 1  #add 1 to all elements of the vector x
plt.plot(np.array(range(0,n)),x, 'o')
plt.plot(np.array(range(0,n)),x, '--')
plt.show()
```

3.2.4 重采样

重采样背后的思想非常简单：来自未知累积分布函数 F 的独立同分布样本 $\tau := \{x_1, \cdots, x_n\}$ 在我们不对 F 做进一步的先验假设时代表我们对 F 的最佳认识。如果不能从 F 中模拟更多的样本，那么“重复”实验的最佳方法是从经验累积分布函数 F_n 中提取原始数据的重采样样本，见式(1.2)。也就是说，我们根据算法 3.2.6，等概率地抽取每个 x_i，并重复 N 次。在这里进行可替换的抽取，重采样数据中可能会出现原始数据点的多个实例。

算法 3.2.6 从经验累积分布函数中采样

输入：原始独立同分布样本 $x_1, \cdots, x_n$ 和样本量 N

输出：经验累积分布函数的独立同分布样本 $X_1^*, \cdots, X_N^*$

1. **for** $t=1$ **to** N **do**
2. 　抽取样本 $U \sim \mathcal{U}(0,1)$
3. 　设置 $I \leftarrow \lceil nU \rceil$
4. 　设置 $X_t^* \leftarrow x_I$
5. **返回** $X_1^*, \cdots, X_N^*$

在步骤3中，$\lceil nU \rceil$将nU向上舍入，即得到大于或等于nU的最小整数。因此，I是索引集$\{1,\cdots,n\}$的均匀随机抽样。

因此，通过从经验累积分布函数中采样，我们可以任意次(近似地)重复给出原始数据的实验。如果我们想从数据中获得某些统计特性，这是很有用的。例如，假设原始数据τ具有统计特性$t(\tau)$。通过重采样，我们可以得到相应随机变量$t(\mathcal{T})$的分布信息。

例3.7(均匀分布的商) 设$U_1,\cdots,U_n$，$V_1,\cdots,V_n$是服从$\mathcal{U}(0,1)$的独立同分布随机变量，定义$X_i=U_i/V_i$，$i=1,\cdots,n$。假设我们想研究随机数据$\mathcal{T}:=\{X_1,\cdots,X_n\}$的样本中位数$\widetilde{X}$和样本均值$\overline{X}$的分布情况。由于我们确切地知道$\mathcal{T}$的模型，因此可以生成它的大量(比如说$N$个)独立副本，并为每个副本计算样本中位数$\widetilde{X}_1,\cdots,\widetilde{X}_n$和样本均值$\overline{X}_1,\cdots,\overline{X}_n$。对于$n=100$和$N=1000$，经验累积分布函数类似图3.4中的曲线。与你的预期相反，样本中位数和样本均值的分布完全不匹配。样本中位数集中在1附近，而样本均值的分布则更分散。

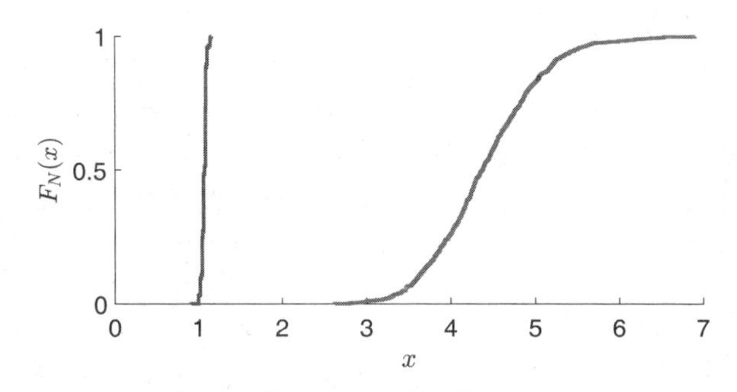

图3.4 重采样数据中位数(左)和样本均值(右)的经验累积分布函数

我们也可以通过算法3.2.6对原始数据重新采样，而不是进行全新的数据采样。这样就提供了独立副本$\widetilde{X}_1^*,\cdots,\widetilde{X}_N^*$和$\overline{X}_1^*,\cdots,\overline{X}_N^*$，我们可以再次画出经验累积分布函数。此结果将与前面的结果类似。事实上，图3.4给出的是重采样的样本中位数和样本均值的累积分布函数。对应的Python代码如下所示。这个例子的要点是，数据的重采样可以极大地增加对某些概率特性度量的理解，**即使数据的底层模型未知**。有关这个例子的进一步研究，参见习题12。

quotunif.py

```
import numpy as np
from numpy.random import rand, choice
import matplotlib.pyplot as plt
from statsmodels.distributions.empirical_distribution import ECDF

n = 100
N = 1000
x = rand(n)/rand(n)  # data
med = np.zeros(N)
ave = np.zeros(N)
for i in range(0,N):
    s = choice(x, n, replace=True) # resampled data
    med[i] = np.median(s)
    ave[i] = np.mean(s)
```

```
med_cdf = ECDF(med)
ave_cdf = ECDF(ave)
plt.plot(med_cdf.x, med_cdf.y)
plt.plot(ave_cdf.x, ave_cdf.y)
plt.show()
```

3.2.5 马尔可夫链蒙特卡罗

马尔可夫链蒙特卡罗(MCMC)是一种蒙特卡罗抽样方法，用于从任意分布(通常称为**目标**分布)生成样本。其基本思想是运行一个足够长的马尔可夫链，使其极限分布接近目标分布。这种马尔可夫链通常构造成可逆的，因此可以使用细致平衡方程，即式(C.43)。根据马尔可夫链的起始位置，马尔可夫链中的初始随机变量的分布可能与目标(极限)分布显著不同。在这个**磨合期**生成的随机变量通常会被丢弃。其余的随机变量形成目标分布中近似和相关的样本。

接下来，我们将讨论两种流行的 MCMC 采样器：Metropolis-Hastings 采样器和 Gibbs 采样器。

1. Metropolis-Hastings 采样器

Metropolis-Hastings 采样器[87]与接受-拒绝法类似，它模拟了一种试验状态，然后根据某种随机机制接受或拒绝。具体地说，假设我们希望从目标概率密度函数 $f(\boldsymbol{x})$ 中采样，其中 $\boldsymbol{x}$ 在某个 d 维集合中取值。我们的目的是构造一个马尔可夫链 $\{\boldsymbol{X}_t,\ t=0,1,\cdots\}$，它的极限概率密度函数为 f。假设马尔可夫链在 t 时刻的状态为 $\boldsymbol{x}$，则马尔可夫链从状态 $\boldsymbol{x}$ 的转移将分两个阶段进行。首先，从转移密度 $q(\cdot\mid\boldsymbol{x})$ 中得出建议状态 $\boldsymbol{Y}$。以如下**接受概率**将该状态接受为新状态：

$$\alpha(\boldsymbol{x},\boldsymbol{y}) = \min\left\{\frac{f(\boldsymbol{y})q(\boldsymbol{x}\mid\boldsymbol{y})}{f(\boldsymbol{x})q(\boldsymbol{y}\mid\boldsymbol{x})},1\right\} \tag{3.4}$$

否则，拒绝它成为新状态。在后一种情况下，链仍然保持状态 $\boldsymbol{x}$。刚才描述的算法总结见算法 3.2.7。

算法 3.2.7 Metropolis-Hastings 采样器

输入：初始状态 $\boldsymbol{X}_0$、样本量 N、目标概率密度函数 $f(\boldsymbol{x})$、建议函数 $q(\boldsymbol{y},\ \boldsymbol{x})$

输出：近似服从 $f(\boldsymbol{x})$ 分布的样本 $\boldsymbol{X}_1,\cdots,\boldsymbol{X}_n$(非独立)

1. **for** $t=0$ **to** $N-1$ **do**
2. 　抽取样本 $\boldsymbol{Y}\sim q(\boldsymbol{y}\mid\boldsymbol{X}_t)$ 　　// 抽取建议样本
3. 　$\alpha\leftarrow\alpha(\boldsymbol{X}_t,\ \boldsymbol{Y})$ 　　// 使用式(3.4)中的接受概率
4. 　抽取样本 $U\sim\mathcal{U}(0,1)$
5. 　**if** $U\leqslant\alpha$ **then** $\boldsymbol{X}_{t+1}\leftarrow\boldsymbol{Y}$
6. 　**else** $\boldsymbol{X}_{t+1}\leftarrow\boldsymbol{X}_t$
7. **返回** $\boldsymbol{X}_1,\cdots,\boldsymbol{X}_N$

在一般条件下，Metropolis-Hastings 马尔可夫链的极限分布等于目标分布，这是以下定理的推论。

定理 3.1 Metropolis-Hastings 采样器的局部平衡

Metropolis-Hastings 马尔可夫链的转移密度满足细致平衡方程。

证明 我们只证明该定理的离散情况。由于 Metropolis-Hastings 马尔可夫链的转移由两步组成，因此从 $\boldsymbol{x}$ 到 $\boldsymbol{y}$ 的一步转移概率不是 $q(\boldsymbol{y}|\boldsymbol{x})$，而是

$$\widetilde{q}(\boldsymbol{y}|\boldsymbol{x}) = \begin{cases} q(\boldsymbol{y}|\boldsymbol{x})\alpha(\boldsymbol{x},\boldsymbol{y}) & \boldsymbol{y} \neq \boldsymbol{x} \\ 1 - \sum\limits_{\boldsymbol{z} \neq \boldsymbol{x}} q(\boldsymbol{z}|\boldsymbol{x})\alpha(\boldsymbol{x},\boldsymbol{z}) & \boldsymbol{y} = \boldsymbol{x} \end{cases} \tag{3.5}$$

因此，我们需要证明对于所有的 $\boldsymbol{x}$ 和 $\boldsymbol{y}$，有：

$$f(\boldsymbol{x})\,\widetilde{q}(\boldsymbol{y}|\boldsymbol{x}) = f(\boldsymbol{y})\,\widetilde{q}(\boldsymbol{x}|\boldsymbol{y}) \tag{3.6}$$

根据式(3.4)中的接受概率，我们需要检查式(3.6)的三种情况：

(a)$\boldsymbol{x}=\boldsymbol{y}$；

(b)$\boldsymbol{x}\neq\boldsymbol{y}$ 且 $f(\boldsymbol{y})q(\boldsymbol{x}|\boldsymbol{y})\leqslant f(\boldsymbol{x})q(\boldsymbol{y}|\boldsymbol{x})$；

(c)$\boldsymbol{x}\neq\boldsymbol{y}$ 且 $f(\boldsymbol{y})q(\boldsymbol{x}|\boldsymbol{y})> f(\boldsymbol{x})q(\boldsymbol{y}|\boldsymbol{x})$。

情况(a)无关紧要。

对于情况(b)，有 $\alpha(\boldsymbol{x},\boldsymbol{y})=f(\boldsymbol{y})q(\boldsymbol{x}|\boldsymbol{y})/(f(\boldsymbol{x})q(\boldsymbol{y}|\boldsymbol{x}))$ 且 $\alpha(\boldsymbol{y},\boldsymbol{x})=1$，因此，

$$\widetilde{q}(\boldsymbol{y}|\boldsymbol{x}) = f(\boldsymbol{y})q(\boldsymbol{x}|\boldsymbol{y})/f(\boldsymbol{x}),\quad \widetilde{q}(\boldsymbol{x}|\boldsymbol{y}) = q(\boldsymbol{x}|\boldsymbol{y})$$

故式(3.6)成立。

类似地，对于情况(c)，有 $\alpha(\boldsymbol{x},\boldsymbol{y})=1$，$\alpha(\boldsymbol{y},\boldsymbol{x})=f(\boldsymbol{x})q(\boldsymbol{y}|\boldsymbol{x})/(f(\boldsymbol{y})q(\boldsymbol{x}|\boldsymbol{y}))$，由此可知，

$$\widetilde{q}(\boldsymbol{y}|\boldsymbol{x}) = q(\boldsymbol{y}|\boldsymbol{x}),\quad \widetilde{q}(\boldsymbol{x}|\boldsymbol{y}) = f(x)q(\boldsymbol{y}|\boldsymbol{x})/f(\boldsymbol{y})$$

故式(3.6)同样成立。 ■

因此，如果 Metropolis-Hastings 马尔可夫链是可遍历的，那么它的极限概率密度函数是 $f(\boldsymbol{x})$。该算法的一个特性在许多应用中都很重要，即为了计算式(3.4)中的接受概率 $\alpha(\boldsymbol{x},\boldsymbol{y})$，只需要知道目标概率密度函数 $f(\boldsymbol{x})$，即对于某些已知函数 $\overline{f}(\boldsymbol{x})$ 和未知常数 c，有 $f(\boldsymbol{x})=c\,\overline{f}(\boldsymbol{x})$。

算法的效率取决于建议的转移密度 $q(\boldsymbol{y}|\boldsymbol{x})$ 的选择。理想情况下，我们希望 $q(\boldsymbol{y}|\boldsymbol{x})$ 与目标函数 $f(\boldsymbol{y})$ 接近，而与 $\boldsymbol{x}$ 无关。我们讨论两种常见的方法。

(1)选择与 $\boldsymbol{x}$ 无关的建议转移密度 $q(\boldsymbol{y}|\boldsymbol{x})$，即对于某些概率密度函数 $g(\boldsymbol{y})$，有 $q(\boldsymbol{y}|\boldsymbol{x})=g(\boldsymbol{y})$。这种类型的 MCMC 采样器称为**独立采样器**。因此，接受概率为

$$\alpha(\boldsymbol{x},\boldsymbol{y}) = \min\left\{\frac{f(\boldsymbol{y})g(\boldsymbol{x})}{f(\boldsymbol{x})g(\boldsymbol{y})},1\right\}$$

(2)如果建议的转移密度是对称的，即 $q(\boldsymbol{y}|\boldsymbol{x})=q(\boldsymbol{x}|\boldsymbol{y})$，则接受概率具有如下的简单形式：

$$\alpha(\boldsymbol{x},\boldsymbol{y}) = \min\left\{\frac{f(\boldsymbol{y})}{f(\boldsymbol{x})},1\right\} \tag{3.7}$$

这种 MCMC 算法被称为**随机游走采样器**。一个典型的例子是，对于给定的当前状态 $\boldsymbol{x}$，建议状态 $\boldsymbol{Y}$ 的形式为 $\boldsymbol{Y}=\boldsymbol{x}+\boldsymbol{Z}$，其中 $\boldsymbol{Z}$ 是由一些球对称分布[例如 $\mathcal{N}(\boldsymbol{0},\boldsymbol{I})$]生成的。

我们现在用例子来说明第二种方法。

例 3.8(随机游走采样器) 考虑二维概率密度函数：

$$f(x_1,x_2) = c\mathrm{e}^{-\frac{1}{4}\sqrt{x_1^2+x_2^2}}\left(\sin\left(2\sqrt{x_1^2+x_2^2}\right)+1\right),\quad -2\pi < x_1 < 2\pi,\quad -2\pi < x_2 < 2\pi \tag{3.8}$$

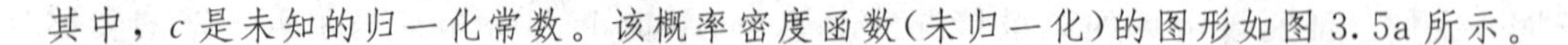

其中，c 是未知的归一化常数。该概率密度函数(未归一化)的图形如图 3.5a 所示。

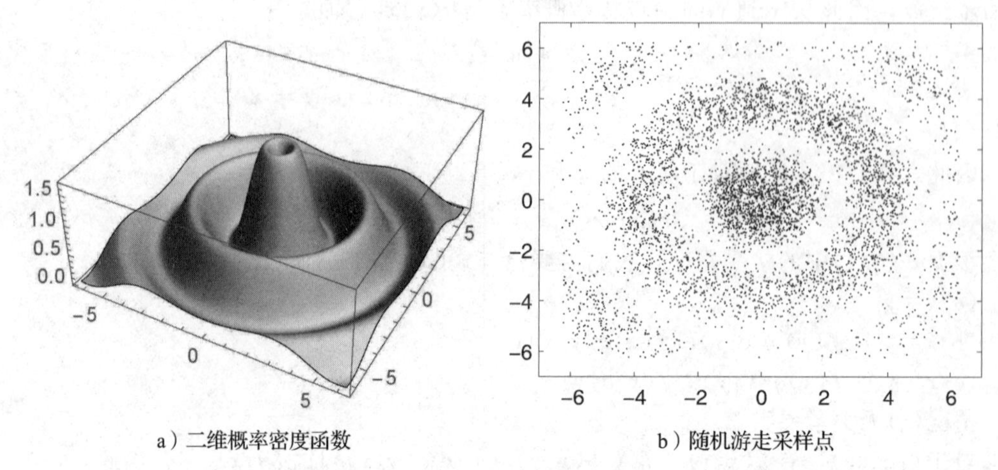

a）二维概率密度函数　　　　b）随机游走采样点

图 3.5　目标二维概率密度函数和来自近似目标概率分布的随机游走采样点

下面的 Python 程序实现了一个随机游走采样器，可以从概率密度函数 f 中抽取 $N=10^4$ 个非独立样本。在每一步，给定当前状态 $\boldsymbol{x}$，从 $\mathcal{N}(\boldsymbol{x},\boldsymbol{I})$ 分布中得出建议状态 $\boldsymbol{Y}$，即 $\boldsymbol{Y}=\boldsymbol{x}+\boldsymbol{Z}$，$\boldsymbol{Z}$ 为二元标准正态变量。从图 3.5b 可以看出，采样器工作正常。马尔可夫链的起点为(0，0)。注意，归一化常数 c 不需要在程序中指定。

rwsamp.py

```
import numpy as np
import matplotlib.pyplot as plt
from numpy import pi, exp, sqrt, sin
from numpy.random import rand, randn

N = 10000
a = lambda x: -2*pi < x
b = lambda x: x < 2*pi
f = lambda x1, x2: exp(-sqrt(x1**2+x2**2)/4)*(
        sin(2*sqrt(x1**2+x2**2))+1)*a(x1)*b(x1)*a(x2)*b(x2)

xx = np.zeros((N,2))
x = np.zeros((1,2))
for i in range(1,N):
    y = x + randn(1,2)
    alpha = np.amin((f(y[0][0],y[0][1])/f(x[0][0],x[0][1]),1))
    r = rand() < alpha
    x = r*y + (1-r)*x
    xx[i,:] = x

plt.scatter(xx[:,0], xx[:,1], alpha =0.4,s =2)
plt.axis('equal')
plt.show()
```

2. Gibbs 采样器

Gibbs 采样器[48]使用了与 Metropolis-Hastings 算法有些不同的方法，特别适用于生成 n 维随机向量。Gibbs 采样器的关键思想是从条件概率密度函数中采样，每次更新一个随机向量的分量。因此，如果从条件分布中采样比从联合分布中采样更容易，Gibbs 采样将更有优势。

具体来说，假设我们希望根据目标概率密度 $f(\boldsymbol{x})$ 对随机向量 $\boldsymbol{X}=[X_1,\cdots,X_n]^{\mathrm{T}}$ 进行采样。设 $f(x_i|x_1,\cdots,x_{i-1},x_{i+1},\cdots,x_n)$ 表示给定其他分量 $x_1,\cdots,x_{i-1},x_{i+1},\cdots,x_n$ 的情况下第 i 个分量 X_i 的条件概率密度[⊖]。Gibbs 采样算法如下。

算法 3.2.8 Gibbs 采样器

输入：初始点 $\boldsymbol{X}_0$、样本量 N、目标概率密度 f

输出：近似服从分布 f 的 $\boldsymbol{X}_1,\cdots,\boldsymbol{X}_n$

1. **for** $t=0$ **to** $N-1$ **do**
2. 　从条件概率密度 $f(y_1|X_{t,2},\cdots,X_{t,n})$ 中抽取 Y_1
3. 　**for** $i=2$ **to** n **do**
4. 　　从条件概率密度 $f(y_i|Y_1,\cdots,Y_{i-1},X_{t,i+1},\cdots,X_{t,n})$ 中抽取 Y_i
5. 　$\boldsymbol{X}_{t+1}\leftarrow\boldsymbol{Y}$
6. **返回** $\boldsymbol{X}_1,\cdots,\boldsymbol{X}_N$

Gibbs 采样器有许多变体，具体取决于将 $\boldsymbol{X}_t$ 更新为 $\boldsymbol{X}_{t+1}$（称为 Gibbs 算法的**循环**）所需的步骤。在上述算法中，循环由步骤 2～5 组成，其中分量按固定顺序 $1\to2\to\cdots\to n$ 进行更新。因此，算法 3.2.8 也称为**系统 Gibbs 采样器**。

在**随机顺序 Gibbs 采样器**中，每个循环中分量更新的次序是 $\{1,\cdots,n\}$ 的随机排列（见习题 9）。其他的改进方法包括按块更新向量的分量（即同时更新几个分量）和只更新随机选择的分量。每个循环中只有一个随机分量被更新的变体称为**随机 Gibbs 采样器**。在**可逆 Gibbs 采样器**中，一个循环由如下坐标更新顺序组成：$1\to2\to\cdots\to n-1\to n\to n-1\to\cdots\to 2\to1$。在所有情况下，除了系统 Gibbs 采样器，得到的马尔可夫链 $\{\boldsymbol{X}_t,t=1,2,\cdots\}$ 都是**可逆的**，因此它的极限分布正好是 $f(\boldsymbol{x})$。

不幸的是，系统 Gibbs 马尔可夫链是不可逆的，因此不满足细致平衡方程。然而，根据 Hammersley 和 Clifford，在所谓的**正性条件**下，类似的结果成立：如果在点 $\boldsymbol{x}=(x_1,\cdots,x_n)$ 处，所有边缘密度 $f(x_i)>0$，$i=1,\cdots,n$，则联合密度 $f(\boldsymbol{x})>0$。

定理 3.2 Gibbs 采样器的 Hammersley-Clifford 平衡

设 $q_{1\to n}(\boldsymbol{y}|\boldsymbol{x})$ 表示系统 Gibbs 采样器的转移密度，设 $q_{n\to 1}(\boldsymbol{x}|\boldsymbol{y})$ 为按 $n\to n-1\to\cdots\to1$ 的顺序反向移动的转移密度。那么，如果正性条件成立，则：

$$f(\boldsymbol{x})q_{1\to n}(\boldsymbol{y}|\boldsymbol{x})=f(\boldsymbol{y})q_{n\to 1}(\boldsymbol{x}|\boldsymbol{y}) \tag{3.9}$$

证明 对于正向移动，我们有：

$$q_{1\to n}(\boldsymbol{y}|\boldsymbol{x})=f(y_1|x_2,\cdots,x_n)f(y_2|y_1,x_3,\cdots,x_n)\cdots f(y_n|y_1,\cdots,y_{n-1})$$

对于反向移动，有：

$$q_{n\to 1}(\boldsymbol{x}|\boldsymbol{y})=f(x_n|y_1,\cdots,y_{n-1})f(x_{n-1}|y_1,\cdots,y_{n-2},x_n)\cdots f(x_1|x_2,\cdots,x_n)$$

因此，

$$\frac{q_{1\to n}(\boldsymbol{y}|\boldsymbol{x})}{q_{n\to 1}(\boldsymbol{x}|\boldsymbol{y})}=\prod_{i=1}^{n}\frac{f(y_i|y_1,\cdots,y_{i-1},x_{i+1},\cdots,x_n)}{f(x_i|y_1,\cdots,y_{i-1},x_{i+1},\cdots,x_n)}$$

⊖ 在本节中，我们采用贝叶斯表示法，使用相同的字母 f 表示不同的(条件)密度。

$$= \prod_{i=1}^{n} \frac{f(y_1,\cdots,y_i,x_{i+1},\cdots,x_n)}{f(y_1,\cdots,y_{i-1},x_i,\cdots,x_n)}$$

$$= \frac{f(\boldsymbol{y})\prod_{i=1}^{n-1} f(y_1,\cdots,y_i,x_{i+1},\cdots,x_n)}{f(\boldsymbol{x})\prod_{j=2}^{n} f(y_1,\cdots,y_{j-1},x_j,\cdots,x_n)}$$

$$= \frac{f(\boldsymbol{y})\prod_{i=1}^{n-1} f(y_1,\cdots,y_i,x_{i+1},\cdots,x_n)}{f(\boldsymbol{x})\prod_{j=1}^{n-1} f(y_1,\cdots,y_j,x_{j+1},\cdots,x_n)} = \frac{f(\boldsymbol{y})}{f(\boldsymbol{x})}$$

重新排列最后一个恒等式即可得到最终结果。正性条件可以确保不会除以0。 ■

直观地看，“正向移动”链转移 $\boldsymbol{x}\to\boldsymbol{y}$ 的长期比例等于“反向移动”链转移 $\boldsymbol{y}\to\boldsymbol{x}$ 的长期比例。为了验证系统 Gibbs 采样器的马尔可夫链 $\boldsymbol{X}_0,\boldsymbol{X}_1,\cdots$ 确实具有极限概率密度 $f(\boldsymbol{x})$，我们需要检查全局平衡方程[即式(C.42)]是否成立。式(3.9)两边对 $\boldsymbol{x}$ 积分(在连续变量情况下)，可以得到：

$$\int f(\boldsymbol{x})q_{1\to n}(\boldsymbol{y}\mid\boldsymbol{x})\mathrm{d}\boldsymbol{x} = f(\boldsymbol{y})$$

例 3.9(贝叶斯正态模型的 Gibbs 采样器) Gibbs 采样器通常应用于贝叶斯统计，以从后验概率密度函数中采样。例如，考虑贝叶斯正态模型：

$$f(\mu,\sigma^2) = 1/\sigma^2$$
$$(\boldsymbol{x}\mid\mu,\sigma^2) \sim \mathcal{N}(\mu\boldsymbol{1},\sigma^2\boldsymbol{I})$$

这里，(μ,σ^2)的先验是非正常先验。也就是说，它本身不是概率密度函数，但是通过应用贝叶斯公式，它确实产生了适当的后验概率密度函数。在某种意义上，这种先验传递 μ 和 σ^2 的信息量最少。按照与例 2.8 相同的程序，我们得到后验概率密度函数为

$$f(\mu,\sigma^2\mid\boldsymbol{x}) \propto (\sigma^2)^{-\frac{n}{2}-1}\exp\left\{-\frac{1}{2}\frac{\sum_i (x_i-\mu)^2}{\sigma^2}\right\} \tag{3.10}$$

注意，这里的 μ 和 σ^2 是“变量”，$\boldsymbol{x}$ 是固定的数据向量。为了使用 Gibbs 采样器通过式(3.10)模拟 μ 和 σ^2 的样本，我们需要知道$(\mu\mid\sigma^2,\boldsymbol{x})$和$(\sigma^2\mid\mu,\boldsymbol{x})$的分布。为了求 $f(\mu\mid\sigma^2,\boldsymbol{x})$，将式(3.10)的右侧视为 μ 的函数，将 σ^2 视为常数，得到：

$$\begin{aligned} f(\mu\mid\sigma^2,\boldsymbol{x}) &\propto \exp\left\{-\frac{n\mu^2-2\mu\sum_i x_i}{2\sigma^2}\right\} = \exp\left\{-\frac{\mu^2-2\mu\bar{x}}{2(\sigma^2/n)}\right\} \\ &\propto \exp\left\{-\frac{1}{2}\frac{(\mu-\bar{x})^2}{\sigma^2/n}\right\} \end{aligned} \tag{3.11}$$

这表明$(\mu\mid\sigma^2,\boldsymbol{x})$服从均值为$\bar{x}$、方差为 σ^2/n 的正态分布。

同样，为了求 $f(\sigma^2\mid\mu,\boldsymbol{x})$，将式(3.10)的右侧视为 σ^2 的函数，将 μ 视为常数，得到：

$$f(\sigma^2\mid\mu,\boldsymbol{x}) \propto (\sigma^2)^{-\frac{n}{2}-1}\exp\left\{-\frac{1}{2}\sum_{i=1}^{n}(x_i-\mu)^2/\sigma^2\right\} \tag{3.12}$$

结果表明，$(\sigma^2\mid\mu,\boldsymbol{x})$服从参数为 $n/2$ 和 $\sum_{i=1}^{n}(x_i-\mu)^2/2$ 的逆伽马分布。因此，Gibbs 采样器涉及重复模拟：

$$(\mu|\sigma^2,\boldsymbol{x}) \sim \mathcal{N}(\overline{x},\sigma^2/n),\quad (\sigma^2\,|\,\mu,\boldsymbol{x}) \sim \mathsf{InvGamma}\Big(n/2,\sum_{i=1}^{n}(x_i-\mu)^2/2\Big)$$

模拟 $X\sim\mathsf{InvGamma}(\alpha,\lambda)$的方法是，首先生成 $Z\sim\mathsf{Gamma}(\alpha,\lambda)$，然后返回 $X=1/Z$。

在 Gamma(α,λ)分布的参数化中，λ 是**速率**参数，而许多软件包使用**比例**参数 $c=1/\lambda$。在模拟 Gamma 随机变量时要注意这一点。

下面的 Python 脚本定义了一个小数据集，大小为 $n=10$(通过标准正态分布进行随机模拟得到)，并使用 $N=10^5$ 个样本实现了从后验分布进行模拟的系统 Gibbs 采样器。

gibbsamp.py

```
import numpy as np
import matplotlib.pyplot as plt

x = np.array([[-0.9472, 0.5401, -0.2166, 1.1890, 1.3170,
               -0.4056, -0.4449, 1.3284, 0.8338, 0.6044]])
n=x.size
sample_mean = np.mean(x)
sample_var = np.var(x)
sig2 = np.var(x)
mu=sample_mean

N=10**5
gibbs_sample = np.array(np.zeros((N, 2)))
for k in range(N):
    mu=sample_mean + np.sqrt(sig2/n)*np.random.randn()
    V=np.sum((x-mu)**2)/2
    sig2 = 1/np.random.gamma(n/2, 1/V)
    gibbs_sample[k,:]= np.array([mu, sig2])
plt.scatter(gibbs_sample[:,0], gibbs_sample[:,1],alpha =0.1,s =1)
plt.plot(np.mean(x), np.var(x),'wo')
plt.show()
```

图 3.6a 给出了由 Gibbs 采样器生成的点(μ,σ^2)，还通过白色圆圈显示了点$(\overline{x},s^2)$，其中$\overline{x}=0.3798$ 是样本均值，$s^2=0.6810$ 是样本方差。这个后验点云可视化了估计中的不确

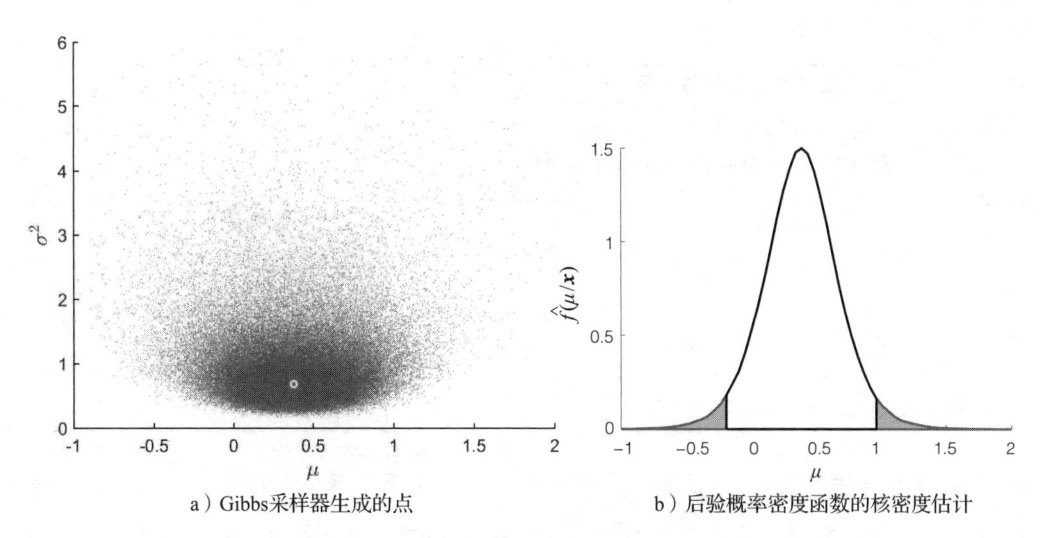

a）Gibbs采样器生成的点　　b）后验概率密度函数的核密度估计

图 3.6　通过 Gibbs 采样器从后验概率密度 $f(\mu,\sigma^2\,|\,\boldsymbol{x})$得到的近似样本和后验概率密度 $f(\mu\,|\,\boldsymbol{x})$的估计

定性。通过将点(μ,σ^2)投影到μ轴上(即忽略σ^2)，可以从μ的后验概率密度[即$f(\mu|\boldsymbol{x})$]得到近似样本。图3.6b给出了该后验概率密度函数的核密度估计(见4.4节)。相应的0.025和0.975分位数分别为-0.2054和0.9662，μ的95%可信区间为$(-0.2054, 0.9662)$，这个区间包含真实的期望0。类似地，σ^2的95%可信区间估计为$(0.3218, 2.2485)$，这个区间包含真实的方差1。

3.3 蒙特卡罗估计

本节将介绍如何使用蒙特卡罗模拟来估计复杂的积分、概率和期望，还将介绍一些方差缩减方法，包括最新的交叉熵方法。

3.3.1 朴素蒙特卡罗

蒙特卡罗估计最常见的设置如下：假设我们想计算概率密度为f的(连续)随机变量Y的期望$\mu=\mathbb{E}Y$，但积分$\mathbb{E}Y=\int yf(y)\mathrm{d}y$很难计算。例如，如果$Y$是其他随机变量的复杂函数，则很难得到$f(y)$的精确表达式。**朴素蒙特卡罗**(Crude Monte Carlo，CMC)的思想是通过模拟Y的许多独立副本$Y_1,\cdots,Y_N$来近似μ，然后取样本均值$\overline{Y}$作为μ的估计值。这个过程所需要的只是一个模拟这些副本的算法。

根据大数定律，当$N\to\infty$时，只要Y的期望存在，$\overline{Y}$收敛于μ。此外，根据中心极限定理，假设方差$\sigma^2=\mathbb{V}\mathrm{ar}Y<\infty$，对于大数$N$，$\overline{Y}$近似服从$\mathcal{N}(\mu,\sigma^2/N)$分布。这使得能够构建$\mu$的近似$(1-\alpha)$置信区间：

$$\left(\overline{Y}-z_{1-\alpha/2}\frac{S}{\sqrt{N}},\quad \overline{Y}+z_{1-\alpha/2}\frac{S}{\sqrt{N}}\right) \tag{3.13}$$

其中，S是$\{Y_i\}$的样本标准差，z_γ表示$\mathcal{N}(0,1)$分布的γ分位数，见C.13节。通常只报告样本均值和**估计的标准误差**$S/\sqrt{N}$或**估计的相对误差**$S/(\overline{Y}\sqrt{N})$，而不是指定置信区间。算法3.3.1总结了独立数据的基本估计过程。

通常情况下，输出Y是某个潜在随机向量或随机过程的函数，即$Y=H(\boldsymbol{X})$，其中H是实值函数，$\boldsymbol{X}$是随机向量或随机过程。蒙特卡罗用于估计的美妙之处在于不管$\boldsymbol{X}$的维数是多少式(3.13)都成立。

算法 3.3.1 独立数据的朴素蒙特卡罗

输入：$Y\sim f$的模拟算法、样本量N、置信水平$1-\alpha$

输出：$\mu=\mathbb{E}Y$的点估计和近似$(1-\alpha)$置信区间

1. 模拟$Y_1,\cdots,Y_N\stackrel{\text{iid}}{\sim}f$
2. $\overline{Y}\leftarrow\frac{1}{N}\sum_{i=1}^{N}Y_i$
3. $S^2\leftarrow\frac{1}{N-1}\sum_{i=1}^{N}(Y_i-\overline{Y})^2$
4. **返回**$\overline{Y}$和式(3.13)所示的区间

例 3.10(蒙特卡罗积分) 在蒙特卡罗积分中，模拟用于计算复杂的积分。例如，考虑积分

$$\mu=\int_{-\infty}^{\infty}\int_{-\infty}^{\infty}\int_{-\infty}^{\infty}\sqrt{|x_1+x_2+x_3|}\,\mathrm{e}^{-(x_1^2+x_2^2+x_3^2)/2}\mathrm{d}x_1\mathrm{d}x_2\mathrm{d}x_3$$

定义 $Y=|X_1+X_2+X_3|^{1/2}(2\pi)^{3/2}$，其中 $X_1,X_2,X_3 \stackrel{\text{iid}}{\sim} \mathcal{N}(0,1)$，我们可以写作 $\mu=\mathbb{E}Y$。

使用下面的 Python 程序，若样本量为 $N=10^6$，则估计值 $\overline{Y}=17.031$，其近似 95%置信区间为(17.017,17.046)。

mcint.py

```
import numpy as np
from numpy import pi

c = (2*pi)**(3/2)
H = lambda x: c*np.sqrt(np.abs(np.sum(x,axis=1)))
N = 10**6
z = 1.96
x = np.random.randn(N,3)
y = H(x)
mY = np.mean(y)
sY = np.std(y)
RE = sY/mY/np.sqrt(N)
print('Estimate = {:3.3f}, CI = ({:3.3f},{:3.3f})'.format(
        mY, mY*(1-z*RE), mY*(1+z*RE)))
```

```
Estimate = 17.031, CI = (17.017,17.046)
```

例 3.11[例 2.1(续)] 我们回到例 2.1 中的偏差-方差权衡问题。图 2.7 给出了(平方误差)泛化风险[见式(2.5)]的估计值，它是模型中参数数量的函数。但是，这些估计值到底有多准确呢？因为在这个例子中我们知道数据的精确模型，所以我们可以使用蒙特卡罗模拟来精确估计泛化风险(对于固定的训练集)和期望泛化风险(所有训练集上平均结果)。我们所需要做的就是多次重复数据生成、拟合和验证步骤，然后取结果的平均值。以下Python代码重复了 100 次：

(1)模拟大小为 $n=100$ 的训练集。

(2)拟合模型达到 $k=8$。

(3)使用具有相同样本量 $n=100$ 的测试集估计测试损失。

图 3.7 显示，由于训练集和测试集的随机性，测试损失有一些变化。为了获得期望泛化风险[见式(2.6)]的准确估计，取测试损失的平均值。我们看到，对于 $k\leqslant 8$，图 3.7 中的估计值接近真实的期望泛化风险。

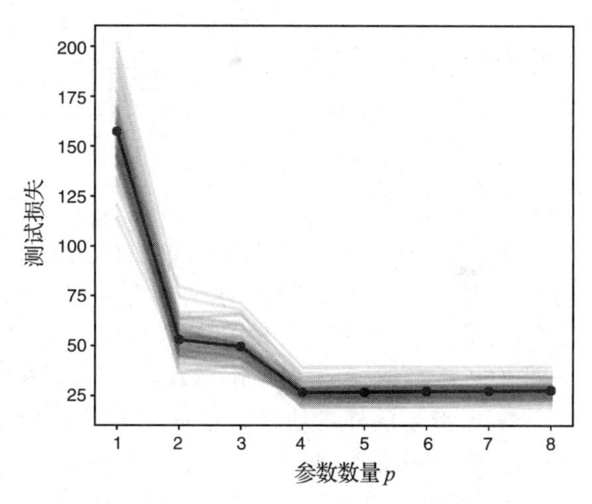

图 3.7 测试损失的独立估计存在一些变化

CMCtestloss.py

```
import numpy as np, matplotlib.pyplot as plt
from numpy.random import rand, randn
from numpy.linalg import solve

def generate_data(beta, sig, n):
    u = rand(n, 1)
    y = (u ** np.arange(0, 4)) @ beta + sig * randn(n, 1)
    return u, y

beta = np.array([[10, -140, 400, -250]]).T
n = 100
sig = 5
betahat = {}
plt.figure(figsize=[6,5])
totMSE = np.zeros(8)
max_p = 8
p_range = np.arange(1, max_p + 1, 1)

for N in range(0,100):

    u, y = generate_data(beta, sig, n)  #training data
    X = np.ones((n, 1))
    for p in p_range:
       if p > 1:
          X = np.hstack((X, u**(p-1)))
       betahat[p] = solve(X.T @ X, X.T @ y)

    u_test, y_test = generate_data(beta, sig, n)  #test data
    MSE = []
    X_test = np.ones((n, 1))
    for p in p_range:
       if p > 1:
           X_test = np.hstack((X_test, u_test**(p-1)))
       y_hat = X_test @ betahat[p] # predictions
       MSE.append(np.sum((y_test - y_hat)**2/n))

    totMSE = totMSE + np.array(MSE)
    plt.plot(p_range, MSE,'C0',alpha=0.1)

plt.plot(p_range,totMSE/N,'r-o')
plt.xticks(ticks=p_range)
plt.xlabel('Number of parameters $p$')
plt.ylabel('Test loss')
plt.tight_layout()
plt.savefig('MSErepeatpy.pdf',format='pdf')
plt.show()
```

3.3.2 自举法

自举法(bootstrap)[37]将 CMC 估计与 3.2.4 节的重采样过程结合了起来。其思想如下：假设我们希望通过某个估计器 $Y=H(\mathcal{T})$ 来估计一个数 μ，其中 $\mathcal{T}:=\{X_1,\cdots,X_n\}$ 是来自未知累积分布函数 F 的独立同分布样本。假设 Y 不依赖 $\{X_i\}$ 的顺序。为了评估估计器 Y 的质量(例如准确性)，我们可以抽取 $\mathcal{T}$ 的独立副本 $\mathcal{T}_1,\cdots,\mathcal{T}_N$，并求出方差 $\mathbb{V}\mathrm{ar}Y$、偏差 $\mathbb{E}Y-\mu$ 以及均方误差 $\mathbb{E}(Y-\mu)^2$ 等量的样本估计。然而，获得这样的副本可能太耗时，甚至根本不可行。另一种方法是对原始数据重新采样。需要重申的是，给定 $\mathcal{T}$ 的结果 $\tau=\{x_1,\cdots,x_n\}$，我们可以通过算法 3.2.6 从经验累积分布函数 F_n 中模拟独立同分布样本

$\mathcal{T}^* := \{X_1^*, \cdots, X_n^*\}$，因此这里的重采样规模为 $N=n$。

其基本原理是，经验累积分布函数 F_n 接近实际累积分布函数 F，并且随着 n 增大两者越来越接近。因此，任何依赖 F 的量都可以用 F_n 来代替 F，例如 $\mathbb{E}_F g(Y)$ 可以用 $\mathbb{E}_{F_n} g(Y)$ 来近似，其中 g 是一个函数。后者仍然难以计算，但可以通过 CMC 简单地估算为

$$\frac{1}{K}\sum_{i=1}^{K} g(Y_i^*)$$

其中，$Y_1^*, \cdots, Y_K^*$ 是独立的随机变量，每一个变量的分布形式都为 $Y^* = H(\mathcal{T}^*)$。这种看似自我参考的过程称为**自举**(bootstrapping)——引自 18 世纪德国文学家拉斯伯(Rudolf Erich Raspe)的小说《巴龙历险记》，主人公 Baron von Münchausen 靠自己的鞋带把自己从沼泽中拉了出来。例如，用自举法进行 Y 的期望估计：

$$\widehat{\mathbb{E}Y} = \overline{Y^*} = \frac{1}{K}\sum_{i=1}^{K} Y_i^*$$

这也是 $\{Y_i^*\}$ 的样本均值。类似地，$\mathbb{V}\mathrm{ar}Y$ 的自举估计是样本方差：

$$\widehat{\mathbb{V}\mathrm{ar}}\, Y = \frac{1}{K-1}\sum_{i=1}^{K} (Y_i^* - \overline{Y^*})^2 \tag{3.14}$$

偏差和均方误差的自举估计量分别为 $\overline{Y^*} - Y$ 和 $\frac{1}{K}\sum_{i=1}^{K}(Y^* - Y)^2$。注意，对于这些估计量，未知量 μ 用其原始估计量 Y 替代。置信区间可以以相同的方式构造。我们提到两种变体：**正态法**和**百分位法**。在正态法中，μ 的 $1-\alpha$ 置信区间由下式给出：

$$(Y \pm z_{1-\alpha/2} S^*)$$

其中，S^* 是 Y 的标准差的自举估计，即式(3.14)的平方根。在百分位法中，μ 的 $1-\alpha$ 置信区间的上下界由 Y 的 $1-\alpha/2$ 和 $\alpha/2$ 分位数给出，这些分位数又通过自举样本 $\{Y_i^*\}$ 的相应样本分位数进行估计。

例 3.12 说明了自举方法对**比率估计**的有用性，并介绍了数据的**报酬更新过程**模型。

例 3.12(比率估计器的自举) 随机模拟中的一个常见场景是，模拟的输出由独立的数据对 (C_1, R_1)、(C_2, R_2)，…，组成，其中 C 为时间长度，即所谓的**周期**，而 R 是在该周期中获得的**报酬**。这样的一组随机变量 $\{(C_i, R_i)\}$ 称为**报酬更新过程**。通常，报酬 R_i 取决于周期长度 C_i。设 A_t 是时间 t 内获得的平均报酬，即 $A_t = \sum_{i=1}^{N_t} R_i/t$，其中 $N_t = \max\{n: C_1 + \cdots + C_n \leqslant t\}$ 计算时间 t 内的完整周期数。如本章习题 20 所示，如果周期长度和报酬的期望是有限的，则 A_t 收敛于常数 $\mathbb{E}R/\mathbb{E}C$。因此，这个比率可以解释为**长期平均报酬**。

根据数据 $(C_1, R_1), \cdots, (C_n, R_n)$ 估计比率 $\mathbb{E}R/\mathbb{E}C$ 很简单，即采用比率估计：

$$A = \frac{\overline{R}}{\overline{C}}$$

但是，这个估计量 A 不是无偏的，如何推导置信区间也不明确。幸运的是，自举法可以解决这个问题：简单地对数据对 $\{(C_i, R_i)\}$ 进行重采样，得到比率估计量 $A_1^*, \cdots, A_K^*$，并根据这些计算感兴趣的量，如置信区间。

作为具体示例，我们回到例 3.6 中的马尔可夫链。链从时间 0 的状态 1 开始。经过一段时间 T_1 后，过程返回到状态 1。时间步 $0, \cdots, T_1 - 1$ 形成此过程的自然“循环”，因为从

时间 T_1 开始，该过程的行为在概率上与开始时完全相同，而与 $X_0,\cdots,X_{T_1-1}$ 无关。因此，如果我们定义 $T_0=0$，设 T_i 是链第 i 次返回状态 1 的时间，则可以将时间区间分解为长度为 $C_i=T_i-T_{i-1}$，$i=1,2,\cdots$ 的独立周期。假设在第 i 个周期中收到了报酬 R_i：

$$R_i = \sum_{t=T_{i-1}}^{T_i-1} \varrho^{t-T_i-1} r(X_t)$$

其中，$r(i)$ 是访问状态 $i\in\{1,2,3,4\}$ 的固定报酬，$\varrho\in(0,1)$ 是折扣因子。显然，$\{(C_i, R_i)\}$ 是一个报酬更新过程。图 3.8 给出了 1000 对 (C,R) 的结果，其中 $r(1)=4$，$r(2)=3$，$r(3)=10$，$r(4)=1$，$\varrho=0.9$。

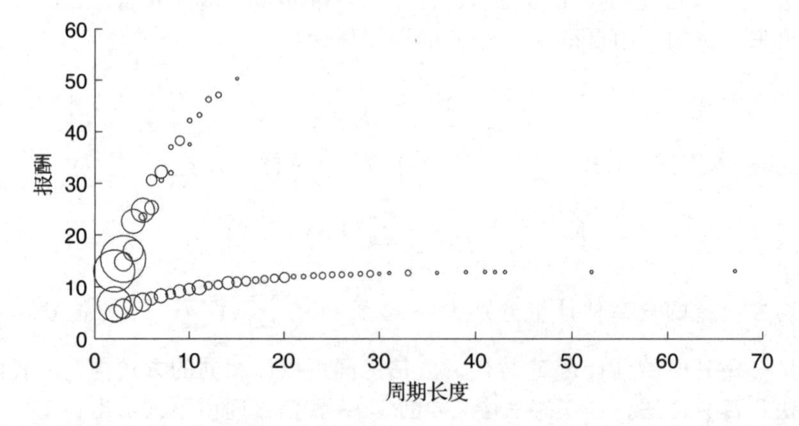

图 3.8 每个圆圈代表一个(周期长度，报酬)对。圆圈的大小表示给定数据对的出现次数。例如，(2,15.43)是这里最可能的一对，在 1000 次中出现了 186 次。它对应于周期路径 1→3→2→1

根据数据，长期平均报酬估计值为 2.50。但这个估计值有多准确呢？图 3.9 显示了自举比率估计的密度图，其中我们独立地对数据对进行了 1000 次重采样。

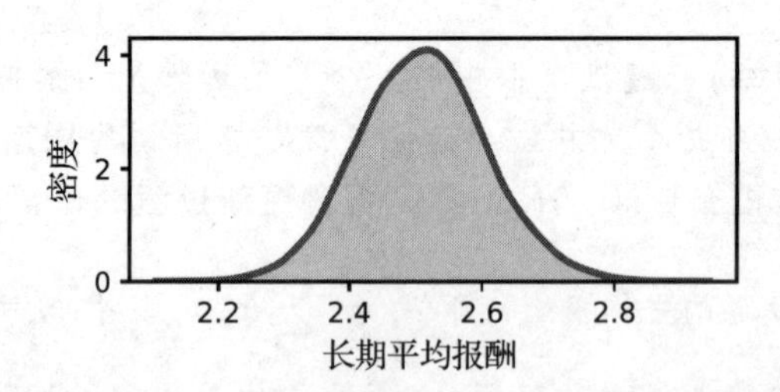

图 3.9 马尔可夫链报酬更新过程的自举比率估计密度图

图 3.9 表明，真实的长期平均报酬以很高的置信度落于 2.2 和 2.8 之间。更准确地说，自举百分位法 99% 的置信区间为(2.27,2.77)。下面的 Python 脚本详细说明了这个过程。

ratioest.py

```
import numpy as np, matplotlib.pyplot as plt, seaborn as sns
from numba import jit

np.random.seed(123)
n = 1000
P = np.array([[0, 0.2, 0.5, 0.3],
              [0.5 ,0, 0.5, 0],
```

```
              [0.3, 0.7, 0, 0],
              [0.1, 0, 0, 0.9]])
r = np.array([4,3,10,1])
Corg = np.array(np.zeros((n,1)))
Rorg = np.array(np.zeros((n,1)))
rho=0.9

@jit()   #for speed-up; see Appendix
def generate_cyclereward(n):
   for i in range(n):
       t=1
       xreg = 1   #regenerative state  (out of 1,2,3,4)
       reward = r[0]
       x= np.amin(np.argwhere(np.cumsum(P[xreg-1,:]) > np.random.
          rand())) + 1
       while x != xreg:
           t += 1
           reward += rho**(t-1)*r[x-1]
           x = np.amin(np.where(np.cumsum(P[x-1,:]) > np.random.rand
               ())) + 1
       Corg[i] = t
       Rorg[i] = reward
   return Corg, Rorg

Corg, Rorg = generate_cyclereward(n)

Aorg = np.mean(Rorg)/np.mean(Corg)
K = 5000
A = np.array(np.zeros((K,1)))
C = np.array(np.zeros((n,1)))
R = np.array(np.zeros((n,1)))
for i in range(K):
    ind = np.ceil(n*np.random.rand(1,n)).astype(int)[0]-1
    C = Corg[ind]
    R = Rorg[ind]
    A[i] = np.mean(R)/np.mean(C)

plt.xlabel('long-run average reward')
plt.ylabel('density')
sns.kdeplot(A.flatten(),shade=True)
plt.show()
```

3.3.3 方差缩减

利用模拟模型的已知信息可以更有效地估计蒙特卡罗模拟中的性能指标。方差缩减方法包括对偶变量、控制变量、重要性抽样、条件蒙特卡罗和分层抽样等，见文献[71]和第 9 章。这里我们只讨论控制变量和重要性抽样。

假设 Y 是模拟实验的输出。如果 Y 和$\widetilde{Y}$是相关的(负相关或正相关)，并且$\widetilde{Y}$的期望已知，则从同一模拟实验中获得的随机变量$\widetilde{Y}$称为 Y 的**控制变量**。基于以下定理可以使用控制变量进行方差缩减，该定理的证明留作本章习题 21。

定理 3.3　控制变量估计

设 $Y_1,\cdots,Y_N$ 是 N 次独立模拟的输出，设 $\widetilde{Y}_1,\cdots,\widetilde{Y}_N$ 是对应的控制变量，其中 $\mathbb{E}\widetilde{Y}_k=\widetilde{\mu}$已知。设$\varrho_{Y,\widetilde{Y}}$是各 Y_k 和$\widetilde{Y}_k$ 之间的相关系数。对于每个 $\alpha\in\mathbb{R}$，下式给出的估计量是 $\mu=\mathbb{E}Y$ 的无偏估计量：

$$\widehat{\mu}^{(c)} = \frac{1}{N}\sum_{k=1}^{N}[Y_k - \alpha(\widetilde{Y}_k - \widetilde{\mu})] \tag{3.15}$$

$\widehat{\mu}^{(c)}$的最小方差为

$$\mathbb{V}\mathrm{ar}\,\widehat{\mu}^{(c)} = \frac{1}{N}(1-\varrho^2_{Y,\widetilde{Y}})\mathbb{V}\mathrm{ar}Y \tag{3.16}$$

这是在$\alpha=\varrho_{Y,\widetilde{Y}}\sqrt{\mathbb{V}\mathrm{ar}Y/\mathbb{V}\mathrm{ar}\,\widetilde{Y}}$的情况下得到的。

从式(3.16)可以看出，通过使用式(3.15)中的最优α，方差的控制变量估计量比朴素蒙特卡罗方差估计量小，是朴素蒙特卡罗方差估计量的$1-\varrho^2_{Y,\widetilde{Y}}$倍。因此，如果$\widetilde{Y}$与$Y$高度相关，则可以显著地减小方差。最优$\alpha$通常是未知的，但是可以很容易地从样本$\{(Y_k, \widetilde{Y}_k)\}$协方差矩阵中估计出来。

例 3.13 将使用控制变量方法估计例 3.10 中的多重积分。

例 3.13[蒙特卡罗积分(续)] 对于$X_1, X_2, X_3 \overset{\text{iid}}{\sim} \mathcal{N}(0,1)$，随机变量$Y=|X_1+X_2+X_3|^{1/2}2\pi^{3/2}$与随机变量$\widetilde{Y}=X_1^2+X_2^2+X_3^2$正相关。当$\mathbb{E}\widetilde{Y}=\mathbb{V}\mathrm{ar}(X_1+X_2+X_3)=3$时，我们可以用它作为控制变量来估计$Y$的期望。下面的 Python 程序就基于定理 3.3，它导入了例 3.10 中朴素蒙特卡罗抽样代码。

mcintCV.py

```
from mcint import *

Yc = np.sum(x**2, axis=1) # control variable data
yc = 3  # true expectation of control variable
C = np.cov(y,Yc) # sample covariance matrix
cor = C[0][1]/np.sqrt(C[0][0]*C[1][1])
alpha = C[0][1]/C[1][1]

est = np.mean(y-alpha*(Yc-yc))
RECV = np.sqrt((1-cor**2)*C[0][0]/N)/est  #relative error

print('Estimate = {:3.3f}, CI = ({:3.3f},{:3.3f}), Corr = {:3.3f}'.
      format(est, est*(1-z*RECV), est*(1+z*RECV),cor))
```

```
Estimate = 17.045, CI = (17.032,17.057), Corr = 0.480
```

相关系数$\varrho_{Y,\widetilde{Y}}$的典型估计值为 0.48，这使得方差以因子$1-0.48^2\approx0.77$在减小，与朴素蒙特卡罗方法相比模拟速度提高了 23%。尽管由于Y和$\widetilde{Y}$之间的相关性不大，在这种情况下增益很小，但是几乎不需要额外的处理就减小了方差。

重要性抽样是一种重要的方差缩减方法。这种方法对于估计极小的概率特别有用。标准用法是对以下量的估计：

$$\mu = \mathbb{E}_f H(\boldsymbol{X}) = \int H(\boldsymbol{x})f(\boldsymbol{x})\mathrm{d}\boldsymbol{x} \tag{3.17}$$

其中，H是实值函数；f是随机向量$\boldsymbol{X}$的概率密度，称为**标称概率密度函数**。下标f加在期望运算符上，表示它是相对于密度f取值的。

设g是另一个概率密度，$g(\boldsymbol{x})=0$意味着$H(\boldsymbol{x})f(\boldsymbol{x})=0$。使用密度$g$，我们可以将$\mu$表示为

$$\mu = \int H(\boldsymbol{x}) \frac{f(\boldsymbol{x})}{g(\boldsymbol{x})} g(\boldsymbol{x}) \mathrm{d}\boldsymbol{x} = \mathbb{E}_g\left[H(\boldsymbol{X}) \frac{f(\boldsymbol{X})}{g(\boldsymbol{X})} \right] \tag{3.18}$$

因此，如果 $\boldsymbol{X}_1, \cdots, \boldsymbol{X}_N \overset{\text{iid}}{\sim} g$，则 μ 的无偏估计量为：

$$\hat{\mu} = \frac{1}{N} \sum_{k=1}^{N} H(\boldsymbol{X}_k) \frac{f(\boldsymbol{X}_k)}{g(\boldsymbol{X}_k)} \tag{3.19}$$

这种估计称为**重要性抽样估计**，g 称为重要性抽样密度。密度之比 $f(\boldsymbol{x})/g(\boldsymbol{x})$ 称为**似然比**。算法 3.3.2 给出了重要性抽样的伪代码。

算法 3.3.2　重要性抽样估计

输入：函数 H；重要性抽样密度 g，对于所有 $\boldsymbol{x}$，如果 $g(\boldsymbol{x})=0$，则 $H(\boldsymbol{x})f(\boldsymbol{x})=0$；样本量 N；置信水平 $1-\alpha$

输出：$\mu = \mathbb{E}H(\boldsymbol{X})$ 的点估计和近似 $(1-\alpha)$ 置信区间，其中 $\boldsymbol{X} \sim f$

1. 模拟 $\boldsymbol{X}_1, \cdots, \boldsymbol{X}_N \overset{\text{iid}}{\sim} g$，设 $Y_i = H(\boldsymbol{X}_i) f(\boldsymbol{X}_i)/g(\boldsymbol{X}_i)$，$i=1,\cdots,N$
2. 通过 $\hat{\mu} = \overline{Y}$ 估计 μ，并确定近似 $(1-\alpha)$ 置信区间：

$$\mathcal{I} := \left(\hat{\mu} - z_{1-\alpha/2} \frac{S}{\sqrt{N}},\quad \hat{\mu} + z_{1-\alpha/2} \frac{S}{\sqrt{N}} \right)$$

其中，z_γ 表示 $\mathcal{N}(0,1)$ 分布的 γ 分位数，S 是 $Y_1, \cdots, Y_N$ 的样本标准差

3. **返回** $\hat{\mu}$ 和区间 $\mathcal{I}$

例 3.14(重要性抽样)　我们通过估计函数图下方的面积 μ 来检查重要性抽样的工作情况：

$$M(x_1, x_2) = \mathrm{e}^{-\frac{1}{4}\sqrt{x_1^2+x_2^2}} \left(\sin\left(2\sqrt{x_1^2+x_2^2}\right) + 1 \right), \quad (x_1, x_2) \in \mathbb{R}^2 \tag{3.20}$$

我们在例 3.8 中看到过类似的函数，但是请注意不同的作用域。估计面积的一种自然的方法是将作用域截断为方形 $[-b,b]^2$，b 足够大，通过朴素蒙特卡罗估计积分：

$$\mu_b = \int_{-b}^{b} \int_{-b}^{b} \underbrace{2b^2 M(\boldsymbol{x})}_{H(\boldsymbol{x})} f(\boldsymbol{x}) \mathrm{d}\boldsymbol{x} = \mathbb{E}_f H(\boldsymbol{X})$$

其中，$f(\boldsymbol{x}) = \dfrac{1}{(2b)^2}$，$\boldsymbol{x} \in [-b,b]^2$，是 $[-b,b]^2$ 上均匀分布的概率密度函数。下面是实现这一点的 Python 代码。

impsamp1.py

```python
import numpy as np
from numpy import exp, sqrt, sin, pi, log, cos
from numpy.random import rand

b = 1000
H = lambda x1, x2: (2*b)**2 * exp(-sqrt(x1**2+x2**2)/4)*(sin(2*sqrt(
        x1**2+x2**2))+1)*(x1**2 + x2**2 < b**2)
f = 1/((2*b)**2)
N = 10**6
X1 = -b + 2*b*rand(N,1)
X2 = -b + 2*b*rand(N,1)
Z = H(X1,X2)
estCMC = np.mean(Z).item()  # to obtain scalar
RECMC = np.std(Z)/estCMC/sqrt(N).item()
print('CI = ({:3.3f},{:3.3f}), RE = {: 3.3f}'.format(estCMC*(1-1.96*
    RECMC), estCMC*(1+1.96*RECMC),RECMC))
```

```
CI = (82.663,135.036), RE =  0.123
```

对于截断水平 $b=1000$ 和样本量 $N=10^6$，典型的估计值为 108.8，估计的相对误差为 0.123。这里有两种误差来源。第一种是用 μ_b 近似 μ 的误差。然而，由于函数 H 以指数形式快速衰减，$b=1000$ 足以确保误差可以忽略不计。第二种误差是估计过程本身造成的统计误差。这可以通过估计的相对误差来量化，并且可以通过增加样本量来减小。

现在，我们来考虑重要性抽样方法，其中重要性抽样概率密度函数 g 是径向对称的，并且沿半径呈指数衰减，类似于函数 H。特别地，我们以类似于例 3.1 的方式模拟(X_1,X_2)，首先生成半径 $R\sim\mathsf{Exp}(\lambda)$和角度 $\Theta\sim\mathcal{U}(0,2\pi)$，然后返回 $X_1=R\cos(\Theta)$和 $X_2=R\sin(\Theta)$。根据定理 C.4 的变换规则，我们得到：

$$g(\boldsymbol{x})=f_{R,\Theta}(r,\theta)\,\frac{1}{r}=\lambda \mathrm{e}^{-\lambda r}\,\frac{1}{2\pi}\,\frac{1}{r}=\frac{\lambda \mathrm{e}^{-\lambda\sqrt{x_1^2+x_2^2}}}{2\pi\sqrt{x_1^2+x_2^2}},\quad \boldsymbol{x}\in\mathbb{R}^2\setminus\{\boldsymbol{0}\}$$

下面的代码，首先导入上一段代码，然后使用参数 $\lambda=0.1$ 实现了重要性抽样的各个步骤。

impsamp2.py

```
from impsamp1 import *

lam = 0.1;
g = lambda x1, x2: lam*exp(-sqrt(x1**2 + x2**2)*lam)/sqrt(x1**2 + x2
    **2)/(2*pi);
U = rand(N,1); V = rand(N,1)
R = -log(U)/lam
X1 = R*cos(2*pi*V)
X2 = R*sin(2*pi*V)
Z = H(X1,X2)*f/g(X1,X2)
estIS = np.mean(Z).item()  # obtain scalar
REIS = np.std(Z)/estIS/sqrt(N).item()
print('CI = ({:3.3f},{:3.3f}), RE = {: 3.3f}'.format(estIS*(1-1.96*
    REIS), estIS*(1+1.96*REIS),REIS))
```

```
CI = (100.723,101.077), RE =  0.001
```

典型估计值为 100.90，估计的相对误差为 1×10^{-4}，从而使方差大幅度减小。就近似 95%置信区间而言，采用 CMC 方法得到的置信区间为(82.7,135.0)，而通过重要性抽样方法得到的置信区间为(100.7,101.1)。当然，我们本可以降低截断水平 b 来提高 CMC 的性能，但是这样一来近似误差可能会变得更大。对于重要性抽样来说，相对误差几乎不受阈值水平的影响，但取决于 λ。我们选择 λ 为 0.25，使其衰减速率比函数 H 的衰减速率慢。

如例 3.14 所示，重要性抽样的一个主要困难是如何选择重要性抽样分布。g 选择得不当可能严重影响估计值和置信区间的准确性。重要性抽样密度的理论最优选择 g^* 使 $\hat{\mu}$ 的方差最小化，因此是如下函数最小化规划的解：

$$\min_g \mathbb{V}\mathrm{ar}_g\left(H(\boldsymbol{X})\,\frac{f(\boldsymbol{X})}{g(\boldsymbol{X})}\right)\tag{3.21}$$

不难证明(另见习题 22)，对于所有的 $\boldsymbol{x}$，如果 $H(\boldsymbol{x})\geqslant0$ 或 $H(\boldsymbol{x})\leqslant0$，则**最优重要性抽样概率密度函数**为

$$g^*(\boldsymbol{x})=\frac{H(\boldsymbol{x})\,f(\boldsymbol{x})}{\mu}\tag{3.22}$$

也就是说，在这种情况下，$\mathbb{V}\mathrm{ar}_{g^*}\hat{\mu}=\mathbb{V}\mathrm{ar}_{g^*}(H(\boldsymbol{X})f(\boldsymbol{X})/g(\boldsymbol{X}))=\mathbb{V}\mathrm{ar}_{g^*}\mu=0$，使得函数 g^* 下的估计 $\hat{\mu}$ 是常数。一个显而易见的困难是，由于式(3.22)中的 $g^*(\boldsymbol{x})$依赖于未知量 μ，因此通常无法计算最优重要性抽样密度 g^*。因此，人们通常选择“接近”最小方差密度 g^* 的好的重要性抽样密度 g。

选择好的重要性抽样概率密度函数的主要考虑因素之一是式(3.19)中的估计量应具有有限的方差。这等价于以下要求：

$$\mathbb{E}_g\left[H^2(\boldsymbol{X})\frac{f^2(\boldsymbol{X})}{g^2(\boldsymbol{X})}\right]=\mathbb{E}_f\left[H^2(\boldsymbol{X})\frac{f(\boldsymbol{X})}{g(\boldsymbol{X})}\right]<\infty \tag{3.23}$$

这表明 g 不应具有比 f 更轻的尾部分布，并且最好似然比 f/g 是有界的。

3.4 蒙特卡罗优化

本节将介绍几种蒙特卡罗优化方法。这种随机化算法可用于解决具有许多局部最优值和复杂约束的优化问题，可能同时涉及连续和离散变量。随机化算法也可用于解决有噪声的优化问题，其中目标函数未知，必须通过蒙特卡罗模拟获得。

3.4.1 模拟退火

模拟退火是一种用于最小化的蒙特卡罗方法，模拟金属加热然后缓慢冷却时原子的物理状态。当冷却过程非常缓慢时，原子会稳定在最小能量状态。用 $\boldsymbol{x}$ 表示状态，用 $S(\boldsymbol{x})$ 表示状态的能量，随机状态的概率分布用玻耳兹曼(Boltzmann)概率密度函数描述：

$$f(\boldsymbol{x})\propto \mathrm{e}^{-\frac{S(\boldsymbol{x})}{kT}},\quad \boldsymbol{x}\in\mathcal{X}$$

其中，k 是玻耳兹曼常数，T 是温度。

除了物理解释，假设 $S(\boldsymbol{x})$是要最小化的任意函数，$\boldsymbol{x}$ 在某个离散或连续集合 $\mathcal{X}$ 中取值。如果归一化常数 $z_T:=\sum\limits_{x}\exp(-S(\boldsymbol{x})/T)$是有限的，则对应于 $S(\boldsymbol{x})$的 Gibbs 概率密度定义为

$$f_T(\boldsymbol{x})=\frac{\mathrm{e}^{-\frac{S(\boldsymbol{x})}{T}}}{z_T},\quad \boldsymbol{x}\in\mathcal{X}$$

注意，这只是去掉了玻耳兹曼常数 k 的玻耳兹曼概率密度函数。随着 T 趋于 0，在 S 的全局最小值集合附近概率密度函数变得越来越尖。

模拟退火的思想是创建一个点序列 $X_1,X_2,\cdots$，这些点近似服从概率密度为 $f_{T_1}(\boldsymbol{x})$，$f_{T_2}(\boldsymbol{x})$，…的分布，其中 $T_1,T_2,\cdots$是逐步降低(冷却)到 0 的“温度”序列，这就是所谓的**退火进度表**。如果每个 $\boldsymbol{X}_t$ 都是从 f_{T_t} 中精确采样的，那么当 $T_t\to 0$ 时，$\boldsymbol{X}_t$ 将收敛于 $S(\boldsymbol{x})$ 的全局最小值。然而，实际上抽样是近似的，并且不能保证收敛到全局最小值。通用模拟退火算法如下。

算法 3.4.1　模拟退火

输入：退火进度表 $T_0,T_1,\cdots$以及函数 S、初始值 $\boldsymbol{x}_0$

输出：全局最小化位置 $\boldsymbol{x}^*$ 和最小值 $S(\boldsymbol{x}^*)$的近似值

1. 初始化设置：$\boldsymbol{X}_0\leftarrow\boldsymbol{x}_0$ 和 $t\leftarrow 1$
2. **while** 没有达到停止条件 **do**
3. 　从 $f_{T_t}(\boldsymbol{x})$近似模拟 $\boldsymbol{X}_t$
4. 　$t\leftarrow t+1$
5. **返回** $\boldsymbol{X}_t$、$S(\boldsymbol{X}_t)$

一种流行的退火进度表是**几何冷却**，对于给定的初始温度 T_0 和冷却系数 $\beta\in(0,1)$，有 $T_t=\beta T_{t-1}$，$t=1,2,\cdots$，T_0 和 β 的取值取决于具体的问题，这通常需要用户进行调整。算法可能的停止准则是在固定的迭代次数之后或当温度"足够小"时停止迭代。

Gibbs 分布的近似抽样通常是通过马尔可夫链蒙特卡罗进行的。对于每个迭代 t，马尔可夫链理论上应该运行大量的步骤，以便从 Gibbs 概率密度 f_{T_t} 中准确地采样。实际上，在更新温度之前通常只运行马尔可夫链的一个步骤，如算法 3.4.2 所示。

为了从 Gibbs 分布 f_T 中采样，该算法使用了随机游走 Metropolis-Hastings 采样器。由式(3.7)可知，建议的 $\boldsymbol{y}$ 的接受概率为

$$\alpha(\boldsymbol{x},\boldsymbol{y})=\min\left\{\frac{\mathrm{e}^{-\frac{1}{T}S(\boldsymbol{y})}}{\mathrm{e}^{-\frac{1}{T}S(\boldsymbol{x})}},1\right\}=\min\{\mathrm{e}^{-\frac{1}{T}(S(\boldsymbol{y})-S(\boldsymbol{x}))},1\}$$

因此，如果 $S(\boldsymbol{y})<S(\boldsymbol{x})$，则建议的 $\boldsymbol{y}$ 总是被接受。否则，建议的 $\boldsymbol{y}$ 被接受的概率为 $\exp\left(-\frac{1}{T}(S(\boldsymbol{y})-S(\boldsymbol{x}))\right)$。

算法 3.4.2 使用随机游走采样器进行模拟退火

输入：目标函数 S、起始状态 $\boldsymbol{X}_0$、初始温度 T_0、迭代次数 N、对称建议密度 $q(\boldsymbol{y}\,|\,\boldsymbol{x})$、常数 β

输出：最小化位置和 S 最小值的近似值

1. **for** $t=0$ **to** $N-1$ **do**
2. 　根据对称建议密度 $q(\boldsymbol{y}\,|\,\boldsymbol{X}_t)$ 模拟一个新的状态 $\boldsymbol{Y}$
3. 　**if** $S(\boldsymbol{Y})<S(\boldsymbol{X}_t)$ **then**
4. 　　$\boldsymbol{X}_{t+1}\leftarrow\boldsymbol{Y}$
5. 　**else**
6. 　　抽样 $U\sim\mathcal{U}(0,1)$
7. 　　**if** $U\leqslant\mathrm{e}^{-(S(\boldsymbol{Y})-S(\boldsymbol{X}_t))/T_t}$ **then**
8. 　　　$\boldsymbol{X}_{t+1}\leftarrow\boldsymbol{Y}$
9. 　　**else**
10. 　　　$\boldsymbol{X}_{t+1}\leftarrow\boldsymbol{X}_t$
11. 　$T_{t+1}\leftarrow\beta T_t$
12. **返回** $\boldsymbol{X}_N$ 和 $S(\boldsymbol{X}_N)$

例 3.15(最小化模拟退火)　我们来最小化图 3.10b 描述的"摆动"函数，该函数由下式给出：

$$S(x)=\begin{cases}-\mathrm{e}^{-x^2/100}\sin(13x-x^4)^5\sin(1-3x^2)^2, & -2\leqslant x\leqslant 2\\ \infty, & \text{其他}\end{cases}$$

该函数有许多局部最小值和最大值，全局最小值在 1.4 附近。图 3.10 还说明了 S 和(非归一化)Gibbs 概率密度 f_T 之间的关系。

下面的 Python 代码实现了算法 3.4.2 的轻微变化版本，其中，算法不是经过固定的迭代次数后停止，而是当温度低于某个阈值(这里是 10^{-3})时停止。

与在固定的迭代次数 N 之后停止或当温度足够低时停止相比，以下两种迭代停止准则也很有用，即当连续函数值彼此之间的距离小于某个 ε 时或者当找到的最佳函数值在 d 次迭代中没有变化时。

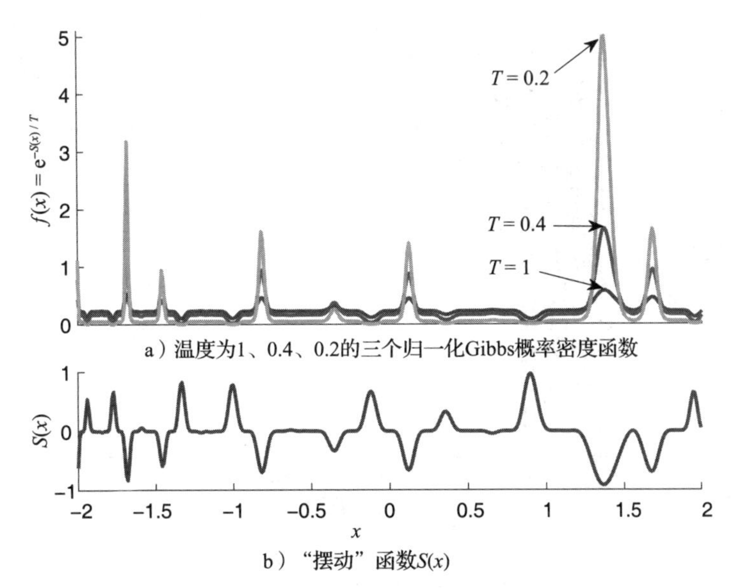

a）温度为1、0.4、0.2的三个归一化Gibbs概率密度函数

b）"摆动"函数$S(x)$

图3.10 随着温度的降低，Gibbs概率密度函数收敛到所有质量都集中在S最小值的概率密度函数

对于"当前"状态x，这里建议的状态Y取自分布$\mathcal{N}(x,0.5^2)$。我们采用几何冷却方法，衰减参数$\beta=0.999$，初始温度$T_0=1$。我们将初始状态设置为$x_0=0$。图3.11描述了状态序列$x_t(t=0,1,\cdots)$的实现。经过初始的剧烈波动后，序列稳定在1.37左右，$S(1.37)=-0.92$，分别对应于全局优化位置和最小值。

simann.py

```
import numpy as np
import matplotlib.pyplot as plt

def wiggly(x):
    y = -np.exp(x**2/100)*np.sin(13*x-x**4)**5*np.sin(1-3*x**2)**2
    ind = np.vstack((np.argwhere(x<-2),np.argwhere(x>2)))
    y[ind]=float('inf')
    return y

S = wiggly
beta = 0.999
sig = 0.5
T=1
x= np.array([0])
xx=[]
Sx=S(x)
while T>10**(-3):
    T=beta*T
    y = x+sig*np.random.randn()
    Sy = S(y)
    alpha = np.amin((np.exp(-(Sy-Sx)/T),1))
    if np.random.uniform()<alpha:
        x=y
        Sx=Sy
    xx=np.hstack((xx,x))

print('minimizer = {:3.3f}, minimum ={:3.3f}'.format(x[0],Sx[0]))
plt.plot(xx)
plt.show()
```

```
minimizer = 1.365, minimum = -0.958
```

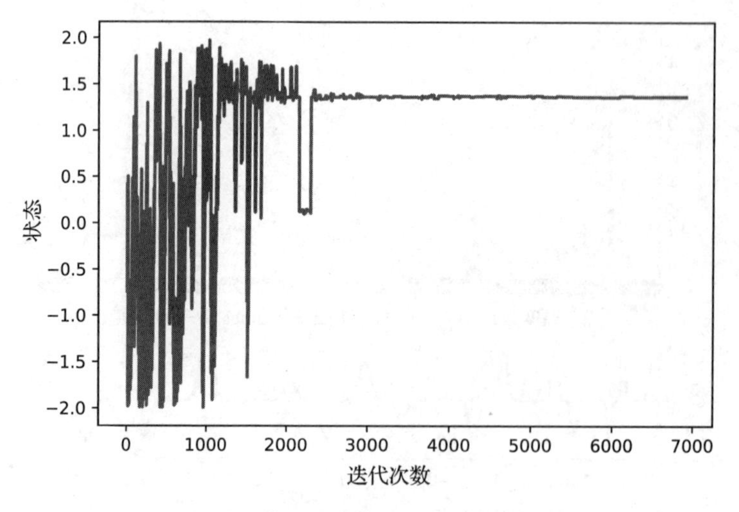

图 3.11 模拟退火算法产生的典型状态

3.4.2 交叉熵方法

交叉熵(Cross-Entropy，CE)方法[103]是一种简单的蒙特卡罗算法，可用于优化和估计。

在集合 $\mathcal{X}$上最小化函数 S 的 CE 方法的基本思想是在 $\mathcal{X}$上定义概率密度$\{f(\cdot \mid \boldsymbol{v}),\boldsymbol{v}\in\mathcal{V}\}$的参数族，并迭代地更新参数 $\boldsymbol{v}$，使得$\{f(\cdot \mid \boldsymbol{v})\}$在 S 值小于上一次迭代的状态 $\boldsymbol{x}$ 上放置更多的质量。具体而言，CE 算法有两个基本阶段：

- **抽样**：样本 $\boldsymbol{X}_1,\cdots,\boldsymbol{X}_N$ 根据 $f(\cdot \mid \boldsymbol{v})$分布独立抽取。利用这些点评估目标函数 S。
- **更新**：根据 $\boldsymbol{X}_i$ 选择新参数 $\boldsymbol{v}'$，其中对于某个水平 γ，有 $S(\boldsymbol{X}_i)\leqslant\gamma$。这些$\{\boldsymbol{X}_i\}$构成了**精英样本集** $\mathcal{E}$。

在每次迭代中，水平参数 γ 选择 $N^{\text{elite}}:=\lceil \varrho N\rceil$个表现最好的样本中最差的那个，其中$\varrho\in(0,1)$是**稀有度参数**，通常取 0.1 或 0.01。参数 $\boldsymbol{v}$ 使用平滑平均 $\alpha\boldsymbol{v}'+(1-\alpha)\boldsymbol{v}$ 进行更新，其中 $\alpha\in(0,1)$是**平滑参数**：

$$\boldsymbol{v}' := \underset{\boldsymbol{v}\in\mathcal{V}}{\operatorname{argmax}} \sum_{X\in\mathcal{E}} \ln f(\boldsymbol{X}\mid\boldsymbol{v}) \tag{3.24}$$

更新规则式(3.24)是最小化 KL 散度的结果，即给定 $S(\boldsymbol{X})\leqslant\gamma$ 时最小化条件密度 $\boldsymbol{X}\sim f(\boldsymbol{x}\mid\boldsymbol{v})$与 $f(\boldsymbol{x};\boldsymbol{v})$之间的 KL 散度的结果，参见文献[103]。注意，式(3.24)基于精英样本给出 $\boldsymbol{v}$ 的最大似然估计(MLE)。因此，对于许多特定的分布族，可以得到显式解。一个重要的例子是 $\boldsymbol{X}\sim\mathcal{N}(\boldsymbol{\mu},\operatorname{diag}(\boldsymbol{\sigma}^2))$，也就是说，$\boldsymbol{X}$ 具有独立的高斯分量。在这种情况下，通过精英样本的样本均值和样本方差很容易就能更新均值向量 $\boldsymbol{\mu}$ 和方差向量 $\boldsymbol{\sigma}^2$，这被称为**正常更新**。算法 3.4.3 给出了用于最小化的通用 CE 过程。

算法 3.4.3 最小化交叉熵法

输入：函数 S、初始采样参数 $\boldsymbol{v}_0$、样本量 N、稀有度参数 ϱ、平滑参数 α

输出：S 的近似最小值和最佳采样参数 $\boldsymbol{v}$

1. 初始化 $\boldsymbol{v}_0$，设置 $N^{\text{elite}}\leftarrow\lceil \varrho N\rceil$和 $t\leftarrow 0$
2. **while** 不符合停止准则时 **do**

3. $t \leftarrow t+1$
4. 根据密度 $f(\cdot \mid \boldsymbol{v}_{t-1})$ 模拟独立同分布样本 $\boldsymbol{X}_1, \cdots, \boldsymbol{X}_N$
5. 评估性能 $S(\boldsymbol{X}_1), \cdots, S(\boldsymbol{X}_N)$，并将它们从小到大排序为 $S_{(1)}$，…，$S_{(N)}$
6. 设 γ_t 为性能的样本 ϱ 分位数：

$$\gamma_t \leftarrow S_{(N^{\text{elite}})} \tag{3.25}$$

7. 确定精英样本集 $\mathcal{E}_t = \{\boldsymbol{X}_i : S(\boldsymbol{X}_i) \leqslant \gamma_t\}$
8. 设 $\boldsymbol{v}_t'$ 是精英样本的最大似然估计：

$$\boldsymbol{v}'_t \leftarrow \underset{\boldsymbol{v}}{\operatorname{argmax}} \sum_{X \in \mathcal{E}_t} \ln f(\boldsymbol{X} \mid \boldsymbol{v}) \tag{3.26}$$

9. 将采样参数更新为

$$\boldsymbol{v}_t \leftarrow \alpha \boldsymbol{v}'_t + (1-\alpha) \boldsymbol{v}_{t-1} \tag{3.27}$$

10. **返回** γ_t 和 $\boldsymbol{v}_t$

CE 算法生成成对的序列$(\gamma_1, \boldsymbol{v}_1)$，$(\gamma_2, \boldsymbol{v}_2)$，…，使得 γ_t 近似地收敛到最小函数值，而 $f(\cdot \mid \boldsymbol{v}_t)$收敛到退化的概率密度，当 $t \to \infty$时该概率密度函数近似地将其所有质量集中到 S 的极小值。一个可能的停止条件是当抽样分布 $f(\cdot \mid \boldsymbol{v}_t)$足够接近此退化分布时停止。对于正常更新，这意味着标准差足够小。

CE 算法的输出还可以包括总体最优函数值和相应的解。

例 3.16 将最小化与例 3.15 中相同的函数，但是要使用 CE 算法。

例 3.16(最小化交叉熵方法) 在这个例子中，我们在采样步骤(算法 3.4.3 的步骤 4)中采用正态分布族$\{\mathcal{N}(\mu, \sigma^2)\}$，初始参数为 $\mu=0$ 和 $\sigma=3$。初始参数的选择相当随意，只要 σ 足够大，就可以对大范围的点进行采样。每次迭代取 $N=100$ 个样本，设$\varrho=0.1$，保留 $N^{\text{elite}} = 10 = \lceil N\varrho \rceil$个最小的样本作为精英样本。然后，通过精英样本的样本均值和样本标准差更新参数 μ 和 σ。本例中，我们不使用任何平滑处理($\alpha=1$)。在下面的 Python 代码中，100×2 矩阵 **Sx** 将 x 存储在第一列，将函数值存储在第二列。该矩阵的行根据函数值的升序排序，得到矩阵 **sortSx**。该排序矩阵的前 $N^{\text{elite}}=10$ 行对应于精英样本及其函数值。μ 和 σ 的更新通过代码的第 14 行和第 15 行完成。图 3.12 显示了 $\mathcal{N}(\mu_t, \sigma_t^2)$采样分布的概率密度函数如何退化成全局最小值 1.366 处的点质量。

CEmethod.py

```
from simann import wiggly
import numpy as np
np.set_printoptions(precision=3)
mu, sigma = 0, 3
N, Nel = 100, 10
eps = 10**-5
S = wiggly
while sigma > eps:
    X = np.random.randn(N,1)*sigma + np.array(np.ones((N,1)))*mu
    Sx = np.hstack((X, S(X)))
    sortSx = Sx[Sx[:,1].argsort(),]
    Elite = sortSx[0:Nel,:-1]
```

```
    mu = np.mean(Elite, axis=0)
    sigma = np.std(Elite, axis=0)
    print('S(mu)= {}, mu: {}, sigma: {}\n'.format(S(mu), mu, sigma))
S(mu)= [0.071], mu: [0.414], sigma: [0.922]
S(mu)= [0.063], mu: [0.81], sigma: [0.831]
S(mu)= [-0.033], mu: [1.212], sigma: [0.69]
S(mu)= [-0.588], mu: [1.447], sigma: [0.117]
S(mu)= [-0.958], mu: [1.366], sigma: [0.007]
S(mu)= [-0.958], mu: [1.366], sigma: [0.]
S(mu)= [-0.958], mu: [1.366], sigma: [3.535e-05]
S(mu)= [-0.958], mu: [1.366], sigma: [2.023e-06]
```

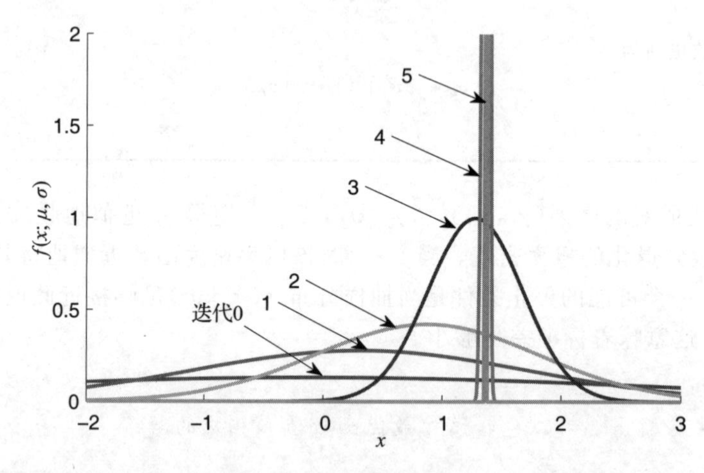

图 3.12　前五个采样分布的正态概率密度，截断区间为[−2,3]。初始采样分布为 $\mathcal{N}(0,3^2)$

3.4.3　分裂优化

最小化函数 $S(\boldsymbol{x})(\boldsymbol{x}\in\mathcal{X})$与从形式为$\{\boldsymbol{x}\in\mathcal{X}:S(\boldsymbol{x})\leqslant\gamma\}$的**水平集**中抽取随机样本密切相关。假设 S 在 $\boldsymbol{x}^*$ 处有最小值 γ^*。只要 $\gamma\geqslant\gamma^*$，这个水平集就包含最小值。如果 γ 接近 γ^*，这个水平集的规模就会很小。因此，从这个集合中随机选择的点预计接近 $\boldsymbol{x}^*$。因此，通过逐渐减小水平参数 γ，水平集将逐渐向集合$\{\boldsymbol{x}^*\}$收缩。事实上，CE 方法正是考虑到这一点而发展起来的，参见文献[102]。注意，CE 方法使用参数采样分布从水平集获得样本(精英样本)。文献[34]中引入了一种非参数采样机制，该机制使用一个不断演化的粒子集合。由此产生的优化算法称为**连续优化分裂**(Splitting for Continuous Optimization，SCO)，它提供了一种快速且准确优化复杂连续函数的方法。SCO 的细节详见算法 3.4.4。

算法 3.4.4　连续优化分裂(SCO)

输入： 目标函数 S、样本量 N、稀有度参数 ϱ、缩放因子 w、已知的包含全局最小值的有界区域 $\mathcal{B}\subset\mathcal{X}$，以及最大尝试次数 MaxTry

输出： 最终迭代次数 t 以及每次迭代的最优解和函数值组成的序列$(\boldsymbol{X}_{\text{best},1},b_1),\cdots,(\boldsymbol{X}_{\text{best},t},b_t)$

1. 在 $\mathcal{B}$ 上均匀地模拟 $\mathcal{Y}_0=\{\boldsymbol{Y}_1,\cdots,\boldsymbol{Y}_N\}$。设 $t\leftarrow 0$ 和 $N^{\text{elite}}\leftarrow\lceil N\varrho\rceil$
2. **while** 停止条件未满足 **do**

```
3.  确定{S(X), X∈𝒴_t}的 N^elite 个最小值 S_(1)≤…≤S_(N^elite)，并在 𝒳_{t+1} 中存储相应的向量 X_(1),…,
    X_(N^elite)。设 b_{t+1}←S_(1)，X_{best,t+1}←X_(1)
4.  抽样 B_i~Bernoulli(1/2)，i=1,…,N^elite，其中 Σ_{i=1}^{N^elite} B_i = N mod N^elite
5.  for i=1 to N^elite do
6.      R_i←⌊N/N^elite⌋+B_i              //随机分裂因子
7.      Y←X_(i)；Y'←Y
8.      for j=1 to R_i do
9.          均匀地抽取 I∈{1,…,N^elite}\{i}，令 σ_i←w|X^(i)−X^(I)|
10.         模拟(1,…,n)的均匀排列 π=(π_1,…,π_n)。
11.         for k=1 to n do
12.             for Try = 1 to MaxTry do
13.                 Y'(π_k)←Y(π_k)+σ_i(π_k)Z,    Z~N(0,1)
14.                 if S(Y')<S(Y) then Y←Y', break
15.         将 Y 添加到 𝒴_{t+1}
16. t←t+1
17. 返回 {(X_{best,k}, b_k), k=1,…,t}
```

在迭代 $t=0$ 时，算法从粒子群 $\mathcal{Y}_0=\{\boldsymbol{Y}_1,\cdots,\boldsymbol{Y}_N\}$ 开始，该粒子群在某个有界区域 $\mathcal{B}$ 上均匀生成，该区域足够大以包含全局最小值。对 $\mathcal{Y}_0$ 中所有粒子的函数值进行排序，最好的 $N^{\text{elite}}=\lceil N\varrho\rceil$ 个形成精英粒子集 $\mathcal{X}_1$，这与 CE 方法完全相同。接下来，将精英粒子"分裂"成 $\lfloor N/N^{\text{elite}}\rfloor$ 个子粒子群，向部分精英粒子添加一个额外的子粒子，以确保子粒子总数再次为 N。第 4 行代码的目的是随机选择哪些精英粒子接收额外的子粒子。第 8～15 行描述了第 i 个精英粒子的子粒子是如何产生的。首先，在第 9 行随机均匀地选择一个其他精英粒子，同时定义 n 维向量 $\boldsymbol{\sigma}_i$，其分量是向量 $\boldsymbol{X}_{(i)}$ 和 $\boldsymbol{X}_{(I)}$ 之差的绝对值乘以常数 w：

$$\boldsymbol{\sigma}_i = w\,|\boldsymbol{X}_{(i)}-\boldsymbol{X}_{(I)}| := w\begin{bmatrix}|X_{(i),1}-X_{(I),1}|\\|X_{(i),2}-X_{(I),2}|\\\vdots\\|X_{(i),n}-X_{(I),n}|\end{bmatrix}$$

接下来，模拟均匀随机排列 $\boldsymbol{\pi}$，即(1,…,n)(见习题 9)。第 11～14 行描述了如何从候选子点 $\boldsymbol{Y}$ 开始，通过将标准正态随机变量添加到分量，与相应的 $\boldsymbol{\sigma}_i$ 分量相乘(第 13 行)，按照 $\boldsymbol{\pi}$ 确定的顺序对 $\boldsymbol{Y}$ 的每个坐标进行重采样。如果得到的 $\boldsymbol{Y}'$ 的函数值小于 $\boldsymbol{Y}$，则接受新的候选点。否则，将再次尝试相同的坐标。如果在 MaxTry 次尝试中没有发现任何改进，则保留原始分量。对所有精英样本执行此过程，以产生第一代群体 $\mathcal{Y}_1$。然后对迭代 $t=1,2,\cdots$ 重复该过程，直到满足某个停止准则，例如，当找到的最优函数值在连续多次迭代中没有变化时，或者当函数求值的总次数超过某个阈值时。在算法结束时，返回找到的最优函数值和相应的参数(粒子)。

输入变量 MaxTry 决定了更新分量所需的计算时间。在我们遇到的大多数情况下，选择 $w=0.5$ 和 MaxTry$=5$ 都很有效。根据经验，相对较大的 ϱ 值(例如 $\varrho=0.4$ 或 0.8，甚至 $\varrho=1$)效果良好。后一种情况意味着，在每个阶段 t，来自 $\mathcal{Y}_{t-1}$ 的所有样本都将转移到精英集合 $\mathcal{X}_t$。

例 3.17(测试问题 112) Hock 和 Schittkowski[58]针对多极值优化的测试问题提供了丰富的资源。一个具有挑战性的问题是问题 112，它的目标是找到 $\boldsymbol{x}$，从而最小化函数：

$$S(\boldsymbol{x}) = \sum_{j=1}^{10} x_j \left(c_j + \ln \frac{x_j}{x_1 + \cdots + x_{10}} \right)$$

该函数有以下约束：

$$\begin{gathered} x_1 + 2x_2 + 2x_3 + x_6 + x_{10} - 2 = 0, \\ x_4 + 2x_5 + x_6 + x_7 - 1 = 0, \\ x_3 + x_7 + x_8 + 2x_9 + x_{10} - 1 = 0, \\ x_j \geqslant 0.000\,001, \quad j = 1, \cdots, 10 \end{gathered}$$

其中，常数 $\{c_i\}$ 见表 3.1。

表 3.1 测试问题 112 用到的常数

$c_1=-6.089$	$c_2=-17.164$	$c_3=-34.054$	$c_4=-5.914$	$c_5=-24.721$
$c_6=-14.986$	$c_7=-24.100$	$c_8=-10.708$	$c_9=-26.662$	$c_{10}=-22.179$

文献[58]中给出了最著名的最小值−47.707 579。文献[89]使用遗传算法给出了更好的解，即−47.760 765，对应的解向量与文献[58]中的解向量完全不同。文献[70]使用 CE 方法使解进一步改进为−47.761 090 81，给出了与文献[89]中类似的解向量：

0.040 672 47　0.147 651 59　0.783 236 37　0.001 413 68　0.485 262 22
0.000 692 91　0.027 368 97　0.017 942 90　0.037 296 53　0.096 858 70

为了使用 SCO 方法求解，我们首先将这个 10 维问题转化为 7 维问题，并定义目标函数：

$$S_7(\boldsymbol{y}) = S(\boldsymbol{x})$$

其中，$x_2=y_1$，$x_3=y_2$，$x_5=y_3$，$x_6=y_4$，$x_7=y_5$，$x_9=y_6$，$x_{10}=y_7$

$$\begin{gathered} x_1 = 2 - (2y_1 + 2y_2 + y_4 + x_7) \\ x_4 = 1 - (2y_3 + y_4 + y_5) \\ x_8 = 1 - (y_2 + y_5 + 2y_6 + y_7) \end{gathered}$$

约束条件为 $x_1, \cdots, x_{10} \geqslant 0.000\,001$，其中 $\{x_i\}$ 作为 $\{y_i\}$ 的函数。然后，采用惩罚方法(见 B.4 节)，在原始目标函数中添加惩罚函数：

$$\widetilde{S}_7(\boldsymbol{y}) = S(\boldsymbol{x}) + 1000 \sum_{i=1}^{10} \max\{-(x_i - 0.000\,001), 0\}$$

其中，$\{x_i\}$ 和上面一样定义为 $\{y_i\}$ 的函数。

使用 SCO 方法优化上面的函数，我们用比其他算法更短的时间，得到略小的函数值−47.761 090 859 365 858，解向量与之前的解一致：

0.040 668 102 417 464　0.147 730 393 049 955　0.783 153 291 185 250　0.001 414 221 643 059
0.485 246 633 088 859　0.000 693 172 682 617　0.027 399 339 496 606　0.017 947 274 343 948
0.037 314 369 272 343　0.096 871 356 429 511

3.4.4 噪声优化

在**噪声优化**中，目标函数是未知的，但是可以通过模拟等方法得到函数的估计值。例如，在监督学习中寻找最佳预测函数 g 时，确切的风险 $\ell(g)=\mathbb{E}\mathrm{Loss}(Y,g(\boldsymbol{x}))$ 通常是未知的，只有风险的估计值是可用的。因此，风险优化是一个典型的噪声优化问题。噪声优化在仿真研究中占有显著地位，比如在某些参数(例如，红绿灯间隔的时间长度)下模拟某些系统(如道路网上的车辆)的行为，目标是选择这些参数的最优值(例如，使交通吞吐量最大)。对于每个参数，目标函数的精确值未知，但可以通过模拟得到估计值。

一般来说，假设目标是最小化函数 S，其中 S 是未知的，但是对于 $\boldsymbol{x}\in\mathcal{X}$ 的任何选择都可以得到 $S(\boldsymbol{x})$ 的估计值。由于梯度 ∇S 是未知的，因此不能直接应用经典的优化方法。**随机逼近法**模仿经典的梯度下降法，用估计值 $\widehat{\nabla S}(\boldsymbol{x})$ 替代确定的梯度。

$\nabla S(\boldsymbol{x})$ 第 i 个分量[即 $\partial S(\boldsymbol{u})/\partial x_i$]的简单估计是**中心差分估计**：

$$\frac{\widehat{S}(\boldsymbol{x}+\boldsymbol{e}_i\delta/2)-\widehat{S}(\boldsymbol{x}-\boldsymbol{e}_i\delta/2)}{\delta} \tag{3.28}$$

其中，$\boldsymbol{e}_i$ 表示第 i 个单位向量，$\widehat{S}(\boldsymbol{x}+\boldsymbol{e}_i\delta/2)$ 和 $\widehat{S}(\boldsymbol{x}-\boldsymbol{e}_i\delta/2)$ 分别是 $S(\boldsymbol{x}+\boldsymbol{e}_i\delta/2)$ 和 $S(\boldsymbol{x}-\boldsymbol{e}_i\delta/2)$ 的任意估计量。差分参数 $\delta>0$ 应足够小以减小估计量的偏差，但也应足够大以使估计量的方差较小。

为了减少式(3.28)所示估计量的方差，重要的是使 $\widehat{S}(\boldsymbol{x}+\boldsymbol{e}_i\delta/2)$ 和 $\widehat{S}(\boldsymbol{x}-\boldsymbol{e}_i\delta/2)$ 正相关。这可以通过在模拟中使用**公共随机数**来实现。

与梯度下降法类似，随机逼近法从 $\boldsymbol{x}_1\in\mathcal{X}$ 开始产生迭代序列：

$$\boldsymbol{x}_{t+1}=\boldsymbol{x}_t-\beta_t\,\widehat{\nabla S}(\boldsymbol{x}_t) \tag{3.29}$$

其中 $\beta_1,\beta_2,\cdots$ 是严格正步长的序列。因此，最小化函数 S 的一般随机逼近算法如下。

算法 3.4.5　随机逼近

输入：用于估计任意梯度 $\nabla S(\boldsymbol{x})$ 的机制和步长 β_1，β_2，…

输出：S 的近似优化值

1. 初始化 $\boldsymbol{x}_1\in\mathcal{X}$，设 $t\leftarrow 1$
2. **while** 不符合停止条件 **do**
3. 　在 $\boldsymbol{x}_t$ 处获取 S 的估计梯度 $\widehat{\nabla S}(\boldsymbol{x}_t)$
4. 　确定步长 β_t
5. 　设 $\boldsymbol{x}_{t+1}\leftarrow\boldsymbol{x}_t-\beta_t\,\widehat{\nabla S}(\boldsymbol{x}_t)$
6. 　$t\leftarrow t+1$
7. **返回** $\boldsymbol{x}_t$

当 $\widehat{\nabla S}(\boldsymbol{x}_t)$ 是式(3.29)中 $\nabla S(\boldsymbol{x}_t)$ 的无偏估计时，随机逼近算法 3.4.5 称为 Robbins-Monro 算法。当像式(3.28)那样使用有限差分估计 $\widehat{\nabla S}(\boldsymbol{x}_t)$ 时，得到的算法称为 Kiefer-Wolfowitz算法。在 9.4.1 节，我们将看到如何在深度学习中使用随机梯度下降方法，基于“迷你批”训练数据来最小化训练损失。

文献[72]证明，在某些正则条件下，当步长足够缓慢地减小到 0 时，S 上的序列 $\boldsymbol{x}_1$，$\boldsymbol{x}_2,\cdots$ 收敛到真实的最小值 $\boldsymbol{x}^*$，尤其是当下式成立时：

$$\sum_{t=1}^{\infty}\beta_t=\infty,\quad \sum_{t=1}^{\infty}\beta_t^2<\infty \tag{3.30}$$

⚠ 在实践中，很少使用满足式(3.30)的步长，因为序列的收敛速度太慢而不能满足实际需求。

随机逼近法的另一种替代方法是**随机对应法**，也称为**样本平均逼近法**。它适用于具有如下噪声目标函数形式的情况：

$$S(\boldsymbol{x}) = \mathbb{E}\,\widetilde{S}(\boldsymbol{x},\boldsymbol{\xi}), \quad \boldsymbol{x} \in \mathcal{X} \tag{3.31}$$

其中，$\boldsymbol{\xi}$是一个可以模拟的随机向量，$\widetilde{S}(\boldsymbol{x},\boldsymbol{\xi})$可以精确计算。其思想是用样本平均值替代式(3.31)中的优化量：

$$\widehat{S}(\boldsymbol{x}) = \frac{1}{N}\sum_{i=1}^{N}\widetilde{S}(\boldsymbol{x},\boldsymbol{\xi}_i), \quad \boldsymbol{x} \in \mathcal{X} \tag{3.32}$$

其中，$\boldsymbol{\xi}_1,\cdots,\boldsymbol{\xi}_N$ 是$\boldsymbol{\xi}$ 的独立同分布副本。注意，$\widehat{S}$是$\boldsymbol{x}$ 的确定性函数，因此可以使用任意优化算法进行优化。样本平均值优化问题的解可以认为是原始问题[即式(3.31)]的解 $\boldsymbol{x}^*$ 的估计量。

例 3.18(确定良好的重要性抽样参数) 选择好的重要性抽样参数可以看作一个随机优化问题。例如，考虑例 3.14 中的重要性抽样估计。回想一下，标称分布是$[-b,b]^2$ 上的均匀分布，概率密度函数为

$$f_b(\boldsymbol{x}) = \frac{1}{(2b)^2}, \quad \boldsymbol{x} \in [-b,b]^2$$

其中 b 足够大，以确保 μ_b 接近μ。在该例中，我们选择 $b=1000$。重要性抽样的概率密度函数为

$$g_\lambda(\boldsymbol{x}) = f_{R,\Theta}(r,\theta)\,\frac{1}{r} = \lambda \mathrm{e}^{-\lambda r}\,\frac{1}{2\pi}\,\frac{1}{r} = \frac{\lambda \mathrm{e}^{-\lambda\sqrt{x_1^2+x_2^2}}}{2\pi\sqrt{x_1^2+x_2^2}}, \quad \boldsymbol{x} = (x_1,x_2) \in \mathbb{R}^2 \setminus \{\boldsymbol{0}\}$$

它依赖于自由参数 λ。在本例中，我们选择 $\lambda=0.1$。这是最好的选择吗？可能 $\lambda=0.05$ 或 0.2 时会给出更准确的估计。重要的是要认识到，λ 的"有效性"可以用式(3.19)中估计量 $\widehat{\mu}$ 的方差来衡量，该方差由下式给出：

$$\frac{1}{N}\mathbb{V}\mathrm{ar}_{g_\lambda}\left(H(\boldsymbol{X})\,\frac{f(\boldsymbol{X})}{g_\lambda(\boldsymbol{X})}\right) = \frac{1}{N}\mathbb{E}_{g_\lambda}\left[H^2(\boldsymbol{X})\,\frac{f^2(\boldsymbol{X})}{g_\lambda^2(\boldsymbol{X})}\right] - \frac{\mu^2}{N} = \frac{1}{N}\mathbb{E}_f\left[H^2(\boldsymbol{X})\,\frac{f(\boldsymbol{X})}{g_\lambda(\boldsymbol{X})}\right] - \frac{\mu^2}{N}$$

因此，使函数 $S(\lambda)=\mathbb{E}_f[H^2(\boldsymbol{X})f(\boldsymbol{X})/g_\lambda(\boldsymbol{X})]$最小化的最佳参数 λ^* 虽然未知，但可以通过模拟进行估计。为了解决这个随机最小化问题，我们首先使用随机逼近法。因此，在该算法的每一步中，$S(\lambda)$的梯度是根据$\widehat{S}(\lambda)=H^2(\boldsymbol{X})f(\boldsymbol{X})/g_\lambda(\boldsymbol{X})$的实现来估计的，其中 $\boldsymbol{X}\sim f_b$。与原始问题(即 μ 的估计)一样，参数 b 应足够大以避免 λ^* 估计出现偏差，但也要足够小以确保方差较小。下面的 Python 代码实现了算法 3.4.5 的一个特定实例。从 f_b 中抽样时，我们使用 $b=100$ 而不是 $b=1000$，因为这将改进 λ^* 的朴素蒙特卡罗估计，而不会明显影响偏差。$S(\lambda)$的梯度估计在第 11～17 行中使用中心差分估计器[即式(3.28)]进行。对于 $S(\lambda-\delta/2)$和 $S(\lambda+\delta/2)$，应注意是如何使用相同的随机向量 $\boldsymbol{X}=[X_1,X_2]^{\mathrm{T}}$ 进行估计的。这大大减少了梯度估计量的方差，另见习题 23。步长 β_t 应使 $\beta_t\,\widehat{\nabla S}(\boldsymbol{x}_t)\approx\lambda_t$。考虑到这里的梯度较大，我们选择 $\beta_0=10^{-7}$，每一步以因子 0.99 进行减小。图 3.13 显示了序列 $\lambda_0,\lambda_1,\cdots$减小到大约 0.125 的过程，我们将其作为最优重要性抽样参数 λ^* 的估计值。

stochapprox.py

```
import numpy as np
from numpy import pi
import matplotlib.pyplot as plt

b=100    # choose b large enough, but not too large
delta = 0.01
H = lambda x1, x2: (2*b)**2*np.exp(-np.sqrt(x1**2 + x2**2)/4)*(np.
    sin(2*np.sqrt(x1**2+x2**2)+1))*(x1**2+x2**2<b**2)
f = 1/(2*b)**2
g = lambda x1, x2, lam: lam*np.exp(-np.sqrt(x1**2+x2**2)*lam)/np.
    sqrt(x1**2+x2**2)/(2*pi)
beta = 10**-7   #step size very small, as the gradient is large
lam=0.25
lams = np.array([lam])
N=10**4
for i in range(200):
    x1 = -b + 2*b*np.random.rand(N,1)
    x2 = -b + 2*b*np.random.rand(N,1)
    lamL = lam - delta/2
    lamR = lam + delta/2
    estL = np.mean(H(x1,x2)**2*f/g(x1, x2, lamL))
    estR = np.mean(H(x1,x2)**2*f/g(x1, x2, lamR))  #use SAME x1,x2
    gr = (estR-estL)/delta  #gradient
    lam = lam - gr*beta  #gradient descend
    lams = np.hstack((lams, lam))
    beta = beta*0.99

lamsize=range(0, (lams.size))
plt.plot(lamsize, lams)
plt.show()
```

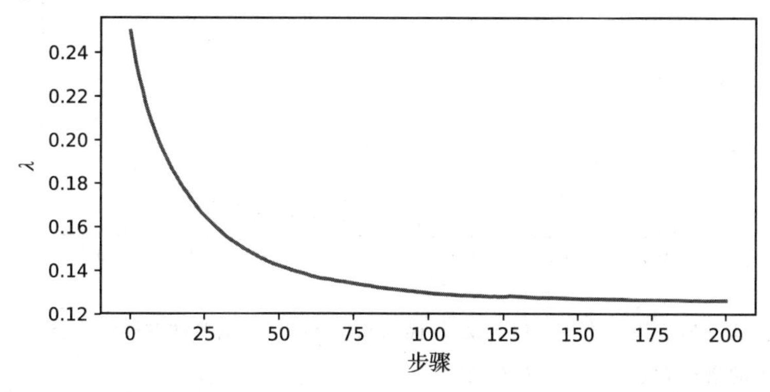

图 3.13 随机优化算法产生序列 $\lambda_t(t=0,1,2,\cdots)$，它趋向于最佳重要性抽样参数 $\lambda^*\approx 0.125$ 的近似估计值

接下来，我们使用随机对应法估计 λ^*。由于目标函数 $S(\lambda)$ 的形式为式(3.31)那样的形式(λ 取代 $\boldsymbol{x}$，$\boldsymbol{X}$ 取代 $\boldsymbol{\xi}$)，我们可以得到样本平均值：

$$\widehat{S}(\lambda)=\frac{1}{N}\sum_{i=1}^{N}H^2(\boldsymbol{X}_i)\frac{f(\boldsymbol{X}_i)}{g_\lambda(\boldsymbol{X}_i)} \tag{3.33}$$

其中，$\boldsymbol{X}_1,\cdots,\boldsymbol{X}_N\overset{\text{iid}}{\sim}f_b$。一旦模拟了 $\boldsymbol{X}_1,\cdots,\boldsymbol{X}_N\overset{\text{iid}}{\sim}f_b$，$\widehat{S}(\lambda)$就是 λ 的确定性函数，可以用任何方法进行优化。我们采用最基本的方法，简单地对 $\lambda=0.01,0.02,\cdots,0.3$ 计算函数值，并在此网格上选择使函数最小的 λ。其代码如下所示，图 3.14 显示$\widehat{S}(\lambda)$是 λ 的函数。当 $\widehat{\lambda}^*=0.12$ 时，函数值最小为 0.60×10^4，这与通过随机逼近法得到的结果一致。这种估计的

敏感性可以从图中评估：对于大范围的值（比如从0.04到0.15），$\hat{S}$保持平稳。因此，这些值都可以在重要性抽样过程中用来估计μ。但是，应避免取非常小的值（小于0.02）和较大的值（大于0.25）。因此，我们最初选择$\lambda=0.1$是合理的，我们做得再好不过了。

stochcounterpart.py

```
from stochapprox import *

lams = np.linspace(0.01, 0.31, 1000)
res=[]
res = np.array(res)
for i in range(lams.size):
    lam = lams[i]
    np.random.seed(1)
    g = lambda x1, x2: lam*np.exp(-np.sqrt(x1**2+x2**2)*lam)/np.sqrt
        (x1**2+x2**2)/(2*pi)

    X=-b+2*b*np.random.rand(N,1)
    Y=-b+2*b*np.random.rand(N,1)
    Z=H(X,Y)**2*f/g(X,Y)
    estCMC = np.mean(Z)
    res = np.hstack((res, estCMC))

plt.plot(lams, res)
plt.xlabel(r'$\lambda$')
plt.ylabel(r'$\hat{S}(\lambda)$')
plt.ticklabel_format(style='sci', axis='y', scilimits=(0,0))
plt.show()
```

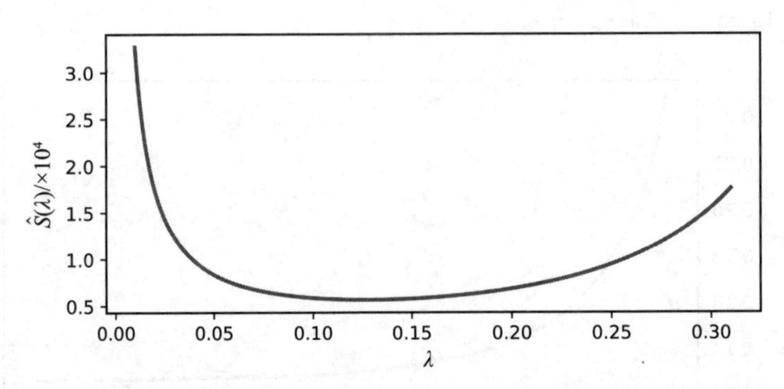

图3.14 随机对应法用样本平均值$\hat{S}(\lambda)$替代未知的$S(\lambda)$（即重要性抽样估计量的标度方差）。$\hat{S}$的最小值在$\lambda=0.12$左右获得

随机优化的第三种方法是交叉熵方法。特别是，算法3.4.3很容易修改，以最小化如式（3.31）所定义的噪声函数$S(\boldsymbol{x})=\mathbb{E}\,\widetilde{S}(\boldsymbol{x},\boldsymbol{\xi})$。算法中唯一需要改变的是，每个函数值$S(\boldsymbol{x})$都被它的估计值$\hat{S}(\boldsymbol{x})$替代。根据函数中的噪声水平，样本量$N$可能需要大幅增加。

例3.19（噪声优化的交叉熵法） 为了探索CE方法在噪声优化中的应用，我们以如下离散噪声优化问题为例。假设有一个“黑盒”，里面包含未知的n位二进制序列。如果向黑盒提供输入向量，它首先置乱输入，以概率θ独立翻转序列中的位（将0变为1，将1变为0），然后返回与真实（未知）二进制序列不匹配的位数。图3.15给出了$n=10$的情况。

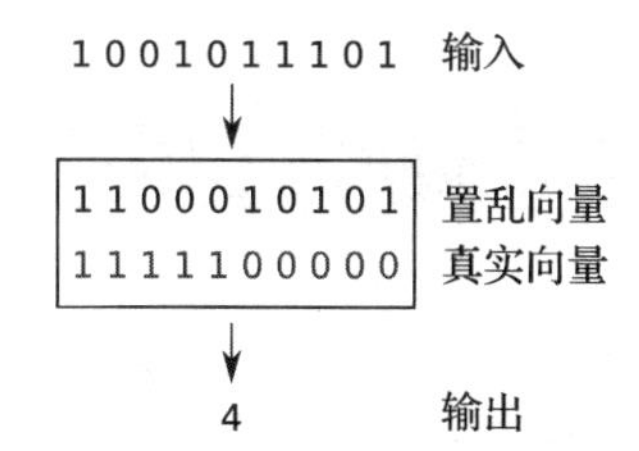

图 3.15 噪声优化函数作为黑盒，黑盒的输入是二进制向量。在黑盒中，输入向量的数字以概率 θ 进行位翻转置乱。输出是置乱向量与真实(未知)二进制向量不匹配的位数

对于二进制输入向量 $\boldsymbol{x}$，用 $S(\boldsymbol{x})$表示真实的匹配位数，因此黑盒返回的是噪声估计 $\widehat{S}(\boldsymbol{x})$。通过向黑盒输入许多输入向量，并观察它们的输出，可以估计黑盒中的二进制序列。换一种说法，即使用$\widehat{S}(\boldsymbol{x})$作为代理来最小化 $S(\boldsymbol{x})$。因为输入向量有 2^n 种可能，所以即使对于中等大小的 n，尝试所有可能的向量 $\boldsymbol{x}$ 也是不可行的。

下面的 Python 程序实现了 $n=100$ 时的噪声函数 $\widehat{S}(\boldsymbol{x})$。每个输入位都以相当高的概率($\theta=0.4$)翻转，因此输出不能很好地指示实际上有多少位与真实向量匹配。真实向量在位置 1,…,50 处都是 1，在位置 51,…,100 处都是 0。

Snoisy.py

```
import numpy as np

def Snoisy(X):   #takes a matrix
    n = X.shape[1]
    N = X.shape[0]
    # true binary vector
    xorg = np.hstack((np.ones((1,n//2)), np.zeros((1,n//2))))
    theta = 0.4 # probability to flip the input
    # storing the number of bits unequal to the true vector
    s = np.zeros(N)
    for i in range(0,N):
       # determine which bits to flip
       flip = (np.random.uniform(size=(n)) < theta).astype(int)
       ind = flip>0
       X[i][ind] = 1-X[i][ind]
       s[i] = (X[i] != xorg).sum()
    return s
```

下面用于优化 $S(\boldsymbol{x})$的 CE 代码与例 3.16 中的连续优化代码非常相似。但是，这里不是从正态分布采样独立同分布随机变量 $X_1,\cdots,X_N$，而是从 $\mathsf{Ber}(\boldsymbol{p})$分布采样独立同分布二进制向量 $\boldsymbol{X}_1,\cdots,\boldsymbol{X}_N$。更准确地说，给定一个概率行向量 $\boldsymbol{p}=[p_1,\cdots,p_n]$，我们根据 $X_i\sim\mathsf{Ber}(p_i)$，$i=1,\cdots,n$ 独立地模拟每个二进制向量 $\boldsymbol{X}$ 的分量 $X_1,\cdots,X_n$。在每次迭代后，向量 $\boldsymbol{p}$ 被更新为精英样本的均值(向量)。与例 3.16 中的最小化问题相反，精英样本对应于最大的函数值。样本量为 $N=1000$，精英样本数为 100。初始采样向量 $\boldsymbol{p}$ 的分量都等于 1/2，也就是说，$\boldsymbol{X}$ 最初是从长度为 $n=100$ 的所有二进制向量的集合中均匀采样的。在随后的每次迭代中，参数向量通过精英样本的均值进行更新，并向只有 1 和 0 组成的退化向量 $\boldsymbol{p}^*$ 演化。从这样的 $\mathsf{Ber}(\boldsymbol{p}^*)$分布中采样，可以得到 $\boldsymbol{x}^*=\boldsymbol{p}^*$，这可以作为 S 最小值的估计，也就是隐藏在黑盒中的真实的二进制向量。当 $\boldsymbol{p}$ 充分退化时，算法停止。

图 3.16 展示了概率向量 $\boldsymbol{p}$ 的演化过程。该图可以看作图 3.12 的离散模拟。可以看到，尽管噪声很大，CE 方法仍然能够找到黑盒的真实状态，从而找到 S 的最小值。

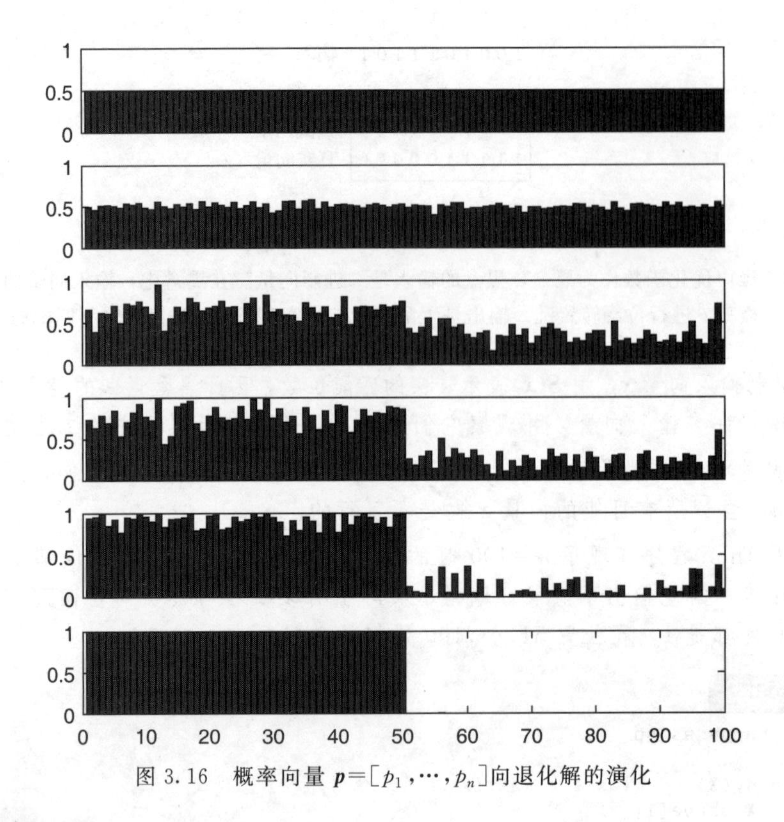

图 3.16 概率向量 $\boldsymbol{p}=[p_1,\cdots,p_n]$向退化解的演化

CEnoisy.py

```
from Snoisy import Snoisy
import numpy as np
n = 100
rho = 0.1
N = 1000; Nel = int(N*rho); eps = 0.01
p = 0.5*np.ones(n)
i = 0
pstart = p
ps = np.zeros((1000,n))
ps[0] = pstart
pdist = np.zeros((1,1000))
while np.max(np.minimum(p,1-p)) > eps:
    i += 1
    X = (np.random.uniform(size=(N,n)) < p).astype(int)
    X_tmp = np.array(X, copy=True)
    SX = Snoisy(X_tmp)
    ids = np.argsort(SX,axis=0)
    Elite = X[ids[0:Nel],:]
    p = np.mean(Elite,axis=0)
    ps[i] = p
print(p)
```

3.5 扩展阅读

文章[68]探讨了蒙特卡罗方法在如今的定量研究中如此重要的原因。《蒙特卡罗方法手册》[71]全面概述了蒙特卡罗模拟，探索了最新的主题、方法和实际应用。关于模拟和蒙特卡罗方法的流行书籍包括文献[42]、[75]和[104]对应的书籍。随机变量生成的一个经

典参考文献是[32]。文献[49]、[98]和[100]中给出了随机模拟的简单介绍。更先进的理论详见文献[5]。马尔可夫链蒙特卡罗在文献[50]和[99]中有详细说明。交叉熵方法的研究专著是文献[103]，使用教程见文献[30]。文献[16]中给出了CE方法的一系列优化应用。关于模拟退火自适应调谐方案的理论结果见文献[111]。梯度估计有几种既定的方法，这些方法包括有限差分法、无穷小摄动分析、得分函数法和弱导数法，参见文献[51]和第7章。

3.6 习题

1. 修改例3.1中的Box-Muller方法，在单位圆盘$\{(x,y)\in\mathbb{R}^2: x^2+y^2\leqslant 1\}$上均匀地抽样$X$和$Y$，方法如下：对半径$R$和角度$\Theta\sim\mathcal{U}(0,2\pi)$进行独立抽样，并返回$X=R\cos(\Theta)$，$Y=R\sin(\Theta)$。问题是：如何对$R$抽样？

(a)证明R的累积分布函数由$F_R(r)=r^2(0\leqslant r\leqslant 1)$给出[当$r<0$时，$F_R(r)=0$；当$r>1$时，$F_R(r)=1$]。

(b)解释如何使用逆变换法模拟R。

(c)根据上面描述的方法模拟$[X,Y]^{\mathrm{T}}$的100个独立样本。

2. 在d维单位球体$\{X\in\mathbb{R}^d: \|\boldsymbol{x}\|\leqslant 1\}$中模拟向量$\boldsymbol{X}$的一种简单的接受-拒绝方法是，首先在超立方体$[-1,1]^d$中均匀地生成$\boldsymbol{X}$，然后仅当$\|\boldsymbol{X}\|\leqslant 1$时才接受该点。确定接受概率的解析表达式，该表达式是d的函数，当$d=1,\cdots,50$时绘图表示该表达式。

3. 设随机变量X的概率密度函数为

$$f(x)=\begin{cases}\dfrac{1}{2}x, & 0\leqslant x<1\\ \dfrac{1}{2}, & 1\leqslant x\leqslant\dfrac{5}{2}\end{cases}$$

使用以下方法，根据$f(x)$模拟随机变量。

(a)逆变换法；

(b)接受-拒绝方法，其中建议密度为

$$g(x)=\frac{8}{25}x,\quad 0\leqslant x\leqslant\frac{5}{2}$$

4. 为以下分布构造模拟算法：

(a) Weib(α,λ)分布，累积分布函数为$F(x)=1-\mathrm{e}^{-(\lambda x)^\alpha}$，$x\geqslant 0$，其中$\lambda>0$，$\alpha>0$。

(b)Pareto(α,λ)分布，概率密度函数为$f(x)=\alpha\lambda(1+\lambda x)^{-(\alpha+1)}$，$x\geqslant 0$，其中$\lambda>0$，$\alpha>0$。

5. 我们希望从以下概率密度函数中抽样：

$$f(x)=x\mathrm{e}^{-x},\quad x\geqslant 0$$

使用接受-拒绝方法，建议的概率密度为$g(x)=\mathrm{e}^{-x/2}/2$，$x\geqslant 0$。

(a)求最小的C，使其对所有x满足$Cg(x)\geqslant f(x)$。

(b)这种接受-拒绝方法的效率如何？

6. 设$[X,Y]^{\mathrm{T}}$均匀分布在顶点为(0,0)、(1,2)和(−1,1)的三角形上。给出由以下线性变换定义的$[U,V]^{\mathrm{T}}$的分布：

$$\begin{bmatrix}U\\V\end{bmatrix}=\begin{bmatrix}1 & 2\\3 & 4\end{bmatrix}\begin{bmatrix}X\\Y\end{bmatrix}$$

7. 解释如何通过逆变换法从**极值分布**中生成随机变量，极值分布的累积分布函数为

$$F(x)=1-\mathrm{e}^{-\exp\left(\frac{x-\mu}{\sigma}\right)},-\infty<x<\infty(\sigma>0)$$

8. 编写程序，生成并显示100个均匀分布在椭圆内的随机向量：

$$5x^2+21xy+25y^2=9$$

(提示：考虑在半径为3的圆内生成均匀分布的样本，并利用线性变换保持分布均匀的事实，将圆变换到给定的椭圆。)

9. 假设对于所有的 $i=1,\cdots,n$，X_i 独立地服从分布 $X_i\sim\mathsf{Exp}(\lambda_i)$。设 $\mathbf{\Pi}=[\Pi_1,\cdots,\Pi_n]^{\mathrm{T}}$ 是由有序数 $X_{\Pi_1}<X_{\Pi_2}<\cdots<X_{\Pi_n}$ 引起的随机排列，定义 $Z_1:=X_{\Pi_1}$，$Z_j:=X_{\Pi_j}-X_{\Pi_{j-1}}$，$j=2,\cdots,n$。

(a)确定 $n\times n$ 矩阵 $\mathbf{A}$，使得 $\mathbf{Z}=\mathbf{AX}$，并证明 $\det(\mathbf{A})=1$。

(b)将 $\mathbf{X}$ 和 $\mathbf{\Pi}$ 的联合概率密度函数表示为

$$f_{\mathbf{X},\mathbf{\Pi}}(\boldsymbol{x},\boldsymbol{\pi})=\prod_{i=1}^{n}\lambda_{\pi_i}\exp(-\lambda_{\pi_i}x_{\pi_i})\times\mathbb{1}\{x_{\pi_1}<\cdots<x_{\pi_n}\},\quad \boldsymbol{x}\geqslant\mathbf{0},\boldsymbol{\pi}\in\mathcal{P}_n$$

其中，$\mathcal{P}_n$ 是所有$\{1,\cdots,n\}$的 $n!$ 排列的集合。使用多元变换公式[即式(C.22)]证明：

$$f_{\mathbf{Z},\mathbf{\Pi}}(\boldsymbol{z},\boldsymbol{\pi})=\exp\Big(-\sum_{i=1}^{n}z_i\sum_{k\geqslant i}\lambda_{\pi_k}\Big)\prod_{i=1}^{n}\lambda_i,\quad \boldsymbol{z}\geqslant\mathbf{0},\boldsymbol{\pi}\in\mathcal{P}_n$$

由此得出随机排列 $\mathbf{\Pi}$ 的概率质量函数为

$$\mathbb{P}[\mathbf{\Pi}=\boldsymbol{\pi}]=\prod_{i=1}^{n}\frac{\lambda_{\pi_i}}{\sum_{k\geqslant i}\lambda_{\pi_k}},\quad \boldsymbol{\pi}\in\mathcal{P}_n$$

(c)编写伪代码，模拟均匀随机排列 $\mathbf{\Pi}\in\mathcal{P}_n$，即 $\mathbb{P}[\mathbf{\Pi}=\boldsymbol{\pi}]=\dfrac{1}{n!}$，并解释如何使用这种均匀随机排列来重新排列训练集 τ_n。

10. 考虑具有图 3.17 所示状态转移图的马尔可夫链，从状态 1 开始。

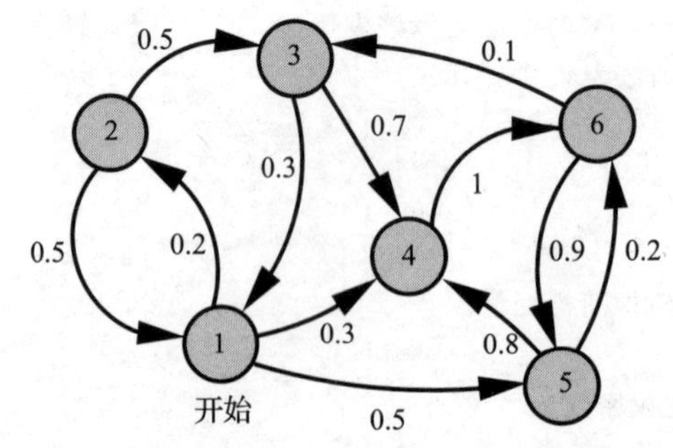

图 3.17 马尔可夫链$\{X_t,\ t=0,1,2,\cdots\}$的状态转移图

(a)构造模拟马尔可夫链的计算机程序，给出 $N=100$ 步的实现。

(b)通过求解全局平衡方程[即式(C.42)]，计算马尔可夫链处于状态 1～6 的极限概率。

(c)对于很大的步数 N，验证确切的极限概率，极限概率对应于马尔可夫过程访问状态 1～6 的平均次数比例。

11. 作为例 C.9 的推广，考虑任意无向图上的随机游走，该图具有有限的顶点集合 $\mathcal{V}$。对于任意顶点 $v\in\mathcal{V}$，设 $d(v)$是 $\mathcal{V}$ 的相邻节点数，称为 v 的**度**。随机游走以 $1/d(v)$的概率跳到每一个邻域，可以用马尔可夫链来描述。证明：如果链是非周期的，链处于状态 v 的极限概率等于 $d(v)/\sum_{v'\in\mathcal{V}}d(v')$。

12. 设 U，$V\overset{\text{iid}}{\sim}\mathcal{U}(0,1)$。在例 3.7 中，样本均值和样本中位数表现得非常不同的原因是 $\mathbb{E}[U/V]=\infty$，而 U/V 的中位数是有限的。证明这个结论，并计算中位数。(提示：首先确定 $Z=U/V$ 的累积分布函数，将其写成指示函数的期望。)

13. 考虑从 $Y\sim\mathsf{Gamma}(2,10)$生成样本的问题。

(a)直接模拟：设 U_1，$U_2\overset{\text{iid}}{\sim}\mathcal{U}(0,1)$。证明 $-\ln(U_1)/10-\ln(U_2)/10\sim\mathsf{Gamma}(2,10)$。[提示：使用例 C.1 推导出分布 $-\ln(U_1)/10$]

(b)通过 MCMC 进行模拟：实现独立的采样器来模拟 $\mathsf{Gamma}(2,10)$目标概率密度：

$$f(x)=100xe^{-10x},\quad x\geqslant 0$$

使用建议转移密度 $q(y\,|\,x)=g(y)$，其中 $g(y)$是 $\mathsf{Exp}(5)$随机变量的概率密度函数。生成 $N=500$ 个样本，并比较数据真实的累积分布函数与经验累积分布函数。

14. 设 $\boldsymbol{X}=[X,Y]^{\mathrm{T}}$ 是二元正态分布随机列向量，具有期望向量 $\boldsymbol{\mu}=[1,\ 2]^{\mathrm{T}}$ 和协方差矩阵 $\boldsymbol{\Sigma}=\begin{bmatrix}1 & a\\ a & 4\end{bmatrix}$。

(a)$(Y\mid X=x)$和$(X\mid Y=y)$的条件分布分别是什么？（提示：使用定理 C.8。）

(b)使用 Gibbs 采样器，从 a 为 0、1 和 1.75 的二元分布 $\mathcal{N}(\boldsymbol{\mu},\boldsymbol{\Sigma})$中抽取 10^3 个样本，并绘制生成的样本。

15. 设$(X,Y)\sim f$，对于某个归一化常数 c，使用 Gibbs 采样器从如下二维概率密度函数中抽样：

$$f(x,y)=c\mathrm{e}^{-(xy+x+y)},\quad x\geqslant 0,\quad y\geqslant 0$$

(a)求给定 $Y=y$ 下 X 的条件概率密度，以及给定 $X=x$ 下 Y 的条件概率密度。

(b)编写 Python 代码，实现 Gibbs 采样器，并输出近似服从 f 分布的 1000 个点。

(c)使用随机变量 $X_1,\cdots,X_N,Y_1,\cdots,Y_N\overset{\mathrm{iid}}{\sim}\mathsf{Exp}(1)$，描述如何通过蒙特卡罗模拟估计归一化常数 c。

16. 我们希望通过蒙特卡罗模拟来估计 $\mu=\int_{-2}^{2}\mathrm{e}^{-x^2/2}\,\mathrm{d}x=\int H(x)f(x)\mathrm{d}x$，使用两种不同的方法：(1)定义 $H(x)=4\mathrm{e}^{-x^2/2}$ 和 $\mathcal{U}[-2,2]$分布的概率密度 f；(2)定义 $H(x)=\sqrt{2\pi}\,\mathbb{1}\{-2\leqslant x\leqslant 2\}$和 $\mathcal{N}(0,1)$分布的概率密度 f。

(a) 对于这两种方法，若样本量 $N=1000$ 通过估计量 $\hat{\mu}$ 估计 μ：

$$\hat{\mu}=N^{-1}\sum_{i=1}^{N}H(\boldsymbol{X}_i)\tag{3.34}$$

(b)对于这两种方法，使用 $N=100$ 估计 $\hat{\mu}$ 的相对误差 κ。

(c)给出两种方法下 μ 的 95%置信区间，$N=100$。

(d)根据问题(b)，评估 N 应该有多大，才能使置信区间的相对宽度小于 0.01，并用 N 的这个数值进行模拟。将模拟结果与 μ 的真实值进行比较。

17. 考虑随机变量 X 尾部概率 $\mu=\mathbb{P}[X\geqslant\gamma]$的估计，其中 γ 很大。μ 的朴素蒙特卡罗估计为

$$\hat{\mu}=\frac{1}{N}\sum_{i=1}^{N}Z_i\tag{3.35}$$

其中，$X_1,\cdots,X_N$ 是 X 的独立同分布副本，$Z_i=\mathbb{1}\{X_i\geqslant\gamma\}$，$i=1,\cdots,N$。

(a)证明：$\hat{\mu}$ 是无偏的，即 $\mathbb{E}\hat{\mu}=\mu$。

(b)用 N 和 μ 表示 $\hat{\mu}$ 的相对误差，即 $\mathrm{RE}=\dfrac{\sqrt{\mathbb{V}\mathrm{ar}\,\hat{\mu}}}{\mathbb{E}\hat{\mu}}$。

(c)解释如何根据 $X_1,\cdots,X_N$ 的结果 $x_1,\cdots,x_N$ 来估计 $\hat{\mu}$ 的相对误差，以及如何构建 μ 的 95%置信区间。

(d)如果

$$\lim_{\gamma\to\infty}\frac{\ln\mathbb{E}Z^2}{\ln\mu^2}=1\tag{3.36}$$

则 μ 的无偏估计 Z 是**对数有效**的。证明：$N=1$ 的 CMC 估计[即式(3.35)]不是对数有效的。

18. 文献[70]中的一个测试例子涉及 Hougen 函数的最小化。实现交叉熵和模拟退火算法来完成这项优化任务。

19. 在**二进制背包问题**中，目标是求解优化问题：

$$\max_{\boldsymbol{x}\in\{0,1\}^n}\ \boldsymbol{p}^{\mathrm{T}}\boldsymbol{x}$$

其约束条件如下：

$$\boldsymbol{A}\boldsymbol{x}\leqslant\boldsymbol{c}$$

其中，$\boldsymbol{p}$ 和 $\boldsymbol{w}$ 是 $n\times 1$ 维非负数向量，$\mathbf{A}=(a_{ij})$是 $m\times n$ 矩阵，$\boldsymbol{c}$ 是 $m\times 1$ 向量。x_j 等于 1 还是 0 取决于值为 p_j 的物品 j 是否装入背包，$j=1,\cdots,n$。变量 a_{ij} 表示物品 j 的第 i 个属性(例如体积、重量)。每个属性都关联一个最大容量，例如，c_1 可以是背包的最大体积，c_2 可以是最大重量，等等。

编写一个 CE 程序来解决 Sento1.dat 背包问题，详见 http://people.brunel.ac.uk/~mastjjb/jeb/orlib/files/mknap2.txt，如文献[16] 所述。

20. 设(C_1,R_1)，(C_2,R_2)，…是一个报酬更新过程，$\mathbb{E}R_1<\infty$，$\mathbb{E}C_1<\infty$。设 $A_t=\sum_{i=1}^{N_t}R_i/t$ 是时间 $t=1$，

2,…的平均报酬，其中 $N_t = \max(n: T_n \leqslant t)$，我们将 $T_n = \sum_{i=1}^{n} C_i$ 定义为第 n 次更新的时间。

(a)证明：当 $n \to \infty$ 时，$T_n / n \xrightarrow{\text{a.s.}} \mathbb{E}C_1$。

(b)证明：当 $t \to \infty$ 时，$N_t \xrightarrow{\text{a.s.}} \infty$。

(c)证明：当 $t \to \infty$ 时，$N_t / t \xrightarrow{\text{a.s.}} 1/\mathbb{E}C_1$。（提示：利用事实 $T_{N_t} \leqslant t \leqslant T_{N_t+1}$，$t=1,2,\cdots$）

(d)证明：当 $t \to \infty$ 时，$A_t \xrightarrow{\text{a.s.}} \frac{\mathbb{E}R_1}{\mathbb{E}C_1}$。

21. 证明定理 3.3。

22. 证明：如果 $H(\boldsymbol{x}) \geqslant 0$，则式(3.22)中重要性抽样概率密度函数 g^* 的重要性抽样估计 $\hat{\mu} = \mu$ 具有零方差。

23. 设 X 和 Y 为随机变量(不一定独立)，假设我们希望估计期望差 $\mu = \mathbb{E}[X-Y] = \mathbb{E}X - \mathbb{E}Y$。

(a)证明：如果 X 和 Y 正相关，$X-Y$ 的方差小于 X 和 Y 相互独立时对应的方差。

(b)假设 X 和 Y 的累积分布函数分别为 F 和 G，并通过逆变换法对其进行模拟：$X = F^{-1}(U)$，$Y = G^{-1}(V)$，其中 $U, V \sim \mathcal{U}(0,1)$ 不一定独立。直觉上，人们可能会认为：如果 U 和 V 正相关，$X-Y$ 的方差将小于 U 和 V 相互独立时对应的方差。通过提供反例来证明并非总是如此。

(c)继续问题(b)，假设 F 和 G 是连续的。证明：通过取**公共随机数** $U=V$，$X-Y$ 的方差不大于当 U 和 V 独立时对应的方差。

[提示：使用 Hoeffding[41] 给出的以下引理，即如果(X,Y)具有联合累积分布函数 H，X 和 Y 的边缘累积分布函数分别是 F 和 G，在 $\mathbb{C}\mathrm{ov}(X,Y)$ 存在的情况下，有 $\mathbb{C}\mathrm{ov}(X,Y) = \int_{-\infty}^{\infty}\int_{-\infty}^{\infty}(H(x,y) - F(x)G(y))\mathrm{d}x\mathrm{d}y$]

第 4 章

无监督学习

当响应变量和解释变量之间没有区别时，则需要无监督方法来学习数据的结构。本章将讨论各种无监督学习方法，例如密度估计、聚类和主成分分析。无监督学习中的重要工具包括交叉熵训练损失、混合模型、期望最大化算法和奇异值分解。

4.1 简介

在监督学习中，输出(响应)变量 y 由输入向量(解释)$\boldsymbol{x}$ 解释，而在无监督学习中并无响应变量，其总体目标是从数据中提取有用的信息和模式，数据的形式可以是 $\tau=\{\boldsymbol{x}_1,\cdots,\boldsymbol{x}_n\}$，也可以是矩阵 $\boldsymbol{X}^{\mathrm{T}}=[\boldsymbol{x}_1,\cdots,\boldsymbol{x}_n]$。从本质上讲，无监督学习的目标是了解数据的潜在概率分布。

在 4.2 节，我们将建立无监督学习的框架，其类似于 2.3 节中建立的监督学习的框架。也就是说，我们在最小化风险和损失方面制定对应无监督学习的公式，但现在涉及交叉熵风险，而不是平方误差风险。这自然就引申出似然、Fisher 信息和赤池信息准则(Akaike Information Criterion，AIC)等基本的学习概念。4.3 节介绍了期望最大化(Expectation-Maximization，EM)算法，当似然函数不具有封闭解(解析解)时，它是最大化似然函数的有用方法。

如果数据是来自未知分布的独立同分布样本，那么数据的经验分布将提供有关未知分布的有价值信息。4.4 节给出了经验分布(经验累积概率密度的一般化)的概念，并解释了如何使用核密度估计器生成数据潜在概率密度函数估计。

大多数无监督学习方法都专注于识别潜在分布的某些特征，例如局部最大值。一个相关的想法是将数据划分为在某种意义上彼此“相似”的点簇。4.5 节用混合模型阐述了聚类问题。在特定情况下，假定数据来自混合分布(通常是高斯分布)，然后利用数据发现混合分布的参数。混合模型参数估计的主要工具是 EM 算法。

4.6 节讨论了一种更具启发性的聚类方法，即根据某些“聚类中心”对数据进行分组，这些聚类中心通过求解优化问题来确定。4.7 节描述了如何构建分层聚类。

最后，4.8 节讨论了名为主成分分析(Principal Component Analysis，PCA)的无监督学习方法，它是降低数据维数的重要工具。

在后续有关监督学习的章节中，我们也会探讨各种无监督学习方法。例如，最小化交叉熵训练损失对逻辑回归(见 5.7 节)和分类(见第 7 章)问题非常重要，而 PCA 可用于变量选择和降维处理，使模型更易于训练并提高其预测能力，参见 6.8 节和 7.4 节中的例题。

4.2 无监督学习的风险和损失

在无监督学习中，训练数据 $\mathcal{T}:=\{\boldsymbol{X}_1,\cdots,\boldsymbol{X}_n\}$ 只包含特征向量 $\boldsymbol{X}$ 的独立副本(通常假定为独立的)，没有响应数据。假设我们的目标是根据训练数据 $\mathcal{T}$ 的结果 $\tau=\{\boldsymbol{x}_1,\cdots,\boldsymbol{x}_n\}$ 学习 $\boldsymbol{X}$ 的未知概率密度函数 f。方便的是，我们可以使用与 2.3 至 2.5 节讨论监督学习时相同的推理思路。表 4.1 总结了无监督学习中相关参数的定义，可以与表 2.1 中监督学习的情况对比查看。

表 4.1 无监督学习中相关参数的定义

$\boldsymbol{x}$	固定特征向量
$\boldsymbol{X}$	随机特征向量
$f(\boldsymbol{x})$	$\boldsymbol{X}$ 在点 $\boldsymbol{x}$ 处的概率密度
τ 或 τ_n	固定训练数据 $\{\boldsymbol{x}_i,\ i=1,\cdots,n\}$
$\mathcal{T}$ 或 $\mathcal{T}_n$	随机训练数据 $\{\boldsymbol{X}_i,\ i=1,\cdots,n\}$
g	概率密度函数 f 的近似函数
$\text{Loss}(f(\boldsymbol{x}),\ g(\boldsymbol{x}))$	使用 $g(\boldsymbol{x})$ 近似 $f(\boldsymbol{x})$ 时的损失
$\ell(g)$	近似函数 g 的风险，即 $\mathbb{E}\text{Loss}(f(\boldsymbol{X}),\ g(\boldsymbol{X}))$
$g^{\mathcal{G}}$	函数类 $\mathcal{G}$ 中的最佳近似函数，即 $\text{argmin}_{g\in\mathcal{G}}\ell(g)$
$\ell_\tau(g)$	近似函数 g 的训练损失，即在训练样本 τ 上 $\ell(g)$ 的样本平均估计
$\ell_{\mathcal{T}}(g)$	与 $\ell_{\mathcal{T}}(g)$ 含义相同，只是针对的是随机训练样本 $\mathcal{T}$
$g_\tau^{\mathcal{G}}$ 或 g_τ	学习器：$\text{argmin}_{g\in\mathcal{G}}\ell_\tau(g)$，即基于固定训练集 τ 和函数类 $\mathcal{G}$ 的最佳近似函数。如果函数类是不言自明的，则省略上标 $\mathcal{G}$
$g_{\mathcal{T}}^{\mathcal{G}}$ 或 $g_{\mathcal{T}}$	随机训练数据集 $\mathcal{T}$ 上的学习器

与监督学习类似，我们希望找到连续或离散的概率密度函数 g，使其在最小化风险方面与概率密度函数 f 最接近：

$$\ell(g):=\mathbb{E}\ \text{Loss}(f(\boldsymbol{X}),g(\boldsymbol{X})) \tag{4.1}$$

其中，Loss 是损失函数。在式(2.27)中，我们已经遇到过 KL 风险：

$$\ell(g):=\mathbb{E}\ \ln\frac{f(\boldsymbol{X})}{g(\boldsymbol{X})}=\mathbb{E}\ \ln f(\boldsymbol{X})-\mathbb{E}\ \ln g(\boldsymbol{X}) \tag{4.2}$$

如果 $\mathcal{G}$ 是包含 f 的函数类，则最小化 $\mathcal{G}$ 的 KL 风险将产生(正确的)风险最小化 f。当然，问题是式(4.2)的最小化取决于 f，而 f 通常是未知的。但是，由于 $\mathbb{E}\ \ln f(\boldsymbol{X})$ 不依赖 g，因此它对最小化 KL 风险不起作用。去除这一项，我们得到**交叉熵风险**(对于离散数据 $\boldsymbol{X}$，用求和代替积分)：

$$\ell(g):=-\mathbb{E}\ \ln g(\boldsymbol{X})=-\int f(\boldsymbol{x})\ln g(\boldsymbol{x})\mathrm{d}\boldsymbol{x} \tag{4.3}$$

因此，在所有 $g\in\mathcal{G}$ 上最小化式(4.3)的交叉熵风险，只要 $f\in\mathcal{G}$，将再次给出风险最小化函数 f。不幸的是，通常无法求解式(4.3)，因为它仍然取决于 f。但作为代替，我们可以寻求函数类 $\mathcal{G}$ 上的最小**交叉熵训练损失**：

$$\ell_\tau(g):=\frac{1}{n}\sum_{i=1}^{n}\text{Loss}(f(\boldsymbol{x}_i),g(\boldsymbol{x}_i))=-\frac{1}{n}\sum_{i=1}^{n}\ln g(\boldsymbol{x}_i) \tag{4.4}$$

其中，$\tau=\{\boldsymbol{x}_1,\cdots,\boldsymbol{x}_n\}$ 是来自 f 的独立同分布样本。这种优化在不知道 f 的情况下是可行

的，并且等效于求解最大化问题：

$$\max_{g\in\mathcal{G}}\sum_{i=1}^{n}\ln g(\boldsymbol{x}_i) \tag{4.5}$$

建立学习过程的关键步骤是选择合适的函数类 $\mathcal{G}$，并在其上进行优化。标准的方法是使用参数 $\boldsymbol{\theta}$ 对 g 进行参数化，设 $\mathcal{G}$ 为 p 维参数集 Θ 的函数类 $\{g(\cdot\mid\boldsymbol{\theta}),\ \boldsymbol{\theta}\in\Theta\}$。本节将用到这个函数类以及交叉熵风险。

函数 $\boldsymbol{\theta}\mapsto g(\boldsymbol{x}\mid\boldsymbol{\theta})$ 称为**似然函数**。它给出了 $g(\cdot\mid\boldsymbol{\theta})$ 下观测特征向量 $\boldsymbol{x}$ 的似然，它是参数 $\boldsymbol{\theta}$ 的函数。似然函数的自然对数称为**对数似然函数**，其相对于 $\boldsymbol{\theta}$ 的梯度称为**评分函数**，记为 $\boldsymbol{S}(\boldsymbol{x}\mid\boldsymbol{\theta})$：

$$\boldsymbol{S}(\boldsymbol{x}\mid\boldsymbol{\theta}) := \frac{\partial \ln g(\boldsymbol{x}\mid\boldsymbol{\theta})}{\partial\boldsymbol{\theta}} = \frac{\dfrac{\partial g(\boldsymbol{x}\mid\boldsymbol{\theta})}{\partial\boldsymbol{\theta}}}{g(\boldsymbol{x}\mid\boldsymbol{\theta})} \tag{4.6}$$

当 $\boldsymbol{X}\sim g(\cdot\mid\boldsymbol{\theta})$ 时，随机分数 $\boldsymbol{S}(\boldsymbol{X}\mid\boldsymbol{\theta})$ 是人们感兴趣的。在许多情况下，其期望值等于零向量，也就是说，如果微分和积分的互换性能够得到保证，则有：

$$\begin{aligned}\mathbb{E}_{\boldsymbol{\theta}}\boldsymbol{S}(\boldsymbol{X}\mid\boldsymbol{\theta}) &= \int \frac{\dfrac{\partial g(\boldsymbol{x}\mid\boldsymbol{\theta})}{\partial\boldsymbol{\theta}}}{g(\boldsymbol{x}\mid\boldsymbol{\theta})} g(\boldsymbol{x}\mid\boldsymbol{\theta})\,\mathrm{d}\boldsymbol{x} \\ &= \int \frac{\partial g(\boldsymbol{x}\mid\boldsymbol{\theta})}{\partial\boldsymbol{\theta}}\mathrm{d}\boldsymbol{x} = \frac{\partial\int g(\boldsymbol{x}\mid\boldsymbol{\theta})\,\mathrm{d}\boldsymbol{x}}{\partial\boldsymbol{\theta}} = \frac{\partial 1}{\partial\boldsymbol{\theta}} = \boldsymbol{0}\end{aligned} \tag{4.7}$$

这适用于大多数分布，包括正态分布、指数分布和二项分布。值得注意的是，依赖于分布参数时除外，例如 $\mathcal{U}(0,\theta)$ 分布。

> ⚠ 确定是对 $\boldsymbol{X}\sim g(\cdot\mid\boldsymbol{\theta})$ 还是对 $\boldsymbol{X}\sim f$ 取期望非常重要，我们使用期望符号 $\mathbb{E}_{\boldsymbol{\theta}}$ 和 $\mathbb{E}$ 来区分这两种情况。

从现在开始，我们简单地假设微分和积分的互换性得到了保证，其充分条件参见文献[76]。随机得分 $\boldsymbol{S}(\boldsymbol{X}\mid\boldsymbol{\theta})$ 的协方差矩阵称为 **Fisher 信息矩阵**，我们用 $\boldsymbol{F}$ 表示该矩阵，或者使用 $\boldsymbol{F}(\boldsymbol{\theta})$ 表示以显示其对 $\boldsymbol{\theta}$ 的依赖性。由于期望得分为 $\boldsymbol{0}$，我们有：

$$\boldsymbol{F}(\boldsymbol{\theta}) = \mathbb{E}_{\boldsymbol{\theta}}[\boldsymbol{S}(\boldsymbol{X}\mid\boldsymbol{\theta})\boldsymbol{S}(\boldsymbol{X}\mid\boldsymbol{\theta})^{\mathrm{T}}] \tag{4.8}$$

一个相关的矩阵是 $-\ln g(\boldsymbol{X}\mid\boldsymbol{\theta})$ 的期望 Hessian 矩阵：

$$\boldsymbol{H}(\boldsymbol{\theta}) := \mathbb{E}\left[-\frac{\partial\boldsymbol{S}(\boldsymbol{X}\mid\boldsymbol{\theta})}{\partial\boldsymbol{\theta}}\right] = -\mathbb{E}\begin{bmatrix}\dfrac{\partial^2\ln g(\boldsymbol{X}\mid\boldsymbol{\theta})}{\partial^2\theta_1} & \dfrac{\partial^2\ln g(\boldsymbol{X}\mid\boldsymbol{\theta})}{\partial\theta_1\,\partial\theta_2} & \cdots & \dfrac{\partial^2\ln g(\boldsymbol{X}\mid\boldsymbol{\theta})}{\partial\theta_1\,\partial\theta_p} \\ \dfrac{\partial^2\ln g(\boldsymbol{X}\mid\boldsymbol{\theta})}{\partial\theta_2\,\partial\theta_1} & \dfrac{\partial^2\ln g(\boldsymbol{X}\mid\boldsymbol{\theta})}{\partial^2\theta_2} & \cdots & \dfrac{\partial^2\ln g(\boldsymbol{X}\mid\boldsymbol{\theta})}{\partial\theta_2\,\partial\theta_p} \\ \vdots & \vdots & \ddots & \vdots \\ \dfrac{\partial^2\ln g(\boldsymbol{X}\mid\boldsymbol{\theta})}{\partial\theta_p\,\partial\theta_1} & \dfrac{\partial^2\ln g(\boldsymbol{X}\mid\boldsymbol{\theta})}{\partial\theta_p\,\partial\theta_2} & \cdots & \dfrac{\partial^2\ln g(\boldsymbol{X}\mid\boldsymbol{\theta})}{\partial^2\theta_p}\end{bmatrix} \tag{4.9}$$

注意，这里的期望是关于 $\boldsymbol{X}\sim f$ 的。事实证明，如果 $f=g(\cdot\mid\boldsymbol{\theta})$，则两个矩阵是相同的，也就是说，假设我们可以交换微分和积分（期望）的顺序，则有：

$$\boldsymbol{F}(\boldsymbol{\theta}) = \boldsymbol{H}(\boldsymbol{\theta}) \tag{4.10}$$

此公式称为**信息矩阵等式**。我们将它的证明留作本章习题 1。

当 n 很大时，矩阵 $\boldsymbol{F}(\boldsymbol{\theta})$ 和 $\boldsymbol{H}(\boldsymbol{\theta})$ 在逼近交叉熵风险中起着重要作用。设置场景，让 $g^{\mathcal{G}}=g(\cdot\mid\boldsymbol{\theta}^*)$ 为交叉熵风险的极小值：

$$r(\boldsymbol{\theta}):=-\mathbb{E}\ln g(\boldsymbol{X}\mid\boldsymbol{\theta})$$

我们假设 r 是 $\boldsymbol{\theta}$ 的函数，它具有良好的性能，特别是在 $\boldsymbol{\theta}^*$ 的邻域，它是严格的凸函数且二阶连续可微(例如，如果 g 是高斯密度，则这种特性成立)。因此，$\boldsymbol{\theta}^*$ 是 $\mathbb{E}\boldsymbol{S}(\boldsymbol{X}\mid\boldsymbol{\theta})$ 的根，因为

$$\boldsymbol{0}=\frac{\partial r(\boldsymbol{\theta}^*)}{\partial\boldsymbol{\theta}}=-\frac{\partial\mathbb{E}\ln g(\boldsymbol{X}\mid\boldsymbol{\theta}^*)}{\partial\boldsymbol{\theta}}=-\mathbb{E}\frac{\partial\ln g(\boldsymbol{X}\mid\boldsymbol{\theta}^*)}{\partial\boldsymbol{\theta}}=-\mathbb{E}\boldsymbol{S}(\boldsymbol{X}\mid\boldsymbol{\theta}^*)$$

其前提同样是微分和积分(期望)的顺序可以互换。同样，$\boldsymbol{H}(\boldsymbol{\theta})$ 是 r 的 Hessian 矩阵。设 $g(\cdot\mid\hat{\boldsymbol{\theta}}_n)$ 为如下训练损失的最小值：

$$r_{\mathcal{T}_n}(\boldsymbol{\theta}):=-\frac{1}{n}\sum_{i=1}^{n}\ln g(\boldsymbol{X}_i\mid\boldsymbol{\theta})$$

其中，$\mathcal{T}_n=\{\boldsymbol{X}_1,\cdots,\boldsymbol{X}_n\}$ 为随机训练集。令 r^* 为所有函数上可能的最小交叉熵风险，显然，$r^*=-\mathbb{E}\ln f(\boldsymbol{X})$，其中 $\boldsymbol{X}\sim f$。与监督学习情况类似，我们可以将泛化风险 $\ell(g(\cdot\mid\hat{\boldsymbol{\theta}}_n))=r(\hat{\boldsymbol{\theta}}_n)$ 分解为

$$r(\hat{\boldsymbol{\theta}}_n)=r^*+\underbrace{r(\boldsymbol{\theta}^*)-r^*}_{\text{近似误差}}+\underbrace{r(\hat{\boldsymbol{\theta}}_n)-r(\boldsymbol{\theta}^*)}_{\text{统计误差}}=r(\boldsymbol{\theta}^*)-\mathbb{E}\ln\frac{g(\boldsymbol{X}\mid\boldsymbol{\theta}^*)}{g(\boldsymbol{X}\mid\hat{\boldsymbol{\theta}}_n)}$$

定理 4.1 规定了泛化风险各组成部分的渐近行为。在证明过程中我们假设，当 $n\to\infty$ 时 $\hat{\boldsymbol{\theta}}_n\xrightarrow{\mathbb{P}}\boldsymbol{\theta}^*$。

定理 4.1　交叉熵风险的近似

当 $n\to\infty$ 时，交叉熵风险拥有渐近性：

$$\mathbb{E}r(\hat{\boldsymbol{\theta}}_n)-r(\boldsymbol{\theta}^*)\simeq\operatorname{tr}(\boldsymbol{F}(\boldsymbol{\theta}^*)\boldsymbol{H}^{-1}(\boldsymbol{\theta}^*))/(2n)\tag{4.11}$$

其中，

$$r(\boldsymbol{\theta}^*)\simeq\mathbb{E}r_{\mathcal{T}_n}(\hat{\boldsymbol{\theta}}_n)+\operatorname{tr}(\boldsymbol{F}(\boldsymbol{\theta}^*)\boldsymbol{H}^{-1}(\boldsymbol{\theta}^*))/(2n)\tag{4.12}$$

证明　$r(\hat{\boldsymbol{\theta}}_n)$ 在 $\boldsymbol{\theta}^*$ 附近的泰勒展开式产生统计误差：

$$r(\hat{\boldsymbol{\theta}}_n)-r(\boldsymbol{\theta}^*)=(\hat{\boldsymbol{\theta}}_n-\boldsymbol{\theta}^*)^{\mathrm{T}}\underbrace{\frac{\partial r(\boldsymbol{\theta}^*)}{\partial\boldsymbol{\theta}}}_{=\boldsymbol{0}}+\frac{1}{2}(\hat{\boldsymbol{\theta}}_n-\boldsymbol{\theta}^*)^{\mathrm{T}}\boldsymbol{H}(\overline{\boldsymbol{\theta}}_n)(\hat{\boldsymbol{\theta}}_n-\boldsymbol{\theta}^*)\tag{4.13}$$

其中，$\overline{\boldsymbol{\theta}}_n$ 位于 $\boldsymbol{\theta}^*$ 和 $\hat{\boldsymbol{\theta}}_n$ 之间的线段上。当 n 很大时，我们可以用 $\boldsymbol{H}(\boldsymbol{\theta}^*)$ 代替 $\boldsymbol{H}(\overline{\boldsymbol{\theta}}_n)$，假设 $\hat{\boldsymbol{\theta}}_n$ 收敛到 $\boldsymbol{\theta}^*$。矩阵 $\boldsymbol{H}(\boldsymbol{\theta}^*)$ 是正定的，根据假设 $r(\boldsymbol{\theta})$ 在 $\boldsymbol{\theta}^*$ 处是严格凸的，因此是可逆的。重要的是要认识到 $\hat{\boldsymbol{\theta}}_n$ 实际上是 $\boldsymbol{\theta}^*$ 的 M 估计。特别是，在定理 C.19 的表示符号中，我们有 $\boldsymbol{\psi}=\boldsymbol{S}$，$\boldsymbol{A}=\boldsymbol{H}(\boldsymbol{\theta}^*)$，$\boldsymbol{B}=\boldsymbol{F}(\boldsymbol{\theta}^*)$。因此，根据相同的定理，有：

$$\sqrt{n}(\hat{\boldsymbol{\theta}}_n-\boldsymbol{\theta}^*)\xrightarrow{\mathrm{d}}\mathcal{N}(\boldsymbol{0},\boldsymbol{H}^{-1}(\boldsymbol{\theta}^*)\boldsymbol{F}(\boldsymbol{\theta}^*)\boldsymbol{H}^{-\mathrm{T}}(\boldsymbol{\theta}^*))\tag{4.14}$$

将式(4.13)与式(4.14)结合，从定理 C.2 可知，渐近的期望估计误差由式(4.11)给出。

接下来，我们考虑 $r_{\mathcal{T}_n}(\boldsymbol{\theta}^*)$ 围绕 $\hat{\boldsymbol{\theta}}_n$ 的泰勒展开式：

$$r_{\mathcal{T}_n}(\boldsymbol{\theta}^*) = r_{\mathcal{T}_n}(\hat{\boldsymbol{\theta}}_n) + (\boldsymbol{\theta}^* - \hat{\boldsymbol{\theta}}_n)^{\mathrm{T}} \underbrace{\frac{\partial r_{\mathcal{T}_n}(\hat{\boldsymbol{\theta}}_n)}{\partial \boldsymbol{\theta}}}_{=\mathbf{0}} + \frac{1}{2}(\boldsymbol{\theta}^* - \hat{\boldsymbol{\theta}}_n)^{\mathrm{T}} \boldsymbol{H}_{\mathcal{T}_n}(\bar{\boldsymbol{\theta}}_n)(\boldsymbol{\theta}^* - \hat{\boldsymbol{\theta}}_n) \tag{4.15}$$

其中，$\boldsymbol{H}_{\mathcal{T}_n}(\bar{\boldsymbol{\theta}}_n) := -\frac{1}{n}\sum_{i=1}^{n}\frac{\partial \boldsymbol{S}(\boldsymbol{X}_i \mid \bar{\boldsymbol{\theta}}_n)}{\partial \boldsymbol{\theta}}$ 是 $r_{\mathcal{T}_n}(\boldsymbol{\theta})$的 Hessian 矩阵，在 $\hat{\boldsymbol{\theta}}_n$ 和 $\boldsymbol{\theta}^*$ 之间某个 $\bar{\boldsymbol{\theta}}_n$ 处取值。对式(4.15)两侧取期望，可得：

$$r(\boldsymbol{\theta}^*) = \mathbb{E} r_{\mathcal{T}_n}(\hat{\boldsymbol{\theta}}_n) + \frac{1}{2}\mathbb{E}(\boldsymbol{\theta}^* - \hat{\boldsymbol{\theta}}_n)^{\mathrm{T}} \boldsymbol{H}_{\mathcal{T}_n}(\bar{\boldsymbol{\theta}}_n)(\boldsymbol{\theta}^* - \hat{\boldsymbol{\theta}}_n)$$

对于大数 n，用 $\boldsymbol{H}(\boldsymbol{\theta}^*)$替换 $\boldsymbol{H}_{\mathcal{T}_n}(\bar{\boldsymbol{\theta}}_n)$并使用式(4.14)，可得：

$$n\mathbb{E}(\boldsymbol{\theta}^* - \hat{\boldsymbol{\theta}}_n)^{\mathrm{T}} \boldsymbol{H}_{\mathcal{T}_n}(\bar{\boldsymbol{\theta}}_n)(\boldsymbol{\theta}^* - \hat{\boldsymbol{\theta}}_n) \to \operatorname{tr}(\boldsymbol{F}(\boldsymbol{\theta}^*)\boldsymbol{H}^{-1}(\boldsymbol{\theta}^*)), \quad n \to \infty$$

因此，当 $n\to\infty$，可得式(4.12)。 ■

定理 4.1 有许多有趣的推论：

- 与 2.5.1 节类似，训练损失 $\ell_{\mathcal{T}_n}(g_{\mathcal{T}_n}) = r_{\mathcal{T}_n}(\hat{\boldsymbol{\theta}}_n)$往往会低估风险 $\ell(g^{\mathcal{G}}) = r(\boldsymbol{\theta}^*)$，因为训练集 $\mathcal{T}_n$ 既用于训练 $g \in \mathcal{G}$(即估计 $\boldsymbol{\theta}^*$)，又用于估计风险。关系式(4.12)告诉我们，平均而言，训练损失对真实风险会低估 $\operatorname{tr}(\boldsymbol{F}(\boldsymbol{\theta}^*)\boldsymbol{H}^{-1}(\boldsymbol{\theta}^*))/(2n)$。
- 将式(4.11)和式(4.12)相加，可以得到如下期望泛化风险的渐近近似：

$$\mathbb{E} r(\hat{\boldsymbol{\theta}}_n) \simeq \mathbb{E} r_{\mathcal{T}_n}(\hat{\boldsymbol{\theta}}_n) + \frac{1}{n}\operatorname{tr}(\boldsymbol{F}(\boldsymbol{\theta}^*)\boldsymbol{H}^{-1}(\boldsymbol{\theta}^*)) \tag{4.16}$$

  式(4.16)右边的第一项可以通过训练损失 $r_{\mathcal{T}_n}(\hat{\boldsymbol{\theta}}_n)$来无偏估计。至于第二项，我们已经提到过，当真实模型 $f \in \mathcal{G}$时，$\boldsymbol{F}(\boldsymbol{\theta}^*) = \boldsymbol{H}(\boldsymbol{\theta}^*)$。因此，当 $\mathcal{G}$是由 p 维向量 $\boldsymbol{\theta}$ 参数化的足够丰富的模型类时，我们可以将第二项近似为 $\operatorname{tr}(\boldsymbol{F}(\boldsymbol{\theta}^*)\boldsymbol{H}^{-1}(\boldsymbol{\theta}^*))/n \approx \operatorname{tr}(\boldsymbol{I}_p)/n = p/n$。这表明对期望泛化风险有以下启发式近似：

$$\mathbb{E} r(\hat{\boldsymbol{\theta}}_n) \approx r_{\mathcal{T}_n}(\hat{\boldsymbol{\theta}}_n) + \frac{p}{n} \tag{4.17}$$

- 将式(4.16)的两边同时乘以 $2n$，然后替换 $\operatorname{tr}(\boldsymbol{F}(\boldsymbol{\theta}^*)\boldsymbol{H}^{-1}(\boldsymbol{\theta}^*)) \approx p$，我们得到近似值：

$$2nr(\hat{\boldsymbol{\theta}}_n) \approx -2\sum_{i=1}^{n}\ln g(\boldsymbol{X}_i \mid \hat{\boldsymbol{\theta}}_n) + 2p \tag{4.18}$$

  式(4.18)的右边称为**赤池信息准则**(AIC)。就像式(4.17)一样，AIC 近似值可用于比较两个或多个学习器的泛化风险差异。我们更喜欢具有最小(估计)泛化风险的学习器。

假设对于训练集 $\mathcal{T}$，训练损失 $r_{\mathcal{T}}(\boldsymbol{\theta})$有唯一的最小点 $\hat{\boldsymbol{\theta}}$，它位于 Θ 的内部。如果 $r_{\mathcal{T}}(\boldsymbol{\theta})$是关于 $\boldsymbol{\theta}$ 的可微函数，则可以通过求解下式来找到最优参数 $\hat{\boldsymbol{\theta}}$：

$$\frac{\partial r_{\mathcal{T}}(\boldsymbol{\theta})}{\partial \boldsymbol{\theta}} = \underbrace{\frac{1}{n}\sum_{i=1}^{n}\boldsymbol{S}(\boldsymbol{X}_i \mid \boldsymbol{\theta})}_{\boldsymbol{S}_{\mathcal{T}}(\boldsymbol{\theta})} = \mathbf{0}$$

换句话说，$\boldsymbol{\theta}$ 的最大似然估计 $\hat{\boldsymbol{\theta}}$ 是通过求解平均评分函数的根得到的，即求解：

$$\boldsymbol{S}_{\mathcal{T}}(\boldsymbol{\theta}) = \mathbf{0} \tag{4.19}$$

通常无法得到显式形式的 $\widehat{\boldsymbol{\theta}}$。在这种情况下，需要数值求解方程(4.19)。有许多标准的求根方法，例如，通过**牛顿法**(参阅 B.3.1 节)，从初始猜测 $\boldsymbol{\theta}_0$ 开始，通过以下迭代方案获得后续迭代：

$$\boldsymbol{\theta}_{t+1} = \boldsymbol{\theta}_t + \boldsymbol{H}_{\mathcal{T}}^{-1}(\boldsymbol{\theta}_t)\boldsymbol{S}_{\mathcal{T}}(\boldsymbol{\theta}_t)$$

其中

$$\boldsymbol{H}_{\mathcal{T}}(\boldsymbol{\theta}) := \frac{-\partial \boldsymbol{S}_{\mathcal{T}}(\boldsymbol{\theta})}{\partial \boldsymbol{\theta}} = \frac{1}{n}\sum_{i=1}^{n} -\frac{\partial \boldsymbol{S}(\boldsymbol{X}_i \mid \boldsymbol{\theta})}{\partial \boldsymbol{\theta}}$$

是 $\{-\ln g(\boldsymbol{X}_i \mid \boldsymbol{\theta})\}_{i=1}^{n}$ 的平均 Hessian 矩阵。在 $f=g(\cdot \mid \boldsymbol{\theta})$ 下，$\boldsymbol{H}_{\mathcal{T}}(\boldsymbol{\theta})$ 的期望等于信息矩阵 $\boldsymbol{F}(\boldsymbol{\theta})$，它不依赖于数据。这提出了另一种迭代方案，称为 **Fisher 评分法**：

$$\boldsymbol{\theta}_{t+1} = \boldsymbol{\theta}_t + \boldsymbol{F}^{-1}(\boldsymbol{\theta}_t)\boldsymbol{S}_{\mathcal{T}}(\boldsymbol{\theta}_t) \tag{4.20}$$

这不仅更容易实现(如果可以轻松评估信息矩阵的话)，而且在数值上也更稳定。

例 4.1(Gamma 分布的最大似然) 我们希望在训练集 $\tau=\{x_1,\cdots,x_n\}$ 的基础上近似由真实但未知参数 α^* 和 λ^* 决定的 Gamma(α^*,λ^*)分布的密度。在同一类伽马密度中选择近似函数 $g(\cdot \mid \alpha,\lambda)$：

$$g(x \mid \alpha,\lambda) = \frac{\lambda^{\alpha} x^{\alpha-1}\mathrm{e}^{-\lambda x}}{\Gamma(\alpha)}, \quad x \geqslant 0 \tag{4.21}$$

对于 $\alpha>0$ 和 $\lambda>0$，我们求解式(4.19)。对式(4.21)取对数，对数似然函数为

$$l(x \mid \alpha,\lambda) := \alpha\ln\lambda - \ln\Gamma(\alpha) + (\alpha-1)\ln x - \lambda x$$

由此得到：

$$\boldsymbol{S}(\alpha,\lambda) = \begin{bmatrix} \dfrac{\partial}{\partial \alpha} l(x \mid \alpha,\lambda) \\ \dfrac{\partial}{\partial \lambda} l(x \mid \alpha,\lambda) \end{bmatrix} = \begin{bmatrix} \ln\lambda - \psi(\alpha) + \ln x \\ \dfrac{\alpha}{\lambda} - x \end{bmatrix}$$

其中，ψ 是 $\ln\Gamma$ 的导数，即所谓的 **digamma 函数**。因此，

$$\boldsymbol{H}(\alpha,\lambda) = -\mathbb{E}\begin{bmatrix} \dfrac{\partial^2}{\partial \alpha^2} l(X \mid \alpha,\lambda) & \dfrac{\partial^2}{\partial \alpha \partial \lambda} l(X \mid \alpha,\lambda) \\ \dfrac{\partial^2}{\partial \alpha \partial \lambda} l(X \mid \alpha,\lambda) & \dfrac{\partial^2}{\partial \lambda^2} l(X \mid \alpha,\lambda) \end{bmatrix}$$

$$= -\mathbb{E}\begin{bmatrix} -\psi'(\alpha) & \dfrac{1}{\lambda} \\ \dfrac{1}{\lambda} & -\dfrac{\alpha}{\lambda^2} \end{bmatrix} = \begin{bmatrix} \psi'(\alpha) & -\dfrac{1}{\lambda} \\ -\dfrac{1}{\lambda} & \dfrac{\alpha}{\lambda^2} \end{bmatrix}$$

现在可以用 Fisher 评分法[即式(4.20)]求解式(4.19)，其中 $\boldsymbol{F}(\alpha, \lambda)=\boldsymbol{H}(\alpha, \lambda)$，

$$\boldsymbol{S}_{\tau}(\alpha,\lambda) = \begin{bmatrix} \ln\lambda - \psi(\alpha) + n^{-1}\sum_{i=1}^{n}\ln x_i \\ \dfrac{\alpha}{\lambda} - n^{-1}\sum_{i=1}^{n} x_i \end{bmatrix}$$

4.3 期望最大化算法

期望最大化(Expectation-Maximization，EM)算法是一种通过引入辅助变量来最大化复杂似然函数(对数似然函数)的通用算法。

为了简化本节中的符号表示，我们使用贝叶斯符号系统，对不同的概率密度或条件概率密度使用相同的符号。

如4.2节所述，给定来自未知概率密度函数 f 的独立观测值 $\tau=\{\boldsymbol{x}_1,\cdots,\boldsymbol{x}_n\}$，通过求解以下最大似然问题在函数类 $\mathcal{G}=\{g(\cdot\mid\boldsymbol{\theta}),\ \boldsymbol{\theta}\in\Theta\}$ 中找到 f 的最佳近似值：

$$\boldsymbol{\theta}^* = \underset{\boldsymbol{\theta}\in\Theta}{\operatorname{argmax}}\, g(\tau\mid\boldsymbol{\theta}) \tag{4.22}$$

其中，$g(\tau\mid\boldsymbol{\theta}):=g(\boldsymbol{x}_1\mid\boldsymbol{\theta})\cdots g(\boldsymbol{x}_n\mid\boldsymbol{\theta})$。EM算法的关键要素是用潜在变量 $\boldsymbol{z}$ 的适当向量来扩充数据 τ，使得

$$g(\tau\mid\boldsymbol{\theta}) = \int g(\tau,\boldsymbol{z}\mid\boldsymbol{\theta})\mathrm{d}\boldsymbol{z}$$

函数 $\boldsymbol{\theta}\mapsto g(\tau,\ \boldsymbol{z}\mid\boldsymbol{\theta})$ 通常称为**完全数据似然**函数。选择潜在变量的主导思想是使 $g(\tau,\boldsymbol{z}\mid\boldsymbol{\theta})$ 的最大化比 $g(\tau\mid\boldsymbol{\theta})$ 的最大化更容易。

假设 p 表示潜在变量 $\boldsymbol{z}$ 的任意密度，有：

$$\begin{aligned}
\ln g(\tau\mid\boldsymbol{\theta}) &= \int p(\boldsymbol{z})\ln g(\tau\mid\boldsymbol{\theta})\mathrm{d}\boldsymbol{z}\\
&= \int p(\boldsymbol{z})\ln\left(\frac{g(\tau,\boldsymbol{z}\mid\boldsymbol{\theta})/p(\boldsymbol{z})}{g(\boldsymbol{z}\mid\tau,\boldsymbol{\theta})/p(\boldsymbol{z})}\right)\mathrm{d}\boldsymbol{z}\\
&= \int p(\boldsymbol{z})\ln\left(\frac{g(\tau,\boldsymbol{z}\mid\boldsymbol{\theta})}{p(\boldsymbol{z})}\right)\mathrm{d}\boldsymbol{z} - \int p(\boldsymbol{z})\ln\left(\frac{g(\boldsymbol{z}\mid\tau,\boldsymbol{\theta})}{p(\boldsymbol{z})}\right)\mathrm{d}\boldsymbol{z}\\
&= \int p(\boldsymbol{z})\ln\left(\frac{g(\tau,\boldsymbol{z}\mid\boldsymbol{\theta})}{p(\boldsymbol{z})}\right)\mathrm{d}\boldsymbol{z} + \mathcal{D}(p,g(\cdot\mid\tau,\boldsymbol{\theta}))
\end{aligned} \tag{4.23}$$

其中，$\mathcal{D}(p,g(\cdot\mid\tau,\boldsymbol{\theta}))$ 是从密度 p 到 $g(\cdot\mid\tau,\boldsymbol{\theta})$ 的KL散度。由于 $\mathcal{D}\geqslant 0$，对于所有 $\boldsymbol{\theta}$ 和潜在变量的任何密度 p，可以得到：

$$\ln g(\tau\mid\boldsymbol{\theta}) \geqslant \int p(\boldsymbol{z})\ln\left(\frac{g(\tau,\boldsymbol{z}\mid\boldsymbol{\theta})}{p(\boldsymbol{z})}\right)\mathrm{d}\boldsymbol{z} =: \mathcal{L}(p,\boldsymbol{\theta})$$

换句话说，$\mathcal{L}(p,\boldsymbol{\theta})$ 是涉及完全数据似然的对数似然的下界。EM算法的目标是从初始猜测 $\boldsymbol{\theta}^{(0)}$ 开始，尽可能地提高此下界，对于 $t=1,2,\cdots$，需要进行以下两个步骤的求解：

(1) $p^{(t)}=\operatorname{argmax}_p \mathcal{L}(p,\boldsymbol{\theta}^{(t-1)})$。

(2) $\boldsymbol{\theta}^{(t)}=\operatorname{argmax}_{\boldsymbol{\theta}\in\Theta}\mathcal{L}(p^{(t)},\boldsymbol{\theta})$。

第一个优化问题可以显示求解，即通过式(4.23)，我们有：

$$p^{(t)} = \underset{p}{\operatorname{argmin}}\,\mathcal{D}(p,g(\cdot\mid\tau,\boldsymbol{\theta}^{(t-1)})) = g(\cdot\mid\tau,\boldsymbol{\theta}^{(t-1)})$$

也就是说，最佳密度是给定数据 τ 和参数 $\boldsymbol{\theta}^{(t-1)}$ 情况下潜在变量的条件密度。使用 $\mathcal{L}(p^{(t)},\boldsymbol{\theta})=Q^{(t)}(\boldsymbol{\theta})-\mathbb{E}_{p^{(t)}}\ln p^{(t)}(\boldsymbol{Z})$，可以简化第二个优化问题，其中

$$Q^{(t)}(\boldsymbol{\theta}) := \mathbb{E}_{p^{(t)}}\ln g(\tau,\boldsymbol{Z}\mid\boldsymbol{\theta})$$

是 $\boldsymbol{Z}\sim p^{(t)}$ 下的完全数据期望对数似然。因此，$\mathcal{L}(p^{(t)},\boldsymbol{\theta})$ 相对于 $\boldsymbol{\theta}$ 的最大化等价于

$$\boldsymbol{\theta}^{(t)} = \underset{\boldsymbol{\theta}\in\Theta}{\operatorname{argmax}}\, Q^{(t)}(\boldsymbol{\theta})$$

这就产生了通用EM算法(见算法4.3.1)。

算法 4.3.1 通用 EM 算法

输入：数据 τ、初始猜测 $\boldsymbol{\theta}^{(0)}$

输出：最大似然估计的近似值

1. $t \leftarrow 1$
2. **while** 未满足停止条件 **do**
3. **期望步骤**：求解 $p^{(t)}(\boldsymbol{z}) := g(\boldsymbol{z} \mid \boldsymbol{\tau}, \boldsymbol{\theta}^{(t-1)})$，计算期望

$$Q^{(t)}(\boldsymbol{\theta}) := \mathbb{E}_{p^{(t)}} \ln g(\tau, \boldsymbol{Z} \mid \boldsymbol{\theta}) \tag{4.24}$$

4. **最大化步骤**：$\boldsymbol{\theta}^{(t)} \leftarrow \operatorname{argmax}_{\boldsymbol{\theta} \in \Theta} Q^{(t)}(\boldsymbol{\theta})$
5. $t \leftarrow t+1$
6. **返回** $\boldsymbol{\theta}^{(t)}$

一个可能的停止准则是，对较小的公差 $\varepsilon>0$，在满足以下条件时停止迭代：

$$\left| \frac{\ln g(\tau \mid \boldsymbol{\theta}^{(t)}) - \ln g(\tau \mid \boldsymbol{\theta}^{(t-1)})}{\ln g(\tau \mid \boldsymbol{\theta}^{(t)})} \right| \leqslant \varepsilon$$

■ **评注 4.1(EM 算法的特性)** 恒等式(4.23)可以证明似然 $g(\tau \mid \boldsymbol{\theta}^{(t)})$ 不会随着算法的每次迭代而减小，这个特性是该算法的优点之一。例如，它可以用来调试 EM 算法的计算机实现：如果在迭代过程中观察到似然在减少，则表明在程序中检测到了错误。

序列 $\{\boldsymbol{\theta}^{(t)}\}$ 能否收敛到全局最大值(如果存在的话)依赖于初始值 $\boldsymbol{\theta}^{(0)}$，在许多情况下，合适的 $\boldsymbol{\theta}^{(0)}$ 可能并不清楚。通常，从业者从 Θ 上不同的随机起始点运行算法，凭经验确定是否达到合适的最佳值。 ■

例 4.2(删失数据) 假设某种机器的寿命(以年为单位)是通过 $\mathcal{N}(\mu,\sigma^2)$ 分布来建模的。为了估计 μ 和 σ^2，n 台独立机器的寿命记录可达 c 年。用 $x_1,\cdots,x_n$ 表示这些寿命。因此，$\{x_i\}$ 是独立同分布随机变量 $\{X_i\}$ 的实现，其分布为 $\min\{Y,c\}$ 其中 $Y \sim \mathcal{N}(\mu,\sigma^2)$。

根据全概率公式[见式(C.9)]，每个 X 的边缘概率分布可以写成

$$g(x \mid \mu,\sigma^2) = \underbrace{\Phi((c-\mu)/\sigma)}_{\mathbb{P}[Y<c]} \frac{\varphi_{\sigma^2}(x-\mu)}{\Phi((c-\mu)/\sigma)} \mathbb{1}\{x<c\} + \underbrace{\overline{\Phi}((c-\mu)/\sigma)}_{\mathbb{P}[Y \geqslant c]} \mathbb{1}\{x=c\}$$

其中，$\varphi_{\sigma^2}(\cdot)$ 是 $\mathcal{N}(0,\sigma^2)$ 分布的概率密度，Φ 是标准正态分布的累积分布函数，$\overline{\Phi} := 1-\Phi$。因此，数据 $\tau=\{x_1,\cdots,x_n\}$ 的似然是参数 $\boldsymbol{\theta} := [\mu, \sigma^2]^{\mathrm{T}}$ 的函数：

$$g(\tau \mid \boldsymbol{\theta}) = \prod_{i:x_i<c} \frac{\exp\left(-\dfrac{(x_i-\mu)^2}{2\sigma^2}\right)}{\sqrt{2\pi\sigma^2}} \times \prod_{i:x_i=c} \overline{\Phi}((c-\mu)/\sigma)$$

令 n_c 是满足 $x_i=c$ 的 x_i 的总数。使用 n_c 个潜在变量 $\boldsymbol{z}=[\boldsymbol{z}_1,\cdots,\boldsymbol{z}_{n_c}]^{\mathrm{T}}$，联合概率密度函数可以写作

$$g(\tau,\boldsymbol{z} \mid \boldsymbol{\theta}) = \frac{1}{(2\pi\sigma^2)^{n/2}} \exp\left(-\frac{\sum_{i:x_i<c}(x_i-\mu)^2}{2\sigma^2} - \frac{\sum_{i=1}^{n_c}(\boldsymbol{z}_i-\mu)^2}{2\sigma^2} \right) \mathbb{1}\{\min_i \boldsymbol{z}_i \geqslant c\}$$

故 $\int g(\tau,\boldsymbol{z} \mid \boldsymbol{\theta}) \mathrm{d}\boldsymbol{z} = g(\tau \mid \boldsymbol{\theta})$。因此，我们可以使用 EM 算法来最大化似然函数，过程如下。

对于E(期望)步骤，我们有固定的$\boldsymbol{\theta}$：

$$g(\boldsymbol{z}\,|\,\tau,\boldsymbol{\theta})=\prod_{i=1}^{n_c} g(\boldsymbol{z}_i\,|\,\tau,\boldsymbol{\theta})$$

其中，$g(\boldsymbol{z}\,|\,\tau,\boldsymbol{\theta})=\mathbb{1}\{\boldsymbol{z}\geqslant c\}\varphi_{\sigma^2}(z-\mu)/\overline{\Phi}((c-\mu)/\sigma)$是$\mathcal{N}(\mu,\sigma^2)$分布的简化概率密度，截断范围为$[c,\infty)$。

对于M(最大化)步骤，我们计算关于固定$g(\boldsymbol{z}\,|\,\tau,\boldsymbol{\theta})$的完全对数似然的期望，并利用$Z_1,\cdots,Z_{n_c}$独立同分布的事实：

$$\mathbb{E}\ln g(\tau,\boldsymbol{Z}|\boldsymbol{\theta})=-\frac{\sum_{i:x_i<c}(x_i-\mu)^2}{2\sigma^2}-\frac{n_c\mathbb{E}(Z-\mu)^2}{2\sigma^2}-\frac{n}{2}\ln\sigma^2-\frac{n}{2}\ln(2\pi)$$

其中，Z服从$\mathcal{N}(\mu,\sigma^2)$分布，截断范围为$[c,\infty)$。为了使上述关于$\mu$的表达式最大化，我们将其对$\mu$的导数设置为零，得到：

$$\mu=\frac{n_c\,\mathbb{E}Z+\sum_{i:x_i<c}x_i}{n}$$

类似地，将其对σ^2的导数设置为零，得到：

$$\sigma^2=\frac{n_c\mathbb{E}(Z-\mu)^2+\sum_{i:x_i<c}(x_i-\mu)^2}{n}$$

综上所述，对于$t=1,2,\cdots$，EM迭代过程如下：

- **E步骤** 给定当前估计值$\boldsymbol{\theta}_t:=[\mu_t,\sigma_t^2]^{\mathrm{T}}$，计算期望$v_t:=\mathbb{E}Z$和$\zeta_t^2:=\mathbb{E}(Z-\mu_t)^2$，其中$Z\sim\mathcal{N}(\mu_t,\sigma_t^2)$，条件为$Z\geqslant c$，即

$$v_t:=\mu_t+\sigma_t^2\frac{\varphi_{\sigma_t^2}(c-\mu_t)}{\overline{\Phi}((c-\mu_t)/\sigma_t)}$$

$$\zeta_t^2:=\sigma_t^2\left(1+(c-\mu_t)\frac{\varphi_{\sigma_t^2}(c-\mu_t)}{\overline{\Phi}((c-\mu_t)/\sigma_t)}\right)$$

- **M步骤** 通过以下公式更新估计值$\boldsymbol{\theta}_{t+1}:=[\mu_{t+1},\sigma_{t+1}^2]^{\mathrm{T}}$：

$$\mu_{t+1}=\frac{n_c v_t+\sum_{i:x_i<c}x_i}{n}$$

$$\sigma_{t+1}^2=\frac{n_c\zeta_t^2+\sum_{i:x_i<c}(x_i-\mu_{t+1})^2}{n}$$

4.4 经验分布和密度估计

在1.5.2节中，我们介绍了经验累积分布函数$\widehat{F}_n$，看到了它是如何根据$\mathbb{R}$上未知分布的独立同分布训练集$\tau=\{x_1,\cdots,x_n\}$获得的，给出了该采样分布的未知累积分布函数F的估计函数。函数$\widehat{F}_n$是真正的累积分布函数，因为它是0和1区间内右连续、递增的。相应的离散概率分布称为数据的**经验分布**。具有这种经验分布的随机变量$\boldsymbol{X}$以相等的概率$1/n$取$x_1,\cdots,x_n$值。经

验分布的概念自然也可以推广到更高的维度：服从经验分布 $\boldsymbol{x}_1,\cdots,\boldsymbol{x}_n$ 的随机向量 $\boldsymbol{X}$ 具有离散的概率密度 $\mathbb{P}[\boldsymbol{X}=\boldsymbol{x}_i]=1/n$，$i=1,\cdots,n$。对这种分布的采样(即对原始数据的重采样)详见 3.2.4 节。这种采样主要用于 3.3.2 节中讨论的自举法。

从某种意义上说，经验分布是无监督学习问题“数据的潜在概率分布是什么?”的自然答案。但是，根据定义经验分布是离散分布，而实际采样分布可能是连续的。对于连续数据，还应考虑数据的概率密度的估计。一种常用的方法是通过**核密度估计**(Kernel Density Estimate，KDE)来估计密度，接下来将介绍实现这一目标的常用学习器。

定义 4.1 高斯核密度估计

设 $\boldsymbol{x}_1,\cdots,\boldsymbol{x}_n\in\mathbb{R}^d$ 为来自连续概率密度函数 f 的独立同分布采样结果。f 的**高斯核密度估计**是混合正态概率密度，形式为

$$g_{\tau_n}(\boldsymbol{x}\mid\sigma)=\frac{1}{n}\sum_{i=1}^{n}\frac{1}{(2\pi)^{d/2}\sigma^d}\mathrm{e}^{-\frac{\|\boldsymbol{x}-\boldsymbol{x}_i\|^2}{2\sigma^2}},\quad \boldsymbol{x}\in\mathbb{R}^d \tag{4.25}$$

其中，$\sigma>0$ 称为**带宽**。

我们可以看出，式(4.25)中的 g_{τ_n} 是 n 个正态概率密度的集合的平均结果，其中每个正态分布均以数据点 $\boldsymbol{x}_i$ 为中心，协方差矩阵为 $\sigma^2\boldsymbol{I}_d$。主要问题是如何选择带宽 σ，以便最准确地近似未知的概率密度 f。选择非常小的 σ 将导致“尖峰”估计，而选择大的 σ 将产生过度平滑的估计结果，这样可能无法识别未知概率密度中存在的重要峰值。图 4.1 展示了这种现象。在这种情况下，数据由单位正方形内均匀抽取的 20 个点组成。因此，真正的概率密度在 $[0,1]^2$ 上为 1，在其他地方则为 0。

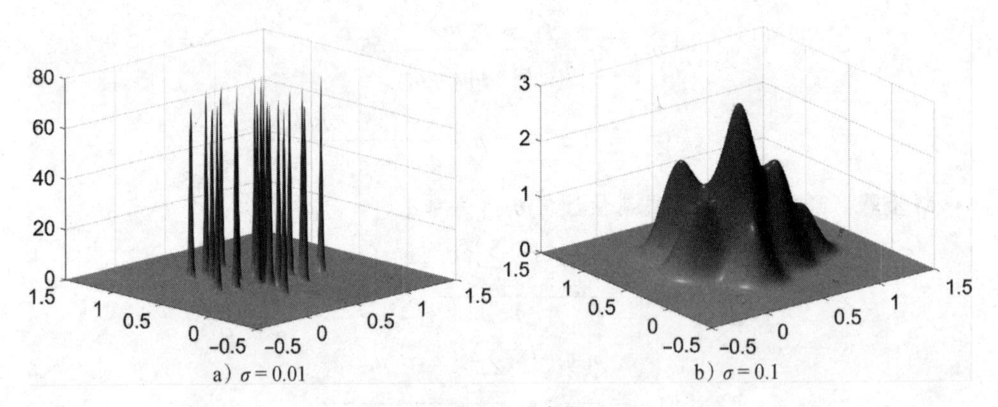

图 4.1 两个二维高斯 KDE

将式(4.25)中的高斯 KDE 改写为

$$g_{\tau_n}(\boldsymbol{x}\mid\sigma)=\frac{1}{n}\sum_{i=1}^{n}\frac{1}{\sigma^d}\phi\left(\frac{\boldsymbol{x}-\boldsymbol{x}_i}{\sigma}\right) \tag{4.26}$$

其中，

$$\phi(\boldsymbol{z})=\frac{1}{(2\pi)^{d/2}}\mathrm{e}^{-\frac{\|\boldsymbol{z}\|^2}{2}},\quad \boldsymbol{z}\in\mathbb{R}^d \tag{4.27}$$

是 d 维标准正态分布的概率密度函数。通过在式(4.26)中选择不同的概率密度 ϕ，使其对所有 $\boldsymbol{x}$ 都满足 $\phi(\boldsymbol{x})=\phi(-\boldsymbol{x})$，我们可以得到各种各样的核密度估计结果。例如，一个简

单的概率密度 ϕ 是$[-1,1]^d$ 上的均匀分布：

$$\phi(\boldsymbol{z})=\begin{cases}2^{-d}, & \boldsymbol{z}\in[-1,1]^d\\ 0, & \text{其他}\end{cases}$$

图 4.2 显示了相应的 KDE 图形，它使用与图 4.1 相同的数据，带宽 $\sigma=0.1$。我们定性地观察到高斯 KDE 和均匀 KDE 有很好的相似性。一般来说，函数 ϕ 的选择比带宽的选择对估计质量的影响小。

对于一维数据，带宽选择的重要问题已得到广泛研究。为了解释这些想法，我们使用常规设置，设 $\tau=\{x_1,\cdots,x_n\}$ 为来自未知概率密度函数 f 的一维观测数据。首先，将损失函数定义为

$$\text{Loss}(f(x),g(x))=\frac{(f(x)-g(x))^2}{f(x)} \tag{4.28}$$

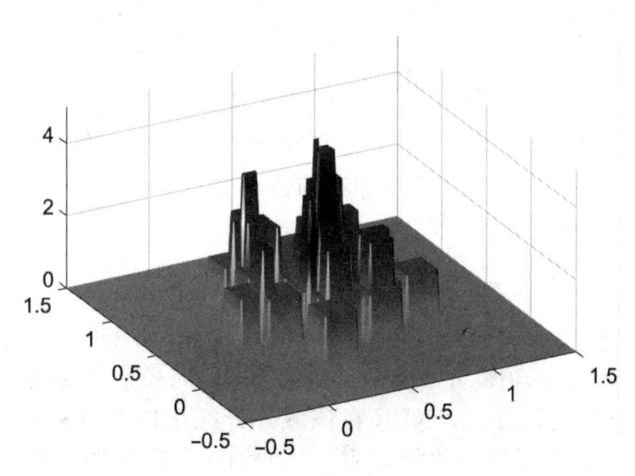

图 4.2　带宽为 $\sigma=0.1$ 的二维均匀 KDE

因此，要最小化的风险是 $\ell(g):=\mathbb{E}_f\text{Loss}(f(X),g(X))=\int(f(x)-g(x))^2\,\mathrm{d}x$。对于固定的 σ，我们通过选择式(4.25)指定的学习器来绕过近似函数的选择。现在的目标是找到一个 σ，使泛化风险 $\ell(g_\tau(\cdot\,|\sigma))$ 或期望泛化风险 $\mathbb{E}\ell(g_{\mathcal{T}}(\cdot\,|\sigma))$ 最小。在这种情况下，泛化风险为

$$\int(f(x)-g_\tau(x|\sigma))^2\,\mathrm{d}x=\int f^2(x)\,\mathrm{d}x-2\int f(x)g_\tau(x|\sigma)\,\mathrm{d}x+\int g_\tau^2(x|\sigma)\,\mathrm{d}x$$

使此表达式相对于 σ 最小，等价于最小化上式的最后两项，这可以写作

$$-2\mathbb{E}_f g_\tau(X|\sigma)+\int\left(\frac{1}{n}\sum_{i=1}^{n}\frac{1}{\sigma}\phi\left(\frac{x-x_i}{\sigma}\right)\right)^2\mathrm{d}x$$

我们可以使用 f 的测试样本$\{x_1',\cdots,x_{n'}'\}$来估计上面的表达式，从而产生以下最小化问题：

$$\min_\sigma -\frac{2}{n'}\sum_{i=1}^{n'}g_\tau(x'_i|\sigma)+\frac{1}{n^2}\sum_{i=1}^{n}\sum_{j=1}^{n}\int\frac{1}{\sigma^2}\phi\left(\frac{x-x_i}{\sigma}\right)\phi\left(\frac{x-x_j}{\sigma}\right)\mathrm{d}x$$

其中，在式(4.27)表示的高斯核和 $d=1$ 的情况下，$\int\frac{1}{\sigma^2}\phi\left(\frac{x-x_i}{\sigma}\right)\phi\left(\frac{x-x_j}{\sigma}\right)\mathrm{d}x=\frac{1}{\sqrt{2}\sigma}\phi\left(\frac{x_i-x_j}{\sqrt{2}\sigma}\right)$。以这种方式估计 σ 显然需要一个测试样本，至少需要应用交叉验证。另一种方法是最小化期望泛化风险(即在所有训练集上求平均)：

$$\mathbb{E}\int(f(x)-g_{\mathcal{T}}(x\,|\,\sigma))^2\,\mathrm{d}x$$

这称为**平均积分平方误差**(Mean Integrated Squared Error，MISE)。我们可以将其分解为积分平方偏差分量和积分方差分量：

$$\int(f(x)-\mathbb{E}g_{\mathcal{T}}(x\,|\,\sigma))^2\,\mathrm{d}x+\int\mathbb{V}\mathrm{ar}(g_{\mathcal{T}}(x\,|\,\sigma))\,\mathrm{d}x$$

现在典型的分析方法是，通过对 f 的各种假设，调查 MISE 对于大数 n 的表现。例如，文献[114]表明，当 $\sigma\to 0$ 且 $n\sigma\to\infty$ 时，高斯核密度估计量[即式(4.25)]($d=1$)的 MISE 的渐近逼近由下式给出：

$$\frac{1}{4}\sigma^4\,\|f''\|^2+\frac{1}{2n\sqrt{\pi\sigma^2}} \tag{4.29}$$

其中，$\|f''\|^2:=\int(f''(x))^2\,\mathrm{d}x$。$\sigma$ 的渐近最优值为下式的极小化值：

$$\sigma^*:=\left(\frac{1}{2n\sqrt{\pi}\,\|f''\|^2}\right)^{1/5} \tag{4.30}$$

要计算式(4.30)中的最优 σ^*，需要估算函数 $\|f''\|^2$。**高斯经验法则**是假设 f 是 $\mathcal{N}(\overline{x},s^2)$ 分布的密度，其中 $\overline{x}$ 和 s^2 分别是样本均值和数据方差[113]。在本例中，$\|f''\|^2=s^{-5}\pi^{-1/2}3/8$，高斯经验法则变为

$$\sigma_{\mathrm{rot}}=\left(\frac{4s^5}{3n}\right)^{1/5}\approx 1.06sn^{-1/5}$$

但是，我们建议使用文献[14]提出的快速可靠的 theta KDE，它可以通过定点程序以最优方式选择带宽。图 4.1 和图 4.2 说明了传统 KDE 的一个常见问题：对于有界域上的分布，例如$[0，1]^2$ 上的均匀分布，KDE 在该域外分配正概率质量。theta KDE 的另一个优点是，它很大程度上避免了这种边界效应。我们通过下面的例子来说明 theta KDE。

例 4.3(高斯 KDE 和 theta KDE 对比) 下面的 Python 程序从 Exp(1)分布中抽取独立同分布样本，并构造一个高斯核密度估计。从图 4.3 可以看出，选择适当的带宽，可以很好地拟合真实的概率密度，除了在 $x=0$ 的边界处。theta KDE 不会出现这种边界效应。此外，它还会自动选择带宽，以取得更好的拟合效果。theta KDE 的源代码 **kde.py** 可以在本书的 GitHub 网站上获得。

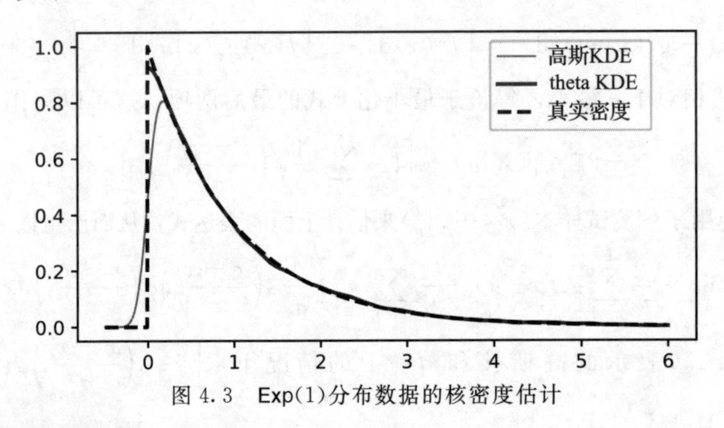

图 4.3 Exp(1)分布数据的核密度估计

gausthetakde.py

```
import matplotlib.pyplot as plt
import numpy as np
```

```
from kde import *

sig = 0.1; sig2 = sig**2; c = 1/np.sqrt(2*np.pi)/sig #Constants
phi = lambda x,x0: np.exp(-(x-x0)**2/(2*sig2)) #Unscaled Kernel
f = lambda x: np.exp(-x)*(x >= 0) # True PDF
n = 10**4 # Sample Size
x = -np.log(np.random.uniform(size=n))# Generate Data via IT method
xx = np.arange(-0.5,6,0.01, dtype = "d")# Plot Range
phis = np.zeros(len(xx))
for i in range(0,n):
    phis = phis + phi(xx,x[i])
phis = c*phis/n
plt.plot(xx,phis,'r')# Plot Gaussian KDE
[bandwidth,density,xmesh,cdf] = kde(x,2**12,0,max(x))
idx = (xmesh <= 6)
plt.plot(xmesh[idx],density[idx])# Plot Theta KDE
plt.plot(xx,f(xx))# Plot True PDF
```

4.5 通过混合模型聚类

聚类是将未标记的特征向量分组成簇，从而使同一簇内的样本比不同簇内的样本更相似。通常，假定簇的数目是预先知道的，但是没有给出数据的其他先验信息。聚类可以应用在通信、数据压缩和存储、数据库搜索、模式匹配和对象识别等领域中。

聚类分析的一种常用方法是假设数据来自混合分布(通常是高斯分布)，因此聚类分析的目标是通过使数据的似然函数最大化来估计混合模型的参数。在这种情况下，直接优化似然函数并不是一件容易的事，这是由参数的必要约束(稍后会详细介绍)以及似然函数的复杂性决定的，似然函数通常具有大量的局部极大值和鞍点。混合模型参数估计的常用方法是EM算法，4.3节对该方法进行了一般性讨论。本节将介绍混合模型的基础知识，并阐述EM算法在混合模型中的工作原理。此外，我们展示了如何使用直接优化方法来最大化似然。

4.5.1 混合模型

设 $\mathcal{T}:=\{\boldsymbol{X}_1,\cdots,\boldsymbol{X}_n\}$ 为独立同分布的随机向量，在某个集合 $\mathcal{X}\subseteq\mathbb{R}^d$ 上取值，每个 $\boldsymbol{X}_i$ 都具有混合密度分布：

$$g(\boldsymbol{x}\,|\,\boldsymbol{\theta})=w_1\phi_1(\boldsymbol{x})+\cdots+w_K\phi_K(\boldsymbol{x}),\quad \boldsymbol{x}\in\mathcal{X} \tag{4.31}$$

其中，$\phi_1,\cdots,\phi_K$ 是 $\mathcal{X}$ 上的(离散或连续)概率密度，权重 $w_1,\cdots,w_K$ 为正且总和为1。这个混合概率密度可以用以下方式解释。设 Z 为离散随机变量，以 $w_1,\cdots,w_K$ 的概率取值 $1,2,\cdots,K$。设 $\boldsymbol{X}$ 为随机向量，给定 $Z=z$ 时，$\boldsymbol{X}$ 的条件概率密度为 ϕ_z。根据乘法法则[即式(C.17)]，Z 和 $\boldsymbol{X}$ 的联合概率密度由下式给出：

$$\phi_{Z,\boldsymbol{X}}(z,\boldsymbol{x})=\phi_Z(z)\phi_{\boldsymbol{X}|Z}(\boldsymbol{x}\,|\,z)=w_z\phi_z(\boldsymbol{x})$$

根据式(4.31)，将所有 z 值的联合概率密度相加得到 $\boldsymbol{X}$ 的边缘概率密度。因此，可以通过以下两个步骤来模拟随机向量 $\boldsymbol{X}\sim g$：

(1)根据概率 $\mathbb{P}[Z=z]=w_z$，$z=1,\cdots,K$ 抽样得到 Z。

(2)根据概率密度 ϕ_Z 抽样得到 $\boldsymbol{X}$。

由于 $\mathcal{T}$ 仅包含 $\{\boldsymbol{X}_i\}$ 变量，因此 $\{Z_i\}$ 被视为**潜在变量**。我们可以将 Z_i 解释为 $\boldsymbol{X}_i$ 所属簇的隐标签。

通常，假设式(4.31)中的每个 ϕ_k 在某个参数向量 $\boldsymbol{\eta}_k$ 下是已知的。在聚类分析中，通常使用高斯混合分布[⊖]，也就是说，每个密度 ϕ_k 都是高斯函数，具有未知的期望向量 $\boldsymbol{\mu}_k$ 和协方差矩阵 $\boldsymbol{\Sigma}_k$。我们将包括权重 $\{w_k\}$ 在内的所有未知参数集合到参数向量 $\boldsymbol{\theta}$ 中。像往常一样，$\tau=\{\boldsymbol{x}_1,\cdots,\boldsymbol{x}_n\}$ 表示 $\mathcal{T}$ 的结果。由于 $\mathcal{T}$ 的组成样本是独立同分布的，因此它们的(联合)概率密度由下式给出：

$$g(\tau|\boldsymbol{\theta}) := \prod_{i=1}^{n} g(\boldsymbol{x}_i|\boldsymbol{\theta}) = \prod_{i=1}^{n}\sum_{k=1}^{K} w_k\phi_k(\boldsymbol{x}_i|\boldsymbol{\mu}_k,\boldsymbol{\Sigma}_k) \tag{4.32}$$

按照式(4.5)的推理方式，我们可以通过最大化对数似然函数，从结果 τ 估计 $\boldsymbol{\theta}$：

$$l(\boldsymbol{\theta}|\tau) := \sum_{i=1}^{n}\ln g(\boldsymbol{x}_i|\boldsymbol{\theta}) = \sum_{i=1}^{n}\ln\Big(\sum_{k=1}^{K} w_k\phi_k(\boldsymbol{x}_i|\boldsymbol{\mu}_k,\boldsymbol{\Sigma}_k)\Big) \tag{4.33}$$

但是，通常很难找到 $l(\boldsymbol{\theta}|\tau)$ 的最大值，因为该函数通常是多极值的。

例 4.4(通过混合模型聚类) 图 4.4 中描述的数据由 300 个数据点组成，这些数据点是由三个二元正态分布函数独立生成的，其参数在同一个图中给出。每个分布都恰好有 100 个点。理想情况下，我们希望将数据聚类为与这三种情况相对应的三个簇。

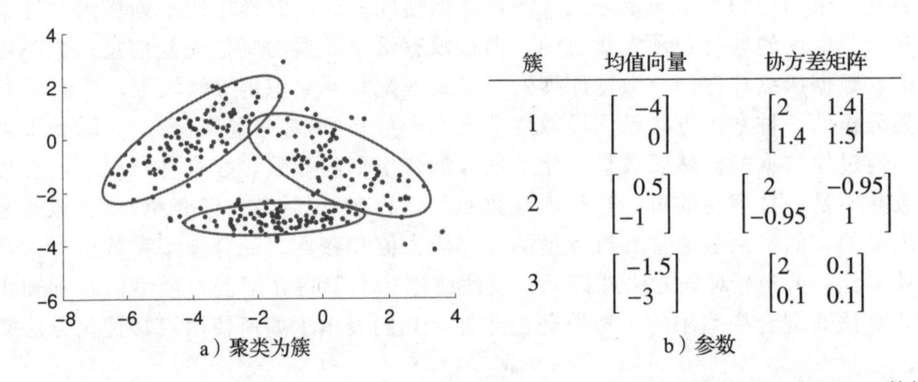

簇	均值向量	协方差矩阵
1	$\begin{bmatrix}-4\\0\end{bmatrix}$	$\begin{bmatrix}2 & 1.4\\1.4 & 1.5\end{bmatrix}$
2	$\begin{bmatrix}0.5\\-1\end{bmatrix}$	$\begin{bmatrix}2 & -0.95\\-0.95 & 1\end{bmatrix}$
3	$\begin{bmatrix}-1.5\\-3\end{bmatrix}$	$\begin{bmatrix}2 & 0.1\\0.1 & 0.1\end{bmatrix}$

a) 聚类为簇　　b) 参数

图 4.4 将 300 个数据点聚类为三个簇，无须对数据的概率分布进行任何假设。实际上，数据是由三个二元正态分布生成的

为了将数据聚类为三组，一个可能的数据模型是高斯混合模型，假设这些点是从三个未知二元高斯分布的混合分布中独立抽取的。这是一种明智的做法，尽管现实中并不以这种方式模拟数据。理解两种模型之间的区别是有启发意义的。在混合模型中，每个簇标签 Z 均以相等的概率取 $\{1,2,3\}$ 值，因此，为它们单独绘制标签，每个簇的总点数服从 Bin(300,1/3) 分布。但是，在实际模拟中，每个簇中点的数量正好为 100。然而，混合模型对于这些数据来说仍是准确的模型(尽管不是很精确)。图 4.5 给出了图 4.4 数据的“目标”高斯混合密度，即以相等的权重和图 4.4

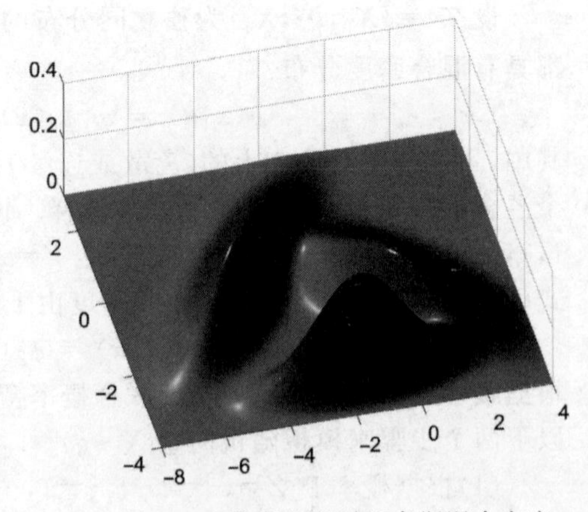

图 4.5 图 4.4 中数据的“目标”高斯混合密度

⊖ 其他常见的混合分布包括学生分布和贝塔分布。

指定的确切参数得到的混合密度。

下一节将使用EM算法进行聚类。

4.5.2 混合模型的EM算法

正如我们在4.3节中看到的，EM算法不是根据数据 $\tau=\{\boldsymbol{x}_1,\cdots,\boldsymbol{x}_n\}$ 直接最大化对数似然函数[即式(4.33)]，而是首先使用潜在变量的向量对数据进行增强，在本例中就是使用隐藏簇标签 $\boldsymbol{z}=\{z_1,\cdots,z_n\}$ 进行增强。具体的思想是 τ 只是完全随机数据 $\{\mathcal{T},\boldsymbol{Z}\}$ 的**观测**部分，该数据通过上述两步过程生成。也就是说，对于每个数据点 $\boldsymbol{X}$，首先根据概率 $\{w_1,\cdots,w_K\}$ 获得簇标签 $Z\in\{1,\cdots,K\}$，然后在给定 $Z=z$ 的情况下从 ϕ_z 抽取 $\boldsymbol{X}$。$\mathcal{T}$ 和 $\boldsymbol{Z}$ 的联合概率密度函数为

$$g(\tau,\boldsymbol{z}\,|\,\boldsymbol{\theta})=\prod_{i=1}^{n}w_{z_i}\phi_{z_i}(\boldsymbol{x}_i)$$

它的形式比式(4.32)的形式简单得多。因此，**完全数据的对数似然函数**为

$$\widetilde{l}(\boldsymbol{\theta}\,|\,\tau,\boldsymbol{z})=\sum_{i=1}^{n}\ln[w_{z_i}\phi_{z_i}(\boldsymbol{x}_i)] \tag{4.34}$$

对于任意给定的$(\tau,\boldsymbol{z})$，上式通常比原始对数似然函数[即式(4.33)]更容易最大化。但是，潜在变量 $\boldsymbol{z}$ 无法观测到，因此无法计算 $\widetilde{l}(\boldsymbol{\theta}\,|\,\tau,\boldsymbol{z})$。在EM算法的E步骤中，用期望 $\mathbb{E}_p\widetilde{l}(\boldsymbol{\theta}\,|\,\tau,\boldsymbol{Z})$ 替换完全数据对数似然，期望中的下标 p 表示给定 $\mathcal{T}=\tau$ 时 $\boldsymbol{Z}$ 的条件概率密度，即具有概率密度

$$p(\boldsymbol{z})=g(\boldsymbol{z}\,|\,\tau,\boldsymbol{\theta})\propto g(\tau,\boldsymbol{z}\,|\,\boldsymbol{\theta}) \tag{4.35}$$

注意，$p(\boldsymbol{z})$的形式为 $p_1(z_1)\cdots p_n(z_n)$，因此，在给定 $\mathcal{T}=\tau$ 的情况下，$\boldsymbol{Z}$ 的分量彼此独立。现在可以将混合模型的EM算法表述如下。

算法 4.5.1 混合模型的EM算法

输入：数据 τ 和初始猜测 $\boldsymbol{\theta}^{(0)}$

输出：最大似然估计的近似值

1. $t\leftarrow 1$
2. **while** 不满足停止条件 **do**
3. 　E步骤：求解 $p^{(t)}(\boldsymbol{z}):=g(\boldsymbol{z}\,|\,\tau,\ \boldsymbol{\theta}^{(t-1)})$ 和 $Q^{(t)}(\boldsymbol{\theta}):=\mathbb{E}_{p^{(t)}}\widetilde{l}(\boldsymbol{\theta}\,|\,\tau,\boldsymbol{Z})$。
4. 　M步骤：$\boldsymbol{\theta}^{(t)}\leftarrow\operatorname{argmax}_{\boldsymbol{\theta}}Q^{(t)}(\boldsymbol{\theta})$。
5. 　$t\leftarrow t+1$
6. **返回** $\boldsymbol{\theta}^{(t)}$

一个可能的终止条件是，对较小的公差 $\varepsilon>0$，当 $|l(\boldsymbol{\theta}^{(t)}\,|\,\tau)-l(\boldsymbol{\theta}^{(t-1)}\,|\,\tau)|/|l(\boldsymbol{\theta}^{(t)}\,|\,\tau)|<\varepsilon$ 时停止迭代。

如4.3节所述，对数似然值的序列不会随着每次迭代而减小。在某些连续性条件下，能确保序列 $\{\boldsymbol{\theta}^{(t)}\}$ 收敛到对数似然 l 的局部最大值。是否收敛到全局最大值(如果存在)取决于选择的初始值。通常，算法从不同的随机起点运行。

对于高斯混合模型，每个 $\phi_k=\phi(\cdot\,|\,\boldsymbol{\mu}_k,\ \boldsymbol{\Sigma}_k)(k=1,\cdots,K)$ 都是 d 维高斯分布的密度。令 $\boldsymbol{\theta}^{(t-1)}$ 为最优参数向量的当前猜测，它由权重 $\{w_k^{(t-1)}\}$、均值向量 $\{\boldsymbol{\mu}_k^{(t-1)}\}$ 和协方差矩阵

$\{\boldsymbol{\Sigma}_k^{(t-1)}\}$组成。我们首先确定 $p^{(t)}$，对于给定的猜测 $\boldsymbol{\theta}^{(t-1)}$，它是以 $\mathcal{T}=\tau$ 为条件的 $\boldsymbol{Z}$ 的概率密度。如前所述，给定 $\mathcal{T}=\tau$ 时 $\boldsymbol{Z}$ 的分量是独立的，因此只要给定观察点 $\boldsymbol{X}_i=\boldsymbol{x}_i$，就足以指定每个 Z_i 的离散概率密度，即 $p_i^{(t)}$。后者可以通过贝叶斯公式得到：

$$p_i^{(t)}(k) \propto w_k^{(t-1)} \phi_k(\boldsymbol{x}_i \mid \boldsymbol{\mu}_k^{(t-1)}, \boldsymbol{\Sigma}_k^{(t-1)}), \quad k=1,\cdots,K \tag{4.36}$$

接下来，根据式(4.34)，函数 $Q^{(t)}(\boldsymbol{\theta})$可以写成：

$$Q^{(t)}(\boldsymbol{\theta}) = \mathbb{E}_{p^{(t)}} \sum_{i=1}^{n} (\ln w_{Z_i} + \ln \phi_{Z_i}(\boldsymbol{x}_i \mid \boldsymbol{\mu}_{Z_i}, \boldsymbol{\Sigma}_{Z_i})) = \sum_{i=1}^{n} \mathbb{E}_{p_i^{(t)}} [\ln w_{Z_i} + \ln \phi_{Z_i}(\boldsymbol{x}_i \mid \boldsymbol{\mu}_{Z_i}, \boldsymbol{\Sigma}_{Z_i})]$$

其中，$\{Z_i\}$是独立的，Z_i 服从式(4.36)中的 $p_i^{(t)}$ 分布。这样就完成了 E 步骤。在 M 步骤中，我们使 $Q^{(t)}$ 相对参数 $\boldsymbol{\theta}$ 最大化，即相对$\{w_k\}$、$\{\boldsymbol{\mu}_k\}$和$\{\boldsymbol{\Sigma}_k\}$最大化。特别地，我们在条件 $\sum_k w_k = 1$ 下使下式最大：

$$\sum_{i=1}^{n} \sum_{k=1}^{K} p_i^{(t)}(k) [\ln w_k + \ln \phi_k(\boldsymbol{x}_i \mid \boldsymbol{\mu}_k, \boldsymbol{\Sigma}_k)]$$

使用拉格朗日乘子和 $\sum_{k=1}^{K} p_i^{(t)}(k) = 1$ 给出$\{w_k\}$的解：

$$w_k = \frac{1}{n} \sum_{i=1}^{n} p_i^{(t)}(k), \quad k=1,\cdots,K \tag{4.37}$$

现在，继续按照 $\sum_{i=1}^{n} p_i^{(t)}(k) \ln \phi_k(\boldsymbol{x}_i \mid \boldsymbol{\mu}_k, \boldsymbol{\Sigma}_k)$ 最大化，能得到 $\boldsymbol{\mu}_k$ 和 $\boldsymbol{\Sigma}_k$ 的解：

$$\boldsymbol{\mu}_k = \frac{\sum_{i=1}^{n} p_i^{(t)}(k) \boldsymbol{x}_i}{\sum_{i=1}^{n} p_i^{(t)}(k)}, \quad k=1,\cdots,K \tag{4.38}$$

$$\boldsymbol{\Sigma}_k = \frac{\sum_{i=1}^{n} p_i^{(t)}(k) (\boldsymbol{x}_i - \boldsymbol{\mu}_k)(\boldsymbol{x}_i - \boldsymbol{\mu}_k)^{\mathrm{T}}}{\sum_{i=1}^{n} p_i^{(t)}(k)}, \quad k=1,\cdots,K \tag{4.39}$$

它们与众所周知的高斯分布参数的 MLE 公式非常相似。将求解参数赋给 $\boldsymbol{\theta}^{(t)}$，并将迭代计数器 t 增加 1，然后重复式(4.36)、式(4.37)、式(4.38)和式(4.39)对应的步骤，直到收敛为止。EM 算法的收敛性对初始参数的选择非常敏感。因此，我们建议尝试各种不同的启动条件。关于 EM 算法理论和实践方面的进一步讨论，请参考文献[85]。

例 4.5(通过 EM 算法聚类) 我们回到例 4.4 中的数据，如图 4.4 所示，采用的数据模型为三个二元高斯分布混合模型。

下面的 Python 代码实现了算法 4.5.1 描述的 EM 过程。二元高斯分布的初始均值向量$\{\boldsymbol{\mu}_k\}$(经目测)大致位于每个簇的中间，在本例中均值向量分别为$[-2,-3]^{\mathrm{T}}$、$[-4,1]^{\mathrm{T}}$和$[0,-1]^{\mathrm{T}}$。相应的初始协方差矩阵为单位矩阵，考虑到图 4.4 中观测到的数据范围，这样的选择是合适的。最后，初始权重为 1/3、1/3、1/3。为了简单起见，算法在 100 次迭代后停止，在本例中这足以保证收敛性。代码和数据可从本书 GitHub 主页的 Chapter4 文件夹中获取。

EMclust.py

```python
import numpy as np
from scipy.stats import multivariate_normal

Xmat = np.genfromtxt('clusterdata.csv', delimiter=',')
K = 3
n, D = Xmat.shape

W = np.array([[1/3,1/3,1/3]])
M  = np.array([[-2.0,-4,0],[-3,1,-1]], dtype=np.float32)
# Note that if above *all* entries were written as integers, M would
# be defined to be of integer type, which will give the wrong answer

C = np.zeros((3,2,2))

C[:,0,0] = 1
C[:,1,1] = 1

p = np.zeros((3,300))

for i in range(0,100):

#E-step
    for k in range(0,K):
        mvn = multivariate_normal( M[:,k].T, C[k,:,:] )
        p[k,:] = W[0,k]*mvn.pdf(Xmat)

# M-Step
    p = (p/sum(p,0))    #normalize
    W = np.mean(p,1).reshape(1,3)

    for k in range(0,K):
        M[:,k] = (Xmat.T @ p[k,:].T)/sum(p[k,:])
        xm = Xmat.T - M[:,k].reshape(2,1)
        C[k,:,:] = xm @ (xm*p[k,:]).T/sum(p[k,:])
```

混合分布的估计参数如图 4.6b 所示。对簇重新标记后，我们观察到估计参数与图 4.4 中的参数非常匹配。

图 4.6a 的椭圆显示原始高斯分布的 95%概率椭圆[⊖]（灰色）与估计的椭圆紧密匹配。对每个点 $\boldsymbol{x}_i$ 进行聚类的一种自然方法是将其分配给条件概率 $p_i(k)$ 最大的簇 k。这将点聚类为图中的不同簇。

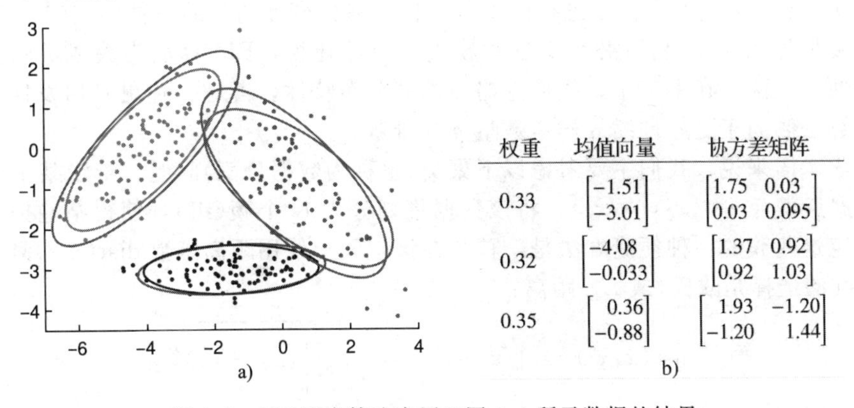

权重	均值向量	协方差矩阵
0.33	$\begin{bmatrix}-1.51\\-3.01\end{bmatrix}$	$\begin{bmatrix}1.75 & 0.03\\0.03 & 0.095\end{bmatrix}$
0.32	$\begin{bmatrix}-4.08\\-0.033\end{bmatrix}$	$\begin{bmatrix}1.37 & 0.92\\0.92 & 1.03\end{bmatrix}$
0.35	$\begin{bmatrix}0.36\\-0.88\end{bmatrix}$	$\begin{bmatrix}1.93 & -1.20\\-1.20 & 1.44\end{bmatrix}$

图 4.6　EM 聚类算法应用于图 4.4 所示数据的结果

⊖ 对于每个混合组分，相应二元正态概率密度的轮廓包含 95%的概率质量。

作为 EM 算法的替代方法，当然可以使用连续多极值优化算法直接在所有可能的 $\boldsymbol{\theta}$ 集合 Θ 上对式(4.33)中的对数似然函数 $l(\boldsymbol{\theta}|\tau)=\ln g(\tau|\boldsymbol{\theta})$ 进行优化。例如，文献[15]就使用了这种方法，当数据点很少时取得了优于 EM 算法的结果。对似然函数的进一步研究表明，如果选择的 Θ 尽可能大，则任何最大似然聚类法都存在一个隐藏的问题，即任何混合分布都是可能的。为了说明这个问题，请考虑图 4.7，该图描绘了两个高斯分布混合模型的概率密度函数 $g(\cdot|\boldsymbol{\theta})$，其中 $\boldsymbol{\theta}=[w,\mu_1,\sigma_1^2,\mu_2,\sigma_2^2]^{\mathrm{T}}$ 是混合分布的参数向量。对数似然函数由 $l(\boldsymbol{\theta}|\tau)=\sum_{i=1}^{4}\ln g(x_i|\boldsymbol{\theta})$ 给出，其中 $x_1,\cdots,x_4$ 是数据(用点表示)。

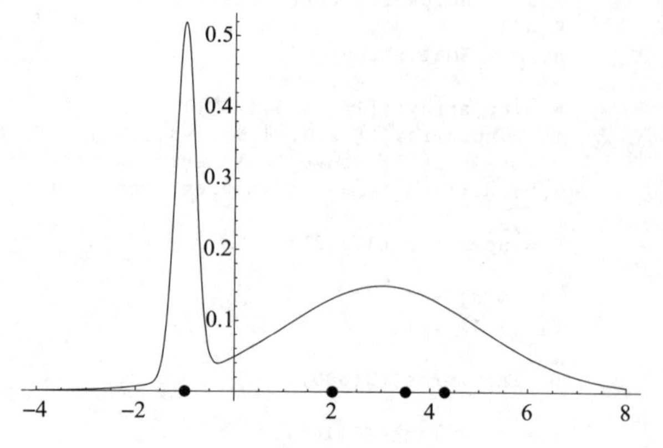

图 4.7 两个高斯分布的混合模型

显然，若将混合常数 w 固定为 0.25(举例)，并将第一个簇的中心设为 x_1，则将第一个簇的方差设为任意小就可以得到任意大的似然值。类似地，对于高维数据，通过选择“点”簇或“线”簇，甚至“退化”簇，可以使似然值无限大。这是我们在第 2 章中已经遇到的训练损失过拟合问题的体现。因此，不管选择什么样的优化算法，对数似然函数的无约束最大化都是一个不适定的问题!

对于这种“过拟合”问题，有两种可能的解决方案：

(1)以不允许“退化”簇(有时称为伪簇)的方式限制参数集 Θ。

(2)运行给定的算法，如果解是退化的，则将其丢弃并重新运行该算法。继续重新启动算法，直到获得非退化解。

第一种方法常用于多极值优化算法，第二种方法常用于 EM 算法。

4.6 向量量化聚类

4.5 节介绍了通过混合模型进行的聚类，作为参数密度估计的一种形式(与 4.4 节中的非参数密度估计相反)。利用潜在变量对簇进行自然建模，EM 算法为簇成员的分配提供了一种方便的方法。在本节中，我们忽略数据的分布特性，考虑一种更具启发性的聚类方法。所得算法倾向于更好地缩放样本数量 n 和维数 d。

用数学术语来说，我们主要考虑以下聚类(也称为数据分割)问题。给定某个 d 维空间 $\mathcal{X}$ 中的数据点集合 $\tau=\{\boldsymbol{x}_1,\cdots,\boldsymbol{x}_n\}$，将该数据集划分为 K 个簇(组)，使得某些损失函数最小化。确定这些簇的一种便捷方法是，首先在该空间上使用距离函数 dist(·,·)划分整个空间 $\mathcal{X}$。标准的选择是欧氏(或 L_2)距离：

$$\operatorname{dist}(\boldsymbol{x},\boldsymbol{x}')=\|\boldsymbol{x}-\boldsymbol{x}'\|=\sqrt{\sum_{i=1}^{d}(x_i-x'_i)^2}$$

$\mathbb{R}^d$ 上其他常用的距离度量包括**曼哈顿距离**(Manhattan distance)：

$$\sum_{i=1}^{d}|x_i-x'_i|$$

和**最大距离**：

$$\max_{i=1,\cdots,d} |x_i - x'_i|$$

在长度为 d 的一组字符串上，常用的距离度量是**汉明距离**(Hamming distance)：

$$\sum_{i=1}^{d} \mathbb{1}\{x_i \neq x'_i\}$$

即不匹配的字符数。例如，010101 和 011010 之间的汉明距离为 4。

我们可以按如下方式将空间 $\mathcal{X}$ 划分为多个区域：首先，我们选择 K 个点 $\boldsymbol{c}_1,\cdots,\boldsymbol{c}_K$(称为聚类中心或源向量)。对于每个 $k=1,\cdots,K$，设

$$\mathcal{R}_k = \{\boldsymbol{x} \in \mathcal{X}: \text{dist}(\boldsymbol{x},\boldsymbol{c}_k) \leqslant \text{dist}(\boldsymbol{x},\boldsymbol{c}_i) \text{for all } i \neq k\}$$

是 $\mathcal{X}$ 中相比其他中心更接近 $\boldsymbol{c}_k$ 的一组点。区域或单元$\{\mathcal{R}_k\}$将空间 $\mathcal{X}$ 划分成所谓的**维诺图**(Voronoi diagram)或**维诺镶嵌**(Voronoi tessellation)。图 4.8 展示了使用欧氏距离将平面分成 10 个区域的维诺镶嵌。请注意，此处维诺单元之间的边界是线段。特别地，如果单元 $\mathcal{R}_i$ 和 $\mathcal{R}_j$ 共享一个边界，则该边界上的点必须满足 $\|\boldsymbol{x}-\boldsymbol{c}_i\| = \|\boldsymbol{x}-\boldsymbol{c}_j\|$，即它必须位于通过点$(\boldsymbol{c}_j+\boldsymbol{c}_i)/2$(也就是 $\boldsymbol{c}_i$ 和 $\boldsymbol{c}_j$ 之间线段的中点)的直线上，并且垂直于 $\boldsymbol{c}_j-\boldsymbol{c}_i$。

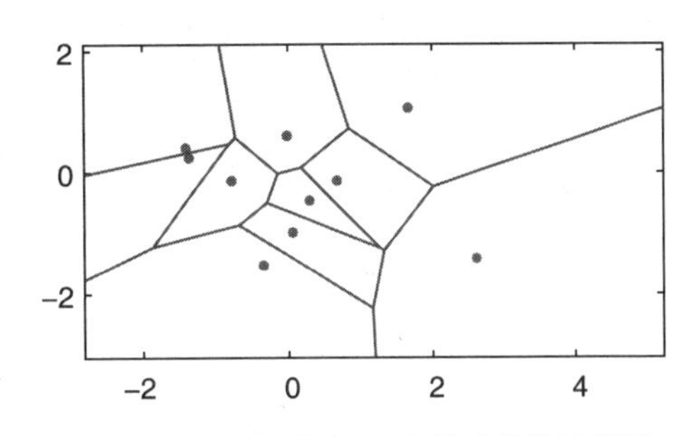

图 4.8 将平面划分为 10 个单元的维诺镶嵌

一旦选定了中心(单元$\{\mathcal{R}_k\}$也就选定了)，就可以根据其最近的中心对 τ 中的点进行聚类。边界上的点必须单独处理。对于连续数据来说，这是有争议的点，因为通常没有数据点会恰好位于边界上。

剩下的主要问题是如何选择中心，以便以最佳方式对数据进行聚类。根据无监督学习框架，我们想通过 $\boldsymbol{c}_1,\cdots,\boldsymbol{c}_K$ 来近似向量 $\boldsymbol{x}$，使用分段常数向量值函数：

$$\boldsymbol{g}(\boldsymbol{x}|\boldsymbol{C}) := \sum_{k=1}^{K} \boldsymbol{c}_k \mathbb{1}\{\boldsymbol{x} \in \mathcal{R}_k\}$$

其中，$\boldsymbol{C}$ 是 $d\times K$ 矩阵$[\boldsymbol{c}_1,\cdots,\boldsymbol{c}_K]$。因此，当 $\boldsymbol{x}$ 落在区域 $\mathcal{R}_k$ 时 $\boldsymbol{g}(\boldsymbol{x}|\boldsymbol{C})=\boldsymbol{c}_k$。在由 $\boldsymbol{C}$ 参数化的函数类 $\mathcal{G}$ 中，目标是使训练损失最小。特别是对于平方误差损失 $\text{Loss}(\boldsymbol{x},\boldsymbol{x}')=\|\boldsymbol{x}-\boldsymbol{x}'\|^2$，训练损失为

$$\ell_{\tau_n}(\boldsymbol{g}(\cdot\,|\boldsymbol{C})) = \frac{1}{n}\sum_{i=1}^{n} \|\boldsymbol{x}_i - \boldsymbol{g}(\boldsymbol{x}_i|\boldsymbol{C})\|^2 = \frac{1}{n}\sum_{k=1}^{K}\sum_{\boldsymbol{x}\in\mathcal{R}_k\cap\tau_n} \|\boldsymbol{x}-\boldsymbol{c}_k\|^2 \tag{4.40}$$

因此，训练损失使各中心之间的平均平方距离最小。该框架还将**向量量化**中的编码和解码步骤结合在一起[125]。也就是说，我们希望对 τ 中向量进行“量化”或“编码”，使每个向量都由 K 个源向量 $\boldsymbol{c}_1,\cdots,\boldsymbol{c}_K$ 中的一个来表示，以使式(4.40)表示的损失最小。

很多著名的聚类和向量量化方法都是从初始值选择开始的，使用迭代(通常是基于梯度的)过程来更新中心向量。重要的是要意识到，在这种情况下式(4.40)被视为中心的函数，其中每个点 $\boldsymbol{x}$ 被分配到最近的中心，从而确定了簇。众所周知，这种相对中心的优化问题是高度多极值的，十分依赖初始簇，基于梯度的过程倾向于收敛到局部最小值而不是全局最小值。

4.6.1 K 均值

最简单的聚类方法之一是 K 均值方法。它是一种迭代方法，从对中心的初始猜测开

始，通过对每个簇中当前点的样本均值进行采样以形成新的中心。因此，新的中心是每个单元内点的**质心**。尽管 K 均值算法存在许多不同的变体，但它们基本上都具有以下形式，见算法 4.6.1。

算法 4.6.1 K 均值算法

输入：数据点集 $\tau=\{\boldsymbol{x}_1,\cdots,\boldsymbol{x}_n\}$、聚类数 K、初始中心 $\boldsymbol{c}_1,\cdots,\boldsymbol{c}_K$

输出：聚类中心和单元(区域)

1. **while** 未满足停止条件 **do**
2. $\quad \mathcal{R}_1,\cdots,\mathcal{R}_K \leftarrow \varnothing$(空集)
3. $\quad$ **for** $i=1$ **to** n **do**
4. $\quad\quad \boldsymbol{d} \leftarrow [\mathrm{dist}(\boldsymbol{x}_i, \boldsymbol{c}_1), \cdots, \mathrm{dist}(\boldsymbol{x}_i, \boldsymbol{c}_K)]$ // 到中心的距离
5. $\quad\quad k \leftarrow \mathrm{argmin}_j d_j$ // 将 $\boldsymbol{x}_i$ 划分为簇 k
6. $\quad\quad \mathcal{R}_k \leftarrow \mathcal{R}_k \cup \{\boldsymbol{x}_i\}$
7. $\quad$ **for** $k=1$ **to** K **do**
8. $\quad\quad \boldsymbol{c}_k \leftarrow \dfrac{\sum_{\boldsymbol{x}\in\mathcal{R}_k}\boldsymbol{x}}{|\mathcal{R}_k|}$ // 用点的质心来计算新的中心
9. **返回** $\{\boldsymbol{c}_k\}$、$\{\mathcal{R}_k\}$

因此，在每次迭代中，对于选定的中心，将 τ 中的每个点分配给其最近的中心。分配完所有的点之后，以当前簇中所有点的质心重新计算中心(见算法第 8 行)。一个典型的停止条件是当中心不再有很大变化时停止。由于算法对初始中心的选择非常敏感，所以谨慎的做法是尝试多个初始值，例如，从数据点的边界框内随机选择。

我们可以将 K 均值方法视为概率(或“软”)EM 算法的确定性(或“硬”)版本，如下所示。假设在 EM 算法中，我们有一个高斯混合模型，其固定协方差矩阵 $\boldsymbol{\Sigma}_k=\sigma^2\boldsymbol{I}_d\,(k=1,\cdots,K)$，其中 σ^2 应该视为是无限小的。考虑 EM 算法的迭代步骤 t，由于已得到期望向量 $\boldsymbol{\mu}_k^{(t-1)}$ 和权重 $w_k^{(t-1)}(k=1,\cdots,K)$，根据式(4.36)中给出的概率 $p_i^{(t)}(k)(k=1,\cdots,K)$将每个点 $\boldsymbol{x}_i$ 分配给标签为 Z_i 的簇。

但是对于 $\sigma^2\to 0$，概率分布$\{p_i^{(t)}(k)\}$退化，将其全部概率质量置于 $\mathrm{argmin}_k \|\boldsymbol{x}_i-\boldsymbol{\mu}_k\|^2$。这对应于将 $\boldsymbol{x}_i$ 分配给其最近的聚类中心的 K 均值规则。此外，在 M 步骤中，每个聚类中心 $\boldsymbol{\mu}_k^{(t)}$ 现在根据已分配给簇 k 的$\{\boldsymbol{x}_i\}$的平均值进行更新。因此，我们得到与 K 均值中相同的确定性更新规则。

例 4.6(K 均值聚类) 我们使用下面的 Python 代码，通过 K 均值方法对图 4.4 中的数据进行聚类。请注意，数据点存储为维数为 300×2 的矩阵 **Xmat**。我们采用与 EM 算法示例相同的起始中心：$\boldsymbol{c}_1=[-2,-3]^{\mathrm{T}}$、$\boldsymbol{c}_2=[-4,1]^{\mathrm{T}}$ 和 $\boldsymbol{c}_3=[0,-1]^{\mathrm{T}}$。还应注意，在计算过程中使用欧氏距离的平方，因为它们的计算速度比欧氏距离的计算略快(因为不需要平方根计算)，同时可以得到完全相同的聚类中心。

Kmeans.py

```
import numpy as np
Xmat = np.genfromtxt('clusterdata.csv', delimiter=',')
K = 3
n, D = Xmat.shape
```

```
c  = np.array([[-2.0,-4,0],[-3,1,-1]])  #initialize centers
cold = np.zeros(c.shape)
dist2 = np.zeros((K,n))
while np.abs(c - cold).sum() > 0.001:
   cold = c.copy()
   for i in range(0,K): #compute the squared distances
        dist2[i,:] = np.sum((Xmat - c[:,i].T)**2,1)

   label = np.argmin(dist2,0) #assign the points to nearest centroid
   minvals = np.amin(dist2,0)
   for i in range(0,K): # recompute the centroids
      c[:,i] = np.mean(Xmat[np.where(label == i),:],1).reshape(1,2)

print('Loss = {:3.3f}'.format(minvals.mean()))
```

```
Loss = 2.288
```

图 4.9 描述了聚类结果，我们发现聚类中心分别为 $\boldsymbol{c}_1=[-1.9286,-3.0416]^{\mathrm{T}}$、$\boldsymbol{c}_2=[-3.9237,0.0131]^{\mathrm{T}}$ 和 $\boldsymbol{c}_3=[0.5611,-1.2980]^{\mathrm{T}}$，式(4.40)定义的相应损失为 2.288。

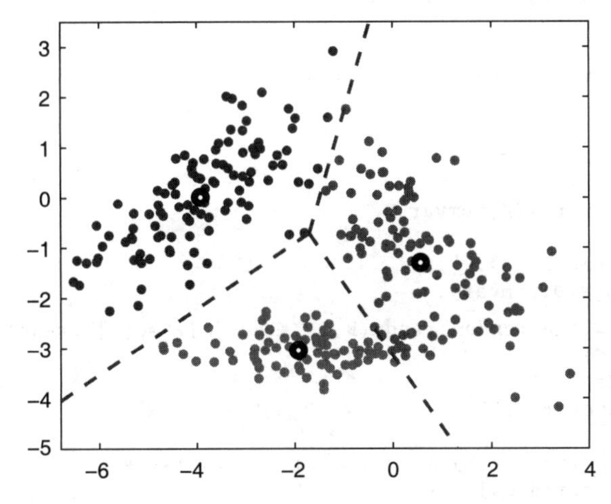

图 4.9　对图 4.4 中的数据应用 K 均值算法的结果。黑色粗圆圈是质心，虚线表示单元边界

4.6.2　通过连续多极值优化进行聚类

如前所述，由于式(4.40)所示的损失函数是高度多峰的，因此很难通过标准的局部搜索方法(例如梯度下降法)来实现损失函数的精确最小化。但是，没有什么能够阻止我们使用全局优化方法，例如 3.4.2 节和 3.4.3 节中讨论的 CE(交叉熵)或 SCO 方法。

例 4.7(使用 CE 方法进行聚类)　我们采用与例 4.6 相同的数据集，并使用 CE 方法通过最小化式(4.40)定义的损失对点进行聚类。下面的 Python 代码与例 3.16 中的代码非常相似，不同之处在于我们现在处理的是六维优化问题。损失函数是在函数 **Scluster** 中实现的，该函数本质上重用了例 4.6 中 K 均值方法的平方距离计算。CE 程序的损失收敛到 2.287，对应的最小化(全局)聚类中心为 $\boldsymbol{c}_1=[-1.9286,-3.0416]^{\mathrm{T}}$、$\boldsymbol{c}_2=[-3.8681,0.0456]^{\mathrm{T}}$ 和 $\boldsymbol{c}_3=[0.5880,-1.3526]^{\mathrm{T}}$，这与 K 均值算法的局部最小化结果只有些微差别。

clustCE.py

```
import numpy as np
np.set_printoptions(precision=4)

Xmat = np.genfromtxt('clusterdata.csv', delimiter=',')
K = 3
n, D = Xmat.shape

def Scluster(c):
    n, D = Xmat.shape
    dist2 = np.zeros((K,n))
    cc = c.reshape(D,K)
    for i in range(0,K):
        dist2[i,:] = np.sum((Xmat - cc[:,i].T)**2,1)
    minvals = np.amin(dist2,0)
    return minvals.mean()

numvar = K*D
mu = np.zeros(numvar)  #initialize centers
sigma = np.ones(numvar)*2
rho = 0.1
N = 500; Nel = int(N*rho); eps = 0.001

func = Scluster
best_trj = np.array(numvar)
best_perf = np.Inf
trj = np.zeros(shape=(N,numvar))

while(np.max(sigma)>eps):
   for i in range(0,numvar):
      trj[:,i] = (np.random.randn(N,1)*sigma[i]+ mu[i]).reshape(N,)
  S = np.zeros(N)
  for i in range(0,N):
      S[i] = func(trj[i])

  sortedids = np.argsort(S) # from smallest to largest
  S_sorted = S[sortedids]
  best_trj = np.array(n)
  best_perf = np.Inf
  eliteids = sortedids[range(0,Nel)]
  eliteTrj = trj[eliteids,:]
  mu = np.mean(eliteTrj,axis=0)
  sigma = np.std(eliteTrj,axis=0)

  if(best_perf>S_sorted[0]):
      best_perf = S_sorted[0]
      best_trj = trj[sortedids[0]]

print(best_perf)
print(best_trj.reshape(2,3))
2.2874901831572947
[[-3.9238 -1.8477  0.5895]
 [ 0.0134 -3.0292 -1.2442]]
```

4.7 层次聚类

有时以分层方式确定数据簇也很有用，动物物种之间进化关系的构建就是一个例子。可以采用自底向上或自顶向下的方式来建立聚类的层次结构。在自底向上的方法(也称为**聚合**

聚类)中，数据点将合并到越来越大的簇中，直到所有点都合并到单个簇为止。在自顶向下的方法(**分裂聚类方法**)中，数据集被分成越来越小的簇。图4.10a描述了聚类的层次结构。

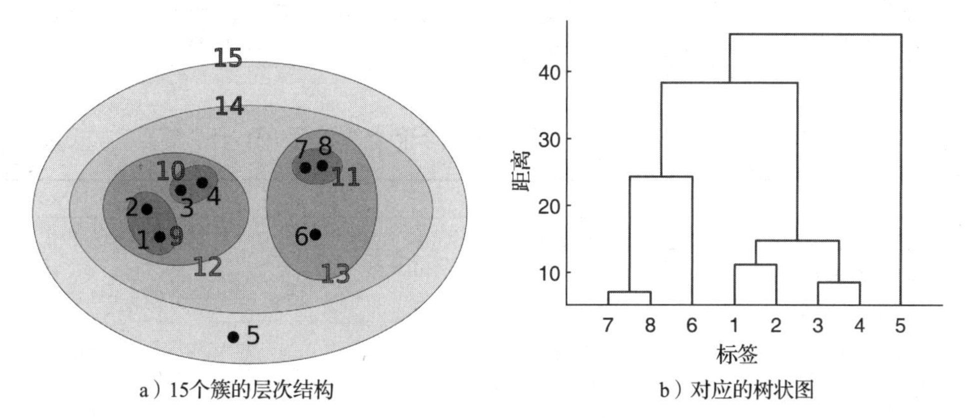

a）15个簇的层次结构　　b）对应的树状图

图4.10　层次聚类和对应的树状图

在图4.10中，每个簇都有一个标识符。最底层是由原始数据点组成的簇(标识符为1,…,8)。簇1和簇2的并集形成标识符为9的簇，簇3和簇4的并集形成标识符为10的簇。同样，簇9和簇10的并集形成簇12，依此类推。

图4.10b显示了使用**树状图**可视化层次聚类的便捷方法。树状图不仅总结了簇是如何合并或分裂的，还显示了簇之间的距离，这里用纵轴表示距离。水平轴显示每个数据点(标签)所属的簇。

根据两个数据点之间以及两个簇之间的距离的不同定义，可以进行许多不同类型的层次聚类。使用$\mathcal{X}=\{\boldsymbol{x}_i,\ i=1,\cdots,n\}$表示数据集。如4.6节所述，设$\operatorname{dist}(\boldsymbol{x}_i,\boldsymbol{x}_j)$为数据点$\boldsymbol{x}_i$和$\boldsymbol{x}_j$的距离。默认选择欧氏距离$\operatorname{dist}(\boldsymbol{x}_i,\boldsymbol{x}_j)=\|\boldsymbol{x}_i-\boldsymbol{x}_j\|$。

设$\mathcal{I}$和$\mathcal{J}$是$\{1,\cdots,n\}$的两个不相交的子集。这两个集合与$\mathcal{X}$的两个不相交的子集(即簇)$\{\boldsymbol{x}_i,i=\mathcal{I}\}$和$\{\boldsymbol{x}_i,i=\mathcal{J}\}$相对应。我们用$d(\mathcal{I},\mathcal{J})$表示这两个簇之间的距离。通过指定函数$d$，我们可以表示两个簇是如何链接的。因此，它也称为**链接准则**。我们举几个例子：

- **单链接**。簇之间的最近距离：

$$d_{\min}(\mathcal{I},\mathcal{J}):=\min_{i\in\mathcal{I},j\in\mathcal{J}}\operatorname{dist}(\boldsymbol{x}_i,\boldsymbol{x}_j)$$

- **全链接**。簇之间的最远距离：

$$d_{\max}(\mathcal{I},\mathcal{J}):=\max_{i\in\mathcal{I},j\in\mathcal{J}}\operatorname{dist}(\boldsymbol{x}_i,\boldsymbol{x}_j)$$

- **组平均值**。簇之间的平均距离(请注意，这取决于簇的大小)：

$$d_{\text{avg}}(\mathcal{I},\mathcal{J}):=\frac{1}{|\mathcal{I}|\,|\mathcal{J}|}\sum_{i\in\mathcal{I}}\sum_{j\in\mathcal{J}}\operatorname{dist}(\boldsymbol{x}_i,\boldsymbol{x}_j)$$

对于这些链接准则，通常假定$\mathcal{X}$为$\mathbb{R}^d$，具有欧式距离。

簇之间距离的另一个值得注意的度量是**Ward最小方差链接准则**。在这里，簇之间的距离表示为将两个簇合并而引入的“方差”附加量(以平方和表示)。更准确地说，对于任何索引或标签集合$\mathcal{K}$，设$\overline{\boldsymbol{x}}_{\mathcal{K}}=\sum_{k\in\mathcal{K}}\boldsymbol{x}_k/|\mathcal{K}|$表示对应的簇均值，那么，

$$d_{\text{Ward}}(\mathcal{I},\mathcal{J}):=\sum_{k\in\mathcal{I}\cup\mathcal{J}}\|\boldsymbol{x}_k-\overline{\boldsymbol{x}}_{\mathcal{I}\cup\mathcal{J}}\|^2-\left(\sum_{i\in\mathcal{I}}\|\boldsymbol{x}_i-\overline{\boldsymbol{x}}_{\mathcal{I}}\|^2+\sum_{j\in\mathcal{J}}\|\boldsymbol{x}_j-\overline{\boldsymbol{x}}_{\mathcal{J}}\|^2\right) \tag{4.41}$$

可以看出(参见习题8)，Ward链接仅取决于$\mathcal{I}$和$\mathcal{J}$的簇均值和簇的大小：

$$d_{\mathrm{Ward}}(\mathcal{I},\mathcal{J})=\frac{|\mathcal{I}|\,|\mathcal{J}|}{|\mathcal{I}|+|\mathcal{J}|}\|\bar{\boldsymbol{x}}_{\mathcal{I}}-\bar{\boldsymbol{x}}_{\mathcal{J}}\|^2$$

在软件实现中，通常将 Ward 链接函数乘以缩放因子 2。这样，单点簇$\{\boldsymbol{x}_i\}$和$\{\boldsymbol{x}_j\}$之间的距离就是欧氏距离的平方$\|\boldsymbol{x}_i-\boldsymbol{x}_j\|^2$。

选择好$\mathcal{X}$上的距离和链接准则后，常规的聚合聚类算法采用以下“贪心”方式进行。

算法 4.7.1 贪心聚合聚类

输入：距离函数 dist、链接函数 d、簇数量 K

输出：树的标签集合

1. 初始化簇的标识集合：$\mathcal{I}=\{1,\cdots,n\}$
2. 初始化对应的标签集合：$\mathcal{L}_i=\{i\}$，$i\in\mathcal{I}$
3. 初始化距离矩阵：$\boldsymbol{D}=[d_{ij}]$，$d_{ij}=d(\{i\},\{j\})$
4. **for** $k=n+1$ **to** $2n-K$ **do**
5. 在$\mathcal{I}$中寻找 i 和 $j>i$，使 d_{ij} 最小
6. 创建新的标签集合 $\mathcal{L}_k:=\mathcal{L}_i\cup\mathcal{L}_j$
7. 在$\mathcal{I}$中增加新的标识符 k，并从$\mathcal{I}$中删除旧标识符 i 和 j
8. 根据标识符 i，j，k 更新距离矩阵 $\boldsymbol{D}$
9. **返回** $\mathcal{L}_i$，$i=1,\cdots,2n-K$

最初，距离矩阵 $\boldsymbol{D}$ 包含单点簇之间的(链接)距离，每个簇包含数据点 $\boldsymbol{x}_1,\cdots,\boldsymbol{x}_n$ 中的一个点，因此具有标识符 $1,\cdots,n$。寻找最短距离就相当于在 $\boldsymbol{D}$ 中查表。找到最近的簇后，将它们合并到一个新簇中，并为此簇分配一个新的标识符 k(尚未用作标识符的最小正整数)。从簇标识符集合$\mathcal{I}$中删除旧的标识符 i 和 j。然后，通过添加第 k 列来更新矩阵 $\boldsymbol{D}$，该列中每行记录簇 k 和 $m\in\mathcal{I}$ 的距离。如果簇很大，并且簇之间的链接距离取决于簇中的所有点，则此更新步骤的计算代价可能会相当大。幸运的是，对于许多链接函数，矩阵 $\boldsymbol{D}$ 都可以以高效的方式更新。

假设在算法的某个阶段，具有标识符 i 和 j 的簇$\mathcal{I}$和$\mathcal{J}$合并为具有标识符 k 的簇$\mathcal{K}=\mathcal{I}\cup\mathcal{J}$。设标识符为 m 的簇$\mathcal{M}$是事先已分配好的簇。如果$\mathcal{K}$和$\mathcal{M}$之间的链接距离 d_{km} 可以写成如下形式，则链接距离的更新规则称为 Lance-Williams 更新：

$$d_{km}=\alpha d_{im}+\beta d_{jm}+\gamma d_{ij}+\delta|d_{im}-d_{jm}|$$

其中，$\alpha,\cdots,\delta$ 仅依赖于所涉及簇的简单特征，例如簇中的元素数量。表 4.2 列出了许多常用链接函数的更新常数。例如，对于单链接，d_{im} 是簇$\mathcal{I}$和$\mathcal{M}$之间的最小距离，d_{jm} 是簇$\mathcal{J}$和$\mathcal{M}$之间的最小距离。两个距离中最小的是$\mathcal{K}$到$\mathcal{M}$的最小距离，即 $d_{km}=\min\{d_{im},d_{jm}\}=d_{im}/2+d_{jm}/2-|d_{im}-d_{jm}|/2$。

表 4.2 各种链接函数的 Lance-Williams 更新规则常数

链接	α	β	γ	δ
单链接	1/2	1/2	0	−1/2
全链接	1/2	1/2	0	1/2
组平均	$\frac{n_i}{n_i+n_j}$	$\frac{n_j}{n_i+n_j}$	0	0
Ward 方法	$\frac{n_i+n_m}{n_i+n_j+n_m}$	$\frac{n_j+n_m}{n_i+n_j+n_m}$	$\frac{-n_m}{n_i+n_j+n_m}$	0

注：n_i、n_j、n_m 表示相应簇中元素的数量。

实际中，算法 4.7.1 一直运行，直到得到单个簇。它没有返回所有 $2n-1$ 个簇的标签集合，而是返回包含相同信息的**链接矩阵**。在每次迭代的最后(见算法第 8 行)，链接矩阵存储合并的标签 i 和 j，以及最小距离 d_{ij}。合并簇中的元素数量等其他信息也被存储。树状图和簇标签可以直接通过链接矩阵构建。在例 4.8 中，链接矩阵通过 agg_cluster 方法返回。

例 4.8(聚合层次聚类) 下面的 Python 代码使用 Ward 链接函数给出了算法 4.7.1 的基本实现。scipy 模块中的 **fcluster** 和 **dendrogram** 方法可用于识别簇中的标签，并绘制相应的树状图。

AggCluster.py

```
import numpy as np
from scipy.spatial.distance import cdist

def update_distances(D,i,j, sizes): # distances for merged cluster
    n = D.shape[0]
    d = np.inf * np.ones(n+1)
    for k in range(n): # Update distances
       d[k] = ((sizes[i]+sizes[k])*D[i,k] +
       (sizes[j]+sizes[k])*D[j,k] -
       sizes[k]*D[i,j])/(sizes[i] + sizes[j] + sizes[k])

    infs =  np.inf * np.ones(n) # array of infinity
    D[i,:],D[:,i],D[j,:],D[:,j] =  infs,infs,infs,infs # deactivate
    new_D = np.inf * np.ones((n+1,n+1))
    new_D[0:n,0:n] = D # copy old matrix into new_D
    new_D[-1,:], new_D[:,-1] = d,d # add new row and column
    return new_D

def agg_cluster(X):
    n = X.shape[0]
    sizes = np.ones(n)
    D = cdist(X, X,metric = 'sqeuclidean') # initialize dist. matrix

    np.fill_diagonal(D, np.inf * np.ones(D.shape[0]))
    Z = np.zeros((n-1,4))  #linkage matrix encodes hierarchy tree
    for t in range(n-1):
       i,j = np.unravel_index(D.argmin(), D.shape) # minimizer pair
       sizes = np.append(sizes, sizes[i] + sizes[j])
       Z[t,:]=np.array([i, j, np.sqrt(D[i,j]), sizes[-1]])
       D = update_distances(D, i,j, sizes)  # update distance matr.
   return Z

import scipy.cluster.hierarchy as h

X = np.genfromtxt('clusterdata.csv',delimiter=',') # read the data
Z = agg_cluster(X)  # form the linkage matrix

h.dendrogram(Z) # SciPy can produce a dendrogram from Z
# fcluster function assigns cluster ids to all points based on Z
cl = h.fcluster(Z, criterion = 'maxclust', t=3)

import matplotlib.pyplot as plt
plt.figure(2), plt.clf()
cols = ['red','green','blue']
colors = [cols[i-1] for i in cl]
plt.scatter(X[:,0], X[:,1],c=colors)
plt.show()
```

注意，距离矩阵使用欧氏距离的平方进行初始化，因此 Ward 链接的缩放比例是 2。此外，请注意，链接矩阵存储的是最小簇距离的平方根，而不是距离本身。我们将其留作练习，让大家自己检查这些改进的结果是否与 scipy 的 linkage 方法结果相符，见习题 9。

与层次聚类的自底向上（聚合）方法不同的是，分裂方法从一个簇开始，将其划分为尽可能“不相似”的两个簇，然后再对划分的簇进一步划分，依此类推。我们可以使用与聚合聚类相同的链接准则，通过最大化子簇之间的距离，将父簇分为两个子簇。虽然通过尽可能分离不相似的数据，然后将数据分组是很自然的事，但是这种想法的实现往往无法很好地扩展到很多子簇（n）。该问题与众所周知的**最大分割问题**（max-cut problem）有关：给定代价为正数 $c_{ij}\ (i,j\in\{1,\cdots,n\})$ 的 $n\times n$ 矩阵，将索引集合 $\mathcal{I}=\{1,\cdots,n\}$ 划分为两个子集 $\mathcal{J}$ 和 $\mathcal{K}$，使得整个集合的总代价最大：

$$\sum_{j\in\mathcal{J}}\sum_{k\in\mathcal{K}} d_{jk}$$

如果我们使用平均距离最大化，则可以得到组平均链接准则。

例 4.9（使用 CE 进行分裂聚类） 以下 Python 代码可根据最大组平均链接将小数据集（大小为 300）分为两部分（见图 4.11）。它使用类似于例 3.19 所示的短交叉熵算法。给定概率向量 $\{p_i, i=1,\cdots,n\}$，该算法生成第 i 列成功率为 p_i 的伯努利随机变量 $n\times n$ 矩阵。对于每一行，使用 0 和 1 将索引集分为两个簇，并计算相应的平均链接距离。然后，根据这些距离对矩阵按行进行排序。最后，根据最优的 10% 行的均值更新概率 $\{p_i\}$。重复该过程，直到 $\{p_i\}$ 退化为二进制向量，得到（近似）解。

clustCE2.py

```
import numpy as np
from numpy import genfromtxt
from scipy.spatial.distance import squareform
from scipy.spatial.distance import pdist
import matplotlib.pyplot as plt


def S(x,D):
   V1 = np.where(x==0)[0] # {V1,V2} is the partition
   V2 = np.where(x==1)[0]
   tmp = D[V1]
   tmp = tmp[:,V2]
   return np.mean(tmp) # the size of the cut


def maxcut(D,N,eps,rho,alpha):
   n = D.shape[1]
   Ne = int(rho*N)
   p = 1/2*np.ones(n)
   p[0] = 1.0
   while (np.max(np.minimum(p,np.subtract(1,p))) > eps):
       x = np.array(np.random.uniform(0,1,(N,n))<=p, dtype=np.int64)
       sx = np.zeros(N)
       for i in range(N):
           sx[i] = S(x[i],D)

       sortSX = np.flip(np.argsort(sx))
       #print("gamma = ",sx[sortSX[Ne-1]], " best=",sx[sortSX[0]])
       elIds = sortSX[0:Ne]
```

```
        elites = x[elIds]
        pnew = np.mean(elites,axis=0)
        p = alpha*pnew + (1.0-alpha)*p

    return np.round(p)

Xmat = genfromtxt('clusterdata.csv',delimiter=',')
n = Xmat.shape[0]
D = squareform(pdist(Xmat))
N = 1000
eps = 10**-2
rho = 0.1
alpha = 0.9

# CE
pout = maxcut(D,N,eps,rho,alpha);

cutval = S(pout,D)
print("cutvalue ",cutval)

#plot
V1 = np.where(pout==0)[0]
xblue = Xmat[V1]
V2 = np.where(pout==1)[0]
xred = Xmat[V2]
plt.scatter(xblue[:,0],xblue[:,1], c="blue")
plt.scatter(xred[:,0],xred[:,1], c="red")
```

```
cutvalue  4.625207676517948
```

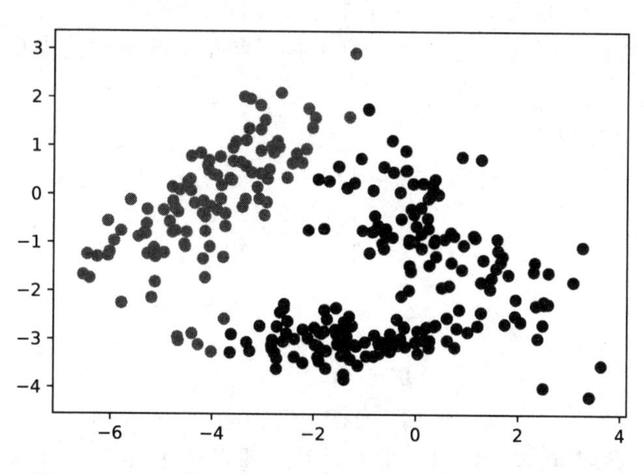

图 4.11 通过交叉熵方法将图 4.4 中的数据分为两个簇

4.8 主成分分析

主成分分析(Principal Component Analysis，PCA)的主要思想是对由多个变量组成的数据集进行降维。PCA 是一种**特征约简**(或**特征提取**)机制，可帮助我们处理具有更多特征而不易于解释的高维数据。

4.8.1 动机：椭球体的主轴

考虑均值向量为 **0** 且协方差矩阵为 $\boldsymbol{\Sigma}$ 的 d 维正态分布。相应的概率密度函数[参见式

(2.33)]为

$$f(\boldsymbol{x})=\frac{1}{\sqrt{(2\pi)^n|\boldsymbol{\Sigma}|}}\mathrm{e}^{-\frac{1}{2}\boldsymbol{x}^{\mathrm{T}}\boldsymbol{\Sigma}^{-1}\boldsymbol{x}},\quad \boldsymbol{x}\in\mathbb{R}^d$$

如果从该概率密度分布中提取许多独立同分布样本，这些点将大致呈椭圆形，对应 f 分布的轮廓(见图 3.1)：对于 $c\geqslant 0$，满足 $\boldsymbol{x}^{\mathrm{T}}\boldsymbol{\Sigma}^{-1}\boldsymbol{x}=c$ 的点 $\boldsymbol{x}$ 的集合。特别地，考虑椭球

$$\boldsymbol{x}^{\mathrm{T}}\boldsymbol{\Sigma}^{-1}\boldsymbol{x}=1,\quad \boldsymbol{x}\in\mathbb{R}^d \tag{4.42}$$

令 $\boldsymbol{\Sigma}=\boldsymbol{B}\boldsymbol{B}^{\mathrm{T}}$，其中 $\boldsymbol{B}$ 是下 Cholesky 矩阵。然后，如例 A.5 中所述，椭球[见式(4.42)]也可以看作通过矩阵 $\boldsymbol{B}$ 对 d 维单位球面的线性变换。此外，可以通过 $\boldsymbol{B}$(或 $\boldsymbol{\Sigma}$)的**奇异值分解**(Singular Value Decomposition，SVD)得到椭球的**主轴**，参见 A.6.5 节和例 A.8。特别地，假设 $\boldsymbol{B}$ 的奇异值分解为

$$\boldsymbol{B}=\boldsymbol{U}\boldsymbol{D}\boldsymbol{V}^{\mathrm{T}}(\text{注意 }\boldsymbol{\Sigma}\text{ 的奇异值分解为 }\boldsymbol{U}\boldsymbol{D}^2\boldsymbol{U}^{\mathrm{T}})$$

矩阵 $\boldsymbol{UD}$ 的列对应于椭球的主轴，各轴的相对长度由对角矩阵 $\boldsymbol{D}$ 的元素给出。如果一些轴的长度比其他轴的长度短，则可以将每个点 $\boldsymbol{x}\in\mathbb{R}^d$ 投影到由 $\boldsymbol{U}$ 的主要列($k\ll d$)组成的子空间(即所谓的**主成分**)上，从而实现空间维数的减小。不失一般性，假定前 k 个主成分由 $\boldsymbol{U}$ 的前 k 列给出，令 $\boldsymbol{U}_k$ 为相应的 $d\times k$ 矩阵。

对于标准基$\{\boldsymbol{e}_i\}$，向量 $\boldsymbol{x}=x_1\boldsymbol{e}_1+\cdots+x_d\boldsymbol{e}_d$ 由 d 维向量$[x_1,\cdots,x_d]^{\mathrm{T}}$ 表示。对于由矩阵 $\boldsymbol{U}$ 的列形成的正交基$\{\boldsymbol{u}_i\}$，$\boldsymbol{x}$ 表示为 $\boldsymbol{U}^{\mathrm{T}}\boldsymbol{x}$。类似地，任意点 $\boldsymbol{x}$ 在前 k 个主向量张成的子空间上的投影，由 k 维向量 $\boldsymbol{U}_k^{\mathrm{T}}\boldsymbol{x}$ 表示，这里的标准正交基是由 $\boldsymbol{U}_k$ 的列构成的。因此，我们的想法是，如果点 $\boldsymbol{x}$ 和其投影 $\boldsymbol{U}_k\boldsymbol{U}_k^{\mathrm{T}}\boldsymbol{x}$ 很接近，则可以使用 k 个主成分组成的特征来表示，使用的特征数量是 k 个而不是 d 个。有关投影和正交基的讨论参见 A.4 节。

例 4.10(主成分) 考虑矩阵

$$\boldsymbol{\Sigma}=\begin{bmatrix}14&8&3\\8&5&2\\3&2&1\end{bmatrix}$$

可以写成 $\boldsymbol{\Sigma}=\boldsymbol{B}\boldsymbol{B}^{\mathrm{T}}$，其中

$$\boldsymbol{B}=\begin{bmatrix}1&2&3\\0&1&2\\0&0&1\end{bmatrix}$$

图 4.12 描绘了一个椭球 $\boldsymbol{x}^{\mathrm{T}}\boldsymbol{\Sigma}^{-1}\boldsymbol{x}=1$，它可以通过矩阵 $\boldsymbol{B}$ 对单位球体上的点进行线性变换得到。椭球的主轴和尺寸通过奇异值分解 $\boldsymbol{B}=\boldsymbol{U}\boldsymbol{D}\boldsymbol{V}^{\mathrm{T}}$ 求得，其中 $\boldsymbol{U}$ 和 $\boldsymbol{D}$ 为：

$$\boldsymbol{U}=\begin{bmatrix}0.8460&0.4828&0.2261\\0.4973&-0.5618&-0.6611\\0.1922&-0.6718&0.7154\end{bmatrix},\quad \boldsymbol{D}=\begin{bmatrix}4.4027&0&0\\0&0.7187&0\\0&0&0.3160\end{bmatrix}$$

$\boldsymbol{U}$ 的列表示椭球的主轴方向，$\boldsymbol{D}$ 的对角元素表示主轴的相对长度。我们看到，第一主成分由 $\boldsymbol{U}$ 的第一列给出，第二主成分由 $\boldsymbol{U}$ 的第二列给出。

点 $\boldsymbol{x}=[1.052,0.6648,0.2271]^{\mathrm{T}}$ 在由第一主成分 $\boldsymbol{u}_1=[0.8460,0.4972,0.1922]^{\mathrm{T}}$ 张成的一维空间上的投影为 $\boldsymbol{z}=\boldsymbol{u}_1\boldsymbol{u}_1^{\mathrm{T}}\boldsymbol{x}=[1.0696,0.6287,0.2429]^{\mathrm{T}}$。对于基向量 $\boldsymbol{u}_1$，向量 $\boldsymbol{z}$ 用数字 $\boldsymbol{u}_1^{\mathrm{T}}\boldsymbol{z}=1.2643$ 来表示，即 $\boldsymbol{z}=1.2643\boldsymbol{u}_1$。

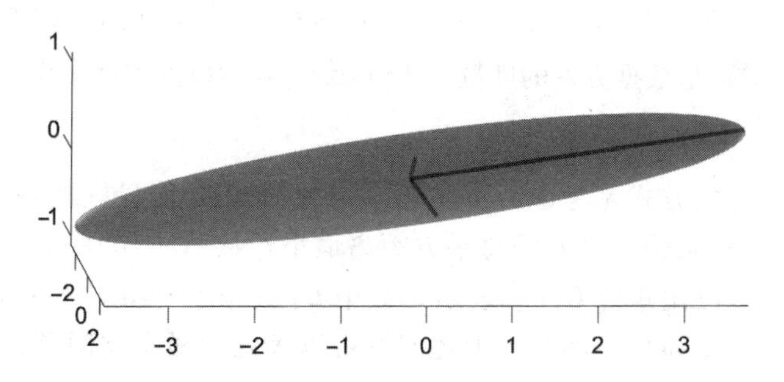

图 4.12 对于“冲浪板”椭球，其中一个主轴明显比其他两个主轴长

4.8.2 PCA 和奇异值分解

在上面的设置中，我们没有考虑来自多变量概率密度函数 f 的数据集。整个分析基于线性代数。在**主成分分析**(PCA)中，我们从数据 $\boldsymbol{x}_1,\cdots,\boldsymbol{x}_n$ 开始，其中每个 $\boldsymbol{x}$ 都是 d 维的。PCA 不需要假设数据是如何获得的，但为了与上一节的假设保持一致，我们可以将数据视为从多元正态概率密度函数中抽取的独立同分布数据。

我们通常将数据收集为矩阵 $\boldsymbol{X}$，即：

$$\boldsymbol{X}=\begin{bmatrix} x_{11} & x_{12} & \cdots & x_{1d} \\ x_{21} & x_{22} & \cdots & x_{2d} \\ \vdots & \vdots & \vdots & \vdots \\ x_{n1} & x_{n2} & \cdots & x_{nd} \end{bmatrix}=\begin{bmatrix} \boldsymbol{x}_1^{\mathrm{T}} \\ \boldsymbol{x}_2^{\mathrm{T}} \\ \vdots \\ \boldsymbol{x}_n^{\mathrm{T}} \end{bmatrix}$$

矩阵 $\boldsymbol{X}$ 将作为 PCA 的输入。在这种情况下，数据由 d 维空间中的点组成，我们的目标是使用 n 个 $k(k<d)$维特征向量来表示数据。

根据 4.8.1 节，我们假设数据所属分布的期望向量为 $\mathbf{0}$。在实践中，这意味着在应用 PCA 之前，需要在每列中减去列均值来对数据进行中心化：

$$x'_{ij}=x_{ij}-\bar{x}_j$$

其中，$\bar{x}_j=\frac{1}{n}\sum_{i=1}^{n}x_{ij}$。

从现在开始，我们假设数据来自均值向量为 $\mathbf{0}$、协方差矩阵为 $\boldsymbol{\Sigma}$ 的一般 d 维分布。根据定义，协方差矩阵 $\boldsymbol{\Sigma}$ 等于随机矩阵 $\boldsymbol{X}\boldsymbol{X}^{\mathrm{T}}$ 的期望，并且可以通过样本平均值从数据 $\boldsymbol{x}_1,\cdots,\boldsymbol{x}_n$ 中估计：

$$\hat{\boldsymbol{\Sigma}}=\frac{1}{n}\sum_{i=1}^{n}\boldsymbol{x}_i\boldsymbol{x}_i^{\mathrm{T}}=\frac{1}{n}\boldsymbol{X}^{\mathrm{T}}\boldsymbol{X}$$

由于$\hat{\boldsymbol{\Sigma}}$是协方差矩阵，因此我们可以像 4.8.1 节对 $\boldsymbol{\Sigma}$ 那样对$\hat{\boldsymbol{\Sigma}}$进行相同的分析。具体地说，假设$\hat{\boldsymbol{\Sigma}}=\boldsymbol{U}\boldsymbol{D}^2\boldsymbol{U}^{\mathrm{T}}$ 是$\hat{\boldsymbol{\Sigma}}$的奇异值分解，而矩阵 $\boldsymbol{U}_k$ 的列是$\hat{\boldsymbol{\Sigma}}$的 k 个主成分。也就是说，$\boldsymbol{U}$ 的 k 列对应于 $\boldsymbol{D}^2$ 中 k 个最大的对角元素。注意，为了与 4.8.1 节的假设保持一致，我们使用 $\boldsymbol{D}^2$ 而不是 $\boldsymbol{D}$。变换 $\boldsymbol{z}=\boldsymbol{U}_k\boldsymbol{U}_k^{\mathrm{T}}\boldsymbol{x}_i$ 将每个向量 $\boldsymbol{x}_i\in\mathbb{R}^d$(具有 d 个特征)映射到向量 $\boldsymbol{z}_i\in\mathbb{R}^d$，向量 $\boldsymbol{z}_i$ 位于由 $\boldsymbol{U}_k$ 的列张成的子空间中。就这个基来说，点 $\boldsymbol{z}_i$ 可以表示为 $\boldsymbol{z}_i=\boldsymbol{U}_k^{\mathrm{T}}(\boldsymbol{U}_k\boldsymbol{U}_k^{\mathrm{T}}\boldsymbol{x}_i)=\boldsymbol{U}_k^{\mathrm{T}}\boldsymbol{x}_i\in\mathbb{R}^k$(因此具有 k 个特征)。$\boldsymbol{z}_i(i=1,\cdots,n)$对应的协方差矩阵

是对角矩阵。$\boldsymbol{D}$ 的对角元素 $\{d_{\ell\ell}\}$ 可以解释为数据在主成分方向上的标准差。因此，量 $v=\sum_{\ell=1} d_{\ell\ell}^2$（即 $\boldsymbol{D}^2$ 的迹）是数据方差的度量。比值 $d_{\ell\ell}^2/v$ 表示数据中有多少方差是由第 ℓ 个主成分解释的。

另一种看待 PCA 的方式是考虑以下问题："我们如何才能最好地将数据投影到 k 维子空间中，以使投影点和原始点之间的总平方距离最小？"从 A.4 节中可知，到 k 维子空间的任何正交投影 $\mathcal{V}_k$ 都可以用矩阵 $\boldsymbol{U}_k\boldsymbol{U}_k^{\mathrm{T}}$ 表示，其中 $\boldsymbol{U}_k=[\boldsymbol{u}_1,\cdots,\boldsymbol{u}_k]$，$\{\boldsymbol{u}_\ell,\ \ell=1,\cdots,k\}$ 是张成 $\mathcal{V}_k$ 的长度为 1 的正交向量。因此，上述问题可以表述为最小化问题：

$$\min_{\boldsymbol{u}_1,\cdots,\boldsymbol{u}_k}\sum_{i=1}^{n}\|\boldsymbol{x}_i-\boldsymbol{U}_k\boldsymbol{U}_k^{\mathrm{T}}\boldsymbol{x}_i\|^2 \tag{4.43}$$

现在观察

$$\begin{aligned}\frac{1}{n}\sum_{i=1}^{n}\|\boldsymbol{x}_i-\boldsymbol{U}_k\boldsymbol{U}_k^{\mathrm{T}}\boldsymbol{x}_i\|^2&=\frac{1}{n}\sum_{i=1}^{n}(\boldsymbol{x}_i^{\mathrm{T}}-\boldsymbol{x}_i^{\mathrm{T}}\boldsymbol{U}_k\boldsymbol{U}_k^{\mathrm{T}})(\boldsymbol{x}_i-\boldsymbol{U}_k\boldsymbol{U}_k^{\mathrm{T}}\boldsymbol{x}_i)\\&=\underbrace{\frac{1}{n}\sum_{i=1}^{n}\|\boldsymbol{x}_i\|^2}_{c}-\frac{1}{n}\sum_{i=1}^{n}\boldsymbol{x}_i^{\mathrm{T}}\boldsymbol{U}_k\boldsymbol{U}_k^{\mathrm{T}}\boldsymbol{x}_i=c-\frac{1}{n}\sum_{i=1}^{n}\sum_{\ell=1}^{k}\mathrm{tr}(\boldsymbol{x}_i^{\mathrm{T}}\boldsymbol{u}_\ell\boldsymbol{u}_\ell^{\mathrm{T}}\boldsymbol{x}_i)\\&=c-\frac{1}{n}\sum_{\ell=1}^{k}\sum_{i=1}^{n}\boldsymbol{u}_\ell^{\mathrm{T}}\boldsymbol{x}_i\boldsymbol{x}_i^{\mathrm{T}}\boldsymbol{u}_\ell=c-\sum_{\ell=1}^{k}\boldsymbol{u}_\ell^{\mathrm{T}}\hat{\boldsymbol{\Sigma}}\boldsymbol{u}_\ell\end{aligned}$$

在这里，我们使用了迹的循环特性（见定理 A.1）以及 $\boldsymbol{U}_k\boldsymbol{U}_k^{\mathrm{T}}$ 可以写为 $\sum_{\ell=1}^{k}\boldsymbol{u}_\ell\boldsymbol{u}_\ell^{\mathrm{T}}$ 的事实。因此，式(4.43)的最小化问题等价于以下最大化问题：

$$\max_{\boldsymbol{u}_1,\cdots,\boldsymbol{u}_k}\sum_{\ell=1}^{k}\boldsymbol{u}_\ell^{\mathrm{T}}\hat{\boldsymbol{\Sigma}}\boldsymbol{u}_\ell \tag{4.44}$$

该最大值最大为 $\sum_{\ell=1}^{k}d_{\ell\ell}^2$，并且在 $\boldsymbol{u}_1,\cdots,\boldsymbol{u}_k$ 是 $\hat{\boldsymbol{\Sigma}}$ 的前 k 个主成分时能精确达到。

例 4.11（奇异值分解） 以下数据集由三维高斯分布的独立样本组成，如例 4.10 所述，其均值向量为 $\mathbf{0}$，协方差矩阵为 $\boldsymbol{\Sigma}$：

$$\boldsymbol{X}=\begin{bmatrix}3.1209 & 1.7438 & 0.5479\\-2.6628 & -1.5310 & -0.2763\\3.7284 & 3.0648 & 1.8451\\0.4203 & 0.3553 & 0.4268\\-0.7155 & -0.6871 & -0.1414\\5.8728 & 4.0180 & 1.4541\\4.8163 & 2.4799 & 0.5637\\2.6948 & 1.2384 & 0.1533\\-1.1376 & -0.4677 & -0.2219\\-1.2452 & -0.9942 & -0.4449\end{bmatrix}$$

将 $\boldsymbol{X}$ 替换为其中心化版本后，协方差 $\hat{\boldsymbol{\Sigma}}=\boldsymbol{X}^{\mathrm{T}}\boldsymbol{X}/n$ 的奇异值分解为 $\boldsymbol{U}\boldsymbol{D}^2\boldsymbol{U}^{\mathrm{T}}$，得到主成分矩阵 $\boldsymbol{U}$ 和对角矩阵 $\boldsymbol{D}$：

$$
\boldsymbol{U}=\begin{bmatrix}-0.8277 & 0.4613 & 0.3195\\ -0.5300 & -0.4556 & -0.7152\\ -0.1843 & -0.7613 & 0.6216\end{bmatrix},\quad \boldsymbol{D}=\begin{bmatrix}3.3424 & 0 & 0\\ 0 & 0.4778 & 0\\ 0 & 0 & 0.1038\end{bmatrix}
$$

我们还观察到，除了第一列的符号外，主成分矩阵 $\boldsymbol{U}$ 与例 4.10 中的对应矩阵相似。矩阵 $\boldsymbol{D}$ 也是如此。我们看到，总方差的 97.90% 由第一个主成分解释。图 4.13 展示了中心化数据到主成分张成的子空间上的投影。

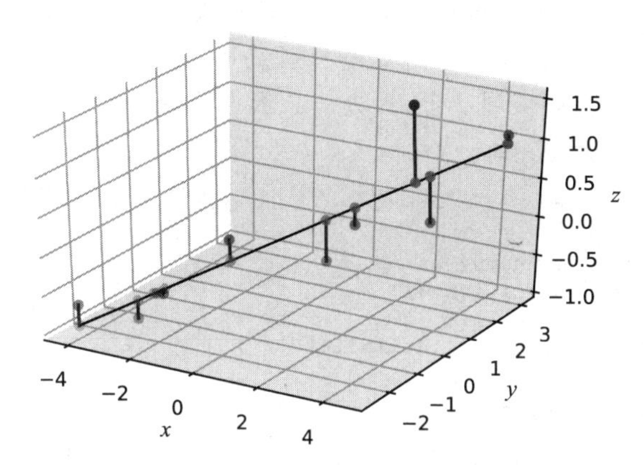

图 4.13 来自"冲浪板"概率密度的数据被投影到最大主成分所张成的子空间上

所使用的 Python 代码如下：

PCAdat.py

```
import numpy as np
X = np.genfromtxt('pcadat.csv', delimiter=',')
n = X.shape[0]

X = X - X.mean(axis=0)
G = X.T @ X
U, _ , _ = np.linalg.svd(G/n)

# projected points
Y = X @ np.outer(U[:,0],U[:,0])

import matplotlib.pyplot as plt
from mpl_toolkits.mplot3d import Axes3D

fig = plt.figure()
ax = fig.add_subplot(111, projection='3d')
ax.w_xaxis.set_pane_color((0, 0, 0, 0))
ax.plot(Y[:,0], Y[:,1], Y[:,2], c='k', linewidth=1)
ax.scatter(X[:,0], X[:,1], X[:,2], c='b')
ax.scatter(Y[:,0], Y[:,1], Y[:,2], c='r')

for i in range(n):
    ax.plot([X[i,0], Y[i,0]], [X[i,1],Y[i,1]], [X[i,2],Y[i,2]], 'b')

ax.set_xlabel('x')
ax.set_ylabel('y')
ax.set_zlabel('z')
plt.show()
```

例 4.12 是 PCA 在 Fisher 著名的 **iris**(鸢尾花)数据集上的应用，1.1 节和习题 1.5 已提到过该数据集。

例 4.12(iris 数据集的 PCA) iris 数据集包含鸢尾花四个特征的测量值：萼片长度、萼片宽度、花瓣长度、花瓣宽度，总共 150 个样本。完整的数据集还包含品种名称，但是本例将其忽略。

图 1.9 展示了不同特征之间的显著相关性。通过原始特征的线性组合，我们是否可以使用较少的特征来描述数据呢？为了对此进行研究，我们使用 PCA 方法，首先进行数据中心化。下面的 Python 代码实现了 PCA 方法。假设已经创建了包含 **iris** 数据集(不包含品种信息)的 CSV 文件 **irisX.csv**。

PCAiris.py

```
import seaborn as sns, numpy as np
np.set_printoptions(precision=4)

X = np.genfromtxt('IrisX.csv',delimiter=',')
n = X.shape[0]
X = X - np.mean(X, axis=0)

[U,D2,UT]= np.linalg.svd((X.T @ X)/n)
print('U = \n', U); print('\n diag(D^2) = ', D2)

z =  U[:,0].T @ X.T

sns.kdeplot(z, bw=0.15)
```

```
U =
 [[-0.3614 -0.6566  0.582   0.3155]
 [ 0.0845 -0.7302 -0.5979 -0.3197]
 [-0.8567  0.1734 -0.0762 -0.4798]
 [-0.3583  0.0755 -0.5458  0.7537]]

 diag(D^2) =  [4.2001 0.2411 0.0777 0.0237]
```

上面的输出显示了主成分矩阵($\boldsymbol{U}$)以及矩阵 $\boldsymbol{D}^2$ 的对角元素。我们看到，第一主成分解释了很大一部分方差，比例高达 4.2001/(4.2001 + 0.2411 + 0.0777 + 0.0237) = 92.46%。因此，将每个数据点 $\boldsymbol{x} \in \mathbb{R}^4$ 转换为 $\boldsymbol{u}_1^{\mathrm{T}} \boldsymbol{x} \in \mathbb{R}$ 是有意义的。图 4.14 展示了转换后数据的核密度估计。有趣的是，我们看到了两种模式，表示数据中至少有 2 个簇。

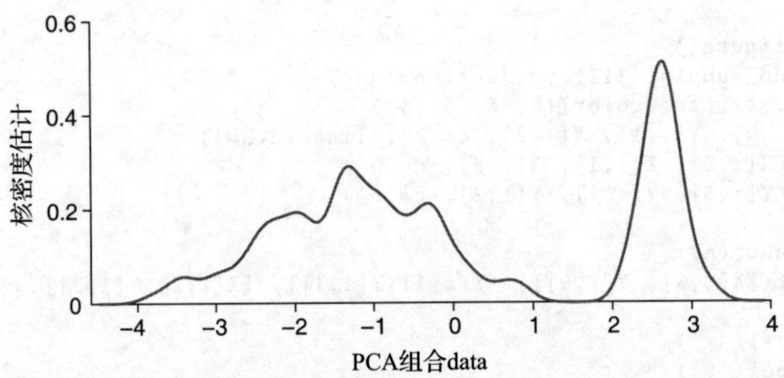

图 4.14 PCA 组合 iris 数据的核密度估计

4.9 扩展阅读

文献[28]介绍了各种量化不确定性的信息论度量方法，包括香农熵和 KL 散度。Fisher 信息是统计学中最重要的信息度量，文献[78]对此进行了详细的讨论。赤池信息准则出自文献[2]。文献[31]介绍了 EM 算法，文献[85]对 EM 算法进行了深入的讨论。EM 算法的收敛性证明详见文献[19,128]。核密度估计的经典参考文献是[113]，文献[14]是 theta 核密度估计的主要参考文献。有限混合模型的理论和应用见文献[86]。有关聚类算法和聚类应用的更多详细信息，以及数据压缩、向量量化和模式识别等方面的内容，请参考文献[1,35,107,125]。对 K 均值算法的一种改进算法是模糊 K 均值算法，参见文献[9]。文献[4]中介绍的 K 均值＋＋启发式方法，是 K 均值选择起始位置的常用方法。

4.10 习题

1. 在 $f=g(\cdot\mid\boldsymbol{\theta})$ 的特殊情况下，假设积分和微分顺序可以互换，证明式(4.8)中的 Fisher 信息矩阵 $\mathbf{F}(\boldsymbol{\theta})$ 等于式(4.9)中的矩阵 $\mathbf{H}(\boldsymbol{\theta})$。

   (a)设 $\boldsymbol{h}$ 为向量值函数，k 为实值函数。证明以下**除法求导法则**：

$$\frac{\partial[\boldsymbol{h}(\boldsymbol{\theta})/k(\boldsymbol{\theta})]}{\partial\boldsymbol{\theta}}=\frac{1}{k(\boldsymbol{\theta})}\frac{\partial\boldsymbol{h}(\boldsymbol{\theta})}{\partial\boldsymbol{\theta}}-\frac{1}{k^2(\boldsymbol{\theta})}\frac{\partial k(\boldsymbol{\theta})}{\partial\boldsymbol{\theta}}\boldsymbol{h}(\boldsymbol{\theta})^{\mathrm{T}} \tag{4.45}$$

   (b)取 $\boldsymbol{h}(\boldsymbol{\theta})=\dfrac{\partial g(\boldsymbol{X}\mid\boldsymbol{\theta})}{\partial\boldsymbol{\theta}}$，$k(\boldsymbol{\theta})=g(\boldsymbol{X}\mid\boldsymbol{\theta})$，对式(4.45)等式两边用 $\mathbb{E}_{\boldsymbol{\theta}}$ 求期望，证明：

$$-\mathbf{H}(\boldsymbol{\theta})=\underbrace{\mathbb{E}_{\boldsymbol{\theta}}\left[\frac{1}{g(\boldsymbol{X}\mid\boldsymbol{\theta})}\frac{\partial\dfrac{\partial g(\boldsymbol{X}\mid\boldsymbol{\theta})}{\partial\boldsymbol{\theta}}}{\partial\boldsymbol{\theta}}\right]}_{\mathbf{A}}-\mathbf{F}(\boldsymbol{\theta})$$

   (c)证明：$\mathbf{A}$ 是零矩阵。

2. 使用权重 $w_1=w_2=w_3=1/3$，绘制 $\mathcal{N}(0,1)$、$\mathcal{U}(0,1)$ 和 Exp(1)的混合分布。

3. 分别用 f_1、f_2、f_3 表示习题 2 中的概率密度。假设通过两步过程模拟 X：首先，从$\{1,2,3\}$抽取 Z，然后从 f_Z 中抽取 X。X 的结果 $x=0.5$ 来自均匀分布 f_2 的概率有多大?

4. 从 Gamma(2.3,0.5)分布中模拟大小为 100 的独立同分布训练集，并实现例 4.1 中的 Fisher 评分方法以找到最大似然估计。绘制其真实和近似的概率密度。

5. 设 $\mathcal{T}=\{\boldsymbol{X}_1,\cdots,\boldsymbol{X}_n\}$是来自概率密度 $g(\boldsymbol{x}\mid\boldsymbol{\theta})$ 的独立同分布数据，具有 Fisher 矩阵 $\mathbf{F}(\boldsymbol{\theta})/n$。在式(4.7)的条件下，解释为什么

$$\boldsymbol{S}_{\mathcal{T}}(\boldsymbol{\theta}):=\frac{1}{n}\sum_{i=1}^{n}\boldsymbol{S}(\boldsymbol{X}_i\mid\boldsymbol{\theta})$$

   对于大数 n 是期望向量为 $\mathbf{0}$、协方差矩阵为 $\mathbf{F}(\boldsymbol{\theta})$ 的近似多元正态分布?

6. 图 4.15 显示了在点－0.5、0、0.2、0.9 和 1.5 上具有 $\sigma=0.2$ 带宽的高斯 KDE。在 Python 中重现该图。使用相同的带宽，绘制相同数据的 KDE，但使用 $\phi(z)=1/2$，$z\in[-1,1]$。

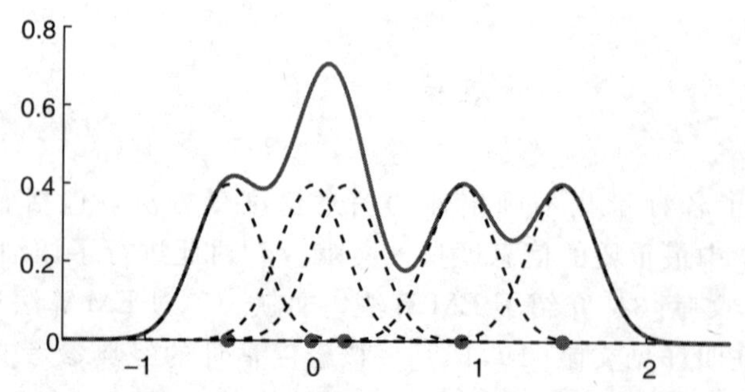

图 4.15 虚线表示以数据点为中心、标准差为 $\sigma=0.2$ 的正态概率密度，实线表示等权重高斯混合模型的高斯 KDE

7. 对于固定的 x'，高斯核函数

$$f(x\,|\,t):=\frac{1}{\sqrt{2\pi t}}\mathrm{e}^{-\frac{1}{2}\frac{(x-x')^2}{t}}$$

是傅里叶导热方程

$$\frac{\partial}{\partial t}f(x\,|\,t)=\frac{1}{2}\frac{\partial^2}{\partial x^2}f(x\,|\,t),\quad x\in\mathbb{R},\quad t>0$$

的解，初始条件为 $f(x\,|\,0)=\delta(x-x')$（x' 处的狄拉克函数）。请证明这个等式成立。因此，高斯 KDE 是同一导热方程的解，但初始条件是 $f(x\,|\,0)=n^{-1}\sum_{i=1}^{n}\delta(x-x_i)$。这也是 theta KDE[14] 的目的，theta KDE 也是同一导热方程的解，但是该解位于有界区间。

8. 证明式(4.41)中给出的 Ward 链接等于

$$d_{\text{Ward}}(\mathcal{I},\mathcal{J})=\frac{|\mathcal{I}|\,|\mathcal{J}|}{|\mathcal{I}|+|\mathcal{J}|}\,\|\,\overline{\boldsymbol{x}}_{\mathcal{I}}-\overline{\boldsymbol{x}}_{\mathcal{J}}\,\|^2$$

9. 通过 scipy.cluster.hierarchy 模块中的 linkage 方法，实现例 4.8 的聚合层次聚类。证明其链接矩阵与例 4.8 相同。给出数据的散点图，用不同的颜色表示成 $K=3$ 个簇。

10. 假设我们有 $\mathbb{R}$ 空间中的数据 $\tau_n=\{x_1,\cdots,x_n\}$，并决定训练由两个分量组成的高斯混合模型

$$g(x\,|\,\boldsymbol{\theta})=w_1\frac{1}{\sqrt{2\pi\sigma_1^2}}\exp\left(-\frac{(x-\mu_1)^2}{2\sigma_1^2}\right)+w_2\frac{1}{\sqrt{2\pi\sigma_2^2}}\exp\left(-\frac{(x-\mu_2)^2}{2\sigma_2^2}\right)$$

其中，参数向量 $\boldsymbol{\theta}=[\mu_1,\mu_2,\sigma_1,\sigma_2,w_1,w_2]^{\mathrm{T}}$ 属于集合

$$\Theta=\{\boldsymbol{\theta}:w_1+w_2=1,w_1\in[0,1],\mu_i\in\mathbb{R},\sigma_i>0,\forall i\}$$

假设通过式(2.28)中的最大似然函数进行训练。证明：

$$\sup_{\boldsymbol{\theta}\in\Theta}\frac{1}{n}\sum_{i=1}^{n}\ln g(x_i\,|\,\boldsymbol{\theta})=\infty$$

换句话说，找到 $\boldsymbol{\theta}\in\Theta$ 的值序列，使得似然无限增长。我们该如何限制集合 Θ，以确保似然保持有界？

11. d 维正态随机向量 $\boldsymbol{X}\sim\mathcal{N}(\boldsymbol{\mu},\boldsymbol{\Sigma})$ 可以通过标准正态随机向量 $\boldsymbol{Z}\sim\mathcal{N}(\boldsymbol{0},\boldsymbol{I}_d)$ 的仿射变换 $\boldsymbol{X}=\boldsymbol{\mu}+\boldsymbol{\Sigma}^{1/2}\boldsymbol{Z}$ 来定义，其中 $\boldsymbol{\Sigma}^{1/2}(\boldsymbol{\Sigma}^{1/2})^{\mathrm{T}}=\Sigma$。用类似的方式，我们可以通过如下变换来定义 d 维学生分布随机向量 $\boldsymbol{X}\sim\mathsf{t}_\alpha(\boldsymbol{\mu},\boldsymbol{\Sigma})$：

$$\boldsymbol{X}=\boldsymbol{\mu}+\frac{1}{\sqrt{S}}\boldsymbol{\Sigma}^{1/2}\boldsymbol{Z}\tag{4.46}$$

其中，$\boldsymbol{Z}\sim\mathcal{N}(\boldsymbol{0},\boldsymbol{I}_d)$ 和 $S\sim\mathsf{Gamma}\left(\frac{\alpha}{2},\frac{\alpha}{2}\right)$ 是独立的，$\alpha>0$，$\boldsymbol{\Sigma}^{1/2}(\boldsymbol{\Sigma}^{1/2})^{\mathrm{T}}=\boldsymbol{\Sigma}$。

请注意，对于 $\alpha\to\infty$，我们得到了多元正态分布的极限情况。

(a)证明 $\mathsf{t}_\alpha(\boldsymbol{0},\boldsymbol{I}_d)$ 分布的密度为

$$t_\alpha(\boldsymbol{x}) := \frac{\Gamma((\alpha+d)/2)}{(\pi\alpha)^{d/2}\Gamma(\alpha/2)}\left(1+\frac{1}{\alpha}\|\boldsymbol{x}\|^2\right)^{-\frac{\alpha+d}{2}}$$

根据变换规则[见式(C. 23)]，$\boldsymbol{X}\sim \mathrm{t}_\alpha(\boldsymbol{\mu},\boldsymbol{\Sigma})$的密度可由 $t_{\alpha,\boldsymbol{\Sigma}}(\boldsymbol{x}-\boldsymbol{\mu})$给出，其中

$$t_{\alpha,\boldsymbol{\Sigma}(x)} := \frac{1}{|\boldsymbol{\Sigma}^{1/2}|}t_\alpha(\boldsymbol{\Sigma}^{-1/2}\boldsymbol{x})$$

(提示：在 $S=s$ 条件下，$\boldsymbol{X}$ 服从 $\mathcal{N}(0,\boldsymbol{I}_d/s)$分布。)

(b)对于给定 $\mathbb{R}^d$ 中的数据$\tau=\{\boldsymbol{x}_1,\cdots,\boldsymbol{x}_n\}$，我们想用 EM 方法拟合 $t_v(\boldsymbol{\mu},\boldsymbol{\Sigma})$分布。我们根据式(4.46)，使用隐藏变量的向量 $\boldsymbol{S}=[S_1,\cdots,S_n]^{\mathrm{T}}$ 增强数据。证明完全数据似然由下式给出：

$$g(\tau,\boldsymbol{s}\,|\,\boldsymbol{\theta}) = \prod_i \frac{(\alpha/2)^{\alpha/2}s_i^{(\alpha+d)/2-1}\exp\left(-\frac{s_i}{2}\alpha-\frac{s_i}{2}\|\boldsymbol{\Sigma}^{-1/2}(\boldsymbol{x}_i-\boldsymbol{\mu})\|^2\right)}{\Gamma(\alpha/2)(2\pi)^{d/2}|\boldsymbol{\Sigma}^{1/2}|} \tag{4.47}$$

(c)证明：在数据τ和参数$\boldsymbol{\theta}$下，隐藏数据是相互独立的，并且有：

$$(S_i\,|\,\tau,\boldsymbol{\theta}) \sim \mathsf{Gamma}\left(\frac{\alpha+d}{2},\frac{\alpha+\|\boldsymbol{\Sigma}^{-1/2}(\boldsymbol{x}_i-\boldsymbol{\mu})\|^2}{2}\right),\quad i=1,\cdots,n$$

(d)在 EM 算法的迭代步骤 t 中，设 $g^{(t)}(\boldsymbol{s})=g(\boldsymbol{s}\,|\,\tau,\boldsymbol{\theta}^{(t-1)})$为丢失数据的密度，给定观测数据$\tau$和当前猜测参数$\boldsymbol{\theta}^{(t-1)}$。验证预期的完全数据对数似然由下式给出：

$$\mathbb{E}_{g^{(t)}}\ln g(\tau,\boldsymbol{S}\,|\,\boldsymbol{\theta}) = \frac{n\alpha}{2}\ln\frac{\alpha}{2}-\frac{nd}{2}\ln(2\pi)-n\ln\Gamma\left(\frac{\alpha}{2}\right)-\frac{n}{2}\ln|\boldsymbol{\Sigma}|$$
$$+\frac{\alpha+d-2}{2}\sum_{i=1}^n\mathbb{E}_{g^{(t)}}\ln S_i-\sum_{i=1}^n\frac{\alpha+\|\boldsymbol{\Sigma}^{-1/2}(\boldsymbol{x}_i-\boldsymbol{\mu})\|^2}{2}\mathbb{E}_{g^{(t)}}S_i$$

证明：

$$\mathbb{E}_{g^{(t)}}S_i = \frac{\alpha^{(t-1)}+d}{\alpha^{(t-1)}+\|(\boldsymbol{\Sigma}^{(t-1)})^{-1/2}(\boldsymbol{x}_i-\boldsymbol{\mu}^{(t-1)})\|^2} =: w_i^{(t-1)}$$

$$\mathbb{E}_{g^{(t)}}\ln S_i = \psi\left(\frac{\alpha^{(t-1)}+d}{2}\right)-\ln\left(\frac{\alpha^{(t-1)}+d}{2}\right)+\ln w_i^{(t-1)}$$

其中，$\psi:=(\ln\Gamma)'$是 digamma 函数。

(e)证明在 EM 算法的 M 步骤中，从$\boldsymbol{\theta}^{(t-1)}$到$\boldsymbol{\theta}^{(t)}$的更新方式如下：

$$\boldsymbol{\mu}^{(t)} = \frac{\sum_{i=1}^n w_i^{(t-1)}\boldsymbol{x}_i}{\sum_{i=1}^n w_i^{(t-1)}}$$

$$\boldsymbol{\Sigma}^{(t)} = \frac{1}{n}\sum_{i=1}^n w_i^{(t-1)}(\boldsymbol{x}_i-\boldsymbol{\mu}^{(t)})(\boldsymbol{x}_i-\boldsymbol{\mu}^{(t)})^{\mathrm{T}}$$

且通过非线性方程的解来隐式定义 $\alpha^{(t)}$：

$$\ln\left(\frac{\alpha}{2}\right)-\psi\left(\frac{\alpha}{2}\right)+\psi\left(\frac{\alpha^{(t)}+d}{2}\right)-\ln\left(\frac{\alpha^{(t)}+d}{2}\right)+1+\frac{\sum_{i=1}^n\left(\ln(w_i^{(t-1)})-w_i^{(t-1)}\right)}{n}=0$$

12. 伽马分布和逆伽马分布的一种推广是**广义逆伽马分布**，它的密度为

$$f(s) = \frac{(a/b)^{p/2}}{2K_p(\sqrt{ab})}s^{p-1}\mathrm{e}^{-\frac{1}{2}(as+b/s)},\quad a,b,s>0,p\in\mathbb{R} \tag{4.48}$$

其中，K_p 是**第二类改进的 Bessel 函数**，可以由以下积分定义：

$$K_p(x) = \int_0^\infty \mathrm{e}^{-x\cosh(t)}\cosh(pt)\,\mathrm{d}t,\quad x>0,\quad p\in\mathbb{R} \tag{4.49}$$

$S\sim\mathsf{GIG}(a,b,p)$表示 S 的概率密度函数形式为式(4.48)的形式。函数 K_p 具有许多有趣的性质。几个特列包括：

$$K_{1/2}(x)=\sqrt{\frac{x\pi}{2}}\mathrm{e}^{-x}\frac{1}{x}$$

$$K_{3/2}(x)=\sqrt{\frac{x\pi}{2}}\mathrm{e}^{-x}\left(\frac{1}{x}+\frac{1}{x^2}\right)$$

$$K_{5/2}(x)=\sqrt{\frac{x\pi}{2}}\mathrm{e}^{-x}\left(\frac{1}{x}+\frac{3}{x^2}+\frac{3}{x^3}\right)$$

更一般地，K_p 满足如下递归方程：

$$K_{p+1}(x)=K_{p-1}(x)+\frac{2p}{x}K_p(x) \tag{4.50}$$

(a)使用变量替换 $\mathrm{e}^z=s\sqrt{a/b}$，证明：

$$\int_0^\infty s^{p-1}\mathrm{e}^{-\frac{1}{2}(as+b/s)}\,\mathrm{d}s=2K_p(\sqrt{ab})(b/a)^{p/2}$$

(b)设 $S\sim\mathsf{GIG}(a,b,p)$，证明：

$$\mathbb{E}S=\frac{\sqrt{b}K_{p+1}(\sqrt{ab})}{\sqrt{a}K_p(\sqrt{ab})} \tag{4.51}$$

$$\mathbb{E}S^{-1}=\frac{\sqrt{a}K_{p+1}(\sqrt{ab})}{\sqrt{b}K_p(\sqrt{ab})}-\frac{2p}{b} \tag{4.52}$$

13. 在习题 11 中，我们将多元学生分布 t_α 视为$\mathcal{N}(\mathbf{0},\boldsymbol{I}_d)$分布的比例混合。在本习题中，我们考虑类似的变换，但是，现在 $\boldsymbol{\Sigma}^{1/2}\boldsymbol{Z}\sim\mathcal{N}(\mathbf{0},\boldsymbol{\Sigma})$要乘以$\sqrt{S}$，而不是除以$\sqrt{S}$，其中 $S\sim\mathsf{Gamma}(\alpha/2,\alpha/2)$：

$$\boldsymbol{X}=\boldsymbol{\mu}+\sqrt{S}\boldsymbol{\Sigma}^{1/2}\boldsymbol{Z} \tag{4.53}$$

S 和 $\boldsymbol{Z}$ 相互独立，且 $\alpha>0$。

(a)使用习题 12 的假设，对于 $\boldsymbol{\Sigma}^{1/2}=\boldsymbol{I}_d$ 和 $\boldsymbol{\mu}=\mathbf{0}$，证明随机向量 $\boldsymbol{X}$ 服从 d 维 Bessel 分布，其密度为

$$\kappa_\alpha(\boldsymbol{x}):=\frac{2^{1-(\alpha+d)/2}\alpha^{(\alpha+d)/4}\|\boldsymbol{x}\|^{(\alpha-d)/2}}{\pi^{d/2}\Gamma(\alpha/2)}K_{(\alpha-d)/2}(\|\boldsymbol{x}\|\sqrt{\alpha}),\quad \boldsymbol{x}\in\mathbb{R}^d$$

其中，K_p 是式(4.49)给出的第二类改进的 Bessel 函数，写作 $\boldsymbol{X}\sim\mathsf{Bessel}_\alpha(\mathbf{0},\boldsymbol{I}_d)$。如果随机向量 $\boldsymbol{X}$ 可以写成式(4.53)的形式，则称其服从 $\mathsf{Bessel}_\alpha(\boldsymbol{\mu},\boldsymbol{\Sigma})$分布。根据变换规则[见式(C.23)]，其密度由 $\frac{1}{\sqrt{|\boldsymbol{\Sigma}|}}\kappa_\alpha(\boldsymbol{\Sigma}^{-1/2}(\boldsymbol{x}-\boldsymbol{\mu}))$ 给出。Bessel 概率密度的特例包括：

$$\kappa_2(x)=\frac{\exp(-\sqrt{2}|x|)}{\sqrt{2}}$$

$$\kappa_4(x)=\frac{1+2|x|}{2}\exp(-2|x|)$$

$$\kappa_4(x_1,x_2,x_3)=\frac{1}{\pi}\exp\left(-2\sqrt{x_1^2+x_2^2+x_3^2}\right)$$

$$\kappa_{d+1}(\boldsymbol{x})=\frac{((d+1)/2)^{d/2}\sqrt{\pi}}{(2\pi)^{d/2}\Gamma((d+1)/2)}\exp\left(-\sqrt{d+1}\|\boldsymbol{x}\|\right),\quad \boldsymbol{x}\in\mathbb{R}^d$$

请注意，k_2 是双指数或拉普拉斯分布的缩放概率密度。

(b)给定 $\mathbb{R}^d$ 中的数据 $\tau=\{\boldsymbol{x}_1,\cdots,\boldsymbol{x}_n\}$，我们想采用 EM 算法利用这些数据拟合 Bessel 概率密度，用缺失数据向量 $\boldsymbol{S}=[S_1,\cdots,S_n]^{\mathrm{T}}$ 来扩充数据。假设 α 是已知的，且 $\alpha>d$。证明在 τ(给定 $\boldsymbol{\theta}$)的条件下，缺失的数据向量 $\boldsymbol{S}$ 具有独立的分量，其中 $S_i\sim\mathsf{GIG}(\alpha,b_i,(\alpha-d)/2)$，$b_i:=\|\boldsymbol{\Sigma}^{-1/2}(\boldsymbol{x}_i-\boldsymbol{\mu})\|^2$，$i=1,\cdots,n$。

(c)在 EM 算法的迭代步骤 t 中，设 $g^{(t)}(\boldsymbol{s})=g(\boldsymbol{s}|\tau,\boldsymbol{\theta}^{(t-1)})$为缺失数据的密度，给定观测数据 τ 和当前猜测参数 $\boldsymbol{\theta}^{(t-1)}$。证明预期的完全数据对数似然由下式给出：

$$Q^{(t)}(\boldsymbol{\theta}):=\mathbb{E}_{g^{(t)}}\ln g(\tau,\boldsymbol{S}|\boldsymbol{\theta})=-\frac{1}{2}\sum_{i=1}^n b_i(\boldsymbol{\theta})w_i^{(t-1)}+\text{常数} \tag{4.54}$$

其中，$b_i(\boldsymbol{\theta})=\|\boldsymbol{\Sigma}^{-1/2}(\boldsymbol{x}_i-\boldsymbol{\mu})\|^2$，且

$$w_i^{(t-1)} := \frac{\sqrt{\alpha}K_{(\alpha-d+2)/2}\left(\sqrt{\alpha b_i(\boldsymbol{\theta}^{(t-1)})}\right)}{\sqrt{b_i(\boldsymbol{\theta}^{(t-1)})}K_{(\alpha-d)/2}\left(\sqrt{\alpha b_i(\boldsymbol{\theta}^{(t-1)})}\right)} - \frac{\alpha-d}{b_i(\boldsymbol{\theta}^{(t-1)})},\quad i=1,\cdots,n$$

(d)根据式(4.54)推导 EM 算法的 M 步骤，即证明 $\boldsymbol{\theta}^{(t)}$ 是如何从 $\boldsymbol{\theta}^{(t-1)}$ 更新的。

14. 考虑式(4.42)描述的椭球 $E=\{\boldsymbol{x}\in\mathbb{R}^d : \boldsymbol{x}\boldsymbol{\Sigma}^{-1}\boldsymbol{x}=1\}$，设 $\boldsymbol{U}\boldsymbol{D}^2\boldsymbol{U}^{\mathrm{T}}$ 为 $\boldsymbol{\Sigma}$ 的奇异值分解。证明线性变换 $\boldsymbol{x}\mapsto\boldsymbol{U}^{\mathrm{T}}\boldsymbol{D}^{-1}\boldsymbol{x}$ 能将 E 上的点映射到单位球$\{\boldsymbol{z}\in\mathbb{R}^d : \|\boldsymbol{z}\|=1\}$上。

15. 图 4.13 显示了如何将中心化的“冲浪板”数据投影到主成分矩阵 $\boldsymbol{U}$ 的第一列上。假设我们将数据投影到由 $\boldsymbol{U}$ 的前两列张成的平面上，那么该平面表达式 $ax_1+bx_2=x_3$ 中 a 和 b 的值是多少？

16. 图 4.14 表明可以基于 $\boldsymbol{u}_1^{\mathrm{T}}\boldsymbol{x}$ 的值将 iris 数据集中的每个特征向量 $\boldsymbol{x}$ 分配给两个簇中的一个，其中 $\boldsymbol{u}_1$ 是第一主成分。绘制花瓣长度相对萼片长度的图，并将 $\boldsymbol{u}_1^{\mathrm{T}}\boldsymbol{x}<1.5$ 的点和 $\boldsymbol{u}_1^{\mathrm{T}}\boldsymbol{x}\geqslant 1.5$ 的点用不同的颜色表示。这些簇对应于哪种鸢尾花？

第5章
回　归

许多监督学习方法都属于“回归”方法。本章旨在解释回归模型及其实际应用背后的数学思想。我们详细分析了基本的线性模型，也讨论了非线性模型和广义线性模型。

5.1 简介

Francis Galton 在 1889 年的一篇文章中指出，成年后代的身高整体上比他们父母的身高更“平均”。Galton 将其解释为一种退化现象，用“回归”一词来表示这种“回归平庸”现象。如今，**回归**是指一大类监督学习方法，其目标是通过解释(输入)向量 $\boldsymbol{x}=[x_1,\cdots,x_p]^{\mathrm{T}}$ 的函数 $g(\boldsymbol{x})$来预测定量响应(输出)变量 y，输入向量由 p 个特征组成，每个特征可以是连续的，也可以是离散的。例如，根据婴儿母亲的体重、社会经济地位和吸烟习惯(解释变量)，可以用回归法来预测婴儿的出生体重(响应变量)。

我们来回顾一下第 2 章中建立的监督学习框架。它的目的是找到一个预测函数 g，它能最恰当地预测随机输入向量 $\boldsymbol{X}$ 的随机输出 Y。$\boldsymbol{X}$ 和 Y 的联合概率密度函数 $f(\boldsymbol{x},y)$是未知的，但是存在一个训练集 $\tau=\{(\boldsymbol{x}_1,y_1),\cdots,(\boldsymbol{x}_n,y_n)\}$，它可以认为是由$(\boldsymbol{X},Y)$的独立同分布副本组成的随机训练集 $\mathcal{T}=\{(\boldsymbol{X}_1,Y_1),\cdots,(\boldsymbol{X}_n,Y_n)\}$的结果。一旦选择了损失函数 $\mathrm{Loss}(y,\hat{y})$，比如**平方误差损失**：

$$\mathrm{Loss}(y,\hat{y})=(y-\hat{y})^2 \tag{5.1}$$

那么，“最佳”预测函数 g 被定义为使**风险** $\ell(g)=\mathbb{E}\mathrm{Loss}(Y,g(\boldsymbol{X}))$ 最小的函数。从 2.2 节可以看到，对于平方误差损失，这个最佳预测函数是条件期望：

$$g^*(\boldsymbol{x})=\mathbb{E}[Y|\boldsymbol{X}=\boldsymbol{x}]$$

由于平方误差损失是回归中使用最广泛的损失函数，所以本章大部分内容都采用平方误差损失函数。

最佳预测函数 g^* 必须从训练集 τ 中学习，使以下训练损失在合适的函数类 $\mathcal{G}$ 上最小：

$$\ell_\tau(g)=\frac{1}{n}\sum_{i=1}^{n}(y_i-g(\boldsymbol{x}_i))^2 \tag{5.2}$$

注意，在上述定义中，假设训练集 τ 是固定的。对于随机训练集 $\mathcal{T}$，我们将训练损失写成 $\ell_{\mathcal{T}}(g)$。将训练损失最小化的函数 $g_\tau^{\mathcal{G}}$ 就是我们用于预测的函数——所谓的**学习器**。当函数类 $\mathcal{G}$ 在上下文中比较明确时，我们去掉它表示的上标。

根据式(2.2)，在 $\boldsymbol{X}=\boldsymbol{x}$ 的条件下，响应 Y 可以写成：

$$Y=g^*(\boldsymbol{x})+\varepsilon(\boldsymbol{x})$$

其中，$\mathbb{E}\varepsilon(\boldsymbol{x})=0$。这就激发了监督学习中的标准建模假设，即假设响应 $Y_1,\cdots,Y_n$ 在解释

变量 $\boldsymbol{X}_1=\boldsymbol{x}_1,\cdots,\boldsymbol{X}_n=\boldsymbol{x}_n$ 的条件下，具有如下形式：

$$Y_i = g(\boldsymbol{x}_i) + \varepsilon_i, \quad i = 1,\cdots,n$$

其中，$\{\varepsilon_i\}$是独立的，对于一些函数 $g \in \mathcal{G}$ 和方差 σ^2，有 $\mathbb{E}\varepsilon_i=0$ 和 $\mathbb{V}\mathrm{ar}\ \varepsilon_i=\sigma^2$。上述模型通常可进一步具体化，假设 g 在未知参数向量前是完全已知的，即

$$Y_i = g(\boldsymbol{x}_i \mid \boldsymbol{\beta}) + \varepsilon_i, \quad i = 1,\cdots,n \tag{5.3}$$

虽然模型[即式(5.3)]是以解释变量为条件进行描述的，为了方便进一步简化模型，可以将模型看成$\{\boldsymbol{x}_i\}$是固定的，而$\{Y_i\}$是随机的。

在本章的其余部分，我们假设训练特征向量$\{\boldsymbol{x}_i\}$是固定的，只有响应是随机的，即 $\mathcal{T}=\{(\boldsymbol{x}_1,Y_1),\cdots,(\boldsymbol{x}_n,Y_n)\}$。

模型[式(5.3)]的优点是从训练数据中估计**函数** g 的问题被简化为更简单的估计**参数向量** $\boldsymbol{\beta}$ 的问题。该模型的一个明显缺点是，形式为 $g(\cdot \mid \boldsymbol{\beta})$的函数可能无法准确地近似真正的未知函数$g^*$。本章剩余部分将讨论形如式(5.3)的模型。在函数 $g(\cdot \mid \boldsymbol{\beta})$是线性函数的重要情况下，分析将通过线性模型进行。此外，如果假设误差项$\{\varepsilon_i\}$服从高斯分布，则可以使用丰富的正态线性模型理论进行分析。

5.2 线性回归

最基本的回归模型是响应与单个解释变量之间为线性关系的模型，特别是当测量值$(x_1,y_1),\cdots,(x_n,y_n)$大致位于一条直线上时，如图 5.1 所示。

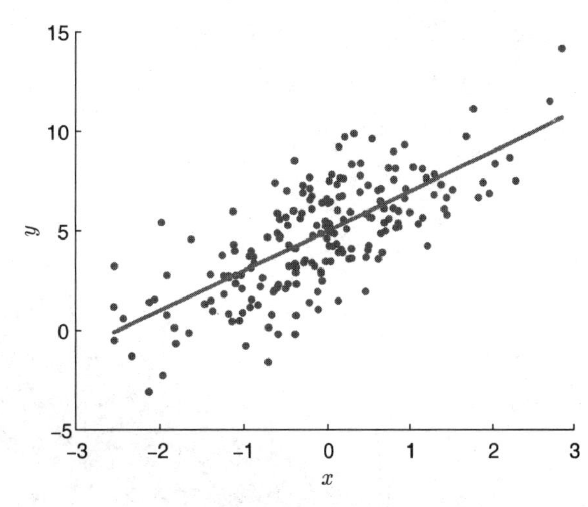

图 5.1 来自简单线性回归模型的数据

根据模型[式(5.3)]给出的一般方案，这些数据的简单模型中$\{x_i\}$是固定的，变量$\{Y_i\}$是随机的，因此对于某些未知参数 β_0 和 β_1，有：

$$Y_i = \beta_0 + \beta_1 x_i + \varepsilon_i, \quad i = 1,\cdots,n \tag{5.4}$$

假设$\{\varepsilon_i\}$是独立的，并且期望为 0，方差 σ^2 未知。未知直线

$$y = \underbrace{\beta_0 + \beta_1 x}_{g(x \mid \boldsymbol{\beta})} \tag{5.5}$$

称为**回归线**。因此，如果没有用$\{\varepsilon_i\}$表示的某些“干扰”或“误差”项，我们将响应视为恰好位于回归线上的随机变量。干扰的程度用 σ^2 来模拟。式(5.4)中的模型称为**简单线性回归模型**，该模型很容易扩展为包含多个解释变量的模型，如下所示。

定义 5.1 多元线性回归模型

在多元线性回归模型中，响应 Y 通过以下线性关系依赖 d 维解释向量 $\boldsymbol{x}=[x_1,\cdots,x_d]^{\mathrm{T}}$，

$$Y = \beta_0 + \beta_1 x_1 + \cdots + \beta_d x_d + \varepsilon \tag{5.6}$$

其中，$\mathbb{E}\varepsilon=0$，$\mathbb{V}\mathrm{ar}\ \varepsilon=\sigma^2$。

因此，数据近似地位于 d 维仿射超平面上：

$$y = \underbrace{\beta_0 + \beta_1 x_1 + \cdots + \beta_d x_d}_{g(\boldsymbol{x}|\boldsymbol{\beta})}$$

其中，$\boldsymbol{\beta}=[\beta_0,\beta_1,\cdots,\beta_d]^{\mathrm{T}}$。函数 $g(\boldsymbol{x}|\boldsymbol{\beta})$ 关于 $\boldsymbol{\beta}$ 是线性的，但由于存在常数 β_0，关于特征向量 $\boldsymbol{x}$ 不是线性的。但是，在特征空间中增加常数1，映射 $[1,\boldsymbol{x}^{\mathrm{T}}]^{\mathrm{T}} \mapsto g(\boldsymbol{x}|\boldsymbol{\beta}) := [1,\boldsymbol{x}^{\mathrm{T}}]\boldsymbol{\beta}$ 在特征空间中将成为线性的，因此模型[式(5.6)]成为**线性模型**(见2.1节)。大多数用于回归的软件包默认包括1的特征。

注意，在式(5.6)的模型中，我们只为一对数据 $(\boldsymbol{x},Y)$ 指定了模型。训练集 $\mathcal{T}=\{(\boldsymbol{x}_1,Y_1),\cdots,(\boldsymbol{x}_n,Y_n)\}$ 的模型，可以简单地表示为每个 Y_i 都满足式(5.6)$(\boldsymbol{x}=\boldsymbol{x}_i)$，且 $\{Y_i\}$ 是独立的。设 $\boldsymbol{Y}=[Y_1,\cdots,Y_n]^{\mathrm{T}}$，我们可以将训练数据的多元线性回归模型简写为：

$$\boldsymbol{Y} = \boldsymbol{X\beta} + \boldsymbol{\varepsilon} \tag{5.7}$$

其中，向量 $\boldsymbol{\varepsilon}=[\varepsilon_1,\cdots,\varepsilon_n]^{\mathrm{T}}$ 是 ε 的独立同分布样本向量，$\boldsymbol{X}$ 是模型矩阵：

$$\boldsymbol{X} = \begin{bmatrix} 1 & x_{11} & x_{12} & \cdots & x_{1d} \\ 1 & x_{21} & x_{22} & \cdots & x_{2d} \\ \vdots & \vdots & \vdots & \vdots & \vdots \\ 1 & x_{n1} & x_{n2} & \cdots & x_{nd} \end{bmatrix} = \begin{bmatrix} 1 & \boldsymbol{x}_1^{\mathrm{T}} \\ 1 & \boldsymbol{x}_2^{\mathrm{T}} \\ \vdots & \vdots \\ 1 & \boldsymbol{x}_n^{\mathrm{T}} \end{bmatrix}$$

例5.1(多元线性回归模型) 图5.2描述了多元线性回归模型

$$Y_i = x_{i1} + x_{i2} + \varepsilon_i, \quad i = 1,\cdots,100$$

的实现，其中，$\varepsilon_1,\cdots,\varepsilon_{100} \overset{\text{iid}}{\sim} \mathcal{N}(0,1/16)$。固定特征向量(解释变量的向量)为 $\boldsymbol{x}_i=[x_{i1},x_{i2}]^{\mathrm{T}}$，$i=1,\cdots,100$。

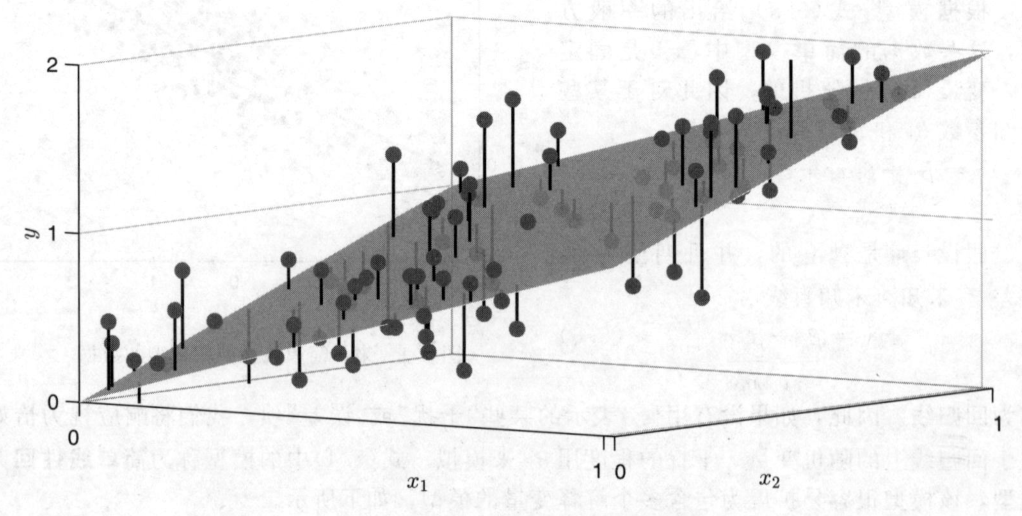

图5.2 来自多元线性回归模型的数据

5.3 线性模型分析

由式(5.7)表示的线性模型大大简化了线性回归模型的数据分析。本节主要介绍一般线性模型参数估计和模型选择的主要思想，线性模型形式如下

$$\boldsymbol{Y}=\boldsymbol{X\beta}+\boldsymbol{\varepsilon} \tag{5.8}$$

其中，$\boldsymbol{X}$ 是 $n\times p$ 矩阵，$\boldsymbol{\beta}=[\beta_1,\cdots,\beta_p]^{\mathrm{T}}$ 是含有 p 个参数的向量，$\boldsymbol{\varepsilon}=[\varepsilon_1,\cdots,\varepsilon_n]^{\mathrm{T}}$ 是独立误差项的 n 维向量，且 $\mathbb{E}\,\varepsilon_i=0$，$\mathbb{V}\mathrm{ar}\,\varepsilon_i=\sigma^2$，$i=1,\cdots,n$。注意，假设模型矩阵 $\boldsymbol{X}$ 是固定的，$\boldsymbol{Y}$ 和 $\boldsymbol{\varepsilon}$ 是随机的。$\boldsymbol{Y}$ 的特定结果用 $\boldsymbol{y}$ 表示(按照2.8节中的符号表示方法)。

注意，式(5.7)中的多元线性回归模型是使用不同的参数定义的。特别地，我们使用 $\boldsymbol{\beta}=[\beta_0,\beta_1,\cdots,\beta_d]^{\mathrm{T}}$。因此，将本节中的结果应用于此类模型时，请注意 $p=d+1$。此外，在本节中特征向量 $\boldsymbol{x}$ 包含常数1，因此有 $\boldsymbol{X}^{\mathrm{T}}=[\boldsymbol{x}_1,\cdots,\boldsymbol{x}_n]$。

5.3.1 参数估计

线性模型 $\boldsymbol{Y}=\boldsymbol{X\beta}+\boldsymbol{\varepsilon}$ 包含两个未知参数 $\boldsymbol{\beta}$ 和 σ^2，它们必须从训练数据 τ 中估计。为了估计 $\boldsymbol{\beta}$，我们可以重新使用与多项式回归(即例2.1)中完全相同的推理。对于线性预测函数 $g(\boldsymbol{x})=\boldsymbol{x}^{\mathrm{T}}\boldsymbol{\beta}$，训练损失(平方误差)可以写成

$$\ell_\tau(g)=\frac{1}{n}\|\boldsymbol{y}-\boldsymbol{X\beta}\|^2$$

最优学习器 g_τ 使这个量最小，从而得到满足正规方程的最小二乘估计 $\hat{\boldsymbol{\beta}}$：

$$\boldsymbol{X}^{\mathrm{T}}\boldsymbol{X\beta}=\boldsymbol{X}^{\mathrm{T}}\boldsymbol{y} \tag{5.9}$$

相应的训练损失可以看作σ^2 的估计，也就是

$$\hat{\sigma}^2=\frac{1}{n}\|\boldsymbol{y}-\boldsymbol{X}\hat{\boldsymbol{\beta}}\|^2 \tag{5.10}$$

为了验证式(5.10)，请注意 σ^2 是模型式(5.8)误差 $\varepsilon_i(i=1,\cdots,n)$的二阶矩，如果 $\boldsymbol{\beta}$ 已知，可以使用样本平均值 $n^{-1}\sum_i\varepsilon_i^2=\|\boldsymbol{\varepsilon}\|^2/n=\|\boldsymbol{Y}-\boldsymbol{X\beta}\|^2/n$ 这样的矩方法(见C.12.1节)进行估计。用估计量替换 $\boldsymbol{\beta}$，我们得到式(5.10)。注意，除了 $\mathbb{E}\varepsilon_i=0$ 和 $\mathbb{V}\mathrm{ar}\,\varepsilon_i=\sigma^2$ $(i=1,\cdots,n)$之外，没有使用$\{\varepsilon_i\}$的其他分布特性。向量 $\boldsymbol{e}:=\boldsymbol{y}-\boldsymbol{X}\hat{\boldsymbol{\beta}}$ 称为**残差**向量，它用来近似未知的模型误差向量 $\boldsymbol{\varepsilon}$。量 $\|\boldsymbol{e}\|^2=\sum_{i=1}^n e_i^2$ 称为**残差平方和**(Residual Sum of Squares，RSS)。用RSS除以 $n-p$，可以得到 σ^2 的无偏估计，我们称之为**残差平方误差**(Residual Squared Error，RSE)估计，参见习题12。

根据监督学习汇总表2.1中给出的符号，我们有：

(1)(观测)训练数据为 $\tau=\{\boldsymbol{X},\boldsymbol{y}\}$。

(2)函数类 $\mathcal{G}$ 是关于 $\boldsymbol{x}$ 的线性函数类，即 $\mathcal{G}=\{g(\cdot\,|\boldsymbol{\beta})$：$\boldsymbol{x}\mapsto\boldsymbol{x}^{\mathrm{T}}\boldsymbol{\beta}$，$\boldsymbol{\beta}\in\mathbb{R}^p\}$。

(3)平方误差训练损失为 $\ell_\tau(g(\cdot\,|\boldsymbol{\beta}))=\|\boldsymbol{y}-\boldsymbol{X\beta}\|^2/n$。

(4)学习器 g_τ 由 $g_\tau(\boldsymbol{x})=\boldsymbol{x}^{\mathrm{T}}\hat{\boldsymbol{\beta}}$ 给出，其中，$\hat{\boldsymbol{\beta}}=\mathrm{argmin}_{\boldsymbol{\beta}\in\mathbb{R}^p}\|\boldsymbol{y}-\boldsymbol{X\beta}\|^2$。

(5)最小训练损失为 $\ell_\tau(g_\tau)=\|\boldsymbol{y}-\boldsymbol{X}\hat{\boldsymbol{\beta}}\|^2/n=\hat{\sigma}^2$。

5.3.2 模型选择和预测

即使我们将学习器限制为线性函数，仍然存在要包含哪些解释变量(特征)的问题。包含过少的特征会导致较大的近似误差(欠拟合)，而包含过多的特征会导致较大的统计误差(过拟合)。如 2.4 节所述，我们需要在近似误差和统计误差之间折中考虑、选择合适的特征，从而使学习器的(期望)泛化风险最小。根据(期望)泛化风险的估计方式，有很多特征选择策略：

- 使用独立于训练数据 τ 的**测试数据** $\tau'=(\boldsymbol{X}',\boldsymbol{y}')$，通过测试损失[式(2.7)]估计泛化风险 $\mathbb{E}\|Y-g_{\tau}(\boldsymbol{X})\|^2$。然后，选择使测试损失最小的特征集合。当数据量比较大的时候，可以保留一部分数据作为测试数据，将剩余的数据用作训练数据。
- 当数据量有限时，我们可以使用交叉验证来估计期望泛化风险 $\mathbb{E}\|Y-g_{\mathcal{T}}(\boldsymbol{X})\|^2$(其中 $\mathcal{T}$ 是随机训练集)，如 2.5.2 节所述。期望泛化风险在解释变量可能选择的集合内被最小化。
- 当必须在许多潜在的解释变量中做出选择时，像**正则化最小二乘**和**套索回归**等方法就变得很重要。这样的方法通过正则化(或同伦)路径提供了另一种模型选择方法，详见 6.2 节。
- 与其使用上述计算机密集型方法，不如使用期望泛化风险的**理论估计**，例如 2.5 节中所述的样本内风险、AIC 和 BIC，并将其最小化以确定一组合适的解释变量。
- 除了期望为 0、方差为 σ^2 且**相互独立**之外，以上所有方法均不假定线性模型的误差项 $\{\varepsilon_i\}$ 具有其他分布特性。但是，如果假定它们具有正态(高斯)分布[即 $\{\varepsilon_i\}\stackrel{\text{iid}}{\sim}\mathcal{N}(0,\sigma^2)$]，则可以通过**假设检验**确定变量的包含与否。这是模型选择的经典方法，详见 5.4 节。作为中心极限定理的结果，当误差项不一定服从正态分布时，只要它们的方差是有限的并且样本容量 n 很大，就可以使用相同的方法。
- 当使用贝叶斯方法时，可以通过计算所谓的贝叶斯因子(参见 2.9 节)来比较两个模型。

上述所有策略都可以认为是由 Occam 的 William 制定的简单规则的说明，可以解释为：

当有竞争模型时，请选择最简单的模型来解释数据。

这一古老的原理称为“奥卡姆剃刀”(Occam's razor)，这也反映在爱因斯坦的一句名言里：

凡事应该力求简单，不过不能过于简单。

在线性回归中，参数或预测器的数量通常可以合理度量模型的简单性。

5.3.3 交叉验证与预测残差平方和

我们首先考虑线性模型[式(5.8)]的 n 折交叉验证，也称为**留一法交叉验证**。我们将数据划分为 n 个数据集，每个数据集精确地保留一个观测值，然后根据剩余的 $n-1$ 个观测值进行预测；一般情况见 2.5.2 节。设 $\hat{y}_{-i}$ 表示使用 y_i 以外的所有数据进行第 i 次观察的预测结果。预测误差 $y_i-\hat{y}_{-i}$ 称为**预测残差**，这与普通残差 $e_i=y_i-\hat{y}_i$ 不同，e_i 是观测值与使用全部样本的拟合值 $\hat{y}_i=g_{\tau}(\boldsymbol{x}_i)$ 之间的差值。这样，我们得到预测残差集合 $\{y_i-\hat{y}_{-i}\}_{i=1}^n$，并通过预测的残差平方和(Predicted Residual Sum of Squares，PRESS)进行汇总：

$$\text{PRESS}=\sum_{i=1}^{n}(y_i-\hat{y}_{-i})^2$$

将 PRESS 除以 n，即可得到期望泛化风险的估计。

通常，计算 PRESS 会占用大量计算资源，因为它需要 n 次单独的训练和预测。对于线性模型，仅使用普通残差和投影矩阵即可快速计算出预测残差，投影矩阵 $\boldsymbol{P}=\boldsymbol{X}\boldsymbol{X}^{+}$ 将向量投影到由模型矩阵 $\boldsymbol{X}$ 的列所张成的线性空间中[见(2.13)]。投影矩阵的第 i 个对角元素 P_{ii} 称为第 i 个杠杆，可以证明 $0 \leqslant P_{ii} \leqslant 1$(见习题 10)。

定理 5.1 线性模型的 PRESS

考虑线性模型[式(5.8)]，其中 $n \times p$ 维的模型矩阵 $\boldsymbol{X}$ 为满秩矩阵。给定 $\boldsymbol{Y}$ 的结果 $\boldsymbol{y}=[y_1,\cdots,y_n]^{\mathrm{T}}$，可以得到拟合值 $\hat{\boldsymbol{y}}=\boldsymbol{P}\boldsymbol{y}$，其中 $\boldsymbol{P}=\boldsymbol{X}\boldsymbol{X}^{+}=\boldsymbol{X}(\boldsymbol{X}^{\mathrm{T}}\boldsymbol{X})^{-1}\boldsymbol{X}^{\mathrm{T}}$ 是投影矩阵。如果对所有 $i=1,\cdots,n$，杠杆值 $p_i:=P_{ii}\neq 1$，则预测的残差平方和可以写成：

$$\mathrm{PRESS}=\sum_{i=1}^{n}\left(\frac{e_i}{1-p_i}\right)^2$$

其中，$e_i=y_i-\hat{y}_i=y_i-(\boldsymbol{X}\hat{\boldsymbol{\beta}})_i$ 是第 i 个残差。

证明 这足以说明第 i 个预测残差可以写成 $y_i-\hat{y}_{-i}=e_i/(1-p_i)$。设 $\boldsymbol{X}_{-i}$ 表示移除模型矩阵 $\boldsymbol{X}$ 的第 i 行 $\boldsymbol{x}_i^{\mathrm{T}}$ 后的矩阵，并类似地定义 $\boldsymbol{y}_{-i}$。那么，使用除第 i 个观测值以外的所有观测值的 $\boldsymbol{\beta}$ 的最小二乘估计为 $\hat{\boldsymbol{\beta}}_{-i}=(\boldsymbol{X}_{-i}^{\mathrm{T}}\boldsymbol{X}_{-i})^{-1}\boldsymbol{X}_{-i}^{\mathrm{T}}\boldsymbol{y}_{-i}$。在写 $\boldsymbol{X}^{\mathrm{T}}\boldsymbol{X}=\boldsymbol{X}_{-i}^{\mathrm{T}}\boldsymbol{X}_{-i}+\boldsymbol{x}_i\boldsymbol{x}_i^{\mathrm{T}}$ 时，根据 Sherman-Morrison 公式可得：

$$(\boldsymbol{X}_{-i}^{\mathrm{T}}\boldsymbol{X}_{-i})^{-1}=(\boldsymbol{X}^{\mathrm{T}}\boldsymbol{X})^{-1}+\frac{(\boldsymbol{X}^{\mathrm{T}}\boldsymbol{X})^{-1}\boldsymbol{x}_i\boldsymbol{x}_i^{\mathrm{T}}(\boldsymbol{X}^{\mathrm{T}}\boldsymbol{X})^{-1}}{1-\boldsymbol{x}_i^{\mathrm{T}}(\boldsymbol{X}^{\mathrm{T}}\boldsymbol{X})^{-1}\boldsymbol{x}_i}$$

其中，$\boldsymbol{x}_i^{\mathrm{T}}(\boldsymbol{X}^{\mathrm{T}}\boldsymbol{X})^{-1}\boldsymbol{x}_i=p_i<1$。同时，$\boldsymbol{X}_{-i}^{\mathrm{T}}\boldsymbol{y}_{-i}=\boldsymbol{X}^{\mathrm{T}}\boldsymbol{y}-\boldsymbol{x}_i y_i$。结合所有这些条件，我们得到：

$$\begin{aligned}
\hat{\boldsymbol{\beta}}_{-i}&=(\boldsymbol{X}_{-i}^{\mathrm{T}}\boldsymbol{X}_{-i})^{-1}\boldsymbol{X}_{-i}^{\mathrm{T}}\boldsymbol{y}_{-i}\\
&=\left((\boldsymbol{X}^{\mathrm{T}}\boldsymbol{X})^{-1}+\frac{(\boldsymbol{X}^{\mathrm{T}}\boldsymbol{X})^{-1}\boldsymbol{x}_i\boldsymbol{x}_i^{\mathrm{T}}(\boldsymbol{X}^{\mathrm{T}}\boldsymbol{X})^{-1}}{1-p_i}\right)(\boldsymbol{X}^{\mathrm{T}}\boldsymbol{y}-\boldsymbol{x}_i y_i)\\
&=\hat{\boldsymbol{\beta}}+\frac{(\boldsymbol{X}^{\mathrm{T}}\boldsymbol{X})^{-1}\boldsymbol{x}_i\boldsymbol{x}_i^{\mathrm{T}}\hat{\boldsymbol{\beta}}}{1-p_i}-(\boldsymbol{X}^{\mathrm{T}}\boldsymbol{X})^{-1}\boldsymbol{x}_i y_i-\frac{(\boldsymbol{X}^{\mathrm{T}}\boldsymbol{X})^{-1}\boldsymbol{x}_i p_i y_i}{1-p_i}\\
&=\hat{\boldsymbol{\beta}}+\frac{(\boldsymbol{X}^{\mathrm{T}}\boldsymbol{X})^{-1}\boldsymbol{x}_i\boldsymbol{x}_i^{\mathrm{T}}\hat{\boldsymbol{\beta}}}{1-p_i}-\frac{(\boldsymbol{X}^{\mathrm{T}}\boldsymbol{X})^{-1}\boldsymbol{x}_i y_i}{1-p_i}\\
&=\hat{\boldsymbol{\beta}}-\frac{(\boldsymbol{X}^{\mathrm{T}}\boldsymbol{X})^{-1}\boldsymbol{x}_i(y_i-\boldsymbol{x}_i^{\mathrm{T}}\hat{\boldsymbol{\beta}})}{1-p_i}=\hat{\boldsymbol{\beta}}-\frac{(\boldsymbol{X}^{\mathrm{T}}\boldsymbol{X})^{-1}\boldsymbol{x}_i e_i}{1-p_i}
\end{aligned}$$

由此可见，第 i 个观测值的预测值由下式给出：

$$\hat{y}_{-i}=\boldsymbol{x}_i^{\mathrm{T}}\hat{\boldsymbol{\beta}}_{-i}=\boldsymbol{x}_i^{\mathrm{T}}\hat{\boldsymbol{\beta}}-\frac{\boldsymbol{x}_i^{\mathrm{T}}(\boldsymbol{X}^{\mathrm{T}}\boldsymbol{X})^{-1}\boldsymbol{x}_i e_i}{1-p_i}=\hat{y}_i-\frac{p_i e_i}{1-p_i}$$

因此，$y_i-\hat{y}_{-i}=e_i+p_i e_i/(1-p_i)=e_i/(1-p_i)$。 ■

例 5.2[多项式回归(续)] 回到例 2.1，我们使用独立验证数据估计了各种多项式预测函数的泛化风险。这里，我们通过交叉验证(因此仅使用训练集)来估计期望泛化风险，并应用定理 5.1 来计算 PRESS。

polyregpress.py

```
import numpy as np
import matplotlib.pyplot as plt

def generate_data(beta , sig, n):
    u = np.random.rand(n, 1)
    y = u ** np.arange(0, 4) @ beta.reshape(4,1) + (
                                 sig * np.random.randn(n, 1))
    return u, y

np.random.seed(12)
beta = np.array([[10.0, -140, 400, -250]]).T;
sig=5; n = 10**2;
u,y = generate_data(beta,sig,n)

X = np.ones((n, 1))
K = 12 #maximum number of parameters
press = np.zeros(K+1)
for k in range(1,K):
    if k > 1:
        X = np.hstack((X, u**(k-1))) # add column to matrix
    P = X @ np.linalg.pinv(X) # projection matrix
    e = y - P @ y

    press[k] = np.sum((e/(1-np.diag(P).reshape(n,1)))**2)

plt.plot(press[1:K]/n)
```

将常数、线性、二次、三次和四次多项式回归模型的 PRESS 值除以 $n=100$，得到的结果分别为 152.487、56.249、51.606、30.999 和 31.634。因此，三次多项式回归模型的 PRESS 值最低，表明该模型具有最好的预测性能。

5.3.4 样本内风险和赤池信息准则

在 2.5.1 节中，我们介绍了样本内风险可作为预测函数准确性的度量。概括地说，给定固定的数据集 τ 和相关的响应向量 $\boldsymbol{y}$ 以及大小为 $n\times p$ 的解释变量矩阵 $\boldsymbol{X}$，预测函数 g 的样本内风险定义为：

$$\ell_{\text{in}}(g) := \mathbb{E}_{\boldsymbol{X}}\text{Loss}(Y, g(\boldsymbol{X})) \tag{5.11}$$

其中，$\mathbb{E}_{\boldsymbol{X}}$ 表示期望是在不同的概率模型下得出的，其中 $\boldsymbol{X}$ 以相等的概率取值 $\boldsymbol{x}_1,\cdots,\boldsymbol{x}_n$，并且在给定 $\boldsymbol{X}=\boldsymbol{x}_i$ 的情况下，随机变量 Y 从条件概率密度函数 $f(y|\boldsymbol{x}_i)$ 中抽取。样本内风险与训练损失之差称为**乐观度**。对于平方误差损失，定理 2.2 将学习器 $g_{\mathcal{T}}$ 的期望乐观度表示为预测值和响应的平均协方差的两倍。

给定 $\boldsymbol{X}=\boldsymbol{x}$，如果误差 $Y-g^*(\boldsymbol{X})$ 的条件方差不依赖 $\boldsymbol{x}$，则学习器 g_τ 的期望样本内风险，即在所有训练集上的平均样本内风险，具有如下简单的表达式：

定理 5.2 线性模型的期望样本内风险

设 $\boldsymbol{X}$ 是大小为 $n\times p$ 的线性模型的模型矩阵。如果 $\mathbb{V}\text{ar}[Y-g^*(\boldsymbol{X})\,|\,\boldsymbol{X}=\boldsymbol{x}]=:v^2$ 不依赖 $\boldsymbol{x}$，则随机学习器 $g_{\mathcal{T}}$ 的期望样本内风险（关于平方误差损失）为：

$$\mathbb{E}_{\boldsymbol{X}}\,\ell_{\text{in}}(g_{\mathcal{T}}) = \mathbb{E}_{\boldsymbol{X}}\,\ell_{\mathcal{T}}(g_{\mathcal{T}}) + \frac{2\ell^*p}{n} \tag{5.12}$$

其中，ℓ^* 是不可归约风险。

证明 根据定义，平方误差损失的期望乐观度 $\mathbb{E}_{\boldsymbol{X}}[\ell_{\text{in}}(g_{\mathcal{T}})-\ell_{\mathcal{T}}(g_{\mathcal{T}})]$等于 $2\ell^* p/n$，它的推理过程与例 2.3 完全相同。注意，这里 $\ell^*=\upsilon^2$。 ■

公式(5.12)是以下模型比较启发的基础：使用具有相对较高复杂度的模型通过$\hat{\upsilon}^2$估算不可归约风险 $\ell^*=\upsilon^2$。然后，选择值最小的线性模型：

$$\|\boldsymbol{y}-\boldsymbol{X}\hat{\boldsymbol{\beta}}\|^2+2\hat{\upsilon}^2 p \tag{5.13}$$

我们还可以使用赤池信息准则(Akaike Information Criterion，AIC)作为模型比较的启发。我们在 4.2 节中讨论了无监督学习的 AIC，但是在数据的样本内模型下，无监督学习使用的参数也可以应用于监督学习的情况。特别地，令 $\boldsymbol{Z}=(\boldsymbol{X},Y)$，我们想用预测函数族 $\mathcal{G}:=\{g(\boldsymbol{z}|\boldsymbol{\theta}),\boldsymbol{\theta}\in\mathbb{R}^q\}$中的预测函数 $g(\boldsymbol{z}|\boldsymbol{\theta})$预测联合密度：

$$f(\boldsymbol{z})=f(\boldsymbol{x},y):=\frac{1}{n}\sum_{i=1}^{n}\mathbb{1}_{\{\boldsymbol{x}=\boldsymbol{x}_i\}}f(y|\boldsymbol{x}_i)$$

其中，

$$g(\boldsymbol{z}|\boldsymbol{\theta})=g(\boldsymbol{x},y|\boldsymbol{\theta}):=\frac{1}{n}\sum_{i=1}^{n}\mathbb{1}_{\{\boldsymbol{x}=\boldsymbol{x}_i\}}g_i(y|\boldsymbol{\theta})$$

注意，q 是参数的数量(对于具有 $n\times p$ 设计矩阵的线性模型，q 通常大于 p)。

根据 4.2 节，这种情况下的样本内交叉熵风险为

$$r(\boldsymbol{\theta}):=-\mathbb{E}_{\boldsymbol{X}}\ln g(\boldsymbol{Z}|\boldsymbol{\theta})$$

为了逼近最优参数 $\boldsymbol{\theta}^*$，我们最小化相应的训练损失：

$$r_{\tau_n}(\boldsymbol{\theta}):=-\frac{1}{n}\sum_{j=1}^{n}\ln g(\boldsymbol{z}_j|\boldsymbol{\theta})$$

因此，通过最小化

$$-\frac{1}{n}\sum_{j=1}^{n}(-\ln n+\ln g_j(y_j|\boldsymbol{\theta}))$$

可得训练损失的最优参数 $\hat{\boldsymbol{\theta}}_n$，即 $\boldsymbol{\theta}$ 的最大似然估计：

$$\hat{\boldsymbol{\theta}}_n=\underset{\boldsymbol{\theta}}{\operatorname{argmax}}\sum_{i=1}^{n}\ln g_i(y_i|\boldsymbol{\theta})$$

对于某个参数 $\boldsymbol{\theta}^*$，假设 $f=g(\cdot|\boldsymbol{\theta}^*)$，由定理 4.1 可知，估计的样本内泛化风险可以近似为

$$\mathbb{E}_{\boldsymbol{X}}r(\hat{\boldsymbol{\theta}}_n)\approx r_{\mathcal{T}_n}(\hat{\boldsymbol{\theta}}_n)+\frac{q}{n}=\ln n-\frac{1}{n}\sum_{j=1}^{n}\ln g_j(y_j|\hat{\boldsymbol{\theta}}_n)+\frac{q}{n}$$

这导致了学习器 $g(\cdot|\hat{\boldsymbol{\theta}}_n)$选择的经验规则，即选择具有最小 AIC 值的学习器：

$$-2\sum_{i=1}^{n}\ln g_i(y_i|\hat{\boldsymbol{\theta}}_n)+2q \tag{5.14}$$

例 5.3(正态线性模型) 正态线性模型 $Y\sim\mathcal{N}(\boldsymbol{x}^{\mathrm{T}}\boldsymbol{\beta},\sigma^2)$[见式(2.29)]具有 p 维向量 $\boldsymbol{\beta}$，我们有

$$g_i(y_i|\underbrace{\boldsymbol{\beta},\sigma^2}_{=\boldsymbol{\theta}})=\frac{1}{\sqrt{2\pi\sigma^2}}\exp\left(-\frac{1}{2}\frac{(y_i-\boldsymbol{x}_i^{\mathrm{T}}\boldsymbol{\beta})^2}{\sigma^2}\right),\quad i=1,\cdots,n$$

因此，AIC 为

$$n\ln(2\pi)+n\ln\hat{\sigma}^2+\frac{\|\boldsymbol{y}-\boldsymbol{X}\hat{\boldsymbol{\beta}}\|^2}{\hat{\sigma}^2}+2q \tag{5.15}$$

其中($\widehat{\boldsymbol{\beta}}$，$\widehat{\sigma}^2$)是最大似然估计，而 $q=p+1$ 是参数数量(包括 σ^2)。为了进行模型比较，如果所有模型都是正态线性模型，则可以删除公式中的 $n\ln(2\pi)$项。

某些软件包的报告显示 AIC 没有式(5.15)中的 $n\ \ln\widehat{\sigma}^2$ 项。如果将正态模型与非正态模型进行比较，可能会导致次优的模型选择。

5.3.5 分类特征

如第1章所述，假设数据以 n 行、$p+1$ 列的电子表格或数据帧的形式给出，其中第 i 行的第一个元素是响应变量 y_i，其余 p 个元素形成解释变量的向量 $\boldsymbol{x}_i^{\mathrm{T}}$。当所有的解释变量(特征、预测变量)都是定量变量时，则模型矩阵 $\boldsymbol{X}$ 可以直接从数据帧中读取，该矩阵是行为 $\boldsymbol{x}_i^{\mathrm{T}}(i=1,\cdots,n)$的 $n\times p$ 矩阵。

然而，当某些解释变量是定性变量(分类)时，数据帧和模型矩阵之间的一一对应关系将不再成立。解决方案是引入**指示变量或虚拟变量**。

具有连续响应和分类解释变量的线性模型经常出现在**析因实验**(factorial experiment)中。这些实验是受控的统计实验，其目的是评估响应变量如何受一个或多个不同水平不同因素的影响。一个典型的例子是农业实验，人们希望调查粮食作物的产量如何受产地、农药和肥料等因素的影响。

例 5.4(作物产量) 表 5.1 中的数据列出了在 4 个不同地块上进行 4 种不同作物处理(例如施肥量)的粮食作物产量。

如表 5.2 所示，对应的数据帧有 16 行、3 列，一列是作物产量(响应变量)，一列是地块，分别为 1、2、3、4 级。还有一列表示作物处理方式，同样具有级别 1、2、3、4。值 1、2、3 和 4 没有定量含义(例如，取其平均值是没有意义的)，它们只是标识处理方法或地块的类别。

表 5.1 不同处理方法和地块的作物产量

地块	作物处理方法			
	1	2	3	4
1	9.2988	9.4978	9.7604	10.1025
2	8.2111	8.3387	8.5018	8.1942
3	9.0688	9.1284	9.3484	9.5086
4	8.2552	7.8999	8.4859	8.9485

表 5.2 以标准数据帧格式组织的作物产量数据

产量	地块	作物处理方法	产量	地块	作物处理方法
9.2988	1	1	8.3387	2	2
9.4978	1	2	⋮	⋮	⋮
9.7604	1	3	8.4859	4	3
10.1025	1	4	8.9485	4	4
8.2111	2	1			

一般来说，假设有 r 个因子(类别)变量 $u_1,\cdots,u_r$，其中第 j 个因子具有 p_j 个互斥的级别，用 $1,\cdots,p_j$ 表示。为了将这些类别变量包含在线性模型中，常用的方法是为每个因子 j 在 k 级处引入指示特征 $x_{jk}=\mathbb{1}\{u_j=k\}$。因此，当因子 j 的值为 k 时，$x_{jk}=1$，否则为 0。由于 $\sum_k \mathbb{1}\{u_j=k\}=1$，因此对于每个因子 j 仅考虑 p_j-1 个指示特征就足够了(这可以防止模型矩阵秩亏)。因此，对于单个响应 Y，特征向量 $\boldsymbol{x}^{\mathrm{T}}$ 是由二进制变量组成的行向量，表示每个因素的观测等级。模型假设除误差项外，Y 以线性方式依赖指示特征，即

$$Y=\beta_0+\sum_{j=1}^{r}\sum_{k=2}^{p_j}\beta_{jk}\underbrace{\mathbb{1}\{u_j=k\}}_{x_{jk}}+\varepsilon$$

其中，对每个因子 j，我们省略一个指示特征(对应于级别 1)。对于独立响应 $Y_1,\cdots,Y_n$，每个 Y_i 对应因子 $u_{i1},\cdots,u_{ir}$，令 $x_{ijk}=\mathbb{1}\{u_{ij}=k\}$。然后，数据的线性模型变为

$$Y_i=\beta_0+\sum_{j=1}^{r}\sum_{k=2}^{p_j}\beta_{jk}x_{ijk}+\varepsilon_i \tag{5.16}$$

其中，$\{\varepsilon_i\}$是期望为 0、方差为 σ^2 的独立变量。将 β_0 和$\{\beta_{jk}\}$集合到向量 $\boldsymbol{\beta}$ 中，将$\{x_{ijk}\}$集合到矩阵 $\boldsymbol{X}$ 中，我们又得到了一个形如式(5.8)的线性模型。矩阵 $\boldsymbol{X}$ 有 n 行和 $1+\sum_{i=1}^{r}(p_i-1)$ 列。使用上述约定，将 β_{j1} 参数包含在参数 β_0(对应于“常数”特征)中，对于所有因子 $x_{j1}=1$ $(j=1,\cdots,r)$，当使用解释向量 $\boldsymbol{x}^{\mathrm{T}}$ 时，我们可以将 β_0 解释为基线响应。其他参数$\{\beta_{jk}\}$可以看作相对于该基线效应的增量效应。例如，β_{12} 描述了如果因子 1 使用的是 2 级水平而不是 1 级水平时，预期响应会发生多少变化。

例 5.5[作物产量(续)] 在例 5.4 中，线性模型式(5.16)有 8 个参数：β_0、β_{12}、β_{13}、β_{14}、β_{22}、β_{23}、β_{24} 和 σ^2。模型矩阵 $\boldsymbol{X}$ 取决于作物产量在向量 $\boldsymbol{y}$ 中的组织，以及影响因素的排序。我们从表 5.1 中按列顺序排列 $\boldsymbol{y}$，如 $\boldsymbol{y}=[9.2988,8.2111,9.0688,8.2552,9.4978,\cdots,8.9485]^{\mathrm{T}}$，设“作物处理方法”为因子 1，“地块”为因子 2。那么，我们可以将式(5.16)写为

$$\boldsymbol{Y}=\underbrace{\begin{bmatrix}\mathbf{1}&\mathbf{0}&\mathbf{0}&\mathbf{0}&\boldsymbol{C}\\\mathbf{1}&\mathbf{1}&\mathbf{0}&\mathbf{0}&\boldsymbol{C}\\\mathbf{1}&\mathbf{0}&\mathbf{1}&\mathbf{0}&\boldsymbol{C}\\\mathbf{1}&\mathbf{0}&\mathbf{0}&\mathbf{1}&\boldsymbol{C}\end{bmatrix}}_{\boldsymbol{X}}\underbrace{\begin{bmatrix}\beta_0\\\beta_{12}\\\beta_{13}\\\beta_{14}\\\beta_{22}\\\beta_{23}\\\beta_{24}\end{bmatrix}}_{\boldsymbol{\beta}}+\boldsymbol{\varepsilon},\quad \boldsymbol{C}=\begin{bmatrix}0&0&0\\1&0&0\\0&1&0\\0&0&1\end{bmatrix}$$

其中，$\mathbf{1}=[1,1,1,1]^{\mathrm{T}}$ 和 $\mathbf{0}=[0,0,0,0]^{\mathrm{T}}$。现在，可以用通常的方式对线性模型进行 $\boldsymbol{\beta}$ 和 σ^2 估计、模型选择和预测。

在析因实验中，模型矩阵通常称为**设计矩阵**，因为它规定了实验的设计；例如，因子等级的每个组合进行了多少次重复。可以通过添加指示变量的乘积作为新特征来扩展模型[式(5.16)]。这样的特征称为**交互项**。

5.3.6 嵌套模型

设 $\boldsymbol{X}$ 是 $n\times p$ 维的模型矩阵，形式为 $\boldsymbol{X}=[\boldsymbol{X}_1,\boldsymbol{X}_2]$，其中 $\boldsymbol{X}_1$ 和 $\boldsymbol{X}_2$ 分别是 $n\times k$ 和 $n\times(p-k)$ 维的模型矩阵。线性模型 $\boldsymbol{Y}=\boldsymbol{X}_1\boldsymbol{\beta}_1+\boldsymbol{\varepsilon}$ 和 $\boldsymbol{Y}=\boldsymbol{X}_2\boldsymbol{\beta}_2+\boldsymbol{\varepsilon}$ 是嵌套在线性模型 $\boldsymbol{Y}=\boldsymbol{X}\boldsymbol{\beta}+\boldsymbol{\varepsilon}$ 内的模型。这仅仅意味着 $\boldsymbol{X}$ 中的某些特征在前两个模型中都被忽略了。注意，$\boldsymbol{\beta}$、$\boldsymbol{\beta}_1$ 和 $\boldsymbol{\beta}_2$ 分别是 p、k 和 $p-k$ 维的参数向量。在下文中，我们假设 $n\geqslant p$，并且所有模型矩阵都是满秩的。

假设我们想评估是使用完整模型矩阵 $\boldsymbol{X}$ 还是使用简化模型矩阵 $\boldsymbol{X}_1$。设 $\widehat{\boldsymbol{\beta}}$ 为完整模型下 $\boldsymbol{\beta}$ 的估计[即通过式(5.9)获得]，设 $\widehat{\boldsymbol{\beta}}_1$ 表示简化模型的 $\boldsymbol{\beta}_1$ 估计。令 $\boldsymbol{Y}^{(2)}=\boldsymbol{X}\widehat{\boldsymbol{\beta}}$ 为 $\boldsymbol{Y}$ 在 $\boldsymbol{X}$ 的列所张成的空间 Span($\boldsymbol{X}$)上的投影；令 $\boldsymbol{Y}^{(1)}=\boldsymbol{X}_1\widehat{\boldsymbol{\beta}}_1$ 为 $\boldsymbol{Y}$ 在仅由 $\boldsymbol{X}_1$ 的列所张成的空间 Span($\boldsymbol{X}_1$)上的投影，如图 5.3 所示。为了确定是否需要 $\boldsymbol{X}_2$ 中的特征，我们可以比较由式(5.10)计算的两个模型的估计误差项，即通过残差平方和除以观测次数 n。如果这种比较的结果是，完整模型和简化模型之间的模型误差几乎没有差异，则应采用简化模型，因为它的参数比完整模型要少，但在解释数据效果方面一样好。因此，这种比较就是平方范数 $\|\boldsymbol{Y}-\boldsymbol{Y}^{(2)}\|^2$ 和 $\|\boldsymbol{Y}-\boldsymbol{Y}^{(1)}\|^2$ 之间的比较。由于线性模型的嵌套性质，Span($\boldsymbol{X}_1$)是 Span($\boldsymbol{X}$)的子空间，因此，$\boldsymbol{Y}^{(2)}$ 到 Span($\boldsymbol{X}_1$)上的正交投影与 $\boldsymbol{Y}$ 到 Span($\boldsymbol{X}_1$)上的正交投影 $\boldsymbol{Y}^{(1)}$ 相同。根据毕达哥拉斯定理，我们得到分解 $\|\boldsymbol{Y}^{(2)}-\boldsymbol{Y}^{(1)}\|^2+\|\boldsymbol{Y}-\boldsymbol{Y}^{(2)}\|^2=\|\boldsymbol{Y}-\boldsymbol{Y}^{(1)}\|^2$，图 5.3 也说明了这一点。

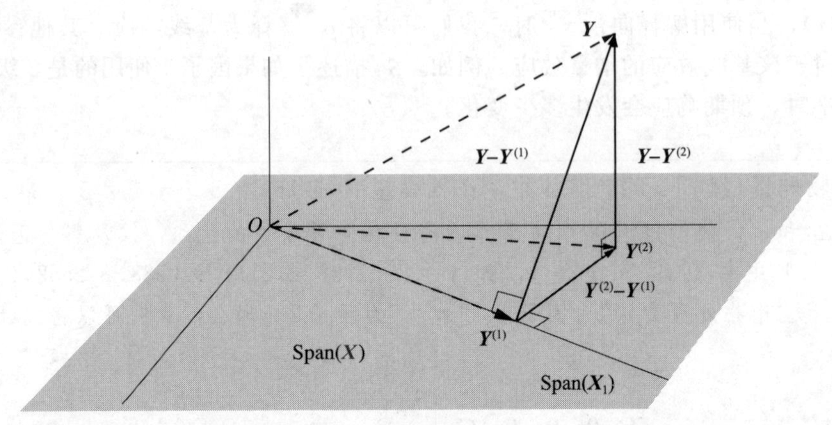

图 5.3 完整模型的残差平方和为 $\|\boldsymbol{Y}-\boldsymbol{Y}^{(2)}\|^2$，简化模型的残差平方和为 $\|\boldsymbol{Y}-\boldsymbol{Y}^{(1)}\|^2$。根据毕达哥拉斯定理，差为 $\|\boldsymbol{Y}^{(2)}-\boldsymbol{Y}^{(1)}\|^2$

上面的分解可以推广到两个以上的模型矩阵。假设模型矩阵可以分解为 d 个子矩阵：$\boldsymbol{X}=[\boldsymbol{X}_1,\boldsymbol{X}_2,\cdots,\boldsymbol{X}_d]$，其中矩阵 $\boldsymbol{X}_i$ 具有 p_i 列和 n 行，$i=1,\cdots,d$。因此，完整模型矩阵的列数[⊖]为 $p=p_1+\cdots+p_d$。这会创建嵌套模型矩阵的递增序列：$\boldsymbol{X}_1$，$[\boldsymbol{X}_1,\boldsymbol{X}_2],\cdots,[\boldsymbol{X}_1,\boldsymbol{X}_2,\cdots,\boldsymbol{X}_d]$，从基线正态模型矩阵 $\boldsymbol{X}_1=\mathbf{1}$ 到完整的模型矩阵 $\boldsymbol{X}$。考虑与模型中特定变量相对应的每个模型矩阵。

我们遵循与图 5.3 类似的投影过程：首先将 $\boldsymbol{Y}$ 投影到 Span($\boldsymbol{X}$)上，得到向量 $\boldsymbol{Y}^{(d)}$；然后将 $\boldsymbol{Y}^{(d)}$ 投影到 Span ($[\boldsymbol{X}_1,\cdots,\boldsymbol{X}_{d-1}]$)上，得到 $\boldsymbol{Y}^{(d-1)}$；依此类推，直到将 $\boldsymbol{Y}^{(2)}$ 投影到 Span($\boldsymbol{X}_1$)上，得到 $\boldsymbol{Y}^{(1)}=\overline{Y}\mathbf{1}$(在 $\boldsymbol{X}_1=1$ 的情况下)。

⊖ 和往常一样，我们假设列向量是线性无关的。

通过应用毕达哥拉斯定理，总平方和可以分解为：

$$\underbrace{\|\boldsymbol{Y}-\boldsymbol{Y}^{(1)}\|^2}_{\mathrm{df}=n-p_1} = \underbrace{\|\boldsymbol{Y}-\boldsymbol{Y}^{(d)}\|^2}_{\mathrm{df}=n-p} + \underbrace{\|\boldsymbol{Y}^{(d)}-\boldsymbol{Y}^{(d-1)}\|^2}_{\mathrm{df}=p_d} + \cdots + \underbrace{\|\boldsymbol{Y}^{(2)}-\boldsymbol{Y}^{(1)}\|^2}_{\mathrm{df}=p_2} \tag{5.17}$$

软件包通常报告平方和以及相应的自由度(df)：$n-p$，$p_d,\cdots,p_2$。

5.3.7 决定系数

为了评估线性模型$\boldsymbol{Y}=\boldsymbol{X\beta}+\boldsymbol{\varepsilon}$与默认模型$\boldsymbol{Y}=\beta_0\mathbf{1}+\boldsymbol{\varepsilon}$的差异，我们可以比较原始数据与拟合数据的方差，原始数据的方差通过$\sum_i(Y_i-\overline{Y})^2/n=\|\boldsymbol{Y}-\overline{Y}\mathbf{1}\|^2/n$估计，拟合数据的方差通过$\sum_i(\hat{Y}_i-\overline{Y})^2/n=\|\overline{\boldsymbol{Y}}-\overline{Y}\mathbf{1}\|^2/n$估计，其中$\hat{\boldsymbol{Y}}=\boldsymbol{X}\hat{\boldsymbol{\beta}}$。总和$\sum_i(Y_i-\overline{Y})^2/n=\|\boldsymbol{Y}-\overline{Y}\mathbf{1}\|^2$有时也称为总平方和(Total Sum of Squares，TSS)，量

$$R^2=\frac{\|\hat{\boldsymbol{Y}}-\overline{Y}\mathbf{1}\|^2}{\|\boldsymbol{Y}-\overline{Y}\mathbf{1}\|^2} \tag{5.18}$$

称为线性模型的**决定系数**。根据图5.3的符号表示，有$\hat{\boldsymbol{Y}}=\boldsymbol{Y}^{(2)}$和$\overline{Y}\mathbf{1}=\boldsymbol{Y}^{(1)}$，因此，

$$R^2=\frac{\|\boldsymbol{Y}^{(2)}-\boldsymbol{Y}^{(1)}\|^2}{\|\boldsymbol{Y}-\boldsymbol{Y}^{(1)}\|^2}=\frac{\|\boldsymbol{Y}-\boldsymbol{Y}^{(1)}\|^2-\|\boldsymbol{Y}-\boldsymbol{Y}^{(2)}\|^2}{\|\boldsymbol{Y}-\boldsymbol{Y}^{(1)}\|^2}=\frac{\mathrm{TSS}-\mathrm{RSS}}{\mathrm{TSS}}$$

注意，R^2取值范围在0到1之间。当R^2的值接近1时，说明数据中的很大一部分方差被模型解释了。

许多软件包还提供了**校正决定系数**，定义为：

$$R^2_{\text{adjusted}}=1-(1-R^2)\frac{n-1}{n-p}$$

常规R^2在参数数量上总是非递减的(参见习题15)，但这并不意味着更好的预测能力。随着变量数量的增加，校正R^2通过减少常规R^2来进行补偿。这种启发式校正可以更容易地比较两个竞争模型的质量。

5.4 正态线性模型的推理

到目前为止，我们还没有对线性模型$\boldsymbol{Y}=\boldsymbol{X\beta}+\boldsymbol{\varepsilon}$中误差随机变量$\boldsymbol{\varepsilon}=[\varepsilon_1,\cdots,\varepsilon_n]^{\mathrm{T}}$的分布做任何假设。当误差项$\{\varepsilon_i\}$服从正态分布时[即$\{\varepsilon_i\}\overset{\text{iid}}{\sim}\mathcal{N}(0,\sigma^2)$]，为线性模型的推理开辟了新的途径。在2.8节中，我们已经看到，对于这样的正态线性模型，可以通过最大似然法对$\boldsymbol{\beta}$和σ^2进行估计，从而得到和式(5.9)、式(5.10)相同的估计量。

定理5.3列出了这些估计量的性质。特别地，它表明$\hat{\boldsymbol{\beta}}$和$\hat{\sigma}^2n/(n-p)$分别是$\boldsymbol{\beta}$和σ^2的独立和无偏估计。

定理5.3 正态线性模型估计量的性质

考虑线性模型$\boldsymbol{Y}=\boldsymbol{X\beta}+\boldsymbol{\varepsilon}$，其中$\boldsymbol{\varepsilon}\sim\mathcal{N}(\mathbf{0},\sigma^2\boldsymbol{I}_n)$，$\boldsymbol{\beta}$是$p$维参数向量，$\sigma^2$是离散参数。下列结论成立。

(1)最大似然估计量$\hat{\boldsymbol{\beta}}$和$\hat{\sigma}^2$是独立的。

(2)$\hat{\boldsymbol{\beta}}\sim\mathcal{N}(\boldsymbol{\beta},\sigma^2(\boldsymbol{X}^{\mathrm{T}}\boldsymbol{X})^{+})$。

(3)$n\hat{\sigma}^2/\sigma^2\sim\chi^2_{n-p}$，其中$p=\mathrm{rank}(\boldsymbol{X})$。

证明 使用伪逆(见定义 A.2)，我们可以将随机向量 $\widehat{\boldsymbol{\beta}}$ 写成 $\boldsymbol{X}^{+}\boldsymbol{Y}$，它是正态随机向量的线性变换。因此，$\widehat{\boldsymbol{\beta}}$ 服从多元正态分布，见定理 C.6。同样根据定理 C.6，可得均值向量和协方差矩阵：

$$\mathbb{E}\widehat{\boldsymbol{\beta}} = \boldsymbol{X}^{+}\mathbb{E}\boldsymbol{Y} = \boldsymbol{X}^{+}\boldsymbol{X}\boldsymbol{\beta} = \boldsymbol{\beta}$$

$$\mathbb{C}\mathrm{ov}(\widehat{\boldsymbol{\beta}}) = \boldsymbol{X}^{+}\sigma^2\boldsymbol{I}_n(\boldsymbol{X}^{+})^{\mathrm{T}} = \sigma^2(\boldsymbol{X}^{\mathrm{T}}\boldsymbol{X})^{+}$$

为了证明 $\widehat{\boldsymbol{\beta}}$ 和 $\widehat{\sigma}^2$ 是独立的，定义 $\boldsymbol{Y}^{(2)}=\boldsymbol{X}\widehat{\boldsymbol{\beta}}$。注意，$\boldsymbol{Y}/\sigma$ 服从$\mathcal{N}(\boldsymbol{\mu},\boldsymbol{I}_n)$分布，期望向量 $\boldsymbol{\mu}=\boldsymbol{X}\boldsymbol{\beta}/\sigma$。现在直接应用定理 C.10，可证明$(\boldsymbol{Y}-\boldsymbol{Y}^{(2)})/\sigma$ 与 $\boldsymbol{Y}^{(2)}/\sigma$ 无关。由于 $\widehat{\boldsymbol{\beta}}=\boldsymbol{X}^{+}\boldsymbol{X}\widehat{\boldsymbol{\beta}}=\boldsymbol{X}^{+}\boldsymbol{Y}^{(2)}$，$\widehat{\sigma}^2=\|\boldsymbol{Y}-\boldsymbol{Y}^{(2)}\|^2/n$，因此 $\widehat{\sigma}^2$ 与 $\widehat{\boldsymbol{\beta}}$ 无关。最后，同样根据定理 C.10，由于 $\boldsymbol{Y}^{(2)}$ 与 $\boldsymbol{Y}$ 具有相同的期望向量，因此随机变量 $\|\boldsymbol{Y}-\boldsymbol{Y}^{(2)}\|^2/\sigma^2$ 服从 χ^2_{n-p} 分布。 ■

作为推论，我们看到 β_i 的估计量 $\widehat{\beta}_i$ 服从正态分布，期望为 β_i，方差为 $\sigma^2\boldsymbol{u}_i^{\mathrm{T}}\boldsymbol{X}^{+}(\boldsymbol{X}^{+})^{\mathrm{T}}\boldsymbol{u}_i=\sigma^2\|\boldsymbol{u}_i^{\mathrm{T}}\boldsymbol{X}^{+}\|^2$，其中 $\boldsymbol{u}_i=[0,\cdots,0,1,0,\cdots,0]^{\mathrm{T}}$ 是第 i 个单位向量，换句话说，方差为 $\sigma^2[(\boldsymbol{X}^{\mathrm{T}}\boldsymbol{X})^{+}]_{ii}$。

检验某些回归参数 β_i 是否为 0 是有意义的，因为如果 $\beta_i=0$，则第 i 个解释变量对预期响应没有直接影响，因此可以从模型中删除。标准的做法是进行假设检验(关于假设检验的内容见 C.14 节)，使用检验统计量 T 检验零假设 $H_0:\beta_i=0$ 和备择假设 $H_1:\beta_i\neq 0$

$$T = \frac{\widehat{\beta}_i/\|\boldsymbol{u}_i^{\mathrm{T}}\boldsymbol{X}^{+}\|}{\sqrt{\mathrm{RSE}}} \tag{5.19}$$

其中，RSE 是残差平方误差，即 $\mathrm{RSE}=\mathrm{RSS}/(n-p)$。该检验统计量在 H_0 下服从 t_{n-p} 分布。为证明这一点，统计量写作 $T=Z/\sqrt{V/(n-p)}$，其中

$$Z = \frac{\widehat{\beta}_i}{\sigma\|\boldsymbol{u}_i^{\mathrm{T}}\boldsymbol{X}^{+}\|}, \quad V = n\widehat{\sigma}^2/\sigma^2$$

然后，根据定理 5.3，在 H_0 和 $V\sim\chi^2_{n-p}$ 下 $Z\sim\mathcal{N}(0,1)$，且 Z 和 V 相互独立。现在，结果可以直接由推论 C.1 得出。

5.4.1 比较两个正态线性模型

对于数据 $\boldsymbol{Y}=[Y_1,\cdots,Y_n]^{\mathrm{T}}$，假设我们有以下线性模型：

$$\boldsymbol{Y} = \underbrace{\boldsymbol{X}_1\boldsymbol{\beta}_1 + \boldsymbol{X}_2\boldsymbol{\beta}_2}_{\boldsymbol{X}\boldsymbol{\beta}} + \boldsymbol{\varepsilon}, \quad \boldsymbol{\varepsilon}\sim\mathcal{N}(\boldsymbol{0},\sigma^2\boldsymbol{I}_n) \tag{5.20}$$

其中，$\boldsymbol{\beta}_1$ 和 $\boldsymbol{\beta}_2$ 分别是 k 维和 $p-k$ 维的未知向量；$\boldsymbol{X}_1$ 和 $\boldsymbol{X}_2$ 分别是维度为 $n\times k$ 和 $n\times(p-k)$ 的满秩模型矩阵。上面我们隐式定义了 $\boldsymbol{X}=[\boldsymbol{X}_1,\boldsymbol{X}_2]$，$\boldsymbol{\beta}^{\mathrm{T}}=[\boldsymbol{\beta}_1^{\mathrm{T}},\boldsymbol{\beta}_2^{\mathrm{T}}]$。假设我们希望针对假设 $H_0:\boldsymbol{\beta}_2=\boldsymbol{0}$ 和 $H_1:\boldsymbol{\beta}_2\neq\boldsymbol{0}$ 进行检验。根据 5.3.6 节的思想，我们将比较两个模型的残差平方和，分别表示为 $\|\boldsymbol{Y}-\boldsymbol{Y}^{(2)}\|^2$ 和 $\|\boldsymbol{Y}-\boldsymbol{Y}^{(1)}\|^2$。根据毕达哥拉斯定理，我们知道 $\|\boldsymbol{Y}-\boldsymbol{Y}^{(2)}\|^2-\|\boldsymbol{Y}-\boldsymbol{Y}^{(1)}\|^2=\|\boldsymbol{Y}^{(2)}-\boldsymbol{Y}^{(1)}\|^2$，因此，根据 $\|\boldsymbol{Y}^{(2)}-\boldsymbol{Y}^{(1)}\|^2$ 和 $\|\boldsymbol{Y}-\boldsymbol{Y}^{(2)}\|^2$ 的商来决定是保留还是拒绝 H_0 是有意义的。这就有了下面的检验统计。

定理 5.4 比较两个正态线性模型的检验统计

对于式(5.20)的模型，设 $\boldsymbol{Y}^{(2)}$ 和 $\boldsymbol{Y}^{(1)}$ 为 $\boldsymbol{Y}$ 分别在由 $\boldsymbol{X}$ 的 p 列和 $\boldsymbol{X}_1$ 的 k 列所张成的空间的投影。那么，在零假设 $H_0:\boldsymbol{\beta}_2=\boldsymbol{0}$ 下检验统计量

$$T = \frac{\|\boldsymbol{Y}^{(2)}-\boldsymbol{Y}^{(1)}\|^2/(p-k)}{\|\boldsymbol{Y}-\boldsymbol{Y}^{(2)}\|^2/(n-p)} \tag{5.21}$$

服从 $\mathsf{F}(p-k,n-p)$ 分布。

证明 设 $\boldsymbol{X}:=\boldsymbol{Y}/\sigma$ 具有期望 $\boldsymbol{\mu}:=\boldsymbol{X\beta}/\sigma$，$\boldsymbol{X}_j:=\boldsymbol{Y}^{(j)}/\sigma$ 具有期望 $\boldsymbol{\mu}_j(j=k,p)$。注意，$\boldsymbol{\mu}_p=\boldsymbol{\mu}$，在 H_0 假设下 $\boldsymbol{\mu}_k=\boldsymbol{\mu}_p$。我们可以直接应用定理 C.10 得到 $\|\boldsymbol{Y}-\boldsymbol{Y}^{(2)}\|^2/\sigma^2=\|\boldsymbol{X}-\boldsymbol{X}_p\|^2\sim\chi^2_{n-p}$，在 H_0 假设下 $\|\boldsymbol{Y}^{(2)}-\boldsymbol{Y}^{(1)}\|^2/\sigma^2=\|\boldsymbol{X}_p-\boldsymbol{X}_k\|^2\sim\chi^2_{p-k}$。此外，这些随机变量相互独立。应用定理 C.11 可以完成这个证明。 ■

需要注意的是，T 值很大时拒绝 H_0。因此，检验过程如下：

(1)计算式(5.21)中检验统计量 T 的结果 t。

(2)计算满足 $\mathbb{P}(T\geqslant t)$ 的 P 值，其中 $T\sim\mathsf{F}(p-k,n-p)$。

(3)如果 P 值太小(例如小于 0.05)，则拒绝 H_0。

对于 5.3.6 节所述的嵌套模型 $[\boldsymbol{X}_1,\boldsymbol{X}_2,\cdots,\boldsymbol{X}_k](k=1,2,\cdots,d)$，可以使用定理 5.4 中的 F 检验统计量来检验是否需要某些 $\boldsymbol{X}_i$。特别地，软件包将按照 $i=2,3,\cdots,d$ 的顺序报告以下结果：

$$F_i=\frac{\|\boldsymbol{Y}^{(i)}-\boldsymbol{Y}^{(i-1)}\|^2/p_i}{\|\boldsymbol{Y}-\boldsymbol{Y}^{(d)}\|^2/(n-p)} \tag{5.22}$$

在零假设下，$\boldsymbol{Y}^{(i)}$ 和 $\boldsymbol{Y}^{(i-1)}$ 具有相同的期望(即将 $\boldsymbol{X}_i$ 加到 $\boldsymbol{X}_{i-1}$ 上对减小近似误差没有其他影响)，检验统计量 F_i 服从 $\mathsf{F}(p_i,n-p)$ 分布，相应的 P 值量化了是否在模型中包含额外变量的决策强度。这个过程称为**方差分析**(Analysis of Variance，ANOVA)。

注意，方差分析表的输出取决于所用变量的顺序。

例 5.6[作物产量(续)] 接着例 5.4 和例 5.5 进行分析。将线性模型分解为

$$\boldsymbol{Y}=\underbrace{\begin{bmatrix}\mathbf{1}\\\mathbf{1}\\\mathbf{1}\\\mathbf{1}\end{bmatrix}}_{\boldsymbol{X}_1}\underbrace{\beta_0}_{\boldsymbol{\beta}_1}+\underbrace{\begin{bmatrix}\mathbf{0}&\mathbf{0}&\mathbf{0}\\\mathbf{1}&\mathbf{0}&\mathbf{0}\\\mathbf{0}&\mathbf{1}&\mathbf{0}\\\mathbf{0}&\mathbf{0}&\mathbf{1}\end{bmatrix}}_{\boldsymbol{X}_2}\underbrace{\begin{bmatrix}\beta_{12}\\\beta_{13}\\\beta_{14}\end{bmatrix}}_{\boldsymbol{\beta}_2}+\underbrace{\begin{bmatrix}\boldsymbol{C}\\\boldsymbol{C}\\\boldsymbol{C}\\\boldsymbol{C}\end{bmatrix}}_{\boldsymbol{X}_3}\underbrace{\begin{bmatrix}\beta_{22}\\\beta_{23}\\\beta_{24}\end{bmatrix}}_{\boldsymbol{\beta}_3}+\boldsymbol{\varepsilon}$$

作物产量是否取决于作物处理等级和地块？我们首先检验是否可以在模型中删除地块这一因素，若不可删除，则它在解释作物产量方面起着重要作用。具体来说，我们使用定理 5.4 检验 $\boldsymbol{\beta}_3=0$ 对 $\boldsymbol{\beta}_3\neq 0$ 的结果。现在，向量 $\boldsymbol{Y}^{(2)}$ 是 $\boldsymbol{Y}$ 在由 $\boldsymbol{X}=[\boldsymbol{X}_1,\boldsymbol{X}_2,\boldsymbol{X}_3]$ 的列所张成的 $p=7$ 维空间上的投影。$\boldsymbol{Y}^{(1)}$ 是 $\boldsymbol{Y}$ 在由 $\boldsymbol{X}_{12}:=[\boldsymbol{X}_1,\boldsymbol{X}_2]$ 的列所张成的 $k=4$ 维空间上的投影。在假设 H_0 下，检验统计量 T_{12} 服从 $\mathsf{F}(3,9)$ 分布。

下面的 Python 代码计算检验统计量 T_{12} 的结果和相应的 P 值。我们得到 $T_{12}=34.9998$，P 值为 2.73×10^{-5}。这表明地块因素对于数据解释非常重要。

使用扩展模型(包括地块因素)，我们可以检验 $\boldsymbol{\beta}_2$ 是否为 $\mathbf{0}$。也就是说，在存在地块因素的情况下，作物处理方法是否对作物产量有显著影响。下面代码的最后 6 行完成了这种检验。检验统计量的结果为 4.4878，P 值为 0.0346。将地块因素包含在内，我们有效地减少了模型中的不确定性，能够更准确地评估作物处理方法的效果，得出作物处理方法对作物产量有影响的结论。仔细观察数据可以发现，在每个地块(行)内，作物产量大致随处理等级的提高而增加。

crop.py

```
import numpy as np
from scipy.stats import f
from numpy.linalg import lstsq, norm

yy = np.array([9.2988, 9.4978, 9.7604, 10.1025,
      8.2111, 8.3387, 8.5018,  8.1942,
      9.0688, 9.1284, 9.3484,  9.5086,
      8.2552, 7.8999, 8.4859,  8.9485]).reshape(4,4).T

nrow, ncol = yy.shape[0], yy.shape[1]
n = nrow * ncol
y = yy.reshape(16,)
X_1 = np.ones((n,1))

KM = np.kron(np.eye(ncol),np.ones((nrow,1)))
KM[:,0]
X_2 = KM[:,1:ncol]
IM = np.eye(nrow)
C = IM[:,1:nrow]

X_3 = np.vstack((C, C))
X_3 = np.vstack((X_3, C))
X_3 = np.vstack((X_3, C))

X = np.hstack((X_1,X_2))
X = np.hstack((X,X_3))

p = X.shape[1] #number of parameters in full model
betahat = lstsq(X, y,rcond=None)[0]  #estimate under the full model

ym = X @ betahat

X_12 = np.hstack((X_1, X_2)) #omitting the block effect
k = X_12.shape[1] #number of parameters in reduced model
betahat_12 = lstsq(X_12, y,rcond=None)[0]
y_12 = X_12 @ betahat_12
T_12=(n-p)/(p-k)*(norm(y-y_12)**2 -  norm(y-ym)**2)/norm(y-ym)**2
pval_12 = 1 - f.cdf(T_12,p-k,n-p)

X_13 = np.hstack((X_1, X_3)) #omitting the treatment effect
k = X_13.shape[1] #number of parameters in reduced model
betahat_13 = lstsq(X_13, y,rcond=None)[0]
y_13 = X_13 @ betahat_13
T_13=(n-p)/(p-k)*(norm(y-y_13)**2 - norm(y-ym)**2)/norm(y-ym)**2
pval_13 = 1 - f.cdf(T_13,p-k,n-p)
```

5.4.2 置信区间和预测区间

与所有监督学习设置一样，当我们希望根据新的解释向量 $\boldsymbol{x}$ 预测新响应变量的表现时，线性回归是最有用的。例如，我们可能很难衡量响应变量，但是通过了解估计的回归线和 $\boldsymbol{x}$ 的值，就能很好地知道 Y 或 Y 的期望值是多少。

因此，考虑新的 $\boldsymbol{x}$，设 $Y \sim \mathcal{N}(\boldsymbol{x}^{\mathrm{T}}\boldsymbol{\beta}, \sigma^2)$，而 $\boldsymbol{\beta}$ 和 σ^2 未知。首先，我们将查看 Y 的期望，即 $\mathbb{E}Y = \boldsymbol{x}^{\mathrm{T}}\boldsymbol{\beta}$。由于 $\boldsymbol{\beta}$ 未知，因此我们也不知道 $\mathbb{E}Y$。但是，我们可以根据定理5.3，通过估计量 $\hat{Y} = \boldsymbol{x}^{\mathrm{T}}\hat{\boldsymbol{\beta}}$ 对其进行估计，其中 $\hat{\boldsymbol{\beta}} \sim \mathcal{N}(\boldsymbol{\beta}, \sigma^2(\boldsymbol{X}^{\mathrm{T}}\boldsymbol{X})^{+})$。由于在 $\boldsymbol{\beta}$ 的分量中是线性的，因此 $\hat{Y}$ 服从正态分布，期望为 $\boldsymbol{x}^{\mathrm{T}}\boldsymbol{\beta}$，方差为 $\sigma^2 \| \boldsymbol{x}^{\mathrm{T}}\boldsymbol{X}^{+} \|^2$。令 $Z \sim \mathcal{N}(0,1)$ 为 $\hat{Y}$ 的归一化形式，且 $V = \| \boldsymbol{Y} - \boldsymbol{X}\hat{\boldsymbol{\beta}} \|^2/\sigma^2 \sim \chi^2_{n-p}$。那么，根据推论C.1，随机变量

$$T := \frac{(\boldsymbol{x}^{\mathrm{T}}\widehat{\boldsymbol{\beta}} - \boldsymbol{x}^{\mathrm{T}}\boldsymbol{\beta}) / \| \boldsymbol{x}^{\mathrm{T}}\boldsymbol{X}^{+} \|}{\| \boldsymbol{Y} - \boldsymbol{X}\widehat{\boldsymbol{\beta}} \| / \sqrt{(n-p)}} = \frac{Z}{\sqrt{V/(n-p)}} \tag{5.23}$$

服从 t_{n-p}分布。重新排列恒等式 $\mathbb{P}(|T| \leqslant t_{n-p;1-\alpha/2}) = 1-\alpha$，其中 $t_{n-p;1-\alpha/2}$是 t_{n-p}分布的$(1-\alpha/2)$分位数，我们得到**随机置信区间**：

$$\boldsymbol{x}^{\mathrm{T}}\widehat{\boldsymbol{\beta}} \pm t_{n-p;1-\alpha/2}\sqrt{\mathrm{RSE}} \| \boldsymbol{x}^{\mathrm{T}}\boldsymbol{X}^{+} \| \tag{5.24}$$

其中，RSE 等于 $\| \boldsymbol{Y} - \boldsymbol{X}\widehat{\boldsymbol{\beta}} \|^2/(n-p)$。该置信区间量化了学习器(回归表面)的不确定性。

新响应 Y 的**预测区间**与 $\mathbb{E}Y$ 的置信区间不同。这里的思路是构造一个区间，使 Y 以一定的保证概率位于这个区间内。注意，现在我们有两个变量来源：

(1)$Y \sim \mathcal{N}(\boldsymbol{x}^{\mathrm{T}}\boldsymbol{\beta}, \sigma^2)$本身是一个随机变量。

(2)通过 $\widehat{Y}$ 估计 $\boldsymbol{x}^{\mathrm{T}}\boldsymbol{\beta}$ 是另一个变量来源。

我们可以找到两个随机界限来构造$(1-\alpha)$预测区间，使随机变量 Y 以 $1-\alpha$ 的概率位于这些界限之间。我们可以这样推理，首先，请注意 $Y \sim \mathcal{N}(\boldsymbol{x}^{\mathrm{T}}\boldsymbol{\beta}, \sigma^2)$和 $\widehat{Y} \sim \mathcal{N}(\boldsymbol{x}^{\mathrm{T}}\boldsymbol{\beta}, \sigma^2 \| \boldsymbol{x}^{\mathrm{T}}\boldsymbol{X}^{+} \|^2)$是相互独立的。因此，$Y-\widehat{Y}$ 服从正态分布，其期望为 0，方差为

$$\sigma^2(1 + \| \boldsymbol{x}^{\mathrm{T}}\boldsymbol{X}^{+} \|^2) \tag{5.25}$$

其次，令 $Z \sim \mathcal{N}(0,1)$为 $Y-\widehat{Y}$ 的归一化形式，并重复使用构建置信区间[见式(5.24)]的步骤，我们得到预测区间：

$$\boldsymbol{x}^{\mathrm{T}}\widehat{\boldsymbol{\beta}} \pm t_{n-p;1-\alpha/2}\sqrt{\mathrm{RSE}}\sqrt{1 + \| \boldsymbol{x}^{\mathrm{T}}\boldsymbol{X}^{+} \|^2} \tag{5.26}$$

这个预测区间捕获了尚未观测的响应的不确定性，以及回归模型本身参数中的不确定性。

例 5.7(简单线性回归中的置信极限) 下面的程序从简单线性回归模型中提取 $n=100$ 个样本，模型参数为 $\boldsymbol{\beta}=[6,13]^{\mathrm{T}}$，$\sigma=2$，其中 x 坐标在区间$[0,1]$内均匀分布。参数在代码的第三部分中估计。$\boldsymbol{\beta}$ 和 σ 的估计值分别为$[6.03,13.09]^{\mathrm{T}}$ 和 $\widehat{\sigma}=1.60$。程序接着计算了解释变量各种值的 95%置信区间和预测区间，结果如图 5.4 所示。

confpred.py

```
import numpy as np
import matplotlib.pyplot as plt
from scipy.stats import t
from  numpy.linalg import inv, lstsq, norm
np.random.seed(123)

n = 100
x = np.linspace(0.01,1,100).reshape(n,1)
# parameters
beta = np.array([6,13])
sigma = 2
Xmat = np.hstack((np.ones((n,1)), x)) #design matrix
y = Xmat @ beta + sigma*np.random.randn(n)

# solve the normal equations
betahat = lstsq(Xmat, y,rcond=None)[0]
# estimate for sigma
sqMSE = norm(y - Xmat @ betahat)/np.sqrt(n-2)

tquant = t.ppf(0.975,n-2) # 0.975 quantile
ucl = np.zeros(n) #upper conf. limits
lcl = np.zeros(n) #lower conf. limits
```

```
upl = np.zeros(n)
lpl = np.zeros(n)
rl = np.zeros(n)  # (true) regression line
u = 0

for i in range(n):
    u = u + 1/n;
    xvec = np.array([1,u])
    sqc = np.sqrt(xvec.T @ inv(Xmat.T @ Xmat) @ xvec)
    sqp = np.sqrt(1 + xvec.T @ inv(Xmat.T @ Xmat) @ xvec)
    rl[i] = xvec.T @ beta;
    ucl[i] = xvec.T @ betahat + tquant*sqMSE*sqc;
    lcl[i] = xvec.T @ betahat - tquant*sqMSE*sqc;
    upl[i] = xvec.T @ betahat + tquant*sqMSE*sqp;
    lpl[i] = xvec.T @ betahat - tquant*sqMSE*sqp;

plt.plot(x,y, '.')
plt.plot(x,rl,'b')
plt.plot(x,ucl,'k:')
plt.plot(x,lcl,'k:')
plt.plot(x,upl,'r--')
plt.plot(x,lpl,'r--')
```

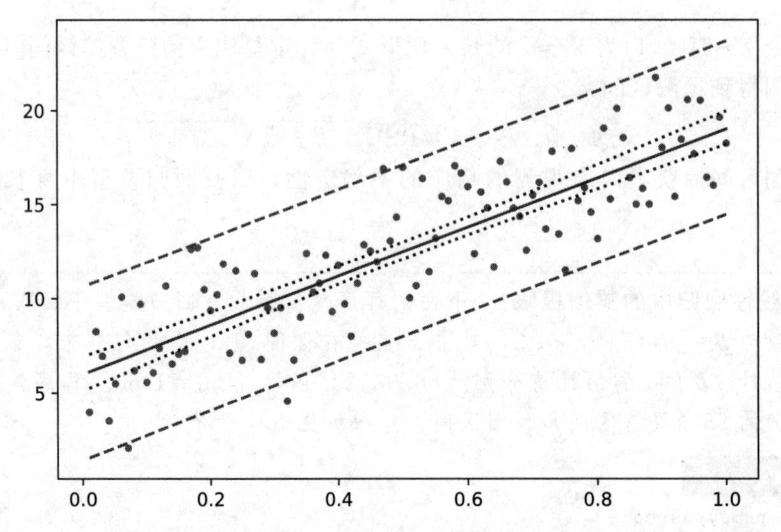

图 5.4 真实回归线(实线)以及上下 95%预测区间(短划线虚线)和置信区间(点虚线)

5.5 非线性回归模型

到目前为止，我们主要处理的是线性回归模型，其中预测函数的形式为 $g(\boldsymbol{x}\mid\boldsymbol{\beta})=\boldsymbol{x}^{\mathrm{T}}\boldsymbol{\beta}$。本节将讨论一些用于处理一般预测函数 $g(\boldsymbol{x}\mid\boldsymbol{\beta})$ 的策略，其中函数形式对未知参数向量 $\boldsymbol{\beta}$ 已知。所以，回归模型变成：

$$Y_i = g(\boldsymbol{x}_i \mid \boldsymbol{\beta}) + \varepsilon_i, \quad i = 1,\cdots,n \tag{5.27}$$

其中，$\varepsilon_1,\cdots,\varepsilon_n$ 相互独立，期望为 0，方差 σ^2 未知。可以通过假设误差项服从正态分布来进一步指定模型。

表 5.3 给出了一些常见的非线性预测函数示例，函数的数据在 $\mathbb{R}$ 中取值。

表 5.3 常见的一维数据非线性预测函数

名称	$g(x\|\boldsymbol{\beta})$	$\boldsymbol{\beta}$
指数函数	$a\mathrm{e}^{bx}$	a，b
幂律函数	ax^b	a，b
逻辑回归	$(1+\mathrm{e}^{a+bx})^{-1}$	a，b
韦布尔	$1-\exp(-x^b/a)$	a，b
多项式函数	$\sum_{k=0}^{p-1}\beta_k x^k$	p，$\{\beta_k\}_{k=0}^{p-1}$

表 5.3 中的逻辑预测函数和多项式预测函数很容易推广到更高的维度。例如，对于 $\boldsymbol{x}\in\mathbb{R}^2$，普通二阶多项式预测函数的形式为：

$$g(\boldsymbol{x}\,|\,\boldsymbol{\beta}) = \beta_0 + \beta_1 x_1 + \beta_2 x_2 + \beta_{11} x_1^2 + \beta_{22} x_2^2 + \beta_{12} x_1 x_2 \tag{5.28}$$

该函数可以看作一般平滑预测函数 $g(x_1, x_2)$ 的二阶近似，参见习题 4。多项式回归模型也称为**响应面**模型。上述逻辑预测函数在 $\mathbb{R}^d$ 上推广为：

$$g(\boldsymbol{x}\,|\,\boldsymbol{\beta}) = (1+\mathrm{e}^{-\boldsymbol{x}^{\mathrm{T}}\boldsymbol{\beta}})^{-1} \tag{5.29}$$

该函数还会在 5.7 节以及随后的第 7 章和第 9 章中出现。

使用非线性预测函数进行回归的第一种策略是扩展特征空间，以在扩展的特征空间中获得更简单的预测函数(理想情况下是线性的)。在例 2.1 中，我们已经在多项式回归模型中看到了该策略的应用，其中原始特征 u 扩展为特征向量 $\boldsymbol{x}=[1,u,u^2,\cdots,u^{p-1}]^{\mathrm{T}}$，从而得到一个线性预测函数。以类似的方式，可以将式(5.28)中多项式预测函数的右侧视为扩展特征向量 $\boldsymbol{\phi}(\boldsymbol{x})=[1,x_1,x_2,x_1^2,x_2^2,x_1x_2]^{\mathrm{T}}$ 的线性函数。函数 $\boldsymbol{\phi}$ 称为**特征映射**。

第二种策略是对响应变量 y 以及可能的解释变量 $\boldsymbol{x}$ 进行变换，以使变换后的变量 $\widetilde{y}$ 和 $\widetilde{\boldsymbol{x}}$ 以更简单的方式关联(理想情况下是线性的)。例如，对于指数预测函数 $y=a\mathrm{e}^{-bx}$，我们有 $\ln y=\ln a-bx$，它表示 $\ln y$ 和 $[1,x]^{\mathrm{T}}$ 是线性关系。

例 5.8(氯) 表 5.4 列出了游泳池中游离氯的浓度(mg/L)，每 8 小时记录一次，持续 4 天。将氯浓度 y 看作时间 t 的函数，则简单的模型为 $y=a\mathrm{e}^{-bt}$，其中 a 为初始浓度，$b>0$ 为反应速率。

表 5.4 氯浓度与时间的函数关系

时间/h	浓度(mg/L)	时间/h	浓度(mg/L)
0	1.0056	56	0.3293
8	0.8497	64	0.2617
16	0.6682	72	0.2460
24	0.6056	80	0.1839
32	0.4735	88	0.1867
40	0.4745	96	0.1688
48	0.3563		

指数关系 $y=a\mathrm{e}^{-bt}$ 表明，对 y 进行对数变换会得到 $\ln y$ 与特征向量 $[1,t]^{\mathrm{T}}$ 之间的线性关系。因此，对于给定的数据 $(t_1,y_1),\cdots,(t_n,y_n)$，若我们画出点 $(t_1,\ln y_1),\cdots,(t_n,\ln y_n)$，则这些点应大致位于一条直线上，因此可以采用简单的线性回归模型。图 5.5a 显示，变换后的数据确实近似位于一条直线上。估计的回归线也在此绘制，截距和斜率分别为

$\beta_0 = -0.0555$ 和 $\beta_1 = -0.0190$。原始(未变换)数据与拟合曲线 $y = \hat{a}\,\mathrm{e}^{-\hat{b}t}$ 一起显示在图 b 中，其中 $\hat{a} = \exp(\hat{\beta}_0) = 0.9461$，$\hat{b} = -\hat{\beta}_1 = 0.0190$。

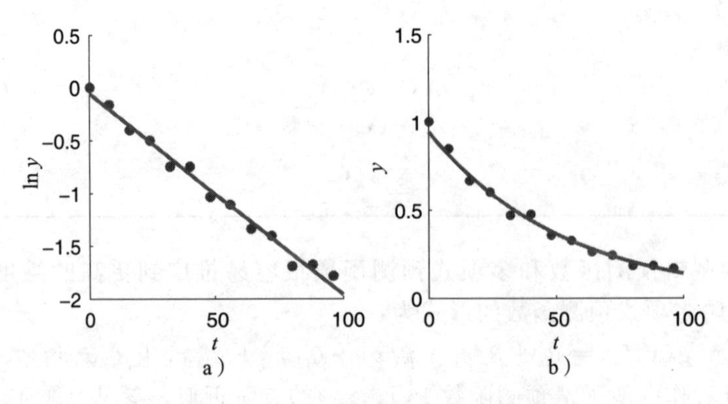

图 5.5 氯浓度看起来呈指数衰减

回想一下，对于一般回归问题，给定训练集 τ 上的学习器 $g_\tau(\boldsymbol{x})$ 是通过最小化训练损失(平方误差)得到的：

$$\ell_\tau(g(\cdot\mid\boldsymbol{\beta})) = \frac{1}{n}\sum_{i=1}^{n}(y_i - g(\boldsymbol{x}_i\mid\boldsymbol{\beta}))^2 \tag{5.30}$$

使用非线性预测函数进行回归的第三种策略是通过任何可能的方法直接最小化式(5.30)，如下面的例子所示。

例 5.9(Hougen 函数) 在文献[7]中，某化学反应的反应速率 y 取决于三个输入变量：氢的量 x_1、正戊烷的量 x_2 和异戊烷的量 x_3。函数关系由 Hougen 函数给出：

$$y = \frac{\beta_1 x_2 - x_3/\beta_5}{1 + \beta_2 x_1 + \beta_3 x_2 + \beta_4 x_3}$$

其中，$\beta_1, \cdots, \beta_5$ 是未知参数。我们的目标是根据表 5.5 给出的数据估计模型参数 $\{\beta_i\}$。

表 5.5 Hougen 函数的数据

x_1	x_2	x_3	y	x_1	x_2	x_3	y
470	300	10	8.55	470	190	65	4.35
285	80	10	3.79	100	300	54	13.00
470	300	120	4.82	100	300	120	8.50
470	80	120	0.02	100	80	120	0.05
470	80	10	2.75	285	300	10	11.32
100	190	10	14.39	285	190	120	3.13
100	80	65	2.54				

采用最小二乘法进行估计。因此，要最小化的目标函数为：

$$\ell_\tau(g(\cdot\mid\boldsymbol{\beta})) = \frac{1}{13}\sum_{i=1}^{13}\left(y_i - \frac{\beta_1 x_{i2} - x_{i3}/\beta_5}{1 + \beta_2 x_{i1} + \beta_3 x_{i2} + \beta_4 x_{i3}}\right)^2 \tag{5.31}$$

其中，$\{y_i\}$ 和 $\{x_{ij}\}$ 由表 5.5 给出。

这是一个高度非线性的优化问题，标准非线性最小二乘法不能很好地解决这一问题。

相反，可以使用诸如CE和SCO之类的全局优化方法(参见3.4.2和3.4.3节)。使用CE方法，我们找到了目标函数的最小值0.022 99，该最小值在$\hat{\boldsymbol{\beta}}=[1.2526,0.0628,0.0400,0.1124,1.1914]^{\mathrm{T}}$处获得。

5.6 用Python实现线性模型

本节将描述如何使用Python和数据科学模块**statsmodels**来定义和分析线性模型。我们鼓励读者经常回顾本章前几节的理论，以免在不了解基本原理的情况下将Python仅仅作为黑盒使用。要运行代码，请先导入以下代码段：

```
import matplotlib.pyplot as plt
import pandas as pd
import statsmodels.api as sm
from statsmodels.formula.api import ols
```

5.6.1 建模

尽管在Python中指定正态[⊖]线性模型相对容易，但仍需要一些技巧。需要注意的主要事情是，Python对定量和定性(即分类)解释变量的区别对待。在**statsmodels**中，普通最小二乘线性模型是通过函数**ols**(ordinary least-squares的缩写)指定的。此函数的主要参数有以下形式：

$$y \sim x_1 + x_2 + \cdots + x_d \tag{5.32}$$

其中，y是响应变量的名称，$x_1,\cdots,x_d$是解释变量的名称。如果所有变量都是**定量的**，线性模型由以下公式描述：

$$Y_i = \beta_0 + \beta_1 x_{i1} + \beta_2 x_{i2} + \cdots + \beta_d x_{id} + \varepsilon_i, \quad i = 1,\cdots,n \tag{5.33}$$

其中，x_{ij}是第j个解释变量的第i次观测结果，而误差ε_i是独立的正态随机变量，使得$\mathbb{E}\varepsilon_i=0$且$\mathbb{V}\mathrm{ar}\,\varepsilon_i=\sigma^2$。上式以矩阵的形式表示为$\boldsymbol{Y}=\boldsymbol{X}\boldsymbol{\beta}+\boldsymbol{\varepsilon}$，其中，

$$\boldsymbol{Y}=\begin{bmatrix}Y_1\\ \vdots \\ Y_n\end{bmatrix},\quad \boldsymbol{X}=\begin{bmatrix}1 & x_{11} & \cdots & x_{1d}\\ 1 & x_{21} & \cdots & x_{2d}\\ \vdots & \vdots & \ddots & \vdots\\ 1 & x_{n1} & \cdots & x_{nd}\end{bmatrix},\quad \boldsymbol{\beta}=\begin{bmatrix}\beta_0\\ \vdots \\ \beta_d\end{bmatrix},\quad \boldsymbol{\varepsilon}=\begin{bmatrix}\varepsilon_1\\ \vdots \\ \varepsilon_n\end{bmatrix}$$

因此，除非另有规定，否则第一列始终被视为“截距”参数。要删除截距项，请在**ols**公式中加−1，例如**ols('y~x-1')**。

对于线性模型，可以通过以下构造方式得到模型矩阵：

```
model_matrix = pd.DataFrame(model.exog,columns=model.exog_names)
```

我们来看一些线性模型的例子。在第一个模型中，变量**x1**和**x2**都被(Python)认为是定量的。

```
myData = pd.DataFrame({'y' : [10,9,4,2,4,9],
     'x1' : [7.4,1.2,3.1,4.8,2.8,6.5],
     'x2' : [1,1,2,2,3,3]})
mod = ols("y~x1+x2", data=myData)
mod_matrix = pd.DataFrame(mod.exog,columns=mod.exog_names)
print(mod_matrix)
```

⊖ 本节剩余部分，我们假设所有的线性模型都是正态的。

```
   Intercept   x1   x2
0        1.0  7.4  1.0
1        1.0  1.2  1.0
2        1.0  3.1  2.0
3        1.0  4.8  2.0
4        1.0  2.8  3.0
5        1.0  6.5  3.0
```

假设第二个变量实际上是定性的，例如，它代表一种颜色，级别 1、2 和 3 分别代表红色、蓝色和绿色，那么我们可以使用 astype 方法重新定义数据类型(参见 1.2 节)，从而描述这种类别变量。

```
myData['x2'] = myData['x2'].astype('category')
```

此外，可以使用 C()在模型公式中指定分类变量，观察它是如何改变模型矩阵的。

```
mod2 = ols("y~x1+C(x2)", data=myData)
mod2_matrix = pd.DataFrame(mod2.exog,columns=mod2.exog_names)
print(mod2_matrix)
```

```
   Intercept  C(x2)[T.2]  C(x2)[T.3]   x1
0        1.0         0.0         0.0  7.4
1        1.0         0.0         0.0  1.2
2        1.0         1.0         0.0  3.1
3        1.0         1.0         0.0  4.8
4        1.0         0.0         1.0  2.8
5        1.0         0.0         1.0  6.5
```

因此，如果形如式(5.32)的 statsmodels 公式包含因子(定性)变量，则该模型就不再具有式(5.33)的形式了，而是包含表示因子变量等级的指示变量，第一级除外。

对于上述情况，对应的线性模型为：

$$Y_i = \beta_0 + \beta_1 x_{i1} + \alpha_2 \mathbb{1}\{x_{i2}=2\} + \alpha_3 \mathbb{1}\{x_{i2}=3\} + \varepsilon_i, \quad i=1,\cdots,6 \tag{5.34}$$

其中，我们使用参数 α_2 和 α_3 来对应定性变量的指示特征。参数α_2 描述了如果因子x_2 从级别 1 切换到 2 时预期响应会改变多少。α_3 也有类似的解释。因此，这些参数可以看作增量效应。

也可以对两个变量之间的交互关系进行建模。对于两个连续变量，只需将原始特征的乘积添加到模型矩阵中。如下面的示例所示，在 Python 中添加交互项，只需要将公式中的“ +”替换为“ * ”。

```
mod3 = ols("y~x1*C(x2)", data=myData)
mod3_matrix = pd.DataFrame(mod3.exog,columns=mod3.exog_names)
print(mod3_matrix)
```

```
   Intercept  C(x2)[T.2]  C(x2)[T.3]   x1  x1:C(x2)[T.2]  x1:C(x2)[T.3]
0        1.0         0.0         0.0  7.4            0.0            0.0
1        1.0         0.0         0.0  1.2            0.0            0.0
2        1.0         1.0         0.0  3.1            3.1            0.0
3        1.0         1.0         0.0  4.8            4.8            0.0
4        1.0         0.0         1.0  2.8            0.0            2.8
5        1.0         0.0         1.0  6.5            0.0            6.5
```

5.6.2 分析

我们考虑一些简单的线性回归模型，使用本书 GitHub 网站上的学生调查数据集 survey. csv，该数据集包含 $n=100$ 名大学生的身高、体重、性别等测量数据。假设我们想研究人的鞋子尺码(解释变量)和身高(响应变量)之间的关系。首先，我们加载数据并绘制数据点的散点图(身高相对鞋码)，如图 5.6 所示。

```
survey = pd.read_csv('survey.csv')
plt.scatter(survey.shoe, survey.height)
plt.xlabel("Shoe size")
plt.ylabel("Height")
```

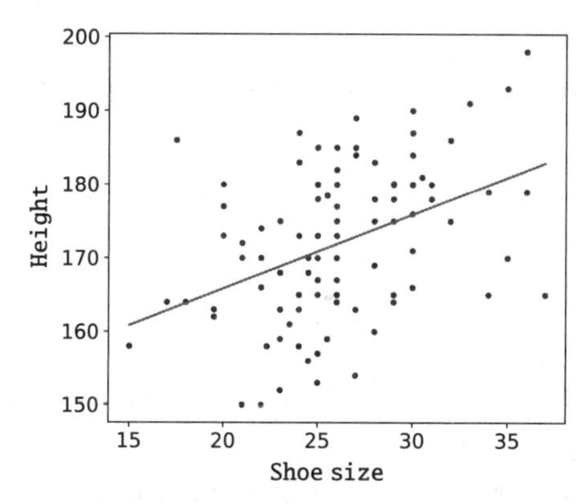

图 5.6　身高(cm)与鞋码(cm)的散点图(带有拟合线)

我们观察到，随着鞋码的增加，身高会略有增加，尽管这种关系不是很明显。我们通过简单的线性回归模型 $Y_i=\beta_0+\beta_1 x_i+\varepsilon_i$，$i=1,\cdots,n$ 来分析数据。在 statsmodels 中，这是通过 ols 方法执行的，如下所示：

```
model = ols("height~shoe", data=survey) # define the model
fit = model.fit()  #fit the model defined above
b0, b1 = fit.params
print(fit.params)
```

```
Intercept    145.777570
shoe           1.004803
dtype: float64
```

上面的输出给出了 β_0 和 β_1 的最小二乘估计值。在这个例子中，$\hat{\beta}_0=145.778$，$\hat{\beta}_1=1.005$。图 5.6 中的回归线通过以下方法获得：

```
plt.plot(survey.shoe, b0 + b1*survey.shoe)
plt.scatter(survey.shoe, survey.height)
plt.xlabel("Shoe size")
plt.ylabel("Height")
```

尽管 ols 可以对线性模型进行完整的分析，但是并不是所有的计算都需要给出。用 summary 方法可以得到结果摘要。

```
print(fit.summary())
```

```
Dep. Variable:              height   R-squared:                       0.178
Model:                         OLS   Adj. R-squared:                  0.170
Method:              Least Squares   F-statistic:                     21.28
No. Observations:              100   Prob (F-statistic):           1.20e-05
Df Residuals:                   98   Log-Likelihood:                 -363.88
Df Model:                        1   AIC:                             731.8
Covariance Type:         nonrobust   BIC:                             737.0
==============================================================================
             coef    std err          t      P>|t|     [0.025      0.975]
------------------------------------------------------------------------------
Intercept  145.7776    5.763      25.296     0.000    134.341     157.214
shoe         1.0048    0.218       4.613     0.000      0.573       1.437
==============================================================================
Omnibus:                     1.958   Durbin-Watson:                   1.772
Prob(Omnibus):               0.376   Jarque-Bera (JB):                1.459
Skew:                       -0.072   Prob(JB):                        0.482
Kurtosis:                    2.426   Cond. No.                         164.
```

主要输出项目如下：

- coef：回归线参数的估计。
- std error：回归线估计的标准差。这些标准差是通过式(5.25)得到的方差$\{\hat{\beta}_i\}$的平方根。
- t：与假设$H_0:\beta_i=0$和$H_1:\beta_i\neq 0$，$i=0,1$相关的学生检验统计实现；特别地，结果T来自式(5.19)。
- P>|t|：学生检验(双边检验)的P值。
- [0.025 0.975]：参数的95%置信区间。
- R-Squared：决定系数R^2(由回归解释的变化百分比)，如式(5.18)定义。
- Adj. R-Squared：校正R^2(详见5.3.7节)。
- F-statistic：与完整模型对默认模型检验相关的F检验统计[即式(5.21)]实现。相关的自由度(Df Model= 1，Df Residuals$=n-2$)已知，P值也已知：Prob(F-statistic)。
- AIC：式(5.15)中的AIC数，也就是，减去2倍的对数似然值，加上2倍的模型参数数量(此处为3)。

我们可以访问所有数值，因为它们是fit对象的属性。首先，检查哪些名称是可用的，例如：

```
dir(fit)
```

然后，通过点结构访问这些值。例如，可以使用以下代码提取斜率的P值。

```
fit.pvalues[1]
 1.1994e-05
```

结果表明，鞋码和身高之间有很强的线性关系(更准确地说，有力的证据表明回归线的斜率不为零)，因为相应检验的P值很小(1.2×10^{-5})。斜率的估计表明，鞋码相差1 cm的学生的平均身高之差为1.0048 cm。

只有17.84%的学生身高变化可以通过鞋码来解释。因此，我们需要向模型添加其他解释变量(多元线性回归)以提高模型的预测能力。

5.6.3 方差分析

我们继续5.6.2节的学生调查示例，但现在增加一个变量，并考虑对模型进行方差分析。我们不仅使用鞋码来解释学生身高，而且将体重作为解释变量。该模型相应的ols公式变为：

$$\text{height} \sim \text{shoe} + \text{weight}$$

这表示每个随机身高height都满足：

$$\text{height} = \beta_0 + \beta_1\ \text{shoe} + \beta_2\ \text{weight} + \varepsilon$$

其中，ε是服从均值为0、方差为σ^2的正态分布的误差项。因此，该模型有4个参数。在分析模型之前，我们使用scatter_matrix给出所有变量对的散点图(见图5.7)。

```
model = ols("height~shoe+weight", data=survey)
fit = model.fit()
axes = pd.plotting.scatter_matrix(
        survey[['height','shoe','weight']])
plt.show()
```

像上一节的简单线性回归模型一样，我们可以使用summary方法对模型进行分析(下面省略了一些输出)：

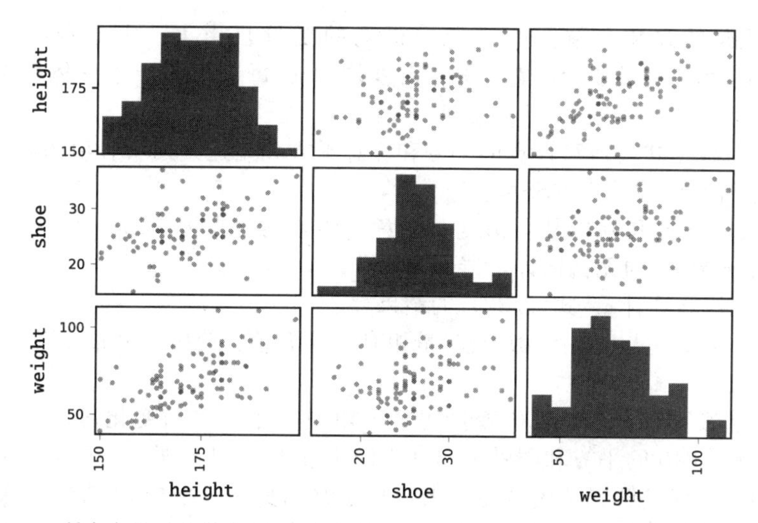

图 5.7 所有变量对的散点图(身高单位为 cm，体重单位为 kg，鞋码单位为 cm)

```
fit.summary()

Dep. Variable:              height   R-squared:                    0.430
Model:                         OLS   Adj. R-squared:               0.418
Method:              Least Squares   F-statistic:                  36.61
No. Observations:              100   Prob (F-statistic):        1.43e-12
Df Residuals:                   97   Log-Likelihood:              -345.58
Df Model:                        2   AIC:                          697.2
                                     BIC:                          705.0
=======================================================================
                coef   std err         t     P>|t|     [0.025    0.975]
-----------------------------------------------------------------------
Intercept   132.2677     5.247    25.207     0.000    121.853   142.682
shoe          0.5304     0.196     2.703     0.008      0.141     0.920
weight        0.3744     0.057     6.546     0.000      0.261     0.488
```

F-statistic 用来检验完整模型(有 2 个解释变量)是否比默认模型更善于“解释”身高。相应的零假设为 $H_0:\beta_1=\beta_2=0$。断言为 H_1：系数 $\beta_j(j=1，2)$中至少有一个显著不为零。根据这一检验结果($P=1.429\times10^{-12}$)，我们可以得出结论：至少有一个解释变量与身高相关。单独的学生检验表明：

- 模型经体重校正后，鞋码与学生身高呈线性关系，P 值为 0.0081。体重相同的情况下，鞋码每增加 1 cm，相应的学生平均身高增加 0.53 cm；
- 模型经鞋码校正后，体重与学生身高呈线性关系(P 值实际上是 2.82×10^{-9}，报告值 0.000 应该理解为“小于 0.001”)。鞋码相同的情况下，体重每增加 1 kg，相应的学生平均身高增加 0.3744 cm。

通过进行方差分析，我们可以进一步理解该模型。进行方差分析的标准 statsmodels 函数是 anova_lm。该函数的输入是 fit 对象(通过 model.fit()获得)，输出是 DataFrame 对象。

```
table = sm.stats.anova_lm(fit)
print(table)

            df       sum_sq      mean_sq          F        PR(>F)
shoe       1.0  1840.467359  1840.467359  30.371310  2.938651e-07
weight     1.0  2596.275747  2596.275747  42.843626  2.816065e-09
Residual  97.0  5878.091294    60.598879        NaN           NaN
```

各列的含义如下：

- df：根据平方和分解[式(5.17)]得到的变量自由度。由于鞋码(shoe)和体重(weight)都是定量变量，它们的自由度均为1(每个都对应于整体模型矩阵中的一列)。残差的自由度为$n-p=100-3=97$。
- sum_sq：根据式(5.17)计算的平方和。总平方和是这一列所有项的和。模型中无法用变量解释的残差为RSS≈5878。
- mean_sq：平方和除以其自由度。注意，残差均方误差$\text{RSE}=\text{RSS}/(n-p)=60.6$是模型方差$\sigma^2$的无偏估计，请见5.4节。
- F：这是检验统计量[式(5.22)]的结果。
- PR(>F)：这些是与前一列检验统计量相对应的P值，使用F分布计算，其自由度在df列中给出。

从方差分析表可以看出，鞋码变量解释了模型中相当多的变化量，从1840+2596+5878=10 314中1840的平方和贡献和非常小的P值也可以证明。将鞋码包括在模型中之后，结果表明体重变量解释了更多的变化，而且P值更小。根据ols方法摘要中的R^2值，剩余平方和(5878)占总平方和的57%，减少了43%。如5.4.1节所述，ANOVA执行的顺序很重要。为了说明这一点，请考虑以下命令的输出。

```
model = ols("height~weight+shoe", data=survey)
fit = model.fit()
table = sm.stats.anova_lm(fit)
print(table)

            df     sum_sq        mean_sq       F          PR(>F)
weight     1.0  3993.860167  3993.860167  65.906502  1.503553e-12
shoe       1.0   442.882938   442.882938   7.308434  8.104688e-03
Residual  97.0  5878.091294    60.598879        NaN           NaN
```

我们发现，体重作为单一的模型变量，比鞋码更能解释这种变化。如果模型包括鞋码变量，模型变化量上只有很小的减少量(但是根据P值仍然显著)。

5.6.4 置信区间和预测区间

在statsmodels中，用于从解释变量字典中计算置信区间或预测区间的方法是get_prediction。它只是执行式(5.24)或式(5.26)。predict是一个更简单的版本，仅返回预测值。

继续以学生调查为例，假设我们想预测鞋码为30 cm、体重为75 kg的人的身高，则可以按照下面的代码获得置信区间和预测区间。新的解释变量以字典形式输入。注意，95%的预测区间(对应的随机响应)比95%的置信区间(对应随机响应的期望)要宽得多。

```
x = {'shoe': [30.0], 'weight': [75.0]}  # new input (dictionary)
pred = fit.get_prediction(x)
pred.summary_frame(alpha=0.05).unstack()

mean           0    176.261722   # predicted value
mean_se        0      1.054015
mean_ci_lower  0    174.169795   # lower bound for CI
mean_ci_upper  0    178.353650   # upper bound for CI
obs_ci_lower   0    160.670610   # lower bound for PI
obs_ci_upper   0    191.852835   # upper bound for PI
dtype: float64
```

5.6.5 模型验证

我们可以对残差进行分析，以检验(正态)线性回归模型的基本假设是否得到验证。各种残差图都可以用来检验误差$\{\varepsilon_i\}$的假设是否得到满足。图5.8给出了两个这样的图。

图 5.8a 残差$\{e_i\}$对拟合值$\hat{y}_i$ 的散点图。当模型假设有效时，残差作为模型误差的近似值，对于每个拟合值，残差应近似于独立同分布的正态随机变量，并且具有恒定的方差。在这个例子中，我们在图中没有看到明显的异常。残差分布相当均匀，并关于 $y=0$(图中未显示)对称分布。图 5.8b 是分位数-分位数图。绘制残差的样本分位数与标准正态分布的理论分位数是检查误差项正态性的有用方法。根据模型假设，这些点应大致位于一条直线上。就目前的情况而言，似乎并没有极端偏离正态性。绘制残差的直方图或密度图也有助于验证正态性假设。其中使用了以下代码：

```
plt.plot(fit.fittedvalues,fit.resid,'.')
plt.xlabel("fitted values")
plt.ylabel("residuals")
sm.qqplot(fit.resid)
```

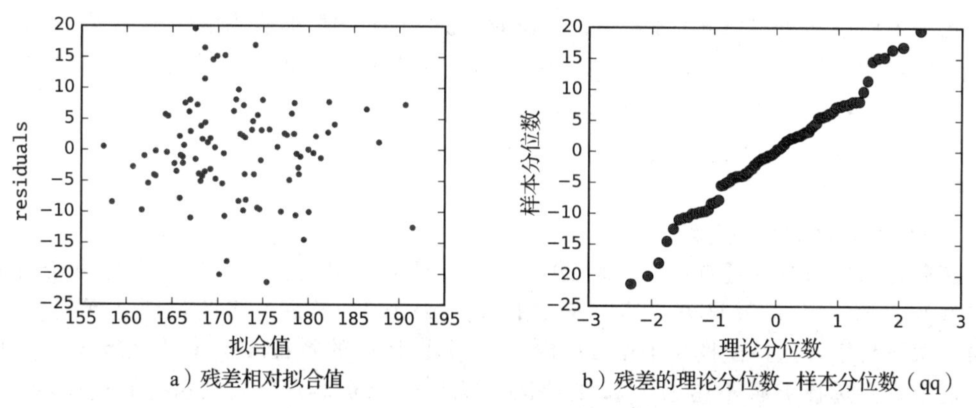

a）残差相对拟合值　　b）残差的理论分位数-样本分位数（qq）

图 5.8　残差示例图，两幅图均未明显违反模型恒定方差和正态性的假设

5.6.6 变量选择

在大量可能的解释变量中，我们希望选择那些最能解释已观测响应的变量。通过消除冗余解释变量，我们能够在不增加近似误差的情况下减少统计误差，从而降低学习器的期望泛化风险。

本节将简要介绍两种变量选择方法。通过 1.5.3 节讨论的数据集 **birthwt** 中的几个变量来说明它们。该数据集包含婴儿的出生体重(质量)信息，以及母亲的各种特征，例如是否吸烟、年龄等。我们希望利用母亲的各种特征、家族历史以及怀孕期间的行为来解释婴儿出生时的体重。因此，响应变量是婴儿出生时的体重(定量变量 **bwt**，单位为 g)，解释变量如下。

我们可以按照第 1.5.3 节中的说明获得数据，也可以通过以下 **statsmodels** 方法获得：

```
bwt = sm.datasets.get_rdataset("birthwt","MASS").data
```

以下是我们要研究的解释变量的一些信息：

- **age**：母亲的年龄(岁)。
- **lwt**：母亲的体重(磅)。
- **race**：母亲的种族(1=白人，2=黑人，3=其他)。
- **smoke**：怀孕期间的吸烟状况(0=不吸烟，1=吸烟)。
- **ptl**：以前的早产次数。
- **ht**：高血压病史(0=无，1=有)。

- ui：是否有子宫痉挛症状(0 =否，1 =是)。
- ftv：怀孕前三个月的就诊次数。
- bwt：婴儿出生体重(克)。

我们可以通过 bwt.info()来查看变量的结构。自我检查是否将所有变量都定义为定量的(int64)。但是，race、smoke、ht 和 ui 变量确实应该理解为定性的(因子)。为了解决这个问题，我们可以使用 astype 方法来重新定义它们，就像我们在第 1 章中那样。另外，也可以在 statsmodels 公式中使用 C()构造方法，使程序知道哪些变量是因子。我们将使用后一种方法。

对于二进制特征，变量被解释为因子还是数值并不重要，因为它们的结果都是相同的。

我们考虑解释变量 lwt、age、ui、smoke、ht 与两个重新编码的二进制变量 ftv1 和 ptl1。如果至少看过一次医生，则定义 ftv1=1，否则定义 ftv1=0。同样，如果病史中至少有一次早产，则定义 ptl1=1，否则定义 ptl1=0。

```
ftv1 = (bwt['ftv']>=1).astype(int)
ptl1 = (bwt['ptl']>=1).astype(int)
```

1. 前向选择和后向消除

前向选择方法是变量选择的一种迭代方法。在第一次迭代中，我们考虑哪个特征 f1 使模型 bwt~f1 的 P 值最显著，其中 f1∈{lwt, age,…}。然后，将此特征选择到模型中。在第二次迭代中，选择使模型 bwt~f1+f2 具有最小 P 值的特征 f2，其中 f2≠f1，以此类推。通常，只选择 P 值不超过 0.05 的特征。以下 Python 程序将自动执行此过程。除了根据 P 值选择外，还可以根据 AIC 或 BIC 值选择。

forwardselection.py

```
import statsmodels.api as sm
from statsmodels.formula.api import ols

bwt = sm.datasets.get_rdataset("birthwt","MASS").data
ftv1 = (bwt['ftv']>=1).astype(int)
ptl1 = (bwt['ptl']>=1).astype(int)

remaining_features = {'lwt', 'age', 'C(ui)', 'smoke',
                      'C(ht)', 'ftv1', 'ptl1'}
selected_features = []
while remaining_features:
  PF = []  #list of (P value, feature)
  for f in remaining_features:
    temp = selected_features + [f]  #temporary list of features
    formula = 'bwt~' + '+'.join(temp)
    fit = ols(formula,data=bwt).fit()
    pval= fit.pvalues[-1]
    if pval < 0.05:
       PF.append((pval,f))
  if PF:  #if not empty
     PF.sort(reverse=True)
     (best_pval, best_f) = PF.pop()
     remaining_features.remove(best_f)
     print('feature {} with P-value = {:.2E}'.
            format(best_f, best_pval))
     selected_features.append(best_f)
  else:
     break
```

```
feature C(ui) with P-value = 7.52E-05
feature C(ht) with P-value = 1.08E-02
feature lwt with P-value = 6.01E-03
feature smoke with P-value = 7.27E-03
```

在**向后消除方法**中，我们从完整的模型(包括所有特征)开始，并在每个步骤中删除具有最大 P 值的变量，只要该变量不显著(P 值大于 0.05)。我们将这个方法留作练习，请读者自行验证删除特征的顺序是 age、ftv1 和 ptl1。在这个例子中，前向选择和后向消除会得到同一个模型，但一般情况下不一定如此。

这种模型选择的优点是使用方便，能系统地处理变量选择问题。其主要缺点是根据纯粹的统计标准来增加或删除变量，而没有考虑研究的目的。从统计学的角度来看，这通常会产生令人满意的模型，但是在理解和解释所研究的数据时，变量不一定是最相关的。

当然，我们可以选择研究任意组合特征，而不仅仅是上述变量选择方法所建议的特征。例如，我们来看母亲的体重、年龄、种族以及吸烟状况是否能解释婴儿出生体重的情况。

```
formula = 'bwt~lwt+age+C(race)+ smoke'
bwt_model = ols(formula, data=bwt).fit()
print(bwt_model.summary())
                              OLS Regression Results
======================================================================
Dep. Variable: bwt               R-squared: 0.148
Model: OLS                       Adj. R-squared: 0.125
Method: Least Squares            F-statistic: 6.373
No. Observations: 189            Prob (F-statistic):  1.76e-05
Df Residuals: 183                Log-Likelihood: -1498.4
Df Model: 5                      AIC: 3009.
                                 BIC: 3028.
======================================================================
                  coef      std err      t      P>|t|  [0.025      0.975]
----------------------------------------------------------------------
Intercept      2839.4334    321.435    8.834   0.000  2205.239   3473.628
C(race)[T.2]   -510.5015    157.077   -3.250   0.001  -820.416   -200.587
C(race)[T.3]   -398.6439    119.579   -3.334   0.001  -634.575   -162.713
smoke          -401.7205    109.241   -3.677   0.000  -617.254   -186.187
lwt               3.9999      1.738    2.301   0.022     0.571      7.429
age              -1.9478      9.820   -0.198   0.843   -21.323     17.427
======================================================================
Omnibus: 3.916                      Durbin-Watson: 0.458
Prob(Omnibus): 0.141                Jarque-Bera (JB): 3.718
Skew: -0.343                        Prob(JB): 0.156
Kurtosis: 3.038                     Cond. No. 899.
```

根据摘要中由 Prob (F-statistic)给出的 Fisher 全局检验结果($P=1.76\times10^{-5}$)，我们可以得出结论：经其他变量调整后，至少有一个解释变量与婴儿出生体重有关。单独的学生检验表明：

- 在根据年龄、种族和吸烟状况调整后，母亲的体重与婴儿的体重呈线性关系($P=0.022$)。在年龄、种族和吸烟状况相同的情况下，母亲体重每增加一磅，婴儿出生时的平均体重增加 4 克；
- 当母亲的体重、种族和吸烟状况均被考虑在内时，母亲的年龄与婴儿的出生体重没有显著的线性关系($P=0.843$)；
- 与同年龄、种族和体重的不吸烟母亲所生的婴儿相比，吸烟母亲所生婴儿的出生体重要低得多，P 值为 0.000 31(请检查 bwt_model.pvalues 查看此信息)。在母亲年龄、种族和体重相同的情况下，吸烟母亲的婴儿出生体重比不吸烟母亲的婴儿少 401.720 克；

2. 交互作用

我们还可以在模型中包含交互项。我们通过模型看看吸烟和年龄之间是否存在交互作用：

$$\text{Bwt} = \beta_0 + \beta_1 \text{ age} + \beta_2 \text{ smoke} + \beta_3 \text{ age} \times \text{smoke} + \varepsilon$$

在 Python 中，可以按以下步骤进行操作(以下内容删除了部分输出)：

```
formula = 'bwt~age*smoke'
bwt_model = ols(formula, data=bwt).fit()
print(bwt_model.summary())

                    OLS Regression Results
=======================================================================
Dep. Variable: bwt           R-squared: 0.069
Model: OLS                   Adj. R-squared: 0.054
Method: Least Squares        F-statistic: 4.577
No. Observations: 189        Prob (F-statistic):  0.00407
Df Residuals: 183            Log-Likelihood: -1506.8
Df Model: 5                  AIC: 3009.
                             BIC: 3028.
=======================================================================
                coef    std err      t       P>|t|    [0.025    0.975]
-----------------------------------------------------------------------
Intercept      2406.1   292.190    8.235    0.000   1829.6    2982.5
smoke           798.2   484.342    1.648    0.101   -157.4    1753.7
age              27.7    12.149    2.283    0.024      3.8      51.7
age:smoke       -46.6    20.447   -2.278    0.024    -86.9      -6.2
```

我们注意到，β_3的估计值(−46.6)显著不为零(P=0.024)。因此，我们得出结论：母亲年龄对孩子体重的影响取决于母亲的吸烟状况。因此，对吸烟母亲和不吸烟母亲分组，母亲年龄和婴儿体重之间的关联结果必须单独给出。对于不吸烟母亲(smoke= 0)来说，母亲的年龄每增加一岁，婴儿出生体重平均增加 27.7 克。从参数的 95%置信区间(不包含零)可以看出，这在统计上是显著的：

```
bwt_model.conf_int()

                    0              1
Intercept  1829.605754  2982.510194
age           3.762780    51.699977
smoke      -157.368023  1753.717779
age:smoke   -86.911405    -6.232425
```

同样，对于吸烟的母亲，婴儿出生体重似乎有所降低，$\hat{\beta}_1+\hat{\beta}_3=27.7-46.6=-18.9$，但这在统计学上并不显著，见习题 6。

5.7 广义线性模型

2.8 节中的正态线性模型处理的是连续响应变量(例如身高和作物产量)，使用的是连续或离散解释变量。给定特征向量$\{\boldsymbol{x}_i\}$，响应$\{Y_i\}$相互独立，每个响应都服从均值为 $\boldsymbol{x}_i^{\mathrm{T}}\boldsymbol{\beta}$ 的正态分布，其中 $\boldsymbol{x}_i^{\mathrm{T}}$ 是模型矩阵 $\boldsymbol{X}$ 的第 i 行。广义线性模型允许任意响应分布，包括离散的响应。

定义 5.2 广义线性模型

在广义线性模型中，给定特征向量 $\boldsymbol{x}=[x_1,\cdots,x_p]^{\mathrm{T}}$ 的期望响应形式为：

$$\mathbb{E}[Y \mid \boldsymbol{X}=\boldsymbol{x}] = h(\boldsymbol{x}^{\mathrm{T}}\boldsymbol{\beta}) \tag{5.35}$$

函数 h 称为**激活函数**。Y 的分布(对于给定的 $\boldsymbol{x}$)可能依赖附加的分散参数，这些参数模拟了数据中不能被参数 $\boldsymbol{x}$ 解释的随机性。

函数 h 的**逆函数**称为链接函数。对于线性模型，式(5.35)是单对数据$(\boldsymbol{x},Y)$的模型。使用5.1节末尾介绍的模型简化方法，整个训练集 $\mathcal{T}=\{(\boldsymbol{x}_i,Y_i)\}$的对应模型中$\{\boldsymbol{x}_i\}$是固定的，$\{Y_i\}$是独立的。每个 Y_i 都满足式(5.35)，且 $\boldsymbol{x}=\boldsymbol{x}_i$。若$\boldsymbol{Y}=[Y_1,\cdots,Y_n]^{\mathrm{T}}$，将 $\boldsymbol{h}$ 定义为分量为h 的多值函数，我们有：

$$\mathbb{E}_{\boldsymbol{X}}\boldsymbol{Y}=\boldsymbol{h}(\boldsymbol{X}\boldsymbol{\beta})$$

其中，$\boldsymbol{X}$ 是行为 $\boldsymbol{x}_1^{\mathrm{T}},\cdots,\boldsymbol{x}_n^{\mathrm{T}}$ 的模型矩阵。一个常见的假设是 $Y_1,\cdots,Y_n$ 来自同一分布族，例如正态分布、伯努利分布或泊松分布。重点是参数向量 $\boldsymbol{\beta}$，它总结了解释变量矩阵 $\boldsymbol{X}$ 如何影响响应向量 $\boldsymbol{Y}$。广义线性模型类可以包含多种模型。显然，正态线性模型[式(2.34)]是广义线性模型，其中 $\mathbb{E}[Y|\boldsymbol{X}=\boldsymbol{x}]=\boldsymbol{x}^{\mathrm{T}}\boldsymbol{\beta}$，因此 h 是恒等函数。在这种情况下，$Y\sim\mathcal{N}(\boldsymbol{x}^{\mathrm{T}}\boldsymbol{\beta},\ \sigma^2)$，$i=1,\cdots,n$，其中$\sigma^2$ 是分散参数。

例 5.10(逻辑回归) 在**逻辑回归**或 logit 模型中，我们假设响应变量 $Y_1,\cdots,Y_n$ 是独立的，并且服从 $Y_i\sim\mathsf{Ber}(h(\boldsymbol{x}_i^{\mathrm{T}}\boldsymbol{\beta}))$分布，其中 h 在这里定义为逻辑分布的累积分布函数(cdf)：

$$h(x)=\frac{1}{1+\mathrm{e}^{-x}}$$

$\boldsymbol{x}_i^{\mathrm{T}}\boldsymbol{\beta}$ 的值越大，$Y_i=1$ 的概率越高，而 $\boldsymbol{x}_i^{\mathrm{T}}\boldsymbol{\beta}$ 的值越小或者是负值，Y_i 为零的概率就越大。从观测到的数据估计参数向量 $\boldsymbol{\beta}$ 并不像普通线性模型那样简单，但是可以通过最小化合适的训练损失来实现，如下所述。

由于$\{Y_i\}$是独立的，因此 $\boldsymbol{Y}=[Y_1,\cdots,Y_n]^{\mathrm{T}}$ 的概率密度函数为

$$g(\boldsymbol{y}|\boldsymbol{\beta},\boldsymbol{X})=\prod_{i=1}^{n}[h(\boldsymbol{x}_i^{\mathrm{T}}\boldsymbol{\beta})]^{y_i}[1-h(\boldsymbol{x}_i^{\mathrm{T}}\boldsymbol{\beta})]^{1-y_i}$$

将关于 $\boldsymbol{\beta}$ 的对数似然 $\ln g(\boldsymbol{y}|\boldsymbol{\beta},\boldsymbol{X})$最大化，可以给出 $\boldsymbol{\beta}$ 的最大似然估计值。在监督学习框架中，这等效于最小化下式：

$$\begin{aligned}-\frac{1}{n}\ln g(\boldsymbol{y}|\boldsymbol{\beta},\boldsymbol{X})&=-\frac{1}{n}\sum_{i=1}^{n}\ln g(y_i|\boldsymbol{\beta},\boldsymbol{x}_i)\\&=-\frac{1}{n}\sum_{i=1}^{n}[y_i\ln h(\boldsymbol{x}_i^{\mathrm{T}}\boldsymbol{\beta})+(1-y_i)\ln(1-h(\boldsymbol{x}_i^{\mathrm{T}}\boldsymbol{\beta}))]\end{aligned}\tag{5.36}$$

比较式(5.36)和式(4.4)，我们可以将式(5.36)解释为**交叉熵训练损失**，即通过损失函数比较真实条件概率密度函数 $f(y|\boldsymbol{x})$与近似概率密度函数 $g(y|\boldsymbol{\beta},\boldsymbol{x})$：

$$\mathrm{Loss}(f(y|\boldsymbol{x}),g(y|\boldsymbol{\beta},\boldsymbol{x})):=-\ln g(y|\boldsymbol{\beta},\boldsymbol{x})=-y\ln h(\boldsymbol{x}^{\mathrm{T}}\boldsymbol{\beta})-(1-y)\ln(1-h(\boldsymbol{x}^{\mathrm{T}}\boldsymbol{\beta}))$$

就 $\boldsymbol{\beta}$ 而言，最小化式(5.36)实际上构成了凸优化问题。由于 $\ln h(\boldsymbol{x}^{\mathrm{T}}\boldsymbol{\beta})=-\ln(1+\mathrm{e}^{-\boldsymbol{x}^{\mathrm{T}}\boldsymbol{\beta}})$和 $\ln(1-h(\boldsymbol{x}^{\mathrm{T}}\boldsymbol{\beta}))=-\boldsymbol{x}^{\mathrm{T}}\boldsymbol{\beta}-\ln(1+\mathrm{e}^{-\boldsymbol{x}^{\mathrm{T}}\boldsymbol{\beta}})$，交叉熵训练损失[式(5.36)]可重写为

$$r_\tau(\boldsymbol{\beta}):=\frac{1}{n}\sum_{i=1}^{n}[(1-y_i)\boldsymbol{x}_i^{\mathrm{T}}\boldsymbol{\beta}+\ln(1+\mathrm{e}^{-\boldsymbol{x}_i^{\mathrm{T}}\boldsymbol{\beta}})]$$

我们将其留作本章习题7，证明 $r_\tau(\boldsymbol{\beta})$的梯度$\nabla r_\tau(\boldsymbol{\beta})$和 Hessian 矩阵 $\boldsymbol{H}(\boldsymbol{\beta})$分别为

$$\nabla r_\tau(\boldsymbol{\beta})=\frac{1}{n}\sum_{i=1}^{n}(\mu_i-y_i)\boldsymbol{x}_i\tag{5.37}$$

$$\boldsymbol{H}(\boldsymbol{\beta})=\frac{1}{n}\sum_{i=1}^{n}\mu_i(1-\mu_i)\boldsymbol{x}_i\boldsymbol{x}_i^{\mathrm{T}}\tag{5.38}$$

其中，$\mu_i:=h(\boldsymbol{x}_i^{\mathrm{T}}\boldsymbol{\beta})$。

注意，$\boldsymbol{H}(\boldsymbol{\beta})$对于 $\boldsymbol{\beta}$ 的所有值都是半正定矩阵，这意味着 $r_\tau(\boldsymbol{\beta})$是凸的。因此，我们可

以有效地找到 $\boldsymbol{\beta}$ 的最优解，比如通过牛顿方法。具体而言，给定初始值 $\boldsymbol{\beta}_0$，当 $t=1,2,\cdots$ 时，迭代计算

$$\boldsymbol{\beta}_t=\boldsymbol{\beta}_{t-1}-\boldsymbol{H}^{-1}(\boldsymbol{\beta}_{t-1})\nabla r_\tau(\boldsymbol{\beta}_{t-1}) \tag{5.39}$$

直到序列 $\boldsymbol{\beta}_0,\boldsymbol{\beta}_1,\boldsymbol{\beta}_2,\cdots$ 根据预先确定的收敛准则收敛。

图 5.9 展示了 100 个独立伯努利随机变量的结果，其中每次成功的概率 $(1+\exp(-(\beta_0+\beta_1 x)))^{-1}$ 取决于 x，$\beta_0=-3$，$\beta_1=10$。图中还给出了真实的逻辑曲线（点划线）。最小训练损失曲线（实线）是通过牛顿法[式(5.39)]获得的，估计值为 $\hat{\beta}_0=-2.66$ 和 $\hat{\beta}_1=10.08$。Python 代码如下。

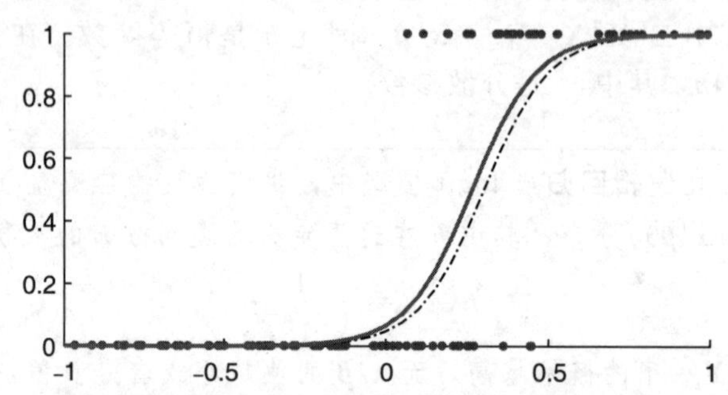

图 5.9 逻辑回归数据（点）、拟合曲线（实线）和真实曲线（点划线）

logreg1d.py

```
import numpy as np
import matplotlib.pyplot as plt
from  numpy.linalg import lstsq

n = 100                                         # sample size
x = (2*np.random.rand(n)-1).reshape(n,1)  # explanatory variables
beta = np.array([-3, 10])
Xmat = np.hstack((np.ones((n,1)), x))
p = 1/(1 + np.exp(-Xmat @ beta))
y = np.random.binomial(1,p,n)                   # response variables

# initial guess
betat = lstsq((Xmat.T @ Xmat),Xmat.T @ y, rcond=None)[0]

grad = np.array([2,1])                          # gradient

while (np.sum(np.abs(grad)) > 1e-5) :       # stopping criteria
    mu = 1/(1+np.exp(-Xmat @ betat))
    # gradient
    delta = (mu - y).reshape(n,1)
    grad = np.sum(np.multiply( np.hstack((delta,delta)),Xmat), axis
        =0).T
    # Hessian
    H = Xmat.T @ np.diag(np.multiply(mu,(1-mu))) @ Xmat
    betat = betat - lstsq(H,grad,rcond=None)[0]
    print(betat)

plt.plot(x,y, '.') # plot data

xx = np.linspace(-1,1,40).reshape(40,1)
XXmat = np.hstack( (np.ones((len(xx),1)), xx))
yy = 1/(1 + np.exp(-XXmat @ beta))
plt.plot(xx,yy,'r-')                        #true logistic curve
yy = 1/(1 + np.exp(-XXmat @ betat));
plt.plot(xx,yy,'k--')
```

5.8 扩展阅读

文献[33]提供了关于回归的很好的概述，文献[108]给出了线性回归模型易于理解的数学方法。对于非线性回归的扩展，可以参考文献[7]。文献[47]给出了层次模型的实用介绍。关于具有离散响应(分类)的回归问题的进一步讨论，请参阅第7章及其中的扩展阅读部分。关于如何处理缺失数据的重要问题，可参考经典的文献[80](另请参见文献[85])，现代应用的参考文献是[120]。

5.9 习题

1. 数学家、统计学家卡尔·皮尔森(Karl Pearson)在其导师弗朗西斯·高尔顿(Francis Galton)的指导下，对同一家族成员之间的遗传特征进行了综合研究。图5.10描述了1078位父亲及其成年儿子(每个父亲一个儿子)的身高测量结果。该数据可从本书的GitHub网站上以pearson.csv文件形式获得。

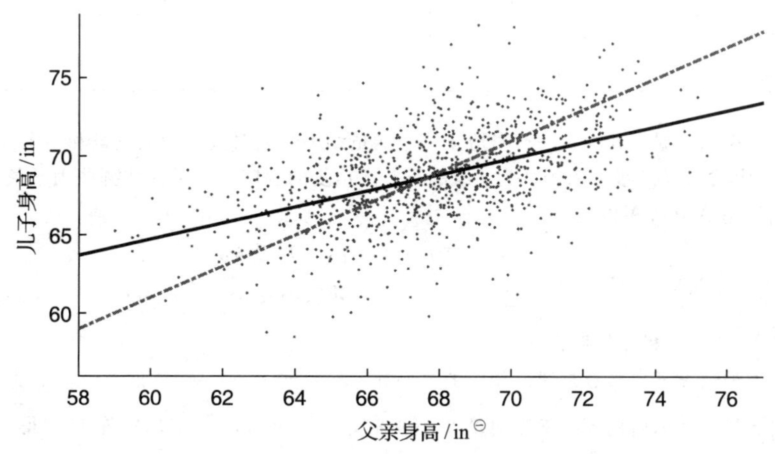

图5.10 Pearson数据的身高散点图

(a)证明儿子平均比父亲高1 in。

(b)我们尝试利用父亲身高加1 in来“解释”儿子的身高。图5.10给出了预测线 $y=x+1$(虚线)。实线是拟合回归线，这条线的斜率小于1，证明了Galton理论中的“回归”到平均值。求拟合回归线的截距和斜率。

2. 对于简单的线性回归模型，只要不是所有的 x_i 都相同，证明求解方程(5.9)得到的 $\widehat{\beta}_1$ 和 $\widehat{\beta}_0$ 为：

$$\widehat{\beta}_1=\frac{\sum_{i=1}^{n}(x_i-\overline{x})(y_i-\overline{y})}{\sum_{i=1}^{n}(x_i-\overline{x})^2} \tag{5.40}$$

$$\widehat{\beta}_0=\overline{y}-\widehat{\beta}_1\overline{x} \tag{5.41}$$

3. 埃德温·哈勃(Edwin Hubble)发现宇宙正在膨胀。如果 v 是星系的后退速度(相对于任何其他星系)，而 d 是它离同一个星系的距离，则哈勃定律指出：

$$v=Hd$$

⊖ 1 in=0.0254 m。——编辑注

其中，H 被称为哈勃常数。以下是在五个银河星团上进行的距离(以百万光年为单位)和速度(以每秒千英里为单位)的测量结果。

距离	68	137	315	405	700
速度	2.4	4.7	12.0	14.4	26.0

说明该回归模型并估计 H。

4. 多元线性回归模型[式(5.6)]可以看作以下通用模型的一阶近似：

$$Y = g(\boldsymbol{x}) + \varepsilon \tag{5.42}$$

其中，$\mathbb{E}\varepsilon=0$，$\mathbb{V}\text{ar}\ \varepsilon=\sigma^2$，$g(\boldsymbol{x})$是 d 维解释变量向量 $\boldsymbol{x}$ 的某些已知或未知函数。要证明这一点，可以将 $g(\boldsymbol{x})$替换为它在某点 $\boldsymbol{x}_0$ 附近的一阶泰勒近似，并将其写为 $\beta_0+\boldsymbol{x}^{\mathrm{T}}\boldsymbol{\beta}$。试用 g 和 $\boldsymbol{x}_0$ 表示 β_0 和 $\boldsymbol{\beta}$。

5. 表 5.6 给出了一项农业试验的数据，该试验测量了两种农药和三种化肥作业水平下的作物产量。每个组合都有三个响应。

表 5.6 农药和化肥组合对应的作物产量

是否使用农药	化肥使用水平		
	低	中等	高
否	3.23，3.20，3.16	2.99，2.85，2.77	5.72，5.77，5.62
是	6.78，6.73，6.79	9.07，9.09，8.86	8.12，8.04，8.31

(a)以标准形式组织数据，其中每一行对应于一个测量结果，列对应于响应变量和两个因子变量。

(b)设 Y_{ijk} 表示因子 1 为 i 级、因子 2 为 j 级的第 k 次重复的响应。为了评估哪些因子最能解释响应变量，我们使用 ANOVA 模型

$$Y_{ijk} = \mu + \alpha_i + \beta_j + \gamma_{ij} + \varepsilon_{ijk} \tag{5.43}$$

其中，$\sum_i \alpha_i = \sum_j \beta_j = \sum_i \gamma_{ij} = \sum_j \gamma_{ij} = 0$。定义 $\boldsymbol{\beta}=[\mu,\alpha_1,\alpha_2,\beta_1,\beta_2,\beta_3,\gamma_{11},\gamma_{12},\gamma_{13},\gamma_{21},\gamma_{22},\gamma_{23}]^{\mathrm{T}}$。给出相应的 18×12 模型矩阵。

(c)注意，在这种情况下，参数是线性相关的。例如，$\alpha_2=-\alpha_1,\gamma_{13}=-(\gamma_{11}+\gamma_{12})$。为了只保留 6 个线性独立变量，考虑使用 6 维参数向量 $\widetilde{\boldsymbol{\beta}}=[\mu,\alpha_1,\beta_1,\beta_2,\gamma_{11},\gamma_{12}]^{\mathrm{T}}$。求矩阵 $\boldsymbol{M}$ 使得 $\boldsymbol{M}\widetilde{\boldsymbol{\beta}}=\boldsymbol{\beta}$。

(d)给出与 $\widetilde{\boldsymbol{\beta}}$ 相对应的模型矩阵。

6. 证明，对于 5.6.6 节中的出生体重数据，吸烟母亲的婴儿出生体重没有显著下降。(提示：创建一个新变量 nonsmoke=1－smoke，将吸烟母亲和不吸烟母亲的编码反转。此时，原始模型中的参数 $\beta_1+\beta_3$ 与模型 Bwt$=\beta_0+\beta_1$ age$+\beta_2$ nonsmoke$+\beta_3$ age×nonsmoke$+\varepsilon$ 中的参数 β_1 相同，找到 β_3 的 95%置信区间，看看它是否包含零。)

7. 证明式(5.37)和式(5.38)成立。

8. 在具有正态分布误差的 Tobit 回归模型中，响应建模为：

$$Y_i = \begin{cases} Z_i, & u_i < Z_i \\ u_i, & Z_i \leqslant u_i \end{cases}, \quad \boldsymbol{Z} \sim \mathcal{N}(\boldsymbol{X\beta}, \sigma^2 \boldsymbol{I}_n)$$

其中，模型矩阵 $\boldsymbol{X}$ 和阈值 $u_1,\cdots,u_n$ 已经给出。通常，$u_i=0$，$i=1,\cdots,n$。假设我们希望通过期望最大化方法估计 $\boldsymbol{\theta}:=(\boldsymbol{\beta},\sigma^2)$，类似于例 4.2 中的删失数据。令 $\boldsymbol{y}=[y_1,\cdots,y_n]^{\mathrm{T}}$ 为观测数据的向量。

(a)证明 $\boldsymbol{y}$ 的似然度为：

$$g(\boldsymbol{y}|\boldsymbol{\theta}) = \prod_{i:y_i>u_i} \varphi_{\sigma^2}(y_i - \boldsymbol{x}_i^{\mathrm{T}}\boldsymbol{\beta}) \times \prod_{i:y_i=u_i} \Phi((u_i - \boldsymbol{x}_i^{\mathrm{T}}\boldsymbol{\beta})/\sigma)$$

其中，Φ 是$\mathcal{N}(0,1)$分布的累积分布函数，φ_{σ^2} 是$\mathcal{N}(0,\sigma^2)$分布的概率密度函数。

(b)设 $\overline{\boldsymbol{y}}$ 和 $\underline{\boldsymbol{y}}$ 分别是集合所有 $y_i>u_i$ 和 $y_i=u_i$ 的向量。分别用 $\overline{\boldsymbol{X}}$ 和 $\underline{\boldsymbol{X}}$ 表示对应的预测器矩阵。对每个观测值 $y_i=u_i$，引入一个潜在变量 z_i 并将其收集到向量 $\boldsymbol{z}$ 中。对于相同的索引 i，将相应的 u_i 收

集到向量 $\boldsymbol{c}$ 中。证明完全数据似然由下式给出：

$$g(\boldsymbol{y},\boldsymbol{z}\,|\,\boldsymbol{\theta}) = \frac{1}{(2\pi\sigma^2)^{n/2}}\exp\left(-\frac{\|\overline{\boldsymbol{y}}-\overline{\boldsymbol{X}}\boldsymbol{\beta}\|^2}{2\sigma^2}-\frac{\|\boldsymbol{z}-\underline{\boldsymbol{X}}\boldsymbol{\beta}\|^2}{2\sigma^2}\right)\mathbb{1}\{\boldsymbol{z}\leqslant\boldsymbol{c}\}$$

(c)对于 E 步骤，证明对于固定的 $\boldsymbol{\theta}$，有：

$$g(\boldsymbol{z}\,|\,\boldsymbol{y},\boldsymbol{\theta}) = \prod_i g(z_i\,|\,\boldsymbol{y},\boldsymbol{\theta})$$

其中，每个 $g(z_i\,|\,\boldsymbol{y},\boldsymbol{\theta})$是$\mathcal{N}((\underline{\boldsymbol{X}}\boldsymbol{\beta})_i,\sigma^2)$分布的概率密度函数，截断到区间$(-\infty,c_i]$。

(d)对于 M 步骤，计算完全对数似然的期望：

$$-\frac{n}{2}\ln\sigma^2-\frac{n}{2}\ln(2\pi)\quad\frac{\|\overline{\boldsymbol{y}}-\overline{\boldsymbol{X}}\boldsymbol{\beta}\|^2}{2\sigma^2}-\frac{\mathbb{E}\|\boldsymbol{Z}-\underline{\boldsymbol{X}}\boldsymbol{\beta}\|^2}{2\sigma^2}$$

然后，推导 $\boldsymbol{\beta}$ 和 σ^2 的公式，使完全对数似然的期望最大化。

9. 从本书网站下载数据集 WomenWage.csv。该数据集来自文献[91]，是女性工资数据集的整理版本。数据的第一列(hours)是响应变量 Y。它表示 20 世纪 70 年代已婚妇女的劳动时间(时)。我们想了解哪些因素决定了妇女在劳动中的参与率。预测变量为：

表 5.7 女性工资数据集的特征

特征	描述
kidslt6	6 岁以下孩子数
kidsge6	6 岁以上孩子数
age	已婚妇女的年龄
educ	接受正规教育的年数
exper	“工作经验”年限
nwifeinc	丈夫收入
expersq	exper 的平方，为了捕捉非线性关系

我们观察到，有些响应是 $Y=0$，也就是说，有些妇女没有参加劳动。因此，我们使用 Tobit 回归模型对数据建模，其中响应 Y 表示为：

$$Y_i = \begin{cases} Z_i, & Z_i > 0 \\ 0, & Z_i \leqslant 0 \end{cases},\quad \boldsymbol{Z}\sim\mathcal{N}(\boldsymbol{X}\boldsymbol{\beta},\sigma^2\boldsymbol{I}_n)$$

由于 $\boldsymbol{\theta}=(\boldsymbol{\beta},\sigma^2)$，数据 $\boldsymbol{y}=[y_1,\cdots,y_n]^{\mathrm{T}}$ 的似然为：

$$g(\boldsymbol{y}\,|\,\boldsymbol{\theta}) = \prod_{i:y_i>0}\varphi_{\sigma^2}(y_i-\boldsymbol{x}_i^{\mathrm{T}}\boldsymbol{\beta})\times\prod_{i:y_i=0}\Phi((u_i-\boldsymbol{x}_i^{\mathrm{T}}\boldsymbol{\beta})/\sigma)$$

其中，Φ 是标准正态累积分布函数。在习题 8 中，我们推导了最大化对数似然的 EM 算法。

(a)用伪代码写下适用于此 Tobit 回归的 EM 算法。

(b)用 Python 实现此 EM 算法伪代码。在确定 20 世纪 70 年代美国妇女劳动参与率方面，你认为哪个因素很重要。

10. 设 $\boldsymbol{P}$ 为投影矩阵。证明 $\boldsymbol{P}$ 的对角元素都在区间[0,1]内。特别地，对于定理 5.1 中的 $\boldsymbol{P}=\boldsymbol{X}\boldsymbol{X}^{+}$，杠杆值 $p_i:=\boldsymbol{P}_{ii}$ 对于所有 i 都满足 $0\leqslant p_i\leqslant 1$。

11. 考虑式(5.8)中的线性模型 $\boldsymbol{Y}=\boldsymbol{X}\boldsymbol{\beta}+\boldsymbol{\varepsilon}$，其中 $\boldsymbol{X}$ 为 $n\times p$ 模型矩阵，$\boldsymbol{\varepsilon}$ 具有期望向量 $\boldsymbol{0}$ 和协方差矩阵 $\sigma^2\boldsymbol{I}_n$。假设$\widehat{\boldsymbol{\beta}}_{-i}$是通过省略第 i 个观测值 Y_i 得到的最小二乘估计量：

$$\widehat{\boldsymbol{\beta}}_{-i} = \underset{\boldsymbol{\beta}}{\operatorname{argmin}}\sum_{j\neq i}(Y_j-\boldsymbol{x}_j^{\mathrm{T}}\boldsymbol{\beta})^2$$

其中，$\boldsymbol{x}_j^{\mathrm{T}}$ 是 $\boldsymbol{X}$ 的第 j 行。令$\widehat{Y}_{-i}=\boldsymbol{x}_i^{\mathrm{T}}\widehat{\boldsymbol{\beta}}_{-i}$是 $\boldsymbol{x}_i$ 处的拟合值。另外，根据响应数据

$$\boldsymbol{Y}^{(i)} := [Y_1,\cdots,Y_{i-1},\widehat{Y}_{-i},Y_{i+1},\cdots,Y_n]^{\mathrm{T}}$$

将 $\boldsymbol{B}_i$ 定义为 $\boldsymbol{\beta}$ 的最小二乘估计。

(a)证明$\widehat{\boldsymbol{\beta}}_{-i}=\boldsymbol{B}_i$，即拟合除第 i 个以外的所有响应而得到的线性模型与拟合数据 $\boldsymbol{Y}^{(i)}$ 得到的线性模型

相同。

(b)使用前面的结果来验证

$$Y_i - \hat{Y}_{-i} = (Y_i - \hat{Y}_i)/(1 - \boldsymbol{P}_{ii})$$

其中，$\boldsymbol{P}=\boldsymbol{X}\boldsymbol{X}^+$ 是到 $\boldsymbol{X}$ 列上的投影矩阵。因此，推导定理 5.1 中的 PRESS 公式。

12. 取线性模型 $\boldsymbol{Y}=\boldsymbol{X}\boldsymbol{\beta}+\boldsymbol{\varepsilon}$，其中 $\boldsymbol{X}$ 是 $n\times p$ 模型矩阵，$\boldsymbol{\varepsilon}=\boldsymbol{0}$，并且 $\mathbb{C}\mathrm{ov}(\boldsymbol{\varepsilon})=\sigma^2\boldsymbol{I}_n$。设 $\boldsymbol{P}=\boldsymbol{X}\boldsymbol{X}^+$ 是到 $\boldsymbol{X}$ 列上的投影矩阵。

(a)利用伪逆的性质(见定义 A.2)，证明 $\boldsymbol{P}\boldsymbol{P}^{\mathrm{T}}=\boldsymbol{P}$。

(b)设 $\boldsymbol{E}=\boldsymbol{Y}-\hat{\boldsymbol{Y}}$ 为残差随机向量，其中 $\hat{\boldsymbol{Y}}=\boldsymbol{P}\boldsymbol{Y}$。证明第 i 个残差服从正态分布，期望为 0，方差为 $\sigma^2(1-\boldsymbol{P}_{ii})$(即 σ^2 乘以 1 减第 i 个杠杆)。

(c)证明 σ^2 可以通过以下公式进行无偏估计：

$$S^2 := \frac{1}{n-p}\|\boldsymbol{Y}-\hat{\boldsymbol{Y}}\|^2 = \frac{1}{n-p}\|\boldsymbol{Y}-\boldsymbol{X}\hat{\boldsymbol{\beta}}\|^2 \tag{5.44}$$

(提示：使用例 2.3 中迹的循环特性。)

13. 考虑正态线性模型 $\boldsymbol{Y}=\boldsymbol{X}\boldsymbol{\beta}+\boldsymbol{\varepsilon}$，其中 $\boldsymbol{X}$ 是 $n\times p$ 模型矩阵，$\boldsymbol{\varepsilon}\sim\mathcal{N}(\boldsymbol{0},\sigma^2\boldsymbol{I}_n)$。习题 12 表明，对于任意这样的模型，第 i 个归一化残差 $E_i/(\sigma\sqrt{1-\boldsymbol{P}_{ii}})$ 服从标准正态分布。这促使了杠杆 $\boldsymbol{P}_{ii}$ 的使用，根据第 i 个残差相对 $\sqrt{1-\boldsymbol{P}_{ii}}$ 的大小来评估第 i 个观测值是否为异常值。一种更可靠的方法是，使用除第 i 个观测值以外的所有数据来估计 σ。这产生了**学生化的残差** T_i，定义为：

$$T_i := \frac{E_i}{S_{-i}\sqrt{1-\boldsymbol{P}_{ii}}}$$

其中，S_{-i} 是拟合除第 i 个观测值以外的所有观测值而得到的 σ 估计值，$E_i=Y_i-\hat{Y}_i$ 是第 i 个随机残差。习题 12 表明，我们可以采用下式作为 σ^2 的无偏估计：

$$S_{-i}^2 = \frac{1}{n-1-p}\|\boldsymbol{Y}_{-i}-\boldsymbol{X}_{-i}\hat{\boldsymbol{\beta}}_{-i}\|^2 \tag{5.45}$$

其中，$\boldsymbol{X}_{-i}$ 是模型矩阵 $\boldsymbol{X}$ 去除了第 i 行的矩阵。我们希望使用式(5.44)中的 S^2 高效地计算 S_{-i}^2，因为一旦我们拟合了线性模型，后者通常就可获得。为此，定义 $\boldsymbol{u}_i$ 为第 i 个单位向量$[0,\cdots,0,1,0,\cdots,0]^{\mathrm{T}}$，然后令

$$\boldsymbol{Y}^{(i)} := \boldsymbol{Y}-(Y_i-\hat{Y}_{-i})\boldsymbol{u}_i = \boldsymbol{Y}-\frac{E_i}{1-\boldsymbol{P}_{ii}}\boldsymbol{u}_i$$

在这里，我们使用了定理 5.1 证明过程中得出的事实 $Y_i-\hat{Y}_{-i}=E_i/(1-\boldsymbol{P}_{ii})$。现在应用习题 11 来证明：

$$S_{-i}^2 = \frac{(n-p)S^2 - E_i^2/(1-\boldsymbol{P}_{ii})}{n-p-1}$$

14. 使用习题 11～13 中的符号表示，将观测 i 的 Cook 距离定义为

$$D_i := \frac{\|\hat{\boldsymbol{Y}}-\hat{\boldsymbol{Y}}^{(i)}\|^2}{pS^2}$$

当删除第 i 个观测值时，它可以测量拟合值相对于模型残差(通过 S^2 估计)的变化。

使用习题 13 中类似的论点，证明：

$$D_i = \frac{\boldsymbol{P}_{ii}E_i^2}{(1-\boldsymbol{P}_{ii})^2 pS^2}$$

由此可见，为了计算第 i 个响应的 Cook 距离，无须“省略并重新拟合”线性模型。

15. 证明：如果我们在一般线性模型中添加额外的特征，那么决定系数 R^2 的值必定是非递减的，因此不能用于比较具有不同数量预测量的模型。

16. 设 $\boldsymbol{X}:=[X_1,\cdots,X_n]^{\mathrm{T}}$，$\boldsymbol{\mu}:=[\mu_1,\cdots,\mu_n]^{\mathrm{T}}$。在基本定理 C.9 中，我们使用了以下事实：如果 $X_i\sim\mathcal{N}(\mu_i,1)(i=1,\cdots,n)$是独立的，则 $\|\boldsymbol{X}\|^2$ 服从(根据定义)非中心 χ_n^2 分布。证明 $\|\boldsymbol{X}\|^2$ 的矩母函数为

$$\frac{e^{t\|\boldsymbol{\mu}\|^2/(1-2t)}}{(1-2t)^{n/2}}, \quad t<1/2$$

因此，$\|\boldsymbol{X}\|^2$ 的分布只依赖 $\boldsymbol{\mu}$ 的范数 $\|\boldsymbol{\mu}\|$。

17. 对 wine 数据集(部分)分类问题进行逻辑回归分析。可以使用以下代码加载数据。

```
from sklearn import datasets
import numpy as np
data = datasets.load_wine()
X = data.data[:, [9,10]]
y = np.array(data.target==1,dtype=np.uint)
X = np.append(np.ones(len(X)).reshape(-1,1),X,axis=1)
```

模型矩阵具有三个特征，包括常数特征。实现简单的梯度下降程序而不是使用牛顿法[式(5.39)]来估计 $\boldsymbol{\beta}$：

$$\boldsymbol{\beta}_t = \boldsymbol{\beta}_{t-1} - \alpha \nabla r_\tau(\boldsymbol{\beta}_{t-1})$$

学习率 $\alpha=0.0001$，运行 10^6 步。程序应提供三个系数：截距和两个解释变量。

使用 statsmodels.api 的 Logit 方法解决同样的问题，然后比较这两种方法的结果。

18. 再次考虑例 5.10，在这里我们通过牛顿迭代法[式(5.39)]训练学习器。如果用 $\boldsymbol{X}^{\mathrm{T}} := [\boldsymbol{x}_1, \cdots, \boldsymbol{x}_n]$ 定义预测器矩阵，且 $\boldsymbol{\mu}_t := \boldsymbol{h}(\boldsymbol{X}\boldsymbol{\beta}_t)$，则牛顿法的梯度[式(5.37)]和 Hessian 矩阵[式(5.38)]可以写作：

$$\nabla r_\tau(\boldsymbol{\beta}_t) = \frac{1}{n}\boldsymbol{X}^{\mathrm{T}}(\boldsymbol{\mu}_t - \boldsymbol{y}), \quad \boldsymbol{H}(\boldsymbol{\beta}_t) = \frac{1}{n}\boldsymbol{X}^{\mathrm{T}}\boldsymbol{D}_t\boldsymbol{X}$$

其中，$\boldsymbol{D}_t := \mathrm{diag}(\boldsymbol{\mu}_t \odot (\boldsymbol{1} - \boldsymbol{\mu}_t))$是对角矩阵。证明牛顿迭代可以写为**迭代重加权最小二乘法**：

$$\boldsymbol{\beta}_t = \underset{\boldsymbol{\beta}}{\mathrm{argmin}}\,(\widetilde{\boldsymbol{y}}_{t-1} - \boldsymbol{X}\boldsymbol{\beta})^{\mathrm{T}}\boldsymbol{D}_{t-1}(\widetilde{\boldsymbol{y}}_{t-1} - \boldsymbol{X}\boldsymbol{\beta})$$

其中，$\widetilde{\boldsymbol{y}}_{t-1} := \boldsymbol{X}\boldsymbol{\beta}_{t-1} + \boldsymbol{D}_{t-1}^{-1}(\boldsymbol{y} - \boldsymbol{\mu}_{t-1})$是所谓的**校正响应**。[提示：利用$(\boldsymbol{M}^{\mathrm{T}}\boldsymbol{M})^{-1}\boldsymbol{M}^{\mathrm{T}}\boldsymbol{z}$ 是 $\|\boldsymbol{M}\boldsymbol{\beta} - \boldsymbol{z}\|^2$ 的最小值的事实。]

19. 在多输出线性回归中，响应变量是 m 维的实值向量。与式(5.8)类似，模型可以用矩阵表示为

$$\boldsymbol{Y} = \boldsymbol{X}\boldsymbol{B} + \begin{bmatrix} \boldsymbol{\varepsilon}_1^{\mathrm{T}} \\ \vdots \\ \boldsymbol{\varepsilon}_n^{\mathrm{T}} \end{bmatrix}$$

其中：

- $\boldsymbol{Y}$ 是 n 个独立响应的 $n \times m$ 矩阵(存储为长度为 m 的行向量)；
- $\boldsymbol{X}$ 是通常的 $n \times p$ 模型矩阵；
- $\boldsymbol{B}$ 是模型参数的 $p \times m$ 矩阵；
- $\boldsymbol{\varepsilon}_1, \cdots, \boldsymbol{\varepsilon}_n \in \mathbb{R}^m$是独立的误差项，其中，$\mathbb{E}\boldsymbol{\varepsilon} = \boldsymbol{0}$ 和 $\mathbb{E}\boldsymbol{\varepsilon}\boldsymbol{\varepsilon}^{\mathrm{T}} = \boldsymbol{\Sigma}$。

我们希望从训练集$\{\boldsymbol{Y}, \boldsymbol{X}\}$中学习矩阵参数 $\boldsymbol{B}$ 和 $\boldsymbol{\Sigma}$。为此，考虑最小化训练损失：

$$\frac{1}{n}\mathrm{tr}((\boldsymbol{Y} - \boldsymbol{X}\boldsymbol{B})\boldsymbol{\Sigma}^{-1}(\boldsymbol{Y} - \boldsymbol{X}\boldsymbol{B})^{\mathrm{T}})$$

其中，$\mathrm{tr}(\cdot)$是矩阵的迹。

(a)证明训练损失的最小值 $\widehat{\boldsymbol{B}}$ 满足正规方程：

$$\boldsymbol{X}^{\mathrm{T}}\boldsymbol{X}\widehat{\boldsymbol{B}} = \boldsymbol{X}^{\mathrm{T}}\boldsymbol{Y}$$

(b)注意

$$(\boldsymbol{Y} - \boldsymbol{X}\boldsymbol{B})^{\mathrm{T}}(\boldsymbol{Y} - \boldsymbol{X}\boldsymbol{B}) = \sum_{i=1}^{n}\boldsymbol{\varepsilon}_i\boldsymbol{\varepsilon}_i^{\mathrm{T}}$$

解释了为什么

$$\widehat{\boldsymbol{\Sigma}} := \frac{(\boldsymbol{Y} - \boldsymbol{X}\widehat{\boldsymbol{B}})^{\mathrm{T}}(\boldsymbol{Y} - \boldsymbol{X}\widehat{\boldsymbol{B}})}{n}$$

是 $\boldsymbol{\Sigma}$ 估计的矩量估计方法，就像式(5.10)中给出的那样。

第 6 章

正则化和核方法

本章旨在让读者熟悉现代数据科学和机器学习中的两个核心概念：正则化和核方法。正则化提供了一种防止过拟合的自然方法，而核方法则提供了线性模型的广泛推广。在这里，我们将引入正则化回归作为通向核方法基础的桥梁。我们介绍核希尔伯特空间重构，并证明在这种空间中选择最佳预测函数实际上是一个有限维优化问题。我们给出了样条拟合、高斯过程回归和核 PCA 的应用。

6.1 简介

本章回到第 5 章的监督学习设置，并扩展其范围。给定训练数据 $\tau=\{(\boldsymbol{x}_1,y_1),\cdots,(\boldsymbol{x}_n,y_n)\}$，我们希望在函数类 $\mathcal{G}$ 中找到一个预测函数(学习器) g_τ，使训练损失(平方误差)

$$\ell_\tau(g)=\frac{1}{n}\sum_{i=1}^{n}(y_i-g(\boldsymbol{x}_i))^2$$

最小化。正如第 2 章所述，如果 $\mathcal{G}$ 是所有可能函数的集合，那么对所有 i 选择任何具有 $g(\boldsymbol{x}_i)=y_i$ 性质的函数 g，将会带来零训练损失，但泛化性能很可能会很差(即会出现过拟合)。

回顾定理 2.1，平方误差风险 $\mathbb{E}(Y-g(\boldsymbol{X}))^2$ 可能的最佳预测函数(在所有 g 上)由 $g^*(\boldsymbol{x})=\mathbb{E}[Y|\boldsymbol{X}=\boldsymbol{x}]$ 给出。类 $\mathcal{G}$ 应该足够简单，允许进行理论上的理解和分析，但同时又要足够丰富，以包含最优函数 g^*(或接近 g^* 的函数)。这种理想可以通过将 $\mathcal{G}$ 视为函数的**希尔伯特空间**(即完备的内积空间)来实现，见附录 A.7。

到目前为止，我们所遇到的许多函数类其实都是希尔伯特空间。特别地，$\mathbb{R}^p$ 上线性函数的集合 $\mathcal{G}$ 是一个希尔伯特空间。为了说明这一点，确定每个元素 $\boldsymbol{\beta}\in\mathbb{R}^p$ 使其满足线性函数 $g_{\boldsymbol{\beta}}$：$\boldsymbol{x}\mapsto\boldsymbol{x}^{\mathrm{T}}\boldsymbol{\beta}$，并在 $\mathcal{G}$ 上定义内积 $\langle g_{\boldsymbol{\beta}},g_{\boldsymbol{\gamma}}\rangle:=\boldsymbol{\beta}^{\mathrm{T}}\boldsymbol{\gamma}$。这样一来，$\mathcal{G}$ 的行为与带有欧氏内积(点积)的空间 $\mathbb{R}^p$ 完全相同(同构)。后者是希尔伯特空间，因为它相对于欧氏范数是**完备的**。进一步的讨论见习题 12。

现在，我们转向例 2.1，其中特征向量 $\boldsymbol{x}=[1,u,u^2,\cdots,u^{p-1}]^{\mathrm{T}}=:\boldsymbol{\phi}(u)$本身是另一个特征 u 的向量值函数。那么，通过识别 $h_{\boldsymbol{\beta}}\equiv\boldsymbol{\beta}$，函数空间 $h_{\boldsymbol{\beta}}:u\mapsto\boldsymbol{\phi}(u)^{\mathrm{T}}\boldsymbol{\beta}$ 是一个希尔伯特空间。事实上，对于任何特征映射 $\boldsymbol{\phi}:u\mapsto[\phi_1(u),\cdots,\phi_p(u)]^{\mathrm{T}}$ 都是如此。

通过考虑特征映射 $u\mapsto\kappa_u$，这可以进一步推广，其中每个 κ_u 都是特征空间上的实值函数 $v\mapsto\kappa_u(v)$。我们很快就会看到(见 6.3 节)，形式为 $u\mapsto\sum_{i=1}^{\infty}\beta_i\kappa_{v_i}(u)$ 的函数存在于函数希尔伯特空间，称为**再生核希尔伯特空间**(Reproducing Kernel Hilbert Space，RKHS)。

在 6.3 节中，我们正式介绍了 RKHS 的概念，给出了具体的例子，包括线性核和高斯核，推导出了各种有用的性质，其中最重要的是定理 6.6(表示定理)。这种空间的应用包括平滑样条(见 6.6 节)、高斯过程回归(见 6.7 节)、核 PCA(见 6.8 节)和用于分类的**支持向量机**(见 7.7 节)。

RKHS 的形式体系也使其更容易进行正则化处理。正则化的目的是通过在训练损失中增加惩罚项，即惩罚那些倾向于过度拟合数据的学习器，从而提高某些函数类 $\mathcal{G}$ 中最佳学习器的预测性能。下一节将介绍正则化背后的主要思想，之后将继续讨论核方法。

6.2　正则化

设 $\mathcal{G}$ 为函数的希尔伯特空间，在这个空间上寻找使训练损失 $\ell_\tau(g)$ 最小的函数 g_τ。通常情况下，希尔伯特空间 $\mathcal{G}$ 足够丰富，我们可以在 $\mathcal{G}$ 内找到一个学习器 g_τ，使训练损失为零或接近零。因此，如果函数空间 $\mathcal{G}$ 足够丰富，我们就会有过拟合的风险。避免过拟合的一种方法是通过引入非负函数 $J:\mathcal{G}\to\mathbb{R}_+$，将注意力限制在空间 $\mathcal{G}$ 的一个子集上，该函数对复杂模型(函数)进行惩罚。特别地，我们希望找到函数 $g\in\mathcal{G}$，对于某些“正则化”常数 $c>0$ 使得 $J(g)<c$。因此，我们可以将典型的监督学习问题表述为

$$\min\{\ell_\tau(g): g\in\mathcal{G},\ J(g)<c\} \tag{6.1}$$

它的解(argmin)就是我们的学习器。当此优化问题为凸时，可以先求拉格朗日对偶函数：

$$\mathcal{L}^*(\lambda) := \min_{g\in\mathcal{G}}\{\ell_\tau(g)+\lambda(J(g)-c)\}$$

然后在 $\lambda\geqslant 0$ 的情况下最大化 $\mathcal{L}^*(\lambda)$，见 B.2.3 节。

为了介绍核方法和正则化的总体思想，我们将用特例**岭回归**来继续探讨式(6.1)，运行示例如下。

例 6.1(岭回归)　岭回归简单来说就是带有平方范数惩罚函数(也称为**正则化函数**或**正则化器**)的线性回归。假设我们有一个训练集 $\tau=\{(\boldsymbol{x}_i,y_i),\ i=1,\cdots,n\}$，$\boldsymbol{x}_i\in\mathbb{R}^p$，我们使用**正则化参数** $\gamma>0$ 的平方范数惩罚函数。那么，问题就是求解

$$\min_{g\in\mathcal{G}}\frac{1}{n}\sum_{i=1}^{n}(y_i-g(\boldsymbol{x}_i))^2+\gamma\|g\|^2 \tag{6.2}$$

其中 $\mathcal{G}$ 是 $\mathbb{R}^p$ 上线性函数的希尔伯特空间。如 6.1 节所述，我们可以用向量 $\boldsymbol{\beta}\in\mathbb{R}^p$ 来确定每个 $g\in\mathcal{G}$，因此，$\|g\|^2=\langle\boldsymbol{\beta},\boldsymbol{\beta}\rangle=\|\boldsymbol{\beta}\|^2$。上述函数优化问题等同于如下参数优化问题：

$$\min_{\boldsymbol{\beta}\in\mathbb{R}^p}\frac{1}{n}\sum_{i=1}^{n}(y_i-\boldsymbol{x}_i^{\mathrm{T}}\boldsymbol{\beta})^2+\gamma\|\boldsymbol{\beta}\|^2 \tag{6.3}$$

根据第 5 章的符号表示，上式可以进一步简化为

$$\min_{\boldsymbol{\beta}\in\mathbb{R}^p}\frac{1}{n}\|\boldsymbol{y}-\boldsymbol{X\beta}\|^2+\gamma\|\boldsymbol{\beta}\|^2 \tag{6.4}$$

换句话说，式(6.2)解的形式为 $\boldsymbol{x}\mapsto\boldsymbol{x}^{\mathrm{T}}\boldsymbol{\beta}^*$，其中 $\boldsymbol{\beta}^*$ 是式(6.3)[或者与其等价的式(6.4)]的解。注意，当 $\gamma\to\infty$ 时，正则化项成为主导项，因此最优的 g 就等于零。

式(6.4)中的优化问题是凸的，通过乘以常数 $n/2$，并将梯度设置为零，则可得

$$\boldsymbol{X}^{\mathrm{T}}(\boldsymbol{X\beta}-\boldsymbol{y})+n\gamma\boldsymbol{\beta}=\boldsymbol{0} \tag{6.5}$$

如果 $\gamma=0$，这些方程就是简单的**正规方程**，尽管书写的形式略有不同。如果矩阵

$\boldsymbol{X}^{\mathrm{T}}\boldsymbol{X}+n\gamma\boldsymbol{I}_p$ 是可逆的(对于任意 $\gamma>0$，见习题13)，那么这些修正的正规方程的解是

$$\hat{\boldsymbol{\beta}}=(\boldsymbol{X}^{\mathrm{T}}\boldsymbol{X}+n\gamma\boldsymbol{I}_p)^{-1}\boldsymbol{X}^{\mathrm{T}}\boldsymbol{y}$$

当对希尔伯特空间 $\mathcal{G}$ 使用正则化时，将 $\mathcal{G}$ 分解成两个正交子空间(比如 $\mathcal{H}$ 和 $\mathcal{C}$)是很有用的，这样每一个 $g\in\mathcal{G}$ 都可以唯一地写成 $g=h+c$，$h\in\mathcal{H}$，$c\in\mathcal{C}$，并且 $\langle h,c\rangle=0$。这样的 $\mathcal{G}$ 称为 $\mathcal{C}$ 和 $\mathcal{H}$ 的**直和**，记作 $\mathcal{G}=\mathcal{H}\oplus\mathcal{C}$。当 $\mathcal{H}$ 中的函数被惩罚，而 $\mathcal{C}$ 中的函数没有被惩罚时，这种形式的分解是有用的。我们用岭回归的例子来说明这种分解，其中一个特征是常数项，我们不希望对其进行惩罚。

例6.2[岭回归(续)] 假设例6.1中的一个特征是常数1，我们不希望对其进行惩罚。这样做是为了确保当 $\gamma\to\infty$ 时，最优的 g 成为“常数”模型 $g(\boldsymbol{x})=\beta_0$，而不是“零”模型 $g(\boldsymbol{x})=0$。我们稍微改变一下符号表示，考虑特征向量的形式为 $\widetilde{\boldsymbol{x}}=[1,\boldsymbol{x}^{\mathrm{T}}]^{\mathrm{T}}$，其中 $\boldsymbol{x}=[x_1,\cdots,x_p]^{\mathrm{T}}$。因此，我们有 $p+1$ 个特征，而不是 p 个。设 $\mathcal{G}$ 为 $\widetilde{\boldsymbol{x}}$ 的线性函数的空间。$\widetilde{\boldsymbol{x}}$ 的每个线性函数 g 都可以写成 $g:\widetilde{\boldsymbol{x}}\mapsto\beta_0+\boldsymbol{x}^{\mathrm{T}}\boldsymbol{\beta}$，它是常数函数 $c:\widetilde{\boldsymbol{x}}\mapsto\beta_0$ 和 $h:\widetilde{\boldsymbol{x}}\mapsto\boldsymbol{x}^{\mathrm{T}}\boldsymbol{\beta}$ 的和。此外，这两个函数是关于 $\mathcal{G}$：$\langle c,h\rangle=[\beta_0,\boldsymbol{0}^{\mathrm{T}}][0,\boldsymbol{\beta}^{\mathrm{T}}]^{\mathrm{T}}=0$ 上的内积正交的，其中 $\boldsymbol{0}$ 是由零组成的列向量。

作为 $\mathcal{G}$ 的子空间，$\mathcal{C}$ 和 $\mathcal{H}$ 也都是希尔伯特空间，它们的内积和范数直接遵循 $\mathcal{G}$ 上的内积。例如，对于 $\mathcal{H}$ 中的每个函数 $h:\widetilde{\boldsymbol{x}}\mapsto\boldsymbol{x}^{\mathrm{T}}\boldsymbol{\beta}$，其范数为 $\|h\|_{\mathcal{H}}=\|\boldsymbol{\beta}\|$，对于 $\mathcal{C}$ 中的常数函数 $c:\widetilde{\boldsymbol{x}}\mapsto\beta_0$，其范数为 $|\beta_0|$。

正则化优化问题[式(6.2)](其中的常数项不受惩罚)现在可以改写成

$$\min_{g\in\mathcal{H}\oplus\mathcal{C}}\frac{1}{n}\sum_{i=1}^{n}(y_i-g(\widetilde{\boldsymbol{x}}_i))^2+\gamma\|g\|_{\mathcal{H}}^2 \tag{6.6}$$

这可进一步简化为

$$\min_{\beta_0,\boldsymbol{\beta}}\frac{1}{n}\|\boldsymbol{y}-\beta_0\boldsymbol{1}-\boldsymbol{X}\boldsymbol{\beta}\|^2+\gamma\|\boldsymbol{\beta}\|^2 \tag{6.7}$$

其中 $\boldsymbol{1}$ 是由1组成的 $n\times1$ 向量。请观察，在这种情况下，随着 $\gamma\to\infty$，最优 g 趋向于 $\{y_i\}$ 的样本均值 $\overline{y}$。也就是说，我们得到了没有解释变量的“默认”回归模型。同样，这也是一个凸优化问题，其解来自

$$\boldsymbol{X}^{\mathrm{T}}(\beta_0\boldsymbol{1}+\boldsymbol{X}\boldsymbol{\beta}-\boldsymbol{y})+n\gamma\boldsymbol{\beta}=\boldsymbol{0} \tag{6.8}$$

与

$$n\beta_0=\boldsymbol{1}^{\mathrm{T}}(\boldsymbol{y}-\boldsymbol{X}\boldsymbol{\beta}) \tag{6.9}$$

由此可以通过下式求解 $\boldsymbol{\beta}$：

$$(\boldsymbol{X}^{\mathrm{T}}\boldsymbol{X}-n^{-1}\boldsymbol{X}^{\mathrm{T}}\boldsymbol{1}\boldsymbol{1}^{\mathrm{T}}\boldsymbol{X}+n\gamma\boldsymbol{I}_p)\boldsymbol{\beta}=(\boldsymbol{X}^{\mathrm{T}}-n^{-1}\boldsymbol{X}^{\mathrm{T}}\boldsymbol{1}\boldsymbol{1}^{\mathrm{T}})\boldsymbol{y} \tag{6.10}$$

由式(6.9)确定 β_0。

作为下面几节核方法的前导，我们假设 $n\geqslant p$，矩阵 $\boldsymbol{X}$ 具有(列)满秩 p。那么，任何向量 $\boldsymbol{\beta}\in\mathbb{R}^p$ 都可以写成特征向量 $\{\boldsymbol{x}_i\}$ 的线性组合，也就是矩阵 $\boldsymbol{X}^{\mathrm{T}}$ 的列向量的线性组合。特别地，设 $\boldsymbol{\beta}=\boldsymbol{X}^{\mathrm{T}}\boldsymbol{\alpha}$，其中 $\boldsymbol{\alpha}=(\alpha_1,\cdots,\alpha_n)^{\mathrm{T}}\in\mathbb{R}^n$。在这种情况下，式(6.10)可化为

$$(\boldsymbol{X}\boldsymbol{X}^{\mathrm{T}}-n^{-1}\boldsymbol{1}\boldsymbol{1}^{\mathrm{T}}\boldsymbol{X}\boldsymbol{X}^{\mathrm{T}}+n\gamma\boldsymbol{I}_n)\boldsymbol{\alpha}=(\boldsymbol{I}_n-n^{-1}\boldsymbol{1}\boldsymbol{1}^{\mathrm{T}})\boldsymbol{y}$$

假设 $(\boldsymbol{X}\boldsymbol{X}^{\mathrm{T}}-n^{-1}\boldsymbol{1}\boldsymbol{1}^{\mathrm{T}}\boldsymbol{X}\boldsymbol{X}^{\mathrm{T}}+n\gamma\boldsymbol{I}_n)$ 是可逆的，我们得到解

$$\hat{\boldsymbol{\alpha}} = (\boldsymbol{X}\boldsymbol{X}^{\mathrm{T}} - n^{-1}\mathbf{1}\mathbf{1}^{\mathrm{T}}\boldsymbol{X}\boldsymbol{X}^{\mathrm{T}} + n\gamma\boldsymbol{I}_n)^{-1}(\boldsymbol{I}_n - n^{-1}\mathbf{1}\mathbf{1}^{\mathrm{T}})\boldsymbol{y}$$

它仅通过内积 $\boldsymbol{X}\boldsymbol{X}^{\mathrm{T}}=[\langle \boldsymbol{x}_i, \boldsymbol{x}_j\rangle]$ 形成的 $n\times n$ 矩阵依赖于训练特征向量 $\{\boldsymbol{x}_i\}$。该矩阵称为 $\{\boldsymbol{x}_i\}$ 的**格拉姆矩阵**。由式(6.9)可知，常数项的解为 $\hat{\beta}_0=n^{-1}\mathbf{1}^{\mathrm{T}}(\boldsymbol{y}-\boldsymbol{X}\boldsymbol{X}^{\mathrm{T}}\hat{\boldsymbol{\alpha}})$。由此可见，学习器是内积 $\{\langle \boldsymbol{x}_i,\boldsymbol{x}\rangle\}$ 的线性组合再加上常数项：

$$g_\tau(\widetilde{\boldsymbol{x}}) = \hat{\beta}_0 + \boldsymbol{x}^{\mathrm{T}}\boldsymbol{X}^{\mathrm{T}}\hat{\boldsymbol{\alpha}} = \hat{\beta}_0 + \sum_{i=1}^{n}\hat{\alpha}_i\langle \boldsymbol{x}_i,\boldsymbol{x}\rangle$$

其中，系数 $\hat{\beta}_0$ 和 $\hat{\alpha}_i$ 只依赖于内积 $\{\langle \boldsymbol{x}_i,\boldsymbol{x}_j\rangle\}$。我们很快就会看到，定理6.6将这一结果推广到一类广泛的正则化优化问题中。

我们在图6.1中说明了例6.1和例6.2中岭回归问题的解是如何受到简单线性回归模型正则化参数 γ 的定性影响的。数据源于模型 $y_i=-1.5+0.5x_i+\varepsilon_i(i=1,\cdots,100)$，其中每个 x_i 从区间[0,10]中独立均匀地抽取，每个 ε_i 从标准正态分布中独立抽取。

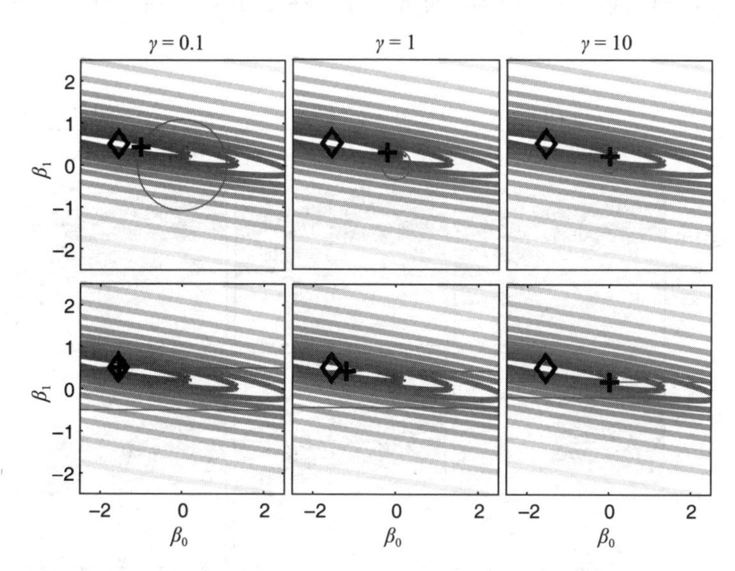

图6.1 简单线性回归问题的岭回归解。每幅图都显示了损失函数的等高线(对数尺度)以及式(6.4)和式(6.7)中出现的正则化参数 $\gamma\in\{0.1,1,10\}$ 的影响。第一行：两项都被惩罚。第二行：只有非常数项被惩罚。每种情况下都显示了惩罚(加号表示)和未受罚(菱形表示)的解

这些等高线是平方误差损失(实际上是其对数)，它相对于模型参数 β_0 和 β_1 最小化。菱形代表了这种损失的最小值。加号显示了正则化参数 γ 在三种选择下，正则化最小化问题式(6.4)和式(6.7)的每个最小值 $[\beta_0^*,\beta_1^*]^{\mathrm{T}}$。对于上面的三幅图，正则化以平方范数 $\beta_0^2+\beta_1^2$ 的方式同时涉及 β_0 和 β_1。圆圈表示与最优解具有相同平方范数的点。对于下面的三幅图，只有 β_1 被正则化；在这里，水平线表示向量 $[\beta_0+\beta_1]^{\mathrm{T}}$，其中 $|\beta_1|=|\beta_1^*|$。

例6.2中讨论的岭回归问题归结为求解形式为式(6.7)的问题，涉及平方2范数惩罚 $\|\boldsymbol{\beta}\|^2$。一个自然要问的问题是：是否可以用不同的惩罚项来代替平方2范数惩罚？用1范数替换它可以得到**套索回归**(Least Absolute Shrinkage and Selection Operator，LASSO)。因此，岭回归问题式(6.7)的等效套索回归为

$$\min_{\beta_0,\boldsymbol{\beta}} \frac{1}{n}\|\boldsymbol{y}-\beta_0\mathbf{1}-\boldsymbol{X\beta}\|^2+\gamma\|\boldsymbol{\beta}\|_1 \tag{6.11}$$

其中 $\|\boldsymbol{\beta}\|_1=\sum_{i=1}^{p}|\beta_i|$。

这又是一个凸优化问题。与岭回归不同，回归一般没有明确的解，所以必须用数值方法来求解。注意，问题式(6.11)的形式为

$$\begin{aligned}\min_{\boldsymbol{x},\boldsymbol{z}} &\quad f(\boldsymbol{x})+g(\boldsymbol{z})\\ \text{s.t.} &\quad \boldsymbol{Ax}+\boldsymbol{Bz}=\boldsymbol{c}\end{aligned} \tag{6.12}$$

其中 $\boldsymbol{x}:=[\beta_0,\boldsymbol{\beta}^{\mathrm{T}}]^{\mathrm{T}}$，$\boldsymbol{z}:=\boldsymbol{\beta}$，$\boldsymbol{A}:=[\mathbf{0}_p,\boldsymbol{I}_p]$，$\boldsymbol{B}:=-\boldsymbol{I}_p$，$\boldsymbol{c}:=\mathbf{0}_p$(零组成的向量)，凸函数 $f(\boldsymbol{x}):=\frac{1}{n}\|\boldsymbol{y}-[\mathbf{1}_n,\boldsymbol{X}]\boldsymbol{x}\|^2$，$g(\boldsymbol{z}):=\gamma\|\boldsymbol{z}\|_1$。存在解决这类问题的有效算法，包括**交替方向乘子法**(ADMM)[17]。关于这个算法的详细信息，请参阅附录B中式(B.29)。

我们重复图6.1中的例子，但现在使用套索回归，并对之前正则化参数取平方根，结果如图6.2所示。

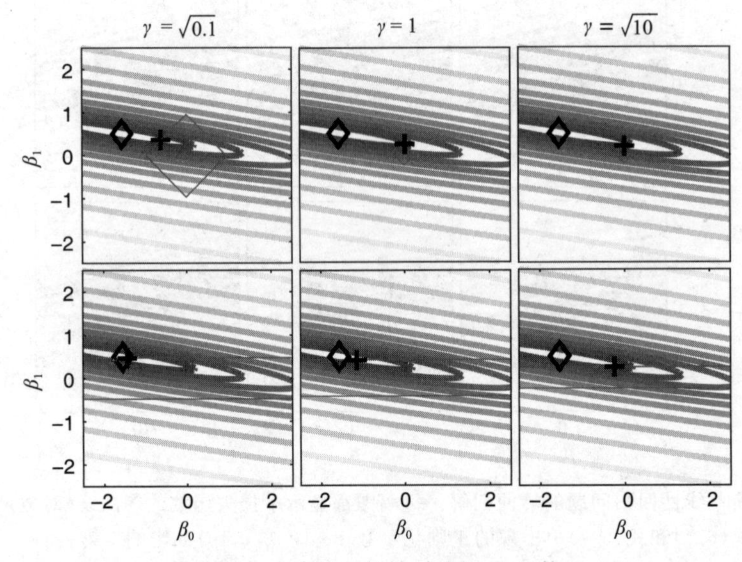

图6.2 套索回归的解(与图6.1比较)

使用套索正则化的一个优点是，得到的最优参数向量通常有几个分量正好为0。例如，在图6.2上面一行的中间图和右图中，最优解恰好位于正方形的一个角点$\{[\beta_0,\beta_1]^{\mathrm{T}}:|\beta_0|+|\beta_1|=|\beta_0^*|+|\beta_1^*|\}$。在这种情况下，$\beta_0^*=0$。对于具有多个参数的统计模型，套索回归可以提供一种模型选择方法。也就是说，随着正则化参数的增加(或者说最优解的L_1范数在降低)，解向量的非零参数将越来越少。通过绘制每一个γ或L_1下的参数值，可以得到变量的**正则化路径**，也称为**同伦路径**或**系数剖面**。检查这些路径有助于评估哪些模型参数与观测到的响应$\{y_i\}$的变化有关。

例6.3(正则化路径) 图6.3显示了多元线性回归模型

$$Y_i=\sum_{j=1}^{60}\beta_j x_{ij}+\varepsilon_i,\quad i=1,\cdots,150$$

$p=60$ 的正则化路径，其中，$\beta_j=1$，$j=1,\cdots,10$；$\beta_j=0$，$j=11,\cdots,60$。误差项$\{\varepsilon_i\}$服从独立的标准正态分布。解释变量$\{x_{ij}\}$由标准正态分布独立产生。从图 6.3 可以看出，随着解的 L_1 范数的增大，首先选择 10 个非零系数的估计。当 L_1 范数达到 4 左右时，所有 $\beta_j=1$ 的 10 个变量都被正确识别，其余 50 个参数的估计值正好都为 0。只有当 L_1 范数达到 8 左右时，这些“伪”参数才会被估计为非零。在本例中，正则化参数 γ 从 10^{-4} 变化到 10。

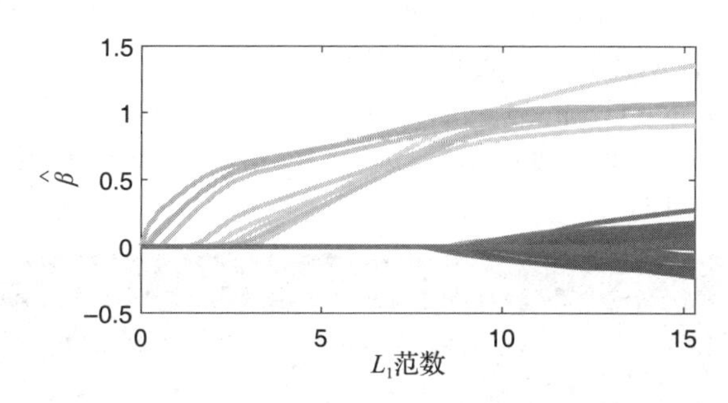

图 6.3　作为 L_1 范数函数的解的套索回归的正则化路径

6.3　再生核希尔伯特空间

在这一节中，我们通过引入一种特殊类型的希尔伯特函数空间，即**再生核希尔伯特空间**，来形式化 6.1 节末尾概述的将有限维特征映射扩展到函数的思想。虽然该理论可以自然而然地扩展到复数函数的希尔伯特空间，但我们在这里只关注实值函数的希尔伯特空间。

为了评估学习器 g 在某函数类 $\mathcal{G}$ 中的损失，我们不需要显式地构造 g，相反，只需要能够在训练集的所有特征向量 $\boldsymbol{x}_1,\cdots,\boldsymbol{x}_n$ 处评估 g 就可以了。RKHS 的一个定义性质是，在点 $\boldsymbol{x}$ 处的函数评估可以通过简单地取 g 和与 $\boldsymbol{x}$ 相关联的特征函数 $\kappa_{\boldsymbol{x}}$ 的内积来进行。我们将看到，这个性质在表示定理(见 6.5 节)中变得特别有用，该定理指出学习器 g 本身可以表示为特征函数集$\{\kappa_{\boldsymbol{x}_i},\ i=1,\cdots,n\}$的线性组合。因此，我们可以在特征向量$\{\boldsymbol{x}_i\}$处通过取形式为 $\kappa(\boldsymbol{x}_i,\boldsymbol{x}_j)=\langle\kappa_{\boldsymbol{x}_i},\ \kappa_{\boldsymbol{x}_j}\rangle_{\mathcal{G}}$ 的线性组合来评估学习器 g。将这些内积表示成矩阵 $\mathbf{K}=[\kappa(\boldsymbol{x}_i,\boldsymbol{x}_j),\ i,\ j=1,\cdots,n]$($\{\kappa_{\boldsymbol{x}_i}\}$的格拉姆矩阵)，我们将看到特征向量$\{\boldsymbol{x}_i\}$只通过 $\mathbf{K}$ 介入损失最小化问题。

定义 6.1　再生核希尔伯特空间

对于非空集合 $\mathcal{X}$，函数 $g:\mathcal{X}\to\mathbb{R}$ 具有内积$\langle\cdot,\cdot\rangle_{\mathcal{G}}$的希尔伯特空间 $\mathcal{G}$ 称为再生核希尔伯特空间，其再生核 $\kappa:\mathcal{X}\times\mathcal{X}\to\mathbb{R}$ 满足以下条件：

(1)对于每一个 $\boldsymbol{x}\in\mathcal{X}$，$\kappa_{\boldsymbol{x}}:=\kappa(\boldsymbol{x},\cdot)$都在 $\mathcal{G}$ 中；

(2)对所有 $\boldsymbol{x}\in\mathcal{X}$，有 $\kappa(\boldsymbol{x},\boldsymbol{x})<\infty$；

(3)对于每一个 $\boldsymbol{x}\in\mathcal{X}$ 和 $g\in\mathcal{G}$，有 $g(\boldsymbol{x})=\langle g,\kappa_{\boldsymbol{x}}\rangle_{\mathcal{G}}$。

如果存在函数的再生核希尔伯特空间，则该空间是唯一的，见习题 2。定义 6.1 中的主要(第三个)条件称为**再生性**。这个性质使我们可以通过取 g 和 $\kappa_{\boldsymbol{x}}$ 的内积来计算任何函数 $g\in\mathcal{G}$ 在点 $\boldsymbol{x}\in\mathcal{X}$处的值；因此，$\kappa_{\boldsymbol{x}}$ 称为**评价表示**。更进一步，取 $g=\kappa_{\boldsymbol{x}'}$，应用再生性，我们有$\langle \kappa_{x'}, \kappa_x \rangle_{\mathcal{G}} = \kappa(x', x)$，根据内积的对称性可知$\kappa(x, x') = \kappa(x', x)$。因此，再生核必然是**对称函数**。此外，再生核κ是一个半正定函数，这意味着对于每一个$n \geqslant 1$，以及$\alpha_1, \cdots, \alpha_n \in \mathbb{R}$和$x_1, \cdots, x_n \in \mathcal{X}$的每一种选择，下式成立

$$\sum_{i=1}^{n} \sum_{j=1}^{n} \alpha_i \kappa(x_i, x_j) \alpha_j \geqslant 0 \tag{6.13}$$

换句话说，每一个与κ相关的格拉姆矩阵$\boldsymbol{K}$都是半正定矩阵。也就是说，对于所有的$\boldsymbol{\alpha}$来说，$\boldsymbol{\alpha}^{\mathrm{T}} \boldsymbol{K} \boldsymbol{\alpha} \geqslant 0$。其证明留在本章习题1中。

下面的定理给出了RKHS的另一个特征。它的证明要用到里斯表示定理A.17。另外，注意在下面的定理中，我们可以用"连续"替换"有界"，因为这两个词对于线性函数来说是等价的，见定理A.16。

定理6.1 连续求值泛函刻画RKHS的特征

集合$\mathcal{X}$上的RKHS $\mathcal{G}$是一个希尔伯特空间，其中每个求值泛函$\delta_x: g \mapsto g(x)$都是有界的。反之，如果每个求值泛函都是有界的，则函数$\mathcal{X} \to \mathbb{R}$的希尔伯特空间$\mathcal{G}$是一个RKHS。

证明 请注意，由于求值泛函δ_x是线性算子，证明有界性等同于证明连续性。给定一个具有再生核κ的RKHS，假设序列$g_n \in \mathcal{G}$收敛到$g \in \mathcal{G}$，即$\| g_n - g \|_{\mathcal{G}} \to 0$。我们应用柯西-施瓦茨不等式(见定理A.15)和$\kappa$的再生性发现，对于每一个$x \in \mathcal{X}$和任意$n$：

$$\begin{aligned}
|\delta_x g_n - \delta_x g| &= |g_n(x) - g(x)| = |\langle g_n - g, \kappa_x \rangle_{\mathcal{G}}| \leqslant \| g_n - g \|_{\mathcal{G}} \| \kappa_x \|_{\mathcal{G}} \\
&= \| g_n - g \|_{\mathcal{G}} \sqrt{\langle \kappa_x, \kappa_x \rangle_{\mathcal{G}}} \\
&= \| g_n - g \|_{\mathcal{G}} \sqrt{\kappa(x, x)}
\end{aligned}$$

注意，对于每一个$x \in \mathcal{X}$，根据定义$\sqrt{\kappa(x, x)} < \infty$，当$n \to \infty$时，$\| g_n - g \|_{\mathcal{G}} \to 0$，我们已经证明了$\delta_x$的连续性，即对于每一个$x \in \mathcal{X}$，当$n \to \infty$时，$|\delta_x g_n - \delta_x g| \to 0$。

反过来说，假设求值泛函是有界的。那么根据里斯表示定理A.17，存在某个$g_{\delta_x} \in \mathcal{G}$，使得对于所有求值表示器$g \in \mathcal{G}$，有$\delta_x g = \langle g, g_{\delta_x} \rangle_{\mathcal{G}}$。对于所有的$x, x' \in \mathcal{X}$，如果定义$\kappa(x, x') = g_{\delta_x}(x')$，那么对于每一个$x \in \mathcal{X}$，$\kappa_x := \kappa(x, \cdot) = g_{\delta_x}$都是$\mathcal{G}$的元素，并且$\langle g, \kappa_x \rangle_{\mathcal{G}} = \delta_x g = g(x)$，所以定义6.1中的再生性得到验证。■

RKHS具有连续求值泛函的事实意味着，如果两个函数$g, h \in \mathcal{G}$在$\| \cdot \|_{\mathcal{G}}$范数上很"接近"，那么对于每一个$x \in \mathcal{X}$，它们的评估值$g(x)$和$h(x)$也很接近。形式上，在$\| \cdot \|_{\mathcal{G}}$范数上的收敛意味着对于所有$x \in \mathcal{X}$的逐点收敛。

下面的定理表明，任何有限函数$\kappa: \mathcal{X} \times \mathcal{X} \to \mathbb{R}$都可以作为再生核，只要它是有限的、对称的和半正定的。相应的(唯一)RKHS $\mathcal{G}$是所有形式为$\sum_{i=1}^{n} \alpha_i \kappa_{x_i}$的函数的完备集合，其中，$\alpha_i \in \mathbb{R}$，$i = 1, \cdots, n$。

定理6.2 Moore-Aronszajn

给定非空集合$\mathcal{X}$和任意有限、对称、半正定函数$\kappa: \mathcal{X} \times \mathcal{X} \to \mathbb{R}$，存在函数$g: \mathcal{X} \to \mathbb{R}$的再生核希尔伯特空间$\mathcal{G}$，该空间具有再生核$\kappa$。另外，$\mathcal{G}$是唯一的。

证明 (概略证明)由于本章习题2讨论了唯一性的证明，所以这里的目标是证明存

在性。其思路是由给定具有基本结构的函数 κ 构造预定义 RKHS $\mathcal{G}_0$，然后将 $\mathcal{G}_0$ 扩展为 RKHS $\mathcal{G}$。

具体来说，定义 $\mathcal{G}_0$ 为函数 $\kappa_{\boldsymbol{x}}(\boldsymbol{x}\in\mathcal{X})$ 的有限线性组合的集合：

$$\mathcal{G}_0 := \left\{ g = \sum_{i=1}^{n} \alpha_i \kappa_{\boldsymbol{x}_i} \mid \boldsymbol{x}_1, \cdots, \boldsymbol{x}_n \in \mathcal{X}, \quad \alpha_i \in \mathbb{R}, n \in \mathbb{N} \right\}$$

在 $\mathcal{G}_0$ 上定义以下内积：

$$\langle f, g \rangle_{\mathcal{G}_0} := \left\langle \sum_{i=1}^{n} \alpha_i \kappa_{\boldsymbol{x}_i}, \sum_{j=1}^{m} \beta_j \kappa_{\boldsymbol{x}'_j} \right\rangle_{\mathcal{G}_0} := \sum_{i=1}^{n} \sum_{j=1}^{m} \alpha_i \beta_j \kappa(\boldsymbol{x}_i, \boldsymbol{x}'_j)$$

那么，$\mathcal{G}_0$ 就是一个内积空间。事实上，$\mathcal{G}_0$ 具有我们所要求的本质结构：(1)求值泛函是有界的或连续的(见习题 4)；(2)$\mathcal{G}_0$ 中逐点收敛的柯西序列也在范数上收敛(见习题 5)。

然后，我们将 $\mathcal{G}_0$ 扩大到所有函数 $g: \mathcal{X} \to \mathbb{R}$ 的集合 $\mathcal{G}$，其中存在一个柯西序列，该序列在 $\mathcal{G}_0$ 中逐点收敛到 g，并在 $\mathcal{G}$ 上以极限的形式定义内积：

$$\langle f, g \rangle_{\mathcal{G}} := \lim_{n \to \infty} \langle f_n, g_n \rangle_{\mathcal{G}_0} \tag{6.14}$$

其中，$f_n \to f$，$g_n \to g$。为了证明 $\mathcal{G}$ 是一个 RKHS，还需要证明：(1)这个内积是定义良好的；(2)求值泛函保持有界；(3)空间 $\mathcal{G}$ 是完备的。详细证明留作本章习题 6 和习题 7。 ■

6.4 再生核的构造

本节介绍了为某个特征空间 $\mathcal{X}$ 构造再生核 $\kappa: \mathcal{X} \times \mathcal{X} \to \mathbb{R}$ 的各种方法。回想一下，κ 必须是有限的、对称的和半正定的函数[即满足式(6.13)]。根据定理 6.2，指定空间 $\mathcal{X}$ 和再生核 $\kappa: \mathcal{X} \times \mathcal{X} \to \mathbb{R}$ 相当于唯一地指定一个 RKHS。

6.4.1 通过特征映射构造再生核

构造再生核 κ 最基本的方法是通过特征映射 $\boldsymbol{\phi}: \mathcal{X} \to \mathbb{R}^p$。我们定义 $\kappa(\boldsymbol{x}, \boldsymbol{x}') := \langle \boldsymbol{\phi}(\boldsymbol{x}), \boldsymbol{\phi}(\boldsymbol{x}') \rangle$，其中$\langle , \rangle$表示欧氏内积，该核函数显然是有限的、对称的。为了验证 κ 是半正定的，设 $\boldsymbol{\Phi}$ 是行为 $\boldsymbol{\phi}(\boldsymbol{x}_1)^{\mathrm{T}}, \cdots, \boldsymbol{\phi}(\boldsymbol{x}_n)$的矩阵，并设 $\boldsymbol{\alpha} = [\alpha_1, \cdots, \alpha_n]^{\mathrm{T}} \in \mathbb{R}^n$。那么，

$$\sum_{i=1}^{n} \sum_{j=1}^{n} \alpha_i \kappa(\boldsymbol{x}_i, \boldsymbol{x}_j) \alpha_j = \sum_{i=1}^{n} \sum_{j=1}^{n} \alpha_i \boldsymbol{\phi}^{\mathrm{T}}(\boldsymbol{x}_i) \boldsymbol{\phi}(\boldsymbol{x}_j) \alpha_j = \boldsymbol{\alpha}^{\mathrm{T}} \boldsymbol{\Phi} \boldsymbol{\Phi}^{\mathrm{T}} \boldsymbol{\alpha} = \| \boldsymbol{\Phi}^{\mathrm{T}} \boldsymbol{\alpha} \|^2 \geqslant 0$$

例 6.4(线性核)　取 $\mathcal{X} = \mathbb{R}^p$ 上的恒等特征映射 $\boldsymbol{\phi}(\boldsymbol{x}) = \boldsymbol{x}$，得到**线性核**：

$$\kappa(\boldsymbol{x}, \boldsymbol{x}') = \langle \boldsymbol{x}, \boldsymbol{x}' \rangle = \boldsymbol{x}^{\mathrm{T}} \boldsymbol{x}'$$

由定理 6.2 的证明可以看出，线性核对应函数的 RKHS 是 $\mathbb{R}^p$ 上的线性函数空间。这个空间与 $\mathbb{R}^p$ 本身是同构的，正如在 6.1 节中所讨论的(也见习题 12)。

人们自然会问给定的核函数是否唯一对应于一个特征映射。答案是否定的，我们将通过例子来看。

例 6.5(特征映射和核函数)　设 $\mathcal{X} = \mathbb{R}$，考虑特征映射 $\boldsymbol{\phi}_1: \mathcal{X} \to \mathbb{R}$ 和 $\boldsymbol{\phi}_2: \mathcal{X} \to \mathbb{R}^2$，其中 $\boldsymbol{\phi}_1(x) := x$和 $\boldsymbol{\phi}_2(x) := [x, x]^{\mathrm{T}} / \sqrt{2}$。那么

$$\kappa_{\boldsymbol{\phi}_1}(x, x') = \langle \boldsymbol{\phi}_1(x), \boldsymbol{\phi}_1(x') \rangle = x x'$$

$$\kappa_{\boldsymbol{\phi}_2}(x,x') = \langle \boldsymbol{\phi}_2(x), \boldsymbol{\phi}_2(x') \rangle = xx'$$

因此，我们通过两个不同的特征映射，为同一底层集合 $\mathcal{X}$ 定义了相同的核函数。

6.4.2 根据特征函数构造再生核

另一种在 $\mathcal{X}=\mathbb{R}^p$ 上构造再生核的方法是利用**特征函数**的特性。特别地，我们有以下结论(其证明留作本章习题 10)。

定理 6.3 根据特征函数构造再生核

设 $\boldsymbol{X}\sim\mu$ 是一个在 $\mathbb{R}^p$ 上取值的随机向量，它是关于原点对称的(即 $\boldsymbol{X}$ 和 $-\boldsymbol{X}$ 是同分布的)，并设 ψ 是它的特征函数：$\psi(\boldsymbol{t}) = \mathbb{E}\mathrm{e}^{\mathrm{i}\boldsymbol{t}^{\mathrm{T}}\boldsymbol{X}} = \int \mathrm{e}^{\mathrm{i}\boldsymbol{t}^{\mathrm{T}}\boldsymbol{x}}\mu(\mathrm{d}\boldsymbol{x}), \boldsymbol{t}\in\mathbb{R}^p$。那么 $\kappa(\boldsymbol{x},\boldsymbol{x}') := \psi(\boldsymbol{x}-\boldsymbol{x}')$ 是 $\mathbb{R}^p$ 上的有效再生核。

例 6.6(高斯核) 均值向量为 $\boldsymbol{0}$、协方差矩阵为 $b^2\boldsymbol{I}_p$ 的多元正态分布显然是关于原点对称的。其特征函数为

$$\psi(\boldsymbol{t}) = \exp\left(-\frac{1}{2}b^2\|\boldsymbol{t}\|^2\right), \quad \boldsymbol{t}\in\mathbb{R}^p$$

取 $b^2=1/\sigma^2$，则 $\mathbb{R}^p$ 上常见的高斯核为

$$\kappa(\boldsymbol{x},\boldsymbol{x}') = \exp\left(-\frac{1}{2}\frac{\|\boldsymbol{x}-\boldsymbol{x}'\|^2}{\sigma^2}\right) \tag{6.15}$$

参数 σ 有时称为**带宽**。注意，在机器学习文献中，高斯核有时被称为**径向基函数**(Radial Basis Function，RBF)核[⊖]。

从定理 6.2 的证明中，我们看到由高斯核 κ 确定的 RKHS $\mathcal{G}$ 是函数的逐点极限空间，函数形式为

$$g(\boldsymbol{x}) = \sum_{i=1}^{n}\alpha_i\exp\left(-\frac{1}{2}\frac{\|\boldsymbol{x}-\boldsymbol{x}_i\|^2}{\sigma^2}\right)$$

我们认为每一个点 $\boldsymbol{x}_i$ 都有一个特征 $\kappa_{\boldsymbol{x}_i}$，这个函数是以 $\boldsymbol{x}_i$ 为中心的缩放的多元高斯概率密度函数。

例 6.7(sinc 核) 均匀分布随机变量 Uniform$[-1,1]$(关于 0 对称)的特征函数为 $\psi(t)=\mathrm{sinc}(t):=\sin(t)/t$，因此 $\kappa(x,x')=\mathrm{sinc}(x-x')$ 是有效核。

受核密度估计(见 4.4 节)的启发，我们可能会尝试使用关于原点对称的随机变量的 pdf 来构造再生核。然而，如下例所示，这样做一般情况下是行不通的。

例 6.8(均匀概率密度函数不能构造有效的再生核) 取函数 $\psi(t)=\frac{1}{2}\mathbb{1}\{|t|\leqslant 1\}$，它是 $X\sim$Uniform$[-1,1]$ 的概率密度函数。不幸的是，函数 $\kappa(x,x')=\psi(x-x')$ 不是半正定的，

⊖ 对于某些函数 $f:\mathbb{R}\to\mathbb{R}$，术语“径向基函数”有时更常用于表示形如 $\kappa(\boldsymbol{x},\boldsymbol{x}')=f(\|\boldsymbol{x}-\boldsymbol{x}'\|)$ 的核。

可以通过以下例子看出，对点 $t_1=0$，$t_2=0.75$ 和 $t_3=1.5$ 构造矩阵 $\boldsymbol{A}=[\kappa(t_i,t_j),\ i,j=1,2,3]$：

$$\boldsymbol{A}=\begin{pmatrix}\psi(0) & \psi(-0.75) & \psi(-1.5)\\ \psi(0.75) & \psi(0) & \psi(-0.75)\\ \psi(1.5) & \psi(0.75) & \psi(0)\end{pmatrix}=\begin{pmatrix}0.5 & 0.5 & 0\\ 0.5 & 0.5 & 0.5\\ 0 & 0.5 & 0.5\end{pmatrix}$$

$\boldsymbol{A}$ 的特征值为 $\{1/2-\sqrt{1/2},1/2,1/2+\sqrt{1/2}\}\approx\{-0.2071,0.5,1.2071\}$，所以根据定理 A.9，$\boldsymbol{A}$ 不是半正定矩阵，因为它有一个负的特征值。因此，κ 不是有效的再生核。

高斯核[式(6.15)]受欢迎的原因之一是它有**万有逼近性质**(universal approximation property)[88]：高斯核所张成的函数空间在有 $\mathscr{Z}\subset\mathbb{R}^p$ 支持的连续函数空间中是稠密的。自然，这是一个理想的性质，尤其是当人们对 g^* 的属性没有多少先验知识的时候。然而，请注意，与高斯核 κ 相关的 RKHS $\mathcal{G}$ 中的每个函数 g 都是无限可微的。此外，高斯 RKHS 不包含非零常数函数。事实上，如果 $\boldsymbol{A}\subset\mathscr{Z}$ 是非空且开放的，那么 $\mathcal{G}$ 中唯一包含的形式为 $g(\boldsymbol{x})=c\,\mathbb{1}\{\boldsymbol{x}\in A\}$ 的函数就是零函数($c=0$)。

因此，如果已知函数 g 只可微分到一定的阶数，人们可能会倾向于参数 v，$\sigma>0$ 的 Matérn 核：

$$\kappa_v(\boldsymbol{x},\boldsymbol{x}')=\frac{2^{1-v}}{\Gamma(v)}\left(\sqrt{2v}\,\|\boldsymbol{x}-\boldsymbol{x}'\|/\sigma\right)^{v}K_v\left(\sqrt{2v}\,\|\boldsymbol{x}-\boldsymbol{x}'\|/\sigma\right)\tag{6.16}$$

这给出了可微分(弱微分)到$\lfloor v\rfloor$阶(但不一定是$\lceil v\rceil$阶)的函数。这里，K_v 表示第二类修正 Bessel 函数，见式(4.49)。式(6.16)中 Matérn 核的特殊形式可以确保 $\lim_{v\to\infty}\kappa_v(\boldsymbol{x},\boldsymbol{x}')=\kappa(\boldsymbol{x},\boldsymbol{x}')$，其中 κ 是式(6.15)中出现的高斯核。

我们认为 Sobolev 空间与 Matérn 核密切相关。直到常数(对空间中的单位球进行缩放)下，在维度 p 和参数 $s>p/2$ 的情况下，这些空间可以用 $\psi(\boldsymbol{t})=\frac{2^{1-s}}{\Gamma(s)}\|\boldsymbol{t}\|^{s-p/2}K_{p/2-s}(\|\boldsymbol{t}\|)$ 来标识，这反过来又可以看作对应于具有 s 个自由度的(径向对称)多元学生分布 t 的特征函数，即概率密度函数为 $f(\boldsymbol{x})\propto(1+\|\boldsymbol{x}\|^2)^{-s}$。

6.4.3　利用正交特征构造再生核

我们已经在 6.4.1 节和 6.4.2 节中看到了如何根据特征映射和特征函数构造再生核。在空间 $\mathcal{X}$ 上构造核的另一种方法是直接通过函数类 $L^2(\mathcal{X};\mu)$ 来构造，即 $\mathcal{X}$ 上关于 μ 的平方可积分[⊖]函数集合，请参见定义 A.4。为了简单起见，在下面的内容中，我们认为 μ 是勒贝格(Lebesgue)测度，将 $L^2(\mathcal{X};\mu)$ 简单地写成 $L^2(\mathcal{X})$。我们还将假设 $\mathcal{X}\subseteq\mathbb{R}^p$。

设 $\{\xi_1,\xi_2,\cdots\}$ 是 $L^2(\mathcal{X})$ 的正交基，$c_1,c_2,\cdots$ 是一个正数序列。正如在 6.4.1 节中所讨论的，对应于特征映射 $\boldsymbol{\phi}:\mathcal{X}\to\mathbb{R}^p$ 的核是 $\kappa(\boldsymbol{x},\boldsymbol{x}')=\boldsymbol{\phi}(\boldsymbol{x})^{\mathrm{T}}\boldsymbol{\phi}(\boldsymbol{x}')=\sum_{i=1}^{p}\boldsymbol{\phi}_i(\boldsymbol{x})\boldsymbol{\phi}_i(\boldsymbol{x}')$。现在考虑(可能是无限的)特征函数序列 $\boldsymbol{\phi}_i=c_i\xi_i$，$i=1,2,\cdots$，并定义

$$\kappa(\boldsymbol{x},\boldsymbol{x}'):=\sum_{i\geqslant 1}\boldsymbol{\phi}_i(\boldsymbol{x})\,\boldsymbol{\phi}_i(\boldsymbol{x}')=\sum_{i\geqslant 1}\lambda_i\xi_i(\boldsymbol{x})\xi_i(\boldsymbol{x}')\tag{6.17}$$

其中，$\lambda_i=c_i^2$，$i=1,2,\cdots$。从现在开始，我们假设只要 $\sum_{i\geqslant 1}\lambda_i<\infty$，上述定义就是定义良

⊖ 如果 $\int f^2(\boldsymbol{x})\mu(\mathrm{d}\boldsymbol{x})<\infty$，则称函数 $f:\mathcal{X}\to\mathbb{R}$ 是平方可积分的，其中 μ 是 $\mathcal{X}$ 上的一个度量。

好的。设 $\mathcal{H}$ 是函数的线性空间，函数形式为 $f=\sum_{i\geqslant 1}\alpha_i\xi_i$，其中 $f=\sum_{i\geqslant 1}\alpha_i^2/\lambda_i<\infty$。由于每个函数 $f\in L^2(\mathcal{X})$都可以表示为 $f=\sum_{i\geqslant 1}\langle f,\xi_i\rangle\xi_i$，我们看到 $\mathcal{H}$ 是 $L^2(\mathcal{X})$的一个线性子空间。在 $\mathcal{H}$ 上定义内积

$$\langle f,g\rangle_{\mathcal{H}}:=\sum_{i\geqslant 1}\frac{\langle f,\xi_i\rangle\langle g,\xi_i\rangle}{\lambda_i}$$

利用这个内积，$f=\sum_{i\geqslant 1}\alpha_i\xi_i$ 的平方范数为 $\|f\|_{\mathcal{H}}^2=\sum_{i\geqslant 1}\alpha_i^2/\lambda_i<\infty$。

我们通过验证定义 6.1 的条件，证明了 $\mathcal{H}$ 实际上是核为 κ 的 RKHS。首先，

$$\kappa_{\boldsymbol{x}}=\sum_{i\geqslant 1}\lambda_i\xi_i(\boldsymbol{x})\xi_i\in\mathcal{H}$$

由于假设 $\sum_i\lambda_i<\infty$，所以 κ 是有限的。其次，再生性成立。即设 $f=\sum_{i\geqslant 1}\alpha_i\xi_i$，那么，

$$\langle\kappa_{\boldsymbol{x}},f\rangle_{\mathcal{H}}=\sum_{i\geqslant 1}\frac{\langle\kappa_{\boldsymbol{x}},\xi_i\rangle\langle f,\xi_i\rangle}{\lambda_i}=\sum_{i\geqslant 1}\frac{\lambda_i\xi_i(\boldsymbol{x})\alpha_i}{\lambda_i}=\sum_{i\geqslant 1}\alpha_i\xi_i(\boldsymbol{x})=f(\boldsymbol{x})$$

上面的讨论表明，可以通过式(6.17)来构造核。事实上，(在温和的条件下)任何给定的再生核 κ 都可以写成式(6.17)的形式，其中这种级数表示具有理想的收敛性。这个结果称为 Mercer 定理，将在下面给出。包括精确条件在内的完整证明可见文献[40]，主要思想是再生核 κ 可以被认为是半正定矩阵 $\boldsymbol{K}$ 的推广，并且也可以写成谱的形式(参见 A.6.5 节)。特别地，根据定理 A.9，我们可以写作 $\boldsymbol{K}=\boldsymbol{V}\boldsymbol{D}\boldsymbol{V}^{\mathrm{T}}$，其中，$\boldsymbol{V}$ 是具有正交特征向量$[\boldsymbol{v}_\ell]$的矩阵，$\boldsymbol{D}$ 是具有正特征值$[\lambda_\ell]$的对角矩阵，即

$$\boldsymbol{K}(i,j)=\sum_{\ell\geqslant 1}\lambda_\ell v_\ell(i)v_\ell(j)$$

在下面的公式(6.18)中，$\boldsymbol{x}$、$\boldsymbol{x}'$分别代表 i、j，ξ_ℓ 代表 $\boldsymbol{v}_\ell$。

定理 6.4 Mercer 定理

设 $\kappa:\mathcal{X}\times\mathcal{X}\to\mathbb{R}$ 是紧凑集 $\mathcal{X}\subset\mathbb{R}^p$ 的再生核。那么，(在温和条件下)存在递减为零的非负数$\{\lambda_\ell\}$可数序列和在 $L^2(\mathcal{X})$中正交的函数$\{\xi_\ell\}$，使得

$$\text{对于所有的 }\boldsymbol{x},\boldsymbol{x}'\in\mathcal{X},\quad\kappa(\boldsymbol{x},\boldsymbol{x}')=\sum_{\ell\geqslant 1}\lambda_\ell\,\xi_\ell(\boldsymbol{x})\,\xi_\ell(\boldsymbol{x}')\tag{6.18}$$

其中，式(6.18)在 $\mathcal{X}\times\mathcal{X}$ 上绝对一致地收敛。

此外，如果 $\lambda_\ell>0$，则(λ_ℓ,ξ_ℓ)是积分算子 $K:L^2(\mathcal{X})\to L^2(\mathcal{X})$的(特征值，特征函数)对，积分算子定义为 $[Kf](\boldsymbol{x}):=\int_{\mathcal{X}}\kappa(\boldsymbol{x},\boldsymbol{y})f(\boldsymbol{y})\mathrm{d}\boldsymbol{y},\boldsymbol{x}\in\mathcal{X}$。

如果核 κ 在 $\mathcal{X}\times\mathcal{X}$ 上是连续的，且为 $\boldsymbol{x}\in\mathcal{X}$ 定义的函数 $\widetilde{\kappa}(\boldsymbol{x}):=\kappa(\boldsymbol{x},\boldsymbol{x})$是可积分的，则定理 6.4 成立。将定理 6.4 扩展到更一般的空间 $\mathcal{X}$ 和度量 μ 上也是成立的，参见文献[115]或[40]。

定理 6.4 的重要性在于，级数表示[式(6.18)]在 $\mathcal{X}\times\mathcal{X}$ 上绝对一致收敛。一致收敛是比逐点收敛强得多的条件，这意味着序列的部分和特性——如连续性和可积分性，被转移到极限上。

例 6.9(Mercer) 假设 $\mathcal{X}=[-1,1]$，核为 $\kappa(x,x')=1+xx'$，它对应于从 $\mathcal{X}\to\mathbb{R}$ 的仿射函

数构成的 RKHS $\mathcal{G}$。为了找到定理 6.4 中积分算子的(特征值，特征函数)对，我们需要求解以下问题，从而得到数$\{\lambda_\ell\}$和正交函数$\{\xi_\ell(x)\}$：

$$\int_{-1}^{1}(1+xx')\xi_\ell(x')\mathrm{d}x'=\lambda_\ell\,\xi_\ell(x),\quad x\in[-1,1]$$

首先考虑一个常数函数 $\xi_1(x)=c$。然后，对于所有 $x\in[-1,1]$，我们得到 $2c=\lambda_1 c$，归一化条件要求 $\int_{-1}^{1}c^2\mathrm{d}x=1$。这些条件一起，可以给出 $\lambda_1=2$ 和 $c=\pm1/\sqrt{2}$。接下来，考虑仿射函数 $\xi_2(x)=a+bx$。正交性要求

$$\int_{-1}^{1}c(a+bx)\mathrm{d}x=0$$

这意味着 $a=0$(因为 $c\neq0$)。此外，归一化条件还要求

$$\int_{-1}^{1}b^2x^2\mathrm{d}x=1$$

这等价于 $2b^2/3=1$，意味着 $b=\pm\sqrt{3/2}$。最后，积分方程如下：

$$\int_{-1}^{1}(1+xx')bx'\mathrm{d}x'=\lambda_2 bx\Leftrightarrow\frac{2bx}{3}=\lambda_2 bx$$

这意味着 $\lambda_2=2/3$。我们取正数解(即 $c>0$，$b>0$)，并注意到

$$\lambda_1\,\xi_1(x)\,\xi_1(x')+\lambda_2\,\xi_2(x)\,\xi_2(x')=2\frac{1}{\sqrt{2}}\frac{1}{\sqrt{2}}+\frac{2}{3}\frac{\sqrt{3}}{\sqrt{2}}x\frac{\sqrt{3}}{\sqrt{2}}x'=1+xx'=\kappa(x,x')$$

所以，我们得到了出现在式(6.18)中的分解。另外，观察到 ξ_1 和 ξ_2 是前两个勒让德多项式的正交形式。相应的特征映射可以显式地标识为 $\phi_1(x)=\sqrt{\lambda_1}\,\xi_1(x)=1$ 和 $\phi_2(x)=\sqrt{\lambda_2}\,\xi_2(x)=x$。

6.4.4 通过核构造再生核

下面的定理列出了从现有再生核构造再生核的一些有用的性质。

定理 6.5 通过其他核构造再生核的规则

(1)如果 $\kappa:\mathbb{R}^p\times\mathbb{R}^p\to\mathbb{R}$ 是一个再生核，$\boldsymbol{\phi}:\mathcal{X}\to\mathbb{R}^p$ 是一个函数，那么 $\kappa(\boldsymbol{\phi}(\boldsymbol{x}),\boldsymbol{\phi}(\boldsymbol{x}'))$是 $\mathcal{X}\times\mathcal{X}\to\mathbb{R}$ 的再生核。

(2)如果 $\kappa:\mathcal{X}\times\mathcal{X}\to\mathbb{R}$ 是一个再生核，$f:\mathcal{X}\to\mathbb{R}_+$ 是一个函数，则 $f(\boldsymbol{x})\kappa(\boldsymbol{x},\boldsymbol{x}')f(\boldsymbol{x}')$也是 $\mathcal{X}\times\mathcal{X}\to\mathbb{R}$ 的再生核。

(3)如果 κ_1 和 κ_2 是 $\mathcal{X}\times\mathcal{X}\to\mathbb{R}$ 的再生核，那么它们的和 $\kappa_1+\kappa_2$ 也是再生核。

(4)如果 κ_1 和 κ_2 是 $\mathcal{X}\times\mathcal{X}\to\mathbb{R}$ 的再生核，那么它们的乘积 $\kappa_1\kappa_2$ 也是再生核。

(5)如果 κ_1 和 κ_2 分别是 $\mathcal{X}\times\mathcal{X}\to\mathbb{R}$ 和 $\mathcal{Y}\times\mathcal{Y}\to\mathbb{R}$ 的再生核，则 $\kappa_+((\boldsymbol{x},\boldsymbol{y}),(\boldsymbol{x}',\boldsymbol{y}')):=\kappa_1(\boldsymbol{x},\boldsymbol{x}')+\kappa_2(\boldsymbol{y},\boldsymbol{y}')$和 $\kappa_\times((\boldsymbol{x},\boldsymbol{y}),(\boldsymbol{x}',\boldsymbol{y}')):=\kappa_1(\boldsymbol{x},\boldsymbol{x}')\kappa_2(\boldsymbol{y},\boldsymbol{y}')$是$(\mathcal{X}\times\mathcal{Y})\times(\mathcal{X}\times\mathcal{Y})\to\mathbb{R}$ 的再生核。

证明 对于规则(1)～规则(3)，很容易验证得到的函数是有限的、对称的、半正定的，因此根据定理 6.2 知，它们是有效的再生核。例如，对于规则(1)，对于每个$\{\alpha_i\}_{i=1}^n$和$\{\boldsymbol{y}_i\}_{i=1}^n\in\mathbb{R}^p$，都有 $\sum_{i=1}^n\sum_{j=1}^n\alpha_i\kappa(\boldsymbol{y}_i,\boldsymbol{y}_j)\alpha_j\geqslant0$，因为 κ 是一个再生核。特别是对于 $\boldsymbol{y}_i=$

$\boldsymbol{\phi}(\boldsymbol{x}_i)$，$i=1,\cdots,n$，它也是成立的。对于表示形式为式(6.17)的核 κ_1 和 κ_2，规则(4)很容易证明，因为

$$\begin{aligned}\kappa_1(\boldsymbol{x},\boldsymbol{x}')\kappa_2(\boldsymbol{x},\boldsymbol{x}') &= \Big(\sum_{i\geqslant 1}\phi_i^{(1)}(\boldsymbol{x})\,\phi_i^{(1)}(\boldsymbol{x}')\Big)\Big(\sum_{j\geqslant 1}\phi_j^{(2)}(\boldsymbol{x})\,\phi_j^{(2)}(\boldsymbol{x}')\Big)\\ &= \sum_{i,j\geqslant 1}\phi_i^{(1)}(\boldsymbol{x})\,\phi_j^{(2)}(\boldsymbol{x})\,\phi_i^{(1)}(\boldsymbol{x}')\,\phi_j^{(2)}(\boldsymbol{x}')\\ &= \sum_{k\geqslant 1}\phi_k(\boldsymbol{x})\,\phi_k(\boldsymbol{x}') =: \kappa(\boldsymbol{x},\boldsymbol{x}')\end{aligned}$$

表明 $\kappa=\kappa_1\kappa_2$ 也符合式(6.17)的表示形式，其中新的(可能是无限的)特征序列(ϕ_k)与序列($\phi_i^{(1)}\phi_j^{(2)}$)以一对一的方式被识别。我们把规则(5)的证明留作练习(见习题 8)。■

例 6.10(多项式核) 考虑 $\boldsymbol{x},\boldsymbol{x}'\in\mathbb{R}^2$，有

$$\kappa(\boldsymbol{x},\boldsymbol{x}') = (1+\langle\boldsymbol{x},\boldsymbol{x}'\rangle)^2$$

其中 $\langle\boldsymbol{x},\boldsymbol{x}'\rangle=\boldsymbol{x}^{\mathrm{T}}\boldsymbol{x}'$。这是一个**多项式核**。结合核的和与积还是核的事实[见定理 6.5 的规则(3)和规则(4)]，我们发现，由于 $\langle\boldsymbol{x},\boldsymbol{x}'\rangle$ 和常数函数 1 是核，所以 $1+\langle\boldsymbol{x},\boldsymbol{x}'\rangle$ 和 $(1+\langle\boldsymbol{x},\boldsymbol{x}'\rangle)^2$ 也是核。通过公式

$$\begin{aligned}\kappa(\boldsymbol{x},\boldsymbol{x}') &= (1+x_1x'_1+x_2x'_2)^2\\ &= 1+2x_1x'_1+2x_2x'_2+2x_1x_2x'_1x'_2+(x_1x'_1)^2+(x_2x'_2)^2\end{aligned}$$

我们看到，$\kappa(\boldsymbol{x},\boldsymbol{x}')$ 可以写成两个特征向量 $\boldsymbol{\phi}(\boldsymbol{x})$ 和 $\boldsymbol{\phi}(\boldsymbol{x}')$ 在 $\mathbb{R}^6$ 中的内积，其中特征映射 $\boldsymbol{\phi}:\mathbb{R}^2\to\mathbb{R}^6$ 可以显式地标识为

$$\boldsymbol{\phi}(\boldsymbol{x}) = [1,\sqrt{2}x_1,\sqrt{2}x_2,\sqrt{2}x_1x_2,x_1^2,x_2^2]^{\mathrm{T}}$$

因此，对于某个 $\boldsymbol{\beta}\in\mathbb{R}^6$，由 κ 确定的 RKHS 可以显式地用函数空间 $\boldsymbol{x}\mapsto\boldsymbol{\phi}(\boldsymbol{x})^{\mathrm{T}}\boldsymbol{\beta}$ 进行识别。

在上面的例子中，我们可以显式地识别特征映射。然而，在一般情况下，特征映射不需要显式地提供。使用特定的再生核相当于使用隐式的特征映射(可能是无限维的!)，从而不需要显式地计算这个特征映射。

6.5 表示定理

回忆一下本章开头讨论的设定：给定训练数据 $\tau=\{(\boldsymbol{x}_i,y_i)\}_{i=1}^n$ 和衡量数据拟合度的损失函数，我们希望找到使训练损失最小的函数 g，并增加一个如 6.2 节所述的正则化项。为此，我们首先假设预测函数类 $\mathcal{G}$ 可以分解为两个空间的直和，即由核函数 $\kappa:\mathcal{X}\times\mathcal{X}\to\mathbb{R}$ 定义的 RKHS $\mathcal{H}$，以及 $\mathcal{X}$ 上另一个实值函数线性空间 $\mathcal{H}_0$，即

$$\mathcal{G}=\mathcal{H}\oplus\mathcal{H}_0$$

这意味着任何元素 $g\in\mathcal{G}$ 都可以写成 $g=h+h_0$，其中 $h\in\mathcal{H}$，$h_0\in\mathcal{H}_0$。在最小化训练损失时，我们希望对 g 的 h 项进行惩罚，而不是对 h_0 项进行惩罚。具体来说，目的是求解如下函数优化问题：

$$\min_{g\in\mathcal{H}\oplus\mathcal{H}_0}\frac{1}{n}\sum_{i=1}^{n}\mathrm{Loss}(y_i,g(\boldsymbol{x}_i))+\gamma\|g\|_{\mathcal{H}}^2 \tag{6.19}$$

在这里，符号稍微有点混淆：像上述表示一样，如果 $g=h+h_0$，则 $\|g\|_{\mathcal{H}}$ 意味着

$\| h \|_{\mathcal{H}}$。这样，我们可以把 $\mathcal{H}_0$ 看作函数 $g \mapsto \| g \|_{\mathcal{H}}$ 的零空间。这个零空间可能是空的，但通常具有较小的维度 m，例如它可以是常数函数的一维空间，如例6.2所示。

例6.11(零空间) 再次考虑例6.2中的设定，我们有特征向量 $\widetilde{\boldsymbol{x}}=[1,\boldsymbol{x}^{\mathrm{T}}]^{\mathrm{T}}$，以及由形式为 $g: \widetilde{\boldsymbol{x}} \mapsto \beta_0+\boldsymbol{x}^{\mathrm{T}}\boldsymbol{\beta}$ 的函数组成的 $\mathcal{G}$。每个函数 g 可以分解为 $g=h+h_0$，其中 $h: \widetilde{\boldsymbol{x}} \mapsto \boldsymbol{x}^{\mathrm{T}}\boldsymbol{\beta}$，$h_0: \widetilde{\boldsymbol{x}} \mapsto \beta_0$。

给定 $g\in\mathcal{G}$，我们有 $\| g \|_{\mathcal{H}}=\| \boldsymbol{\beta} \|$，所以函数 $g \mapsto \| g \|_{\mathcal{H}}$ 的零空间 $\mathcal{H}_0$(即满足 $\| g \|_{\mathcal{H}}=0$ 的所有 $g\in\mathcal{G}$ 的函数集合)就是这里的常数函数集合，函数的维度为 $m=1$。

正则化有利于 $\mathcal{H}_0$ 中的元素，惩罚 $\mathcal{H}$ 中的大元素。由于正则化参数 γ 在零和无穷大之间变化，所以式(6.19)的解也具有从"复杂"($g\in\mathcal{H}\oplus\mathcal{H}_0$)到"简单"($g\in\mathcal{H}_0$)的特点。

RKHS之所以如此有用，关键原因如下。通过在式(6.19)中选择 $\mathcal{H}$ 为RKHS，这个函数优化问题实际上变成了一个参数优化问题。原因是式(6.19)的任何解都可以表示为核函数的有限维线性组合，可以通过训练样本进行计算，这就是所谓的**核技巧**。

定理6.6 表示定理

惩罚优化问题[式(6.19)]的解具有如下形式：

$$g(\boldsymbol{x})=\sum_{i=1}^{n}\alpha_i\kappa(\boldsymbol{x}_i,\boldsymbol{x})+\sum_{j=1}^{m}\eta_j q_j(\boldsymbol{x}) \tag{6.20}$$

其中，$\{q_1,\cdots,q_m\}$ 是 $\mathcal{H}_0$ 的基。

证明 设 $\mathcal{F}=\mathrm{Span}\{\kappa_{\boldsymbol{x}_i},i=1,\cdots,n\}$。显然，$\mathcal{F}\subseteq\mathcal{H}$。那么，希尔伯特空间 $\mathcal{H}$ 可以表示为 $\mathcal{H}=\mathcal{F}\oplus\mathcal{F}^{\perp}$，其中 $\mathcal{F}^{\perp}$ 是 $\mathcal{F}$ 的正交补。换句话说，$\mathcal{F}^{\perp}$ 是如下形式的函数类：

$$\{f^{\perp}\in\mathcal{H}:\langle f^{\perp},f\rangle_{\mathcal{H}}=0,f\in\mathcal{F}\}\equiv\{f^{\perp}:\langle f^{\perp},\kappa_{\boldsymbol{x}_i}\rangle_{\mathcal{H}}=0,\forall i\}$$

由再生核性质可知，对于所有的 $f^{\perp}\in\mathcal{F}^{\perp}$，有

$$f^{\perp}(\boldsymbol{x}_i)=\langle f^{\perp},\kappa_{\boldsymbol{x}_i}\rangle_{\mathcal{H}}=0,\quad i=1,\cdots,n$$

现在，取任意 $g\in\mathcal{H}\oplus\mathcal{H}_0$，写成 $g=f+f^{\perp}+h_0$，其中 $f\in\mathcal{F}$，$f^{\perp}\in\mathcal{F}^{\perp}$，$h_0\in\mathcal{H}_0$。根据零空间 $\mathcal{H}_0$ 的定义，我们有 $\| g \|_{\mathcal{H}}^2=\| f+f^{\perp} \|_{\mathcal{H}}^2$。此外，根据毕达哥拉斯定理，后者等于 $\| f \|_{\mathcal{H}}^2+\| f^{\perp} \|_{\mathcal{H}}^2$。由此可得

$$\begin{aligned}\frac{1}{n}\sum_{i=1}^{n}\mathrm{Loss}(y_i,g(\boldsymbol{x}_i))+\gamma\| g \|_{\mathcal{H}}^2&=\frac{1}{n}\sum_{i=1}^{n}\mathrm{Loss}(y_i,f(\boldsymbol{x}_i)+h_0(\boldsymbol{x}_i))\\&\quad+\gamma(\| f \|_{\mathcal{H}}^2+\| f^{\perp} \|_{\mathcal{H}}^2)\\&\geqslant\frac{1}{n}\sum_{i=1}^{n}\mathrm{Loss}(y_i,f(\boldsymbol{x}_i)+h_0(\boldsymbol{x}_i))+\gamma\| f \|_{\mathcal{H}}^2\end{aligned}$$

由于我们可以通过取 $f^{\perp}=0$ 来获得等式，这意味着惩罚优化问题[式(6.19)]的最小值位于 $\mathcal{G}=\mathcal{H}\oplus\mathcal{H}_0$ 的子空间 $\mathcal{F}\oplus\mathcal{H}_0$ 中，因此具有式(6.20)的形式。 ■

将 g 的表示[式(6.20)]代入式(6.19)，可得有限维优化问题：

$$\min_{\boldsymbol{\alpha}\in\mathbb{R}^n,\boldsymbol{\eta}\in\mathbb{R}^m}\frac{1}{n}\sum_{i=1}^{n}\mathrm{Loss}(y_i,(\mathbf{K}\boldsymbol{\alpha}+\mathbf{Q}\boldsymbol{\eta})_i)+\gamma\boldsymbol{\alpha}^{\mathrm{T}}\mathbf{K}\boldsymbol{\alpha} \tag{6.21}$$

其中：

- $\boldsymbol{K}$ 是 $n\times n$ 格拉姆矩阵，矩阵元素为$[\kappa(\boldsymbol{x}_i,\boldsymbol{x}_j),\ i=1,\cdots,n,\ j=1,\cdots,n]$。
- $\boldsymbol{Q}$ 为 $n\times m$ 矩阵，矩阵元素为$[q_j(\boldsymbol{x}_i),\ i=1,\cdots,n,\ j=1,\cdots,m]$。

特别地，对于平方误差损失，我们可以得到

$$\min_{\boldsymbol{\alpha}\in\mathbb{R}^n,\boldsymbol{\eta}\in\mathbb{R}^m}\frac{1}{n}\|\boldsymbol{y}-(\boldsymbol{K\alpha}+\boldsymbol{Q\eta})\|^2+\gamma\boldsymbol{\alpha}^{\mathrm{T}}\boldsymbol{K\alpha} \tag{6.22}$$

这是一个凸优化问题，通过以下方式即可求解。将式(6.22)求关于 $\boldsymbol{\alpha}$ 和 $\boldsymbol{\eta}$ 的导数，并使其等于零，得到以下$(m+n)$个线性方程：

$$\begin{bmatrix}\boldsymbol{KK}^{\mathrm{T}}+n\gamma\boldsymbol{K} & \boldsymbol{KQ}\\ \boldsymbol{Q}^{\mathrm{T}}\boldsymbol{K}^{\mathrm{T}} & \boldsymbol{Q}^{\mathrm{T}}\boldsymbol{Q}\end{bmatrix}\begin{bmatrix}\boldsymbol{\alpha}\\ \boldsymbol{\eta}\end{bmatrix}=\begin{bmatrix}\boldsymbol{K}^{\mathrm{T}}\\ \boldsymbol{Q}^{\mathrm{T}}\end{bmatrix}\boldsymbol{y} \tag{6.23}$$

只要 $\boldsymbol{Q}$ 是列满秩的，最小化函数就是唯一的。

例 6.12[岭回归(续)] 我们回到例 6.2，确定 $\mathcal{H}$ 是具有线性核函数 $\kappa(\boldsymbol{x},\boldsymbol{x}')=\boldsymbol{x}^{\mathrm{T}}\boldsymbol{x}$ 的 RKHS，$\mathcal{C}=\mathcal{H}_0$ 是常数函数的线性空间。在本例中，$\mathcal{H}_0$ 是由函数 $q_1\equiv 1$ 张成的。此外，$\boldsymbol{K}=\boldsymbol{XX}^{\mathrm{T}}$，$\boldsymbol{Q}=\boldsymbol{1}$。

如果直接应用表示定理，那么作为式(6.21)的结果，式(6.6)中的问题就变成了：

$$\min_{\boldsymbol{\alpha},\eta_0}\frac{1}{n}\|\boldsymbol{y}-\eta_0\boldsymbol{1}-\boldsymbol{XX}^{\mathrm{T}}\boldsymbol{\alpha}\|^2+\gamma\|\boldsymbol{X}^{\mathrm{T}}\boldsymbol{\alpha}\|^2$$

这是一个凸优化问题，因此求解方法是求导数并将其设置为零。这就得到了方程

$$\boldsymbol{XX}^{\mathrm{T}}((\boldsymbol{XX}^{\mathrm{T}}+n\gamma\boldsymbol{I}_n)\boldsymbol{\alpha}+\eta_0\boldsymbol{1}-\boldsymbol{y})=0$$

$$n\eta_0=\boldsymbol{1}^{\mathrm{T}}(\boldsymbol{y}-\boldsymbol{XX}^{\mathrm{T}}\boldsymbol{\alpha})$$

注意，这些方程与式(6.8)和式(6.9)等价(同样假设 $n\geqslant p$，$\boldsymbol{X}$ 满秩，为 p)。因此，求解方法是求解式(6.23)：

$$\begin{bmatrix}\boldsymbol{XX}^{\mathrm{T}}\boldsymbol{XX}^{\mathrm{T}}+n\gamma\boldsymbol{XX}^{\mathrm{T}} & \boldsymbol{XX}^{\mathrm{T}}\boldsymbol{1}\\ \boldsymbol{1}^{\mathrm{T}}\boldsymbol{XX}^{\mathrm{T}} & n\end{bmatrix}\begin{bmatrix}\boldsymbol{\alpha}\\ \eta_0\end{bmatrix}=\begin{bmatrix}\boldsymbol{XX}^{\mathrm{T}}\\ \boldsymbol{1}^{\mathrm{T}}\end{bmatrix}\boldsymbol{y}$$

这是包含$(n+1)$个方程的线性方程组，通常比式(6.8)和式(6.9)给出的包含$(p+1)$个方程的线性方程组大得多。因此，人们可能会质疑以这种方式重新表示问题的实用性。然而，这种表示的好处是，问题可以完全通过格拉姆矩阵 $\boldsymbol{K}$ 来表达，而不必显式地计算特征向量——这反过来又允许隐式地使用无限维特征空间。

例 6.13(估计峰值函数) 图 6.4 为峰值函数

$$f(x_1,x_2)=3(1-x_1)^2\mathrm{e}^{-x_1^2-(x_2+1)^2}-10\left(\frac{x_1}{5}-x_1^3-x_2^5\right)\mathrm{e}^{-x_1^2-x_2^2}-\frac{1}{3}\mathrm{e}^{-(x_1+1)^2-x_2^2} \tag{6.24}$$

的曲面图，目标是基于一小组训练数据[若干对$(\boldsymbol{x},y)$值]来学习函数 $y=f(\boldsymbol{x})$。图中的点代表数据 $\tau=\{(\boldsymbol{x}_i,y_i)\}_{i=1}^{20}$，其中 $y_i=f(\boldsymbol{x}_i)$，$\{\boldsymbol{x}_i\}$是以**准随机**的方式选择的，使用正方形$[-3,3]^2$ 上的 Hammersley 点(基为 2 和 3)。准随机点集比规则的网格点或伪随机点集具有更好的空间填充特性，具体细节可以参考文献[71]。请注意，在这个特定问题中没有考虑观测噪声。

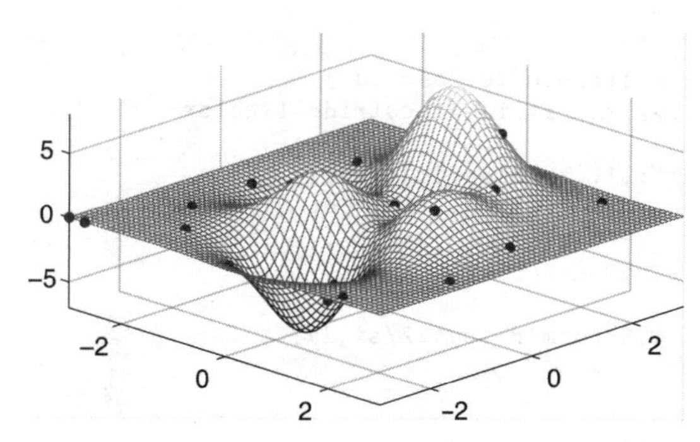

图 6.4 有 20 个 Hammersley 采样点的峰值函数

这个例子的目的是说明，在 $n=20$ 的小数据集上如何使用核方法完美地近似峰值函数。特别地，我们在 $\mathbb{R}^2$ 上使用高斯核[式(6.15)]，并用 $\mathcal{H}$ 表示对应于这个核的唯一RKHS。我们省略了式(6.19)中的正则化项，因此我们的目标是找到以下最小化问题的解：

$$\min_{g\in\mathcal{H}} \frac{1}{n}\sum_{i=1}^{n}(y_i - g(\boldsymbol{x}_i))^2$$

根据表示定理，最优函数的形式为

$$g(\boldsymbol{x}) = \sum_{i=1}^{n} \alpha_i \exp\left(-\frac{1}{2}\frac{\|\boldsymbol{x}-\boldsymbol{x}_i\|^2}{\sigma^2}\right)$$

由式(6.23)可知，$\boldsymbol{\alpha} := [\alpha_1, \cdots, \alpha_n]^{\mathrm{T}}$ 是线性方程组 $\boldsymbol{K}\boldsymbol{K}^{\mathrm{T}}\boldsymbol{\alpha}=\boldsymbol{K}\boldsymbol{y}$ 的解。

请注意，我们是在具有隐式特征空间的函数类 $\mathcal{H}$ 上进行回归。根据表示定理，这个问题的解与线性回归问题的解一致，线性回归问题中第 i 个特征($i=1,\cdots,n$)被选择为向量 $[\kappa(\boldsymbol{x}_1, \boldsymbol{x}_i), \cdots, \kappa(\boldsymbol{x}_n, \boldsymbol{x}_i)]^{\mathrm{T}}$。

下面的代码可执行这些计算，并给出 g 和峰值函数的轮廓图，如图 6.5 所示。我们看到，这两个函数相当接近。生成 Hammersley 点的代码可以从本书的 GitHub 站点获得，文件名为 **genham.py**。

peakskernel.py

```
from genham import hammersley
import numpy as np
import matplotlib.pyplot as plt
from mpl_toolkits.mplot3d import Axes3D
from matplotlib import cm
from numpy.linalg import norm

import numpy as np
def peaks(x,y):
    z =  (3*(1-x)**2 * np.exp(-(x**2) - (y+1)**2)
         - 10*(x/5 - x**3 - y**5) * np.exp(-x**2 - y**2)
         - 1/3 * np.exp(-(x+1)**2 - y**2))
    return(z)

n = 20
x = -3 + 6*hammersley([2,3],n)
z = peaks(x[:,0],x[:,1])
xx, yy = np.mgrid[-3:3:150j,-3:3:150j]
zz = peaks(xx,yy)
plt.contour(xx,yy,zz,levels=50)
```

```
fig=plt.figure()
ax = fig.add_subplot(111,projection='3d')
ax.plot_surface(xx,yy,zz,rstride=1,cstride=1,color='c',alpha=0.3,
   linewidth=0)
ax.scatter(x[:,0],x[:,1],z,color='k',s=20)
plt.show()

sig2 = 0.3 # kernel parameter
def k(x,u):
    return(np.exp(-0.5*norm(x- u)**2/sig2))
K = np.zeros((n,n))
for i in range(n):
    for j in range(n):
        K[i,j] = k(x[i,:],x[j])
alpha = np.linalg.solve(K@K.T, K@z)


N, = xx.flatten().shape
Kx = np.zeros((n,N))
for i in range(n):
    for j in range(N):
        Kx[i,j] = k(x[i,:],np.array([xx.flatten()[j],yy.flatten()[j
           ]]))

g = Kx.T @ alpha
dim = np.sqrt(N).astype(int)
yhat = g.reshape(dim,dim)
plt.contour(xx,yy,yhat,levels=50)
```

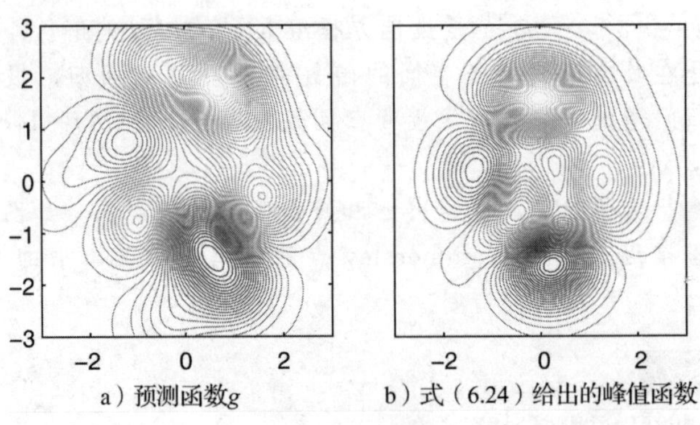

a）预测函数g b）式（6.24）给出的峰值函数

图 6.5 轮廓图

6.6 平滑三次样条

核方法的一个突出应用是将“表现良好”的函数与数据拟合。“表现良好”的函数的主要例子是那些没有大的二阶导数的函数。考虑二阶可导函数 $g:[0,1]\to\mathbb{R}$，并定义 $\|g''\|^2:=\int_0^1(g''(x))^2\mathrm{d}x$ 为二阶导数大小的量度。

例 6.14（$\|g''\|^2$ 的表现） 直观地说，$\|g''\|^2$ 越大，函数 g 就越“摇摆”。考虑 $g(x)=\sin(\omega x)$，$x\in[0,1]$，其中 ω 是自由参数。我们可以显式地计算 $g''(x)=-\omega^2\sin(\omega x)$，由此得出

$$\| g'' \|^2 = \int_0^1 \omega^4 \sin^2(\omega x)\,\mathrm{d}x = \frac{\omega^4}{2}(1-\operatorname{sinc}(2\omega))$$

当 $|\omega| \to \infty$ 时，g 的频率增加，且 $\| g'' \|^2 \to \infty$。

现在，在数据拟合的背景下，考虑在[0,1]上的惩罚最小二乘优化问题：

$$\min_{g\in\mathcal{G}} \frac{1}{n}\sum_{i=1}^{n}(y_i - g(x_i))^2 + \gamma \| g'' \|^2 \tag{6.25}$$

其中，我们将在下文中指定 $\mathcal{G}$。为了应用核机制，需要把它写成式(6.19)的形式。显然，$\mathcal{H}$ 上的范数的形式应该是 $\| g \|_{\mathcal{H}} = \| g'' \|$，并且应该是“定义良好”的(即有限的并且确保 g 和 g' 是绝对连续的)。这表明，我们取

$$\mathcal{H} = \{g \in L^2[0,1]: \| g'' \| < \infty,\ g \text{ 和 } g' \text{ 绝对连续},\quad g(0) = g'(0) = 0\}$$

内积为

$$\langle f, g\rangle_{\mathcal{H}} := \int_0^1 f''(x) g''(x)\,\mathrm{d}x$$

施加边界条件 $g(0)=g'(0)=0$ 的基本原理如下：当围绕点 $x=0$ 展开 g 时，泰勒定理(含积分余数项)指出

$$g(x) = g(0) + g'(0)x + \int_0^x g''(s)(x-s)\,\mathrm{d}s$$

对 $\mathcal{H}$ 中的函数施加条件 $g(0)=g'(0)=0$，将确保 $\mathcal{G}=\mathcal{H}\oplus\mathcal{H}_0$，其中零空间 $\mathcal{H}_0$ 只包含线性函数。

为了证明 $\mathcal{H}$ 实际上就是一个 RKHS，我们推导出了它的再生核。使用分部积分(或直接根据上面的泰勒展开式)，写出

$$g(x) = \int_0^x g'(s)\,\mathrm{d}s = \int_0^x g''(s)(x-s)\,\mathrm{d}s = \int_0^1 g''(s)(x-s)_+\,\mathrm{d}s$$

如果 κ 是一个核，那么根据再生性，下式一定成立：

$$g(x) = \langle g, \kappa_x\rangle_{\mathcal{H}} = \int_0^1 g''(s)\kappa''_x(s)\,\mathrm{d}s$$

所以，κ 必须满足 $\frac{\partial^2}{\partial s^2}\kappa(x, s) = (x-s)_+$，其中 $y_+ := \max\{y, 0\}$。因此，注意到 $\kappa(x,u) = \langle \kappa_x, \kappa_u\rangle_{\mathcal{H}}$，我们有(见习题 15)

$$\kappa(x,u) = \int_0^1 \frac{\partial^2\kappa(x,s)}{\partial s^2}\frac{\partial^2\kappa(u,s)}{\partial s^2}\mathrm{d}s = \frac{\max\{x,u\}\min\{x,u\}^2}{2} - \frac{\min\{x,u\}^3}{6}$$

上面的表达式是一个含有二次项和三次项的三次函数，它忽略了常数项和线性项。考虑到函数 $g\in\mathcal{H}$ 的泰勒定理解释，这并不奇怪。如果把 $\mathcal{H}_0$ 作为具有以下形式的函数空间(二次导数为零)：

$$h_0 = \eta_1 + \eta_2 x,\quad x \in [0,1]$$

那么，式(6.25)正好具有式(6.19)的形式。

根据表示定理 6.6，式(6.25)的最优解是分段三次函数的线性组合：

$$g(x) = \eta_1 + \eta_2 x + \sum_{i=1}^{n}\alpha_i \kappa(x_i, x) \tag{6.26}$$

这样的函数称为**三次样条**函数，具有 n 个节点(每个数据点 x_i 处都有一个节点)。之所以这样叫，是因为节点之间的分段三次函数需要在节点处“绑在一起”。参数 $\boldsymbol{\alpha}$ 和 $\boldsymbol{\eta}$ 由式

(6.21)确定，例如通过解式(6.23)来获得，其中矩阵 $\boldsymbol{K}=[\kappa(x_i,x_j)]_{i,j=1}^n$，$\boldsymbol{Q}$ 的第 i 行的形式为$[1,x_i]$，$i=1,\cdots,n$。

例 6.15(平滑样条) 图 6.6 展示了数据(0.05,0.4)，(0.2,0.2)，(0.5,0.6)，(0.75,0.7)，(1,1)的几种三次平滑样条。在图中，我们使用重新参数化的 $r=1/(1+n\gamma)$ 作为平滑参数。因此，$r\in[0,1]$，其中 $r=0$ 意味着对曲率进行无限惩罚(产生普通的线性回归解)，$r=1$ 表示完全不惩罚曲率，通过所谓的自然样条实现完美拟合。当然，后者一般会导致过拟合。对于从 0 到 0.8 的 r，解接近简单的线性回归线，只有 r 非常接近1时，曲线的形状才会发生显著变化。

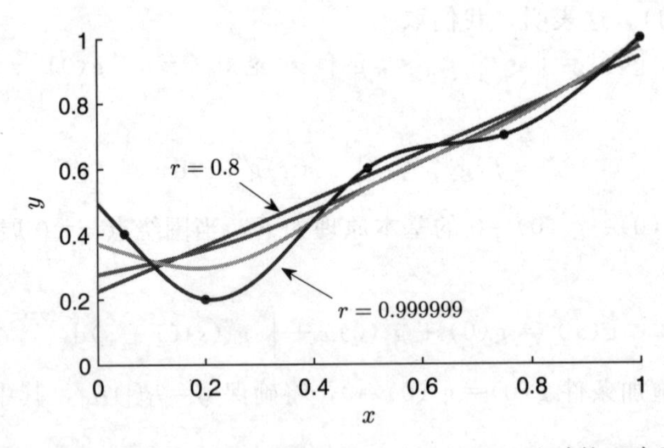

图 6.6 平滑参数 $r=1/(1+n\gamma)\in\{0.8,0.99,0.999,0.999999\}$时的三次平滑样条。$r=1$ 时，可以得到经过数据点的自然样条；$r=0$ 时，可以得到简单的线性回归线

下面的代码首先计算矩阵 $\boldsymbol{K}$ 和 $\boldsymbol{Q}$，然后求解线性系统[式(6.23)]。最后，通过式(6.26)为选定的点确定平滑曲线，然后绘制该曲线。需要注意的是，对应于指定的值 p，这段代码只绘制一条曲线。

smoothspline.py

```python
import matplotlib.pyplot as plt
import numpy as np

x = np.array([[0.05, 0.2, 0.5, 0.75, 1.]]).T
y = np.array([[0.4, 0.2, 0.6, 0.7, 1.]]).T

n = x.shape[0]
r = 0.999
ngamma = (1-r)/r

k = lambda x1, x2 : (1/2)* np.max((x1,x2)) * np.min((x1,x2)) ** 2 \
                    - ((1/6)* np.min((x1,x2))**3)
K = np.zeros((n,n))
for i in range(n):
    for j in range(n):
        K[i,j] = k(x[i], x[j])

Q = np.hstack((np.ones((n,1)), x))

m1 = np.hstack((K @ K.T + (ngamma * K), K @ Q))
m2 = np.hstack((Q.T @ K.T, Q.T @ Q))
```

```
    M = np.vstack((m1,m2))

    c = np.vstack((K, Q.T)) @ y

    ad = np.linalg.solve(M,c)

    # plot the curve
    xx = np.arange(0,1+0.01,0.01).reshape(-1,1)

    g = np.zeros_like(xx)
    Qx = np.hstack((np.ones_like(xx), xx))
    g = np.zeros_like(xx)
    N = np.shape(xx)[0]

    Kx = np.zeros((n,N))
    for i in range(n):
        for j in range(N):
            Kx[i,j] = k(x[i], xx[j])

    g = g + np.hstack((Kx.T, Qx)) @ ad

    plt.ylim((0,1.15))
    plt.plot(xx, g, label = 'r = {}'.format(r), linewidth = 2)
    plt.plot(x,y, 'b.', markersize=15)
    plt.xlabel('$x$')
    plt.ylabel('$y$')
    plt.legend()
```

6.7 高斯过程回归

核机制的另一个应用是高斯过程回归。空间 $\mathcal{X}$ 上的高斯过程(Gaussian Process，GP)是一个随机过程$\{Z_{\boldsymbol{x}},\boldsymbol{x}\in\mathcal{X}\}$，其中对于索引 $\boldsymbol{x}_1,\cdots,\boldsymbol{x}_n$，向量$[Z_{\boldsymbol{x}_1},\cdots,Z_{\boldsymbol{x}_n}]^{\mathrm{T}}$ 服从多元高斯分布。因此，GP 的分布完全由其均值函数 $\mu:\mathcal{X}\to\mathbb{R}$ 和协方差函数 $\kappa:\mathcal{X}\times\mathcal{X}\to\mathbb{R}$ 来指定。协方差函数是一个有限的半正定函数，因此，根据定理 6.2，协方差函数可以看作 $\mathcal{X}$ 上的再生核。

与普通回归一样，高斯过程回归的目标是学习回归函数 g，对每个特征向量 $\boldsymbol{x}$ 预测响应 $y=g(\boldsymbol{x})$。这是以贝叶斯方式完成的，对于给定的 g，通过建立 g 的先验概率密度函数和数据的似然完成。根据这两项，我们可以通过贝叶斯公式推导出给定数据下 g 的后验分布。一般贝叶斯框架请参考 2.9 节。

高斯过程回归的简单贝叶斯模型如下。首先，g 的先验分布被认为是高斯过程的分布，具有已知的均值函数 μ 和协方差函数(即内核)κ。大多数情况下，μ 是一个常数，为了简化论述，我们将其视为 0。高斯核[式(6.15)]通常作为协方差函数。对于径向基函数核(包括高斯核)，距离较近的点会有更高的相关性或相似性[97]，与空间中的平移无关。

其次，与标准回归类似，我们将观测到的特征向量 $\boldsymbol{x}_1,\cdots,\boldsymbol{x}_n$ 视为固定值，将响应 $y_1,\cdots,y_n$ 视为随机变量 $Y_1,\cdots,Y_n$ 的结果。具体来说，给定 g，我们将$\{Y_i\}$建模为

$$Y_i = g(\boldsymbol{x}_i)+\varepsilon_i,\quad i=1,\cdots,n \tag{6.27}$$

其中，$\{\varepsilon_i\}\overset{\text{iid}}{\sim}\mathcal{N}(0,\sigma^2)$。为了简化分析，假设 σ^2 已知，所以不需要为 σ^2 指定先验分布。设 $\boldsymbol{g}=[g(\boldsymbol{x}_1),\cdots,g(\boldsymbol{x}_n)]^{\mathrm{T}}$ 是回归值的未知向量。在函数 g 上施加 GP 先验相当于在向量 $\boldsymbol{g}$ 上施加多元高斯先验：

$$\boldsymbol{g} \sim \mathcal{N}(\boldsymbol{0}, \boldsymbol{K}) \tag{6.28}$$

其中，$\boldsymbol{g}$ 的协方差矩阵 $\boldsymbol{K}$ 是格拉姆矩阵(通过核 κ 隐式地与特征映射相关联)，由下式给出：

$$\boldsymbol{K} = \begin{bmatrix} \kappa(\boldsymbol{x}_1, \boldsymbol{x}_1) & \kappa(\boldsymbol{x}_1, \boldsymbol{x}_2) & \cdots & \kappa(\boldsymbol{x}_1, \boldsymbol{x}_n) \\ \kappa(\boldsymbol{x}_2, \boldsymbol{x}_1) & \kappa(\boldsymbol{x}_2, \boldsymbol{x}_2) & \cdots & \kappa(\boldsymbol{x}_2, \boldsymbol{x}_n) \\ \vdots & \vdots & & \vdots \\ \kappa(\boldsymbol{x}_n, \boldsymbol{x}_1) & \kappa(\boldsymbol{x}_n, \boldsymbol{x}_2) & \cdots & \kappa(\boldsymbol{x}_n, \boldsymbol{x}_n) \end{bmatrix} \tag{6.29}$$

给定 $\boldsymbol{g}$，数据的似然表示为 $p(\boldsymbol{y}|\boldsymbol{g})$，可以直接从模型[式(6.27)]中获得：

$$(\boldsymbol{Y}|\boldsymbol{g}) \sim \mathcal{N}(\boldsymbol{g}, \sigma^2 \boldsymbol{I}_n) \tag{6.30}$$

求解这个贝叶斯问题需要推导出$(\boldsymbol{g}|\boldsymbol{Y})$的后验分布。为此，我们首先注意到，由于 $\boldsymbol{Y}$ 具有协方差矩阵 $\boldsymbol{K}+\sigma^2\boldsymbol{I}_n$，因此 $\boldsymbol{Y}$ 和 $\boldsymbol{g}$ 的联合分布是正态分布，均值为 $\boldsymbol{0}$，协方差矩阵为

$$\boldsymbol{K}_{\boldsymbol{y},\boldsymbol{g}} = \begin{bmatrix} \boldsymbol{K}+\sigma^2\boldsymbol{I}_n & \boldsymbol{K} \\ \boldsymbol{K} & \boldsymbol{K} \end{bmatrix} \tag{6.31}$$

然后，通过定理 C.8，在条件 $\boldsymbol{Y}=\boldsymbol{y}$ 下得到后验分布

$$(\boldsymbol{g}|\boldsymbol{y}) \sim \mathcal{N}(\boldsymbol{K}^{\mathrm{T}}(\boldsymbol{K}+\sigma^2\boldsymbol{I}_n)^{-1}\boldsymbol{y}, \boldsymbol{K}-\boldsymbol{K}^{\mathrm{T}}(\boldsymbol{K}+\sigma^2\boldsymbol{I}_n)^{-1}\boldsymbol{K})$$

这只给出了观测点 $\boldsymbol{x}_1,\cdots,\boldsymbol{x}_n$ 处 g 的信息。对于新的输入 $\widetilde{\boldsymbol{x}}$，考虑 $\widetilde{g}:=g(\widetilde{\boldsymbol{x}})$的后验预测分布更有意思。我们可以对联合后验概率密度函数 $p(\widetilde{g},\boldsymbol{g}|\boldsymbol{y})$积分，从而得到相应的后验预测概率密度函数 $p(\widetilde{g}\,|\,\boldsymbol{y})$，当 $\boldsymbol{g}$ 服从后验概率密度函数为 $p(\boldsymbol{g}|\boldsymbol{y})$的分布时，这相当于取 $p(\widetilde{g}\,|\,\boldsymbol{g})$的期望，即

$$p(\widetilde{g}\,|\,\boldsymbol{y}) = \int p(\widetilde{g}\,|\,\boldsymbol{g})p(\boldsymbol{g}|\boldsymbol{y})\mathrm{d}\boldsymbol{g}$$

比积分表示更容易求值的是，我们可以从$[\boldsymbol{y}^{\mathrm{T}},\widetilde{g}]^{\mathrm{T}}$ 的联合分布开始，它是多元正态分布，均值为 $\boldsymbol{0}$，协方差矩阵为

$$\widetilde{\boldsymbol{K}} = \begin{bmatrix} \boldsymbol{K}+\sigma^2\boldsymbol{I}_n & \boldsymbol{\kappa} \\ \boldsymbol{\kappa}^{\mathrm{T}} & \kappa(\widetilde{\boldsymbol{x}},\widetilde{\boldsymbol{x}}) \end{bmatrix} \tag{6.32}$$

其中，$\boldsymbol{\kappa}=[\kappa(\widetilde{\boldsymbol{x}},\boldsymbol{x}_1),\cdots,\kappa(\widetilde{\boldsymbol{x}},\boldsymbol{x}_n)]^{\mathrm{T}}$。现在，再次利用定理 C.8，可得$(\widetilde{g}\,|\,\boldsymbol{y})$服从正态分布，其均值和方差分别为

$$\mu(\widetilde{\boldsymbol{x}}) = \boldsymbol{\kappa}^{\mathrm{T}}(\boldsymbol{K}+\sigma^2\boldsymbol{I}_n)^{-1}\boldsymbol{y} \tag{6.33}$$

和

$$\sigma^2(\widetilde{\boldsymbol{x}}) = \kappa(\widetilde{\boldsymbol{x}},\widetilde{\boldsymbol{x}}) - \boldsymbol{\kappa}^{\mathrm{T}}(\boldsymbol{K}+\sigma^2\boldsymbol{I}_n)^{-1}\boldsymbol{\kappa} \tag{6.34}$$

它们有时称为**预测均值**和**预测方差**。需要注意的是，这里预测的是期望响应 $\mathbb{E}\widetilde{Y}=g(\widetilde{\boldsymbol{x}})$，而不是实际响应$\widetilde{Y}$。

例 6.16(高斯过程回归) 假设回归函数为

$$g(x) = 2\sin(2\pi x), \quad x\in[0,1]$$

我们使用高斯过程回归来估计 g，使用带宽参数为 0.2、形如式(6.15)的高斯核。解释变量 $x_1,\cdots,x_{30}$ 在区间$[0,1]$上均匀抽取，响应根据式(6.27)获得，噪声水平 $\sigma=0.5$。图 6.7 显示了 g 的先验分布的 10 个样本，以及数据点和真实的正弦回归函数 g。

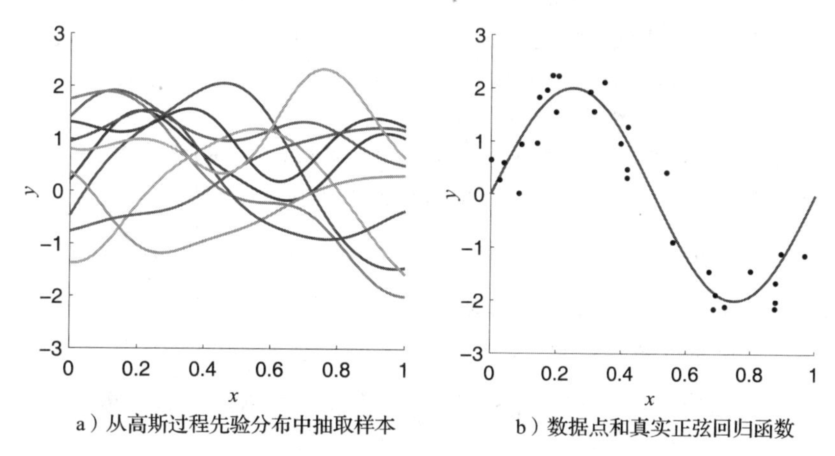

a）从高斯过程先验分布中抽取样本
b）数据点和真实正弦回归函数

图 6.7　从高斯过程先验分布中抽取的样本及带有数据点的真实回归函数

再次假设方差 σ^2 已知，由式(6.33)和式(6.34)确定的预测分布如图 6.8 所示。显然，降低带宽会导致点 x 和 x' 之间的协方差相对于平方距离 $\| x-x' \|^2$ 以更快的速度降低，导致预测均值不太平滑。

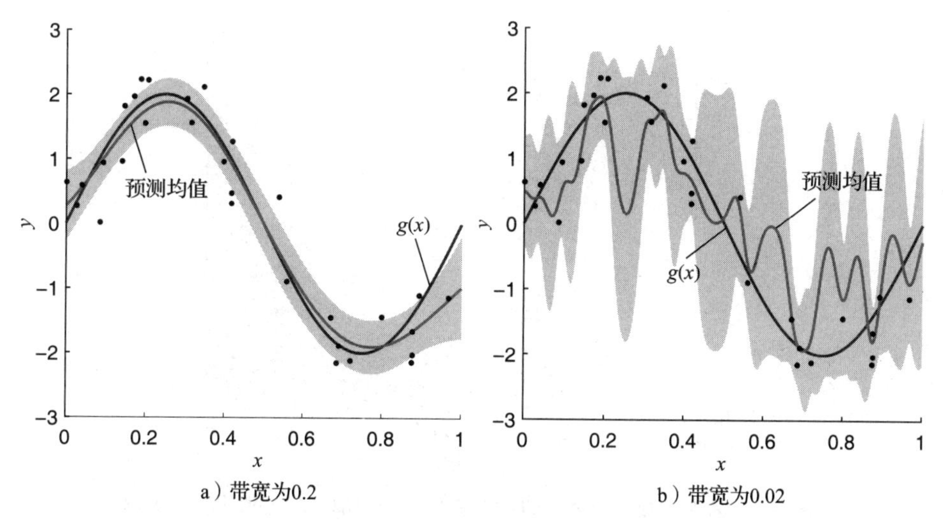

图 6.8　合成数据集的高斯过程回归，黑点代表数据，阴影区域是 95%的置信带，对应于式(6.34)给出的预测方差

在上面的论述中，我们把 g 的先验分布的均值函数设为零。如果我们改用一般的均值函数 m，并写成 $\boldsymbol{m}=[m(\boldsymbol{x}_1),\cdots,m(\boldsymbol{x}_n)]^{\mathrm{T}}$，那么预测方差[式(6.34)]保持不变，预测均值[式(6.33)]修改为

$$\mu(\widetilde{\boldsymbol{x}}) = m(\widetilde{\boldsymbol{x}}) + \boldsymbol{\kappa}^{\mathrm{T}} (\mathbf{K} + \sigma^2 \boldsymbol{I}_n)^{-1} (\boldsymbol{y} - \boldsymbol{m}) \tag{6.35}$$

通常情况下，出现在式(6.27)中的方差 σ^2 是未知的，而核 κ 本身依赖于几个参数，例如高斯核[式(6.15)]依赖于未知的带宽参数。在贝叶斯框架中，人们通常通过引入这些超参数的向量 $\boldsymbol{\theta}$ 的先验 $p(\boldsymbol{\theta})$ 来指定分层模型。现在，高斯过程先验$(g|\boldsymbol{\theta})$[相当于指定 $p(\boldsymbol{g}|\boldsymbol{\theta})$]和给定 $\boldsymbol{Y}|\boldsymbol{g},\boldsymbol{\theta}$ 时的数据似然模型[即 $p(\boldsymbol{y}|\boldsymbol{g},\boldsymbol{\theta})$]都依赖于 $\boldsymbol{\theta}$。$(\boldsymbol{g}|\boldsymbol{y},\boldsymbol{\theta})$的后验分布和前面的描述一样。

设置超参数 $\boldsymbol{\theta}$ 的一种方法是确定其后验 $p(\boldsymbol{\theta}|\boldsymbol{y})$，并获得点估计(例如通过其最大后验估计)。然而，这可能是一项计算量很大的工作。实践中经常做的是考虑边缘似然 $p(\boldsymbol{y}|\boldsymbol{\theta})$，并使其相对于 $\boldsymbol{\theta}$ 最大，这个过程称为**经验贝叶斯**。

再考虑均值函数 m 同为零的情况，由式(6.31)可知，$(\boldsymbol{Y}|\boldsymbol{\theta})$服从多元正态分布，均值为 $\boldsymbol{0}$，协方差矩阵为 $\boldsymbol{K}_y=\boldsymbol{K}+\sigma^2\boldsymbol{I}_n$，边缘对数似然的表达式为

$$\ln p(\boldsymbol{y}|\boldsymbol{\theta})=-\frac{n}{2}\ln(2\pi)-\frac{1}{2}\ln|\det(\boldsymbol{K}_y)|-\frac{1}{2}\boldsymbol{y}^{\mathrm{T}}\boldsymbol{K}_y^{-1}\boldsymbol{y} \tag{6.36}$$

我们注意到，式(6.36)中只有第二项和第三项依赖于 $\boldsymbol{\theta}$。考虑式(6.36)关于超参数向量 $\boldsymbol{\theta}$ 的单个元素 θ 的偏导数，得到

$$\frac{\partial}{\partial\theta}\ln p(\boldsymbol{y}|\boldsymbol{\theta})=-\frac{1}{2}\mathrm{tr}\left(\boldsymbol{K}_y^{-1}\left[\frac{\partial}{\partial\theta}\boldsymbol{K}_y\right]\right)+\frac{1}{2}\boldsymbol{y}^{\mathrm{T}}\boldsymbol{K}_y^{-1}\left[\frac{\partial}{\partial\theta}\boldsymbol{K}_y\right]\boldsymbol{K}_y^{-1}\boldsymbol{y} \tag{6.37}$$

其中，$\left[\frac{\partial}{\partial\theta}\boldsymbol{K}_y\right]$是矩阵 $\boldsymbol{K}_y$ 各元素相对于 θ 的导数。如果可以针对每个超参数 θ 计算这些偏导数，则在最大化式(6.36)时可以使用梯度信息。

例 6.17[高斯过程回归(续)] 继续例 6.16，我们在图 6.9 中绘制了边缘对数似然作为噪声水平 σ 和带宽参数的函数。

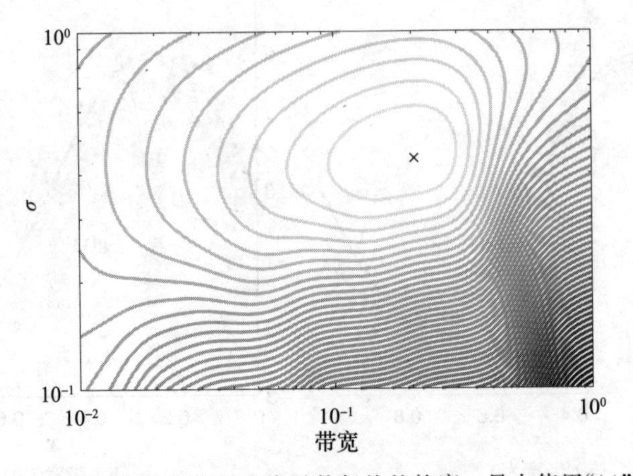

图 6.9 高斯过程回归例子边缘对数似然的轮廓，最大值用“×”表示

带宽参数在 0.20 左右，$\sigma\approx0.44$ 时，似然达到最大值，这与图 6.8a 假设 σ 已知(等于 0.5)的情况非常接近。我们注意到，边缘对数似然非常平坦，原因可能是点数较少。

6.8 核 PCA

根据其基本形式，核 PCA(主成分分析)可以被认为是特征空间的 PCA。4.8 节介绍的 PCA 主要作为一种降维技术。在那里，分析停留在矩阵的奇异值分解(SVD) $\widehat{\boldsymbol{\Sigma}}=\frac{1}{n}\boldsymbol{X}^{\mathrm{T}}\boldsymbol{X}$ 上，$\boldsymbol{X}$ 中的数据首先通过 $x'_{i,j}=x_{i,j}-\overline{x}_j$ 进行中心化，其中 $\overline{x}_i=\frac{1}{n}\sum_{i=1}^{n}x_{i,j}$。

我们要做的是，首先用格拉姆矩阵 $\boldsymbol{K}=\boldsymbol{X}\boldsymbol{X}^{\mathrm{T}}=[\langle\boldsymbol{x}_i,\boldsymbol{x}_j\rangle]$(注意 $\boldsymbol{X}$ 和 $\boldsymbol{X}^{\mathrm{T}}$ 的阶数不同)来

重构问题，然后，对于一般的再生核 κ，将内积 $\langle \boldsymbol{x},\boldsymbol{x}'\rangle$ 替换为 $\kappa(\boldsymbol{x},\boldsymbol{x}')$。为了建立联系，我们先对 $\boldsymbol{X}^{\mathrm{T}}$ 进行奇异值分解：

$$\boldsymbol{X}^{\mathrm{T}} = \boldsymbol{UDV}^{\mathrm{T}} \tag{6.38}$$

$\boldsymbol{X}^{\mathrm{T}}$、$\boldsymbol{U}$、$\boldsymbol{D}$、$\boldsymbol{V}$ 的维度分别为 $d\times n$、$d\times d$、$d\times n$ 和 $n\times n$。那么，$\boldsymbol{X}^{\mathrm{T}}\boldsymbol{X}$ 的 SVD 分解为

$$\boldsymbol{X}^{\mathrm{T}}\boldsymbol{X} = (\boldsymbol{UDV}^{\mathrm{T}})(\boldsymbol{UDV}^{\mathrm{T}})^{\mathrm{T}} = \boldsymbol{U}(\boldsymbol{DD}^{\mathrm{T}})\boldsymbol{U}^{\mathrm{T}}$$

$\boldsymbol{K}$ 的 SVD 分解为

$$\boldsymbol{K} = (\boldsymbol{UDV}^{\mathrm{T}})^{\mathrm{T}}(\boldsymbol{UDV}^{\mathrm{T}}) = \boldsymbol{V}(\boldsymbol{D}^{\mathrm{T}}\boldsymbol{D})\boldsymbol{V}^{\mathrm{T}}$$

设 $\lambda_1\geqslant\cdots\geqslant\lambda_r>0$ 表示 $\boldsymbol{X}^{\mathrm{T}}\boldsymbol{X}$(或 $\boldsymbol{K}$)的非零特征值，用 $\boldsymbol{\Lambda}$ 表示相应的 $r\times r$ 对角矩阵。不失一般性，我们可以假设 $\boldsymbol{X}^{\mathrm{T}}\boldsymbol{X}$ 对应 λ_k 的特征向量是 $\boldsymbol{U}$ 的第 k 列，$\boldsymbol{V}$ 的第 k 列是 $\boldsymbol{K}$ 的特征向量。类似于 4.8 节，设 $\boldsymbol{U}_k$ 和 $\boldsymbol{V}_k$ 分别包含 $\boldsymbol{U}$ 和 $\boldsymbol{V}$ 的前 k 列，设 $\boldsymbol{\Lambda}_k$ 是 $\boldsymbol{\Lambda}$ 的对应 $k\times k$ 子矩阵，$k=1,\cdots,r$。

通过 SVD[式(6.38)]，我们得到 $\boldsymbol{X}^{\mathrm{T}}\boldsymbol{V}_k=\boldsymbol{UDV}^{\mathrm{T}}\boldsymbol{V}_k=\boldsymbol{U}_k\boldsymbol{\Lambda}_k^{1/2}$。接下来，考虑点 $\boldsymbol{x}$ 在 k 维线性空间上的投影，该线性空间由 $\boldsymbol{U}_k$ 的列(前 k 个主成分)张成。从 4.8 节可以看到，这种投影简单来说就是线性映射 $\boldsymbol{x}\mapsto\boldsymbol{U}_k^{\mathrm{T}}\boldsymbol{x}$。利用 $\boldsymbol{U}_k=\boldsymbol{X}^{\mathrm{T}}\boldsymbol{V}_k\boldsymbol{\Lambda}^{-1/2}$ 这一事实，我们发现 $\boldsymbol{x}$ 被投影到由下式给出的点 $\boldsymbol{z}$ 上：

$$\boldsymbol{z} = \boldsymbol{\Lambda}_k^{-1/2}\boldsymbol{V}_k^{\mathrm{T}}\boldsymbol{X}\boldsymbol{x} = \boldsymbol{\Lambda}_k^{-1/2}\boldsymbol{V}_k^{\mathrm{T}}\boldsymbol{\kappa}_{\boldsymbol{x}}$$

其中，$\boldsymbol{\kappa}_{\boldsymbol{x}}:=[\langle\boldsymbol{x}_1,\boldsymbol{x}\rangle,\cdots,\langle\boldsymbol{x}_n,\boldsymbol{x}\rangle]^{\mathrm{T}}$。重要的一点是，$\boldsymbol{z}$ 完全由内积 $\boldsymbol{\kappa}_{\boldsymbol{x}}$ 的向量、格拉姆矩阵 $\boldsymbol{K}$ 的 k 个主特征值和特征向量决定。注意，$\boldsymbol{z}$ 的每个分量为

$$z_m = \sum_{i=1}^{n}\alpha_{m,i}\kappa(\boldsymbol{x}_i,\boldsymbol{x}),\quad m=1,\cdots,k \tag{6.39}$$

前面的讨论假设 $\boldsymbol{X}$ 的列进行了中心化。现在考虑一个未中心化的数据矩阵 $\widetilde{\boldsymbol{X}}$。中心化的数据可以写成 $\boldsymbol{X}=\widetilde{\boldsymbol{X}}-\frac{1}{n}\boldsymbol{E}_n\widetilde{\boldsymbol{X}}$，其中 $\boldsymbol{E}_n$ 是 $n\times n$ 的 1 矩阵。因此，

$$\boldsymbol{XX}^{\mathrm{T}} = \widetilde{\boldsymbol{X}}\widetilde{\boldsymbol{X}}^{\mathrm{T}} - \frac{1}{n}\boldsymbol{E}_n\widetilde{\boldsymbol{X}}\,\widetilde{\boldsymbol{X}}^{\mathrm{T}} - \frac{1}{n}\widetilde{\boldsymbol{X}}\,\widetilde{\boldsymbol{X}}^{\mathrm{T}}\,\boldsymbol{E}_n + \frac{1}{n^2}\,\boldsymbol{E}_n\widetilde{\boldsymbol{X}}\,\widetilde{\boldsymbol{X}}^{\mathrm{T}}\,\boldsymbol{E}_n$$

此外，上式可更紧凑地表示为 $\boldsymbol{XX}^{\mathrm{T}}=\boldsymbol{H}\widetilde{\boldsymbol{X}}\widetilde{\boldsymbol{X}}^{\mathrm{T}}\boldsymbol{H}$，其中 $\boldsymbol{H}=\boldsymbol{I}_n-\frac{1}{n}\boldsymbol{1}_n\boldsymbol{1}_n^{\mathrm{T}}$，$\boldsymbol{I}_n$ 是 $n\times n$ 的单位矩阵，$\boldsymbol{1}_n$ 是 $n\times 1$ 的 1 向量。

为了推广到核设置，我们用 $\boldsymbol{K}=[\kappa(\boldsymbol{x}_i,\boldsymbol{x}_j),\ i,j=1,\cdots,n]$ 代替 $\widetilde{\boldsymbol{X}}\widetilde{\boldsymbol{X}}^{\mathrm{T}}$，并设 $\boldsymbol{\kappa}_{\boldsymbol{x}}=[\kappa(\boldsymbol{x}_1,\boldsymbol{x}),\cdots,\kappa(\boldsymbol{x}_n,\boldsymbol{x})]^{\mathrm{T}}$，因此 $\boldsymbol{\Lambda}_k$ 是 $\boldsymbol{HKH}$ 的 k 个最大特征值的对角矩阵，$\boldsymbol{V}_k$ 是相应的特征向量矩阵。注意，当使用线性核 $\kappa(\boldsymbol{x},\boldsymbol{y})=\boldsymbol{x}^{\mathrm{T}}\boldsymbol{y}$ 时，恢复了“通常的”PCA。然而，通过使用核方法，我们现在允许隐式地使用无限维的特征映射(函数)，而不是只使用显式的特征向量内积核。

例 6.18(核 PCA) 我们模拟了 200 个点 $\boldsymbol{x}_1,\cdots,\boldsymbol{x}_{200}$，这些点来自集合 $B_1\cup(B_4\cap B_3^c)$ 上的均匀分布，其中 $B_r:=\{(x,y)\in\mathbb{R}^2:\ x^2+y^2\leqslant r^2\}$(半径为 r 的圆盘)。我们应用高斯核 $\kappa(\boldsymbol{x},\boldsymbol{x}')=\exp(-\|\boldsymbol{x}-\boldsymbol{x}'\|^2)$ 进行核主成分分析，根据式(6.39)计算函数 $z_m(\boldsymbol{x})$，$m=1,\cdots,9$。它们的密度图如图 6.10 所示，数据点叠加在每个图中。从中我们可以看出，主成分确定了数据中存在的放射状结构。最后，图 6.11 显示了原始数据点在前两个主成分上的投影 $[z_1(\boldsymbol{x}_i),z_2(\boldsymbol{x}_i)]^{\mathrm{T}}$，$i=1,\cdots,200$。我们看到，投影点可以用一条直线分开，而对

于原始数据来说这是不可能的，相关问题另请参见例 7.6。

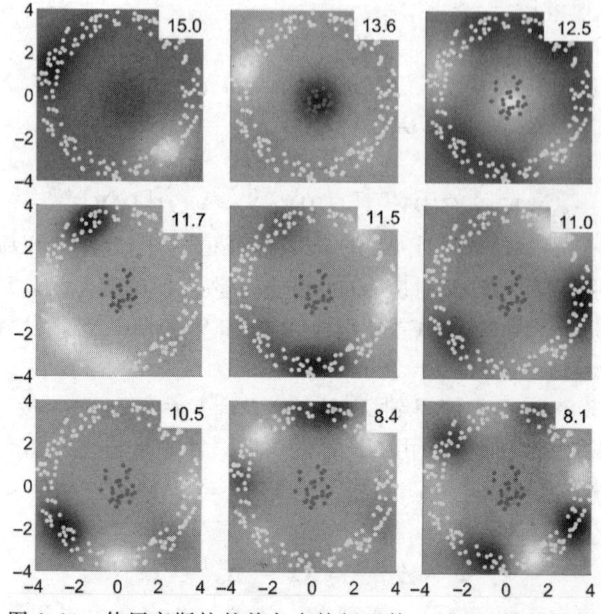

图 6.10 使用高斯核的前九个特征函数，用于二维数据集

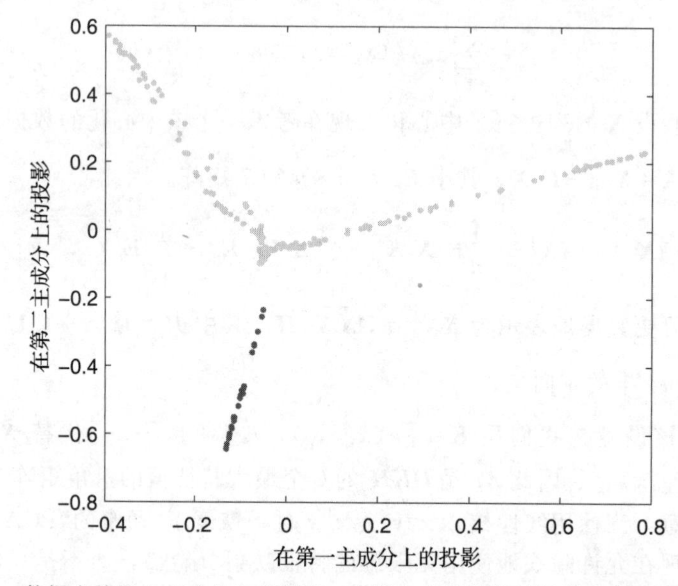

图 6.11 数据在前两个主成分上的投影，内部点和外部点的投影已经很好地分开了

6.9 扩展阅读

关于岭回归和套索回归的良好概述，推荐阅读文献[36,56]。关于 RKHS 理论的概述，推荐参考文献[3,115,126]；关于样条的深入背景及其与 RKHS 的联系，推荐参考文献[123]。关于高斯过程回归的更多细节，推荐参考文献[97]；特别是对核主成分分析，推荐参考文献[12,92]。最后，关于核及其对应的 RKHS 的许多事实详见文献[115]。

6.10 习题

1. 设 $\mathcal{G}$ 是再生核为 κ 的 RKHS。证明：κ 是半正定函数。

2. 证明：如果再生核存在，则它是唯一的。

3. 设 $\mathcal{G}$ 为函数 $g: \mathcal{X} \to \mathbb{R}$ 的希尔伯特空间。对于给定的 $\boldsymbol{x} \in \mathcal{X}$，求值泛函是映射 $\delta_{\boldsymbol{x}}: g \mapsto g(\boldsymbol{x})$。证明：求值泛函是线性算子。

4. 设 $\mathcal{G}_0$ 为定理 6.2 证明中构造的预定义 RKHS $\mathcal{G}_0$。因此，$g \in \mathcal{G}_0$ 的形式为 $g = \sum_{i=1}^{n} \alpha_i \kappa_{\boldsymbol{x}_i}$，且有：

$$\langle g, \kappa_{\boldsymbol{x}} \rangle_{\mathcal{G}_0} = \sum_{i=1}^{n} \alpha_i \langle \kappa_{\boldsymbol{x}_i}, \kappa_{\boldsymbol{x}} \rangle_{\mathcal{G}_0} = \sum_{i=1}^{n} \alpha_i \kappa(\boldsymbol{x}_i, \boldsymbol{x}) = g(\boldsymbol{x})$$

我们可以将 $g \in \mathcal{G}_0$ 在 $\boldsymbol{x}$ 处的求值泛函写成 $\delta_{\boldsymbol{x}} g := \langle g, \kappa_{\boldsymbol{x}} \rangle_{\mathcal{G}_0}$。证明：对每一个 $\boldsymbol{x}$ 来说，$\delta_{\boldsymbol{x}}$ 在 $\mathcal{G}_0$ 上都是有界的；也就是说，对于某个 $\gamma < \infty$，有 $|\delta_{\boldsymbol{x}} f| < \gamma \| f \|_{\mathcal{G}_0}$。

5. 接习题 4，设(f_n)是 $\mathcal{G}_0$ 中的一个柯西序列，使得对所有 $\boldsymbol{x}$，有 $|f_n(\boldsymbol{x})| \to 0$。证明：$\| f_n \|_{\mathcal{G}_0} \to 0$。

6. 接习题 5 和 4，为了证明式(6.14)的内积定义良好，必须检查以下事实：

(a)验证极限收敛。

(b)验证极限与所使用的柯西序列无关。

(c)验证内积的性质是否得到满足。唯一需要验证的非平凡性质是，当且仅当 $f=0$ 时，$\langle f, f \rangle_{\mathcal{G}} = 0$。

7. 习题 4～6 表明，定理 6.2 证明中定义的 $\mathcal{G}$ 是一个内积空间。剩下的就是证明 $\mathcal{G}$ 是一个 RKHS。这要求我们证明内积空间 $\mathcal{G}$ 是完备的(因此是希尔伯特空间)，并且它的求值泛函是有界的，因此也是连续的(见定理 A.16)。这要分几步来完成：

(a)证明 $\mathcal{G}_0$ 在 $\mathcal{G}$ 中是稠密的，即每个 $f \in \mathcal{G}$ 都是 $\mathcal{G}_0$ 中柯西序列(f_n)的极限点(相对于 $\mathcal{G}$ 上的范数)。

(b)证明 $\mathcal{G}$ 上的每个求值泛函 $\delta_{\boldsymbol{x}}$ 在 0 函数处是连续的，即

$$\forall \varepsilon > 0: \exists \delta > 0: \forall f \in \mathcal{G}: \| f \|_{\mathcal{G}} < \delta \Rightarrow |f(\boldsymbol{x})| < \varepsilon \tag{6.40}$$

$\delta_{\boldsymbol{x}}$ 在所有函数 $g \in \mathcal{G}$ 处的连续性可以由函数的线性特点自动得出。

(c)证明 $\mathcal{G}$ 是完备的，即每个柯西序列$(f_n) \in \mathcal{G}$ 都收敛于范数 $\| \cdot \|_{\mathcal{G}}$。

8. 如果 κ_1 和 κ_2 是 $\mathcal{X}$ 和 $\mathcal{Y}$ 上的核，那么 $\kappa_+((\boldsymbol{x}, \boldsymbol{y}), (\boldsymbol{x}', \boldsymbol{y}')) := \kappa_1(\boldsymbol{x}, \boldsymbol{x}') + \kappa_2(\boldsymbol{y}, \boldsymbol{y}')$ 和 $\kappa_\times((\boldsymbol{x}, \boldsymbol{y}), (\boldsymbol{x}', \boldsymbol{y}')) := \kappa_1(\boldsymbol{x}, \boldsymbol{x}')\kappa_2(\boldsymbol{y}, \boldsymbol{y}')$ 是笛卡儿乘积 $\mathcal{X} \times \mathcal{Y}$ 上的核。证明这一点。

9. RKHS 具有以下理想的平滑性能：如果(g_n)是 $\mathcal{X}$ 上属于 RKHS $\mathcal{G}$ 的序列，并且 $\| g_n - g \|_{\mathcal{G}} \to 0$，则对所有 $\boldsymbol{x} \in \mathcal{X}$，有 $g(\boldsymbol{x}) = \lim_n g_n(\boldsymbol{x})$。使用柯西-施瓦茨定理证明这一点。

10. 设 $\boldsymbol{X}$ 是在 $\mathbb{R}^d$ 取值的随机变量，它是关于原点对称的(即 $\boldsymbol{X}$ 和 $-\boldsymbol{X}$ 是同分布的)。用 μ 表示其分布，$\psi(\boldsymbol{t}) = \mathbb{E} e^{i\boldsymbol{t}^{\mathrm{T}} \boldsymbol{X}} = \int e^{i\boldsymbol{t}^{\mathrm{T}} \boldsymbol{x}} \mu(\mathrm{d}\boldsymbol{x})$，$\boldsymbol{t} \in \mathbb{R}^d$ 是其特征函数。验证 $\kappa(\boldsymbol{x}, \boldsymbol{x}') = \psi(\boldsymbol{x} - \boldsymbol{x}')$ 是实值半正定函数。

11. 假设函数 $\boldsymbol{X} \to \mathbb{R}$(核为 κ)的 RKHS $\mathcal{G}$ 在变换 $T: \mathcal{X} \to \mathcal{X}$ 组 $\mathcal{T}$ 下是不变的，即对于所有 f，$g \in \mathcal{G}$ 和 $T \in \mathcal{T}$，我们有：(i)$f \circ T \in \mathcal{G}$；(ii)$\langle f \circ T, g \circ T \rangle_{\mathcal{G}} = \langle f, g \rangle_{\mathcal{G}}$。证明：对于所有 $\boldsymbol{x}, \boldsymbol{x}' \in \mathcal{X}$ 和 $T \in \mathcal{T}$，$\kappa(T\boldsymbol{x}, T\boldsymbol{x}') = \kappa(\boldsymbol{x}, \boldsymbol{x}')$ 成立。

12. 给定两个希尔伯特空间 $\mathcal{H}$ 和 $\mathcal{G}$，如果映射 $A: \mathcal{H} \to \mathcal{G}$ 满足

(i) 线性映射，即对于任何 f，$g \in \mathcal{H}$，a，$b \in \mathbb{R}$，有 $A(af + bg) = aA(f) + bA(g)$；

(ii) 满射映射；

(iii) 等距映射，即对于所有 f，$g \in \mathcal{H}$，$\langle f, g \rangle_{\mathcal{H}} = \langle Af, Ag \rangle_{\mathcal{G}}$ 成立。

则称为希尔伯特空间同构。设 $\mathcal{H} = \mathbb{R}^p$(配备通常的欧氏内积)，构造其连续的对偶空间 $\mathcal{G}$，使其包含由 $\mathbb{R}^p$ 到 $\mathbb{R}$ 的所有连续线性函数，过程如下：(a)对于每个 $\boldsymbol{\beta} \in \mathbb{R}^p$，通过 $g_{\boldsymbol{\beta}}(\boldsymbol{x}) = \langle \boldsymbol{\beta}, \boldsymbol{x} \rangle = \boldsymbol{\beta}^{\mathrm{T}} \boldsymbol{x}$，$\boldsymbol{x} \in \mathbb{R}^p$ 定义 $g_{\boldsymbol{\beta}}: \mathbb{R}^p \to \mathbb{R}$；(b)给 $\mathcal{G}$ 装配内积 $\langle g_{\boldsymbol{\beta}}, g_{\boldsymbol{\gamma}} \rangle_{\mathcal{G}} := \boldsymbol{\beta}^{\mathrm{T}} \boldsymbol{\gamma}$。

证明：由 $A(\boldsymbol{\beta}) = g_{\boldsymbol{\beta}}$，$\boldsymbol{\beta} \in \mathbb{R}^p$ 定义的 $A: \mathcal{H} \to \mathcal{G}$ 是希尔伯特空间同构。

13. 设 $\boldsymbol{X}$ 为 $n \times p$ 模型矩阵。证明：$\boldsymbol{X}^{\mathrm{T}} \boldsymbol{X} + n\gamma \boldsymbol{I}_p$，$\gamma > 0$ 是可逆的。

14. 例 6.8 清晰地说明，关于原点对称的随机变量的概率密度函数通常不是有效的再生核。取两个这样的独立同分布随机变量 X 和 X'，其共同的概率密度函数为 f，定义 $Z = X + X'$。分别用 ψ_Z 和 f_Z 表

示 Z 的特征函数和概率密度函数。

证明：如果 ψ_Z 在 $L^1(\mathbb{R})$中，则 f_Z 是半正定函数。用这个结论证明 $\kappa(x,x')=f_Z(x-x')=\mathbb{1}\{|x-x'|\leqslant 2\}(1-|x-x'|/2)$是一个有效的再生核。

15. 对于 6.6 节的平滑三次样条，证明 $\kappa(x,u)=\dfrac{\max\{x,u\}\min\{x,u\}^2}{2}-\dfrac{\min\{x,u\}^3}{6}$。

16. 设 $\boldsymbol{X}$ 是 $n\times p$ 模型矩阵，并设 $\boldsymbol{u}\in\mathbb{R}^p$ 是单位长度的向量，其第 k 项等于 $1(u_k=\|\boldsymbol{u}\|=1)$。假设 $\boldsymbol{X}$ 的第 k 列是 $\boldsymbol{v}$，并用新的预测器 $\boldsymbol{w}$ 代替，这样我们就得到新的模型矩阵：

$$\widetilde{\boldsymbol{X}}=\boldsymbol{X}+(\boldsymbol{w}-\boldsymbol{v})\boldsymbol{u}^{\mathrm{T}}$$

(a)设 $\boldsymbol{\delta}:=\boldsymbol{X}^{\mathrm{T}}(\boldsymbol{w}-\boldsymbol{v})+\dfrac{\|\boldsymbol{w}-\boldsymbol{v}\|^2}{2}\boldsymbol{u}$，证明：

$$\widetilde{\boldsymbol{X}}^{\mathrm{T}}\widetilde{\boldsymbol{X}}=\boldsymbol{X}^{\mathrm{T}}\boldsymbol{X}+\boldsymbol{u}\boldsymbol{\delta}^{\mathrm{T}}+\boldsymbol{\delta}\boldsymbol{u}^{\mathrm{T}}=\boldsymbol{X}^{\mathrm{T}}\boldsymbol{X}+\frac{(\boldsymbol{u}+\boldsymbol{\delta})(\boldsymbol{u}+\boldsymbol{\delta})^{\mathrm{T}}}{2}-\frac{(\boldsymbol{u}-\boldsymbol{\delta})(\boldsymbol{u}-\boldsymbol{\delta})^{\mathrm{T}}}{2}$$

换句话说，$\widetilde{\boldsymbol{X}}^{\mathrm{T}}\widetilde{\boldsymbol{X}}$ 与 $\boldsymbol{X}^{\mathrm{T}}\boldsymbol{X}$ 的区别在于一个秩为 2 的对称矩阵。

(b)假设已经计算出 $\boldsymbol{B}:=(\boldsymbol{X}^{\mathrm{T}}\boldsymbol{X}+n\gamma\boldsymbol{I}_p)^{-1}$。解释如何两次应用定理 A.10 中的 Sherman-Morrison 公式[⊖]计算矩阵 $\widetilde{\boldsymbol{X}}^{\mathrm{T}}\widetilde{\boldsymbol{X}}+n\gamma\boldsymbol{I}_p$ 的逆和对数行列式，并且在 $\mathcal{O}((n+p)p)$时间内而不是通常的 $\mathcal{O}((n+p^2)p)$时间内完成计算。

(c)写一个 Python 程序，当改变 $\boldsymbol{X}$ 的第 k 列时，更新矩阵 $\boldsymbol{B}=(\boldsymbol{X}^{\mathrm{T}}\boldsymbol{X}+n\gamma\boldsymbol{I}_p)^{-1}$，如下面的伪代码所示。

算法 6.10.1　通过 Sherman-Morrison 公式进行更新

输入：矩阵 $\boldsymbol{X}$ 和 $\boldsymbol{B}$，索引 k，替换 $\boldsymbol{X}$ 第 k 列的向量 $\boldsymbol{w}$

输出：更新矩阵 $\boldsymbol{X}$ 和 $\boldsymbol{B}$

1. 设 $\boldsymbol{v}\in\mathbb{R}^n$ 为 $\boldsymbol{X}$ 的第 k 列
2. 设 $\boldsymbol{u}\in\mathbb{R}^p$ 为单位长度向量，满足 $u_k=\|\boldsymbol{u}\|=1$
3. $\boldsymbol{B}\leftarrow\boldsymbol{B}-\dfrac{\boldsymbol{B}\boldsymbol{u}\boldsymbol{\delta}^{\mathrm{T}}\boldsymbol{B}}{1+\boldsymbol{\delta}^{\mathrm{T}}\boldsymbol{B}\boldsymbol{u}}$
4. $\boldsymbol{B}\leftarrow\boldsymbol{B}-\dfrac{\boldsymbol{B}\boldsymbol{\delta}\boldsymbol{u}^{\mathrm{T}}\boldsymbol{B}}{1+\boldsymbol{u}^{\mathrm{T}}\boldsymbol{B}\boldsymbol{\delta}}$
5. 用 $\boldsymbol{w}$ 更新 $\boldsymbol{X}$ 的第 k 列
6. 返回 $\boldsymbol{X},\boldsymbol{B}$

---

17. 使用习题 16 中的算法 6.10.1 编写 Python 代码，计算出式(6.5)中的岭回归系数 $\boldsymbol{\beta}$，并用它来复现图 6.1 上的结果。下面的伪代码(计算代价为 $\mathcal{O}((n+p)p^2)$)可能有助于 Python 代码的编写。

算法 6.10.2　通过 Sherman-Morrison 公式计算岭回归系数

输入：训练集$\{\boldsymbol{X},\boldsymbol{y}\}$和正则化参数 $\gamma>0$

输出：解 $\widehat{\boldsymbol{\beta}}=(n\gamma\boldsymbol{I}_p+\boldsymbol{X}^{\mathrm{T}}\boldsymbol{X})^{-1}\boldsymbol{X}^{\mathrm{T}}\boldsymbol{y}$

1. 设 $\boldsymbol{A}$ 为 $n\times p$ 的零矩阵，$\boldsymbol{B}\leftarrow(n\gamma\boldsymbol{I}_p)^{-1}$
2. **for** $j=1,\cdots,p$ **do**
3. 　　设 $\boldsymbol{w}$ 为 $\boldsymbol{X}$ 的第 j 列
4. 　　通过算法 6.10.1 更新$\{\boldsymbol{A},\boldsymbol{B}\}$，算法输入为$\{\boldsymbol{A},\boldsymbol{B},j,\boldsymbol{w}\}$
5. $\widehat{\boldsymbol{\beta}}\leftarrow\boldsymbol{B}(\boldsymbol{X}^{\mathrm{T}}\boldsymbol{y})$
6. 返回 $\widehat{\boldsymbol{\beta}}$

⊖ Sherman-Morrison 更新并不总是数值稳定的。一种更稳定的方法是对 $\boldsymbol{X}^{\mathrm{T}}\boldsymbol{X}+n\gamma\boldsymbol{I}_p$ 的 Cholesky 分解进行两次连续的秩一更新。

18. 考虑例 2.10，其中，对于某个非负向量 $\boldsymbol{\lambda}\in\mathbb{R}^p$，$\boldsymbol{D}=\mathrm{diag}(\lambda_1,\cdots,\lambda_p)$。这样模型证据的两倍负对数可以写成：

$$-2\ln g(\boldsymbol{y}) = l(\boldsymbol{\lambda}) := n\ln[\boldsymbol{y}^{\mathrm{T}}(\boldsymbol{I}-\boldsymbol{X\Sigma X}^{\mathrm{T}})\boldsymbol{y}]+\ln|\boldsymbol{D}|-\ln|\boldsymbol{\Sigma}|+c$$

其中，c 是只依赖于 n 的常数。

(a)利用伍德伯里恒等式[式(A.15)和式(A.16)]证明：

$$\boldsymbol{I}-\boldsymbol{X\Sigma X}^{\mathrm{T}} = (\boldsymbol{I}+\boldsymbol{XDX}^{\mathrm{T}})^{-1}$$

$$\ln|\boldsymbol{D}|-\ln|\boldsymbol{\Sigma}| = \ln|\boldsymbol{I}+\boldsymbol{XDX}^{\mathrm{T}}|$$

推断 $l(\boldsymbol{\lambda})=n\ln[\boldsymbol{y}^{\mathrm{T}}\boldsymbol{Cy}]-\ln|\boldsymbol{C}|+c$，其中 $\boldsymbol{C}:=(\boldsymbol{I}+\boldsymbol{XDX}^{\mathrm{T}})^{-1}$。

(b)设$[\boldsymbol{v}_1,\cdots,\boldsymbol{v}_p]:=\boldsymbol{X}$ 表示 $\boldsymbol{X}$ 的 p 个列或预测因子。证明：

$$\boldsymbol{C}^{-1} = \boldsymbol{I}+\sum_{k=1}^{p}\lambda_k\boldsymbol{v}_k\boldsymbol{v}_k^{\mathrm{T}}$$

解释为什么设置 $\lambda_k=0$ 具有从回归模型中排除第 k 个预测因子的效果。如何使用这一观察结果选择模型？

(c)证明下列关于 $l(\boldsymbol{\lambda})$ 的梯度和 Hessian 元素的公式：

$$\frac{\partial l}{\partial\lambda_i} = \boldsymbol{v}_i^{\mathrm{T}}\boldsymbol{C}\boldsymbol{v}_i - n\frac{(\boldsymbol{v}_i^{\mathrm{T}}\boldsymbol{Cy})^2}{\boldsymbol{y}^{\mathrm{T}}\boldsymbol{Cy}}$$
$$\frac{\partial^2 l}{\partial\lambda_i\,\partial\lambda_j} = (n-1)(\boldsymbol{v}_i^{\mathrm{T}}\boldsymbol{C}\boldsymbol{v}_j)^2 - n\left[\boldsymbol{v}_i^{\mathrm{T}}\boldsymbol{C}\boldsymbol{v}_j - \frac{(\boldsymbol{v}_i^{\mathrm{T}}\boldsymbol{Cy})(\boldsymbol{v}_j^{\mathrm{T}}\boldsymbol{Cy})}{\boldsymbol{y}^{\mathrm{T}}\boldsymbol{Cy}}\right]^2 \tag{6.41}$$

(d)确定 $\boldsymbol{X}$ 中哪些预测因子很重要，一种方法是计算

$$\boldsymbol{\lambda}^* := \underset{\boldsymbol{\lambda}\geqslant\boldsymbol{0}}{\mathrm{argmin}}\, l(\boldsymbol{\lambda})$$

例如，使用内点最小化算法(算法 B.4.1)、梯度和 Hessian 矩阵，根据式(6.41)计算。编写 Python代码来计算 $\boldsymbol{\lambda}^*$，并使用它来选择例 2.10 中的最佳多项式模型。

19. (接习题 18) 再次考虑例 2.10，其中，对于某个非负模型选择参数 $\boldsymbol{\lambda}\in\mathbb{R}^p$，$\boldsymbol{D}=\mathrm{diag}(\lambda_1,\cdots,\lambda_p)$。$\boldsymbol{\lambda}$ 的贝叶斯选择是边缘似然 $g(\boldsymbol{y}|\boldsymbol{\lambda})$ 的最大化值，也就是说

$$\boldsymbol{\lambda}^* = \underset{\boldsymbol{\lambda}\geqslant\boldsymbol{0}}{\mathrm{argmax}}\iint g(\boldsymbol{\beta},\sigma^2,\boldsymbol{y}|\boldsymbol{\lambda})\,\mathrm{d}\boldsymbol{\beta}\mathrm{d}\sigma^2$$

其中

$$\ln g(\boldsymbol{\beta},\sigma^2,\boldsymbol{y}|\boldsymbol{\lambda}) = -\frac{\|\boldsymbol{y}-\boldsymbol{X\beta}\|^2+\boldsymbol{\beta}^{\mathrm{T}}\boldsymbol{D}^{-1}\boldsymbol{\beta}}{2\sigma^2}-\frac{1}{2}\ln|\boldsymbol{D}|-\frac{n+p}{2}\ln(2\pi\sigma^2)-\ln\sigma^2$$

为了使 $g(\boldsymbol{y}|\boldsymbol{\lambda})$ 最大化，可以使用 EM 算法，将 $\boldsymbol{\beta}$ 和 σ^2 作为**完全数据对数似然** $\ln g(\boldsymbol{\beta},\sigma^2,\boldsymbol{y}|\boldsymbol{\lambda})$ 中的**潜在变量**。定义

$$\begin{aligned}\boldsymbol{\Sigma} &:= (\boldsymbol{D}^{-1}+\boldsymbol{X}^{\mathrm{T}}\boldsymbol{X})^{-1}\\ \bar{\boldsymbol{\beta}} &:= \boldsymbol{\Sigma X}^{\mathrm{T}}\boldsymbol{y}\\ \hat{\sigma}^2 &:= (\|\boldsymbol{y}\|^2-\boldsymbol{y}^{\mathrm{T}}\boldsymbol{X}\bar{\boldsymbol{\beta}})/n\end{aligned} \tag{6.42}$$

(a)证明潜在变量 $\boldsymbol{\beta}$ 和 σ^2 的条件密度满足

$$(\sigma^{-2}|\boldsymbol{\lambda},\boldsymbol{y})\sim\mathsf{Gamma}\left(\frac{n}{2},\frac{n}{2}\hat{\sigma}^2\right)$$

$$(\boldsymbol{\beta}|\boldsymbol{\lambda},\sigma^2,\boldsymbol{y})\sim\mathcal{N}(\bar{\boldsymbol{\beta}},\sigma^2\boldsymbol{\Sigma})$$

(b)使用定理 C.2，证明预期的完全数据对数似然为

$$-\frac{\bar{\boldsymbol{\beta}}^{\mathrm{T}}\boldsymbol{D}^{-1}\bar{\boldsymbol{\beta}}}{2\hat{\sigma}^2}-\frac{\mathrm{tr}(\boldsymbol{D}^{-1}\boldsymbol{\Sigma})+\ln|\boldsymbol{D}|}{2}+c_1$$

其中，c_1 是不依赖于 $\boldsymbol{\lambda}$ 的常数。

(c)使用定理 A.2 简化预期的完全数据对数似然，并证明它在 $\lambda_i=\boldsymbol{\Sigma}_{ii}+(\bar{\beta}_i/\hat{\sigma})^2(i=1,\cdots,p)$ 处取得最大值。因此，推导出 EM 算法的以下 E 步骤和 M 步骤。

E 步骤：给定 $\boldsymbol{\lambda}$，通过式(6.42)更新$(\boldsymbol{\Sigma},\bar{\boldsymbol{\beta}},\hat{\sigma}^2)$。

M 步骤：给定$(\boldsymbol{\Sigma},\bar{\boldsymbol{\beta}},\hat{\sigma}^2)$，通过$\lambda_i=\boldsymbol{\Sigma}_{ii}+(\bar{\beta}_i/\hat{\sigma})^2(i=1,\cdots,p)$更新$\boldsymbol{\lambda}$。

(d)编写 Python 代码，通过 EM 算法计算$\boldsymbol{\lambda}^*$，并用它来选择例 2.10 中的最佳多项式模型。一个可能的停止标准是，对某个小的$\varepsilon>0$，在以下情况下终止 EM 迭代：

$$\ln g(\boldsymbol{y}\,|\,\boldsymbol{\lambda}_{t+1})-\ln g(\boldsymbol{y}\,|\,\boldsymbol{\lambda}_t)<\varepsilon$$

其中，边缘对数似然为

$$\ln g(\boldsymbol{y}\,|\,\boldsymbol{\lambda})=-\frac{n}{2}\ln(n\pi\,\hat{\sigma}^2)-\frac{1}{2}\ln|\boldsymbol{D}|+\frac{1}{2}\ln|\boldsymbol{\Sigma}|+\ln\Gamma(n/2)$$

20. 探讨为什么梯度下降迭代

$$\boldsymbol{x}_{t+1}=\boldsymbol{x}_t-\alpha\,\nabla f(\boldsymbol{x}_t),\quad t=0,1,\cdots$$

的早停止方法(参见例 B.10)近似等同于$f(\boldsymbol{x})+\frac{1}{2}\gamma\|\boldsymbol{x}\|^2$的全局最小化，其中**岭正则化**参数$\gamma>0$(见例 6.1)。我们用二次函数$f(\boldsymbol{x})=\frac{1}{2}(\boldsymbol{x}-\boldsymbol{\mu})^{\mathrm{T}}\boldsymbol{H}(\boldsymbol{x}-\boldsymbol{\mu})$说明了**早停止**思想，其中$\boldsymbol{H}\in\mathbb{R}^{n\times n}$是对称的正定(Hessian)矩阵，特征值为$\{\lambda_k\}_{k=1}^n$。

(a)验证对于使$\boldsymbol{I}-\boldsymbol{A}$可逆的对称矩阵$\boldsymbol{A}\in\mathbb{R}^n$，我们有

$$\boldsymbol{I}+\boldsymbol{A}+\cdots+\boldsymbol{A}^{t-1}=(\boldsymbol{I}-\boldsymbol{A}^t)(\boldsymbol{I}-\boldsymbol{A})^{-1}$$

(b)根据定理 A.8，设$\boldsymbol{H}=\boldsymbol{Q}\boldsymbol{\Lambda}\boldsymbol{Q}^{\mathrm{T}}$是$\boldsymbol{H}$的对角化分解。如果$\boldsymbol{x}_0=\boldsymbol{0}$，证明$\boldsymbol{x}_t$的公式为

$$\boldsymbol{x}_t=\boldsymbol{\mu}-\boldsymbol{Q}(\boldsymbol{I}-\alpha\boldsymbol{\Lambda})^t\boldsymbol{Q}^{\mathrm{T}}\boldsymbol{\mu}$$

推导$\boldsymbol{x}_t$收敛的必要条件是$\alpha<2/\max_k\lambda_k$。

(c)证明$f(\boldsymbol{x})+\frac{1}{2}\gamma\|\boldsymbol{x}\|^2$的最小值点可以写成

$$\boldsymbol{x}^*=\boldsymbol{\mu}-\boldsymbol{Q}(\boldsymbol{I}+\gamma^{-1}\boldsymbol{\Lambda})^{-1}\boldsymbol{Q}^{\mathrm{T}}\boldsymbol{\mu}$$

(d)对于固定值t，设学习率$\alpha\downarrow 0$。利用(b)和(c)部分的结论，证明当$\alpha\downarrow 0$时，如果$\gamma\simeq 1/(t\alpha)$，则$\boldsymbol{x}_t\simeq\boldsymbol{x}^*$。换句话说，在$\gamma$与$t\alpha$成反比的前提下，对于小$\alpha$，$\boldsymbol{x}_t$近似等于$\boldsymbol{x}^*$。

第 7 章

分　类

本章旨在解释著名分类方法背后的数学思想，例如朴素贝叶斯方法、线性判别分析和二次判别分析、logistic/softmax 分类、K 近邻方法与支持向量机等。

7.1 简介

分类方法是一种监督学习方法，在分类方法中，类别响应变量 Y 取 c 个可能的值之一(例如一个人是生病还是健康)，它通过**预测函数** g 根据解释变量(例如，人的血压、年龄和吸烟状态)向量 $\boldsymbol{X}$ 预测得出。由此可知，g 将输入 $\boldsymbol{X}$ 分类到其中一个类别，例如类别集合$\{0,\cdots,c-1\}$中的一个。出于这个原因，我们把 g 称为**分类函数**或**分类器**。与其他监督学习方法(见 2.3 节)一样，对于损失函数 $\mathrm{Loss}(y,\hat{y})$——它通过 $\hat{y}=g(\boldsymbol{x})$ 来量化响应 y 的分类影响，分类方法的目标是使期望损失或风险最小：

$$\ell(g)=\mathbb{E}\,\mathrm{Loss}(Y,g(\boldsymbol{X})) \tag{7.1}$$

自然损失函数是 0-1 损失或**指示损失**：$\mathrm{Loss}(y,\hat{y}):=\mathbb{1}\{y\neq\hat{y}\}$；即正确分类($y=\hat{y}$)时没有损失，错误分类($y\neq\hat{y}$)时有单位损失。在这种情况下，最佳分类器 g^* 由定理 7.1 给出。

定理 7.1　最佳分类器

对于损失函数 $\mathrm{Loss}(y,\hat{y})=\mathbb{1}\{y\neq\hat{y}\}$，最佳分类函数为

$$g^*(\boldsymbol{x})=\underset{y\in\{0,\cdots,c-1\}}{\operatorname{argmax}}\ \mathbb{P}[Y=y\,|\,\boldsymbol{X}=\boldsymbol{x}] \tag{7.2}$$

证明　目标是使 $\ell(g)=\mathbb{E}\,\mathbb{1}\{Y\neq g(\boldsymbol{X})\}$在所有取值范围为$\{0,\cdots,c-1\}$的函数 g 上最小化。根据塔性质，以 $\boldsymbol{X}$ 为条件，有 $\ell(g)=\mathbb{E}(\mathbb{P}[Y\neq g(\boldsymbol{X})\,|\,\boldsymbol{X}])$，因此，对于每一个固定的 $\boldsymbol{x}$，可以通过最大化关于 $g(\boldsymbol{x})$的 $\mathbb{P}[Y=g(\boldsymbol{x})\,|\,\boldsymbol{X}=\boldsymbol{x}]$来实现 $\ell(g)$相对于 g 的最小化。换句话说，$g(\boldsymbol{x})$的取值等于 $\mathbb{P}[Y=y\,|\,\boldsymbol{X}=\boldsymbol{x}]$最大的类标签 y。

公式(7.2)允许“平局”，即特征向量 $\boldsymbol{x}$ 的最佳类别之间概率相同。任意或随机地将其中一个平局类分配给 $\boldsymbol{x}$ 不会影响损失函数，因此为了简单起见，我们假设 $g^*(\boldsymbol{x})$总是一个标量值。 ■

注意，与回归问题(例如，参见定理 2.1)一样，最佳预测函数取决于条件概率密度函数 $f(y\,|\,\boldsymbol{x})=\mathbb{P}[Y=y\,|\,\boldsymbol{X}=\boldsymbol{x}]$。对所有的 z，如果 $f(y\,|\,\boldsymbol{x})\geqslant f(z\,|\,\boldsymbol{x})$，则将 $\boldsymbol{x}$ 归入 y 类，我们不需要学习函数 $f(y\,|\,\boldsymbol{x})$的整个表面。对于类别 y 和 z，只需要在决策边界$\{\boldsymbol{x}:f(y\,|\,\boldsymbol{x})=f(z\,|\,\boldsymbol{x})\}$附近

对它进行足够好的估计即可。这是因为赋值函数[式(7.2)]将特征空间划分为 c 个区域：$\mathcal{R}_y=\{\boldsymbol{x}: f(y|\boldsymbol{x})=\max_z f(z|\boldsymbol{x})\}$，$y=0,\cdots,c-1$。

回想一下，对于任何监督学习问题，可能的最小期望损失(即不可归约风险)由 $\ell^*=\ell(g^*)$给出。对于0-1损失来说，不可归约风险等于 $\mathbb{P}[Y\neq g^*(\boldsymbol{X})]$。这个可能的最小错误分类概率通常称为**贝叶斯错误率**。

对于给定训练集 τ，分类器通常是从**预分类器** g_τ 推导出来的，预分类器是一个预测函数(学习器)，它可以取任何实值，而不仅仅取训练集中的类别标签。典型的情况是标签为-1和1的二元分类，其中预测函数 g_τ 是在$[-1,1]$区间取值的函数，实际的分类器由 $\text{sign}(g_\tau)$给出。从上下文中可以清楚地看出，预测函数 g_τ 是否应该被解释为分类器或预分类器。

对于给定的分类问题，0-1损失函数可能并不总是损失函数的最佳选择。例如，在诊断疾病时，把实际健康的人误诊为病人的影响可能没有把实际生病却误诊为健康的影响严重。7.2节将探讨各种分类指标。

有很多方法可以使分类器拟合训练集 $\tau=\{(\boldsymbol{x}_1,y_1),\cdots,(\boldsymbol{x}_n,y_n)\}$。7.3节采用的方法是贝叶斯分类方法。对于给定的类别先验 $f(y)$和似然度 $f(\boldsymbol{x}|y)$，条件概率密度函数 $f(y|\boldsymbol{x})$可以看作后验概率密度函数 $f(y|\boldsymbol{x})\propto f(\boldsymbol{x}|y)f(y)$。7.4节讨论用于分类的线性和二次判别分析，它假设条件概率密度函数 $f(\boldsymbol{x}|y)$的近似函数类属于具有高斯密度的参数类 $\mathcal{G}$。作为 $\mathcal{G}$ 的选择结果，边缘概率密度 $f(\boldsymbol{x})$是通过高斯混合密度近似的。

与此相反，7.5节的logistic分类或softmax分类中，条件概率密度函数 $f(y|\boldsymbol{x})$使用一类更灵活的近似函数来近似。因此，边缘密度函数 $f(\boldsymbol{x})$的近似函数不属于简单的参数类(如高斯混合函数)。与无监督学习一样，交叉熵损失是训练学习器的最常见选择。

7.6节讨论的 K 近邻方法是另一种分类方法，同样假设在类 $\mathcal{G}$ 上最小化损失。此方法的目标是，仅使用 $\boldsymbol{x}$ 邻域中的特征向量从训练数据中直接估计条件概率密度函数 $f(y|\boldsymbol{x})$。7.7节探讨了用于分类的支持向量机方法，它基于6.3节中成功用于回归分析的再生核希尔伯特空间思想。最后，一种同时进行分类和回归的通用方法是使用分类树和回归树，详见第8章。第9章将要介绍的神经网络也提供了另一种分类方法。

7.2 分类评价指标

从理论上讲，分类器 g 的有效性是根据风险[式(7.1)]来衡量的，它取决于所使用的损失函数。用独立同分布训练数据 $\tau=\{(\boldsymbol{x}_i,y_i)\}_{i=1}^n$ 来拟合分类器，需要在函数类 $\mathcal{G}$ 上最小化训练损失：

$$\ell_\tau(g)=\frac{1}{n}\sum_{i=1}^n \text{Loss}(y_i,g(\boldsymbol{x}_i)) \tag{7.3}$$

由于训练损失不能很好地估计风险，因此通常使用独立于训练集的测试集 $\tau'=\{(\boldsymbol{x}_i',y_i')\}_{i=1}^{n'}$，按式(7.3)所示的方法估计风险，如2.3节所述。为了衡量分类器在训练集或测试集上的性能，引入**损失矩阵**的概念是很方便的。考虑一个分类问题，分类器为 g，损失函数为Loss，类别为$0,\cdots,c-1$。如果输入特征向量 $\boldsymbol{x}$ 被分类为$\hat{y}=g(\boldsymbol{x})$，而观察到的类别是 y 时，根据定义所产生的损失为 $\text{Loss}(y,\hat{y})$。因此，我们可以用矩阵 $\boldsymbol{L}=[\text{Loss}(j,$

$k), j, k \in \{0, \cdots, c-1\}$]来标识损失函数。对于 0-1 损失函数，矩阵 $\boldsymbol{L}$ 的对角线元素为 0，其他元素为 1。另一种有用的矩阵是**混淆矩阵**，用 $\boldsymbol{M}$ 表示，对于训练或测试数据，$\boldsymbol{M}$ 的第(j,k)个元素统计了实际(观测)为 j 类而预测为 k 类的次数。表 7.1 展示了狗、猫、负鼠三类别分类器的混淆矩阵。

表 7.1 三类别分类器的混淆矩阵

实际值	预测值		
	狗	猫	负鼠
狗	30	2	6
猫	8	22	15
负鼠	7	4	41

现在，我们可以用 $\boldsymbol{L}$ 和 $\boldsymbol{M}$ 来表示分类器性能[式(7.3)]：

$$\frac{1}{n}\sum_{j,k}[\boldsymbol{L}\odot\boldsymbol{M}]_{jk} \tag{7.4}$$

其中，$\boldsymbol{L}\odot\boldsymbol{M}$ 是 $\boldsymbol{L}$ 和 $\boldsymbol{M}$ 的逐元素乘积。注意，对于 0-1 损失，式(7.4)简化为 $1-\mathrm{tr}(\boldsymbol{M})/n$，称为**误分类误差**。式(7.4)表明，计数和损失都是决定分类器性能的重要因素。

根据表 C.4 进行假设检验的方法，有时将混淆矩阵的元素分为 4 组是有用的。对角线上的元素是**真正例**计数，即每一类别正确分类的数量。表 7.1 中狗、猫和负鼠的真正例计数分别为 30、22 和 41。同样，某个类的**真反例**计数是不属于该类对应行或列的所有矩阵元素的总和。对于类别“狗”来说，真反例计数是 22+15+4+41=82。某个类的**假正例**计数是除去对角线元素的相应列元素之和。对于“狗”来说，它是 8+7=15。某个类的**假反例**计数，可以通过相应行元素求和来计算(同样，不包含对角线元素)。对于“狗”来说，它是 2+6=8。

从混淆矩阵的元素来看，我们对类 $j=0,\cdots,c-1$ 的计数如下：

- **真正例**(true positive)：$\mathrm{tp}_j=\boldsymbol{M}_{jj}$。
- **假正例**(false positive)：$\mathrm{fp}_j=\sum_{k\neq j}\boldsymbol{M}_{kj}$ (列求和)。
- **假反例**(false negative)：$\mathrm{fn}_j=\sum_{k\neq j}\boldsymbol{M}_{jk}$ (行求和)。
- **真反例**(true negative)：$\mathrm{tn}_j=n-\mathrm{fn}_j-\mathrm{fp}_j-\mathrm{tp}_j$。

请注意，在二元分类($c=2$)中，利用 0-1 损失函数，误分类误差[式(7.4)]可以写成

$$\text{误差}_j=\frac{\mathrm{fp}_j+\mathrm{fn}_j}{n} \tag{7.5}$$

这并不取决于考虑两类中的哪一类，因为 $\mathrm{fp}_0+\mathrm{fn}_0=\mathrm{fp}_1+\mathrm{fn}_1$。

同样，**准确率**衡量正确分类对象的比例：

$$\text{准确率}_j=1-\text{误差}_j=\frac{\mathrm{tp}_j+\mathrm{tn}_j}{n} \tag{7.6}$$

在某些情况下，仅凭分类误差(或准确率)不足以充分描述分类器的有效性。例如，考虑以下两个基于指纹检测系统的分类问题：

(1)识别绝密军事设施中授权人员的身份；

(2)识别以获得某些零售连锁店的网上折扣。

这两个问题都是二元分类问题。然而，第一个问题中若存在假正例，则极其危险；而

第二个问题中存在假正例的话，则会让客户高兴。我们来检查绝密设施中的分类器。表 7.2 给出了相应的混淆矩阵。

表 7.2 授权人员分类的混淆矩阵

实际值	预测值	
	授权	未授权
授权	100	400
未授权	50	100 000

由式(7.6)可知，分类准确率为

$$\text{准确率} = \frac{\text{tp} + \text{tn}}{\text{tp} + \text{tn} + \text{fp} + \text{fn}} = \frac{100 + 100\ 000}{100 + 100\ 000 + 50 + 400} \approx 99.55\%$$

然而，我们可以看到，在这种特殊情况下，准确率是一个有问题的指标，因为算法允许 50 名未经授权人员进入该设施。处理这个问题的一种方法是修改损失函数，对未经授权的访问赋予更高的损失。因此，我们可以用以下损失矩阵代替 0-1 损失矩阵：

$$\boldsymbol{L} = \begin{bmatrix} 0 & 1 \\ 1000 & 0 \end{bmatrix}$$

另一种方法是保留 0-1 损失函数，但要考虑额外的分类指标。下面我们给出一些常用的指标。为了简单起见，我们把实际类为 j 的对象称为"j 对象"。常用指标如下：

- **精度**(也叫**正预测值**)是指所有被分类为 j 的对象中，实际上也是 j 对象的比例，即

$$\text{精度}_j = \frac{\text{tp}_j}{\text{tp}_j + \text{fp}_j}$$

- **召回率**(也叫**灵敏度**)是指所有 j 对象中被正确分类的比例，即

$$\text{召回率}_j = \frac{\text{tp}_j}{\text{tp}_j + \text{fn}_j}$$

- **特异度**衡量的是所有非 j 对象中被正确分类的比例，即

$$\text{特异度}_j = \frac{\text{tn}_j}{\text{fp}_j + \text{tn}_j}$$

- F_β 评分是精度和召回率的组合值，可以用作分类器性能的单一度量标准。F_β 评分由以下公式给出：

$$F_{\beta,j} = \frac{(\beta^2 + 1)\text{tp}_j}{(\beta^2 + 1)\text{tp}_j + \beta^2 \text{fn}_j + \text{fp}_j}$$

当 $\beta=0$ 时，等于精度；当 $\beta \to \infty$，等于召回率。

指标的具体选择显然取决于应用。例如，对于绝密军事设施授权人员分类问题，假设有 2 个分类器。第一个分类器(Classifier 1)的混淆矩阵见表 7.2，第二个分类器(Classifier 2)的混淆矩阵见表 7.3。两个分类器的各种指标见表 7.4。在本例中，我们更倾向于第一个分类器，它的精度更高。

表 7.3 授权人员分类的混淆矩阵，使用第二个分类器(Classifier 2)

实际值	预测值	
	授权	未授权
授权	50	10
未授权	450	100 040

表 7.4 比较表 7.2 和表 7.3 中混淆矩阵的各项指标

指标	Classifier 1	Classifier 2
准确率	9.955×10^{-1}	9.954×10^{-1}
精度	6.667×10^{-1}	1.000×10^{-1}
召回率	2.000×10^{-1}	8.333×10^{-1}
特异度	9.995×10^{-1}	9.955×10^{-1}
F_1	3.077×10^{-1}	1.786×10^{-1}

■ **评注 7.1(多标签分类和层次分类)** 在标准分类中，假定各类别是互斥的。例如，卫星图像可以分类为“多云”“晴朗”或“有雾”。在**多标签分类**中，类别(通常称为标签)不一定是互斥的。在这种情况下，响应是标签集合$\{0,\cdots,c-1\}$的子集$\mathcal{Y}$。同理，响应也可以看作一个长度为c的二进制向量，其中，如果响应属于标签y，则其第y个元素为1，否则为0。再考虑卫星图像的例子，我们在前面三个标签的基础上增加两个标签，如“道路”和“河流”。显然，一幅图像可以同时包含“道路”和“河流”。此外，图像也可以是晴朗、多云或有雾中的一种。

对于**层次分类**，分类过程中要考虑到类别或标签之间的层次关系。通常，这种关系是通过树或有向无环图来建模的。图 7.1 展示了卫星图像数据的层次分类和非层次分类任务的直观比较。

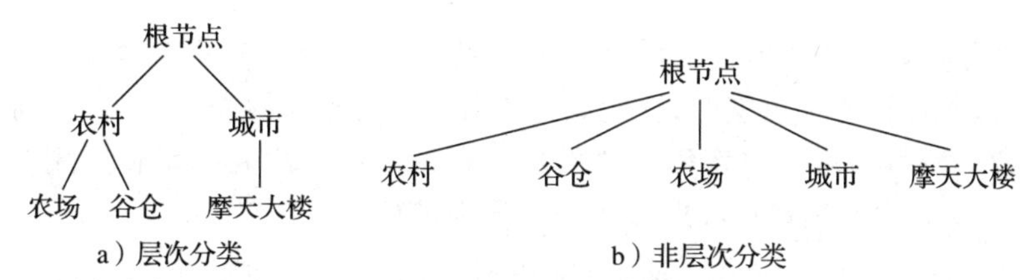

图 7.1 层次分类和非层次分类方案。谷仓和农场在农村地区很常见，而摩天大楼一般位于城市。在层次分类方案中可以清楚地观察到这种关系，但在非层次方案中却看不到这种关系

■

在多标签分类中，预测值$\widehat{\mathcal{Y}}:=g(\boldsymbol{x})$和真实响应$\mathcal{Y}$都是标签集$\{0,\cdots,c-1\}$的子集。一个合理的指标是所谓的**精确匹配率**，定义为

$$\text{精确匹配率}=\frac{\sum_{i=1}^{n}\mathbb{1}\{\widehat{\mathcal{Y}}_i=\mathcal{Y}_i\}}{n}$$

精确匹配率相当严格，因为它要求完全匹配。考虑到部分正确性，可以使用以下指标：

- **准确率**定义为正确预测的标签数与预测和实际标签总数的比率：

$$\text{准确率}=\frac{\sum_{i=1}^{n}|\mathcal{Y}_i\cap\widehat{\mathcal{Y}}_i|}{\sum_{i=1}^{n}|\mathcal{Y}_i\cup\widehat{\mathcal{Y}}_i|}$$

- **精度**定义为正确预测的标签数与预测标签总数的比率：

$$\text{精度}=\frac{\sum_{i=1}^{n}|\mathcal{Y}_i\cap\widehat{\mathcal{Y}}_i|}{\sum_{i=1}^{n}|\widehat{\mathcal{Y}}_i|}\tag{7.7}$$

- **召回率**定义为正确预测的标签数与实际标签总数的比率：

$$召回率=\frac{\sum_{i=1}^{n}|\mathcal{Y}_i\cap\hat{\mathcal{Y}}_i|}{\sum_{i=1}^{n}|\mathcal{Y}_i|} \tag{7.8}$$

- **汉明损失**计算的是所有类别的平均错误预测数：

$$汉明损失=\frac{1}{nc}\sum_{i=1}^{n}\sum_{y=0}^{c-1}\mathbb{1}\{y\in\hat{\mathcal{Y}}_i\}\mathbb{1}\{y\notin\mathcal{Y}_i\}+\mathbb{1}\{y\notin\hat{\mathcal{Y}}_i\}\mathbb{1}\{y\in\mathcal{Y}_i\}$$

7.3 基于贝叶斯规则的分类

我们从定理 7.1 中看到，类别 $0,\cdots,c-1$ 的最佳分类器将特征空间划分为 c 个区域，划分依据是给定特征向量 $\boldsymbol{X}=\boldsymbol{x}$ 时响应 Y 的条件概率密度函数 $f(y|\boldsymbol{x})$。特别地，对于所有 $z\neq y$，如果 $f(y|\boldsymbol{x})>f(z|\boldsymbol{x})$，则特征向量 $\boldsymbol{x}$ 被分类为 y。根据特征向量的条件类概率进行分类是一件很自然的事情，尤其是在贝叶斯学习环境中；贝叶斯相关术语和用法见 2.9 节。具体来说，条件概率 $f(y|\boldsymbol{x})$ 被解释为后验概率，其形式为

$$f(y|\boldsymbol{x})\propto f(\boldsymbol{x}|y)f(y) \tag{7.9}$$

其中，$f(\boldsymbol{x}|y)$ 为从类 y 中得到特征向量 $\boldsymbol{x}$ 的**似然**，$f(y)$ 为类 y 的先验概率[⊖]。通过对先验概率和似然函数进行各种建模假设(比如，所有类具有相同的先验概率)，则可以根据贝叶斯公式[式(7.9)]得到后验概率密度。然后，根据最高的后验概率将类别 $\hat{y}$ 分配给特征向量 $\boldsymbol{x}$，也就是说，我们根据贝叶斯最优决策规则进行分类：

$$\hat{y}=\underset{y}{\operatorname{argmax}}f(y|\boldsymbol{x}) \tag{7.10}$$

这正是公式(7.2)。由于离散密度 $f(y|\boldsymbol{x})(y=0,\cdots,c-1)$ 通常未知，因此我们的目的是用来自函数类 $\mathcal{G}$ 的函数 $g(y|\boldsymbol{x})$ 来近似它。注意，在这里，$g(\cdot|\boldsymbol{x})$ 指的是给定 $\boldsymbol{x}$ 的离散密度(一个概率质量函数)。

假设有 p 个特征的特征向量 $\boldsymbol{x}=[x_1,\cdots,x_p]^{\mathrm{T}}$ 必须分类到 $0,\cdots,c-1$ 中的一个。例如，类别可以是不同的人，特征可以是各种面部测量值，如眼睛宽度与眼距之比或鼻子高度和嘴巴宽度之比。在朴素贝叶斯方法中，选择的近似函数类 $\mathcal{G}$ 满足 $g(\boldsymbol{x}|y)=g(x_1|y)\cdots g(x_p|y)$，即以标签为条件，所有特征都是独立的。假设 y 具有均匀先验概率，其后验概率密度函数可以写为

$$g(y|\boldsymbol{x})\propto\prod_{j=1}^{p}g(x_j|y)$$

其中，边缘概率密度函数 $g(x_j|y)(j=1,\cdots,p)$ 属于给定的近似函数类 $\mathcal{G}$。要对 $\boldsymbol{x}$ 进行分类，只需取未归一化后验概率最大的 y 即可。

例如，假设近似函数类 $\mathcal{G}$ 满足：$(X_j|y)\sim\mathcal{N}(\mu_{yj},\sigma^2)$，$y=0,\cdots,c-1$，$j=1,\cdots,p$，那么相应的后验概率密度函数为

$$g(y|\boldsymbol{\theta},\boldsymbol{x})\propto\exp\left(-\frac{1}{2}\sum_{j=1}^{p}\frac{(x_j-\mu_{yj})^2}{\sigma^2}\right)=\exp\left(-\frac{1}{2}\frac{\|\boldsymbol{x}-\boldsymbol{\mu}_y\|^2}{\sigma^2}\right)$$

⊖ 在这里，我们使用了贝叶斯符号惯例，即“重载”符号 f。

其中，$\boldsymbol{\mu}_y := [\mu_{y1}, \cdots, \mu_{yp}]^{\mathrm{T}}$ 和 $\boldsymbol{\theta} := \{\boldsymbol{\mu}_0, \cdots, \boldsymbol{\mu}_{c-1}, \sigma^2\}$ 集合了所有模型参数。当 $\| \boldsymbol{x} - \boldsymbol{\mu}_y \|$ 最小时，概率 $g(y|\boldsymbol{\theta}, \boldsymbol{x})$ 最大。因此，$\hat{y} = \mathrm{argmin}_y \| \boldsymbol{x} - \boldsymbol{\mu}_y \|$ 是使后验概率最大化的分类器，即当 $\boldsymbol{\mu}_y$ 与 $\boldsymbol{x}$ 的欧氏距离最近时，将 $\boldsymbol{x}$ 分类为 y。当然，这些参数(这里指 $\{\boldsymbol{\mu}_y\}$ 和 σ^2)是未知的，必须根据训练数据估计。

我们可以将上述思想扩展到方差 σ^2 也依赖于类别 y 和特征 j 的情况，如例 7.1 所示。

例 7.1(朴素贝叶斯分类) 对于 $c=4$ 个不同的类别的分类问题，表 7.5 列出了 $p=3$ 个正态分布特征的平均值 μ 和标准差 σ。特征向量 $\boldsymbol{x} = [1.67, 2.00, 4.23]^{\mathrm{T}}$ 应该如何分类？后验概率密度函数为

$$g(y|\boldsymbol{\theta}, \boldsymbol{x}) \propto (\sigma_{y1}\,\sigma_{y2}\,\sigma_{y3})^{-1} \exp\left(-\frac{1}{2}\sum_{j=1}^{3}\frac{(x_j - \mu_{yj})^2}{\sigma_{yj}^2}\right)$$

其中，$\boldsymbol{\theta} := \{\boldsymbol{\sigma}_j, \boldsymbol{\mu}_j\}_{j=0}^{c-1}$ 同样集合了所有的模型参数。$g(y|\boldsymbol{\theta}, \boldsymbol{x})(y=0,1,2,3)$ 的值(未缩放)分别为 53.5、0.24、8.37 和 3.5×10^{-6}。因此，该特征向量应分类为 0，代码如下。

naiveBayes.py

```
import numpy as np
x = np.array([1.67,2,4.23]).reshape(1,3)
mu = np.array([1.6, 2.4, 4.3,
               1.5, 2.9, 6.1,
               1.8, 2.5, 4.2,
               1.1, 3.1, 5.6]).reshape(4,3)
sig = np.array([0.1, 0.5, 0.2,
                0.2, 0.6, 0.9,
                0.3, 0.3, 0.3,
                0.2, 0.7, 0.3]).reshape(4,3)
g = lambda y: 1/np.prod(sig[y,:]) * np.exp(
      -0.5*np.sum((x-mu[y,:])**2/sig[y,:]**2));
for y in range(0,4):
    print('{:3.2e}'.format(g(y)))
```

```
5.35e+01
2.42e-01
8.37e+00
3.53e-06
```

表 7.5　特征参数

类别	特征 1		特征 2		特征 3	
	μ	σ	μ	σ	μ	σ
0	1.6	0.1	2.4	0.5	4.3	0.2
1	1.5	0.2	2.9	0.6	6.1	0.9
2	1.8	0.3	2.5	0.3	4.2	0.3
3	1.1	0.2	3.1	0.7	5.6	0.3

7.4 线性判别分析和二次判别分析

将 7.3 节中的贝叶斯(不限于朴素贝叶斯)分类观点自然地引入成熟的**判别分析**技术中。我们首先讨论类别分别为 0 和 1 的二元分类问题。

我们考虑近似函数类 $\mathcal{G}$，使得在类 $y \in \{0,1\}$ 的条件下，特征向量 $\boldsymbol{X} = [X_1, \cdots, X_p]^{\mathrm{T}}$ 服从 $\mathcal{N}(\boldsymbol{\mu}_y, \boldsymbol{\Sigma}_y)$ 分布[见式(2.33)]：

$$g(\boldsymbol{x}\,|\,\boldsymbol{\theta},y)=\frac{1}{\sqrt{(2\pi)^p\,|\boldsymbol{\Sigma}_y|}}\mathrm{e}^{-\frac{1}{2}(\boldsymbol{x}-\boldsymbol{\mu}_y)^{\mathrm{T}}\boldsymbol{\Sigma}_y^{-1}(\boldsymbol{x}-\boldsymbol{\mu}_y)},\quad \boldsymbol{x}\in\mathbb{R}^p,\quad y\in\{0,1\} \tag{7.11}$$

其中，$\boldsymbol{\theta}=\{\alpha_j,\boldsymbol{\mu}_j,\boldsymbol{\Sigma}_j\}_{j=0}^{c-1}$集合了所有模型参数，包括概率向量$\boldsymbol{\alpha}$(即$\sum_i\alpha_i=1$且$\alpha_i\geqslant 0$)，它有助于定义先验密度：$g(y\,|\,\boldsymbol{\theta})=\alpha_y$，$y\in\{0,1\}$。那么，后验密度为

$$g(y\,|\,\boldsymbol{\theta},\boldsymbol{x})\propto\alpha_y\times g(\boldsymbol{x}\,|\,\boldsymbol{\theta},y)$$

根据贝叶斯最优决策规则[式(7.10)]，如果$\alpha_0 g(\boldsymbol{x}\,|\,\boldsymbol{\theta},0)>\alpha_1 g(\boldsymbol{x}\,|\,\boldsymbol{\theta},1)$，我们将$\boldsymbol{x}$分类为类0，也可以认为如果

$$\ln\alpha_0-\frac{1}{2}\ln|\boldsymbol{\Sigma}_0|-\frac{1}{2}(\boldsymbol{x}-\boldsymbol{\mu}_0)^{\mathrm{T}}\boldsymbol{\Sigma}_0^{-1}(\boldsymbol{x}-\boldsymbol{\mu}_0)>\ln\alpha_1-\frac{1}{2}\ln|\boldsymbol{\Sigma}_1|-\frac{1}{2}(\boldsymbol{x}-\boldsymbol{\mu}_1)^{\mathrm{T}}\boldsymbol{\Sigma}_1^{-1}(\boldsymbol{x}-\boldsymbol{\mu}_1)$$

成立(通过取对数)，也会得出同样的分类结果。

对类$y=0,1$，函数

$$\delta_y(\boldsymbol{x})=\ln\alpha_y-\frac{1}{2}\ln|\boldsymbol{\Sigma}_y|-\frac{1}{2}(\boldsymbol{x}-\boldsymbol{\mu}_y)^{\mathrm{T}}\boldsymbol{\Sigma}_y^{-1}(\boldsymbol{x}-\boldsymbol{\mu}_y),\quad \boldsymbol{x}\in\mathbb{R}^p \tag{7.12}$$

称为**二次判别函数**。如果$\delta_y(\boldsymbol{x})$最大，则将点$\boldsymbol{x}$划分为y类。判别函数是$\boldsymbol{x}$的二次函数，所以决策边界$\{\boldsymbol{x}\in\mathbb{R}^p:\delta_0(\boldsymbol{x})=\delta_1(\boldsymbol{x})\}$也是二次函数。假设$\boldsymbol{\Sigma}_0=\boldsymbol{\Sigma}_1=\boldsymbol{\Sigma}$，则有一个重要的简化。现在，决策边界是$\boldsymbol{x}$的集合，其中，

$$\ln\alpha_0-\frac{1}{2}(\boldsymbol{x}-\boldsymbol{\mu}_0)^{\mathrm{T}}\boldsymbol{\Sigma}^{-1}(\boldsymbol{x}-\boldsymbol{\mu}_0)=\ln\alpha_1-\frac{1}{2}(\boldsymbol{x}-\boldsymbol{\mu}_1)^{\mathrm{T}}\boldsymbol{\Sigma}^{-1}(\boldsymbol{x}-\boldsymbol{\mu}_1)$$

展开上面的表达式后可以看出，消除$\boldsymbol{x}$的二次项即可给出$\boldsymbol{x}$的线性决策边界：

$$\ln\alpha_0-\frac{1}{2}\boldsymbol{\mu}_0^{\mathrm{T}}\boldsymbol{\Sigma}^{-1}\boldsymbol{\mu}_0+\boldsymbol{x}^{\mathrm{T}}\boldsymbol{\Sigma}^{-1}\boldsymbol{\mu}_0=\ln\alpha_1-\frac{1}{2}\boldsymbol{\mu}_1^{\mathrm{T}}\boldsymbol{\Sigma}^{-1}\boldsymbol{\mu}_1+\boldsymbol{x}^{\mathrm{T}}\boldsymbol{\Sigma}^{-1}\boldsymbol{\mu}_1$$

类y对应的**线性判别函数**为

$$\delta_y(\boldsymbol{x})=\ln\alpha_y-\frac{1}{2}\boldsymbol{\mu}_y^{\mathrm{T}}\boldsymbol{\Sigma}^{-1}\boldsymbol{\mu}_y+\boldsymbol{x}^{\mathrm{T}}\boldsymbol{\Sigma}^{-1}\boldsymbol{\mu}_y,\quad \boldsymbol{x}\in\mathbb{R}^p \tag{7.13}$$

例 7.2（线性判别分析） 考虑$\alpha_0=\alpha_1=1/2$，以及

$$\boldsymbol{\Sigma}=\begin{bmatrix}2 & 0.7\\ 0.7 & 2\end{bmatrix},\quad \boldsymbol{\mu}_0=\begin{bmatrix}0\\0\end{bmatrix},\quad \boldsymbol{\mu}_1=\begin{bmatrix}2\\4\end{bmatrix}$$

$\boldsymbol{X}$的分布是2个二元正态分布的混合分布，它的概率密度函数(见图7.2)为

$$\frac{1}{2}g(\boldsymbol{x}\,|\,\boldsymbol{\theta},y=0)+\frac{1}{2}g(\boldsymbol{x}\,|\,\boldsymbol{\theta},y=1)$$

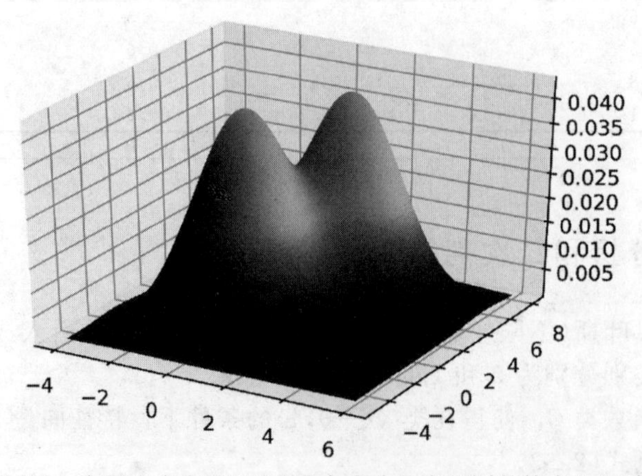

图 7.2 高斯混合密度(两个混合成分具有相同的协方差矩阵)

我们使用下面的 Python 代码来制作这幅图。

LDAmixture.py

```
import numpy as np, matplotlib.pyplot as plt
from scipy.stats import multivariate_normal
from mpl_toolkits.mplot3d import Axes3D
from matplotlib.colors import LightSource

mu0, mu1 = np.array([0,0]), np.array([2,4])
Sigma = np.array([[2,0.7],[0.7, 2]])
x, y = np.mgrid[-4:6:150j,-5:8:150j]
mvn0 = multivariate_normal( mu0, Sigma )
mvn1 = multivariate_normal( mu1, Sigma )

xy = np.hstack((x.reshape(-1,1),y.reshape(-1,1)))
z = 0.5*mvn0.pdf(xy).reshape(x.shape) +  0.5*mvn1.pdf(xy).reshape(x.
    shape)

fig = plt.figure()
ax = fig.gca(projection='3d')
ls = LightSource(azdeg=180, altdeg=65)
cols = ls.shade(z, plt.cm.winter)
surf = ax.plot_surface(x, y, z, rstride=1, cstride=1, linewidth=0,
                       antialiased=False, facecolors=cols)
plt.show()
```

下面的 Python 代码首先导入前面的代码，绘制混合密度的轮廓线，从混合密度中模拟 1000 个数据点，并绘制决策边界。为了计算并显示线性决策边界，令$[a_1,a_2]^{\mathrm{T}}=2\boldsymbol{\Sigma}^{-1}(\boldsymbol{\mu}_1-\boldsymbol{\mu}_0)$，$b=\boldsymbol{\mu}_0^{\mathrm{T}}\boldsymbol{\Sigma}^{-1}\boldsymbol{\mu}_0-\boldsymbol{\mu}_1^{\mathrm{T}}\boldsymbol{\Sigma}^{-1}\boldsymbol{\mu}_1$，决策边界可以写成 $a_1x_1+a_2x_2+b=0$ 或 $x_2=-(a_1x_1+b)/a_2$。从图 7.3 可以看出，决策边界很好地分离了混合密度的两种模式。

LDA.py

```
from LDAmixture import *
from numpy.random import rand
from numpy.linalg import inv

fig = plt.figure()
plt.contourf(x, y,z, cmap=plt.cm.Blues, alpha= 0.9,extend='both')
plt.ylim(-5.0,8.0)
plt.xlim(-4.0,6.0)
M = 1000
r = (rand(M,1) < 0.5)
for i in range(0,M):
    if r[i]:
        u = np.random.multivariate_normal(mu0,Sigma,1)
        plt.plot(u[0][0],u[0][1],'.r',alpha = 0.4)
    else:
        u = np.random.multivariate_normal(mu1,Sigma,1)
        plt.plot(u[0][0],u[0][1],'+k',alpha = 0.6)

a = 2*inv(Sigma) @ (mu1-mu0);
b = ( mu0.reshape(1,2) @ inv(Sigma) @ mu0.reshape(2,1)
    - mu1.reshape(1,2) @ inv(Sigma) @mu1.reshape(2,1) )
xx = np.linspace(-4,6,100)
yy = (-(a[0]*xx +b)/a[1])[0]
plt.plot(xx,yy,'m')
plt.show()
```

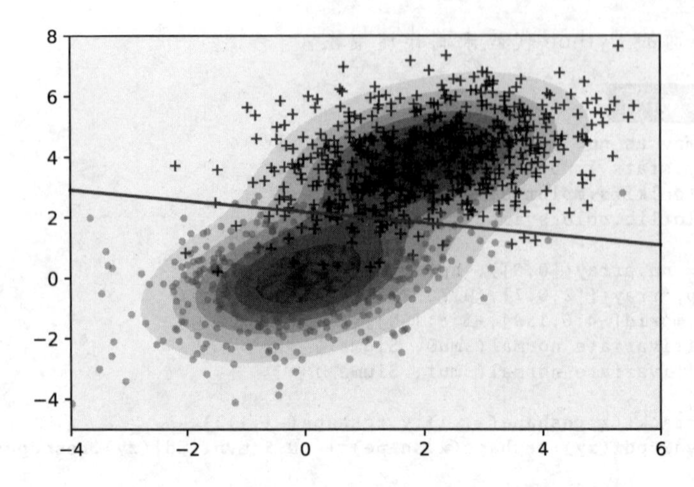

图7.3 线性判别边界是线性的，位于混合密度的两个模式之间

为了说明线性判别分析和二次判别分析的区别，例7.3中将混合分量的协方差矩阵设定为不同矩阵。

例7.3(二次判别分析) 与例7.2一样，我们考虑两个高斯分布的混合分布，但现在两个高斯分布有不同的协方差矩阵。图7.4展示了二次决策边界。Python代码如下。

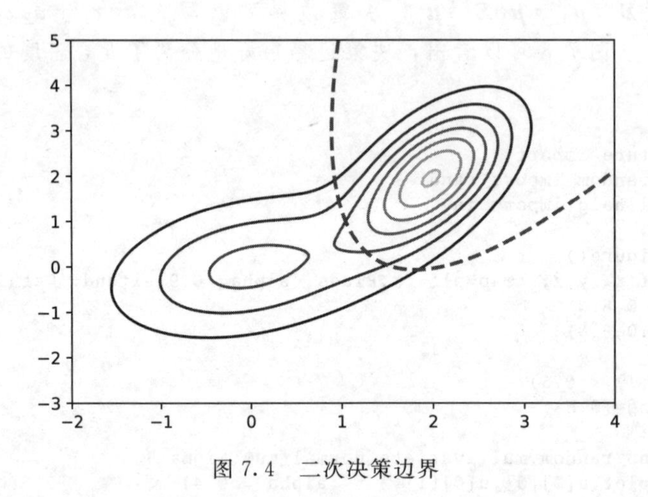

图7.4 二次决策边界

QDA.py

```
import numpy as np
import matplotlib.pyplot as plt
from scipy.stats import multivariate_normal

mu1 = np.array([0,0])
mu2 = np.array([2,2])
Sigma1 = np.array([[1,0.3],[0.3, 1]])
Sigma2 = np.array([[0.3,0.3],[0.3, 1]])
x, y = np.mgrid[-2:4:150j,-3:5:150j]
mvn1 = multivariate_normal( mu1, Sigma1 )
mvn2 = multivariate_normal( mu2, Sigma2 )
```

```
xy = np.hstack((x.reshape(-1,1),y.reshape(-1,1)))
z = ( 0.5*mvn1.pdf(xy).reshape(x.shape) +
      0.5*mvn2.pdf(xy).reshape(x.shape) )
plt.contour(x,y,z)

z1 = ( 0.5*mvn1.pdf(xy).reshape(x.shape) -
       0.5*mvn2.pdf(xy).reshape(x.shape))
plt.contour(x,y,z1, levels=[0],linestyles ='dashed',
            linewidths = 2, colors = 'm')
plt.show()
```

当然，实际中真实参数 $\boldsymbol{\theta}=\{\alpha_j,\boldsymbol{\Sigma}_j,\boldsymbol{\mu}_j\}_{j=1}^c$ 是未知的，必须根据训练数据估计，比如可以通过最小化关于 $\boldsymbol{\theta}$ 的交叉熵训练损失[式(4.4)]得到：

$$\frac{1}{n}\sum_{i=1}^{n}\text{Loss}(f(\boldsymbol{x}_i,y_i),g(\boldsymbol{x}_i,y_i\,|\,\boldsymbol{\theta}))=-\frac{1}{n}\sum_{i=1}^{n}\ln g(\boldsymbol{x}_i,y_i\,|\,\boldsymbol{\theta})$$

其中，

$$\ln g(\boldsymbol{x},y\,|\,\boldsymbol{\theta})=\ln\alpha_y-\frac{1}{2}\ln|\boldsymbol{\Sigma}_y|-\frac{1}{2}(\boldsymbol{x}-\boldsymbol{\mu}_y)^{\mathrm{T}}\boldsymbol{\Sigma}_y^{-1}(\boldsymbol{x}-\boldsymbol{\mu}_y)-\frac{p}{2}\ln(2\pi)$$

模型参数的相应估计结果(见习题2)为

$$\begin{aligned}\hat{\alpha}_y&=\frac{n_y}{n}\\ \hat{\boldsymbol{\mu}}_y&=\frac{1}{n_y}\sum_{i:y_i=y}\boldsymbol{x}_i\\ \hat{\boldsymbol{\Sigma}}_y&=\frac{1}{n_y}\sum_{i:y_i=y}(\boldsymbol{x}_i-\hat{\boldsymbol{\mu}}_y)(\boldsymbol{x}_i-\hat{\boldsymbol{\mu}}_y)^{\mathrm{T}}\end{aligned}\tag{7.14}$$

其中，$y=0,\cdots,c-1$，$n_y:=\sum_{i=1}^{n}\mathbb{1}\{y_i=y\}$。对于所有 y 及 $\boldsymbol{\Sigma}_y=\boldsymbol{\Sigma}$ 的情况，我们有 $\hat{\boldsymbol{\Sigma}}=\sum_y\hat{\alpha}_y\hat{\boldsymbol{\Sigma}}_y$。

当涉及 $c>2$ 个类别时，分类过程也以完全相同的方式进行，从而得到每个类的二次判别函数[式(7.12)]和线性判别函数[式(7.13)]。现在，空间 $\mathbb{R}^p$ 被分割成 c 个区域，区域划分由每对高斯分布的线性决策边界或二次决策边界决定。

对于线性判别的情况(即对所有的 y，有 $\boldsymbol{\Sigma}_y=\boldsymbol{\Sigma}$)，方便的做法是先对数据进行“白化”或“球形化”，如下所示。设 $\boldsymbol{B}$ 是可逆矩阵，满足 $\boldsymbol{\Sigma}=\boldsymbol{B}\boldsymbol{B}^{\mathrm{T}}$，它可以通过 Cholesky 分解方法得到。我们将每个数据点 $\boldsymbol{x}$ 线性变换为 $\boldsymbol{x}':=\boldsymbol{B}^{-1}\boldsymbol{x}$，将每个均值 $\boldsymbol{\mu}_y$ 线性变换为 $\boldsymbol{\mu}'_y:=\boldsymbol{B}^{-1}\boldsymbol{\mu}_y$，$y=0,\cdots,c-1$。设随机向量 $\boldsymbol{X}$ 服从具有以下混合概率密度函数的分布：

$$g_{\boldsymbol{X}}(\boldsymbol{x}\,|\,\boldsymbol{\theta}):=\sum_y\alpha_y\frac{1}{\sqrt{(2\pi)^p|\boldsymbol{\Sigma}_y|}}\mathrm{e}^{-\frac{1}{2}(\boldsymbol{x}-\boldsymbol{\mu}_y)^{\mathrm{T}}\boldsymbol{\Sigma}_y^{-1}(\boldsymbol{x}-\boldsymbol{\mu}_y)}$$

那么，根据变换定理C.4，向量 $\boldsymbol{X}'=\boldsymbol{B}^{-1}\boldsymbol{X}$ 的密度为

$$\begin{aligned}g_{\boldsymbol{X}'}(\boldsymbol{x}'\,|\,\boldsymbol{\theta})&=\frac{g_{\boldsymbol{X}}(\boldsymbol{x}\,|\,\boldsymbol{\theta})}{|\boldsymbol{B}^{-1}|}=\sum_{y=0}^{c-1}\frac{\alpha_y}{\sqrt{(2\pi)^p}}\mathrm{e}^{-\frac{1}{2}(\boldsymbol{x}-\boldsymbol{\mu}_y)^{\mathrm{T}}(\boldsymbol{B}\boldsymbol{B}^{\mathrm{T}})^{-1}(\boldsymbol{x}-\boldsymbol{\mu}_y)}\\&=\sum_{y=0}^{c-1}\frac{\alpha_y}{\sqrt{(2\pi)^p}}\mathrm{e}^{-\frac{1}{2}(\boldsymbol{x}'-\boldsymbol{\mu}'_y)^{\mathrm{T}}(\boldsymbol{x}'-\boldsymbol{\mu}'_y)}=\sum_{y=0}^{c-1}\frac{\alpha_y}{\sqrt{(2\pi)^p}}\mathrm{e}^{-\frac{1}{2}\|\boldsymbol{x}'-\boldsymbol{\mu}'_y\|^2}\end{aligned}$$

这是标准 p 维正态分布的混合概率密度函数。“球形化”这个名称源于事实：每个混合分量的轮廓都是完美的球形。现在，对变换数据进行分类就特别容易：将 $\boldsymbol{x}$ 分类为 $\hat{y}:=\mathrm{argmin}_y\{\|\boldsymbol{x}'-\boldsymbol{\mu}'_y\|^2-2\ln\alpha_y\}$。请注意，该规则仅取决于先验概率和 $\boldsymbol{x}'$ 到变换后均值

$\{\boldsymbol{\mu}'_y\}$的距离。这个过程可以显著降低数据的维度。也就是说，数据可以投影到由均值向量$\{\boldsymbol{\mu}'_y\}$之间的差异所张成的空间上。当有c类时，这是一个$c-1$维空间，而不是原始数据的p维空间。我们通过一个例子来解释这些思想。

例 7.4(数据约简后的分类) 考虑三个具有相同协方差矩阵的三维高斯混合分布。对数据进行“球形化”处理后，协方差矩阵都等于单位矩阵。假设球形化数据的均值向量为$\boldsymbol{\mu}_1=[2,1,-3]^{\mathrm{T}}$、$\boldsymbol{\mu}_2=[1,-4,0]^{\mathrm{T}}$和$\boldsymbol{\mu}_3=[2,4,6]^{\mathrm{T}}$。图 7.5a 展示了三个类别的三维(球形化)数据。

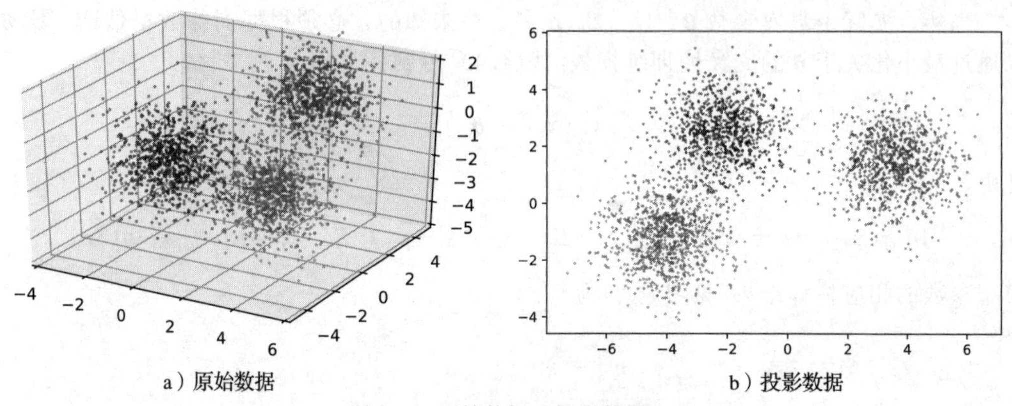

图 7.5 原始数据和投影数据

数据存储在 3 个 1000×3 的矩阵 $\boldsymbol{X}_1$、$\boldsymbol{X}_2$、$\boldsymbol{X}_3$ 中。下面是数据的生成方法和绘图方法。

datared.py

```
import numpy as np
from numpy.random import randn
import matplotlib.pyplot as plt
from mpl_toolkits.mplot3d import Axes3D

n=1000
mu1 = np.array([2,1,-3])
mu2 = np.array([1,-4,0])
mu3 = np.array([2,4,0])
X1 = randn(n,3) + mu1
X2 = randn(n,3) + mu2
X3 = randn(n,3) + mu3
fig = plt.figure()
ax = fig.gca(projection='3d',)
ax.plot(X1[:,0],X1[:,1],X1[:,2],'r.',alpha=0.5,markersize=2)
ax.plot(X2[:,0],X2[:,1],X2[:,2],'b.',alpha=0.5,markersize=2)
ax.plot(X3[:,0],X3[:,1],X3[:,2],'g.',alpha=0.5,markersize=2)
ax.set_xlim3d(-4,6)
ax.set_ylim3d(-5,5)
ax.set_zlim3d(-5,2)
plt.show()
```

由于具有等量的混合样本，我们根据与$\boldsymbol{\mu}_1$、$\boldsymbol{\mu}_2$或$\boldsymbol{\mu}_3$距离最近的原则对每个数据点$\boldsymbol{x}$进行分类。我们可以将数据投影到$\{\boldsymbol{\mu}_i\}$所张成的二维仿射空间上，从而实现数据维度的约简；也就是说，所有的向量都有以下形式：

$$\boldsymbol{\mu}_1+\beta_1(\boldsymbol{\mu}_2-\boldsymbol{\mu}_1)+\beta_2(\boldsymbol{\mu}_3-\boldsymbol{\mu}_1),\quad \beta_1,\beta_2\in\mathbb{R}$$

事实上，我们也可以将数据投影到由向量$\boldsymbol{\mu}_{21}=\boldsymbol{\mu}_2-\boldsymbol{\mu}_1$和$\boldsymbol{\mu}_{31}=\boldsymbol{\mu}_3-\boldsymbol{\mu}_1$张成的子空间上。设$\boldsymbol{W}=[\boldsymbol{\mu}_{21},\boldsymbol{\mu}_{31}]$是$3\times2$矩阵，它的列是$\boldsymbol{\mu}_{21}$和$\boldsymbol{\mu}_{31}$。到$\boldsymbol{W}$的列所张成的子空间$\mathcal{W}$上

的正交投影矩阵是(见定理 A.4)：

$$\boldsymbol{P}=\boldsymbol{W}\boldsymbol{W}^{+}=\boldsymbol{W}(\boldsymbol{W}^{\mathrm{T}}\boldsymbol{W})^{-1}\boldsymbol{W}^{\mathrm{T}}$$

设 $\boldsymbol{U}\boldsymbol{D}\boldsymbol{V}^{\mathrm{T}}$ 为 $\boldsymbol{W}$ 的奇异值分解，那么 $\boldsymbol{P}$ 可以写成

$$\boldsymbol{P}=\boldsymbol{U}\boldsymbol{D}(\boldsymbol{D}^{\mathrm{T}}\boldsymbol{D})^{-1}\boldsymbol{D}^{\mathrm{T}}\boldsymbol{U}^{\mathrm{T}}$$

注意，$\boldsymbol{D}$ 的维度为 3×2，所以不是方阵。$\boldsymbol{U}$ 的前两列，比如说 $\boldsymbol{\mu}_1$ 和 $\boldsymbol{\mu}_2$，构成了子空间 $\mathcal{W}$ 的正交基。我们要做的是将这个子空间旋转到 xy 平面，将 $\boldsymbol{\mu}_1$ 和 $\boldsymbol{\mu}_2$ 分别映射为 $[1,0,0]^{\mathrm{T}}$ 和 $[0,1,0]^{\mathrm{T}}$。这是通过旋转矩阵 $\boldsymbol{U}^{-1}=\boldsymbol{U}^{\mathrm{T}}$ 来实现的，倾斜投影矩阵为

$$\boldsymbol{R}=\boldsymbol{U}^{\mathrm{T}}\boldsymbol{P}=\boldsymbol{D}(\boldsymbol{D}^{\mathrm{T}}\boldsymbol{D})^{-1}\boldsymbol{D}^{\mathrm{T}}\boldsymbol{U}^{\mathrm{T}}$$

它的第 3 行只包含 0。将 $\boldsymbol{R}$ 应用于所有的数据点，并忽略投影点的第 3 个分量(全部为 0)，得到图 7.5b。可以看出，投影点比原始点分离得更好。我们实现了数据的降维，同时保留了分类所需的所有必要信息。下面是 Python 代码的其余部分。

dataproj.py

```python
from datared import *
from numpy.linalg import svd, pinv
mu21 = (mu2 - mu1).reshape(3,1)
mu31 = (mu3 - mu1).reshape(3,1)
W = np.hstack((mu21, mu31))
U,_,_ = svd(W)  # we only need U
P = W @ pinv(W)
R = U.T @ P

RX1 = (R @ X1.T).T
RX2 = (R @ X2.T).T
RX3 = (R @ X3.T).T
plt.plot(RX1[:,0],RX1[:,1],'b.',alpha=0.5,markersize=2)
plt.plot(RX2[:,0],RX2[:,1],'g.',alpha=0.5,markersize=2)
plt.plot(RX3[:,0],RX3[:,1],'r.',alpha=0.5,markersize=2)
plt.show()
```

7.5 逻辑回归和 softmax 分类

在例 5.10 中，我们引入了逻辑回归模型作为广义线性模型，以 p 维特征向量 $\boldsymbol{x}$ 为条件，随机响应 Y 服从 $\mathrm{Ber}(h(\boldsymbol{x}^{\mathrm{T}}\boldsymbol{\beta}))$ 分布，其中 $h(u)=1/(1+\mathrm{e}^{-u})$。然后，通过最大化训练响应的似然或通过最小化交叉熵训练损失[式(4.4)]的监督版本，从训练数据中学习参数 $\boldsymbol{\beta}$：

$$-\frac{1}{n}\sum_{i=1}^{n}\ln g(y_i\,|\,\boldsymbol{\beta},\boldsymbol{x}_i)$$

其中，$g(y=1\,|\,\boldsymbol{\beta},\boldsymbol{x})=1/(1+\mathrm{e}^{-\boldsymbol{x}^{\mathrm{T}}\boldsymbol{\beta}})$，$g(y=0\,|\,\boldsymbol{\beta},\boldsymbol{x})=\mathrm{e}^{-\boldsymbol{x}^{\mathrm{T}}\boldsymbol{\beta}}/(1+\mathrm{e}^{-\boldsymbol{x}^{\mathrm{T}}\boldsymbol{\beta}})$。特别是

$$\ln\frac{g(y=1\,|\,\boldsymbol{\beta},\boldsymbol{x})}{g(y=0\,|\,\boldsymbol{\beta},\boldsymbol{x})}=\boldsymbol{x}^{\mathrm{T}}\boldsymbol{\beta} \tag{7.15}$$

换句话说，**对数优势比**是特征向量的线性函数。因此，决策边界 $\{\boldsymbol{x}: g(y=0\,|\,\boldsymbol{\beta},\boldsymbol{x})=g(y=1\,|\,\boldsymbol{\beta},\boldsymbol{x})\}$ 是超平面 $\boldsymbol{x}^{\mathrm{T}}\boldsymbol{\beta}=0$。注意，$\boldsymbol{x}$ 通常包含常数特征。如果单独考虑常数特征，即 $\boldsymbol{x}=[1,\widetilde{\boldsymbol{x}}^{\mathrm{T}}]^{\mathrm{T}}$，那么边界是 $\widetilde{\boldsymbol{x}}$ 的仿射超平面。

假设对 $\tau=\{(\boldsymbol{x}_i,y_i)\}$ 进行训练，可得到相应学习器 $g_\tau(y=1\,|\,\boldsymbol{x})=1/(1+\mathrm{e}^{-\boldsymbol{x}^{\mathrm{T}}\hat{\boldsymbol{\beta}}})$ 的估计值 $\hat{\boldsymbol{\beta}}$。学习器可以作为一个预分类器，从中我们可以得到分类器 $\mathbb{1}\{g_\tau(y=1\,|\,\boldsymbol{x})>1/2\}$，

或根据基本分类规则[式(7.2)]得到如下等价分类器：

$$\hat{y} := \underset{j \in \{0,1\}}{\operatorname{argmax}}\, g_\tau(y = j \mid \boldsymbol{x})$$

上述逻辑回归模型的分类方法可以推广到多元逻辑回归模型，其中响应在集合$\{0,\cdots,c-1\}$中取值。其关键思想是将式(7.15)替换为

$$\ln \frac{g(y = j \mid \boldsymbol{W}, \boldsymbol{b}, \boldsymbol{x})}{g(y = 0 \mid \boldsymbol{W}, \boldsymbol{b}, \boldsymbol{x})} = \boldsymbol{x}^{\mathrm{T}} \boldsymbol{\beta}_j, \quad j = 1, \cdots, c-1 \tag{7.16}$$

其中，矩阵$\boldsymbol{W} \in \mathbb{R}^{(c-1)\times(p-1)}$和向量$\boldsymbol{b} \in \mathbb{R}^{c-1}$将所有$\boldsymbol{\beta}_j \in \mathbb{R}^p$重新参数化，使得(记住，$\boldsymbol{x} = [1, \widetilde{\boldsymbol{x}}^{\mathrm{T}}]^{\mathrm{T}}$)：

$$\boldsymbol{W}\widetilde{\boldsymbol{x}} + \boldsymbol{b} = [\boldsymbol{\beta}_1, \cdots, \boldsymbol{\beta}_{c-1}]^{\mathrm{T}} \boldsymbol{x}$$

请注意，假设随机响应Y具有条件概率分布，其中关于类j和“参考”类(在本例中为0)的对数优势比是线性的。两对类之间的分离边界也是仿射超平面。

式(7.16)的模型完全规定了Y的分布，即

$$g(y \mid \boldsymbol{W}, \boldsymbol{b}, \boldsymbol{x}) = \frac{\exp(z_{y+1})}{\sum_{k=1}^{c} \exp(z_k)}, \quad y = 0, \cdots, c-1$$

其中，z_1是一个任意的常数(例如0)，对应的“参考”类$y=0$，则

$$[z_2, \cdots, z_c]^{\mathrm{T}} := \boldsymbol{W}\widetilde{\boldsymbol{x}} + \boldsymbol{b}$$

注意，$g(y \mid \boldsymbol{W}, \boldsymbol{b}, \boldsymbol{x})$是$\boldsymbol{\alpha} = \operatorname{softmax}(\boldsymbol{z})$的第$(y+1)$个分量，其中，

$$\operatorname{softmax}: \boldsymbol{z} \mapsto \frac{\exp(\boldsymbol{z})}{\sum_k \exp(z_k)}$$

是softmax函数，$\boldsymbol{z} = [z_1, \cdots, z_c]^{\mathrm{T}}$。最后，我们可以将分类器写成

$$\hat{y} = \underset{j \in \{0, \cdots, c-1\}}{\operatorname{argmax}}\, a_{j+1}$$

综上所述，我们有将输入$\boldsymbol{x}$转换为输出$\hat{y}$的映射序列：

$$\boldsymbol{x} \to \boldsymbol{W}\widetilde{\boldsymbol{x}} + \boldsymbol{b} \to \operatorname{softmax}(\boldsymbol{z}) \to \underset{j \in \{0, \cdots, c-1\}}{\operatorname{argmax}}\, a_{j+1} \to \hat{y}$$

在例9.4中，我们将再次研究多元逻辑回归模型，将这一转换序列重新理解为**神经网络**。在神经网络的语境中，$\boldsymbol{W}$称为**权重矩阵**，$\boldsymbol{b}$称为**偏置向量**。

参数$\boldsymbol{W}$和$\boldsymbol{b}$必须从训练数据中学习，这涉及最小化交叉熵训练损失[式(4.4)]的监督学习版本：

$$\frac{1}{n} \sum_{i=1}^{n} \operatorname{Loss}(f(y_i \mid \boldsymbol{x}_i), g(y_i \mid \boldsymbol{W}, \boldsymbol{b}, \boldsymbol{x}_i)) = -\frac{1}{n} \sum_{i=1}^{n} \ln g(y_i \mid \boldsymbol{W}, \boldsymbol{b}, \boldsymbol{x}_i)$$

利用softmax函数，交叉熵损失可以简化为

$$\operatorname{Loss}(f(y \mid \boldsymbol{x}), g(y \mid \boldsymbol{W}, \boldsymbol{b}, \boldsymbol{x})) = -z_{y+1} + \ln \sum_{k=1}^{c} \exp(z_k) \tag{7.17}$$

关于训练的讨论推迟到第9章，届时我们将多元逻辑回归模型重新解释为神经网络，它可以使用**受限内存**BFGS方法进行训练(见习题11)。注意，在二元分类($c=2$)情况下，只有一个向量$\boldsymbol{\beta}$需要估计，例5.10已经确立了最小化交叉熵训练损失就等同于最大化似然。

7.6 K 近邻分类

设 $\tau=\{(\boldsymbol{x}_i,y_i)\}_{i=1}^n$为训练集，$y_i\in\{0,\cdots,c-1\}$，同时设 $\boldsymbol{x}$ 为新的特征向量。定义 $\boldsymbol{x}_{(1)},\boldsymbol{x}_{(2)},\cdots,\boldsymbol{x}_{(n)}$为排序后的特征向量，根据某种距离 $\operatorname{dist}(\boldsymbol{x},\boldsymbol{x}_i)$度量(比如欧氏距离 $\|\boldsymbol{x}-\boldsymbol{x}'\|$)按与 $\boldsymbol{x}$ 的接近程度进行排序。设 $\tau(\boldsymbol{x}):=\{(\boldsymbol{x}_{(1)},y_{(1)}),\cdots,(\boldsymbol{x}_{(K)},y_{(K)})\}$是 τ 的子集，它包含 K 个与 $\boldsymbol{x}$ 最接近的特征向量 $\boldsymbol{x}_i$。那么 K 近邻(也称为 K 最近邻)分类规则根据 $\tau(\boldsymbol{x})$ 中出现频率最高的类标签对 $\boldsymbol{x}$ 进行分类。如果两个或两个以上的标签获得相同的票数，则以相等的概率随机选择其中的一个标签对特征向量进行分类。对于 $K=1$ 的情况，集合 $\tau(\boldsymbol{x})$只包含一个元素，例如$(\boldsymbol{x}',y')$，$\boldsymbol{x}$ 被分类为 y'。这样就把空间分成了 n 个区域：

$$\mathcal{R}_i=\{\boldsymbol{x}:\operatorname{dist}(\boldsymbol{x},\boldsymbol{x}_i)\leqslant\operatorname{dist}(\boldsymbol{x},\boldsymbol{x}_j),j\neq i\},\quad i=1,\cdots,n$$

对于具有欧氏距离的特征空间 $\mathbb{R}^p$，这里给出了特征空间的维诺镶嵌，类似于 4.6 节对矢量量化的做法。

例 7.5(最近邻分类) 下面的 Python 程序模拟了直线 $x_2=x_1$ 上下 80 个随机点。在直线 $x_2=x_1$ 上方的点标签为 0，该直线下方的点标签为 1。图 7.6 展示了由 K 近邻分类($K=1$)得到的维诺镶嵌效果。

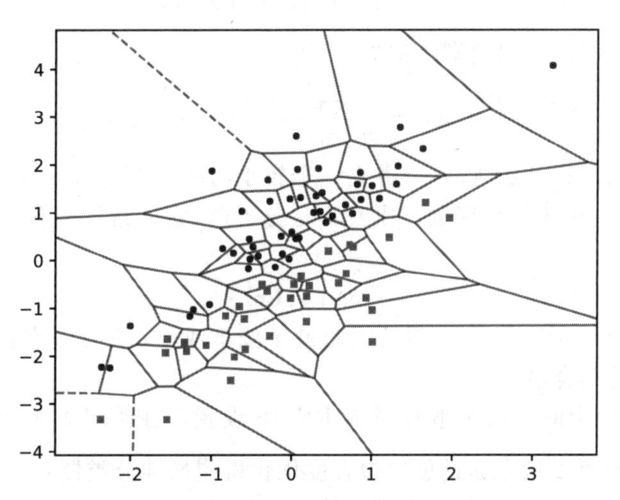

图 7.6 K 近邻算法($K=1$)将空间划分为维诺单元

nearestnb.py

```
import numpy as np
from numpy.random import rand,randn
import matplotlib.pyplot as plt
from scipy.spatial import Voronoi, voronoi_plot_2d

np.random.seed(12345)
M = 80
x = randn(M,2)
y = np.zeros(M) # pre-allocate list

for i in range(M):
    if rand()<0.5:
        x[i,1], y[i] = x[i,0] + np.abs(randn()), 0
```

```
        else:
            x[i,1], y[i] = x[i,0] - np.abs(randn()), 1

    vor = Voronoi(x)
    plt_options = {'show_vertices':False, 'show_points':False,
                   'line_alpha':0.5}
    fig = voronoi_plot_2d(vor, **plt_options)
    plt.plot(x[y==0,0], x[y==0,1],'bo',
             x[y==1,0], x[y==1,1],'rs', markersize=3)
```

7.7 支持向量机

假设给定训练集 $\tau=\{(\boldsymbol{x}_i,y_i)\}_{i=1}^n$，其中每个响应[⊖] y_i 取值为 -1 或 1，我们希望构造一个取值为 $\{-1,1\}$ 的分类器。由于这仅仅涉及 7.1 节中 0-1 分类问题的重新标记处理，因此，根据定理 7.1，0-1 损失 $\mathbb{1}\{y\neq\hat{y}\}$ 的最佳分类函数为

$$g^*(\boldsymbol{x})=\begin{cases}1, & \mathbb{P}[Y=1\,|\,\boldsymbol{X}=\boldsymbol{x}]\geqslant 1/2\\ -1, & \mathbb{P}[Y=1\,|\,\boldsymbol{X}=\boldsymbol{x}]<1/2\end{cases}$$

不难看出(见习题 5)，函数 g^* 可以看作铰链损失函数 $\text{Loss}(y,\hat{y})=(1-y\hat{y})_+:=\max\{0,1-y\hat{y}\}$ 在所有预测函数 g(不一定只在 $\{-1,1\}$ 集合中取值)上的风险最小化值。即

$$g^*=\underset{g}{\operatorname{argmin}}\,\mathbb{E}(1-Yg(\boldsymbol{X}))_+ \tag{7.18}$$

给定训练集 τ，我们可以用训练损失

$$\ell_\tau(g)=\frac{1}{n}\sum_{i=1}^n(1-y_ig(\boldsymbol{x}_i))_+$$

来近似风险 $\ell(g)=\mathbb{E}(1-Yg(\boldsymbol{X}))_+$，并在一个较小的函数类上将其最小化，从而得到最佳预测函数 g_τ。最后，由于预测函数 g_τ 本身不是分类器(它通常不仅仅取值 -1 或 1)，因此设分类器为

$$\text{sign}\,g_\tau(\boldsymbol{x})$$

因此，根据 $g_\tau(\boldsymbol{x})\geqslant 0$ 或 <0，将特征向量 $\boldsymbol{x}$ 按 1 或 -1 进行分类。最佳决策边界由满足 $g_\tau(\boldsymbol{x})=0$ 的 $\boldsymbol{x}$ 的集合给出。

类似于式(6.19)中的三次平滑样条或 RKHS 设置，在给定训练数据的情况下，对于正则化参数 $\widetilde{\gamma}$，我们可以考虑通过惩罚拟合度优化得到最佳分类器：

$$\min_{g\in\mathcal{H}\oplus\mathcal{H}_0}\frac{1}{n}\sum_{i=1}^n[1-y_ig(\boldsymbol{x}_i)]_+ +\widetilde{\gamma}\,\|g\|_{\mathcal{H}}^2$$

定义 $\gamma:=2n\widetilde{\gamma}$ 将很方便，可以求解如下等价问题：

$$\min_{g\in\mathcal{H}\oplus\mathcal{H}_0}\sum_{i=1}^n[1-y_ig(\boldsymbol{x}_i)]_+ +\frac{\gamma}{2}\|g\|_{\mathcal{H}}^2$$

从定理 6.6(表示定理)可知，如果 κ 是 $\mathcal{H}$ 对应的再生核，那么解的形式(假设零空间 $\mathcal{H}_0$ 只有常数项)为

$$g(\boldsymbol{x})=\alpha_0+\sum_{i=1}^n\alpha_i\kappa(\boldsymbol{x}_i,\boldsymbol{x}) \tag{7.19}$$

⊖ 我们之所以在这里使用响应 -1 和 1，而不是 0 和 1，是因为这样的符号表示更容易。

将其代入最小化表达式中，得到类似式(6.21)的表达式：

$$\min_{\alpha,\alpha_0}\sum_{i=1}^{n}[1-y_i(\alpha_0+\{\boldsymbol{K\alpha}\}_i)]_+ +\frac{\gamma}{2}\boldsymbol{\alpha}^{\mathrm{T}}\boldsymbol{K\alpha} \tag{7.20}$$

其中，$\boldsymbol{K}$ 是格拉姆矩阵。这是一个凸优化问题，因为它是 $\boldsymbol{\alpha}$ 的凸二次型与分段线性项的和。定义 $\lambda_i:=\gamma\,\alpha_i/y_i$，$i=1,\cdots,n$ 和 $\boldsymbol{\lambda}:=[\lambda_1,\cdots,\lambda_n]^{\mathrm{T}}$，我们在习题 10 中证明，式(7.20)中的最优 $\boldsymbol{\alpha}$ 和 α_0 可以通过求解“对偶”凸优化问题得到：

$$\begin{aligned}\max_{\boldsymbol{\lambda}}\quad & \sum_{i=1}^{n}\lambda_i-\frac{1}{2\gamma}\sum_{i=1}^{n}\sum_{j=1}^{n}\lambda_i\lambda_j y_i y_j\kappa(\boldsymbol{x}_i,\boldsymbol{x}_j)\\ \text{s.t.}:&\boldsymbol{\lambda}^{\mathrm{T}}\boldsymbol{y}=0,\boldsymbol{0}\leqslant\boldsymbol{\lambda}\leqslant\boldsymbol{1}\end{aligned} \tag{7.21}$$

对于任意 j 和 $\lambda_j\in(0,1)$，有 $\alpha_0=y_j-\sum_{i=1}\alpha_i\kappa(\boldsymbol{x}_i,\boldsymbol{x}_j)$。根据式(7.19)，最佳预测函数(预分类器)$g_\tau$ 由以下公式给出：

$$g_\tau(\boldsymbol{x})=\alpha_0+\sum_{i=1}^{n}\alpha_i\kappa(\boldsymbol{x}_i,\boldsymbol{x})=\alpha_0+\frac{1}{\gamma}\sum_{i=1}^{n}y_i\lambda_i\kappa(\boldsymbol{x}_i,\boldsymbol{x}) \tag{7.22}$$

为了减轻计算α_0 时可能出现的数值问题，通常取总平均值：

$$\alpha_0=\frac{1}{|\mathcal{J}|}\sum_{j\in\mathcal{J}}\left\{y_j-\sum_{i=1}^{n}\alpha_i\kappa(\boldsymbol{x}_i,\boldsymbol{x}_j)\right\}$$

其中，$\mathcal{J}:=\{j:\lambda_j\in(0,1)\}$。

注意，从式(7.22)来看，最佳预分类器 $g(\boldsymbol{x})$和分类器 $\operatorname{sign} g(\boldsymbol{x})$只取决于$\lambda_i\neq0$ 的向量 $\boldsymbol{x}_i$。这些向量称为支持向量机的**支持向量**。还需要注意的是，式(7.21)中的二次函数依赖正则化参数 γ。根据定义 $v_i:=\lambda_i/\gamma$，$i=1,\cdots,n$，我们可以将式(7.21)改写为

$$\begin{aligned}\min_{v}\quad & \frac{1}{2}\sum_{i,j}v_i v_j y_i y_j\kappa(\boldsymbol{x}_i,\boldsymbol{x}_j)-\sum_{i=1}^{n}v_i\\ \text{s.t.}:\quad & \sum_{i=1}^{n}v_i y_i=0,0\leqslant v_i\leqslant 1/\gamma=:C,\quad i=1,\cdots,n\end{aligned} \tag{7.23}$$

对于完全可分离的数据，也就是可以画出一个仿射平面将两类数据完全分离的数据，我们可以取 $C=\infty$，如下所述。否则，C 需要通过交叉验证或测试数据集等方式来选择。

几何解释

对于线性核函数 $\kappa(\boldsymbol{x},\boldsymbol{x}')=\boldsymbol{x}^{\mathrm{T}}\boldsymbol{x}'$，我们有

$$g_\tau(\boldsymbol{x})=\beta_0+\boldsymbol{\beta}^{\mathrm{T}}\boldsymbol{x}$$

其中，$\beta_0=\alpha_0$，$\boldsymbol{\beta}=\boldsymbol{\gamma}^{-1}\sum_{i=1}^{n}\lambda_i\,y_i\boldsymbol{x}_i=\sum_{i=1}^{n}\alpha_i\boldsymbol{x}_i$，所以决策边界是一个仿射平面。这种情况如图 7.7 所示。决策边界由满足 $g_\tau(\boldsymbol{x})=0$ 的点 $\boldsymbol{x}$ 构成。$\{\boldsymbol{x}:g_\tau(\boldsymbol{x})=-1\}$和$\{\boldsymbol{x}:g_\tau(\boldsymbol{x})=1\}$两组数据点构成**边界**。边界上各点到决策边界的距离为 $1/\|\boldsymbol{\beta}\|$。

根据“乘子”$\{\lambda_i\}$的不同，我们可以将训练样本$\{(\boldsymbol{x}_i,y_i)\}$分为三类(见习题 11)：

- $\lambda_i\in(0,1)$的点。这些都是边界上的支持向量(浅色圆圈)，能被正确分类。
- $\lambda_i=1$ 的点。这些点也是支持向量，严格位于边界内(图中的点 1、2 和 3)。这些点可能被正确分类，也可能不被正确分类。
- $\lambda_i=0$ 的点。这些点是非支持向量，它们都在边界之外。每一个这样的点都能正确分类。

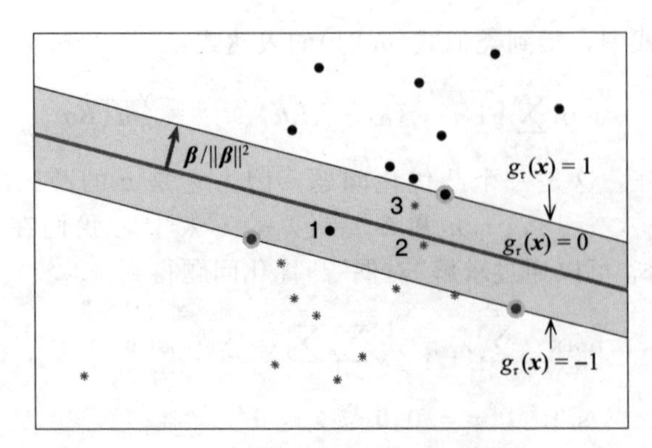

图 7.7 利用 SVM 对两类数据分类

如果满足$\{\boldsymbol{x}_i: y_i=1\}$和$\{\boldsymbol{x}_i: y_i=-1\}$的点可以被某个仿射平面完全分开，那么严格意义上在边界内不会有点，所以所有的支持向量都恰好位于边界上。在这种情况下，式(7.20)可以简化为

$$\min_{\boldsymbol{\beta},\beta_0}\|\boldsymbol{\beta}\|^2$$
$$\text{s.t.:}\quad y_i(\beta_0+\boldsymbol{x}_i^{\mathrm{T}}\boldsymbol{\beta})\geqslant 1,\quad i=1,\cdots,n \tag{7.24}$$

上式将用到$\alpha_0=\beta_0$和$\boldsymbol{K\alpha}=\boldsymbol{X}\boldsymbol{X}^{\mathrm{T}}\boldsymbol{\alpha}=\boldsymbol{X\beta}$的事实。我们将式(7.24)中的$\min\|\boldsymbol{\beta}\|^2$替换为$\max 1/\|\boldsymbol{\beta}\|$，这样可以得到同样的最优解。由于$1/\|\boldsymbol{\beta}\|$等于边距的一半，后一个优化问题有一个简单的解释：通过仿射超平面将点分开同时使边距最大。

例 7.6(支持向量机) 图 7.8 中的数据在单位圆盘上均匀抽取。圆点表示的第 1 类点的半径小于 1/2(y 值为 1)，叉号表示的第 2 类点的半径大于 1/2(y 值为 −1)。

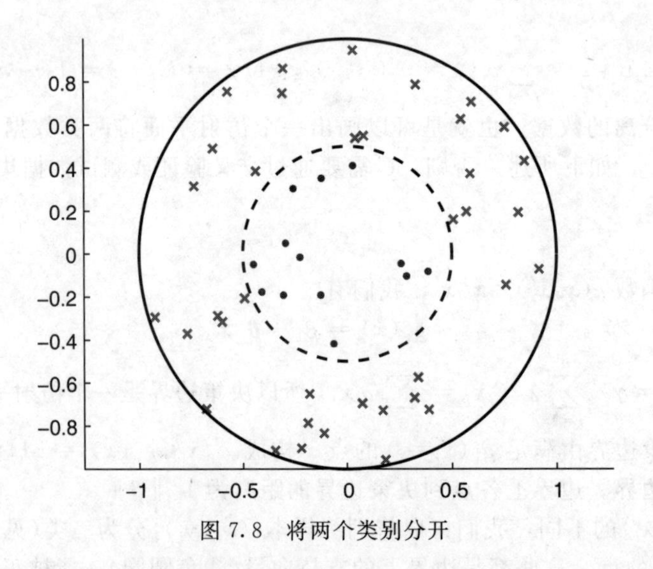

图 7.8 将两个类别分开

当然，在 $\mathbb{R}^2$ 中不可能通过一条直线将这两类点分开。然而，通过考虑三维特征向量 $\boldsymbol{z}=[z_1,z_2,z_3]^{\mathrm{T}}=[x_1,x_2,x_1^2+x_2^2]^{\mathrm{T}}$，我们可以在 $\mathbb{R}^3$ 中将它们分开。对于任意 $\boldsymbol{x}\in\mathbb{R}^2$，对应的特征向量 $\boldsymbol{z}$ 位于一个二次曲面上。在这个空间中，可以通过平面将$\{\boldsymbol{z}_i\}$点分成两组，如图 7.9 所示。

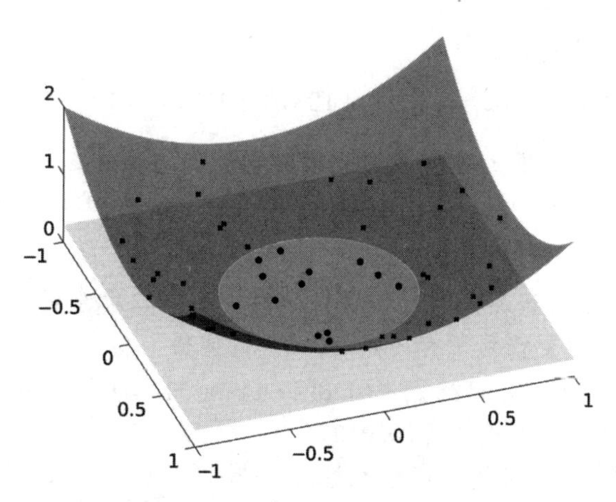

图 7.9 在特征空间 $\mathbb{R}^3$ 中，点可以被一个平面分开

我们希望利用变换后的特征在 $\mathbb{R}^3$ 中找到分离平面。下面的 Python 代码使用 **sklearn** 模块的 **SVC** 函数来求解二次优化问题[式(7.23)]，其中 $C=\infty$。结果汇总于表 7.6 中。这些数据可以通过本书 GitHub 网站上的 **svmcirc.csv** 文件获得。

svmquad.py

```
import numpy as np
from numpy import genfromtxt
from sklearn.svm import SVC

data = genfromtxt('svmcirc.csv', delimiter=',')
x = data[:,[0,1]] #vectors are rows
y = data[:,[2]].reshape(len(x),) #labels

tmp = np.sum(np.power(x,2),axis=1).reshape(len(x),1)
z = np.hstack((x,tmp))

clf = SVC(C = np.inf, kernel='linear')
clf.fit(z,y)

print("Support Vectors \n", clf.support_vectors_)
print("Support Vector Labels ",y[clf.support_])
print("Nu",clf.dual_coef_)
print("Bias",clf.intercept_)
```

```
  Support Vectors
 [[ 0.038758     0.53796      0.29090314]
 [-0.49116     -0.20563      0.28352184]
 [-0.45068     -0.04797      0.20541358]
 [-0.061107    -0.41651      0.17721465]]
Support Vector Labels  [-1. -1.  1.  1.]
Nu [[ -46.49249413 -249.01807328  265.31805855   30.19250886]]
Bias  [5.617891]
```

表 7.6 $\mathbb{R}^3$ 中数据的最佳支持向量机参数

	z^T		y	$\alpha=\nu y$
0.0388	0.5380	0.2909	−1	−46.4925
−0.4912	−0.2056	0.2835	−1	−249.0181
−0.4507	−0.0480	0.2054	1	265.3181
−0.0611	−0.4165	0.1772	1	30.1925

由此可知，平面的法向量是：

$$\boldsymbol{\beta}=\sum_{i\in\mathcal{S}}\alpha_i\boldsymbol{z}_i=[-0.9128,0.8917,-24.2764]^{\mathrm{T}}$$

其中，$\mathcal{S}$是支持向量的索引集。我们看到，该平面几乎垂直于 z_1、z_2 平面。偏置项 β_0 也可以从表 7.6 中找到。特别地，对于表 7.6 中的任意 $\boldsymbol{x}^{\mathrm{T}}$ 和 y，我们有 $y-\boldsymbol{\beta}^{\mathrm{T}}\boldsymbol{z}=\beta_0=5.6179$。

为了在 $\mathbb{R}^2$ 中画出分类边界，我们需要将分离平面与二次曲面的交线投影到 z_1、z_2 平面上。也就是说，我们需要找到所有的点(z_1,z_2)，使得

$$5.6179-0.9128\,z_1+0.8917\,z_2=24.2764(z_1^2+z_2^2) \tag{7.25}$$

这是一个圆的方程，圆心近似为(0.019，−0.018)，半径为 0.48，非常接近两组数据之间真实的圆心为(0，0)、半径为 0.5 的圆形边界，如图 7.10 所示。

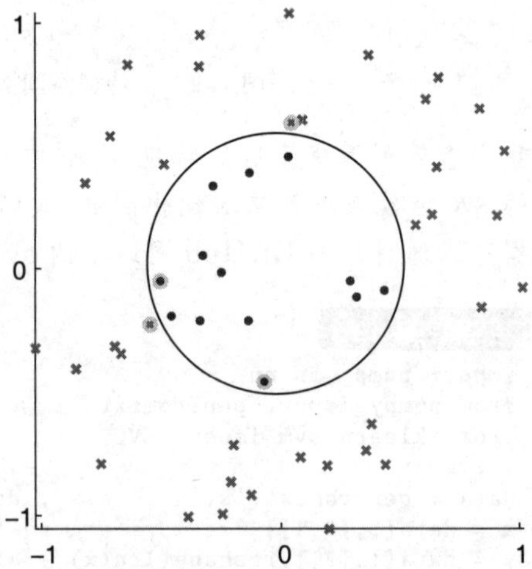

图 7.10　圆形决策边界可以等价地看成：(a)分离平面与二次曲面(均在 $\mathbb{R}^3$ 中)的交点在x_1、x_2 平面上的投影；(b) 满足 $g_\tau(\boldsymbol{x})=\beta_0+\boldsymbol{\beta}^{\mathrm{T}}\boldsymbol{\phi}(\boldsymbol{x})=0$ 的点 $\boldsymbol{x}=(x_1,x_2)$集合

导出这种圆形分离边界的一种等效方法是，考虑 $\mathbb{R}^2$ 上的特征映射 $\boldsymbol{\phi}(\boldsymbol{x})=[x_1,x_2,x_1^2+x_2^2]^{\mathrm{T}}$，它定义了 $\mathbb{R}^2$ 上的一个再生核：

$$\kappa(\boldsymbol{x},\boldsymbol{x}')=\boldsymbol{\phi}(\boldsymbol{x})^{\mathrm{T}}\boldsymbol{\phi}(\boldsymbol{x}')$$

这就产生了一个(唯一的)RKHS $\mathcal{H}$。最佳预测函数[式(7.19)]的形式变为

$$\begin{aligned}g_\tau(\boldsymbol{x})&=\alpha_0+\frac{1}{\gamma}\sum_{i=1}^{n}y_i\lambda_i\boldsymbol{\phi}(\boldsymbol{x}_i)^{\mathrm{T}}\boldsymbol{\phi}(\boldsymbol{x})\\&=\beta_0+\boldsymbol{\beta}^{\mathrm{T}}\boldsymbol{\phi}(\boldsymbol{x})\end{aligned} \tag{7.26}$$

其中，$\alpha_0=\beta_0$，且

$$\boldsymbol{\beta}=\frac{1}{\gamma}\sum_{i=1}^{n}y_i\,\lambda_i\boldsymbol{\phi}(\boldsymbol{x}_i)$$

决策边界$\{\boldsymbol{x}:g_\tau(\boldsymbol{x})=0\}$在 $\mathbb{R}^2$ 中也是一个圆。下面的代码可确定拟合模型参数和决策边界。图 7.10 展示了最优决策边界，它与式(7.25)相同。函数 **mykernel** 指定了上面的自定义核。

svmkern.py

```
import numpy as np, matplotlib.pyplot as plt
from numpy import genfromtxt
from sklearn.svm import SVC

def mykernel(U,V):
    tmpU = np.sum(np.power(U,2),axis=1).reshape(len(U),1)
    U = np.hstack((U,tmpU))
    tmpV = np.sum(np.power(V,2),axis=1).reshape(len(V),1)
    V = np.hstack((V,tmpV))
    K = U @ V.T
    print(K.shape)
    return K

# read in the data
inp = genfromtxt('svmcirc.csv', delimiter=',')
data = inp[:,[0,1]] #vectors are rows
y = inp[:,[2]].reshape(len(data),) #labels
```

```
clf = SVC(C = np.inf, kernel=mykernel, gamma='auto') # custom kernel
# clf = SVC(C = np.inf, kernel="rbf", gamma='scale') # inbuilt

clf.fit(data,y)

print("Support Vectors \n", clf.support_vectors_)
print("Support Vector Labels ",y[clf.support_])
print("Nu ",clf.dual_coef_)
print("Bias ",clf.intercept_)

# plot
d = 0.001
x_min, x_max = -1,1
y_min, y_max = -1,1
xx, yy = np.meshgrid(np.arange(x_min, x_max, d), np.arange(y_min,
    y_max, d))
plt.plot(data[clf.support_,0],data[clf.support_,1],'go')
plt.plot(data[y==1,0],data[y==1,1],'b.')
plt.plot(data[y==-1,0],data[y==-1,1],'rx')

Z = clf.predict(np.c_[xx.ravel(), yy.ravel()])
Z = Z.reshape(xx.shape)
plt.contour(xx, yy, Z,colors ="k")
plt.show()
```

最后，高斯核的使用方法如下：

$$\kappa(\boldsymbol{x},\boldsymbol{x}') = \mathrm{e}^{-c\|\boldsymbol{x}-\boldsymbol{x}'\|^2} \tag{7.27}$$

其中，$c>0$ 是某个调整常数。这是径向基函数核的一个例子，对正数实值函数 f 来说，它们是形式为 $\kappa(\boldsymbol{x},\boldsymbol{x}')=f(\|\boldsymbol{x}-\boldsymbol{x}'\|)$ 的再生核。现在，每个特征向量 $\boldsymbol{x}$ 都被转换为函数 $\kappa_{\boldsymbol{x}}=\kappa(\boldsymbol{x},\cdot)$。我们可以把它看作以 $\boldsymbol{x}$ 为中心的高斯分布的(未归一化)概率密度函数，g_τ 是这些概率密度函数的(有符号的)混合密度，再加上一个常数，即

$$g_\tau(\boldsymbol{x}) = \alpha_0 + \sum_{i=1}^{n}\alpha_i \mathrm{e}^{-c\|\boldsymbol{x}_i-\boldsymbol{x}\|^2}$$

将前面代码第 2 行中的 mykernel 替换为 'rbf'，产生表 7.7 中给出的 SVM 参数。图 7.11 展示了决策边界，它不完全是圆形的，但接近于真实的圆形边界 $\{\boldsymbol{x}:\|\boldsymbol{x}\|=1/2\}$。现在有 7 个支持向量，而不是图 7.10 中的 4 个。

表 7.7 高斯核情况下的最优支持向量机参数

$\boldsymbol{x}^{\mathrm{T}}$		y	$\alpha(\times 10^9)$	$\boldsymbol{x}^{\mathrm{T}}$		y	$\alpha(\times 10^9)$
0.0388	0.5380	−1	−0.0635	−0.4374	0.3854	−1	−1.4399
−0.4912	−0.2056	−1	−9.4793	0.3402	−0.5740	−1	−0.1000
0.5086	0.1576	−1	−0.5240	−0.4098	−0.1763	1	6.0662
−0.4507	−0.0480	1	5.5405				

■ **评注 7.2(缩放参数和惩罚参数)** 在 sklearn 模块中使用 SVC 径向基函数时，式(7.27)中的缩放比例 c 可以通过参数 gamma 设置。需要注意的是，大的 gamma 会导致预测函数具有较高的峰值，小的 gamma 会导致预测函数高度平滑。SVC 中的参数 C 指的是式(7.23)中的 $C=1/\gamma$。 ■

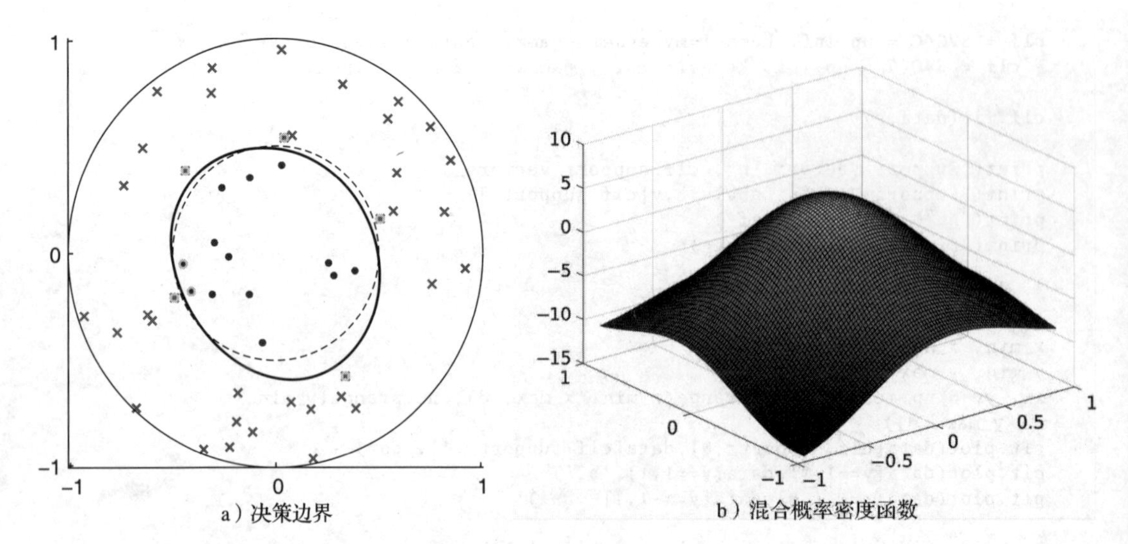

图 7.11　决策边界$\{x: g_\tau(x)=0\}$大致呈圆形，并且很好地分离了两个类别，g_τ 的图形是高斯概率密度函数的比例混合再加上一个常数

7.8　使用 Scikit-Learn 进行分类

本节使用 Python 模块 **sklearn**(软件包名称为 Scikit-Learn)将几种分类方法应用于真实世界的数据集。具体来说，数据来自 UCI 的威斯康辛乳腺癌数据集(Breast Cancer Wisconsin)。这个数据集在文献[118]中首次发布和分析，包含 569 幅图像的相关测量值，其中 357 幅图像是良性的、212 幅图像是恶性乳腺肿块。目标是根据 10 个特征将乳房肿块分为良性或恶性，这些特征包括肿块的半径、纹理、周长、面积、平滑度、紧凑度、凹度、凹点、对称性和分形尺寸。对每幅图像计算这些属性的均值、标准差和“最差值”，从而得到 30 个特征。例如，特征 1 是平均半径，特征 11 是半径 SE，特征 21 是最差半径。

下面的 Python 代码读取数据，提取响应向量和模型(特征)矩阵，并将数据分为训练集和测试集。

skclass1.py

```
from numpy import genfromtxt
from sklearn.model_selection import train_test_split
url1 = "http://mlr.cs.umass.edu/ml/machine-learning-databases/"
url2 = "breast-cancer-wisconsin/"
name = "wdbc.data"
data = genfromtxt(url1 + url2 + name, delimiter=',', dtype=str)
y = data[:,1] #responses
X = data[:,2:].astype('float') #features as an ndarray matrix

X_train , X_test , y_train , y_test = train_test_split(
      X, y, test_size = 0.4, random_state = 1234)
```

为了可视化数据，我们针对平均半径、平均纹理和平均凹度 3 个特征创建了三维散点图，它们对应于模型矩阵 $\boldsymbol{X}$ 的第 0、1 和 6 列。图 7.12 表明，利用这 3 个特征可以很好地分离恶性乳腺肿块和良性乳腺肿块。

skclass2.py

```
from skclass1 import X, y
import matplotlib.pyplot as plt
from mpl_toolkits.mplot3d import Axes3D
import numpy as np

Bidx = np.where(y == 'B')
Midx= np.where(y == 'M')

# plot features Radius (column 0), Texture (1), Concavity (6)

fig = plt.figure()
ax = fig.gca(projection = '3d')
ax.scatter(X[Bidx,0], X[Bidx,1], X[Bidx,6],
           c='r', marker='^', label='Benign')
ax.scatter(X[Midx,0], X[Midx,1], X[Midx,6],
           c='b', marker='o', label='Malignant')
ax.legend()
ax.set_xlabel('Mean Radius')
ax.set_ylabel('Mean Texture')
ax.set_zlabel('Mean Concavity')
plt.show()
```

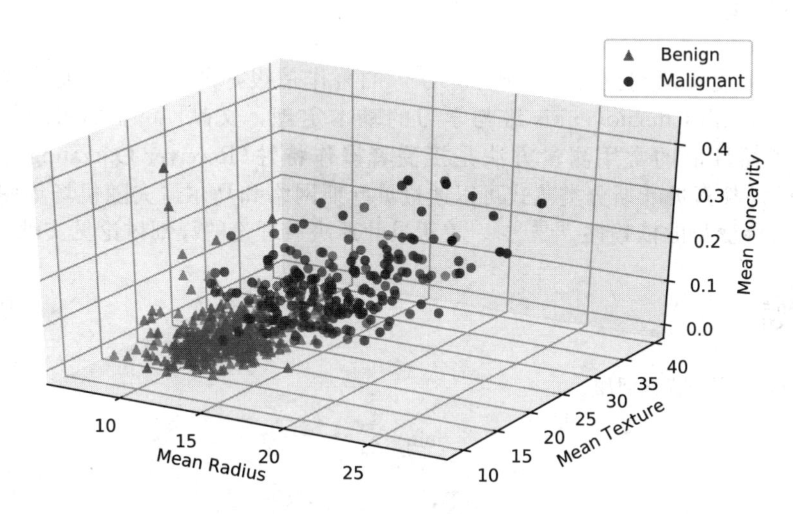

图 7.12 乳腺良性肿块和恶性肿块3个特征的散点图

以下代码使用各种分类器来预测乳腺肿块的类别(良性或恶性)。在本例中，训练集有341个元素，测试集有228个元素。每个分类器都报告了测试集中正确预测的百分比(即准确率)。我们看到，本例中二次判别分析给出了最高的准确率(0.956)。习题18探讨了这个指标是否最适合这些数据。

skclass3.py

```
from skclass1 import X_train, y_train, X_test, y_test
from sklearn.metrics import accuracy_score

import sklearn.discriminant_analysis as DA
from sklearn.naive_bayes import GaussianNB
from sklearn.neighbors import KNeighborsClassifier
from sklearn.linear_model import LogisticRegression
from sklearn.svm import SVC

names = ["Logit","NBayes", "LDA", "QDA", "KNN", "SVM"]
```

```
classifiers = [LogisticRegression(C=1e5),
               GaussianNB(),
               DA.LinearDiscriminantAnalysis(),
               DA.QuadraticDiscriminantAnalysis(),
               KNeighborsClassifier(n_neighbors=5),
               SVC(kernel='rbf', gamma = 1e-4)]

print('Name  Accuracy\n'+14*'-')
for name, clf in zip(names, classifiers):
  clf.fit(X_train, y_train)
  y_pred = clf.predict(X_test)
  print('{:6}  {:3.3f}'.format(name, accuracy_score(y_test,y_pred)))
```

```
Name  Accuracy
--------------
Logit   0.943
NBayes  0.908
LDA     0.943
QDA     0.956
KNN     0.925
SVM     0.939
```

7.9 扩展阅读

想了解各种模式识别技术，Duda 等人[35]的著作是很好的资料。有关分类问题的理论基础，包括 Vapnik-Chernovenkis 维与学习的基本定理，文献[109,121-122]中都有讨论。表征二元分类器性能的常用测量方法是**接受者操作特性**(Receiver Operating Characteristic, ROC)曲线[38]。朴素贝叶斯分类范式可以通过贝叶斯网络和马尔可夫随机场等图模型进行扩展，以处理解释变量的依赖性[46,66,69]。关于贝叶斯决策理论的详细讨论见文献[8]。

7.10 习题

1. 设 $0 \leqslant w \leqslant 1$。证明凸优化问题：

$$\begin{aligned} &\min_{p_1,\cdots,p_n} \sum_{i=1}^{n} p_i^2 \\ &\text{s.t.}: \sum_{i-1}^{n-1} p_i = w, \quad \sum_{i=1}^{n} p_i = 1 \end{aligned} \tag{7.28}$$

的解可以由 $p_i = \dfrac{w}{n-1}$，$i=1,\cdots,n-1$ 和 $p_n = 1-w$ 给出。

2. 通过最小化交叉熵训练损失

$$-\frac{1}{n}\sum_{i=1}^{n} \ln g(\boldsymbol{x}_i, y_i \mid \boldsymbol{\theta})$$

来推导公式(7.14)。其中，$g(\boldsymbol{x}, y \mid \boldsymbol{\theta})$满足：

$$\ln g(\boldsymbol{x}, y \mid \boldsymbol{\theta}) = \ln \alpha_y - \frac{1}{2}\ln |\boldsymbol{\Sigma}_y| - \frac{1}{2}(\boldsymbol{x}-\boldsymbol{\mu}_y)^{\mathrm{T}} \boldsymbol{\Sigma}_y^{-1}(\boldsymbol{x}-\boldsymbol{\mu}_y) - \frac{p}{2}\ln(2\pi)$$

3. 修改例 7.2 中的代码，绘制估计的决策边界，代替图 7.3 中真实的决策边界。比较真实决策边界和估计的决策边界。

4. 由式(7.16)可知，多元逻辑分类器的决策边界是线性的，预分类器可以写成条件概率密度函数的形式：

$$g(y \mid \boldsymbol{W}, \boldsymbol{b}, \boldsymbol{x}) = \frac{\exp(z_{y+1})}{\sum_{i=1}^{c} \exp(z_i)}, \quad y \in \{0, \cdots, c-1\}$$

其中，$\boldsymbol{x}^{\mathrm{T}}=[1,\widetilde{\boldsymbol{x}}^{\mathrm{T}}]$，$\boldsymbol{z}=\boldsymbol{W}\widetilde{\boldsymbol{x}}+\boldsymbol{b}$。

(a)证明 7.4 节中的线性判别预分类器也可以写成条件概率密度函数的形式($\boldsymbol{\theta}=\{\alpha_y,\boldsymbol{\Sigma}_y,\boldsymbol{\mu}_y\}_{y=0}^{c-1}$)：

$$g(y\mid\boldsymbol{\theta},\boldsymbol{x})=\frac{\exp(z_{y+1})}{\sum_{i=1}^{c}\exp(z_i)},\quad y\in\{0,\cdots,c-1\}$$

其中，$\boldsymbol{x}^{\mathrm{T}}=[1,\widetilde{\boldsymbol{x}}^{\mathrm{T}}]$，$\boldsymbol{z}=\boldsymbol{W}\widetilde{\boldsymbol{x}}+\boldsymbol{b}$。用线性判别参数$\{\alpha_y,\ \boldsymbol{\mu}_y,\ \boldsymbol{\Sigma}_y\}_{y=0}^{c-1}$表示相应的 $\boldsymbol{b}$ 和 $\boldsymbol{W}$，对所有 y 来说，$\boldsymbol{\Sigma}_y=\boldsymbol{\Sigma}$。

(b)解释哪种预分类器的近似误差较小：线性判别器还是多元逻辑分类器？通过证明两个近似误差之间的不等式来验证你的答案。

5. 考虑一个二元分类问题，其中响应 Y 取值为$\{-1,1\}$。证明铰链损失 $\mathrm{Loss}(y,\hat{y})=(1-y\hat{y})_+:=\max\{0,1-y\hat{y}\}$的最佳预测函数与 0-1 损失的最佳预测函数 g^* 相同。

$$g^*(\boldsymbol{x})=\begin{cases}1, & \mathbb{P}[Y=1\mid\boldsymbol{X}=\boldsymbol{x}]>1/2\\ -1, & \mathbb{P}[Y=1\mid\boldsymbol{X}=\boldsymbol{x}]<1/2\end{cases}$$

即对所有函数 h，证明：

$$\mathbb{E}(1-Yh(\boldsymbol{X}))_+\geqslant\mathbb{E}(1-Yg^*(\boldsymbol{X}))_+ \tag{7.29}$$

6. 在例 4.12 中，我们对 **iris**(鸢尾花)数据应用了主成分分析，但没有根据花的特征向量 $\boldsymbol{x}$ 进行分类。从 **iris** 数据集中随机选取 50 个数据对$(\boldsymbol{x},y)$作为训练集，实现 1 近邻算法。在剩下的 100 个鸢尾花数据中，有多少能被正确分类？现在使用现成的多元 logit 分类器对这些条目进行分类，例如，可以在 **sklearn** 和 **statsmodels** 包中找到这样的分类器。

7. 图 7.13 显示了两组数据点，具体数据由表 7.8 给出。各组数据的凸包围也绘制了出来。可以通过一条直线来分离这两类数据点。事实上，很多这样的直线都可以将两类数据分开。SVM 给出了最好的分离效果，因为点之间的间距(边距)最大。

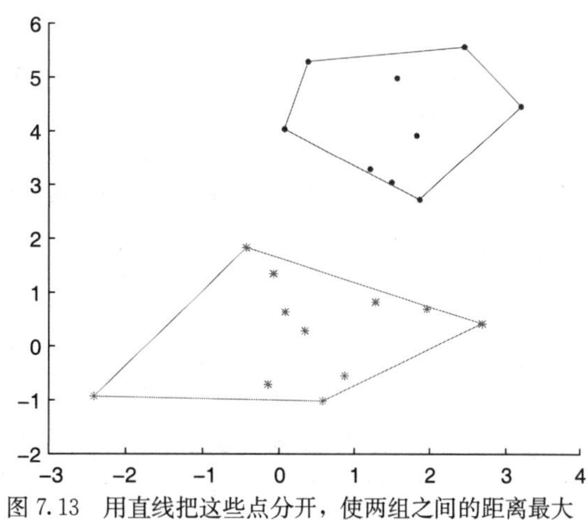

图 7.13 用直线把这些点分开，使两组之间的距离最大

表 7.8 图 7.13 用到的数据

x_1	x_2	y	x_1	x_2	y
2.4524	5.5673	−1	0.5819	−1.0156	1
1.2743	0.8265	1	1.2065	3.2984	−1
0.8773	−0.5478	1	2.6830	0.4216	1
1.4837	3.0464	−1	−0.0734	1.3457	1
0.0628	4.0415	−1	0.0787	0.6363	1
−2.4151	−0.9309	1	0.3816	5.2976	−1
1.8152	3.9202	−1	0.3386	0.2882	1
1.8557	2.7262	−1	−0.1493	−0.7095	1
−0.4239	1.8349	1	1.5554	4.9880	−1
1.9630	0.6942	1	3.2031	4.4614	−1

(a)从图中找出三个支持向量。

(b)对于由 $\beta_0+\boldsymbol{\beta}^{\mathrm{T}}\boldsymbol{x}=0$ 给出的分离边界(线)，证明边距宽度为 $2/\|\boldsymbol{\beta}\|$。

(c)证明：求解凸优化问题[式(7.24)]的参数 β_0 和 $\boldsymbol{\beta}$ 可以给出最大的边距宽度。

(d)使用惩罚方法求解式(7.24)，见 B.4 节。特别地，对于某个正的惩罚常数 C，最小化如下惩罚函数：

$$S(\boldsymbol{\beta},\beta_0)=\|\boldsymbol{\beta}\|^2-C\sum_{i=1}^{n}\min\{(\beta_0+\boldsymbol{\beta}^{\mathrm{T}}\boldsymbol{x}_i)y_i-1,0\}$$

(e)利用 sklearn 的 SCV 方法求对偶优化问题[式(7.21)]的解。需要注意的是，由于两个点集是可以分开的，因此可以去掉约束条件 $\lambda\leqslant 1$，γ 的值可以设为 1。

8. 在例 7.6 中，我们使用特征映射 $\boldsymbol{\phi}(\boldsymbol{x})=[x_1,x_2,x_1^2+x_2^2]^{\mathrm{T}}$ 对点进行分类。一个更简单的方法是通过特征映射 $\boldsymbol{\phi}(\boldsymbol{x})=\|\boldsymbol{x}\|$ 或任何单调函数将点映射到 $\mathbb{R}^1$ 中。再转换回 $\mathbb{R}^2$，这就得到一个圆形的分离边界。求这个圆的半径和圆心，利用这两组数据的排序范数是…，0.4889，0.5528，…。

9. 设 $Y\in\{0,1\}$ 为响应变量，设 $h(\boldsymbol{x})$ 为回归函数：

$$h(\boldsymbol{x}):=\mathbb{E}[Y\mid \boldsymbol{X}=\boldsymbol{x}]=\mathbb{P}[Y=1\mid \boldsymbol{X}=\boldsymbol{x}]$$

贝叶斯分类器为 $g^*(\boldsymbol{x})=\mathbb{1}\{h(\boldsymbol{x})>1/2\}$。令 $g:\mathbb{R}\to\{0,1\}$ 为任意其他分类器函数。下面，我们将所有条件为 $\boldsymbol{X}=\boldsymbol{x}$ 的概率和期望表示为 $\mathbb{P}_{\boldsymbol{x}}[\cdot]$ 和 $\mathbb{E}_{\boldsymbol{x}}[\cdot]$。

(a)证明：

$$\mathbb{P}_{\boldsymbol{x}}[g(\boldsymbol{x})\neq Y]=\overbrace{\mathbb{P}_{\boldsymbol{x}}[g^*(\boldsymbol{x})\neq Y]}^{\text{不可归约误差}}+|2h(\boldsymbol{x})-1|\,\mathbb{1}\{g(\boldsymbol{x})\neq g^*(\boldsymbol{x})\}$$

因此，对于从训练集 $\mathcal{T}$ 构建的学习器 $g_{\mathcal{T}}$，我们可以推导出

$$\mathbb{E}[\mathbb{P}_{\boldsymbol{x}}[g_{\mathcal{T}}(\boldsymbol{x})\neq \boldsymbol{Y}\mid\mathcal{T}]]=\mathbb{P}_{\boldsymbol{x}}[g^*(\boldsymbol{x})\neq Y]+|2h(\boldsymbol{x})-1|\,\mathbb{P}[g_{\mathcal{T}}(\boldsymbol{x})\neq g^*(\boldsymbol{x})]$$

其中，第一个期望和最后一个概率运算是关于 $\mathcal{T}$ 的。

(b)利用前面的结果，推导出对于无条件(即不再以 $\boldsymbol{X}=\boldsymbol{x}$ 为条件)误差，我们有

$$\mathbb{P}[g^*(\boldsymbol{X})\neq Y]\leqslant\mathbb{P}[g_{\mathcal{T}}(\boldsymbol{X})\neq Y]$$

(c)证明，如果 $g_{\mathcal{T}}:=\mathbb{1}\{h_{\mathcal{T}}(\boldsymbol{x})>1/2\}$ 是分类器函数，对于某个均值和方差函数 $\mu(\boldsymbol{x})$ 和 $\sigma^2(\boldsymbol{x})$，当 $n\to\infty$ 时，使得

$$h_{\mathcal{T}}(\boldsymbol{x})\xrightarrow{\mathrm{d}}Z\sim\mathcal{N}(\mu(\boldsymbol{x}),\sigma^2(\boldsymbol{x}))$$

那么，

$$\mathbb{P}_{\boldsymbol{x}}[g_{\mathcal{T}}(\boldsymbol{x})\neq g^*(\boldsymbol{x})]\longrightarrow\Phi\left(\frac{\mathrm{sign}(1-2h(\boldsymbol{x}))(2\mu(\boldsymbol{x})-1)}{2\sigma(\boldsymbol{x})}\right)$$

其中，Φ 是标准正态随机变量的概率密度函数。

10. 从原始规划[式(7.20)]推导出对偶规划[式(7.21)]。首先，引入辅助变量的向量 $\boldsymbol{\xi}:=[\xi_1,\cdots,\xi_n]^{\mathrm{T}}$，将原始规划写成

$$\begin{aligned}&\min_{\alpha,\alpha_0,\xi}\sum_{i=1}^{n}\xi_i+\frac{\gamma}{2}\boldsymbol{\alpha}^{\mathrm{T}}\boldsymbol{K}\boldsymbol{\alpha}\\&\text{s.t.}:\boldsymbol{\xi}\geqslant\mathbf{0}\\&\qquad y_i(\alpha_0+\{\boldsymbol{K}\boldsymbol{\alpha}\}_i)\geqslant 1-\xi_i,\quad i=1,\cdots,n\end{aligned}\tag{7.30}$$

(a)应用 B.2.2 节的拉格朗日优化理论，得到拉格朗日函数 $\mathcal{L}(\{\alpha_0,\boldsymbol{\alpha},\boldsymbol{\xi}\},\{\boldsymbol{\lambda},\boldsymbol{\mu}\})$，其中 $\boldsymbol{\mu}$ 和 $\boldsymbol{\lambda}$ 分别是对应第一和第二不等式约束的拉格朗日乘子。

(b)证明优化 $\mathcal{L}$ 的 KKT(见定理 B.2)条件是

$$\begin{aligned}&\boldsymbol{\lambda}^{\mathrm{T}}\boldsymbol{y}=0\\&\boldsymbol{\alpha}=\boldsymbol{y}\odot\boldsymbol{\lambda}/\gamma\\&\mathbf{0}\leqslant\boldsymbol{\lambda}\leqslant\mathbf{1}\\&(\mathbf{1}-\boldsymbol{\lambda})\odot\boldsymbol{\xi}=\mathbf{0},\quad\lambda_i(y_ig(\boldsymbol{x}_i)-1+\xi_i)=0,\quad i=1,\cdots,n\\&\boldsymbol{\xi}\geqslant\mathbf{0},\quad y_ig(\boldsymbol{x}_i)-1+\xi_i\geqslant 0,\quad i=1,\cdots,n\end{aligned}\tag{7.31}$$

这里 $\odot$ 代表逐分量乘法，例如，$\boldsymbol{y}\odot\boldsymbol{\lambda}=[y_1\lambda_1,\cdots,y_n\lambda_n]^{\mathrm{T}}$，根据式(7.19)，我们将 $\alpha_0+\{\boldsymbol{K}\boldsymbol{\alpha}\}_i$ 简写为 $g(\boldsymbol{x}_i)$。(提示：KKT 条件之一是 $\boldsymbol{\lambda}=\mathbf{1}-\boldsymbol{\mu}$，因此我们可以消除 $\boldsymbol{\mu}$。)

(c)利用 KKT 条件[式(7.31)]，将拉格朗日对偶函数 $\mathcal{L}^*(\boldsymbol{\lambda}):=\min\limits_{\alpha_0,\alpha,\xi}\mathcal{L}(\{\alpha_0,\boldsymbol{\alpha},\boldsymbol{\xi}\},\{\boldsymbol{\lambda},\mathbf{1}-\boldsymbol{\lambda}\})$ 简化为

$$\mathcal{L}^*(\boldsymbol{\lambda}) = \sum_{i=1}^{n} \lambda_i - \frac{1}{2\gamma}\sum_{i=1}^{n}\sum_{j=1}^{n} \lambda_i \lambda_j y_i y_j \kappa(\boldsymbol{x}_i, \boldsymbol{x}_j) \tag{7.32}$$

(d)根据式(7.19)和上述(a)～(c)的结果，证明最佳预测函数 g_τ 由以下公式给出：

$$g_\tau(\boldsymbol{x}) = \alpha_0 + \frac{1}{\gamma}\sum_{i=1}^{n} y_i \lambda_i \kappa(\boldsymbol{x}_i, \boldsymbol{x}) \tag{7.33}$$

其中 $\boldsymbol{\lambda}$ 是

$$\begin{aligned} &\max_{\boldsymbol{\lambda}} \quad \mathcal{L}^*(\boldsymbol{\lambda}) \\ &\text{s.t.}: \quad \boldsymbol{\lambda}^{\mathrm{T}}\boldsymbol{y} = 0, \quad \boldsymbol{0} \leqslant \boldsymbol{\lambda} \leqslant \boldsymbol{1} \end{aligned} \tag{7.34}$$

的解。对于任何 j，$\alpha_0 = y_j - \frac{1}{\gamma}\sum_{i=1}^{n} y_i \lambda_i \kappa(\boldsymbol{x}_i, \boldsymbol{x}_j)$，使得$\lambda_j \in (0,1)$。

11. 考虑图 7.7 所示的 SVM 分类问题。根据习题 10 中乘子$\{\lambda_i\}$的值，对训练数据点$\{(\boldsymbol{x}_i, y_i)\}$进行分类。设 $\xi_i (i=1,\cdots,n)$为习题 10 中的辅助变量。

(a)对于 $\lambda_i \in (0, 1)$，证明$(\boldsymbol{x}_i, y_i)$正好位于决策边界上。

(b)对于 $\lambda_i = 1$，证明$(\boldsymbol{x}_i, y_i)$严格位于边界内。

(c)对于 $\lambda_i = 0$，证明$(\boldsymbol{x}_i, y_i)$位于边界外，且数据点被正确分类。

12. MNIST 手写数字数据库是一个著名的数据集，其中包含数千幅数字化数字(从 0 到 9)图像，每个数字由一个 28×28 的灰度矩阵描述。文献[63]介绍了一个类似但小得多的数据集。在这里，每个手写数字概括为一个 8×8 矩阵，矩阵的元素是从 0(白色)到 15(黑色)的整数。图 7.14 显示了前 50 幅数字图像。可以使用 sklearn 包访问该数据集，Python 代码如下所示。

```
from sklearn import datasets
digits = datasets.load_digits()
x_digits = digits.data     # explanatory variables
y_digits = digits.target   # responses
```

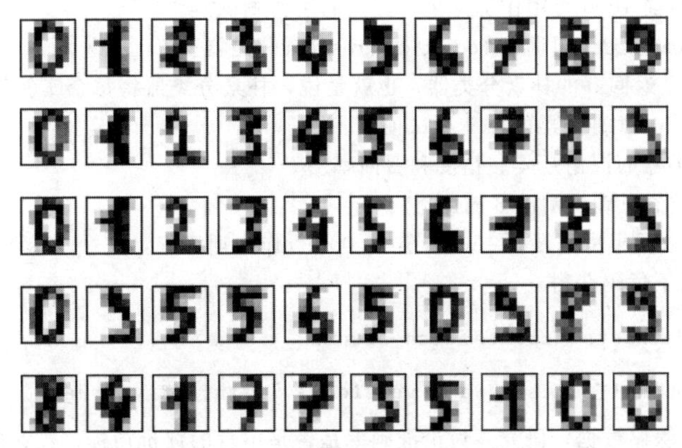

图 7.14 对数字图像进行分类

(a)将数据的 75%划分为训练集，25%划分为测试集。

(b)比较分析 K 近邻方法和朴素贝叶斯方法对数据分类的效果。

(c)评估在 K 近邻分类中使用的 K 是多少？

13. 从 UCI 的葡萄酒质量网站下载 winequality-red.csv 数据集。这里的响应是葡萄酒专家评定的葡萄酒质量(从 0 到 10)，解释变量是酸度、含糖量等特征。使用 sklearn.svm 中带有线性核和惩罚参数 C=1(见评注 7.2)的 SVC 分类器来拟合数据。使用 sklearn.model_selection 中的 cross_val_score 方法，获得 5 折交叉验证分数，作为预测类别与专家评定类别匹配的概率估计。

14. 考虑 UCI 信贷审批网站的信贷审批数据集 crx.data，该数据集涉及信用卡申请。数据集的最后一列表示申请批准与否[(+)表示批准，(−)表示不批准]。为了保护数据隐私，所有 15 个解释变量都进行了匿名化处理。请注意，有些解释变量是连续的，有些解释变量是类别变量。

(a)加载并准备数据，以便用 sklearn 进行分析。首先，消除有缺失值的数据行。接着，使用 sklearn.preprocessing 中的 OneHotEncoder 对象对类别解释变量进行编码，以创建带有指示变量的模型矩阵 $\boldsymbol{X}$，如 5.3.5 节所述。

(b)模型矩阵应包含 653 行和 46 列。响应变量应为 0-1 变量(拒绝或接受)。我们将考虑几种分类算法，并通过十折交叉验证来测试它们的性能(使用 0-1 损失)。

i. 编写一个函数，该函数有 3 个参数：$\boldsymbol{X}$、$\boldsymbol{y}$ 和模型，返回期望泛化风险的十折交叉验证估计。

ii. 考虑以下 sklearn 分类器：KNeighborsClassifier(K=5)、LogisticRegression 和 MPLClassifier(多层感知机)。使用(i)的函数来确定性能最好的分类器。

15. 考虑以下列代码生成的合成数据集。解释变量服从标准正态分布。如果解释变量在标准正态分布的 0.95 和 0.05 分位数之间，则响应标签为 0，否则为 1。

```
import numpy as np
import scipy.stats
# generate data

np.random.seed(12345)
N = 100
X = np.random.randn(N)
q = scipy.stats.norm.ppf(0.95)
y = np.zeros(N)
y[X>=q] = 1
y[X<=-q] = 1
X = X.reshape(-1,1)
```

比较 $K=5$ 的 K 近邻分类器和逻辑回归分类器。不通过计算，哪个分类器更适合这些数据？通过对两个分类器进行编码并打印相应的 0-1 训练损失来验证你的答案。

16. 考虑习题 12 中的 digits 数据集，训练一个二进制分类器来识别数字 8。

(a)划分数据集，将前 1000 行用作训练集，其余的用作测试集。

(b)用 sklearn.linear_model 包训练 LogisticRegression 分类器。

(c)“训练”一个总是返回 0 的朴素分类器，也就是说，朴素分类器将每个实例都识别为非 8。

(d)比较逻辑回归和朴素分类器的 0-1 测试损失。

(e)求逻辑回归分类器的混淆矩阵、精度和召回率。

(f)求逻辑回归分类器正确检测出 8 的比例。

17. 使用原始 MNIST 数据集重复习题 16。将前 60 000 行作为训练集，其余 10 000 行作为测试集。原始数据集可以通过以下代码获得：

```
from sklearn.datasets import fetch_openml

X, y = fetch_openml('mnist_784', version=1, return_X_y=True)
```

18. 对于 7.8 节中的乳腺癌数据，研究并讨论准确率是否是中肯的评价指标，7.2 节中讨论的其他指标是否更合适。

第8章

决策树和集成方法

基于决策树的统计学习方法由于其简单性、直观表示和预测准确性而得到了极大的普及。本章介绍这种树的构造和用法。本章还讨论两种关键的集成方法，即自举聚合(bootstrap aggregation)和提升(boosting)，它们可以进一步提高决策树和其他学习方法的效率。

8.1 简介

基于树的方法为回归和分类问题提供了简单、直观和强大的机制。其主要思想是将(可能很复杂的)特征空间 $\mathcal{X}$ 划分成更小的区域，并对每个区域拟合一个简单的预测函数。例如在回归问题中，我们可以取与特定区域中训练特征相关联的响应的均值。在分类问题中，常用的预测函数取相应响应变量的多数投票。我们从简单的分类例子开始介绍。

例 8.1(分类决策树) 图 8.1a 显示了由 15 个二维点(特征)组成的训练集，这些点属于两个类别。新的特征向量应该如何分类？

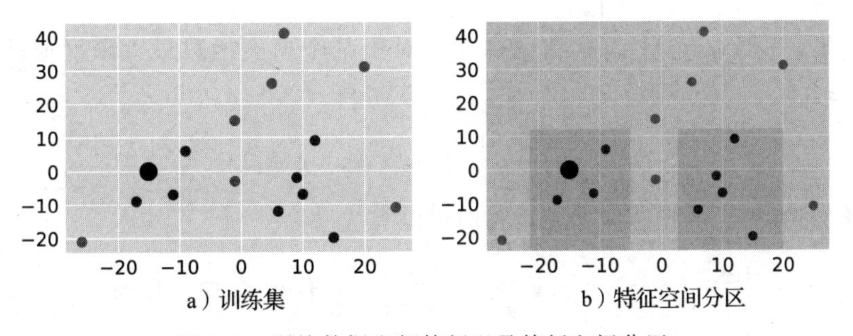

图 8.1 训练数据和新特征以及特征空间分区

如图 8.1b 所示，无法线性地将训练集分开，但我们可以将特征空间 $\mathcal{X}=\mathbb{R}^2$ 划分为矩形区域，并为每个区域分配一个类别(颜色)。这些区域内的点被相应地分类。因此，每个区域定义了一个分类器(预测函数) g，它为每个特征向量 $\boldsymbol{x}$ 分配一个类别。例如，对于 $\boldsymbol{x}=[-15,0]^{\mathrm{T}}$，$g(\boldsymbol{x})=$“蓝色”，因为它属于特征空间的蓝色区域。

分类过程和特征空间的划分都可以方便地用二元**决策树**来表示。这种树的每个节点 v

对应于特征空间 $\mathcal{X}$ 的一个区域(子集) $\mathcal{R}_v$，根节点对应于特征空间本身。

每个内部节点 v 都包含一个逻辑条件，将 $\mathcal{R}_v$ 划分为两个不相交的子区域。叶子节点(树的终端节点)无法被细分，它们对应的区域形成 $\mathcal{X}$ 的分区，因为它们是不相交的，它们的并集就是 $\mathcal{X}$。与每个叶子节点 w 相关联的还有 $\mathcal{R}_w$ 上的区域预测函数 g^w。

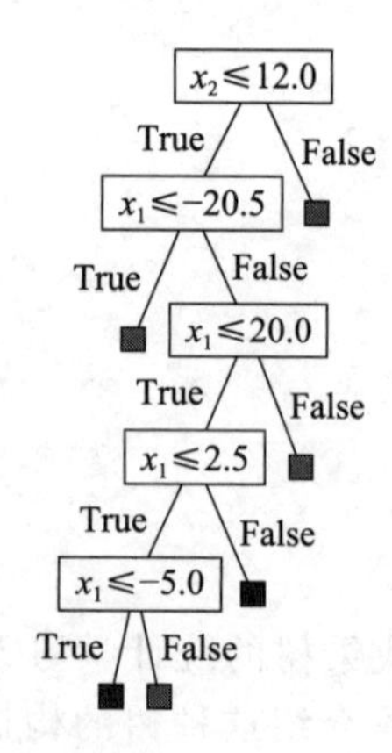

图 8.2 对应于图 8.1 所示分区的决策树

图 8.1 所示的分区是通过图 8.2 所示的决策树得到的。为说明决策过程，考虑输入 $\boldsymbol{x}=[x_1,x_2]^{\mathrm{T}}=[-15,0]^{\mathrm{T}}$。分类过程从树的根节点开始，其中包含条件 $x_2 \leqslant 12.0$。由于 $\boldsymbol{x}$ 的第二个分量为 0，因此满足根节点条件。我们接着看左边的子节点，它包含的条件是 $x_1 \leqslant -20.5$。由于 $0>-20.5$，不满足条件，我们继续来到右子节点。这样沿着树路径进行逻辑条件计算，最终会把我们带到某个叶子节点及其相关联的区域。在本例中，该过程终止于图 8.1b 中左侧区域对应的叶子节点。

更一般地，二叉树 $\mathbb{T}$ 将把特征空间 $\mathcal{X}$ 划分为与叶子节点一样多的区域。用 $\mathcal{W}$ 表示叶子节点的集合，那么对应于该树的整体预测函数 g 可以写成：

$$g(\boldsymbol{x})=\sum_{w \in \mathcal{W}} g^w(\boldsymbol{x})\, \mathbb{1}\{\boldsymbol{x} \in \mathcal{R}_w\} \tag{8.1}$$

其中，$\mathbb{1}$表示指示函数。式(8.1)的表示方法非常通用并取决于：(1)通过决策树中的逻辑条件构造区域$\{\mathcal{R}_w\}$的方式；(2)定义叶子节点的**区域预测函数**的方式。形如 $x_j \leqslant \xi$ 的简单逻辑条件将欧氏特征空间分割成沿坐标轴的矩形。例如，图 8.2 中将特征空间分割成六个矩形。

在分类问题中，对应于叶子节点 w 的区域预测函数 g^w 从可能的类标签集合取值。在大多数情况下，如例 8.1 中，它在相应区域 $\mathcal{R}_w$ 上取值为常数。在回归问题中，g^w 是实值，通常也只取一个值。也就是说，$\mathcal{R}_w$ 中的每个特征向量都会得到相同的预测值。当然，不同的区域通常有不同的预测值。

用训练集 $\tau=\{(\boldsymbol{x}_i,y_i)\}_{i=1}^n$ 构建一棵树，对于某个损失函数最大限度地减少训练损失(见第 2 章)：

$$\ell_\tau(g)=\frac{1}{n}\sum_{i=1}^n \operatorname{Loss}(y_i,g(\boldsymbol{x}_i)) \tag{8.2}$$

对于形如式(8.1)的预测函数 g，我们可以写成

$$\ell_\tau(g)=\frac{1}{n}\sum_{i=1}^n \operatorname{Loss}(y_i,g(\boldsymbol{x}_i))=\frac{1}{n}\sum_{i=1}^n\sum_{w \in \mathcal{W}} \mathbb{1}\{\boldsymbol{x}_i \in \mathcal{R}_w\}\operatorname{Loss}(y_i,g(\boldsymbol{x}_i)) \tag{8.3}$$

$$=\sum_{w \in \mathcal{W}} \underbrace{\frac{1}{n}\sum_{i=1}^n \mathbb{1}\{\boldsymbol{x}_i \in \mathcal{R}_w\}\operatorname{Loss}(y_i,g^w(\boldsymbol{x}_i))}_{(*)} \tag{8.4}$$

其中，(*)表示区域预测函数 g^w 对整体训练损失的贡献。在所有$\{\boldsymbol{x}_i\}$都不同的情况下，找到一棵平方误差或 0-1 训练损失为零的决策树 $\mathbb{T}$ 是很容易的，见习题 1。但是，这种“过拟合”树在用泛化风险表示性能时，预测性能很差。相反，我们考虑一个受限的决策树类，最小化该类内的训练损失。通常，使用自顶向下的贪心方法，这只能实现训练损失的近似最小化。

8.2 自顶向下的决策树构建方法

设 $\tau=\{(\boldsymbol{x}_i,y_i)\}_{i=1}^n$ 为训练集。构建二元决策树 $\mathbb{T}$ 的关键是为每个节点 v 指定**分裂规则**，该规则可以定义为逻辑函数 $s: \mathcal{X}\to\{\texttt{False},\texttt{True}\}$，或者等价地定义为二进制函数 $s: \mathcal{X}\to\{0,1\}$。例如，在图 8.2 所示的决策树中，根节点的分裂规则为 $\boldsymbol{x}\mapsto\mathbb{1}\{x_2\leqslant 12.0\}$，与逻辑条件 $\{x_2\leqslant 12.0\}$ 对应。在树的构建过程中，每个节点 v 都与特定的区域 $\mathcal{R}_v\subseteq\mathcal{X}$ 相关联，因此也与训练子集 $\{(\boldsymbol{x},y)\in\tau: \boldsymbol{x}\in\mathcal{R}_v\}\subseteq\tau$ 相关联。使用分裂规则 s，我们可以将训练集 τ 的任意子集 σ 分成两个集合：

$$\sigma_{\mathrm{T}} := \{(\boldsymbol{x},y)\in\sigma: s(\boldsymbol{x})=\texttt{True}\},\quad \sigma_{\mathrm{F}} := \{(\boldsymbol{x},y)\in\sigma: s(\boldsymbol{x})=\texttt{False}\} \tag{8.5}$$

从空树和初始数据集 τ 开始，通用决策树的构建过程采用递归算法 8.2.1。这里，我们用 $\mathbb{T}_v$ 表示从节点 v 开始的 $\mathbb{T}$ 的子树，从而通过 $\mathbb{T}=\texttt{Construct\_Subtree}(v_0,\tau)$ 得到最终的树 $\mathbb{T}$，其中 v_0 是树的根节点。

算法 8.2.1 子树构建(Construct_Subtree)

输入：节点 v 和训练数据的子集：$\sigma\subseteq\tau$

输出：(子)决策树 $\mathbb{T}_v$

```
1. if 满足终止条件 then                          // v 是叶子节点
2. |    利用训练数据 σ 训练区域预测函数 g^v
3. else                                          //拆分节点
4. |    为节点 v 寻找最佳分裂规则 s_v
5. |    创建 v 的后继节点 v_T 和 v_F
6. |    σ_T ←{(x,y)∈σ : s_v(x)=True}
7. |    σ_F ←{(x,y)∈σ : s_v(x)=False}
8. |    T_{v_T} ←Construct_Subtree(v_T, σ_T)      //左分支
9. └    T_{v_F} ←Construct_Subtree(v_F, σ_F)      //右分支
10. 返回 T_v
```

分裂规则 s_v 将区域 $\mathcal{R}_v$ 分为两个不相交的部分，如 $\mathcal{R}_{v_{\mathrm{T}}}$ 和 $\mathcal{R}_{v_{\mathrm{F}}}$。相应的预测函数 g^{T} 和 g^{F}，满足以下条件：

$$g^v(\boldsymbol{x}) = g^{\mathrm{T}}(\boldsymbol{x})\,\mathbb{1}\{\boldsymbol{x}\in\mathcal{R}_{v_{\mathrm{T}}}\} + g^{\mathrm{F}}(\boldsymbol{x})\,\mathbb{1}\{\boldsymbol{x}\in\mathcal{R}_{v_{\mathrm{F}}}\},\quad \boldsymbol{x}\in\mathbb{R}_v$$

为了实现算法 8.2.1 中描述的过程，我们需要解决叶子节点处区域预测函数 g^v 的构造问题(第 2 行)，指定分裂规则(第 4 行)和终止条件(第 1 行)。这些重要内容分别在 8.2.1、8.2.2 和 8.2.3 节中详细介绍。

8.2.1 区域预测函数

一般来说，在算法 8.2.1 的第 2 行中，没有限制如何选择叶子节点 $v=w$ 的预测函数 g^w。原则上，我们可以根据数据训练任意模型，例如，通过线性回归训练。然而，实践中通常使用非常简单的预测函数。下面，我们详细介绍流行的分类预测函数，以及用于回归的预测函数。

- 在类标签为 $0,\cdots,c-1$ 的**分类问题**中，叶子节点 w 的区域预测函数 g^w 通常选择为**常数**，并等于训练数据在相关区域 $\mathcal{R}_w$ 中最常见的类标签(这种联系可以随机切断)。更准确地说，设 n_w 为区域 $\mathcal{R}_w$ 中的特征向量数，令

$$p_z^w = \frac{1}{n_w}\sum_{\{(\boldsymbol{x},y)\in\tau:\boldsymbol{x}\in\mathcal{R}_w\}} \mathbb{1}_{\{y=z\}}$$

为 $\mathcal{R}_w$ 中具有类标签 $z=0,\cdots,c-1$ 的特征向量的比例。将节点 w 的区域预测函数选择为常数：

$$g^w(\boldsymbol{x}) = \underset{z\in\{0,\cdots,c-1\}}{\operatorname{argmax}}\ p_z^w \tag{8.6}$$

- 在**回归问题**中，g^w 通常选择为该区域的平均响应，即

$$g^w(\boldsymbol{x}) = \overline{y}_{\mathcal{R}_w} := \frac{1}{n_w}\sum_{\{(\boldsymbol{x},y)\in\tau:\boldsymbol{x}\in\mathcal{R}_w\}} y \tag{8.7}$$

其中，n_w 是 $\mathcal{R}_w$中特征向量的数量。不难证明，在 $\mathcal{R}_w$ 区域内，$g^w(\boldsymbol{x})=\overline{y}_{\mathcal{R}_w}$ 最小化了所有常数函数的平方误差损失，见习题 2。

8.2.2 分裂规则

在算法 8.2.1 中的第 4 行，我们使用分裂规则(函数)s_v 将区域 $\mathcal{R}_v$ 分成两个集合。同样，与节点 v 相关联的数据集 σ(即特征向量位于 $\mathcal{R}_v$中的原始数据集 τ 的子集)，也被分为 σ_{T} 和 σ_{F}。这样拆分对减少训练损失有什么好处呢？如果 v 是叶子节点，则它对训练损失的贡献[见式(8.4)]为

$$\frac{1}{n}\sum_{i=1}^{n}\mathbb{1}_{\{(\boldsymbol{x},y)\in\sigma\}}\operatorname{Loss}(y_i, g^v(\boldsymbol{x}_i)) \tag{8.8}$$

如果 v 被拆分，它对整个训练损失的贡献将是

$$\frac{1}{n}\sum_{i=1}^{n}\mathbb{1}_{\{(\boldsymbol{x},y)\in\sigma_{\mathrm{T}}\}}\operatorname{Loss}(y_i, g^{\mathrm{T}}(\boldsymbol{x}_i)) + \frac{1}{n}\sum_{i=1}^{n}\mathbb{1}_{\{(\boldsymbol{x},y)\in\sigma_{\mathrm{F}}\}}\operatorname{Loss}(y_i, g^{\mathrm{F}}(\boldsymbol{x}_i)) \tag{8.9}$$

其中，g^{T}和 g^{F}是子节点 v_{T}和 v_{F}的预测函数。一种贪心的启发式方法是假设树构造算法在分裂后立即终止。在这种情况下，v_{T} 和 v_{F} 是叶子节点，而 g^{T}和 g^{F}就能像 8.2.1 节中那样容易地评估了。请注意，对于任何分裂规则，式(8.8)的贡献总是大于或等于式(8.9)的贡献。因此，选择使式(8.9)最小的分裂规则是合理的。此外，终止条件也会涉及式(8.9)与式(8.8)的比较。如果它们的差异太小，就不值得进一步分割特征空间。

举个例子，假设特征空间是 $\mathcal{X}=\mathbb{R}^p$，我们考虑如下形式的分裂规则：

$$s(\boldsymbol{x}) = \mathbb{1}\{x_j \leqslant \xi\} \tag{8.10}$$

对于某个 $1\leqslant j\leqslant p$ 和 $\xi\in\mathbb{R}$，我们用 0 标识 `False`，用 1 标识 `True`。由于计算和解释的简单性，这样的二元分裂规则已在许多软件包中实现，并被认为是事实上的标准。正如我们所看到的，这些规则将特征空间划分为矩形，如图 8.1 所示。我们自然会问，如何选择 j 和 ξ 才能使式(8.9)最小化。

对于回归问题，使用平方误差损失和式(8.7)那样的常数区域预测函数，则分区域损失之和为

$$\frac{1}{n}\sum_{\{(\boldsymbol{x},y)\in\tau:x_j\leqslant\xi\}}(y-\overline{y}_{\mathrm{T}})^2 + \frac{1}{n}\sum_{\{(\boldsymbol{x},y)\in\tau:x_j>\xi\}}(y-\overline{y}_{\mathrm{F}})^2 \tag{8.11}$$

其中，$\overline{y}_{\mathrm{T}}$ 和$\overline{y}_{\mathrm{F}}$ 分别是数据 σ_{T} 和 σ_{F} 的平均响应。设$\{x_{j,k}\}_{k=1}^{m}$表示训练子集 σ(有 $m\leqslant n$ 个

元素)内 x_j，$j=1,\cdots,p$ 的可能取值。请注意，对于固定的 j，式(8.11)是 ξ 的分段常数函数，其最小值在某个 $x_{j,k}$ 处获得。因此，为了使式(8.11)在所有 j 和 ξ 上最小，只需针对 $m\times p$ 个 $x_{j,k}$ 来计算式(8.11)，然后取最小值点 $(j,x_{j,k})$ 即可。

对于分类问题，使用指示损失和式(8.6)所示的常数区域预测函数，选择使

$$\frac{1}{n}\sum_{(\boldsymbol{x},y)\in\sigma_{\mathrm{T}}}\mathbb{1}\{y\neq y_{\mathrm{T}}^{*}\}+\frac{1}{n}\sum_{(\boldsymbol{x},y)\in\sigma_{\mathrm{F}}}\mathbb{1}\{y\neq y_{\mathrm{F}}^{*}\}\tag{8.12}$$

最小的分裂规则，其中，$y_{\mathrm{T}}^{*}=g^{\mathrm{T}}(\boldsymbol{x})$ 是数据集 σ_{T} 中最普遍的类别(占多数投票)，y_{F}^{*} 是 σ_{F} 中最普遍的类别。如果特征空间为 $\mathcal{X}=\mathbb{R}^p$，分裂规则有式(8.10)的形式，那么最佳的分裂规则可以用与上述回归问题相同的方法获得，唯一的区别是用式(8.12)替换式(8.11)。

我们可以将最小化式(8.12)看作最小化节点 σ_{T} 和 σ_{F} 的“不纯度”的加权平均值。对于任意的训练子集 $\sigma\subseteq\tau$，如果 y^* 是最普遍的标签，那么

$$\frac{1}{|\sigma|}\sum_{(\boldsymbol{x},y)\in\sigma}\mathbb{1}\{y\neq y^{*}\}=1-\frac{1}{|\sigma|}\sum_{(\boldsymbol{x},y)\in\sigma}\mathbb{1}\{y=y^{*}\}=1-p_{y^*}=1-\max_{z\in\{0,\cdots,c-1\}}p_z$$

其中，p_z 是 σ 中具有类标签 z 的数据点的比例，$z=0,\cdots,c-1$。

$$1-\max_{z\in\{0,\cdots,c-1\}}p_z$$

衡量 σ 中标签的多样性，称为**误分类不纯度**。因此，式(8.12)是 σ_{T} 和 σ_{F} 的误分类不纯度的加权和，权重分别为 $|\sigma_{\mathrm{T}}|/n$ 和 $|\sigma_{\mathrm{F}}|/n$。需要注意的是，误分类不纯度只依赖标签比例，而不是单个的响应。除了使用误分类不纯度来确定是否分裂以及如何分裂数据集 σ，我们可以使用其他只依赖标签比例的不纯度测量方法。两种流行的不纯度分别是**熵不纯度**：

$$-\sum_{z=0}^{c-1}p_z\log_2(p_z)$$

和**基尼不纯度**：

$$\frac{1}{2}\left(1-\sum_{z=0}^{c-1}p_z^2\right)$$

当标签比例等于 $1/c$ 时，这些不纯度都是最大的。对于双标签的情况，类概率分别为 p 和 $1-p$，上述不纯度度量的典型形状如图 8.3 所示。可以看到，不同不纯度度量具有相似性。注意，不纯度可以任意缩放，因此用 $\ln(p_z)=\log_2(p_z)\ln(2)$ 代替上面的 $\log_2(p_z)$ 可以得到等效的熵不纯度。

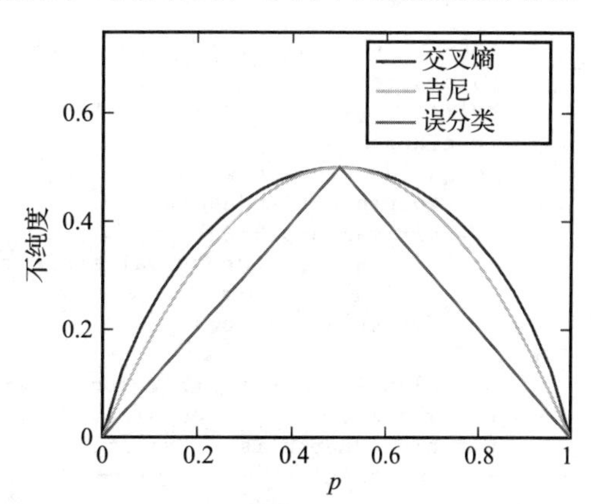

图 8.3　二元分类的熵不纯度、基尼不纯度和误分类不纯度，类概率 $p_1=p$，$p_2=1-p$。熵不纯度进行了归一化处理(除以 2)，以确保在 $p=1/2$ 时，所有的不纯度度量达到相同的最大值 1/2

8.2.3　终止条件

在构建树时，可以定义各种类型的终止条件。例如，当树节点中数据点数量(算法 8.2.1 中输入数据集 σ 的大小)小于或等于某个预定义数字时，我们会终止树的分裂。我们还可以事先选好树的最大深度。另一种条件是，当分割区域不会带来训练损失方面的显著优势时。最终，树的质量由其预测性能(泛化风险)来决定，终止条件应着眼于在最小化近似误差和最小化统计误差之间取得平衡，如 2.4 节所述。

例 8.2(树的深度固定) 为了说明树的深度对泛化风险的影响，考虑图 8.4，它显示了交叉验证损失作为树深度的函数的典型表现。回想一下，交叉验证损失是对期望泛化风险的估计。复杂(很深)的树倾向于过度拟合训练数据，产生特征空间的许多分区。正如我们所看到的，过拟合问题是所有学习方法的典型问题(见第 2 章，特别是例 2.1)。总的来说，增加最大深度并不一定能带来更好的性能。

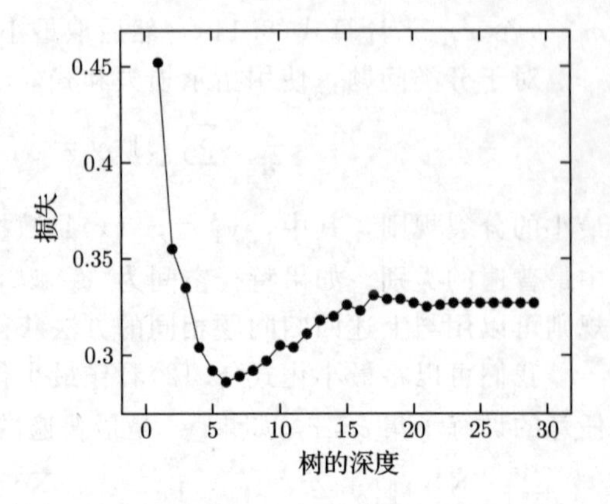

图 8.4 分类问题中十折交叉验证损失作为最大树深度的函数，这里最佳的树深度为 6

为了创建图 8.4，我们使用 **sklearn** 模块的 Python 方法 **make_blobs**[⊖] 来生成大小为 $n=5000$ 的训练集，其中具有 10 维的特征向量(因此，$p=10$ 和 $\mathcal{X}=\mathbb{R}^{10}$)，每个特征向量被分类为 $c=3$ 类中的一个。完整的代码如下：

TreeDepthCV.py

```
import numpy as np
from sklearn.datasets import make_blobs
from sklearn.model_selection import cross_val_score
from sklearn.tree import DecisionTreeClassifier
from sklearn.metrics import zero_one_loss
import matplotlib.pyplot as plt

def ZeroOneScore(clf, X, y):
    y_pred = clf.predict(X)
    return zero_one_loss(y, y_pred)

# Construct the training set
X, y =  make_blobs(n_samples=5000, n_features=10, centers=3,
                          random_state=10, cluster_std=10)

# construct a decision tree classifier
clf = DecisionTreeClassifier(random_state=0)

# Cross-validation loss as a function of tree depth (1 to 30)
xdepthlist = []
cvlist = []
tree_depth = range(1,30)
for d in tree_depth:
    xdepthlist.append(d)
    clf.max_depth=d
    cv = np.mean(cross_val_score(clf, X, y, cv=10, scoring=
        ZeroOneScore))
    cvlist.append(cv)

plt.xlabel('tree depth', fontsize=18, color='black')
plt.ylabel('loss', fontsize=18, color='black')
plt.plot(xdepthlist, cvlist,'-*' , linewidth=0.5)
```

上面的代码严重依赖 sklearn，并隐藏了实现细节。为了展示如何利用前面的理论构建实际的决策树，我们先给出一个非常基本的实现。

⊖ 图 8.1 用到的数据也是使用同样的方法生成的。

8.2.4 基本实现

本节将分步实现一棵回归树。要运行程序，请将下面的代码片段按照顺序合并成一个文件。首先，导入各种包，定义一个函数来生成训练和测试数据。

BasicTree.py

```
import numpy as np
from sklearn.datasets import make_friedman1
from sklearn.model_selection import train_test_split

def makedata():
   n_points = 500 # number of samples

   X, y =  make_friedman1(n_samples=n_points, n_features=5,
                          noise=1.0, random_state=100)
   return train_test_split(X, y, test_size=0.5, random_state=3)
```

main 方法调用 **makedata** 方法，利用训练数据建立回归树，然后预测测试集的响应，并记录均方误差损失。

```
def main():
  X_train, X_test, y_train, y_test = makedata()
  maxdepth = 10 # maximum tree depth
  # Create tree root at depth 0
  treeRoot = TNode(0, X_train,y_train)

  # Build the regression tree with maximal depth equal to max_depth
  Construct_Subtree(treeRoot, maxdepth)

  # Predict
  y_hat = np.zeros(len(X_test))
  for i in range(len(X_test)):
     y_hat[i] = Predict(X_test[i],treeRoot)

  MSE = np.mean(np.power(y_hat - y_test,2))
  print("Basic tree: tree loss = ",  MSE)
```

接着，将树节点指定为 Python 类。每个节点都有一些属性，包括特征和响应数据(X 和 Y)以及节点在树中的深度，根节点的深度为 0。我们可以对每个节点 w 计算其对平方误差训练损失的贡献 $\sum_{i=1}^{n}\mathbb{1}\{\boldsymbol{x}_i \in \mathcal{R}^w\}(y_i - g^w(\boldsymbol{x}_i))^2$。请注意，我们在训练树时省略了常数项 $1/n$，该常数只是对损失[式(8.2)]进行缩放。

```
class TNode:
   def __init__(self, depth, X, y):
      self.depth = depth
      self.X = X   # matrix of features
      self.y = y   # vector of response variables
      # initialize optimal split parameters
      self.j = None
      self.xi = None
      # initialize children to be None
      self.left = None
      self.right = None
      # initialize the regional predictor
      self.g = None

   def CalculateLoss(self):
```

```
    if(len(self.y)==0):
       return 0

    return np.sum(np.power(self.y - self.y.mean(),2))
```

下面的函数实现了训练算法 8.2.1(树的构建算法)。

```
def Construct_Subtree(node, max_depth):
    if(node.depth == max_depth or len(node.y) == 1):
        node.g  = node.y.mean()
    else:
        j, xi = CalculateOptimalSplit(node)
        node.j = j
        node.xi = xi
        Xt, yt, Xf, yf = DataSplit(node.X, node.y, j, xi)

        if(len(yt)>0):
            node.left = TNode(node.depth+1,Xt,yt)
            Construct_Subtree(node.left, max_depth)

        if(len(yf)>0):
            node.right = TNode(node.depth+1, Xf,yf)
            Construct_Subtree(node.right, max_depth)

    return node
```

这里要用到 CalculateOptimalSplit 函数的实现。首先，我们实现了函数 DataSplit，根据 $s(\boldsymbol{x})=\mathbb{1}\{x_j\leqslant\xi\}$来分割数据。

```
def DataSplit(X,y,j,xi):
    ids = X[:,j]<=xi
    Xt  = X[ids == True,:]
    Xf  = X[ids == False,:]
    yt  = y[ids == True]
    yf  = y[ids == False]
    return Xt, yt, Xf, yf
```

CalculateOptimalSplit 方法在集合$\{x_{j,k}\}$中运行可能的分割阈值 ξ，并寻找最佳分割。

```
def CalculateOptimalSplit(node):
    X = node.X
    y = node.y
    best_var = 0
    best_xi = X[0,best_var]
    best_split_val = node.CalculateLoss()

    m, n  = X.shape

    for j in range(0,n):

    for i in range(0,m):
        xi = X[i,j]
        Xt, yt, Xf, yf = DataSplit(X,y,j,xi)
        tmpt = TNode(0, Xt, yt)
        tmpf = TNode(0, Xf, yf)
        loss_t = tmpt.CalculateLoss()
        loss_f = tmpf.CalculateLoss()
        curr_val =  loss_t + loss_f
        if (curr_val < best_split_val):
            best_split_val = curr_val
            best_var = j
            best_xi = xi
return best_var,  best_xi
```

最后，我们实现了递归预测方法。

```
def Predict(X,node):
    if(node.right == None and node.left != None):
        return Predict(X,node.left)

    if(node.right != None and node.left == None):
        return Predict(X,node.right)

    if(node.right == None and node.left == None):
        return node.g
    else:
        if(X[node.j] <= node.xi):
            return Predict(X,node.left)
        else:
            return Predict(X,node.right)
```

运行上面定义的 main 函数，可以得到与使用 sklearn 包中 DecisionTreeRegressor 方法的结果相似的结果⊖。

```
main()  # run the main program

# compare with sklearn
from sklearn.tree import DecisionTreeRegressor

X_train, X_test, y_train, y_test = makedata() # use the same data
regTree = DecisionTreeRegressor(max_depth = 10, random_state=0)
regTree.fit(X_train,y_train)
y_hat = regTree.predict(X_test)
MSE2 = np.mean(np.power(y_hat - y_test,2))
print("DecisionTreeRegressor: tree loss = ",  MSE2)
```

```
Basic tree: tree loss =  9.067077996170276
DecisionTreeRegressor: tree loss =  10.197991295531748
```

8.3 其他考虑因素

8.3.1 二叉树与非二叉树

虽然可以将树节点划分为两组以上(多向划分)，但与简单的二元划分相比，多向划分一般会产生较差的结果。主要原因是多向划分会导致根节点附近的节点太多，而这些节点只有较少的数据点，从而导致后继节点数据不足。由于多向划分可以用多个二元划分来表示，因此首选后者[55]。

8.3.2 数据预处理

有时候，在构建树之前对数据进行预处理可能是有益的。例如，可以使用 PCA 来确定最重要的维度，这反过来会导致内部节点的分裂规则更简单、更有信息。

8.3.3 替代分裂规则

我们将注意力放在 $s(\boldsymbol{x})=\mathbb{1}\{x_j\leqslant\xi\}$类型的分裂规则上，其中 $j\in\{1,\cdots,p\}$，$\xi\in\mathbb{R}$。这些类型的规则可能并不总是产生简单的特征空间分区，如图 8.5 中的二进制数据所示。在这种情况下，特征空间可以分成两个区域，用一条直线就可以分开。

⊖ 通过最佳分割 $\xi=x_{j,k}$，sklearn 将相应特征向量随机地分配到其中一个子节点，而不是结果为 True 的子节点。

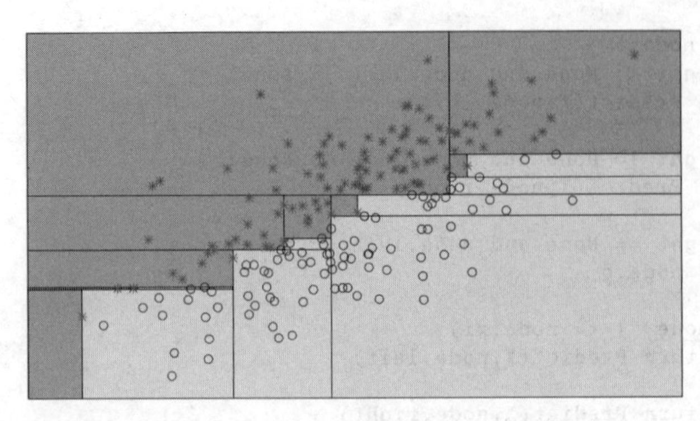

图 8.5 两组点可以用一条直线分开。相反，分类树将空间划分为许多矩形区域，导致不必要的复杂分类过程

在这种情况下，第 7 章中讨论的许多分类方法(如 7.4 节的线性判别分析)将很有效，而分类树却相当复杂，它将特征集合划分为太多区域。一种明显的补救措施是使用如下形式的分裂规则：

$$s(\boldsymbol{x}) = \mathbb{1}\{\boldsymbol{a}^{\mathrm{T}}\boldsymbol{x} \leqslant \xi\}$$

在某些情况下，例如刚才讨论的情况，使用涉及几个变量而不是一个变量的分裂规则可能是有用的。划分类型显然取决于问题域。例如，对于逻辑(二进制)变量，我们的领域知识可能表明，当 x_i 和 $x_j(i \neq j)$ 都为 True 时，预期会有不同的行为。在这种情况下，我们自然会引入如下形式的决策规则：

$$s(\boldsymbol{x}) = \mathbb{1}\{x_i = \texttt{True} \text{ 且 } x_j = \texttt{True}\}$$

8.3.4 类别变量

当解释变量是具有标签(级别)$\{1,\cdots,k\}$的类别变量时，分裂规则一般通过将标签集$\{1,\cdots,k\}$分成两个子集来定义。具体来说，设 L 和 R 是$\{1,\cdots,k\}$的两个分区。那么，分裂规则定义为

$$s(\boldsymbol{x}) = \mathbb{1}\{x_j \in L\}$$

对于一般的监督学习情况，要找到最小损失对应的最佳划分，需要考虑 2^k 个$\{1,\cdots,k\}$的子集。因此，当标签数量 p 很大时，为类别变量找到好的分裂规则是很有挑战性的。

8.3.5 缺失值

许多现实问题中都存在数据缺失的情况。一般来说，在处理不完整的特征向量时，如果缺少一个或多个值，通常会从数据中彻底删除对应的特征向量(这可能会造成数据扭曲问题)，或者根据现有数据推算(猜测)出缺失值，见文献[120]。然而，决策树方法可以优雅地处理缺失数据。具体来说，在一般情况下，缺失数据问题可以通过**代理**(surrogate)分裂规则来处理[20]。

在处理分类(因子)特征时，我们可以针对缺失数据引入一个额外的类别“缺失”。

代理规则的主要思想如下。首先，我们通过算法 8.2.1 构建一棵决策树(回归树或分类树)。在构建过程中，式(8.9)的优化问题的解只根据不缺少特定变量的观测值计算。假

设树节点 v 有分裂规则 $s^*(\boldsymbol{x})=\mathbb{1}\{x_{j^*}\leqslant\xi^*\}$，其中，参数有 $1\leqslant j^*\leqslant p$、阈值 ξ^*。

对于节点 v，我们可以引入一组替代分裂规则，它们类似于原始分裂规则，有时也称为**主要**分裂规则，只是使用不同的变量和阈值。也就是说，我们寻找一个二元分裂规则 $s(\boldsymbol{x}|j,\xi)$，$j\neq j^*$，使得由 s 引起的数据划分与原来从 s^* 得到的数据划分相似。相似性一般通过二元误分类损失来衡量，其中观测值的真实类别由主要分裂规则决定，而代理分裂规则作为分类器。例如，考虑表 8.1 中的数据，假设节点 v 处的主要分裂规则是 $\mathbb{1}\{$年龄$\leqslant 25\}$。也就是说，对 5 个数据点进行划分，节点 v 的左、右子节点分别包含 2 个和 3 个数据点。其次，可以考虑采用以下代理分裂规则：$\mathbb{1}\{$工资$\leqslant 1500\}$和 $\mathbb{1}\{$身高$\leqslant 173\}$。

表 8.1　有 3 个变量(年龄、身高和工资)的数据示例

Id	年龄	身高	工资
1	20	173	1000
2	25	168	1500
3	38	191	1700
4	49	170	1900
5	62	182	2000

代理规则 $\mathbb{1}\{$工资$\leqslant 1500\}$完全模仿主要规则，在一定意义上来说，这些规则引起的数据划分是相同的。也就是说，这两条规则都将数据分为两组(按 Id)：$\{1,2\}$和$\{3,4,5\}$。另外，$\mathbb{1}\{$身高$\leqslant 173\}$规则与主要规则不太相似，因为它会导致不同的划分：$\{1,2,4\}$和$\{3,5\}$。

由用户来定义每个树节点的代理规则数量。只要这些代理规则是可用的，我们就可以用它们来处理新的数据点，即使由于主变量 x_{j^*} 缺失造成主要规则无法应用。具体来说，如果缺失观测值的主要分裂变量，我们就应用第一个(最好的)代理规则。如果第一个代理变量也缺失，则采用第二个最佳的代理规则，以此类推。

8.4　控制树形

最终，我们会得到大小合适的树。决策树要表现出良好的泛化性能。在 8.2.3 节中已经讨论过(图 8.4)，浅的树倾向于欠拟合数据，深的树倾向于过拟合数据。基本上来说，浅树不能生成足够多的分区，而深树会生成许多分区，因此有很多叶子节点。如果我们让树生长到足够的深度，每个训练样本将占据一个单独的叶子节点，训练数据的训练损失将为零。上述现象在图 8.6 中得到了说明，该图展示了交叉验证损失和训练损失随树深度的变化。

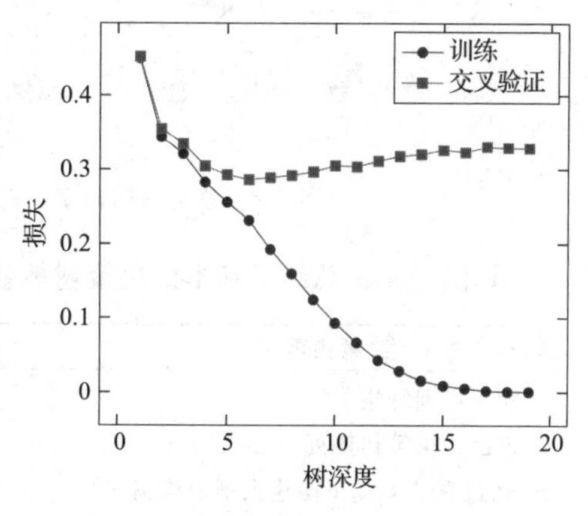

图 8.6　二元分类问题的交叉验证损失和训练损失随树深度的变化

为了克服欠拟合和过拟合问题，Breiman 等人[20]研究了一旦节点 v 的分裂导致的损失减少量[用式(8.8)和式(8.9)的差值表示]小于某个预定义参数 $\delta\in\mathbb{R}$，就停止树的生长的可能性。在这种设置下，当树的构建过程终止时，叶子节点的分裂对训练损失的贡献将不大于 δ。

作者发现这种方法无法令人满意。具体来

说，δ 非常小会导致过多的分裂，从而造成过拟合。增大 δ 也不奏效。问题在于，所提议规则本质上是**走一步看一步**(one-step-look-ahead)。要了解这一点，考虑一个树节点，其损失可能的最佳减少量小于 δ。根据提议的程序，这个节点将不再被分裂。然而，这可能不是最优的，因为如果继续分裂，节点的后代有可能会导致损失大幅减少。

为了解决这些问题，我们可以采用所谓的**剪枝**程序。其思路如下：我们首先给出一棵很深的树，然后向上剪枝(移除节点)，直到到达根节点。因此，剪枝过程会导致树节点减少。在树剪枝的过程中，泛化风险逐渐降低，直到它再次开始增加时，停止剪枝。这种先减少再增加的行为是由偏差-方差权衡[式(2.22)]引起的。

我们接下来描述一下细节。首先，设 v 和 v' 是树的节点。如果树上有一条从 v 通往 v' 的路径，我们就说 v' 是 v 的后代。如果存在这样的路径，我们也说 v 是 v' 的祖先。考虑图 8.7 中的树。

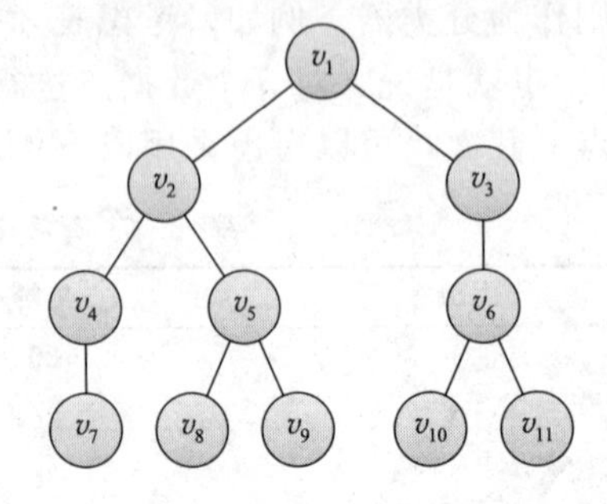

图 8.7　节点 v_9 是 v_2 的后代，v_2 是 $\{v_4,v_5,v_7,v_8,v_9\}$ 的祖先，但 v_6 不是 v_2 的后代

为了正式定义剪枝，我们将需要用到定义 8.1。图 8.8 展示了一个剪枝的例子。

定义 8.1　分枝和剪枝

(1)树 $\mathbb{T}$ 的分枝 $\mathbb{T}_v$ 是 $\mathbb{T}$ 的子树，其根节点为 $v\in\mathbb{T}$。

(2)剪枝是将分枝 $\mathbb{T}_v$ 从树 $\mathbb{T}$ 上剪除，具体过程是从 $\mathbb{T}$ 上删除整个分枝 $\mathbb{T}_v$，分枝的根节点 v 除外。修剪后的树用 $\mathbb{T}-\mathbb{T}_v$ 表示。

(3)子树 $\mathbb{T}-\mathbb{T}_v$ 称为 $\mathbb{T}$ 的修剪子树，我们用符号 $\mathbb{T}-\mathbb{T}_v<\mathbb{T}$ 或 $\mathbb{T}>\mathbb{T}-\mathbb{T}_v$ 表示它。

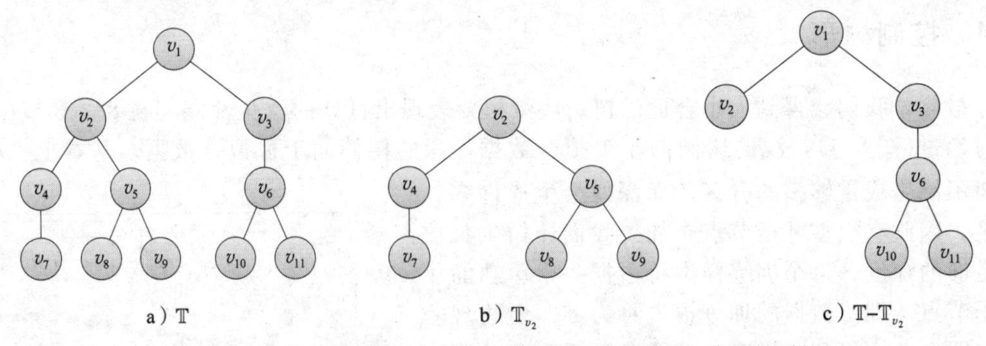

图 8.8　修剪后的树 $\mathbb{T}-\mathbb{T}_{v_2}$ 是由原始树 $\mathbb{T}$ 修剪掉 $\mathbb{T}_{v_2}$ 分枝得到的

算法 8.4.1 总结了基本的决策树剪枝过程。

算法 8.4.1　决策树剪枝

输入：训练集 τ

输出：决策树序列 $\mathbb{T}^0>\mathbb{T}^1>\cdots$

1. 通过算法 8.2.1 构建大型决策树 $\mathbb{T}^0$。(该算法的一个可能的终止条件是在 $\mathbb{T}^0$ 的每个终端节点处有一些小的预定数量的数据点)
2. $\mathbb{T}'\leftarrow\mathbb{T}^0$

(续)

3. $k \leftarrow 0$
4. **while** $\mathbb{T}'$的节点多于一个 **do**
5. $\quad k \leftarrow k+1$
6. $\quad$选择 $v \in \mathbb{T}'$
7. $\quad$从 $\mathbb{T}'$中修剪掉根节点为 v 的分枝
8. $\quad \mathbb{T}^k \leftarrow \mathbb{T}' - \mathbb{T}_v$，$\mathbb{T}' \leftarrow \mathbb{T}^k$
9. **返回** $\mathbb{T}^0, \mathbb{T}^1, \cdots, \mathbb{T}^k$

设 $\mathbb{T}^0$ 是原始的(较深的)树，设 $\mathbb{T}^k$是第 k 次剪枝操作后得到的树，$k=1,\cdots,K$。只要存在树的序列 $\mathbb{T}^0 > \mathbb{T}^1 > \cdots > \mathbb{T}^k$，就可以根据最小泛化风险选择$\{\mathbb{T}^k\}_{k-1}^K$的最佳树。具体来说，我们可以将数据分为训练集和验证集。在这种情况下，使用训练集执行算法 8.4.1，通过验证集估计$\{\mathbb{T}^k\}_{k-1}^K$的泛化风险。

虽然算法 8.4.1 和相应的最佳树选择过程看起来很吸引人，但仍有一个重要的问题需要考虑，即在算法的第 6 行如何选择节点 v 和相应的分枝 $\mathbb{T}_v$。为了解决这个问题，Breiman 提出了一种叫作**代价复杂度剪枝**的方法。

8.4.1 代价复杂度剪枝

设 $\mathbb{T} < \mathbb{T}^0$ 是通过对树 $\mathbb{T}^0$ 进行剪枝得到的树。用 $\mathcal{W}$表示 $\mathbb{T}$ 的叶子(终端)节点的集合。叶子的数量$|\mathcal{W}|$是树复杂度的一个度量；回想一下，$|\mathcal{W}|$是 $\mathcal{X}$分区中区域$\{\mathcal{R}_w\}$的数量。对应于每棵树 $\mathbb{T}$ 有一个像式(8.1)一样的预测函数 g。在**代价复杂度剪枝**中，目标是找到一个预测函数 g(或等价地认为树 $\mathbb{T}$)，在考虑树的复杂度的同时使训练损失 $\ell_\tau(g)$最小。我们的想法是增加一个复杂度惩罚项，将训练损失正则化，这类似于第 6 章中的做法。于是，就有了定义 8.2。

定义 8.2 代价复杂度度量

设 $\tau=\{(\boldsymbol{x}_i, y_i)\}_{i=1}^n$是一个数据集，$\gamma \geqslant 0$ 是一个实数。对于给定的树 $\mathbb{T}$，代价复杂度度量 $C_\tau(\gamma, \mathbb{T})$的定义为：

$$\begin{aligned} C_\tau(\gamma, \mathbb{T}) &:= \frac{1}{n} \sum_{w \in \mathcal{W}} \left(\sum_{i=1}^n \mathbb{1}\{\boldsymbol{x}_i \in \mathcal{R}_w\} \operatorname{Loss}(y_i, g^w(\boldsymbol{x}_i)) \right) + \gamma |\mathcal{W}| \\ &= \ell_\tau(g) + \gamma |\mathcal{W}| \end{aligned} \tag{8.13}$$

其中，$\ell_\tau(g)$是训练损失[式(8.2)]。

γ 值较小会导致树复杂度$|\mathcal{W}|$的惩罚因子较小，因此增大树(能很好地拟合整个训练数据)会使度量 $C_\tau(\gamma, \mathbb{T})$最小化。特别地，当 $\gamma=0$ 时，$\mathbb{T}=\mathbb{T}^0$ 将是 $C_\tau(\gamma, \mathbb{T})$的最小值树。另外，$\gamma$ 越大，树越小，更准确地说，就是叶子节点越少。对于足够大的 γ，结果 $\mathbb{T}$ 将缩小到单个(根)节点。

可以证明，对于 γ 的每一个值，都存在一个关于代价复杂度度量的最小子树。在实践中，通常通过观察学习器在验证集上的表现(或通过交叉验证)来选择合适的 γ。

接下来将详细介绍决策树的优点和相应的局限性。

8.4.2 决策树的优点和局限性

与第 5、6 和 7 章中讨论过的其他监督学习方法相比，我们列举了决策树的一些优缺点。

优点如下：

- 树结构可以自然、直接地处理分类特征和数值特征。具体来说，就是不需要对分类特征进行预处理，例如引入虚拟变量。
- 在训练阶段之后得到的最终树可以紧凑地存储，以便对新的特征向量进行预测。预测过程只涉及从根节点到叶子节点的单树遍历。
- 决策树的层次特性使得特征的条件信息得到有效编码。具体来说，通过标准分裂规则[式(8.10)]对特征 x_j 进行内部划分后，算法 8.2.1 将只考虑基于该划分构建的数据子集，从而隐式地利用了初始划分 x_j 的相应条件信息。
- 树结构可以很容易地被不了解统计知识的领域专家理解和解释，因为树结构本质上是一个逻辑决策流程图。
- 算法 8.2.1 中的顺序决策树生长过程，特别是使用最重要的特征分裂树的事实，提供了隐式的分步变量消除过程。此外，将变量空间分割成更小的区域，使得在这些区域中的预测问题更简单。
- 决策树在数据的单调变换下具有不变性。要了解这一点，考虑(最佳)分裂规则 $s(\boldsymbol{x})=\mathbb{1}\{x_3\leqslant 2\}$，其中 x_3 是一个正特征。假设将 x_3 变换为 $x_3'=x_3^2$。现在，最佳分裂规则将采用 $s(\boldsymbol{x})=\mathbb{1}\{x_3'\leqslant 4\}$的形式。
- 在分类问题中，通常不仅要报告特征向量的预测值[例如式(8.6)]，而且要报告相应的类别概率。决策树处理这个任务很容易。具体来说，考虑一个新的特征向量。在估计过程中，我们将执行树遍历，以点最终落在某个叶子节点 w 中结束。那么，特征向量属于 z 类的概率，可以用 w 中训练数据点属于 z 类的比例来估计。
- 由于在构建树的过程中，每个训练点都被同等对待，因此树结构对异常值来说相对较鲁棒。在某种程度上，决策树表现出与实值数据样本中值相似的鲁棒性。

局限性如下：

- 尽管决策树具有极强的可解释性，但预测准确率往往不如其他成熟的统计学习方法。此外，决策树(特别是没有经过剪枝的很深的树)非常依赖它们的训练集。训练集中的一个小变化都会导致决策树变化巨大。然而，它们较差的预测准确率是偏差-方差权衡的直接结果。具体来说，决策树模型通常表现出较高的方差。为了克服上述局限性，将介绍几种有前途的方法，如**装袋法**、**随机森林法**和**提升法**。

装袋法最初是在决策树集成背景下引入的。但是，装袋法和提升法都可用于提高一般预测函数的精度。

8.5 自举聚合

自举聚合或装袋法的主要思想是将从多个数据集学习到的预测函数结合起来，以期提高整体预测准确率。在处理有过拟合倾向的预测器时，装袋法特别有用，例如在决策树中，未剪枝的树结构对训练集的微小变化非常敏感[37,55]。

首先，考虑回归树的理想化设置，其中我们可以访问训练集 $\mathcal{T}$的 B 个独立同分布副本[⊖] $\mathcal{T}_1,\cdots,\mathcal{T}_B$。然后，我们使用这些数据集训练 B 个独立的回归模型（B 个不同的决策树），得到学习器 $g_{\mathcal{T}_1},\cdots,g_{\mathcal{T}_B}$，并取其平均值：

$$g_{\text{avg}}(\boldsymbol{x}) = \frac{1}{B}\sum_{b=1}^{B} g_{\mathcal{T}_b}(\boldsymbol{x}) \tag{8.14}$$

根据大数定律，当 $B\to\infty$ 时，平均预测函数收敛于期望预测函数 $g^\dagger := \mathbb{E}_{g_{\mathcal{T}}}$。下面的结果表明，使用 $g^\dagger$ 作为预测函数(如果已知的话)将导致期望平方误差泛化风险小于或等于普通预测函数 $g_{\mathcal{T}}$ 的期望泛化风险。因此，它表明采用预测函数的平均值可能会导致更好的期望平方误差泛化风险。

定理 8.1 期望平方误差泛化风险

设 $\mathcal{T}$ 是一个随机训练集，$\boldsymbol{X}$ 和 Y 分别是独立于 $\mathcal{T}$ 的随机特征向量和响应，那么，

$$\mathbb{E}(Y - g_{\mathcal{T}}(\boldsymbol{X}))^2 \geqslant \mathbb{E}(Y - g^\dagger(\boldsymbol{X}))^2$$

证明 我们有

$$\mathbb{E}[(Y - g_{\mathcal{T}}(\boldsymbol{X}))^2 \mid \boldsymbol{X},Y] \geqslant (\mathbb{E}[Y \mid \boldsymbol{X},Y] - \mathbb{E}[g_{\mathcal{T}}(\boldsymbol{X}) \mid \boldsymbol{X},Y])^2 = (Y - g^\dagger(\boldsymbol{X}))^2$$

其中，对于任何(条件)期望，不等式由 $\mathbb{E}U^2 > (\mathbb{E}U)^2$ 得出。因此，根据塔性质可得：

$$\mathbb{E}(Y - g_{\mathcal{T}}(\boldsymbol{X}))^2 = \mathbb{E}[\mathbb{E}[(Y - g_{\mathcal{T}}(\boldsymbol{X}))^2 \mid \boldsymbol{X},Y]] \geqslant \mathbb{E}(Y - g^\dagger(\boldsymbol{X}))^2$$ ■

不幸的是，一般很少有多个独立的数据集。但我们可以用自举的数据集来代替它们。具体来说，为了代替数据集 $\mathcal{T}_1,\cdots,\mathcal{T}_B$，我们可以采用类似算法 3.2.6 的方法从单个固定的训练集 τ 中重采样，得到随机训练集 $\mathcal{T}_1^*,\cdots,\mathcal{T}_B^*$，用它们来训练 B 个独立的模型。通过式(8.14)的模型平均，我们得到如下形式的自举聚合或装袋估计器：

$$g_{\text{bag}}(\boldsymbol{x}) = \frac{1}{B}\sum_{b=1}^{B} g_{\mathcal{T}_b^*}(\boldsymbol{x}) \tag{8.15}$$

算法 8.5.1 自举聚合抽样

输入： 训练集 $\tau = \{(\boldsymbol{x}_i, y_i)\}_{i=1}^n$ 和重采样大小 B

输出： 自举数据集

1. **for** $b=1$ **to** B **do**
2. $\quad \mathcal{T}_b^* \leftarrow \varnothing$
3. $\quad$ **for** $i=1$ **to** n **do**
4. $\quad\quad$ 抽样 $U\sim\mathcal{U}(0,1)$
5. $\quad\quad I \leftarrow \lceil nU \rceil$ // 选择随机索引
6. $\quad\quad \mathcal{T}_b^* \leftarrow \mathcal{T}_b^* \cup \{(\boldsymbol{x}_I, y_I)\}$
7. **返回** $\mathcal{T}_b^*$，$b=1,\cdots,B$

■ **评注 8.1(分类问题的自举聚合)** 请注意，式(8.15)适合处理回归问题。但是，装袋法的思想也很容易扩展到分类问题的处理中。例如，g_{bag} 可以取 $\{g_{\mathcal{T}_b^*}\}(b=1,\cdots,B)$ 中票数最多的，即接受 B 个预测器中出现最频繁的类别对应的预测器。 ■

⊖ 在本节中，$\mathcal{T}_k$ 表示第 k 个训练集，不是大小为 k 的训练集。

虽然装袋法可以应用于任何统计模型(如决策树、神经网络、线性回归、K 近邻等)，但对于那些对训练集中微小变化敏感的预测器来说，装袋法最为有效。当我们像式(2.22)那样将期望泛化风险分解为以下几项时，原因就变得很清楚了：

$$\mathbb{E}\ell(g_{\mathcal{T}}) = \ell^* + \underbrace{\mathbb{E}\left(\mathbb{E}[g_{\mathcal{T}}(\boldsymbol{X}) \mid \boldsymbol{X}] - g^*(\boldsymbol{X})\right)^2}_{\text{期望平方偏差}} + \underbrace{\mathbb{E}[\mathbb{V}\mathrm{ar}[g_{\mathcal{T}}(\boldsymbol{X}) \mid \boldsymbol{X}]]}_{\text{期望方差}} \tag{8.16}$$

将此期望泛化风险与式(8.14)中平均预测函数 g_{avg} 相同的分解进行比较。由于 $\mathbb{E}g_{\mathrm{bag}}(\boldsymbol{x}) = \mathbb{E}g_{\mathcal{T}}(\boldsymbol{x})$，我们看到泛化风险的任何可能的改进都必须归因于期望方差项。因此，相对于其他两项，平均法和装袋法只对具有较大期望方差的预测器有用。这种“不稳定”预测器的例子包括决策树、神经网络和线性回归中的子集选择[22]。另外，“稳定”预测器对微小的数据变化不敏感，例如 K 近邻方法。注意，对于独立的训练集 $\mathcal{T}_1, \cdots, \mathcal{T}_B$，方差以因子 B 减少：$\mathbb{V}\mathrm{ar}\, g_{\mathrm{bag}}(\boldsymbol{x}) = B^{-1}\mathbb{V}\mathrm{ar}\, g_{\mathcal{T}}(\boldsymbol{x})$。同样，期望泛化风险取决于平方偏差和不可归约损失，以及期望方差的减少对泛化风险的影响有多大。

■ **评注 8.2(装袋法的局限性)** 重要的是要记住，g_{bag} 并不完全等于 g_{avg}，而 g_{avg} 又不完全等于 $g^{\dagger}$。具体来说，g_{bag} 是通过采样概率密度函数 f 的自举近似构建的。因此，对于“稳定”预测器，g_{bag} 的性能可能会比 $g_{\mathcal{T}}$ 差。除此之外，在给定可用训练数据的情况下，也可能会发生 $g_{\mathcal{T}}$ 已经达到了接近最佳预测精度的情况。在这种情况下，装袋法不会带来显著的改善。 ■

装袋过程提供了一个在没有额外测试集的情况下估计装袋模型泛化风险的机会。具体来说，我们通过算法 8.5.1 从单个训练集 τ 中抽样得到数据集 $\mathcal{T}_1^*, \cdots, \mathcal{T}_B^*$，并使用它们训练 B 个独立模型。可以证明(见习题 8)，对于大样本量，平均约三分之一(更准确地说，比例为 $\mathrm{e}^{-1} \approx 0.37$)的原始样本点不包括在自举集 $\mathcal{T}_b^*$ $(1 \leqslant b \leqslant B)$ 中。因此，这些样本可用于损失估计，这些样本被称为**袋外**(Out-of-Bag，OOB)观测值。

具体来说，对于来自原始数据集的每个样本，我们使用在没有这个特定样本的情况下训练的预测器估计 OOB 损失。估计过程见算法 8.5.2。Tibshirani 等人[55]认为，OOB 损失几乎等同于 n 折交叉验证损失。此外，OOB 损失可以用来确定所需的树的数量。具体来说，我们可以训练预测器，直到 OOB 损失不再变化为止。也就是说，不停地添加决策树，直到 OOB 损失稳定。

算法 8.5.2 袋外损失估计

输入：原始数据集 $\tau = \{(\boldsymbol{x}_1, y_1), \cdots, (\boldsymbol{x}_n, y_n)\}$，自举数据集 $\mathcal{T}_1^*, \cdots, \mathcal{T}_B^*$，以及训练好的预测器 $\{g_{\mathcal{T}_1^*}, \cdots, g_{\mathcal{T}_B^*}\}$。

输出：平均模型的袋外损失

1. **for** $i=1$ **to** n **do**
2. $\quad \mathcal{C}_i \leftarrow \varnothing$ //预测器索引不依赖$(\boldsymbol{x}_i, \boldsymbol{y}_i)$
3. $\quad$ **for** $b=1$ **to** B **do**
4. $\quad\quad$ **if**$(\boldsymbol{x}_i, y_i) \notin \mathcal{T}_b^*$ **then** $\mathcal{C}_i \leftarrow \mathcal{C}_i \cup \{b\}$
5. $\quad Y_i' \leftarrow |\mathcal{C}_i|^{-1} \sum_{b \in \mathcal{C}_i} g_{\mathcal{T}_b^*}(\boldsymbol{x}_i)$
6. $\quad L_i \leftarrow \mathrm{Loss}(y_i, Y_i')$
7. $L_{\mathrm{OOB}} \leftarrow \dfrac{1}{n}\sum_{i=1}^{n} L_i$
8. **返回** L_{OOB}

例 8.3（回归树的装袋法） 接下来，我们用回归树演示基本装袋法，其中我们将决策树估计器与相应的装袋估计器进行比较。我们使用 R^2（决定系数）指标进行比较。

BaggingExample.py

```
import numpy as np
from sklearn.datasets import make_friedman1
from sklearn.tree import DecisionTreeRegressor
from sklearn.model_selection import train_test_split
from sklearn.metrics import r2_score

np.random.seed(100)

# create regression problem
n_points = 1000 # points
x, y =  make_friedman1(n_samples=n_points, n_features=15,
                       noise=1.0, random_state=100)

# split to train/test set
x_train, x_test, y_train, y_test = \
        train_test_split(x, y, test_size=0.33, random_state=100)

# training
regTree = DecisionTreeRegressor(random_state=100)
regTree.fit(x_train,y_train)

# test
yhat = regTree.predict(x_test)

# Bagging construction
n_estimators=500
bag = np.empty((n_estimators), dtype=object)
bootstrap_ds_arr = np.empty((n_estimators), dtype=object)
for i in range(n_estimators):
    # sample bootstrapped data set
    ids = np.random.choice(range(0,len(x_train)),size=len(x_train),
                 replace=True)
    x_boot = x_train[ids]
    y_boot = y_train[ids]
    bootstrap_ds_arr[i] = np.unique(ids)

    bag[i] = DecisionTreeRegressor()
    bag[i].fit(x_boot,y_boot)

# bagging prediction
yhatbag = np.zeros(len(y_test))
for i in range(n_estimators):
    yhatbag = yhatbag + bag[i].predict(x_test)

yhatbag = yhatbag/n_estimators

# out of bag loss estimation

oob_pred_arr = np.zeros(len(x_train))
for i in range(len(x_train)):
    x = x_train[i].reshape(1, -1)
    C = []
    for b in range(n_estimators):
        if(np.isin(i, bootstrap_ds_arr[b])==False):
            C.append(b)
    for pred in  bag[C]:
        oob_pred_arr[i] = oob_pred_arr[i] + (pred.predict(x)/len(C))
```

```
L_oob = r2_score(y_train, oob_pred_arr)

print("DecisionTreeRegressor R^2 score = ",r2_score(y_test, yhat),
      "\nBagging R^2 score = ", r2_score(y_test, yhatbag),
      "\nBagging OOB R^2 score = ",L_oob)

DecisionTreeRegressor R^2 score =  0.575438224929718
Bagging R^2 score =  0.761212189201985
Bagging OOB R^2 score =  0.7758253149069059
```

决策树装袋法将测试集 R^2 提高了约 32%(从 0.575 提高到 0.761)。此外，OOB 损失(R^2 为 0.776)非常接近装袋估计器的真实泛化风险(R^2 为 0.761)。

引入随机森林可以进一步增强装袋过程，接下来就将讨论。

8.6 随机森林

在 8.5 节中，我们讨论了预测平均过程背后的直觉。具体来说，对于某个特征向量 $\boldsymbol{x}$，设 $Z_b = g_{\mathcal{T}_b}(\boldsymbol{x})(b=1,2,\cdots,B)$ 是独立同分布的预测值，从独立的训练集 $\mathcal{T}_1,\cdots,\mathcal{T}_B$ 获得。假设对于所有 $b=1,2,\cdots,B$，有 $\mathbb{V}\mathrm{ar}\, Z_b=\sigma^2$。那么平均预测值 $\overline{Z}_B$ 的方差等于 σ^2/B。但是，如果改用自举数据集 $\{\mathcal{T}_b^*\}$，则对应的随机变量 $\{Z_b\}$ 将是**相关的**。特别地，$Z_b = g_{\mathcal{T}_b^*}(\boldsymbol{x})$ $(b=1,2,\cdots,B)$ 是同分布的(但不是独立的)，具有一些正的成对相关系数 ϱ，那么以下关系成立(见习题 9)：

$$\mathbb{V}\mathrm{ar}\, \overline{Z}_B = \varrho\, \sigma^2 + \sigma^2 \frac{(1-\varrho)}{B} \tag{8.17}$$

虽然式(8.17)的第二项随着观测数 B 的增加而趋于零，但第一项却保持不变。

这个问题与决策树装袋密切相关。例如，存在一个特征能提供非常好的数据划分的情况。这样的特征将会被选择，在根级别节点上针对每一个 $\{g_{\mathcal{T}_b^*}\}_{b=1}^B$ 划分数据，因此我们最终会得到高度相关的预测值。在这种情况下，预测平均将不会给装袋预测器的性能带来预期的改善。

随机森林的主要思想是在树构建过程中只包含特征的子集，结合树的“去相关”来进行装袋。对于每个自举训练集 $\mathcal{T}_b^*$，我们使用随机选择的具有 $m \leqslant p$ 个特征的子集构建决策树。这个简单但强大的想法将去除树相关性，因为强预测器在根级别节点被考虑的概率较小。

因此，我们期望改善装袋估计器的预测性能。算法 8.6.1 总结了最终预测器(随机森林)的构造过程。

算法 8.6.1 随机森林构建

输入：训练集 $\tau=\{(\boldsymbol{x}_i, y_i)\}_{i=1}^n$、森林中树的数量 B，以及包含的特征数量 $m \leqslant p$，其中 p 为 $\boldsymbol{x}$ 中的特征总数

输出：集成树

1. 通过算法 8.5.1 生成自举训练集 $\{\mathcal{T}_1^*,\cdots,\mathcal{T}_B^*\}$
2. **for** $b=1$ **to** B **do**
3. 　　通过算法 8.2.1 训练决策树 $g_{\mathcal{T}_b^*}$。每次拆分都从 p 个特征中无放回地随机选择 m 个
4. **返回** $\{g_{\mathcal{T}_b^*}\}_{b=1}^B$

对于回归问题，将算法 8.6.1 的输出组合起来，得到随机森林预测函数：

$$g_{\mathrm{RF}}(\boldsymbol{x})=\frac{1}{B}\sum_{b=1}^{B}g_{\mathcal{T}_b^*}(\boldsymbol{x})$$

在分类问题中，与评注 8.1 类似，我们使用$\{g_{\mathcal{T}_b^*}\}$中多数投票对应的预测函数。

例 8.4(回归树的随机森林) 我们继续讨论例 8.3 中回归树的基本装袋法，我们将决策树估计器与相应的装袋估计器进行比较。但是，这里我们使用随机森林，它包含 $B=500$ 棵树，子集大小为 $m=8$。可以看出，随机森林的 R^2 优于装袋估计器。

BaggingExampleRF.py

```
from sklearn.datasets import make_friedman1
from sklearn.model_selection import train_test_split
from sklearn.metrics import r2_score
from sklearn.ensemble import RandomForestRegressor

# create regression problem
n_points = 1000 # points
x, y =  make_friedman1(n_samples=n_points, n_features=15,
                       noise=1.0, random_state=100)
# split to train/test set
x_train, x_test, y_train, y_test = \
        train_test_split(x, y, test_size=0.33, random_state=100)

rf = RandomForestRegressor(n_estimators=500, oob_score = True,
   max_features=8,random_state=100)
rf.fit(x_train,y_train)
yhatrf = rf.predict(x_test)

print("RF R^2 score = ", r2_score(y_test, yhatrf),
      "\nRF OOB R^2 score = ", rf.oob_score_)
```

```
RF R^2 score =  0.8106589580845707
RF OOB R^2 score =  0.8260541058404149
```

■ **评注 8.3(子集特征的最佳数量 m)** 对于回归问题和分类问题，m 的默认值分别为$\lfloor p/3\rfloor$和$\lfloor\sqrt{p}\rfloor$。然而，标准的做法是将 m 视为一个超参数，它可以根据具体问题进行调整[55]。 ■

注意，装袋决策树过程是一种特殊的随机森林构建过程(见习题 11)。因此，随机森林很容易出现 OOB 损失。

虽然在提高精度方面，装袋法的优势是显而易见的，但我们也应该考虑到它的负面影响，特别是它缺少可解释性。具体来说，随机森林由许多树组成，因此预测过程很难进行可视化和解释。例如，给定一个随机森林，要确定准确预测必需的特征子集并不容易。

特征重要性度量旨在解决这个问题。其思想如下：决策树的每个内部节点都会减少一定量的训练损失，见式(8.9)。我们用 $\Delta_{\mathrm{Loss}}(v)$来表示训练损失的减少量，其中 v 不是 $\mathbb{T}$ 的叶子节点。此外，对于$\mathbb{1}\{x_j\leqslant\xi\}(1\leqslant j\leqslant p)$类型的分裂规则，每个节点 v 都与决定分裂的特征x_j相关联。利用上述定义，我们可以将 x_j 的特征重要性定义为

$$\mathcal{I}_{\mathbb{T}}(x_j)=\sum_{v\ \mathrm{internal}\in\mathbb{T}}\Delta_{\mathrm{Loss}}(v)\,\mathbb{1}\{x_j\text{ 与 }v\text{ 关联}\},\quad 1\leqslant j\leqslant p \tag{8.18}$$

虽然式(8.18)是针对单棵树定义的，但它很容易扩展到随机森林。具体来说，在随机森林中，特征重要性将在森林中所有树上取平均值；也就是说，对于由 B 棵树组成的森林

$\{\mathbb{T}_1,\cdots,\mathbb{T}_B\}$，特征重要性为

$$\mathcal{I}_{\mathrm{RF}}(x_j)=\frac{1}{B}\sum_{b=1}^{B}\mathcal{I}_{\mathbb{T}_b}(x_j),\quad 1\leqslant j\leqslant p \tag{8.19}$$

例 8.5(特征重要性) 我们考虑一个有 15 个特征的分类问题。数据是经过专门设计的，15 个特征中只包含 5 个信息特征。在下面的代码中，我们应用随机森林过程，并计算相应的特征重要性，如图 8.9 所示。

VarImportance.py

```
import numpy as np
from sklearn.datasets import make_classification
from sklearn.ensemble import RandomForestClassifier
import matplotlib.pyplot as plt, pylab

n_points = 1000 # create regression data with 1000 data points
x, y =  make_classification(n_samples=n_points, n_features=15,
  n_informative=5, n_redundant=0, n_repeated=0, random_state=100,
      shuffle=False)

rf = RandomForestClassifier(n_estimators=200, max_features="log2")
rf.fit(x,y)

importances = rf.feature_importances_
indices = np.argsort(importances)[::-1]

for f in range(15):
    print("Feature %d (%f)" % (indices[f]+1, importances[indices[f
        ]]))

std = np.std([rf.feature_importances_ for tree in rf.estimators_],
             axis=0)
f = plt.figure()
plt.bar(range(x.shape[1]), importances[indices],
      color="b", yerr=std[indices], align="center")
plt.xticks(range(x.shape[1]), indices+1)
plt.xlim([-1, x.shape[1]])
pylab.xlabel("feature index")
pylab.ylabel("importance")
plt.show()
```

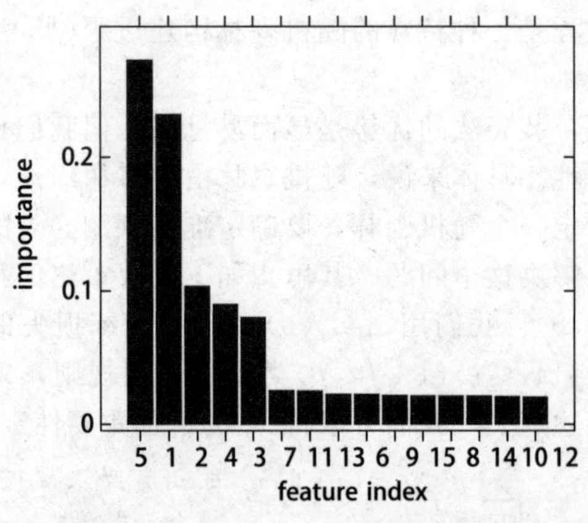

图 8.9 只有 5 个信息特征 x_1、x_2、x_3、x_4 和 x_5 的 15 个特征的数据集的重要性

显然，基于 200 棵树的预测过程是很难可视化和理解的。但是，图 8.9 显示特征 x_1、x_2、x_3、x_4 和 x_5 被正确识别为重要特征。

8.7 提升法

提升法旨在提高学习算法的准确率，特别是当涉及**弱学习器**(性能比随机猜测略好的简单预测函数)时。浅决策树通常会产生弱学习器。

最初，提升法是为二元分类任务开发的，但它可以很容易地扩展到一般分类和回归问题的处理中。提升法与装袋法有一定的相似性，因为提升法也集成多个预测函数。尽管有这种相似性，但它们之间还是存在着根本的区别。具体来说，装袋法涉及预测函数对自举数据的拟合，而提升法中的预测函数是**依次学习的**。也就是说。每个学习器都会用到之前学习器的信息。

提升法的思想是从数据 $\tau=\{(\boldsymbol{x}_i,y_i)\}_{i=1}^n$ 的简单模型(弱学习器)g_0 开始，然后将这个学习器改进或“提升”为学习器 $g_1:=g_0+h_1$。这里，针对某函数类 $\mathcal{H}$ 上的所有函数 h，最小化 g_0+h_1 的训练损失，从而得到函数h_1。例如，$\mathcal{H}$ 是预测函数的集合，它可以通过一系列最大深度为 2 的决策树得到。给定损失函数 Loss，函数 h_1 可以通过解以下优化问题获得：

$$h_1=\underset{h\in\mathcal{H}}{\operatorname{argmin}}\frac{1}{n}\sum_{i=1}^{n}\operatorname{Loss}(y_i,g_0(\boldsymbol{x}_i)+h(\boldsymbol{x}_i)) \tag{8.20}$$

对 g_1 重复此过程，得到 $g_2=g_1+h_2$，以此类推，最终得到提升预测函数：

$$g_B(\boldsymbol{x})=g_0(\boldsymbol{x})+\sum_{b=1}^{B}h_b(\boldsymbol{x}) \tag{8.21}$$

与其使用更新步骤 $g_b=g_{b-1}+h_b$，在适当的步长参数 γ 下，人们更喜欢使用平滑的更新步骤 $g_b=g_{b-1}+\gamma h_b$。我们将很快看到，这有助于减少过拟合。

提升法可用于回归问题和分类问题。我们从简单的回归问题开始，使用平方误差损失 $\operatorname{Loss}(y,\hat{y})=(y-\hat{y})^2$。在这种情况下，通常从 $g_0(\boldsymbol{x})=n^{-1}\sum_{i=1}^{n}y^i$ 开始，基于 g_{b-1} 的残差数据集τ_b，选择每个学习器 $h_b(b=1,\cdots,B)$，即 $\tau_b:=\{(\boldsymbol{x}_i,e_i^{(b)})\}_{i=1}^n$，其中：

$$e_i^{(b)}:=y_i-g_{b-1}(\boldsymbol{x}_i) \tag{8.22}$$

这就引出了以下用于回归问题(使用平方误差损失)的提升程序。

算法 8.7.1 使用平方误差损失的回归提升

输入：训练集 $\tau=\{(\boldsymbol{x}_i,y_i)\}_{i=1}^n$、提升轮数 B、收缩步长参数 γ

输出：提升预测函数

1. 设 $g_0(\boldsymbol{x})\leftarrow n^{-1}\sum_{i=1}^{n}y_i$
2. **for** $b=1$ **to** B **do**
3. 　令 $e_i^{(b)}\leftarrow y_i-g_{b-1}(\boldsymbol{x}_i)$，$i=1,\cdots,n$，设 $\tau_b\leftarrow\{(\boldsymbol{x}_i,\ e_i^{(b)})\}_{i=1}^n$
4. 　在训练数据 τ_b 上拟合预测函数 h_b
5. 　令 $g_b(\boldsymbol{x})\leftarrow g_{b-1}(\boldsymbol{x})+\gamma h_b(\boldsymbol{x})$
6. **返回** g_B

算法 8.7.1 中引入的步长参数 γ 可控制拟合过程的速度。具体来说，γ 值较小，提升法会采取较小的步长来实现训练损失最小化。步长 γ 具有非常重要的实际意义，因为它可以帮助提升算法避免过拟合。这种现象如图 8.10 所示。

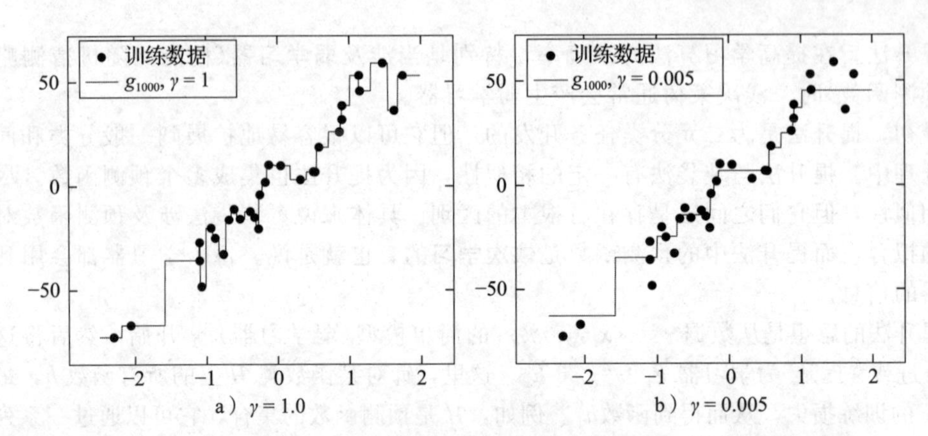

图 8.10 $\gamma=1.0$ 和 $\gamma=0.005$ 时的拟合提升回归模型 g_{1000}，注意过拟合现象

下面的代码给出了算法 8.7.1 的基本实现，它再现了图 8.10。

RegressionBoosting.py

```
import numpy as np
from sklearn.tree import DecisionTreeRegressor
from sklearn.model_selection import train_test_split
from sklearn.datasets import make_regression
import matplotlib.pyplot as plt

def TrainBoost(alpha,BoostingRounds,x,y):

    g_0 = np.mean(y)
    residuals  = y-alpha*g_0

    # list of basic regressor
    g_boost = []

    for i in range(BoostingRounds):
        h_i = DecisionTreeRegressor(max_depth=1)
        h_i.fit(x,residuals)
        residuals = residuals  - alpha*h_i.predict(x)
        g_boost.append(h_i)

    return g_0, g_boost

def Predict(g_0, g_boost,alpha, x):
    yhat = alpha*g_0*np.ones(len(x))
    for j in range(len(g_boost)):
        yhat = yhat+alpha*g_boost[j].predict(x)

    return yhat


np.random.seed(1)
sz = 30
```

```
# create data set
x,y = make_regression(n_samples=sz, n_features=1, n_informative=1,
   noise=10.0)

# boosting algorithm
BoostingRounds = 1000
alphas = [1, 0.005]

for alpha in alphas:
    g_0, g_boost = TrainBoost(alpha,BoostingRounds,x,y)
    yhat = Predict(g_0, g_boost, alpha, x)

    # plot
    tmpX =  np.reshape(np.linspace(-2.5,2,1000),(1000,1))
    yhatX = Predict(g_0, g_boost, alpha, tmpX)
    f = plt.figure()
    plt.plot(x,y,'*')
    plt.plot(tmpX,yhatX)
    plt.show()
```

参数 γ 可以看作在平方误差训练损失负梯度方向上的步长。为了明白这一点，要注意负梯度

$$-\left.\frac{\partial \mathrm{Loss}(y_i,z)}{\partial z}\right|_{z=g_{b-1}(\boldsymbol{x}_i)}=-\left.\frac{\partial (y_i-z)^2}{\partial z}\right|_{z=g_{b-1}(\boldsymbol{x}_i)}=2(y_i-g_{b-1}(\boldsymbol{x}_i))$$

是式(8.22)中残差 $e_i^{(b)}$ 的 2 倍，它在算法 8.7.1 中用于拟合预测函数h_b。

事实上，提升理论的主要进展之一是认识到了可以对任何可微损失函数使用类似的梯度下降法。由此产生的算法称为**梯度提升**算法。算法 8.7.2 总结了一般的梯度提升算法，其主要思想是模仿梯度下降算法。在提升过程的每个阶段，我们在 n 个训练点 $\boldsymbol{x}_1,\cdots,\boldsymbol{x}_n$ 上计算负梯度(算法第 3～4 行)。然后，拟合一个简单模型(比如浅决策树)来近似特征 $\boldsymbol{x}$ 的梯度(算法第 5 行)。最后，类似于梯度下降法，我们在负梯度方向上以 γ 大小的步长移动(算法第 6 行)。

算法 8.7.2　梯度提升

输入：训练集 $\tau=\{(\boldsymbol{x}_i,y_i)\}_{i=1}^n$、提升轮数 B、可微损失函数 $\mathrm{Loss}(y,\hat{y})$ 以及梯度步长参数 γ

输出：梯度提升预测函数

1. 令 $g_0(\boldsymbol{x})\leftarrow 0$
2. **for** $b=1$ **to** B **do**
3. 　**for** $i=1$ **to** n **do**
4. 　　计算损失在$(\boldsymbol{x}_i,y_i)$处的负梯度：

$$r_i^{(b)}\leftarrow-\left.\frac{\partial \mathrm{Loss}(y_i,z)}{\partial z}\right|_{z=g_{b-1}(\boldsymbol{x}_i)}\quad i=1,\cdots,n$$

5. 　通过求解以下问题得到负梯度的近似值：

$$h_b=\underset{h\in\mathcal{H}}{\operatorname{argmin}}\frac{1}{n}\sum_{i=0}^{n}(r_i^{(b)}-h(\boldsymbol{x}_i))^2 \tag{8.23}$$

6. 　令 $g_b(\boldsymbol{x})\leftarrow g_{b-1}(\boldsymbol{x})+\gamma h_b(\boldsymbol{x})$
7. **返回** g_B

例 8.6(回归树的梯度提升)　我们继续讨论回归树的基本装袋法和随机森林方法的例子(例 8.3 和例 8.4)，其中我们将标准决策树估计器与相应的装袋法和随机森林估计器进行了比较。现在，我们使用算法 8.7.2 中的梯度提升估计器，如在 **sklearn** 中实现的那样。我们

使用 $\gamma=0.1$，并执行 $B=100$ 轮提升。对于预测函数 $h_b(b=1,\cdots,B)$，我们使用深度最多为 3 的小型回归树。请注意，这种单独的树通常性能较差，也就是说，它们是弱预测函数。可以看到，由此得到的提升预测函数给出的 R^2 等于 0.899，优于简单决策树(0.5754)、装袋树(0.761)和随机森林(0.8106)。

GradientBoostingRegression.py

```
import numpy as np
from sklearn.datasets import make_friedman1
from sklearn.tree import DecisionTreeRegressor

from sklearn.model_selection import train_test_split
from sklearn.metrics import r2_score

# create regression problem
n_points = 1000 # points
x, y =  make_friedman1(n_samples=n_points, n_features=15,
                       noise=1.0, random_state=100)

# split to train/test set
x_train, x_test, y_train, y_test = \
        train_test_split(x, y, test_size=0.33, random_state=100)

# boosting sklearn
from sklearn.ensemble import GradientBoostingRegressor

breg = GradientBoostingRegressor(learning_rate=0.1,
           n_estimators=100, max_depth =3, random_state=100)
breg.fit(x_train,y_train)
yhat = breg.predict(x_test)
print("Gradient Boosting R^2 score = ",r2_score(y_test, yhat))

Gradient Boosting R^2 score =  0.8993055635639531
```

我们继续探讨分类问题，并考虑原始的提升算法：AdaBoost。AdaBoost 方法的发明者最初考虑的是二元分类问题，其中响应变量属于$\{-1,1\}$集合。AdaBoost 的思想与回归问题呈现的思想类似，即 AdaBoost 拟合一系列预测函数 g_0，$g_1=g_0+h_1$，$g_2=g_0+h_1+h_2,\cdots$最终的预测函数为

$$g_B(\boldsymbol{x})=g_0+\sum_{b=1}^{B}h_b(\boldsymbol{x}) \tag{8.24}$$

其中，每个函数 h_b 的形式为 $h_b(\boldsymbol{x})=\alpha_b c_b(\boldsymbol{x})$，$\alpha_b\in\mathbb{R}_+$，$c_b$是某个类 $\mathcal{C}$ 中的适当的弱分类器。因此，$c_b(\boldsymbol{x})\in\{-1,1\}$。与式(8.20)完全一样，我们在每次提升迭代中求解优化问题：

$$(\alpha_b,c_b)=\underset{\alpha\geqslant 0,c\in\mathcal{C}}{\operatorname{argmin}}\frac{1}{n}\sum_{i=1}^{n}\operatorname{Loss}(y_i,g_{b-1}(\boldsymbol{x}_i)+\alpha c(\boldsymbol{x}_i)) \tag{8.25}$$

然而，在这种情况下，损失函数定义为 $\operatorname{Loss}(y,\hat{y})=\mathrm{e}^{-y\hat{y}}$。该算法从一个简单的模型$g_0:=0$ 开始，对于每个连续的迭代 $b=1,\cdots,B$，求解式(8.25)。因此，

$$(\alpha_b,c_b)=\underset{\alpha\geqslant 0,c\in\mathcal{C}}{\operatorname{argmin}}\sum_{i=1}^{n}\underbrace{\mathrm{e}^{-y_i g_{b-1}(\boldsymbol{x}_i)}}_{w_i^{(b)}}\mathrm{e}^{-y_i\alpha c(\boldsymbol{x}_i)}=\underset{\alpha\geqslant 0,c\in\mathcal{C}}{\operatorname{argmin}}\sum_{i=1}^{n}w_i^{(b)}\mathrm{e}^{-y_i\alpha c(\boldsymbol{x}_i)}$$

其中，$w_i^{(b)}:=\exp\{-y_i g_{b-1}(\boldsymbol{x}_i)\}$不依赖 α 或 c。由此可见：

$$\begin{aligned}(\alpha_b, c_b) &= \underset{\alpha \geqslant 0, c \in \mathcal{C}}{\operatorname{argmin}}\ \mathrm{e}^{-\alpha} \sum_{i=1}^{n} w_i^{(b)}\ \mathbb{1}\{c(\boldsymbol{x}_i) = y_i\} + \mathrm{e}^{\alpha} \sum_{i=1}^{n} w_i^{(b)}\ \mathbb{1}\{c(\boldsymbol{x}_i) \neq y_i\} \\ &= \underset{\alpha \geqslant 0, c \in \mathcal{C}}{\operatorname{argmin}} (\mathrm{e}^{\alpha} - \mathrm{e}^{-\alpha}) \ell_{\tau}^{(b)}(c) + \mathrm{e}^{-\alpha}\end{aligned} \tag{8.26}$$

其中，

$$\ell_{\tau}^{(b)}(c) := \frac{\sum_{i=1}^{n} w_i^{(b)}\ \mathbb{1}\{c(\boldsymbol{x}_i) \neq y_i\}}{\sum_{i=1}^{n} w_i^{(b)}}$$

可以解释为第 b 次迭代时的加权 0-1 训练损失。

对于任意 $\alpha \geqslant 0$，式(8.26)被分类器 $c \in \mathcal{C}$ 最小化，该分类器能够使加权训练损失最小化，即

$$c_b(\boldsymbol{x}) = \underset{c \in \mathcal{C}}{\operatorname{argmin}}\ \ell_{\tau}^{(b)} \tag{8.27}$$

将式(8.27)代入式(8.26)，并求解最佳 α，可得

$$\alpha_b = \frac{1}{2} \ln\left(\frac{1 - \ell_{\tau}^{(b)}(c_b)}{\ell_{\tau}^{(b)}(c_b)}\right) \tag{8.28}$$

这样就得到了 AdaBoost 算法，总结如下。

算法 8.7.3 AdaBoost

输入：训练集 $\tau = \{(\boldsymbol{x}_i, y_i)\}_{i=1}^{n}$、提升轮数 B

输出：AdaBoost 预测函数

1. 令 $g_0(\boldsymbol{x}) \leftarrow 0$
2. **for** $i = 1$ **to** n **do**
3. $\quad w_i^{(1)} \leftarrow 1/n$
4. **for** $b = 1$ **to** B **do**
5. $\quad$ 在训练集 τ 上拟合分类器 c_b，求解

$$c_b = \underset{c \in \mathcal{C}}{\operatorname{argmin}}\ \ell_{\tau}^{(b)}(c) = \underset{c \in \mathcal{C}}{\operatorname{argmin}} \frac{\sum_{i=1}^{n} w_i^{(b)}\ \mathbb{1}\{c(\boldsymbol{x}_i) \neq y_i\}}{\sum_{i=1}^{n} w_i^{(b)}}$$

6. $\quad$ 令 $\alpha_b \leftarrow \frac{1}{2} \ln\left(\frac{1 - \ell_{\tau}^{(b)}(c_b)}{\ell_{\tau}^{(b)}(c_b)}\right)$ //更新权重
7. $\quad$ **for** $i = 1$ **to** n **do**
8. $\quad\quad w_i^{(b+1)} \leftarrow w_i^{(b)} \exp\{-y_i \alpha_b c_b(\boldsymbol{x}_i)\}$
9. **返回** $g_B(\boldsymbol{x}) := \sum_{b=1}^{B} \alpha_b c_b(\boldsymbol{x})$

算法 8.7.3 相当直观。在第一步($b=1$)，AdaBoost 为集合 $\tau = \{(\boldsymbol{x}_i, y_i)\}_{i=1}^{n}$ 中的每个训练样本($\boldsymbol{x}_i, y_i$)分配相等的权重 $w_i^{(1)} = 1/n$。请注意，在这种情况下，加权 0-1 训练损失与常规 0-1 训练损失相等。在每个连续的后继步骤($b>1$)中，被前面的提升预测函数 g_b 错误分类的观测值，其权重增加，正确分类的观测值权重减小。由于使用了加权 0-1 损失，错误分类的训练样本集合将获得额外的权重，从而有更好的机会被下一个分类器 c_{b+1}

正确分类。只要 AdaBoost 算法找到预测函数g_B，最终的分类器满足：

$$\operatorname{sign}\Big(\sum_{b=1}^{B}\alpha_b c_b(\boldsymbol{x})\Big)$$

AdaBoost 算法第 6 行中找到的步长参数 α_b 可以看作训练损失最小时的最佳步长。然而，与回归问题类似，可以通过将α_b设置为固定值 $\alpha_b=\gamma$ 来减慢 AdaBoost 算法的速度。像往常一样，当在实践中采用后者时，就是在处理过拟合问题。

我们考虑算法 8.7.3 对二元分类问题的实现。具体来说，在所有的提升轮次中，我们使用深度为 1 的简单决策树(也称为决策树树桩)作为弱学习器。图 8.11 给出了指数训练损失和 0-1 训练损失与提升轮数 B 的函数关系。

AdaBoost.py

```
from sklearn.datasets import make_blobs
from sklearn.tree import DecisionTreeClassifier
from sklearn.model_selection import train_test_split
from sklearn.metrics import zero_one_loss
import numpy as np


def ExponentialLoss(y,yhat):
    n = len(y)
    loss = 0
    for i in range(n):
        loss = loss+np.exp(-y[i]*yhat[i])
    loss = loss/n
    return loss

# create binary classification problem
np.random.seed(100)

n_points = 100 # points
x, y =  make_blobs(n_samples=n_points, n_features=5,  centers=2,
                   cluster_std=20.0, random_state=100)
y[y==0]=-1

# AdaBoost implementation
BoostingRounds = 1000
n = len(x)
W = 1/n*np.ones(n)

Learner = []
alpha_b_arr = []

for i in range(BoostingRounds):
    clf = DecisionTreeClassifier(max_depth=1)
    clf.fit(x,y, sample_weight=W)

    Learner.append(clf)

    train_pred = clf.predict(x)
    err_b = 0
    for i in range(n):
        if(train_pred[i]!=y[i]):
            err_b = err_b+W[i]

    err_b = err_b/np.sum(W)
    alpha_b = 0.5*np.log((1-err_b)/err_b)
```

```
        alpha_b_arr.append(alpha_b)

        for i in range(n):
            W[i] = W[i]*np.exp(-y[i]*alpha_b*train_pred[i])

    yhat_boost = np.zeros(len(y))

    for j in range(BoostingRounds):
        yhat_boost = yhat_boost+alpha_b_arr[j]*Learner[j].predict(x)


    yhat = np.zeros(n)
    yhat[yhat_boost>=0] = 1
    yhat[yhat_boost<0] = -1
    print("AdaBoost Classifier exponential loss = ", ExponentialLoss(y,
        yhat_boost))
    print("AdaBoost Classifier zero--one loss = ",zero_one_loss(y,yhat))
```

```
AdaBoost Classifier exponential loss =  0.004224013663777142
AdaBoost Classifier zero--one loss =  0.0
```

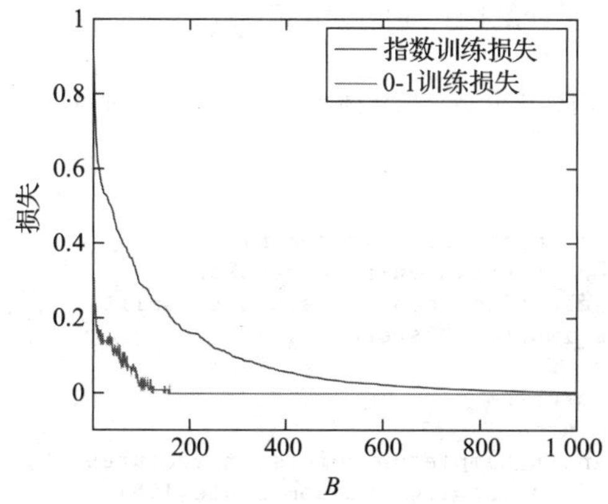

图 8.11　二元分类问题中指数训练损失和 0-1 训练损失与提升轮数 B 的函数关系

8.8　扩展阅读

Breiman[20]的关于决策树的书可以入门材料，一些额外的决策树研究进展见文献[62，96]。从计算的角度来看，存在一种高效的树剪枝递归过程，见文献[20]的第 3 章和第 10 章。文献[37,55]探讨了决策树的优缺点。关于装袋法和随机森林法的详细讨论见文献[21]和[23]。Freund 和 Schapire[44]提出了第一个提升算法，即 AdaBoost。虽然 AdaBoost 是针对学习的计算复杂度开发的，但后来 Friedman[45]发现，AdaBoost 是加法模型的特例。此外，还证明了对于任何可微损失函数，都存在有效的模仿梯度下降算法的提升过程。产生梯度提升方法的基础知识详见文献[45]，梯度提升的 Python 包实现包括 XGBoost 和 LightGBM。

8.9　习题

1. 证明任何训练集 $\tau=\{(\boldsymbol{x},y_i)，i=1,\cdots,n\}$都可以通过一棵树以零训练损失进行拟合。
2. 假设在构建决策树的过程中，我们希望基于区域 $\mathcal{R}_w$ 中的训练数据，例如$\{(\boldsymbol{x}_1,y_1),\cdots,(\boldsymbol{x}_k,y_k)\}$，在区域 $\mathcal{R}_w$ 上指定一个常数区域预测函数 g^w。证明 $g^w(\boldsymbol{x}):=k^{-1}\sum_{i=1}^{k}y_i$ 使平方误差损失最小。

3. 使用 8.2.4 节中的程序针对二元分类问题编写一个基本决策树实现。实现用误分类不纯度、基尼不纯度和熵不纯度标准来分割节点。比较所得到的结果。

4. 假设在例 8.1 的决策树中，某区域有 3 个深色数据点和 2 个浅色数据点。计算误分类不纯度、基尼不纯度和熵不纯度。若有 2 个深色数据点和 3 个浅色数据点，请重复上述计算。

5. 考虑 8.3.4 节中为有 k 个标签的类别变量寻找最佳分裂规则的程序。证明需要考虑$\{1,\cdots,k\}$的 2^k 个子集才能找到标签的最佳分割。

6. 使用以下分类数据重现图 8.6。

```
from sklearn.datasets import make_blobs
X, y =  make_blobs(n_samples=5000, n_features=10, centers=3,
                   random_state=10, cluster_std=10)
```

7. 证明式(8.13)成立，即证明：

$$\sum_{w\in\mathcal{W}}\left(\sum_{i=1}^{n}\mathbb{1}\{\boldsymbol{x}_i\in\mathcal{R}_w\}\mathrm{Loss}(y_i,g^w(\boldsymbol{x}_i))\right)=n\ell_\tau(g)$$

8. 假设 τ 是一个具有 n 个元素的训练集，τ^* 的大小也是 n，是通过自举法(即有放回地重新采样)从 τ 中得到的。证明对于大 n，τ^* 不包含来自 τ 的点的比例约占 $\mathrm{e}^{-1}\approx 0.37$。

9. 证明式(8.17)成立。

10. 考虑以下数据的训练集和测试集分割。构建随机森林回归器，并基于 R^2 确定最佳子集大小 m(见评注 8.3)。

```
import numpy as np
from sklearn.datasets import make_friedman1
from sklearn.tree import DecisionTreeRegressor
from sklearn.model_selection import train_test_split
from sklearn.metrics import r2_score

# create regression problem
n_points = 1000 # points
x, y =  make_friedman1(n_samples=n_points, n_features=15,
                       noise=1.0, random_state=100)

# split to train/test set
x_train, x_test, y_train, y_test = \
        train_test_split(x, y, test_size=0.33, random_state=100)
```

11. 解释为什么装袋决策树是随机森林的一个特例。

12. 证明式(8.28)成立。

13. 考虑以下分类数据和模块导入：

```
from sklearn.datasets import make_blobs
from sklearn.metrics import zero_one_loss
from sklearn.model_selection import train_test_split
import numpy as np
import matplotlib.pyplot as plt
from sklearn.ensemble import GradientBoostingClassifier

X_train, y_train =  make_blobs(n_samples=5000, n_features=10,
    centers=3, random_state=10, cluster_std=5)
```

对于 $\gamma=0.1,0.3,0.5,0.7,1,B=100$，使用梯度提升算法绘图表示训练损失与 γ 的函数关系。你认为 B 与 γ 有哪些关系？

第9章
深度学习

本章将展示如何构造丰富的近似函数类，这些近似函数称为神经网络。神经网络函数类学习器具有优异的性能，因此它们在现代机器学习应用中无处不在，它们的训练可在计算上完成，而且它们的复杂度易于控制。

9.1 简介

第2章描述了基本的监督学习任务，该任务中我们希望使用预测函数 $g: \boldsymbol{x} \mapsto y$，从随机输入 $\boldsymbol{X}$ 中预测随机输出 Y，该函数属于适当选择的近似函数类 $\mathcal{G}$。更一般地，我们可能希望使用类 $\mathcal{G}$ 中的预测函数 $\boldsymbol{g}: \boldsymbol{x} \mapsto \boldsymbol{y}$ 来预测向量值输出 $\boldsymbol{y}$。

在本章中，$\boldsymbol{y}$ 表示给定输入 $\boldsymbol{x}$ 的向量值输出。这与我们以前的用法不同，例如在表2.1中，$\boldsymbol{y}$ 表示标量输出的向量。

在机器学习环境中，类 $\mathcal{G}$ 有时被称为**假设空间**或**可能模型的宇宙**，假设空间 $\mathcal{G}$ 的**表示能力**只是指它的复杂度。

假设我们有一个函数类 $\mathcal{G}_L$，以参数 L 为索引，该索引能控制函数类的复杂度，$\mathcal{G}_L \subset \mathcal{G}_{L+1} \subset \mathcal{G}_{L+2} \subset \cdots$。在选择合适的函数类时，我们必须注意**近似-估计误差的权衡**。一方面，$\mathcal{G}_L$ 类必须足够复杂(丰富)，以准确地表示最佳的未知预测函数 g^*，这可能要求 L 非常大。另一方面，类 $\mathcal{G}_L$ 中的学习器必须足够简单，能在很小的估计误差与很小的计算机内存需求下训练，这可能要求 L 非常小。

在平衡这些相互竞争的目标时，如果能从已有的简单 $\mathcal{G}_L$ 类轻松地构造出更复杂的 $\mathcal{G}_{L+1}$ 类，这会很有帮助。简单的函数类 $\mathcal{G}_L$ 本身可以通过修改一个更简单的类 $\mathcal{G}_{L-1}$ 来构造，以此类推。

允许这种自然分层结构的函数类是**神经网络**类。从概念上看，L 层神经网络是一种非线性参数回归模型，其表示能力很容易由 L 控制。

另外，在式(9.3)中，我们把神经网络的输出定义为线性函数和(分量方式)非线性函数的重复组合。正如我们将看到的那样，输出的这种表示方式将提供一类灵活的非线性函数类，它们很容易进行微分运算。因此，通过梯度优化方法对学习器进行训练主要涉及标准的矩阵运算，可以非常高效地执行。

从历史上看，神经网络最初的目的是模仿人类大脑的工作方式，网络节点模拟神经元，网络连接模拟连接神经元的轴突。出于这个原因，这里不再使用第 5 章中的术语“回归模型”，而是倾向于使用受神经网络与人脑结构明显相似启发的命名法。

然而，通过模仿人类大脑功能来构建高效的机器学习算法的尝试，就像通过模仿鸟类翅膀扇动来制造飞行器的尝试一样不成功。相反，许多有效的机器算法都受到了古老的函数近似数学思想的启发。定理 9.1 就是其中一种思想(其证明见文献[119])。

定理 9.1 Kolmogorov (1957)

每个连续函数 $g^*: [0,1]^p \mapsto \mathbb{R}$，在 $p \geqslant 2$ 的情况下可以写成

$$g^*(\boldsymbol{x}) = \sum_{j=1}^{2p+1} h_j \left(\sum_{i=1}^{p} h_{ij}(x_i) \right)$$

其中，$\{h_j, h_{ij}\}$是一组依赖 g^* 的单变量连续函数。

这个定理告诉我们，任何连续的高维映射都可以表示为简单(一维)映射的函数组合。图 9.1 描述了对于给定输入 $\boldsymbol{x} \in \mathbb{R}^p$ 计算输出 $g^*(\boldsymbol{x})$所需的映射组成，图中显示了一个有向图，也称为由 $l=0,1,2$ 表示的三层神经网络。

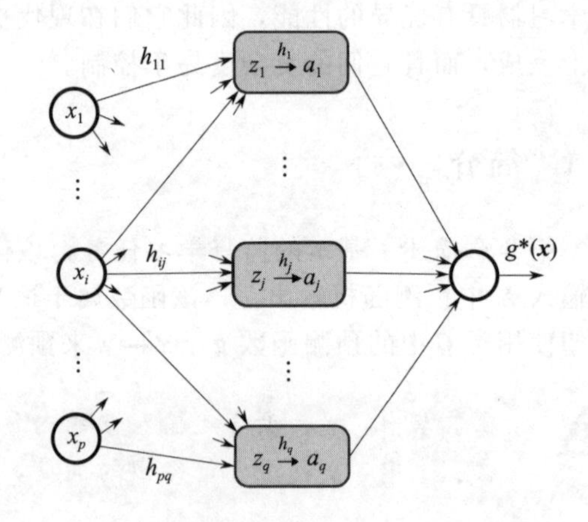

图 9.1 每个连续函数 $g^*: [0,1]^p \mapsto \mathbb{R}$ 都可以由一个具有隐藏层($l=1$)、输入层($l=0$)和输出层($l=2$)的神经网络表示

特别地，输入 $\boldsymbol{x}$ 的 p 个分量中的每一个分量都表示为**输入层**($l=0$)中的一个节点。**隐藏层**($l=1$)有 $q := 2p+1$ 个节点，每个节点都与一个变量数值对(z,a)相关联：

$$z_j := \sum_{i=1}^{p} h_{ij}(x_i), \quad a_j := h_j(z_j)$$

节点(z_j, a_j)和 x_i 之间的连接的权重为 h_{ij}，它表示 z_j 的值通过函数 h_{ij} 依赖 x_i 的值。最后，**输出层**($l=2$)表示值 $g^*(\boldsymbol{x}) = \sum_{j=1}^{q} a_j$。注意，图上的箭头提醒我们，计算的顺序是从左到右的，或者说是从输入层 $l=0$ 一直到输出层 $l=2$。

实际上，我们不知道函数$\{h_i, h_{ij}\}$的集合，因为它们取决于未知函数 g^*。如果 g^* 是线性的，那么所有的 $(2p+1)(p+1)$个一维函数也是线性的，尽管这种情况不太可能出现。然而，在一般情况下，我们应该期望$\{h_i, h_{ij}\}$中每个函数都是非线性的。

不幸的是，定理 9.1 只断言了$\{h_i, h_{ij}\}$的存在，并没有告诉我们如何构造这些非线性函数。摆脱这种困境的一种方法是用更多的已知非线性函数来代替这$(2p+1)(p+1)$个未知函数，这些函数被称为**激活函数**[⊖]。例如，logistic 激活函数为：

$$S(z) = (1 + \exp(-z))^{-1}$$

然后，我们希望这样由足够多数量的激活函数构建的网络，会与图 9.1 中使用$(2p+1)(p+1)$个函数的神经网络具有类似的表示能力。

一般来说，我们希望使用最简单的激活函数，使我们能够构建表示能力强训练成本低

⊖ 激活函数的名字来源于神经元在受到化学或电子刺激时的反应模型。

的学习器。logistic 函数只是众多可能的激活函数中的一种可能选择。图 9.2 显示了部分具有不同规律性或平滑特性的激活函数。

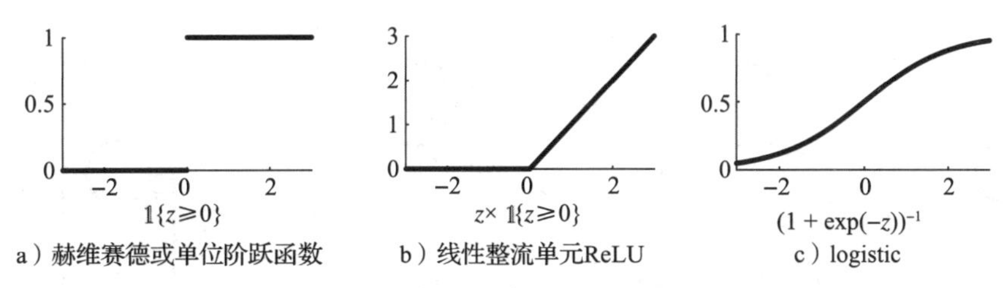

图 9.2 常见的激活函数 $S(z)$ 及其定义公式和图示。logistic 函数是一种 sigmoid（即 S 形）函数，有些书上将 logistic 函数定义为 $2S(z)-1$

除了选择神经网络中激活函数的类型和数量外，我们还可以通过另一种重要的方式来提高其表示能力：引入更多的隐藏层。下一节将详细探讨这种可能性。

9.2 前馈神经网络

在 $L+1$ 层神经网络中，第零层或输入层($l=0$)编码输入特征向量 $\boldsymbol{x}$，最后一层或输出层($l=L$)编码(多值)输出函数 $\boldsymbol{g}(\boldsymbol{x})$。其余的层称为**隐藏层**。每层都有若干节点，例如 p_l 表示 $l=0,\cdots,L$ 层的节点。在这种表示方法中，p_0 是输入特征向量 $\boldsymbol{x}$ 的维度，例如，$p_L=1$ 表示 $\boldsymbol{g}(\boldsymbol{x})$是一个标量输出。**隐藏层**($l=1,\cdots,L-1$)中的所有节点都与变量对($z,a$)相关联，我们将变量收集成 p_l 维的列向量 $\boldsymbol{z}_l$ 和 $\boldsymbol{a}_l$。在所谓的**前馈网络**中，任意一层 l 中的变量都是前一层 $l-1$ 中变量的简单函数。特别地，$\boldsymbol{z}_l$ 和 $\boldsymbol{a}_{l-1}$ 通过线性关系 $\boldsymbol{z}_l=\boldsymbol{W}_l\boldsymbol{a}_{l-1}+\boldsymbol{b}_l$ 相关联，其中，$\boldsymbol{W}_l$ 是权重矩阵，$\boldsymbol{b}_l$ 是偏置向量。

在任何隐藏层 $l=1,\cdots,L-1$ 中，向量 $\boldsymbol{z}_l$ 和 $\boldsymbol{a}_l$ 的分量通过 $\boldsymbol{a}_l=\boldsymbol{S}_l(\boldsymbol{z}_l)$相关联，其中 $\boldsymbol{S}_l:\mathbb{R}^{p_l}\mapsto\mathbb{R}^{p_l}$ 是非线性多值函数。所有这些多值函数的形式通常为

$$\boldsymbol{S}_l(\boldsymbol{z})=[S(z_1),\cdots,S(z_{\dim(\boldsymbol{z})})]^{\mathrm{T}},\quad l=1,\cdots,L-1 \tag{9.1}$$

其中，S 是所有隐藏层通用的激活函数。输出层中的函数 $\boldsymbol{S}_L:\mathbb{R}^{p_{L-1}}\mapsto\mathbb{R}^{p_L}$ 更为通用，其具体形式取决于网络是用于分类还是用于预测连续输出 Y。图 9.3 显示了一个四层($L=3$)网络。

该神经网络的输出由以下因素决定：输入向量 $\boldsymbol{x}$、非线性函数$\{\boldsymbol{S}_l\}$，以及权重矩阵 $\boldsymbol{W}_l=[w_{l,ij}]$和偏置向量 $\boldsymbol{b}_l=[b_{l,j}]$，$l=1,2,3$。

这里，权重矩阵 $\boldsymbol{W}_l=[w_{l,ij}]$的第($i$，$j$)个元素是连接第 l 层的第 j 个节点与第($l+1$)层的第 i 个节点的权重。

层数 L(不含输入层的层数)称为**网络深度**，$\max_l p_l$ 称为**网络宽度**。虽然我们主要研究隐藏层节点数量相等的网络($p_1=\cdots=p_{L-1}$)，但通常每个隐藏层中的节点数量可能不同。

多层神经网络的输出 $\boldsymbol{g}(\boldsymbol{x})$是从输入 $\boldsymbol{x}$ 经过以下计算顺序得到的：

$$\underbrace{\boldsymbol{x}}_{\boldsymbol{a}_0}\to\underbrace{\boldsymbol{W}_1\boldsymbol{a}_0+\boldsymbol{b}_1}_{\boldsymbol{z}_1}\to\underbrace{\boldsymbol{S}_1(\boldsymbol{z}_1)}_{\boldsymbol{a}_1}\to\underbrace{\boldsymbol{W}_2\boldsymbol{a}_1+\boldsymbol{b}_2}_{\boldsymbol{z}_2}\to\underbrace{\boldsymbol{S}_2(\boldsymbol{z}_2)}_{\boldsymbol{a}_2}\to\cdots$$

$$\to\underbrace{\boldsymbol{W}_L\boldsymbol{a}_{L-1}+\boldsymbol{b}_L}_{\boldsymbol{z}_L}\to\underbrace{\boldsymbol{S}_L(\boldsymbol{z}_L)}_{\boldsymbol{a}_L}=\boldsymbol{g}(\boldsymbol{x}) \tag{9.2}$$

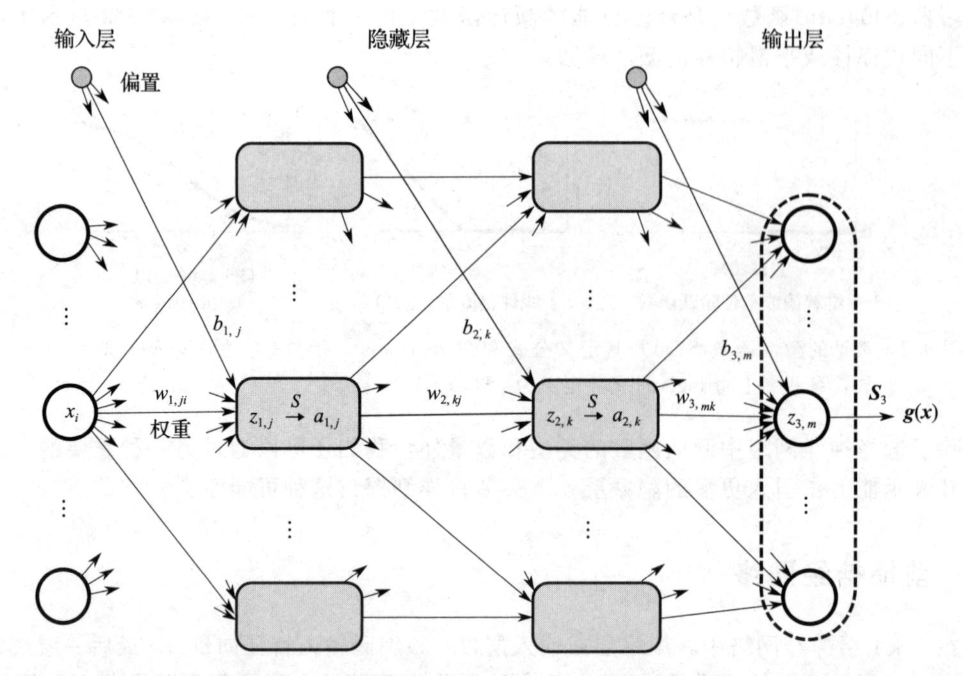

图 9.3 $L=3$ 的神经网络：$l=0$ 层是输入层，然后是两个隐藏层以及输出层(隐藏层可以有不同数量的节点)

用 $\boldsymbol{M}_l$ 表示函数 $\boldsymbol{z} \mapsto \boldsymbol{W}_l\boldsymbol{z}+\boldsymbol{b}_l$，因此，输出 $\boldsymbol{g}(\boldsymbol{x})$可以写成函数组合的形式：

$$\boldsymbol{g}(\boldsymbol{x}) = \boldsymbol{S}_L \circ \boldsymbol{M}_L \circ \cdots \circ \boldsymbol{S}_2 \circ \boldsymbol{M}_2 \circ \boldsymbol{S}_1 \circ \boldsymbol{M}_1(\boldsymbol{x}) \tag{9.3}$$

对于输入 $\boldsymbol{x}$，计算输出 $\boldsymbol{g}(\boldsymbol{x})$的算法如下。注意，我们保留了激活函数$\{\boldsymbol{S}_l\}$在每一层有不同定义的可能性。在某些情况下，$\boldsymbol{S}_l$ 甚至可能依赖部分或全部已计算出的 $\boldsymbol{z}_1,\boldsymbol{z}_2,\cdots$和 $\boldsymbol{a}_1,\boldsymbol{a}_2,\cdots$。

算法 9.2.1 神经网络的前馈传播

输入：特征向量 $\boldsymbol{x}$、每层 $l=1,\cdots,L$ 的权重$\{w_{l,ij}\}$和偏置$\{b_{l,i}\}$

输出：预测函数 $\boldsymbol{g}(\boldsymbol{x})$的值

1. $\boldsymbol{a}_0 \leftarrow \boldsymbol{x}$ //零层或输入层
2. **for** $l=1$ **to** L **do**
3. 计算第 l 层中每个节点 i 的隐藏变量 $z_{l,i}$：
$$\boldsymbol{z}_l \leftarrow \boldsymbol{W}_l\boldsymbol{a}_{l-1} + \boldsymbol{b}_l$$
4. 计算第 l 层中每个节点 i 的激活函数 $a_{l,i}$：
$$\boldsymbol{a}_l \leftarrow \boldsymbol{S}_l(\boldsymbol{z}_l)$$
5. **返回** $\boldsymbol{g}(\boldsymbol{x}) \leftarrow \boldsymbol{a}_L$ //输出层

例 9.1(非线性多输出回归) 给定输入 $\boldsymbol{x} \in \mathbb{R}^{p_0}$ 和激活函数 $S:\mathbb{R} \mapsto \mathbb{R}$，通过神经网络可以计算**非线性多输出回归模型**的输出 $\boldsymbol{g}(\boldsymbol{x}) := [g_1(\boldsymbol{x}),\cdots,g_{p_2}(\boldsymbol{x})]^{\mathrm{T}}$

$$\begin{aligned}
\boldsymbol{z}_1 &= \boldsymbol{W}_1\boldsymbol{x} + \boldsymbol{b}_1, \quad \boldsymbol{W}_1 \in \mathbb{R}^{p_1 \times p_0}, \boldsymbol{b}_1 \in \mathbb{R}^{p_1} \\
a_{1,k} &= S(z_{1,k}), \quad k = 1,\cdots,p_1 \\
\boldsymbol{g}(\boldsymbol{x}) &= \boldsymbol{W}_2\boldsymbol{a}_1 + \boldsymbol{b}_2, \quad \boldsymbol{W}_2 \in \mathbb{R}^{p_2 \times p_1}, \boldsymbol{b}_2 \in \mathbb{R}^{p_2}
\end{aligned}$$

它是具有一个隐藏层的神经网络，输出函数为 $\boldsymbol{S}_2(\boldsymbol{z})=\boldsymbol{z}$。在特殊情况下，$p_1=p_2=1$，$\boldsymbol{b}_2=0$，$\boldsymbol{W}_2=1$，我们把所有的参数收集到向量 $\boldsymbol{\theta}^{\mathrm{T}}=[\boldsymbol{b}_1,\boldsymbol{W}_1]\in\mathbb{R}^{p_0+1}$ 中，对于某个激活函数 h，该神经网络可以解释为**广义线性模型**，其中 $\mathbb{E}[Y|\boldsymbol{X}=\boldsymbol{x}]=h([1,\boldsymbol{x}^{\mathrm{T}}]\boldsymbol{\theta})$。

例 9.2(多元 logit 分类)　假设对于某个分类问题，输入 $\boldsymbol{x}$ 必须被分类为 c 类中的一个，标签为 $0,\cdots,c-1$。我们可以通过有一个隐藏层的神经网络来进行分类，隐藏层具有 $p_1=c$ 个节点。具体来说，我们有

$$\boldsymbol{z}_1=\boldsymbol{W}_1\boldsymbol{x}+\boldsymbol{b}_1,\quad \boldsymbol{a}_1=\boldsymbol{S}_1(\boldsymbol{z}_1)$$

其中，$\boldsymbol{S}_1$ 为 softmax 函数：

$$\text{softmax}:\boldsymbol{z}\mapsto\frac{\exp(\boldsymbol{z})}{\sum_k\exp(z_k)}$$

对于输出，我们取 $\boldsymbol{g}(\boldsymbol{x})=[g_1(\boldsymbol{x}),\cdots,g_c(\boldsymbol{x})]^{\mathrm{T}}=\boldsymbol{a}_1$，它可以当作 $\boldsymbol{x}$ 的预分类器。将 $\boldsymbol{x}$ 分类为 $0,1,\cdots,c-1$ 的实际分类器为

$$\underset{k\in\{0,\cdots,c-1\}}{\operatorname{argmax}}\ g_{k+1}(\boldsymbol{x})$$

这相当于 7.5 节中的多元 logit 分类器。但是请注意，在那里我们使用了稍微不同的符号表示，用 $\widetilde{\boldsymbol{x}}$ 代替 $\boldsymbol{x}$，且有一个参考类，见习题 13。

在实际实现中，当 $\exp(z_k)$ 恰好非常大或 $\sum_k\exp(z_k)$ 恰好非常小时，softmax 函数可能会引起数值上的上溢和下溢误差。在这种情况下，我们可以利用不变性特性(见习题 1)：

$$\text{对于任何常数 } c:\ \text{softmax}(\boldsymbol{z})=\text{softmax}(\boldsymbol{z}+c\times\boldsymbol{1})$$

利用这个特性，我们可以通过 $\text{softmax}(\boldsymbol{z}-\max_k\{z_k\}\times\boldsymbol{1})$ 计算出数值稳定性更强的 $\text{softmax}(\boldsymbol{z})$。

当神经网络分类为 c 类时，输出节点数为 $c-1$，则可将 $g_i(\boldsymbol{x})$ 视为**非线性判别函数**。

例 9.3(密度估计)　估计某个随机特征 $X\in\mathbb{R}$ 的密度 f 是典型的无监督学习任务，我们在 4.3 节中使用高斯混合模型处理过这个问题。我们可以将具有 p_1 个分量和一个普通尺度参数 $\sigma>0$ 的高斯混合模型，看作具有两个隐藏层的神经网络，类似于图 9.3 中的神经网络。特别地，如果第一个隐藏层的激活函数 $\boldsymbol{S}_1$ 的形式像式(9.1)那样，且 $S(z):=\exp(-z^2/(2\sigma^2))/\sqrt{2\pi\sigma^2}$，则密度值 $g(x)$ 可以通过下式计算：

$$\begin{aligned}\boldsymbol{z}_1&=\boldsymbol{W}_1x+\boldsymbol{b}_1,\quad \boldsymbol{a}_1=\boldsymbol{S}_1(\boldsymbol{z}_1)\\ \boldsymbol{z}_2&=\boldsymbol{W}_2\boldsymbol{a}_1+\boldsymbol{b}_2,\quad \boldsymbol{a}_2=\boldsymbol{S}_2(\boldsymbol{z}_2)\\ g(x)&=\boldsymbol{a}_1^{\mathrm{T}}\boldsymbol{a}_2\end{aligned}$$

其中，$\boldsymbol{W}_1=\boldsymbol{1}$ 是由 1 组成的 $p_1\times1$ 维列向量，$\boldsymbol{W}_2=\boldsymbol{O}$ 是由 0 组成的 $p_1\times p_1$ 矩阵，$\boldsymbol{S}_2$ 是 softmax 函数。我们用高斯混合模型的 p_1 个位置参数 $[\mu_1,\cdots,\mu_{p_1}]^{\mathrm{T}}$ 来识别列向量 $\boldsymbol{b}_1$，使用混合模型的 p_1 个权重识别 $\boldsymbol{b}_2\in\mathbb{R}^{p_1}$。注意输出层不常见的激活函数，它需要用到第一个隐藏层的 $\boldsymbol{a}_1$ 和第二个隐藏层的 $\boldsymbol{a}_2$ 的值。

前馈网络有许多关键的设计特征。首先，我们需要选择激活函数。其次，我们需要为网络训练选择损失函数。正如我们在 9.3 节要解释的，最常见的选择是 ReLU 激活函数和交叉熵损失。最关键的是，我们需要仔细构建**网络架构**，即确定不同层节点之间的连接数量和网络的总层数。

例如，如果从一层到下一层的连接被修剪(称为**稀疏连接**)，对所有的$\{(i,j): |i-j|=0,1,\cdots\}$，连接共享相同的权重值$\{w_{l,ij}\}$(称为**参数共享**)，那么权重矩阵将是稀疏的托普利兹方阵。

直观地讲，参数共享和稀疏连接可以加速网络训练，因为需要学习的参数较少，而且托普利兹结构允许算法 9.2.1 快速计算矩阵向量乘积。这种网络的一个重要例子是**卷积神经网络**(Convolution Neural Network，CNN)，其中部分或全部网络层对卷积的线性操作进行编码：

$$\boldsymbol{W}_l \boldsymbol{a}_{l-1} = \boldsymbol{w}_l * \boldsymbol{a}_{l-1}$$

其中，$[\boldsymbol{x} * \boldsymbol{y}]_i := \sum_k x_k y_{i-k+1}$。如例 A.10 中所讨论的，卷积矩阵是一种特殊类型的稀疏托普利兹方阵，它对学习参数向量的作用可以通过快速傅里叶变换进行快速计算。

CNN 特别适合图像处理问题，因为它们的卷积层很好地模仿了视觉皮层的神经特性。特别地，视觉皮层将视场划分为许多小区域，并为每个这样的区域分配一组神经元。此外，其中一些神经元组只对特定特征(例如，边缘)做出反应。

这种神经特性通过神经网络中的卷积层自然地建模。具体来说，假设输入图像由 $m_1 \times m_2$ 的像素矩阵给出。现在，定义一个 $k \times k$ 矩阵(有时也称为**核**，其中 k 一般取 3 或 5)。然后，卷积层的输出可以使用所有可能的 $k \times k$ 输入矩阵区域和核矩阵的离散卷积来计算，见例 A.10。特别要注意的是，原始图像中有$(m_1-k+1)\times(m_2-k+1)$个可能的区域，我们得出结论：卷积层输出大小为$(m_1-k+1)\times(m_2-k+1)$。在实践中，我们经常定义多个核矩阵，给出输出层的大小$(m_1-k+1)\times(m_2-k+1)\times$(核的数量)。图 9.4 显示了 5×5 输入图像和 2×2 卷积核得到 4×4 的输出矩阵。9.5.2 节给出了使用 CNN 进行图像分类的例子。

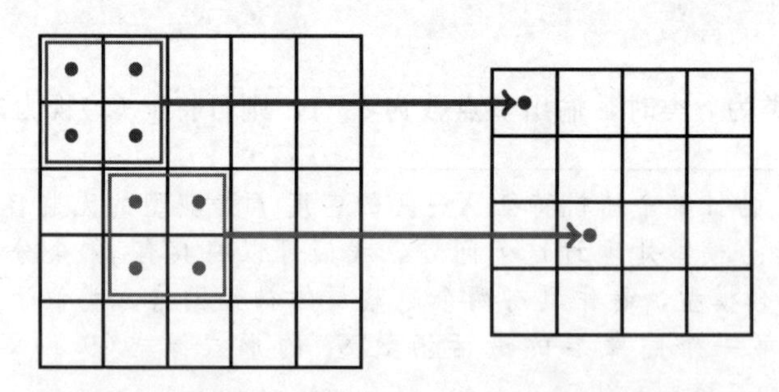

图 9.4　5×5 输入图像和 2×2 核的示例，该核应用于原始图像的每一个 2×2 区域

9.3　反向传播

神经网络的训练是一个重大的挑战，既需要独创性，也需要大量的实验。用于训练深度神经网络的算法统称为**深度学习**方法。最简单、最有效的深度学习训练方法之一是**最速下降法**及其变体。

最速下降法需要计算所有关于偏置向量和权重矩阵的梯度。考虑到神经网络中潜在的大量参数(权重和偏置项)，我们需要找到有效的方法来计算梯度。

为了说明梯度计算的性质，设 $\boldsymbol{\theta}=\{\boldsymbol{W}_l,\boldsymbol{b}_l\}$ 是一个长度为 $\dim(\boldsymbol{\theta})=\sum_{l=1}^{L}(p_{l-1}p_l+p_l)$ 的列向量，它收集了多层网络的所有权重参数(数量为 $\sum_{l=1}^{L}p_{l-1}p_l$)和偏置参数(数量为 $\sum_{l=1}^{L}p_l$)，多层网络具有以下训练损失：

$$\ell_\tau(\boldsymbol{g}(\cdot\mid\boldsymbol{\theta})):=\frac{1}{n}\sum_{i=1}^{n}\text{Loss}(\boldsymbol{y}_i,\boldsymbol{g}(\boldsymbol{x}_i\mid\boldsymbol{\theta}))$$

使用简写形式 $C_i(\boldsymbol{\theta}):=\text{Loss}(\boldsymbol{y}_i,\ \boldsymbol{g}(\boldsymbol{x}_i\mid\boldsymbol{\theta}))$，我们得到：

$$\ell_\tau(\boldsymbol{g}(\cdot\mid\boldsymbol{\theta}))=\frac{1}{n}\sum_{i=1}^{n}C_i(\boldsymbol{\theta})\tag{9.4}$$

因此，要获得 ℓ_τ 的梯度，需要对每一个 i 计算 $\partial C_i/\partial\boldsymbol{\theta}$。对于形如式(9.1)的激活函数，定义 $\boldsymbol{D}_l$ 为对角矩阵，其主对角线为导数向量：

$$\boldsymbol{S}'(\boldsymbol{z}):=[S'(z_{l,1}),\cdots,S'(z_{l,p_l})]^{\mathrm{T}}$$

即，

$$\boldsymbol{D}_l:=\text{diag}(S'(z_{l,1}),\cdots,S'(z_{l,p_l})),\quad l=1,\cdots,L-1$$

定理 9.2 为我们提供了计算典型 $C_i(\boldsymbol{\theta})$的梯度所需的公式。

定理 9.2 训练损失的梯度

对于给定的输入、输出对$(\boldsymbol{x},\boldsymbol{y})$，设 $\boldsymbol{g}(\boldsymbol{x}\mid\boldsymbol{\theta})$是算法 9.2.1 的输出，设 $C(\boldsymbol{\theta})=\text{Loss}(\boldsymbol{y},\boldsymbol{g}(\boldsymbol{x}\mid\boldsymbol{\theta}))$是一个几乎处处可微的损失函数。假设$\{\boldsymbol{z}_l,\boldsymbol{a}_l\}_{l=1}^{L}$是在前馈传播过程中得到的向量($\boldsymbol{a}_0=\boldsymbol{x},\boldsymbol{a}_L=\boldsymbol{g}(\boldsymbol{x}\mid\boldsymbol{\theta})$)。那么，对于 $l=1,\cdots,L$，我们有

$$\frac{\partial C}{\partial\boldsymbol{W}_l}=\boldsymbol{\delta}_l\boldsymbol{a}_{l-1}^{\mathrm{T}},\quad\frac{\partial C}{\partial\boldsymbol{b}_l}=\boldsymbol{\delta}_l$$

其中 $\boldsymbol{\delta}_l:=\partial C/\partial z_l$ 是对 $l=L,\cdots,2$ 的递归计算：

$$\boldsymbol{\delta}_{l-1}=\boldsymbol{D}_{l-1}\boldsymbol{W}_l^{\mathrm{T}}\boldsymbol{\delta}_l,\quad\boldsymbol{\delta}_L=\frac{\partial\boldsymbol{S}_L}{\partial\boldsymbol{z}_L}\frac{\partial\boldsymbol{C}}{\partial\boldsymbol{g}}\tag{9.5}$$

证明 标量值 C 通过转换式(9.2)得到，然后进行映射 $\boldsymbol{g}(\boldsymbol{x}\mid\boldsymbol{\theta})\mapsto\text{Loss}(\boldsymbol{y},\boldsymbol{g}(\boldsymbol{x}\mid\boldsymbol{\theta}))$。利用链式法则(见附录 B.1.2)，我们可以得到

$$\boldsymbol{\delta}_L=\frac{\partial C}{\partial\boldsymbol{z}_L}=\frac{\partial\boldsymbol{g}(\boldsymbol{x})}{\partial\boldsymbol{z}_L}\frac{\partial C}{\partial\boldsymbol{g}(\boldsymbol{x})}=\frac{\partial\boldsymbol{S}_L}{\partial\boldsymbol{z}_L}\frac{\partial C}{\partial\boldsymbol{g}}$$

线性映射 $\boldsymbol{z}\mapsto\boldsymbol{W}\boldsymbol{z}$ 的“向量/向量”导数由 $\boldsymbol{W}^{\mathrm{T}}$ 给出，见式(B.5)。由此可见，由于 $\boldsymbol{z}_l=\boldsymbol{W}_l\boldsymbol{a}_{l-1}+\boldsymbol{b}_l$，$\boldsymbol{a}_l=\boldsymbol{S}(\boldsymbol{z}_l)$，链式法则可以给出

$$\frac{\partial\boldsymbol{z}_l}{\partial\boldsymbol{z}_{l-1}}=\frac{\partial\boldsymbol{a}_{l-1}}{\partial\boldsymbol{z}_{l-1}}\frac{\partial\boldsymbol{z}_l}{\partial\boldsymbol{a}_{l-1}}=\boldsymbol{D}_{l-1}\boldsymbol{W}_l^{\mathrm{T}}$$

因此，递推公式[式(9.5)]为

$$\boldsymbol{\delta}_{l-1}=\frac{\partial C}{\partial\boldsymbol{z}_{l-1}}=\frac{\partial\boldsymbol{z}_l}{\partial\boldsymbol{z}_{l-1}}\frac{\partial C}{\partial\boldsymbol{z}_l}=\boldsymbol{D}_{l-1}\boldsymbol{W}_l^{\mathrm{T}}\boldsymbol{\delta}_l,\quad l=L,\cdots,3,2$$

利用$\{\boldsymbol{\delta}_l\}$，我们现在可以计算出关于权重矩阵和偏置向量的导数。特别地，将“标量/

矩阵"微分规则[式(B.10)]应用于 $\boldsymbol{z}_l=\boldsymbol{W}_l\boldsymbol{a}_{l-1}+\boldsymbol{b}_l$，得到：

$$\frac{\partial C}{\partial \boldsymbol{W}_l}=\frac{\partial C}{\partial \boldsymbol{z}_l}\frac{\partial \boldsymbol{z}_l}{\partial \boldsymbol{W}_l}=\boldsymbol{\delta}_l\boldsymbol{a}_{l-1}^{\mathrm{T}},\quad l=1,\cdots,L$$

以及

$$\frac{\partial C}{\partial \boldsymbol{b}_l}=\frac{\partial \boldsymbol{z}_l}{\partial \boldsymbol{b}_l}\frac{\partial C}{\partial \boldsymbol{z}_l}=\boldsymbol{\delta}_l,\quad l=1,\cdots,L$$ ■

根据定理 9.2 可知，对于训练集中的每一个数据对$(\boldsymbol{x},\boldsymbol{y})$，通过计算 $\boldsymbol{\delta}_L,\cdots,\boldsymbol{\delta}_1$，我们可以按顺序计算梯度 $\partial C/\partial\boldsymbol{\theta}$。这个过程称为**反向传播**。由于反向传播大多涉及简单的矩阵乘法，因此可以使用专用的计算硬件(如 GPU)和其他并行计算架构高效地实现。还要注意的是，许多以二次时间运行的矩阵计算可以用线性时间的逐分量乘法代替。具体来说，向量与对角矩阵的乘法等价于逐分量乘法：

$$\underbrace{\boldsymbol{A}}_{\mathrm{diag}(\boldsymbol{a})}\boldsymbol{b}=\boldsymbol{a}\odot\boldsymbol{b}$$

因此，我们可以将 $\boldsymbol{\delta}_{l-1}=\boldsymbol{D}_{l-1}\boldsymbol{W}_l^{\mathrm{T}}\boldsymbol{\delta}_l$ 写成 $\boldsymbol{\delta}_{l-1}=\boldsymbol{S}'(\boldsymbol{z}_{l-1})\odot\boldsymbol{W}_l^{\mathrm{T}}\boldsymbol{\delta}_l$，$l=L,\cdots,3,2$。

现在，我们总结一下典型 $\partial C/\partial\boldsymbol{\theta}$ 计算的反向传播算法。在算法 9.3.1 中，第 1 行到第 5 行是前馈部分，第 7 行到第 10 行是反向传播部分。

算法 9.3.1 计算典型 $C(\boldsymbol{\theta})$的梯度

输入：训练样本$(\boldsymbol{x},\boldsymbol{y})$、权重矩阵和偏置向量$\{\boldsymbol{W}_l,\boldsymbol{b}_l\}_{l=1}^L=:\boldsymbol{\theta}$以及激活函数$\{\boldsymbol{S}_l\}_{l=1}^L$

输出：关于所有权重矩阵和偏置向量的导数

1. $\boldsymbol{a}_0\leftarrow\boldsymbol{x}$
2. **for** $l=1,\cdots,L$ **do** //前馈
3. $\quad\boldsymbol{z}_l\leftarrow\boldsymbol{W}_l\boldsymbol{a}_{l-1}+\boldsymbol{b}_l$
4. $\quad\boldsymbol{a}_l\leftarrow\boldsymbol{S}_l(\boldsymbol{z}_l)$
5. $\boldsymbol{\delta}_L\leftarrow\frac{\partial \boldsymbol{S}_L}{\partial \boldsymbol{z}_L}\frac{\partial C}{\partial \boldsymbol{g}}$
6. $\boldsymbol{z}_0\leftarrow\boldsymbol{0}$ //完成循环所需的任意赋值
7. **for** $l=L,\cdots,1$ **do** //反向传播
8. $\quad\frac{\partial C}{\partial \boldsymbol{b}_l}\leftarrow\boldsymbol{\delta}_l$
9. $\quad\frac{\partial C}{\partial \boldsymbol{W}_l}\leftarrow\boldsymbol{\delta}_l\boldsymbol{a}_{l-1}^{\mathrm{T}}$
10. $\quad\boldsymbol{\delta}_{l-1}\leftarrow\boldsymbol{S}'(\boldsymbol{z}_{l-1})\odot\boldsymbol{W}_l^{\mathrm{T}}\boldsymbol{\delta}_l$
11. **返回** 对于所有的 $l=1,\cdots,L$，$\frac{\partial C}{\partial \boldsymbol{W}_l}$和$\frac{\partial C}{\partial \boldsymbol{b}_l}$以及值 $\boldsymbol{g}(\boldsymbol{x})\leftarrow\boldsymbol{a}_L$(如果需要的话)

注意，为了使 $C(\boldsymbol{\theta})$的梯度在每一点上都存在，激活函数需要处处可微。例如，图 9.2 中的 logistic 激活函数就是这种情况，而 ReLU 函数则不然，它在 $z=0$ 以外的地方才处处可微。然而，在实践中，ReLU 函数在 $z=0$ 处不可微的问题不太可能影响反向传播算法，因为舍入误差和有限精度的计算机算法使得我们极不可能正好在 $z=0$ 处计算 ReLU 的值。这就是定理 9.2 中我们只要求 $C(\boldsymbol{\theta})$"几乎"处处可微的原因。

尽管 ReLU 函数在原点处不可微，但它比 logistic 函数有一个重要的优势。随着我们远离原点，logistic 函数的导数以指数形式快速衰减为零，这种现象称为**饱和现象**，对于正数 z，ReLU 函数的导数总是与 z 一致。因此，对于大的正数 z，logistic 函数的导数不

携带任何有用的信息，但 ReLU 的导数可以帮助指导梯度优化算法。图 9.2 中 Heaviside 函数的情况更糟糕，因为它的导数对于任何 $z\neq 0$ 的数据都没有信息。在这方面，$z>0$ 时 ReLU 函数的非饱和性，使它成为通过反向传播来训练网络的理想的激活函数。

最后，需要注意的是，为了得到训练损失的梯度 $\partial \ell_\tau / \partial \boldsymbol{\theta}$，我们只需要在所有 n 个训练样本上循环使用算法 9.3.1，如下所示。

算法 9.3.2 计算训练损失的梯度

输入： 训练集 $\tau=\{(\boldsymbol{x}_i,\boldsymbol{y}_i)\}_{i=1}^n$、权重矩阵和偏置向量 $\{\boldsymbol{W}_l,\boldsymbol{b}_l\}_{l=1}^L =: \boldsymbol{\theta}$ 以及激活函数 $\{\boldsymbol{S}_l\}_{l=1}^L$

输出： 训练损失的梯度

1. **for** $i=1,\cdots,n$ **do** // 在所有训练样本上循环
2. 运行算法 9.3.1，输入 $(\boldsymbol{x}_i,\boldsymbol{y}_i)$，计算 $\left\{\dfrac{\partial C_i}{\partial \boldsymbol{W}_l},\dfrac{\partial C_i}{\partial \boldsymbol{b}_l}\right\}_{l=1}^L$
3. **返回** 对于所有的 $l=1,\cdots,L$，返回 $\dfrac{\partial C}{\partial \boldsymbol{W}_l}=\dfrac{1}{n}\sum_{i=1}^n\dfrac{\partial C_i}{\partial \boldsymbol{W}_l}$，$\dfrac{\partial C}{\partial \boldsymbol{b}_l}=\dfrac{1}{n}\sum_{i=1}^n\dfrac{\partial C_i}{\partial \boldsymbol{b}_l}$

例 9.4(平方误差损失和交叉熵损失) 反向传播算法 9.3.1 需要知道第 5 行中求 $\boldsymbol{\delta}_L$ 的公式。特别地，为了执行第 5 行，我们需要同时指定损失函数和定义输出层 $\boldsymbol{g}(\boldsymbol{x}|\boldsymbol{\theta})=\boldsymbol{a}_L=\boldsymbol{S}_L(\boldsymbol{z}_L)$ 的函数 $\boldsymbol{S}_L$。

例如，在多元逻辑分类问题中，将输入 $\boldsymbol{x}$ 划分为 p_L 个类别标签 $0,1,\cdots,(p_{L-1})$ 之一，输出层通过 softmax 函数定义：

$$\boldsymbol{S}_L:\boldsymbol{z}_L\mapsto\frac{\exp(\boldsymbol{z}_L)}{\sum_{k=1}^{p_L}\exp(z_{L,k})}$$

换句话说，$\boldsymbol{g}(\boldsymbol{x}|\boldsymbol{\theta})$ 是一个概率向量，它的第 $(y+1)$ 个分量 $g_{y+1}(\boldsymbol{x}|\boldsymbol{\theta})=g(y|\boldsymbol{\theta},\boldsymbol{x})$ 是真实条件概率 $f(y|\boldsymbol{x})$ 的估计值。如式(7.17)中所做的那样，将 softmax 输出与交叉熵损失相结合，得到：

$$\begin{aligned}\text{Loss}(f(y|\boldsymbol{x}),g(y|\boldsymbol{\theta},\boldsymbol{x}))&=-\ln g(y|\boldsymbol{\theta},\boldsymbol{x})\\&=-\ln g_{y+1}(\boldsymbol{x}|\boldsymbol{\theta})\\&=-z_{y+1}+\ln\sum_{k=1}^{p_L}\exp(z_k)\end{aligned}$$

因此，我们得到具有如下分量 $(k=1,\cdots,p_L)$ 的向量 $\boldsymbol{\delta}_L$：

$$\delta_{L,k}=\frac{\partial}{\partial z_k}\left(-z_{y+1}+\ln\sum_{k=1}^{p_L}\exp(z_k)\right)=g_k(\boldsymbol{x}|\boldsymbol{\theta})-\mathbb{1}\{y=k-1\}$$

注意，我们可以从多元逻辑网络的最后一层删除一个节点，因为 $g_1(\boldsymbol{x}|\theta)$(对应于 $y=0$ 类)可以通过 $g_1(\boldsymbol{x}|\theta)=1-\sum_{k=2}^{p_L}g_k(\boldsymbol{x}|\theta)$ 这一事实消除。数值比较见习题 13。

另一个例子是，在非线性多输出回归中(见例 9.1)，输出函数 $\boldsymbol{S}_L$ 的常见形式为式(9.1)，因此 $\partial \boldsymbol{S}_L/\partial \boldsymbol{z}=\text{diag}(S_L'(z_1),\cdots,S_L'(z_{p_L}))$。将输出 $\boldsymbol{g}(\boldsymbol{x}|\boldsymbol{\theta})=\boldsymbol{S}_L(\boldsymbol{z}_L)$ 与平方误差损失结合起来，得到：

$$\text{Loss}(\boldsymbol{y},\boldsymbol{g}(\boldsymbol{x}|\boldsymbol{\theta}))=\|\boldsymbol{y}-\boldsymbol{g}(\boldsymbol{x}|\boldsymbol{\theta})\|^2=\sum_{j=1}^{p_L}(y_j-g_j(\boldsymbol{x}|\boldsymbol{\theta}))^2$$

因此，算法 9.3.1 中的第 5 行简化为

$$\boldsymbol{\delta}_L = \frac{\partial \boldsymbol{S}_L}{\partial \boldsymbol{z}} \frac{\partial C}{\partial \boldsymbol{g}} = \boldsymbol{S}'_L(\boldsymbol{z}_L) \odot 2(\boldsymbol{g}(\boldsymbol{x}|\boldsymbol{\theta}) - \boldsymbol{y})$$

9.4 训练方法

神经网络的研究由来已久，然而直到最近才有足够的计算资源来对其进行有效训练。神经网络的训练需要最小化训练损失 $\ell_\tau(\boldsymbol{g}(\cdot|\boldsymbol{\theta})) = \frac{1}{n}\sum_{i=1}^{n} C_i(\boldsymbol{\theta})$，这通常是一个困难的高维优化问题，有多个局部最小值。接下来，我们探讨一些简单的训练方法。

在本节中，向量 $\boldsymbol{\delta}_t$ 和 $\boldsymbol{g}_t$ 使用 B.3.2 节的符号表示方法，不应与导数 $\boldsymbol{\delta}$ 和预测函数 $\boldsymbol{g}$ 相混淆。

9.4.1 最速下降法

如果我们能够通过反向传播计算出 $\ell_\tau(\boldsymbol{g}(\cdot|\boldsymbol{\theta}))$ 的梯度，那么就可以应用最速下降法，其内容如下。从猜测 $\boldsymbol{\theta}_1$ 开始，我们迭代以下步骤：

$$\boldsymbol{\theta}_{t+1} = \boldsymbol{\theta}_t - \alpha_t \boldsymbol{u}_t, \quad t = 1,2,\cdots \tag{9.6}$$

直到收敛，其中 $\boldsymbol{u}_t := \frac{\partial \ell_\tau}{\partial \boldsymbol{\theta}}(\boldsymbol{\theta}_t)$，$\alpha_t$ 为学习率。

注意，我们不是直接对权重和偏置进行运算，而是对长度为 $\sum_{l=1}^{L}(p_{l-1}p_l + p_l)$ 的列向量 $\boldsymbol{\theta} := \{\boldsymbol{W}_l, \boldsymbol{b}_l\}_{l=1}^{L}$ 进行运算，该向量存储了所有的权重和偏置参数。以这种方式进行运算的好处是，我们可以很容易地计算学习率 α_t，例如，通过式(B.26)中的 Barzilai-Borwein 公式。

算法 9.4.1 通过最速下降法训练

输入：训练集 $\tau = \{(\boldsymbol{x}_i, \boldsymbol{y}_i)\}_{i=1}^{n}$、初始权重矩阵和偏置向量 $\{\boldsymbol{W}_l, \boldsymbol{b}_l\}_{l=1}^{L} := \boldsymbol{\theta}_1$ 以及激活函数 $\{\boldsymbol{S}_l\}_{l=1}^{L}$

输出：训练好的学习器参数

1. $t \leftarrow 1$，$\boldsymbol{\delta} \leftarrow 0.1 \times \boldsymbol{1}$，$\boldsymbol{u}_{t-1} \leftarrow \boldsymbol{0}$，$\alpha \leftarrow 0.1$ //初始化
2. **while** 不满足停止条件 **do**
3. 利用算法 9.3.2 计算梯度 $\boldsymbol{u}_t = \frac{\partial \ell_\tau}{\partial \boldsymbol{\theta}}(\boldsymbol{\theta}_t)$
4. $\boldsymbol{q} \leftarrow \boldsymbol{u}_t - \boldsymbol{u}_{t-1}$
5. **if** $\boldsymbol{\delta}^{\mathrm{T}} \boldsymbol{g} > 0$ **then** // 检查 Hessian 矩阵是否为正定矩阵
6. $\alpha \leftarrow \boldsymbol{\delta}^{\mathrm{T}} \boldsymbol{g} / \|\boldsymbol{g}\|^2$ // Barzilai-Borwein
7. **else**
8. $\alpha \leftarrow 2 \times \alpha$ //如果不是正定矩阵，做一些启发式变换
9. $\boldsymbol{\delta} \leftarrow -\alpha \boldsymbol{u}_t$
10. $\boldsymbol{\theta}_{t+1} \leftarrow \boldsymbol{\theta}_t + \boldsymbol{\delta}$
11. $t \leftarrow t+1$
12. **返回** 具有最小训练损失的模型参数 $\boldsymbol{\theta}_t$

通常情况下，我们用较小的随机值来初始化 $\boldsymbol{\theta}_1$，同时小心以避免使激活函数饱和。例如，在 $ReLU$ 激活函数的情况下，我们将使用小的正值来确保其导数不为零。激活函数的导数为零会阻碍有用信息的传播，这些信息主要用于计算好的搜索方向。

回顾一下，通过算法 9.3.2 计算训练损失的梯度，需要对所有训练样本进行平均。当训练集 τ_n 的大小 n 太大时，通过算法 9.3.2 计算梯度 $\partial \ell_{\tau_n} / \partial \boldsymbol{\theta}$ 可能代价过高。在这种情况下，我们可以采用随机梯度下降算法。在该算法中，我们把训练损失看作期望，它可以通过蒙特卡罗抽样来近似。特别地，如果 K 是一个随机变量，服从分布 $\mathbb{P}[K=k]=1/n$，$k=1,\cdots,n$，那么我们可以写成

$$\ell_\tau(\boldsymbol{g}(\cdot \mid \boldsymbol{\theta})) = \frac{1}{n}\sum_{k=1}^{n}\text{Loss}(\boldsymbol{y}_K, \boldsymbol{g}(\boldsymbol{x}_k \mid \boldsymbol{\theta})) = \mathbb{E}\,\text{Loss}(\boldsymbol{y}_K, \boldsymbol{g}(\boldsymbol{x}_K \mid \boldsymbol{\theta}))$$

因此，我们可以通过蒙特卡罗估计量来近似 $\ell_\tau(\boldsymbol{g}(\cdot \mid \boldsymbol{\theta}))$，需要使用 K 的 N 个独立同分布副本：

$$\hat{\ell}_\tau(\boldsymbol{g}(\cdot \mid \boldsymbol{\theta})) := \frac{1}{N}\sum_{i=1}^{N}\text{Loss}(\boldsymbol{y}_{K_i}, \boldsymbol{g}(\boldsymbol{x}_{K_i} \mid \boldsymbol{\theta}))$$

独立同分布的蒙特卡罗样本 $K_1,\cdots,K_N$ 称为**迷你批**(minibatch)(见习题 3)。通常情况下，$n \gg N$，这样观测概率系于 minibatch 大小 N 的情况可以忽略不计。

最后，请注意，如果随机梯度下降算法的学习率满足式(3.30)中的条件，那么随机梯度下降算法只是**随机逼近**算法 3.4.5 的一种形式。

9.4.2 Levenberg-Marquardt 方法

由于具有平方误差损失的神经网络是一种特殊的非线性回归模型，因此可以使用经典的非线性最小二乘最小化方法进行训练，比如 Levenberg-Marquardt 算法。

为了简化符号表示，对于输入 $\boldsymbol{x}$，假设网络输出是一个标量 $g(\boldsymbol{x})$。对于给定的 $d=\dim(\boldsymbol{\theta})$ 维输入参数 $\boldsymbol{\theta}$，Levenberg-Marquardt 算法 B.3.3 需要计算以下输出向量：

$$\boldsymbol{g}(\tau \mid \boldsymbol{\theta}) := [g(\boldsymbol{x}_1 \mid \boldsymbol{\theta}),\cdots,g(\boldsymbol{x}_n \mid \boldsymbol{\theta})]^{\mathrm{T}}$$

以及在 $\boldsymbol{\theta}$ 处 $\boldsymbol{g}$ 的雅可比矩阵 $\boldsymbol{G}$($n \times d$ 维)。要计算这些量，我们可以再次使用反向传播算法 9.3.1，如下所示。

算法 9.4.2 通过 Levenberg-Marquardt 训练方法的输出

输入：训练集 $\tau=\{(\boldsymbol{x}_i, y_i)\}_{i=1}^{n}$、参数 $\boldsymbol{\theta}$

输出：向量 $\boldsymbol{g}(\tau \mid \boldsymbol{\theta})$ 和雅可比矩阵 $\boldsymbol{G}$，用于算法 B.3.3

1. **for** $i=1,\cdots,n$ **do** // 在所有训练样本上循环
2. 　输入 $(\boldsymbol{x}_i, y_i)$，运行算法 9.3.1 (在第 5 行中使用 $\frac{\partial C}{\partial \boldsymbol{g}}=1$)计算 $g(\boldsymbol{x}_i \mid \boldsymbol{\theta})$ 和 $\frac{\partial g(\boldsymbol{x}_i \mid \boldsymbol{\theta})}{\partial \boldsymbol{\theta}}$
3. $\boldsymbol{g}(\tau \mid \boldsymbol{\theta}) \leftarrow [g(\boldsymbol{x}_1 \mid \boldsymbol{\theta}),\cdots,g(\boldsymbol{x}_n \mid \boldsymbol{\theta})]^{\mathrm{T}}$
4. $\boldsymbol{G} \leftarrow \left[\frac{\partial g(\boldsymbol{x}_1 \mid \boldsymbol{\theta})}{\partial \boldsymbol{\theta}},\cdots,\frac{\partial g(\boldsymbol{x}_n \mid \boldsymbol{\theta})}{\partial \boldsymbol{\theta}}\right]^{\mathrm{T}}$
5. **返回** $\boldsymbol{g}(\tau \mid \boldsymbol{\theta})$ 和 $\boldsymbol{G}$

Levenberg-Marquardt 算法不适合具有大量参数的网络，因为矩阵计算的代价会变得无法承受。例如，获取式(B.28)中 Levenberg-Marquardt 搜索方向通常需要 $\mathcal{O}(d^3)$的代价。此外，Levenberg-Marquardt 算法只有在我们希望使用平方误差损失训练网络时才适用。接下来介绍的拟牛顿法或自适应梯度法在一定程度上可以减轻这两个缺点。

9.4.3 受限内存 BFGS 方法

到目前为止讨论的所有方法都是**一阶优化方法**，即只在当前(或刚过去的)候选解 $\boldsymbol{\theta}_t$ 处使用梯度向量 $\boldsymbol{u}_t := \frac{\partial \ell_\tau}{\partial \boldsymbol{\theta}}(\boldsymbol{\theta}_t)$的方法。为了设计更有效的**二阶优化方法**，我们可能会尝试使用牛顿法，它的搜索方向为：

$$-\boldsymbol{H}_t^{-1}\boldsymbol{u}_t$$

其中，$\boldsymbol{H}_t$ 是 $d\times d$ 矩阵，它是 $\ell_\tau(\boldsymbol{g}(\cdot\,|\boldsymbol{\theta}))$在 $\boldsymbol{\theta}_t$ 处的二阶偏导数。

这种方法有两个问题。首先，通过算法 9.3.2 计算 $\boldsymbol{u}_t$ 的代价通常是 $\mathcal{O}(d)$，而计算 $\boldsymbol{H}_t$ 的代价是 $\mathcal{O}(d^2)$。其次，即使我们能以某种方式非常快地计算 $\boldsymbol{H}_t$，计算搜索方向 $\boldsymbol{H}_t^{-1}\boldsymbol{u}_t$ 仍然需要 $\mathcal{O}(d^3)$的代价。这两方面的考虑使得牛顿法不适用于大数 d。

相反，一个实用的替代方法是拟牛顿法，我们的目的是直接通过满足**正割条件**的矩阵 $\boldsymbol{C}_t$ 来近似 $\boldsymbol{H}_t^{-1}$：

$$\boldsymbol{C}_t\boldsymbol{g}_{t-1} = \boldsymbol{\delta}_{t-1}$$

其中，$\boldsymbol{\delta}_t := \boldsymbol{\theta}_{t+1} - \boldsymbol{\theta}_t$，$\boldsymbol{g}_t := \boldsymbol{u}_{t+1} - \boldsymbol{u}_t$。

一个巧妙的公式可以生成合适的近似矩阵序列$\{\boldsymbol{C}_t\}$(每个都满足正割条件)，这就是 BFGS 更新公式(B.23)，可以写成递归形式(见习题 9)：

$$\boldsymbol{C}_{t+1} = (\boldsymbol{I} - v_t\boldsymbol{g}_t\boldsymbol{\delta}_t^{\mathrm{T}})^{\mathrm{T}}\boldsymbol{C}_t(\boldsymbol{I} - v_t\boldsymbol{g}_t\boldsymbol{\delta}_t^{\mathrm{T}}) + v_t\boldsymbol{\delta}_t\boldsymbol{\delta}_t^{\mathrm{T}},\quad v_t := (\boldsymbol{g}_t^{\mathrm{T}}\boldsymbol{\delta}_t)^{-1} \tag{9.7}$$

这个公式允许我们将 $\boldsymbol{C}_{t-1}$ 更新为 $\boldsymbol{C}_t$，然后在 $\mathcal{O}(d^2)$时间内计算出 $\boldsymbol{C}_t\boldsymbol{u}_t$。虽然这种拟牛顿法比代价为 $\mathcal{O}(d^3)$的牛顿法要好，但在大规模应用中它的计算代价仍然太高。

相比之下，**受限内存** BFGS 更新方法可以在 $\mathcal{O}(d)$时间内实现。其思想是存储一些最近的$\{\boldsymbol{\delta}_t,\boldsymbol{g}_t\}$，以便评估它对向量 $\boldsymbol{u}_t$ 的作用，而不需要在计算机内存中显式地构造和存储 $\boldsymbol{C}_t$。这种方法是可行的，因为公式(9.7)从 $\boldsymbol{C}_0$ 更新到 $\boldsymbol{C}_1$ 只需要利用数据对$(\boldsymbol{\delta}_1,\boldsymbol{g}_1)$，同样从 $\boldsymbol{C}_0$ 计算 $\boldsymbol{C}_t$ 只需要$(\boldsymbol{\delta}_1,\boldsymbol{g}_1),\cdots,(\boldsymbol{\delta}_t,\boldsymbol{g}_t)$的更新历史，具体过程如下。

通过后向递归$(j=1,\cdots,t)$定义矩阵 $\boldsymbol{A}_t,\cdots,\boldsymbol{A}_0$：

$$\boldsymbol{A}_t := \boldsymbol{I},\quad \boldsymbol{A}_{j-1} := (\boldsymbol{I} - v_j\boldsymbol{g}_j\boldsymbol{\delta}_j^{\mathrm{T}})\boldsymbol{A}_j$$

我们观察到，所有的矩阵向量乘积 $\boldsymbol{A}_j\boldsymbol{u} =: \boldsymbol{q}_j\ (j=0,\cdots,t)$都可以通过从 $\boldsymbol{q}_t = \boldsymbol{u}$ 开始的后向递归有效地计算：

$$\tau_j := \boldsymbol{\delta}_j^{\mathrm{T}}\boldsymbol{q}_j,\quad \boldsymbol{q}_{j-1} = \boldsymbol{q}_j - v_j\tau_j\boldsymbol{g}_j,\quad j = t, t-1,\cdots,1 \tag{9.8}$$

除了利用向量$\{\boldsymbol{q}_j\}$，我们还将使用向量$\{\boldsymbol{r}_j\}$，它通过以下递归方式进行定义：

$$\boldsymbol{r}_0 := \boldsymbol{C}_0\boldsymbol{q}_0,\quad \boldsymbol{r}_j = \boldsymbol{r}_{j-1} + v_i(\tau_i - \boldsymbol{g}_j^{\mathrm{T}}\boldsymbol{r}_{j-1})\boldsymbol{\delta}_j,\quad j = 1,\cdots,t \tag{9.9}$$

在每一次迭代 t，BFGS 更新公式(9.7)可以改写为

$$\boldsymbol{C}_t = \boldsymbol{A}_{t-1}^{\mathrm{T}}\boldsymbol{C}_{t-1}\boldsymbol{A}_{t-1} + v_t\boldsymbol{\delta}_t\boldsymbol{\delta}_t^{\mathrm{T}}$$

通过将这个递归关系向后迭代到 $\boldsymbol{C}_0$，我们有

$$\boldsymbol{C}_t = \boldsymbol{A}_0^{\mathrm{T}}\boldsymbol{C}_0\boldsymbol{A}_0 + \sum_{j=1}^{t} v_j\boldsymbol{A}_j^{\mathrm{T}}\boldsymbol{\delta}_j\boldsymbol{\delta}_j^{\mathrm{T}}\boldsymbol{A}_j$$

也就是说，我们可以用初始值 $\boldsymbol{C}_0$ 和所有 BFGS 的整个历史值 $\{\boldsymbol{\delta}_j, \boldsymbol{g}_j\}$ 来表示 $\boldsymbol{C}_t$。此外，通过式(9.8)和式(9.9)计算 $\{\boldsymbol{q}_j, \boldsymbol{r}_j\}$，我们可以这样写：

$$\begin{aligned}\boldsymbol{C}_t\boldsymbol{u} &= \boldsymbol{A}_0^{\mathrm{T}}\boldsymbol{C}_0\boldsymbol{q}_0 + \sum_{j=1}^{t} v_j(\boldsymbol{\delta}_j^{\mathrm{T}}\boldsymbol{q}_j)\boldsymbol{A}_j^{\mathrm{T}}\boldsymbol{\delta}_j \\ &= \boldsymbol{A}_0^{\mathrm{T}}\boldsymbol{r}_0 + v_1\tau_1\boldsymbol{A}_1^{\mathrm{T}}\boldsymbol{\delta}_1 + \sum_{j=2}^{t} v_j\tau_j\boldsymbol{A}_j^{\mathrm{T}}\boldsymbol{\delta}_j \\ &= \boldsymbol{A}_1^{\mathrm{T}}[(\boldsymbol{I} - v_1\boldsymbol{\delta}_1\boldsymbol{g}_1^{\mathrm{T}})\boldsymbol{r}_0 + v_1\tau_1\boldsymbol{\delta}_1] + \sum_{j=2}^{t} v_j\tau_j\boldsymbol{A}_j^{\mathrm{T}}\boldsymbol{\delta}_j\end{aligned}$$

因此，根据式(9.9)中 $\{\boldsymbol{r}_j\}$ 的定义，我们得到：

$$\begin{aligned}\boldsymbol{C}_t\boldsymbol{u} &= \boldsymbol{A}_1^{\mathrm{T}}\boldsymbol{r}_1 + \sum_{j=2}^{t} v_j\tau_j\boldsymbol{A}_j^{\mathrm{T}}\boldsymbol{\delta}_j \\ &= \boldsymbol{A}_2^{\mathrm{T}}\boldsymbol{r}_2 + \sum_{j=3}^{t} v_j\tau_j\boldsymbol{A}_j^{\mathrm{T}}\boldsymbol{\delta}_j \\ &= \cdots = \boldsymbol{A}_t^{\mathrm{T}}\boldsymbol{r}_t + 0 = \boldsymbol{r}_t\end{aligned}$$

给定 $\boldsymbol{C}_0$ 和 BFGS 所有最近历史值 $\{\boldsymbol{\delta}_j, \boldsymbol{g}_j\}_{j=1}^{h}$，拟牛顿搜索方向 $\boldsymbol{d} = -\boldsymbol{C}_h\boldsymbol{u}$ 的计算可以通过递归关系式(9.8)和式(9.9)来完成，如算法 9.4.3 所述。

需要注意的是，如果 $\boldsymbol{C}_0$ 是一个对角矩阵，比如说单位矩阵，那么 $\boldsymbol{C}_0\boldsymbol{q}$ 的计算代价很低，运行算法 9.4.3 的代价为 $\mathcal{O}(hd)$。因此，对于固定长度的 BFGS 历史，受限内存 BFGS 更新的计算代价以 d 为基础线性增长，这使得它成为大规模应用中可行的优化算法。

算法 9.4.3 受限内存 BFGS 更新

输入： BFGS 历史列表 $\{\boldsymbol{\delta}_j, \boldsymbol{g}_j\}_{j=1}^{h}$、初始值 $\boldsymbol{C}_0$ 和输入 $\boldsymbol{u}$

输出： $\boldsymbol{d} = -\boldsymbol{C}_h\boldsymbol{u}$，其中 $\boldsymbol{C}_h = (\boldsymbol{I} - v_j\boldsymbol{\delta}_j\boldsymbol{g}_j^{\mathrm{T}})\boldsymbol{C}_{t-1}(\boldsymbol{I} - v_j\boldsymbol{g}_j\boldsymbol{\delta}_j^{\mathrm{T}}) + v_t\boldsymbol{\delta}_t\boldsymbol{\delta}_t^{\mathrm{T}}$.

1. $\boldsymbol{q} \leftarrow \boldsymbol{u}$
2. **for** $i = h, h-1, \cdots, 1$ **do** //后向递归计算 $\boldsymbol{A}_0\boldsymbol{u}$
3. $\quad v_i \leftarrow (\boldsymbol{\delta}_i^{\mathrm{T}}\boldsymbol{g}_i)^{-1}$
4. $\quad \tau_i \leftarrow \boldsymbol{\delta}_i^{\mathrm{T}}\boldsymbol{q}$
5. $\quad \boldsymbol{q} \leftarrow \boldsymbol{q} - v_i\tau_i\boldsymbol{g}_i$
6. $\boldsymbol{q} \leftarrow \boldsymbol{C}_0\boldsymbol{q}$ //计算 $C_0(A_0u)$
7. **for** $i = 1, \cdots, h$ **do** //计算递归等式(9.9)
8. $\quad \boldsymbol{q} \leftarrow \boldsymbol{q} + v_i(\tau_i - \boldsymbol{g}_i^{\mathrm{T}}\boldsymbol{q})\boldsymbol{\delta}_i$
9. **返回** $\boldsymbol{d} \leftarrow -\boldsymbol{q}$，$-\boldsymbol{C}_h\boldsymbol{u}$ 的值

综上所述，受限内存 BFGS 更新的拟牛顿算法过程如下。

算法 9.4.4 受限内存 BFGS 的拟牛顿最小化

输入： 训练集 $\tau = \{(\boldsymbol{x}_i, \boldsymbol{y}_i)\}_{i=1}^{n}$、初始权重矩阵和偏置向量 $\{\boldsymbol{W}_l, \boldsymbol{b}_l\}_{l=1}^{L} =: \boldsymbol{\theta}_1$、激活函数 $\{\boldsymbol{S}_l\}_{l=1}^{L}$ 以及历史参数 h

输出： 训练好的学习器参数

（续）

1. $t \leftarrow 1$，$\boldsymbol{\delta} \leftarrow 0.1 \times \mathbf{1}$，$\boldsymbol{u}_{t-1} \leftarrow \mathbf{0}$ //初始化
2. **while** 不满足停止条件时 **do**
3. 通过算法 9.3.2 计算 $\ell_{\text{value}} = \ell_\tau(g(\cdot \mid \boldsymbol{\theta}_t))$ 和 $\boldsymbol{u}_t = \frac{\partial \ell_\tau}{\partial \boldsymbol{\theta}}(\boldsymbol{\theta}_t)$
4. $\boldsymbol{g} \leftarrow \boldsymbol{u}_t - \boldsymbol{u}_{t-1}$
5. 将$(\boldsymbol{\delta}, \boldsymbol{g})$添加到 BFGS 历史列表中，作为最新的 BFGS 对
6. **if** BFGS 历史数值对的数量大于 h **then**
7. 从 BFGS 历史中删除最早的一对
8. 通过算法 9.4.3，利用 BFGS 历史、$\boldsymbol{C}_0 = \boldsymbol{I}$ 和 $\boldsymbol{u}_t$ 计算 $\boldsymbol{d}$
9. $\alpha \leftarrow 1$
10. **while** $\ell_\tau(g(\cdot \mid \boldsymbol{\theta}_t + \alpha \boldsymbol{d})) \geqslant \ell_{\text{value}} + 10^{-4} \alpha \boldsymbol{d}^{\mathrm{T}} \boldsymbol{u}_t$ **do**
11. $\alpha \leftarrow \alpha / 1.5$ //沿拟牛顿方向进行直线搜索
12. $\boldsymbol{\delta} \leftarrow \alpha \boldsymbol{d}$
13. $\boldsymbol{\theta}_{t+1} \leftarrow \boldsymbol{\theta}_t + \boldsymbol{\delta}$
14. $t \leftarrow t+1$
15. **返回** 具有最小训练损失的模型参数 $\boldsymbol{\theta}_t$

9.4.4 自适应梯度法

回顾 9.4.3 节讲述的受限内存 BFGS 方法，它利用以前计算的梯度$\{\boldsymbol{u}_t\}$的最近历史和输入参数$\{\boldsymbol{\theta}_t\}$来确定搜索方向。这是因为 BFGS 的数据对$\{\boldsymbol{\delta}_t, \boldsymbol{g}_t\}$可以很容易地由等式$\boldsymbol{\delta}_t = \boldsymbol{\theta}_{t+1} - \boldsymbol{\theta}_t$ 和 $\boldsymbol{g}_t = \boldsymbol{u}_{t+1} - \boldsymbol{u}_t$ 来构造。换句话说，只使用过去的梯度计算，几乎不需要额外的计算，就可以推断出 $\ell_\tau(\boldsymbol{\theta})$的 Hessian 矩阵中包含的二阶信息。除了 BFGS 方法之外，还有其他方法可以利用过去的梯度。

一种方法是使用**正态近似法**，其中 ℓ_τ 在 $\boldsymbol{\theta}_t$ 处的 Hessian 矩阵近似为

$$\hat{\boldsymbol{H}}_t = \gamma \boldsymbol{I} + \frac{1}{h} \sum_{i=t-h+1}^{h} \boldsymbol{u}_i \boldsymbol{u}_i^{\mathrm{T}} \tag{9.10}$$

其中，$\boldsymbol{u}_{t-h+1}, \cdots, \boldsymbol{u}_h$ 是 h 个最近计算的梯度，γ 是一个调整参数(例如，$\gamma = 1/h$)。搜索方向由以下公式给出：

$$-\hat{\boldsymbol{H}}_t^{-1} \boldsymbol{u}_t$$

它可以在 $\mathcal{O}(h^2 d)$时间内快速计算出来，可以使用 QR 分解(见习题 5 和习题 6)方法，也可以使用 Sherman-Morrison 算法 A.6.1。这种方法要求我们将最后 h 个梯度向量存储在内存中。

另一种完全不需要反求 Hessian 近似矩阵的方法是**自适应梯度**(AdaGrad)法，这个方法中我们只存储 Hessian 矩阵$\hat{\boldsymbol{H}}_t$ 的对角线元素，使用搜索方向：

$$-\operatorname{diag}(\hat{\boldsymbol{H}}_t)^{-1/2} \boldsymbol{u}_t$$

使用稍有不同的搜索方向[⊖]，我们可以避免存储任何梯度历史：

$$-\boldsymbol{u}_t \, / \, \sqrt{\boldsymbol{v}_t + \gamma \times \mathbf{1}}$$

⊖ 这里我们将两个向量按位相除。

其中，向量 $\boldsymbol{v}_t$ 通过以下方式递归更新：

$$\boldsymbol{v}_t = \left(1-\frac{1}{h}\right)\boldsymbol{v}_{t-1} + \frac{1}{h}\boldsymbol{u}_t \odot \boldsymbol{u}_t$$

这样更新 $\boldsymbol{v}_t$ 后，向量 $\boldsymbol{v}_t+\gamma\times\mathbf{1}$ 与 Hessian 矩阵 $\widehat{\boldsymbol{H}}_t$ 的对角线元素之间的差异非常微小。

AdaGrad 方法的一个更复杂的版本是**自适应矩估计**(adaptive moment estimation，Adam)方法，我们不仅要对向量$\{\boldsymbol{v}_t\}$进行平均，还要对梯度向量$\{\boldsymbol{u}_t\}$进行平均，具体算法如下。

算法 9.4.5 通过 Adam 在迭代 *t* 处更新搜索方向

输入： $\boldsymbol{u}_t$、$\widehat{\boldsymbol{u}}_{t-1}$、$\boldsymbol{v}_{t-1}$、$\boldsymbol{\theta}_t$ 以及参数(α, h_v, h_u)，例如这些参数等于$(10^{-3}，10^3，10)$

输出： $\widehat{\boldsymbol{u}}_t$、$\boldsymbol{v}_t$、$\boldsymbol{\theta}_{t+1}$

1. $\widehat{\boldsymbol{u}}_t \leftarrow \left(1-\frac{1}{h_u}\right)\widehat{\boldsymbol{u}}_{t-1} + \frac{1}{h_u}\boldsymbol{u}_t$
2. $\boldsymbol{v}_t \leftarrow \left(1-\frac{1}{h_v}\right)\boldsymbol{v}_{t-1} + \frac{1}{h_v}\boldsymbol{u}_t \odot \boldsymbol{u}_t$
3. $\widehat{\boldsymbol{u}}_t \leftarrow \widehat{\boldsymbol{u}}_t / (1-(1-h_u^{-1})^t)$
4. $\boldsymbol{v}_t \leftarrow \boldsymbol{v}_t / (1-(1-h_v^{-1})^t)$
5. $\boldsymbol{\theta}_{t+1} \leftarrow \boldsymbol{\theta}_t - \alpha\, \widehat{\boldsymbol{u}}_t / (\sqrt{\boldsymbol{v}_t} + 10^{-8}\times\mathbf{1})$
6. **返回** $\widehat{\boldsymbol{u}}_t$、$\boldsymbol{v}_t$、$\boldsymbol{\theta}_{t+1}$

然而，另一种计算代价较低的方法是**动量法**，该方法将最速下降迭代[式(9.6)]修改为

$$\boldsymbol{\theta}_{t+1} = \boldsymbol{\theta}_t - \alpha_t \boldsymbol{u}_t + \gamma \boldsymbol{\delta}_{t-1}$$

其中，$\boldsymbol{\delta}_{t-1}=\boldsymbol{\theta}_t-\boldsymbol{\theta}_{t-1}$，$\gamma$ 是调整参数。这种策略通常比“原始的”最速下降法表现更好，因为搜索方向不太可能突然改变。

数值经验表明，原始的最速下降算法 9.4.1 和 Levenberg-Marquardt 算法 B.3.3 对浅层架构的网络有效，但不适合深层架构的网络。相比之下，随机梯度下降法、受限内存 BFGS 算法 9.4.4 或本节中的任何一种自适应梯度方法，都经常用来处理具有许多隐藏层的网络(前提是调整参数和初始值需要通过实验仔细选择)。

9.5 Python 示例

本节提供两个数值示例的 Python 实现。在第一个示例中，我们基于例 2.1 中的多项式回归数据，使用随机梯度下降法训练神经网络，不使用任何专门的 Python 包。

在第二个示例中，我们考虑神经网络在图像识别和图像分类中的实际应用。这里，我们使用了专门的 Python 开源包 Pytorch。

9.5.1 简单多项式回归

再考虑图 2.4 中描绘的多项式回归数据集。我们使用的网络架构为

$$[p_0, p_1, p_2, p_3] = [1, 20, 20, 1]$$

换句话说，神经网络有两个包含 20 个神经元的隐藏层，学习器总共有 $\dim(\boldsymbol{\theta})=481$ 个参数。为了实现这样的神经网络，我们首先导入 `numpy` 和 `matplotlib` 包，然后读取回归问题数据，定义前馈神经网络层。

NeuralNetPurePython.py

```
import numpy as np
import matplotlib.pyplot as plt

#%%
# import data
data = np.genfromtxt('polyreg.csv',delimiter=',')
X = data[:,0].reshape(-1,1)
y = data[:,1].reshape(-1,1)

# Network setup
p = [X.shape[1],20,20,1] # size of layers
L = len(p)-1             # number of layers
```

接下来，用 **initialize** 方法生成随机初始权重矩阵和偏置向量$\{\boldsymbol{W}_l,\boldsymbol{b}_l\}_{l=1}^{L}$。具体来说，所有参数都根据标准正态分布进行初始化。

```
def initialize(p, w_sig = 1):
    W, b = [[]]*len(p), [[]]*len(p)

    for l in range(1,len(p)):
        W[l]= w_sig * np.random.randn(p[l], p[l-1])
        b[l]= w_sig * np.random.randn(p[l], 1)
    return W,b

W,b = initialize(p) # initialize weight matrices and bias vectors
```

下面的代码实现了图 9.2 中的 ReLU 激活函数和平方误差损失。注意，这些函数同时返回函数值和相应的梯度。

```
def RELU(z,l):  # RELU activation function: value and derivative
    if l == L: return z, np.ones_like(z)
    else:
        val = np.maximum(0,z) # RELU function element-wise
        J = np.array(z>0, dtype = float) # derivative of RELU
            element-wise
        return val, J

def loss_fn(y,g):
    return (g - y)**2, 2 * (g - y)
```

接下来，我们实现前馈和反向传播算法 9.3.1。在这里，我们在反向传播循环里面实现了算法 9.3.2。

```
def feedforward(x,W,b):
    a, z, gr_S = [0]*(L+1), [0]*(L+1), [0]*(L+1)

    a[0] = x.reshape(-1,1)
    for l in range(1,L+1):
        z[l] = W[l] @ a[l-1] + b[l] # affine transformation
        a[l], gr_S[l] = S(z[l],l) # activation function
    return a, z, gr_S

def backward(W,b,X,y):
    n =len(y)
    delta = [0]*(L+1)
    dC_db, dC_dW = [0]*(L+1), [0]*(L+1)
    loss=0

    for i in range(n): # loop over training examples
        a, z, gr_S = feedforward(X[i,:].T, W, b)
        cost, gr_C = loss_fn(y[i], a[L]) # cost i and gradient wrt g
        loss += cost/n
```

```
        delta[L] = gr_S[L] @ gr_C

        for l in range(L,0,-1): # l = L,...,1
            dCi_dbl = delta[l]
            dCi_dWl = delta[l] @  a[l-1].T

            # ---- sum up over samples ----
            dC_db[l] = dC_db[l] + dCi_dbl/n
            dC_dW[l] = dC_dW[l] + dCi_dWl/n
            # -----------------------------

            delta[l-1] =  gr_S[l-1] * W[l].T @ delta[l]

    return dC_dW, dC_db, loss
```

如 9.4 节所述，有时将所有的权重矩阵和偏置向量$\{\boldsymbol{W}_l, \boldsymbol{b}_l\}_{l=1}^{L}$集合成一个向量$\boldsymbol{\theta}$更为方便。因此，我们定义两个函数，将权重矩阵和偏置向量映射到一个参数向量，反之，可以将参数向量分解为表示权重和偏置的两个列表。

```
def list2vec(W,b):
    # converts list of weight matrices and bias vectors into
    # one column vector
    b_stack = np.vstack([b[i] for i in range(1,len(b))] )
    W_stack = np.vstack(W[i].flatten().reshape(-1,1) for i in range
        (1,len(W)))
    vec = np.vstack([b_stack, W_stack])
    return vec
#%%
def vec2list(vec, p):
    # converts vector to weight matrices and bias vectors
    W, b = [[]]*len(p),[[]]*len(p)
    p_count = 0

    for l in range(1,len(p)): # construct bias vectors
        b[l] = vec[p_count:(p_count+p[l])].reshape(-1,1)
        p_count = p_count + p[l]

    for l in range(1,len(p)): # construct weight matrices
        W[l] = vec[p_count:(p_count + p[l]*p[l-1])].reshape(p[l], p[
            l-1])
        p_count = p_count + (p[l]*p[l-1])

    return W, b
```

最后，我们使用参数“迷你批大小”为 20，恒定学习率为 $\alpha_t=0.005$，运行随机梯度下降法进行 10^4 次迭代。

```
batch_size = 20
lr = 0.005
beta = list2vec(W,b)
loss_arr = []
n = len(X)
num_epochs = 10000
print("epoch | batch loss")
print("----------------------------")
for epoch in range(1,num_epochs+1):
    batch_idx = np.random.choice(n,batch_size)
    batch_X = X[batch_idx].reshape(-1,1)
    batch_y=y[batch_idx].reshape(-1,1)
    dC_dW, dC_db, loss = backward(W,b,batch_X,batch_y)
    d_beta = list2vec(dC_dW,dC_db)
    loss_arr.append(loss.flatten()[0])
    if(epoch==1 or np.mod(epoch,1000)==0):
```

```
            print(epoch,": ",loss.flatten()[0])
        beta = beta - lr*d_beta
        W,b = vec2list(beta,p)

    # calculate the loss of the entire training set
    dC_dW, dC_db, loss = backward(W,b,X,y)
    print("entire training set loss = ",loss.flatten()[0])
    xx = np.arange(0,1,0.01)
    y_preds = np.zeros_like(xx)

    for i in range(len(xx)):
        a, _, _ = feedforward(xx[i],W,b)
        y_preds[i],  = a[L]

    plt.plot(X,y, 'r.', markersize = 4,label = 'y')
    plt.plot(np.array(xx), y_preds, 'b',label = 'fit')
    plt.legend()
    plt.xlabel('x')
    plt.ylabel('y')
    plt.show()
    plt.plot(np.array(loss_arr), 'b')
    plt.xlabel('iteration')
    plt.ylabel('Training Loss')
    plt.show()
```

```
epoch | batch loss
----------------------------
1 :   158.6779278688539
1000 :   54.52430507401445
2000 :   38.346572088604965
3000 :   31.02036319180713
4000 :   22.91114276931535
5000 :   27.75810262906341
6000 :   22.296907007032928
7000 :   17.337367420038046
8000 :   19.233689945334195
9000 :   39.54261478969857
10000 :   14.754724387604416
entire training set loss =   28.904957963612727
```

图 9.5a 显示了训练后的神经网络，训练损失约为 28.9。从图 9.5b 可以看出，算法损失最初下降很快，经过 400 次迭代后趋于平稳。

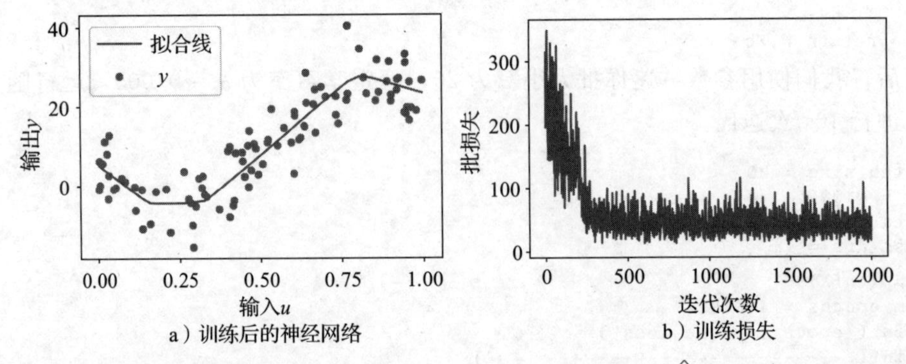

a）训练后的神经网络　　b）训练损失

图 9.5　训练后的神经网络的训练损失为 $\ell_\tau(g_\tau)\approx 28.9$，估计损失 $\hat{\ell}_\tau(g_\tau(\cdot\mid\boldsymbol{\theta}))$ 在最速下降迭代中的演变

9.5.2　图像分类

本节将使用包 Pytorch，它是 Python 的开源机器学习库。Pytorch 可以很容易地利用

任何 GPU 来加速计算。例如，我们考虑来自 https://www.kaggle.com/zalando-research/fashionmnist 的 Fashion-MNIST 数据集。Fashion-MNIST 数据集包含大小为 28×28 的服装灰度图像。我们的任务是根据标签对每幅图像进行分类。标签有"T 恤""裤子""套头衫""连衣裙""外套""凉鞋""衬衫""运动鞋""包"和"短靴"。图 9.6a 显示了典型的短靴，图 9.6b 为典型的裙子。首先，我们导入所需的库并加载 Fashion-MNIST 数据集。

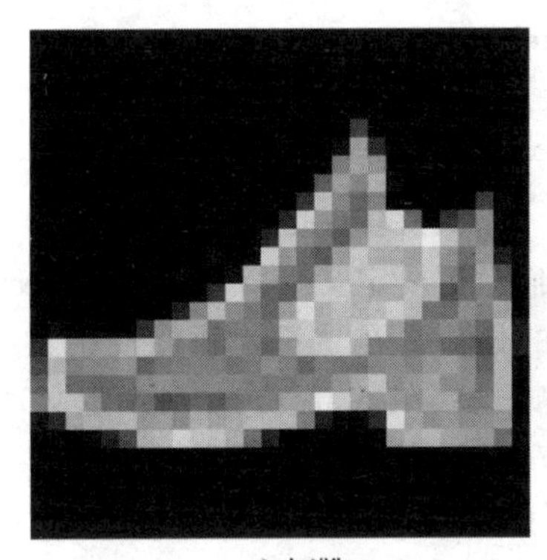
a）短靴

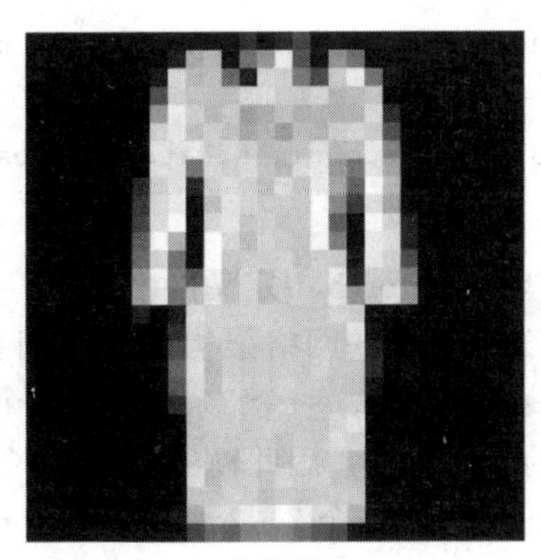
b）裙子

图 9.6 短靴和裙子

ImageClassificationPytorch.py

```
import torch
import torch.nn as nn
from torch.autograd import Variable
import pandas as pd
import numpy as np
import matplotlib.pyplot as plt
from torch.utils.data import Dataset, DataLoader
from PIL import Image
import torch.nn.functional as F
#################################################################
# data loader class
#################################################################
class LoadData(Dataset):
    def __init__(self, fName, transform=None):
        data = pd.read_csv(fName)
        self.X = np.array(data.iloc[:, 1:], dtype=np.uint8).reshape
            (-1, 1, 28, 28)
        self.y = np.array(data.iloc[:, 0])

    def __len__(self):
        return len(self.X)

    def __getitem__(self, idx):
        img = self.X[idx]
        lbl = self.y[idx]
        return (img, lbl)

# load the image data
train_ds = LoadData('fashionmnist/fashion-mnist_train.csv')
test_ds  = LoadData('fashionmnist/fashion-mnist_test.csv')

# set labels dictionary
labels = {0 : 'T-Shirt', 1 : 'Trouser', 2 : 'Pullover',
          3 : 'Dress', 4 : 'Coat', 5 : 'Sandal', 6 : 'Shirt',
          7 : 'Sneaker', 8 : 'Bag', 9 : 'Ankle Boot'}
```

由于图像输入数据通常占用大量内存，因此将数据集划分为批(mini-batch)很重要。下面的代码定义了批大小为 100 幅图像，并初始化了 Pytorch 数据加载器对象。这些对象将用于对数据集进行高效的迭代。

```
# load the data in batches
batch_size = 100

train_loader = torch.utils.data.DataLoader(dataset=train_ds,
                                          batch_size=batch_size,
                                          shuffle=True)
test_loader = torch.utils.data.DataLoader(dataset=test_ds,
                                         batch_size=batch_size,
                                         shuffle=True)
```

接下来，要在 Pytorch 中定义网络架构，我们只需要定义一个 torch.nn.Module 类的实例。选择具有良好泛化性能的网络架构是一项困难的任务。在这里，我们使用具有两个卷积层(在 cnn_layer 块中定义)、一个 3×3 核和三个隐藏层(在 flat_layer 块中定义)的网络。由于有 10 个可能的输出标签，因此输出层有 10 个节点。更具体地说，第一个和第二个卷积层有 16 和 32 个输出通道。结合 3×3 核的定义，我们得出第一个压平的隐藏层大小应该是：

$$\left(\overbrace{\underbrace{(28-3+1)}_{\text{第一个卷积层}}-3+1}^{\text{第二个卷积层}}\right)^2 \times 32 = 18\,432$$

其中，乘以 32 是因为第二个卷积层有 32 个输出通道。如上所述，flat_fts 变量决定了卷积块的输出层数。这个数字用来定义 flat_layer 块的第一个隐藏层的大小。其余的隐藏层有 100 个神经元，我们对所有层都使用 ReLU 激活函数。最后，注意 CNN 类中的 forward 方法实现了前向传递功能。

```
# define the network
class CNN(nn.Module):

    def __init__(self):
        super(CNN, self).__init__()

        self.cnn_layer = nn.Sequential(
                nn.Conv2d(1, 16, kernel_size=3, stride=(1,1)),
                nn.ReLU(),
                nn.Conv2d(16, 32, kernel_size=3, stride=(1,1)),
                nn.ReLU(),
        )
        self.flat_fts = (((28-3+1)-3+1)**2)*32


        self.flat_layer = nn.Sequential(
                nn.Linear(self.flat_fts, 100),
                nn.ReLU(),
                nn.Linear(100, 100),
                nn.ReLU(),
                nn.Linear(100, 100),
                nn.ReLU(),
                nn.Linear(100, 10))

    def forward(self, x):
        out = self.cnn_layer(x)
        out = out.view(-1, self.flat_fts)
        out = self.flat_layer(out)
        return out
```

接下来，我们将指定网络的训练方式。我们选择设备类型——CPU 或 GPU(如果有

GPU可用的话)，训练迭代次数(epoch)，以及学习率。然后，我们创建所提出的卷积网络的实例，并将其发送到预定义的设备(CPU或GPU)。请注意，我们可以很容易地在CPU或GPU之间切换，而无须对代码进行重大修改。

除了上面的参数，我们还需要选择合适的损失函数和训练算法。在这里，我们使用交叉熵损失和Adam自适应梯度算法9.4.5。当这些参数设置好后，模型就开始学习，通过反向传播算法来计算损失函数的梯度。

```
# learning parameters
num_epochs = 50
learning_rate = 0.001

#device = torch.device ('cpu') # use this to run on CPU
device = torch.device ('cuda') # use this to run on GPU

#instance of the Conv Net
cnn = CNN()
cnn.to(device=device)

#loss function and optimizer
criterion = nn.CrossEntropyLoss()
optimizer = torch.optim.Adam(cnn.parameters(), lr=learning_rate)

# the learning loop
losses = []
for epoch in range(1,num_epochs+1):
    for i, (images, labels) in enumerate(train_loader):
        images = Variable(images.float()).to(device=device)
        labels = Variable(labels).to(device=device)

        optimizer.zero_grad()
        outputs = cnn(images)
        loss = criterion(outputs, labels)
        loss.backward()
        optimizer.step()

        losses.append(loss.item())
    if(epoch==1 or epoch % 10 == 0):
        print ("Epoch : ", epoch, ", Training Loss: ",  loss.item())

# evaluate on the test set
cnn.eval()
correct = 0
total = 0
for images, labels in test_loader:
    images = Variable(images.float()).to(device=device)
    outputs = cnn(images)
    _, predicted = torch.max(outputs.data, 1)
    total += labels.size(0)
    correct += (predicted.cpu() == labels).sum()
print("Test Accuracy of the model on the 10,000 training test images
   : ", (100 * correct.item() / total),"%")

# plot
plt.rc('text', usetex=True)
plt.rc('font', family='serif',size=20)
plt.tight_layout()

plt.plot(np.array(losses)[10:len(losses)])
plt.xlabel(r'{iteration}',fontsize=20)
plt.ylabel(r'{Batch Loss}',fontsize=20)
plt.subplots_adjust(top=0.8)
plt.show()
```

```
Epoch :  1 , Training Loss:  0.41255015134814
Epoch :  10 , Training Loss:  0.0545210652053562
Epoch :  20 , Training Loss:  0.07233225554227829
Epoch :  30 , Training Loss:  0.01696968264877796
Epoch :  40 , Training Loss:  0.0008199119474738836
Epoch :  50 , Training Loss:  0.006860652007162571
Test Accuracy of the model on the 10,000 training test images: 91.02 %
```

最后，我们使用测试数据集评估网络性能。典型小批量损失随迭代次数变化结果如图 9.7 所示，所提出的神经网络在测试集上可达 91%的准确率。

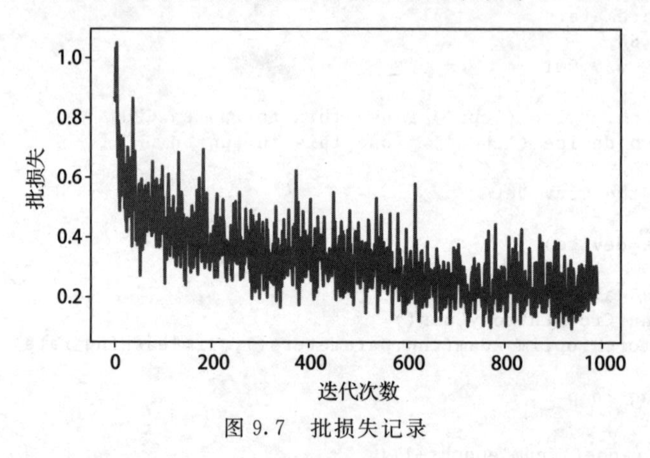

图 9.7　批损失记录

9.6　扩展阅读

文献[53]是由深度学习先驱撰写的一本很受欢迎的书。关于神经网络背后的直觉知识，推荐阅读文献[94]。文献[105]总结了许多用于训练深度网络的高效梯度下降方法。受限内存 BFGS 方法的早期资源见文献[81]，最新的资源见文献[13]，它针对 BFGS 历史长度(即参数 h 的值)的最佳选择提出了建议。

9.7　习题

1. 证明 softmax 函数

$$\text{softmax}: \boldsymbol{z} \mapsto \frac{\exp(\boldsymbol{z})}{\sum_k \exp(z_k)}$$

满足不变性特性：

$$\text{对于任意常数 } c\text{，有 } \text{softmax}(\boldsymbol{z}) = \text{softmax}(\boldsymbol{z} + c \times \mathbf{1})$$

2. 投影寻踪是一个具有一个隐藏层的网络，可以表示为

$$g(\boldsymbol{x}) = S(\boldsymbol{\omega}^{\mathrm{T}} \boldsymbol{x})$$

其中，S 为单变量平滑三次样条函数。如果我们使用平方误差损失 $\tau_n = \{y_i, \boldsymbol{x}_i\}_{i=1}^n$，则需要针对 $\boldsymbol{\omega}$ 和所有三次平滑样条函数最小化训练损失：

$$\frac{1}{n} \sum_{i=1}^{n} (y_i - S(\boldsymbol{\omega}^{\mathrm{T}} \boldsymbol{x}_i))^2$$

网络的这种训练通常以类似 EM 算法的方式迭代处理。特别地，我们将按以下步骤迭代($t=1,2,\cdots$)次，直到收敛。

(a)给定缺失数据 $\boldsymbol{\omega}_t$，通过在$\{y_i, \boldsymbol{\omega}_t^{\mathrm{T}} \boldsymbol{x}_i\}$上训练三次平滑样条函数来计算样条 S_t。样条的平滑系数可以

在这一步确定。

(b)给定样条函数 S_t，通过迭代重加权最小二乘法计算下一个投影向量 $\boldsymbol{\omega}_{t+1}$：

$$\boldsymbol{\omega}_{t+1} = \underset{\beta}{\operatorname{argmin}} \ (\boldsymbol{e}_t - \boldsymbol{X}\boldsymbol{\beta})^{\mathrm{T}} \boldsymbol{\Sigma}_t (\boldsymbol{e}_t - \boldsymbol{X}\boldsymbol{\beta}) \tag{9.11}$$

其中

$$e_{t,i} := \boldsymbol{\omega}_t^{\mathrm{T}} \boldsymbol{x}_i + \frac{y_i - S_t(\boldsymbol{\omega}_t^{\mathrm{T}} \boldsymbol{x}_i)}{S_t'(\boldsymbol{\omega}_t^{\mathrm{T}} \boldsymbol{x}_i)}, \quad i = 1, \cdots, n$$

为调整后的响应，$\boldsymbol{\Sigma}_t^{1/2} = \mathrm{diag}(S'_t(\boldsymbol{\omega}_t^{\mathrm{T}} \boldsymbol{x}_1), \cdots, S'_t(\boldsymbol{\omega}_t^{\mathrm{T}} \boldsymbol{x}_n))$是一个对角矩阵。

将泰勒定理 B.1 应用于函数 S_t，并推导出迭代重加权最小二乘优化方案[式(9.11)]。

3. 假设在随机梯度下降法中，我们希望从 τ_n 中按批重复抽取大小为 N 的样本，其中对于某个大整数 m，我们假设 $N \times m = n$。与其从 τ_n 中反复重采样，不如采用替代方法，通过随机排列 $\boldsymbol{\Pi}$ 将 τ_n 重新洗牌，然后在洗牌后的训练集中顺序采样，构建 m 个不重叠的迷你批。这样重新洗牌训练集的一次遍历称为**一轮**(epoch)。下面的伪代码描述了这个过程。

算法 9.7.1 使用重新洗牌的随机梯度下降法

输入： 训练集 $\tau_n = \{(\boldsymbol{x}_i, \boldsymbol{y}_i)\}_{i=1}^n$ 初始权重矩阵和偏置向量 $\{\boldsymbol{W}_l, \boldsymbol{b}_l\}_{l=1}^L \to \boldsymbol{\theta}_1$、激活函数 $\{\boldsymbol{S}_l\}_{l=1}^L$ 以及学习率 $\{\alpha_1, \alpha_2, \cdots\}$

输出： 训练好的学习器参数

1. $t \leftarrow 1$，epoch $\leftarrow 0$
2. **while** 不符合停止条件 **do**
3. 　抽取 $U_1, \cdots, U_n \stackrel{\text{iid}}{\sim} \mathcal{U}(0,1)$
4. 　设 $\boldsymbol{\Pi}$ 为$\{1, \cdots, n\}$的排列，满足 $U_{\Pi_1} < \cdots < U_{\Pi_n}$。
5. 　$(\boldsymbol{x}_i, \boldsymbol{y}_i) \leftarrow (\boldsymbol{x}_{\Pi_i}, \boldsymbol{y}_{\Pi_i})$，$i = 1, \cdots, n$　　　　// τ_n 重新洗牌
6. 　**for** $j = 1, \cdots, m$ **do**
7. 　　$\hat{\ell}_\tau \leftarrow \frac{1}{N} \sum_{i=(j-1)N+1}^{jN} \mathrm{Loss}(\boldsymbol{y}_i, \boldsymbol{g}(\boldsymbol{x}_i \mid \boldsymbol{\theta}))$
8. 　　$\boldsymbol{\theta}_{t+1} \leftarrow \boldsymbol{\theta}_t - \alpha_t \frac{\partial \hat{\ell}_\tau}{\partial \boldsymbol{\theta}}(\boldsymbol{\theta}_t)$
9. 　　$t \leftarrow t + 1$
10. 　epoch $\leftarrow$ epoch $+ 1$　　　　//重新洗牌的次数或轮数
11. **返回** 具有最小训练损失的模型参数 $\boldsymbol{\theta}_t$

编写 Python 代码，实现数据重新洗牌的随机梯度下降算法，并使用它来训练 9.5.1 节中的神经网络。

4. 用 $\varphi_{\boldsymbol{\Sigma}}(\cdot)$ 表示$\mathcal{N}(\boldsymbol{0}, \boldsymbol{\Sigma})$ 分布的概率密度函数，并设

$$\mathcal{D}(\boldsymbol{\mu}_0, \boldsymbol{\Sigma}_0 \mid \boldsymbol{\mu}_1, \boldsymbol{\Sigma}_1) = \int_{\mathbb{R}^d} \varphi_{\boldsymbol{\Sigma}_0}(\boldsymbol{x} - \boldsymbol{\mu}_0) \ln \frac{\varphi_{\boldsymbol{\Sigma}_0}(\boldsymbol{x} - \boldsymbol{\mu}_0)}{\varphi_{\boldsymbol{\Sigma}_1}(\boldsymbol{x} - \boldsymbol{\mu}_1)} \mathrm{d}\boldsymbol{x}$$

是$\mathbb{R}^d$ 上$\mathcal{N}(\boldsymbol{\mu}_0, \boldsymbol{\Sigma}_0)$分布密度和$\mathcal{N}(\boldsymbol{\mu}_1, \boldsymbol{\Sigma}_1)$分布密度之间的 KL 散度。证明：

$$2\mathcal{D}(\boldsymbol{\mu}_0, \boldsymbol{\Sigma}_0 \mid \boldsymbol{\mu}_1, \boldsymbol{\Sigma}_1) = \mathrm{tr}(\boldsymbol{\Sigma}_1^{-1} \boldsymbol{\Sigma}_0) - \ln |\boldsymbol{\Sigma}_1^{-1} \boldsymbol{\Sigma}_0| + (\boldsymbol{\mu}_1 - \boldsymbol{\mu}_0)^{\mathrm{T}} \boldsymbol{\Sigma}_1^{-1} (\boldsymbol{\mu}_1 - \boldsymbol{\mu}_0) - d$$

由此推导出公式(B.22)。

5. 假设我们想计算以下矩阵的逆和对数行列式：

$$\boldsymbol{I}_n + \boldsymbol{U}\boldsymbol{U}^{\mathrm{T}}$$

其中，$\boldsymbol{U}$ 是 $n \times h$ 维的矩阵，$h \ll n$。证明：

$$(\boldsymbol{I}_n + \boldsymbol{U}\boldsymbol{U}^{\mathrm{T}})^{-1} = \boldsymbol{I}_n - \boldsymbol{Q}_n \boldsymbol{Q}_n^{\mathrm{T}}$$

其中，$\boldsymbol{Q}_n$ 包含$(n+h) \times h$ 矩阵 $\boldsymbol{Q}$ 的前 n 行，$\boldsymbol{Q}$ 来自以下矩阵的 QR 分解：

$$\begin{bmatrix} \boldsymbol{U} \\ \boldsymbol{I}_h \end{bmatrix} = \boldsymbol{Q}\boldsymbol{R}$$

另外，请证明 $\ln|\boldsymbol{I}_n+\boldsymbol{U}\boldsymbol{U}^{\mathrm{T}}|=\sum_{i=1}^{h}\ln r_{ii}^2$，其中$\{r_{ii}\}$是 $h\times h$ 矩阵 $\boldsymbol{R}$ 的对角元素。

6. 假设

$$\boldsymbol{U}=[\boldsymbol{u}_0,\boldsymbol{u}_1,\cdots,\boldsymbol{u}_{h-1}]$$

其中，所有的 $\boldsymbol{u}\in\mathbb{R}^n$ 都是列向量，我们在习题 5 中通过 QR 分解计算出了$(\boldsymbol{I}_n+\boldsymbol{U}\boldsymbol{U}^{\mathrm{T}})^{-1}$。若将矩阵 $\boldsymbol{U}$ 的列更新为

$$[\boldsymbol{u}_1,\cdots,\boldsymbol{u}_{h-1},\boldsymbol{u}_h]$$

证明：矩阵逆运算$(\boldsymbol{I}_n+\boldsymbol{U}\boldsymbol{U}^{\mathrm{T}})^{-1}$可以在 $\mathcal{O}(hn)$时间内完成更新(而不是像从头计算那样需要$\mathcal{O}(h^2n)$的时间)。推导出更新 Hessian 近似[式(9.10)]的计算代价与受限内存 BFGS 算法 9.4.3 的计算代价相同。

在你的解决方案中，可以使用以下来自文献[29]的事实。假设已知矩阵 $\boldsymbol{A}\in\mathbb{R}^{n\times h}$ 的 QR 分解中的 $\boldsymbol{Q}$ 和 $\boldsymbol{R}$ 因子。如果向矩阵 $\boldsymbol{A}$ 中添加一行或一列，那么 $\boldsymbol{Q}$ 和 $\boldsymbol{R}$ 因子不需要从头开始重新计算(在 $\mathcal{O}(h^2n)$时间内)，而是可以在 $\mathcal{O}(hn)$时间内高效更新。同样，如果从矩阵 $\boldsymbol{A}$ 中删除一行或一列，那么 $\boldsymbol{Q}$ 和 $\boldsymbol{R}$ 因子可以在 $\mathcal{O}(h^2)$时间内更新。

7. 假设 $\boldsymbol{U}\in\mathbb{R}^{n\times h}$ 的第 k 列 $\boldsymbol{v}$ 用 $\boldsymbol{w}$ 代替，得到更新后的 $\widetilde{\boldsymbol{U}}$。

(a)若 $\boldsymbol{e}\in\mathbb{R}^h$ 表示单位长度向量，使得 $e_k=\|\boldsymbol{e}\|=1$，且

$$\boldsymbol{r}_{\pm}:=\frac{\sqrt{2}}{2}\boldsymbol{U}^{\mathrm{T}}(\boldsymbol{w}-\boldsymbol{v})+\frac{\sqrt{2}\ \|\boldsymbol{w}-\boldsymbol{v}\|^2}{4}\boldsymbol{e}\pm\frac{\sqrt{2}}{2}\boldsymbol{e}$$

证明：

$$\widetilde{\boldsymbol{U}}^{\mathrm{T}}\widetilde{\boldsymbol{U}}=\boldsymbol{U}^{\mathrm{T}}\boldsymbol{U}+\boldsymbol{r}_+\boldsymbol{r}_+^{\mathrm{T}}-\boldsymbol{r}_-\boldsymbol{r}_-^{\mathrm{T}}$$

(提示：你可能会发现第 6 章中的习题 16 对本题很有帮助。)

(b)设 $\boldsymbol{B}^{-1}:=(\boldsymbol{I}_h+\boldsymbol{U}^{\mathrm{T}}\boldsymbol{U})^{-1}$。利用伍德伯里恒等式[式(A.15)]证明：

$$(\boldsymbol{I}_n+\widetilde{\boldsymbol{U}}\widetilde{\boldsymbol{U}}^{\mathrm{T}})^{-1}=\boldsymbol{I}_n-\widetilde{\boldsymbol{U}}(\boldsymbol{B}^{-1}+\boldsymbol{r}_+\boldsymbol{r}_+^{\mathrm{T}}-\boldsymbol{r}_-\boldsymbol{r}_-^{\mathrm{T}})^{-1}\widetilde{\boldsymbol{U}}^{\mathrm{T}}$$

(c)假设我们已经将 $\boldsymbol{B}$ 存储在计算机内存中。使用算法 6.8.1 与(a)和(b)两部分的结论，编写伪代码，在 $\mathcal{O}((n+h)h)$计算时间内将$(\boldsymbol{I}_n+\boldsymbol{U}\boldsymbol{U}^{\mathrm{T}})^{-1}$更新为$(\boldsymbol{I}_n+\widetilde{\boldsymbol{U}}\widetilde{\boldsymbol{U}}^{\mathrm{T}})^{-1}$。

8. 公式(9.7)给出了 Hessian 逆矩阵 $\boldsymbol{C}_t$ 到 $\boldsymbol{C}_{t+1}$的秩二 BFGS 更新。我们可以不使用秩二更新，而是考虑秩一更新，通过以下通用的秩一公式将 $\boldsymbol{C}_t$ 更新为 $\boldsymbol{C}_{t+1}$：

$$\boldsymbol{C}_{t+1}=\boldsymbol{C}_t+v_t\boldsymbol{r}_t\boldsymbol{r}_t^{\mathrm{T}}$$

求解标量 v_t 和向量 $\boldsymbol{r}_t$ 的值，使 $\boldsymbol{C}_{t+1}$满足正割条件 $\boldsymbol{C}_{t+1}\boldsymbol{g}_t=\boldsymbol{\delta}_t$。

9. 证明 BFGS 公式(B.23)可以写成

$$\boldsymbol{C}\leftarrow(\boldsymbol{I}-v\boldsymbol{g}\boldsymbol{\delta}^{\mathrm{T}})^{\mathrm{T}}\boldsymbol{C}(\boldsymbol{I}-v\boldsymbol{g}\boldsymbol{\delta}^{\mathrm{T}})+v\boldsymbol{\delta}\boldsymbol{\delta}^{\mathrm{T}}$$

其中，$v:=(\boldsymbol{g}^{\mathrm{T}}\boldsymbol{\delta})^{-1}$。

10. 证明 BFGS 公式(B.23)是以下约束优化问题的解：

$$\boldsymbol{C}_{\mathrm{BFGS}}=\underset{\boldsymbol{A}\ \mathrm{s.t.}\ \boldsymbol{A}\boldsymbol{g}=\boldsymbol{\delta},\boldsymbol{A}=\boldsymbol{A}^{\mathrm{T}}}{\operatorname{argmin}}\mathcal{D}(\boldsymbol{0},\boldsymbol{C}\,|\,\boldsymbol{0},\boldsymbol{A})$$

其中，$\mathcal{D}$ 为式(B.22)中定义的 KL 差异。另外，证明 DFP 公式(B.24)是以下约束优化问题的解：

$$\boldsymbol{C}_{\mathrm{DFP}}=\underset{\boldsymbol{A}\ \mathrm{s.t.}\ \boldsymbol{A}\boldsymbol{g}=\boldsymbol{\delta},\boldsymbol{A}=\boldsymbol{A}^{\mathrm{T}}}{\operatorname{argmin}}\mathcal{D}(\boldsymbol{0},\boldsymbol{A}\,|\,\boldsymbol{0},\boldsymbol{C})$$

11. 再次考虑第 5 章习题 18 中的 logistic 回归模型，该模型使用迭代重加权最小二乘法来训练学习器。重复所有计算过程，但这次要使用受限内存 BFGS 算法 9.4.4。哪种训练算法更快地收敛到最优解？

12. 从本书的 GitHub 站点下载 seeds_dataset.txt 数据集，其中包含 210 个独立的样本。这里的类别输出(响应)是小麦的品种：Kama、Rosa 和 Canadian(分别编码为 1、2 和 3)，所以类别总数 $c=3$。7 个连续特征(解释变量)分别是对小麦籽粒的几何特性(面积、周长、密实度、长度、宽度、不对称系数和沟槽长度)的测量值。因此，$\boldsymbol{x}\in\mathbb{R}^7$(其中不包括常数特征 1)，例 9.2 中的多元 logit 预分类器可以写成 $\boldsymbol{g}(\boldsymbol{x})=\mathrm{softmax}(\boldsymbol{W}\boldsymbol{x}+\boldsymbol{b})$，其中$\boldsymbol{W}\in\mathbb{R}^{3\times7}$，$\boldsymbol{b}\in\mathbb{R}^3$。在数据集前 $n=105$ 个样本上实现并训练预分类

器，比如使用算法 9.4.1。使用数据集中剩余的 $n'=105$ 个样本进行测试，使用交叉熵损失估计学习器的泛化风险。（提示：使用例 9.4 中的交叉熵损失公式。）

13. 在上面的习题 12 中，我们使用权重矩阵 $\boldsymbol{W}\in\mathbb{R}^{3\times 7}$ 和偏置向量 $\boldsymbol{b}\in\mathbb{R}^3$ 来训练多元逻辑分类器。重复多元逻辑模型的训练，但这次保持 z_1 为任意常数（比如 $z_1=0$），从而将 $c=0$ 设置为"参考"类。其效果是在网络的输出层中去掉一个节点，得到的权重矩阵 $\boldsymbol{W}\in\mathbb{R}^{2\times 7}$ 和偏置向量 $\boldsymbol{b}\in\mathbb{R}^2$ 的维度比式(7.16)中的更小。

14. 再次考虑例 9.4，我们使用了 softmax 输出函数 $\boldsymbol{S}_L$ 和交叉熵损失 $C(\boldsymbol{\theta})=-\ln g_{y+1}(\boldsymbol{x}\,|\,\boldsymbol{\theta})$。求出 $\frac{\partial C}{\partial \boldsymbol{g}}$ 和 $\frac{\partial \boldsymbol{S}_L}{\partial \boldsymbol{z}_L}$ 的公式。因此，验证：

$$\frac{\partial \boldsymbol{S}_L}{\partial \boldsymbol{z}_L}\frac{\partial C}{\partial \boldsymbol{g}}=\boldsymbol{g}(\boldsymbol{x}\,|\,\boldsymbol{\theta})-\boldsymbol{e}_{y+1}$$

其中，$\boldsymbol{e}_i$ 是单位长度向量，第 i 个位置上的元素为 1。

15. 推导出拟牛顿最小化方法中对角 Hessian 矩阵的更新公式(B.25)。也就是说，给定 $f(\boldsymbol{x})$ 的当前最小化向量 $\boldsymbol{x}_t$，近似 f 的 Hessian 对角矩阵 $\boldsymbol{C}$，以及梯度向量 $\boldsymbol{u}=\nabla f(\boldsymbol{x}_t)$，求解以下约束优化问题：

$$\min_{\boldsymbol{A}} \mathcal{D}(\boldsymbol{x}_t,\boldsymbol{C}\,|\,\boldsymbol{x}_t-\boldsymbol{A}\boldsymbol{u},\boldsymbol{A})$$

$$\text{s. t. } :\boldsymbol{A}\boldsymbol{g}\geqslant\boldsymbol{\delta},\quad \boldsymbol{A}\text{ 为对角矩阵}$$

其中，$\mathcal{D}$ 是由式(B.22)定义的 KL 距离（见习题 4）。

16. 再次考虑 9.5.1 节中多项式回归的 Python 实现，其中使用随机梯度下降法进行训练。
使用多项式回归数据集，实现并运行以下四种替代训练方法：
(a)最速下降算法 9.4.1；
(b)Levenberg-Marquardt 算法 B.3.3，结合算法 9.4.2 计算雅可比矩阵；
(c)受限内存 BFGS 算法 9.4.4；
(d)Adam 算法 9.4.5，它利用过去的梯度值来确定下一个搜索方向。
对于每种训练算法，利用试错法任意调整算法参数，使网络训练尽可能快。评述每种训练或优化方法的优点和缺点。例如，评述哪种优化方法初始进展迅速，但会陷入次优解，哪种方法速度较慢，但能更稳定地找到最优解。

17. 再次考虑 9.5.2 节中的 Pytorch 代码。重复所有的计算，但这次使用动量法来训练网络。评述哪种方法更可取：动量法还是 Adam 法？

附录 A

线性代数与泛函分析

本附录将回顾线性代数和泛函分析中的一些重要主题。我们假定读者熟悉矩阵和向量运算，包括矩阵乘法和行列式的计算。

A.1 向量空间、基和矩阵

线性代数是研究向量空间和线性映射的学科。根据定义，向量是某个向量空间 $\mathcal{V}$ 的元素，满足一般的加法和标量乘法规则，例如：

如果 $\boldsymbol{x}\in\mathcal{V}$，$\boldsymbol{y}\in\mathcal{V}$，那么对于所有 α，$\beta\in\mathbb{R}$(或 $\mathbb{C}$)，有 $\alpha\boldsymbol{x}+\beta\boldsymbol{y}\in\mathcal{V}$

我们将主要处理欧氏向量空间 $\mathbb{R}^n$ 中的向量，也就是说，我们将 $\mathbb{R}^n$ 中的点看作可以相加以及与标量相乘的对象，例如，$\mathbb{R}^2$ 中的点可以进行类似 $(x_1,x_2)+(y_1,y_2)=(x_1+y_1,x_2+y_2)$ 的运算。有时，用复向量空间 $\mathbb{C}^n$ 代替 $\mathbb{R}^n$ 很方便，见 A.3 节。

如果向量 $\boldsymbol{v}_1,\cdots,\boldsymbol{v}_k$ 中的任何一个都不能表示为其他向量的线性组合，则称这些向量为**线性独立**的；也就是说，如果 $\alpha_1\boldsymbol{v}_1+\cdots+\alpha_n\boldsymbol{v}_n=\boldsymbol{0}$，则对所有的 $i=1,\cdots,n$，$\alpha_i=0$ 一定成立。

定义 A.1 向量空间的基

如果每个向量 $\boldsymbol{x}\in\mathcal{V}$ 都能写成 $\mathcal{B}$ 中向量的唯一线性组合：

$$\boldsymbol{x}=\alpha_1\boldsymbol{v}_1+\cdots+\alpha_n\boldsymbol{v}_n$$

则称向量集 $\mathcal{B}=\{\boldsymbol{v}_1,\cdots,\boldsymbol{v}_n\}$ 为向量空间 $\mathcal{V}$ 的**基**(basis)，数量 n(可能是无限的)称为 $\mathcal{V}$ 的**维度**。

利用 $\mathcal{V}$ 的基 $\mathcal{B}$，我们可以将每个向量 $\boldsymbol{x}\in\mathcal{V}$ 表示为一行或一列数字：

$$[\alpha_1,\cdots,\alpha_n] \quad 或 \quad \begin{bmatrix}\alpha_1\\ \vdots\\ \alpha_n\end{bmatrix} \tag{A.1}$$

通常，$\mathbb{R}^n$ 中的向量通过标准基来表示，标准基由单位向量(点)$\boldsymbol{e}_1=(1,0,\cdots,0),\cdots,\boldsymbol{e}_n=(0,0,\cdots,0,1)$组成。因此，任意点$(x_1,\cdots,x_n)\in\mathbb{R}^n$ 都可以用标准基表示为式(A.1)形式的行向量或列向量，其中 $\alpha_i=x_i$，$i=1,\cdots,n$。我们也会用$[x_1,x_2,\cdots,x_n]^{\mathrm{T}}$ 表示相应的列向量，其中^{T} 表示**转置**。

> ⚠ 为了避免混淆，我们将从现在开始使用惯例，即一般向量 $\boldsymbol{x}$ 总是通过标准基表示为**列向量**，相应的行向量用 $\boldsymbol{x}^{\mathrm{T}}$ 表示。

矩阵可以看作由 m 行和 n 列组成的数组，它定义了从 $\mathbb{R}^n$ 到 $\mathbb{R}^m$ 的**线性变换**(对于复矩阵，则从 $\mathbb{C}^n$ 到 $\mathbb{C}^m$)。如果 $m=n$，则称矩阵为**方阵**。如果 $\boldsymbol{a}_1,\boldsymbol{a}_2,\cdots,\boldsymbol{a}_n$ 是 $\boldsymbol{A}$ 的列，即$\boldsymbol{A}=[\boldsymbol{a}_1,\boldsymbol{a}_2,\cdots,\boldsymbol{a}_n]$，若 $\boldsymbol{x}=[x_1,x_2,\cdots,x_n]^{\mathrm{T}}$，则 $\boldsymbol{A}\boldsymbol{x}=x_1\boldsymbol{a}_1+\cdots+x_n\boldsymbol{a}_n$。特别地，标准基向量 $\boldsymbol{e}_k$ 被映射到向量 $\boldsymbol{a}_k(k=1,\cdots,n)$上。我们有时使用符号 $\boldsymbol{A}=[a_{ij}]$来表示矩阵，它的第(i,j)个元素是 a_{ij}。当我们想强调矩阵 $\boldsymbol{A}$ 是 m 行 n 列的实值矩阵时，可以写作 $\boldsymbol{A}\in\mathbb{R}^{m\times n}$。矩阵的**秩**是线性独立的行数或线性独立的列数。

例 A.1(线性变换) 取矩阵 $\boldsymbol{A}=\begin{bmatrix}1 & 1\\ -0.5 & -2\end{bmatrix}$，它将图 A.1a 中两个基向量$[1,0]^{\mathrm{T}}$ 和$[0,1]^{\mathrm{T}}$，转换为图 A.1b 所示的向量$[1,-0.5]^{\mathrm{T}}$ 和$[1,-2]^{\mathrm{T}}$。同样，单位圆上的点也被转化为椭圆上的点。

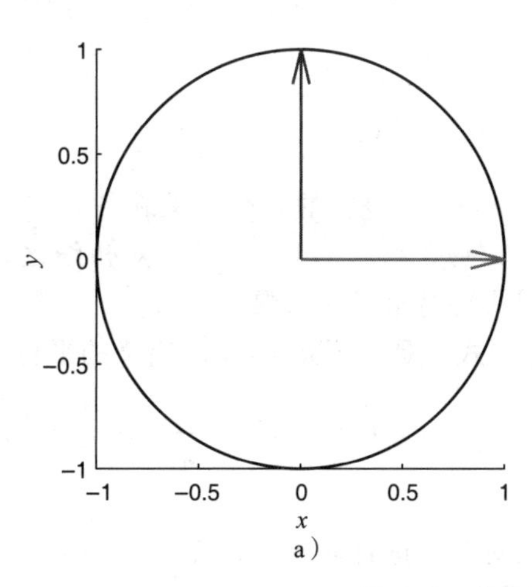

a)

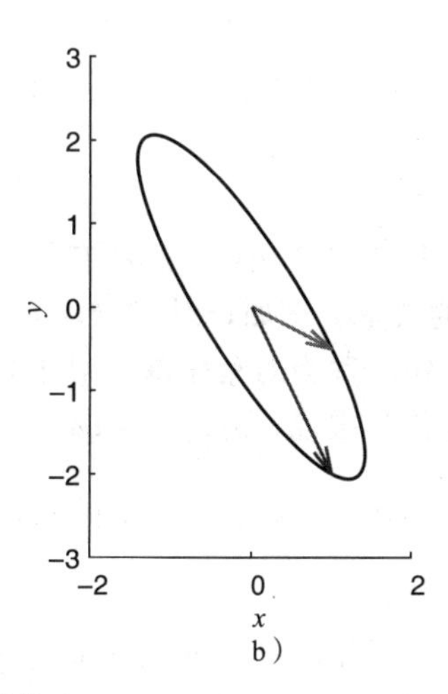

b)

图 A.1 单位圆的线性变换

假设 $\boldsymbol{A}=[\boldsymbol{a}_1,\cdots,\boldsymbol{a}_n]$，其中 $\mathcal{A}=\{\boldsymbol{a}_i\}$构成 $\mathbb{R}^n$ 的一个基。取相对于标准基 $\mathcal{E}$ 的任意向量 $\boldsymbol{x}=[x_1,\cdots,x_n]_{\mathcal{E}}^{\mathrm{T}}$(通过下标 $\mathcal{E}$ 来强调这一点)，那么这个向量相对于 $\mathcal{A}$ 的表示方式如下：

$$\boldsymbol{y}=\boldsymbol{A}^{-1}\boldsymbol{x}$$

其中 $\boldsymbol{A}^{-1}$是 $\boldsymbol{A}$ 的**逆矩阵**，即满足 $\boldsymbol{A}\boldsymbol{A}^{-1}=\boldsymbol{A}^{-1}\boldsymbol{A}=\boldsymbol{I}_n$ 的矩阵，其中 $\boldsymbol{I}_n$ 为 n 维单位矩阵。要注意，$\boldsymbol{A}^{-1}\boldsymbol{\alpha}_i(i=1,\cdots,n)$表示第 i 个单位向量，$\mathbb{R}^n$ 中的每个向量都是这些基向量的唯一线性组合。

例 A.2(基表示) 考虑矩阵

$$\boldsymbol{A}=\begin{bmatrix}1 & 2\\ 3 & 4\end{bmatrix},\quad \boldsymbol{A}^{-1}=\begin{bmatrix}-2 & 1\\ 3/2 & -1/2\end{bmatrix} \tag{A.2}$$

通过标准基表示的向量 $\boldsymbol{x}=[1,1]_{\mathcal{E}}^{\mathrm{T}}$ 可以用 $\boldsymbol{A}$ 的列组成的基表示为 $\boldsymbol{y}=\boldsymbol{A}^{-1}\boldsymbol{x}=[-1,1]_{\mathcal{A}}^{\mathrm{T}}$：

$$Ay = -\begin{bmatrix}1\\3\end{bmatrix} + \begin{bmatrix}2\\4\end{bmatrix} = \begin{bmatrix}1\\1\end{bmatrix}$$

矩阵 $\boldsymbol{A}=[a_{ij}]$的**转置**为$\boldsymbol{A}^{\mathrm{T}}=[a_{ji}]$，也就是说，$\boldsymbol{A}^{\mathrm{T}}$ 的第(i,j)个元素是 $\boldsymbol{A}$ 的(j,i)个元素。方阵的**迹**是它的对角元素之和。一个有用的结论是定理 A.1 的循环特性。

定理 A.1 循环特性

在循环排列下，矩阵的迹是不变的，即 $\mathrm{tr}(\boldsymbol{ABC})=\mathrm{tr}(\boldsymbol{BCA})=\mathrm{tr}(\boldsymbol{CAB})$

证明 对于 $m\times n$ 矩阵 $\boldsymbol{D}=[d_{ij}]$和 $n\times m$ 矩阵 $\boldsymbol{E}=[e_{ij}]$，只要证明 $\mathrm{tr}[\boldsymbol{DE}]$等于 $\mathrm{tr}[\boldsymbol{ED}]$即可。$\boldsymbol{DE}$ 的对角元素为 $\sum_{j=1}^{n} d_{ij}e_{ji}\ (i=1,\cdots,m)$，$\boldsymbol{ED}$ 的对角元素为 $\sum_{i=1}^{m} e_{ji}d_{ij}$ $(j=1,\cdots,n)$，它们的总和是同一个数 $\sum_{i=1}^{m}\sum_{j=1}^{n} d_{ij}e_{ji}$。 ■

当且仅当方阵的列(或行)线性独立时，方阵才有逆矩阵。这等于说矩阵是**满秩**的，即它的秩等于列数，其等价的说法是它的行列式不为零。$n\times n$ 矩阵 $\boldsymbol{A}=[a_{ij}]$的行列式定义为

$$\det(\boldsymbol{A}) := \sum_{\pi}(-1)^{\zeta(\pi)}\prod_{i=1}^{n} a_{\pi_i,i} \tag{A.3}$$

其中，求和是在$(1,\cdots,n)$的所有排列 $\boldsymbol{\pi}=(\pi_1,\cdots,\pi_n)$上进行的，$\zeta(\boldsymbol{\pi})$是满足 $i<j$ 且 $\pi_i>\pi_j$ 的(i,j)的数量。例如，对于(1,4)、(2,4)、(3,4)，$\zeta(2,3,4,1)=3$。对角线之外的元素全为零的矩阵称为**对角矩阵**，对角矩阵的行列式是对角元素的乘积。

从几何学来说，方阵 $\boldsymbol{A}=[\boldsymbol{a}_1,\cdots,\boldsymbol{a}_n]$的行列式，是由列 $\boldsymbol{a}_1,\cdots,\boldsymbol{a}_n$ 定义的平行六面体(n 维平行六面体)的(带符号)体积，即由点集 $\boldsymbol{x}=\sum_{i=1}^{n}\alpha_i\boldsymbol{a}_i\ (0\leqslant\alpha_i\leqslant 1, i=1,\cdots,n)$确定的平行六面体的体积。

计算一般矩阵的行列式的最简单的方法是对矩阵进行简单的操作，在保留其行列式的同时降低其复杂度(例如，减少非零元素的数量)：

- 将一列(行)乘以某个倍数添加到另一列(行)中，不会改变行列式。
- 将列(行)与一个数字相乘，行列式也将乘以相同的数字。
- 交换两行会改变行列式的符号。

通过反复应用这些规则，我们可以将矩阵简化为对角矩阵。由此可见，原矩阵的行列式等于所得对角矩阵的对角元素的乘积再乘以一个已知常数。

例 A.3(行列式和体积) 图 A.2 说明了如何将矩阵的行列式看作有符号的体积，这可以通过重复应用上述第一条规则来计算。这里，我们希望计算式(A.2)中给出的矩阵 $\boldsymbol{A}$ 所确定的实线平行四边形的面积[⊖]。特别地，平行四边形的四个角点对应于向量$[0,0]^{\mathrm{T}}$、$[1,3]^{\mathrm{T}}$、$[2,4]^{\mathrm{T}}$ 和$[3,7]^{\mathrm{T}}$。

将 $\boldsymbol{A}$ 中第一列乘以-2加到第二列，得到矩阵：

⊖ 二维向量对应于面积，多维向量对应于多面体的体积。——译者注

$$B=\begin{bmatrix}1 & 0\\3 & -2\end{bmatrix}$$

它对应于点划线平行四边形。将实线平行四边形变换为点划线平行四边形的线性运算可以看作两个连续的线性变换。首先，将标准基下实线平行四边形的坐标点变换成以 $\boldsymbol{A}$ 的列构成的基。其次，相对于这个新基，我们应用上面的矩阵 $\boldsymbol{B}$。注意，该矩阵的输入是相对于新基的，而输出是相对于标准基的。现在，用于组合变换的矩阵是

$$BA^{-1}=\begin{bmatrix}1 & 0\\3 & -2\end{bmatrix}\begin{bmatrix}-2 & 1\\3/2 & -1/2\end{bmatrix}=\begin{bmatrix}-2 & 1\\-9 & 4\end{bmatrix}$$

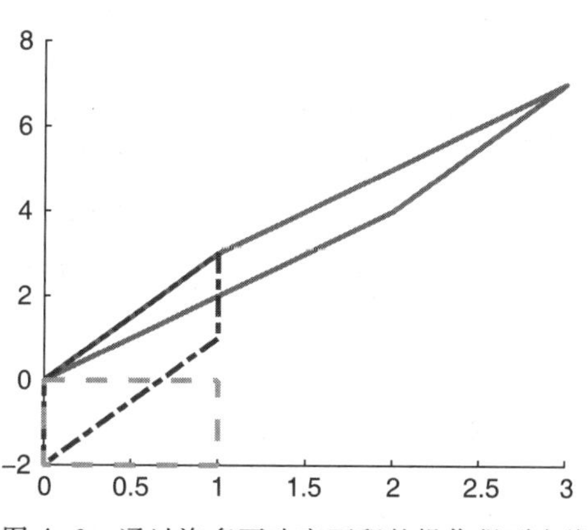

图 A.2 通过许多不改变面积的操作得到实线平行四边形的面积

它将$[1,3]^{\mathrm{T}}$映射到$[1,3]^{\mathrm{T}}$(没有改变)，将$[2,4]^{\mathrm{T}}$映射到$[0,-2]^{\mathrm{T}}$。我们可以认为在$[1,3]^{\mathrm{T}}$方向上施加一个**剪切力**，这种操作的意义在于剪切力不会改变平行四边形的面积。第二个(点划线)平行四边形的形式比较简单，因为其中一条边与 y 轴平行。通过在$[0,-2]^{\mathrm{T}}$方向上施加另一个剪切力，我们可以得到一个简单的矩形，其面积为 2。在矩阵方面，我们把 $\boldsymbol{B}$ 的第二列乘以 3/2 加到 $\boldsymbol{B}$ 的第一列，得到矩阵：

$$C=\begin{bmatrix}1 & 0\\0 & -2\end{bmatrix}$$

它是一个对角矩阵，其行列式为−2，对应这三个平行四边形的面积 2。

定理 A.2 总结了一些有用的矩阵规则，涉及目前为止我们所讨论的概念。我们将相关证明留作练习(也可参见文献[116])，证明过程通常涉及“写出”某种等式。

定理 A.2 有用的矩阵规则

(1)$(\boldsymbol{AB})^{\mathrm{T}}=\boldsymbol{B}^{\mathrm{T}}\boldsymbol{A}^{\mathrm{T}}$；

(2)$(\boldsymbol{AB})^{-1}=\boldsymbol{B}^{-1}\boldsymbol{A}^{-1}$；

(3)$(\boldsymbol{A}^{-1})^{\mathrm{T}}=(\boldsymbol{A}^{\mathrm{T}})^{-1}=:\boldsymbol{A}^{-\mathrm{T}}$

(4)$\det(\boldsymbol{AB})=\det(\boldsymbol{A})\det(\boldsymbol{B})$；

(5)$\boldsymbol{x}^{\mathrm{T}}\boldsymbol{A}\boldsymbol{x}=\mathrm{tr}(\boldsymbol{A}\boldsymbol{x}\boldsymbol{x}^{\mathrm{T}})$；

(6)如果 $\boldsymbol{A}=[a_{ij}]$是三角矩阵，则 $\det(\boldsymbol{A})=\prod_i a_{ii}$。

接下来，考虑逆矩阵不存在的 $n\times p$ 矩阵 $\boldsymbol{A}$。也就是说，$\boldsymbol{A}$ 要么不是方阵($n\neq p$)，要么其行列式为 0。此时，我们可以用所谓的伪逆矩阵来代替逆矩阵，伪逆总是存在的。

定义 A.2 Moore-Penrose 伪逆

实矩阵 $\boldsymbol{A}\in\mathbb{R}^{n\times p}$ 的 Moore-Penrose 伪逆定义为满足以下条件的唯一矩阵 $\boldsymbol{A}^{+}\in\mathbb{R}^{p\times n}$：

(1)$\boldsymbol{A}\boldsymbol{A}^{+}\boldsymbol{A}=\boldsymbol{A}$；

(2)$\boldsymbol{A}^{+}\boldsymbol{A}\boldsymbol{A}^{+}=\boldsymbol{A}^{+}$；

(3)$(\boldsymbol{A}\boldsymbol{A}^{+})^{\mathrm{T}}=\boldsymbol{A}\boldsymbol{A}^{+}$；

(4)$(\boldsymbol{A}^{+}\boldsymbol{A})^{\mathrm{T}}=\boldsymbol{A}^{+}\boldsymbol{A}$。

当 $\boldsymbol{A}$ 是列满秩或行满秩时，我们可以用 $\boldsymbol{A}$ 明确地写出 $\boldsymbol{A}^{+}$。例如，我们总是有

$$\boldsymbol{A}^{\mathrm{T}}\boldsymbol{A}\boldsymbol{A}^{+}=\boldsymbol{A}^{\mathrm{T}}(\boldsymbol{A}\boldsymbol{A}^{+})^{\mathrm{T}}=((\boldsymbol{A}\boldsymbol{A}^{+})\boldsymbol{A})^{\mathrm{T}}=(\boldsymbol{A})^{\mathrm{T}}=\boldsymbol{A}^{\mathrm{T}} \tag{A.4}$$

如果 $\boldsymbol{A}$ 具有列满秩 p，那么$(\boldsymbol{A}^{\mathrm{T}}\boldsymbol{A})^{-1}$存在，所以由式(A.4)可知，$\boldsymbol{A}^{+}=(\boldsymbol{A}^{\mathrm{T}}\boldsymbol{A})^{-1}\boldsymbol{A}^{\mathrm{T}}$。这称为**左伪逆**，因为 $\boldsymbol{A}^{+}\boldsymbol{A}=\boldsymbol{I}_p$。同理，如果 $\boldsymbol{A}$ 具有行满秩 n，即$(\boldsymbol{A}\boldsymbol{A}^{\mathrm{T}})^{-1}$存在，那么由

$$\boldsymbol{A}^{+}\boldsymbol{A}\boldsymbol{A}^{\mathrm{T}}=(\boldsymbol{A}^{+}\boldsymbol{A})^{\mathrm{T}}\boldsymbol{A}^{\mathrm{T}}=(\boldsymbol{A}(\boldsymbol{A}^{+}\boldsymbol{A}))^{\mathrm{T}}=\boldsymbol{A}^{\mathrm{T}}$$

可知，$\boldsymbol{A}^{+}=\boldsymbol{A}^{\mathrm{T}}(\boldsymbol{A}\boldsymbol{A}^{\mathrm{T}})^{-1}$。这就是**右伪逆**，因为 $\boldsymbol{A}\boldsymbol{A}^{+}=\boldsymbol{I}_n$。最后，如果 $\boldsymbol{A}$ 是满秩方阵，那么 $\boldsymbol{A}^{+}=\boldsymbol{A}^{-1}$。

A.2 内积

两个实向量 $\boldsymbol{x}=[x_1,\cdots,x_n]^{\mathrm{T}}$ 和 $\boldsymbol{y}=[y_1,\cdots,y_n]^{\mathrm{T}}$ 的(欧氏)内积定义为

$$\langle\boldsymbol{x},\boldsymbol{y}\rangle=\sum_{i=1}^{n}x_iy_i=\boldsymbol{x}^{\mathrm{T}}\boldsymbol{y}$$

这里 $\boldsymbol{x}^{\mathrm{T}}\boldsymbol{y}$ 是 $1\times n$ 矩阵 x^{T} 和 $n\times 1$ 矩阵 $\boldsymbol{y}$ 的矩阵乘法。内积在线性空间 $\mathbb{R}^n$ 上引出了一个几何图形，允许定义长度、角度等。内积具有以下性质：

(1) $\langle\alpha\boldsymbol{x}+\beta\boldsymbol{y},\boldsymbol{z}\rangle=\alpha\langle\boldsymbol{x},\boldsymbol{z}\rangle+\beta\langle\boldsymbol{y},\boldsymbol{z}\rangle$；

(2) $\langle\boldsymbol{x},\boldsymbol{y}\rangle=\langle\boldsymbol{y},\boldsymbol{x}\rangle$；

(3) $\langle\boldsymbol{x},\boldsymbol{x}\rangle\geqslant 0$；

(4) 当且仅当 $\boldsymbol{x}=\boldsymbol{0}$，$\langle\boldsymbol{x},\boldsymbol{x}\rangle=0$。

如果$\langle\boldsymbol{x},\boldsymbol{y}\rangle=0$，则称向量 $\boldsymbol{x}$ 和 $\boldsymbol{y}$ **垂直**(或**正交**)。向量 $\boldsymbol{x}$ 的欧几里得范数(或长度)定义为

$$\|\boldsymbol{x}\|=\sqrt{x_1^2+\cdots+x_n^2}=\sqrt{\langle\boldsymbol{x},\boldsymbol{x}\rangle}$$

如果 $\boldsymbol{x}$ 和 $\boldsymbol{y}$ 垂直，那么**毕达哥拉斯定理**成立：

$$\|\boldsymbol{x}+\boldsymbol{y}\|^2=\langle\boldsymbol{x}+\boldsymbol{y},\boldsymbol{x}+\boldsymbol{y}\rangle=\langle\boldsymbol{x},\boldsymbol{x}\rangle+2\langle\boldsymbol{x},\boldsymbol{y}\rangle+\langle\boldsymbol{y},\boldsymbol{y}\rangle=\|\boldsymbol{x}\|^2+\|\boldsymbol{y}\|^2 \tag{A.5}$$

若 $\mathbb{R}^n$ 的基$\{\boldsymbol{v}_1,\cdots,\boldsymbol{v}_n\}$中所有的向量都是两两垂直且范数为 1，则称这样的基为**正交基**。例如，标准基就是正交基。

定理 A.3 正交基的表示

如果$\{\boldsymbol{v}_1,\cdots,\boldsymbol{v}_n\}$是 $\mathbb{R}^n$ 的正交基，那么任何向量 $x\in\mathbb{R}^n$ 都可以表示为

$$\boldsymbol{x}=\langle\boldsymbol{x},\boldsymbol{v}_1\rangle\boldsymbol{v}_1+\cdots+\langle\boldsymbol{x},\boldsymbol{v}_n\rangle\boldsymbol{v}_n \tag{A.6}$$

证明 注意，因为$\{\boldsymbol{v}_i\}$形成了一个基，所以存在唯一的系数 $\alpha_1,\cdots,\alpha_n$，使得 $\boldsymbol{x}=\alpha_1\boldsymbol{v}_1+\cdots+\alpha_n\boldsymbol{v}_n$。由内积的线性和$\{\boldsymbol{v}_i\}$的正交性可知，$\langle\boldsymbol{x},\boldsymbol{v}_j\rangle=\langle\sum_i\alpha_i\boldsymbol{v}_i,\boldsymbol{v}_j\rangle=\alpha_j$。■

如果 $n\times n$ 矩阵 $\boldsymbol{V}$ 的列能够形成正交基，则称它为**正交矩阵**[⊖]。注意，对于正交矩阵 $\boldsymbol{V}=[\boldsymbol{v}_1,\boldsymbol{v}_2,\cdots,\boldsymbol{v}_n]$，我们有

$$\boldsymbol{V}^{\mathrm{T}}\boldsymbol{V}=\begin{bmatrix}\boldsymbol{v}_1^{\mathrm{T}}\\\boldsymbol{v}_2^{\mathrm{T}}\\\vdots\\\boldsymbol{v}_n^{\mathrm{T}}\end{bmatrix}[\boldsymbol{v}_1,\boldsymbol{v}_2,\cdots,\boldsymbol{v}_n]=\begin{bmatrix}\boldsymbol{v}_1^{\mathrm{T}}\boldsymbol{v}_1 & \boldsymbol{v}_1^{\mathrm{T}}\boldsymbol{v}_2 & \cdots & \boldsymbol{v}_1^{\mathrm{T}}\boldsymbol{v}_n\\\vdots & \vdots & & \vdots\\\boldsymbol{v}_n^{\mathrm{T}}\boldsymbol{v}_1 & \boldsymbol{v}_n^{\mathrm{T}}\boldsymbol{v}_2 & \cdots & \boldsymbol{v}_n^{\mathrm{T}}\boldsymbol{v}_n\end{bmatrix}=\boldsymbol{I}_n$$

⊖ 正交矩阵的限定词“正交”(orthogonal)在历史上被修正过。更好的术语应该是“正交规范”(orthonormal)。

因此，$V^{-1}=V^{\mathrm{T}}$。还要注意，正交变换是**保长的**，即 Vx 的长度与 x 的长度相同，其证明如下：

$$\| Vx \|^2 = \langle Vx ; Vx \rangle = x^{\mathrm{T}}V^{\mathrm{T}}Vx = x^{\mathrm{T}}x = \| x \|^2$$

A.3 复向量和复矩阵

除了 n 维实向量组成的向量空间 $\mathbb{R}^n$，有时考虑 n 维复向量构成的向量空间 $\mathbb{C}^n$ 也很有用。在这种情况下，伴随运算或共轭转置运算（$*$）取代了转置运算（T）。这涉及矩阵或向量常用的转置运算，但多了一个步骤，即将复数 $z=x+\mathrm{i}y$ 用其共轭复数 $\bar{z}=x-\mathrm{i}y$ 代替。例如，如果

$$x=\begin{bmatrix} a_1+\mathrm{i}b_1 \\ a_2+\mathrm{i}b_2 \end{bmatrix}, \quad A=\begin{bmatrix} a_{11}+\mathrm{i}b_{11} & a_{12}+\mathrm{i}b_{12} \\ a_{21}+\mathrm{i}b_{21} & a_{22}+\mathrm{i}b_{22} \end{bmatrix}$$

那么 $x^*=[a_1-\mathrm{i}b_1, a_2-\mathrm{i}b_2]$，$A^*=\begin{bmatrix} a_{11}-\mathrm{i}b_{11} & a_{21}-\mathrm{i}b_{21} \\ a_{12}-\mathrm{i}b_{12} & a_{22}-\mathrm{i}b_{22} \end{bmatrix}$。

列向量 x 和 y 的欧几里得内积现在定义为

$$\langle x, y \rangle = y^* x = \sum_{i=1}^{n} x_i \bar{y}_i$$

它不再是对称的：$\langle x,y\rangle=\overline{\langle y,x\rangle}$。注意，这推广了实值内积。复矩阵 A 的行列式定义与式(A.3)完全相同。因此，$\det(A^*)=\overline{\det(A)}$。

对于复矩阵 A，如果 $A^*=A$，则称 A 为**埃尔米特矩阵**或**自伴矩阵**；如果 $A^*A=I$（即 $A^*=A^{-1}$），称其为**酉矩阵**。对于实矩阵来说，埃尔米特矩阵等同于对称矩阵，酉矩阵等同于正交矩阵。

A.4 正交投影

设 $\{u_1,\cdots,u_k\}$ 是 $\mathbb{R}^n$ 中的一组线性独立的向量。集合

$$\mathcal{V}=\mathrm{Span}\{u_1,\cdots,u_k\}=\{\alpha_1 u_1+\cdots+\alpha_k u_k, \alpha_1,\cdots,\alpha_k\in\mathbb{R}\}$$

称为由 $\{u_1,\cdots,u_k\}$ 张成的**线性子空间**。$\mathcal{V}$ 的正交补用 $\mathcal{V}^{\perp}$ 表示，是所有与 $\mathcal{V}$ 正交的向量 w 的集合，从某种意义上说，对所有 $v\in\mathcal{V}$，有 $\langle w,v\rangle=0$。对于矩阵 P，如果满足 $Px=x$（$x\in\mathcal{V}$）以及 $Px=0$（$x\in\mathcal{V}^{\perp}$），则称其为空间 $\mathcal{V}$ 上的**正交投影矩阵**。假设 $U=[u_1,\cdots,u_k]$ 是满秩矩阵，$U^{\mathrm{T}}U$ 是可逆矩阵，则到 $\mathcal{V}=\mathrm{Span}\{u_1,\cdots,u_k\}$ 的正交投影矩阵 P 为

$$P=U(U^{\mathrm{T}}U)^{-1}U^{\mathrm{T}}$$

也就是说，由于 $PU=U$，矩阵 P 将 $\mathcal{V}$ 中的任意向量都投影到自身上。此外，P 将 $\mathcal{V}^{\perp}$ 中的任意向量投影到零向量上。利用伪逆，也可以对 U 不是满秩的情况指定投影矩阵，从而得出以下定理。

定理 A.4 正交投影

设 $U=[u_1,\cdots,u_k]$，到 $\mathcal{V}=\mathrm{Span}\{u_1,\cdots,u_k\}$ 的正交投影矩阵 P 由下式给出：

$$P=UU^{+} \tag{A.7}$$

其中 U^{+} 是 U 的右伪逆。

证明 根据定义 A.2 的性质(1)，我们有 $\boldsymbol{PU}=\boldsymbol{UU}^{+}\boldsymbol{U}=\boldsymbol{U}$，因此 $\boldsymbol{P}$ 将 $\mathcal{V}$ 中的任意向量投影到自身上。此外，$\boldsymbol{P}$ 将 $\mathcal{V}^{\perp}$ 中的任意向量投影到零向量上。 ■

请注意，对于 $\boldsymbol{u}_1,\cdots,\boldsymbol{u}_k$ 构成 $\mathcal{V}$ 的正交基的特殊情况，到 $\mathcal{V}$ 的投影很容易描述，即我们有

$$\boldsymbol{Px}=\boldsymbol{UU}^{\mathrm{T}}\boldsymbol{x}=\sum_{i=1}^{k}\langle\boldsymbol{x},\boldsymbol{u}_i\rangle\boldsymbol{u}_i \tag{A.8}$$

对于任意点 $\boldsymbol{x}\in\mathbb{R}^n$，$\mathcal{V}$ 中最接近 $\boldsymbol{x}$ 的点就是它的正交投影 $\boldsymbol{Px}$，如定理 A.5 所示。

定理 A.5 正交投影和最小距离

设 $\{\boldsymbol{u}_1,\cdots,\boldsymbol{u}_k\}$ 是子空间 $\mathcal{V}$ 的正交基，设 $\boldsymbol{P}$ 是到 $\mathcal{V}$ 的正交投影矩阵，则对于最小化问题：

$$\min_{\boldsymbol{y}\in\mathcal{V}}\|\boldsymbol{x}-\boldsymbol{y}\|^2$$

解为 $\boldsymbol{y}=\boldsymbol{Px}$，即 $\boldsymbol{Px}\in\mathcal{V}$ 与 $\boldsymbol{x}$ 最接近。

证明 我们可以把每个点 $\boldsymbol{y}\in\mathcal{V}$ 写作 $\boldsymbol{y}=\sum_{i=1}^{k}\alpha_i\boldsymbol{u}_i$，因此，

$$\|\boldsymbol{y}-\boldsymbol{x}\|^2=\langle\boldsymbol{x}-\sum_{i=1}^{k}\alpha_i\boldsymbol{u}_i,\boldsymbol{x}-\sum_{i=1}^{k}\alpha_i\boldsymbol{u}_i\rangle=\|\boldsymbol{x}\|^2-2\sum_{i=1}^{k}\alpha_i\langle\boldsymbol{x},\boldsymbol{u}_i\rangle+\sum_{i=1}^{k}\alpha_i^2$$

将上式相对于 $\{\alpha_i\}$ 进行最小化，则 $\alpha_i=\langle\boldsymbol{x},\boldsymbol{u}_i\rangle,i=1,\cdots,k$。根据式(A.8)，$\boldsymbol{y}$ 的最优解为 $\boldsymbol{Px}$。 ■

A.5 特征值和特征向量

设 $\boldsymbol{A}$ 是 $n\times n$ 矩阵，如果对于某个数 λ 和非零向量 $\boldsymbol{v}$，有 $\boldsymbol{Av}=\lambda\boldsymbol{v}$，则称 λ 为 $\boldsymbol{A}$ 的**特征值**，其**特征向量**为 $\boldsymbol{v}$。

如果 $(\lambda,\boldsymbol{v})$ 是一个(特征值，特征向量)对，则矩阵 $\lambda\boldsymbol{I}-\boldsymbol{A}$ 可以将任意倍数的 $\boldsymbol{v}$ 映射到零向量上。$\lambda\boldsymbol{I}-\boldsymbol{A}$ 的列是线性相关的，因此它的行列式为 0。这就提供了一种确定特征值的方法，即特征值为如下**特征多项式**的 $r\leqslant n$ 个不同的根 $\lambda_1,\cdots,\lambda_r$：

$$\det(\lambda\boldsymbol{I}-\boldsymbol{A})=(\lambda-\lambda_1)^{\alpha_1}\cdots(\lambda-\lambda_r)^{\alpha_r}$$

其中，$\alpha_1+\cdots+\alpha_r=n$。整数 α_i 称为 λ_i 的**代数重数**。对应于特征值 λ_i 的特征向量位于矩阵 $\lambda_i\boldsymbol{I}-\boldsymbol{A}$ 的核空间或零空间，即满足 $(\lambda_i\boldsymbol{I}-\boldsymbol{A})\boldsymbol{v}=\boldsymbol{0}$ 的向量 $\boldsymbol{v}$ 的线性空间。这个空间称为 λ_i 的**特征空间**，其维度 $d_i\in\{1,\cdots,n\}$ 称为 λ_i 的**几何重数**，$d_i\leqslant\alpha_i$ 总是成立。如果 $\sum_i d_i=n$，则可以用特征向量构造 $\mathbb{R}^n$ 的基，如下所示。

例 A.4[线性变换(续)] 回到图 A.1 中的线性变换，其中

$$\boldsymbol{A}=\begin{bmatrix}1 & 1\\ -1/2 & -2\end{bmatrix}$$

特征多项式为 $(\lambda-1)(\lambda+2)+1/2$，根为 $\lambda_1=-1/2-\sqrt{7}/2\approx-1.8229$，$\lambda_2=-1/2+\sqrt{7}/2\approx 0.8229$。相应的单位特征向量为 $\boldsymbol{v}_1\approx[0.3339,-0.9426]^{\mathrm{T}}$，$\boldsymbol{v}_2\approx[0.9847,-0.1744]^{\mathrm{T}}$。$\lambda_1$ 对应的特征空间是 $\mathcal{V}_1=\mathrm{Span}\{\boldsymbol{v}_1\}=\{\beta\boldsymbol{v}_1:\beta\in\mathbb{R}\}$，$\lambda_2$ 对应的特征空间是 $\mathcal{V}_2=\mathrm{Span}\{\boldsymbol{v}_2\}$。在本例中，代数重数和几何重数都是 1。从 $\mathcal{V}_1$ 和 $\mathcal{V}_2$ 中取出的任何一对向量都构成 $\mathbb{R}^2$ 的基。图 A.3 展示了 $\boldsymbol{v}_1$ 和 $\boldsymbol{v}_2$ 分别转化为 $\boldsymbol{Av}_1\in\mathcal{V}_1$ 和 $\boldsymbol{Av}_2\in\mathcal{V}_2$ 的过程。

所有特征值的代数重数和几何重数都相同的矩阵称为**半单矩阵**。这相当于矩阵是**可对角化**的，也意味着存在矩阵 $\boldsymbol{V}$ 和对角矩阵 $\boldsymbol{D}$，使得：

$$\boldsymbol{A}=\boldsymbol{V}\boldsymbol{D}\boldsymbol{V}^{-1}$$

为了证明这个所谓的**特征分解**成立，假设 $\boldsymbol{A}$ 是半单矩阵，特征值为：

$$\underbrace{\lambda_1,\cdots,\lambda_1}_{d_1},\cdots,\underbrace{\lambda_r,\cdots,\lambda_r}_{d_r}$$

设 $\boldsymbol{D}$ 是对角矩阵，其对角元素是 $\boldsymbol{A}$ 的特征值，设矩阵 $\boldsymbol{V}$ 的列是与这些特征值对应的线性无关的特征向量。那么，对于每个（特征值，特征向量）对（λ，$\boldsymbol{v}$），我们有 $\boldsymbol{Av}=\lambda\boldsymbol{v}$。因此，用矩阵表示法表示，我们有 $\boldsymbol{AV}=\boldsymbol{VD}$，所以 $\boldsymbol{A}=\boldsymbol{VDV}^{-1}$。

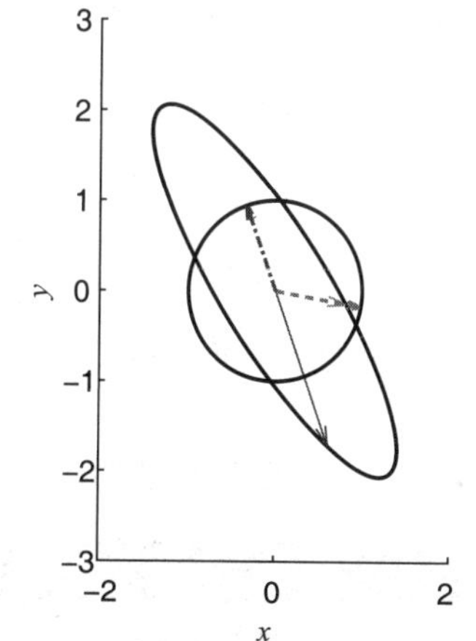

图 A.3 矩阵 $\boldsymbol{A}$ 的单位特征向量 $\boldsymbol{v}_1$（点划线）和 $\boldsymbol{v}_2$（虚线），它们的变换值 $\boldsymbol{Av}_1$ 和 $\boldsymbol{Av}_2$ 用实线箭头表示

左右特征向量

上一节中定义的特征向量称为**右特征向量**，因为它位于方程 $\boldsymbol{Av}=\lambda\boldsymbol{v}$ 中 $\boldsymbol{A}$ 的右侧。

如果 $\boldsymbol{A}$ 是特征值为 λ 的复矩阵，则特征值的复共轭 $\bar{\lambda}$ 是 $\boldsymbol{A}^*$ 的特征值。为证明这一点，定义 $\boldsymbol{B}:=\lambda\boldsymbol{I}-\boldsymbol{A}$，$\boldsymbol{B}^*:=\bar{\lambda}\boldsymbol{I}-\boldsymbol{A}^*$。因为 λ 是特征值，于是 $\det(\boldsymbol{B})=0$。应用恒等式 $\det(\boldsymbol{B})=\overline{\det(\boldsymbol{B}^*)}$，可以得到 $\det(\boldsymbol{B}^*)=0$，因此 $\bar{\lambda}$ 是 $\boldsymbol{A}^*$ 的特征值。设 $\boldsymbol{w}$ 是对应于 $\bar{\lambda}$ 的特征向量，则 $\boldsymbol{A}^*\boldsymbol{w}=\bar{\lambda}\boldsymbol{w}$，这等价于：

$$\boldsymbol{w}^*\boldsymbol{A}=\lambda\boldsymbol{w}^*$$

为此，我们称 $\boldsymbol{w}^*$ 为 $\boldsymbol{A}$ 的**左特征向量**，特征值为 λ。如果 $\boldsymbol{v}$ 是 $\boldsymbol{A}$ 的右特征向量，那么它的伴随 $\boldsymbol{v}^*$ 通常不是左特征向量，除非 $\boldsymbol{A}^*\boldsymbol{A}=\boldsymbol{A}\boldsymbol{A}^*$（这样的矩阵称为**正规矩阵**；实对称矩阵就是正规矩阵）。然而，重要的性质是属于不同特征值的左右特征向量是正交的。也就是说，如果 $\boldsymbol{w}^*$ 是 λ_1 的左特征向量，$\boldsymbol{v}$ 是 $\lambda_2(\lambda_2\neq\lambda_1)$ 的右特征向量，则：

$$\lambda_1\boldsymbol{w}^*\boldsymbol{v}=\boldsymbol{w}^*\boldsymbol{Av}=\lambda_2\boldsymbol{w}^*\boldsymbol{v}$$

只有在 $\boldsymbol{w}^*\boldsymbol{v}=0$ 的情况下才成立。

定理 A.6 Schur 三角化

对于任意复矩阵 $\boldsymbol{A}$，存在酉矩阵 $\boldsymbol{U}$，使得 $\boldsymbol{T}=\boldsymbol{U}^{-1}\boldsymbol{AU}$ 是上三角矩阵。

证明 通过对矩阵维数 n 的归纳来证明。显然，$n=1$ 时，此定理是正确的，因为 $\boldsymbol{A}$ 是一个简单的复数，我们可以取 $\boldsymbol{U}$ 等于 1。假设维数为 n 时，此定理成立，则要证明它在维数 $n+1$ 时也成立。矩阵 $\boldsymbol{A}$ 总是至少有一个特征值 λ，其对应特征向量为 $\boldsymbol{v}$，将特征值的长度归一化为 1。设 $\boldsymbol{U}$ 是第一列为 $\boldsymbol{v}$ 的任意酉矩阵，这样的矩阵总是可以构造出来的[⊖]。由于 $\boldsymbol{U}$ 是酉矩阵，$\boldsymbol{U}^{-1}$ 的第一行是 $\boldsymbol{v}^*$，对于某个矩阵 $\boldsymbol{B}$，$\boldsymbol{U}^{-1}\boldsymbol{AU}$ 的形式为

$$\left[\begin{array}{c}\boldsymbol{v}^*\\\hline *\end{array}\right]\boldsymbol{A}\underbrace{\left[\begin{array}{c|c}\boldsymbol{v}&*\end{array}\right]}_{\boldsymbol{U}}=\left[\begin{array}{c|c}\lambda&*\\\hline \boldsymbol{0}&\boldsymbol{B}\end{array}\right]$$

⊖ 例如，在指定 $\boldsymbol{v}$ 之后，我们可以通过 Gram-Schmidt 过程给出酉矩阵的剩余部分，参见 A.6.4 节。

根据归纳假设，存在酉矩阵 $\boldsymbol{W}$ 和上三角矩阵 $\boldsymbol{T}$，使得 $\boldsymbol{W}^{-1}\boldsymbol{B}\boldsymbol{W}=\boldsymbol{T}$。定义

$$\boldsymbol{V}:=\left[\begin{array}{c|c}1 & \boldsymbol{0}^{\mathrm{T}} \\ \hline \boldsymbol{0} & \boldsymbol{W}\end{array}\right]$$

那么，

$$\boldsymbol{V}^{-1}(\boldsymbol{U}^{-1}\boldsymbol{A}\boldsymbol{U})\boldsymbol{V}=\left[\begin{array}{c|c}1 & \boldsymbol{0}^{\mathrm{T}} \\ \hline \boldsymbol{0} & \boldsymbol{W}^{-1}\end{array}\right]\left[\begin{array}{c|c}\lambda & * \\ \hline \boldsymbol{0} & \boldsymbol{B}\end{array}\right]\left[\begin{array}{c|c}1 & \boldsymbol{0}^{\mathrm{T}} \\ \hline \boldsymbol{0} & \boldsymbol{W}\end{array}\right]=\left[\begin{array}{c|c}\lambda & * \\ \hline \boldsymbol{0} & \boldsymbol{W}^{-1}\boldsymbol{B}\boldsymbol{W}\end{array}\right]=\left[\begin{array}{c|c}\lambda & * \\ \hline \boldsymbol{0} & \boldsymbol{T}\end{array}\right]$$

它是 $n+1$ 维的上三角矩阵。由于 $\boldsymbol{U}\boldsymbol{V}$ 是酉矩阵，因此这完成了归纳过程，该结果对所有 n 都是正确的。 ■

定理 A.6 可以用来证明埃尔米特矩阵的一个重要性质，即 $\boldsymbol{A}^*=\boldsymbol{A}$。

定理 A.7 埃尔米特矩阵的特征值

任何 $n\times n$ 埃尔米特矩阵都有实特征值。归一化特征向量对应的矩阵是酉矩阵。

证明 设 $\boldsymbol{A}$ 是埃尔米特矩阵。根据定理 A.6，存在酉矩阵 $\boldsymbol{U}$，使得 $\boldsymbol{U}^{-1}\boldsymbol{A}\boldsymbol{U}=\boldsymbol{T}$，其中 $\boldsymbol{T}$ 是上三角矩阵。因此伴随矩阵 $(\boldsymbol{U}^{-1}\boldsymbol{A}\boldsymbol{U})^*=\boldsymbol{T}^*$ 是下三角矩阵。然而，由于 $\boldsymbol{A}^*=\boldsymbol{A}$，$\boldsymbol{U}^*=\boldsymbol{U}^{-1}$，因此 $(\boldsymbol{U}^{-1}\boldsymbol{A}\boldsymbol{U})^*=\boldsymbol{U}^{-1}\boldsymbol{A}\boldsymbol{U}$。因此，$\boldsymbol{T}$ 和 $\boldsymbol{T}^*$ 必须是相同的，只有当 $\boldsymbol{T}$ 是实对角矩阵 $\boldsymbol{D}$ 时才会是这种情况。由于 $\boldsymbol{A}\boldsymbol{U}=\boldsymbol{D}\boldsymbol{U}$，对角元素正好是特征值，相应的特征向量正好是 $\boldsymbol{U}$ 的列。 ■

特别地，实对称矩阵的特征值是实数。我们现在可以用实特征值和特征向量重新证明定理 A.6，这样就存在正交矩阵 $\boldsymbol{Q}$，使得 $\boldsymbol{Q}^{-1}\boldsymbol{A}\boldsymbol{Q}=\boldsymbol{Q}^{\mathrm{T}}\boldsymbol{A}\boldsymbol{Q}=\boldsymbol{D}$。特征向量可以作为 $\boldsymbol{Q}$ 的列，因此构成了正交基。这证明了下面的定理。

定理 A.8 实对称矩阵可正交对角化

任何实对称矩阵 $\boldsymbol{A}$ 都可以写成

$$\boldsymbol{A}=\boldsymbol{Q}\boldsymbol{D}\boldsymbol{Q}^{\mathrm{T}}$$

其中 $\boldsymbol{D}$ 是(实)特征值的对角矩阵，$\boldsymbol{Q}$ 是正交矩阵，它的列是 $\boldsymbol{A}$ 的特征向量。

例 A.5(实对称矩阵与椭圆) 如前所述，线性变换能把圆映射成椭圆。我们可以利用上述实对称矩阵理论来确定椭圆的主轴。例如，考虑例 A.1 中变换矩阵为 $\boldsymbol{A}=[1, 1; -1/2, -2]$，单位圆上的点 $\boldsymbol{x}$ 映射到点 $\boldsymbol{y}=\boldsymbol{A}\boldsymbol{x}$。由于这样的点满足 $\|\boldsymbol{x}\|^2=\boldsymbol{x}^{\mathrm{T}}\boldsymbol{x}=1$，我们可以得到满足 $\boldsymbol{y}^{\mathrm{T}}(\boldsymbol{A}^{-1})^{\mathrm{T}}\boldsymbol{A}^{-1}\boldsymbol{y}=1$ 的 $\boldsymbol{y}$，从而得到椭圆方程：

$$\frac{17y_1^2}{9}+\frac{20y_1y_2}{9}+\frac{8y_2^2}{9}=1$$

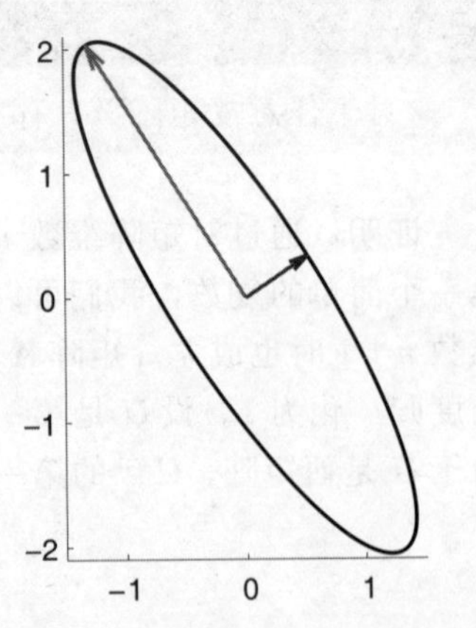

图 A.4 $\boldsymbol{A}\boldsymbol{A}^{\mathrm{T}}$ 的特征向量和特征值决定了椭圆的主轴

设 $\boldsymbol{Q}$ 是对称矩阵 $(\boldsymbol{A}^{-1})^{\mathrm{T}}\boldsymbol{A}^{-1}=(\boldsymbol{A}\boldsymbol{A}^{\mathrm{T}})^{-1}$ 的特征向量构成的正交矩阵，因此对于某个对角矩阵 $\boldsymbol{D}$，有 $\boldsymbol{Q}^{\mathrm{T}}(\boldsymbol{A}\boldsymbol{A}^{\mathrm{T}})^{-1}\boldsymbol{Q}=\boldsymbol{D}$。对此方程两边取逆，可得 $\boldsymbol{Q}^{\mathrm{T}}\boldsymbol{A}\boldsymbol{A}^{\mathrm{T}}\boldsymbol{Q}=\boldsymbol{D}^{-1}$，这表明 $\boldsymbol{Q}$ 也是 $\boldsymbol{A}\boldsymbol{A}^{\mathrm{T}}$ 的特征向量矩阵。这些特征向量精确指向主轴方向，如图 A.4 所示。事实证明(参见

A.6.5 节)，这里 AA^{T} 特征值的平方根约为 2.4221 和 0.6193，对应于椭圆两个轴的长度，如图 A.4 所示。

定义 A.3 将实变量的正定性概念推广到埃尔米特矩阵，为多元微分和优化提供了一个关键概念，见附录 B。

定义 A.3 (半)正定矩阵

对于所有的 $\boldsymbol{x}$，如果 $\langle \boldsymbol{Ax},\boldsymbol{x}\rangle \geqslant 0$，则埃尔米特矩阵 $\boldsymbol{A}$ 称为**半正定矩阵**，记作 $\boldsymbol{A}\succeq 0$；对于所有的 $\boldsymbol{x}\neq\boldsymbol{0}$，如果 $\langle \boldsymbol{Ax},\boldsymbol{x}\rangle > 0$，则埃尔米特矩阵 $\boldsymbol{A}$ 称为**正定矩阵**，记作 $\boldsymbol{A}\succ 0$。

矩阵的(半)正定性与其特征值的正定性直接相关，见定理 A.9。

定理 A.9 半正定矩阵的特征值

半正定矩阵的所有特征值都是非负的，正定矩阵的所有特征值都严格为正。

证明 设 $\boldsymbol{A}$ 是半正定矩阵。根据定理 A.7，$\boldsymbol{A}$ 的特征值都是实数。假设 λ 是特征向量 $\boldsymbol{v}$ 的特征值，由于 $\boldsymbol{A}$ 是半正定矩阵，因此：

$$0 \leqslant \langle \boldsymbol{Av},\boldsymbol{v}\rangle = \lambda\langle \boldsymbol{v},\boldsymbol{v}\rangle = \lambda\|\boldsymbol{v}\|^2$$

上式只有在 $\lambda\geqslant 0$ 时才成立。同样，对于正定矩阵，λ 必须严格大于 0。 ■

推论 A.1 对于某个实矩阵 $\boldsymbol{B}$，任何实半正定矩阵 $\boldsymbol{A}$ 都可以写成：

$$\boldsymbol{A} = \boldsymbol{BB}^{\mathrm{T}}$$

反过来，对于任何实矩阵 $\boldsymbol{B}$，矩阵 $\boldsymbol{BB}^{\mathrm{T}}$ 是半正定的。

证明 矩阵 $\boldsymbol{A}$ 既是埃尔米特矩阵(根据定义)，也是实矩阵(根据假设)，因此它是对称的。根据定理 A.8，我们可以写出 $\boldsymbol{A}=\boldsymbol{QDQ}^{\mathrm{T}}$，其中 $\boldsymbol{D}$ 是 $\boldsymbol{A}$ 的(实)特征值的对角矩阵。根据定理 A.9，所有特征值都是非负的，因此它们的平方根是实数。现在，定义 $\boldsymbol{B}=\boldsymbol{Q}\sqrt{\boldsymbol{D}}$，其中 $\sqrt{\boldsymbol{D}}$ 被定义为对角矩阵，其对角元素是 $\boldsymbol{A}$ 的特征值的**平方根**。因此，$\boldsymbol{BB}^{\mathrm{T}} = \boldsymbol{Q}\sqrt{\boldsymbol{D}}(\sqrt{\boldsymbol{D}})^{\mathrm{T}}\boldsymbol{Q}^{\mathrm{T}}=\boldsymbol{QDQ}^{\mathrm{T}}=\boldsymbol{A}$。对所有的 $\boldsymbol{x}$，根据 $\boldsymbol{x}^{\mathrm{T}}\boldsymbol{BB}^{\mathrm{T}}\boldsymbol{x}=\|\boldsymbol{B}^{\mathrm{T}}\boldsymbol{x}\|^2\geqslant 0$ 的事实，可以得出 $\boldsymbol{BB}^{\mathrm{T}}$ 是半正定的。 ■

A.6 矩阵分解

线性代数中常使用矩阵分解来简化证明过程、避免数值不稳定、加速计算。这里，我们讨论三种重要的矩阵分解：(P)LU、QR 和 SVD。

A.6.1 (P)LU 分解

每个可逆矩阵 $\boldsymbol{A}$ 都可以写成三个矩阵的乘积：

$$\boldsymbol{A} = \boldsymbol{PLU} \tag{A.9}$$

其中，$\boldsymbol{L}$ 是下三角矩阵，$\boldsymbol{U}$ 是上三角矩阵，$\boldsymbol{P}$ 是**置换矩阵**。置换矩阵是一个方阵，每行和每列只有一个 1，其余均为零。矩阵乘积 $\boldsymbol{PB}$ 简单地置换矩阵 $\boldsymbol{B}$ 的行，同样，$\boldsymbol{BP}$ 置换它的列。形如式(A.9)的分解称为 **PLU 分解**。由于置换矩阵是正交的，它的转置等于它的逆，所以我们可以把式(A.9)写成

$$\boldsymbol{P}^{\mathrm{T}}\boldsymbol{A} = \boldsymbol{LU}$$

该分解不是唯一的，在许多情况下 $\boldsymbol{P}$ 被视为单位矩阵，此时它称为 $\boldsymbol{A}$ 的 **LU 分解**，也称为左-右(LR)(三角形)分解。

可逆 $n\times n$ 矩阵 $\boldsymbol{A}_0$ 的 PLU 分解可以通过以下递归方式获得。第一步是交换 $\boldsymbol{A}_0$ 的行，使得变换后矩阵第一列和第一行中的元素绝对值尽可能大，将得到的矩阵写成：

$$\widetilde{\boldsymbol{P}}_0\boldsymbol{A}_0 = \begin{bmatrix} a_1 & \boldsymbol{b}_1^{\mathrm{T}} \\ \boldsymbol{c}_1 & \boldsymbol{D}_1 \end{bmatrix}$$

其中，$\widetilde{\boldsymbol{P}}_0$ 是交换第一行和第 k 行的置换矩阵，其中第 k 行是包含第一列中最大元素的行。接下来，将矩阵 $-\boldsymbol{c}_1[1,\ \boldsymbol{b}_1^{\mathrm{T}}/a_1]$添加到 $\widetilde{\boldsymbol{P}}_0\boldsymbol{A}_0$ 的最后 $n-1$ 行，以获得矩阵：

$$\begin{bmatrix} a_1 & \boldsymbol{b}_1^{\mathrm{T}} \\ \boldsymbol{0} & \boldsymbol{D}_1 - \boldsymbol{c}_1\boldsymbol{b}_1^{\mathrm{T}}/a_1 \end{bmatrix} =: \begin{bmatrix} a_1 & \boldsymbol{b}_1^{\mathrm{T}} \\ \boldsymbol{0} & \boldsymbol{A}_1 \end{bmatrix}$$

实际上，我们将某倍的第一行添加到剩余的每一行中，以便使第一列除第一个元素外都为零。

我们现在对 $\boldsymbol{A}_1$ 应用与对 $\boldsymbol{A}_0$ 相同的过程，然后对随后较小的矩阵 $\boldsymbol{A}_2,\cdots,\boldsymbol{A}_{n-1}$ 应用相同的过程：

(1)将第一行与第一列中具有最大绝对值元素的行进行交换。

(2)通过将适当倍数的第一行添加到其他行，使第一列中的元素都等于 0。

假设 $\boldsymbol{A}_t$ 有一个 PLU 分解 $\boldsymbol{P}_t\boldsymbol{L}_t\boldsymbol{U}_t$，那么很容易检查出：

$$\underbrace{\widetilde{\boldsymbol{P}}_{t-1}^{\mathrm{T}}\begin{bmatrix} 1 & \boldsymbol{0}^{\mathrm{T}} \\ \boldsymbol{0} & \boldsymbol{P}_t \end{bmatrix}}_{\boldsymbol{P}_{t-1}} \underbrace{\begin{bmatrix} 1 & \boldsymbol{0}^{\mathrm{T}} \\ \boldsymbol{P}_t^{\mathrm{T}}\boldsymbol{c}_t/a_t & \boldsymbol{L}_t \end{bmatrix}}_{\boldsymbol{L}_{t-1}} \underbrace{\begin{bmatrix} a_t & \boldsymbol{b}_t^{\mathrm{T}} \\ \boldsymbol{0} & \boldsymbol{U}_t \end{bmatrix}}_{\boldsymbol{U}_{t-1}} \tag{A.10}$$

是 $\boldsymbol{A}_{t-1}$ 的 PLU 分解。由于标量 $\boldsymbol{A}_{n-1}$ 的 PLU 分解是平凡的，因此通过逆向运算我们可以得到 $\boldsymbol{A}$ 的 PLU 分解 $\boldsymbol{P}_0\boldsymbol{L}_0\boldsymbol{U}_0$。

例 A.6(PLU 分解) 取

$$\boldsymbol{A} = \begin{bmatrix} 0 & -1 & 7 \\ 3 & 2 & 0 \\ 1 & 1 & 1 \end{bmatrix}$$

通过上述步骤(1)和(2)修改 $\boldsymbol{A}$，从而得到对角线上有最大元素的上三角矩阵。我们先交换第一行和第二行，然后将第一行乘以 $-1/3$ 加到第三行，将第二行乘以 $1/3$ 加到第三行：

$$\begin{bmatrix} 0 & -1 & 7 \\ 3 & 2 & 0 \\ 1 & 1 & 1 \end{bmatrix} \to \begin{bmatrix} 3 & 2 & 0 \\ 0 & -1 & 7 \\ 1 & 1 & 1 \end{bmatrix} \to \begin{bmatrix} 3 & 2 & 0 \\ 0 & -1 & 7 \\ 0 & 1/3 & 1 \end{bmatrix} \to \begin{bmatrix} 3 & 2 & 0 \\ 0 & -1 & 7 \\ 0 & 0 & 10/3 \end{bmatrix}$$

最后得到的矩阵是 $\boldsymbol{U}_0$，在这个过程中我们应用了置换矩阵：

$$\widetilde{\boldsymbol{P}}_0 = \begin{bmatrix} 0 & 1 & 0 \\ 1 & 0 & 0 \\ 0 & 0 & 1 \end{bmatrix},\quad \widetilde{\boldsymbol{P}}_1 = \begin{bmatrix} 1 & 0 \\ 0 & 1 \end{bmatrix}$$

使用递归表达式(A.10)，我们现在可以恢复 $\boldsymbol{P}_0$ 和 $\boldsymbol{L}_0$。也就是说，在最后一次迭代中，我们得到 $\boldsymbol{P}_2=1$，$\boldsymbol{L}_2=1$，$\boldsymbol{U}_2=10/3$。通过递推可得：

$$\boldsymbol{P}_1=\begin{bmatrix}1 & 0\\0 & 1\end{bmatrix},\quad \boldsymbol{L}_1=\begin{bmatrix}1 & 0\\-1/3 & 1\end{bmatrix},\quad \boldsymbol{P}_0=\begin{bmatrix}0 & 1 & 0\\1 & 0 & 0\\0 & 0 & 1\end{bmatrix},\quad \boldsymbol{L}_0=\begin{bmatrix}1 & 0 & 0\\0 & 1 & 0\\1/3 & -1/3 & 1\end{bmatrix}$$

可以看到，$a_1=3$，$\boldsymbol{c}_1=[0,\ 1]^{\mathrm{T}}$，$a_2=-1$，$\boldsymbol{c}_2=1/3$

PLU 分解可以有效地求解 $\boldsymbol{Ax}=\boldsymbol{b}$ 形式的大型线性方程组，特别是当这样的方程需要针对许多不同的 $\boldsymbol{b}$ 求解时。首先，将 $\boldsymbol{A}$ 分解为 $\boldsymbol{PLU}$，然后求解两个三角矩阵方程组：

$$\boldsymbol{Ly}=\boldsymbol{P}^{\mathrm{T}}\boldsymbol{b}$$
$$\boldsymbol{Ux}=\boldsymbol{y}$$

第一个方程可以通过**正向代换**有效地求解，第二个方程可以通过**反向代换**有效地求解，如下面的示例所示。

例 A.7(用 LU 分解求解线性方程组)　设 $\boldsymbol{A}=\boldsymbol{PLU}$ 与例 A.6 中的相同，我们希望求解 $\boldsymbol{Ax}=[1,2,3]^{\mathrm{T}}$。首先，通过正向代换求解：

$$\begin{bmatrix}1 & 0 & 0\\0 & 1 & 0\\1/3 & -1/3 & 1\end{bmatrix}\begin{bmatrix}y_1\\y_2\\y_3\end{bmatrix}=\begin{bmatrix}2\\1\\3\end{bmatrix}$$

可得 $y_1=2$，$y_2=1$，$y_3=3-2/3+1/3=8/3$。接着，由

$$\begin{bmatrix}3 & 2 & 0\\0 & -1 & 7\\0 & 0 & 10/3\end{bmatrix}\begin{bmatrix}x_1\\x_2\\x_3\end{bmatrix}=\begin{bmatrix}2\\1\\8/3\end{bmatrix}$$

可得 $x_3=4/5$，$x_2=-1+28/5=23/5$，$x_1=2\times(1-23/5)/3=-12/5$，所以 $\boldsymbol{x}=[-12,23,4]^{\mathrm{T}}/5$。

A.6.2　伍德伯里恒等式

LU(或 PLU)分解也可以应用于分块矩阵。我们从如下通用 2×2 矩阵的 LU 分解开始：

$$\begin{bmatrix}a & b\\c & d\end{bmatrix}=\begin{bmatrix}a & 0\\c & d-bc/a\end{bmatrix}\begin{bmatrix}1 & b/a\\0 & 1\end{bmatrix}$$

该式在 $a\neq 0$ 时成立，这一点只要写出矩阵乘积就可以看出来。只要 $\boldsymbol{A}$ 是可逆的(同样写出分块矩阵的乘积)，这可以推广到分块矩阵，对于矩阵 $\boldsymbol{A}\in\mathbb{R}^{n\times n}$，$\boldsymbol{B}\in\mathbb{R}^{n\times k}$，$\boldsymbol{C}\in\mathbb{R}^{k\times n}$，$\boldsymbol{D}\in\mathbb{R}^{k\times k}$，有

$$\boldsymbol{\Sigma}:=\begin{bmatrix}\boldsymbol{A} & \boldsymbol{B}\\\boldsymbol{C} & \boldsymbol{D}\end{bmatrix}=\begin{bmatrix}\boldsymbol{A} & \boldsymbol{O}_{n\times k}\\\boldsymbol{C} & \boldsymbol{D}-\boldsymbol{CA}^{-1}\boldsymbol{B}\end{bmatrix}\begin{bmatrix}\boldsymbol{I}_n & \boldsymbol{A}^{-1}\boldsymbol{B}\\\boldsymbol{O}_{k\times n} & \boldsymbol{I}_k\end{bmatrix}\tag{A.11}$$

这里，我们用符号 $\boldsymbol{O}_{p\times q}$ 来表示 $p\times q$ 的零矩阵。上式可以进一步重写为

$$\boldsymbol{\Sigma}=\begin{bmatrix}\boldsymbol{I}_n & \boldsymbol{O}_{n\times k}\\\boldsymbol{CA}^{-1} & \boldsymbol{I}_k\end{bmatrix}\begin{bmatrix}\boldsymbol{A} & \boldsymbol{O}_{n\times k}\\\boldsymbol{O}_{k\times n} & \boldsymbol{D}-\boldsymbol{CA}^{-1}\boldsymbol{B}\end{bmatrix}\begin{bmatrix}\boldsymbol{I}_n & \boldsymbol{A}^{-1}\boldsymbol{B}\\\boldsymbol{O}_{k\times n} & \boldsymbol{I}_k\end{bmatrix}$$

因此，两边取逆，可得：

$$\boldsymbol{\Sigma}^{-1}=\begin{bmatrix}\boldsymbol{I}_n & \boldsymbol{A}^{-1}\boldsymbol{B}\\ \boldsymbol{O}_{k\times n} & \boldsymbol{I}_k\end{bmatrix}\begin{bmatrix}\boldsymbol{A} & \boldsymbol{O}_{n\times k}\\ \boldsymbol{O}_{k\times n} & \boldsymbol{D}-\boldsymbol{C}\boldsymbol{A}^{-1}\boldsymbol{B}\end{bmatrix}^{-1}\begin{bmatrix}\boldsymbol{I}_n & \boldsymbol{O}_{n\times k}\\ \boldsymbol{C}\boldsymbol{A}^{-1} & \boldsymbol{I}_k\end{bmatrix}^{-1}$$

对上述分块矩阵进行逆运算，可得：

$$\boldsymbol{\Sigma}^{-1}=\begin{bmatrix}\boldsymbol{I}_n & -\boldsymbol{A}^{-1}\boldsymbol{B}\\ \boldsymbol{O}_{k\times n} & \boldsymbol{I}_k\end{bmatrix}\begin{bmatrix}\boldsymbol{A}^{-1} & \boldsymbol{O}_{n\times k}\\ \boldsymbol{O}_{k\times n} & (\boldsymbol{D}-\boldsymbol{C}\boldsymbol{A}^{-1}\boldsymbol{B})^{-1}\end{bmatrix}\begin{bmatrix}\boldsymbol{I}_n & \boldsymbol{O}_{n\times k}\\ -\boldsymbol{C}\boldsymbol{A}^{-1} & \boldsymbol{I}_k\end{bmatrix} \tag{A.12}$$

假设 $\boldsymbol{D}$ 是可逆的，我们还可进行 UL 块分解：

$$\boldsymbol{\Sigma}=\begin{bmatrix}\boldsymbol{A}-\boldsymbol{B}\boldsymbol{D}^{-1}\boldsymbol{C} & \boldsymbol{B}\\ \boldsymbol{O}_{k\times n} & \boldsymbol{D}\end{bmatrix}\begin{bmatrix}\boldsymbol{I}_n & \boldsymbol{O}_{n\times k}\\ \boldsymbol{D}^{-1}\boldsymbol{C} & \boldsymbol{I}_k\end{bmatrix} \tag{A.13}$$

经过与上述类似的计算，可得：

$$\boldsymbol{\Sigma}^{-1}=\begin{bmatrix}\boldsymbol{I}_n & \boldsymbol{O}_{n\times k}\\ -\boldsymbol{D}^{-1}\boldsymbol{C} & \boldsymbol{I}_k\end{bmatrix}\begin{bmatrix}(\boldsymbol{A}-\boldsymbol{B}\boldsymbol{D}^{-1}\boldsymbol{C})^{-1} & \boldsymbol{O}_{n\times k}\\ \boldsymbol{O}_{k\times n} & \boldsymbol{D}^{-1}\end{bmatrix}\begin{bmatrix}\boldsymbol{I}_n & -\boldsymbol{B}\boldsymbol{D}^{-1}\\ \boldsymbol{O}_{k\times n} & \boldsymbol{I}_k\end{bmatrix} \tag{A.14}$$

式(A.14)中 $\boldsymbol{\Sigma}^{-1}$ 的左上块必须与式(A.12)中 $\boldsymbol{\Sigma}^{-1}$ 的左上块相同，因此可得**伍德伯里恒等式**：

$$(\boldsymbol{A}-\boldsymbol{B}\boldsymbol{D}^{-1}\boldsymbol{C})^{-1}=\boldsymbol{A}^{-1}+\boldsymbol{A}^{-1}\boldsymbol{B}(\boldsymbol{D}-\boldsymbol{C}\boldsymbol{A}^{-1}\boldsymbol{B})^{-1}\boldsymbol{C}\boldsymbol{A}^{-1} \tag{A.15}$$

根据式(A.11)和乘积的行列式是行列式的乘积这一事实，我们看到 $\det(\boldsymbol{\Sigma})=\det(\boldsymbol{A})\det(\boldsymbol{D}-\boldsymbol{C}\boldsymbol{A}^{-1}\boldsymbol{B})$。类似地，根据式(A.13)我们有 $\det(\boldsymbol{\Sigma})=\det(\boldsymbol{A}-\boldsymbol{B}\boldsymbol{D}^{-1}\boldsymbol{C})\det(\boldsymbol{D})$，从而得到了恒等式：

$$\det(\boldsymbol{A}-\boldsymbol{B}\boldsymbol{D}^{-1}\boldsymbol{C})\det(\boldsymbol{D})=\det(\boldsymbol{A})\det(\boldsymbol{D}-\boldsymbol{C}\boldsymbol{A}^{-1}\boldsymbol{B}) \tag{A.16}$$

以下关于式(A.16)和式(A.15)的特例特别重要。

定理 A.10 Sherman-Morrison 公式

假设 $\boldsymbol{A}\in\mathbb{R}^{n\times n}$ 是可逆的，$\boldsymbol{x},\boldsymbol{y}\in\mathbb{R}^n$，那么，

$$\det(\boldsymbol{A}+\boldsymbol{x}\boldsymbol{y}^{\mathrm{T}})=\det(\boldsymbol{A})(1+\boldsymbol{y}^{\mathrm{T}}\boldsymbol{A}^{-1}\boldsymbol{x})$$

如果 $\boldsymbol{y}^{\mathrm{T}}\boldsymbol{A}^{-1}\boldsymbol{x}\neq-1$，那么 Sherman-Morrison 公式

$$(\boldsymbol{A}+\boldsymbol{x}\boldsymbol{y}^{\mathrm{T}})^{-1}=\boldsymbol{A}^{-1}-\frac{\boldsymbol{A}^{-1}\boldsymbol{x}\boldsymbol{y}^{\mathrm{T}}\boldsymbol{A}^{-1}}{1+\boldsymbol{y}^{\mathrm{T}}\boldsymbol{A}^{-1}\boldsymbol{x}}$$

成立。

证明 令式(A.16)和式(A.15)中的 $\boldsymbol{B}=\boldsymbol{x}$，$\boldsymbol{C}=-\boldsymbol{y}^{\mathrm{T}}$，$\boldsymbol{D}=1$ 即可。■

Sherman-Morrison 公式的一个重要应用是高效求解线性方程组 $\boldsymbol{A}\boldsymbol{x}=\boldsymbol{b}$，其中 $n\times n$ 矩阵 $\boldsymbol{A}$ 的形式为

$$\boldsymbol{A}=\boldsymbol{A}_0+\sum_{j=1}^{p}\boldsymbol{a}_j\boldsymbol{a}_j^{\mathrm{T}}$$

其中 $\boldsymbol{a}_1,\cdots,\boldsymbol{a}_p\in\mathbb{R}^n$ 为列向量，$\boldsymbol{A}_0$ 为 $n\times n$ 对角矩阵(或其他容易求逆的矩阵)。例如，这种线性方程组常出现在**岭回归**和优化问题中。

要了解如何利用 Sherman-Morrison 公式，通过递推关系定义矩阵 $\boldsymbol{A}_0,\cdots,\boldsymbol{A}_p$：

$$\boldsymbol{A}_k=\boldsymbol{A}_{k-1}+\boldsymbol{a}_k\boldsymbol{a}_k^{\mathrm{T}},\quad k=1,\cdots,p$$

对于 $k=1,\cdots,p$，应用定理 A.10 可得如下恒等式[⊖]：

⊖ 这里，$|\boldsymbol{A}|$ 是 $\det(\boldsymbol{A})$ 的简写符号。

$$\boldsymbol{A}_k^{-1}=\boldsymbol{A}_{k-1}^{-1}-\frac{\boldsymbol{A}_{k-1}^{-1}\boldsymbol{a}_k\boldsymbol{a}_k^{\mathrm{T}}\boldsymbol{A}_{k-1}^{-1}}{1+\boldsymbol{a}_k^{\mathrm{T}}\boldsymbol{A}_{k-1}^{-1}\boldsymbol{a}_k}$$

$$|\boldsymbol{A}_k|=|\boldsymbol{A}_{k-1}|\times(1+\boldsymbol{a}_k^{\mathrm{T}}\boldsymbol{A}_{k-1}^{-1}\boldsymbol{a}_k)$$

因此，演化递推关系直到 $k=p$，我们得到：

$$\boldsymbol{A}_p^{-1}=\boldsymbol{A}_0^{-1}-\sum_{j=1}^{p}\frac{\boldsymbol{A}_{j-1}^{-1}\boldsymbol{a}_j\boldsymbol{a}_j^{\mathrm{T}}\boldsymbol{A}_{j-1}^{-1}}{1+\boldsymbol{a}_j^{\mathrm{T}}\boldsymbol{A}_{j-1}^{-1}\boldsymbol{a}_j}$$

$$|\boldsymbol{A}_p|=|\boldsymbol{A}_0|\times\prod_{j=1}^{p}(1+\boldsymbol{a}_j^{\mathrm{T}}\boldsymbol{A}_{j-1}^{-1}\boldsymbol{a}_j)$$

这些表达式让我们很容易计算 $\boldsymbol{A}^{-1}=\boldsymbol{A}_p^{-1}$ 和 $|\boldsymbol{A}|=|\boldsymbol{A}_p|$，但前提是下列量可用：

$$\boldsymbol{c}_{k,j}:=\boldsymbol{A}_{k-1}^{-1}\boldsymbol{a}_j,\quad k=1,\cdots,p-1,\quad j=k+1,\cdots,p$$

根据定理 A.10，我们有

$$\boldsymbol{A}_{k-1}^{-1}\boldsymbol{a}_j=\boldsymbol{A}_{k-2}^{-1}\boldsymbol{a}_j-\frac{\boldsymbol{A}_{k-2}^{-1}\boldsymbol{a}_{k-1}\boldsymbol{a}_{k-1}^{\mathrm{T}}\boldsymbol{A}_{k-2}^{-1}}{1+\boldsymbol{a}_{k-1}^{\mathrm{T}}\boldsymbol{A}_{k-2}^{-1}\boldsymbol{a}_{k-1}}\boldsymbol{a}_j$$

$\{\boldsymbol{c}_{k,j}\}$可以通过递归关系计算：

$$\begin{aligned}\boldsymbol{c}_{1,j}&=\boldsymbol{A}_0^{-1}\boldsymbol{a}_j,\quad j=1,\cdots,p\\ \boldsymbol{c}_{k,j}&=\boldsymbol{c}_{k-1,j}-\frac{\boldsymbol{a}_{k-1}^{\mathrm{T}}\boldsymbol{c}_{k-1,j}}{1+\boldsymbol{a}_{k-1}^{\mathrm{T}}\boldsymbol{c}_{k-1,k-1}}\boldsymbol{c}_{k-1,k-1},\quad k=2,\cdots,p,\quad j=k,\cdots,p\end{aligned}\tag{A.17}$$

注意，一旦$\{\boldsymbol{c}_{k,j}\}$可用，这个递归计算需要 $\mathcal{O}(p^2n)$时间。我们将 $\boldsymbol{A}^{-1}$和$|\boldsymbol{A}|$表示为

$$\boldsymbol{A}^{-1}=\boldsymbol{A}_0^{-1}-\sum_{j=1}^{p}\frac{\boldsymbol{c}_{j,j}\boldsymbol{c}_{j,j}^{\mathrm{T}}}{1+\boldsymbol{a}_j^{\mathrm{T}}\boldsymbol{c}_{j,j}}$$

$$|\boldsymbol{A}|=|\boldsymbol{A}_0|\times\prod_{j=1}^{p}(1+\boldsymbol{a}_j^{\mathrm{T}}\boldsymbol{c}_{j,j})$$

综上所述，我们已经证明了定理 A.11。

定理 A.11 Sherman-Morrison 递归

$n\times n$ 矩阵 $\boldsymbol{A}=\boldsymbol{A}_0+\sum_{k=1}^{p}\boldsymbol{a}_k\boldsymbol{a}_k^{\mathrm{T}}$ 的逆矩阵和行列式分别为

$$\boldsymbol{A}^{-1}=\boldsymbol{A}_0^{-1}-\boldsymbol{C}\boldsymbol{D}^{-1}\boldsymbol{C}^{\mathrm{T}}$$

$$\det(\boldsymbol{A})=\det(\boldsymbol{A}_0)\det(\boldsymbol{D})$$

其中 $\boldsymbol{C}\in\mathbb{R}^{n\times p}$和 $\boldsymbol{D}\in\mathbb{R}^{p\times p}$是矩阵：

$$\boldsymbol{C}:=[\boldsymbol{c}_{1,1},\cdots,\boldsymbol{c}_{p,p}],\quad \boldsymbol{D}:=\mathrm{diag}(1+\boldsymbol{a}_1^{\mathrm{T}}\boldsymbol{c}_{1,1},\cdots,1+\boldsymbol{a}_p^{\mathrm{T}}\boldsymbol{c}_{p,p})$$

所有的$\{\boldsymbol{c}_{j,k}\}$都可以在 $\mathcal{O}(p^2n)$时间内由式(A.17)递归计算出来。

作为定理 A.11 的结果，线性系统 $\boldsymbol{A}\boldsymbol{x}=\boldsymbol{b}$ 的解可以通过下式在 $\mathcal{O}(p^2n)$时间内计算出来：

$$\boldsymbol{x}=\boldsymbol{A}_0^{-1}\boldsymbol{b}-\boldsymbol{C}\boldsymbol{D}^{-1}[\boldsymbol{C}^{\mathrm{T}}\boldsymbol{b}]$$

如果 $n>p$，相对 A.6.1 节使用 LU 分解直接求解的时间复杂度 $\mathcal{O}(n^3)$，Sherman-Morrison 递归通常要快得多。

综上所述，以下算法通过递归关系式(A.17)计算定理 A.11 中的矩阵 $\boldsymbol{C}$ 和 $\boldsymbol{D}$。

算法 A.6.1 Sherman-Morrison 递归

输入： 容易求逆的矩阵 $\boldsymbol{A}_0$ 和列向量 $\boldsymbol{a}_1,\cdots,\boldsymbol{a}_p$

输出： 矩阵 $\boldsymbol{C}$ 和 $\boldsymbol{D}$，使得 $\boldsymbol{C}\boldsymbol{D}^{-1}\boldsymbol{C}^{\mathrm{T}}=\boldsymbol{A}_0^{-1}-(\boldsymbol{A}_0+\sum_j \boldsymbol{a}_j\boldsymbol{a}_j^{\mathrm{T}})^{-1}$

1. 对于 $k=1,\cdots,p$，$\boldsymbol{c}_k\leftarrow\boldsymbol{A}_0^{-1}\boldsymbol{a}_k$（假设 $\boldsymbol{A}_0$ 是对角矩阵或容易求逆的矩阵）
2. **for** $k=1,\cdots,p-1$ **do**
3. $\quad d_k\leftarrow 1+\boldsymbol{a}_k^{\mathrm{T}}\boldsymbol{c}_k$
4. $\quad$**for** $j=k+1,\cdots,p$ **do**
5. $\quad\quad \boldsymbol{c}_j\leftarrow\boldsymbol{c}_j-\dfrac{\boldsymbol{a}_k^{\mathrm{T}}\boldsymbol{c}_j}{d_k}\boldsymbol{c}_k$
6. $d_p\leftarrow 1+\boldsymbol{a}_p^{\mathrm{T}}\boldsymbol{c}_p$
7. $\boldsymbol{C}\leftarrow[\boldsymbol{c}_1,\cdots,\boldsymbol{c}_p]$
8. $\boldsymbol{D}\leftarrow\mathrm{diag}(d_1,\cdots,d_p)$
9. **返回** $\boldsymbol{C}$ **和** $\boldsymbol{D}$

最后，如果 $\boldsymbol{A}_0$ 是对角矩阵，我们只存储 $\boldsymbol{D}$ 和 $\boldsymbol{A}_0$ 的对角元素（而不是存储完整的矩阵 $\boldsymbol{D}$ 和 $\boldsymbol{A}_0$），那么算法 A.6.1 的存储或内存需求仅为 $\mathcal{O}(pn)$。

A.6.3 Cholesky 分解

如果 $\boldsymbol{A}$ 是实值正定矩阵（对称），例如协方差矩阵，则可以用矩阵 $\boldsymbol{L}$ 和 $\boldsymbol{U}=\boldsymbol{L}^{\mathrm{T}}$ 实现 LU 分解。

定理 A.12 Cholesky 分解

实值正定矩阵 $\boldsymbol{A}=[a_{ij}]\in\mathbb{R}^{n\times n}$ 可分解为

$$\boldsymbol{A}=\boldsymbol{L}\boldsymbol{L}^{\mathrm{T}}$$

其中，对于 $k=1,\cdots,n$，$j=1,\cdots,k$，实 $n\times n$ 下三角矩阵 $\boldsymbol{L}=[l_{kj}]$ 满足以下递推公式：

$$l_{kj}=\frac{a_{kj}-\sum_{i=1}^{j-1}l_{ji}l_{ki}}{\sqrt{a_{jj}-\sum_{i=1}^{j-1}l_{ji}^2}},\quad \sum_{i=1}^{0}l_{ji}l_{ki}:=0 \tag{A.18}$$

证明 通过归纳法进行证明。对于 $k=1,\cdots,n$，设 $\boldsymbol{A}_k$ 是 $\boldsymbol{A}=\boldsymbol{A}_n$ 的左上 $k\times k$ 子矩阵。对于 $\boldsymbol{e}_1:=[1,0,\cdots,0]^{\mathrm{T}}$，我们根据 $\boldsymbol{A}$ 的正定性得到 $\boldsymbol{A}_1=a_{11}=\boldsymbol{e}_1^{\mathrm{T}}\boldsymbol{A}\boldsymbol{e}_1>0$。由此得出 $l_{11}=\sqrt{a_{11}}$。假设 $\boldsymbol{A}_{k-1}$ 有一个 Cholesky 分解 $\boldsymbol{L}_{k-1}\boldsymbol{L}_{k-1}^{\mathrm{T}}$，$\boldsymbol{L}_{k-1}$ 有严格的正对角元素，我们可以构造 $\boldsymbol{A}_k$ 的 Cholesky 分解。首先

$$\boldsymbol{A}_k=\begin{bmatrix}\boldsymbol{L}_{k-1}\boldsymbol{L}_{k-1}^{\mathrm{T}} & \boldsymbol{a}_{k-1}\\ \boldsymbol{a}_{k-1}^{\mathrm{T}} & a_{kk}\end{bmatrix}$$

对于向量 $\boldsymbol{l}_k\in\mathbb{R}^{k-1}$ 和标量 l_{kk}，建议 $\boldsymbol{L}_k$ 的形式为

$$\boldsymbol{L}_k=\begin{bmatrix}\boldsymbol{L}_{k-1} & \boldsymbol{0}\\ \boldsymbol{l}_k^{\mathrm{T}} & l_{kk}\end{bmatrix}$$

其中，必须保证

$$\begin{bmatrix} \boldsymbol{L}_{k-1}\boldsymbol{L}_{k-1}^{\mathrm{T}} & \boldsymbol{a}_{k-1} \\ \boldsymbol{a}_{k-1}^{\mathrm{T}} & a_{kk} \end{bmatrix} = \begin{bmatrix} \boldsymbol{L}_{k-1} & \boldsymbol{0} \\ \boldsymbol{l}_k^{\mathrm{T}} & l_{kk} \end{bmatrix} \begin{bmatrix} \boldsymbol{L}_{k-1}^{\mathrm{T}} & \boldsymbol{l}_k \\ \boldsymbol{0}^{\mathrm{T}} & l_{kk} \end{bmatrix}$$

成立。

为了确定这样的 $\boldsymbol{l}_k$ 和 l_{kk} 存在，我们必须验证方程组

$$\begin{aligned} \boldsymbol{L}_{k-1}\boldsymbol{l}_k &= \boldsymbol{a}_{k-1} \\ \boldsymbol{l}_k^{\mathrm{T}}\boldsymbol{l}_k + l_{kk}^2 &= a_{kk} \end{aligned} \tag{A. 19}$$

有解。系统 $\boldsymbol{L}_{k-1}\boldsymbol{l}_k=\boldsymbol{a}_{k-1}$ 有唯一解，因为根据假设 $\boldsymbol{L}_{k-1}$ 是下对角矩阵，主对角线上的元素严格为正，我们可以使用正向代换 $\boldsymbol{l}_k=\boldsymbol{L}_{k-1}^{-1}\boldsymbol{a}_{k-1}$ 来求解 $\boldsymbol{l}_k$。我们可以用 $l_{kk}=\sqrt{a_{kk}-\|\boldsymbol{l}_k\|^2}$ 来求解第二个方程，前提是平方根内的项是正的。我们用 $\boldsymbol{A}$ 是正定矩阵的事实来证明这一点。特别地，对于形式为$[\boldsymbol{x}_1^{\mathrm{T}},x_2,\boldsymbol{0}^{\mathrm{T}}]^{\mathrm{T}}$ 的 $\boldsymbol{x}\in\mathbb{R}^n$，其中 $\boldsymbol{x}_1$ 是非零$(k-1)$维向量，x_2 是非零数字，我们有

$$0 < \boldsymbol{x}^{\mathrm{T}}\boldsymbol{A}\boldsymbol{x} = [\boldsymbol{x}_1^{\mathrm{T}},x_2]\begin{bmatrix} \boldsymbol{L}_{k-1}\boldsymbol{L}_{k-1}^{\mathrm{T}} & \boldsymbol{a}_{k-1} \\ \boldsymbol{a}_{k-1}^{\mathrm{T}} & a_{kk} \end{bmatrix}[\boldsymbol{x}_1,x_2] = \|\boldsymbol{L}_{k-1}^{\mathrm{T}}\boldsymbol{x}_1\|^2 + 2\boldsymbol{x}_1^{\mathrm{T}}\boldsymbol{a}_{k-1}x_2 + a_{kk}x_2^2$$

现在取 $\boldsymbol{x}_1=-x_2\boldsymbol{L}_{k-1}^{-\mathrm{T}}\boldsymbol{l}_k$，可得 $0<\boldsymbol{x}^{\mathrm{T}}\boldsymbol{A}\boldsymbol{x}=x_2^2(a_{kk}-\|\boldsymbol{l}_k\|^2)$。因此，式(A. 19)可以得到唯一解。由于已经在 $k=1$ 时进行了求解，因此我们可以对任意 $k=1,\cdots,n$ 进行求解，从而得到递推公式(A. 18)和算法 A. 6. 2。 ■

使用定理 A. 6. 3 证明中的符号表示，Cholesky 分解的一个实现见算法 A. 6. 2，其运行的时间代价为 $\mathcal{O}(n^3)$。

算法 A. 6. 2 Cholesky 分解

输入： $n\times n$ 正定矩阵 $\boldsymbol{A}_n$ 和矩阵各元素$\{a_{ij}\}$

输出： 下三角矩阵 $\boldsymbol{L}_n$，$\boldsymbol{L}_n\boldsymbol{L}_n^{\mathrm{T}}=\boldsymbol{A}_n$

1. $\boldsymbol{L}_1\leftarrow\sqrt{a_{11}}$
2. **for** $k=2,\cdots,n$ **do**
3. $\quad\boldsymbol{a}_{k-1}\leftarrow[a_{1k},\cdots,a_{k-1,k}]^{\mathrm{T}}$
4. $\quad\boldsymbol{l}_{k-1}\leftarrow\boldsymbol{L}_{k-1}^{-1}\boldsymbol{a}_{k-1}$[通过正向代换在 $\mathcal{O}(k^2)$时间内完成计算]
5. $\quad l_{kk}\leftarrow\sqrt{a_{kk}-\boldsymbol{l}_{k-1}^{\mathrm{T}}\boldsymbol{l}_{k-1}}$
6. $\quad\boldsymbol{L}_k\leftarrow\begin{bmatrix} \boldsymbol{L}_{k-1} & \boldsymbol{0} \\ \boldsymbol{l}_{k-1}^{\mathrm{T}} & l_{kk} \end{bmatrix}$
7. **返回** $\boldsymbol{L}_n$

A. 6. 4 QR 分解与格拉姆-施密特过程

设 $\boldsymbol{A}$ 为 $n\times p$ 矩阵，其中 $p\leqslant n$，则存在一个满足 $\boldsymbol{Q}^{\mathrm{T}}\boldsymbol{Q}=\boldsymbol{I}_p$ 的矩阵 $\boldsymbol{Q}\in\mathbb{R}^{n\times p}$ 和上三角矩阵 $\boldsymbol{R}\in\mathbb{R}^{p\times p}$，使得：

$$\boldsymbol{A} = \boldsymbol{Q}\boldsymbol{R}$$

这是实值矩阵的 QR 分解。当 $\boldsymbol{A}$ 是列满秩时，这种分解可以通过格拉姆-施密特过程获得，该过程通过以下方式构造 $\boldsymbol{A}$ 的列空间的正交基$\{\boldsymbol{u}_1,\cdots,\boldsymbol{u}_p\}$，$\boldsymbol{A}$ 的列空间由$\{\boldsymbol{a}_1,\cdots,\boldsymbol{a}_p\}$张成(另见图 A. 5)：

(1)取 $\boldsymbol{u}_1=\boldsymbol{a}_1/\|\boldsymbol{a}_1\|$。

(2)设 $\boldsymbol{p}_1$ 是 $\boldsymbol{a}_2$ 在空间 $\mathrm{Span}\{\boldsymbol{u}_1\}$上的投影，即 $\boldsymbol{p}_1=\langle \boldsymbol{u}_1,\boldsymbol{a}_2\rangle \boldsymbol{u}_1$。现在取 $\boldsymbol{u}_2=(\boldsymbol{a}_2-\boldsymbol{p}_1)/\|\boldsymbol{a}_2-\boldsymbol{p}_1\|$，该向量垂直于 $\boldsymbol{u}_1$，且具有单位长度。

(3)设 $\boldsymbol{p}_2$ 是 $\boldsymbol{a}_3$ 在空间 $\mathrm{Span}\{\boldsymbol{u}_1,\boldsymbol{u}_2\}$上的投影，即 $\boldsymbol{p}_2=\langle \boldsymbol{u}_1,\boldsymbol{a}_3\rangle \boldsymbol{u}_1+\langle \boldsymbol{u}_2,\boldsymbol{a}_3\rangle \boldsymbol{u}_2$。现在取 $\boldsymbol{u}_3=(\boldsymbol{a}_3-\boldsymbol{p}_2)/\|\boldsymbol{a}_3-\boldsymbol{p}_2\|$，该向量与 $\boldsymbol{u}_1$ 和 $\boldsymbol{u}_2$ 都垂直，且具有单位长度。

(4)继续此过程以获得 $\boldsymbol{u}_4,\cdots,\boldsymbol{u}_p$。

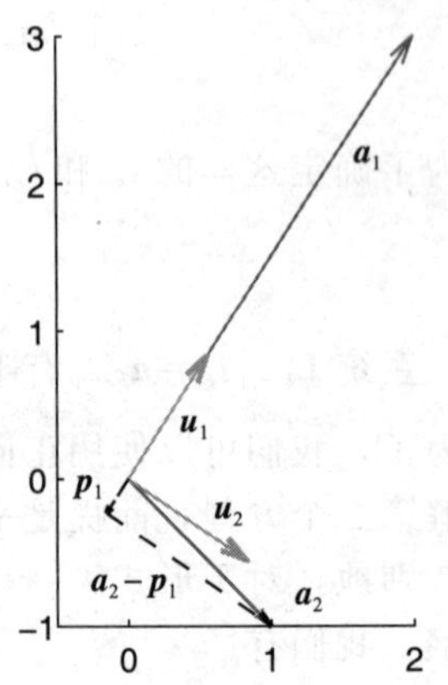

图 A.5 格拉姆-施密特过程图解

格拉姆-施密特过程结束时，得到 p 个正交向量的集合$\{\boldsymbol{u}_1,\cdots,\boldsymbol{u}_p\}$。因此，根据定理 A.3，对于 r_{ij}，$j=1,\cdots,i$，$i=1,\cdots,p$，有

$$\boldsymbol{a}_j=\sum_{i=1}^{j}\underbrace{\langle \boldsymbol{a}_j,\boldsymbol{u}_i\rangle}_{r_{ij}}\boldsymbol{u}_i,\quad j=1,\cdots,p$$

用 $\boldsymbol{R}$ 表示相应的上三角矩阵$[r_{ij}]$，则：

$$\boldsymbol{QR}=[\boldsymbol{u}_1,\cdots,\boldsymbol{u}_p]\begin{bmatrix} r_{11} & r_{12} & r_{13} & \cdots & r_{1p}\\ 0 & r_{22} & r_{23} & \cdots & r_{2p}\\ \vdots & 0 & \ddots & \ddots & \vdots\\ 0 & 0 & 0 & \cdots & r_{pp}\end{bmatrix}=[\boldsymbol{a}_1,\cdots,\boldsymbol{a}_p]=\boldsymbol{A}$$

从而得到 QR 分解。QR 分解可高效地求解最小二乘问题，我们稍后就会介绍。它也可以用来计算矩阵 $\boldsymbol{A}$ 的行列式，只要 $\boldsymbol{A}$ 是方阵，即 $\det(\boldsymbol{A})=\det(\boldsymbol{Q})\det(\boldsymbol{R})=\det(\boldsymbol{R})$。由于 $\boldsymbol{R}$ 是三角矩阵，因此它的行列式是对角元素的乘积。格拉姆-施密特过程存在各种改进(例如，Householder 变换[52])，这些改进不仅提高了 QR 分解的数值稳定性，而且在 $\boldsymbol{A}$ 不是满秩时也可以应用。

QR 分解的一个重要应用是求解最小二乘问题，对于某个模型矩阵 $\boldsymbol{X}\in\mathbb{R}^{n\times p}$，它能在 $\mathcal{O}(p^2n)$时间内求解以下问题：

$$\min_{\boldsymbol{\beta}\in\mathbb{R}^p}\|\boldsymbol{X\beta}-\boldsymbol{y}\|^2$$

利用定义 A.2 中伪逆的定义性质，可以证明对于任意 $\boldsymbol{\beta}$，$\|\boldsymbol{XX}^+\boldsymbol{y}-\boldsymbol{y}\|^2\leqslant\|\boldsymbol{X\beta}-\boldsymbol{y}\|^2$。换句话说，$\widehat{\boldsymbol{\beta}}:=\boldsymbol{X}^+\boldsymbol{y}$ 使$\|\boldsymbol{X\beta}-\boldsymbol{y}\|$最小化。如果我们有 QR 分解 $\boldsymbol{X}=\boldsymbol{QR}$，那么，在 $\mathcal{O}(p^2n)$ 时间内计算 $\widehat{\boldsymbol{\beta}}$ 的数值稳定方法是

$$\widehat{\boldsymbol{\beta}}=(\boldsymbol{QR})^+\boldsymbol{y}=\boldsymbol{R}^+\boldsymbol{Q}^+\boldsymbol{y}=\boldsymbol{R}^+\boldsymbol{Q}^{\mathrm{T}}\boldsymbol{y}$$

如果 $\boldsymbol{X}$ 是列满秩矩阵，则 $\boldsymbol{R}^+=\boldsymbol{R}^{-1}$。

需要注意的是，QR 分解是解决普遍最小二乘回归问题的首选方法，而 Sherman-Morrison递归是解决正则化最小二乘(或岭)回归问题的首选方法。

A.6.5 奇异值分解

最有用的矩阵分解之一是**奇异值分解**(SVD)。

定理 A.13 奇异值分解

任何 $m\times n$(复)矩阵 $\boldsymbol{A}$ 有唯一的分解：

$$\boldsymbol{A}=\boldsymbol{U\Sigma V}^*$$

其中 $\boldsymbol{U}$ 和 $\boldsymbol{V}$ 分别是 m 维和 n 维的酉矩阵，$\boldsymbol{\Sigma}$ 是 $m\times n$ 实对角矩阵。如果 $\boldsymbol{A}$ 是实矩阵，则 $\boldsymbol{U}$ 和 $\boldsymbol{V}$ 都是正交矩阵。

证明 一般，我们假设 $m\geqslant n$(否则考虑 $\boldsymbol{A}$ 的转置)。因为对所有的 $\boldsymbol{v}$，$\langle \boldsymbol{A}^*\boldsymbol{A}\boldsymbol{v},\boldsymbol{v}\rangle=\boldsymbol{v}^*\boldsymbol{A}^*\boldsymbol{A}\boldsymbol{v}=\|\boldsymbol{A}\boldsymbol{v}\|^2\geqslant 0$，所以 $\boldsymbol{A}^*\boldsymbol{A}$ 是半正定埃尔米特矩阵。因此，$\boldsymbol{A}^*\boldsymbol{A}$ 有非负的实特征值 $\lambda_1\geqslant\lambda_2\geqslant\cdots\geqslant\lambda_n\geqslant 0$。根据定理 A.7，右特征向量的矩阵 $\boldsymbol{V}=[\boldsymbol{v}_1,\cdots,\boldsymbol{v}_n]$是酉矩阵。将第 i 个奇异值定义为 $\sigma_i\sqrt{\lambda_i}$ $(i=1,\cdots,n)$，假设 $\lambda_1,\cdots,\lambda_r$ 都大于 0，$\lambda_{r+1},\cdots,\lambda_n=0$。特别地，$\boldsymbol{A}\boldsymbol{v}_i=\boldsymbol{0}$，$i=r+1,\cdots,n$。设 $\boldsymbol{u}_i=\boldsymbol{A}\boldsymbol{v}_i/\sigma_i$ $(i=1,\cdots,r)$，那么对于 i，$j\leqslant r$，有

$$\langle \boldsymbol{u}_i,\boldsymbol{u}_j\rangle=\boldsymbol{u}_j^*\boldsymbol{u}_i=\frac{\boldsymbol{v}_j^*\boldsymbol{A}^*\boldsymbol{A}\boldsymbol{v}_i}{\sigma_i\sigma_j}=\frac{\lambda_i\mathbb{1}\{i=j\}}{\sigma_i\sigma_j}=\mathbb{1}\{i=j\}$$

我们可以把 $\boldsymbol{u}_1,\cdots,\boldsymbol{u}_r$ 推广到 $\mathbb{C}^m$ 的正交基$\{\boldsymbol{u}_1,\cdots,\boldsymbol{u}_m\}$(例如，使用格拉姆-施密特过程)，设 $\boldsymbol{U}=[\boldsymbol{u}_1,\cdots,\boldsymbol{u}_m]$为相应的酉矩阵，$\boldsymbol{\Sigma}$ 定义为 $m\times n$ 对角矩阵，对角线元素为$(\sigma_1,\cdots,\sigma_r,0,\cdots,0)$，我们有

$$\boldsymbol{U\Sigma}=[\boldsymbol{A}\boldsymbol{v}_1,\cdots,\boldsymbol{A}\boldsymbol{v}_r,\boldsymbol{0},\cdots,\boldsymbol{0}]=\boldsymbol{AV}$$

因此，$\boldsymbol{A}=\boldsymbol{U\Sigma V}^*$。 ■

注意，$\boldsymbol{AA}^*=\boldsymbol{U\Sigma V}^*\boldsymbol{V\Sigma}^*\boldsymbol{U}^*=\boldsymbol{U\Sigma\Sigma}^{\mathrm{T}}\boldsymbol{U}^*$ 和 $\boldsymbol{A}^*\boldsymbol{A}=\boldsymbol{V\Sigma}^*\boldsymbol{U}^*\boldsymbol{U\Sigma V}^*=\boldsymbol{V\Sigma}^{\mathrm{T}}\boldsymbol{\Sigma V}^*$，所以 $\boldsymbol{U}$ 是一个酉矩阵，它的列是 $\boldsymbol{AA}^*$ 的特征向量，$\boldsymbol{V}$ 也是一个酉矩阵，它的列是 $\boldsymbol{A}^*\boldsymbol{A}$ 的特征向量。

SVD 分解可以将矩阵 $\boldsymbol{A}$ 写成 Rank-1 个矩阵的和，通过奇异值$\{\sigma_i\}$加权：

$$\boldsymbol{A}=[\boldsymbol{u}_1,\boldsymbol{u}_2,\cdots,\boldsymbol{u}_m]\begin{bmatrix}\sigma_1 & 0 & \cdots & \cdots & 0\\ 0 & \ddots & 0 & \cdots & 0\\ 0 & \cdots & \sigma_r & \cdots & 0\\ 0 & \cdots & \cdots & 0\cdots & 0\\ 0 & \cdots & \cdots & \cdots\ddots & 0\end{bmatrix}\begin{bmatrix}\boldsymbol{v}_1^*\\ \boldsymbol{v}_2^*\\ \vdots\\ \boldsymbol{v}_n^*\end{bmatrix}=\sum_{i=1}^{r}\sigma_i\boldsymbol{u}_i\boldsymbol{v}_i^* \tag{A.20}$$

这称为 $\boldsymbol{A}$ 的**谱表示**。

对于实值矩阵，SVD 有很好的几何解释，如图 A.6 所示。由矩阵 $\boldsymbol{A}$ 定义的线性映射可以看作三个连续的线性运算：(1)正交变换，对应于矩阵 $\boldsymbol{V}^{\mathrm{T}}$(即绕某个轴的旋转)；(2)与 $\boldsymbol{\Sigma}$ 相对应的单位向量的简单缩放；(3)另一个正交变换，与 $\boldsymbol{U}$ 相对应。

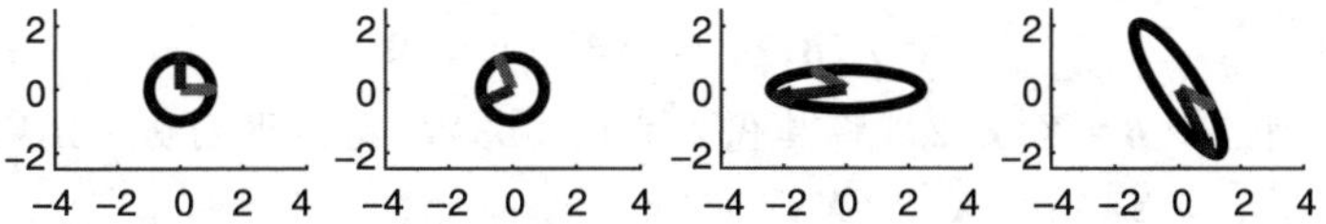

图 A.6 该图展示了单位圆和单位向量(第一个面板)的变换过程，首先旋转(第二个面板)，然后缩放(第三个面板)，最后旋转和翻转

例 A.8(椭圆) 我们接续例 A.5 讨论。利用 numpy.linalg 模块中的 svd 方法，可得矩阵 $\boldsymbol{A}$ 的 SVD 矩阵：

$$\boldsymbol{U}=\begin{bmatrix}-0.5430 & 0.8398\\ 0.8398 & 0.5430\end{bmatrix},\quad \boldsymbol{\Sigma}=\begin{bmatrix}2.4221 & 0\\ 0 & 0.6193\end{bmatrix},\quad \boldsymbol{V}=\begin{bmatrix}-0.3975 & 0.9176\\ -0.9176 & -0.3975\end{bmatrix}$$

图 A.4 将矩阵 $\boldsymbol{U\Sigma}$ 的列显示为椭圆的两个主轴，将矩阵 $\boldsymbol{A}$ 应用于单位圆上即可得到该椭圆。

计算实值矩阵 $\boldsymbol{A}$ 的伪逆的一个实用方法是通过奇异值分解 $\boldsymbol{A}=\boldsymbol{U\Sigma V}^{\mathrm{T}}$，其中 $\boldsymbol{\Sigma}$ 是包含所有正奇异值的对角矩阵，这样的奇异值有 $\sigma_1,\cdots,\sigma_r$，如定理 A.13 所示。在这种情况下，$\boldsymbol{A}^{+}=\boldsymbol{V\Sigma}^{+}\boldsymbol{U}^{\mathrm{T}}$，其中 $\boldsymbol{\Sigma}^{+}$ 是 $n\times m$ 对角(伪逆)矩阵：

$$\boldsymbol{\Sigma}^{+}=\begin{bmatrix}\sigma_1^{-1} & 0 & \cdots & \cdots & 0\\ 0 & \ddots & 0 & \cdots & 0\\ 0 & \cdots & \sigma_r^{-1} & \cdots & 0\\ 0 & \cdots & \cdots & 0 & 0\\ 0 & \cdots & \cdots & \cdots & 0\end{bmatrix}$$

最后，我们给出了伪逆在数据科学中最小二乘优化问题中的典型应用。

例 A.9(秩亏最小二乘) 给定 $n\times p$ 数据矩阵：

$$\boldsymbol{X}=\begin{bmatrix}x_{11} & x_{12} & \cdots & x_{1p}\\ x_{21} & x_{22} & \cdots & x_{2p}\\ \vdots & \vdots & \vdots & \vdots\\ x_{n1} & x_{n2} & \cdots & x_{np}\end{bmatrix}$$

假设该矩阵是行满秩的($\boldsymbol{X}$ 的所有行都是线性独立的)，并且行数小于列数，即 $n<p$。在这种设定下，方程 $\boldsymbol{X\beta}=\boldsymbol{y}$ 的任何解都可以完美拟合数据，并最小化(到 0)如下最小二乘问题：

$$\hat{\boldsymbol{\beta}}=\underset{\boldsymbol{\beta}\in\mathbb{R}^p}{\operatorname{argmin}}\|\boldsymbol{X\beta}-\boldsymbol{y}\|^2 \tag{A.21}$$

特别地，如果 $\boldsymbol{\beta}^*$ 能使 $\|\boldsymbol{X\beta}-\boldsymbol{y}\|^2$ 最小化，那么对于零空间 $\mathcal{N}_{\boldsymbol{X}}:=\{\boldsymbol{u}:\boldsymbol{Xu}=\boldsymbol{0}\}$ 中维度为 $p-n$ 的所有 $\boldsymbol{u}$，$\boldsymbol{\beta}^*+\boldsymbol{u}$ 也能使其最小化。为了解决解的非唯一性问题，一种可行的方法是求解下列优化问题：

$$\begin{aligned}&\underset{\boldsymbol{\beta}\in\mathbb{R}^p}{\text{minimize}} \quad \boldsymbol{\beta}^{\mathrm{T}}\boldsymbol{\beta}\\ &\text{s. t.} \quad \boldsymbol{X\beta}-\boldsymbol{y}=\boldsymbol{0}\end{aligned}$$

也就是说，我们对具有最小二次范数(等价地说为最小范数)的解 $\boldsymbol{\beta}$ 感兴趣。该解可以通过拉格朗日方法(见 B.2.2 节)获得。具体来说，设 $\mathcal{L}(\boldsymbol{\beta},\boldsymbol{\lambda})=\boldsymbol{\beta}^{\mathrm{T}}\boldsymbol{\beta}-\boldsymbol{\lambda}^{\mathrm{T}}(\boldsymbol{X\beta}-\boldsymbol{y})$，求解

$$\nabla_{\boldsymbol{\beta}}\mathcal{L}(\boldsymbol{\beta},\boldsymbol{\lambda})=2\boldsymbol{\beta}-\boldsymbol{X}^{\mathrm{T}}\boldsymbol{\lambda}=\boldsymbol{0} \tag{A.22}$$

和

$$\nabla_{\boldsymbol{\lambda}}\mathcal{L}(\boldsymbol{\beta},\boldsymbol{\lambda})=\boldsymbol{X\beta}-\boldsymbol{y}=\boldsymbol{0} \tag{A.23}$$

由式(A.22)可得，$\boldsymbol{\beta}=\boldsymbol{X}^{\mathrm{T}}\boldsymbol{\lambda}/2$，将其代入式(A.23)，我们得到 $\boldsymbol{\lambda}=2(\boldsymbol{XX}^{\mathrm{T}})^{-1}\boldsymbol{y}$，因此

$$\boldsymbol{\beta}=\frac{\boldsymbol{X}^{\mathrm{T}}\boldsymbol{\lambda}}{2}=\frac{\boldsymbol{X}^{\mathrm{T}}2\,(\boldsymbol{XX}^{\mathrm{T}})^{-1}\boldsymbol{y}}{2}=\boldsymbol{X}^{\mathrm{T}}\,(\boldsymbol{XX}^{\mathrm{T}})^{-1}\boldsymbol{y}=\boldsymbol{X}^{+}\,\boldsymbol{y}$$

下面给出了一个 Python 代码示例。

svdexample.py

```
from numpy import diag, zeros,vstack
from numpy.random import rand, seed
from numpy.linalg import svd, pinv
seed(12345)
```

```
n = 5
p = 8
X = rand(n,p)
y = rand(n,1)
U,S,VT = svd(X)
SI  = diag(1/S)
# compute pseudo inverse
pseudo_inv = VT.T @ vstack((SI, zeros((p-n,n)))) @ U.T
b = pseudo_inv @ y
#b = pinv(X) @ y   #remove comment for the built-in pseudo inverse
print(X @ b - y)
```

```
[[5.55111512e-16]
 [1.11022302e-16]
 [5.55111512e-16]
 [8.60422844e-16]
 [2.22044605e-16]]
```

A.6.6 求解结构化矩阵方程

对于一般矩阵 $\boldsymbol{A}\in\mathbb{C}^{n\times n}$，执行矩阵-向量乘法需要 $\mathcal{O}(n^2)$ 次运算；而求解线性系统 $\boldsymbol{Ax}=\boldsymbol{b}$，执行 LU 分解需要 $\mathcal{O}(n^3)$ 次运算。然而，当 $\boldsymbol{A}$ 是稀疏的(即，具有相对较少的非零元素)或具有特殊结构时，这些运算的计算复杂度通常可以降低。以这种方式“构造”的矩阵 $\boldsymbol{A}$ 通常满足如下形式的**西尔维斯特方程**：

$$\boldsymbol{M}_1\boldsymbol{A}-\boldsymbol{A}\boldsymbol{M}_2^*=\boldsymbol{G}_1\boldsymbol{G}_2^* \tag{A.24}$$

其中 $\boldsymbol{M}_i\in\mathbb{C}^{n\times n}(i=1,2)$ 是稀疏矩阵，$\boldsymbol{G}_i\in\mathbb{C}^{n\times r}(i=1,2)$ 是秩 $r\ll n$ 的矩阵。$\boldsymbol{A}$ 的元素必须很容易从这些矩阵中恢复，例如，经过 $\mathcal{O}(1)$ 次运算。一个典型的例子是托普利兹方阵，其结构如下：

$$\boldsymbol{A}=\begin{bmatrix} a_0 & a_{-1} & \cdots & a_{-(n-2)} & a_{-(n-1)} \\ a_1 & a_0 & a_{-1} & & a_{-(n-2)} \\ \vdots & a_1 & a_0 & \ddots & \vdots \\ a_{n-2} & & \ddots & \ddots & a_{-1} \\ a_{n-1} & a_{n-2} & \cdots & a_1 & a_0 \end{bmatrix}$$

一般的托普利兹方阵 $\boldsymbol{A}$ 完全由其第一行和第一列的 $2n-1$ 个元素决定。如果 $\boldsymbol{A}$ 也是埃尔米特矩阵(即 $\boldsymbol{A}^*=\boldsymbol{A}$)，那么很明显，它只由 n 个元素决定。如果我们定义矩阵：

$$\boldsymbol{M}_1=\begin{bmatrix} 0 & 0 & \cdots & 0 & 1 \\ 1 & 0 & 0 & & 0 \\ \vdots & 1 & 0 & \ddots & \vdots \\ 0 & \vdots & \ddots & \ddots & 0 \\ 0 & 0 & \cdots & 1 & 0 \end{bmatrix},\quad \boldsymbol{M}_2=\begin{bmatrix} 0 & 1 & \cdots & 0 & 0 \\ 0 & 0 & 1 & & 0 \\ \vdots & 0 & 0 & \ddots & \vdots \\ 0 & \vdots & \ddots & \ddots & 1 \\ -1 & 0 & \cdots & 0 & 0 \end{bmatrix}$$

那么式(A.24)满足：

$$\boldsymbol{G}_1\boldsymbol{G}_2^*:=\begin{bmatrix} 1 & 0 \\ 0 & a_1+a_{-(n-1)} \\ 0 & a_2+a_{-(n-2)} \\ \vdots & \vdots \\ 0 & a_{n-1}+a_{-1} \end{bmatrix}\begin{bmatrix} a_{n-1}-a_{-1} & a_{n-2}-a_{-2} & \cdots & a_1-a_{-(n-1)} & 2a_0 \\ 0 & 0 & \cdots & 0 & 1 \end{bmatrix}$$

$$
=\begin{bmatrix} a_{n-1}-a_{-1} & a_{n-2}-a_{-2} & \cdots & a_1-a_{-(n-1)} & 2a_0 \\ 0 & 0 & \cdots & 0 & a_1+a_{-(n-1)} \\ \vdots & \vdots & \cdots & \vdots & a_2+a_{-(n-2)} \\ \vdots & \vdots & \cdots & \vdots & \vdots \\ 0 & 0 & \cdots & 0 & a_{n-1}+a_{-1} \end{bmatrix}
$$

它的秩 $r\leqslant 2$。

例 A.10(向量的离散卷积) 两个向量的卷积可以表示为其中一个向量与托普利兹方阵的乘积。假设 $\boldsymbol{a}=[a_1,\cdots,a_n]^{\mathrm{T}}$ 和 $\boldsymbol{b}=[b_1,\cdots,b_n]^{\mathrm{T}}$ 是两个复数向量，那么，它们的卷积被定义为向量 $\boldsymbol{a}*\boldsymbol{b}$，该向量的第 i 个元素为

$$
[\boldsymbol{a}*\boldsymbol{b}]_i=\sum_{k=1}^{n}a_k b_{i-k+1},\quad i=1,\cdots,n
$$

其中，$b_j:=0$，$j\leqslant 0$。很容易验证该卷积可以写成

$$
\boldsymbol{a}*\boldsymbol{b}=\boldsymbol{A}\boldsymbol{b}
$$

用 $\mathbf{0}_d$ 表示 d 维零值列向量，我们得到：

$$
\mathbf{A}=\begin{bmatrix} \boldsymbol{a} & 0 & & & \\ \mathbf{0}_{n-1} & \boldsymbol{a} & \ddots & & \\ & \mathbf{0}_{n-2} & \ddots & \mathbf{0}_{n-2} & \\ & & \ddots & \boldsymbol{a} & \mathbf{0}_{n-1} \\ & & & 0 & \boldsymbol{a} \end{bmatrix}
$$

显然，矩阵 $\mathbf{A}$ 是稀疏托普利兹方阵。

循环矩阵是一种特殊的托普利兹方阵，它是由向量 $\boldsymbol{c}$ 通过循环置换其索引得到的，如下所示：

$$
\boldsymbol{C}=\begin{bmatrix} c_0 & c_{n-1} & \cdots & c_2 & c_1 \\ c_1 & c_0 & c_{n-1} & & c_2 \\ \vdots & c_1 & c_0 & \ddots & \vdots \\ c_{n-2} & \vdots & \ddots & \ddots & c_{n-1} \\ c_{n-1} & c_{n-2} & \cdots & c_1 & c_0 \end{bmatrix} \tag{A.25}
$$

注意，$\boldsymbol{C}$ 完全由它的第一列 $\boldsymbol{c}$ 的 n 个元素决定。

为了说明结构化矩阵如何使矩阵计算更快，考虑针对 $n\times n$ 线性方程：

$$
\mathbf{A}_n\boldsymbol{x}_n=\boldsymbol{a}_n
$$

求解 $\boldsymbol{x}_n=[x_1,\cdots,x_n]^{\mathrm{T}}$，其中，$\boldsymbol{a}_n=[a_1,\cdots,a_n]^{\mathrm{T}}$，并且

$$
\mathbf{A}_n:=\begin{bmatrix} 1 & a_1 & \cdots & a_{n-2} & a_{n-1} \\ a_1 & 1 & \ddots & & a_{n-2} \\ \vdots & \ddots & \ddots & \ddots & \vdots \\ a_{n-2} & & \ddots & \ddots & a_1 \\ a_{n-1} & a_{n-2} & \cdots & a_1 & 1 \end{bmatrix} \tag{A.26}
$$

是一个实对称正定托普利兹方阵(因此它是可逆的)。注意，$\mathbf{A}_n$ 的元素完全由线性方程右侧的向量 $\boldsymbol{a}_n$ 确定。我们很快将在例 A.11 中看到，更一般的线性方程 $\mathbf{A}_n\boldsymbol{x}_n=\boldsymbol{b}_n$($\boldsymbol{b}_n$ 是任意

向量)的解可以通过特殊的递推算法(见下面的算法 A.6.3)利用特定系统 $\boldsymbol{A}_n\boldsymbol{x}_n=\boldsymbol{a}_n$ 的解来有效地计算。

对于每个 $k=1,\cdots,n$，$k\times k$ 托普利兹方阵 $\boldsymbol{A}_k$ 满足：

$$\boldsymbol{A}_k=\boldsymbol{P}_k\boldsymbol{A}_k\boldsymbol{P}_k$$

其中 $\boldsymbol{P}_k$ 是一个置换矩阵，它用来“翻转”元素的顺序，前乘时翻转行，后乘时翻转列。例如，

$$\begin{bmatrix}1&2&3&4&5\\6&7&8&9&10\end{bmatrix}\boldsymbol{P}_5=\begin{bmatrix}5&4&3&2&1\\10&9&8&7&6\end{bmatrix},\quad 其中\ \boldsymbol{P}_5=\begin{bmatrix}0&0&0&0&1\\0&0&0&1&0\\0&0&1&0&0\\0&1&0&0&0\\1&0&0&0&0\end{bmatrix}$$

显然，$\boldsymbol{P}_k=\boldsymbol{P}_k^{\mathrm{T}}$ 和 $\boldsymbol{P}_k\boldsymbol{P}_k=\boldsymbol{I}_k$ 成立，所以，实际上 $\boldsymbol{P}_k$ 是一个正交矩阵。

我们可以在 $\mathcal{O}(n^2)$时间内递推求解 $n\times n$ 线性方程组 $\boldsymbol{A}_n\boldsymbol{x}_n=\boldsymbol{a}_n$，如下所示。假设我们以某种方式解出了上面的 $k\times k$ 块 $\boldsymbol{A}_k\boldsymbol{x}_k=\boldsymbol{a}_k$，现在我们要求解$(k+1)\times(k+1)$块：

$$\boldsymbol{A}_{k+1}\boldsymbol{x}_{k+1}=\boldsymbol{a}_{k+1}\Leftrightarrow\begin{bmatrix}\boldsymbol{A}_k&\boldsymbol{P}_k\boldsymbol{a}_k\\\boldsymbol{a}_k^{\mathrm{T}}\boldsymbol{P}_k&1\end{bmatrix}\begin{bmatrix}\boldsymbol{z}\\\alpha\end{bmatrix}=\begin{bmatrix}\boldsymbol{a}_k\\a_{k+1}\end{bmatrix}$$

因此，

$$\alpha=a_{k+1}-\boldsymbol{a}_k^{\mathrm{T}}\boldsymbol{P}_k\boldsymbol{z}$$
$$\boldsymbol{A}_k\boldsymbol{z}=\boldsymbol{a}_k-\alpha\boldsymbol{P}_k\boldsymbol{a}_k$$

由于 $\boldsymbol{A}_k^{-1}\boldsymbol{P}_k=\boldsymbol{P}_k\boldsymbol{A}_k^{-1}$，因此第二个方程可简化为：

$$\begin{aligned}\boldsymbol{z}&=\boldsymbol{A}_k^{-1}\boldsymbol{a}_k-\alpha\boldsymbol{A}_k^{-1}\boldsymbol{P}_k\boldsymbol{a}_k\\&=\boldsymbol{x}_k-\alpha\boldsymbol{P}_k\boldsymbol{x}_k\end{aligned}$$

把 $\boldsymbol{z}=\boldsymbol{x}_k-\alpha\boldsymbol{P}_k\boldsymbol{x}_k$ 代入 $\alpha=a_{k+1}-\boldsymbol{a}_k^{\mathrm{T}}\boldsymbol{P}_k\boldsymbol{z}$，可得：

$$\alpha=\frac{a_{k+1}-\boldsymbol{a}_k^{\mathrm{T}}\boldsymbol{P}_k\boldsymbol{x}_k}{1-\boldsymbol{a}_k^{\mathrm{T}}\boldsymbol{x}_k}$$

最后，利用上面计算的 α 值，我们得到：

$$\boldsymbol{x}_{k+1}=\begin{bmatrix}\boldsymbol{x}_k-\alpha\boldsymbol{P}_k\boldsymbol{x}_k\\\alpha\end{bmatrix}$$

这给出了求解 $\boldsymbol{A}_n\boldsymbol{x}_n=\boldsymbol{a}_n$ 的 Levinson-Durbin 递归算法。

算法 A.6.3 求解 $\boldsymbol{A}_n\boldsymbol{x}_n=\boldsymbol{a}_n$ 的 Levinson-Durbin 递归算法

输入： 矩阵 $\boldsymbol{A}_n$ 的第一行$[1,a_1,\cdots,a_{n-1}]=[1,\boldsymbol{a}_{n-1}^{\mathrm{T}}]$

输出： $\boldsymbol{x}_n=\boldsymbol{A}_n^{-1}\boldsymbol{a}_n$ 的解

1. $\boldsymbol{x}_1\leftarrow a_1$
2. **for** $k=1,\cdots,n-1$ **do**
3. $\quad\beta_k\leftarrow 1-\boldsymbol{a}_k^{\mathrm{T}}\boldsymbol{x}_k$
4. $\quad\breve{\boldsymbol{x}}\leftarrow[x_{k,k},x_{k,k-1},\cdots,x_{k,1}]^{\mathrm{T}}$
5. $\quad\alpha\leftarrow(a_{k+1}-\boldsymbol{a}_k^{\mathrm{T}}\breve{\boldsymbol{x}})/\beta_k$
6. $\quad\boldsymbol{x}_{k+1}\leftarrow\begin{bmatrix}\boldsymbol{x}_k-\alpha\breve{\boldsymbol{x}}\\\alpha\end{bmatrix}$
7. **返回** $\boldsymbol{x}_n$

在上面的算法中，我们已经确定 $\boldsymbol{x}_k=[x_{k,1},x_{k,2},\cdots,x_{k,k}]^{\mathrm{T}}$。Levinson-Durbin 算法的优点是它的运行成本是 $\mathcal{O}(n^2)$，而不是通常的 $\mathcal{O}(n^3)$。

使用算法 A. 6. 3 中计算出的$\{\boldsymbol{x}_k,\beta_k\}$，我们递归地构造如下下三角矩阵，令 $\boldsymbol{L}_1=1$，

$$\boldsymbol{L}_{k+1}=\begin{bmatrix}\boldsymbol{L}_k & \boldsymbol{0}_k\\ -(\boldsymbol{P}_k\boldsymbol{x}_k)^{\mathrm{T}} & 1\end{bmatrix},\quad k=1,\cdots,n-1 \tag{A. 27}$$

然后，$\boldsymbol{A}_n$ 有下面的分解。

定理 A. 14　托普利兹相关矩阵 $\boldsymbol{A}_n$ 的对角化

对于形如式(A. 26)的实对称正定托普利兹方阵 $\boldsymbol{A}_n$，我们有

$$\boldsymbol{L}_n\boldsymbol{A}_n\boldsymbol{L}_n^{\mathrm{T}}=\boldsymbol{D}_n$$

其中，$\boldsymbol{L}_n$ 是形如式(A. 27)的下三角矩阵，$\boldsymbol{D}_n:=\mathrm{diag}(1,\beta_1,\cdots,\beta_{n-1})$是对角矩阵。

证明　我们用归纳法证明。显然，$\boldsymbol{L}_1\boldsymbol{A}_1\boldsymbol{L}_1^{\mathrm{T}}=1\cdot1\cdot1=1=\boldsymbol{D}_1$ 是正确的。接着，假设对给定的 k，矩阵分解 $\boldsymbol{L}_k\boldsymbol{A}_k\boldsymbol{L}_k^{\mathrm{T}}=\boldsymbol{D}_k$ 成立。首先，

$$\boldsymbol{L}_{k+1}\boldsymbol{A}_{k+1}=\begin{bmatrix}\boldsymbol{L}_k & \boldsymbol{0}_k\\ -(\boldsymbol{P}_k\boldsymbol{x}_k)^{\mathrm{T}} & 1\end{bmatrix}\begin{bmatrix}\boldsymbol{A}_k & \boldsymbol{P}_k\boldsymbol{a}_k\\ \boldsymbol{a}_k^{\mathrm{T}}\boldsymbol{P}_k & 1\end{bmatrix}=\begin{bmatrix}\boldsymbol{L}_k\boldsymbol{A}_k & \boldsymbol{L}_k\boldsymbol{P}_k\boldsymbol{a}_k\\ -(\boldsymbol{P}_k\boldsymbol{x}_k)^{\mathrm{T}}\boldsymbol{A}_k+\boldsymbol{a}_k^{\mathrm{T}}\boldsymbol{P}_k, & -(\boldsymbol{P}_k\boldsymbol{x}_k)^{\mathrm{T}}\boldsymbol{P}_k\boldsymbol{a}_k+1\end{bmatrix}$$

因此，很容易验证$[-(\boldsymbol{P}_k\boldsymbol{x}_k)^{\mathrm{T}}\boldsymbol{A}_k+\boldsymbol{a}_k^{\mathrm{T}}\boldsymbol{P}_k,-(\boldsymbol{P}_k\boldsymbol{x}_k)^{\mathrm{T}}\boldsymbol{P}_k\boldsymbol{a}_k+1]=[\boldsymbol{0}_k^{\mathrm{T}},\beta_k]$，得到如下递归关系：

$$\boldsymbol{L}_{k+1}\boldsymbol{A}_{k+1}=\begin{bmatrix}\boldsymbol{L}_k\boldsymbol{A}_k & \boldsymbol{L}_k\boldsymbol{P}_k\boldsymbol{a}_k\\ \boldsymbol{0}_k^{\mathrm{T}} & \beta_k\end{bmatrix}$$

其次，

$$\boldsymbol{L}_{k+1}\boldsymbol{A}_{k+1}\boldsymbol{L}_{k+1}^{\mathrm{T}}=\begin{bmatrix}\boldsymbol{L}_k\boldsymbol{A}_k & \boldsymbol{L}_k\boldsymbol{P}_k\boldsymbol{a}_k\\ \boldsymbol{0}_k^{\mathrm{T}} & \beta_k\end{bmatrix}\begin{bmatrix}\boldsymbol{L}_k^{\mathrm{T}} & -\boldsymbol{P}_k\boldsymbol{x}_k\\ \boldsymbol{0}_k^{\mathrm{T}} & 1\end{bmatrix}=\begin{bmatrix}\boldsymbol{L}_k\boldsymbol{A}_k\boldsymbol{L}_k^{\mathrm{T}}, & -\boldsymbol{L}_k\boldsymbol{A}_k\boldsymbol{P}_k\boldsymbol{x}_k+\boldsymbol{L}_k\boldsymbol{P}_k\boldsymbol{a}_k\\ \boldsymbol{0}_k^{\mathrm{T}}, & \beta_k\end{bmatrix}$$

通过 $\boldsymbol{A}_k\boldsymbol{P}_k\boldsymbol{x}_k=\boldsymbol{P}_k\boldsymbol{P}_k\boldsymbol{A}_k\boldsymbol{P}_k\boldsymbol{x}_k=\boldsymbol{P}_k\boldsymbol{A}_k\boldsymbol{x}_k=\boldsymbol{P}_k\boldsymbol{a}_k$，我们得到：

$$\boldsymbol{L}_{k+1}\boldsymbol{A}_{k+1}\boldsymbol{L}_{k+1}^{\mathrm{T}}=\begin{bmatrix}\boldsymbol{L}_k\boldsymbol{A}_k\boldsymbol{L}_k^{\mathrm{T}} & \boldsymbol{0}_k\\ \boldsymbol{0}_k^{\mathrm{T}} & \beta_k\end{bmatrix}$$

至此，通过归纳，以上结果得证。■

例 A. 11[在 $\mathcal{O}(n^2)$时间内求解 $\boldsymbol{A}_n\boldsymbol{x}_n=\boldsymbol{b}_n$]　定理 A. 14 中矩阵分解的一个应用是快速求解线性方程组 $\boldsymbol{A}_n\boldsymbol{x}_n=\boldsymbol{b}_n$，其中方程右边是任意向量 $\boldsymbol{b}_n$。由于解 $\boldsymbol{x}_n$ 可以写成

$$\boldsymbol{x}_n=\boldsymbol{A}_n^{-1}\boldsymbol{b}_n=\boldsymbol{L}_n^{\mathrm{T}}\boldsymbol{D}_n^{-1}\boldsymbol{L}_n\boldsymbol{b}_n$$

我们可以在 $\mathcal{O}(n^2)$时间内计算出 $\boldsymbol{x}_n$，如下所示。

算法 A. 6. 4　求解右侧为普通向量的方程 $\boldsymbol{A}_n\boldsymbol{x}_n=\boldsymbol{b}_n$

输入： 矩阵 $\boldsymbol{A}_n$ 的第一行$[1,\boldsymbol{a}_{n-1}^{\mathrm{T}}]$和右侧向量 $\boldsymbol{b}_n$

输出： $\boldsymbol{x}_n=\boldsymbol{A}_n^{-1}\boldsymbol{b}_n$ 的解

1. 通过算法 A. 6. 3 计算式(A. 27)中的 $\boldsymbol{L}_n$ 和$\beta_1,\cdots,\beta_{n-1}$
2. $[x_1,\cdots,x_n]^{\mathrm{T}}\leftarrow\boldsymbol{L}_n\boldsymbol{b}_n$[在 $\mathcal{O}(n^2)$时间内计算]
3. $x_i\leftarrow x_i/\beta_{i-1}$，$i=2,\cdots,n$[在 $\mathcal{O}(n)$时间内计算]
4. $[x_1,\cdots,x_n]\leftarrow[x_1,\cdots,x_n]\boldsymbol{L}_n$[在 $\mathcal{O}(n^2)$时间内计算]
5. **返回** $\boldsymbol{x}_n\leftarrow[x_1,\cdots,x_n]^{\mathrm{T}}$

注意，通过以下对算法 A. 6. 3 的修改，可以避免显式构造式(A. 27)中的下三角矩阵，该算法在 Levinson-Durbin 算法的每个递归步骤中仅存储一个额外的向量 $\boldsymbol{y}$。

算法 A. 6. 5 用 $\mathcal{O}(n)$ 内存开销求解 $\boldsymbol{A}_n\boldsymbol{x}_n=\boldsymbol{b}_n$

输入： 矩阵 $\boldsymbol{A}_n$ 的第一行$[1,\boldsymbol{a}_{n-1}^{\mathrm{T}}]$和右侧向量 $\boldsymbol{b}_n$

输出： $\boldsymbol{x}_n=\boldsymbol{A}_n^{-1}\boldsymbol{b}_n$ 的解

1. $\boldsymbol{x}\leftarrow b_1$
2. $\boldsymbol{y}\leftarrow a_1$
3. **for** $k=1,\cdots,n-1$ **do**
4. $\quad \breve{\boldsymbol{x}}\leftarrow[x_k,x_{k-1},\cdots,x_1]$
5. $\quad \breve{\boldsymbol{y}}\leftarrow[y_k,y_{k-1},\cdots,y_1]$
6. $\quad \beta\leftarrow 1-\boldsymbol{a}_k^{\mathrm{T}}\boldsymbol{y}$
7. $\quad \alpha_x\leftarrow(b_{k+1}-\boldsymbol{b}_k^{\mathrm{T}}\breve{\boldsymbol{x}})/\beta$
8. $\quad \alpha_y\leftarrow(a_{k+1}-\boldsymbol{a}_k^{\mathrm{T}}\breve{\boldsymbol{y}})/\beta$
9. $\quad \boldsymbol{x}\leftarrow[\boldsymbol{x}-\alpha_x\breve{\boldsymbol{x}},\alpha_x]^{\mathrm{T}}$
10. $\quad \boldsymbol{y}\leftarrow[\boldsymbol{y}-\alpha_y\breve{\boldsymbol{y}},\alpha_y]^{\mathrm{T}}$
11. **返回** $\boldsymbol{x}$

A. 7 泛函分析

前面关于欧氏向量空间的许多理论都可以推广到函数向量空间。(实值)函数空间 $\mathcal{H}$ 的每一个元素都是从某个集合 $\mathcal{X}$ 到 $\mathbb{R}$ 的函数，这些元素可以像向量一样进行加法和标量乘法运算。换句话说，如果 $f\in\mathcal{H}$，$g\in\mathcal{H}$，那么对于所有的 α，$\beta\in\mathbb{R}$，有 $\alpha f+\beta g\in\mathcal{H}$。在 $\mathcal{H}$ 上，我们可以把内积$\langle\cdot,\cdot\rangle$作为从 $\mathcal{H}\times\mathcal{H}$ 到 $\mathbb{R}$ 的映射，满足：

- $\langle\alpha f_1+\beta f_2,g\rangle=\alpha\langle f_1,g\rangle+\beta\langle f_2,g\rangle$；
- $\langle f,g\rangle=\langle g,f\rangle$；
- $\langle f,f\rangle\geqslant 0$；
- 当且仅当 $f=0$(零函数)时，$\langle f,f\rangle=0$。

我们主要关注实值函数空间，尽管通过适当的修改(例如$\langle f,g\rangle=\overline{\langle g,f\rangle}$)，复数函数空间的理论与实值函数空间的理论相似(有时更容易)。

类似于 A. 2 节中的线性代数设置，如果$\langle f,g\rangle=0$，我们就说 $\mathcal{H}$ 中的两个元素 f 和 g 关于内积是正交的。给定内积，我们可以用范数来度量函数空间 $\mathcal{H}$ 中元素之间的距离：

$$\|f\| := \sqrt{\langle f,f\rangle}$$

例如，两个函数 f_m 和 f_n 之间的距离由$\|f_m-f_n\|$给出。如果对于每个函数序列 f_1，$f_2,\cdots\in\mathcal{H}$,都有

$$m,n\rightarrow\infty,\quad \|f_m-f_n\|\rightarrow 0 \tag{A. 28}$$

且这样的函数序列收敛到某个 $f\in\mathcal{H}$，即当 $n\rightarrow\infty$时，$\|f-f_n\|\rightarrow 0$，则称空间 $\mathcal{H}$ 是**完备的**。满足式(A. 28)的序列称为**柯西序列**。

完备的内积空间称为**希尔伯特空间**。最基本的希尔伯特函数空间是空间 L^2。对 L^2 的深入介绍需要一些测度理论[6]。假设 $\mathcal{X}\subseteq\mathbb{R}^d$ 以及在 $\mathcal{X}$上定义一个测度 μ 就够了，它为每

个合适的[⊖]集合 A 分配一个正数 $\mu(A)\geqslant 0$（例如，它的体积）。在许多例子中，μ 的形式为

$$\mu(A)=\int_A w(\boldsymbol{x})\mathrm{d}\boldsymbol{x} \tag{A.29}$$

其中 $w\geqslant 0$ 是 $\mathcal{X}$ 上的正函数，称为关于勒贝格测度（$\mathbb{R}^d$ 上的自然体积测度）的 μ 的密度。我们用 $\mu(\mathrm{d}\boldsymbol{x})=w(\boldsymbol{x})\mathrm{d}\boldsymbol{x}$ 来表示 μ 具有密度 w。另一个重要的例子是

$$\mu(A)=\sum_{\boldsymbol{x}\in A\cap\mathbb{Z}^d} w(\boldsymbol{x}) \tag{A.30}$$

其中 $w\geqslant 0$ 同样称为 μ 的密度，但是现在是关于 $\mathbb{R}^d$ 上的计数测度（统计 $\mathbb{Z}^d$ 上测度数量）。式(A.29)和式(A.30)中关于测度 μ 的积分分别定义为

$$\int f(\boldsymbol{x})\mu(\mathrm{d}\boldsymbol{x})=\int f(\boldsymbol{x})w(\boldsymbol{x})\mathrm{d}\boldsymbol{x}$$

$$\int f(\boldsymbol{x})\mu(\mathrm{d}\boldsymbol{x})=\sum_{\boldsymbol{x}} f(\boldsymbol{x})w(\boldsymbol{x})$$

为了简单起见，我们假设 μ 具有式(A.29)的形式。对于形如式(A.30)的测度（所谓的离散测度），使用求和关系代替积分关系就可以了。

定义 A.4　L^2 空间

设 $\mathcal{X}$ 是 $\mathbb{R}^d$ 的子集，测度为 $\mu(\mathrm{d}\boldsymbol{x})=w(\boldsymbol{x})\mathrm{d}\boldsymbol{x}$。希尔伯特空间 $L^2(\mathcal{X},\mu)$ 是从 $\mathcal{X}$ 到 $\mathbb{R}$ 的函数的线性空间，满足：

$$\int_{\mathcal{X}} f(\boldsymbol{x})^2 w(\boldsymbol{x})\mathrm{d}\boldsymbol{x}<\infty \tag{A.31}$$

且内积为

$$\langle f,g\rangle=\int_{\mathcal{X}} f(\boldsymbol{x})g(\boldsymbol{x})w(\boldsymbol{x})\mathrm{d}\boldsymbol{x} \tag{A.32}$$

设 $\mathcal{H}$ 是希尔伯特空间，则称满足以下条件的一组函数 $\{f_i,i\in\mathcal{I}\}$ 为**正交系统**：

- 每个 f_i 的范数是 1，即对于所有的 $i\in\mathcal{I}$，$\langle f_i,f_i\rangle=1$；
- $\{f_i\}$ 是正交的，即对于 $i\neq j$，$\langle f_i,f_j\rangle=0$。

因此 $\{f_i\}$ 是线性独立的，也就是说，对于所有 $\boldsymbol{x}$，唯一等于 $f_i(\boldsymbol{x})$ 的线性组合 $\sum_j \alpha_j f_j(\boldsymbol{x})$ 是 $\alpha_i=1$ 和 $\alpha_j=0(j\neq i)$ 的线性组合。如果没有其他 $f\in\mathcal{H}$ 与所有 $\{f_i,\ i\in\mathcal{I}\}$ 正交（零函数除外），则正交系统 $\{f_i\}$ 称为**正交基**。虽然一般理论允许有无数的基，但实际上集合 $\mathcal{I}$ 是可数的[⊜]。

例 A.12（三角正交基）　设 $\mathcal{H}$ 是希尔伯特空间 $L^2((0,2\pi),\mu)$，其中 $\mu(\mathrm{d}x)=w(x)\mathrm{d}x$，$w$ 是常数函数 $w(x)=1$，$0<x<2\pi$。取 $\mathcal{X}=\mathbb{R}$，w 为 $(0,2\pi)$ 上的指示函数。三角函数

$$g_0(x)=\frac{1}{\sqrt{2\pi}},\quad g_k(x)=\frac{1}{\sqrt{\pi}}\cos(kx),\quad h_k(x)=\frac{1}{\sqrt{\pi}}\sin(kx),\quad k=1,2,\cdots$$

构成 $\mathcal{H}$ 的可数无限维正交基。

⊖ 不是所有的集合都有测度。合适的集合是 Borel 集，它可以被认为是可数矩形的并集。

⊜ 机器学习和数据科学中遇到的函数空间通常是**可分空间**，这使得集合 $\mathcal{I}$ 是可数的，参见文献[106]。

具有正交基$\{f_1, f_2, \cdots\}$的希尔伯特空间 $\mathcal{H}$ 与我们熟悉的欧氏向量空间非常相似。特别地，每个元素(即函数)$f \in \mathcal{H}$ 都可以写成基向量的唯一线性组合：

$$f = \sum_i \langle f, f_i \rangle f_i \tag{A.33}$$

这与定理 A.3 的内容完全相同。式(A.33)的右边称为 f 的(广义)傅里叶展开式。注意，这种傅里叶展开式不需要三角基，任何正交基都满足要求。

例 A.13[例 A.12(续)] 考虑指示函数 $f(x) = \mathbb{1}\{0 < x < \pi\}$，由于三角函数$\{g_k\}$和$\{h_k\}$构成空间 $L^2((0, 2\pi), 1\mathrm{d}x)$的基，我们可以写作

$$f(x) = a_0 \frac{1}{\sqrt{2\pi}} + \sum_{k=1}^{\infty} a_k \frac{1}{\sqrt{\pi}} \cos(kx) + \sum_{k=1}^{\infty} b_k \frac{1}{\sqrt{\pi}} \sin(kx) \tag{A.34}$$

其中，$a_0 = \int_0^{\pi} 1/\sqrt{2\pi}\,\mathrm{d}x = \sqrt{\pi/2}$，$a_k = \int_0^{\pi} \cos(kx)/\sqrt{\pi}\,\mathrm{d}x$，$b_k = \int_0^{\pi} \sin(kx)/\sqrt{\pi}\,\mathrm{d}x$，$k = 1, 2, \cdots$。这意味着对于所有的 k，有 $a_k = 0$；对于偶数 k，$b_k = 0$；对于奇数 k，$b_k = 2/(k\sqrt{\pi})$。因此，

$$f(x) = \frac{1}{2} + \frac{2}{\pi} \sum_{k=1}^{\infty} \frac{\sin(kx)}{k} \tag{A.35}$$

图 A.7 展示了通过截断式(A.35)中的无穷和得到的几个傅里叶近似。

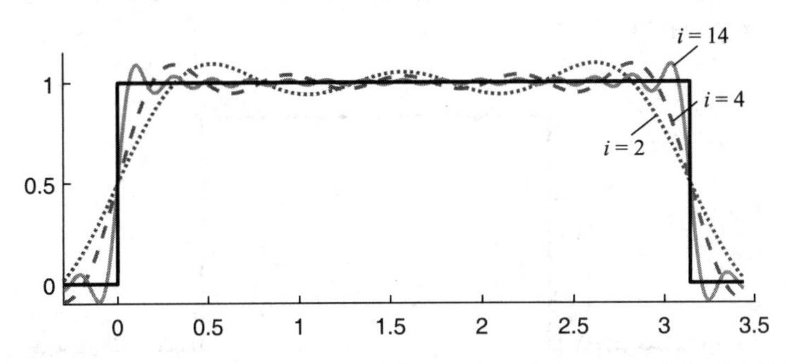

图 A.7 单位阶跃函数 f 在区间$(0, \pi)$上的傅里叶近似，将式(A.35)中的无穷和截断到 $i = 2, 4, 14$ 项

从任何可数基开始，我们可以使用格拉姆-施密特过程来获得正交基，如例 A.14 所示。

例 A.14(勒让德多项式) 取函数空间 $L^2(\mathbb{R}, w(x)\mathrm{d}x)$，其中 $w(x) = \mathbb{1}\{-1 < x < 1\}$。我们希望从单项式 $\iota_0, \iota_1, \iota_2, \cdots$的集合开始(其中 $\iota_k: x \mapsto x^k$)，构造多项式函数 $g_0, g_1, g_2, \cdots$的正交基。使用格拉姆-施密特过程，第一个归一化的零次多项式是 $g_0 = \iota_0 / \|\iota_0\| = \sqrt{1/2}$。为了求 g_1(一次多项式)，将 ι_1(恒等函数)投影到由 g_0 张成的空间上。得到的投影是 $p_1 := \langle g_0, \iota_1 \rangle g_0$，写作

$$p_1(x) = \left(\int_{-1}^{1} x g_0(x)\,\mathrm{d}x\right) g_0(x) = \frac{1}{2}\int_{-1}^{1} x\,\mathrm{d}x = 0$$

因此，$g_1 = (\iota_1 - p_1)/\|\iota_1 - p_1\|$是一个线性函数，形式为 $g_1 = ax$。常数 a 通过归一化得到：

$$1 = \|g_1\|^2 = \int_{-1}^{1} g_1^2(x)\,\mathrm{d}x = a^2 \int_{-1}^{1} x^2\,\mathrm{d}x = a^2\,\frac{2}{3}$$

所以 $g_1(x)=\sqrt{3/2}\,x$。继续格拉姆-施密特过程，我们发现 $g_2(x)=\sqrt{5/8}(3x^2-1)$，$g_3(x)=\sqrt{7/8}(5x^2-3x)$，一般写作

$$g_k(x)=\frac{\sqrt{2k+1}}{2^{k+\frac{1}{2}}k!}\frac{\mathrm{d}^k}{\mathrm{d}x^k}(x^2-1)^k,\quad k=0,1,2,\cdots$$

这些是归一化**勒让德多项式**。g_0、g_1、g_2 和 g_3 的图形如图 A.8 所示。

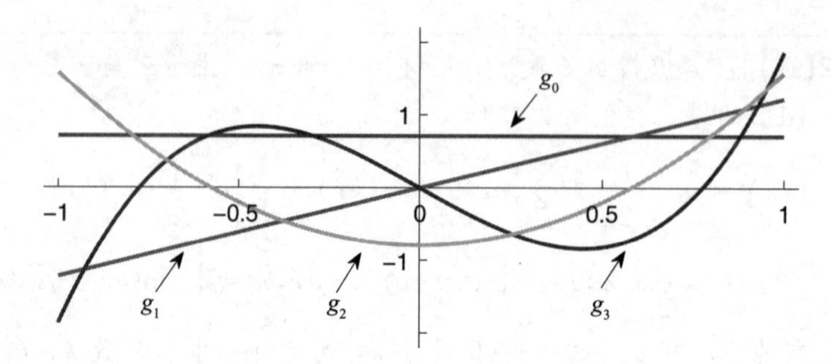

图 A.8 前 4 个归一化勒让德多项式

由于勒让德多项式构成了 $L^2(\mathbb{R},\mathbb{1}\{-1<x<1\}\mathrm{d}x)$ 的正交基，它们可以用来近似这个空间中的任意函数。例如，图 A.9 显示了使用区间$(-1/2,1/2)$上指示函数傅里叶展开的前 51 个勒让德多项式的近似值。这些勒让德多项式构成了 51 维线性子空间的基，指示函数可正交投影到该子空间上。

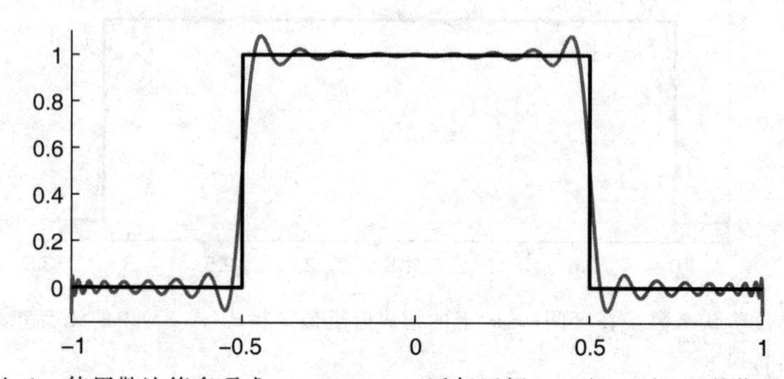

图 A.9 使用勒让德多项式 $g_0,g_1,\cdots,g_{50}$ 近似区间$(-1/2,\ 1/2)$上的指示函数

勒让德多项式的产生方式如下。首先，我们从 $\mathbb{R}$ 上的未归一化概率密度开始，在这个例子中概率密度是$(-1,\ 1)$上的均匀分布。然后，我们对单项式 $1,x,x^2,\cdots$应用格拉姆-施密特过程构造多项式序列。

通过完全相同的过程，但使用不同的概率密度，我们可以生成其他类似的**正交多项式**。例如，标准指数分布的密度[⊖] $w(x)=\mathrm{e}^{-x}(x\geqslant 0)$给出了**拉盖尔多项式**，它由以下递归关系定义：

$$(n+1)g_{n+1}(x)=(2n+1-x)g_n(x)-ng_{n-1}(x),\quad n=1,2,\cdots$$

其中，$x\geqslant 0$ 时，$g_0(x)=1$，$g_1(x)=1-x$。当使用标准正态分布的密度 $w(x)=\mathrm{e}^{-x^2/2}/\sqrt{2\pi}$，

⊖ 这可以进一步推广到伽马分布的密度。

$x\in\mathbb{R}$ 时，可得**埃尔米特多项式**，这些多项式满足以下递归关系：

$$g_{n+1}(x)=xg_n(x)-\frac{\mathrm{d}g_n(x)}{\mathrm{d}x},\quad n=0,1,\cdots$$

其中，$g_0(x)=1$，$x\in\mathbb{R}$。注意，上面定义的埃尔米特多项式没有归一化到范数 1。要想归一化，需要用到 $\|g_n\|^2=n!$。

最后，我们介绍泛函分析中的一些关键定理。第一个是著名的**柯西-施瓦兹不等式**。

定理 A.15 柯西-施瓦兹不等式

设 $\mathcal{H}$ 为希尔伯特空间。对于每一个 f，$g\in\mathcal{H}$，以下不等式成立：

$$|\langle f,g\rangle|\leqslant\|f\|\|g\|$$

证明 当 $g=0$(零函数)时，不等式显然成立。$g\neq 0$ 时，我们可以写作 $f=\alpha g+h$，其中 $h\perp g$，$\alpha=\langle f, g\rangle/\|g\|^2$。因此，$\|f\|^2=|\alpha|^2\|g\|^2+\|h\|^2\geqslant|\alpha|^2\|g\|^2$。重新整理该不等式，结果得证。 ■

设 $\mathcal{V}$ 和 $\mathcal{W}$ 是两个线性向量空间(例如，希尔伯特空间)，在这两个空间定义了范数 $\|\cdot\|_{\mathcal{V}}$ 和 $\|\cdot\|_{\mathcal{W}}$。假设 $A:\mathcal{V}\to\mathcal{W}$ 是从 $\mathcal{V}$ 到 $\mathcal{W}$ 的映射。当 $\mathcal{W}=\mathcal{V}$ 时，这种映射通常称为**算子**；当 $\mathcal{W}=\mathbb{R}$ 时，这种映射称为**泛函**。如果 $A(\alpha f+\beta g)=\alpha A(f)+\beta A(g)$，则称映射 A 为线性映射。在这种情况下，我们写作 Af 而不是 $A(f)$。如果存在 $\gamma<\infty$ 使得：

$$\|Af\|_{\mathcal{W}}\leqslant\gamma\|f\|_{\mathcal{V}},\quad f\in\mathcal{V} \tag{A.36}$$

那么，就称 A 为**有界映射**。使式(A.36)成立的最小 γ 称为 A 的**范数**，用 $\|A\|$ 表示。如果对于任何序列 $f_1,f_2,\cdots$ 收敛到 f，都有序列 $A(f_1),A(f_2),\cdots$ 收敛到 $A(f)$，则称映射 $A:\mathcal{V}\to\mathcal{W}$(不一定是线性的)在 f 处是连续的。也就是说

$$\forall\varepsilon>0,\quad\exists\delta>0:\forall g\in\mathcal{V},\quad\|f-g\|_{\mathcal{V}}<\delta\Rightarrow\|A(f)-A(g)\|_{\mathcal{W}}<\varepsilon \tag{A.37}$$

如果上述性质对每个 $f\in\mathcal{V}$ 都成立，那么映射 A 本身是连续的。

定理 A.16 线性映射的连续性和有界性

对于线性映射，连续性和有界性是等价的。

证明 设 A 是线性且有界的。我们假设 A 是非零的(为零时该定理显然成立)，因此 $0<\|A\|<\infty$。在式(A.37)中取 $\delta<\varepsilon/\|A\|$ 可以确保 $\|Af-Ag\|_{\mathcal{W}}\leqslant\|A\|\|f-g\|_{\mathcal{V}}<\|A\|\delta<\varepsilon$，这表明 A 是连续的。

反之，假设 A 是连续的。特别地，它在 $f=0$($\mathcal{V}$ 的零元素)处是连续的。因此，取 $f=0$，让 ε 和 δ 的取值和式(A.37)相同。对于任何 $g\neq 0$，让 $h=\delta/(2\|g\|_{\mathcal{V}})g$。由于 $\|h\|_{\mathcal{V}}=\delta/2<\delta$，根据式(A.37)可得：

$$\|Ah\|_{\mathcal{W}}=\frac{\delta}{2\|g\|_{\mathcal{V}}}\|Ag\|_{\mathcal{W}}<\varepsilon$$

重新整理上式，得到 $\|Ag\|_{\mathcal{W}}<2\varepsilon/\delta\|g\|_{\mathcal{V}}$，这表明 A 是有界的。 ■

定理 A.17 里斯表示定理

对于某个 $g\in\mathcal{H}$(取决于 ϕ)，希尔伯特空间 $\mathcal{H}$ 上的任何有界线性泛函 ϕ 都可以表示为 $\phi(h)=\langle h, g\rangle$。

证明 设 P 是 $\mathcal{H}$ 在 ϕ 的零空间 $\mathcal{N}$ 上的投影，即 $\mathcal{N}=\{g\in\mathcal{H}: \phi(g)=0\}$。如果 ϕ 不是零泛函，则存在 $g_0\neq 0$ 与 $\phi(g_0)\neq 0$。设 $g_1=g_0-Pg_0$，那么 $g_1\perp\mathcal{N}$，$\phi(g_1)=\phi(g_0)$。取 $g_2=g_1/\phi(g_1)$。对于任何 $h\in\mathcal{H}$，$f:=h-\phi(h)g_2$ 位于 $\mathcal{N}$ 中。由于 $g_2\perp\mathcal{N}$，因此 $\langle f,g_2\rangle=0$ 成立，它相当于 $\langle h,g_2\rangle=\phi(h)\|g_2\|^2$。根据定义 $g=g_2/\|g_2\|^2$，我们可得定理中的表示。 ■

A.8 傅里叶变换

我们现在简要介绍傅里叶变换。在此之前，我们将实值函数 L^2 空间的概念扩展如下。

定义 A.5 L^p 空间

设 $\mathcal{X}$ 是测度为 $\mu(\mathrm{d}\boldsymbol{x})=w(\boldsymbol{x})\mathrm{d}\boldsymbol{x}$ 和 $p\in[1,\infty)$ 的 $\mathbb{R}^d$ 的子集，那么 $L^p(\mathcal{X},\mu)$ 是从 $\mathcal{X}$ 到 $\mathbb{C}$ 的线性函数空间，满足：

$$\int_{\mathcal{X}}|f(\boldsymbol{x})|^p w(\boldsymbol{x})\mathrm{d}\boldsymbol{x}<\infty \tag{A.38}$$

当 $p=2$ 时，$L^2(\mathcal{X},\mu)$ 实际上是一个希尔伯特空间，内积为

$$\langle f,g\rangle=\int_{\mathcal{X}}f(\boldsymbol{x})\,\overline{g(\boldsymbol{x})}w(\boldsymbol{x})\mathrm{d}\boldsymbol{x} \tag{A.39}$$

我们现在可以定义傅里叶变换(关于勒贝格测度)。注意，在下面的定义 A.6 和 A.7 中，我们选择了一个特定的约定。存在等效(但不完全相同)的定义，包括尺度常数 $(2\pi)^d$ 或 $(2\pi)^{-d}$，其中 $-2\pi\boldsymbol{t}$ 替换为 $2\pi\boldsymbol{t}$、$\boldsymbol{t}$ 或 $-\boldsymbol{t}$。

定义 A.6 (多元)傅里叶变换

函数 $f\in L^1(\mathbb{R}^d)$ 的傅里叶变换 $\mathcal{F}[f]$ 为函数 $\widetilde{f}$，定义为

$$\widetilde{f}(\boldsymbol{t}):=\int_{\mathbb{R}^d}\mathrm{e}^{-\mathrm{i}2\pi\boldsymbol{t}^{\mathrm{T}}\boldsymbol{x}}f(\boldsymbol{x})\mathrm{d}\boldsymbol{x},\quad \boldsymbol{t}\in\mathbb{R}^d$$

傅里叶变换 $\widetilde{f}$ 是连续的、一致有界的(因为 $f\in L^1(\mathbb{R}^d)$)，这意味着 $|\widetilde{f}(\boldsymbol{t})|\leqslant\int_{\mathbb{R}^d}|f(\boldsymbol{x})|\mathrm{d}\boldsymbol{x}<\infty$，并且满足 $\lim_{\|\boldsymbol{t}\|\to\infty}\widetilde{f}(\boldsymbol{t})=0$(称为**黎曼-勒贝格引理**)。但是，$|\widetilde{f}|$ 不一定具有有限积分。$\mathbb{R}^1$ 中的一个简单例子是 $f(x)=\mathbb{1}\{-1/2<x<1/2\}$ 的傅里叶变换，那么 $\widetilde{f}(t)=\sin(\pi t)/(\pi t)=\mathrm{sinc}(\pi t)$，它不是绝对可积的。

定义 A.7 (多元)傅里叶逆变换

函数 $\widetilde{f}\in L^1(\mathbb{R}^d)$ 的傅里叶逆变换 $\mathcal{F}^{-1}[\widetilde{f}]$ 为函数 $\breve{f}$，定义为

$$\breve{f}(\boldsymbol{x}):=\int_{\mathbb{R}^d}\mathrm{e}^{\mathrm{i}2\pi\boldsymbol{t}^{\mathrm{T}}\boldsymbol{x}}\widetilde{f}(\boldsymbol{t})\mathrm{d}\boldsymbol{t},\quad \boldsymbol{x}\in\mathbb{R}^d$$

正如人们所希望的，如果 f 和 $\mathcal{F}[f]$ 都属于 $L^1(\mathbb{R}^d)$，那么 $f=\mathcal{F}^{-1}[\mathcal{F}[f]]$ 几乎处处成立。傅里叶变换有许多有趣且有用的性质，下面列出了其中一些性质。

- **线性性质**：对于 f，$g\in L^1(\mathbb{R}^d)$和常数 a，$b\in\mathbb{R}$，有 $\mathcal{F}[af+bg]=a\mathcal{F}[f]+b\mathcal{F}[g]$。
- **时移和尺度变换**：设 $\boldsymbol{A}\in\mathbb{R}^{d\times d}$是可逆矩阵，$\boldsymbol{b}\in\mathbb{R}^d$ 是常数向量。设 $f\in L^1(\mathbb{R}^d)$并定义 $h(\boldsymbol{x}):=f(\boldsymbol{Ax}+\boldsymbol{b})$，那么，$\mathcal{F}[h](\boldsymbol{t})=\mathrm{e}^{\mathrm{i}2\pi(\boldsymbol{A}^{-\mathrm{T}}\boldsymbol{t})^{\mathrm{T}}\boldsymbol{b}}\widetilde{f}(\boldsymbol{A}^{-\mathrm{T}}\boldsymbol{t})/|\det(\boldsymbol{A})|$，其中 $\boldsymbol{A}^{-\mathrm{T}}:=(\boldsymbol{A}^{\mathrm{T}})^{-1}=(\boldsymbol{A}^{-1})^{\mathrm{T}}$。
- **频移和尺度变换**：设 $\boldsymbol{A}\in\mathbb{R}^{d\times d}$是可逆矩阵，$\boldsymbol{b}\in\mathbb{R}^d$ 是常数向量。设 $f\in L^1(\mathbb{R}^d)$并定义 $h(\boldsymbol{x}):=\mathrm{e}^{-\mathrm{i}2\pi\boldsymbol{b}^{\mathrm{T}}\boldsymbol{A}^{-\mathrm{T}}\boldsymbol{x}}f(\boldsymbol{A}^{-\mathrm{T}}\boldsymbol{x})/|\det(\boldsymbol{A})|$，那么，$\mathcal{F}[h](\boldsymbol{t})=\widetilde{f}(\boldsymbol{At}+\boldsymbol{b})$。
- **微分**：设 $f\in L^1(\mathbb{R}^d)\cap C^1(\mathbb{R}^d)$，令 $f_k:=\partial f/\partial x_k$ 是 f 对 x_k 的偏导数。对于 $k=1,\cdots,d$，如果 $f_k\in L^1(\mathbb{R}^d)$，那么 $\mathcal{F}[f_k](\boldsymbol{t})=(\mathrm{i}2\pi t_k)\widetilde{f}(\boldsymbol{t})$。
- **卷积**：设 f，$g\in L^1(\mathbb{R}^d)$是实值或复数函数，它们的卷积 $f*g$ 定义为
$$(f*g)(\boldsymbol{x})=\int_{\mathbb{R}^d}f(\boldsymbol{y})g(\boldsymbol{x}-\boldsymbol{y})\mathrm{d}\boldsymbol{y}$$
该卷积也在 $L^1(\mathbb{R}^d)$中。此外，其傅里叶变换满足：
$$\mathcal{F}[f*g]=\mathcal{F}[f]\mathcal{F}[g]$$
- **对偶**：设 f 和 $\mathcal{F}[f]$都在 $L^1(\mathbb{R}^d)$中，那么，$\mathcal{F}[\mathcal{F}[f]](\boldsymbol{t})=f(-\boldsymbol{t})$。
- **乘积公式**：设 f，$g\in L^1(\mathbb{R}^d)$，$\widetilde{f}$、$\widetilde{g}$ 表示各自的傅里叶变换，那么$\widetilde{f}g,f\widetilde{g}\in L^1(\mathbb{R}^d)$，并且
$$\int_{\mathbb{R}^d}\widetilde{f}(\boldsymbol{z})g(\boldsymbol{z})\mathrm{d}\boldsymbol{z}=\int_{\mathbb{R}^d}f(\boldsymbol{z})\widetilde{g}(\boldsymbol{z})\mathrm{d}\boldsymbol{z}$$

如果 $f\in L^1(\mathbb{R}^d)\cap L^2(\mathbb{R}^d)$，则还有许多其他的性质。特别地，如果 f，$g\in L^1(\mathbb{R}^d)\cap L^2(\mathbb{R}^d)$，那么 $\widetilde{f}$，$\widetilde{g}\in L^2(\mathbb{R}^d)$和$\langle\widetilde{f},\widetilde{g}\rangle=\langle f,g\rangle$通常称为**帕萨瓦尔公式**。如果 $g=f$(一个函数同时属于 L^1 和 L^2 两个空间)，其结果称为**帕萨瓦尔定理**。

傅里叶变换可以用几种方式扩展，首先是通过连续性扩展到 $L^2(\mathbb{R}^d)$空间中的函数。通过将勒贝格测度的积分(即$\int_{\mathbb{R}^d}\cdots\mathrm{d}\boldsymbol{x}$)替换为(有限 Borel)测度 μ 的积分(即$\int_{\mathbb{R}^d}\cdots\mu(\mathrm{d}\boldsymbol{x})$)，即可实现理论的实质性扩展。此外，傅里叶变换与概率论中的特征函数有着密切的联系。的确，如果 $\boldsymbol{X}$ 是概率密度函数为 f 的随机向量，则其特征函数 ψ 满足：
$$\psi(\boldsymbol{t}):=\mathbb{E}\mathrm{e}^{\mathrm{i}\boldsymbol{t}^{\mathrm{T}}\boldsymbol{X}}=\mathcal{F}[f](-\boldsymbol{t}/(2\pi))$$

A.8.1 离散傅里叶变换

这里，我们介绍单变量离散傅里叶变换，它可以看作定义 A.6 中傅里叶变换的一种特例，其中 $d=1$，积分是关于计数测度的，当 $x<0$ 和 $x>(n-1)$时，$f(x)=0$。

定义 A.8 离散傅里叶变换

向量 $\boldsymbol{x}=[x_0,\cdots,x_{n-1}]^{\mathrm{T}}\in\mathbb{C}^n$ 的离散傅里叶变换(Discrete Fourier Transform, DFT)为向量 $\widetilde{\boldsymbol{x}}=[\widetilde{x}_0,\cdots,\widetilde{x}_{n-1}]^{\mathrm{T}}$，其元素由下式给出：
$$\widetilde{x}_t=\sum_{s=0}^{n-1}\omega^{st}x_s,\quad t=0,\cdots,n-1\tag{A.40}$$
其中 $\omega=\exp(-\mathrm{i}2\pi/n)$。

换句话说，$\widetilde{\boldsymbol{x}}$ 是通过 $\boldsymbol{x}$ 的线性变换得到的：

$$\widetilde{\boldsymbol{x}} = \boldsymbol{F}\boldsymbol{x}$$

其中

$$\boldsymbol{F} = \begin{bmatrix} 1 & 1 & 1 & \cdots & 1 \\ 1 & \omega & \omega^2 & \cdots & \omega^{n-1} \\ 1 & \omega^2 & \omega^4 & \cdots & \omega^{2(n-1)} \\ \vdots & \vdots & \vdots & \ddots & \vdots \\ 1 & \omega^{n-1} & \omega^{2(n-1)} & \cdots & \omega^{(n-1)^2} \end{bmatrix}$$

矩阵 $\boldsymbol{F}$ 是所谓的**范德蒙矩阵**，并且明显是对称的(即 $\boldsymbol{F}=\boldsymbol{F}^{\mathrm{T}}$)。此外，$\boldsymbol{F}/\sqrt{n}$ 实际上是一个酉矩阵，它的逆只是它的复共轭 $\overline{\boldsymbol{F}}/\sqrt{n}$。因此，$\boldsymbol{F}^{-1}=\overline{\boldsymbol{F}}/n$，逆离散傅里叶变换(Inverse Discrete Fourier Transform，IDFT)为

$$x_t = \frac{1}{n}\sum_{s=0}^{n-1}\omega^{-st}\,\widetilde{x}_s, \quad t = 0,\cdots,n-1 \tag{A.41}$$

用矩阵和向量表示为

$$\boldsymbol{x} = \overline{\boldsymbol{F}}\widetilde{\boldsymbol{x}}/n$$

注意，向量 $\boldsymbol{y}$ 的 IDFT 与其复共轭 $\overline{\boldsymbol{y}}$ 的 DFT 有关，因为

$$\overline{\boldsymbol{F}}\boldsymbol{y}/n = \overline{\boldsymbol{F}\,\overline{\boldsymbol{y}}}/n$$

因此，可以通过 DFT 来计算 IDFT。

循环矩阵 $\boldsymbol{C}$ 和 DFT 之间有着密切的联系。为了使这种联系具体化，设 $\boldsymbol{C}$ 是对应于向量 $\boldsymbol{c}\in\mathbb{C}^n$ 的循环矩阵，用 $\boldsymbol{f}_t$ 表示离散傅里叶矩阵 $\boldsymbol{F}$ 的第 t 列，$t=0,1,\cdots,n-1$。那么，$\boldsymbol{C}\boldsymbol{f}_t$ 的第 s 个元素为

$$\sum_{k=0}^{n-1} c_{(s-k)\bmod n}\,\omega^{tk} = \sum_{y=0}^{n-1} c_y\,\omega^{t(s-y)} = \underbrace{\omega^{ts}}_{\boldsymbol{f}_t\text{ 的第}s\text{个元素}}\ \underbrace{\sum_{y=0}^{n-1} c_y\,\omega^{-ty}}_{\lambda_s}$$

因此，$\boldsymbol{C}$ 的特征值为

$$\lambda_t = \boldsymbol{c}^{\mathrm{T}}\,\overline{\boldsymbol{f}}_t, \quad t = 0,1,\cdots,n-1$$

对应的特征向量为 $\boldsymbol{f}_t$。将特征值代入到向量 $\boldsymbol{\lambda}=[\lambda_0,\cdots,\lambda_{n-1}]^{\mathrm{T}}=\overline{\boldsymbol{F}}\boldsymbol{c}$ 中，我们就得到了本征分解：

$$\boldsymbol{C} = \boldsymbol{F}\ \mathrm{diag}\ (\boldsymbol{\lambda})\overline{\boldsymbol{F}}/n$$

因此，可以通过一系列 DFT 计算向量 $\boldsymbol{a}=[a_1,\cdots,a_n]^{\mathrm{T}}$ 和 $\boldsymbol{c}=[c_1,\cdots,c_{n-1}]^{\mathrm{T}}$ 的**循环卷积**，如下所示。构造与 $\boldsymbol{c}$ 对应的循环矩阵 $\boldsymbol{C}$，然后，由 $\boldsymbol{y}=\boldsymbol{C}\boldsymbol{a}$ 给出 $\boldsymbol{a}$ 和 $\boldsymbol{c}$ 的循环卷积。具体分四步进行：

(1)计算 $\boldsymbol{z}=\overline{\boldsymbol{F}}\boldsymbol{a}/n$。

(2)计算 $\lambda=\overline{\boldsymbol{F}}\boldsymbol{c}$。

(3)计算 $\boldsymbol{p}=\boldsymbol{z}\odot\boldsymbol{\lambda}=[z_1\lambda_0,\cdots,z_n\lambda_{n-1}]^{\mathrm{T}}$。

(4)计算 $\boldsymbol{y}=\boldsymbol{F}\boldsymbol{p}$。

步骤(1)和步骤(2)是 IDFT(最多为常数)，步骤(4)是 DFT。这些可通过 FFT(见 A.8.2 节)在 $\mathcal{O}(n\ \ln\ n)$时间内进行计算出来。步骤(3)是点积，可以在 $\mathcal{O}(n)$时间内计算出来。因此，可以借助 FFT 在 $\mathcal{O}(n\ \ln\ n)$时间内计算循环卷积。

我们还可以高效地计算 $n\times n$ 托普利兹方阵 $\boldsymbol{T}$ 和 $n\times 1$ 向量 $\boldsymbol{a}$ 的乘积，将 $\boldsymbol{T}$ 嵌入 $2n\times 2n$ 的循环矩阵 $\boldsymbol{C}$ 中，可以在 $\mathcal{O}(n\ \ln\ n)$时间内计算该乘积。也就是说，定义

$$C=\begin{bmatrix}T & B\\ B & T\end{bmatrix}$$

其中，

$$B=\begin{bmatrix}0 & t_{n-1} & \cdots & t_2 & t_1\\ t_{-(n-1)} & 0 & t_{n-1} & & t_2\\ \vdots & t_{-(n-1)} & 0 & \ddots & \vdots\\ t_{-2} & & \ddots & \ddots & t_{n-1}\\ t_{-1} & t_{-2} & \cdots & t_{-(n-1)} & 0\end{bmatrix}$$

那么，$\boldsymbol{y}=\boldsymbol{Ta}$ 形式的乘积可以在 $\mathcal{O}(n\ \ln\ n)$时间内计算出来，因为我们可以写作：

$$C\begin{bmatrix}\boldsymbol{a}\\ \boldsymbol{0}\end{bmatrix}=\begin{bmatrix}T & B\\ B & T\end{bmatrix}\begin{bmatrix}\boldsymbol{a}\\ \boldsymbol{0}\end{bmatrix}=\begin{bmatrix}\boldsymbol{Ta}\\ \boldsymbol{Ba}\end{bmatrix}$$

等式左侧是 $2n\times 2n$ 循环矩阵与长度为 $2n$ 的向量的乘积，因此可以通过 FFT 在 $\mathcal{O}(n\ \ln\ n)$时间内计算出来。

从概念上讲，对于给定的向量 $\boldsymbol{b}\in\mathbb{C}^n$ 和循环矩阵 $\boldsymbol{C}$(对应于 $\boldsymbol{c}\in\mathbb{C}^n$，假设其所有特征值都不为零)，我们可以通过以下四个步骤来求解 $\boldsymbol{Cx}=\boldsymbol{b}$ 形式的方程：

(1)计算 $\boldsymbol{z}=\overline{\boldsymbol{F}}\boldsymbol{b}/n$。

(2)计算 $\boldsymbol{\lambda}=\overline{\boldsymbol{F}}\boldsymbol{c}$。

(3)计算 $\boldsymbol{p}=\boldsymbol{z}/\boldsymbol{\lambda}=[z_1/\lambda_0,\cdots,z_n/\lambda_{n-1}]^{\mathrm{T}}$。

(4)计算 $\boldsymbol{x}=\boldsymbol{Fp}$。

同样，步骤(1)和步骤(2)是 IDFT(最多为常数)，步骤(4)是 DFT，所有这些都可以通过 FFT 在 $\mathcal{O}(n\ \ln\ n)$时间内计算出来，步骤(3)可以在 $\mathcal{O}(n)$时间内计算出来，这意味着可以使用 FFT 在 $\mathcal{O}(n\ \ln\ n)$时间内解出 $\boldsymbol{x}$。

A.8.2 快速傅里叶变换

快速傅里叶变换(Fast Fourier Transform，FFT)是一种快速计算式(A.40)和式(A.41)的数值算法。通过使用**分治策略**，该算法将计算复杂度从 $\mathcal{O}(n^2)$(对于线性变换的朴素估计)降低到 $\mathcal{O}(n\ \ln\ n)$[60]。

FFT 算法的本质如下。假设 $n=r_1r_2$，然后，通过一对(t_0,t_1)来表示式(A.40)中出现的任何索引 t，即 $t=t_1r_1+t_0$，其中 $t_0\in\{0,1,\cdots,r_1-1\}$，$t_1\in\{0,1,\cdots,r_2-1\}$。类似地，通过一对$(s_0,s_1)$来表示式(A.40)中出现的任何索引 s，即 $s=s_1r_2+s_0$，其中 $s_0\in\{0,1,\cdots,r_2-1\}$，$s_1\in\{0,1,\cdots,r_1-1\}$。

识别 $\widetilde{x}_t\equiv\widetilde{x}_{t_1,t_0}$ 和 $x_s\equiv x_{s_1,s_0}$，我们可以将式(A.40)重新表示为

$$\widetilde{x}_{t_1,t_0}=\sum_{s_0=0}^{r_2-1}\omega^{s_0t}\sum_{s_1=0}^{r_1-1}\omega^{s_1r_2t}x_{s_1,s_0},\quad t_0=0,1,\cdots,r_1-1,\quad t_1=0,1,\cdots,r_2-1 \tag{A.42}$$

注意，$\omega^{s_1r_2t}=\omega^{s_1r_2t_0}$(因为 $\omega^{r_1r_2}=1$)，所以 s_1 上的内部和只取决于 s_0 和 t_0。定义

$$y_{t_0,s_0}:=\sum_{s_1=0}^{r_1-1}\omega^{s_1r_2t_0}x_{s_1,s_0},\quad t_0=0,1,\cdots,r_1-1,\quad s_0=0,1,\cdots,r_2-1$$

计算每个 y_{t_0,s_0} 需要 $\mathcal{O}(nr_1)$次运算。对于$\{y_{t_0,s_0}\}$，式(A.42)可以写成

$$\widetilde{x}_{t_1,t_0}=\sum_{s_0=0}^{r_2-1}\omega^{s_0t}y_{t_0,s_0},\quad t_1=0,1,\cdots,r_2-1,\quad t_0=0,1,\cdots,r_1-1$$

这需要 $\mathcal{O}(nr_2)$次运算。因此，使用这样的两步过程计算 DFT 需要 $\mathcal{O}(n(r_1+r_2))$次运算，而不是 $\mathcal{O}(n^2)$次运算。

现在假设 $n=r_1 r_2 \cdots r_m$，重复应用上述分治策略，得出 m 步过程需要 $\mathcal{O}(n(r_1+r_2+\cdots+r_m))$次运算。特别地，对于所有的 $k=1,2,\cdots,m$，如果 $r_k=r$，则 $n=r^m$，$m=\log_r n$，所以运算的总次数是 $\mathcal{O}(r\ n\ m) \equiv \mathcal{O}(r\ n \log_r(n))$。通常，基数 r 是一个很小的数(不一定是质数)，例如 $r=2$。

扩展阅读

关于矩阵计算的一本很好的参考书是文献[52]。文献[95]给出了许多常用向量和矩阵微积分恒等式。Strang 的《线性代数导论》[116]是一本经典教材，他的新书[117]融合了线性代数与深度学习基础。结构矩阵的快速可靠算法见文献[64]。Kolmogorov 和 Fomin 关于函数理论和泛函分析的著作[67]仍然介绍了这个主题。泛函分析高级课程的热门教材为文献[106]。

附录B
多元微分与优化问题

本附录旨在回顾多元微分和优化问题的各个方面。我们假定读者熟悉实值函数的微分。

B.1 多元微分

将向量 $\boldsymbol{x}=[x_1,\cdots,x_n]^{\mathrm{T}}$ 映射到实数 $f(\boldsymbol{x})$ 的多元函数 f 相对于 x_i 的**偏导数**为$\frac{\partial f}{\partial x_i}$，它是在其他变量保持不变的情况下函数相对 x_i 的导数。我们可以使用“标量/向量”导数符号来整洁地写出所有 n 个偏导数：

$$\frac{\partial f}{\partial \boldsymbol{x}}:=\begin{bmatrix}\frac{\partial f}{\partial x_1}\\ \vdots \\ \frac{\partial f}{\partial x_n}\end{bmatrix} \tag{B.1}$$

这个偏导数向量称为 f 在 $\boldsymbol{x}$ 处的梯度，有时候写成$\nabla f(\boldsymbol{x})$。

假设 $\boldsymbol{f}$ 是一个多值(向量值)函数，在 $\mathbb{R}^m$ 中取值，定义为

$$\boldsymbol{x}=\begin{bmatrix}x_1\\ x_2\\ \vdots \\ x_n\end{bmatrix}\mapsto\begin{bmatrix}f_1(\boldsymbol{x})\\ f_2(\boldsymbol{x})\\ \vdots \\ f_m(\boldsymbol{x})\end{bmatrix}=:\boldsymbol{f}(\boldsymbol{x})$$

我们可以计算各个偏导数 $\partial f_i/\partial x_j$，并以“向量/向量”导数符号将它们整洁地组织起来：

$$\frac{\partial \boldsymbol{f}}{\partial \boldsymbol{x}}:=\begin{bmatrix}\frac{\partial f_1}{\partial x_1} & \frac{\partial f_2}{\partial x_1} & \cdots & \frac{\partial f_m}{\partial x_1}\\ \frac{\partial f_1}{\partial x_2} & \frac{\partial f_2}{\partial x_2} & \cdots & \frac{\partial f_m}{\partial x_2}\\ \vdots & \vdots & \cdots & \vdots \\ \frac{\partial f_1}{\partial x_n} & \frac{\partial f_2}{\partial x_n} & \cdots & \frac{\partial f_m}{\partial x_n}\end{bmatrix} \tag{B.2}$$

该矩阵的转置称为 $\boldsymbol{f}$ 在 $\boldsymbol{x}$ 处的雅可比矩阵(Jacobi matrix)，有时称为 $\boldsymbol{f}$ 在 $\boldsymbol{x}$ 处的 Fréchet 导数，即

$$\mathbf{J}_f(\mathbf{x}) := \left[\frac{\partial \mathbf{f}}{\partial \mathbf{x}}\right]^{\mathrm{T}} = \begin{bmatrix} \frac{\partial f_1}{\partial x_1} & \frac{\partial f_1}{\partial x_2} & \cdots & \frac{\partial f_1}{\partial x_n} \\ \frac{\partial f_2}{\partial x_1} & \frac{\partial f_2}{\partial x_2} & \cdots & \frac{\partial f_2}{\partial x_n} \\ \vdots & \vdots & \cdots & \vdots \\ \frac{\partial f_m}{\partial x_1} & \frac{\partial f_m}{\partial x_2} & \cdots & \frac{\partial f_m}{\partial x_n} \end{bmatrix} \tag{B.3}$$

如果我们定义 $\mathbf{g}(\mathbf{x}) := \nabla f(\mathbf{x})$，并取 $\mathbf{g}$ 相对于 $\mathbf{x}$ 的“向量/向量”导数，则可以得到 f 的二阶偏导数矩阵：

$$\mathbf{H}_f(\mathbf{x}) := \frac{\partial \mathbf{g}}{\partial \mathbf{x}} = \begin{bmatrix} \frac{\partial^2 f}{\partial^2 x_1} & \frac{\partial^2 f}{\partial x_1\, \partial x_2} & \cdots & \frac{\partial^2 f}{\partial x_1\, \partial x_m} \\ \frac{\partial^2 f}{\partial x_2\, \partial x_1} & \frac{\partial^2 f}{\partial^2 x_2} & \cdots & \frac{\partial^2 f}{\partial x_2\, \partial x_m} \\ \vdots & \vdots & \cdots & \vdots \\ \frac{\partial^2 f}{\partial x_m\, \partial x_1} & \frac{\partial^2 f}{\partial x_m\, \partial x_2} & \cdots & \frac{\partial^2 f}{\partial^2 x_m} \end{bmatrix} \tag{B.4}$$

它被称为 f 在 $\mathbf{x}$ 处的 Hessian 矩阵，表示为$\nabla^2 f(\mathbf{x})$。如果这些二阶偏导数在 $\mathbf{x}$ 附近的区域是连续的，则$\frac{\partial f}{\partial x_i\, \partial x_j} = \frac{\partial f}{\partial x_j\, \partial x_i}$，因此 Hessian 矩阵 $\mathbf{H}_f(\mathbf{x})$是对称的。

最后，请注意我们还可以定义 y 相对于 $\mathbf{X} \in \mathbb{R}^{m\times n}$［其第$(i,j)$项为 x_{ij}］的“标量/矩阵”形式的导数

$$\frac{\partial y}{\partial \mathbf{X}} := \begin{bmatrix} \frac{\partial y}{\partial x_{11}} & \frac{\partial y}{\partial x_{12}} & \cdots & \frac{\partial y}{\partial x_{1n}} \\ \frac{\partial y}{\partial x_{21}} & \frac{\partial y}{\partial x_{22}} & \cdots & \frac{\partial y}{\partial x_{2n}} \\ \vdots & \vdots & \cdots & \vdots \\ \frac{\partial y}{\partial x_{m1}} & \frac{\partial y}{\partial x_{m2}} & \cdots & \frac{\partial y}{\partial x_{mn}} \end{bmatrix}$$

“矩阵/标量”形式的导数为

$$\frac{\partial \mathbf{X}}{\partial y} := \begin{bmatrix} \frac{\partial x_{11}}{\partial y} & \frac{\partial x_{12}}{\partial y} & \cdots & \frac{\partial x_{1n}}{\partial y} \\ \frac{\partial x_{21}}{\partial y} & \frac{\partial x_{22}}{\partial y} & \cdots & \frac{\partial x_{2n}}{\partial y} \\ \vdots & \vdots & \cdots & \vdots \\ \frac{\partial x_{m1}}{\partial y} & \frac{\partial x_{m2}}{\partial y} & \cdots & \frac{\partial x_{mn}}{\partial y} \end{bmatrix}$$

例 B.1(“标量/矩阵”导数) 设 $y = \mathbf{a}^{\mathrm{T}}\mathbf{X}\mathbf{b}$，其中 $\mathbf{X} \in \mathbb{R}^{m\times n}$，$\mathbf{a} \in \mathbb{R}^m$，$\mathbf{b} \in \mathbb{R}^n$。由于 y 是标量，因此利用迹的循环特性(见定理 A.1)我们可以写出 $y = \mathrm{tr}(y) = \mathrm{tr}(\mathbf{X}\mathbf{b}\mathbf{a}^{\mathrm{T}})$。定义 $\mathbf{C} := \mathbf{b}\mathbf{a}^{\mathrm{T}}$，我们有

$$y = \sum_{i=1}^{m} [\mathbf{XC}]_{ii} = \sum_{i=1}^{m}\sum_{j=1}^{n} x_{ij} c_{ji}$$

所以，$\partial y / \partial x_{ij} = c_{ji}$，以矩阵形式表示为

$$\frac{\partial y}{\partial \boldsymbol{X}} = \boldsymbol{C}^{\mathrm{T}} = \boldsymbol{a}\boldsymbol{b}^{\mathrm{T}}$$

例 B.2(通过伍德伯里恒等式计算"标量/矩阵"导数) 设 $y = \operatorname{tr}(\boldsymbol{X}^{-1}\boldsymbol{A})$，其中 $\boldsymbol{X}$，$\boldsymbol{A} \in \mathbb{R}^{n \times n}$。现在我们要证明：

$$\frac{\partial y}{\partial \boldsymbol{X}} = -\boldsymbol{X}^{-\mathrm{T}}\boldsymbol{A}^{\mathrm{T}}\boldsymbol{X}^{-\mathrm{T}}$$

为了证明上式成立，将伍德伯里矩阵恒等式应用于 $\boldsymbol{X}$ 的无穷小扰动 $\boldsymbol{X}+\varepsilon\boldsymbol{U}$，并取 $\varepsilon \downarrow 0$，得到以下结果：

$$\frac{(\boldsymbol{X}+\varepsilon\boldsymbol{U})^{-1} - \boldsymbol{X}^{-1}}{\varepsilon} = -\boldsymbol{X}^{-1}\boldsymbol{U}(\boldsymbol{I}+\varepsilon\boldsymbol{X}^{-1}\boldsymbol{U})^{-1}\boldsymbol{X}^{-1} \to -\boldsymbol{X}^{-1}\boldsymbol{U}\boldsymbol{X}^{-1}$$

因此，当 $\varepsilon \downarrow 0$ 时，

$$\frac{\operatorname{tr}((\boldsymbol{X}+\varepsilon\boldsymbol{U})^{-1}\boldsymbol{A}) - \operatorname{tr}(\boldsymbol{X}^{-1}\boldsymbol{A})}{\varepsilon} \to -\operatorname{tr}(\boldsymbol{X}^{-1}\boldsymbol{U}\boldsymbol{X}^{-1}\boldsymbol{A}) = -\operatorname{tr}(\boldsymbol{U}\boldsymbol{X}^{-1}\boldsymbol{A}\boldsymbol{X}^{-1})$$

现在，假设 $\boldsymbol{U}$ 是一个全零矩阵，只在 (i,j) 处为 1。我们可以写作

$$\frac{\partial y}{\partial x_{ij}} = \lim_{\varepsilon \downarrow 0} \frac{\operatorname{tr}((\boldsymbol{X}+\varepsilon\boldsymbol{U})^{-1}\boldsymbol{A}) - \operatorname{tr}(\boldsymbol{X}^{-1}\boldsymbol{A})}{\varepsilon} = -\operatorname{tr}(\boldsymbol{U}\boldsymbol{X}^{-1}\boldsymbol{A}\boldsymbol{X}^{-1}) = -[\boldsymbol{X}^{-1}\boldsymbol{A}\boldsymbol{X}^{-1}]_{ji}$$

因此，$\frac{\partial y}{\partial \boldsymbol{X}} = -(\boldsymbol{X}^{-1}\boldsymbol{A}\boldsymbol{X}^{-1})^{\mathrm{T}}$。

以下两个例子给出了线性函数和二次函数这两个重要特例的多元导数。

例 B.3(线性函数的梯度) 设 $\boldsymbol{f}(\boldsymbol{x}) = \boldsymbol{A}\boldsymbol{x}$，$\boldsymbol{A}$ 是某个 $m \times n$ 的常数矩阵。那么，它的"向量/向量"导数[即式(B.2)]就是矩阵

$$\frac{\partial \boldsymbol{f}}{\partial \boldsymbol{x}} = \boldsymbol{A}^{\mathrm{T}} \tag{B.5}$$

为了证明这一点，设 a_{ij} 表示 $\boldsymbol{A}$ 的第(i,j)个元素，使得

$$\boldsymbol{f}(\boldsymbol{x}) = \boldsymbol{A}\boldsymbol{x} = \begin{bmatrix} \sum_{k=1}^{n} a_{1k}x_k \\ \vdots \\ \sum_{k=1}^{n} a_{mk}x_k \end{bmatrix}$$

为了求 $\frac{\partial \boldsymbol{f}}{\partial \boldsymbol{x}}$ 的第(j,i)个元素，我们将 $\boldsymbol{f}$ 的第 i 个元素相对于 x_j 求导：

$$\frac{\partial f_i}{\partial x_j} = \frac{\partial}{\partial x_j}\sum_{k=1}^{n} a_{ik}x_k = a_{ij}$$

换句话说，$\frac{\partial \boldsymbol{f}}{\partial \boldsymbol{x}}$ 的第(i,j)个元素是 a_{ji}，即 $\boldsymbol{A}^{\mathrm{T}}$ 的第(i,j)个元素。

例 B. 4(二次函数的梯度和 Hessian 矩阵) 设 $f(\boldsymbol{x})=\boldsymbol{x}^{\mathrm{T}}\boldsymbol{A}\boldsymbol{x}$，$\boldsymbol{A}$ 是某个 $m\times n$ 的常数矩阵。那么，

$$\nabla f(\boldsymbol{x}) = (\boldsymbol{A}+\boldsymbol{A}^{\mathrm{T}})\boldsymbol{x} \tag{B.6}$$

如果 $\boldsymbol{A}$ 是对称的，即 $\boldsymbol{A}=\boldsymbol{A}^{\mathrm{T}}$，则可以得出 $\nabla(\boldsymbol{x}^{\mathrm{T}}\boldsymbol{A}\boldsymbol{x})=2\boldsymbol{A}\boldsymbol{x}$ 和 $\nabla^2(\boldsymbol{x}^{\mathrm{T}}\boldsymbol{A}\boldsymbol{x})=2\boldsymbol{A}$。

为了证明式(B.6)成立，首先因为 $f(\boldsymbol{x})=\boldsymbol{x}^{\mathrm{T}}\boldsymbol{A}\boldsymbol{x}=\sum_{i=1}^{n}\sum_{j=1}^{n}a_{ij}x_ix_j$，它是 $\boldsymbol{x}$ 的二次函数，具有实数值，有

$$\frac{\partial f}{\partial x_k}=\frac{\partial}{\partial x_k}\sum_{i=1}^{n}\sum_{j=1}^{n}a_{ij}x_ix_j=\sum_{j=1}^{n}a_{kj}x_j+\sum_{i=1}^{n}a_{ik}x_i$$

上式右侧的第一项等于 $\boldsymbol{A}\boldsymbol{x}$ 的第 k 个元素，而第二项等于 $\boldsymbol{x}^{\mathrm{T}}\boldsymbol{A}$ 的第 k 个元素或者 $\boldsymbol{A}^{\mathrm{T}}\boldsymbol{x}$ 的第 k 个元素。

B.1.1 泰勒展开

雅可比矩阵和 Hessian 矩阵在多维泰勒展开式中具有重要地位。

定理 B.1 多维泰勒展开

假设 $\mathcal{X}$ 是 $\mathbb{R}^n$ 的开放子集，并设 $\boldsymbol{a}\in\mathcal{X}$。如果 $f:\mathcal{X}\to\mathbb{R}$ 是具有雅各比矩阵 $\boldsymbol{J}_f(\boldsymbol{x})$ 和 Hessian 矩阵 $\boldsymbol{H}_f(\boldsymbol{x})$ 的连续二阶可微函数，那么，对于每个 $\boldsymbol{x}\in\mathcal{X}$，当 $\|\boldsymbol{x}-\boldsymbol{a}\|\to 0$ 时，我们有以下一阶和二阶泰勒展开式：

$$f(\boldsymbol{x})=f(\boldsymbol{a})+\boldsymbol{J}_f(\boldsymbol{a})(\boldsymbol{x}-\boldsymbol{a})+\mathcal{O}(\|\boldsymbol{x}-\boldsymbol{a}\|^2) \tag{B.7}$$

$$f(\boldsymbol{x})=f(\boldsymbol{a})+\boldsymbol{J}_f(\boldsymbol{a})(\boldsymbol{x}-\boldsymbol{a})+\frac{1}{2}(\boldsymbol{x}-\boldsymbol{a})^{\mathrm{T}}\boldsymbol{H}_f(\boldsymbol{a})(\boldsymbol{x}-\boldsymbol{a})+\mathcal{O}(\|\boldsymbol{x}-\boldsymbol{a}\|^3) \tag{B.8}$$

舍去 $\mathcal{O}$ 余项即可得到相应的泰勒近似。

这个结果基本上是说，足够光滑的函数在局部(在点 $\boldsymbol{x}$ 附近)表现得像是线性函数和二次函数。因此，近似线性函数或二次函数的梯度或 Hessian 矩阵是许多近似算法和优化算法的基本组成部分。

■ **评注 B.1(不带余项的版本)** 泰勒定理的另一个版本指出，在 $\boldsymbol{x}$ 和 $\boldsymbol{a}$ 之间的线段上存在一个 $\boldsymbol{a}'$，使得式(B.7)和式(B.8)在没有余项的情况下成立，只不过要把式(B.7)中的 $\boldsymbol{J}_f(\boldsymbol{a})$ 替换为 $\boldsymbol{J}_f(\boldsymbol{a}')$，式(B.8)中的 $\boldsymbol{H}_f(\boldsymbol{a})$ 替换为 $\boldsymbol{H}_f(\boldsymbol{a}')$。 ■

B.1.2 链式法则

考虑函数 $\boldsymbol{f}:\mathbb{R}^k\to\mathbb{R}^m$ 和 $\boldsymbol{g}:\mathbb{R}^m\to\mathbb{R}^n$。函数 $\boldsymbol{x}\mapsto\boldsymbol{g}(\boldsymbol{f}(\boldsymbol{x}))$ 称为 $\boldsymbol{g}$ 和 $\boldsymbol{f}$ 的复合函数，写作 $\boldsymbol{g}\circ\boldsymbol{f}$，该复合函数是从 $\mathbb{R}^k$ 到 $\mathbb{R}^n$ 的函数。假设 $\boldsymbol{y}=\boldsymbol{f}(\boldsymbol{x})$ 和 $\boldsymbol{z}=\boldsymbol{g}(\boldsymbol{y})$，如图 B.1 所示。令 $\boldsymbol{J}_f(\boldsymbol{x})$ 为 $\boldsymbol{f}$ 在 $\boldsymbol{x}$ 处的 Fréchet 导数，$\boldsymbol{J}_g(\boldsymbol{y})$ 为 $\boldsymbol{g}$ 在 $\boldsymbol{y}$ 处的 Fréchet 导数。我们可以将 $\boldsymbol{J}_f(\boldsymbol{x})$ 视为矩阵，它描述了在 $\boldsymbol{x}$ 的邻域内，函数 $\boldsymbol{f}$ 如何通过线性函数进行近似：$\boldsymbol{f}(\boldsymbol{x}+\boldsymbol{h})\approx\boldsymbol{f}(\boldsymbol{x})+\boldsymbol{J}_f(\boldsymbol{x})\boldsymbol{h}$。$\boldsymbol{J}_g(\boldsymbol{y})$ 也有类似情况。众所周知的微积分**链式法则**简单地指出，复合函数 $\boldsymbol{g}\circ\boldsymbol{f}$ 的导数是 $\boldsymbol{g}$ 的导数和 $\boldsymbol{f}$ 的导数的矩阵乘积，即

$$\boldsymbol{J}_{g \circ f}(\boldsymbol{x}) = \boldsymbol{J}_g(\boldsymbol{y})\boldsymbol{J}_f(\boldsymbol{x})$$

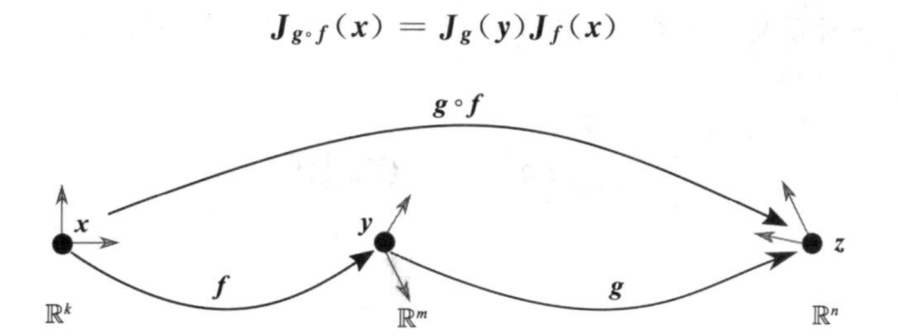

图 B.1 复合函数，浅色箭头表示线性映射

根据“向量/向量”导数符号表示，我们有

$$\left[\frac{\partial z}{\partial \boldsymbol{x}}\right]^{\mathrm{T}} = \left[\frac{\partial z}{\partial \boldsymbol{y}}\right]^{\mathrm{T}} \left[\frac{\partial \boldsymbol{y}}{\partial \boldsymbol{x}}\right]^{\mathrm{T}}$$

或者简单地写作

$$\frac{\partial z}{\partial \boldsymbol{x}} = \frac{\partial \boldsymbol{y}}{\partial \boldsymbol{x}} \frac{\partial z}{\partial \boldsymbol{y}} \tag{B.9}$$

类似地，我们可以确立“标量/矩阵”的链式法则。特别地，假设 $\boldsymbol{X}$ 是 $n \times p$ 矩阵，对于固定的 p 维向量 $\boldsymbol{\alpha}$，$\boldsymbol{X}$ 被映射到 $\boldsymbol{y} := \boldsymbol{X\alpha}$。根据某个函数 g，$\boldsymbol{y}$ 又被映射到标量 $z := g(\boldsymbol{y})$。用 $\boldsymbol{x}_1, \cdots, \boldsymbol{x}_p$ 表示 $\boldsymbol{X}$ 的列，那么，

$$\boldsymbol{y} = \boldsymbol{X\alpha} = \sum_{j=1}^{p} \alpha_j \boldsymbol{x}_j$$

因此 $\partial \boldsymbol{y} / \partial \boldsymbol{x}_j = \alpha_j \boldsymbol{I}_n$。它遵循链式法则[即式(B.9)]：

$$\frac{\partial z}{\partial \boldsymbol{x}_i} = \frac{\partial \boldsymbol{y}}{\partial \boldsymbol{x}_i} \frac{\partial z}{\partial \boldsymbol{y}} = \alpha_i \boldsymbol{I}_n \frac{\partial z}{\partial \boldsymbol{y}} = \alpha_i \frac{\partial z}{\partial \boldsymbol{y}}$$

因此，

$$\frac{\partial z}{\partial \boldsymbol{X}} = \left[\frac{\partial z}{\partial \boldsymbol{x}_1}, \cdots, \frac{\partial z}{\partial \boldsymbol{x}_p}\right] = \left[\alpha_1 \frac{\partial z}{\partial \boldsymbol{y}}, \cdots, \alpha_p \frac{\partial z}{\partial \boldsymbol{y}}\right] = \frac{\partial z}{\partial \boldsymbol{y}} \boldsymbol{\alpha}^{\mathrm{T}} \tag{B.10}$$

例 B.5(对数行列式的导数) 给定正定矩阵 $\boldsymbol{A} \in \mathbb{R}^{p \times p}$，我们希望计算“标量/矩阵”导数 $\frac{\partial \ln |\boldsymbol{A}|}{\partial \boldsymbol{A}}$。其结果为

$$\frac{\partial \ln |\boldsymbol{A}|}{\partial \boldsymbol{A}} = \boldsymbol{A}^{-1}$$

要看到这样的结果，我们可以进行如下推理。根据定理 A.8，有 $\boldsymbol{A} = \boldsymbol{QDQ}^{\mathrm{T}}$，其中 $\boldsymbol{Q}$ 是一个正交矩阵，$\boldsymbol{D} = \mathrm{diag}(\lambda_1, \cdots, \lambda_p)$ 是 $\boldsymbol{A}$ 的特征值组成的对角矩阵。特征值严格为正，因为 $\boldsymbol{A}$ 是正定的。用$(\boldsymbol{q}_i)$表示 $\boldsymbol{Q}$ 的列，我们有

$$\lambda_i = \boldsymbol{q}_i^{\mathrm{T}} \boldsymbol{A} \boldsymbol{q}_i = \mathrm{tr}(\boldsymbol{q}_i \boldsymbol{A} \boldsymbol{q}_i^{\mathrm{T}}), \quad i = 1, \cdots, p \tag{B.11}$$

根据行列式的性质，我们有

$$y := \ln|\boldsymbol{A}| = \ln|\boldsymbol{QDQ}^{\mathrm{T}}| = \ln(|\boldsymbol{Q}|\,|\boldsymbol{D}|\,|\boldsymbol{Q}^{\mathrm{T}}|) = \ln|\boldsymbol{D}| = \sum_{i=1}^{p} \ln \lambda_i$$

因此可以写作

$$\frac{\partial \ln|\boldsymbol{A}|}{\partial \boldsymbol{A}} = \sum_{i=1}^{p} \frac{\partial \ln \lambda_i}{\partial \boldsymbol{A}} = \sum_{i=1}^{p} \frac{\partial \lambda_i}{\partial \boldsymbol{A}} \frac{\partial \ln \lambda_i}{\partial \lambda_i} = \sum_{i=1}^{p} \frac{\partial \lambda_i}{\partial \boldsymbol{A}} \frac{1}{\lambda_i}$$

上述方程是链式法则在复合函数 $\boldsymbol{A} \mapsto \lambda_i \mapsto y$ 上的应用结果。根据式(B.11)和例 B.1，可得 $\partial \lambda_i / \partial \boldsymbol{A} = \boldsymbol{q}_i \boldsymbol{q}_i^{\mathrm{T}}$。由此可知：

$$\frac{\partial y}{\partial \boldsymbol{A}} = \sum_{i=1}^{p} \boldsymbol{q}_i \boldsymbol{q}_i^{\mathrm{T}} \frac{1}{\lambda_i} = \boldsymbol{Q}\boldsymbol{D}^{-1}\boldsymbol{Q}^{\mathrm{T}} = \boldsymbol{A}^{-1}$$

B.2 优化理论

优化是指在某个集合 $\mathcal{X}$ 中寻找**目标函数** f 的最小或最大解：

$$\min_{\boldsymbol{x} \in \mathcal{X}} f(\boldsymbol{x}) \quad 或 \quad \max_{\boldsymbol{x} \in \mathcal{X}} f(\boldsymbol{x}) \tag{B.12}$$

由于任何最大化问题都可以通过等价关系 $\max_{\boldsymbol{x}} f(\boldsymbol{x}) \equiv -\min_{\boldsymbol{x}} -f(\boldsymbol{x})$ 轻松地转化为最小化问题，因此这里只探讨最小化问题。我们使用以下术语。$f(\boldsymbol{x})$ 的**局部最小值点**是元素 $\boldsymbol{x}^* \in \mathcal{X}$，对于 $\boldsymbol{x}^*$ 邻域内的所有 $\boldsymbol{x}$，有 $f(\boldsymbol{x}^*) \leqslant f(\boldsymbol{x})$。如果对于所有 $\boldsymbol{x} \in \mathcal{X}$，有 $f(\boldsymbol{x}^*) \leqslant f(\boldsymbol{x})$，则 $\boldsymbol{x}^*$ 称为**全局最小值点**或**全局最优解**。全局最小值的集合表示为

$$\underset{\boldsymbol{x} \in \mathcal{X}}{\operatorname{argmin}} f(\boldsymbol{x})$$

对应于局部/全局最小值点 $\boldsymbol{x}^*$ 的函数值 $f(\boldsymbol{x}^*)$ 称为 $f(\boldsymbol{x})$ 的**局部/全局最小值**。

优化问题可以根据集合 $\mathcal{X}$ 和目标函数 f 进行分类。如果 $\mathcal{X}$ 是可数的，则优化问题称为**离散优化问题**或**组合优化问题**。相反，如果 $\mathcal{X}$ 是不可数集合，比如 $\mathbb{R}^n$，而 f 在不可数集合中取值，那么该优化问题称为**连续优化问题**。既不离散也不连续的优化问题称为**混合优化问题**。

搜索集 $\mathcal{X}$ 通常通过**约束**来定义。约束优化(最小化)的标准设置如下：

$$\begin{aligned} &\min_{\boldsymbol{x} \in \mathcal{Y}} f(\boldsymbol{x}) \\ \text{s.t.} \quad & h_i(\boldsymbol{x}) = 0, i = 1, \cdots, m \\ & g_i(\boldsymbol{x}) \leqslant 0, i = 1, \cdots, k \end{aligned} \tag{B.13}$$

这里，f 是目标函数，$\{g_i\}$ 和 $\{h_i\}$ 是给定的函数，因此 $h_i(\boldsymbol{x}) = 0$ 和 $g_i(\boldsymbol{x}) \leqslant 0$ 分别表示**等式约束**和**不等式约束**。定义目标函数并且满足所有约束的区域 $\mathcal{X} \subseteq \mathcal{Y}$ 称为**可行域**。没有约束的优化问题称为**无约束问题**。

对于无约束连续优化问题，搜索空间 $\mathcal{X}$ 通常被认为是 $\mathbb{R}^n$(或其子集)，f 假定为 C^k 函数，具有足够大的 k(通常 k 取 2 或 3 就足够了)。也就是说，它的 k 阶导数是连续的。对于 C^1 函数，最小化 $f(x)$ 的标准方法是求解方程

$$\nabla f(\boldsymbol{x}) = \boldsymbol{0} \tag{B.14}$$

其中 $\nabla f(\boldsymbol{x})$ 是 f 在 $\boldsymbol{x}$ 处的梯度。式(B.14)的解 $\boldsymbol{x}^*$ 称为**驻点**。驻点可以是局部/全局最小值点、局部/全局最大值点或**鞍点**(既不是最小值点也不是最大值点)。此外，如果函数是 C^2，则条件

$$\boldsymbol{y}^{\mathrm{T}}(\nabla^2 f(\boldsymbol{x}^*))\boldsymbol{y} > 0, \ \boldsymbol{y} \neq \boldsymbol{0} \tag{B.15}$$

能确保驻点 $\boldsymbol{x}^*$ 是 f 的局部最小值。式(B.15)指出，f 在 $\boldsymbol{x}^*$ 处的 Hessian 矩阵是**正定矩阵**。我们用 $\boldsymbol{H} \succ 0$ 表示矩阵 $\boldsymbol{H}$ 是正定矩阵。

图 B.2 所示为在 $\mathcal{X} = \mathbb{R}$ 上的多极值目标函数。该函数有四个驻点：两个为局部最小值，一个为局部最大值，还有一个既不是最小值也不是最大值，而是一个鞍点。

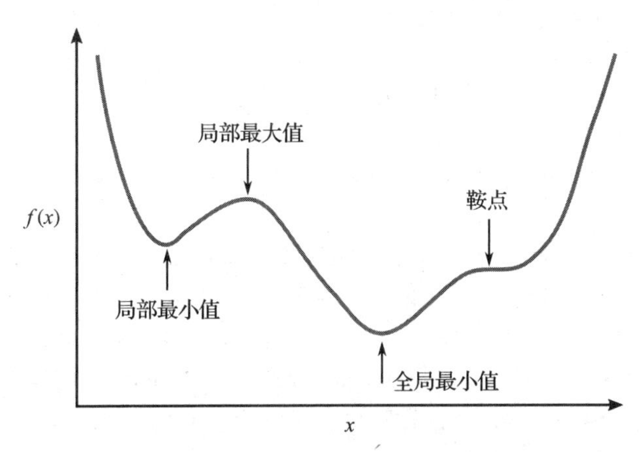

图 B.2 一维多极值目标函数

B.2.1 凸性和优化

一类重要的优化问题与**凸性**有关。对于所有的 $\boldsymbol{x}_1, \boldsymbol{x}_2 \in \mathcal{X}$，如果 $\alpha\boldsymbol{x}_1 + (1-\alpha)\boldsymbol{x}_2 \in \mathcal{X}$ $(0 \leqslant \alpha \leqslant 1)$成立，则称集合 $\mathcal{X}$ 是**凸的**。

另外，如果对于 $\mathcal{X}$ 内部的每个 $\boldsymbol{x}$，都存在一个向量 $\boldsymbol{v}$ 满足

$$f(\boldsymbol{y}) \geqslant f(\boldsymbol{x}) + (\boldsymbol{y} - \boldsymbol{x})^{\mathrm{T}}\boldsymbol{v}, \ \boldsymbol{y} \in \mathcal{X} \tag{B.16}$$

则目标函数 f 是一个**凸函数**。式(B.16)中的向量 $\boldsymbol{v}$ 可能不是唯一的，称为 f 的**次梯度**。

凸函数 f 的一个重要性质是，对于任意随机向量 $\boldsymbol{X}$，Jensen 不等式成立(见第 2 章的习题 14)：

$$\mathbb{E}f(\boldsymbol{X}) \geqslant f(\mathbb{E}\boldsymbol{X})$$

例 B.6(凸性和方向导数) 多元函数 f 在 $\boldsymbol{x}$ 处沿方向 $\boldsymbol{d}$ 的方向导数定义为 $g(t) := f(\boldsymbol{x} + t\boldsymbol{d})$在 $t=0$ 处的右导数：

$$\lim_{t \downarrow 0} \frac{f(\boldsymbol{x} + t\boldsymbol{d}) - f(\boldsymbol{x})}{t} = \lim_{t \uparrow \infty} t(f(\boldsymbol{x} + \boldsymbol{d}/t) - f(\boldsymbol{x}))$$

这个右导数可能并不总是存在。但是，如果 f 是凸函数，则 f 在其可行域内部 $\boldsymbol{x}$ 处的方向导数(在任意方向 $\boldsymbol{d}$ 上)始终存在。

为了验证这一点，设 $t_1 \geqslant t_2 > 0$。根据 Jensen 不等式，对于可行域内部的任意 $\boldsymbol{x}$ 和 $\boldsymbol{y}$，都有

$$\frac{t_2}{t_1} f(\boldsymbol{y}) + \left(1 - \frac{t_2}{t_1}\right) f(\boldsymbol{x}) \geqslant f\left(\frac{t_2}{t_1}\boldsymbol{y} + \left(1 - \frac{t_2}{t_1}\right)\boldsymbol{x}\right)$$

用 $\boldsymbol{y} = \boldsymbol{x} + t_1\boldsymbol{d}$ 替换，并重新整理上式，可得

$$\frac{f(\boldsymbol{x} + t_1\boldsymbol{d}) - f(\boldsymbol{x})}{t_1} \geqslant \frac{f(\boldsymbol{x} + t_2\boldsymbol{d}) - f(\boldsymbol{x})}{t_2}$$

换句话说，函数 $t \mapsto (f(\boldsymbol{x} + t\boldsymbol{d})) - f(x))/t$ 在 $t > 0$ 时是递增的，因此方向导数满足

$$\lim_{t \downarrow 0} \frac{f(\boldsymbol{x} + t\boldsymbol{d}) - f(\boldsymbol{x})}{t} = \inf_{t > 0} \frac{f(\boldsymbol{x} + t\boldsymbol{d}) - f(\boldsymbol{x})}{t}$$

因此，为了证明方向导数存在，只要证明$(f(\boldsymbol{x} + t\boldsymbol{d}) - f(\boldsymbol{x}))/t$ 有下界就可以了。

由于 $\boldsymbol{x}$ 位于 f 可行域的内部，因此我们可以选择足够小的 t，使得 $\boldsymbol{x} + t\boldsymbol{d}$ 也位于内部。

因此，f 的凸性意味着存在次梯度向量 $\boldsymbol{v}$，使得 $f(\boldsymbol{x}+t\boldsymbol{d})\geqslant f(\boldsymbol{x})+\boldsymbol{v}^{\mathrm{T}}(t\boldsymbol{d})$。换句话说，对于所有 $t>0$，

$$\frac{f(\boldsymbol{x}+t\boldsymbol{d})-f(\boldsymbol{x})}{t}\geqslant \boldsymbol{v}^{\mathrm{T}}\boldsymbol{d}$$

有下界，因此 f 在内部点 $\boldsymbol{x}$ 处的方向导数(任意方向)始终存在。

以严格不等式满足式(B.16)的函数 f 称为**严格凸函数**。如果 $-f$ 是(严格)凸的，则称 f 为(严格)**凹函数**。假设 $\mathcal{X}$ 是一个开集，则 $f\in C^1$ 的凸性等价于，对于所有 $\boldsymbol{x}$，$\boldsymbol{y}\in\mathcal{X}$，有

$$f(\boldsymbol{y})\geqslant f(\boldsymbol{x})+(\boldsymbol{y}-\boldsymbol{x})^{\mathrm{T}}\nabla f(\boldsymbol{x}),\quad \boldsymbol{x},\boldsymbol{y}\in\mathcal{X}$$

此外，对于所有的 $\boldsymbol{x}\in\mathcal{X}$，$f\in C^2$ 的严格凸性等价于 Hessian 矩阵是正定的；对于所有的 $\boldsymbol{x}$，凸性等价于 Hessian 矩阵是半正定的，即对于所有的 $\boldsymbol{y}$ 和 $\boldsymbol{x}$，$\boldsymbol{y}^{\mathrm{T}}(\nabla^2 f(\boldsymbol{x}))\boldsymbol{y}>0$。我们用 $\boldsymbol{H}\succeq 0$ 表示矩阵 $\boldsymbol{H}$ 是半正定的。

例 B.7(凸性和可微性) 如果 f 是连续可微的多元函数，对 f 可行域内部的任何 $\boldsymbol{x}$ 和 $\boldsymbol{x}+\boldsymbol{d}$，当且仅当下面的单变量函数 $g(t)$ 是凸函数时，f 是凸函数。

$$g(t):=f(\boldsymbol{x}+t\boldsymbol{d}),\quad t\in[0,1]$$

这个性质给出了多元可微函数的凸性的另一种定义。

要了解为什么如此，首先假定 f 是凸的，且 $t_1,t_2\in[0,1]$。然后，根据式(B.16)中凸性的次梯度定义，对于某个次梯度 $\boldsymbol{v}$，我们有 $f(\boldsymbol{a})\geqslant f(\boldsymbol{b})+(\boldsymbol{a}-\boldsymbol{b})^{\mathrm{T}}\boldsymbol{v}$。代入 $\boldsymbol{a}=\boldsymbol{x}+t_1\boldsymbol{d}$，$\boldsymbol{b}=\boldsymbol{x}+t_2\boldsymbol{d}$，我们得到

$$g(t_1)\geqslant g(t_2)+(t_1-t_2)\boldsymbol{v}^{\mathrm{T}}\boldsymbol{d}$$

其中，$t_1,t_2\in[0,1]$。因此，g 是凸的，因为对于每个 t_2，次梯度 $\boldsymbol{v}^{\mathrm{T}}\boldsymbol{d}$ 存在。

反过来，假设 g 对于 $t\in[0,1]$ 是凸的。由于 f 是可微的，那么 g 也是可微的。那么，g 的凸性意味着在 0 处存在次梯度 v，使得对于所有 $t\in[0,1]$，$g(t)\geqslant g(0)+tv$。重新整理得

$$v\geqslant\frac{g(t)-g(0)}{t}$$

当 $t\downarrow 0$ 时取右极限，我们得到 $v\geqslant g'(0)=\boldsymbol{d}^{\mathrm{T}}\nabla f(\boldsymbol{x})$。因此，

$$g(t)\geqslant g(0)+tv\geqslant g(0)+t\boldsymbol{d}^{\mathrm{T}}\nabla f(\boldsymbol{x})$$

代入 $t=1$ 得到

$$f(\boldsymbol{x}+\boldsymbol{d})\geqslant f(\boldsymbol{x})+\boldsymbol{d}^{\mathrm{T}}\nabla f(\boldsymbol{x})$$

这样，对于每个 $\boldsymbol{x}$，都存在一个次梯度向量，即 $\nabla f(\boldsymbol{x})$。因此，根据式(B.16)中的定义，f 是凸的。

如果满足以下条件，则形式为式(B.13)的优化规划称为**凸规划问题**。

(1)目标函数 f 是凸函数。

(2)不等式约束函数 $\{g_i\}$ 是凸函数。

(3)等式约束函数 $\{h_i\}$ 是**仿射的**，即等式约束函数的形式为 $\boldsymbol{a}_i^{\mathrm{T}}\boldsymbol{x}-b_i$。这相当于 h_i 和 $-h_i$ 对所有 i 都是凸的。

表 B.1 总结了一些常见的问题，所有这些问题涉及的函数都是凸的，但 $\boldsymbol{A}\nsucceq 0$ 的二次规划问题除外。

表B.1 几类常见的优化问题

名称	$f(\boldsymbol{x})$	约束
线性规划(Linear Program，LP)	$\boldsymbol{c}^{\mathrm{T}}\boldsymbol{x}$	$\boldsymbol{A}\boldsymbol{x}=\boldsymbol{b}$，$\boldsymbol{x}\geqslant 0$
LP的不等式形式	$\boldsymbol{c}^{\mathrm{T}}\boldsymbol{x}$	$\boldsymbol{A}\boldsymbol{x}\leqslant\boldsymbol{b}$
二次规划(Quadratic Program，QP)	$\frac{1}{2}\boldsymbol{x}^{\mathrm{T}}\boldsymbol{A}\boldsymbol{x}+\boldsymbol{b}^{\mathrm{T}}\boldsymbol{x}$	$\boldsymbol{D}\boldsymbol{x}\leqslant\boldsymbol{d}$，$\boldsymbol{E}\boldsymbol{x}=\boldsymbol{e}$
凸二次规划	$\frac{1}{2}\boldsymbol{x}^{\mathrm{T}}\boldsymbol{A}\boldsymbol{x}+\boldsymbol{b}^{\mathrm{T}}\boldsymbol{x}$	$\boldsymbol{D}\boldsymbol{x}\leqslant\boldsymbol{d}$，$\boldsymbol{E}\boldsymbol{x}=\boldsymbol{e}(\boldsymbol{A}\succeq 0)$
凸规划	凸函数 $f(\boldsymbol{x})$	$\{g_i(\boldsymbol{x})\}$是凸的，$\{h_i(\boldsymbol{x})\}$的形式为 $\boldsymbol{a}_i^{\mathrm{T}}\boldsymbol{x}-b_i$

识别凸优化问题或可以转化为凸优化问题的问题可能具有挑战性。但是一旦用公式表示凸优化问题，就可以使用次梯度[112]、捆绑[57]和割平面方法[59]等高效地解决这些问题。

B.2.2 拉格朗日方法

拉格朗日方法的主要组成部分有拉格朗日乘数和拉格朗日函数。该方法由拉格朗日(Lagrange)在1797年针对只具有等式约束的优化问题[即式(B.13)]开发。1951年，库恩(Kuhn)和塔克(Tucker)将拉格朗日方法推广到不等式约束。给定只包含等式约束 $h_i(\boldsymbol{x})=0(i=1,\cdots,m)$的优化问题，**拉格朗日函数**定义为

$$\mathcal{L}(\boldsymbol{x},\boldsymbol{\beta})=f(\boldsymbol{x})+\sum_{i=1}^{m}\beta_i h_i(\boldsymbol{x})$$

其中，系数$\{\beta_i\}$称为**拉格朗日乘数**。点 $\boldsymbol{x}^*$ 成为受等式约束的 $f(\boldsymbol{x})$的局部最小值点的必要条件是，对于某个值 $\boldsymbol{\beta}^*$，有

$$\nabla_{\boldsymbol{x}}\mathcal{L}(\boldsymbol{x}^*,\boldsymbol{\beta}^*)=\boldsymbol{0}$$
$$\nabla_{\boldsymbol{\beta}}\mathcal{L}(\boldsymbol{x}^*,\boldsymbol{\beta}^*)=\boldsymbol{0}$$

如果 $\mathcal{L}(\boldsymbol{x},\boldsymbol{\beta}^*)$是 $\boldsymbol{x}$ 的凸函数，则上述条件也是充分的。

给定包含等式约束和不等式约束的原始优化问题[即式(B.13)]，将**广义拉格朗日函数**定义为

$$\mathcal{L}(\boldsymbol{x},\boldsymbol{\alpha},\boldsymbol{\beta})=f(\boldsymbol{x})+\sum_{i=1}^{k}\alpha_i g_i(\boldsymbol{x})+\sum_{i=1}^{m}\beta_i h_i(\boldsymbol{x})$$

定理B.2 KKT(Karush-Kuhn-Tucker)条件

在优化问题式(B.13)中，要使点 $\boldsymbol{x}^*$ 成为 $f(\boldsymbol{x})$的局部最小值，其必要条件是存在 $\boldsymbol{\alpha}^*$ 和 $\boldsymbol{\beta}^*$，使得

$$\nabla_{\boldsymbol{x}}\mathcal{L}(\boldsymbol{x}^*,\boldsymbol{\alpha}^*,\boldsymbol{\beta}^*)=\boldsymbol{0}$$
$$\nabla_{\boldsymbol{\beta}}\mathcal{L}(\boldsymbol{x}^*,\boldsymbol{\alpha}^*,\boldsymbol{\beta}^*)=\boldsymbol{0}$$
$$g_i(\boldsymbol{x}^*)\leqslant 0,\quad i=1,\cdots,k$$
$$\alpha_i^*\geqslant 0,\quad i=1,\cdots,k$$
$$\alpha_i^* g_i(\boldsymbol{x}^*)=0,\quad i=1,\cdots,k$$

对于凸规划，我们有以下重要结果[18,43]：

- 凸规划问题的每个局部解 $\boldsymbol{x}^*$ 都是全局解，并且全局解的集合是凸的。另外，如果目标函数是严格凸的，则任何全局解都是唯一的。
- 对于目标函数和约束函数为 C^1 的严格凸规划问题，KKT 条件是唯一全局最优解的充分必要条件。

B.2.3 对偶

对偶的目的是针对优化问题提供一种替代公式，该公式的计算效率通常更高，甚至具有一定的理论意义(参见文献[43]第 219 页)。最初的问题[即式(B.13)]称为**原问题**，而基于拉格朗日乘数重新表述的问题称为**对偶问题**。对偶理论与凸优化问题最相关。众所周知，如果原优化问题是(严格)凸的，那么对偶问题是(严格)凹的，并且有一个(唯一的)解，由此可以推导出(唯一的)最优原始解。

原规划[即式(B.13)]的**拉格朗日对偶规划**(也称 Wolfe 对偶)是

$$\begin{aligned}\max_{\alpha,\beta} \quad & \mathcal{L}^*(\boldsymbol{\alpha},\boldsymbol{\beta}) \\ \text{s.t.} \quad & \boldsymbol{\alpha} \geqslant \mathbf{0}\end{aligned}$$

其中，$\mathcal{L}^*$ 是**拉格朗日对偶函数**：

$$\mathcal{L}^*(\boldsymbol{\alpha},\boldsymbol{\beta}) = \inf_{x\in\mathcal{X}} \mathcal{L}(\boldsymbol{x},\boldsymbol{\alpha},\boldsymbol{\beta}) \tag{B.17}$$

它给出了 $\mathcal{L}(\boldsymbol{x},\boldsymbol{\alpha},\boldsymbol{\beta})$ 在所有可能的 $\boldsymbol{x}\in\mathcal{X}$ 中的最好的下界(下确界)。

不难看出，如果 f^* 是原问题的最小值，对于任意 $\boldsymbol{\alpha}\geqslant\mathbf{0}$ 和任意 $\boldsymbol{\beta}$，则 $\mathcal{L}^*(\boldsymbol{\alpha},\boldsymbol{\beta})\leqslant f^*$。这个性质称为**弱对偶**。因此拉格朗日对偶规划确定了 f^* 的最佳下界。如果 d^* 是对偶问题的最优解，则 $d^*\leqslant f^*$。它们的差 f^*-d^* 称为**对偶间隙**。

对偶间隙非常有用，它能为无法直接求解的原问题提供下界。重要的是要注意，对于线性约束问题，如果原问题不可行(没有满足约束条件的解)，那么对偶问题要么不可行，要么无界。相反，如果对偶问题不可行，那么原问题将没有解。至关重要的是**强对偶**定理，它指出对于具有线性约束函数 h_i 和 g_i 的凸规划[即式(B.13)]，对偶间隙为零，满足 KKT 条件的任意 $\boldsymbol{x}^*$ 和$(\boldsymbol{\alpha}^*,\boldsymbol{\beta}^*)$分别是原规划和对偶规划的(全局)解。特别地，这适用于线性规划和凸二次规划(注意，并非所有的二次规划都是凸的)。

对于具有 C^1 目标函数和约束函数的凸的原规划，简单地将拉格朗日函数 $\mathcal{L}(\boldsymbol{x},\boldsymbol{\alpha},\boldsymbol{\beta})$ 的梯度(相对于 $\boldsymbol{x}$)设置为零，就能得到拉格朗日对偶函数[即式(B.17)]。将获得的变量之间的关系代入拉格朗日方程，可以进一步简化对偶规划。

此外，对于凸的原问题，如果存在一个**严格可行点** $\tilde{\boldsymbol{x}}$(即严格满足所有不等式约束的可行点)，则对偶间隙为零，为强对偶。这就是所谓的 Slater 条件(见文献[18]第 226 页)。

拉格朗日对偶问题是鞍点问题或极小化极大(minimax)问题的一个重要例子。在这样的问题中，目标是找到一个点$(\boldsymbol{x}^*,\boldsymbol{y}^*)\in\mathcal{X}\times\mathcal{Y}$，它满足

$$\sup_{y\in\mathcal{Y}}\inf_{x\in\mathcal{X}} f(\boldsymbol{x},\boldsymbol{y}) = \inf_{x\in\mathcal{X}} f(\boldsymbol{x},\boldsymbol{y}^*) = f(\boldsymbol{x}^*,\boldsymbol{y}^*) = \sup_{y\in\mathcal{Y}} f(\boldsymbol{x}^*,\boldsymbol{y}) = \inf_{x\in\mathcal{X}}\sup_{y\in\mathcal{Y}} f(\boldsymbol{x},\boldsymbol{y})$$

而等式

$$\sup_{y\in\mathcal{Y}}\inf_{x\in\mathcal{X}} f(\boldsymbol{x},\boldsymbol{y}) = \inf_{x\in\mathcal{X}}\sup_{y\in\mathcal{Y}} f(\boldsymbol{x},\boldsymbol{y})$$

称为极小化极大等式。其他此类问题还有博弈论中的零和博弈。另请参阅文献[24]，了解许多可以视为极小化极大问题的组合优化问题。

B.3 数值寻根和最小化

为了最小化 C^1 函数 $f: \mathbb{R}^n \to \mathbb{R}$，可以求解

$$\nabla f(\boldsymbol{x}) = \mathbf{0}$$

它给出了 f 的驻点。因此，任何寻根技术都可以尝试定位梯度的根，从而转化为无约束优化方法。但是，如 B.2 节所述，并非所有驻点都是最小值，因此需要考虑其他信息（如果 f 是 C^2，则该信息包含在 Hessian 矩阵中）来确定驻点的类型。

另外，通过在所有 $\boldsymbol{x}$ 上最小化 $\boldsymbol{g}(\boldsymbol{x})$ 的范数，我们可以找到连续函数 $\boldsymbol{g}: \mathbb{R}^n \to \mathbb{R}^n$ 的根。也就是说，通过求解 $\min_{\boldsymbol{x}} f(\boldsymbol{x})$，$f(\boldsymbol{x}) := \|\boldsymbol{g}(\boldsymbol{x})\|_p$，其中对于 $p \geqslant 1$，$\boldsymbol{y} = [y_1, \cdots, y_n]^{\mathrm{T}}$ 的 p 范数定义为

$$\|\boldsymbol{y}\|_p := \left(\sum_{i=1}^{n} |y_i|^p\right)^{1/p}$$

因此，任何约束优化方法或无约束优化方法都可以转化为函数的根定位技术。

从初始猜测 $\boldsymbol{x}_0$ 开始，大多数最小化和寻根算法会使用迭代更新规则创建序列 $\boldsymbol{x}_0$，$\boldsymbol{x}_1$，…

$$\boldsymbol{x}_{t+1} = \boldsymbol{x}_t + \alpha_t \boldsymbol{d}_t, \quad t = 0,1,2,\cdots \tag{B.18}$$

其中，$\alpha_t > 0$ 是步长（通常很小），称为**学习率**，向量 $\boldsymbol{d}_t$ 是步骤 t 的搜索方向。迭代式(B.18)持续进行，直到序列 $\{\boldsymbol{x}_t\}$ 收敛到一个解，或者计算预算已经用尽。这些迭代方法的性能主要取决于初始猜测 $\boldsymbol{x}_0$ 的质量。

式(B.18)形式的迭代优化算法分为两大类：

- **线搜索类型**，其中在迭代步骤 t 时，我们首先计算方向 $\boldsymbol{d}_t$，然后确定沿该方向的合理步长 α_t。例如，在最小化的情况下，对于固定的 $\boldsymbol{x}_t$ 和 $\boldsymbol{d}_t$，可以选择 $\alpha_t > 0$ 来近似最小化 $f(\boldsymbol{x}_t + \alpha \boldsymbol{d}_t)$。
- **信赖域类型**，其中在迭代步骤 t 中，我们首先确定合适的步长 α_t，然后计算近似最佳方向 $\boldsymbol{d}_t$。

接下来几节将回顾几种普通使用的线搜索类型的寻根和优化算法。

B.3.1 牛顿类方法

假设我们希望寻找函数 $\boldsymbol{f}: \mathbb{R}^n \to \mathbb{R}^n$ 的根。如果函数 $\boldsymbol{f}$ 是 C^1 类型的，我们可以在 $\boldsymbol{x}_t$ 点附近近似 $\boldsymbol{f}$：

$$\boldsymbol{f}(\boldsymbol{x}) \approx \boldsymbol{f}(\boldsymbol{x}_t) + \boldsymbol{J}_f(\boldsymbol{x}_t)(\boldsymbol{x} - \boldsymbol{x}_t)$$

其中 $\boldsymbol{J}_f$ 是雅可比矩阵——$\boldsymbol{f}$ 的偏导数矩阵，见式(B.3)。当 $\boldsymbol{J}_f(\boldsymbol{x}_t)$ 可逆时，此线性近似函数具有根 $\boldsymbol{x}_t - \boldsymbol{J}_f^{-1}(\boldsymbol{x}_t)\boldsymbol{f}(\boldsymbol{x}_t)$。这给出了函数 $\boldsymbol{f}$ 寻根的迭代更新公式[即式(B.18)]，方向为 $\boldsymbol{d}_t = -\boldsymbol{J}_f^{-1}(\boldsymbol{x}_t)\boldsymbol{f}(\boldsymbol{x}_t)$，学习率为 $\alpha_t = 1$。这就是用于寻根的**牛顿法**（或 Newton-Raphson 方法）。

有时候，使用满足 Armijo **不精确线搜索条件**的 α_t 代替单位学习率可能会更有效：

$$\|\boldsymbol{f}(\boldsymbol{x}_t + \alpha_t \boldsymbol{d}_t)\| < (1 - \varepsilon_1 \alpha_t)\|\boldsymbol{f}(\boldsymbol{x}_t)\|$$

其中，ε_1 是一个启发式选择的较小的常数，例如 $\varepsilon_1 = 10^{-4}$。对于 C^1 函数，由于连续性，这样的 α_t 总是存在的，可以按照以下算法计算。

算法 B.3.1 求解 $f(x)=0$ 的根的 Newton-Raphson 方法

输入：初始猜测 x 和停止误差 $\varepsilon>0$
输出：$f(x)=0$ 的近似根

1. **while** $\|f(x)\|>\varepsilon$ 且计算预算没有用完 **do**
2. 　求解线性系统 $J_f(x)d=-f(x)$
3. 　$\alpha\leftarrow 1$
4. 　**while** $\|f(x+\alpha d)\|>(1-10^{-4}\alpha)\|f(x)\|$ **do**
5. 　　$\alpha\leftarrow\alpha/2$
6. 　$x\leftarrow x+\alpha d$
7. **返回** x

为了最小化可微函数 $f:\mathbb{R}^n\to\mathbb{R}$，我们可以采用牛顿类寻根方法。我们只需简单尝试定位 f 的梯度为零的点。当 f 是 C^2 函数时，函数$\nabla f:\mathbb{R}^n\to\mathbb{R}^n$ 是连续的，因此∇f 的根指向如下搜索方向：

$$d_t=-H_t^{-1}\nabla f(x_t) \tag{B.19}$$

其中，H_t 是 x_t 处的 Hessian 矩阵(梯度的雅可比矩阵是 Hessian 矩阵)。当学习率 α_t 等于 1 时，更新 $x_t-H_t^{-1}\nabla f(x_t)$可以通过假设 $f(x)$在 x_t 的邻域内近似为二次凸函数来导出，即

$$f(x)\approx f(x_t)+(x-x_t)^{\mathrm{T}}\nabla f(x_t)+\frac{1}{2}(x-x_t)^{\mathrm{T}}H_t(x-x_t) \tag{B.20}$$

然后，将式(B.20)的右侧相对 x 最小化。

下面的算法使用 Armijo **不精确线搜索条件**进行最小化，并防止 Hessian 矩阵可能不是正定的(即其 Cholesky 分解不存在)。

算法 B.3.2 最小化 f(x)的 Newton-Raphson 方法

输入：初始猜测 x，停止误差 $\varepsilon>0$，线搜索参数 $\xi>(0,1)$
输出：$f(x)$的近似最小值点

1. $L\leftarrow I_n$(单位矩阵)
2. **while** $\|\nabla f(x)\|>\varepsilon$ 且计算预算没有用完 **do**
3. 　计算 x 处的 Hessian 矩阵 H
4. 　**if** $H\succ 0$ **then** 　　// Cholesky 分解存在
5. 　　更新 Cholesky 分解因子 L，使之满足 $LL^{\mathrm{T}}=H$
6. 　**else**
7. 　　不更新下三角矩阵 L
8. 　$d\leftarrow -L^{-1}\nabla f(x)$(通过前向替换计算)
9. 　$d\leftarrow L^{-\mathrm{T}}d$(通过后向替换计算)
10. 　$\alpha\leftarrow 1$
11. 　**while** $f(x+\alpha d)>f(x)+\alpha 10^{-4}\nabla f(x)^{\mathrm{T}}d$ **do**
12. 　　$\alpha\leftarrow\alpha\times\xi$
13. 　$x\leftarrow x+\alpha d$
14. **返回** x

所有牛顿类方法的缺点是，它们每一步都需要对 $n\times n$ Hessian 矩阵进行计算和求逆，

该矩阵的计算时间为 $\mathcal{O}(n^3)$，因此对于很大的 n 来说是不可行的。避免这种计算代价的一种方法是使用拟牛顿法，如下所述。

B.3.2　拟牛顿法

拟牛顿法背后的思想是，在 t 迭代步中用满足**割线条件**的 $n\times n$ 矩阵 $\boldsymbol{C}$ 替换式(B.19)中的逆 Hessian 矩阵：

$$\boldsymbol{C}\boldsymbol{g}=\boldsymbol{\delta} \tag{B.21}$$

其中，$\boldsymbol{\delta}\leftarrow\boldsymbol{x}_t-\boldsymbol{x}_{t-1}$ 和 $\boldsymbol{g}\leftarrow\nabla f(\boldsymbol{x}_t)-\nabla f(\boldsymbol{x}_{t-1})$ 是每次在 t 迭代步存储在内存中的向量。根据 Broyden 矩阵族，割线条件得到了满足：对于某个 $\boldsymbol{u}\neq\boldsymbol{0}$ 和 $\boldsymbol{A}$，有

$$\boldsymbol{A}+\frac{1}{\boldsymbol{u}^{\mathrm{T}}\boldsymbol{g}}(\boldsymbol{\delta}-\boldsymbol{A}\boldsymbol{g})\boldsymbol{u}^{\mathrm{T}}$$

由于满足条件式(B.21)的矩阵有无限多，我们需要一种方法来确定每次迭代 t 时的唯一 $\boldsymbol{C}$，以便每一步迭代时以很快的速度计算和存储 $\boldsymbol{C}$，并避免代价较高的矩阵求逆。以下例子说明了如何从 $t=0$ 的初始猜测 $\boldsymbol{C}=\boldsymbol{I}$ 开始，逐步迭代直至有效地更新这样的矩阵 $\boldsymbol{C}$。

例 B.8(低秩 Hessian 矩阵更新)　二次模型[即式(B.20)]可以通过假设 $\exp(-f(\boldsymbol{x}))$ 与某个概率密度成正比来进一步加强，该概率密度可以通过 $\mathcal{N}(\boldsymbol{x}_{t+1},\boldsymbol{H}_t^{-1})$ 分布在 $\boldsymbol{x}_t$ 邻域的概率密度来近似。这种正态近似允许我们测量两个数据对 $(\boldsymbol{x}_1,\boldsymbol{H}_0)$ 和 $(\boldsymbol{x}_2,\boldsymbol{H}_1)$ 之间的**差异**，使用的是分布 $\mathcal{N}(\boldsymbol{x}_1,\boldsymbol{H}_0^{-1})$ 和 $\mathcal{N}(\boldsymbol{x}_2,\boldsymbol{H}_1^{-1})$ 的概率密度之间的 KL 散度(见第 9 章习题 4)：

$$\mathcal{D}(\boldsymbol{x}_1,\boldsymbol{H}_0^{-1}\mid\boldsymbol{x}_2,\boldsymbol{H}_1^{-1}):=\frac{1}{2}\Big(\operatorname{tr}(\boldsymbol{H}_1\boldsymbol{H}_0^{-1})-\ln|\boldsymbol{H}_1\boldsymbol{H}_0^{-1}|+(\boldsymbol{x}_2-\boldsymbol{x}_1)^{\mathrm{T}}\boldsymbol{H}_1(\boldsymbol{x}_2-\boldsymbol{x}_1)-n\Big) \tag{B.22}$$

假设逆 Hessian 矩阵的最新近似值为 $\boldsymbol{C}$，我们希望计算步骤 t 的更新近似值。一种方法是找到一个对称矩阵，最小化它与 $\boldsymbol{C}$ 的 KL 差异，该差异的定义如上所述，并满足约束式(B.21)。换句话说，

$$\begin{aligned}&\min_{\boldsymbol{A}}\quad\mathcal{D}(\boldsymbol{0},\boldsymbol{C}\mid\boldsymbol{0},\boldsymbol{A})\\&\text{s.t.：}\quad\boldsymbol{A}\boldsymbol{g}=\boldsymbol{\delta},\boldsymbol{A}=\boldsymbol{A}^{\mathrm{T}}\end{aligned}$$

此约束优化问题的解(见第 9 章习题 10)给出了 Broyden-Fletcher-Goldfarb-Shanno (BFGS)公式，用于更新矩阵 $\boldsymbol{C}$：

$$\boldsymbol{C}_{\mathrm{BFGS}}=\boldsymbol{C}+\underbrace{\frac{\boldsymbol{g}^{\mathrm{T}}\boldsymbol{\delta}+\boldsymbol{g}^{\mathrm{T}}\boldsymbol{C}\boldsymbol{g}}{(\boldsymbol{g}^{\mathrm{T}}\boldsymbol{\delta})^2}\boldsymbol{\delta}\boldsymbol{\delta}^{\mathrm{T}}-\frac{1}{\boldsymbol{g}^{\mathrm{T}}\boldsymbol{\delta}}(\boldsymbol{\delta}\boldsymbol{g}^{\mathrm{T}}\boldsymbol{C}+(\boldsymbol{\delta}\boldsymbol{g}^{\mathrm{T}}\boldsymbol{C})^{\mathrm{T}})}_{\text{BFGS更新}} \tag{B.23}$$

在实际的实现中，我们在内存中保留 $\boldsymbol{C}$ 的单个副本，并在每次迭代时对其应用 BFGS 更新。注意，如果当前的 $\boldsymbol{C}$ 是对称的，那么更新后的矩阵也是对称的。此外，BFGS 更新是秩为 2 的矩阵。

由于 KL 散度不是对称的，因此可以在式(B.22)中翻转 $\boldsymbol{H}_0$ 和 $\boldsymbol{H}_1$ 的角色，取而代之的是求解

$$\begin{aligned}&\min_{\boldsymbol{A}}\quad\mathcal{D}(\boldsymbol{0},\boldsymbol{A}\mid\boldsymbol{0},\boldsymbol{C})\\&\text{s.t.：}\quad\boldsymbol{A}\boldsymbol{g}=\boldsymbol{\delta},\boldsymbol{A}=\boldsymbol{A}^{\mathrm{T}}\end{aligned}$$

该解(见第 9 章习题 10)给出了 Davidon-Fletcher-Powell(DFP)公式，用于更新矩阵 $\boldsymbol{C}$：

$$C_{\mathrm{DFP}}=C+\underbrace{\frac{\boldsymbol{\delta}\boldsymbol{\delta}^{\mathrm{T}}}{\boldsymbol{g}^{\mathrm{T}}\boldsymbol{\delta}}-\frac{\boldsymbol{C}\boldsymbol{g}\boldsymbol{g}^{\mathrm{T}}\boldsymbol{C}}{\boldsymbol{g}^{\mathrm{T}}\boldsymbol{C}\boldsymbol{g}}}_{\text{DFP更新}} \tag{B.24}$$

注意，如果曲率条件 $\boldsymbol{g}^{\mathrm{T}}\boldsymbol{\delta}>0$ 成立，并且当前的 $\boldsymbol{C}$ 是对称正定的，则其更新也是对称正定的。

例 B. 9(对角 Hessian 矩阵更新) 原始 BFGS 公式需要 $\mathcal{O}(n^2)$ 的存储和计算复杂度，这对于大 n 来说可能是难以管理的。避免二次方代价的一种方法是，每次迭代只存储和更新对角 Hessian 矩阵。如果 $\boldsymbol{C}$ 是对角矩阵，则可能无法满足割线条件[即式(B. 21)]并保持正定性。相反，可以将割线条件[即式(B. 21)]放宽到不等式组 $\boldsymbol{g}\geqslant\boldsymbol{C}^{-1}\boldsymbol{\delta}$，这些不等式与凸函数的**次梯度**定义有关。然后，我们可以通过将 $\mathcal{D}(\boldsymbol{x}_t,\boldsymbol{C}\,|\,\boldsymbol{x}_{t+1},\boldsymbol{A})$ 相对于 $\boldsymbol{A}$ 最小化，并满足约束 $\boldsymbol{A}\boldsymbol{g}\geqslant\boldsymbol{\delta}$，找到唯一的对角矩阵 $\boldsymbol{A}$。该解(见第 9 章习题 15)给出了 $\boldsymbol{C}$ 的对角元素 c_i 的更新公式：

$$c_i\leftarrow\begin{cases}\dfrac{2c_i}{1+\sqrt{1+4c_iu_i^2}}, & \dfrac{2c_i}{1+\sqrt{1+4c_iu_i^2}}\geqslant\delta_i/g_i\\ \delta_i/g_i, & \text{其他}\end{cases} \tag{B.25}$$

其中，$\boldsymbol{u}:=\nabla f(\boldsymbol{x}_t)$，我们假设使用单位学习率：$\boldsymbol{x}_{t+1}=\boldsymbol{x}_t-\boldsymbol{A}\boldsymbol{u}$。

例 B. 10(标量 Hessian 矩阵更新) 如果使用单位矩阵代替式(B. 19)中的 Hessian 矩阵，则将得到**最速下降法**或**梯度下降方法**，其中迭代式(B. 18)退化为 $\boldsymbol{x}_{t+1}=\boldsymbol{x}_t-\alpha_t\nabla f(\boldsymbol{x}_t)$。

最速下降这个名字的依据如下。如果我们从任意点 $\boldsymbol{x}$ 开始，在某个方向上移动无穷小距离，那么函数值将在这个方向做减小最多：$\boldsymbol{u}^*:=-\nabla f(\boldsymbol{x})/\|\nabla f(\boldsymbol{x})\|$。从以下所有单位向量 $\boldsymbol{u}$(即 $\|\boldsymbol{u}\|=1$)的不等式中可以看出：

$$\frac{\mathrm{d}}{\mathrm{d}t}f(\boldsymbol{x}+t\boldsymbol{u}^*)\Big|_{t=0}\leqslant\frac{\mathrm{d}}{\mathrm{d}t}f(\boldsymbol{x}+t\boldsymbol{u})\Big|_{t=0}$$

注意，当且仅当 $\boldsymbol{u}=\boldsymbol{u}^*$ 时，等式成立。此不等式是柯西-施瓦茨不等式的简化结果：

$$-\nabla f^{\mathrm{T}}\boldsymbol{u}\leqslant|\nabla f^{\mathrm{T}}\boldsymbol{u}|\underbrace{\leqslant}_{\text{柯西-施瓦茨}}\|\boldsymbol{u}\|\|\nabla f\|=\|\nabla f\|=-\nabla f^{\mathrm{T}}\boldsymbol{u}^*$$

最速下降迭代 $\boldsymbol{x}_{t+1}=\boldsymbol{x}_t-\alpha_t\nabla f(\boldsymbol{x}_t)$，仍然需要选择合适的学习率 α_t。考虑迭代的另一种方法是假设学习率始终为 1，这样在每次迭代中，对于某个正常数 α_t，我们使用形式为 $\alpha_t\boldsymbol{I}$ 的逆 Hessian 矩阵。用形式为 $\boldsymbol{C}=\alpha\boldsymbol{I}$ 的矩阵来满足割线条件[式(B. 21)]是不可能的。但是，可以选择 α，使得割线条件在方向 $\boldsymbol{g}$(或者 $\boldsymbol{\delta}$)上得到满足。这给出了迭代 t 的学习率的 Barzilai-Borwein 公式：

$$\alpha_t=\frac{\boldsymbol{g}^{\mathrm{T}}\boldsymbol{\delta}}{\|\boldsymbol{g}\|^2}\left(\text{或 }\alpha_t=\frac{\|\boldsymbol{\delta}\|^2}{\boldsymbol{\delta}^{\mathrm{T}}\boldsymbol{g}}\right) \tag{B.26}$$

B. 3. 3 正态近似法

设 $\varphi_{\boldsymbol{H}_t^{-1}}(\boldsymbol{x}-\boldsymbol{x}_{t+1})$ 表示分布 $\mathcal{N}(\boldsymbol{x}_{t+1},\boldsymbol{H}_t^{-1})$ 的概率密度函数。正如我们在例 B. 8 中看到的，$\boldsymbol{x}_t$ 邻域内 f 的二次近似[即式(B. 20)]相当于概率密度函数 $\varphi_{\boldsymbol{H}_t^{-1}}(\boldsymbol{x}-\boldsymbol{x}_{t+1})$ 的负对

数。换句话说，我们使用 $\varphi_{\boldsymbol{H}_t^{-1}}(\boldsymbol{x}-\boldsymbol{x}_{t+1})$作为概率密度的简化模型：

$$\exp(-f(\boldsymbol{x}))/\int \exp(-f(\boldsymbol{y}))\mathrm{d}\boldsymbol{y}$$

正态近似的一个结果是，对于 $\boldsymbol{x}_{t+1}$邻域内的 $\boldsymbol{x}$，有：

$$-\nabla f(\boldsymbol{x}) \approx \frac{\partial}{\partial \boldsymbol{x}} \ln \varphi_{\boldsymbol{H}_t^{-1}}(\boldsymbol{x}-\boldsymbol{x}_{t+1}) = -\boldsymbol{H}_t(\boldsymbol{x}-\boldsymbol{x}_{t+1})$$

换句话说，根据事实 $\boldsymbol{H}_t^{\mathrm{T}}=\boldsymbol{H}_t$，有

$$\nabla f(\boldsymbol{x})[\nabla f(\boldsymbol{x})]^{\mathrm{T}} \approx \boldsymbol{H}_t(\boldsymbol{x}-\boldsymbol{x}_{t+1})(\boldsymbol{x}-\boldsymbol{x}_{t+1})^{\mathrm{T}}\boldsymbol{H}_t$$

左右两边都对 $\boldsymbol{X}\sim\mathcal{N}(\boldsymbol{x}_{t+1},\boldsymbol{H}_t^{-1})$取期望，有

$$\mathbb{E}\,\nabla f(\boldsymbol{X})[\nabla f(\boldsymbol{X})]^{\mathrm{T}} \approx \boldsymbol{H}_t$$

这表明，给定牛顿迭代中过去 h 步计算出的梯度向量：

$$\boldsymbol{u}_i := \nabla f(\boldsymbol{x}_i), \quad i=t-(h-1),\cdots,t$$

Hessian 矩阵 $\boldsymbol{H}_t$ 可以通过平均值来近似：

$$\frac{1}{h}\sum_{i=t-h+1}^{t}\boldsymbol{u}_i\boldsymbol{u}_i^{\mathrm{T}}$$

这种近似的一个缺点是，除非 h 足够大，否则 Hessian 近似 $\sum_{i=t-h+1}^{t}\boldsymbol{u}_i\boldsymbol{u}_i^{\mathrm{T}}$ 不可能满秩，因此不可逆。为了确保 Hessian 近似是可逆的，我们加一个合适的对角矩阵 $\boldsymbol{A}_0$，以获得正则化的近似：

$$\boldsymbol{H}_t \approx \boldsymbol{A}_0+\frac{1}{h}\sum_{i=t-h+1}^{t}\boldsymbol{u}_i\boldsymbol{u}_i^{\mathrm{T}}$$

有了 Hessian 矩阵的满秩近似，式(B. 19)中的牛顿搜索方向变为：

$$\boldsymbol{d}_t=-\left(\boldsymbol{A}_0+\frac{1}{h}\sum_{i=t-h+1}^{t}\boldsymbol{u}_i\boldsymbol{u}_i^{\mathrm{T}}\right)^{-1}\boldsymbol{u}_t \tag{B. 27}$$

因此，通过 Sherman-Morrison 算法(即算法 A. 6. 1)可以在 $\mathcal{O}(h^2n)$时间内计算出 $\boldsymbol{d}_t$。除此之外，搜索方向[见式(B. 27)]可以在 $\mathcal{O}(hn)$时间内高效地更新：

$$\boldsymbol{d}_{t+1}=-\left(\boldsymbol{A}_0+\frac{1}{h}\sum_{i=t-h+2}^{t+1}\boldsymbol{u}_i\boldsymbol{u}_i^{\mathrm{T}}\right)^{-1}\boldsymbol{u}_{t+1}$$

从而避免了通常的计算代价 $\mathcal{O}(h^2n)$(见第 9 章习题 6)。

B. 3. 4 非线性最小二乘法

考虑非线性回归中的平方误差训练损失

$$\ell_\tau(g(\cdot\,|\boldsymbol{\beta}))=\frac{1}{n}\sum_{i=1}^{n}(g(\boldsymbol{x}_i\,|\boldsymbol{\beta})-y_i)^2$$

其中，$g(\cdot\,|\boldsymbol{\beta})$是依赖参数 $\boldsymbol{\beta}$ 的非线性预测函数[例如，式(5. 29)显示了非线性 logistic 预测函数]。训练损失可以写成$\frac{1}{n}\|\boldsymbol{g}(\tau\,|\boldsymbol{\beta})-\boldsymbol{y}\|^2$，其中 $\boldsymbol{g}(\tau\,|\boldsymbol{\beta}):=[g(\boldsymbol{x}_1\,|\boldsymbol{\beta}),\cdots,g(\boldsymbol{x}_n\,|\boldsymbol{\beta})]^{\mathrm{T}}$是输出向量。

我们希望将关于 $\boldsymbol{\beta}$ 的训练损失降到最低。在 B. 3. 1 节的牛顿类方法中，受泰勒展开 $\ell_\tau(g(\cdot\,|\boldsymbol{\beta}))$的启发，可以得到一种迭代最小化算法。相反，给定当前猜测 $\boldsymbol{\beta}_t$，我们可以考虑非线性预测函数 $\boldsymbol{g}$ 的泰勒展开式：

$$g(\tau|\boldsymbol{\beta}) \approx g(\tau|\boldsymbol{\beta}_t) + \boldsymbol{G}_t(\boldsymbol{\beta}-\boldsymbol{\beta}_t)$$

其中，$\boldsymbol{G}_t := \boldsymbol{J}_g(\boldsymbol{\beta}_t)$是$\boldsymbol{\beta}_t$处$g(\tau|\boldsymbol{\beta})$的雅可比矩阵。余项表示为$\boldsymbol{e}_t := g(\tau|\boldsymbol{\beta}_t)-\boldsymbol{y}$，然后，在$\ell_\tau(g(\cdot|\boldsymbol{\beta}))$中将$g(\tau|\boldsymbol{\beta})$用它的泰勒近似替换，我们得到$\boldsymbol{\beta}_t$邻域内训练损失的近似值：

$$\ell_\tau(g(\cdot|\boldsymbol{\beta})) \approx \frac{1}{n}\|\boldsymbol{G}_t(\boldsymbol{\beta}-\boldsymbol{\beta}_t)+\boldsymbol{e}_t\|^2$$

等式右侧的最小化是一个线性最小二乘问题，因此$\boldsymbol{d}_t := \boldsymbol{\beta}-\boldsymbol{\beta}_t$满足正规方程：$\boldsymbol{G}_t^{\mathrm{T}}\boldsymbol{G}_t\boldsymbol{d}_t = \boldsymbol{G}_t^{\mathrm{T}}(-\boldsymbol{e}_t)$。假设$\boldsymbol{G}_t^{\mathrm{T}}\boldsymbol{G}_t$为可逆的，正规方程可以给出高斯-牛顿搜索方向：

$$\boldsymbol{d}_t = -(\boldsymbol{G}_t^{\mathrm{T}}\boldsymbol{G}_t)^{-1}\boldsymbol{G}_t^{\mathrm{T}}\boldsymbol{e}_t$$

与牛顿类算法的搜索方向[见式(B.19)]不同，高斯-牛顿算法的搜索方向不需要计算Hessian矩阵。

请注意，利用高斯-牛顿方法确定$\boldsymbol{d}_t$时，我们将搜索方向视为线性回归的系数，该线性回归特征矩阵为$\boldsymbol{G}_t$、响应为$-\boldsymbol{e}_t$。这表明除了使用线性回归，通过选择合适的正则化参数γ，我们还可以通过**岭回归**来计算$\boldsymbol{d}_t$：

$$\boldsymbol{d}_t = -(\boldsymbol{G}_t^{\mathrm{T}}\boldsymbol{G}_t + n\gamma\boldsymbol{I}_p)^{-1}\boldsymbol{G}_t^{\mathrm{T}}\boldsymbol{e}_t$$

如果我们用对角矩阵$\mathrm{diag}(\boldsymbol{G}_t^{\mathrm{T}}\boldsymbol{G}_t)$替换$n\boldsymbol{I}_p$，则可以得到Levenberg-Marquardt搜索方向：

$$\boldsymbol{d}_t = -(\boldsymbol{G}_t^{\mathrm{T}}\boldsymbol{G}_t + \gamma\,\mathrm{diag}(\boldsymbol{G}_t^{\mathrm{T}}\boldsymbol{G}_t))^{-1}\boldsymbol{G}_t^{\mathrm{T}}\boldsymbol{e}_t \tag{B.28}$$

回想一下，岭回归正则化参数γ对最小二乘解有以下影响：当它为零时，解$\boldsymbol{d}_t$与高斯-牛顿法的搜索方向一致；当γ趋于无穷大时，$\|\boldsymbol{d}_t\|$趋于零。因此，γ能同时控制向量$\boldsymbol{d}_t$的大小和方向。下面是Levenberg-Marquardt算法的一个简化版本。

算法 B.3.3 使用 Levenberg-Marquardt 最小化 $\frac{1}{n}\|g(\tau|\boldsymbol{\beta})-\boldsymbol{y}\|^2$

输入：初始猜测β_0，停止误差$\varepsilon>0$，训练集τ

输出：$\frac{1}{n}\|g(\tau|\boldsymbol{\beta})-\boldsymbol{y}\|^2$的近似最小值点

1. $t\leftarrow 0$和$\gamma\leftarrow 0.01$(或者其他默认值)
2. **while** 不满足停止条件 **do**
3. 　通过式(B.28)计算搜索方向$\boldsymbol{d}_t$
4. 　$\boldsymbol{e}_{t+1}\leftarrow g(\tau|\boldsymbol{\beta}_t+\boldsymbol{d}_t)-\boldsymbol{y}$
5. 　**if** $\|\boldsymbol{e}_{t+1}\|<\|\boldsymbol{e}_t\|$ **then**
6. 　　$\gamma\leftarrow\gamma/10$，$\boldsymbol{e}_{t+1}\leftarrow\boldsymbol{e}_t$，$\boldsymbol{\beta}_{t+1}\leftarrow\boldsymbol{\beta}_t+\boldsymbol{d}_t$
7. 　**else**
8. 　　$\gamma\leftarrow\gamma\times 10$
9. 　$t\leftarrow t+1$
10. **返回** $\boldsymbol{\beta}_t$

B.4 通过惩罚函数进行约束最小化

形式为式(B.13)的约束优化问题有时可以重新表示为更简单的无约束优化问题，例如，无约束集合$\mathcal{Y}$可以通过函数$\boldsymbol{\phi}$：$\mathbb{R}^n\to\mathbb{R}^n$转换到约束问题的可行域$\mathcal{X}$，使得$\mathcal{X}=\boldsymbol{\phi}(\mathcal{Y})$。那么，式(B.13)等价于最小化问题：

$$\min_{\boldsymbol{y}\in\mathcal{Y}} f(\boldsymbol{\phi}(\boldsymbol{y}))$$

从某种意义上说，根据 $\boldsymbol{x}^* = \boldsymbol{\phi}(\boldsymbol{y}^*)$，原问题的解 $\boldsymbol{x}^*$ 可以通过变换后的解 $\boldsymbol{y}^*$ 来获得。表 B.2 列出了一些可能的变换示例。

表 B.2 一些能够消除约束的变换

约束	无约束
$x>0$	$\exp(y)$
$x\geqslant 0$	y^2
$a\leqslant x\leqslant b$	$a+(b-a)\sin^2(y)$

不幸的是，与这些变换结合使用的无约束最小化方法很少有效。相反，更常见的是使用惩罚函数。

惩罚函数的总体思想是，通过在原目标函数上添加加权约束违规项，从而将约束问题转化为无约束问题，前提是新问题有一个与原问题相同或相近的解。

例如，如果只有等式约束，则：

$$\widetilde{f}(\boldsymbol{x}) := f(\boldsymbol{x}) + \sum_{i=1}^{m} a_i \, |h_i(\boldsymbol{x})|^p$$

给定某些常量 $a_1,\cdots,a_m>0$ 和整数 $p\in\{1,2\}$，这给出了精确的惩罚函数，在某种意义上，惩罚函数 $\widetilde{f}$ 的最小值等于 f 的最小值，但要服从 m 个等式约束 $h_1,\cdots,h_m$。对于某些常量 $a_1,\cdots,a_m$，$b_1,\cdots,b_k>0$，若加上不等式约束，则可以使用

$$\widetilde{f}(\boldsymbol{x}) = f(\boldsymbol{x}) + \sum_{i=1}^{m} a_i \, |h_i(\boldsymbol{x})|^p + \sum_{j=1}^{k} b_j \max\{g_j(\boldsymbol{x}),0\}$$

例 B.11(交替方向乘子法) 拉格朗日方法旨在处理等式约束下的凸最小化问题。然而，在某些实用算法中，仍然可以将惩罚函数方法与拉格朗日方法结合使用。**交替方向乘子法**(Alternating Direction Method of Multipliers，ADMM)[17]就是一个例子。ADMM 可以解决以下形式的问题：

$$\begin{gathered}\min_{\boldsymbol{x}\in\mathbb{R}^n,\boldsymbol{z}\in\mathbb{R}^m} \quad f(\boldsymbol{x}) + g(\boldsymbol{z}) \\ \text{s.t.}: \boldsymbol{A}\boldsymbol{x} + \boldsymbol{B}\boldsymbol{z} = \boldsymbol{c}\end{gathered} \tag{B.29}$$

其中，$\boldsymbol{A}\in\mathbb{R}^{p\times n}$，$\boldsymbol{B}\in\mathbb{R}^{p\times m}$，$\boldsymbol{c}\in\mathbb{R}^p$，$f$：$\mathbb{R}^n\to\mathbb{R}$ 和 g：$\mathbb{R}^m\to\mathbb{R}$ 是凸函数。该方法能够形成增广的拉格朗日函数：

$$\mathcal{L}_\varrho(\boldsymbol{x},\boldsymbol{z},\boldsymbol{\beta}) := f(\boldsymbol{x}) + g(\boldsymbol{z}) + \boldsymbol{\beta}^{\mathrm{T}}(\boldsymbol{A}\boldsymbol{x} + \boldsymbol{B}\boldsymbol{z} - \boldsymbol{c}) + \frac{\varrho}{2}\|\boldsymbol{A}\boldsymbol{x} + \boldsymbol{B}\boldsymbol{z} - \boldsymbol{c}\|^2$$

其中，$\varrho>0$ 是惩罚参数，而 $\boldsymbol{\beta}\in\mathbb{R}^p$ 是对偶变量。然后，ADMM 通过以下形式的更新进行迭代：

$$\begin{aligned}\boldsymbol{x}^{(t+1)} &= \underset{\boldsymbol{x}\in\mathbb{R}^n}{\operatorname{argmin}} \mathcal{L}_\varrho(\boldsymbol{x},\boldsymbol{z}^{(t)},\boldsymbol{\beta}^{(t)}) \\ \boldsymbol{z}^{(t+1)} &= \underset{\boldsymbol{z}\in\mathbb{R}^m}{\operatorname{argmin}} \mathcal{L}_\varrho(\boldsymbol{x}^{(t+1)},\boldsymbol{z},\boldsymbol{\beta}^{(t)}) \\ \boldsymbol{\beta}^{(t+1)} &= \boldsymbol{\beta}^{(t)} + \varrho(\boldsymbol{A}\boldsymbol{x}^{(t+1)} + \boldsymbol{B}\boldsymbol{z}^{(t+1)} - \boldsymbol{c})\end{aligned}$$

假设式(B.13)仅具有不等式约束。**障碍函数**是惩罚函数的一个重要例子，可以处理不等式约束。典型的例子是给出无约束优化的**对数障碍函数**：

$$\widetilde{f}(\boldsymbol{x}) = f(\boldsymbol{x}) - v\sum_{j=1}^{k}\ln(-g_j(\boldsymbol{x})), \quad v > 0$$

这样当 $v \to 0$ 时，$\widetilde{f}$ 的最小值就趋向于 f 的最小值。通过无约束最小化算法直接最小化 $\widetilde{f}$ 通常太困难，我们通常将对数障碍函数与拉格朗日方法结合使用，方法如下。

其思想是引入 k 个非负辅助变量或**松弛变量** $s_1, \cdots, s_k$，对所有的 j 满足等式 $g_j(\boldsymbol{x}) + s_j = 0$。对于所有的 j，这些等式确保不等式约束得以保持：$g_j(\boldsymbol{x}) = -s_j \leqslant 0$。然后，代替无约束优化 $\widetilde{f}$，我们考虑拉格朗日函数的无约束优化：

$$\mathcal{L}(\boldsymbol{x}, \boldsymbol{s}, \boldsymbol{\beta}) = f(\boldsymbol{x}) - v\sum_{j=1}^{k}\ln s_j + \sum_{j=1}^{k}\beta_j(g_j(\boldsymbol{x}) + s_j) \tag{B.30}$$

其中，$v>0$，$\boldsymbol{\beta}$ 是等式 $g_j(\boldsymbol{x}) + s_j = 0 (j=1,\cdots,k)$ 的拉格朗日乘子。

注意对数障碍函数如何使松弛变量保持正值。另外，虽然 $\widetilde{f}$ 在 n 维上优化($x \in \mathbb{R}^n$)，但拉格朗日函数 $\mathcal{L}$ 在 $n+2k$ 维上优化。尽管使用变量 $\boldsymbol{s}$ 和 $\boldsymbol{\beta}$ 扩大了搜索空间，但在实践中，优化拉格朗日函数 $\mathcal{L}$ 比直接优化 $\widetilde{f}$ 更容易。

例 B.12(非负数的内点法) 最简单和最常见的约束优化问题之一可以表述为最小化 $f(\boldsymbol{x})$，服从 $\boldsymbol{x}$ 为非负数的约束，即 $\min_{\boldsymbol{x}\geqslant \boldsymbol{0}} f(\boldsymbol{x})$。在这种情况下，具有对数障碍的拉格朗日函数[式(B.30)]为

$$\mathcal{L}(\boldsymbol{x}, \boldsymbol{s}, \boldsymbol{\beta}) = f(\boldsymbol{x}) - v\sum_{k}\ln s_k + \boldsymbol{\beta}^{\mathrm{T}}(\boldsymbol{s} - \boldsymbol{x})$$

定理 B.2 中的 KKT 条件是有最小值点的必要条件，并且给出$[\boldsymbol{x}^{\mathrm{T}}, \boldsymbol{s}^{\mathrm{T}}, \boldsymbol{\beta}^{\mathrm{T}}]^{\mathrm{T}} \in \mathbb{R}^{3n}$ 的非线性系统：

$$\begin{bmatrix} \nabla f(\boldsymbol{x}) - \beta \\ -v/\boldsymbol{s} + \boldsymbol{\beta} \\ \boldsymbol{s} - \boldsymbol{x} \end{bmatrix} = \boldsymbol{0}$$

其中，$v/\boldsymbol{s}$ 是分量为 $\{v/s_j\}$ 的列向量的简写。为了求解该系统，我们可以使用牛顿寻根法(见算法 B.3.1)，这需要一个公式来计算 $\mathcal{L}$ 的雅可比矩阵。这里，这个 $(3n)\times(3n)$ 矩阵为

$$\boldsymbol{J}_{\mathcal{L}}(\boldsymbol{x}, \boldsymbol{s}, \boldsymbol{\beta}) = \begin{bmatrix} \boldsymbol{H} & \boldsymbol{O} & -\boldsymbol{I} \\ \boldsymbol{O} & \boldsymbol{D} & \boldsymbol{I} \\ -\boldsymbol{I} & \boldsymbol{I} & \boldsymbol{O} \end{bmatrix} = \begin{bmatrix} \boldsymbol{H} & \boldsymbol{B} \\ \boldsymbol{B}^{\mathrm{T}} & \boldsymbol{E} \end{bmatrix}$$

其中，$\boldsymbol{H}$ 是 f 在 $\boldsymbol{x}$ 处的 $n\times n$ Hessian 矩阵，$\boldsymbol{D} := \mathrm{diag}\,(v/(\boldsymbol{s}\odot\boldsymbol{s}))$ 是 $n\times n$ 对角矩阵，$\boldsymbol{B} := [\boldsymbol{O}, -\boldsymbol{I}]$[⊖] 是 $n\times(2n)$ 矩阵，且

$$\boldsymbol{E} := \begin{bmatrix} \boldsymbol{D} & \boldsymbol{I} \\ \boldsymbol{I} & \boldsymbol{O} \end{bmatrix} = \begin{bmatrix} \boldsymbol{O} & \boldsymbol{I} \\ \boldsymbol{I} & -\boldsymbol{D} \end{bmatrix}^{-1}$$

此外，我们定义

$$\boldsymbol{H}_v := (\boldsymbol{H} - \boldsymbol{B}\boldsymbol{E}^{-1}\boldsymbol{B}^{\mathrm{T}})^{-1} = (\boldsymbol{H} + \boldsymbol{D})^{-1}$$

使用这种表示法并应用矩阵块式求逆公式[即式(A.14)]，我们得到雅可比矩阵的逆：

$$\begin{bmatrix} \boldsymbol{H} & \boldsymbol{B} \\ \boldsymbol{B}^{\mathrm{T}} & \boldsymbol{E} \end{bmatrix}^{-1} = \begin{bmatrix} \boldsymbol{H}_v & -\boldsymbol{H}_v\boldsymbol{B}\boldsymbol{E}^{-1} \\ -\boldsymbol{E}^{-1}\boldsymbol{B}^{\mathrm{T}}\boldsymbol{H}_v & \boldsymbol{E}^{-1} + \boldsymbol{E}^{-1}\boldsymbol{B}^{\mathrm{T}}\boldsymbol{H}_v\boldsymbol{B}\boldsymbol{E}^{-1} \end{bmatrix} = \begin{bmatrix} \boldsymbol{H}_v & \boldsymbol{H}_v & -\boldsymbol{H}_v\boldsymbol{D} \\ \boldsymbol{H}_v & \boldsymbol{H}_v & \boldsymbol{I} - \boldsymbol{H}_v\boldsymbol{D} \\ -\boldsymbol{D}\boldsymbol{H}_v & \boldsymbol{I} - \boldsymbol{D}\boldsymbol{H}_v & \boldsymbol{D}\boldsymbol{H}_v\boldsymbol{D} - \boldsymbol{D} \end{bmatrix}$$

⊖ 这里，$\boldsymbol{O}$ 是 $n\times n$ 的零矩阵，$\boldsymbol{I}$ 是 $n\times n$ 的单位矩阵。

因此，牛顿寻根法中的搜索方向为

$$-\boldsymbol{J}_{\mathcal{L}}^{-1}\begin{bmatrix}\nabla f(\boldsymbol{x})-\boldsymbol{\beta}\\-v/\boldsymbol{s}+\boldsymbol{\beta}\\\boldsymbol{s}-\boldsymbol{x}\end{bmatrix}=\begin{bmatrix}\mathrm{d}\boldsymbol{x}\\\mathrm{d}\boldsymbol{x}+\boldsymbol{x}-\boldsymbol{s}\\v/\boldsymbol{s}-\boldsymbol{\beta}-\boldsymbol{D}(\mathrm{d}\boldsymbol{x}+\boldsymbol{x}-\boldsymbol{s})\end{bmatrix}$$

其中，

$$\mathrm{d}\boldsymbol{x}:=-(\boldsymbol{H}+\boldsymbol{D})^{-1}[\nabla f(\boldsymbol{x})-2v/\boldsymbol{s}+\boldsymbol{D}\boldsymbol{x}]$$

我们假定 $\boldsymbol{H}+\boldsymbol{D}$ 是一个正定矩阵。如果在迭代步骤中矩阵 $\boldsymbol{H}+\boldsymbol{D}$ 不是正定的，则牛顿寻根算法可能无法收敛。因此，任何实际的实现都必须包括故障保护功能，以防止这种可能性。

总之，对于给定的惩罚参数 $v>0$，我们可以使用算法 B.4.1 中给出的 Newton-Raphson 寻根方法来定位 f 的近似非负最小值。

在实践中，需要选择一个足够小的 v，以便算法 B.4.1 的输出 $\boldsymbol{x}_v$ 能够很好地近似 $\boldsymbol{x}^*=\operatorname{argmin}_{\boldsymbol{x}\geqslant\boldsymbol{0}}f(\boldsymbol{x})$。此外，可以创建惩罚参数的递减序列 $v_1>v_2>\cdots$，并计算惩罚问题的相应解 $\boldsymbol{x}_{v1}$，$\boldsymbol{x}_{v2}$，$\cdots$。在所谓的**内点法中**，给定的 $\boldsymbol{x}_{vi}$ 用作计算 $\boldsymbol{x}_{vi+1}$ 的初始猜测，以此类推，直到对最小值的近似 $\boldsymbol{x}^*=\operatorname{argmin}_{\boldsymbol{x}\geqslant\boldsymbol{0}}f(\boldsymbol{x})$ 被认为是准确的为止。

算法 B.4.1 使用对数障碍法近似 $\boldsymbol{x}^*=\operatorname{argmin}_{\boldsymbol{x}\geqslant\boldsymbol{0}}f(\boldsymbol{x})$

输入： 初始猜测 $\boldsymbol{x}$，停止误差 $\varepsilon>0$

输出： f 的近似非负最小值点 $\boldsymbol{x}_v$

1. $\boldsymbol{s}\leftarrow\boldsymbol{x}$，$\boldsymbol{\beta}\leftarrow v/\boldsymbol{s}$，$\mathrm{d}\boldsymbol{x}\leftarrow\boldsymbol{\beta}$
2. **while** $\|\mathrm{d}\boldsymbol{x}\|>\varepsilon$ 且计算预算没有用完 **do**
3. 　计算 f 在 $\boldsymbol{x}$ 处的梯度 $\boldsymbol{u}$ 和 Hessian 矩阵 $\boldsymbol{H}$
4. 　$\boldsymbol{s}_1\leftarrow v/\boldsymbol{s}$，$\boldsymbol{s}_2\leftarrow\boldsymbol{s}_1/\boldsymbol{s}$，$w\leftarrow2\boldsymbol{s}_1-\boldsymbol{u}-\boldsymbol{s}_2\odot x$
5. 　**if** $(\boldsymbol{H}+\operatorname{diag}(\boldsymbol{s}_2))\succ\boldsymbol{0}$ **then** 　// 如果存在 Cholesky 分解
6. 　　计算 Cholesky 分解因子 $\boldsymbol{L}$，使之满足 $\boldsymbol{L}\boldsymbol{L}^{\mathrm{T}}=\boldsymbol{H}+\operatorname{diag}(\boldsymbol{s}_2)$
7. 　　$\mathrm{d}\boldsymbol{x}\leftarrow L^{-1}\boldsymbol{w}$（通过前向替换计算）
8. 　　$\mathrm{d}\boldsymbol{x}\leftarrow\boldsymbol{L}^{-\mathrm{T}}\mathrm{d}\boldsymbol{x}$（通过后向替换计算）
9. 　**else**
10. 　　$\mathrm{d}\boldsymbol{x}\leftarrow\boldsymbol{w}/\boldsymbol{s}_2$ 　// 如果不存在 Cholesky 分解，执行最速下降法
11. 　$\mathrm{d}\boldsymbol{s}\leftarrow\mathrm{d}\boldsymbol{x}+\boldsymbol{x}-\boldsymbol{s}$，$\mathrm{d}\boldsymbol{\beta}\leftarrow\boldsymbol{s}_1-\boldsymbol{\beta}-\boldsymbol{s}_2\odot\mathrm{d}\boldsymbol{s}$，$\alpha\leftarrow1$
12. 　**while** $\min_j\{s_j+\alpha\mathrm{d}s_j\}<0$ **do**
13. 　　$\alpha\leftarrow\alpha/2$
14. 　$\boldsymbol{x}\leftarrow\boldsymbol{x}+\alpha\mathrm{d}\boldsymbol{x}$，$\boldsymbol{s}\leftarrow\boldsymbol{s}+\alpha\mathrm{d}\boldsymbol{s}$，$\boldsymbol{\beta}\leftarrow\boldsymbol{\beta}+\alpha\mathrm{d}\boldsymbol{\beta}$
15. **返回** $\boldsymbol{x}_v\leftarrow\boldsymbol{x}$

扩展阅读

有关凸优化和拉格朗日对偶的详细介绍，参见文献[18]。关于优化算法，特别是关于拟牛顿法的经典著作是文献[43]。有关交替方向乘子法的更多细节，参见文献[17]。

附录 C

概率与统计

本章旨在补充概率统计的基础和背景。我们回顾了基本概念，例如概率的可加性和乘积规则、随机变量及其概率分布、期望、独立性、条件概率、变换规则、极限定理和马尔可夫链，详细地讨论了多元正态分布的性质，还回顾了统计方面的主要思想，包括估计方法(例如最大似然估计)、置信区间和假设检验。

C.1 随机实验和概率空间

概率论中的基本概念有**随机实验**，结果无法事先确定的实验称为随机实验。数学上，随机实验是通过三元组$(\Omega,\mathcal{H},\mathbb{P})$来建模的，其中：

- Ω 是实验所有可能结果的集合，称为**样本空间**。
- $\mathcal{H}$ 是 Ω 的所有子集的集合，每一个子集都可以分配一个概率，这样的子集称为**事件**。
- $\mathbb{P}$ 是一种**概率测度**，它为每个事件 A 分配一个介于 0 和 1 之间的数字 $\mathbb{P}[A]$，表示随机实验的结果位于 A 中的概率。

任何概率测度 $\mathbb{P}$ 必须满足以下 **Kolmogorov 公理**：

(1)对于每个事件 A，有 $\mathbb{P}[A]\geqslant 0$。

(2)$\mathbb{P}[\Omega]=1$。

(3)对于事件序列 $A_1,A_2,\cdots$,有

$$\mathbb{P}\left[\bigcup_i A_i\right]\leqslant \sum_i \mathbb{P}[A_i] \tag{C.1}$$

当事件不相交(即不重叠)时，上式严格相等。

当式(C.1)作为等式成立时，通常称概率具有**可加性**。简单来说，如果事件可以由若干个互斥事件的和事件组成，那么该事件的概率就是组成事件的概率之和。如果允许事件重叠，那么式(C.1)表示的不等式称为**联合约束**。

在许多应用中，样本空间是可数的，即 $\Omega=\{a_1,a_2,\cdots\}$。在这种情况下，指定概率测度 $\mathbb{P}$ 的最简单方法是先为每个**基本事件**$\{a_i\}$分配一个数字 p_i，使得 $\sum_i p_i=1$，然后定义

$$\mathbb{P}[A]=\sum_{i:a_i\in A} p_i,\ A\subseteq \Omega$$

在这里，事件 $\mathcal{H}$ 的集合等于 Ω 的所有子集的集合。三元组$(\Omega,\mathcal{H},\mathbb{P})$称为**离散概率空间**。这种思想可以像图 C.1 那样用图形表示。每个元素 a_i 用点表示，每个点分配一个权重(即概率)p_i，p_i 的大小用点的大小表示。事件 A 的概率就是 A 中所有点的概率之和。

■ **评注 C.1(等可能性原理)** 当随机实验具有有限数量的**等可能性**结果时，就会出现离散概率空间的特殊情况。在这种情况下，概率测度由下式给出：

$$\mathbb{P}[A]=\frac{|A|}{|\Omega|} \tag{C.2}$$

其中$|A|$表示A事件中结果的总数，而$|\Omega|$是样本空间结果的总数。因此，概率的计算简化为对事件结果的计数，这称为**等可能性原理**(equilikely principle)。 ■

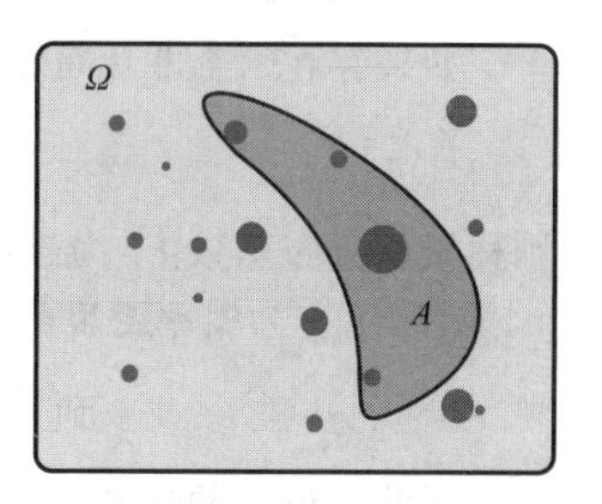

图 C.1 离散概率空间

C.2 随机变量和概率分布

通过表示实验数值度量的"随机变量"来描述随机实验通常很方便。随机变量通常由字母表后面部分的大写字母表示。从数学角度来看，**随机变量**X是从Ω到$\mathbb{R}$的函数，$\{a<X\leqslant b\}:=\{\omega\in\Omega: a<X(\omega)\leqslant b\}$形式的集合为事件(因此可以分配一个概率)。

原则上，涉及随机变量X的所有概率都可以根据其**累积分布函数**(cdf)计算，累积分布函数定义如下：

$$F(x)=\mathbb{P}[X\leqslant x], x\in\mathbb{R}$$

例如，$\mathbb{P}[a<X\leqslant b]=\mathbb{P}[X\leqslant b]-\mathbb{P}[X\leqslant a]=F(b)-F(a)$。图 C.2 展示了一个累积分布函数。请注意，任何累积分布函数都是右连续的、递增的，并且介于 0 和 1 之间。

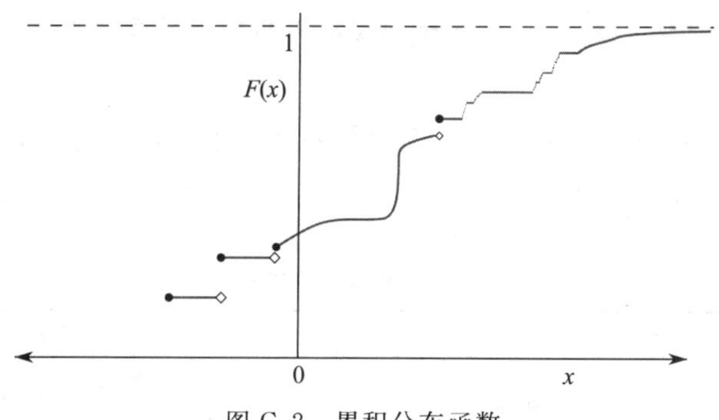

图 C.2 累积分布函数

如果存在数字x_1，x_2，…，并且$0<f(x_i)\leqslant 1$的概率总和为 1，则称累积分布函数F_d为离散的。因此，对于所有的x，有

$$F_d(x)=\sum_{x_i\leqslant x} f(x_i) \tag{C.3}$$

这样的累积分布函数是分段常数，并且在点$x_1, x_2, \cdots$处的大小分别为$f(x_1), f(x_2), \cdots$。函数$f(x)$称为**概率质量函数**或**离散概率密度函数**(pdf)。使用概率密度函数通常比累积分布函数更容易，因为概率可以通过简单地对其求和来计算：

$$\mathbb{P}[X\in B]=\sum_{x\in B} f(x)$$

如图 C.3 所示。

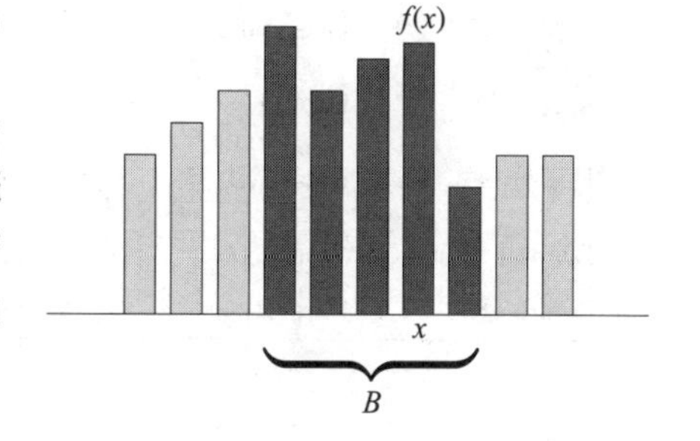

图 C.3 离散概率密度函数，较暗的区域对应于概率$\mathbb{P}[X\in B]$

如果存在一个非负可积函数 f，使得对于所有 x 满足：

$$F_c(x)=\int_{-\infty}^{x} f(u)\,\mathrm{d}u \tag{C.4}$$

则称累积分布函数 F_c 为**连续的**[⊖]。注意，这里 F_c 是可微的(因此是连续的)，其导函数是 f。函数 f 称为**概率密度函数**(连续 pdf)。根据微积分基本定理，我们有：

$$\mathbb{P}[a<X\leqslant b]=F(b)-F(a)=\int_a^b f(x)\,\mathrm{d}x$$

因此，概率的计算可以简化为积分计算，如图 C.4 所示。

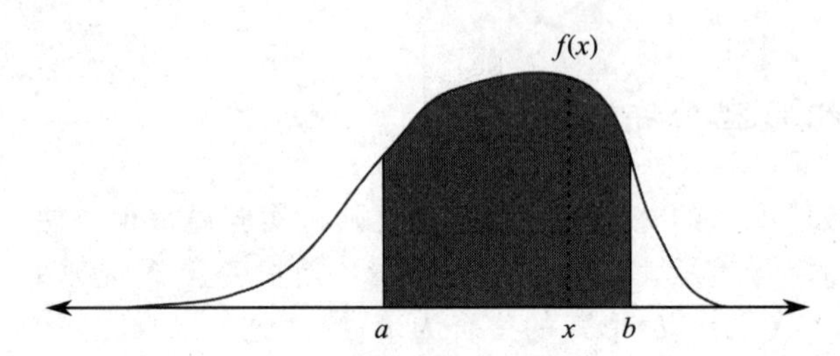

图 C.4 连续概率密度函数，阴影区域对应于概率 $\mathbb{P}[X\in B]$，此处 B 为区间$(a,b]$

■ **评注 C.2(概率密度和概率质量)** 需要注意的是，我们在离散和连续的情况下都特意使用相同的名称，即都使用“概率密度函数”和符号 f，而不区分概率质量函数(probability mass function，pmf)和概率密度函数(pdf)。从理论上讲，pdf 在离散和连续情况下起着完全相同的作用。我们使用符号 $X\sim\mathsf{Dist}$、$X\sim f$ 和 $X\sim F$ 分别表示随机变量 X 服从分布 Dist，X 的概率密度函数为 f 以及累积分布函数为 F。 ■

表 C.1 和表 C.2 列出了许多重要的连续分布和离散分布。注意，表 C.1 中 Γ 是伽马函数：$\Gamma(\alpha)=\int_0^{\infty}\mathrm{e}^{-x}x^{\alpha-1}\mathrm{d}x,\alpha>0$。

表 C.1 常用的连续分布

名称	符号表示	概率密度函数	变量 x 的取值范围	参数
均匀分布	$\mathcal{U}[\alpha,\beta]$	$\frac{1}{\beta-\alpha}$	$[\alpha,\beta]$	$\alpha<\beta$
正态分布	$\mathcal{N}(\mu,\sigma^2)$	$\frac{1}{\sigma\sqrt{2\pi}}\mathrm{e}^{-\frac{1}{2}\left(\frac{x-\mu}{\sigma}\right)^2}$	$\mathbb{R}$	$\sigma>0$，$\mu\in\mathbb{R}$
伽马分布	$\mathsf{Gamma}(\alpha,\lambda)$	$\frac{\lambda^{\alpha}x^{\alpha-1}\mathrm{e}^{-\lambda x}}{\Gamma(\alpha)}$	$\mathbb{R}_+$	$\alpha,\lambda>0$
逆伽马分布	$\mathsf{InvGamma}(\alpha,\lambda)$	$\frac{\lambda^{\alpha}x^{-\alpha-1}\mathrm{e}^{-\lambda x^{-1}}}{\Gamma(\alpha)}$	$\mathbb{R}_+$	$\alpha,\lambda>0$
指数分布	$\mathsf{Exp}(\lambda)$	$\lambda\mathrm{e}^{-\lambda x}$	$\mathbb{R}_+$	$\lambda>0$
贝塔分布	$\mathsf{Beta}(\alpha,\beta)$	$\frac{\Gamma(\alpha+\beta)}{\Gamma(\alpha)\Gamma(\beta)}x^{\alpha-1}(1-x)^{\beta-1}$	$[0,1]$	$\alpha,\beta>0$
Weibull 分布	$\mathsf{Weib}(\alpha,\lambda)$	$\alpha\lambda(\lambda x)^{\alpha-1}\mathrm{e}^{-(\lambda x)^{\alpha}}$	$\mathbb{R}_+$	$\alpha,\lambda>0$
Pareto 分布	$\mathsf{Pareto}(\alpha,\lambda)$	$\alpha\lambda(1+\lambda x)^{-(\alpha+1)}$	$\mathbb{R}_+$	$\alpha,\lambda>0$

⊖ 在高级概率中，我们会说“相对于 Lebesgue 度量绝对连续”。

(续)

名称	符号表示	概率密度函数	变量 x 的取值范围	参数
学生分布	t_v	$\dfrac{\Gamma\left(\frac{v+1}{2}\right)}{\sqrt{v\pi}\,\Gamma\left(\frac{v}{2}\right)}\left(1+\dfrac{x^2}{v}\right)^{-(v+1)/2}$	$\mathbb{R}$	$v>0$
F 分布	$\mathsf{F}(m,n)$	$\dfrac{\Gamma\left(\frac{m+n}{2}\right)(m/n)^{m/2}x^{(m-2)/2}}{\Gamma\left(\frac{m}{2}\right)\Gamma\left(\frac{n}{2}\right)[1+(m/n)x]^{(m+n)/2}}$	$\mathbb{R}_+$	$m,\ n\in\mathbb{N}_+$

Gamma$(n/2,1/2)$分布称为自由度为 n 的**卡方分布**，表示为 χ_n^2。t_1 分布也称为**柯西分布**。

表 C.2 常用的离散分布

名称	符号表示	概率密度函数	变量 x 的取值范围	参数
伯努利分布	Ber(p)	$p^x(1-p)^{1-x}$	$\{0,1\}$	$0\leqslant p\leqslant 1$
二项分布	Bin$(n,\ p)$	$\binom{n}{x}p^x(1-p)^{n-x}$	$\{0,1,\cdots,n\}$	$0\leqslant p\leqslant 1$ $n\in\mathbb{N}$
离散均匀分布	$\mathcal{U}\{1,\cdots,n\}$	$\dfrac{1}{n}$	$\{1,\cdots,n\}$	$n\in\{1,2,\cdots\}$
几何分布	Geom(p)	$p(1-p)^{x-1}$	$\{1,2,\cdots\}$	$0\leqslant p\leqslant 1$
泊松分布	Poi(λ)	$\mathrm{e}^{-\lambda}\dfrac{\lambda^x}{x!}$	$\mathbb{N}$	$\lambda>0$

C.3 期望

考虑随机变量的不同类型的数值特征通常很有用。其中一个量就是期望，它衡量随机分布的平均值或平均水平。

概率密度函数为 f 的随机变量 X 的期望用 $\mathbb{E}X$ 或者 $\mathbb{E}[X]$[⊖](有为 μ)表示，其定义如下：

$$\mathbb{E}X=\begin{cases}\displaystyle\sum_x xf(x) & \text{离散变量}\\ \displaystyle\int_{-\infty}^{\infty}xf(x)\mathrm{d}x & \text{连续变量}\end{cases}$$

如果 X 是随机变量，则 X 的函数[例如 X^2 或 $\sin(X)$]也是随机变量。此外，X 函数的期望值是该函数可能取值的加权平均值。也就是说，对于任何实值函数 h，有

$$\mathbb{E}h(X)=\begin{cases}\displaystyle\sum_x h(x)f(x) & \text{离散变量}\\ \displaystyle\int_{-\infty}^{\infty}h(x)f(x)\mathrm{d}x & \text{连续变量}\end{cases}$$

前提是这样的求和或积分是良好定义的。

随机变量 X 的方差用 $\mathbb{V}\mathrm{ar}X$ 表示(有时候用 σ^2 表示)，其定义为

⊖ 我们只在不清楚关于哪个随机变量计算期望的情况下才使用括号。

$$\mathbb{V}\mathrm{ar}X = \mathbb{E}(X - \mathbb{E}[X])^2 = \mathbb{E}X^2 - (\mathbb{E}X)^2$$

方差的平方根称为**标准差**。表 C.3 列出了一些常用分布的期望和方差。方差和标准差均可以衡量随机变量分布的分散程度。请注意，与使用平方单位的方差不同，标准差使用与随机变量相同的单位来衡量离散程度。

表 C.3 常用分布的期望和方差

分布	期望	方差	分布	期望	方差
Bin(n, p)	np	$np(1-p)$	Gamma(α, λ)	$\frac{\alpha}{\lambda}$	$\frac{\alpha}{\lambda^2}$
Geom(p)	$\frac{1}{p}$	$\frac{1-p}{p^2}$	$\mathcal{N}(\mu, \sigma^2)$	μ	σ^2
Poi(λ)	λ	λ	Beta(α, β)	$\frac{\alpha}{\alpha+\beta}$	$\frac{\alpha\beta}{(\alpha+\beta)^2(1+\alpha+\beta)}$
$\mathcal{U}[\alpha, \beta]$	$\frac{\alpha+\beta}{2}$	$\frac{(\beta-\alpha)^2}{12}$	Weib(α, λ)	$\frac{\Gamma(1/\alpha)}{\alpha\lambda}$	$\frac{2\Gamma(2/\alpha)}{\alpha}-\left(\frac{\Gamma(1/\alpha)}{\alpha\lambda}\right)^2$
Exp (λ)	$\frac{1}{\lambda}$	$\frac{1}{\lambda^2}$	F(m, n)	$\frac{n}{n-2}(n>2)$	$\frac{2n^2(m+n-2)}{m(n-2)^2(n-4)}(n>4)$
t_v	$0(v>1)$	$\frac{v}{v-2}(v>2)$			

有时考虑随机变量 X 的**矩母函数**也是非常有用的，矩母函数 M 的定义如下：

$$M(s) = \mathbb{E}\mathrm{e}^{sX}, \ s \in \mathbb{R} \tag{C.5}$$

当且仅当两个随机变量服从相同的分布时，它们的矩母函数才相同，参见定理 C.12。

例 C.1[Gamma(α,λ)分布的矩母函数] 设 $X \sim \mathrm{Gamma}(\alpha,\lambda)$。对于 $s<\lambda$，X 在 s 处的矩母函数由下式给出：

$$\begin{aligned} M(s) = \mathbb{E}\mathrm{e}^{sX} &= \int_0^\infty \mathrm{e}^{sx}\frac{\mathrm{e}^{-\lambda x}\lambda^\alpha x^{\alpha-1}}{\Gamma(\alpha)}\mathrm{d}x \\ &= \left(\frac{\lambda}{\lambda-s}\right)^\alpha \int_0^\infty \underbrace{\frac{\mathrm{e}^{-(\lambda-s)x}(\lambda-s)^\alpha x^{\alpha-1}}{\Gamma(\alpha)}}_{\mathrm{Gamma}(\alpha,\lambda-s)\text{的概率密度函数}}\mathrm{d}x = \left(\frac{\lambda}{\lambda-s}\right)^\alpha \end{aligned}$$

对于 $s \geqslant \lambda$，$M(s)=\infty$。有趣的是，矩母函数的公式比概率密度函数简单得多。

C.4 联合分布

随机向量和随机过程的分布可以用与随机变量相同的方式来指定。特别地，随机向量 $\boldsymbol{X}=[X_1,\cdots,X_n]^\mathrm{T}$ 的分布完全由**联合累积分布函数** F 来确定，F 的定义为

$$F(x_1,\cdots,x_n) = \mathbb{P}[X_1 \leqslant x_1,\cdots,X_n \leqslant x_n], \quad x_i \in \mathbb{R}, \quad i = 1,\cdots,n$$

随机过程的分布也类似，对于某些索引集 $\mathscr{T}$，随机变量的集合 $\{X_t, t\in\mathscr{T}\}$ 完全由其有限维分布决定，具体来说，对于每个 n 和 $t_1,\cdots,t_n$，是由随机向量 $[X_{t_1},\cdots,X_{t_n}]^\mathrm{T}$ 的分布来决定。

与一维情况类似，在 $\mathbb{R}^n$ 中取值的随机向量 $\boldsymbol{X}=[X_1,\cdots,X_n]^\mathrm{T}$ 被认为具有概率密度函数 f，在连续情况下，对于所有 n 维矩形 B，有

$$\mathbb{P}[\boldsymbol{X} \in B] = \int_B f(\boldsymbol{x}) \mathrm{d}\boldsymbol{x} \tag{C.6}$$

在离散情况下，则用求和公式代替积分公式。该概率密度也称为 $X_1, \cdots, X_n$ 的**联合概率密度**。单个变量的概率密度(也称为**边缘概率密度**)，可以通过“对其他变量积分”从联合概率密度中获得。例如，对于概率密度为 f 的连续随机向量$[X, Y]^{\mathrm{T}}$，X 的边缘概率密度 f_X 由下式给出：

$$f_X(x) = \int f(x, y) \mathrm{d}y$$

C.5 条件分布与独立分布

条件概率和条件分布可模拟随机实验的附加信息。独立性用于模拟缺少此类信息的情况。

C.5.1 条件概率

假设某个事件 $B \subseteq \Omega$ 发生，当且仅当 $A \cap B$ 发生时事件 A 才发生，因此，在 $\mathbb{P}[B] > 0$ 的前提下，A 发生的相对概率为 $\mathbb{P}[A \cap B] / \mathbb{P}[B]$。这就引出了条件概率的定义，$B$ 事件发生的条件下事件 A 发生的条件概率为

$$\mathbb{P}[A \mid B] = \frac{\mathbb{P}[A \cap B]}{\mathbb{P}[B]}, \quad \mathbb{P}[B] > 0 \tag{C.7}$$

如果 $\mathbb{P}[B] = 0$，则上述定义将失效，所以必须谨慎地对待这种条件概率[11]。

条件概率定义的三个重要结果如下：

- **乘法公式**：对于事件序列 A_1，A_2，$\cdots$，A_n，
$$\mathbb{P}[A_1 \cdots A_n] = \mathbb{P}[A_1]\mathbb{P}[A_2 \mid A_1]\mathbb{P}[A_3 \mid A_1 A_2] \cdots \mathbb{P}[A_n \mid A_1 \cdots A_{n-1}] \tag{C.8}$$
其中缩写 $A_1 A_2 \cdots A_k := A_1 \cap A_2 \cap \cdots \cap A_k$。
- **全概率公式**：如果根据$\{B_i\}$对 Ω **划分**(即 $B_i \cap B_j = \varnothing$，$i \neq j$ 且 $\bigcup_i B_i = \Omega$)，则对于任何事件 A，有
$$\mathbb{P}[A] = \sum_i \mathbb{P}[A \mid B_i]\mathbb{P}[B_i] \tag{C.9}$$
- **贝叶斯公式**：若根据$\{B_i\}$对 Ω 划分，则对于 $\mathbb{P}[A] > 0$ 的事件 A，有
$$\mathbb{P}[B_j \mid A] = \frac{\mathbb{P}[A \mid B_j]\mathbb{P}[B_j]}{\sum_i \mathbb{P}[A \mid B_i]\mathbb{P}[B_i]} \tag{C.10}$$

C.5.2 独立性

如果 B 发生不会改变 A 发生的概率，那么就称两个事件 A 和 B 为**独立的**。也就是说，A 和 B 独立$\Leftrightarrow \mathbb{P}[A \cap B] = \mathbb{P}[A]$。由于 $\mathbb{P}[A \mid B]\mathbb{P}[B] = \mathbb{P}[A \cap B]$，因此独立性的另一种定义是

$$A \text{ 和 } B \text{ 独立} \Leftrightarrow \mathbb{P}[A \cap B] = \mathbb{P}[A]\mathbb{P}[B]$$

该定义涵盖了 $\mathbb{P}[B] \equiv 0$ 的情况，并且可以扩展为任意多个事件的情况。对于任意 k 和任意不同下标的索引 $i_1, \cdots, i_k$，如果满足

$$\mathbb{P}[A_{i_1} \cap A_{i_2} \cap \cdots \cap A_{i_k}] = \mathbb{P}[A_{i_1}]\mathbb{P}[A_{i_2}] \cdots \mathbb{P}[A_{i_k}]$$

则认为事件 $A_1, A_2 \cdots$ 是相互独立的。

独立性的概念也可以用随机变量来表述。对于 n 个不同下标 $i_1,\cdots,i_n$ 和值 $x_{i_1},\cdots,x_{i_n}$ 的所有有限选择，如果事件$\{X_{i_1}\leqslant x_{i_1}\},\cdots,\{X_{i_n}\leqslant x_{i_n}\}$是独立的，则随机变量 $X_1,X_2,\cdots$是相互独立的。

独立随机变量的重要特征见定理 C.1(有关证明，见文献[101])。

定理 C.1　独立性特征

随机变量 $X_1,\cdots,X_n$ 的边缘概率密度分别为 $f_{X_1},\cdots,f_{X_n}$，联合概率密度为 f，该随机变量相互独立的条件是当且仅当以下情况成立：

$$f(x_1,\cdots,x_n)=f_{X_1}(x_1)\cdots f_{X_n}(x_n),\quad x_1,\cdots,x_n \tag{C.11}$$

许多概率模型涉及的随机变量 $X_1,X_2,\cdots$都是**独立同分布**的，“独立同分布”简写为 iid。

C.5.3　期望和协方差

与一维随机变量类似，随机向量 $\boldsymbol{X}\sim f$ 的实值函数 h 的期望是 $h(\boldsymbol{X})$所有可能取值的加权平均值。具体而言，在连续情况下，$\mathbb{E}h(\boldsymbol{X})=\int h(\boldsymbol{x})f(\boldsymbol{x})\mathrm{d}\boldsymbol{x}$。在离散情况下，用求和公式代替这个多维积分公式。利用这个结果，不难证明对于任何独立或非独立随机变量 $X_1,\cdots,X_n$ 的集合，有

$$\mathbb{E}[a+b_1X_1+b_2X_2+\cdots+b_nX_n]=a+b_1\mathbb{E}X_1+\cdots+b_n\mathbb{E}X_n \tag{C.12}$$

其中 $a,b_1,\cdots,b_n$ 是常数。此外，对于相互独立的随机变量，有

$$\mathbb{E}[X_1X_2\cdots X_n]=\mathbb{E}X_1\mathbb{E}X_2\cdots\mathbb{E}X_n \tag{C.13}$$

我们把它的证明过程留作练习。

数学期望分别是 μ_X 和 μ_Y 的两个随机变量 X 和 Y 的协方差为

$$\mathbb{C}\mathrm{ov}(X,Y)=\mathbb{E}[(X-\mu_X)(Y-\mu_Y)]$$

这是变量之间线性相关性的度量。设 $\sigma_X^2=\mathbb{V}\mathrm{ar}X$，$\sigma_Y^2=\mathbb{V}\mathrm{ar}Y$，协方差可以按比例表示成**相关系数**的形式：

$$\varrho(X,Y)=\frac{\mathbb{C}\mathrm{ov}\ (X,Y)}{\sigma_X\sigma_Y}$$

根据方差和协方差的定义，可直接得到以下性质：

(1)$\mathbb{V}\mathrm{av}\ X=\mathbb{E}X^2-\mu_X^2$。

(2)$\mathbb{V}\mathrm{ar}[aX+b]=a^2\sigma_X^2$。

(3)$\mathbb{C}\mathrm{ov}(X,Y)=\mathbb{E}[XY]-\mu_X\mu_Y$。

(4)$\mathbb{C}\mathrm{ov}(X,Y)=\mathbb{C}\mathrm{ov}\ (Y,X)$。

(5)$-\sigma_X\sigma_Y\leqslant\mathbb{C}\mathrm{ov}(X,Y)\leqslant\sigma_X\sigma_Y$。

(6)$\mathbb{C}\mathrm{ov}(aX+bY,Z)=a\mathbb{C}\mathrm{ov}(X,Z)+b\ \mathbb{C}\mathrm{ov}(Y,Z)$。

(7)$\mathbb{C}\mathrm{ov}(X,X)=\sigma_X^2$。

(8)$\mathbb{V}\mathrm{ar}[X+Y]=\sigma_X^2+\sigma_Y^2+2\mathbb{C}\mathrm{ov}(X,Y)$。

(9)如果 X 和 Y 相互独立，则 $\mathbb{C}\mathrm{ov}(X,Y)=0$。

作为性质(2)和(8)的结果，对于任何方差为 $\sigma_1^2,\cdots,\sigma_h^2$ 的独立随机变量序列 $X_1,\cdots,X_n$，我们都有

$$\mathbb{V}\mathrm{ar}[a_1X_1+a_2X_2+\cdots+a_nX_n]=a_1^2\sigma_1^2+a_2^2\sigma_2^2+\cdots+a_n^2\sigma_n^2 \tag{C.14}$$

其中 $a_1,\cdots,a_n$ 为任意常数。

对于随机列向量，例如 $\boldsymbol{X}\equiv[X_1,\cdots,X_n]^{\mathrm{T}}$，用向量和矩阵表示法写期望和协方差很方便。对于随机向量 $\boldsymbol{X}$，我们将其期望定义为由每个分量的期望构成的向量：

$$\boldsymbol{\mu}=[\mu_1,\cdots,\mu_n]^{\mathrm{T}}=[\mathbb{E}X_1,\cdots,\mathbb{E}X_n]^{\mathrm{T}}$$

协方差矩阵 $\boldsymbol{\Sigma}$ 定义为下面这种形式，即矩阵中第 (i,j) 个元素为

$$\mathbb{C}\mathrm{ov}(X_i,X_j)=\mathbb{E}[(X_i-\mu_i)(X_j-\mu_j)]$$

如果我们以向量或矩阵形式定义期望，那么可以简洁地写作

$$\boldsymbol{\mu}=\mathbb{E}\boldsymbol{X}$$

$$\boldsymbol{\Sigma}=\mathbb{E}[(\boldsymbol{X}-\boldsymbol{\mu})(\boldsymbol{X}-\boldsymbol{\mu})^{\mathrm{T}}] \tag{C.15}$$

下面是矩阵迹的循环特性(见定理 A.1)的一个实用应用。

定理 C.2 二次型的期望

设 $\boldsymbol{A}$ 为 $n\times n$ 矩阵，$\boldsymbol{X}$ 为具有期望向量 $\boldsymbol{\mu}$ 和协方差矩阵 $\boldsymbol{\Sigma}$ 的 n 维随机向量。随机变量 $Y:=\boldsymbol{X}^{\mathrm{T}}\boldsymbol{A}\boldsymbol{X}$ 的期望为 $\mathrm{tr}(\boldsymbol{A}\boldsymbol{\Sigma})+\boldsymbol{\mu}^{\mathrm{T}}\boldsymbol{A}\boldsymbol{\mu}$

证明 由于 Y 是一个标量，所以它的迹等于它本身。现在，使用循环特性即可得到：$\mathbb{E}Y=\mathbb{E}\mathrm{tr}(Y)=\mathbb{E}\mathrm{tr}(\boldsymbol{X}^{\mathrm{T}}\boldsymbol{A}\boldsymbol{X})=\mathbb{E}\mathrm{tr}(\boldsymbol{A}\boldsymbol{X}\boldsymbol{X}^{\mathrm{T}})=\mathrm{tr}(\boldsymbol{A}\mathbb{E}[\boldsymbol{X}\boldsymbol{X}^{\mathrm{T}}])=\mathrm{tr}(\boldsymbol{A}(\boldsymbol{\Sigma}+\boldsymbol{\mu}\boldsymbol{\mu}^{\mathrm{T}}))=\mathrm{tr}(\boldsymbol{A}\boldsymbol{\Sigma})+\mathrm{tr}(\boldsymbol{A}\boldsymbol{\mu}\boldsymbol{\mu}^{\mathrm{T}})=\mathrm{tr}(\boldsymbol{A}\boldsymbol{\Sigma})+\boldsymbol{\mu}^{\mathrm{T}}\boldsymbol{A}\boldsymbol{\mu}$。 ■

C.5.4 条件密度和条件期望

假设随机变量 X 和 Y 都是离散的或都是连续的，并且联合概率密度函数为 f，$f_X(x)>0$。那么，给定 $X=x$ 的条件 Y 的**条件概率密度函数**为

$$f_{Y\mid X}(y\mid x)=\frac{f(x,y)}{f_X(x)} \tag{C.16}$$

在离散情况下，公式可由式(C.7)直接转换而来，即 $f_{Y\mid X}(y\mid x)=\mathbb{P}[Y=y\mid X=x]$。在连续情况下，可以使用类似于密度的解释，参见文献[101]第 221 页。给定 $X=x$，Y 的相应分布称为条件分布。注意，式(C.16)表明：

$$f(x,y)=f_X(x)f_{Y\mid X}(y\mid x)$$

在给出边缘 pdf 和条件概率密度函数时，它比给出联合概率密度函数更有用。更一般地说，对于 n 维情况，我们有

$$f(x_1,\cdots,x_n)=f_{X_1}(x_1)f_{X_2\mid X_1}(x_2\mid x_1)\cdots f_{X_n\mid X_1,\cdots,X_{n-1}}(x_n\mid x_1,\cdots,x_{n-1}) \tag{C.17}$$

从本质上讲，这是以概率密度的形式对乘法公式[即式(C.8)]的重新表述。

由于条件 pdf 具有普通 pdf 的所有性质，因此我们可以定义条件分布的期望。给定 $X=x$，随机变量 Y 的条件期望定义为

$$\mathbb{E}[Y\mid X=x]=\begin{cases}\sum_y y f_{Y\mid X}(y\mid x) & \text{离散变量}\\ \int y f_{Y\mid X}(y\mid x)\,\mathrm{d}y & \text{连续变量}\end{cases} \tag{C.18}$$

注意，$\mathbb{E}[Y\mid X=x]$ 是 x 的函数，相应的随机变量写为 $\mathbb{E}[Y\mid X]$。当条件为一系列随机变量 $X_1,\cdots,X_n$ 时，也可以使用类似的形式。条件期望具有与普通期望相似的性质，其他有用的性质有(具体可参考[127])：

(1)**塔性质**(Tower property)：如果 $\mathbb{E}Y$ 存在，则

$$\mathbb{E}\mathbb{E}[Y \mid X] = \mathbb{E}Y \tag{C.19}$$

(2)**提取条件事件**：如果 $\mathbb{E}Y$ 存在，则

$$\mathbb{E}[XY \mid X] = X\mathbb{E}[Y \mid X]$$

C.6 随机变量的函数

设 $\boldsymbol{x}=[x_1,\cdots,x_n]^{\mathrm{T}}$ 是 $\mathbb{R}^n$ 中的列向量，$\boldsymbol{A}$ 是 $m\times n$ 矩阵。映射 $\boldsymbol{x}\mapsto\boldsymbol{z}$ 是线性变换，其中 $\boldsymbol{z}=\boldsymbol{A}\boldsymbol{x}$，如 A.1 节所述。现在考虑随机向量 $\boldsymbol{X}=[X_1,\cdots,X_n]^{\mathrm{T}}$，令 $\boldsymbol{Z}:=\boldsymbol{A}\boldsymbol{X}$，那么 $\boldsymbol{Z}$ 是 $\mathbb{R}^m$ 中的随机向量。定理 C.3 详细给出了 $\boldsymbol{Z}$ 的分布与 $\boldsymbol{X}$ 的分布相关的原因。

定理 C.3 线性变换

如果 $\boldsymbol{X}$ 具有期望向量 $\boldsymbol{\mu}_{\boldsymbol{X}}$ 和协方差矩阵 $\boldsymbol{\Sigma}_{\boldsymbol{X}}$，则 $\boldsymbol{Z}$ 的期望向量为

$$\boldsymbol{\mu}_{\boldsymbol{Z}} = \boldsymbol{A}\boldsymbol{\mu}_{\boldsymbol{X}} \tag{C.20}$$

$\boldsymbol{Z}$ 的协方差矩阵为

$$\boldsymbol{\Sigma}_{\boldsymbol{Z}} = \boldsymbol{A}\boldsymbol{\Sigma}_{\boldsymbol{X}}\boldsymbol{A}^{\mathrm{T}} \tag{C.21}$$

另外，如果 $\boldsymbol{A}$ 是可逆的 $n\times n$ 矩阵，$\boldsymbol{X}$ 是概率密度为 $f_{\boldsymbol{X}}$ 的连续随机向量，则连续随机向量 $\boldsymbol{Z}=\boldsymbol{A}\boldsymbol{X}$ 的概率密度函数为

$$f_{\boldsymbol{Z}}(\boldsymbol{z}) = \frac{f_{\boldsymbol{X}}(\boldsymbol{A}^{-1}\boldsymbol{z})}{|\det(\boldsymbol{A})|}, \quad \boldsymbol{z}\in\mathbb{R}^n \tag{C.22}$$

其中，$|\det(\boldsymbol{A})|$ 代表 $\boldsymbol{A}$ 的行列式的绝对值。

证明 我们有 $\boldsymbol{\mu}_{\boldsymbol{Z}}=\mathbb{E}\boldsymbol{Z}=\mathbb{E}[\boldsymbol{A}\boldsymbol{X}]=\boldsymbol{A}\mathbb{E}\boldsymbol{X}=\boldsymbol{A}\boldsymbol{\mu}_{\boldsymbol{X}}$ 和

$$\begin{aligned}\boldsymbol{\Sigma}_Z &= \mathbb{E}[(\boldsymbol{Z}-\boldsymbol{\mu}_{\boldsymbol{Z}})(\boldsymbol{Z}-\boldsymbol{\mu}_{\boldsymbol{Z}})^{\mathrm{T}}] = \mathbb{E}[\boldsymbol{A}(\boldsymbol{X}-\boldsymbol{\mu}_{\boldsymbol{X}})(\boldsymbol{A}(\boldsymbol{X}-\boldsymbol{\mu}_{\boldsymbol{X}}))^{\mathrm{T}}]\\ &= \boldsymbol{A}\mathbb{E}[(\boldsymbol{X}-\boldsymbol{\mu}_{\boldsymbol{X}})(\boldsymbol{X}-\boldsymbol{\mu}_{\boldsymbol{X}})^{\mathrm{T}}]\boldsymbol{A}^{\mathrm{T}}\\ &= \boldsymbol{A}\boldsymbol{\Sigma}_{\boldsymbol{X}}\boldsymbol{A}^{\mathrm{T}}\end{aligned}$$

由于 $\boldsymbol{A}$ 可逆、$\boldsymbol{X}$ 连续，令 $\boldsymbol{z}=\boldsymbol{A}\boldsymbol{x}$，则 $\boldsymbol{x}=\boldsymbol{A}^{-1}\boldsymbol{z}$。考虑 n 维立方体 $C=[z_1,z_1+h]\times\cdots\times[z_n,z_n+h]$，那么，根据 $\boldsymbol{Z}$ 的联合概率密度定义，有

$$\mathbb{P}[\boldsymbol{Z}\in C] \approx h^n f_{\boldsymbol{Z}}(\boldsymbol{z})$$

设 D 为 $\boldsymbol{A}^{-1}$ 下 C 的映像，即所有点 $\boldsymbol{x}$ 满足 $\boldsymbol{A}\boldsymbol{x}\in C$。根据 A.1 节，任何矩阵 $\boldsymbol{B}$ 都能将体积为 V 的 n 维矩形线性变换到体积为 $V|\det(\boldsymbol{B})|$ 的 n 维平行六面体。因此，除了上面 $\mathbb{P}[\boldsymbol{Z}\in C]$ 的表达式，我们还有

$$\mathbb{P}[\boldsymbol{Z}\in C] = \mathbb{P}[\boldsymbol{X}\in D] \approx h^n|\det(\boldsymbol{A}^{-1})|f_{\boldsymbol{X}}(\boldsymbol{x}) = h^n|\det(\boldsymbol{A})|^{-1}f_{\boldsymbol{X}}(\boldsymbol{x})$$

通过将 $\mathbb{P}[\boldsymbol{Z}\in C]$ 的两个表达式表示为等式，同时将等式两边都除以 h^n，然后让 h 趋于 0，我们得到式(C.22)。 ■

为了推广线性变换规则[即式(C.22)]，考虑任意映射 $\boldsymbol{x}\mapsto\boldsymbol{g}(\boldsymbol{x})$，将其写为

$$\begin{bmatrix}x_1\\x_2\\\vdots\\x_n\end{bmatrix}\mapsto\begin{bmatrix}g_1(\boldsymbol{x})\\g_2(\boldsymbol{x})\\\vdots\\g_n(\boldsymbol{x})\end{bmatrix}$$

定理 C.4 变换规则

设 $\boldsymbol{X}$ 为连续随机变量的 n 维向量，概率密度为 $f_{\boldsymbol{X}}$。设 $\boldsymbol{Z}=\boldsymbol{g}(\boldsymbol{X})$，其中 $\boldsymbol{g}$ 是可逆映射，其逆矩阵为 $\boldsymbol{g}^{-1}$，雅可比矩阵为 $\boldsymbol{J}_{\boldsymbol{g}}$，即 $\boldsymbol{g}$ 的偏导数矩阵。那么，在 $\boldsymbol{z}=\boldsymbol{g}(\boldsymbol{x})$处，随机向量 $\boldsymbol{Z}$ 的概率密度函数为

$$f_{\boldsymbol{Z}}(\boldsymbol{z})=\frac{f_{\boldsymbol{X}}(\boldsymbol{x})}{|\det(\boldsymbol{J}_{\boldsymbol{g}}(\boldsymbol{x}))|}=f_{\boldsymbol{X}}(\boldsymbol{g}^{-1}(\boldsymbol{z}))\,|\det(\boldsymbol{J}_{\boldsymbol{g}^{-1}}(\boldsymbol{z}))|,\ \boldsymbol{z}\in\mathbb{R}^n \tag{C.23}$$

证明 对于固定的 $\boldsymbol{x}$，设 $\boldsymbol{z}=\boldsymbol{g}(\boldsymbol{x})$，因此 $\boldsymbol{x}=\boldsymbol{g}^{-1}(\boldsymbol{z})$。在 $\boldsymbol{x}$ 的邻域内，对于小向量 $\boldsymbol{\delta}$，函数 $\boldsymbol{g}$ 的表现类似于线性函数，即 $\boldsymbol{g}(\boldsymbol{x}+\boldsymbol{\delta})\approx\boldsymbol{g}(\boldsymbol{x})+\boldsymbol{J}_{\boldsymbol{g}}(\boldsymbol{x})\boldsymbol{\delta}$，参见 B.1 节。因此，$\boldsymbol{x}$ 处体积为 V 的无穷小 n 维矩形可变换为 $\boldsymbol{z}$ 处体积为 $V|\det(\boldsymbol{J}_{\boldsymbol{g}}(\boldsymbol{x}))$的无穷小 n 维平行六面体。现在，就像线性函数的证明一样，令 C 为围绕 $\boldsymbol{z}=\boldsymbol{g}(\boldsymbol{x})$且体积为 h^n 的小立方体，D 为 $\boldsymbol{g}^{-1}$ 下 C 的映像，那么，

$$h^n f_{\boldsymbol{Z}}(\boldsymbol{z})\approx\mathbb{P}[\boldsymbol{Z}\in C]\approx h^n\,|\det(\boldsymbol{J}_{\boldsymbol{g}^{-1}}(\boldsymbol{z}))|\,f_{\boldsymbol{X}}(\boldsymbol{x})$$

由于 $|\det(\boldsymbol{J}_{\boldsymbol{g}^{-1}}(\boldsymbol{z}))|=1/|\det(\boldsymbol{J}_{\boldsymbol{g}}(\boldsymbol{x}))|$，因此，当 h 趋于 0 时，式(C.23)成立。 ■

通常，在坐标变换中给出的是 $\boldsymbol{g}^{-1}$，即 $\boldsymbol{x}$ 的表达式作为 $\boldsymbol{z}$ 的函数的。

例 C.2(极坐标变换) 假设 X 和 Y 相互独立，服从标准正态分布，联合概率密度函数为：

$$f_{X,Y}(x,y)=\frac{1}{2\pi}\mathrm{e}^{-\frac{1}{2}(x^2+y^2)},\quad (x,y)\in\mathbb{R}^2$$

在极坐标中，我们有

$$X=R\cos\Theta,\ Y=R\sin\Theta \tag{C.24}$$

其中半径 $R\geqslant 0$，$\Theta\in[0,2\pi)$是点(X,Y)的角度。R 和 Θ 的联合概率密度函数是什么呢？通过二元正态分布的径向对称性，我们预计 Θ 在$(0,2\pi)$上服从均匀分布。但是 R 的概率密度函数是什么呢？要计算联合概率密度函数，需要考虑逆变换 $\boldsymbol{g}^{-1}$，其定义如下：

$$\begin{bmatrix}r\\\theta\end{bmatrix}\xmapsto{\boldsymbol{g}^{-1}}\begin{bmatrix}r\cos\theta\\r\sin\theta\end{bmatrix}=\begin{bmatrix}x\\y\end{bmatrix}$$

对应的雅可比矩阵为

$$\boldsymbol{J}_{\boldsymbol{g}^{-1}}(r,\theta)=\begin{bmatrix}\cos\theta & -r\sin\theta\\\sin\theta & r\cos\theta\end{bmatrix}$$

其行列式为 r。由于 $x^2+y^2=r^2(\cos^2\theta+\sin^2\theta)=r^2$，根据变换规则[即式(C.23)]，$R$ 和 Θ 的联合概率密度函数由下式给出：

$$f_{R,\Theta}(r,\theta)=f_{X,Y}(x,y)r=\frac{1}{2\pi}\mathrm{e}^{-\frac{1}{2}r^2}r,\quad \theta\in(0,2\pi),\quad r\geqslant 0$$

分别对 θ 和 r 积分，我们发现 $f_R(r)=r\mathrm{e}^{-r^2/2}$ 和 $f_\Theta(\theta)=1/(2\pi)$。由于 $f_{R,\Theta}$是 f_R 和 f_Θ 的乘积，因此随机变量 R 和 Θ 相互独立。

C.7 多元正态分布

正态(或高斯)分布，尤其是多维正态分布，在数据科学和机器学习中起着核心作用。回想一下表 C.1，如果随机变量 X 的概率密度函数为

$$f(x)=\frac{1}{\sigma\sqrt{2\pi}}\mathrm{e}^{-\frac{1}{2}\left(\frac{x-\mu}{\sigma}\right)^2},\ x\in\mathbb{R} \tag{C.25}$$

则称其服从参数为 μ 和 σ^2 的**正态分布**，写作 $X\sim\mathcal{N}(\mu,\ \sigma^2)$。参数 μ 和 σ^2 分别是分布的期望和方差。如果 $\mu=0$，$\sigma=1$，则

$$f(x)=\frac{1}{\sqrt{2\pi}}\mathrm{e}^{-x^2/2}$$

该分布称为**标准正态分布**。标准正态分布的累积分布函数通常用 Φ 表示，而概率密度函数则用 φ 表示。图 C.5 绘制了不同 μ 和 σ^2 下的正态分布的概率密度图。

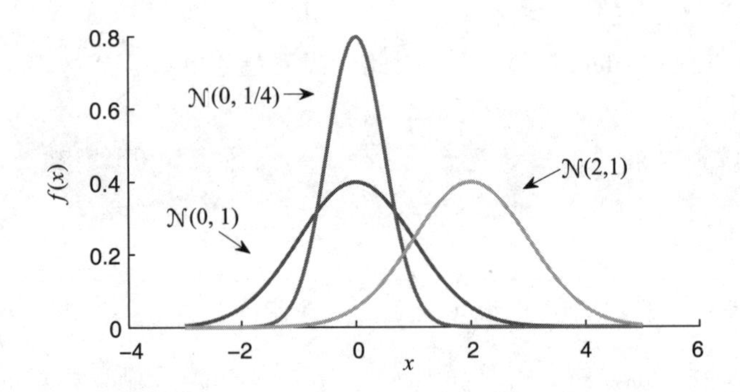

图 C.5 正态分布的概率密度函数

接下来，我们来看正态分布的一些重要性质。

定理 C.5 归一化

设 $X\sim\mathcal{N}(\mu,\sigma^2)$，定义 $Z=(X-\mu)/\sigma$，那么 Z 服从标准正态分布。

证明 Z 的累积分布函数由下式给出：

$$\begin{aligned}\mathbb{P}[Z\leqslant z]&=\mathbb{P}[(X-\mu)/\sigma\leqslant z]=\mathbb{P}[X\leqslant\mu+\sigma z]\\&=\int_{-\infty}^{\mu+\sigma z}\frac{1}{\sigma\sqrt{2\pi}}\mathrm{e}^{-\frac{1}{2}\left(\frac{x-\mu}{\sigma}\right)^2}\mathrm{d}x=\int_{-\infty}^{z}\frac{1}{\sqrt{2\pi}}\mathrm{e}^{-y^2/2}\mathrm{d}y=\Phi(z)\end{aligned}$$

我们在第四步用变量 $y=(x-\mu)/\sigma$ 进行替换，因此，$Z\sim\mathcal{N}(0,1)$。 ■

定理 C.5 中的缩放过程称为**归一化**。那么根据定理 C.5，任何 $X\sim\mathcal{N}(\mu,\ \sigma^2)$都可以写成

$$X=\mu+\sigma Z,\quad Z\sim\mathcal{N}(0,1)$$

换句话说，任何正态随机变量都可以看作标准正态随机变量的**仿射变换**(即线性变换加上常数)。

我们现在将其推广到 n 维，设 $Z_1,\cdots,Z_n$ 为相互独立的标准正态随机变量，$\mathbf{Z}=[Z_1,\cdots,Z_n]^{\mathrm{T}}$ 的联合概率密度函数由下式给出：

$$f_{\boldsymbol{Z}}(\boldsymbol{z}) = \prod_{i=1}^{n} \frac{1}{\sqrt{2\pi}} \mathrm{e}^{-\frac{1}{2}z_i^2} = (2\pi)^{-\frac{n}{2}} \mathrm{e}^{-\frac{1}{2}\boldsymbol{z}^{\mathrm{T}}\boldsymbol{z}}, \quad \boldsymbol{z} \in \mathbb{R}^n \tag{C.26}$$

我们记作 $\boldsymbol{Z} \sim \mathcal{N}(\boldsymbol{0}, \boldsymbol{I})$，其中 $\boldsymbol{I}$ 是单位矩阵。对于某个 $m\times n$ 矩阵 $\boldsymbol{B}$ 和 m 维向量 $\boldsymbol{\mu}$，考虑仿射变换

$$\boldsymbol{X} = \boldsymbol{\mu} + \boldsymbol{BZ} \tag{C.27}$$

注意，根据式(C.20)和式(C.21)，$\boldsymbol{X}$ 的期望向量为 $\boldsymbol{\mu}$，协方差矩阵 $\boldsymbol{\Sigma}=\boldsymbol{BB}^{\mathrm{T}}$。在上述条件下，我们称 $\boldsymbol{X}$ 服从均值向量为 $\boldsymbol{\mu}$、协方差矩阵为 $\boldsymbol{\Sigma}$ 的**多元正态**(或**多元高斯**)分布，记作 $\boldsymbol{X} \sim \mathcal{N}(\boldsymbol{\mu}, \boldsymbol{\Sigma})$。

定理 C.6 指出，独立多元正态随机变量的任何仿射变换组合仍服从多元正态分布。

定理 C.6 正态随机向量的仿射变换

设 $\boldsymbol{X}_1, \boldsymbol{X}_2, \cdots, \boldsymbol{X}_r$ 是独立的 m_i 维正态随机向量，其中 $\boldsymbol{X}_i \sim \mathcal{N}(\boldsymbol{\mu}_i, \boldsymbol{\Sigma}_i)$，$i=1,\cdots,r$。那么，对于任何 $n\times 1$ 维向量 $\boldsymbol{a}$ 和 $n\times m_i$ 矩阵 $\boldsymbol{B}_1,\cdots,\boldsymbol{B}_r$，有

$$\boldsymbol{a} + \sum_{i=1}^{r} \boldsymbol{B}_i \boldsymbol{X}_i \sim \mathcal{N}\left(\boldsymbol{a} + \sum_{i=1}^{r} \boldsymbol{B}_i \boldsymbol{\mu}_i, \sum_{i=1}^{r} \boldsymbol{B}_i \boldsymbol{\Sigma}_i \boldsymbol{B}_i^{\mathrm{T}}\right) \tag{C.28}$$

证明 用 $\boldsymbol{Y}$ 表示式(C.28)左侧的 n 维随机向量，根据定义，每个 $\boldsymbol{X}_i$ 都可以表示为 $\boldsymbol{\mu}_i + \boldsymbol{A}_i\boldsymbol{Z}_i$，其中 $\{\boldsymbol{Z}_i\}$ 是独立的(因为 $\{\boldsymbol{X}_i\}$ 是独立的)，因此

$$\boldsymbol{Y} = \boldsymbol{a} + \sum_{i=1}^{r} \boldsymbol{B}_i(\boldsymbol{\mu}_i + \boldsymbol{A}_i\boldsymbol{Z}_i) = \boldsymbol{a} + \sum_{i=1}^{r} \boldsymbol{B}_i\boldsymbol{\mu}_i + \sum_{i=1}^{r} \boldsymbol{B}_i\boldsymbol{A}_i\boldsymbol{Z}_i$$

它是独立标准正态随机向量的仿射变换组合。因此，$\boldsymbol{Y}$ 服从多元正态分布。根据定理 C.3，它的期望向量和协方差矩阵很容易找到。 ■

定理 C.7 表明，多元正态随机向量的子向量的分布仍然是正态分布。

定理 C.7 正态随机向量的边缘分布

设 $\boldsymbol{X} \sim \mathcal{N}(\boldsymbol{\mu}, \boldsymbol{\Sigma})$ 为 n 维正态随机向量，将 $\boldsymbol{X}$、$\boldsymbol{\mu}$ 和 $\boldsymbol{\Sigma}$ 分解为

$$\boldsymbol{X} = \begin{bmatrix} \boldsymbol{X}_p \\ \boldsymbol{X}_q \end{bmatrix}, \quad \boldsymbol{\mu} = \begin{bmatrix} \boldsymbol{\mu}_p \\ \boldsymbol{\mu}_q \end{bmatrix}, \quad \boldsymbol{\Sigma} = \begin{bmatrix} \boldsymbol{\Sigma}_p & \boldsymbol{\Sigma}_r \\ \boldsymbol{\Sigma}_r^{\mathrm{T}} & \boldsymbol{\Sigma}_q \end{bmatrix} \tag{C.29}$$

其中，$\boldsymbol{\Sigma}_p$ 是 $\boldsymbol{\Sigma}$ 的左上角 $p\times p$ 块，而 $\boldsymbol{\Sigma}_q$ 是 $\boldsymbol{\Sigma}$ 的右下角 $q\times q$ 块。那么，$\boldsymbol{X}_p \sim \mathcal{N}(\boldsymbol{\mu}_p, \boldsymbol{\Sigma}_p)$。

证明 假设 $\boldsymbol{\Sigma}$ 是正定的，令 $\boldsymbol{BB}^{\mathrm{T}}$ 为 $\boldsymbol{\Sigma}$ 的(下三角)Cholesky 分解。我们可以得出：

$$\begin{bmatrix} \boldsymbol{X}_p \\ \boldsymbol{X}_q \end{bmatrix} = \begin{bmatrix} \boldsymbol{\mu}_p \\ \boldsymbol{\mu}_q \end{bmatrix} + \underbrace{\begin{bmatrix} \boldsymbol{B}_p & \boldsymbol{O} \\ \boldsymbol{C}_r & \boldsymbol{C}_q \end{bmatrix}}_{\boldsymbol{B}} \begin{bmatrix} \boldsymbol{Z}_p \\ \boldsymbol{Z}_q \end{bmatrix} \tag{C.30}$$

其中，$\boldsymbol{Z}_p$ 和 $\boldsymbol{Z}_q$ 是独立的 p 维和 q 维标准正态随机向量。特别地，$\boldsymbol{X}_p = \boldsymbol{\mu}_p + \boldsymbol{B}_p\boldsymbol{Z}_p$，由于 $\boldsymbol{B}_p\boldsymbol{B}_p^{\mathrm{T}} = \boldsymbol{\Sigma}_p$，因此 $\boldsymbol{X}_p \sim \mathcal{N}(\boldsymbol{\mu}_p, \boldsymbol{\Sigma}_p)$。 ■

通过重新标记 $\boldsymbol{X}$ 的元素，我们可以看到定理 C.7 表明 $\boldsymbol{X}$ 的任何子向量都服从多元正态分布，例如，$\boldsymbol{X}_q \sim \mathcal{N}(\boldsymbol{\mu}_q, \boldsymbol{\Sigma}_q)$。

定理 C.8 表明，不仅正态随机向量的边缘分布是正态分布，而且其条件分布也是正态分布。

定理 C.8 正态随机向量的条件分布

设 $\boldsymbol{X}\sim\mathcal{N}(\boldsymbol{\mu},\boldsymbol{\Sigma})$为 $\det(\boldsymbol{\Sigma})>0$ 的 n 维正态随机向量，如果按照式(C.29)的方式分解 $\boldsymbol{X}$，则

$$(\boldsymbol{X}_q \mid \boldsymbol{X}_p = \boldsymbol{x}_p) \sim \mathcal{N}(\boldsymbol{\mu}_q + \boldsymbol{\Sigma}_r^{\mathrm{T}} \boldsymbol{\Sigma}_p^{-1}(\boldsymbol{x}_p - \boldsymbol{\mu}_p), \boldsymbol{\Sigma}_q - \boldsymbol{\Sigma}_r^{\mathrm{T}}\boldsymbol{\Sigma}_p^{-1}\boldsymbol{\Sigma}_r) \tag{C.31}$$

因此，当且仅当 $\boldsymbol{X}_p$ 和 $\boldsymbol{X}_q$ 不相关[即 $\boldsymbol{\Sigma}_r=\boldsymbol{O}$(零矩阵)]时，它们才是相互独立的。

证明 从式(C.30)可以得到 $\boldsymbol{X}_p\equiv\boldsymbol{\mu}_p+\boldsymbol{B}_p\boldsymbol{Z}_p$，$\boldsymbol{X}_q=\boldsymbol{\mu}_q+\boldsymbol{C}_r\boldsymbol{Z}_p+\boldsymbol{C}_q\boldsymbol{Z}_q$，因此，

$$(\boldsymbol{X}_q \mid \boldsymbol{X}_p = \boldsymbol{x}_p) = \boldsymbol{\mu}_q + \boldsymbol{C}_r\boldsymbol{B}_p^{-1}(\boldsymbol{x}_p - \boldsymbol{\mu}_p) + \boldsymbol{C}_q\boldsymbol{Z}_q$$

其中 $\boldsymbol{Z}_q$ 是 q 维多元标准正态随机向量。由此可见，以 $\boldsymbol{X}_p=\boldsymbol{x}_p$ 为条件的 $\boldsymbol{X}_q$ 服从$\mathcal{N}(\boldsymbol{\mu}_q+\boldsymbol{C}_r\boldsymbol{B}_p^{-1}(\boldsymbol{x}_p-\boldsymbol{\mu}_p)$，$\boldsymbol{C}_q\boldsymbol{C}_q^{\mathrm{T}})$分布。式(C.31)的证明通过以下推导来完成：

$$\boldsymbol{\Sigma}_r^{\mathrm{T}}\boldsymbol{\Sigma}_p^{-1} = \boldsymbol{C}_r\boldsymbol{B}_p^{\mathrm{T}}(\boldsymbol{B}_p^{\mathrm{T}})^{-1}\boldsymbol{B}_p^{-1} = \boldsymbol{C}_r\boldsymbol{B}_p^{-1}$$

$$\boldsymbol{\Sigma}_q - \boldsymbol{\Sigma}_r^{\mathrm{T}}\boldsymbol{\Sigma}_p^{-1}\boldsymbol{\Sigma}_r = \boldsymbol{C}_r\boldsymbol{C}_r^{\mathrm{T}} + \boldsymbol{C}_q\boldsymbol{C}_q^{\mathrm{T}} - \boldsymbol{C}_r\boldsymbol{B}_p^{-1}\underbrace{\boldsymbol{\Sigma}_r}_{\boldsymbol{B}_p\boldsymbol{C}_r^{\mathrm{T}}} = \boldsymbol{C}_q\boldsymbol{C}_q^{\mathrm{T}}$$

如果 $\boldsymbol{X}_p$ 和 $\boldsymbol{X}_q$ 相互独立，则它们显然是不相关的，因为 $\boldsymbol{\Sigma}_r=\mathbb{E}[(\boldsymbol{X}_p-\boldsymbol{\mu}_p)(\boldsymbol{X}_q-\boldsymbol{\mu}_q)^{\mathrm{T}}]=\mathbb{E}(\boldsymbol{X}_p-\boldsymbol{\mu}_p)\mathbb{E}(\boldsymbol{X}_q-\boldsymbol{\mu}_q)^{\mathrm{T}}=\boldsymbol{O}$。相反，如果 $\boldsymbol{\Sigma}_r=\boldsymbol{O}$，则根据式(C.31)，给定 $\boldsymbol{X}_p$ 时 $\boldsymbol{X}_q$ 的条件分布与 $\boldsymbol{X}_q$ 的无条件分布相同，都是$\mathcal{N}(\boldsymbol{\mu}_q,\boldsymbol{\Sigma}_q)$。换句话说，$\boldsymbol{X}_q$ 独立于 $\boldsymbol{X}_p$。■

下面的定理给出了表 C.1 中定义的正态分布、卡方分布、学生分布和 F 分布之间的关系。回想一下，用 χ_n^2 表示的卡方分布簇只是 Gamma$(n/2,1/2)$分布，其中参数 $n\in\{1,2,3,\cdots\}$称为**自由度**。

定理 C.9 正态分布与 χ^2 分布的关系

如果 $\boldsymbol{X}\sim\mathcal{N}(\boldsymbol{\mu},\boldsymbol{\Sigma})$是 $\det(\boldsymbol{\Sigma})>0$ 的 n 维正态随机向量，则

$$(\boldsymbol{X}-\boldsymbol{\mu})^{\mathrm{T}}\boldsymbol{\Sigma}^{-1}(\boldsymbol{X}-\boldsymbol{\mu}) \sim \chi_n^2 \tag{C.32}$$

证明 设 $\boldsymbol{B}\boldsymbol{B}^{\mathrm{T}}$ 是 $\boldsymbol{\Sigma}$ 的 Cholesky 分解，其中 $\boldsymbol{B}$ 是可逆矩阵。由于 $\boldsymbol{X}$ 可以表示为 $\boldsymbol{\mu}+\boldsymbol{B}\boldsymbol{Z}$，其中 $\boldsymbol{Z}=[Z_1,\cdots,Z_n]^{\mathrm{T}}$ 是独立标准正态随机变量构成的向量，因此有

$$(\boldsymbol{X}-\boldsymbol{\mu})^{\mathrm{T}}\boldsymbol{\Sigma}^{-1}(\boldsymbol{X}-\boldsymbol{\mu}) = (\boldsymbol{X}-\boldsymbol{\mu})^{\mathrm{T}}(\boldsymbol{B}\boldsymbol{B}^{\mathrm{T}})^{-1}(\boldsymbol{X}-\boldsymbol{\mu}) = \boldsymbol{Z}^{\mathrm{T}}\boldsymbol{Z} = \sum_{i=1}^{n} Z_i^2$$

根据 $Z_1,\cdots,Z_n$ 的独立性，$Y=\sum_{i=1}^{n}Z_i^2$ 的矩母函数由下式给出：

$$\mathbb{E}\mathrm{e}^{sY} = \mathbb{E}\mathrm{e}^{s(Z_1^2+\cdots+Z_n^2)} = \mathbb{E}[\mathrm{e}^{sZ_1^2}\cdots\mathrm{e}^{sZ_n^2}] = (\mathbb{E}\mathrm{e}^{sZ^2})^n$$

其中 $Z\sim\mathcal{N}(0,1)$。Z^2 的矩母函数是

$$\mathbb{E}\mathrm{e}^{sZ^2} = \int_{-\infty}^{\infty}\mathrm{e}^{sz^2}\frac{1}{\sqrt{2\pi}}\mathrm{e}^{-z^2/2}\mathrm{d}z = \frac{1}{\sqrt{2\pi}}\int_{-\infty}^{\infty}\mathrm{e}^{-\frac{1}{2}(1-2s)z^2}\mathrm{d}z = \frac{1}{\sqrt{1-2s}}$$

所以，$\mathbb{E}\mathrm{e}^{sY}=\left(\frac{1}{2}\Big/\left(\frac{1}{2}-s\right)\right)^{\frac{n}{2}}$，$s<\frac{1}{2}$，这是 Gamma$(n/2,1/2)$分布的矩母函数，也就是 χ_n^2 分布，参见例 C.1。由矩母函数的唯一性可得，上述定理成立。■

根据定理 C.9，如果 $\boldsymbol{X}=[X_1,\cdots,X_n]^{\mathrm{T}}$ 服从 n 维标准正态分布，那么平方长度 $\|\boldsymbol{X}\|^2=X_1^2+\cdots+X_n^2$ 服从 χ_n^2 分布。反之，如果 $X_i\sim\mathcal{N}(\mu_i,1)$，$i=1,\cdots$，则称 $\|\boldsymbol{X}\|^2$ 服从非中心 χ_n^2 分布。这种分布仅通过范数 $\|\boldsymbol{\mu}\|$ 依赖于 $\{\mu_i\}$，写作 $\|\boldsymbol{X}\|^2\sim\chi_n^2(\theta)$，其中 $\theta=\|\boldsymbol{\mu}\|$ 是**非中心**

性参数。

当考虑多元正态随机变量的投影时，经常会出现这种分布，如定理 C.10 所述。

定理 C.10 正态分布与非中心 χ^2 分布的关系

设 $\boldsymbol{X}\sim\mathcal{N}(\boldsymbol{\mu}, \boldsymbol{I}_n)$为 n 维正态随机向量，$\mathcal{V}_k\subset\mathcal{V}_m$ 为维度分别为 k 和 m 的线性子空间，其中 $k<m\leqslant n$。设 $\boldsymbol{X}_k$ 和 $\boldsymbol{X}_m$ 为 $\boldsymbol{X}$ 在 $\mathcal{V}_k$ 和 $\mathcal{V}_m$ 上的正交投影，$\boldsymbol{\mu}_k$ 和 $\boldsymbol{\mu}_m$ 为 $\boldsymbol{\mu}$ 的对应投影，则下面的结果成立：

(1)随机向量 $\boldsymbol{X}_k$、$\boldsymbol{X}_m-\boldsymbol{X}_k$ 和 $\boldsymbol{X}-\boldsymbol{X}_m$ 相互独立。

(2) $\|\boldsymbol{X}_k\|^2\sim\chi_k^2(\|\boldsymbol{\mu}_k\|)$，$\|\boldsymbol{X}_m-\boldsymbol{X}_k\|^2\sim\chi_{m-k}^2(\|\boldsymbol{\mu}_m-\boldsymbol{\mu}_k\|)$，$\|\boldsymbol{X}-\boldsymbol{X}_m\|^2\sim\chi_{n-m}^2(\|\boldsymbol{\mu}-\boldsymbol{\mu}_m\|)$。

证明 设 $\boldsymbol{v}_1,\cdots,\boldsymbol{v}_n$ 是 $\mathbb{R}^n$ 的一组正交基，$\boldsymbol{v}_1,\cdots,\boldsymbol{v}_k$ 张成空间 $\mathcal{V}_k$ 和 $\boldsymbol{v}_1,\cdots,\boldsymbol{v}_m$ 张成空间 $\mathcal{V}_m$。根据式(A.8)，我们将到 $\mathcal{V}_j$ 上的正交投影矩阵写作 $\boldsymbol{P}_j=\sum_{i=1}^{j}\boldsymbol{v}_i\boldsymbol{v}_i^{\mathrm{T}}$，$j=k,m,n$，其中 $\mathcal{V}_n$ 定义为 $\mathbb{R}^n$。注意，$\boldsymbol{P}_n$ 是单位矩阵。设 $\boldsymbol{V}:=[\boldsymbol{v}_1,\cdots,\boldsymbol{v}_n]$，并定义 $\boldsymbol{Z}:=[Z_1,\cdots,Z_n]^{\mathrm{T}}=\boldsymbol{V}^{\mathrm{T}}\boldsymbol{X}$，回想一下 A.2 节内容，可知任何正交变换(例如 $\boldsymbol{z}=\boldsymbol{V}^{\mathrm{T}}\boldsymbol{x}$)都保持长度不变，即$\|\boldsymbol{z}\|=\|\boldsymbol{x}\|$。

为了证明该定理的第一个结果，注意 $\boldsymbol{V}^{\mathrm{T}}\boldsymbol{X}_j=\boldsymbol{V}^{\mathrm{T}}\boldsymbol{P}_j\boldsymbol{X}=[Z_1,\cdots,Z_j,0,\cdots,0]^{\mathrm{T}}$，$j=k,m$。由此可得，$\boldsymbol{V}^{\mathrm{T}}(\boldsymbol{X}_m-\boldsymbol{X}_k)=[0,\cdots,0,Z_{k+1},\cdots,Z_m,0,\cdots,0]^{\mathrm{T}}$，$\boldsymbol{V}^{\mathrm{T}}(\boldsymbol{X}-\boldsymbol{X}_m)=[0,\cdots,0,Z_{m+1},\cdots,Z_n]^{\mathrm{T}}$。此外，$\boldsymbol{Z}$ 是正态随机向量的线性变换，所以也服从正态分布，其协方差矩阵为 $\boldsymbol{V}^{\mathrm{T}}\boldsymbol{V}=\boldsymbol{I}_n$。特别地，$\{Z_i\}$相互独立，这表明 $\boldsymbol{X}_k$、$\boldsymbol{X}_m-\boldsymbol{X}_k$ 和 $\boldsymbol{X}-\boldsymbol{X}_m$ 也相互独立。

接下来，观察到$\|\boldsymbol{X}_k\|=\|\boldsymbol{V}^{\mathrm{T}}\boldsymbol{X}_k\|=\|\boldsymbol{Z}_k\|$，其中 $\boldsymbol{Z}_k:=[Z_1,\cdots,Z_k]^{\mathrm{T}}$，后一个向量具有独立的分量，方差为 1，因此其平方范数服从 $\chi_k^2(\theta)$分布。同样，由于正交变换的长度保持特性，非中心性参数为 $\theta=\|\mathbb{E}\boldsymbol{Z}_k\|=\|\mathbb{E}\boldsymbol{X}_k\|=\|\boldsymbol{\mu}_k\|$，这就证明了$\|\boldsymbol{X}_k\|^2\sim\chi_k^2(\|\boldsymbol{\mu}_k\|)$。采用类似的方法可以推导$\|\boldsymbol{X}_m-\boldsymbol{X}_k\|^2$ 和$\|\boldsymbol{X}-\boldsymbol{X}_m\|^2$ 的分布。 ■

定理 C.10 常用于**正态线性模型**的统计分析中，可参阅 5.4 节。在典型情况下，$\boldsymbol{\mu}$ 位于子空间 $\mathcal{V}_m$ 甚至 $\mathcal{V}_k$ 中，在这种情况下，$\|\boldsymbol{X}_m-\boldsymbol{X}_k\|^2\sim\chi_{m-k}^2$，$\|\boldsymbol{X}-\boldsymbol{X}_m\|^2\sim\chi_{n-m}^2$。随机变量的商(比例)服从 F 分布，这是定理 C.11 的结果。

定理 C.11 χ^2 分布与 F 分布的关系

设 $U\sim\chi_m^2$，$V\sim\chi_n^2$，它们相互独立，则

$$\frac{U/m}{V/n}\sim\mathsf{F}(m,n)$$

证明 为了简化符号，设 $c=m/2$，$d=n/2$。$W=U/V$ 的概率密度函数为 $f_W(w)=\int_0^{\infty}f_U(wv)vf_V(v)\mathrm{d}v$。替换相应伽马分布的概率密度函数，我们有

$$\begin{aligned}f_W(w)&=\int_0^{\infty}\frac{(wv)^{c-1}\mathrm{e}^{-wv/2}}{\Gamma(c)2^c}v\frac{v^{d-1}\mathrm{e}^{-v/2}}{\Gamma(d)2^d}\mathrm{d}v=\frac{w^{c-1}}{\Gamma(c)\Gamma(d)2^{c+d}}\int_0^{\infty}v^{c+d-1}\mathrm{e}^{-(1+w)v/2}\mathrm{d}v\\&=\frac{\Gamma(c+d)}{\Gamma(c)\Gamma(d)}\frac{w^{c-1}}{(1+w)^{c+d}}\end{aligned}$$

其中，最后一个等式来自事实：被积函数等于 $\Gamma(\alpha)\lambda^{-\alpha}$ 乘以 $\mathrm{Gamma}(\alpha,\lambda)$ 分布的密度，$\alpha=c+d$，$\lambda=(1+w)/2$。$Z=\frac{n}{m}\frac{U}{V}$ 的密度由下式给出：

$$f_Z(z)=f_W(zm/n)m/n$$

将结果表达式与表 C.1 中给出的 F 分布的概率密度函数进行比较，即可完成证明。■

■ **推论 C.1（正态分布、χ^2 分布和学生分布之间的关系）** 若 $Z\sim\mathcal{N}(0,1)$，$V\sim\chi_n^2$，它们相互独立，则

$$\frac{Z}{\sqrt{V/n}}\sim \mathrm{t}_n$$

证明 令 $T=\frac{Z}{\sqrt{\frac{V}{n}}}$，因为 $Z^2\sim\chi_1^2$，根据定理 C.11 可得 $T^2\sim\mathrm{F}(1,n)$。上述结果之所以成立是因为 T 的概率密度函数关于 0 对称，随机变量 t_n 的平方服从 $\mathrm{F}(1,n)$ 分布。■

C.8 随机变量的收敛性

回想一下，随机变量 X 是从 Ω 到 $\mathbb{R}$ 的函数。如果我们有一个随机变量序列 $X_1,X_2,\cdots$［例如，$X_n(\omega)=X(\omega)+1/n$，$\omega\in\Omega$］，则可以考虑逐点收敛：

$$\lim_{n\to\infty}X_n(\omega)=X(\omega),\quad \omega\in\Omega$$

在这种情况下，我们说随机变量序列 $X_1,X_2,\cdots$ 必然收敛到 X。一种更有趣的收敛类型是使用与 X 关联的概率测度 $\mathbb{P}$ 的收敛。

定义 C.1 依概率收敛

如果对于任意的 $\varepsilon>0$，有

$$\lim_{n\to\infty}\mathbb{P}[|X_n-X|>\varepsilon]=0$$

则随机变量序列 $X_1,X_2,\cdots$ 在概率上收敛到随机变量 X。我们将其称为**依概率收敛**，记作 $X_n\xrightarrow{\mathbb{P}}X$。

依概率收敛仅指 X_n 的分布。如果序列 X_1，X_2，$\cdots$ 是在公共概率空间上定义的，那么可以考虑以下收敛模式，该模式使用随机变量序列的联合分布。

定义 C.2 几乎必然收敛

对于任意的 $\varepsilon>0$，若 $\lim\limits_{n\to\infty}\mathbb{P}[\sup\limits_{k\geqslant n}|X_k-X|>\varepsilon]=0$，则随机变量序列 $X_1,X_2,\cdots$ 几乎必然收敛到随机变量 X，记作 $X_n\xrightarrow{\text{a.s.}}X$。

注意，根据这些定义，$X_n\xrightarrow{\text{a.s.}}0$ 等价于 $\sup\limits_{k\geqslant n}|X_k|\xrightarrow{\mathbb{P}}0$。

例 C.3(依概率收敛与几乎必然收敛) 由于事件$\{|X_n-X|>\varepsilon\}$包含在$\{\sup_{k\geqslant n}|X_k-X|>\varepsilon\}$，我们可以得出结论：几乎必然收敛意味着依概率收敛。但是，通常情况并非如此。例如，若独立同分布序列X_1，X_2，…的边缘分布为

$$\mathbb{P}[X_n=1]=1-\mathbb{P}[X_n=0]=1/n$$

显然，$X_n\xrightarrow{\mathbb{P}}0$。然而，对于$\varepsilon<1$和任何$n=1,2,\cdots$，我们有

$$\begin{aligned}\mathbb{P}[\sup_{k\geqslant n}|X_k|\leqslant\varepsilon]&=\mathbb{P}[X_n\leqslant\varepsilon,X_{n+1}\leqslant\varepsilon,\cdots]\\&=\mathbb{P}[X_n\leqslant\varepsilon]\times\mathbb{P}[X_{n+1}\leqslant\varepsilon]\times\cdots(\text{利用独立性})\\&=\lim_{m\to\infty}\prod_{k=n}^{m}\mathbb{P}[X_k\leqslant\varepsilon]=\lim_{m\to\infty}\prod_{k=n}^{m}\left(1-\frac{1}{k}\right)\\&=\lim_{m\to\infty}\frac{n-1}{n}\times\frac{n}{n+1}\times\cdots\times\frac{m-1}{m}=0\end{aligned}$$

因此，对于$0<\varepsilon<1$，$n\geqslant1$，$\mathbb{P}[\sup_{k\geqslant n}|X_k-0|>\varepsilon]=1$。换句话说，$X_n\xrightarrow{\text{a.s.}}0$不成立。

当我们对通过蒙特卡罗方法估计期望值或多维积分感兴趣时，另一种重要的收敛类型很有用。

定义 C.3 依分布收敛

只要满足以下条件，就可以说随机变量序列$X_1,X_2,\cdots$依分布收敛到分布函数为$F_X(x)=\mathbb{P}[X\leqslant x]$的随机变量$X$：

$$\lim_{n\to\infty}\mathbb{P}[X_n\leqslant x]=F_X(x),\lim_{a\to x}F_X(a)=F_X(x)\tag{C.33}$$

我们将依分布收敛记作$X_n\xrightarrow{\text{d}}X$或$X_n\xrightarrow{\text{d}}F_X$。

若推广到随机向量，则将式(C.33)替换为

$$\lim_{n\to\infty}\mathbb{P}[\boldsymbol{X}_n\in A]=\mathbb{P}[\boldsymbol{X}\in A],\quad A\subset\mathbb{R}^n,\quad\mathbb{P}[\boldsymbol{X}\in\partial A]=0\tag{C.34}$$

其中∂A表示集合A的边界。

证明依分布收敛的一个有用工具是随机向量$\boldsymbol{X}$的特征函数$\psi_{\boldsymbol{X}}$，其定义为期望值：

$$\psi_{\boldsymbol{X}}(\boldsymbol{t}):=\mathbb{E}\mathrm{e}^{\mathrm{i}\boldsymbol{t}^{\mathrm{T}}\boldsymbol{X}},\boldsymbol{t}\in\mathbb{R}^n\tag{C.35}$$

式(C.5)中的矩母函数是特征函数的一个特例，在$t=-\mathrm{i}s$处计算。注意，虽然随机变量的矩母函数可能不存在，但它的特征函数总是存在的。随机向量$\boldsymbol{X}\sim f$的特征函数与其概率密度函数f的傅里叶变换密切相关。

例 C.4(多元高斯随机向量的特征函数) 式(C.26)中给出了多元标准正态分布的密度，因此，$\boldsymbol{Z}\sim\mathcal{N}(\boldsymbol{0},\boldsymbol{I}_n)$的特征函数为

$$\begin{aligned}\psi_{\boldsymbol{Z}}(\boldsymbol{t})&=\mathbb{E}\mathrm{e}^{\mathrm{i}\boldsymbol{t}^{\mathrm{T}}\boldsymbol{Z}}=(2\pi)^{-n/2}\int_{\mathbb{R}^n}\mathrm{e}^{\mathrm{i}\boldsymbol{t}^{\mathrm{T}}\boldsymbol{z}-\frac{1}{2}\|\boldsymbol{z}\|^2}\mathrm{d}\boldsymbol{z}\\&=\mathrm{e}^{-\|\boldsymbol{t}\|^2/2}(2\pi)^{-n/2}\int_{\mathbb{R}^n}\mathrm{e}^{-\frac{1}{2}\|\boldsymbol{z}-\mathrm{i}\boldsymbol{t}^{\mathrm{T}}\|^2}\mathrm{d}\boldsymbol{z}=\mathrm{e}^{-\|\boldsymbol{t}\|^2/2},\quad\boldsymbol{t}\in\mathbb{R}^n\end{aligned}$$

所以，式(C.27)中的随机向量$\boldsymbol{X}=\boldsymbol{\mu}+\boldsymbol{B}\boldsymbol{Z}$服从多元正态分布$\mathcal{N}(\boldsymbol{\mu},\boldsymbol{\Sigma})$，其特征函数为

$$\begin{aligned}\psi_{\boldsymbol{X}}(\boldsymbol{t}) &= \mathbb{E}\mathrm{e}^{\mathrm{i}\boldsymbol{t}^{\mathrm{T}}\boldsymbol{X}} = \mathbb{E}\mathrm{e}^{\mathrm{i}\boldsymbol{t}^{\mathrm{T}}(\boldsymbol{\mu}+\boldsymbol{BZ})} = \mathrm{e}^{\mathrm{i}\boldsymbol{t}^{\mathrm{T}}\boldsymbol{\mu}}\mathbb{E}\mathrm{e}^{\mathrm{i}(\boldsymbol{B}^{\mathrm{T}}\boldsymbol{t})^{\mathrm{T}}\boldsymbol{Z}} = \mathrm{e}^{\mathrm{i}\boldsymbol{t}^{\mathrm{T}}\boldsymbol{\mu}}\psi_{\boldsymbol{Z}}(\boldsymbol{B}^{\mathrm{T}}\boldsymbol{t}) \\ &= \mathrm{e}^{\mathrm{i}\boldsymbol{t}^{\mathrm{T}}\boldsymbol{\mu}-\|\boldsymbol{B}^{\mathrm{T}}\boldsymbol{t}\|^2/2} = \mathrm{e}^{\mathrm{i}\boldsymbol{t}^{\mathrm{T}}\boldsymbol{\mu}-\boldsymbol{t}^{\mathrm{T}}\boldsymbol{\Sigma}\boldsymbol{t}/2}\end{aligned}$$

特性函数之所以重要是因为定理 C.12，其证明过程详见文献[11]。

定理 C.12 特征函数

假设 $\psi_{\boldsymbol{X}_1}(\boldsymbol{t}),\psi_{\boldsymbol{X}_2}(\boldsymbol{t}),\cdots$是随机向量序列 $\boldsymbol{X}_1,\boldsymbol{X}_2,\cdots$的特征函数，$\psi_{\boldsymbol{X}}(\boldsymbol{t})$是 $\boldsymbol{X}$ 的特征函数，那么，以下三个结论是等价的：

(1) $\lim\limits_{n\to\infty}\psi_{\boldsymbol{X}_n}(\boldsymbol{t})=\psi_{\boldsymbol{X}}(\boldsymbol{t})$，$\boldsymbol{t}\in\mathbb{R}^n$。

(2) $\boldsymbol{X}_n\xrightarrow{\mathrm{d}}\boldsymbol{X}$。

(3) 对于所有有界连续函数 $h:\mathbb{R}^d\mapsto\mathbb{R}$，$\lim\limits_{n\to\infty}\mathbb{E}h(\boldsymbol{X}_n)=\mathbb{E}h(\boldsymbol{X})$。

例 C.5(依分布收敛) 随机变量 $Y_1,Y_2,\cdots$定义为

$$Y_n := \sum_{k=1}^{n} X_k\left(\frac{1}{2}\right)^k,\quad n=1,2,\cdots$$

其中，$X_1,X_2,\cdots\stackrel{\mathrm{iid}}{\sim}\mathsf{Ber}(1/2)$。我们现在来证明 $Y_n\xrightarrow{\mathrm{d}}\mathcal{U}(0,1)$。首先，注意到

$$\mathbb{E}\exp(\mathrm{i}tY_n)=\prod_{k=1}^{n}\mathbb{E}\exp(\mathrm{i}tX_k/2^k)=2^{-n}\prod_{k=1}^{n}(1+\exp(\mathrm{i}t/2^k))$$

其次，根据折叠乘积 $(1-\exp(\mathrm{i}t/2^n))\prod_{k=1}^{n}(1+\exp(\mathrm{i}t/2^k))=1-\exp(\mathrm{i}t)$，我们有

$$\mathbb{E}\exp(\mathrm{i}tY_n)=(1-\exp(\mathrm{i}t))\frac{1/2^n}{1-\exp(\mathrm{i}t/2^n)}$$

由此得出 $\lim\limits_{n\to\infty}\mathbb{E}\exp(\mathrm{i}tY_n)=(\exp(\mathrm{i}t)-1)/(\mathrm{i}t)$，我们识别到它是$\mathcal{U}(0,1)$分布的特征函数。

另一种收敛模式见定义 C.4。

定义 C.4 L^p 范数收敛

如果 $\lim\limits_{n\to\infty}\mathbb{E}|X_n-X|^p=0$，$p\geqslant1$，则随机变量序列 $X_1,X_2,\cdots$在 L^p 范数下收敛于随机变量 X，记作 $X_n\xrightarrow{L^p}X$。

$p=2$ 的情况对应于均方误差收敛。例 C.6 演示了 L^p 范数收敛在性质上与依分布收敛不同。

例 C.6(收敛模式的比较) 定义 $X_n:=1-X$，其中 X 在区间(0,1)上服从均匀分布。显然，$X_n\xrightarrow{\mathrm{d}}\mathcal{U}(0,1)$。但是，$\mathbb{E}|X_n-X|\to\mathbb{E}|1-2X|=1/2$，所以序列在 L^1 范数下不收敛。另外，$\mathbb{P}[|X_n-X|>\varepsilon]\to1-\varepsilon\neq0$，因此 X_n 也不依概率收敛。

一般来说，$X_n\xrightarrow{\mathrm{d}}X$ 既不意味着 $X_n\xrightarrow{\mathbb{P}}X$，也不意味着 $X_n\xrightarrow{L^1}X$。

然而，我们注意到如果 $X_n \xrightarrow{d} c$（c 为常数），那么 $X_n \xrightarrow{\mathbb{P}} c$。要证明这一点，请注意 $X_n \xrightarrow{d} c$，它表示：

$$\lim_{n\to\infty} \mathbb{P}[X_n \leqslant x] = \begin{cases} 1 & x > c \\ 0 & x < c \end{cases}$$

换句话说，它可以写作

$$\mathbb{P}[|X_n - c| > \varepsilon] \leqslant 1 - \mathbb{P}[X_n \leqslant c + \varepsilon] + \mathbb{P}[X_n \leqslant c - \varepsilon] \to 1 - 1 + 0 = 0, \quad n \to \infty$$

根据定义可以证明 $X_n \xrightarrow{\mathbb{P}} c$。

定义 C.5 完全收敛

若对所有的 $\varepsilon > 0$，有

$$\sum_n \mathbb{P}[|X_n - X| > \varepsilon] < \infty$$

则随机变量序列 $X_1, X_2, \cdots$ 完全收敛于 X，记作 $X_n \xrightarrow{\text{cpl.}} X$。

例 C.7（完全收敛和几乎必然收敛） 我们已证明完全收敛意味着几乎必然收敛。我们可以将几乎必然收敛的标准进行如下约束：

$$\begin{aligned}
\mathbb{P}[\sup_{k\geqslant n} |X_k - X| > \varepsilon] &= \mathbb{P}[\cup_{k\geqslant n}\{|X_k - X| > \varepsilon\}] \\
&\leqslant \sum_{k\geqslant n} \mathbb{P}[|X_k - X| > \varepsilon] \quad [\text{根据式(C.1)}] \\
&\leqslant \underbrace{\sum_{k=1}^{\infty} \mathbb{P}[|X_k - X| > \varepsilon]}_{=c<\infty \text{ from } X_n \xrightarrow{\text{cpl.}} X} - \sum_{k=1}^{n-1} \mathbb{P}[|X_k - X| > \varepsilon] \\
&\leqslant c - \sum_{k=1}^{n} \mathbb{P}[|X_k - X| > \varepsilon] \to c - c = 0, \quad n \to \infty
\end{aligned}$$

因此，根据定义有 $X_n \xrightarrow{\text{a.s.}} X$。

定理 C.13 显示了不同收敛模式是如何相互关联的。例如，在下图中，符号 $\overset{p\geqslant q}{\Rightarrow}$ 表示在 $p \geqslant q \geqslant 1$ 的假设下，L^p 范数收敛意味着 L^q 范数收敛。

定理 C.13 收敛模式

下面的层次结构图给出了数值随机变量的各种收敛模式之间最普遍的关系：

$$\begin{array}{ccccc}
\boxed{X_n \xrightarrow{\text{cpl.}} X} & \Rightarrow & \boxed{X_n \xrightarrow{\text{a.s.}} X} & & \\
& & \Downarrow & & \\
& & \boxed{X_n \xrightarrow{\mathbb{P}} X} & \Rightarrow & \boxed{X_n \xrightarrow{d} X} \\
& & \Uparrow & & \\
\boxed{X_n \xrightarrow{L^p} X} & \overset{p\geqslant q}{\Rightarrow} & \boxed{X_n \xrightarrow{L^q} X} & &
\end{array}$$

证明 (1)利用不等式 $\mathbb{P}[A\cap B]\leqslant\mathbb{P}[A]$，证明对每一个事件 B，有 $X_n\xrightarrow{\mathbb{P}}X\Rightarrow X_n\xrightarrow{\mathrm{d}}X$。为此，考虑 X 的分布函数 F_X：

$$\begin{aligned}F_{X_n}(x)=\mathbb{P}[X_n\leqslant x]&=\mathbb{P}[X_n\leqslant x,|X_n-X|>\varepsilon]+\mathbb{P}[X_n\leqslant x,|X_n-X|\leqslant\varepsilon]\\&\leqslant\mathbb{P}[|X_n-X|>\varepsilon]+\mathbb{P}[X_n\leqslant x,X\leqslant X_n+\varepsilon]\\&\leqslant\mathbb{P}[|X_n-X|>\varepsilon]+\mathbb{P}[X\leqslant x+\varepsilon]\end{aligned}$$

现在，在上面的论证中，我们可以调换 X_n 和 X 的角色(存在对称性)来推导类似的结果：$F_X(x)\leqslant\mathbb{P}[|X-X_n|>\varepsilon]+\mathbb{P}[X_n\leqslant x+\varepsilon]$。因此，替换 $x\to x-\varepsilon$ 可得 $F_X(x-\varepsilon)\leqslant\mathbb{P}[|X-X_n|>\varepsilon]+F_{X_n}(x)$，综合起来有

$$F_X(x-\varepsilon)-\mathbb{P}[|X-X_n|>\varepsilon]\leqslant F_{X_n}(x)\leqslant\mathbb{P}[|X_n-X|>\varepsilon]+F_X(x+\varepsilon)$$

对 $\varepsilon>0$，两边同时取 $n\to\infty$，得到：

$$F_X(x-\varepsilon)\leqslant\lim_{n\to\infty}F_{X_n}(x)\leqslant F_X(x+\varepsilon)$$

由于假设 F_X 在 x 处是连续的，因此我们可以取 $\varepsilon\downarrow 0$，得出结论：$\lim_{n\to\infty}F_{X_n}(x)=F_X(x)$。

(2)证明 $X_n\xrightarrow{L^p}X\Rightarrow X_n\xrightarrow{L^q}X$，$p\geqslant q\geqslant 1$。由于函数 $f(x)=x^{q/p}$ 在 $q/p\leqslant 1$ 时是凹的，因此，由 Jensen 不等式可以得出：

$$(\mathbb{E}|X|^p)^{q/p}=f(\mathbb{E}|X|^p)\geqslant\mathbb{E}f(|X|^p)=\mathbb{E}|X|^q$$

换句话说，$(\mathbb{E}|X_n-X|^q)^{1/q}\leqslant(\mathbb{E}|X_n-X|^p)^{1/p}\to 0$，证明了定理的表述。

(3)证明 $X_n\xrightarrow{L^1}X\Rightarrow X_n\xrightarrow{\mathbb{P}}X$。注意到对于任何随机变量 Y，我们可以给出 $\mathbb{E}|Y|\geqslant\mathbb{E}[|Y|\mathbb{1}_{\{|Y|>\varepsilon\}}]\geqslant\mathbb{E}[|\varepsilon|\mathbb{1}_{\{|Y|>\varepsilon\}}]=\varepsilon\mathbb{P}[|Y|>\varepsilon]$。因此，我们可以得到**切比雪夫不等式**：

$$\mathbb{P}[|Y|>\varepsilon]\leqslant\frac{\mathbb{E}|Y|}{\varepsilon}\tag{C.36}$$

根据切比雪夫不等式和 $X_n\xrightarrow{L^1}X$，有

$$\mathbb{P}[|X_n-X|>\varepsilon]\leqslant\frac{\mathbb{E}|X_n-X|}{\varepsilon}\to 0,\quad n\to\infty$$

因此，根据定义有 $X_n\xrightarrow{\mathbb{P}}X$。

(4)$X_n\xrightarrow{\text{cpl.}}X\Rightarrow X_n\xrightarrow{\text{a.s.}}X\Rightarrow X_n\xrightarrow{\mathbb{P}}X$ 已在例 C.7 和例 C.3 中得到了证明。 ■

最终，我们将利用下面的定理。

定理 C.14 斯卢茨基定理

设 $g(\boldsymbol{x},\boldsymbol{y})$是向量 $\boldsymbol{x}$ 和 $\boldsymbol{y}$ 的连续标量函数，假设对于某个有限常数 c，有 $\boldsymbol{X}_n\xrightarrow{\mathrm{d}}\boldsymbol{X}$ 和 $\boldsymbol{Y}_n\xrightarrow{\mathbb{P}}\boldsymbol{c}$，那么，

$$g(\boldsymbol{X}_n,\boldsymbol{Y}_n)\xrightarrow{\mathrm{d}}g(\boldsymbol{X},\boldsymbol{c})$$

证明 我们这里在 X 和 Y 为标量的情况下证明此定理，随机向量情况下的证明是类似的。

首先，我们利用定理C.12证明 $\boldsymbol{Z}_n := \begin{bmatrix} X_n \\ Y_n \end{bmatrix} \xrightarrow{d} \begin{bmatrix} X \\ c \end{bmatrix} =: \boldsymbol{Z}$，即我们希望证明当 $n \to \infty$ 时 X_n 和 Y_n 的联合分布的特征函数逐点收敛：

$$\psi_{X_n, Y_n}(\boldsymbol{t}) = \mathbb{E}\mathrm{e}^{\mathrm{i}(t_1 X_n + t_2 Y_n)} \to \mathrm{e}^{\mathrm{i}t_2 c}\mathbb{E}\mathrm{e}^{\mathrm{i}t_1 X} = \psi_{X,c}(\boldsymbol{t}), \quad \forall \boldsymbol{t} \in \mathbb{R}^2$$

为了证明上述极限，考虑：

$$\begin{aligned} |\psi_{X_n,Y_n}(\boldsymbol{t}) - \psi_{X,c}(\boldsymbol{t})| &\leqslant |\psi_{X_n,c}(\boldsymbol{t}) - \psi_{X,c}(\boldsymbol{t})| + |\psi_{X_n,Y_n}(\boldsymbol{t}) - \psi_{X_n,c}(\boldsymbol{t})| \\ &= |\mathrm{e}^{\mathrm{i}t_2 c}\mathbb{E}(\mathrm{e}^{\mathrm{i}t_1 X_n} - \mathrm{e}^{\mathrm{i}t_1 X})| + |\mathbb{E}\mathrm{e}^{\mathrm{i}(t_1 X_n + t_2 c)}(\mathrm{e}^{\mathrm{i}t_2(Y_n - c)} - 1)| \\ &\leqslant |\mathrm{e}^{\mathrm{i}t_2 c}| \times |\mathbb{E}(\mathrm{e}^{\mathrm{i}t_1 X_n} - \mathrm{e}^{\mathrm{i}t_1 X})| + \mathbb{E}|\mathrm{e}^{\mathrm{i}(t_1 X_n + t_2 c)}| \times |\mathrm{e}^{\mathrm{i}t_2(Y_n - c)} - 1| \\ &\leqslant |\psi_{X_n}(t_1) - \psi_X(t_1)| + \mathbb{E}|\mathrm{e}^{\mathrm{i}t_2(Y_n - c)} - 1| \end{aligned}$$

由于 $X_n \xrightarrow{d} X$，根据定理C.12有 $\psi_{X_n}(t_1) \to \psi_X(t_1)$，第一项 $|\psi_{X_n}(t_1) - \psi_X(t_1)|$ 趋于零。对于第二项，我们利用事实：

$$|\mathrm{e}^{\mathrm{i}x} - 1| = \left|\int_0^x \mathrm{i}\mathrm{e}^{\mathrm{i}\theta}\mathrm{d}\theta\right| \leqslant \left|\int_0^x |\mathrm{i}\mathrm{e}^{\mathrm{i}\theta}|\mathrm{d}\theta\right| = |x|, \quad x \in \mathbb{R}$$

可获得约束：

$$\begin{aligned} \mathbb{E}|\mathrm{e}^{\mathrm{i}t_2(Y_n - c)} - 1| &= \mathbb{E}|\mathrm{e}^{\mathrm{i}t_2(Y_n - c)} - 1|\mathbb{1}_{\{|Y_n - c| > \varepsilon\}} + \mathbb{E}|\mathrm{e}^{\mathrm{i}t_2(Y_n - c)} - 1|\mathbb{1}_{\{|Y_n - c| \leqslant \varepsilon\}} \\ &\leqslant 2\mathbb{E}\mathbb{1}_{\{|Y_n - c| > \varepsilon\}} + \mathbb{E}|t_2(Y_n - c)|\mathbb{1}_{\{|Y_n - c| \leqslant \varepsilon\}} \\ &\leqslant 2\mathbb{P}[|Y_n - c| > \varepsilon] + |t_2|\varepsilon \longrightarrow |t_2|\varepsilon, \quad n \to \infty \end{aligned}$$

由于 ε 是任意的，因此我们可以让 $\varepsilon \downarrow 0$，从而得出 $\lim\limits_{n\to\infty} |\psi_{X_n,Y_n}(\boldsymbol{t}) - \psi_{X,c}(\boldsymbol{t})| = 0$。换句话说，$\boldsymbol{Z}_n \xrightarrow{d} \boldsymbol{Z}$，根据 g 的连续性，我们有 $g(\boldsymbol{Z}_n) \xrightarrow{d} g(\boldsymbol{Z})$，$g(\boldsymbol{X}_n, \boldsymbol{Y}_n) \xrightarrow{d} g(\boldsymbol{X}, \boldsymbol{c})$。■

例C.8(斯卢茨基条件的必要性) Y_n 依概率收敛于常数的条件不能放松。例如，假设 $g(x,y) = x + y$，有 $X_n \xrightarrow{d} X \sim \mathcal{N}(0,1)$ 和 $Y_n \xrightarrow{d} Y \sim \mathcal{N}(0,1)$。那么，直觉诱使我们错误地断定：$X_n + Y_n \xrightarrow{d} \mathcal{N}(0, 2)$。但是，这个直觉是错误的，因为对所有的 n，我们可以让 $Y_n = -X_n$，所以 $X_n + Y_n = 0$，而 X 和 Y 服从相同的边缘分布(本例中为标准正态分布)。

C.9 大数定律和中心极限定理

概率论的两个主要定理是**大数定律**和**中心极限定理**，两者都是涉及独立随机变量之和的极限定理，特别是考虑独立同分布随机变量序列 $X_1, X_2, \cdots$(具有有限的期望值 μ 和有限的方差 σ^2)时。对每个 n，定义 $\overline{X}_n := (X_1 + \cdots + X_n)/n$，对于(随机的)平均数序列 $\overline{X}_1$，$\overline{X}_2$，$\overline{X}_3$，…，我们可以得到什么结论呢？根据式(C.12)和式(C.14)，我们有 $\mathbb{E}\overline{X}_n = \mu$ 和 $\mathbb{V}\mathrm{ar}\,\overline{X}_n = \sigma^2/n$。因此，随着 n 增大，(随机)平均值 $\overline{X}_n$ 的方差趋于0。根据定义C.8，这意味着当 $n \to \infty$ 时平均值 $\overline{X}_n$ 在 L^2 范数下收敛于 μ，即 $\overline{X}_n \xrightarrow{L^2} \mu$。

事实上，为了使其依概率收敛，方差不需要是有限的，只要假设 $\mu = \mathbb{E}X < \infty$ 就可以了。

定理 C.15 弱大数定律

如果 $X_1,\cdots,X_n$ 独立同分布且具有有限期望值 μ，那么对于所有的 $\varepsilon>0$，有

$$\lim_{n\to\infty}\mathbb{P}[|\overline{X}_n-\mu|>\varepsilon]=0$$

即 $\overline{X}_n\xrightarrow{\mathbb{P}}\mu$。

该定理可以自然地推广到随机向量，即如果 $\boldsymbol{\mu}=\mathbb{E}\boldsymbol{X}<\infty$，那么 $\mathbb{P}[\|\overline{\boldsymbol{X}}_n-\boldsymbol{\mu}\|>\varepsilon]\to 0$，其中$\|\cdot\|$是欧几里得范数。下面给出了标量情况下的证明过程。

证明 对所有的 k，设 $Z_k:=X_k-\mu$，因此 $\mathbb{E}Z=0$。我们需要证明 $\overline{Z}_n\xrightarrow{\mathbb{P}}0$。我们用 Z 的特征函数 ψ_Z 的性质，根据独立同分布的假设，有

$$\psi_{\overline{Z}_n}(t)=\mathbb{E}\mathrm{e}^{\mathrm{i}t\overline{Z}_n}=\mathbb{E}\prod_{i=1}^{n}\mathrm{e}^{\mathrm{i}tZ_i/n}=\prod_{i=1}^{n}\mathbb{E}\mathrm{e}^{\mathrm{i}Z_it/n}=\prod_{i=1}^{n}\psi_Z(t/n)=[\psi_Z(t/n)]^n \quad (\text{C.37})$$

在 $t=0$ 的邻域应用泰勒定理 B.1，可得

$$\psi_Z(t/n)=\psi_Z(0)+o(t/n)$$

因为 $\psi_Z(0)=1$，所以有

$$\psi_{\overline{Z}_n}(t)=[\psi_Z(t/n)]^n=[1+o(1/n)]^n\to 1,\quad n\to\infty$$

即总是等于零的随机变量的特征函数为 1。因此，定理 C.12 意味着 $\overline{Z}_n\xrightarrow{\mathrm{d}}0$。但是，根据例 C.6，依分布收敛到常数意味着依概率收敛，因此，$\overline{Z}_n\xrightarrow{\mathbb{P}}0$。 ■

这个定理还有一个更强的版本，见定理 C.16。

定理 C.16 强大数定律

如果 $X_1,\cdots,X_n$ 独立同分布且具有有限期望值 μ，$\mathbb{E}X^2<\infty$，那么对于所有的 $\varepsilon>0$，有

$$\lim_{n\to\infty}\mathbb{P}[\sup_{k\geqslant n}|\overline{X}_k-\mu|>\varepsilon]=0$$

即 $\overline{X}_n\xrightarrow{\text{a.s.}}\mu$。

证明 首先，注意到任何随机变量 X 都可以写成两个非负随机变量的差值：$X=X_+-X_-$，其中 $X_+:=\max\{X,0\}$，$X_-:=-\min\{X,0\}$。因此，我们一般假设上述定理中的随机变量是非负的。

其次，从序列$\{\overline{X}_1,\overline{X}_2,\overline{X}_3,\cdots\}$中选取子序列$\{\overline{X}_1,\overline{X}_4,\overline{X}_9,\overline{X}_{16},\cdots\}=:\{\overline{X}_{j^2}\}$，那么，根据切比雪夫不等式[即式(C.36)]和独立同分布条件，可得：

$$\sum_{j=1}^{\infty}\mathbb{P}[|\overline{X}_{j^2}-\mu|>\varepsilon]\leqslant\frac{\mathbb{V}\mathrm{ar}X}{\varepsilon^2}\sum_{j=1}^{\infty}\frac{1}{j^2}<\infty$$

因此，根据定义有 $\overline{X}_{n^2}\xrightarrow{\text{cpl.}}\mu$，根据定理 C.13 可得 $\overline{X}_{n^2}\xrightarrow{\text{a.s.}}\mu$。

最后，对于任意的 n，我们可以找到一个 k(例如 $k=\lfloor\sqrt{n}\rfloor$)，使 $k^2\leqslant n\leqslant(k+1)^2$。对于这样的 k 和非负数 $X_1,X_2,\cdots$，下式成立：

$$\frac{k^2}{(k+1)^2}\overline{X}_{k^2}\leqslant\overline{X}_n\leqslant\overline{X}_{(k+1)^2}\ \frac{(k+1)^2}{k^2}$$

当 k 增长到无穷大时，$\overline{X}_{k^2}$ 和 $\overline{X}_{(k+1)^2}$ 几乎必然收敛于 μ，即 $\overline{X}_n\xrightarrow{\text{a.s.}}\mu$。 ■

需要注意的是，定理C.16中的条件$\mathbb{E}X^2<\infty$可以弱化为$\mathbb{E}|X|<\infty$，变量$X_1,\cdots,X_n$的独立同分布条件可以放宽为单纯的相互独立，但是相应的证明难度明显增加。

中心极限定理描述了$\overline{X}_n$的近似分布，它既适用于连续随机变量，也适用于离散随机变量。笼统地说，即大量独立同分布随机变量的平均值近似服从正态分布。

具体来说，随机变量$\overline{X}_n$近似服从正态分布，期望为μ，方差为σ^2/n。

定理C.17 中心极限定理

如果$X_1,\cdots,X_n$独立同分布且具有有限期望值μ和有限方差σ^2，那么对于所有的$x\in\mathbb{R}$，有

$$\lim_{n\to\infty}\mathbb{P}\left[\frac{\overline{X}_n-\mu}{\sigma/\sqrt{n}}\leqslant x\right]=\Phi(x)$$

其中，Φ为标准正态分布的累积分布函数。

证明 对于所有的k，设$Z_k:=(X_k-\mu)/\sigma$，则有$\mathbb{E}Z=0$，$\mathbb{E}Z^2=1$。我们需要证明$\sqrt{n}\overline{Z}_n\xrightarrow{\text{d}}\mathcal{N}(0,1)$。我们再利用特征函数的特性，设$\psi_Z$是$Z$的独立同分布副本的特征函数，那么由于独立同分布假设，类似于式(C.37)中的计算可得：

$$\psi_{\sqrt{n}\overline{Z}_n}(t)=\mathbb{E}\mathrm{e}^{\mathrm{i}t\sqrt{n}\overline{Z}_n}=[\psi_Z(t/\sqrt{n})]^n$$

在$t=0$的邻域应用泰勒定理B.1，可得

$$\psi_Z(t/\sqrt{n})=1+\frac{t}{\sqrt{n}}\psi'_Z(0)+\frac{t^2}{2n}\psi''_Z(0)+o(t^2/n)$$

由于$\psi'_Z(0)=\mathbb{E}\left.\frac{\mathrm{d}}{\mathrm{d}t}\mathrm{e}^{\mathrm{i}tZ}\right|_{t=0}=\mathrm{i}\mathbb{E}Z=0$和$\psi''_Z(0)=\mathrm{i}^2\mathbb{E}Z^2=-1$，我们有

$$\psi_{\sqrt{n}\overline{Z}_n}(t)=[\psi_Z(t/\sqrt{n})]^n=\left[1-\frac{t^2}{2n}+o(1/n)\right]^n\longrightarrow\mathrm{e}^{-t^2/2},\quad n\to\infty$$

根据例C.4，我们认为$\mathrm{e}^{-t^2/2}$是标准正态分布的特征函数。因此，根据定理C.12，可得$\sqrt{n}\overline{Z}_n\xrightarrow{\text{d}}\mathcal{N}(0,1)$。 ■

图C.6展示了中心极限定理的作用。图C.6a展示了$\overline{X}_1,2\overline{X}_2,\cdots,4\overline{X}_4$的概率密度函数，其中$\{X_i\}$服从有$\mathcal{U}[0,1]$分布。图C.6b展示了Exp(1)分布的概率密度函数。在这两种情况下，我们清楚地看到它们收敛到钟形曲线，这是正态分布的特征。

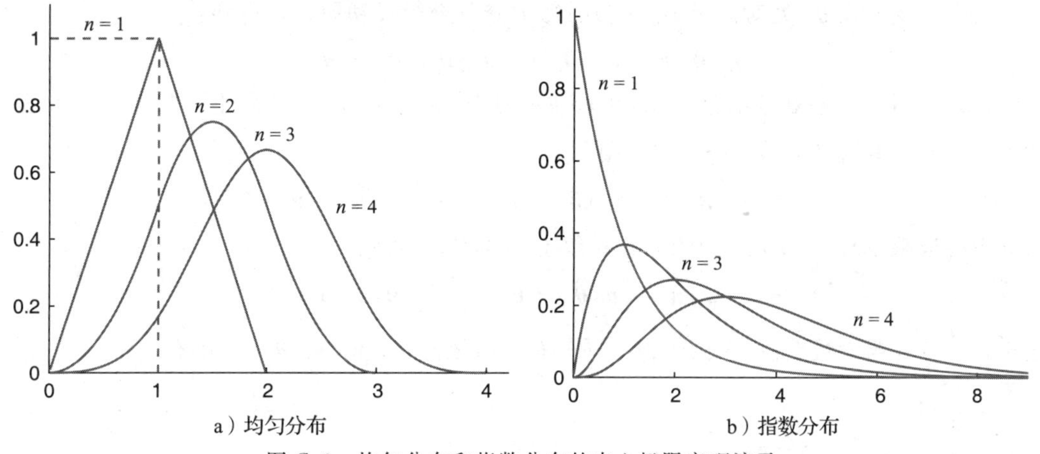

图C.6 均匀分布和指数分布的中心极限定理演示

中心极限定理的多变量版本是机器学习和数据科学中许多渐进结果的基础。

定理 C.18 多变量中心极限定理

设 $\boldsymbol{X}_1,\cdots,\boldsymbol{X}_n$ 是独立同分布的随机向量，期望向量为 $\boldsymbol{\mu}$，有限协方差矩阵为 $\boldsymbol{\Sigma}$。定义 $\overline{\boldsymbol{X}}_n:=(\boldsymbol{X}_1+\cdots+\boldsymbol{X}_n)/n$，则

$$n\to\infty,\quad \sqrt{n}(\overline{\boldsymbol{X}}_n-\boldsymbol{\mu})\xrightarrow{\text{d}}\mathcal{N}(\mathbf{0},\boldsymbol{\Sigma})$$

例如，假设感兴趣的参数 $\boldsymbol{\theta}^*$ 是方程组 $\mathbb{E}\boldsymbol{\psi}(\boldsymbol{X}|\boldsymbol{\theta}^*)=\mathbf{0}$ 的唯一解，其中 $\boldsymbol{\psi}$ 是向量值(或多值)函数，$\boldsymbol{X}$ 的分布不依赖于 $\boldsymbol{\theta}$。$\boldsymbol{\theta}^*$ 的 M 估计表示为 $\hat{\boldsymbol{\theta}}_n$，是方程组的解，使用 $\boldsymbol{X}$ 的 n 个独立同分布副本的平均值来近似关于 $\boldsymbol{X}$ 的期望：

$$\overline{\boldsymbol{\psi}}_n(\boldsymbol{\theta}):=\frac{1}{n}\sum_{i=1}^{n}\boldsymbol{\psi}(\boldsymbol{X}_i|\boldsymbol{\theta})$$

因此，$\overline{\boldsymbol{\psi}}_n(\hat{\boldsymbol{\theta}}_n)=\mathbf{0}$。

定理 C.19 M 估计

当 $n\to\infty$ 时，M 估计是渐近正态的：

$$\sqrt{n}(\hat{\boldsymbol{\theta}}_n-\boldsymbol{\theta}^*)\xrightarrow{\text{d}}\mathcal{N}(\mathbf{0},\boldsymbol{A}^{-1}\boldsymbol{B}\boldsymbol{A}^{-\mathrm{T}}) \tag{C.38}$$

其中，$\boldsymbol{A}:=-\mathbb{E}\frac{\partial\boldsymbol{\psi}}{\partial\boldsymbol{\theta}}(\boldsymbol{X}|\boldsymbol{\theta}^*)$ 和 $\boldsymbol{B}:=\mathbb{E}[\boldsymbol{\psi}(\boldsymbol{X}|\boldsymbol{\theta}^*)\boldsymbol{\psi}(\boldsymbol{X}|\boldsymbol{\theta}^*)^{\mathrm{T}}]$ 是 $\boldsymbol{\psi}(\boldsymbol{X}|\boldsymbol{\theta}^*)$ 的协方差矩阵。

证明 我们在简化假设“$\hat{\boldsymbol{\theta}}_n$ 是唯一根”下给出证明[⊖]。也就是说，对于任何 $\boldsymbol{\theta}$ 和 ε，存在 $\delta>0$，使得 $\|\hat{\boldsymbol{\theta}}_n-\boldsymbol{\theta}\|>\varepsilon$ 意味着 $\|\overline{\boldsymbol{\psi}}_n(\boldsymbol{\theta})\|>\delta$。

首先，我们认为 $\hat{\boldsymbol{\theta}}_n\xrightarrow{\mathbb{P}}\boldsymbol{\theta}^*$，即 $\mathbb{P}[\|\hat{\boldsymbol{\theta}}_n-\boldsymbol{\theta}^*\|>\varepsilon]\to 0$，从定理 C.15 的多变量扩展版本来看，我们可以得到：

$$\overline{\boldsymbol{\psi}}_n(\boldsymbol{\theta}^*)\xrightarrow{\mathbb{P}}\mathbb{E}\overline{\boldsymbol{\psi}}_n(\boldsymbol{\theta}^*)=\mathbb{E}\boldsymbol{\psi}(\boldsymbol{X}|\boldsymbol{\theta}^*)=\mathbf{0}$$

因此，利用 $\hat{\boldsymbol{\theta}}_n$ 的唯一性，我们可以通过以下边界证明 $\hat{\boldsymbol{\theta}}_n\xrightarrow{\mathbb{P}}\boldsymbol{\theta}^*$：

$$\mathbb{P}[\|\hat{\boldsymbol{\theta}}_n-\boldsymbol{\theta}^*\|>\varepsilon]\leqslant\mathbb{P}[\|\overline{\boldsymbol{\psi}}_n(\boldsymbol{\theta}^*)\|>\delta]=\mathbb{P}[\|\overline{\boldsymbol{\psi}}_n(\boldsymbol{\theta}^*)-\mathbb{E}\overline{\boldsymbol{\psi}}_n(\boldsymbol{\theta}^*)\|>\delta]\to 0,n\to\infty$$

其次，我们在 $\boldsymbol{\theta}^*$ 处对向量 $\overline{\boldsymbol{\psi}}_n(\hat{\boldsymbol{\theta}}_n)$ 的每个分量进行泰勒展开，得到：

$$\overline{\boldsymbol{\psi}}_n(\hat{\boldsymbol{\theta}}_n)=\overline{\boldsymbol{\psi}}_n(\boldsymbol{\theta}^*)+\boldsymbol{J}_n(\boldsymbol{\theta}')(\hat{\boldsymbol{\theta}}_n-\boldsymbol{\theta}^*)$$

其中，$\boldsymbol{J}_n(\boldsymbol{\theta})$ 是 $\overline{\boldsymbol{\psi}}_n$ 在 $\boldsymbol{\theta}$ 处的雅可比矩阵，$\boldsymbol{\theta}'$ 位于连接 $\hat{\boldsymbol{\theta}}_n$ 和 $\boldsymbol{\theta}^*$ 的线段上。将上一个方程重新整理，并在两边同时乘以 $\sqrt{n}\boldsymbol{A}^{-1}$，可得：

$$-\boldsymbol{A}^{-1}\boldsymbol{J}_n(\boldsymbol{\theta}')\sqrt{n}(\hat{\boldsymbol{\theta}}_n-\boldsymbol{\theta}^*)=\boldsymbol{A}^{-1}\sqrt{n}\overline{\boldsymbol{\psi}}_n(\boldsymbol{\theta}^*)$$

根据中心极限定理，$\sqrt{n}\overline{\boldsymbol{\psi}}(\boldsymbol{\theta}^*)$ 依分布收敛于 $\mathcal{N}(\mathbf{0},\boldsymbol{B})$，因此，

$$-\boldsymbol{A}^{-1}\boldsymbol{J}_n(\boldsymbol{\theta}')\sqrt{n}(\hat{\boldsymbol{\theta}}_n-\boldsymbol{\theta}^*)\xrightarrow{\text{d}}\mathcal{N}(\mathbf{0},\boldsymbol{A}^{-1}\boldsymbol{B}\boldsymbol{A}^{-\mathrm{T}})$$

把定理 C.15(弱大数定律)应用于独立同分布随机矩阵 $\left\{\frac{\partial}{\partial\boldsymbol{\theta}}\boldsymbol{\psi}(\boldsymbol{X}_i|\boldsymbol{\theta})\right\}$，则有

⊖ 这个结果在不太严格的假设下成立。

$$J_n(\boldsymbol{\theta}) \xrightarrow{\mathbb{P}} \mathbb{E}\frac{\partial}{\partial \boldsymbol{\theta}}\boldsymbol{\psi}(\boldsymbol{X}|\boldsymbol{\theta})$$

此外，由于 $\hat{\boldsymbol{\theta}}_n \xrightarrow{\mathbb{P}} \boldsymbol{\theta}^*$ 且 $\boldsymbol{J}_n$ 在 $\boldsymbol{\theta}$ 上是连续的，因此 $\boldsymbol{J}_n(\boldsymbol{\theta}') \xrightarrow{\mathbb{P}} -\boldsymbol{A}$。于是，根据斯卢茨基定理，有 $-\boldsymbol{A}^{-1}\boldsymbol{J}_n(\boldsymbol{\theta}')\sqrt{n}(\hat{\boldsymbol{\theta}}_n-\boldsymbol{\theta}^*)-\sqrt{n}(\hat{\boldsymbol{\theta}}_n-\boldsymbol{\theta}^*)\xrightarrow{\mathbb{P}}\boldsymbol{0}$。 ■

最后，我们给出**拉普拉斯近似**，它显示了积分或期望值在方差极小的正态分布下的表现。

定理 C.20 拉普拉斯近似

假设 $\boldsymbol{\theta}_n \to \boldsymbol{\theta}^*$，其中 $\boldsymbol{\theta}^*$ 位于开放集 $\Theta\subseteq\mathbb{R}^p$ 的内部，$\boldsymbol{\Sigma}_n$ 是 $p\times p$ 协方差矩阵，$\boldsymbol{\Sigma}_n\to\boldsymbol{\Sigma}^*$。设 $g:\Theta\mapsto\mathbb{R}$ 是连续函数且 $g(\boldsymbol{\theta}^*)\neq 0$。那么，当 $n\to\infty$ 时，

$$n^{p/2}\int_{\Theta} g(\boldsymbol{\theta})\mathrm{e}^{-\frac{n}{2}(\boldsymbol{\theta}-\boldsymbol{\theta}_n)^{\mathrm{T}}\boldsymbol{\Sigma}_n^{-1}(\boldsymbol{\theta}-\boldsymbol{\theta}_n)}\mathrm{d}\boldsymbol{\theta} \to g(\boldsymbol{\theta}^*)\sqrt{|2\pi\boldsymbol{\Sigma}^*|} \tag{C.39}$$

证明 （画出有界域 Θ 的草图）式(C.39)的左边可以写成关于 $\mathcal{N}(\boldsymbol{\theta}_n, \boldsymbol{\Sigma}_n/n)$ 分布的期望：

$$\sqrt{|2\pi\boldsymbol{\Sigma}_n|}\int_{\Theta} g(\boldsymbol{\theta})\frac{\exp\left(-\frac{n}{2}(\boldsymbol{\theta}-\boldsymbol{\theta}_n)^{\mathrm{T}}\boldsymbol{\Sigma}_n^{-1}(\boldsymbol{\theta}-\boldsymbol{\theta}_n)\right)}{|2\pi\boldsymbol{\Sigma}_n/n|^{1/2}}\mathrm{d}\boldsymbol{\theta} = \sqrt{|2\pi\boldsymbol{\Sigma}_n|}\,\mathbb{E}[g(\boldsymbol{X}_n)\mathbb{1}\{\boldsymbol{X}_n\in\boldsymbol{\Theta}\}]$$

其中，$\boldsymbol{X}_n\sim\mathcal{N}(\boldsymbol{\theta}_n, \boldsymbol{\Sigma}_n/n)$。设 $\boldsymbol{Z}\sim\mathcal{N}(\boldsymbol{0}, \boldsymbol{I})$，那么 $\boldsymbol{\theta}_n+\boldsymbol{\Sigma}_n^{1/2}\boldsymbol{Z}/\sqrt{n}$ 和 $\boldsymbol{X}_n$ 服从相同的分布，且当 $n\to\infty$ 时，$(\boldsymbol{\theta}_n+\boldsymbol{\Sigma}_n^{1/2}\boldsymbol{Z}/\sqrt{n})\to\boldsymbol{\theta}^*$。根据 $g(\boldsymbol{\theta})\mathbb{1}\{\boldsymbol{\theta}\in\Theta\}$ 在 Θ 内部的连续性，当 $n\to\infty$ 时[⊖]，

$$\mathbb{E}[g(\boldsymbol{X}_n)\mathbb{1}\{\boldsymbol{X}_n\in\boldsymbol{\Theta}\}] = \mathbb{E}\left[g\left(\boldsymbol{\theta}_n+\frac{\boldsymbol{\Sigma}_n^{1/2}\boldsymbol{Z}}{\sqrt{n}}\right)\mathbb{1}\left\{\left(\boldsymbol{\theta}_n+\frac{\boldsymbol{\Sigma}_n^{1/2}\boldsymbol{Z}}{\sqrt{n}}\right)\in\boldsymbol{\Theta}\right\}\right]\to g(\boldsymbol{\theta}^*)\mathbb{1}\{\boldsymbol{\theta}^*\in\boldsymbol{\Theta}\}$$

由于 $\boldsymbol{\theta}^*$ 位于 Θ 内部，因此 $\mathbb{1}\{\boldsymbol{\theta}^*\in\Theta\}=1$，从而完成了证明。 ■

作为定理 C.20 的应用，我们可以证明定理 C.21。

定理 C.21 积分近似

假设 $r:\boldsymbol{\theta}\mapsto\mathbb{R}$ 二阶连续可微，在 $\boldsymbol{\theta}^*$ 处有唯一的最小值，$g:\boldsymbol{\theta}\mapsto\mathbb{R}$ 连续且 $g(\boldsymbol{\theta}^*)>0$。当 $n\to\infty$ 时，

$$\ln\int_{\mathbb{R}^p} g(\boldsymbol{\theta})\mathrm{e}^{-nr(\boldsymbol{\theta})}\mathrm{d}\boldsymbol{\theta}\simeq -nr(\boldsymbol{\theta}^*)-\frac{p}{2}\ln n \tag{C.40}$$

更一般地说，如果 r_n 有唯一的最小值 $\boldsymbol{\theta}_n$，且 $r_n\to r\Rightarrow\boldsymbol{\theta}_n\to\boldsymbol{\theta}^*$，那么

$$\ln\int_{\mathbb{R}^p} g(\boldsymbol{\theta})\mathrm{e}^{-nr_n(\boldsymbol{\theta})}\mathrm{d}\boldsymbol{\theta}\simeq -nr(\boldsymbol{\theta}^*)-\frac{p}{2}\ln n$$

证明 我们只对式(C.40)的证明做简要描述。设 $\boldsymbol{H}(\boldsymbol{\theta})$ 是 r 在 $\boldsymbol{\theta}$ 处的 Hessian 矩阵。根据泰勒定理，我们可以写出：

$$r(\boldsymbol{\theta})-r(\boldsymbol{\theta}^*) = (\boldsymbol{\theta}-\boldsymbol{\theta}^*)^{\mathrm{T}}\underbrace{\frac{\partial r(\boldsymbol{\theta}^*)}{\partial\boldsymbol{\theta}}}_{=\boldsymbol{0}}+\frac{1}{2}(\boldsymbol{\theta}-\boldsymbol{\theta}^*)^{\mathrm{T}}\boldsymbol{H}(\bar{\boldsymbol{\theta}})(\boldsymbol{\theta}-\boldsymbol{\theta}^*)$$

其中，$\bar{\boldsymbol{\theta}}$ 是位于连接 $\boldsymbol{\theta}$ 和 $\boldsymbol{\theta}^*$ 的线段上的一点。由于 $\boldsymbol{\theta}^*$ 是唯一的全局最小值，$\boldsymbol{\theta}^*$ 的邻域 Θ

⊖ 我们可以交换极限和期望，如 $g(\boldsymbol{\theta})\mathbb{1}\{\boldsymbol{\theta}\in\Theta\}\leqslant\max\limits_{\boldsymbol{\theta}\in\Theta g}(\boldsymbol{\theta})$ 和 $\int_{\Theta}\max\limits_{\boldsymbol{\theta}\in\Theta}g(\boldsymbol{\theta})\mathrm{d}\boldsymbol{\theta}=|\Theta|\max\limits_{\boldsymbol{\theta}\in\Theta}g\boldsymbol{\theta}<\infty$。

必须足够小，使得 r 是 Θ 上的严格凸函数(也称为强凸函数)。换句话说，$\boldsymbol{H}(\boldsymbol{\theta})$对所有 $\boldsymbol{\theta}\in\Theta$ 来说是正定矩阵，并且存在最小的正特征值 $\lambda_1>0$，使得 $\boldsymbol{x}^{\mathrm{T}}\boldsymbol{H}(\boldsymbol{\theta})\boldsymbol{x}\geqslant\lambda_1\|\boldsymbol{x}\|^2$。此外，由于 $\boldsymbol{H}(\boldsymbol{\theta})$的最大特征值是 $\boldsymbol{\theta}\in\Theta$ 的连续函数，且 Θ 是有界的，因此一定存在常数 $\lambda_2>\lambda_1$，使得 $\boldsymbol{x}^{\mathrm{T}}\boldsymbol{H}(\boldsymbol{\theta})\boldsymbol{x}\leqslant\lambda_2\|\boldsymbol{x}\|^2$。换句话说，对于 $r^*:=r(\boldsymbol{\theta}^*)$，有如下界限：

$$-\frac{\lambda_2}{2}\|\boldsymbol{\theta}-\boldsymbol{\theta}^*\|^2\leqslant-(r(\boldsymbol{\theta})-r^*)\leqslant-\frac{\lambda_1}{2}\|\boldsymbol{\theta}-\boldsymbol{\theta}^*\|^2,\quad \boldsymbol{\theta}\in\Theta$$

因此，

$$\mathrm{e}^{-nr^*}\int_{\Theta}g(\boldsymbol{\theta})\mathrm{e}^{-\frac{n\lambda_2}{2}\|\boldsymbol{\theta}-\boldsymbol{\theta}^*\|^2}\mathrm{d}\boldsymbol{\theta}\leqslant\int_{\Theta}g(\boldsymbol{\theta})\mathrm{e}^{-nr(\boldsymbol{\theta})}\mathrm{d}\boldsymbol{\theta}\leqslant\mathrm{e}^{-nr^*}\int_{\Theta}g(\boldsymbol{\theta})\mathrm{e}^{-\frac{n\lambda_1}{2}\|\boldsymbol{\theta}-\boldsymbol{\theta}^*\|^2}\mathrm{d}\boldsymbol{\theta}$$

应用定理 C. 20，可得 $\int_{\Theta}g(\boldsymbol{\theta})\mathrm{e}^{-nr(\boldsymbol{\theta})}\mathrm{d}\boldsymbol{\theta}=\mathcal{O}(\mathrm{e}^{-nr^*}/n^{p/2})$，更重要的是，

$$\ln\int_{\Theta}g(\boldsymbol{\theta})\mathrm{e}^{-nr(\boldsymbol{\theta})}\mathrm{d}\boldsymbol{\theta}\simeq-nr^*-\frac{p}{2}\ln n$$

因此，一旦证明了 $\int_{\bar{\Theta}}g(\boldsymbol{\theta})\mathrm{e}^{-nr(\boldsymbol{\theta})}\mathrm{d}\boldsymbol{\theta}$，$\bar{\Theta}:=\mathbb{R}^p\setminus\Theta$ 与$\int_{\Theta}g(\boldsymbol{\theta})\mathrm{e}^{-nr(\boldsymbol{\theta})}\mathrm{d}\boldsymbol{\theta}$ 相比是渐进可忽略的，证明就完成了。由于 $\boldsymbol{\theta}^*$ 是位于 $\bar{\Theta}$ 的任意邻域之外的全局最小值，对于所有的 $\boldsymbol{\theta}\in\bar{\Theta}$，一定存在一个常数 $c>0$，使得 $r(\boldsymbol{\theta})-r^*>c$。因此，

$$\begin{aligned}\int_{\bar{\Theta}}g(\boldsymbol{\theta})\mathrm{e}^{-nr(\boldsymbol{\theta})}\mathrm{d}\boldsymbol{\theta}&=\mathrm{e}^{-(n-1)r^*}\int_{\bar{\Theta}}g(\boldsymbol{\theta})\mathrm{e}^{-r(\boldsymbol{\theta})}\mathrm{e}^{-(n-1)(r(\boldsymbol{\theta})-r^*)}\mathrm{d}\boldsymbol{\theta}\\&\leqslant\mathrm{e}^{-(n-1)r^*}\int_{\bar{\Theta}}g(\boldsymbol{\theta})\mathrm{e}^{-r(\boldsymbol{\theta})}\mathrm{e}^{-(n-1)c}\mathrm{d}\boldsymbol{\theta}\\&\leqslant\mathrm{e}^{-(n-1)(r^*+c)}\int_{\mathbb{R}^p}g(\boldsymbol{\theta})\mathrm{e}^{-r(\boldsymbol{\theta})}\mathrm{d}\boldsymbol{\theta}=\mathcal{O}(\mathrm{e}^{-n(r^*+c)})\end{aligned}$$

最后一个表达式是 $o(\mathrm{e}^{-nr^*}/n^{p/2})$阶的，证明结束。 ■

C. 10 马尔可夫链

定义 C. 6 马尔可夫链

马尔可夫链是随机变量(或随机向量)的集合$\{X_t,\ t=0,\ 1,\ 2,\ \cdots\}$，给定它们的现值，它们的未来有条件地独立于过去，即

$$\mathbb{P}[X_{t+1}\in A|X_s,\ s\leqslant t]=\mathbb{P}[X_{t+1}\in A|X_t]\tag{C. 41}$$

换句话说，给定过去的状态$\{X_s,s\leqslant t\}$，未来变量 X_{t+1} 的条件分布与只给定现在状态 X_t 的条件分布相同。式(C. 41)称为**马尔可夫性质**。

X_t 的下标 t 通常被看作“时间”或“步长”参数，上面定义中的索引集$\{0,1,2,\cdots\}$是出于方便而选择的，它可以被任何可计数的索引集替代。我们只讨论**齐次时间**马尔可夫链，即条件概率密度函数 $f_{X_{t+1}|X_t}(y|x)$不依赖于时间 t 的马尔可夫链，我们将这些缩写为$q(y|x)$，$\{q(y|x)\}$称为马尔可夫链的**(一步)转移密度**。注意，随机变量或向量$\{X_t\}$可能是离散的(例如，在某个集合$\{1,\cdots,r\}$上取值)，也可能是连续的(例如，在区间$[0,\ 1]$或 $\mathbb{R}^d$ 内取值)。特别是在离散的情况下，每个 $q(y|x)$都是一个概率：$q(y|x)=\mathbb{P}[X_{t+1}=y|X_t=x]$。

X_0 的分布称为马尔可夫链的**初始分布**，一步转移密度和初始分布完全决定了随机向

量$[X_0,X_1,\cdots,X_t]^{\mathrm{T}}$的分布。也就是说，根据乘法法则[见式(C.17)]和马尔可夫性质，可以得出联合概率密度函数：

$$\begin{aligned} f_{X_0,\cdots,X_t}(x_0,\cdots,x_t) &= f_{X_0}(x_0)f_{X_1|X_0}(x_1|x_0)\cdots f_{X_t|X_{t-1},\cdots,X_0}(x_t|x_{t-1},\cdots,x_0) \\ &= f_{X_0}(x_0)f_{X_1|X_0}(x_1|x_0)\cdots f_{X_t|X_{t-1}}(x_t|x_{t-1}) \\ &= f_{X_0}(x_0)q(x_1|x_0)q(x_2|x_1)\cdots q(x_t|x_{t-1}) \end{aligned}$$

如果当$t\to\infty$时，X_t的概率分布收敛到固定的分布，那么马尔可夫链就是**遍历的**。遍历性是许多马尔可夫链的性质。直观地说，在未来很久的时间t遇到马尔可夫链状态x的概率不应该依赖于t，前提是马尔可夫链可以从任何其他状态到达每个状态，这种马尔可夫链被认为是**不可约的**(irreducible)，并且不会“逃逸”到无穷大。因此，对于遍历马尔可夫链，当$t\to\infty$时，概率密度函数$f_{X_t}(x)$收敛到一个固定的极限概率密度函数$f(x)$，不管起始状态如何。对于离散的情况，$f(x)$对应于马尔可夫过程访问x的时间的长期比例。

在温和的条件(如不可约性)下，极限概率密度函数$f(x)$可以通过求解**全局平衡方程**来找到：

$$f(x)=\begin{cases}\sum_y f(y)q(x|y) & (\text{离散情况})\\ \int f(y)q(x|y)\mathrm{d}y & (\text{连续情况})\end{cases} \tag{C.42}$$

对于离散情况，其原理如下。由于$f(x)$是马尔可夫链在x中所花费的长期时间比例，所以从x转移出的比例是$f(x)$，这应该与进入状态x的比例——$\sum_y f(y)q(x|y)$——相平衡。

人们往往对较强的平衡方程感兴趣。想象一下，我们拍摄了一段马尔可夫链演化的视频，我们可以按照正向和反向时间运行，如果不能确定视频是正向运行还是反向运行(不能确定任何系统性的“循环”，即无法确定时间向哪个方向流动)，则该链是时间可逆的(或可逆的)。

虽然不是每条马尔可夫链都是可逆的，但是当向后运行时，每个遍历性马尔可夫链都会给出另一个马尔可夫链——**反向马尔可夫链**，其转移密度为$\widetilde{q}(y|x)=f(y)q(x|y)/f(x)$。要看到这一点，首先要观察到$f(x)$是原始马尔可夫链和反向马尔可夫链在$x$中花费的时间的长期比例。其次，反向链中从$x$到$y$的“概率通量”必须等于原始链中从$y$到$x$的概率通量，即$f(x)\widetilde{q}(y|x)=f(y)q(x|y)$，这就得到了反向链的状态转移概率。特别地，对于可逆的马尔可夫链，我们有

$$f(x)q(y|x)=f(y)q(x|y) \tag{C.43}$$

这些是**细致(或局部)平衡方程**。请注意，细致平衡方程意味着全局平衡方程，因此，如果马尔可夫链是不可约的，并且存在概率密度函数使得式(C.43)成立，那么$f(x)$一定是极限概率密度函数。在离散状态空间的情况下，另外一个条件是链必须是**周期性的**，这意味着同一状态的返回时间不能总是某个大于或等于2的整数的倍数。

例C.9(在图上随机行走) 考虑在图C.7中的图上进行“随机行走”的马尔可夫链，每一步都以相同的概率从当前顶点(节点)跳到某个相邻的顶点。显然，这个马尔可夫链是可逆的，也是不可约的、周期性的。用$f(x)$表示链在顶点x的极限概率，根据对称性，有$f(1)=f(2)=f(7)=f(8)$，$f(4)=f(5)$，$f(3)=f(6)$。此外，根据细致平衡方程，有

$f(4)/5=f(1)/3$，$f(3)/4=f(1)/3$。由此得出，$f(1)+\cdots+f(8)=4f(1)+2\times5/3f(1)+2\times4/3f(1)=10f(1)=1$，因此 $f(1)=1/10$，$f(3)=2/15$，$f(4)=1/6$。

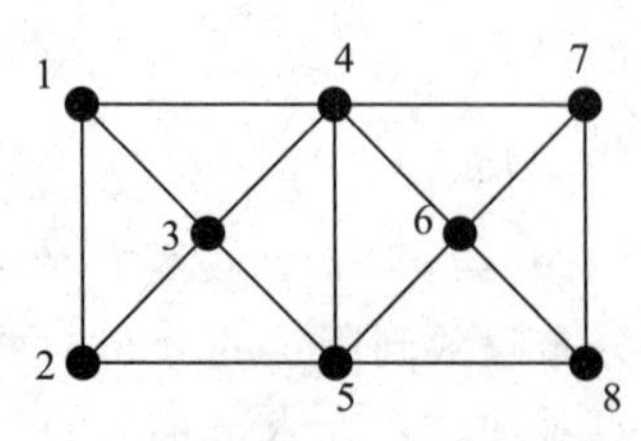

图 C.7 该图上随机行走的马尔可夫链是可逆的

C.11 统计学

统计学涉及数据的收集、汇总、分析和解释。统计学的两个主要分支是：

- **经典统计学或频率统计学**：这里的观测数据 τ 被看作由概率模型描述的随机数据 $\mathcal{T}$ 的结果，通常该模型会指定一个(多维)参数，即对于某个 $\boldsymbol{\theta}$，有 $\mathcal{T}\sim g(\cdot\,|\,\boldsymbol{\theta})$。统计推断只与模型有关，特别是与参数 $\boldsymbol{\theta}$ 有关。例如，基于数据人们希望完成以下工作：(a)估计参数；(b)对参数进行统计检验；(c)验证模型。
- **贝叶斯统计学**：在这种方法中，我们使用用户指定的权重函数 $g(\boldsymbol{\theta})$ 对参数 $\boldsymbol{\theta}$ 的所有可能值进行平均，得到模型 $\mathcal{T}\sim\int g(\cdot\,|\,\boldsymbol{\theta})g(\boldsymbol{\theta})\mathrm{d}\boldsymbol{\theta}$。在实际计算中，这意味着我们可以将 $\boldsymbol{\theta}$ 视为随机变量，其概率密度函数为 $g(\boldsymbol{\theta})$。贝叶斯公式 $g(\boldsymbol{\theta}\,|\,\tau)\propto g(\tau\,|\,\boldsymbol{\theta})g(\boldsymbol{\theta})$ 用于根据观测数据 τ 来学习 $\boldsymbol{\theta}$。

例 C.10(独立同分布样本) 最基本的统计模型中，数据 $\mathcal{T}=X_1,\cdots,X_n$ 是随机变量 $X_1,\cdots,X_n$ 的样本，它们相互独立且服从相同的分布，根据某个已知或未知的分布 Dist 有：

$$X_1,\cdots,X_n\overset{\text{iid}}{\sim}\text{Dist}$$

在统计学文献中，独立同分布样本通常称为**随机样本**。请注意，“样本”这个词既可以指随机变量的集合，也可以指单个随机变量，应在上下文中明确使用哪种含义。

通常，我们对真实分布的猜测或模型被指定为一个未知参数 $\boldsymbol{\theta}$，$\boldsymbol{\theta}\in\Theta$。最常见的模型是

$$X_1,\cdots,X_n\overset{\text{iid}}{\sim}\mathcal{N}(\mu,\sigma^2)$$

这时，$\boldsymbol{\theta}=(\mu,\sigma^2)$，$\Theta=\mathbb{R}\times\mathbb{R}_+$。

C.12 估计

假设数据 $\mathcal{T}$ 的模型 $g(\cdot\,|\,\boldsymbol{\theta})$ 完全由未知的参数向量 $\boldsymbol{\theta}$ 指定，我们的目标是只根据观测数据 τ 来估计 $\boldsymbol{\theta}$[另一个目标可以是对某个向量值函数 $\boldsymbol{\psi}$ 估计 $\boldsymbol{\eta}=\boldsymbol{\psi}(\boldsymbol{\theta})$]。具体来说，我们的目标是找到一个接近未知 $\boldsymbol{\theta}$ 的**估计量** $\boldsymbol{T}=\boldsymbol{T}(\mathcal{T})$，相应的结果 $\boldsymbol{t}=\boldsymbol{T}(\tau)$ 是对 $\boldsymbol{\theta}$ 的估计值，$\boldsymbol{\theta}$ 的估计量 $\boldsymbol{T}$ 的偏差定义为 $\mathbb{E}\boldsymbol{T}-\boldsymbol{\theta}$。如果 $\mathbb{E}_{\boldsymbol{\theta}}\boldsymbol{T}=\boldsymbol{\theta}$，则称 $\boldsymbol{\theta}$ 的估计量 $\boldsymbol{T}$ 是**无偏的**。我们常把 $\boldsymbol{\theta}$ 的估计量和估计值写成 $\hat{\boldsymbol{\theta}}$，实值估计量 T 的**均方误差**(Mean Squared Error，MSE)定义为

$$\mathrm{MSE} = \mathbb{E}_\theta(T-\theta)^2$$

如果 T_1 的 MSE 小于 T_2 的 MSE，则可以说估计量 T_1 比估计量 T_2 更有效。MSE 可以写成和的形式：

$$\mathrm{MSE} = (\mathbb{E}_\theta T-\theta)^2 + \mathbb{V}\mathrm{ar}_\theta T$$

第一项衡量无偏性，第二项是估计量的方差，对于无偏估计量，估计量的 MSE 简单地等于它的方差。

在模拟中，效率很重要，因此包含估计量的运行时间通常也很重要。比较两个无偏估计量 T_1 和 T_2 的一种方法是比较它们的**相对时间方差乘积**：

$$\frac{r_i \mathbb{V}\mathrm{ar}\ T_i}{(\mathbb{E}T_i)^2},\quad i=1,2 \tag{C.44}$$

其中 r_1 和 r_2 分别是计算估计量 T_1 和 T_2 所需的时间。在这种方案中，如果 T_1 的相对时间方差乘积较小，则认为 T_1 比 T_2 更有效。我们接下来将讨论两种构建合理估计量的系统方法。

C.12.1 矩方法

假设 $x_1,\cdots,x_n$ 是来自独立同分布样本 $X_1,\cdots,X_n \stackrel{\text{iid}}{\sim} g(x\,|\,\boldsymbol{\theta})$ 的结果，其中 $\boldsymbol{\theta}=[\theta_1,\cdots,\theta_k]^{\mathrm{T}}$ 未知。抽样分布的矩很容易估计，即如果 $X\sim g(x\,|\,\boldsymbol{\theta})$，则 X 的 r 阶矩为 $\mu_r(\boldsymbol{\theta})=\mathbb{E}_\theta X^r$（假设它存在），它可以通过样本的 r 阶矩来估计：$\frac{1}{n}\sum_{i=1}^{n}x_i^r$。**矩方法**涉及选择 $\boldsymbol{\theta}$ 的估计值 $\hat{\boldsymbol{\theta}}$，使前 k 个样本和真实矩匹配：

$$\frac{1}{n}\sum_{i=1}^{n}x_i^r = \mu_r(\hat{\boldsymbol{\theta}}),\quad r=1,2,\cdots,k$$

一般来说，这个方程组是非线性的，所以它的解往往要用数值方法来求。

例 C.11(样本均值和样本方差) 假设数据由 $\mathcal{T}=\{X_1,\cdots,X_n\}$ 给出，其中 $\{X_i\}$ 是从均值为 μ、方差为 $\sigma^2<\infty$ 的广义分布中形成的独立同分布样本。匹配前两个矩，可得方程组：

$$\frac{1}{n}\sum_{i=1}^{n}x_i = \mu$$

$$\frac{1}{n}\sum_{i=1}^{n}x_i^2 = \mu^2+\sigma^2$$

因此，μ 和 σ^2 的矩方法估计值是样本均值：

$$\hat{\mu} = \bar{x} = \frac{1}{n}\sum_{i=1}^{n}x_i \tag{C.45}$$

和

$$\hat{\sigma}^2 = \frac{1}{n}\sum_{i=1}^{n}x_t^2 - (\bar{x})^2 = \frac{1}{n}\sum_{i=1}^{n}(x_i-\bar{x})^2 \tag{C.46}$$

μ 的相应估计量 $\overline{X}$ 是无偏的。然而，σ^2 的估计量 $\mathbb{E}\,\widehat{\sigma^2}=\sigma^2(n-1)/n$ 是有偏的。一个无偏估计量是**样本方差**：

$$S^2 = \hat{\sigma}^2\frac{n}{n-1} = \frac{1}{n-1}\sum_{i=1}^{n}(X_i-\overline{X})^2$$

其平方根 $S=\sqrt{S^2}$ 称为**样本标准差**。

例 C. 12(样本协方差矩阵) 矩方法也可以用来估计随机向量的协方差矩阵。具体来说，设 $\boldsymbol{X}_1,\cdots,\boldsymbol{X}_n$ 是 d 维随机向量 $\boldsymbol{X}$ 的独立同分布样本，均值向量为 $\boldsymbol{\mu}$、协方差矩阵为 $\boldsymbol{\Sigma}$。假设 $n\geqslant d$，$\boldsymbol{\mu}$ 的矩估计量和 $d=1$ 情况下的一样，为 $\overline{\boldsymbol{X}}=(\boldsymbol{X}_1+\cdots+\boldsymbol{X}_n)/n$。由于协方差矩阵可以写成[见式(C. 15)]：

$$\boldsymbol{\Sigma}=\mathbb{E}(\boldsymbol{X}-\boldsymbol{\mu})(\boldsymbol{X}-\boldsymbol{\mu})^{\mathrm{T}}$$

因此使用矩方法可得估计量：

$$\hat{\boldsymbol{\Sigma}}=\frac{1}{n}\sum_{i=1}^{n}(\boldsymbol{X}_i-\overline{\boldsymbol{X}})(\boldsymbol{X}_i-\overline{\boldsymbol{X}})^{\mathrm{T}} \tag{C. 47}$$

类似于一维($d=1$)情况，用 $1/(n-1)$ 代替因子 $1/n$，可得无偏估计量，称为**样本协方差矩阵**。

C. 12. 2 最大似然法

"似然"的概念是统计学的核心，它精确地描述了观测数据中包含的关于模型参数的信息。

设 $\mathcal{T}$ 是一个(随机)数据对象，它是从概率密度函数为 $g(\tau|\boldsymbol{\theta})$(离散或连续)的模型中抽取的，参数向量为 $\boldsymbol{\theta}\in\Theta$。令 τ 是 $\mathcal{T}$ 的结果。函数 $L(\boldsymbol{\theta}|\tau):=g(\tau|\boldsymbol{\theta})$，$\boldsymbol{\theta}\in\Theta$ 称为 $\boldsymbol{\theta}$ 的基于 τ 的**似然函数**。似然函数的(自然)对数称为**对数似然函数**，通常用小写的 l 表示。

请注意，$L(\boldsymbol{\theta}|\tau)$ 和 $g(\boldsymbol{\theta}|\tau)$ 具有相同的公式，但前者固定 τ，是 $\boldsymbol{\theta}$ 的函数；后者固定 $\boldsymbol{\theta}$，是 τ 的函数。

当 $\mathcal{T}$ 对某个概率密度函数 $\mathring{g}$ 中的独立同分布样本 $\{X_1,\cdots,X_n\}$ 建模时，似然的概念特别有用。在这种情况下，数据 $\tau=\{x_1,\cdots,x_n\}$ 的似然是 $\boldsymbol{\theta}$ 的函数，其似然值由以下乘积给出：

$$L(\boldsymbol{\theta}|\tau)=\prod_{i=1}^{n}\mathring{g}(x_i|\boldsymbol{\theta}) \tag{C. 48}$$

设 τ 是来自 $\mathcal{T}\sim g(\tau|\boldsymbol{\theta})$ 的观测值，假设 $g(\tau|\boldsymbol{\theta})$ 在 $\boldsymbol{\theta}=\hat{\boldsymbol{\theta}}$ 时取得最大值。在某种程度上，这个 $\hat{\boldsymbol{\theta}}$ 是我们对 $\boldsymbol{\theta}$ 的最佳估计，因为它能使观测值 τ 的概率(密度)达到最大，被称为 $\boldsymbol{\theta}$ 的**最大似然估计**(Maximum Likelihood Estimator，MLE)。请注意，$\hat{\boldsymbol{\theta}}=\hat{\boldsymbol{\theta}}(\tau)$ 是 τ 的函数。相应的随机变量也表示为 $\hat{\boldsymbol{\theta}}$，它是**最大似然估计量**(简称为 MLE)。

作为 $\boldsymbol{\theta}$ 函数的 $L(\boldsymbol{\theta}|\tau)$ 的最大化，相当于(在寻找最大值时)最大化对数似然 $l(\boldsymbol{\theta}|\tau)$，因为自然对数是递增函数。这通常比较容易，特别是当 $\mathcal{T}$ 是某个抽样分布的独立同分布样本时。例如，对于式(C. 48)形式的 L，我们有

$$l(\boldsymbol{\theta}|\tau)=\sum_{i=1}^{n}\ln\mathring{g}(x_i|\boldsymbol{\theta})$$

如果 $l(\boldsymbol{\theta}|\tau)$ 是关于 $\boldsymbol{\theta}$ 的可微函数，其最大值在 Θ 内部获得，并且存在唯一的最大值点，那么我们可以通过解以下方程得到 $\boldsymbol{\theta}$ 的最大似然估计：

$$\frac{\partial}{\partial\theta_i}l(\boldsymbol{\theta}|\tau)=0,\quad i=1,\cdots,d$$

例 C.13(伯努利随机抽样) 假设我们有数据 $\tau_n=\{x_1,\cdots,x_n\}$，且 $X_1,\cdots,X_n\overset{\text{iid}}{\sim}\mathrm{Ber}(\theta)$，那么其似然函数为：

$$L(\theta|\tau)=\prod_{i=1}^{n}\theta^{x_i}(1-\theta)^{1-x_i}=\theta^{s}(1-\theta)^{n-s},\quad 0<\theta<1 \tag{C.49}$$

其中 $s:=x_1+\cdots+x_n=:n\bar{x}$。对数似然为 $l(\theta)=s\ln\theta+(n-s)\ln(1-\theta)$。通过对 θ 的微分，我们发现导数为

$$\frac{s}{\theta}-\frac{n-s}{1-\theta}=\frac{s}{\theta(1-\theta)}-\frac{n}{1-\theta} \tag{C.50}$$

解 $l'(\theta)=0$，可得最大似然估计值 $\hat{\theta}=\bar{x}$，最大似然估计量 $\hat{\theta}=\overline{X}$。

C.13 置信区间

估计过程的一个重要部分是对估计结果**准确性**的评估。事实上，如果没有关于其准确性的信息，估计本身将毫无意义。置信区间(也称为**区间估计**)可准确描述估计不确定性。

若 $X_1,\cdots,X_n$ 是随机变量，其联合分布取决于参数 $\theta\in\Theta$。设 $T_1<T_2$ 为统计量，即 $T_i=T_i(X_1,\cdots,X_n)$，$i=1$，2 是数据的函数，但不是 θ 的函数。

- 如果对于所有的 $\theta\in\Theta$，有
$$\mathbb{P}_\theta[T_1<\theta<T_2]\geqslant 1-\alpha \tag{C.51}$$
则随机区间(T_1,T_2)称为 θ 的**随机置信区间**，置信度为 $1-\alpha$。
- 如果 t_1 和 t_2 是 T_1 和 T_2 的观测值，那么对于每一个 $\theta\in\Theta$，区间(t_1,t_2)称为 θ 的**(数值)置信区间**，置信度为 $1-\alpha$。
- 如果式(C.51)的右侧仅仅是真实概率的启发式估计或近似值，那么所得的区间称为**近似置信区间**。
- 概率 $\mathbb{P}_\theta[T_1<\theta<T_2]$称为**覆盖概率**，对于 $1-\alpha$ 的置信区间，覆盖概率必须至少是 $1-\alpha$。

对于多维参数 $\boldsymbol{\theta}\in\mathbb{R}^d$，随机置信区间被替换为**随机置信区域** $\mathcal{C}\subset\mathbb{R}^d$，使得对于所有 $\boldsymbol{\theta}$，有 $\mathbb{P}_{\boldsymbol{\theta}}[\boldsymbol{\theta}\in\mathcal{C}]\geqslant I-\alpha$。

例 C.14(均值的近似置信区间) 设 $X_1,X_2,\cdots,X_n$ 是独立同分布样本，该分布均值为 μ、方差为 $\sigma^2<\infty$(假设均未知)。根据中心极限定理和大数定律，对于大数 n，有

$$T=\frac{\overline{X}-\mu}{S/\sqrt{n}}\overset{\text{approx.}}{\sim}\mathcal{N}(0,1)$$

其中 S 是样本标准差。重新整理近似等式 $\mathbb{P}[|T|\leqslant z_{1-\alpha/2}]\approx 1-\alpha$($z_{1-\alpha/2}$ 是标准正态分布的 $1-\alpha/2$ 分位数)，可得：

$$\mathbb{P}\left[\overline{X}-z_{1-\alpha/2}\frac{S}{\sqrt{n}}\leqslant\mu\leqslant\overline{X}+z_{1-\alpha/2}\frac{S}{\sqrt{n}}\right]\approx 1-\alpha$$

因此

$$\left(\overline{X}-z_{1-\alpha/2}\frac{S}{\sqrt{n}},\overline{X}+z_{1-\alpha/2}\frac{S}{\sqrt{n}}\right) \tag{C.52}$$

是 μ 的近似随机$(1-\alpha)$置信区间，缩写为 $\overline{X}\pm z_{1-\alpha/2}\frac{S}{\sqrt{n}}$。

由于式(C.52)只是一个渐近的结果，因此，当将其应用于样本量较小或中等，且样本分布严重偏斜的情况时，应谨慎使用。

C.14 假设检验

假设数据 $\mathcal{T}$的模型是由依赖于参数 $\boldsymbol{\theta} \in \Theta$ 的概率分布簇来描述的。**假设检验**的目的是根据观测数据 τ 确定两个相互竞争的假设哪一个成立。这两个假设分别是**零假设** $H_0: \boldsymbol{\theta} \in \Theta_0$ 和**备择假设** $H_1: \boldsymbol{\theta} \in \Theta_1$。

在经典统计学中，零假设和备择假设的作用并不相同。H_0 包含了“现状”的陈述，只有在 H_0 下观测数据极不可能发生时，才会被拒绝。

决定是接受 H_0 还是拒绝 H_0 取决于**检验统计量** $\boldsymbol{T}=\boldsymbol{T}(\mathcal{T})$的结果。为了简单起见，我们只讨论一维的情况 $\boldsymbol{T} \equiv T$，通常使用两种(相关的)决策规则：

- **决策规则 1**：如果 T 落在临界区域，则拒绝 H_0。

  这里，**临界区域**是指 $\mathbb{R}$ 中适当选择的区域。实际中，临界区域属于下列情况之一：
  - 左侧单边：$(-\infty, c]$。
  - 右侧单边：$[c, \infty)$。
  - 双边：$(-\infty, c_1] \cup [c_2, \infty)$。

  例如，对于右侧单边检验，如果统计量的结果过大，则拒绝 H_0。临界区域的端点 c、c_1、c_2 称为**临界值**。
- **决策规则 2**：如果 P 值小于某个显著性水平 α，则拒绝 H_0。

  P 值是指在 H_0 下，(随机)检验统计量所取的值与观测值一样极端或比观测值更极端的概率。特别地，如果 t 是检验统计量 T 的观测结果，那么：
  - 左单边检验：$P := \mathbb{P}_{H_0}[T \leqslant t]$。
  - 右单边检验：$P := \mathbb{P}_{H_0}[T \geqslant t]$。
  - 双边检验：$P := \min\{2\mathbb{P}_{H_0}[T \leqslant t], 2\mathbb{P}_{H_0}[T \geqslant t]\}$。

  P 值越小，数据提供的反对 H_0 的证据越强。经验法则为
  - $P<0.10$ 表示提示性证据。
  - $P<0.05$ 表示合理证据。
  - $P<0.01$ 表示强证据。

无论使用第一种决策规则还是使用第二种决策规则，都会出现两种类型的错误，如表 C.4 所示。

表 C.4 假设检验中Ⅰ类和Ⅱ类错误

决策	实际情况	
	H_0 正确	H_1 正确
接受 H_0	正确	Ⅱ类错误
拒绝 H_0	Ⅰ类错误	正确

检验统计量和相应临界区域的选择涉及多目标优化准则，即Ⅰ类和Ⅱ类错误的概率在理想情况下都应尽可能小。不幸的是，这些概率无法同时降低。例如，如果将临界区域变大(变小)，则Ⅱ类错误的概率降低(增加)，但同时Ⅰ类错误的概率增加(降低)。

由于人们认为Ⅰ类错误更严重，Neyman 和 Pearson[93]建议采用以下方法：选择临界区域，使Ⅱ类错误的概率尽可能小，同时保持Ⅰ类错误的概率低于预定的小**显著性水平** α。

■ **评注 C.3(决策规则的等价性)** 请注意，决策规则 1 和决策规则 2 在以下意义上是等价的。

在显著性水平 α 下，如果 T 落在临界区域内，则拒绝 H_0。

$\Leftrightarrow$

如果 P 值小于或等于显著性水平 α，则拒绝 H_0。

换句话说，检验的 P 值是导致拒绝 H_0 的最小显著性水平。 ■

一般来说，统计检验包括以下几个步骤：

(1)根据数据制定合适的统计模型。

(2)根据模型参数给出零假设(H_0)和备择假设(H_1)。

(3)确定检验统计量(仅是数据的函数)。

(4)确定 H_0 下检验统计量的(近似)分布。

(5)计算检验统计量的结果。

(6)给定预选的显著性水平 α，计算 P 值或临界区域。

(7)接受或拒绝 H_0。

实际选择一个合适的检验统计量，就好比为未知参数 $\boldsymbol{\theta}$ 选择一个好的估计量，检验统计量应该总结 $\boldsymbol{\theta}$ 的信息，使其能够区分不同的假设。

例 C.15(假设检验) 我们有通过独立运行获得的两个模拟实验结果 $x_1,\cdots,x_m$ 和 $y_1,\cdots,y_n$ ($m=100$，$n=50$)，样本均值和标准差分别为 $\bar{x}=1.3$，$s_X=0.1$ 和 $\bar{y}=1.5$，$s_Y=0.3$，因此$\{x_i\}$是独立同分布随机变量$\{X_i\}$的结果，$\{y_i\}$是独立同分布随机变量$\{Y_i\}$的结果，$\{X_i\}$和$\{Y_i\}$相互独立。我们希望评估期望 $\mu_X=\mathbb{E}X_i$ 和 $\mu_Y=\mathbb{E}Y_i$ 是否相同。通过以上 7 个步骤，我们可得以下 7 个具体步骤：

(1)上面已经指定了模型。

(2)$H_0: \mu_X-\mu_Y=0$，$H_1: \mu_X-\mu_Y\neq 0$。

(3)出于与例 C.14 类似的原因，取 $T=\dfrac{\overline{X}-\overline{Y}}{\sqrt{S_X^2/m+S_Y^2/n}}$。

(4)根据中心极限定理，在 H_0 下，统计量 T 近似服从标准正态分布(假设方差是有限的)。

(5)T 的结果是 $t=(\bar{x}-\bar{y})/\sqrt{s_X^2/m+s_Y^2/n}\approx -4.59$。

(6)由于这是一个双边检验，P 值为 $2\mathbb{P}_{H_0}[T\leqslant -4.59]\approx 4\times 10^{-6}$。

(7)因为 P 值极小，所以有大量证据表明，两个期望值是不一样的。

扩展阅读

关于概率和随机过程的通俗易懂的文献包括文献[26-27,39,54,101]。文献[61]完整地概述了研究生水平的现代概率基础。关于概率测度的收敛性和极限定理的细节可以在文献[11]中找到。对于数理统计简单应用的通俗介绍，请参见文献[69,74,124]。关于统计推断的更详细概述，见文献[10,25]。经典的(使用最多的)统计推断的标准参考文献是文献[78]。

附录 D

Python 入门

Python 已经成为数据科学和机器学习领域许多研究人员和从业人员的首选编程语言。本附录对该语言进行了简要介绍。由于该语言正在不断发展中，每年都会有许多新的软件包发布，因此这里并不打算做到详尽无遗。相反，我们希望为初学者提供足够的信息，让他们开始使用这门精心设计的语言。

D.1 入门指南

Python 的官方网站 https://www.python.org/有许多文档、教程、初学者指南、软件示例等。需要注意的是，Python 有两个不兼容的“分支”，分别为 Python 3 和 Python 2。Python 语言的进一步开发将只涉及 Python 3，在本附录(乃至本书的其余部分)中，我们只考虑 Python 3。由于在安装 Python 时经常会用到许多依赖包，因此安装一个发行版是很方便的，例如 Anaconda Python 发行版(https://www.anaconda.com/)。

Anaconda 安装程序会自动安装最重要的软件包，还提供了一个方便的交互式开发环境(Interactive Development Environment，IDE)，名为 Spyder。

使用 Anaconda Navigator 可以启动 Spyder、Jupyter notebook，安装、更新软件包，还可以打开命令行终端。

要开始使用[1]，请在下面的输入框中尝试 Python 语句。你可以在 IPython 命令提示符下输入这些语句，也可以将它们作为（非常短的）Python 程序运行。这两种输入模式的输出可能略有不同。例如，在控制台中输入变量名会将其内容自动打印出来，而在 Python 程序中则必须通过调用 `print` 函数显式地完成。在 Spyder 中选择(高亮显示)几行程序，然后按功能键〈F9〉[2]，相当于在控制台中逐行执行这些程序。

在 Python 中，数据被表示为对象或对象之间的关系（参见 D.2 节）。基本的数据类型有数值类型(包括整数、布尔值和浮点数)、序列类型(包括字符串、元组和列表)、集合和映射(目前，字典是唯一的内置映射类型)。

字符串是由单引号或双引号括起来的字符序列。我们可以通过 `print` 函数来打印字符串。

---

[1] 假设你已经安装了所有必要的文件并启动了 Spyder。

[2] 具体取决于使用的键盘和操作系统。

```
print("Hello World!")
```

```
Hello World!
```

对于好的打印输出，可以使用 **format** 函数格式化 Python 字符串。括号语法{i}提供了第 i 个要打印变量的占位符，其中 0 是第 1 个索引。单个变量可以根据需要单独进行格式化，格式化语法将在 D.9 节中详细讨论。

```
print("Name:{1} (height {2} m, age {0})".format(111,"Bilbo",0.84))
```

```
Name:Bilbo (height 0.84 m, age 111)
```

列表可以包含不同类型的对象，使用方括号创建，如下例所示：

```
x = [1,'string',"another string"]  # Quote type is not important
```

```
[1, 'string', 'another string']
```

列表中的元素从 0 开始索引，并且是可以改变的：

```
x = [1,2]
x[0] = 2  # Note that the first index is 0
x
```

```
[2,2]
```

相比之下，元组使用圆括号创建，其元素是不可改变的。字符串也是不可变的。

```
x = (1,2)
x[0] = 2
```

```
TypeError: 'tuple' object does not support item assignment
```

列表可以通过切片符号[**start: end**]来访问。需要注意的是，**end** 是第一个不被选中的元素的索引，第一个元素的索引为 0。为了熟悉切片符号，请执行以下每行命令。

```
a = [2, 3, 5, 7, 11, 13, 17, 19, 23]
a[1:4]  # Elements with index from 1 to 3
a[:4]   # All elements with index less than 4
a[3:]   # All elements with index 3 or more
a[-2:]  # The last two elements
```

```
[3, 5, 7]
[2, 3, 5, 7]
[7, 11, 13, 17, 19, 23]
[19, 23]
```

运算符是一种编程语言结构，它对一个或多个操作数执行操作。在 Python 中，运算符的操作取决于操作数的类型。例如，当操作数是数值类型时，像+ 、* 、- 和% 这样的运算符是算术运算符，但对于非数值类型的对象(如字符串)，这些运算符可以有不同的含义。

```
'hello' + 'world'  # String concatenation
```

```
'helloworld'
```

```
'hello' * 2   # String repetition
```

```
'hellohello'
```

```
[1,2] * 2       # List repetition
```

```
[1, 2, 1, 2]
```

```
15 % 4   # Remainder of 15/4
```

```
3
```

表 D.1 给出了一些常用的 Python 运算符。

D.2 Python 对象

如前所述，Python 中的数据由对象或对象之间的关系来表示。基本的数据类型包括字符串和数值类型(如整数、布尔值和浮点数)。

由于 Python 是面向对象的编程语言，因此函数也是对象（一切都是对象!)。每个对象都有标识(对每个对象来说是唯一的，并且一旦创建就不能改变)、类型（确定哪些操作可以应用于该对象，并且被认为是不可变的)和值(它既可以是可变的，也可以是不可变的)。分配给对象 obj 的唯一标识可以通过调用 id 函数查看，比如 id(obj)。

每个对象都有一个**属性**列表，每个属性都是对另一个对象的引用。应用于对象的函数 dir 返回属性列表。例如，字符串对象有许多有用的属性，我们将很快看到。函数是具有 __call__属性的对象。

类(见 D.8 节)可以被认为是创建自定义类型对象的模板。

```
s = "hello"
d = dir(s)
print(d,flush=True)  # Print the list in "flushed" format
```

```
['__add__', '__class__', '__contains__', '__delattr__', '__dir__',
 ... (many left out) ... 'replace', 'rfind',
  'rindex', 'rjust', 'rpartition', 'rsplit', 'rstrip', 'split',
  'splitlines', 'startswith', 'strip', 'swapcase', 'title',
  'translate', 'upper', 'zfill']
```

对象 obj 的任何属性 attr 都可以通过点符号来访问：obj.attr。要查找对象的更多信息，请使用 help 函数。

```
s = "hello"
help(s.replace)
```

```
replace(...) method of builtins.str instance
    S.replace(old, new[, count]) -> str

    Return a copy of S with all occurrences of substring
    old replaced by new.  If the optional argument count is
    given, only the first count occurrences are replaced.
```

结果表明，属性 replace 实际上是一个函数。属性如果是一个函数，则称为**方法**。我们可以使用 replace 方法，通过改变旧字符串的某些字符从而创建一个新字符串。

```
s = 'hello'
s1 = s.replace('e','a')
print(s1)
```

```
hallo
```

在许多 Python 编辑器中，按下〈TAB〉键，如 objectname. < TAB> ，将通过编辑器的自动补全功能弹出可能的属性列表。

D.3 类型和运算符

每个对象都有一个**类型**。Python 中的三种基本数据类型是 str(字符串)、int(整数)

和 float(浮点数)。函数 type 返回对象的类型。

```
t1 = type([1,2,3])
t2 = type((1,2,3))
t3 = type({1,2,3})
print(t1,t2,t3)
```

```
<class 'list'> <class 'tuple'> <class 'set'>
```

赋值运算符“=”可以将对象赋给变量，例如 x=12。**表达式**是值、运算符和变量的组合，可以产生另一个值或变量。

变量名是区分大小写的，只能包含字母、数字和下划线。它们必须以字母或下划线开头。注意，诸如 True 和 False 这样的保留字也是区分大小写的。

Python 是一种动态类型的语言，在程序执行过程中的某一特定点上，变量的类型是由它最近的对象赋值决定的。也就是说，变量的类型不需要从一开始就显式地声明(像 C 或 Java 那样)，而是由当前分配给它的对象来决定。

重要的是要理解 Python 中的变量是对对象的引用，我们可以把它想象成鞋盒上的标签。即使标签是一个简单的实体，但鞋盒中的内容(变量所引用的对象)可以是任意复杂的。与将鞋盒里的东西移动到另一个鞋盒相比，只移动标签显然要简单得多。

```
x = [1,2]
y = x    # y refers to the same object as x
print(id(x) == id(y))  # check that the object id's are the same
y[0] = 100  # change the contents of the list that y refers to
print(x)
```

```
True
[100,2]
```

```
x = [1,2]
y = x    # y refers to the same object as x
y = [100,2]  # now y refers to a different object
print(id(x) == id(y))
print(x)
```

```
False
[1,2]
```

表 D.1 给出了数值和逻辑变量的部分 Python 运算符。

表 D.1 常用的数值运算符(左)和逻辑运算符(右)

+	加法	~	二进制按位取反
-	减法	&	二进制与
*	乘法	^	二进制异或
**	幂	|	二进制或
/	除法	==	等于
//	取整除	!=	不等于
%	取模		

几个数值运算符可以与赋值运算符结合使用，比如 x+=1 表示 x=x+1。像+和 * 这样的运算符也可以针对其他数据类型进行定义，对于这些数据类型它们具有不同的含义。这就是所谓的**运算符重载**(overloading)，例如我们在前面看到的列表重复：<List> *<Integer>。

D.4　函数和方法

函数很容易将复杂的程序分成更简单的部分。要创建函数(function)，请使用以下语法：

```
def <function name>(<parameter_list>):
    <statements>
```

函数接受输入变量列表，这些变量是对象的引用。在函数内部，会执行许多语句，这些语句可以修改对象，但不能修改引用本身。此外，函数会返回一个输出对象(如果没有明确指示返回输出，则会返回 None)。再想想鞋盒的比喻，函数的输入变量是鞋盒的标签，标签引用的对象是鞋盒的内容。下面的程序强调了 Python 中变量和对象的一些微妙之处。

注意，函数中的语句必须缩进，这是 Python 定义函数开始位置和结束位置的方式。

```
x = [1,2,3]

def change_list(y):
    y.append(100) # Append an element to the list referenced by y
    y[0]=0        # Modify the first element of the same list
    y = [2,3,4]   # The local y now refers to a different list
            # The list to which y first referred does not change
    return sum(y)

print(change_list(x))
print(x)
```

```
9
[0, 2, 3, 100]
```

在函数内部定义的变量具有**局部作用域**，也就是说，它们只在该函数内部被识别。这就允许不同的函数使用相同的变量名，而不会产生冲突。如果在函数中使用了变量，Python 首先会检查该变量是否具有局部作用域。如果没有(变量没有在函数内部定义)，那么 Python 会在函数外部(全局作用域)搜索该变量。

```
from numpy import array, square, sqrt

x = array([1.2,2.3,4.5])

def stat(x):
    n = len(x)         #the length of x
    meanx = sum(x)/n
    stdx = sqrt(sum(square(x - meanx))/n)
    return [meanx,stdx]

print(stat(x))
```

```
[2.6666666666666665, 1.3719410418171119]
```

上述程序说明了几个要点：

- sqrt 等基本的数学函数对标准的 Python 解释器来说是未知的，需要导入，详见 D.5 节。
- 正如我们已经提到的，缩进是至关重要的，它表明了函数的开始位置和结束位置。
- 每行语句不需要以分号结尾[⊖]，但是函数定义的第一行(本段代码的第 5 行)必须以

⊖ 分号可用于将多个命令放在同一行中。

冒号(:)结尾。

- 列表不是数组(数字向量)，所以向量运算不能在列表上进行。但是，numpy 模块是专门为高效的向量或矩阵运算设计的。在第二行代码中，我们将 x 定义为向量(ndarray)对象，然后将诸如 square、sum 和 sqrt 等函数应用于这样的数组。注意，我们使用了默认的 Python 函数 len 和 sum。更多关于 numpy 的内容请参见 D.10 节。
- 在第 11 行用 stat(x)代替 print(stat(x))运行程序，控制台中将不会显示任何输出。

要显示内置函数的完整列表，请输入命令(使用双下划线)dir(__builtin__)。

D.5 模块

Python **模块**是一种编程结构，对于将代码组织成可管理的部分非常有用。每个名为 module_name 的模块都与一个 Python 文件 module_name.py 相关联，其中包含任意数量的定义，例如函数、类、变量以及可执行语句。使用语法 import<module_name> as<alias_name> 可以将模块导入其他程序中，其中<alias_name> 是模块的简写名称。

当导入另一个 Python 文件中时，模块名被视为**命名空间**，提供了一个命名系统，其中每个对象都有唯一的名称。例如，不同的模块 mod1 和 mod2 可以有不同的 sum 函数，但是可以通过点号在函数名前加上模块名来区分，如 mod1.sum 和 mod2.sum。例如，下面的代码使用了 numpy 模块的 sqrt 函数。

```
import numpy as np
np.sqrt(2)

1.4142135623730951
```

Python **包**只是 Python 模块的目录，也就是说，带有附加启动信息(其中一些可以在其__path__属性中找到)的模块集合。Python 的内置模块叫作__builtins__。在众多有用的 Python 模块中，表 D.2 给出了部分有用的模块。

表 D.2 部分有用的 Python 模块/包

datetime	用于操作日期和时间的模块
matplotlib	MATLAB 类型的绘图包
numpy	科学计算的基础包，包括随机数生成和线性代数工具。定义了无处不在的 ndarray 类
os	操作系统的 Python 接口
pandas	数据分析的基础模块，定义强大的 DataFrame 类
pytorch	支持 GPU 计算的机器学习库
scipy	数学、科学和工程生态系统，包含许多数值计算工具，包括用于积分、求解微分方程和优化问题的工具
requests	用于执行 HTTP 请求与网络接口的库
seaborn	统计数据可视化软件包
sklearn	易于使用的机器学习库
statsmodels	统计模型分析软件包

numpy软件包包含了各种子包，如 random、linalg 和 fft。更多细节在 D.10 节中给出。

使用Spyder时，在任意对象前按〈Ctrl+I〉键，会在单独的窗口中显示其帮助文件。

正如我们已经看到的，也可以使用语法 from< module_name> import < fnc1, fnc2,... > 从模块中只导入特定的函数。

```
from numpy import sqrt, cos
sqrt(2)
cos(1)
```

```
1.4142135623730951
0.54030230586813965
```

这就避免了通过模块名或别名等前缀标记函数的烦琐过程。然而，对于大型程序来说，最好总是使用前缀/别名的命名结构，以便能够明确正在使用的函数具体属于哪个模块。

D.6 流程控制

Python中的流程控制与许多编程语言类似，都使用条件语句以及 while 和 for 循环。if-then-else 流程控制的语法如下：

```
if <condition1>:
   <statements>
elif <condition2>:
   <statements>
else:
   <statements>
```

这里，<condition1> 和<condition2> 是逻辑条件，它们要么是 True，要么是 False。逻辑条件通常涉及比较运算符(如==、>、<=、!=)。在上面的例子中，有一个 elif 部分，它允许使用“else if”条件语句。一般来说，可以有多个 elif 部分，也可以省略 elif 部分。else 部分也可以省略。但是，冒号和缩进是必不可少的。

while 和 for 循环的语法如下：

```
while <condition>:
   <statements>

for <variable> in <collection>:
   <statements>
```

上面的语法中，<collection> 是可迭代对象(见D.7节)。为了进一步控制 for 和 while 循环，可以使用 break 语句退出当前循环，使用 continue 语句继续循环的下一次迭代，同时放弃当前迭代中的剩余语句。下面是一个例子。

```
import numpy as np
ans = 'y'
while ans != 'n':
  outcome = np.random.randint(1,6+1)
  if outcome == 6:
      print("Hooray a 6!")
      break
  else:
      print("Bad luck, a", outcome)
  ans = input("Again? (y/n) ")
```

D.7 迭代

在对象序列上进行迭代是一种常见的操作，例如在 for 循环中使用的迭代。为了更好地理解迭代的工作原理，我们考虑以下代码。

```
s = "Hello"
for c in s:
    print(c,'*', end=' ')

H * e * l * l * o *
```

字符串就是可以迭代的 Python 对象。字符串对象的方法之一是__iter__。任何具有这种方法的对象都称为**可迭代对象**。调用这个方法会创建一个**迭代器**，即返回序列中下一个要迭代的元素的对象。这是通过__next__方法完成的。

```
s = "Hello"
t = s.__iter__()     # t is now an iterator. Same as iter(s)
print(t.__next__() ) # same as next(t)
print(t.__next__() )
print(t.__next__() )

H
e
l
```

内置函数 next 和 iter 只是简单地调用对象的相应双下划线函数。当执行 for 循环时，要迭代的序列或集合必须是可迭代的。在执行 for 循环的过程中，会创建一个迭代器，并执行 next 函数，直到没有下一个元素。迭代器也是一个可迭代对象，因此也可以用于 for 循环。列表、元组和字符串都是所谓的序列对象，是可迭代对象，其中的元素通过它们的索引进行迭代。

Python 中最常见的迭代器是 range 迭代器，它允许在某个索引范围内进行迭代。请注意，range 返回的是 range 对象，而不是列表。

```
for i in range(4,20):
    print(i, end=' ')
print(range(4,20))

4 5 6 7 8 9 10 11 12 13 14 15 16 17 18 19
range(4,20)
```

类似于 Python 的切片运算符[i:j]，迭代器 range(i, j)返回从 i 到 j 的序列，但是不包括索引 j。

另外两个常见的可迭代对象是集合和字典。Python 集合就像数学中的集合一样，是唯一对象的无序集合。集合是用花括号{}定义的，而元组用圆括号()来定义，列表用方括号[]来定义。与列表不同，集合没有重复的元素。Python 实现了许多常用的集合操作，包括并集 A|B 和交集 A & B 等运算。

```
A = {3, 2, 2, 4}
B = {4, 3, 1}
C = A & B
for i in A:
     print(i)
print(C)
```

```
2
3
4
{3, 4}
```

构建列表的一个有效方法是通过**列表解析式**，即通过如下形式的表达式：

```
<expression> for <element> in <list> if <condition>
```

集合也有类似的构造方式。这样，列表和集合都可以使用与数学中非常相似的语法进行定义。例如，比较一下集合的数学定义 $A:=\{3,2,4,2\}=\{2,3,4\}$(无顺序、无重复元素)和下面的 Python 代码生成的集合 $B:=\{x^2:x\in A\}$。

```
setA = {3, 2, 4, 2}
setB = {x**2 for x in setA}
print(setB)
listA = [3, 2, 4, 2]
listB = [x**2 for x in listA]
print(listB)
```

```
{16, 9, 4}
[9, 4, 16, 4]
```

字典是一种类似于集合的数据结构，包含一个或多个用花括号括起来的 key: value 对。键通常具有相同的类型，但类型并非必须相同，值也如此。下面是一个简单的例子，它将《指环王》人物的年龄存储在字典中。

```
DICT = {'Gimly': 140, 'Frodo':51, 'Aragorn': 88}
for key in DICT:
    print(key, DICT[key])
```

```
Gimly 140
Frodo 51
Aragorn 88
```

D.8 类

回顾一下，对象在 Python 中至关重要，事实上，数据类型和函数都是对象。**类**是一种对象类型，编写类定义可以被认为是为新对象类型创建模板。每个类都包含一些属性，包括许多内置方法。创建类的基本语法如下：

```
class <class_name>:
   def __init__(self):
       <statements>
   <statements>
```

类的主要内置方法是`__init__`，它创建一个类对象的**实例**。例如，str 是一个类对象(字符串类)，但 s= str('Hello')或 s= 'Hello'会创建一个 str 类的实例 s。实例的属性是在初始化过程中创建的，对于不同实例来说，其值可能是不同的。相反，对每个实例来说，类的属性值都是一样的。初始化方法中的变量 self 指的是当前正在创建的实例。下面是一个简单的例子，解释了属性是如何赋值的。

```
class shire_person:
   def __init__(self,name): # initialization method
       self.name = name     # instance attribute
       self.age = 0              # instance attribute
   address = 'The Shire'         # class attribute
```

```
print(dir(shire_person)[1:5],'...',dir(shire_person)[-2:])
                              # list of class attributes

p1 = shire_person('Sam')   # create an instance
p2 = shire_person('Frodo') # create another instance
print(p1.__dict__)   # list of instance attributes

p2.race = 'Hobbit'   # add another attribute to instance p2
p2.age = 33          # change instance attribute
print(p2.__dict__)

print(getattr(p1,'address'))   # content of p1's class attribute
```

```
['__delattr__', '__dict__', '__dir__', '__doc__'] ...
['__weakref__', 'address']
{'name': 'Sam', 'age': 0}
{'name': 'Frodo', 'age': 33, 'race': 'Hobbit'}
The Shire
```

在__init__方法中创建类对象的所有属性是一种很好的做法，但是，在上面的例子中可以看到，属性可以在任何地方甚至在类的定义之外创建和赋值。更一般地说，属性可以添加到任何有__dict__方法的对象中。

创建“空”类的方式如下：

```
class <class_name>:
    pass
```

Python 类可以通过**继承**从父类中派生，语法以下：

```
class <class_name>(<parent_class_name>):
    <statements>
```

派生类(最初)继承了父类的所有属性。

举个例子，下面的类 shire_person 从它的父类 person 继承了属性 name、age 和 address。这是用 super 函数完成的，这里用 super 函数来引用父类 person，而无须显式地命名。当创建 shire_person 类型的新对象时，会调用父类的__init__方法并创建额外的实例属性 Shire_address。dir 函数确认 Shire_address 只是 shire_person 实例的一个属性。

```
class person:
    def __init__(self,name):
        self.name = name
        self.age = 0
        self.address= ' '

class shire_person(person):
    def __init__(self,name):
        super().__init__(name)
        self.Shire_address = 'Bag End'

p1 = shire_person("Frodo")
p2 = person("Gandalf")
print(dir(p1)[:1],dir(p1)[-3:] )
print(dir(p2)[:1],dir(p2)[-3:] )
```

```
['Shire_address'] ['address', 'age', 'name']
['__class__'] ['address', 'age', 'name']
```

D.9 文件

要对文件进行写入或读取操作，首先需要打开文件。Python 中的 open 函数可以创建可迭代的文件对象，创建的文件对象可以在 for 或 while 循环中以序列的方式进行处理。下面是一个简单的例子。

```
fout = open('output.txt','w')
for i in range(0,41):
    if i%10 == 0:
        fout.write('{:3d}\n'.format(i))
fout.close()
```

open 的第一个参数是文件名，第二个参数指定打开文件进行读('r')、写('w')、增加('a')等操作，参见 help(open)。文件默认以文本模式写入，但也可能以二进制模式写入。上面的程序创建了一个 5 行的文件 output.txt，包含字符串 0,10,…,40。请注意，如果我们把 fout.write(i)写在上面代码的第四行，会产生一条错误信息，因为变量 i 是整数，并非字符串。format()是 Python 指定格式的方法。注意，表达式 string.format()是 Python 指定输出字符串格式的方式。

格式化语法{:3d}表示输出应该限制为三个字符的宽度，每个字符都是一个十进制数。如前所述，括号语法{i}为第 i 个要打印的变量提供了占位符，其中 0 是第一个索引。{i:format}进一步指定了输出的格式，其中 format 通常具有以下形式[⊖]：

```
[width][.precision][type]
```

在上述代码中：

- width 指定输出的最小宽度。
- precision 指定 f 类型的浮点数小数点后要显示的位数或者 g 类型浮点数小数点前后要显示的位数。
- type 指定了输出的类型。最常见的类型有：s 代表字符串，d 代表整数，b 代表二进制数，f 代表定点表示法中的浮点数，g 代表一般表示法中的浮点数，e 代表科学计数法中的浮点数。

下面举例说明数字格式化的一些表现。

```
'{:5d}'.format(123)
'{:.4e}'.format(1234567890)
'{:.2f}'.format(1234567890)
'{:.2f}'.format(2.718281828)
'{:.3f}'.format(2.718281828)
'{:.3g}'.format(2.718281828)
'{:.3e}'.format(2.718281828)
'{0:3.3f}; {2:.4e};'.format(123.456789,  0.00123456789)
```

```
'  123'
'1.2346e+09'
'1234567890.00'
'2.72'
'2.718'
'2.72'
'2.718e+00'
'123.457; 1.2346e-03;'
```

⊖ 可能有更多的格式选项。

下面的代码逐行读取文本文件 output. txt，并在屏幕上打印输出。为了去除换行符\n，我们对字符串使用了 strip 方法，该方法删除了字符串开头和结尾的所有空格。

```
fin = open('output.txt','r')
for line in fin:
    line = line.strip()   # strips a newline character
    print(line)
fin.close()
```

```
0
10
20
30
40
```

在处理文件输入和输出时，要记得关闭文件。例如，当程序因编程错误而意外结束时，文件保持打开状态可能会导致相当大的系统问题。因此，建议通过**上下文管理**方式打开文件。语法如下：

```
with open('output.txt', 'w') as f:
     f.write('Hi there!')
```

上下文管理可以保证即使程序提前终止，也能正确关闭文件。接下来的程序中给出了一个例子，它输出狄更斯(Dicken)《双城记》中最频繁出现的单词，《双城记》可以从本书的 GitHub 站点下载，文件名为 ataleof2cities. txt。

注意，在下面的程序中，文件 ataleof2cities. txt 必须放在当前工作目录下。要查看当前工作目录，可以先导入(import os)，然后使用 cwd=os. getcwd()命令。

```
numline = 0
DICT = {}
with open('ataleof2cities.txt', encoding="utf8") as fin:
    for line in fin:
        words = line.split()
        for w in words:
            if w not in DICT:
                DICT[w] = 1
            else:
                DICT[w] +=1
        numline += 1

sd = sorted(DICT,key=DICT.get,reverse=True) #sort the dictionary

print("Number of unique words: {}\n".format(len(DICT)))
print("Ten most frequent words:\n")
print("{:8} {}".format("word", "count"))
print(15*'-')
for i in range(0,10):
    print("{:8} {}".format(sd[i], DICT[sd[i]]))
```

```
Number of unique words: 19091

Ten most frequent words:

word     count
---------------
the      7348
and      4679
of       3949
to       3387
a        2768
in       2390
his      1911
```

```
was       1672
that      1650
I         1444
```

D.10 NumPy

NumPy 包(模块名为 numpy)提供了 Python 中科学计算的构建块。它包含了所有标准的数学函数，如 sin、cos、tan 等，也包含了用于随机数生成、线性代数和统计计算的高效函数。

```
import numpy as np    #import the package
x = np.cos(1)
data = [1,2,3,4,5]
y = np.mean(data)
z = np.std(data)
print('cos(1) = {0:1.8f}  mean = {1}  std = {2}'.format(x,y,z))
```

```
cos(1) = 0.54030231  mean = 3.0  std = 1.4142135623730951
```

D.10.1 数组创建和塑形

numpy 的基本数据类型是 ndarray。这种数据类型允许通过高度优化的数值库(如 LAPACK 和 BLAS)进行快速的矩阵运算，这与(嵌套的)列表形成了对比。因此，在处理大量的定量数据时，numpy 往往是必不可少的。

ndarray 对象可以通过多种方式创建。下面的代码创建了一个 2×3×2 的零数组，我们可以把它看作一个三维矩阵或两个 3×2 矩阵的叠加。

```
A = np.zeros([2,3,2])  # 2 by 3 by 2 array of zeros
print(A)
print(A.shape)    # number of rows and columns
print(type(A))    # A is an ndarray
```

```
[[[ 0.  0.]
  [ 0.  0.]
  [ 0.  0.]]

 [[ 0.  0.]
  [ 0.  0.]
  [ 0.  0.]]]
(2, 3, 2)
<class 'numpy.ndarray'>
```

我们将主要使用二维数组，也就是说，ndarray 表示普通的矩阵。我们也可以通过 array 方法使用 range 对象和列表来创建 ndarray。请注意，arange 是 numpy 版本的 range，不同的是 arange 返回的是 ndarray 对象。

```
a = np.array(range(4))     # equivalent to np.arange(4)
b = np.array([0,1,2,3])
C = np.array([[1,2,3],[3,2,1]])
print(a, '\n', b,'\n' , C)
```

```
[0 1 2 3]
[0 1 2 3]

[[1 2 3]
[3 2 1]]
```

ndarray 的维度可以通过 shape 方法获得，该方法返回一个元组。数组可以通过 reshape 方法进行重塑。这不会改变当前的 ndarray 对象。为了使更改持久化，需要创建一个新的实例。

```
a = np.array(range(9)) #a is an ndarray of shape (9,)
print(a.shape)
A = a.reshape(3,3)   #A is an ndarray of shape (3,3)
print(a)
print(A)
```

```
[0 1 2 3 4 5 6 7 8]
(9,)
[[0, 1, 2]
 [3, 4, 5]
 [6, 7, 8]]
```

reshape 方法的一个维度参数可以指定为−1。然后，通过其他的维度来推断出该维度的实际数值。

ndarray 的'T'属性给出了它的转置。注意，形状为(n,)的"向量"的转置是同一个向量。要区分列向量和行向量，可以将这样的向量分别重塑为 $n\times1$ 和 $1\times n$ 的数组。

```
a = np.arange(3)   #1D array (vector) of shape (3,)
print(a)
print(a.shape)
b = a.reshape(-1,1) # 3x1 array (matrix) of shape (3,1)
print(b)
print(b.T)
A = np.arange(9).reshape(3,3)
print(A.T)
```

```
[0 1 2]
(3,)
[[0]
 [1]
 [2]]
[[0 1 2]]
[[0 3 6]
 [1 4 7]
 [2 5 8]]
```

数组连接的两种有用方法是 hstack 和 vstack，它们分别将数组在水平和垂直方向上连接。

```
A = np.ones((3,3))
B = np.zeros((3,2))
C = np.hstack((A,B))
print(C)
```

```
[[ 1.  1.  1.  0.  0.]
 [ 1.  1.  1.  0.  0.]
 [ 1.  1.  1.  0.  0.]]
```

D.10.2 切片

数组可以像 Python 列表一样进行分片。如果数组有多个维度，则需要为每个维度都指定切片。回想一下，Python 的索引从'0'开始，到'len(obj)-1'结束。下面的程序演示了多种切片操作。

```
A = np.array(range(9)).reshape(3,3)
print(A)
print(A[0])     # first row
print(A[:,1])   # second column
print(A[0,1])   # element in first row and second column
print(A[0:1,1:2])   # (1,1) ndarray containing A[0,1] = 1
print(A[1:,-1]) # elements in 2nd and 3rd rows, and last column
```

```
[[0 1 2]
 [3 4 5]
 [6 7 8]]
[0 1 2]
[1 4 7]
1
[[1]]
[5 8]
```

注意，ndarray 是可变对象，因此可以直接修改其元素，而无须创建新的对象。

```
A[1:,1] = [0,0] # change two elements in the matrix A above
print(A)
```

```
[[0, 1, 2]
 [3, 0, 5]
 [6, 0, 8]]
```

D.10.3　数组操作

基本的数学运算符和函数按逐元素操作方式作用于 ndarray 对象。

```
x = np.array([[2,4],[6,8]])
y = np.array([[1,1],[2,2]])
print(x+y)
```

```
[[ 3,  5]
 [ 8, 10]]
```

```
print(np.divide(x,y))    # same as x/y
```

```
[[ 2.  4.]
 [ 3.  4.]]
```

```
print(np.sqrt(x))
```

```
[[1.41421356  2.        ]
 [2.44948974  2.82842712]]
```

为了计算矩阵乘法和向量内积，可以使用 numpy 的 dot 函数，该函数既可以作为 ndarray 实例的方法，也可以作为 np 的方法。

```
print(np.dot(x,y))
```

```
[[10, 10]
 [22, 22]]
```

```
print(x.dot(x))    # same as np.dot(x,x)
```

```
[[28, 40]
 [60, 88]]
```

从 Python 3.5 版本开始，可以使用@运算符(它实现了 np.matmul 方法)将两个 ndarray 相乘。对于矩阵，这类似于使用 dot 方法。对于高维数组，这两种方法表现不同。

```
print(x @ y)
```

```
[[10 10]
 [22 22]]
```

NumPy 允许对不同形状(维度)的数组进行算术运算。具体来说，假设两个数组的维度分别为$(m_1, m_2, \cdots, m_p)$和$(n_1, n_2, \cdots, n_p)$。对于所有 $i=1, \cdots, p$，如果以下关系之一成立，则认为这两个数组或形状是对齐的：

- $m_i = n_i$。
- $\min\{m_i, n_i\} = 1$。
- m_i 和 n_i 其中之一缺失，或两者都缺失。

例如，形状(1,2,3)和(4,2,1)是对齐的，(2，,)和(1,2,3)也是对齐的。但是，(2,2,2)和(1,2,3)没有对齐。NumPy 在较小的维度上“复制”数组元素以匹配较大的维度。这个过程称为**广播**，它是在没有实际复制的情况下进行的，因此内存使用很高效。下面是一些例子。

```
import numpy as np
A= np.arange(4).reshape(2,2) # (2,2) array

x1 = np.array([40,500])         # (2,) array
x2 = x1.reshape(2,1)          # (2,1) array

print(A + x1) # shapes (2,2) and (2,)
print(A * x2) # shapes (2,2) and (2,1)

[[ 40 501]
 [ 42 503]]
[[    0   40]
 [1000 1500]]
```

注意，上面的 x1 是按行复制的，x2 是按列复制的。广播也适用于矩阵按位运算符@，如下所示。在这里，矩阵 b 在第三维度上复制，得到两个矩阵乘法：

$$\begin{bmatrix} 0 & 1 \\ 2 & 3 \end{bmatrix}\begin{bmatrix} 0 & 1 \\ 2 & 3 \end{bmatrix}, \begin{bmatrix} 4 & 5 \\ 6 & 7 \end{bmatrix}\begin{bmatrix} 0 & 1 \\ 2 & 3 \end{bmatrix}$$

```
B = np.arange(8).reshape(2,2,2)
b = np.arange(4).reshape(2,2)
print(B@b)

[[[ 2  3]
  [ 6 11]]

 [[10 19]
  [14 27]]]
```

sum、mean 和 std 等函数也可以作为 ndarray 实例的方法来执行。我们可以传递参数 axis 来指定函数应用的维度。默认情况下，axis= None。

```
a = np.array(range(4)).reshape(2,2)
print(a.sum(axis=0)) #summing over rows gives column totals

[2, 4]
```

D.10.4 随机数

numpy 中的一个子模块是 random，它包含许多生成随机变量的函数。

```
import numpy as np
np.random.seed(123)  # set the seed for the random number generator
x = np.random.random()         # uniform (0,1)
y = np.random.randint(5,9)  # discrete uniform 5,...,8
z = np.random.randn(4)         # array of four standard normals
print(x,y,'\n',z)

0.6964691855978616 7
 [ 1.77399501 -0.66475792 -0.07351368  1.81403277]
```

关于 numpy 中随机变量生成的更多信息，参见 https://docs.scipy.org/doc/numpy/reference/random/index.html。

D.11 matplotlib

用于二维和三维绘图的主要 Python 图形库是 matplotlib，它的子包 pyplot 包含一系列函数，这使得用 Python 绘图与用 MATLAB 绘图非常相似。

基本绘图

下面的代码演示了绘图的各种方法。线型、颜色和标记样式以及标签的字体大小都可以改变。图 D.1 展示了代码运行的结果。

sqrtplot.py

```
import matplotlib.pyplot as plt
import numpy as np
x = np.arange(0, 10, 0.1)
u = np.arange(0,10)
y = np.sqrt(x)
v = u/3
plt.figure(figsize = [4,2])  # size of plot in inches
plt.plot(x,y, 'g--')         # plot green dashed line
plt.plot(u,v,'r.')           # plot red dots
plt.xlabel('x')
plt.ylabel('y')
plt.tight_layout()
plt.savefig('sqrtplot.pdf',format='pdf')  # saving as pdf
plt.show()                   # both plots will now be drawn
```

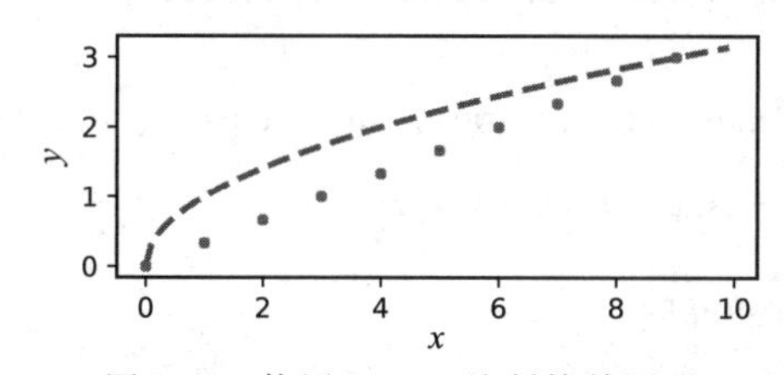

图 D.1 使用 pyplot 绘制简单图形

matplotlib 库还允许创建子图。图 D.2 中的散点图和直方图是用下面的代码生成的。在创建直方图时，有几个可选参数会影响图形的布局。分箱的数量由参数 bins 决定(默认为10)。散点图也需要一些参数，例如字符串 c 决定了点的颜色，alpha 会影响点的透明度。

histscat.py

```
import matplotlib.pyplot as plt
import numpy as np
x = np.random.randn(1000)
u = np.random.randn(100)
v = np.random.randn(100)
plt.subplot(121)            # first subplot
plt.hist(x,bins=25, facecolor='b')
plt.xlabel('X Variable')
plt.ylabel('Counts')
plt.subplot(122)            # second subplot
plt.scatter(u,v,c='b', alpha=0.5)
plt.show()
```

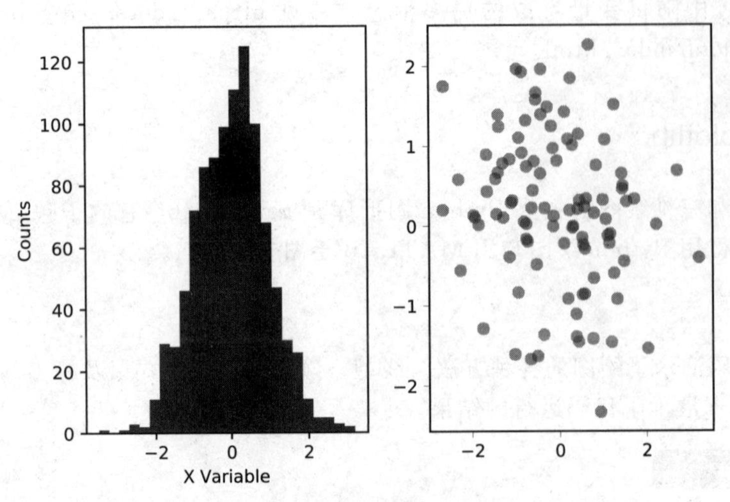

图 D.2 直方图和散点图

我们也可以创建图 D.3 所示的三维图形。

surf3dscat.py

```
import matplotlib.pyplot as plt
import numpy as np
from mpl_toolkits.mplot3d import Axes3D

def npdf(x,y):
    return np.exp(-0.5*(pow(x,2)+pow(y,2)))/np.sqrt(2*np.pi)

x, y  = np.random.randn(100), np.random.randn(100)
z = npdf(x,y)

xgrid, ygrid = np.linspace(-3,3,100), np.linspace(-3,3,100)

Xarray, Yarray = np.meshgrid(xgrid,ygrid)

Zarray = npdf(Xarray,Yarray)

fig = plt.figure(figsize=plt.figaspect(0.4))
ax1 = fig.add_subplot(121, projection='3d')
ax1.scatter(x,y,z, c='g')
ax1.set_xlabel('$x$')
ax1.set_ylabel('$y$')
ax1.set_zlabel('$f(x,y)$')

ax2 = fig.add_subplot(122, projection='3d')
ax2.plot_surface(Xarray,Yarray,Zarray,cmap='viridis',
                                        edgecolor='none')
ax2.set_xlabel('$x$')
ax2.set_ylabel('$y$')
ax2.set_zlabel('$f(x,y)$')

plt.show()
```

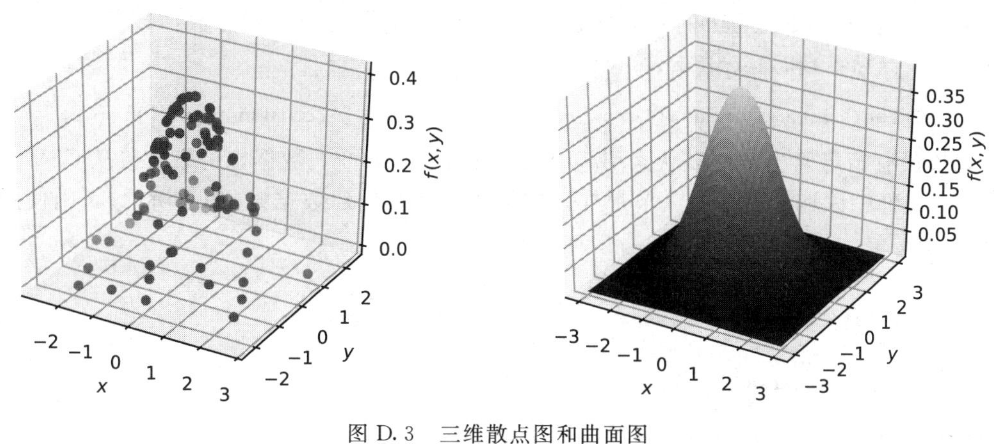

图 D.3 三维散点图和曲面图

D.12 Pandas

Python 包 Pandas(模块名 pandas)提供了各种数据分析的工具和数据结构，包括基本的 DataFrame 类。

在本节的代码中，我们假设 pandas 已经通过命令 import pandas as pd 导入。

D.12.1 Series 和 DataFrame

pandas 的两个主要数据结构是 Series 和 DataFrame。Series 对象可以看作字典和一维 ndarray 的组合。创建 Series 对象的语法如下：

```
series = pd.Series(<data>, index=['index'])
```

这里，<data>是某个一维数据结构，如一维 ndarray、列表或字典，index 是与<data>长度相同的名称列表。当<data>是字典时，index 是根据字典的键创建的。当<data>是 ndarray 且 index 被省略时，默认的索引是[0,...,len(data)-1]。

```
DICT = {'one':1, 'two':2, 'three':3, 'four':4}
print(pd.Series(DICT))
```

```
one      1
two      2
three    3
four     4
dtype: int64
```

```
years =  ['2000','2001','2002']
cost = [2.34, 2.89, 3.01]
print(pd.Series(cost,index = years, name = 'MySeries')) #name it
```

```
2000    2.34
2001    2.89
2002    3.01
Name: MySeries, dtype: float64
```

pandas 中最常用的数据结构是二维的 DataFrame，它可以看作电子表格的 pandas 实现，也可以看作字典，字典的每个“键”对应一个列名，字典的“值”就是该列中的数据。要创建

DataFrame，可以使用 pandas 的 DataFrame 方法，该方法有三个主要参数：数据(data)、索引(index，行标签)和列(column，列标签)。

```
DataFrame(<data>, index=['<row_name>'], columns=['<column_name>'])
```

如果没有指定索引，则默认索引为[0,...,len(data)-1]。数据也可以直接从 CSV 文件或 Excel 文件中读取，就像 1.1 节那样。如果使用字典创建数据帧(如下所示)，则使用字典键作为列名。

```
DICT = {'numbers':[1,2,3,4], 'squared':[1,4,9,16] }
df = pd.DataFrame(DICT, index = list('abcd'))
print(df)

   numbers  squared
a        1        1
b        2        4
c        3        9
d        4       16
```

D.12.2 数据帧的操作

编码在 DataFrame 或 Series 对象中的数据通常需要提取、更改或组合。获取、设置和删除列的操作与字典的操作类似。下面的代码演示了各种操作。有用的 pandas 数据操作方法见表 D.3。

```
ages = [6,3,5,6,5,8,0,3]
d={'Gender':['M', 'F']*4, 'Age': ages}
df1 = pd.DataFrame(d)
df1.at[0,'Age']= 60  # change an element
df1.at[1,'Gender'] = 'Female' # change another element
df2 = df1.drop('Age',1)  # drop a column
df3 = df2.copy();     # create a separate copy of df2
df3['Age'] = ages    # add the original column
dfcomb = pd.concat([df1,df2,df3],axis=1)  # combine the three dfs
print(dfcomb)

   Gender  Age  Gender  Gender  Age
0       M   60       M       M    6
1  Female    3  Female  Female    3
2       M    5       M       M    5
3       F    6       F       F    6
4       M    5       M       M    5
5       F    8       F       F    8
6       M    0       M       M    0
7       F    3       F       F    3
```

请注意，上述 DataFrame 对象有两个 Age 列。表达式 dfcomb['Age']将返回包含这两列的 DataFrame。

表 D.3 有用的 pandas 数据操作方法

agg	使用一个或多个函数对数据进行聚合
apply	将函数应用于列或行
astype	改变变量的数据类型
concat	连接数据对象
replace	查找并替换数值
read_csv	将 CSV 文件读入 DataFrame
sort_values	按行或列的数值排序
stack	堆叠 DataFrame
to_excel	将 DataFrame 写入 Excel 文件

在开始数据汇总和可视化任务之前，正确指定变量的数据类型很重要，因为 Python 可能会以不同的方式处理不同类型的对象。DataFrame 对象中条目的常见数据类型有 float、category、datetime、bool 和 int。一个通用的对象类型是 object。

```
d={'Gender':['M', 'F', 'F']*4, 'Age': [6,3,5,6,5,8,0,3,6,6,7,7]}
df=pd.DataFrame(d)
print(df.dtypes)
df['Gender'] = df['Gender'].astype('category')  #change the type
print(df.dtypes)

Gender    object
Age        int64
dtype: object
Gender    category
Age          int64
dtype: object
```

D.12.3 提取信息

pandas 中大量的方法(函数)有助于从 DataFrame 对象中提取统计信息。表 D.4 给出了部分数据检查方法。它们的实际应用参见第 1 章。下面的代码提供了几个方法的示例。apply 方法允许对 DataFrame 的列或行应用通用函数，这些操作不会改变原始数据。loc 方法允许访问数据帧中的元素(或范围)，其作用类似于列表和数组的切片操作，不同之处在于包含了索引“停止”值，如下面的代码所示。

```
import numpy as np
import pandas as pd
ages = [6,3,5,6,5,8,0,3]
np.random.seed(123)
df = pd.DataFrame(np.random.randn(3,4), index = list('abc'),
                  columns = list('ABCD'))
print(df)
df1 = df.loc["b":"c","B":"C"]      # create a partial data frame
print(df1)
meanA = df['A'].mean()           # mean of 'A' column
print('mean of column A = {}'.format(meanA))
expA = df['A'].apply(np.exp)  # exp of all elements in 'A' column
print(expA)

          A         B         C         D
a -1.085631  0.997345  0.282978 -1.506295
b -0.578600  1.651437 -2.426679 -0.428913
c  1.265936 -0.866740 -0.678886 -0.094709
         B         C
b  1.651437 -2.426679
c -0.866740 -0.678886
mean of column A = -0.13276486552118785
a    0.337689
b    0.560683
c    3.546412
Name: A, dtype: float64
```

DataFrame 对象的 groupby 方法对于以可操作的方式汇总和显示数据非常有用。它根据一个或多个指定列对数据进行分组，从而对分组后的数据应用 count 和 mean 等方法。

表 D.4 有用的 pandas 数据检查方法

columns	列名
count	统计非 NA 单元的数量
crosstab	两个或两个以上类别的交叉列表
describe	统计汇总
dtypes	每一列的数据类型
head	显示 DataFrame 的前几行
groupby	按列对数据进行分组
info	显示 DataFrame 的信息
loc	访问组、行、列数据
mean	列均值或行均值
plot	按照列绘图
std	列或行的标准差
sum	返回列或行的和
tail	显示 DataFrame 的最后几行
value_counts	不同的非空数值计数
var	方差

```
df = pd.DataFrame({'W':['a','a','b','a','a','b'],
         'X':np.random.rand(6),
         'Y':['c','d','d','d','c','c'], 'Z':np.random.rand(6)})
print(df)
```

```
   W         X  Y         Z
0  a  0.993329  c  0.641084
1  a  0.925746  d  0.428412
2  b  0.266772  d  0.460665
3  a  0.201974  d  0.261879
4  a  0.529505  c  0.503112
5  b  0.006231  c  0.849683
```

```
print(df.groupby('W').mean())
```

```
          X         Z
W
a  0.662639  0.458622
b  0.136502  0.655174
```

```
print(df.groupby(['W', 'Y']).mean())
```

```
            X         Z
W Y
a c  0.761417  0.572098
  d  0.563860  0.345145
b c  0.006231  0.849683
  d  0.266772  0.460665
```

为了一次进行多个函数计算，可以使用 agg 方法。它可以接受列表、字典或函数字符串。

```
print(df.groupby('W').agg([sum,np.mean]))
```

```
          X                   Z
        sum      mean       sum      mean
W
a  2.650555  0.662639  1.834487  0.458622
b  0.273003  0.136502  1.310348  0.655174
```

D.12.4　绘图

DataFrame 的 plot 方法使用 Matplotlib 绘制 DataFrame 的图。通过 kind = 'str'结构可以访问不同类型的图，其中 str 是 line(默认)、bar、hist、box、kde 和其他几种类型之一。使用 matplotlib 可以直接获得更精细的控制，比如修改字体等。下面的代码可以生成图 D.4 中的折线图和箱形图。

```
import numpy as np
import pandas as pd
import matplotlib
df = pd.DataFrame({'normal':np.random.randn(100),
        'Uniform':np.random.uniform(0,1,100)})
font = {'family' : 'serif', 'size'   : 14} #set font
matplotlib.rc('font', **font)   # change font
df.plot()   # line plot (default)
df.plot(kind = 'box')  # box plot
matplotlib.pyplot.show()  #render plots
```

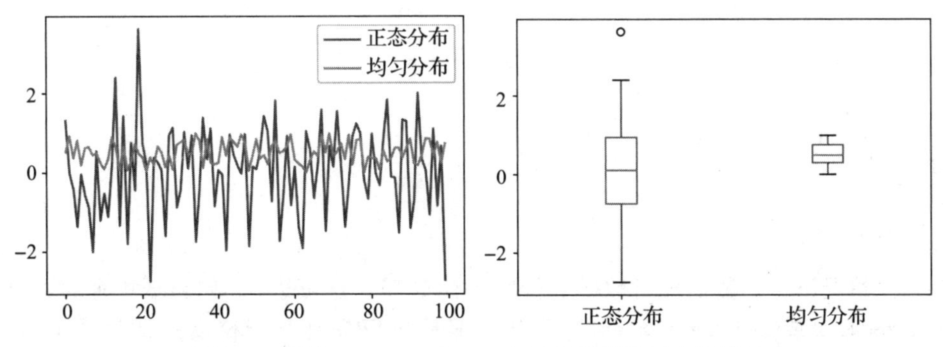

图 D.4　使用 DataFrame 的 plot 方法绘制折线图和箱线图

D.13　Scikit-Learn

Scikit-Learn 是一个开源的 Python 机器学习和数据科学库。该库包括一系列与本书各章节相关的算法。它因其简单性和广泛性而被广泛使用。模块名称为 sklearn。下面是使用 sklearn 进行数据建模的简单介绍。完整的文档见 https://scikit-learn.org/。

D.13.1　数据分割

使用 sklearn 的函数 train_test_split 可以轻松实现数据随机分割以测试模型。例如，假设训练数据由解释变量矩阵 X 和响应向量 y 来描述。下面的代码将数据集分成训练集和测试集，测试集占全部数据的一半。

```
from sklearn.model_selection import train_test_split
X_train, X_test, y_train, y_test = train_test_split(X, y,
                                                   test_size = 0.5)
```

作为示例，下面的代码可生成合成数据集，并将其分割成同等大小的训练集和测试集。

syndat.py

```
import numpy as np
import matplotlib.pyplot as plt
from sklearn.model_selection import train_test_split

np.random.seed(1234)

X=np.pi*(2*np.random.random(size=(400,2))-1)
y=(np.cos(X[:,0])*np.sin(X[:,1])>=0)

X_train , X_test , y_train , y_test = train_test_split(X, y,
    test_size=0.5)


fig = plt.figure()
ax = fig.add_subplot(111)
ax.scatter(X_train[y_train==0,0],X_train[y_train==0,1], c='g',
           marker='o',alpha=0.5)
ax.scatter(X_train[y_train==1,0],X_train[y_train==1,1], c='b',
           marker='o',alpha=0.5)
ax.scatter(X_test[y_test==0,0],X_test[y_test==0,1], c='g',
           marker='s',alpha=0.5)
ax.scatter(X_test[y_test==1,0],X_test[y_test==1,1], c='b',
           marker='s',alpha=0.5)

plt.savefig('sklearntraintest.pdf',format='pdf')
plt.show()
```

D.13.2 归一化

在某些情况下，可能需要对数据进行归一化处理。这可以在 sklearn 中通过缩放方法(如 MinMaxScaler 或 StandardScaler)来完成。缩放可以提高基于梯度的估计量的收敛性，并且在可视化尺度非常不同的数据时非常有用。例如，假设 X 是解释数据(比如存储为 numpy 数组)，我们希望将数据归一化，使每个值都位于 0 和 1 之间。

```
from sklearn import preprocessing
min_max_scaler = preprocessing.MinMaxScaler(feature_range=(0, 1))
x_scaled = min_max_scaler.fit_transform(X)
# equivalent to:
x_scaled = (X - X.min(axis=0)) / (X.max(axis=0) - X.min(axis=0))
```

D.13.3 拟合和预测

数据经过分割和必要的归一化之后，就可以拟合到分类或回归等统计模型了。例如，使用上面的数据，下面的代码将模型拟合到训练数据，并预测测试集的响应。

```
from sklearn.someSubpackage import someClassifier
clf = someClassifier()          # choose appropriate classifier
clf.fit(X_train, y_train)       # fit the data
y_prediction = clf.predict(X_test)  # predict
```

7.8 节给出了逻辑回归、朴素贝叶斯、线性和二次判别分析、K 近邻及支持向量机等具体的分类方法。

D.13.4 模型测试

一旦模型做出预测，我们就可以使用相关指标来测试模型的有效性。例如，对于分类问题，我们希望为测试数据生成混淆矩阵。下面的代码使用支持向量机分类器，生成了图 D.5 所示数据的混淆矩阵。

```
from sklearn import svm
clf = svm.SVC(kernel = 'rbf')
clf.fit(X_train , y_train)
y_prediction = clf.predict(X_test)

from sklearn.metrics import confusion_matrix
print(confusion_matrix(y_test , y_prediction))
```

```
[[102  12]
 [  1  85]]
```

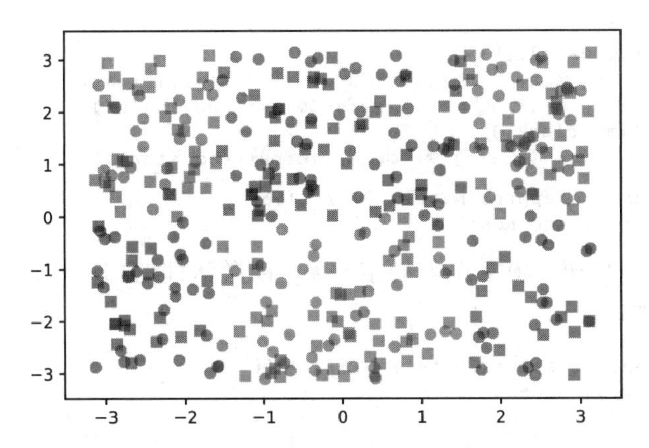

图 D.5　二分类问题的训练集(圆形)和测试集(正方形)示例。解释变量是(x,y)坐标，类别标签是 0(绿色)或 1(蓝色)

D.14　系统调用、URL 访问和加速

通过使用包 **os**，Python 可以发出多种操作系统(无论是 Windows、MacOS 还是 Linux)命令，比如创建目录、复制或删除文件，以及从系统 shell 执行程序等。另一个有用的包是 **requests**，它允许通过 URL 直接下载文件和网页。下面的 Python 脚本同时使用了这两个包。它还演示了 Python 进行异常处理的简单例子。

misc.py

```
import os
import requests
for c in "123456":
  try:                      # if it does not yet exist
     os.mkdir("MyDir"+ c)   # make a directory
  except:                   # otherwise
      pass                  # do nothing

uname = "https://github.com/DSML-book/Programs/tree/master/
    Appendices/Python Primer/"
fname = "ataleof2cities.txt"
r = requests.get(uname + fname)
print(r.text)
open('MyDir1/ato2c.txt', 'wb').write(r.content) #write to a file
                                          # bytes mode is important here
```

numba 包可以通过智能编译显著加快计算速度。首先，运行以下代码。

jitex.py

```
import timeit
import numpy as np
from numba import jit
n = 10**8

#@jit
def myfun(s,n):
    for i in range(1,n):
        s = s+ 1/i
    return s

start = timeit.time.clock()
print("Euler's constant is approximately {:9.8f}".format(
                                    myfun(0,n) - np.log(n)))
end = timeit.time.clock()
print("elapsed time: {:3.2f} seconds".format(end-start))
```

```
Euler's constant is approximately 0.57721566
elapsed time: 5.72 seconds
```

现在，去掉上面代码中@字符前的字符#，以激活即时(Just In Time，JIT)编译器。这将提供15倍的加速。

```
Euler's constant is approximately 0.57721566
elapsed time: 0.39 seconds
```

扩展阅读

要学习Python，建议阅读文献[82]和[110]。然而，由于Python是不断进化的，最新的参考资料可以从互联网上获得。

参考文献

[1] S. C. Ahalt, A. K. Krishnamurthy, P. Chen, and D. E. Melton. Competitive learning algorithms for vector quantization. *Neural Networks*, 3:277–290, 1990.

[2] H. Akaike. A new look at the statistical model identification. *IEEE Transactions on Automatic Control*, 19(6):716–723, 1974.

[3] N. Aronszajn. Theory of reproducing kernels. *Transactions of the American Mathematical Society*, 68:337–404, 1950.

[4] D. Arthur and S. Vassilvitskii. K-means++: The advantages of careful seeding. In *Proceedings of the Eighteenth Annual ACM-SIAM Symposium on Discrete Algorithms*, pages 1027–1035, Philadelphia, 2007. Society for Industrial and Applied Mathematics.

[5] S. Asmussen and P. W. Glynn. *Stochastic Simulation: Algorithms and Analysis*. Springer, New York, 2007.

[6] R. G. Bartle. *The Elements of Integration and Lebesgue Measure*. John Wiley & Sons, Hoboken, 1995.

[7] D. Bates and D. Watts. *Nonlinear Regression Analysis and Its Applications*. John Wiley & Sons, Hoboken, 1988.

[8] J. O. Berger. *Statistical Decision Theory and Bayesian Analysis*. Springer, New York, second edition, 1985.

[9] J. Bezdek. *Pattern Recognition with Fuzzy Objective Function Algorithms*. Plenum Press, New York, 1981.

[10] P. J. Bickel and K. A. Doksum. *Mathematical Statistics*, volume I. Pearson Prentice Hall, Upper Saddle River, second edition, 2007.

[11] P. Billingsley. *Probability and Measure*. John Wiley & Sons, New York, third edition, 1995.

[12] C. M. Bishop. *Pattern Recognition and Machine Learning*. Springer, New York, 2006.

[13] P. T. Boggs and R. H. Byrd. Adaptive, limited-memory BFGS algorithms for unconstrained optimization. *SIAM Journal on Optimization*, 29(2):1282–1299, 2019.

[14] Z. I. Botev, J. F. Grotowski, and D. P. Kroese. Kernel density estimation via diffusion. *Annals of Statistics*, 38(5):2916–2957, 2010.

[15] Z. I. Botev and D. P. Kroese. Global likelihood optimization via the cross-entropy method, with an application to mixture models. In R. G. Ingalls, M. D. Rossetti, J. S. Smith, and B. A. Peters, editors, *Proceedings of the 2004 Winter Simulation Conference*, pages 529–535, Washington, DC, December 2004.

[16] Z. I. Botev, D. P. Kroese, R. Y. Rubinstein, and P. L'Ecuyer. The cross-entropy method for optimization. In V. Govindaraju and C.R. Rao, editors, *Machine Learning: Theory and Applications*, volume 31 of *Handbook of Statistics*, pages 35–59. Elsevier, 2013.

[17] S. Boyd, N. Parikh, E. Chu, B. Peleato, and J. Eckstein. Distributed optimization and statistical learning via the alternating direction method of multipliers. *Foundations and Trends in Machine Learning*, 3:1–122, 2010.

[18] S. Boyd and L. Vandenberghe. *Convex Optimization*. Cambridge University Press, Cambridge, 2004. Seventh printing with corrections, 2009.

[19] R. A. Boyles. On the convergence of the EM algorithm. *Journal of the Royal Statistical Society, Series B*, 45(1):47–50, 1983.

[20] L. Breiman. *Classification and Regression Trees*. CRC Press, Boca Raton, 1987.

[21] L. Breiman. Bagging predictors. *Machine Learning*, 24(2):123–140, 1996.

[22] L. Breiman. Heuristics of instability and stabilization in model selection. *Annals of Statistics*, 24(6):2350–2383, 12 1996.

[23] L. Breiman. Random forests. *Machine Learning*, 45(1):5–32, 2001.

[24] F. Cao, D.-Z. Du, B. Gao, P.-J. Wan, and P. M. Pardalos. Minimax problems in combinatorial optimization. In D.-Z. Du and P. M. Pardalos, editors, *Minimax and Applications*, pages 269–292. Kluwer, Dordrecht, 1995.

[25] G. Casella and R. L. Berger. *Statistical Inference*. Duxbury Press, Pacific Grove, second edition, 2001.

[26] K. L. Chung. *A Course in Probability Theory*. Academic Press, New York, second edition, 1974.

[27] E. Cinlar. *Introduction to Stochastic Processes*. Prentice Hall, Englewood Cliffs, 1975.

[28] T. M. Cover and J. A. Thomas. *Elements of Information Theory*. John Wiley & Sons, New York, 1991.

[29] J. W. Daniel, W. B. Gragg, L. Kaufman, and G. W. Stewart. Reorthogonalization and stable algorithms for updating the Gram-Schmidt QR factorization. *Mathematics of Computation*, 30(136):772–795, 1976.

[30] P.-T. de Boer, D. P. Kroese, S. Mannor, and R. Y. Rubinstein. A tutorial on the cross-entropy method. *Annals of Operations Research*, 134(1):19–67, 2005.

[31] A. P. Dempster, N. M. Laird, and D. B. Rubin. Maximum likelihood from incomplete data via the EM algorithm. *Journal of the Royal Statistical Society*, 39(1):1 – 38, 1977.

[32] L. Devroye. *Non-Uniform Random Variate Generation*. Springer, New York, 1986.

[33] N. R. Draper and H. Smith. *Applied Regression Analysis*. John Wiley & Sons, New York, third edition, 1998.

[34] Q. Duan and D. P. Kroese. Splitting for optimization. *Computers & Operations Research*, 73:119–131, 2016.

[35] R. O. Duda, P. E. Hart, and D. G. Stork. *Pattern Classification*. John Wiley & Sons, New York, 2001.

[36] B. Efron and T. J. Hastie. *Computer Age Statistical Inference: Algorithms, Evidence, and Data Science*. Cambridge University Press, Cambridge, 2016.

[37] B. Efron and R. Tibshirani. *An Introduction to the Bootstrap*. Chapman & Hall, New York, 1994.

[38] T. Fawcett. An introduction to ROC analysis. *Pattern Recognition Letters*, 27(8):861–874, June 2006.

[39] W. Feller. *An Introduction to Probability Theory and Its Applications*, volume I. John Wiley & Sons, Hoboken, second edition, 1970.

[40] J. C. Ferreira and V. A. Menegatto. Eigenvalues of integral operators defined by smooth positive definite kernels. *Integral Equations and Operator Theory*, 64:61–81, 2009.

[41] N. I. Fisher and P. K. Sen, editors. *The Collected Works of Wassily Hoeffding*. Springer, New York, 1994.

[42] G. S. Fishman. *Monte Carlo: Concepts, Algorithms and Applications*. Springer, New York, 1996.

[43] R. Fletcher. *Practical Methods of Optimization*. John Wiley & Sons, New York, 1987.

[44] Y. Freund and R. E. Schapire. A decision-theoretic generalization of on-line learning and an application to boosting. *J. Comput. Syst. Sci.*, 55(1):119–139, 1997.

[45] J. H. Friedman. Greedy function approximation: A gradient boosting machine. *Annals of Statistics*, 29:1189–1232, 2000.

[46] A. Gelman. *Bayesian Data Analysis*. Chapman & Hall, New York, second edition, 2004.

[47] A. Gelman and J. Hall. *Data Analysis Using Regression and Multilevel/Hierarchical Models*. Cambridge University Press, Cambridge, 2006.

[48] S. Geman and D. Geman. Stochastic relaxation, Gibbs distribution and the Bayesian restoration of images. *IEEE Transactions on Pattern Analysis and Machine Intelligence*, 6(6):721–741, 1984.

[49] J. E. Gentle. *Random Number Generation and Monte Carlo Methods*. Springer, New York, second edition, 2003.

[50] W. R. Gilks, S. Richardson, and D. J. Spiegelhalter. *Markov Chain Monte Carlo in Practice*. Chapman & Hall, New York, 1996.

[51] P. Glasserman. *Monte Carlo Methods in Financial Engineering*. Springer, New York, 2004.

[52] G. H. Golub and C. F. Van Loan. *Matrix Computations*. Johns Hopkins University Press, Baltimore, fourth edition, 2013.

[53] I. Goodfellow, Y. Bengio, and A. Courville. *Deep Learning*. MIT Press, Cambridge, 2016.

[54] G. R. Grimmett and D. R. Stirzaker. *Probability and Random Processes*. Oxford University Press, third edition, 2001.

[55] T. J. Hastie, R. J. Tibshirani, and J. H. Friedman. *The Elements of Statistical Learning: Data mining, Inference, and Prediction*. Springer, New York, 2009.

[56] T. J. Hastie, R. J. Tibshirani, and M. Wainwright. *Statistical Learning with Sparsity: The Lasso and Generalizations*. CRC Press, Boca Raton, 2015.

[57] J.-B. Hiriart-Urruty and C. Lemarèchal. *Fundamentals of Convex Analysis*. Springer, New York, 2001.

[58] W. Hock and K. Schittkowski. *Test Examples for Nonlinear Programming Codes*. Springer, New York, 1981.

[59] J. E. Kelley, Jr. The cutting-plane method for solving convex programs. *Journal of the Society for Industrial and Applied Mathematics*, 8(4):703–712, 1960.

[60] A. K. Jain. *Fundamentals of Digital Image Processing*. Prentice Hall, Englewood Cliffs, 1989.

[61] O. Kallenberg. *Foundations of Modern Probability*. Springer, New York, second edition, 2002.

[62] A. Karalic. Linear regression in regression tree leaves. In *Proceedings of ECAI-92*, pages 440–441, Hoboken, 1992. John Wiley & Sons.

[63] C. Kaynak. Methods of combining multiple classifiers and their applications to handwritten digit recognition. Master's thesis, Institute of Graduate Studies in Science and Engineering, Bogazici University, 1995.

[64] T. Keilath and A. H. Sayed, editors. *Fast Reliable Algorithms for Matrices with Structure*. SIAM, Pennsylvania, 1999.

[65] C. Nussbaumer Knaflic. *Storytelling with Data: A Data Visualization Guide for Business Professionals*. John Wiley & Sons, Hoboken, 2015.

[66] D. Koller and N. Friedman. *Probabilistic Graphical Models: Principles and Techniques - Adaptive Computation and Machine Learning*. The MIT Press, Cambridge, 2009.

[67] A. N. Kolmogorov and S. V. Fomin. *Elements of the Theory of Functions and Functional Analysis*. Dover Publications, Mineola, 1999.

[68] D. P. Kroese, T. Brereton, T. Taimre, and Z. I. Botev. Why the Monte Carlo method is so important today. *Wiley Interdisciplinary Reviews: Computational Statistics*, 6(6):386–392, 2014.

[69] D. P. Kroese and J. C. C. Chan. *Statistical Modeling and Computation*. Springer, 2014.

[70] D. P. Kroese, S. Porotsky, and R. Y. Rubinstein. The cross-entropy method for continuous multi-extremal optimization. *Methodology and Computing in Applied Probability*, 8(3):383–407, 2006.

[71] D. P. Kroese, T. Taimre, and Z. I. Botev. *Handbook of Monte Carlo Methods*. John Wiley & Sons, New York, 2011.

[72] H. J. Kushner and G. G. Yin. *Stochastic Approximation and Recursive Algorithms and Applications*. Springer, New York, second edition, 2003.

[73] P. Lafaye de Micheaux, R. Drouilhet, and B. Liquet. *The R Software: Fundamentals of Programming and Statistical Analysis*. Springer, New York, 2014.

[74] R. J. Larsen and M. L. Marx. *An Introduction to Mathematical Statistics and Its Applications*. Prentice Hall, New York, third edition, 2001.

[75] A. M. Law and W. D. Kelton. *Simulation Modeling and Analysis*. McGraw-Hill, New York, third edition, 2000.

[76] P. L'Ecuyer. A unified view of IPA, SF, and LR gradient estimation techniques. *Management Science*, 36:1364–1383, 1990.

[77] P. L'Ecuyer. Good parameters and implementations for combined multiple recursive random number generators. *Operations Research*, 47(1):159 – 164, 1999.

[78] E. L. Lehmann and G. Casella. *Theory of Point Estimation*. Springer, New York, second edition, 1998.

[79] T. G. Lewis and W. H. Payne. Generalized feedback shift register pseudorandom number algorithm. *Journal of the ACM*, 20(3):456–468, 1973.

[80] R. J. A. Little and D. B. Rubin. *Statistical Analysis with Missing Data*. John Wiley & Sons, Hoboken, second edition, 2002.

[81] D. C. Liu and J. Nocedal. On the limited memory BFGS method for large scale optimization. *Mathematical Programming*, 45(1-3):503–528, 1989.

[82] M. Lutz. *Learning Python*. O'Reilly, fifth edition, 2013.

[83] M. Matsumoto and T. Nishimura. Mersenne twister: A 623-dimensionally equidistributed uniform pseudo-random number generator. *ACM Transactions on Modeling and Computer Simulation*, 8(1):3–30, 1998.

[84] W. McKinney. *Python for Data Analysis*. O'Reilly Media, Inc., second edition, 2017.

[85] G. J. McLachlan and T. Krishnan. *The EM Algorithm and Extensions*. John Wiley & Sons, Hoboken, second edition, 2008.

[86] G. J. McLachlan and D. Peel. *Finite Mixture Models*. John Wiley & Sons, New York, 2000.

[87] N. Metropolis, A. W. Rosenbluth, M. N. Rosenbluth, A. H. Teller, and E. Teller. Equations of state calculations by fast computing machines. *Journal of Chemical Physics*, 21(6):1087–1092, 1953.

[88] C. A. Micchelli, Y. Xu, and H. Zhang. Universal kernels. *Journal of Machine Learning Research*, 7:2651–2667, 2006.

[89] Z. Michalewicz. *Genetic Algorithms + Data Structures = Evolution Programs*. Springer, New York, third edition, 1996.

[90] J. F. Monahan. *Numerical Methods of Statistics*. Cambridge University Press, London, 2010.

[91] T. A. Mroz. The sensitivity of an empirical model of married women's hours of work to economic and statistical assumptions. *Econometrica*, 55(4):765–799, 1987.

[92] K. P. Murphy. *Machine Learning: A Probabilistic Perspective*. The MIT Press, Cambridge, 2012.

[93] J. Neyman and E. Pearson. On the problem of the most efficient tests of statistical hypotheses. *Philosophical Transactions of the Royal Society of London, Series A*, 231:289–337, 1933.

[94] M. A. Nielsen. *Neural Networks and Deep Learning*, volume 25. Determination Press, 2015.

[95] K. B. Petersen and M. S. Pedersen. The Matrix Cookbook. *Technical University of Denmark*, 2008.

[96] J. R. Quinlan. Learning with continuous classes. In A. Adams and L. Sterling, editors, *Proceedings AI'92*, pages 343–348, Singapore, 1992. World Scientific.

[97] C. E. Rasmussen and C. K. I. Williams. *Gaussian Processes for Machine Learning*. MIT Press, Cambridge, 2006.

[98] B. D. Ripley. *Stochastic Simulation*. John Wiley & Sons, New York, 1987.

[99] C. P. Robert and G. Casella. *Monte Carlo Statistical Methods*. Springer, New York, second edition, 2004.

[100] S. M. Ross. *Simulation*. Academic Press, New York, third edition, 2002.

[101] S. M. Ross. *A First Course in Probability*. Prentice Hall, Englewood Cliffs, seventh edition, 2005.

[102] R. Y. Rubinstein. The cross-entropy method for combinatorial and continuous optimization. *Methodology and Computing in Applied Probability*, 2:127–190, 1999.

[103] R. Y. Rubinstein and D. P. Kroese. *The Cross-Entropy Method: A Unified Approach to Combinatorial Optimization, Monte-Carlo Simulation and Machine Learning*. Springer, New York, 2004.

[104] R. Y. Rubinstein and D. P. Kroese. *Simulation and the Monte Carlo Method*. John Wiley & Sons, New York, third edition, 2017.

[105] S. Ruder. An overview of gradient descent optimization algorithms. *arXiv: 1609.04747*, 2016.

[106] W. Rudin. *Functional Analysis*. McGraw–Hill, Singapore, second edition, 1991.

[107] D. Salomon. *Data Compression: The Complete Reference*. Springer, New York, 2000.

[108] G. A. F. Seber and A. J. Lee. *Linear Regression Analysis*. John Wiley & Sons, Hoboken, second edition, 2003.

[109] S. Shalev-Shwartz and S. Ben-David. *Understanding Machine Learning: From Theory to Algorithms*. Cambridge University Press, Cambridge, 2014.

[110] Z. A. Shaw. *Learning Python 3 the Hard Way*. Addison–Wesley, Boston, 2017.

[111] Y. Shen, S. Kiatsupaibul, Z. B. Zabinsky, and R. L. Smith. An analytically derived cooling schedule for simulated annealing. *Journal of Global Optimization*, 38(2):333–365, 2007.

[112] N. Z. Shor. *Minimization Methods for Non-differentiable Functions*. Springer, Berlin, 1985.

[113] B. W. Silverman. *Density Estimation for Statistics and Data Analysis*. Chapman & Hall, New York, 1986.

[114] J. S. Simonoff. *Smoothing Methods in Statistics*. Springer, New York, 2012.

[115] I. Steinwart and A. Christmann. *Support Vector Machines*. Springer, New York, 2008.

[116] G. Strang. *Introduction to Linear Algebra*. Wellesley–Cambridge Press, Cambridge, fifth edition, 2016.

[117] G. Strang. *Linear Algebra and Learning from Data*. Wellesley–Cambridge Press, Cambridge, 2019.

[118] W. N. Street, W. H. Wolberg, and O. L. Mangasarian. Nuclear feature extraction for breast tumor diagnosis. In *IS&T/SPIE 1993 International Symposium on Electronic Imaging: Science and Technology, San Jose, CA*, pages 861–870, 1993.

[119] V. M. Tikhomirov. On the representation of continuous functions of several variables as superpositions of continuous functions of one variable and addition. In *Selected Works of A. N. Kolmogorov*, pages 383–387. Springer, Berlin, 1991.

[120] S. van Buuren. *Flexible Imputation of Missing Data*. CRC Press, Boca Raton, second edition, 2018.

[121] V. N. Vapnik. *The Nature of Statistical Learning Theory*. Springer, New York, 1995.

[122] V. N. Vapnik and A. Ya. Chervonenkis. On the uniform convergence of relative frequencies of events to their probabilities. *Theory of Probability and Its Applications*, 16(2):264–280, 1971.

[123] G. Wahba. *Spline Models for Observational Data*. SIAM, Philadelphia, 1990.

[124] L. Wasserman. *All of Statistics: A Concise Course in Statistical Inference*. Springer, 2010.

[125] A. Webb. *Statistical Pattern Recognition*. Arnold, London, 1999.

[126] H. Wendland. *Scattered Data Approximation*. Cambridge University Press, Cambridge, 2005.

[127] D. Williams. *Probability with Martingales*. Cambridge University Press, Cambridge, 1991.

[128] C. F. J. Wu. On the convergence properties of the EM algorithm. *The Annals of Statistics*, 11(1):95–103, 1983.

推荐阅读

机器学习：从基础理论到典型算法（原书第2版）

作者：[美]梅尔亚·莫里 等 ISBN：978-7-111-70894-0 定价：119.00元

情感分析：挖掘观点、情感和情绪（原书第2版）

作者：[美] 刘兵 ISBN：978-7-111-70937-4 定价：129.00元

优化理论与实用算法

作者：[美]米凯尔・J. 科申德弗 等 ISBN：978-7-111-70862-9 定价：129.00元

机器学习：贝叶斯和优化方法（原书第2版）

作者：[希]西格尔斯・西奥多里蒂斯 ISBN：978-7-111-69257-7 定价：279.00元

神经机器翻译

作者：[德]菲利普・科恩 ISBN：978-7-111-70101-9 定价：139.00元

对偶学习

作者：秦涛 ISBN：978-7-111-70719-6 定价：89.00元

推荐阅读

机器学习理论导引

作者：周志华 王魏 高尉 张利军 著 书号：978-7-111-65424-7 定价：79.00元

本书由机器学习领域著名学者周志华教授领衔的南京大学LAMDA团队四位教授合著，旨在为有志于机器学习理论学习和研究的读者提供一个入门导引，适合作为高等院校智能方向高级机器学习或机器学习理论课程的教材，也可供从事机器学习理论研究的专业人员和工程技术人员参考学习。本书梳理出机器学习理论中的七个重要概念或理论工具（即：可学习性、假设空间复杂度、泛化界、稳定性、一致性、收敛率、遗憾界），除介绍基本概念外，还给出若干分析实例，展示如何应用不同的理论工具来分析具体的机器学习技术。

迁移学习

作者：杨强 张宇 戴文渊 潘嘉林 著 译者：庄福振 等 书号：978-7-111-66128-3 定价：139.00元

本书是由迁移学习领域奠基人杨强教授领衔撰写的系统了解迁移学习的权威著作，内容全面覆盖了迁移学习相关技术基础和应用，不仅有助于学术界读者深入理解迁移学习，对工业界人士亦有重要参考价值。全书不仅全面概述了迁移学习原理和技术，还提供了迁移学习在计算机视觉、自然语言处理、推荐系统、生物信息学、城市计算等人工智能重要领域的应用介绍。

神经网络与深度学习

作者：邱锡鹏 著 ISBN：978-7-111-64968-7 定价：149.00元

本书是复旦大学计算机学院邱锡鹏教授多年深耕学术研究和教学实践的潜心力作，系统地整理了深度学习的知识体系，并由浅入深地阐述了深度学习的原理、模型和方法，使得读者能全面地掌握深度学习的相关知识，并提高以深度学习技术来解决实际问题的能力。本书是高等院校人工智能、计算机、自动化、电子和通信等相关专业深度学习课程的优秀教材。